普通高等教育农业部"十三五"规划教材

农药化学合成基础

第三版

孙家隆　主编

化学工业出版社

·北京·

本书在第二版的基础上，除进一步完善了农药合成体系、增加了相关重要农药品种外，还有针对性的在农药品种合成中增加了"逆合成分析"等内容。本书系统地介绍了农药化学合成基础知识，主要包括杀虫剂、杀鼠剂、杀菌剂、除草剂以及植物生长调节剂等类农药品种的性能、结构及化学合成思路。通过对重要品种的合成路线及相关实例分析，展现给读者一个完整的农药化学合成研究知识体系。

　　本书适合作为大学农药相关专业的本科教材，也可作为农药学专业研究生及企业基层技术人员和相关研究人员参考。

图书在版编目（CIP）数据

　　农药化学合成基础/孙家隆主编．—3版．—北京：
化学工业出版社，2018.11（2025.1重印）
　　普通高等教育农业部"十三五"规划教材
　　ISBN 978-7-122-33028-4

　　Ⅰ.①农…　Ⅱ.①孙…　Ⅲ.①农药-化学合成
Ⅳ.①TQ450.1

　　中国版本图书馆CIP数据核字（2018）第214090号

责任编辑：刘　军　张　艳　　　　　　　　　文字编辑：向　东
责任校对：王鹏飞　　　　　　　　　　　　　装帧设计：王晓宇

出版发行：化学工业出版社（北京市东城区青年湖南街13号　邮政编码100011）
印　　装：北京天宇星印刷厂
787mm×1092mm　1/16　印张23$\frac{1}{2}$　字数604千字　　2025年1月北京第3版第2次印刷

购书咨询：010-64518888　　售后服务：010-64518899
网　　址：http://www.cip.com.cn
凡购买本书，如有缺损质量问题，本社销售中心负责调换。

定　　价：60.00元

本书编写人员名单

主　　编：孙家隆

副 主 编：姜　林　张晓梅

编写人员：（按姓名汉语拼音排序）

姜　林　山东农业大学

李兴海　沈阳农业大学

彭大勇　江西农业大学

孙家隆　青岛农业大学

徐鲁斌　青岛农业大学

张　炜　青岛农业大学

张晓梅　安徽理工大学

前言
Preface

2017年注定是个值得记忆的历史年份，在"十九大"伟大光芒的照耀下，一切都显得那么美好、祥和，令人留恋。也就是在这一年秋天，本书被审定为普通高等教育农业部"十三五"规划教材，令人鼓舞。

业界的肯定，是鞭策和鼓励，也是一种质量的要求；对作者来说，更是一种责任的担当。鉴于此，作者根据农药学的最新发展，结合自己在教学中发现的问题，在第二版的基础上进行了比较全面的修订、更新和规范。这一版除完善农药体系、增加了相关农药品种外，还对大部分示例农药品种增加了"逆合成分析"等内容，希望能够达到启发思维、授人以渔的目的。

"农药管理条例"将"虫"界定为：昆虫、蜱、螨。因此，这次修订中杀螨剂不再单列，而是归并到杀虫剂一章。另外，由于大部分杀线虫剂同时属于杀虫剂，而且结构鲜有特殊，为便于系列讲授，也并入杀虫剂中讲解。书中涉及的农药品种较多，希望就此能在本科基础阶段形成化学农药的整体轮廓。

作为教材，本书适合32～56学时的课程，使用者可根据本校具体情况适当增删。就本质上讲，农药合成反应属于有机化学反应的具体应用和拓展，因此对本课程的建议是先开有机化学课程，有条件的院校还可以增加药物合成反应课程。

虽然是第三版，但作者依然初心不改：真诚地希望这本书能引起农药初学者研究农药学的兴趣，作为未来农药大师们的启蒙读物，成为他们成长道路上一块合格的垫脚石。若能如此，作者心愿足矣。

十年的时间，《农药化学合成基础》由一株不怎么看好、有点不被待见的小苗，成长为颇引人注目的大树，这与化学工业出版社这个现代化果园密不可分。因为这里不但有科学而又人性的管理，还有适合各种果树、名贵苗木、稀世花草的成长环境。

教育发展到今天，教材已经成为传道、授业的重要载体。作为规划教材，笔者可谓诚惶诚恐、呕心沥血，唯恐考虑不周或因书中疏漏而误人子弟。虽然如此，限于作者的水平和经验，难免挂一漏万。因此，恳请广大读者将宝贵意见发送至qauyaoxue12345@163.com，以便重印和再版时做进一步的修改和充实。

孙家隆

2018年10月

第一版前言

2001 年，青岛农业大学（原莱阳农学院）创办了面向农药的制药工程本科专业。此后，于 2005 年又创办了面向农药的药学本科专业，"农药合成化学"成为这两个专业的必修课程。为配合教学工作，本人参考各农药学专家的著作，于 2003 年编写了"农药化学合成讲义"，经过五年的教学试用，普遍反映良好。现在呈现在读者面前的《农药化学合成基础》是在"农药化学合成讲义"的基础上经过整理、修改而成。《农药化学合成基础》的出版，是各位农药专家关心以及各位农药同仁支持的结果。

现代农药的概念为：农药是指用于防治、消灭或控制危害农业、林业的病、虫、草和其他有害生物，有目的地调节植物及昆虫生长的化学合成，或者来源于生物、其他天然物的一种化合物质或者几种物质的混合物及其制剂。根据目前我国农药发展现状以及当前农药学教学需求，本书内容为杀虫剂、杀螨剂、杀线虫剂、杀鼠剂、杀菌剂、除草剂以及植物生长调节剂，即只讲述"农药"中的"一种化合物质"。考虑到制药工程专业和药学专业学生化学基础状况和农药化学合成的要求，适当补充了"农药化学合成基础知识"。依据高等教育关于"厚基础、宽口径"的要求，本书围绕"农药化学合成"主题展开讲述。从系列到重要品种，力求系统阐述各类农药的结构特点与合成方法，展现给读者一个全面而系统的当前农药的化学合成知识体系，从而为下一步农药研究与开发打下比较深厚的基础。由于农药品种很多，且各具体品种的合成各具特色，希望通过重要品种合成路线的示例，作为其所在类别农药的合成方法的补充，并进一步体现该类农药的合成思路。在不影响知识体系的系统性与完整性的情况下介绍代表性品种、当前生产的重要品种和新品种。

书中收进一些新农药品种的合成思路或路线设计，以期毕业生以及相关从事农药工作的读者进行农药研发时有所借鉴和启发。由于所收录的某些农药品种还在知识产权保护期内，准确的合成路线和方法尚在保密阶段，本书给出的合成路线或思路未必成熟，仅供参考。

本书按照平时讲课的思路和顺序，共分七章：1 绪论，2 农药化学合成基础知识，3 杀虫剂，4 杀螨、杀线虫及杀鼠剂，5 杀菌剂，6 除草剂，7 植物生长调节剂。将杀螨、杀线虫及杀鼠剂单列为一章只是个尝试。有机氯农药在农药发展过程以及农业生产中曾起过重要作用，但由于残留等问题，目前大部分品种被禁止或限制使用，本书不再专门讲述。

导师陈万义先生在编写思路及结构框架方面给予了细致的指导，先生的谆谆教诲和严谨的治学态度使学生受益终生。安徽理工大学张晓梅博士和青岛农业大学郝双红博士通审了全部书稿，并提出了很多建设性意见。研究生任鹏宇同学校对了全部书稿。在此一并表示真诚感谢。

由于作者水平所限，书中疏漏与不妥之处在所难免，希望得到广大读者的指正，同时也希望本书能起到抛砖引玉的作用。

孙家隆

2008.1.17

第二版前言

本书自 2008 年初版，已历四年。同仁的肯定，实为对作者的鼓励和鞭策。初版书稿基本上是讲义直接付印，相当粗糙，甚至还有许多错误，十分汗颜。

这次修订，除了纠正原书中错误及不妥、精简和更新农药品种之外，还做了如下调整：首先是删除原书第二章"农药化学合成基础知识"，将必须的内容融会于各章节；再者是引入先导化合物的优化及新农药分子设计的初步概念，以期读者为以后的相关研究奠定基础；第三是增加了与生产实践有关的实例，希望能让读者对某些产品的开发有所借鉴。

这本小书，一如其他诸多书籍，表达了作者期待已久的愿望，即若宗师高手们当年的启蒙读物一般，为对农药化学合成研究或开发有兴趣的读者打下必要的基础知识。归根结底，作者真诚地期望本书会使已经或即将在奇妙而迷人的农药合成研究领域中工作的同仁产生兴趣。

需要说明的是，本书读者需要有一定的有机化学知识。对于化学基础薄弱者来说，若在一定水平农药研究者指导下阅读，或许会有事半功倍的效果。

本书再版之际，首先衷心感谢化学工业出版社的大力支持以及广大读者的关心和鼓励，尤其是刘军博士在本书编写过程中提供的热情帮助。青岛农业大学杜春华博士通审了全部书稿，并提出了很多建设性意见，在此表示诚挚的谢意。

农药合成研究发展极快，文献材料极其丰富。限于作者的水平和经验，这次修订也只能从手头和感兴趣的资料中做一些选择与加工，难免挂一漏万、谬误百出。恳请广大读者将宝贵意见赐予 qauyaoxue12345@163.com，以便在重印和再版时做进一步修改和充实。

孙家隆

2012.8.1

缩 略 语

缩略语	英文名称	中文名称
Ac	acetyl	乙酰基
Ar	aryl	芳基
b.p.	boiling point	沸点
Bu	butyl	丁基
n-Bu	*n*-butyl	正丁基
t-Bu	*t*-butyl	叔丁基
Bz	benzoyl	苯甲酰基
Bzl	benzyl	苄基
Cbz	benzoxycarbonyl	苄氧羰基
cat.	catalyst	催化剂
DCC	*N*, *N*′-dicyclohexylcarbodimide	二环己基碳二亚胺
DHP	3,4-dihydro-2*H*-pyran	3,4- 二氢 -2*H*- 吡喃
DMF	dimethylformamide	*N*, *N*′- 二甲基甲酰胺
DMSO	dimethyl sulfoxide	二甲亚砜
Et	ethyl	乙基
FGI	functional group inversion	官能团转换
h	hour(s)	小时
HMPA	hexamethylphosphoric triamide	六甲基磷酰胺
hv	light irradiation	光照
LD_{50}	dose that is lethal in 50% of test subjects or median lethal dose	致死中量（半致死量）
MCPBA	*m*-chloroperbenzoic acid	间氯过氧苯甲酸
Me	methyl	甲基
min	minunte(s)	分钟
mol	mole(s)	摩尔
m.p.	melting point	熔点
NBS	*N*-bromosuccinimide	*N*- 溴丁二酰亚胺
Nu	nucleophile	亲核试剂
Ph	phenyl	苯基
PPA	poly(phosphoric acid)	多聚磷酸
Pr	propyl	丙基
Py	pyridine	吡啶
i-Pr	isopropyl	异丙基
R	rectus	*R* 构型
r.t.	room temperature	室温
S	sinister	*S* 构型
TFA	trifluoroacetic acid	三氟乙酸
Tbeoc	2,2,2-tribromoethoxycarbonyl	2,2,2- 三溴乙氧羰基
Tceoc	2,2,2-trichloroethoxycarbonyl	2,2,2- 三氯乙氧羰基
Tfac	trifluoroacetyl	三氟乙酰基
THF	tetrahydrofuran	四氢呋喃
p-Ts	*p*-toluenesulfonyl	对甲苯磺酰基

目 录
Contents

第3章　杀鼠剂 ——————— 128

第5章 除草剂 —— 234

第6章　植物生长调节剂 —————————— 338

参考文献 —————————— 353

索引 —————————— 354

第 1 章 绪论

农药化学合成是利用化学方法将单质、简单无机化合物或简单的有机化合物制备成具有农药功能的物质的过程。

农药是精细化工产品，农药化学合成是有机合成的重要分支之一。从某种意义上讲，农药化学合成的发展与研究依赖于有机合成的发展与研究；同时农药化学合成又有其独特的方法与规律，对其研究的深入及其普遍性应用又可促进有机合成的发展。

早期的农药化学合成是比较粗糙的。往往是根据经验的混配，无意之中化学反应就发生了，同时生成了具有较好生物活性的物质。例如波尔多液、石硫合剂等。经历了随机筛选和天然活性物质的模仿合成与结构改造之后，目前农药合成已经可以根据活性物质分子的结构与性质关系规律，以及农药发展需要设计自然界并不存在的新的高活性、与环境相容性好的农药。今后农药合成的发展趋势，将是设计和合成具有优异生物活性、环境友好的农药新品种。

有机合成化学已经得到深入发展，农药化学合成也必将成为当代化学研究的主流之一，因为农药已经成为关系到国计民生的精细化工产品。利用农药化学合成，可以准确地确定天然的具有农药活性的物质的结构及其形成奥秘，可以制得非天然的、预期会有特殊活性的新农药化合物。有机合成先师 Woodward R. B. 说过，"在有机合成中充满着兴奋、冒险、挑战和艺术"，作为有机合成重要分支之一的农药合成同样充满着兴奋、冒险、挑战和艺术，必将得到充分的发展。

1.1 农药合成与农药工业

自 1900 年亚砷酸铜因在美国用于控制科罗拉多甲虫的蔓延而成为世界上第一个立法的农药以来，农药合成就与农药工业形影相随、共同发展。经过百年发展，世界农药工业已经发展成目前年产销额 600 亿美元左右的独特的精细化工工业。其中商品化的农药原药产品有 1500 多个，制剂产品近 30000 个。产销份额上，已经从早期的以杀虫剂为主，根据农业生产需要发展成为除草剂、杀虫剂、杀菌剂、植物生长调节剂和杀鼠剂并重的农药工业。

直接使用的农药产品，绝大多数是制剂，支撑众多制剂产品的则是农药原药生产。在商品化的近千个农药原药中，95% 以上是经过化学合成生产的。因此可以说农药化学合成是农药工业的核心和灵魂，没有农药化学合成的发展，农药工业将举步维艰。

农药的发展是随农作物化学保护而开始的。1900 年前后，作为农作物化学保护的农药多数是无机化合物或其相关混合物，如砷化物、汞化物、石硫合剂、波尔多液等。因此，早期的农药化学合成是从无机化合物农药的合成开始的。

两次世界大战期间，农药不但在数量上有了较大增长，而且在结构上也进入有机化合物行列。如 1932 年二硝基苯酚用作谷物作物除草剂，1934 年第一个二硫代氨基甲酸酯类杀菌剂福美双开始应用等。此后农药化学合成进入了新的纪元，表现在滴滴涕（DDT）的诞生、有机氯农药和有机磷农药的开发以及氨基甲酸酯类农药的应用等。较大规模的农药工业开始于第二次世界大战末，其主要标志是选择性除草剂苯氧乙酸、有机氯农药、有机磷农药等农药品种的商品化。随着三氮苯类除草剂、草甘膦类除草剂的开发以及拟除虫菊酯类农药、内吸类杀菌剂的合成与应用，农药化学合成研究很快成为一个新的领域，得到空前的发展。

农药化学合成是随农药的出现而诞生的。农药对农业有巨大贡献，农药化学合成也显示出卓越的生命力。经过几十年的发展，农药化学合成取得了丰硕的成果。

① 已经合成商品化农药原药 1500 多个，支撑着近 30000 个农药制剂产品以及每年产销 600 亿美元左右的农药工业体系。

② 产率高、反应条件温和、选择性和立体定向性好的新反应技术和方法得到研究与应用。如光化学反应、微生物反应、模拟酶合成等。

③ 新试剂、新型催化剂、新型稳定剂等的应用，使反应速率得到极大提高；合成工艺简单、易于控制、生产清洁等，农药工业不再是重要环境污染源之一。

农药化学合成作为有机合成新的分支领域，虽然近年来得到长足发展，但由于起步较晚，与有机合成的其他分支如医药合成相比还显得不足。具体表现在以下几方面：

第一，尚未形成完整的理论体系。就国内而言，关于有机合成、药物合成的专著很多，而农药化学合成方面的专著则偏少。目前农药方面的书籍多是以品种介绍、使用方法以及研究探索等为主要内容。

第二，与医药合成及其他有机合成分支相比，化学合成的农药分子结构相对比较简单，手性化合物较少。陈万义先生说过：当人病危时，只要有救治的希望，人们就会尽力抢救。而农作物在遭遇病、虫、草害时，若投入和产出不成比例，农民往往会放弃施药。或许这种情况影响了农药合成和农药工业发展，间接导致农药合成研究落后于医药合成研究。

第三，一些新的近代有机合成技术在农药化学合成中应用不够广泛。随着对有机合成理论和方法的深入研究，近年来很多新的有机合成技术不断问世，如有机电化学合成、有机光化学合成、微波合成、声化学合成、酶催化合成、离子液体技术、固相有机合成等，而这些技术或方法在农药化学合成中的应用较少。

农药化学合成从其诞生到现在，以至将来，都是一个大有发展前景的领域。自然科学是随着时代而发展的，农药合成也不例外。现代科学的发展已经为农药合成创造了良好的客观条件，预期农药化学合成在以下几方面将会有突破和发展。

（1）理论方面　现代有机合成化学是建立在坚实的有机化学和量子化学理论基础上的。农药合成化学必将和现代有机合成化学紧密结合，形成其独特的理论知识体系。

（2）方法方面　生物化学法、超声波法、辐射法、酶模拟合成法、不对称合成法等新有机合成技术与方法在农药合成中的应用，必将带来农药合成的变革。

（3）测试方面　现代物理测试技术，如红外、紫外、核磁共振、色质联用、元素自动分析、X 射线衍射以及超导核磁、二维核磁技术等在农药合成中的使用，将有力促进农药合成的迅速发展。

（4）人工智能方面　使用计算机辅助合成路线设计将大大加快农药合成路线设计速度，系统化的计算机辅助设计程序将加快农药合成的发展速度。

（5）与生命科学结合方面　目前生命科学的发展日新月异，农药化学合成与其结合发展，有利于农药化学合成工作进一步认识小分子化合物对生命过程的影响与控制，进而有利于对靶标活性物质的合成研究。

（6）与材料科学的结合方面　材料科学尤其是功能材料、分子电子材料的研究，近年来发展迅速。农药合成化学与材料科学的结合，将使一些常规条件下不能进行或收率不高、实际意义不大的反应得以改进。

（7）与环境科学的结合方面 与环境科学的结合是农药合成中的绿色化学合成问题，即合成过程的零排放或少排放，合成试剂无毒、无害，对环境友好。这对农药合成与生产工作者来说，现在与将来都是艰难又具有挑战性的课题。

农药化学合成已经有了很大发展，但自然界和人类社会又不断向农药研究工作者提出新的要求，因此顺应时代要求的农药化学合成将是其发展的总的趋势。

1.2 农药化合物合成路线设计基本方法

（1）逆合成法

① 合成 指从某些起始原料（starting material，SM）出发，经过若干步反应，最后合成出所需的产物，即目标物或称目标分子（target molecule，TM），用 ⟶ 表示过程，整个合成过程可表示为：

$$SM \longrightarrow A \longrightarrow B \longrightarrow C \longrightarrow D \longrightarrow E \longrightarrow TM$$

② 逆合成 从目标分子的结构出发，逐步分析合成目标分子的中间体，再分析合成中间体的结构，最后分析到起始原料，用 ⟹ 表示过程，整个分析过程可表示为：

$$TM \Longrightarrow E \Longrightarrow D \Longrightarrow C \Longrightarrow B \Longrightarrow A \Longrightarrow SM$$

逆合成分析的基本原则：每步都有合适又合理的反应机理和合成方法；整个合成做到最大可能的简单化；有被认可的（即市场能供应的）原料。例如除草剂莎稗磷的逆合成分析与合成路线：

逆合成分析

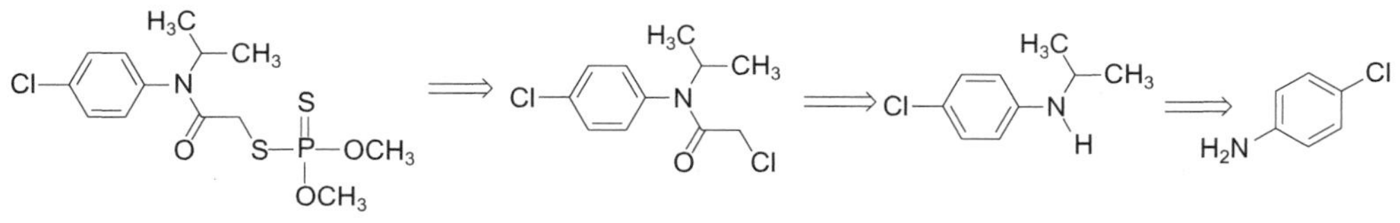

莎稗磷

合成路线

莎稗磷

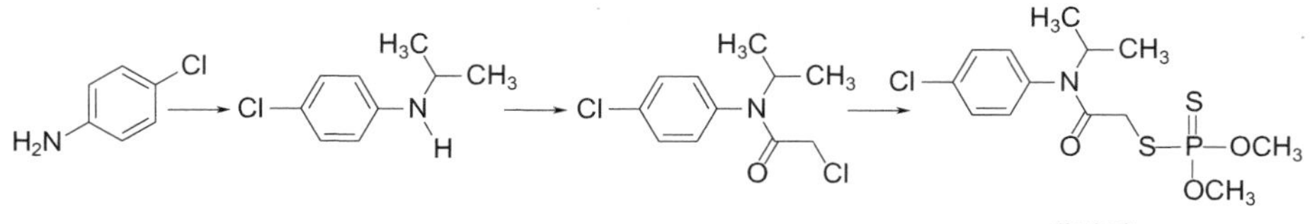

（2）分子简化法 有时一个农药分子看上去结构比较复杂，这就需要找出分子结构的关键部位，将目标分子中与反应物非密切关联的部分简化，然后进行逆合成分析。例如，就整个分子化合物来讲，异丙甲草胺属于酰胺，在逆合成分析时可作如下简化：

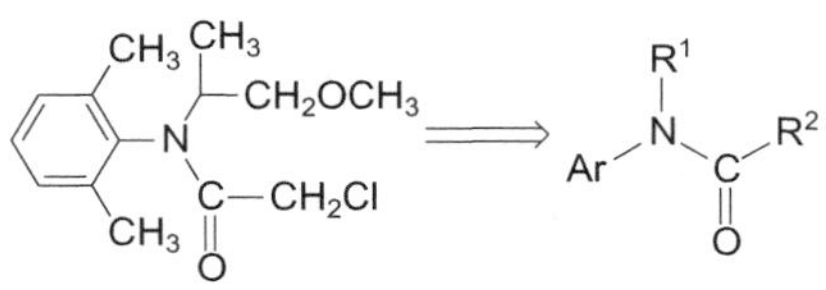

具有明显对称性的农药分子在进行逆合成分析时，则要充分利用其对称性来简化合成方法。例如叶枯唑的逆合成分析。

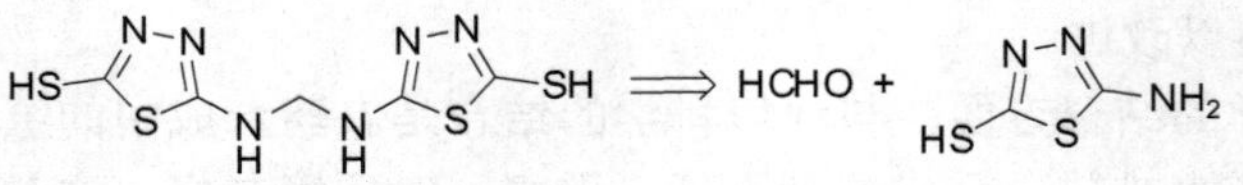

（3）官能团的置换或消去法　目标物结构比较复杂，含有多个官能团（functional group，FG），在进行合成反应时，为避免官能团之间可能的相互干扰，可以将某个官能团互换（functional group interconversion，FGI）或官能团消去（functional group remove，FGR），等反应完成之后再进行恢复。如氯虫酰胺逆合成分析：

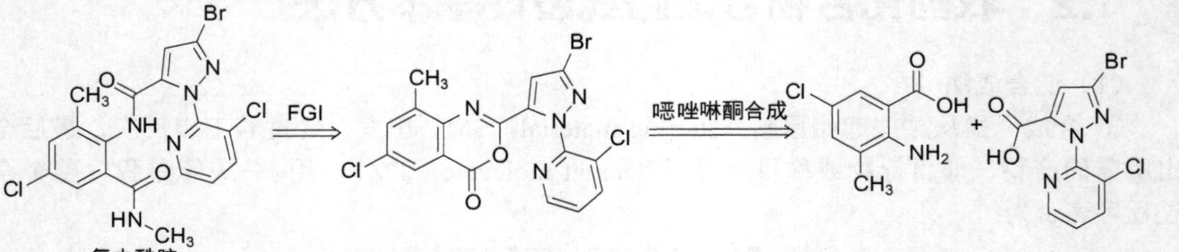

（4）分子拆解法

① 会集法　逆合成分析时要尽量把目标分子拆分成两大部分，再分别拆解成次大部分，从而避免将目标分子按照小段逐一拆解。假设每一步的反应产率是80%，比较下列两种拆解分析：

方法一		方法二	
TM　A—B—C—D	64%	TM　A—B—C—D	51%
A—B ＋ C—D	80%	A—B—C ＋ D	64%
A＋B　C＋D	100%	A—B ＋ C	80%
		A＋B	100%

方法一先拆分成两大部分，再拆分成四部分，总产率为64%；方法二逐步将分子按照小段拆分开，总产率为51%。两种拆分中方法一比较好。

通常合成路线越短越好，最好一步完成。即便是由多步反应构成的合成路线，最好不将中间体分离出来，在同一反应器中连续进行，实现"一锅合成法"。

② 在杂原子的位置拆开　很多农药分子中含有O、N、S等杂原子，在进行逆合成分析时，杂原子往往是重要线索，其所在部位通常是逆合成分析需要拆开的地方。例如氟丁酰草胺的逆合成分析：

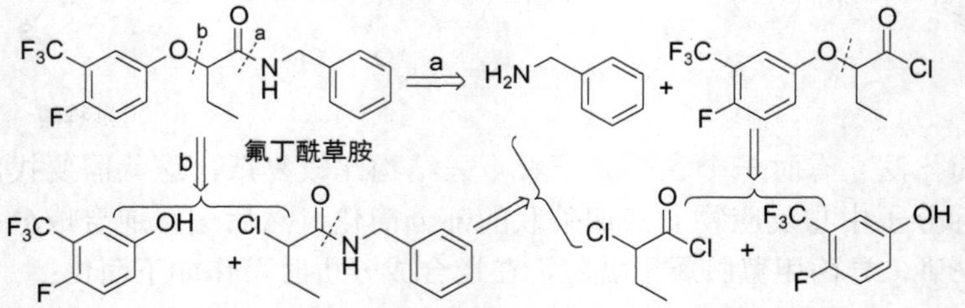

（5）反应次序的合理安排　在多步农药合成反应中，合理安排反应次序可以降低成本、缩短生产周期，其基本原则为：

① 产率低的反应尽量安排在前面。如果将产率低的安排在后面，则前面产率高的反应产物作为后一步的原料将会有更大的损失，合成成本将提高。

② 先难后易。难度大的反应排在前面进行，可以提高合成效果。

③ 原料价格高的反应尽量安排在后面。价格高的原料使用得越晚，合成总成本越低。

第2章 杀虫剂

2.1 概述

杀虫剂的使用可以追溯到2000多年以前,中国在公元前7世纪~公元前5世纪就用莽草等杀灭害虫。在1000多年前的古希腊,已经有使用硫黄熏蒸害虫的记录。早期的杀虫剂都是天然物质。1763年法国人使用烟草及石灰粉防治蚜虫是世界上首次报道使用杀虫剂。1800年美国人Jimtikoff发现除虫菊粉可以杀灭虱子等害虫,于1828年将除虫菊花加工成防治卫生害虫的杀虫粉出售。此后,含砷类的化合物如砷酸钙、砷酸钠等被大量用作杀虫剂。20世纪40年代,六六六、滴滴涕等有机氯杀虫剂的出现,标志着杀虫剂进入有机化合物时代。第二次世界大战后,有机磷杀虫剂、氨基甲酸酯类农药相继开发成功。有机氯、有机磷、氨基甲酸酯三大类农药成为当时杀虫剂的三大支柱,此时期的杀虫剂用量为0.75~3kg/hm²。到了20世纪70年代,滴滴涕、六六六等有机氯农药的高残留问题引起了人们的重视,许多国家陆续禁用。而拟除虫菊酯、沙蚕毒素等的合成应用,尤其是拟除虫菊酯杀虫剂的开发被认为是农药的新突破。随着几丁质(壳多糖)合成抑制剂、杂环类农药的开发应用,杀虫剂已经进入了新时代。当代杀虫剂的特点是用量少(超高效),有的杀虫剂用量为10~100g/hm²即可达到防治效果;新开发的杀虫剂农药残留低、对环境和人畜相对友好是其另一个重要特征。

根据使用时期和结构特点,杀虫剂可以作如下分类:

(1)有机氯类 含氯有机化合物。如六六六、滴滴涕、毒杀芬、狄氏剂等,此类农药虽然对农业丰收等作出很大贡献,但由于其高残留、难降解等问题,绝大部分品种已经被禁用。

(2)有机磷类 分子结构特征是磷(膦)酸酯或相关化合物,如敌百虫、甲基对硫磷、丙溴磷等。此类农药可以说对农业作出了巨大贡献。有些品种由于毒性高,在逐渐退出历史舞台,如久效磷、甲拌磷等。大部分毒性比较低的有机磷品种在继续发挥作用,如马拉硫磷、辛硫磷、丁基嘧啶磷等。

(3)氨基甲酸酯类 此类农药的分子结构特点是分子中典型结构是氨基甲酸酯,如甲萘威、仲丁威、灭多威等。品种虽然相对不多,但像甲萘威等已经成为世界杀虫剂大吨位品种,而有的品种如灭多威、克百威等,由于其高毒性问题,已经被限制或禁止使用。

(4)拟除虫菊酯类 此类农药由天然菊酯优化而来,如甲氰菊酯、胺菊酯、氯氰菊酯、溴氰菊酯等。多数品种分子结构具有菊酯结构的特点,有些品种只是形似。此类杀虫剂已成为当前农药中不可缺少的重要成员,而且新的品种正被不断合成开发,其家族成员在不断发展壮大。

(5)苯甲酰脲类 这是一类作用机制新颖、选择性高的农药品种,被称为保有激素杀虫剂,如氟啶脲、杀铃脲等。其速效性稍差,所以还没有成为杀虫剂主角。

(6)双酰肼类 此类农药分子结构特点是含有"酰肼"结构,具有昆虫蜕皮激素功能。

独特的作用机制和环境友好性能，使得其备受重视，如虫酰肼、甲氧虫酰肼等。

（7）沙蚕毒素类　这是根据沙蚕毒素分子结构优化所合成的一类新化合物，如杀虫单、杀虫双、杀螟丹等。

（8）烟碱类　这是根据烟碱分子结构优化所合成的一类新化合物，如吡虫啉、啶虫脒、噻虫嗪等。品种虽然不多，但是由于其独特的作用机制和优良的杀虫效果，正越来越受到青睐。

（9）酰胺类　指分子结构中含有酰胺结构的一类农药品种，某些品种因显示出了"与众不同"的杀虫作用机制而备受青睐，如氯虫酰胺、氟虫双酰胺等。

（10）其他重要杂环类　这是一类分子中含有杂环的"崭新"的杀虫剂，如噻嗪酮、氟虫腈、溴虫腈等，由于其新颖的作用机制和良好的杀虫效果，对其研究开发正"热火朝天"，新的环境友好型品种不断涌现。

2.2　有机磷杀虫剂

有机磷农药中的大多数品种为杀虫剂，有些品种同时兼具杀螨活性，部分品种为杀菌剂和除草剂。目前，商品化的有机磷农药杀虫剂品种在 200 种以上。

第二次世界大战期间，德国人 Schrader 等对有机磷化合物进行了研究，发现了八甲磷、特普以及对硫磷等有机磷化合物的生物活性，战争结束后公布于世。这类化合物由于突出的杀虫活性，受到世界各国的广泛关注。尤其是对硫磷很快进行了工业化生产，迅速发展成为世界性的杀虫剂品种。此后有机磷杀虫剂不断发展，新品种不断出现，逐渐发展成为世界性杀虫剂的主要类型之一。随着较低毒性品种如倍硫磷、苯硫膦、杀螟硫磷等高效有机磷农药品种的开发，有机磷农药一度占整个农药产量的 1/3 左右。

该类农药具有如下特点：①化学性质不稳定。易水解，在碱性条件下易分解，因而不能和碱性物质混合；易氧化，热分解，易于在自然环境中或动植物体内降解，在高等动物体内无累积毒性。②对害虫高效、广谱。作用方式多样，许多品种同时又是杀螨剂。③化学结构变化无穷，品种多，适用范围广。④毒性差异大。总的来说，有机磷杀虫剂的毒性偏高，但高毒品种在逐步淘汰，低毒品种不断涌现。此外，对有机磷杀虫剂引起的急性中毒有特效的解毒药，如解磷定和阿托品。⑤除少数品种外，一般对农作物安全，在推荐剂量下不发生药害。⑥和有机氯特别是拟除虫菊酯类杀虫剂相比，害虫对有机磷杀虫剂的抗药性发展缓慢。

根据化学结构，有机磷杀虫剂大体可分为以下几类。

① 磷酸酯　磷酸是三元酸，其中三个羟基可以发生酯化反应，生成磷酸酯。

磷酸　　磷酸酯　　敌敌畏

O,O-二甲基-*O*-2,2-二氯乙烯基磷酸酯

三个有机基团（R^1，R^2，R^3）不完全相同的称为混酯，有机磷杀虫剂品种中许多是磷酸混酯。如敌敌畏分子结构中，两个是甲基，一个是二氯乙烯基。这三个取代基中，一般一个称为酸性基，是亲核性的，它可使有机磷化合物具有生物活性，如敌敌畏分子中的二氯乙烯基。

有机磷农药的化学命名，通常是列举各取代基的名称缀以磷酸酯，并在取代基之前冠以"*O*"或"*S*"或"*N*"，如 *O,O*-二甲基-*O*-2,2-二氯乙烯基磷酸酯。

② 硫代和二硫代磷酸酯　磷酸酯分子中一个"*O*"被"*S*"取代称为硫代磷酸酯，两个"*O*"被"*S*"取代称为二硫代磷酸酯。如：

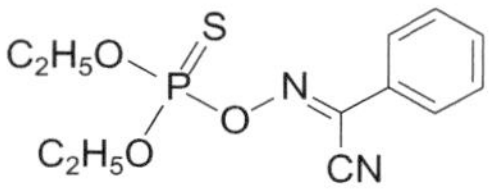

辛硫磷

O,O-二乙基-*O*-2-氰基亚苄氨基硫代磷酸酯

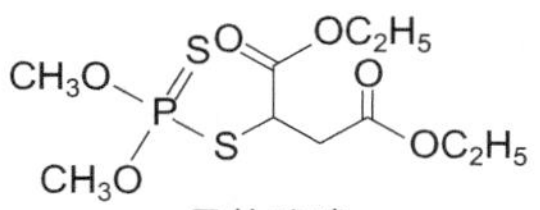

马拉硫磷

O,O-二甲基-*S*-(1,2-二乙氧基乙基)二硫代磷酸酯

③ 磷酰胺和硫代磷酰胺　磷酸酯分子中一个—OR 被—NR′R″替代形成的磷酰基化合物称为磷酰胺，如果其分子中的"*O*"被"*S*"替代，则称为硫代磷酰胺。命名时在取代基前冠以"*N*"。如：

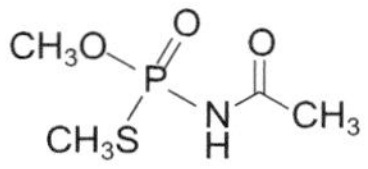

乙酰甲胺磷

O,S-二甲基-*N*-乙酰基硫代磷酰胺

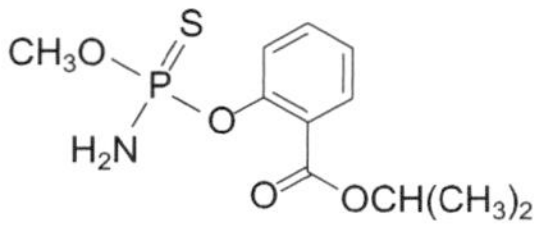

水胺硫磷

O-甲基-*O*-(2-异丙氧基羰基)苯基硫代磷酰胺

④ 焦磷酸酯　包括硫代焦磷酸酯和焦磷酰胺，主要是两个磷酸分子脱去一分子水形成焦磷酸，其中的 H、O 或 OH 分别被有机基团、硫或氨基取代。如：

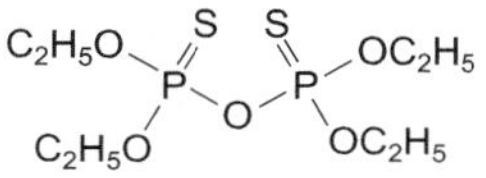

治螟磷

O,O,O,O-四乙基二硫代焦磷酸酯

⑤ 膦酸酯和硫代膦酸酯　磷酸酯分子中一个 P—O—R 被 P—C 替代，形成膦酸酯。如：

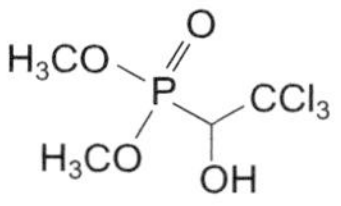

敌百虫

O,O-二甲基-(2,2,2-三氯-1-羟乙基)膦酸酯

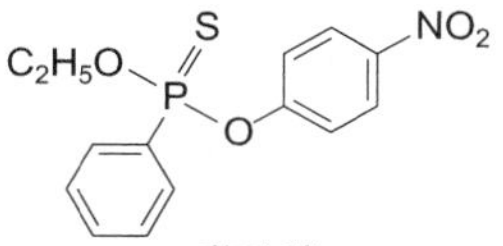

苯硫膦

O-乙基-*O*-(4-硝基)苯基硫代膦酸苯酯

2.2.1 结构特点与合成设计

（1）磷酸酯　作为杀虫剂的磷酸酯主要包括芳基磷酸酯、乙烯基磷酸酯和磷酸肟酯，其中最重要的是乙烯基磷酸酯。

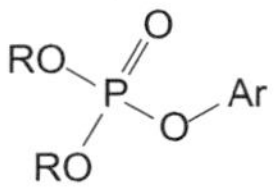

芳基磷酸酯 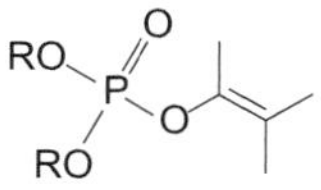　　乙烯基磷酸酯 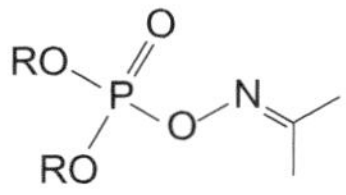　　磷酸肟酯

① 芳基磷酸酯　以碱（氢氧化钠、碱金属碳酸盐、叔胺等）为缚酸剂，*O,O*-二烷基磷酰氯与酚反应。

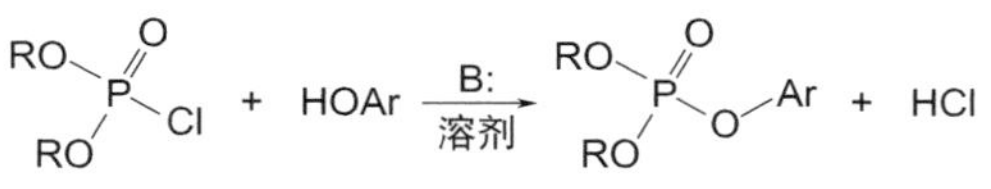

例如对氧磷的合成：

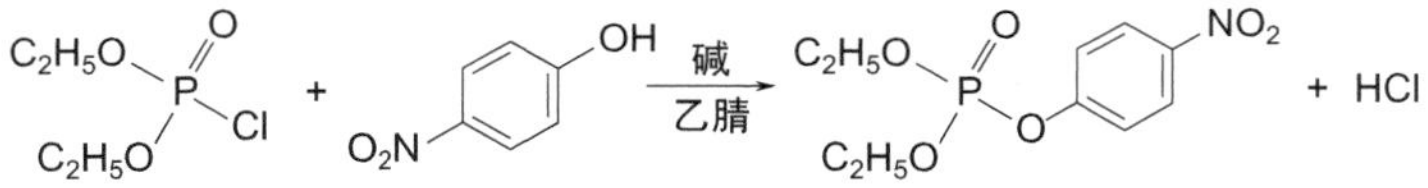

对氧磷

② 乙烯基磷酸酯　通常有三种方法。

a. 亚磷酸三烷基酯与 α- 氯化羰基化合物发生 Perkow 反应。

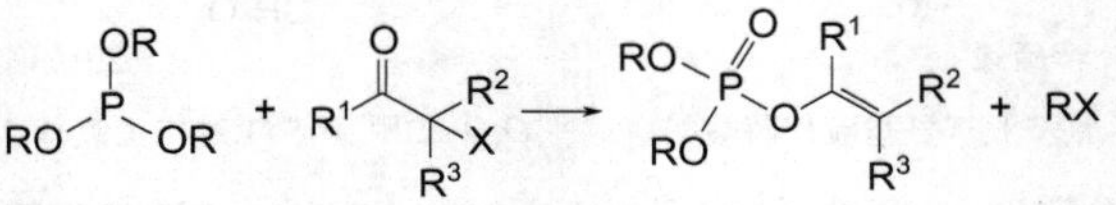

注：反应中 α- 氯代羰基化合物的反应活性顺序：α- 氯代醛 >α- 氯代酮 >α- 氯代酯。

例如 DDV 的合成：

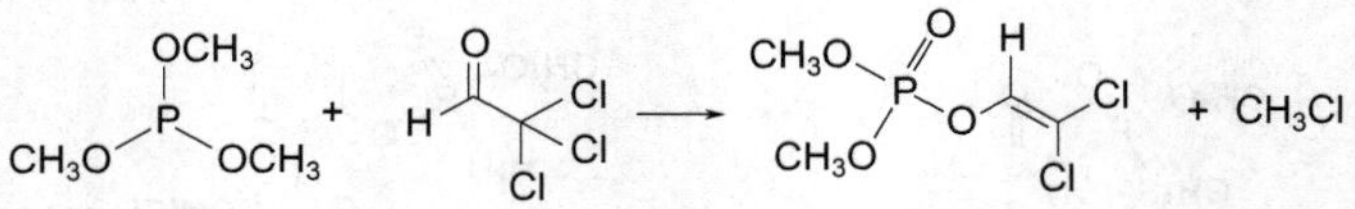

b. 二烷基磷酰氯与烯醇钠盐反应。

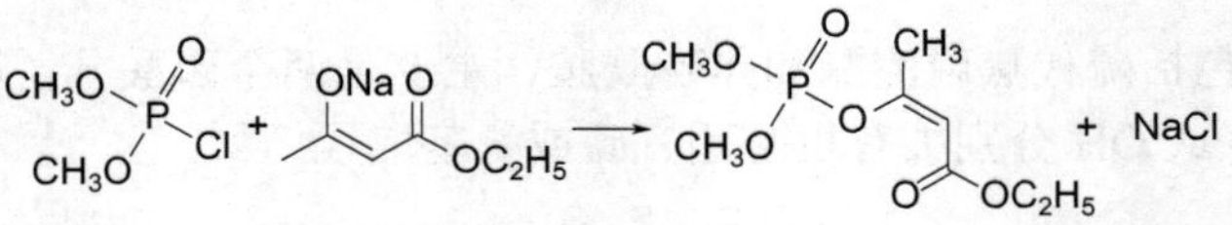

c. 三氯氧磷先与酰基乙酸乙酯反应生成相应磷酰二氯化物，再与相应醇反应。

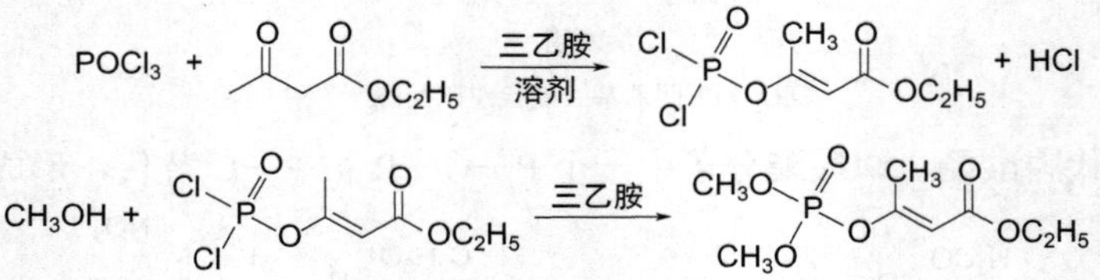

乙烯基磷酸酯农药分子中含有乙烯基团，存在 E- 型和 Z- 型异构体，不同的品种其 E- 型和 Z- 型异构体的生物活性是不同的。如 Z- 型磷胺具有较 E- 型磷胺高的生物活性。而久效磷的生物活性则主要由 E- 型所致。为了得到不同的异构体，往往根据实际需要使用不同的原料和合成方法。

例如灭蚜净的合成：

通过 Perkow 反应得到 73% E- 型灭蚜净和 27% Z- 型灭蚜净混合物。

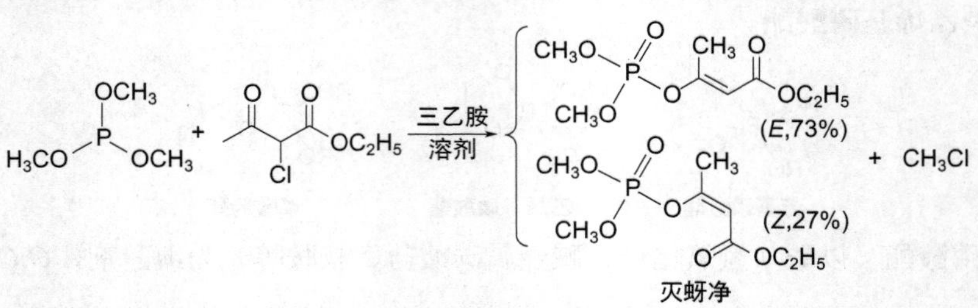

O,O- 二甲氧基磷酰氯与乙酰乙酸乙酯的烯醇钠盐反应，几乎定量地得到 Z- 型灭蚜净。

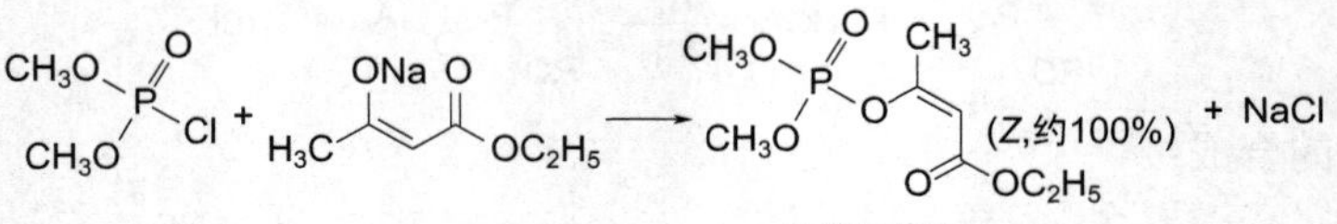

三氯氧磷在三乙胺存在下与乙酰乙酸乙酯反应，然后甲酯化，得 94% E- 型灭蚜净。

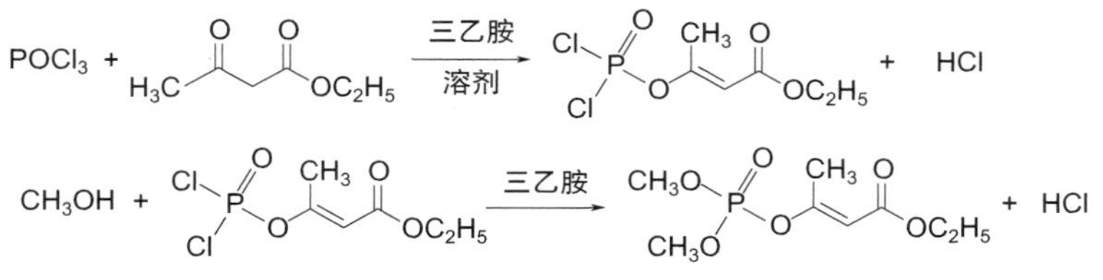

(*E*,94%)
E-型灭蚜净

③ 磷酸肟酯　*O*,*O*- 二烷基磷酰氯在碱（氢氧化钠、碱金属碳酸盐、叔胺等）为缚酸剂条件下与肟反应。

例如驱虫磷的合成：

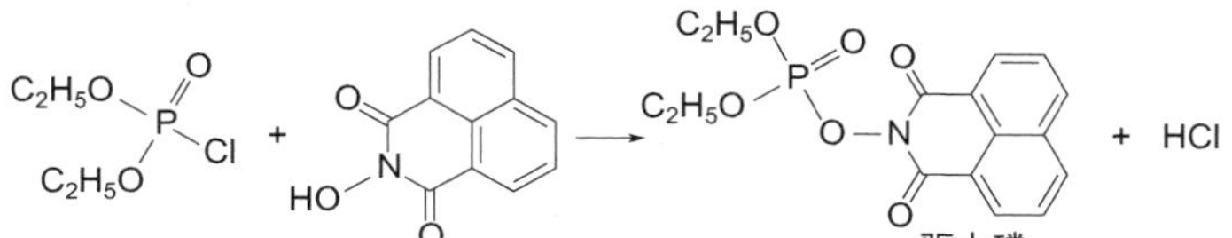

驱虫磷

（2）硫代和二硫代磷酸酯　硫代和二硫代磷酸存在如下互变异构，其酯有硫（酮）和硫（醇）两种类型。

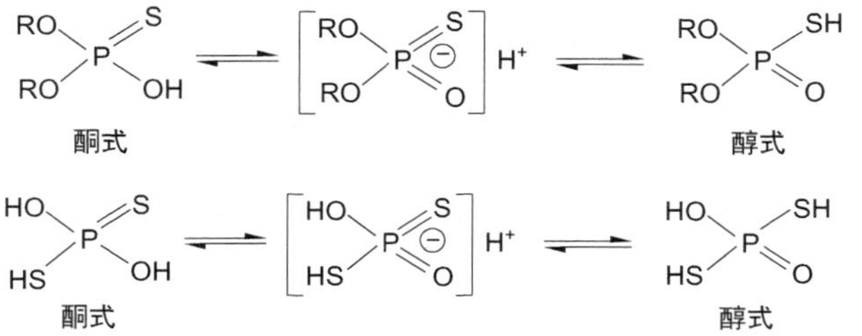

① 硫（酮）代磷酸酯　硫代磷酰氯在缚酸剂（氢氧化钠、碱金属碳酸盐、叔胺等）存在下与羟基化合物反应，或直接与羟基化合物的钠盐反应。如：

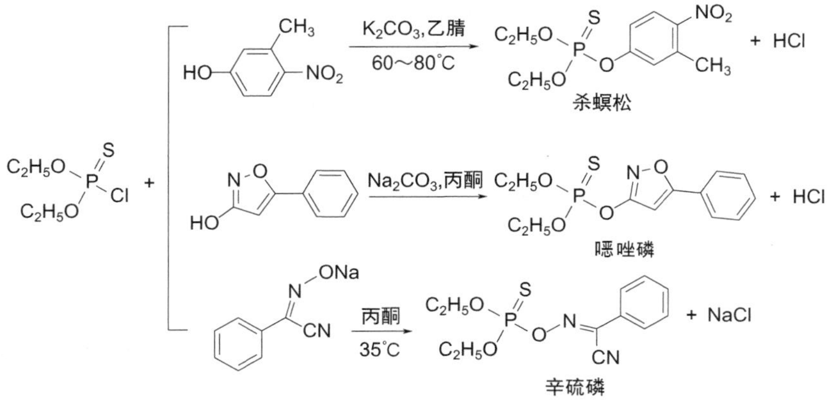

② 硫（醇）代磷酸酯　硫（醇）代磷酸酯农药主要有如下三类，其中前两类称为对称硫（醇）代磷酸酯，后者称为不对称硫（醇）代磷酸酯。

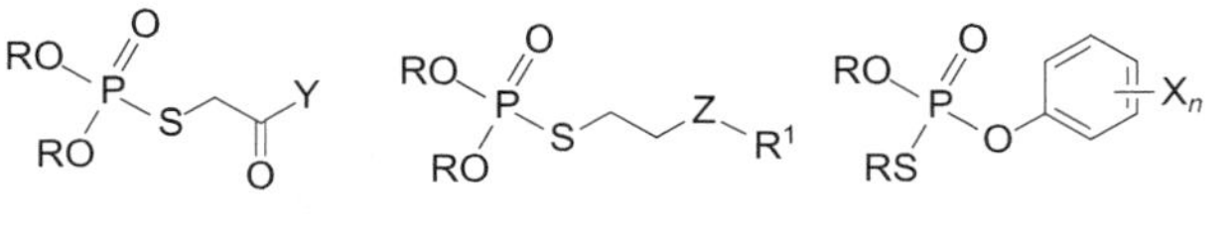

Y=烷氧基，烷氨基　　Z=O,S

a. 对称硫（醇）代磷酸酯　硫（醇）代磷酸盐与卤代烷反应。

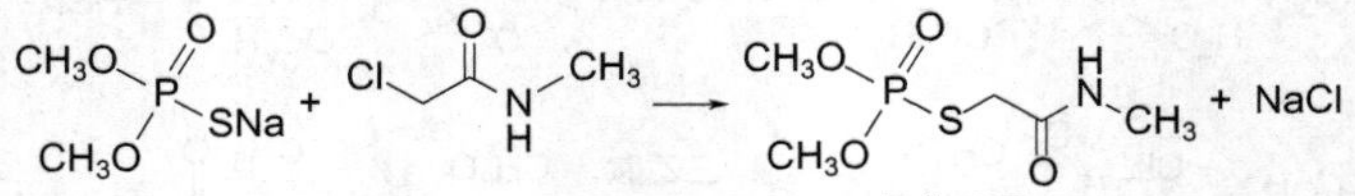

氧化乐果

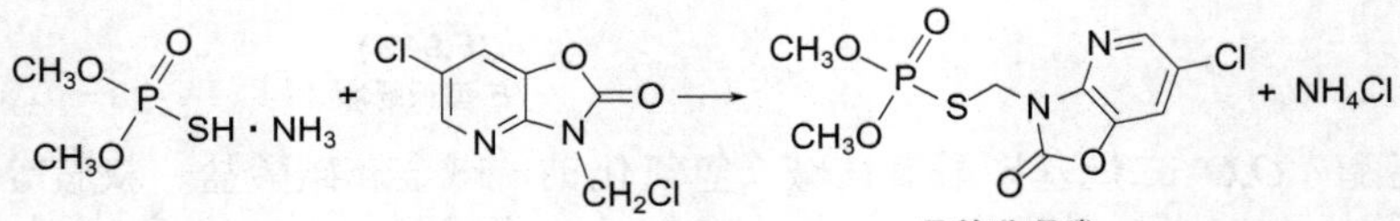

甲基吡噁磷

b. 不对称硫（醇）代磷酸酯　O,O- 二烷基 -O- 取代苯基硫代磷酸酯在钾 / 钠盐存在下经过互变异构转位，生成 O- 烷基 -O- 取代苯基硫代磷酸钾 / 钠盐，再与卤代烷反应。

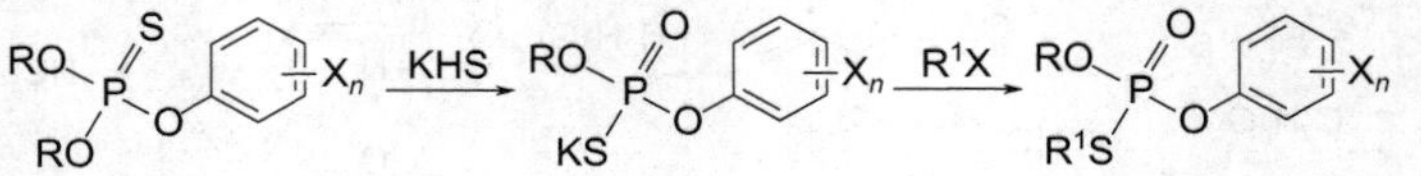

例如丙溴磷的合成：

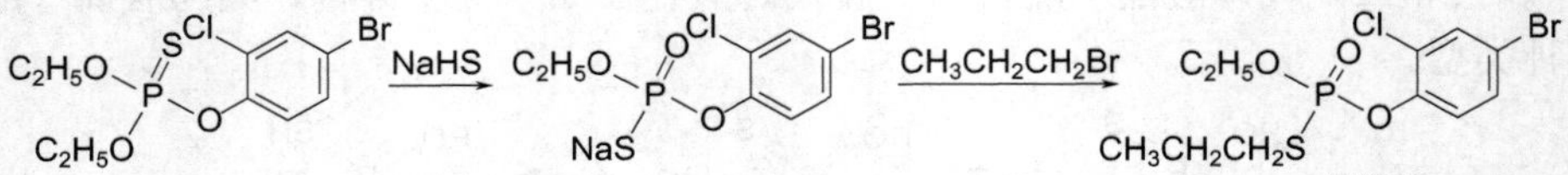

丙溴磷

或 O- 烷基 -S- 烷基磷酰氯在缚酸剂存在下与酚反应。例如硫醚磷的合成：

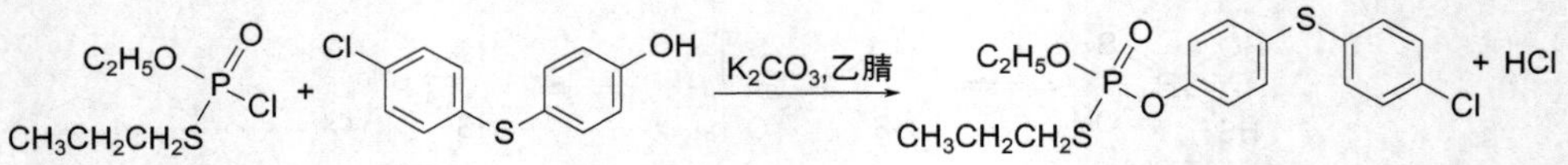

硫醚磷

或以亚磷酸三烷基酯为起始原料经过相应过程制得。例如吡唑硫磷的合成：

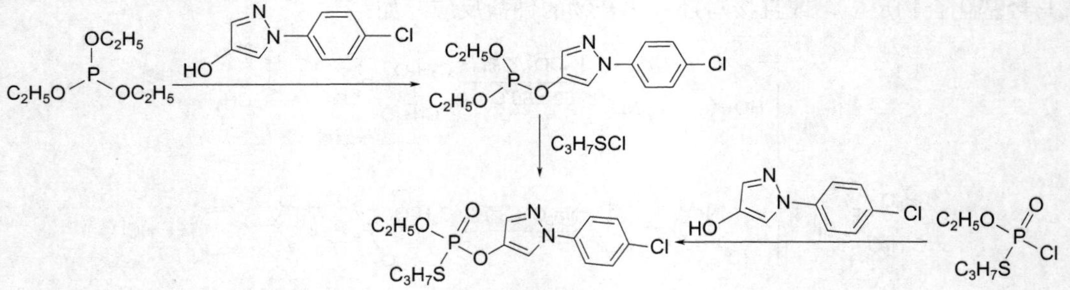

吡唑硫磷

③ 二硫（酮、醇）代磷酸酯　O,O- 二烷基二硫代磷酸盐（主要是铵盐、钠盐、钾盐等）与相应的卤代化合物反应，或 O,O- 二烷基二硫代磷酸与甲醛和相应的硫醇发生类 Mannich 反应，或 O,O- 二烷基二硫代磷酸与烯发生加成反应。

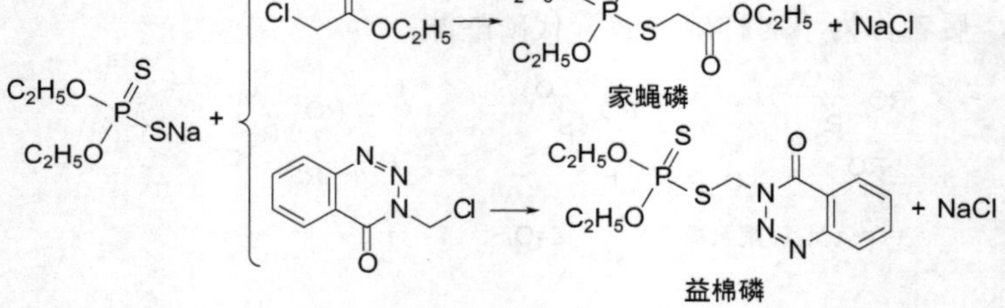

家蝇磷

益棉磷

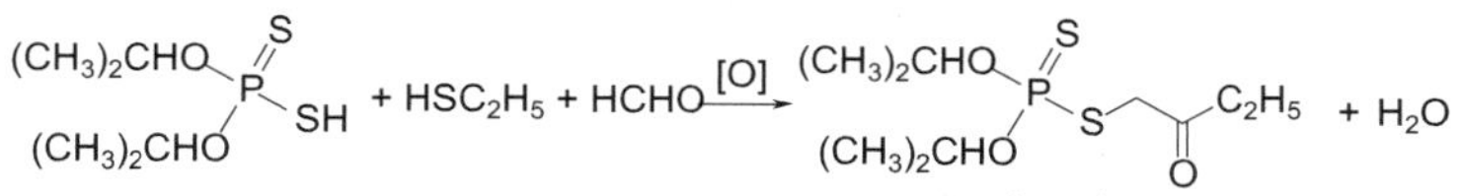

丰丙磷

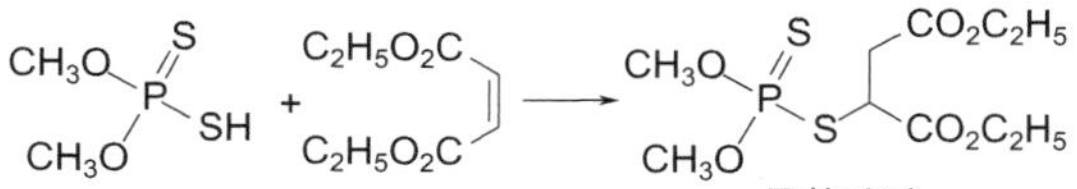

马拉硫磷

或者 *O,O*- 二烷基硫代磷酰氯与硫醇或硫醇钠 / 硫醇钾反应。

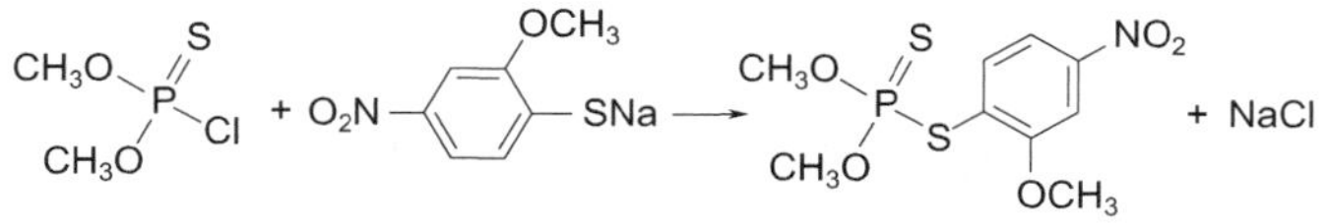

有的品种可以用上述方法中的数种合成，如杀扑磷的合成：

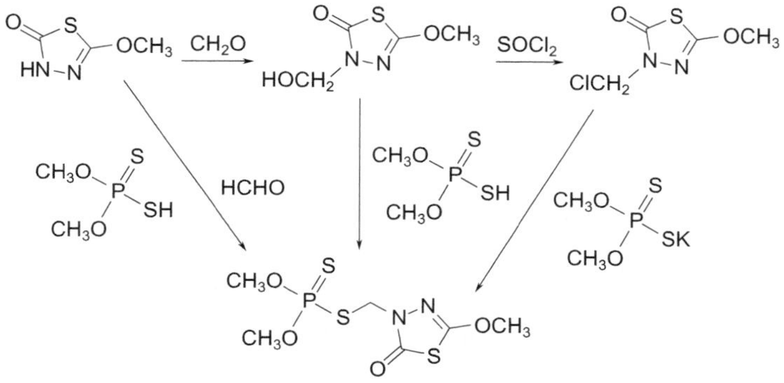

杀扑磷

④ 二硫（醇）代磷酸酯　此类农药的典型代表是丙线磷，通常有两条合成路线。

$POCl_3$ 路线：

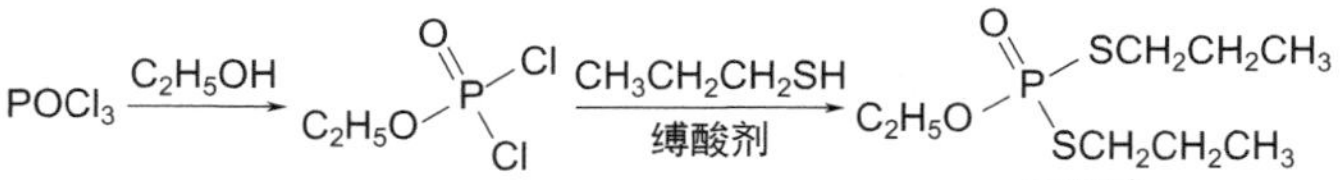

丙线磷

P_2S_5 路线：

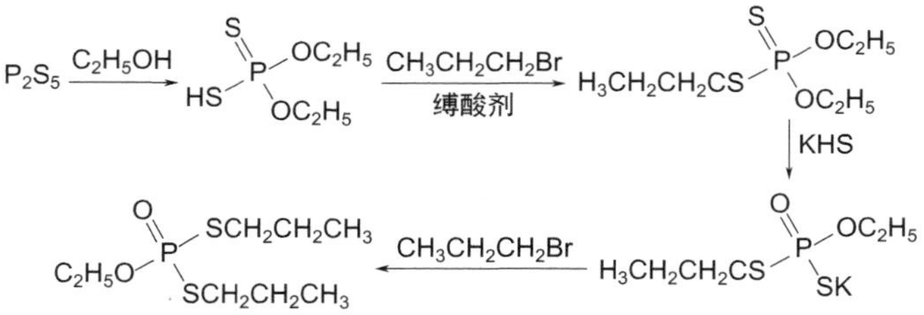

丙线磷

（3）磷酰胺和硫代磷酰胺　作为杀虫剂的磷酰胺和硫代磷酰胺主要有以下两种类型，其主要特点是分子中含有—NR^1R^2 基团。

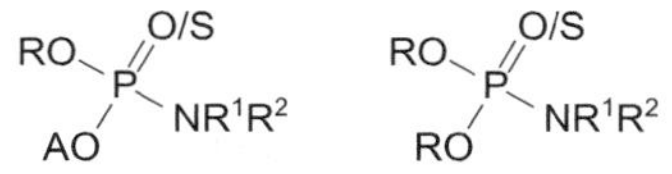

A=烷基，芳基；R=烷基；R^1，R^2=烷基，氢

—NR^{1}R^2 基团的引入：可以在 OR 基团之前引入，也可以在 OR 基团之后引入。例如：

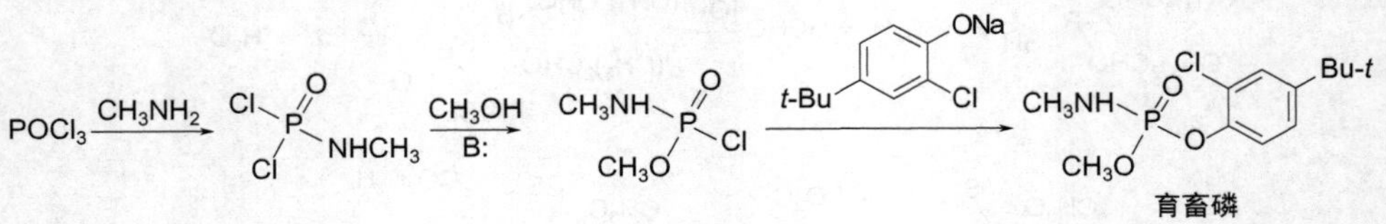

育畜磷

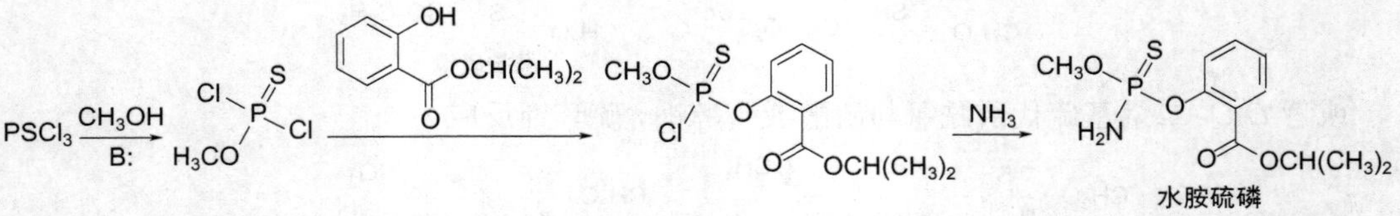

水胺硫磷

而硫（醇）代磷酰胺一般通过异构化转位形成。异构化催化剂有硫酸二甲酯或碘甲烷。

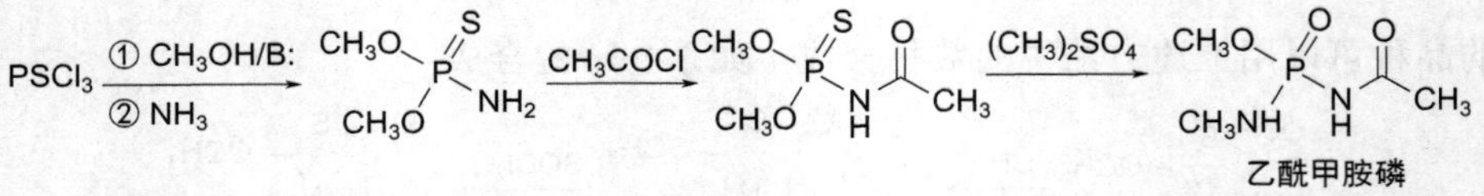

乙酰甲胺磷

（4）焦磷酸酯　此类有机磷农药品种不多，应用不很广泛，常用的制备方法是二烷基磷酰氯在碱性条件下水解。

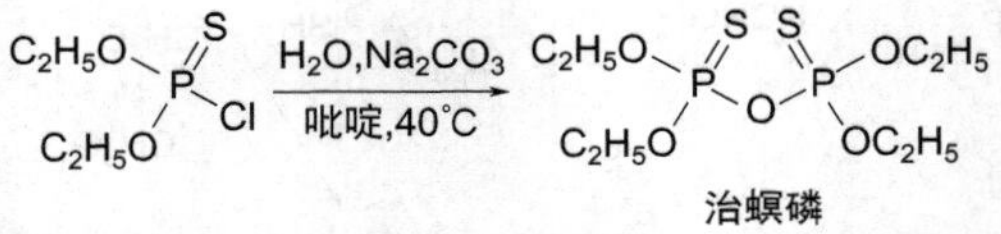

治螟磷

（5）膦酸酯和硫代膦酸酯　作为杀虫剂的膦酸酯和硫代膦酸酯主要有如下两种结构类型，前者中 A 常为甲基、乙基和苯基，后者的典型代表为敌百虫。

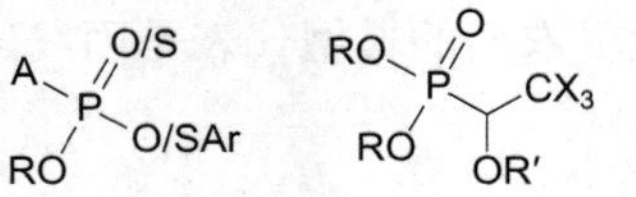

第一种类型的膦酸酯农药的合成一般是以三氯氧磷为原料，首先制备相应的膦酰氯或硫代膦酰氯形成 P—C 键。

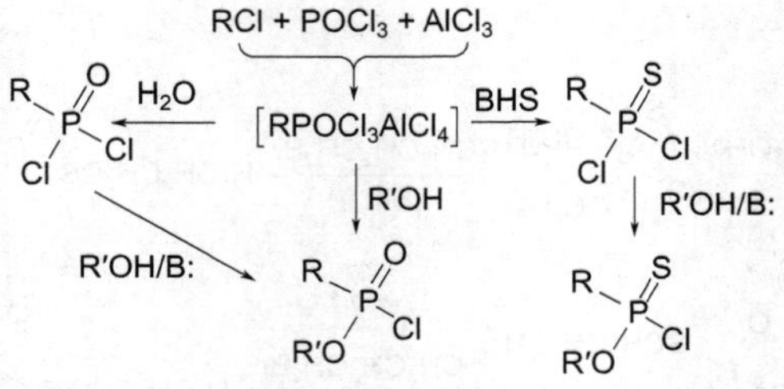

当取代基 A 为苯基时，可以通过三氯化磷在三氯化铝存在下与苯反应制得相应的膦酰氯或硫代膦酰氯。

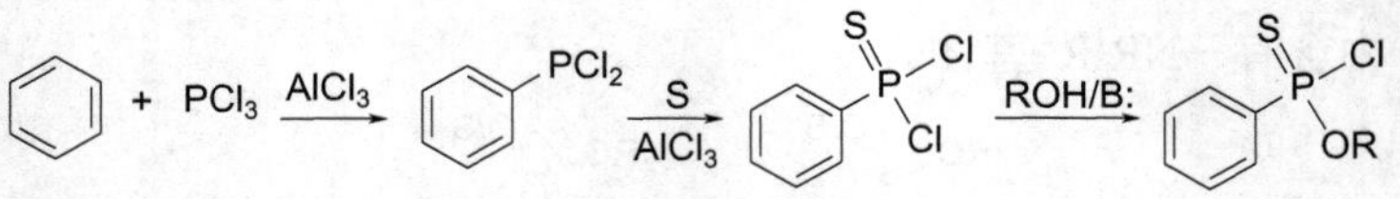

膦酰氯与酚或硫酚反应制得第一种类型的膦酸酯农药。

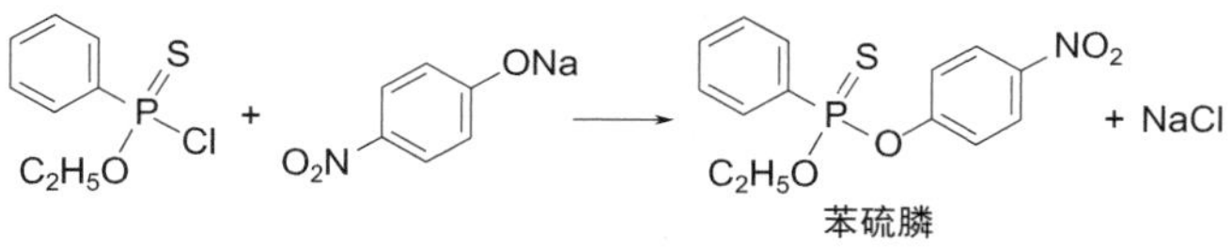

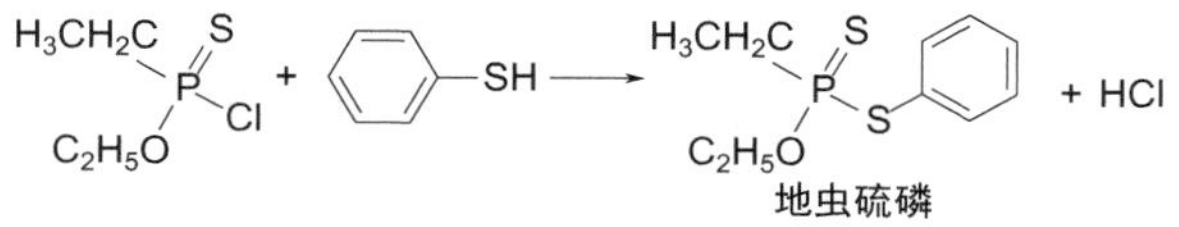

第二种类型的膦酸酯农药的合成一般是以二烷基亚磷酸酯与羰基化合物加成形成 P—C 键，如敌百虫的合成。

2.2.2 代表性品种的结构与合成

对氧磷（paraoxon）

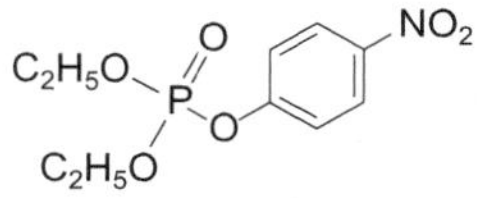

O,O-二乙基-*O*-(4-硝基苯基)磷酸酯

对氧磷由 Bayer 公司 1944 年开发，1948 年以后被推荐在眼科治疗中作瞳孔收缩剂。杀虫范围与对硫磷相同。

纯品对氧磷为棕色液体，沸点 169 ～ 170℃，在中性和酸性条件下比较稳定，在碱性介质中易水解。

对氧磷大白鼠急性经口 LD_{50} 为 3.5mg/kg。

逆合成分析 对氧磷为典型芳基磷酸酯类有机磷杀虫剂（图 2-1）。

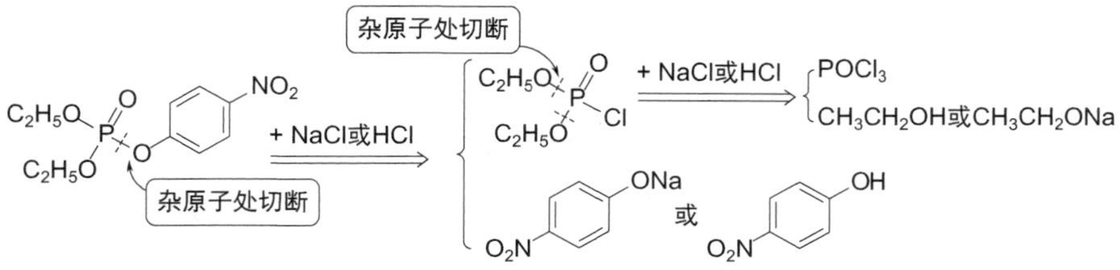

图 2-1 对氧磷逆合成分析

合成路线

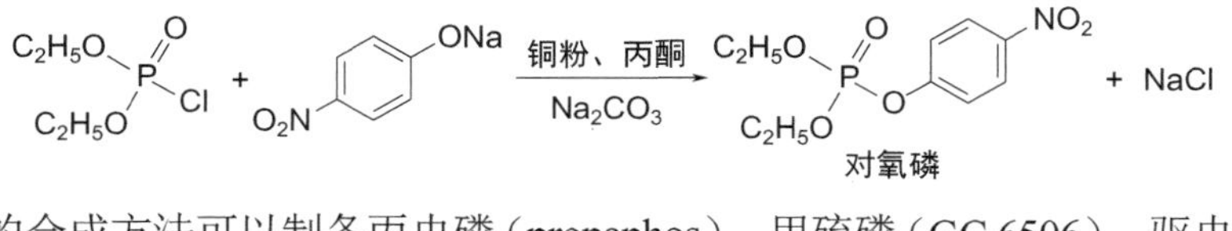

注：类似的合成方法可以制备丙虫磷（propaphos）、甲硫磷（GC 6506）、驱虫磷（coroxon）、彼氧磷（pyrazoxon）等芳基磷酸酯类有机磷杀虫剂。

丙虫磷　　　　　甲硫磷　　　　　驱虫磷　　　　　彼氧磷

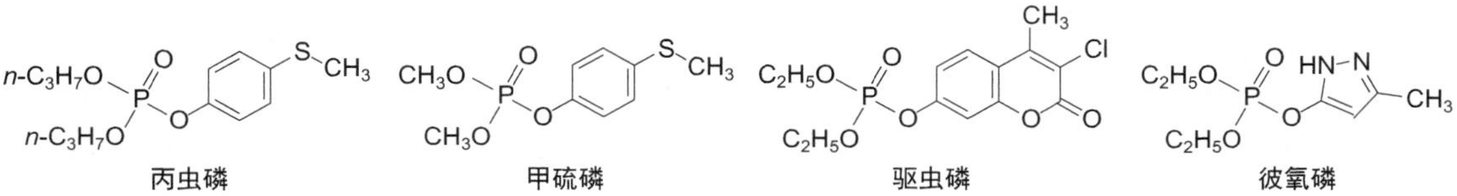

敌敌畏（dichlorvos）

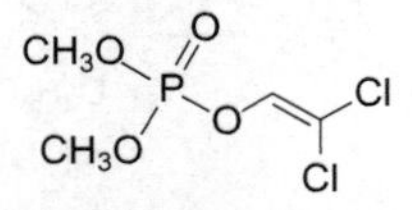

O,O-二甲基-O-(2,2-二氯乙烯基)磷酸酯

敌敌畏是一种广谱磷酸酯类有机磷杀虫、杀螨剂，具有胃毒、触杀、熏蒸和渗透作用，对咀嚼口器和刺吸口器害虫有效。1948 年美国壳牌公司发表敌敌畏合成专利；1951 年德国 W. Perkow 以亚磷酸三烷基酯与三氯乙醛反应制得敌敌畏；1954 年德国 W. Lorenz 和美国 A. M. Mettson 先后发现敌百虫在碱性溶液中能脱去氯化氢重排生成敌敌畏。

敌敌畏的触杀作用比敌百虫强 7 倍。对害虫击倒能力强而快，杀虫速度快但持效期短。主要用于蔬菜、果树、茶叶、桑、烟草、棉花、水稻、甘蔗、粮仓及卫生等的害虫的防治。对钻蛀性害虫如棉铃虫、稻螟等防治效果较差；对高粱极易产生药害，不能使用；对果树花期也易发生药害；对瓜类、玉米、豆类、柳树比较敏感，使用浓度不能过高。

纯品敌敌畏为无色有芳香气味液体，相对密度 1.415（25℃），沸点 74℃（133.3Pa）；室温时其饱和水溶液 24h 水解 3%，在碱性溶液或沸水中 1h 可完全分解。

敌敌畏对铁和软钢有腐蚀性，对不锈钢、铝、镍没有腐蚀性。

敌敌畏原药大鼠急性 LD_{50}（mg/kg）：经口 50（雌）、80（雄），经皮 75（雌）、107（雄）；对蜜蜂高毒。

逆合成分析 敌敌畏为乙烯基磷酸酯类有机磷杀虫剂（图 2-2）。

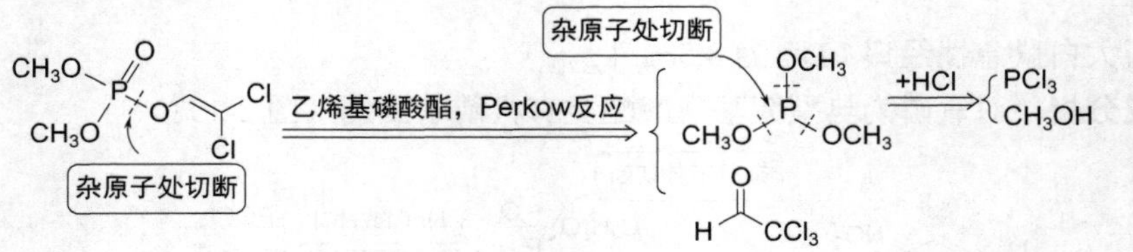

图 2-2 敌敌畏逆合成分析

合成路线 敌敌畏的合成有脱氯化氢路线（即路线 1）、直接合成路线（即路线 2 → 3）和酯交换路线（即路线 4 → 5 → 3）（图 2-3）。

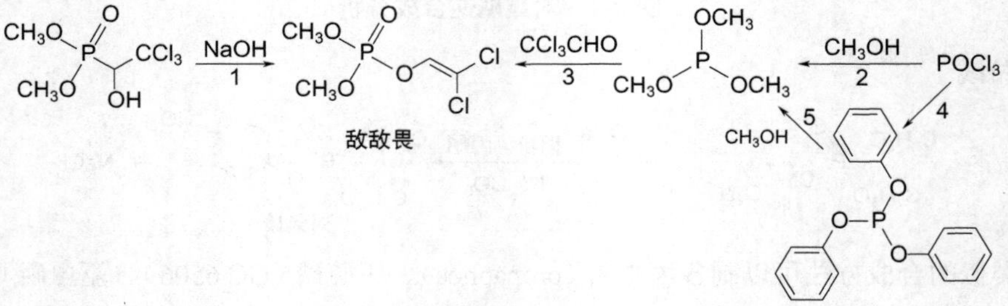

图 2-3 敌敌畏合成路线

注：非低温下，三氯化磷与低级醇剧烈反应，生成的三烷基亚磷酸酯在氯化氢存在下很快分解成二烷基亚磷酸酯。因此，常用酯交换路线 4 → 5 制备敌敌畏。即苯酚和三氯化磷反应生成的亚磷酸三苯酯与过量的无水甲醇在一定条件下发生酯交换反应生成亚磷酸三甲酯。

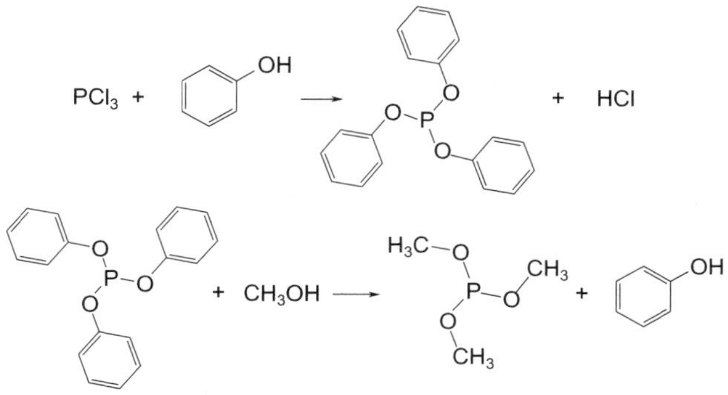

该法收率高，产品质量好，整个工艺过程物料皆为液体，容易连续化和自动化，适合大生产。但此法存在酚污染问题。

（1）敌百虫脱氯化氢法　图 2-3 路线 1。

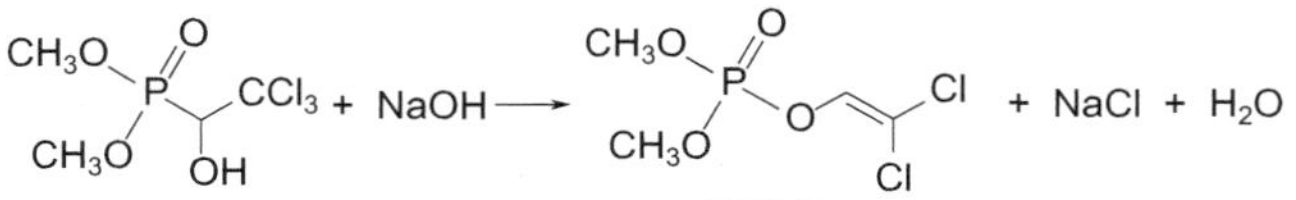

敌百虫与碱反应，脱去氯化氢，经过分子重排制得。操作时控制敌百虫水悬浮液浓度为 25%（也可用精制的敌百虫母液加适量敌百虫固体），敌百虫与碱的配比为 1 ∶（1.35 ～ 1.4），采用水和甲苯混合溶剂，反应温度 50 ～ 60℃，反应时间 20 ～ 25 min，终点 pH7 ～ 8。

（2）直接合成法　路线 2 → 3。由三氯化磷制得的亚磷酸三甲酯与三氯乙醛经过 Perkow 反应，脱去一分子氯甲烷而制得敌敌畏。

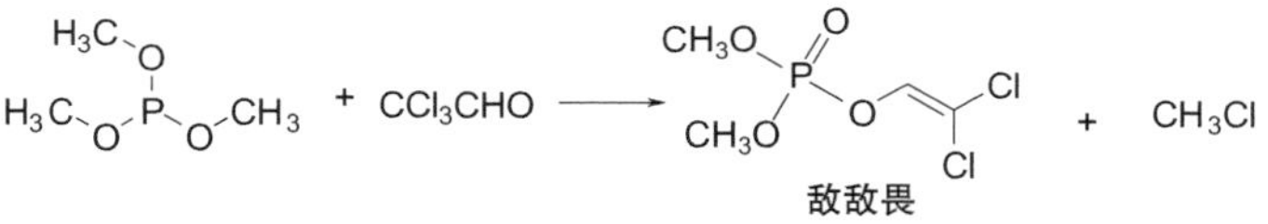

在装有搅拌器、回流冷凝器、滴液漏斗和温度计的 500mL 的三口瓶中加入含量 99% 的三氯乙醛，开动搅拌，在 55 ～ 65℃滴加亚磷酸三甲酯，滴加完毕后于 70 ～ 80℃保温 30min，最后可得纯度为 97% 的敌敌畏原油，收率约 98%（以亚磷酸三甲酯计）。

注：类似的合成方法（通过 Perkow 反应）可以制备毒虫畏（chlorfenvinphos）、甲基毒虫畏（dimethyvinphos）、杀虫畏（tetrachlorvinphos）、庚烯磷（heptenophos）、二溴磷（naled）、敌敌磷（OS 1836）、灭蝇磷（nexion 1378）等乙烯基磷酸酯类有机磷杀虫剂。

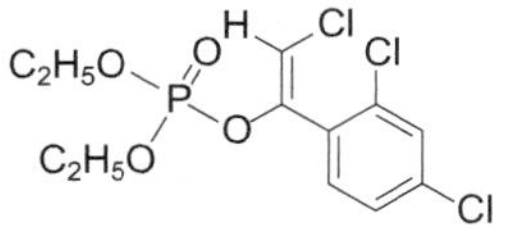

毒虫畏 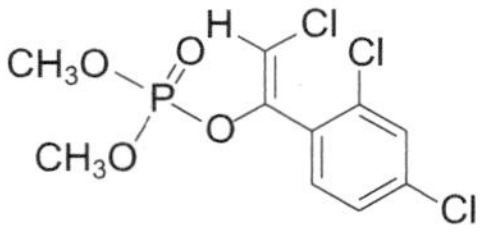　　甲基毒虫畏 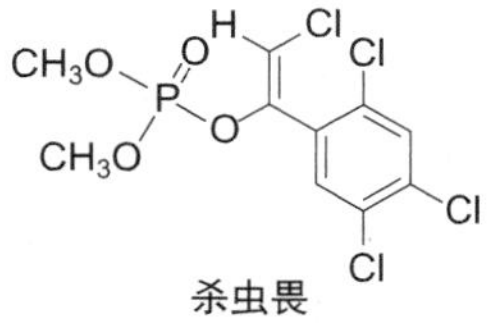　　杀虫畏 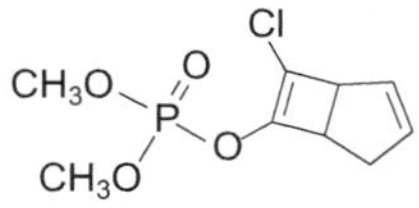　　庚烯磷

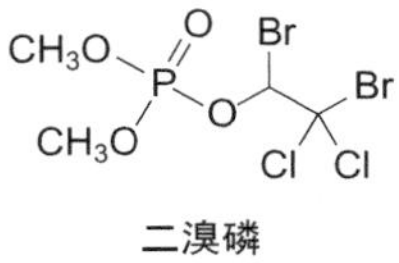

二溴磷 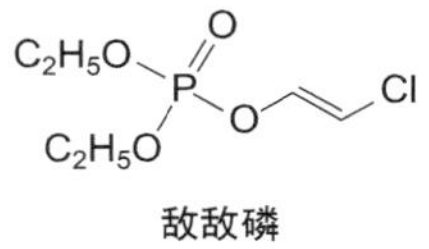　　敌敌磷 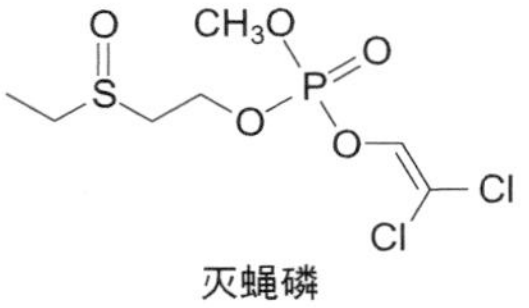　　灭蝇磷

辛硫磷（phoxim）

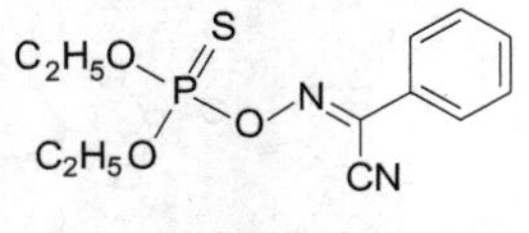

O,O-二乙基-O-2-氰基亚苄氨基硫代磷酸酯

辛硫磷 1965 年由德国拜耳公司开发，目前在国内属于一个大吨位的农药品种；属于高效、低毒、广谱硫代磷酸酯类有机磷杀虫剂，具有触杀和胃毒作用，无内吸性，持效期短，可用于防治危害粮食、棉花、蔬菜、果树、茶叶、桑等的害虫，以及仓储害虫、卫生害虫和家畜体内外的寄生虫；但光稳定性较差。

辛硫磷纯品为黄色透明液体，熔点 5～6℃；溶解性（20℃）：水 700mg/kg，二氯甲烷＞500g/kg，异丙醇＞600g/kg；蒸馏时分解，在水和酸性介质中稳定；工业品原药为浅红色油状液体。

辛硫磷原药大白鼠急性经口 LD_{50}（mg/kg）：2170（雄）、1976（雌）；对蜜蜂有毒。

逆合成分析　辛硫磷为硫（酮）代磷酸酯类有机磷杀虫剂（图 2-4）。

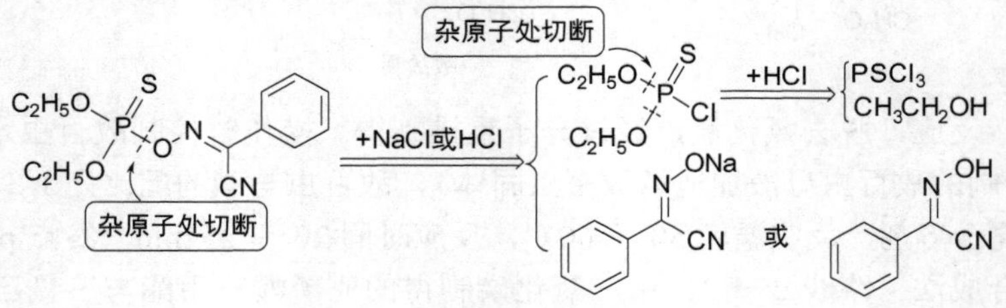

图 2-4　辛硫磷逆合成分析

合成路线　辛硫磷制备如下：

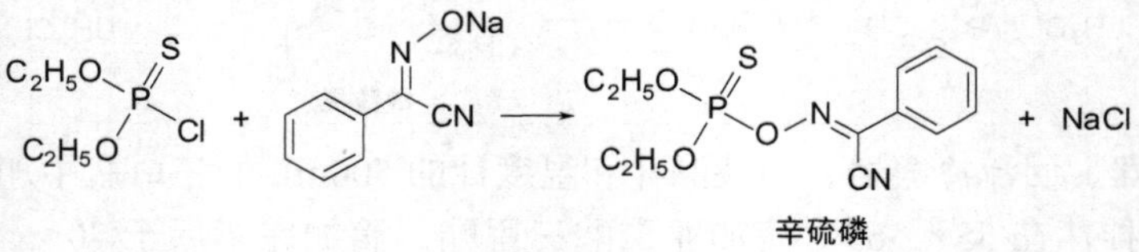

合成步骤如下：

（1）将 2-肟基苯乙腈钠用 30% 的盐酸配比至 pH=1～2，静置，分去下层酸水，得棕黄色油层，滴加碱液至 pH=10～11，加入 O,O-二乙基硫代磷酰氯（98%），体系呈均相，升温至 45℃左右，反应 2h，出料，加水洗涤，得淡黄色辛硫磷成品，收率为 88%～90%。

（2）在 1000mL 四口瓶中加入 0.55mol、含量 25% 2-肟基苯乙腈钠水溶液 373g，室温下在 30min 内滴加 0.5mol 含量 90% O,O-二乙基硫代磷酰氯 105g，滴毕再加入 0.04mol 三乙胺（4.05g），搅拌 30min，升温至 45～50℃，反应 90min。经过水洗、分液、干燥得 156～161g 产品。极谱法分析辛硫磷含量在 87%～92%，收率 94%～96%。

注：类似的合成方法可以制备氯氧磷（chlorethoxyphos）、毒死蜱（chlorpyrifos）、甲基毒死蜱（chlorpyrifos-methyl）、杀螟硫磷（fenitrothion）、蝇毒磷（coumaphos）、杀螟腈（cyanophos）、二嗪磷（diazinon）、乙嘧硫磷（ethrimfos）、伐灭磷（famphur）、倍硫磷（fenthion）、吡氟硫磷（flupyrazofos）、氯唑磷（isazofos）、双硫磷（temephos）、噁唑磷（isoxathion）、虫螨畏（methacrifos）、对硫磷（parathion）、吡硫磷（pyrazothion）、甲基对硫磷（parathion-methyl）、嘧啶磷（pirimiphos-ethyl）、甲基嘧啶磷（pirimiphos-methyl）、哒嗪硫磷（pyridaphenthion）、喹硫磷（quinalphos）、三唑磷（triazophos）、硝虫硫磷、吡菌磷（pyrazophos）、氯辛硫磷

（chlorphoxim）、畜蜱磷（cythioate）、虫螨磷（chlorthiophos）、对磺胺硫磷（S-4115）、氯硫磷（chlorthion）、线虫磷/丰索磷（fensulfothion）、异氯磷（dicapthon）、皮蝇磷（fenchlorphos）、溴硫磷（bromophos）、虫线/治线磷（dichlfenthion）、乙基溴硫磷（bromophos-ethyl）、碘硫磷（iodofenphos）、萘氨磷（bayer 22408）、甲基立枯磷（tolcofos-methyl）、扑杀磷（potasan）、吡嗪磷（EL 72016）、畜虫磷（coumithoate）、酚线磷/除线磷（dichlfenthion）等硫（酮）代磷酸酯类有机磷杀虫剂。

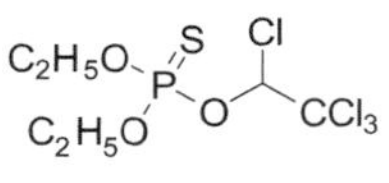

氯氧磷 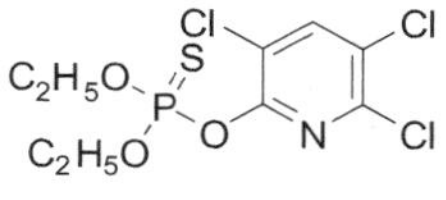　　毒死蜱 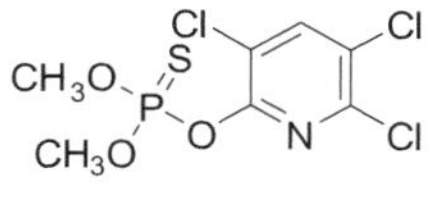　　甲基毒死蜱 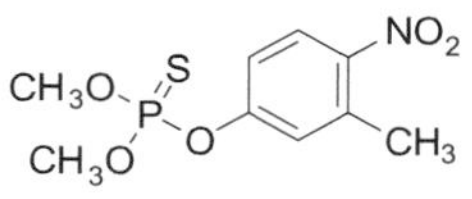　　杀螟硫磷

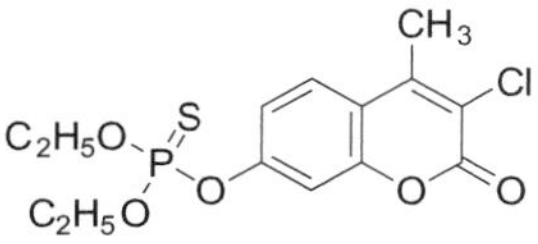

蝇毒磷 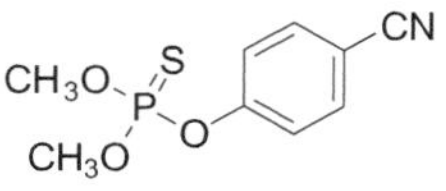　　杀螟腈 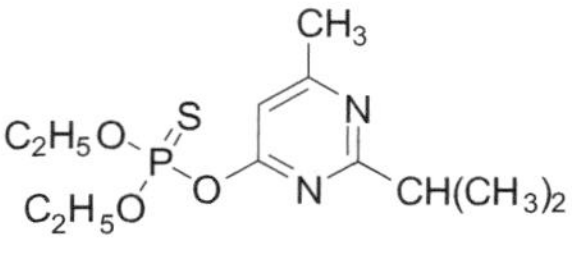　　二嗪磷 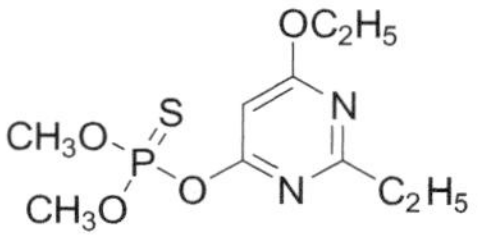　　乙嘧硫磷

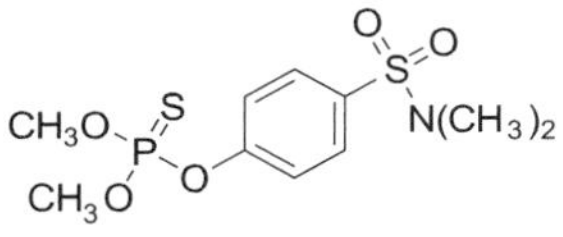

伐灭磷 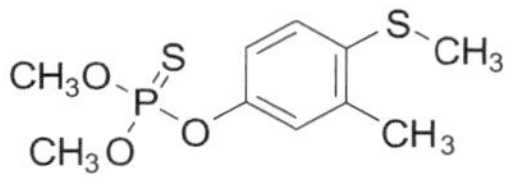　　倍硫磷 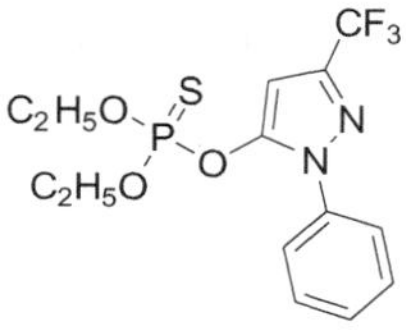　　吡氟硫磷 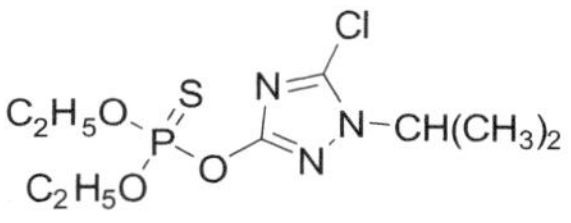　　氯唑磷

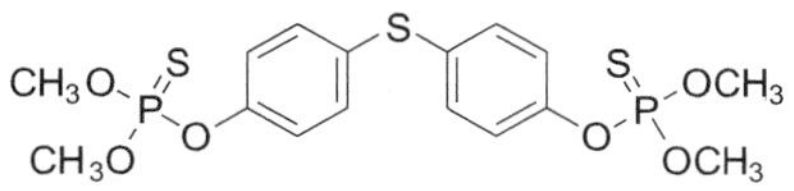

双硫磷 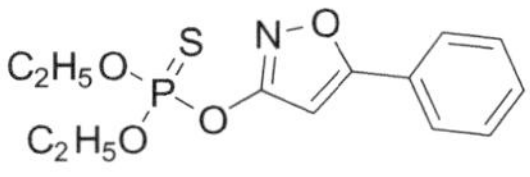　　噁唑磷 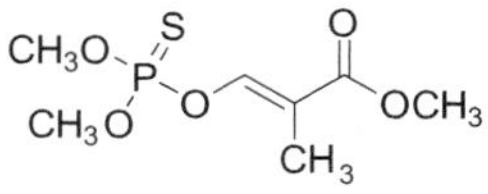　　虫螨畏

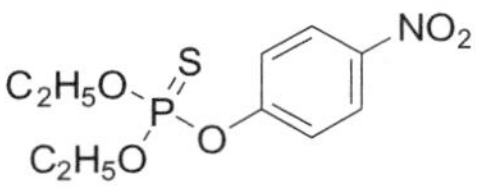

对硫磷 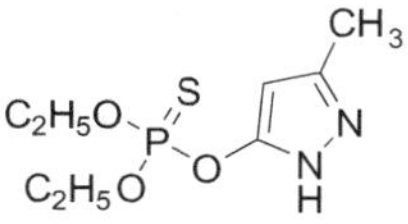　　吡硫磷 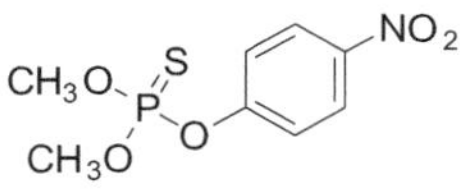　　甲基对硫磷 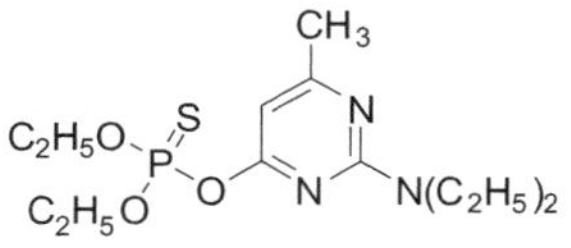　　嘧啶磷

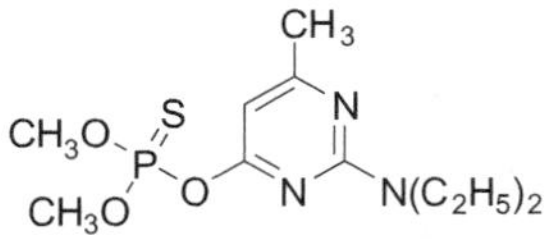

甲基嘧啶磷 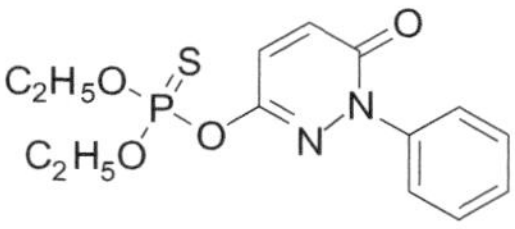　　哒嗪硫磷 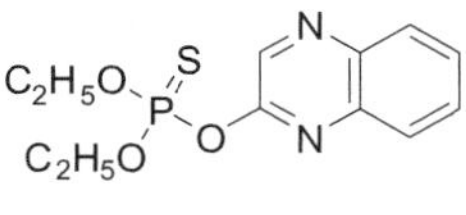　　喹硫磷 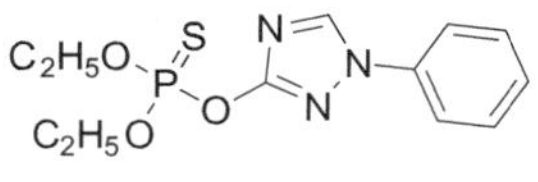　　三唑磷

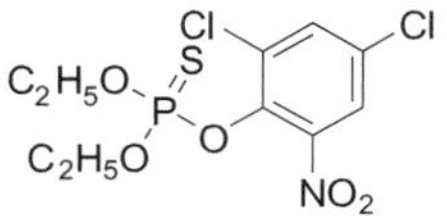

硝虫硫磷 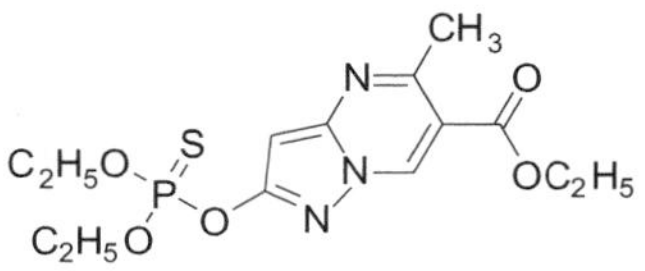　　吡菌磷 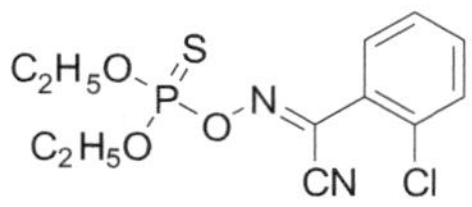　　氯辛硫磷 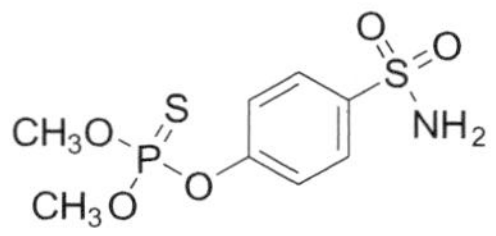　　畜蜱磷

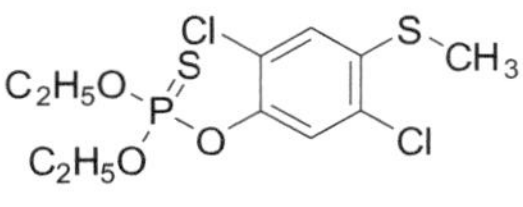

虫螨磷 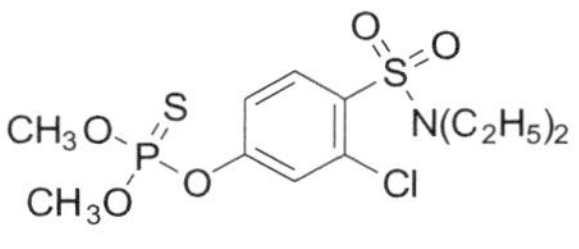　　对磺胺硫磷 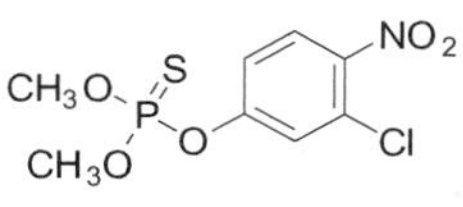　　氯硫磷 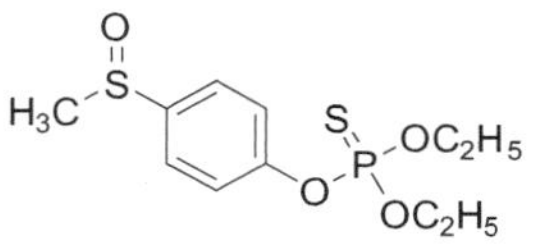　　线虫磷/丰索磷

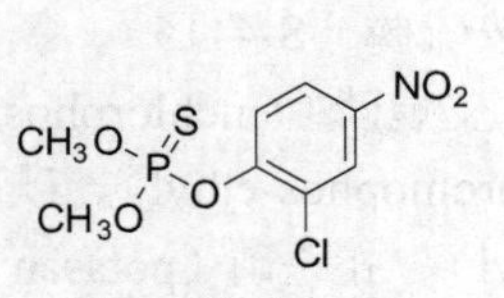

异氯磷 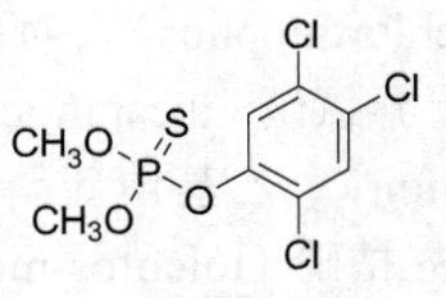　　　　　　皮蝇磷 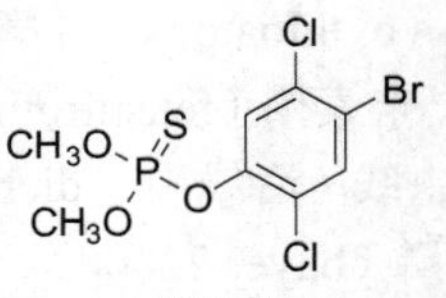　　　　　　溴硫磷 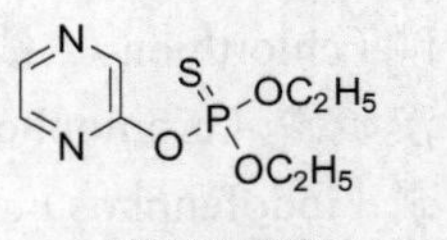　　　　　虫线/治线磷

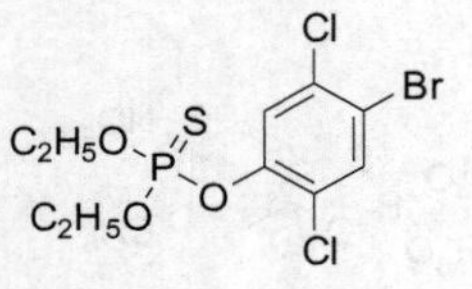

乙基溴硫磷 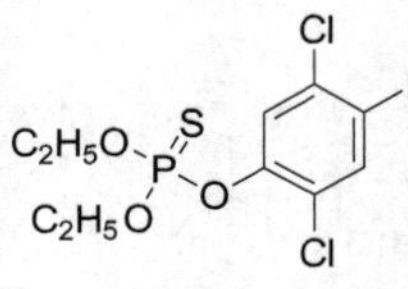　　　　碘硫磷 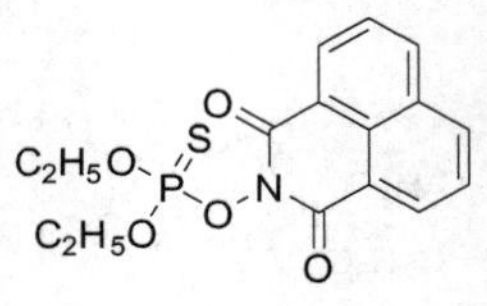　　　　　　萘氨磷 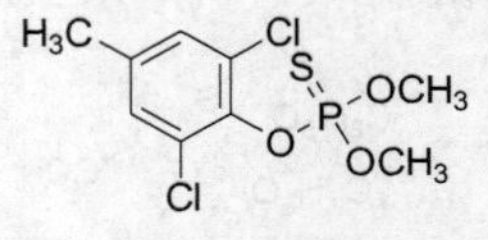　　　　　甲基立枯磷

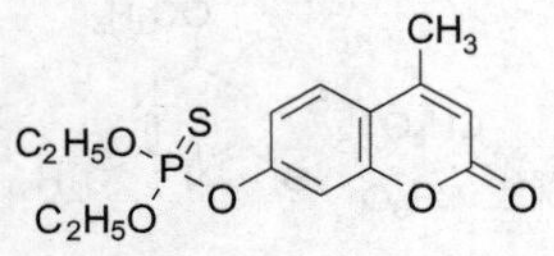

扑杀磷 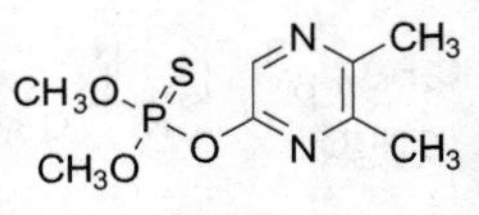　　　　　　吡嗪磷 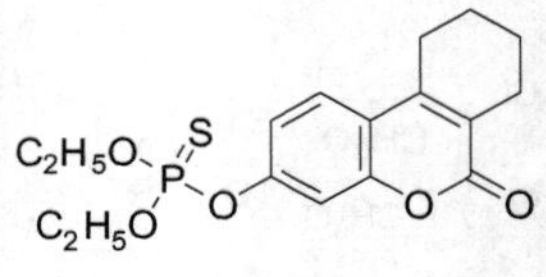　　　　　　畜虫磷 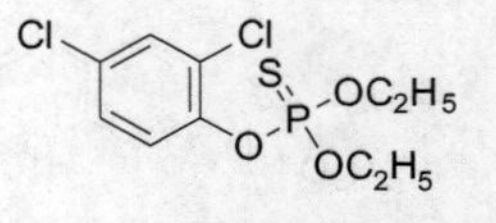　　　　　酚线磷/除线磷

甲基吡噁磷（azamethiphos）

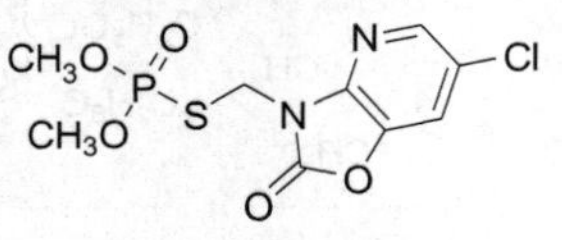

O,O-二甲基-*S*-(6-氯-2,3二氢-1,3-噁唑[4,5-*b*]吡啶-3-基)甲基硫代磷酸酯

甲基吡噁磷具有触杀和胃毒作用，属于广谱杀虫剂，击倒作用快、持效期长。主要用于棉花、果树、蔬菜及卫生方面防治苹果蠹蛾、螨、蚜虫、叶蝉、家蝇、蚊子、蟑螂等害虫。

纯品甲基吡噁磷为无色晶体，熔点89℃。溶解性（g/kg）：水1.1，苯13，二氯甲烷61，甲醇10；碱性条件易水解。

甲基吡噁磷原药大鼠急性经口LD_{50}（mg/kg）：1180；对蜜蜂有毒。

逆合成分析　甲基吡噁磷为对称硫（醇）代磷酸酯类有机磷杀虫剂（图2-5）。

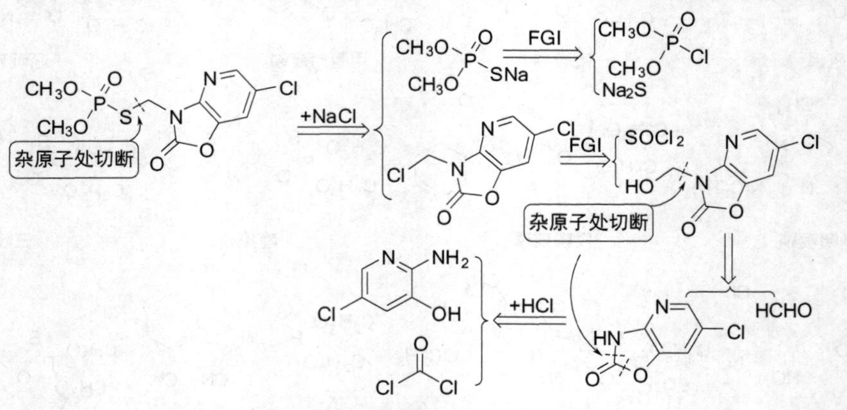

图2-5　甲基吡噁磷逆合成分析

合成路线

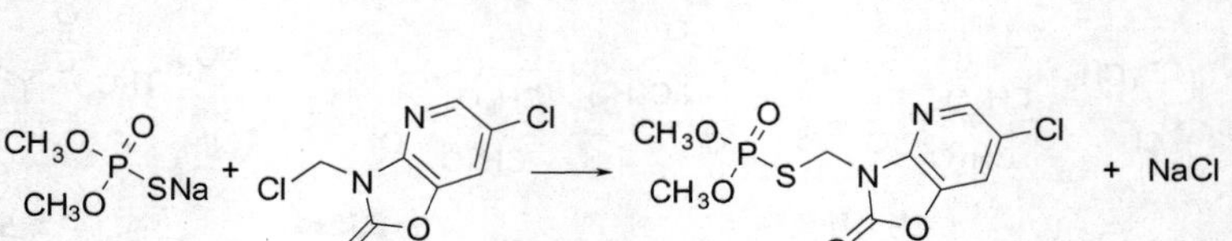

附：中间体 3- 氯甲基 -6- 氯 -2,3 二氢 -1,3- 噁唑 [4,5-*b*] 吡啶合成路线。

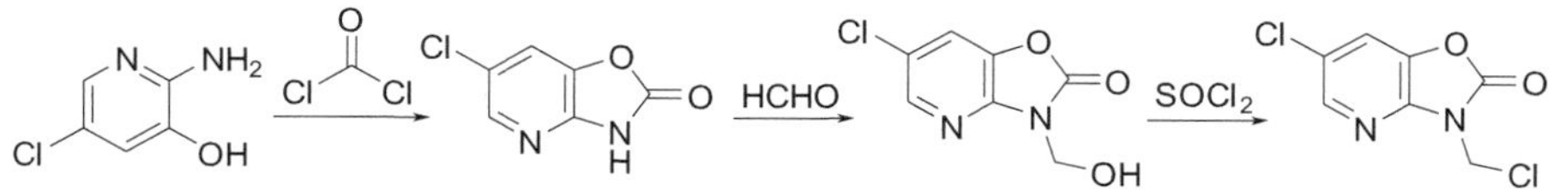

注：类似的合成方法可以制备甲基内吸磷（demeton-*S*-methyl）、甲基乙酯磷（methylacetophos）、乙酯磷（acetophos）、胺吸磷（amiton）、氧乐果（omethoate）、丰果（B/770）、果虫磷（cyanthoate）、异砜磷（oxydeprofos）、亚砜吸磷（oxydemeton-methyl）、蚜灭多 / 磷（vamidothion）、稻瘟净（EBP）、因毒磷（endothion）、砜吸磷（demeton-*S*-methylsulphone）、异稻瘟净（iprobenfos）等对称硫（醇）代磷酸酯类有机磷杀虫剂。

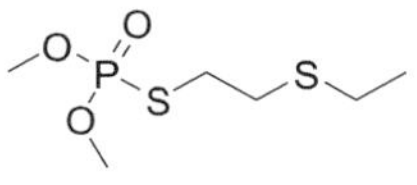

甲基内吸磷 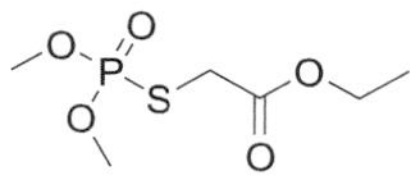 甲基乙酯磷 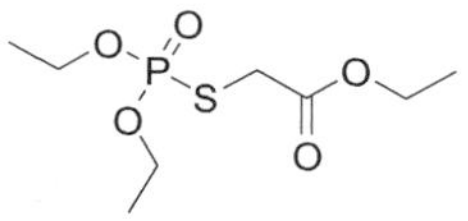 乙酯磷 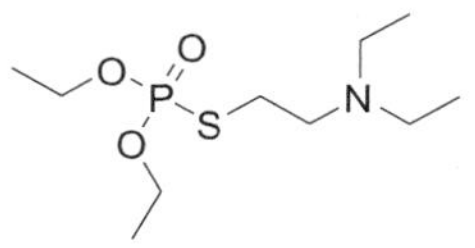 胺吸磷

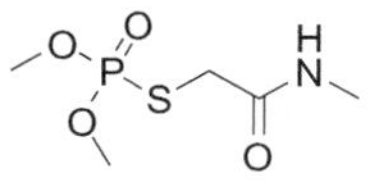

氧乐果 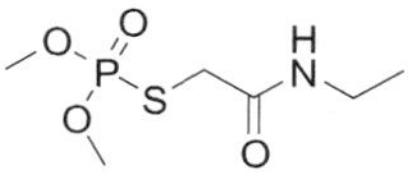 丰果 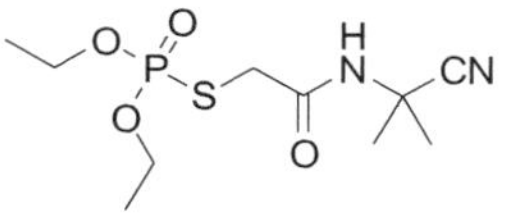 果虫磷 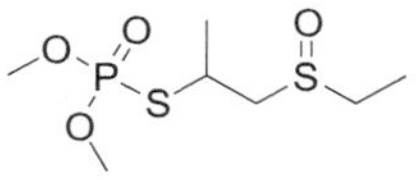 异砜磷

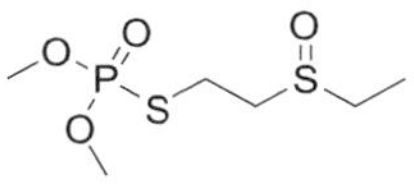

亚砜吸磷 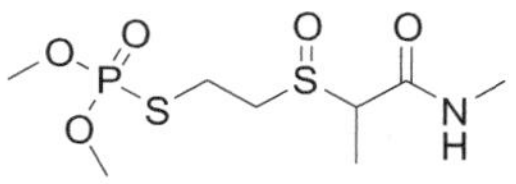 蚜灭多/磷 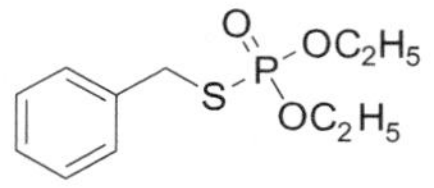 稻瘟净 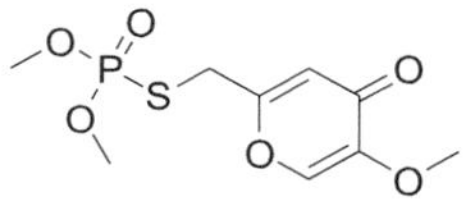 因毒磷

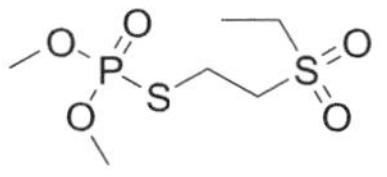

砜吸磷 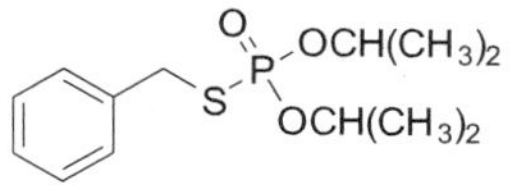 异稻瘟净

丙溴磷（profenofos）

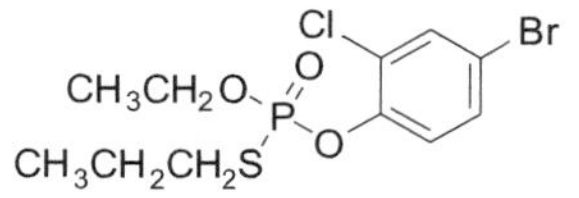

O-乙基-*S*-丙基-*O*-(4-溴-2-氯苯基）硫代磷酸酯

丙溴磷为 20 世纪 70 年代后期由瑞士汽巴 - 嘉基公司开发的有机磷农药品种。属于高效、广谱、非内吸性、三元不对称硫代磷酸酯类有机磷杀虫、杀螨剂，具有触杀和胃毒作用，能有效治棉铃虫、烟青虫、红蜘蛛、棉蚜、叶蝉、小菜蛾等，对抗性棉铃虫的防治效果显著。与拟除虫菊酯等农药复配，对害虫的防治效果更佳。

丙溴磷纯品为无色透明液体，沸点为 110℃（0.13Pa）；工业品原药为淡黄至黄褐色液体。常温储存会慢慢分解，高温更容易引起质量变化。

丙溴磷原药急性大鼠 LD_{50}（mg/kg）：经口 358、经皮 3300；对鸟和鱼毒性较高。

逆合成分析 丙溴磷为不对称硫（醇）代磷酸酯类有机磷杀虫剂。

（1）分析路线一 如图 2-6 所示。

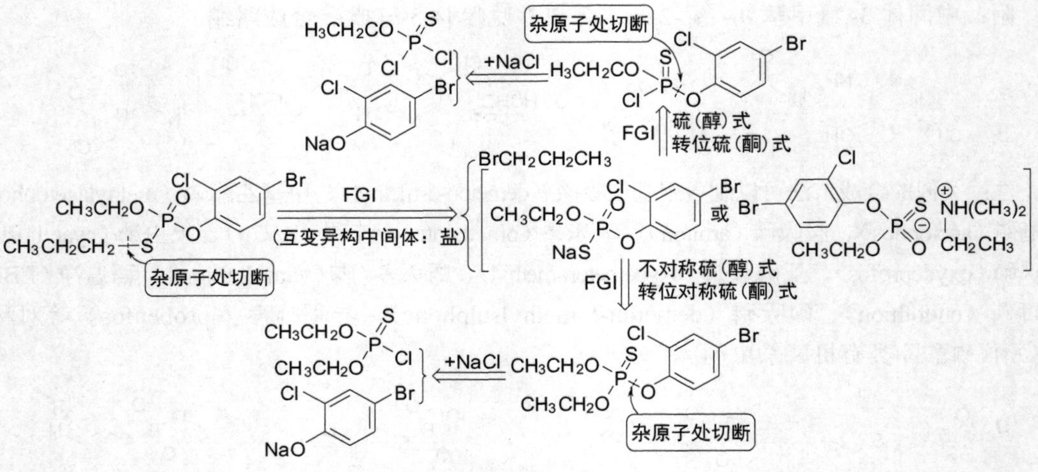

图 2-6　丙溴磷逆合成分析（一）

（2）分析路线二　如图 2-7 所示。

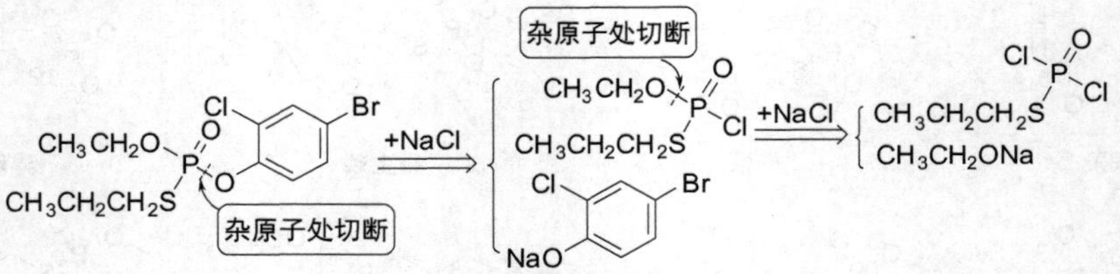

图 2-7　丙溴磷逆合成分析（二）

合成路线　丙溴磷的合成路线有三氯硫磷路线（即路线 1 → 2 → 3、4 → 5）和五硫化二磷路线（即路线 6 → 7 → 2 → 3、4 → 5）（图 2-8）。

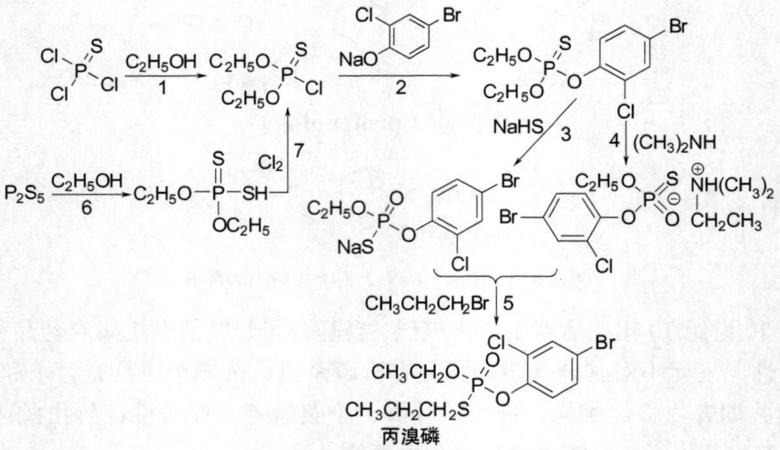

图 2-8　丙溴磷合成路线

实例

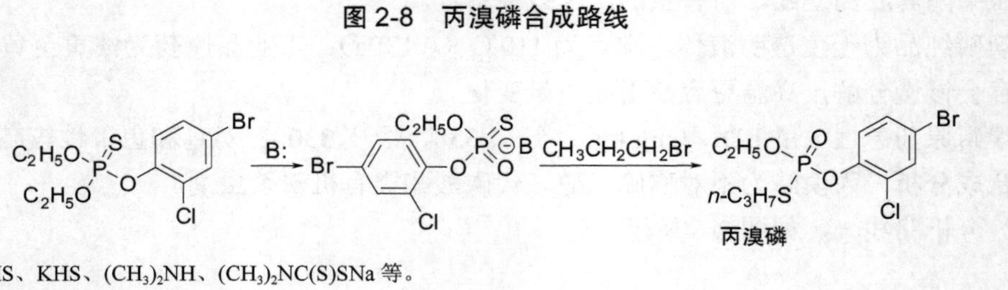

B：=NaHS、KHS、(CH₃)₂NH、(CH₃)₂NC(S)SNa 等。

合成步骤如下：

（1）在 1000mL 带搅拌三口瓶中加入 150g O,O- 二乙基 -O-(2- 氯 -4- 溴苯基) 硫代磷酸酯、300mL KSH- 乙醇溶液，升温，反应物回流 10h，反应毕，常压下蒸馏脱乙醇，残液溶于 1000mL 水中，加甲苯萃取。在分层得到的水相中加溴丙烷 80g、丁酮 20g，升温至 70 ~ 77℃，搅拌反应 6 h，反应毕，冷却至室温，静置分层，油层干燥，得产品丙溴磷 71g，收率 90%。

（2）在三口烧瓶中加 359g O,O- 二乙基 -O-(2- 氯 -4- 溴苯基) 硫代磷酸酯、450g 40% 二甲胺水溶液，升温搅拌，在 70 ~ 72℃回流反应 5h，常压蒸馏二甲胺，蒸至 90℃时减压蒸去低沸物，直至瓶内出现白色固体。常压蒸出的二甲胺可套用。

在氨解物烧瓶内加水 200mL，升温至 65℃搅拌溶解后，加入 2g TEBA，滴加 310g 98% 溴丙烷，于 60 ~ 65℃反应 5h，冷却至室温，再用水洗至中性，减压蒸去溴丙烷，得到淡黄色丙溴磷原药 340.2g，含量 94.2%。两步收率为 90.2%。

注：类似的合成方法可以制备吡唑硫磷（pyraclofos）、绿稻宁（cereton B）、乙苯稻瘟净（ESBP）等不对称硫（醇）代磷酸酯类有机磷杀虫剂。

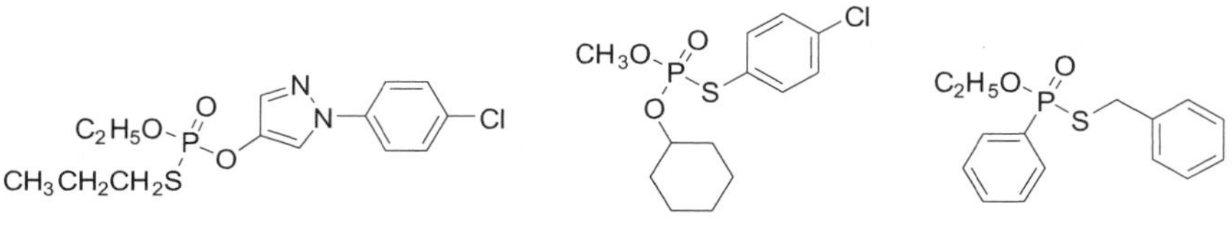

吡唑硫磷 　　　　　　　　　　绿稻宁 　　　　　　　　乙苯稻瘟净

稻丰散（phenthoate）

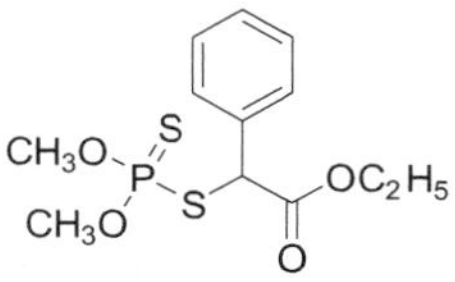

S-α- 乙氧基羰基苄基 -O,O- 二甲基二硫代磷酸酯

稻丰散为非内吸、触杀、胃毒、广谱活性杀虫剂，适用于棉花、水稻、果树、蔬菜及其他作物的害虫防治。对某些葡萄、桃及无花果有药害，能使多种苹果皮红色脱掉。

纯品稻丰散为无色晶体，熔点 17 ~ 18℃，沸点 186 ~ 187℃（666.61Pa）。稻丰散原药大鼠急性经口 LD_{50}（mg/kg）：270（雄）、249（雌）；对蜜蜂有毒。

逆合成分析 稻丰散为对称二硫（酮，醇）代磷酸酯类有机磷杀虫剂（图 2-9）。

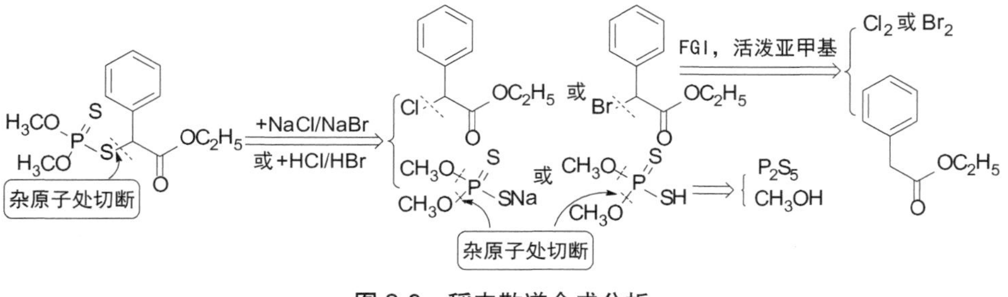

图 2-9 稻丰散逆合成分析

合成路线 稻丰散合成路线如图 2-10 所示。

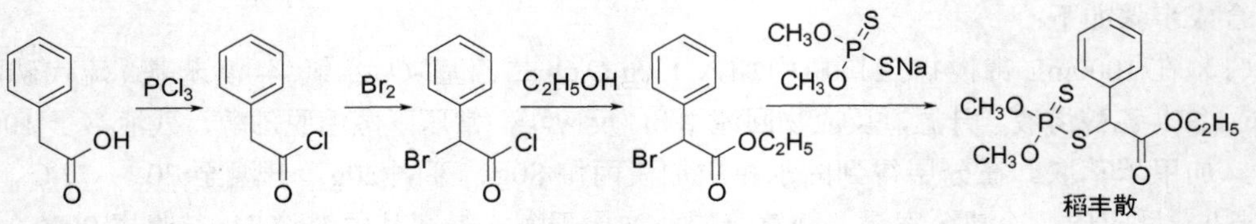

图 2-10　稻丰散合成路线

合成步骤如下：

（1）α- 溴代苯乙酸乙酯的制备　在 30℃下，将 95% 以上三氯化磷 70mol 慢慢滴入到 192mol 苯乙酸和 40L 二氯乙烷的混合液中，滴毕，回流反应 30min，继续搅拌 1h。紫外灯照射、回流条件下滴加 192mol 溴素回流 1h 后，再在回流状态下于 1 ～ 1.5h 内滴加 250mol 的无水乙醇，滴毕，继续搅拌反应 1h 为酯化结束。反应也经碱洗、萃取、中和、水洗、脱去溶剂后得棕红色液体 α- 溴代苯乙酸乙酯 45kg，含量 91% 以上，收率 87.7%。

（2）稻丰散的合成　将用 Na_2CO_3 处理的 160mol O,O- 二甲基二硫代磷酸钠水溶液，加甲苯 30L，升温至 40 ～ 45℃，加入相转移催化剂，在 0.5 ～ 1h 内滴加 100mol 的 α- 溴代苯乙酸乙酯，滴毕，于 65℃下保温反应 4h，经碱洗、中和、水洗、脱去溶剂后得红黄色油状稻丰散原油，含量 92%，收率 88%。

将 α- 溴代苯乙酸乙酯（含量 ≥ 98%）投入四口烧瓶中，开启电炉及回流冷凝器，水浴加热，待温度升到 35℃时，加入碘化钾，加毕温度自然上升，并于 40℃时开始滴 O,O- 二甲基二硫代磷酸钠盐（含量 ≥ 45%）。滴加 O,O- 二甲基二硫代磷酸钠盐过程中，温度自动由 40℃上升到 75 ～ 85℃，开始保温 4 ～ 4.5h，保温结束后，冷却到 30℃，调整 pH5.5 ～ 6.5，用混合苯（纯苯：甲苯 =1：1）萃取，静置 4h，分净氯化钠盐水，减压蒸馏脱苯，称量并取样分析甲基稻丰散含量，计算收率。

碘化钾用量 0.11 ～ 0.15g，稻丰散含量 90.21% ～ 92.11%，收率 90.56% ～ 92.51%。

注：类似的合成方法可以制备氯甲（硫）磷（chlormephos）、乐果（dimethoate）、乙拌磷（disulfoton）、安果磷（formothion）、灭蚜磷（mecarbam）、甲基乙拌磷（thiometon）、噻唑硫磷（colophonate）、二甲硫吸磷（thiometon）、砜拌磷（oxydisulfoton）、异拌磷（isothioate）、敌害磷（defol）、威尔磷（veldrin）、家蝇磷（acethion）、酰胺磷（Ac-3741）、益果（ethoate-methyl）、发果（prothoate）、苏果（sophamide）、赛果（amidithion）、茂果（morphothion）、酰脲磷（ACC 3901）、灭蚜蜱（mecarbam）、浸移磷（DAEP）、灭蚜松（menazon）、敌嗯磷（dioxathion）、亚砜磷（oxydemeton-methyl）、蚜灭磷（vamidothion）、地散磷（bensulide）等对称二硫（酮，醇）代磷酸酯类有机磷杀虫剂。

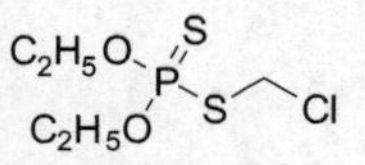

氯甲（硫）磷 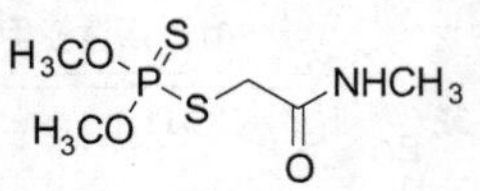　　乐果 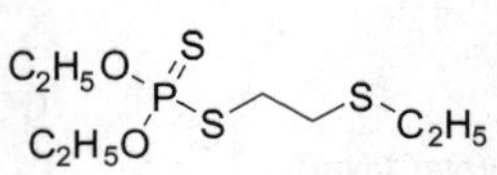　　乙拌磷 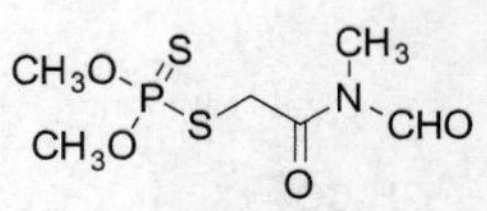　　安果磷

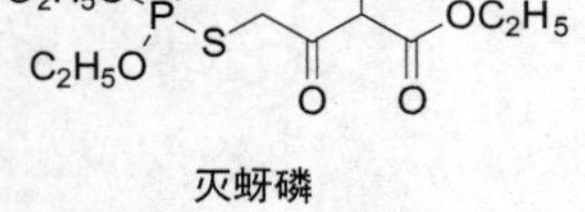

灭蚜磷 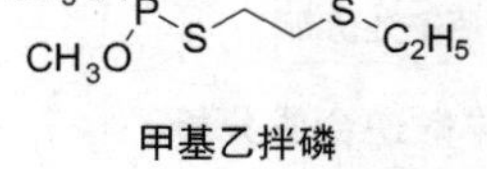　　甲基乙拌磷 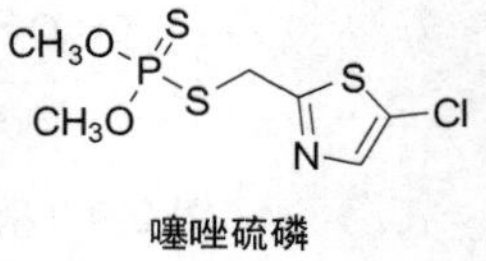　　噻唑硫磷 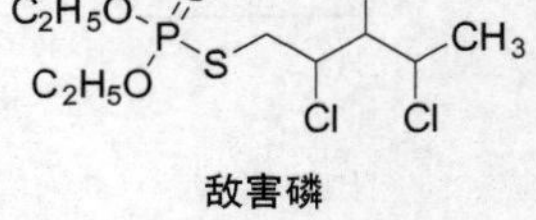　　敌害磷

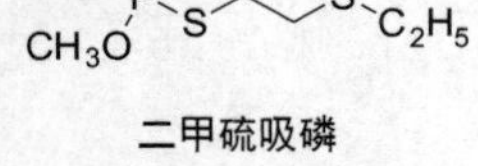

二甲硫吸磷 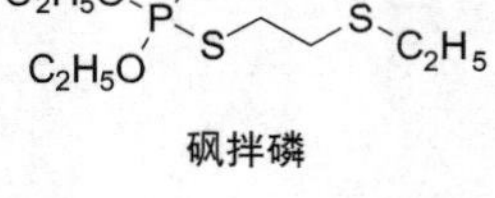　　砜拌磷 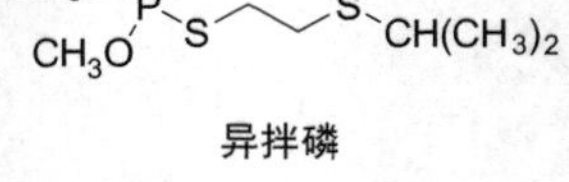　　异拌磷 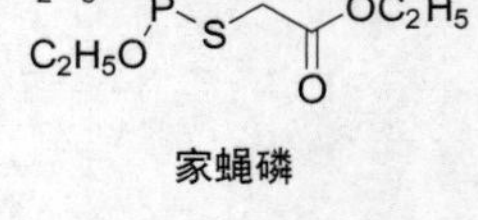　　家蝇磷

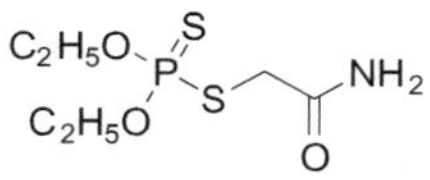

酰胺磷 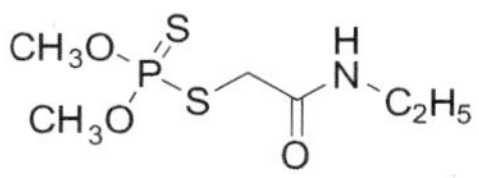 益果 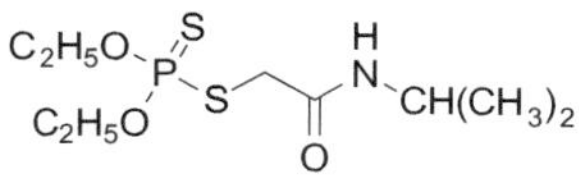 发果 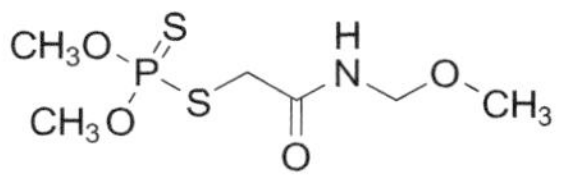 苏果

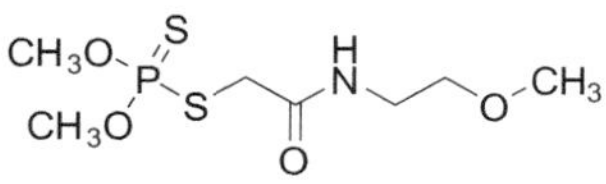

赛果 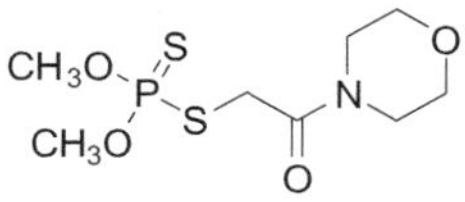 茂果 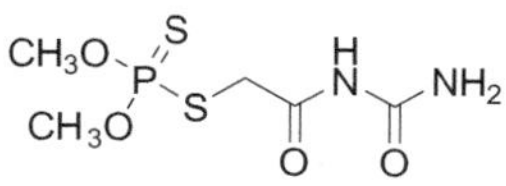 酰脲磷 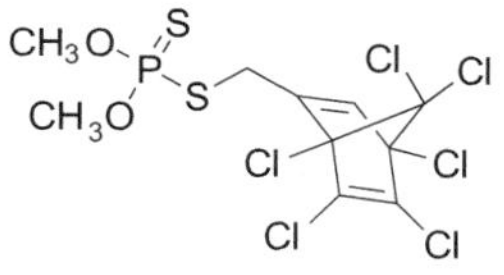 威尔磷

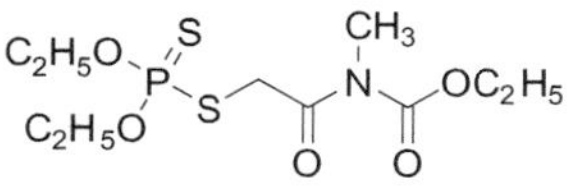

灭蚜蜱 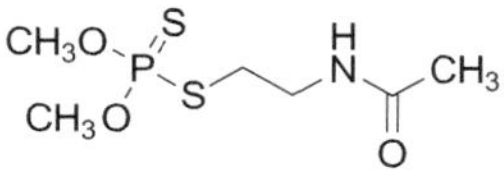 浸移磷 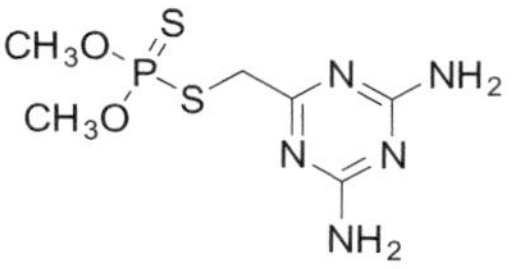 灭蚜松 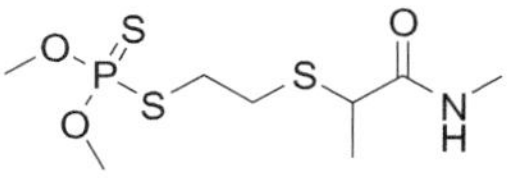 蚜灭磷

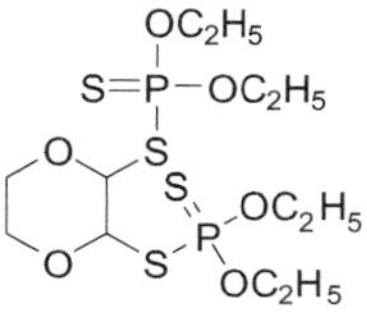

敌噁磷 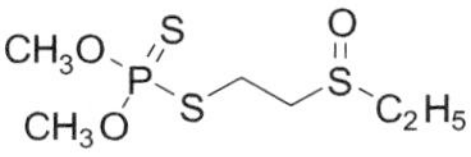 亚砜磷 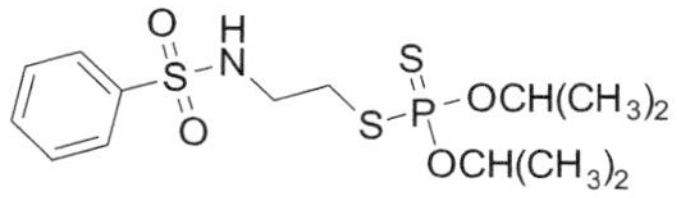 地散磷

甲拌磷（phorate）

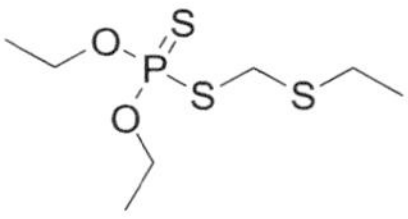

O,O-二乙基-*S*-乙硫基甲基二硫代磷酸酯

甲拌磷为高效、高毒、广谱内吸性杀虫剂，具有触杀、胃毒、熏蒸作用。纯品甲拌磷为无色液体，沸点 118～120℃（106.66Pa）；碱性条件易水解。甲拌磷原药大鼠急性经口 LD_{50}（mg/kg）：3.7（雄）、1.6（雌）；对蜜蜂有毒。

逆合成分析 甲拌磷为对称二硫（酮，醇）代磷酸酯类有机磷杀虫剂（图 2-11）。

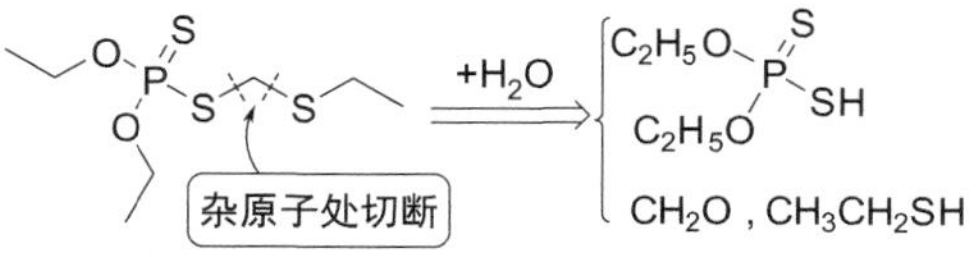

图 2-11 甲拌磷逆合成分析

合成路线 如下：

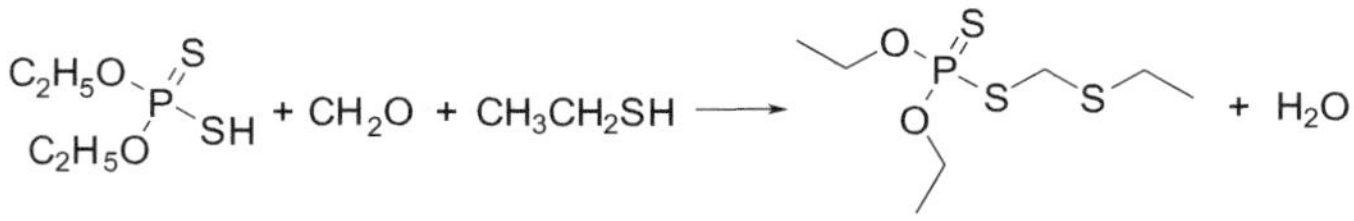

注：① 甲拌磷属于剧毒有机磷农药，已被限制使用，此处只作为制备方法示例分析。

② 用类似甲拌磷的合成方法可以制备益棉磷（azinphos-ethyl）、保棉磷（azinphos-methyl）、乙硫磷（ethion）、杀扑磷（methidathion）、伏杀（硫）磷（phosalone）、亚胺硫磷（phosmet）、特丁磷（terbufos）、丁苯硫磷（fosmethilan）、甲基三硫磷（R-1492）、三倍磷（carbophenothion）、

芬硫磷（phenkapton）等对称二硫（酮，醇）代磷酸酯类有机磷杀虫剂。

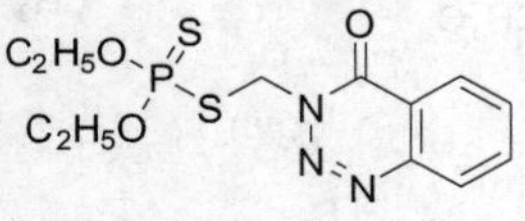

益棉磷 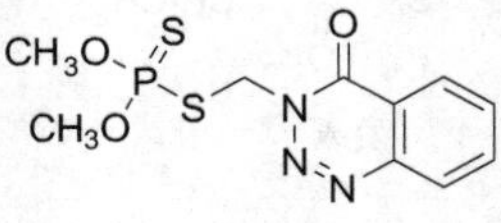　　　　　保棉磷 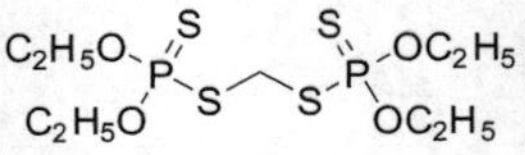　　　　　乙硫磷 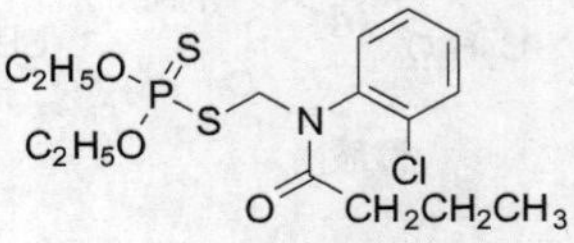　　　　　丁苯硫磷

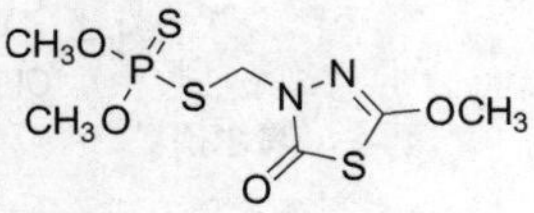

杀扑磷 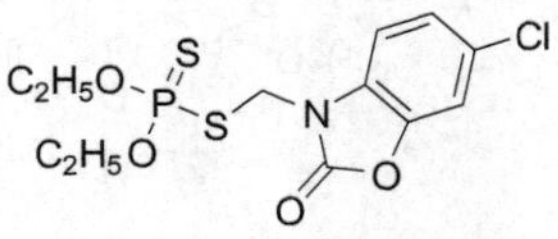　　　　　伏杀（硫）磷 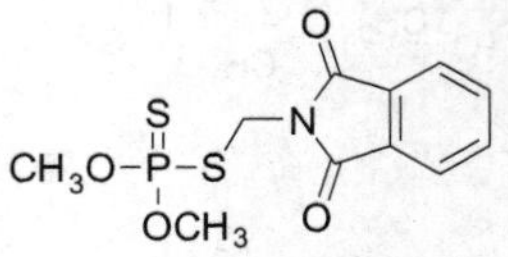　　　亚胺硫磷 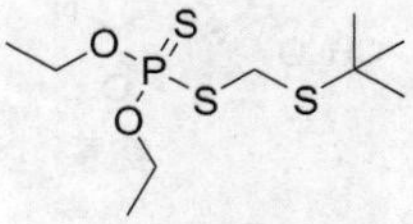　　　　特丁磷

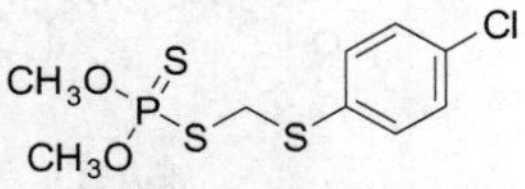

甲基三硫磷 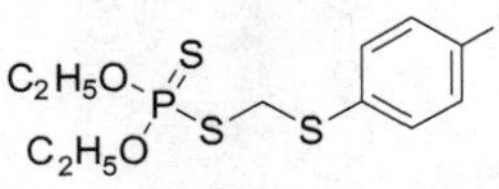　　　　　三倍磷 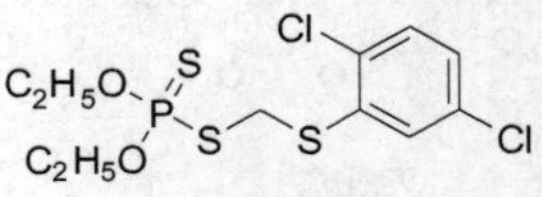　　　　　芬硫磷

丙线磷（ethoprophos）

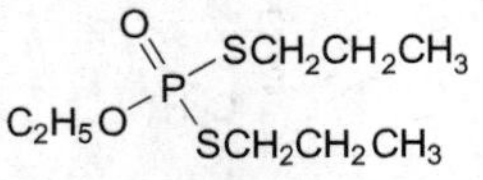

O-乙基-S,S-二丙基二硫代磷酸酯

丙线磷为非内吸、无熏蒸作用杀线虫剂和土壤杀虫剂，在蔬菜、果树、茶、草药上限制使用。

纯品丙线磷为淡黄色液体，沸点 86 ～ 91℃/0.2mmHg（26.66Pa）；碱性条件易水解。丙线磷原药大鼠急性经口 LD_{50}（mg/kg）：62（雄）。对兔眼睛和皮肤有刺激。

逆合成分析　丙线磷为对称二硫（醇）代磷酸酯类有机磷杀虫剂（图 2-12）。

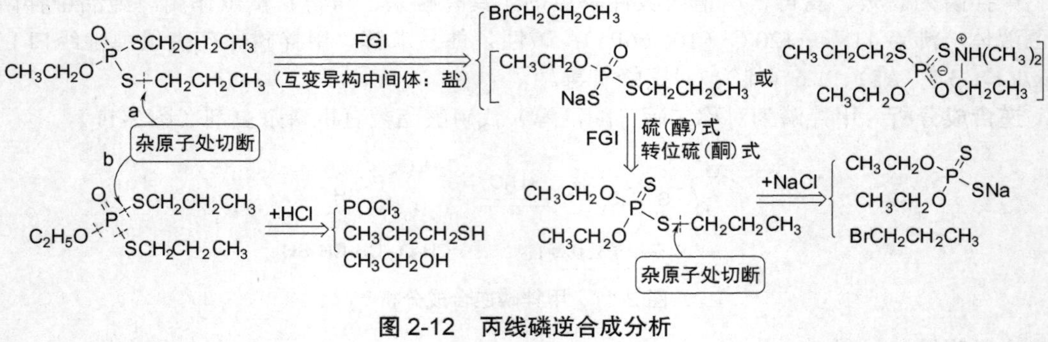

图 2-12　丙线磷逆合成分析

合成路线　如图 2-13 所示。

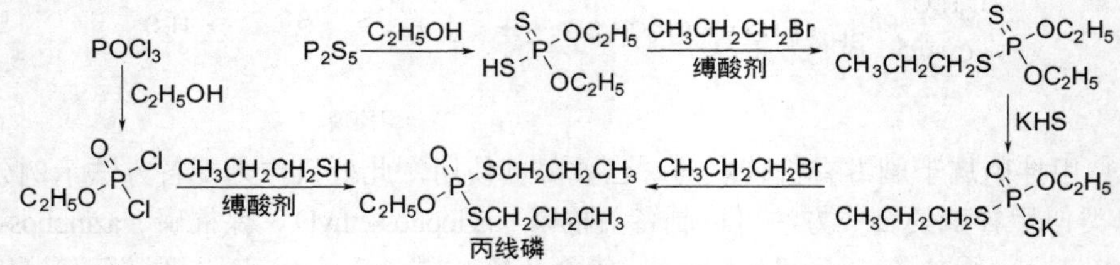

图 2-13　丙线磷合成路线

实例

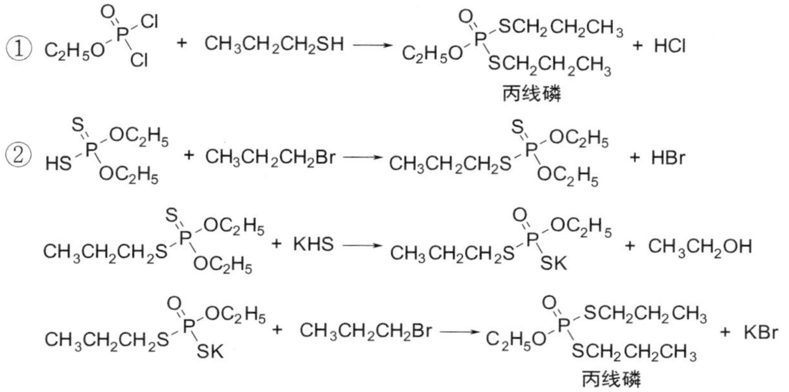

注：类似合成方法可以制备硫线磷（cadusafos）等对称二硫（醇）代磷酸酯类有机磷杀虫剂。

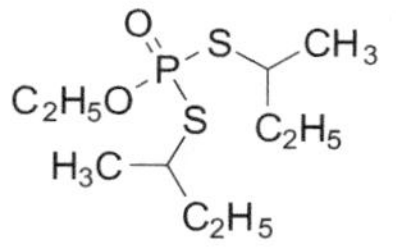

硫线磷

丙硫磷（prothiofos）

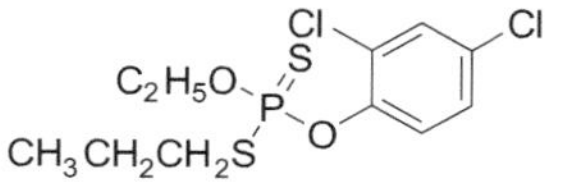

O-乙基-*O*-(2,4-二氯苯基)-*S*-丙基二硫代磷酸酯

丙硫磷为具有触杀和胃毒作用广谱、非内吸性杀虫剂，推荐剂量对蜜蜂无害。

纯品丙硫磷为无色液体，沸点 125～128℃（13Pa）；溶解性：易溶于有机溶剂，碱性条件易水解。

丙硫磷原药大鼠急性经口 LD_{50}（mg/kg）：1569（雄），11390（雌）；对兔眼睛和皮肤无刺激。

逆合成分析 丙硫磷为不对称二硫（酮，醇）代磷酸酯类有机磷杀虫剂（图 2-14）。

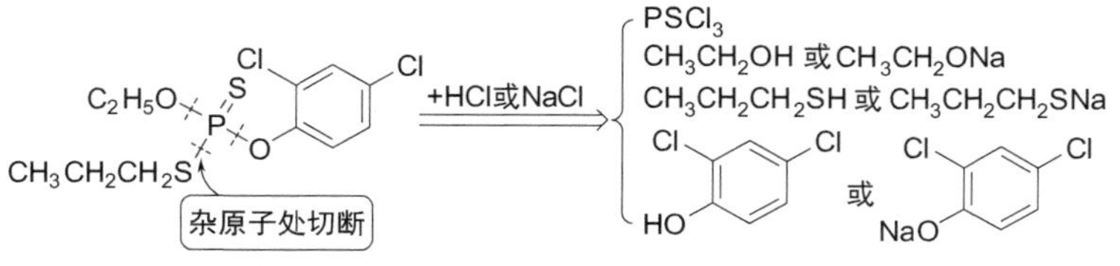

图 2-14 丙硫磷逆合成分析

合成路线 合成路线与丙溴磷类似，常用的有三氯硫磷路线（1 → 2 → 3，6 → 7 → 8）和五硫化二磷路线（4 → 5）。实际生产常用五硫化二磷路线（4 → 5）（图 2-15）。

合成步骤如下：

在装有搅拌器、温度计和回流冷凝器的反应器中，加入五硫化二磷、无水乙醇、2,4-二氯苯酚、催化剂及有机溶剂，在较低温度下反应 2～3h，然后加入缚酸剂与溴丙烷，升温再反应 2h。反应毕，冷却过滤、水洗至中性，减压脱溶即得产品丙硫磷原油。

将 2,4-二氯苯酚和有机溶剂加入反应器，在冷却条件下加入定量五硫化二磷和催化剂，再滴加无水乙醇，保温反应 1～2h，然后加入计算量溴丙烷，提高温度再反应 2～3h，冷却、过滤，将溶剂层经碱水洗涤，减压脱溶即得产品丙硫磷，收率 60%，含量 75%～84%。

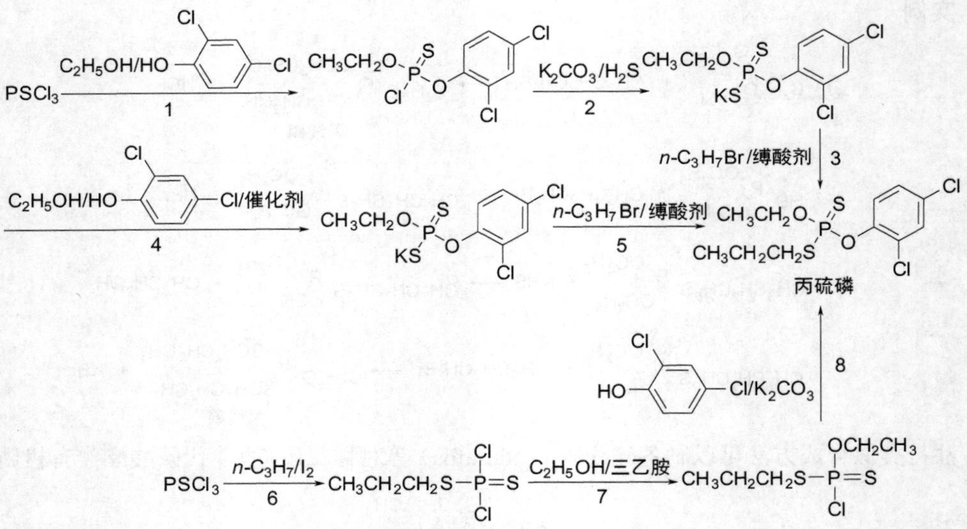

图 2-15　丙硫磷合成路线

注：类似合成方法可以制备硫丙磷（sulprofos）、苯乙丁硫磷（BEBP）等不对称二硫（酮，醇）代磷酸酯类有机磷杀虫剂。

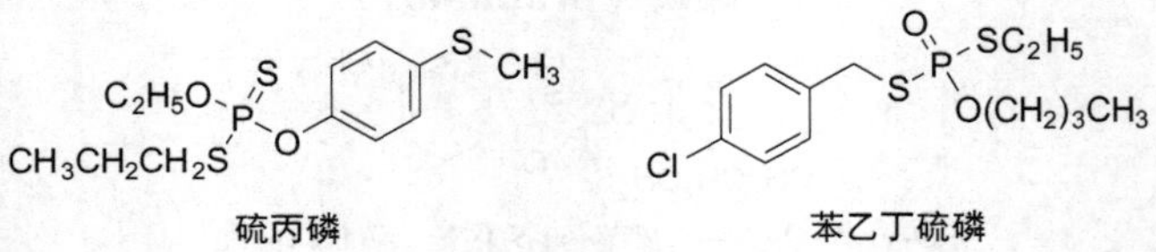

硫丙磷　　　　　　　　　　苯乙丁硫磷

马拉硫磷 (malathion)

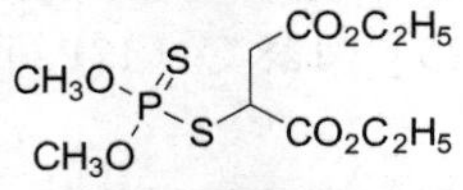

O,O- 二甲基 -S-[1,2- 二（乙氧基羰基）乙基] 二硫代磷酸酯

马拉硫磷 1950 年由美国氰胺公司开发成功，是一种优良的非内吸广谱性二硫代磷酸酯类有机磷杀虫、杀螨剂。是国际农药市场上的一个重要品种，在国内也属于一个大吨位的农药品种。

马拉硫磷具有良好的触杀作用和一定的熏蒸作用，残效期较短。马拉硫磷进入虫体后，首先被氧化成毒力更强的马拉氧磷，从而发挥强大的毒杀作用；而进入温血动物体内时，被昆虫体内所没有的羧酸酯酶水解而失去毒性，因而对人、畜毒性低。马拉硫磷对刺吸式口器和咀嚼式口器的害虫都有效，适用于防治果树、茶叶、烟草、蔬菜、棉花、水稻等作物上的多种害虫，并可用于防治蛀食性的仓库害虫等。

纯品马拉硫磷为透明浅黄色油状液体，熔点 2.85℃，沸点 156～157℃（93Pa）。

马拉硫磷对光稳定，对热稳定性较差；在 pH ＜ 5 的介质中水解为硫化物和 α- 硫醇基琥珀酸二乙酯，在 pH 5～7 的介质中稳定，在 pH ＞ 7 的介质中水解成硫化物钠盐和反丁烯二酸二乙酯；可被硝酸等氧化剂氧化成马拉氧磷，但工业品马拉硫磷中加入 0.01%～1.0% 的有机氧化物，可增加其稳定性；对铁、铅、铜、锡制品容器有腐蚀性，此类物质也可降低马拉硫磷的稳定性。

原药大鼠急性经口 LD_{50}（mg/kg）：1751.5（雌）、1634.5（雄）。对蜜蜂高毒，对眼睛、皮肤有刺激性。

合成路线 通常以五硫化二磷为起始原料，制得的中间体 *O,O*- 二甲基二硫代磷酸酯与顺丁烯二酸二乙酯反应制得马拉硫磷（图 2-16）。

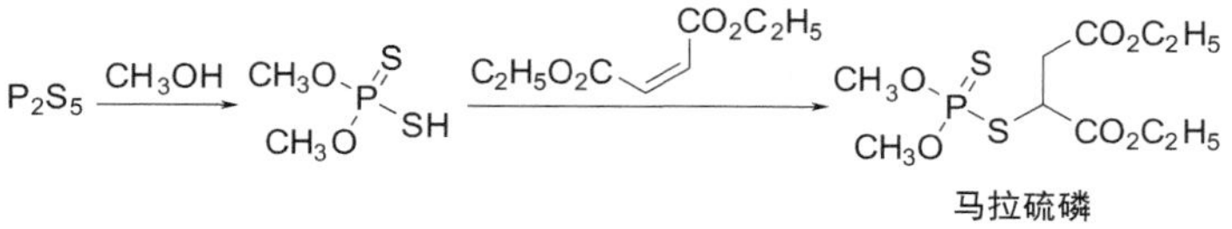

图 2-16 马拉硫磷合成路线

向装有电动搅拌器和温度计的 500mL 三口烧瓶中加入 133g 顺丁烯二酸二乙酯，开动搅拌并升温，于 50 ～ 55℃滴加精 *O,O*- 二甲基二硫代磷酸酯 149g，加完后在 55℃时保温 1h，然后每 1h 升温 5℃，至 70℃以后在 70 ～ 75℃保温 8h 结束反应得粗品马拉硫磷原油。粗原油分 4 次按水洗、碱洗、碱洗、水洗的次序进行洗涤。每次洗涤后需静置分层，分去废水，在真空下将水蒸气直接通入洗涤后的原油蒸去苯和未反应的顺丁烯二酸二乙酯，再按序将原油、水 400mL、次氯酸钠（100g/L 的溶液 100g）充分混合，搅拌 0.5h，静置分去废水后再次水洗，此次分层必须将中间层分去以免影响质量。然后在真空（93.32kPa 以上，温度为 50 ～ 90℃，约 1h）和搅拌条件下，脱除残存的苯和水分得微黄色清亮无臭的 94% 左右的马拉硫磷原油。

相关副反应如下：

① 马拉硫磷在酸性条件下，发生酯交换反应。

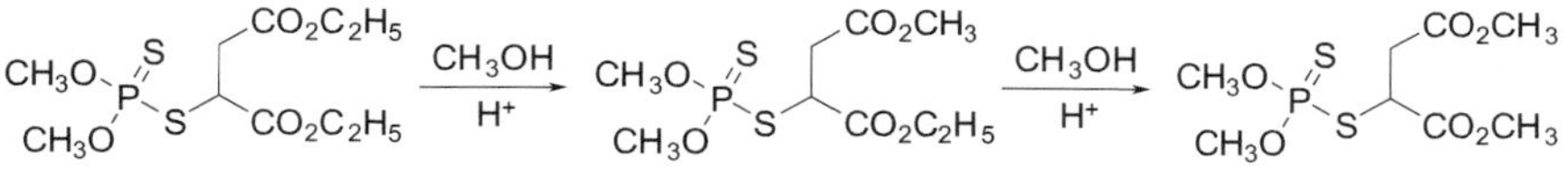

因此，在生产过程中必须对中间体顺丁烯二酸二乙酯和 *O,O*- 二甲基二硫代磷酸酯进行纯化处理。

② 马拉硫磷在过高温度下容易异构化，生成对哺乳动物毒性很高的异马拉硫磷。

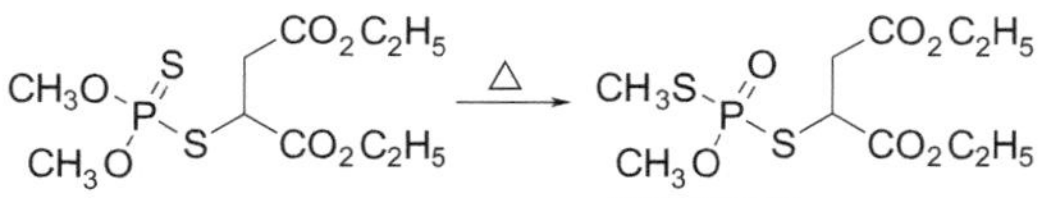

故生产过程中必须严格控制反应、蒸馏等的操作温度。

异柳磷（isofenphos）

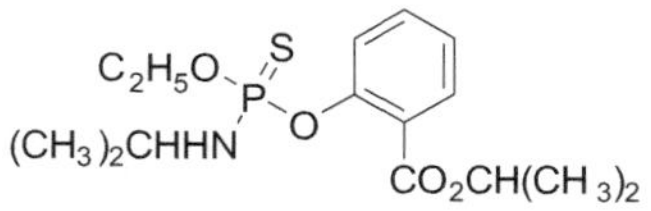

O- 乙基 -*O*-(2- 异丙氧基羰基) 苯基 -*N*- 异丙氨基硫代磷酸酯

异柳磷为具有触杀和胃毒作用广谱、内吸性杀虫剂，适用于多种作物根结线虫及地下害虫。纯品异柳磷为无色液体，溶解性（g/kg）：水 0.018，易溶于有机溶剂。异柳磷原药大鼠急性经口 LD$_{50}$（mg/kg）：20；对蜜蜂无害。

逆合成分析 异柳磷为不对称（二）硫（酮，醇）代磷酸酯类有机磷杀虫剂（图 2-17）。

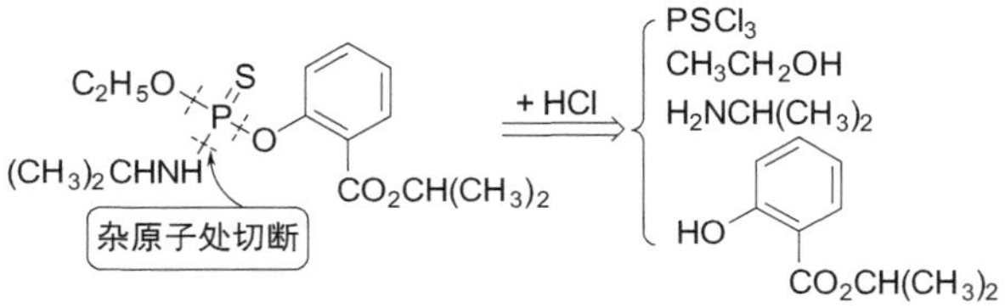

图 2-17 异柳磷逆合成分析

合成路线 如下：

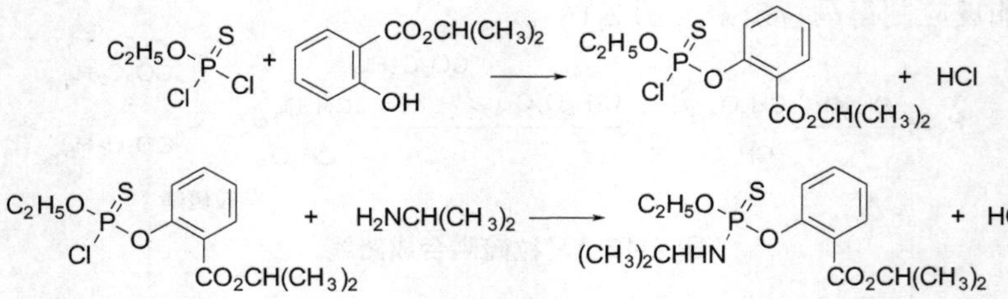

注：类似合成方法可以制备甲基异柳磷（isofenphos-methyl）、烯虫磷/胺丙畏（propetamphos）、甘氨硫磷（alkatox）、农安磷（E.I.43064）、畜壮磷（narlene）、果满磷（amidothionate）、畜安磷（Dow-ET 15）等不对称硫（酮）代磷酸胺类有机磷杀虫剂。

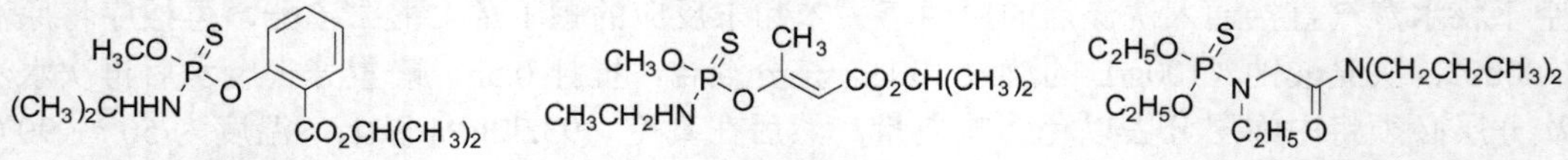

甲基异柳磷　　　　　　　烯虫磷/胺丙畏　　　　　　　甘氨硫磷

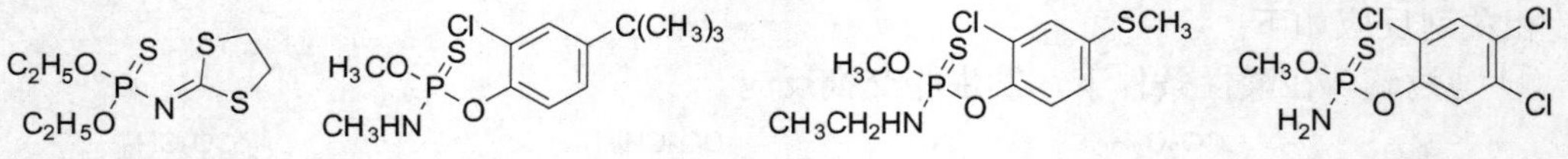

农安磷　　　　　畜壮磷　　　　　果满磷　　　　　畜安磷

苯线磷（fenamiphos）

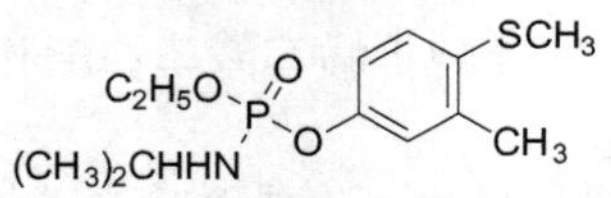

O-乙基-*O*-(3-甲基-4-甲硫基)苯基-*N*-异丙氨基磷酸酯

苯线磷又名克线磷、苯胺磷、线威磷、虫胺磷，为具有触杀和胃毒作用的广谱、内吸性杀虫剂，适用于多种作物根结线虫及地下害虫。由于毒性高，已被限制使用。

纯品苯线磷为无色晶体，熔点49.2℃；溶解性（g/kg）：水 0.4，易溶于有机溶剂。苯线磷原药大鼠急性经口 LD_{50}（mg/kg）：6；推荐剂量对蜜蜂无害，对鸟类、家禽剧毒。

逆合成分析 苯线磷为不对称磷酸胺类有机磷杀虫剂（图 2-18）。

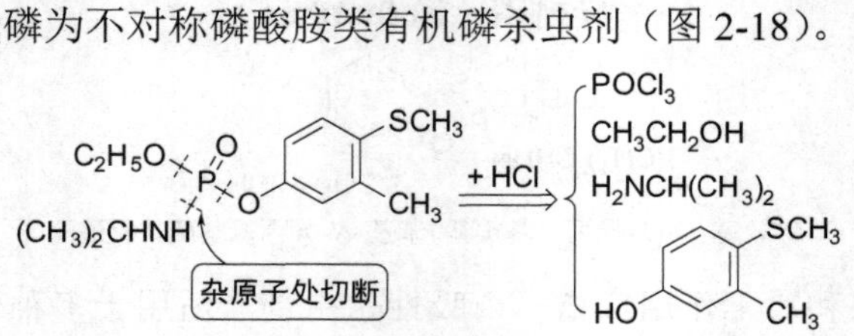

图 2-18 苯线磷逆合成分析

合成路线

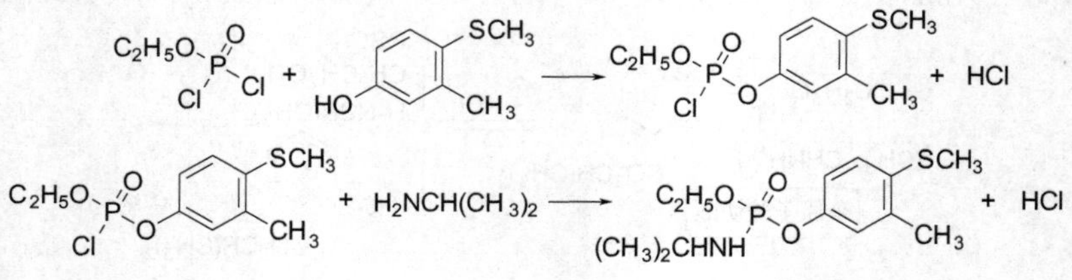

注：类似合成方法可以制备丁硫环磷（fosthietan）、独效磷（K 20-35）、育畜磷（crufomate）、硫环磷（phosfolan）、地安磷（mephosfolan）、除线特（diamidafos）等磷酸胺类有机磷杀虫剂。

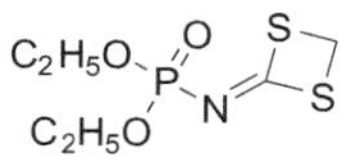

丁硫环磷 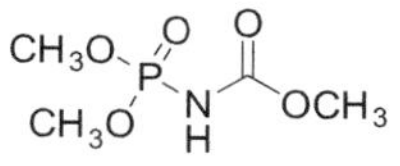   独效磷 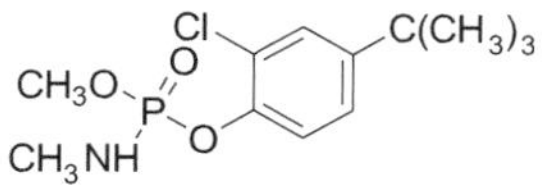   育畜磷 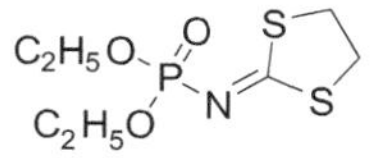   硫环磷

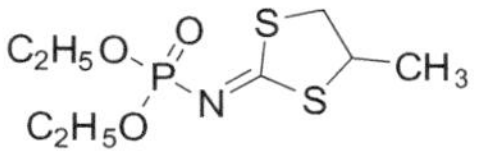

地安磷 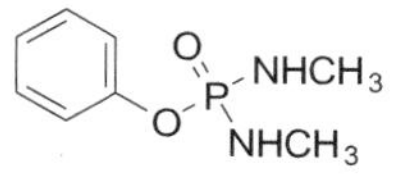   除线特

乙酰甲胺磷(acephate)

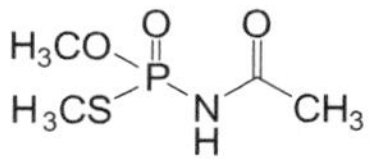

O,S-二甲基-N-乙酰基硫代磷酰胺

乙酰甲胺磷 1964 年由德国拜耳公司首先合成，1972 年美国 Chevron 化学公司正式将其商品化，属于高效、低毒、低残留、广谱硫代磷酰胺类有机磷杀虫剂，是一个很有发展前景的有机磷杀虫剂品种。

乙酰甲胺磷具有触杀、胃毒和内吸性作用，主要用于防治麦、棉花、蔬菜、豆类、果树、甘蔗、烟草等作物的害虫，如稻纵卷叶螟、稻叶蝉、稻飞虱、二化螟、三化螟、菜青虫、菜蚜、斜纹夜蛾、豆荚螟、棉蚜、梨小食心虫、桃小食心虫等。

乙酰甲胺磷纯品为白色针状结晶，熔点 90～91℃，分解温度为 147℃；易溶于水、丙酮、醇等极性溶剂及二氯甲烷、二氯乙烷等氯代烷烃中；低温储藏比较稳定，酸性、碱性及水介质中均可分解；工业品为白色吸湿性固体，有刺激性臭味。

乙酰甲胺磷原药急性经口 LD_{50}（mg/kg）：大白鼠 945（雄）、大白鼠 866（雌），小白鼠 361；对禽类和鱼类低毒；能很快被植物和土壤分解，不污染环境。

逆合成分析 乙酰甲胺磷为硫代（醇）磷酸胺类有机磷杀虫剂（图 2-19）。

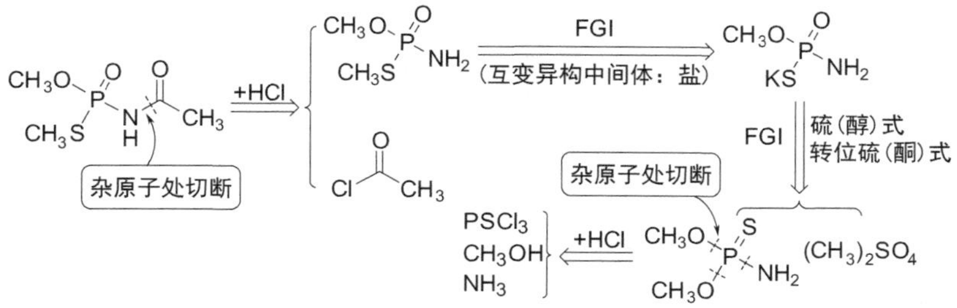

图 2-19　乙酰甲胺磷逆合成分析

合成路线 一般以甲胺磷为原料经过路线 5 → 6 和路线 2 → 3 → 4 制得乙酰甲胺磷，路线 7 产品含量低，产品提纯较难，较少使用（图 2-20）。

实例 1　先异构化后酰化法（1 → 5 → 6）

先将 O,O-二甲基硫代磷酰胺在少量的硫酸二甲酯存在下加热异构化，生成 O,S-二甲基硫代磷酰胺，然后与乙酸酐或乙酰氯作用，生成乙酰甲胺磷：在 500mL 四口烧瓶中加入甲胺磷原油 200g，开启搅拌加热至反应温度，在催化剂的作用下，滴加酰化剂乙酸酐，控制反应温度，滴加完毕进行保温反应数小时，即得乙酰甲胺磷粗原油；再经中和、萃取分出有机相和水相，有机相提纯得乙酰甲胺磷精原油；加入溶剂 A 和晶形助剂，缓慢搅拌冷却结晶、过滤、

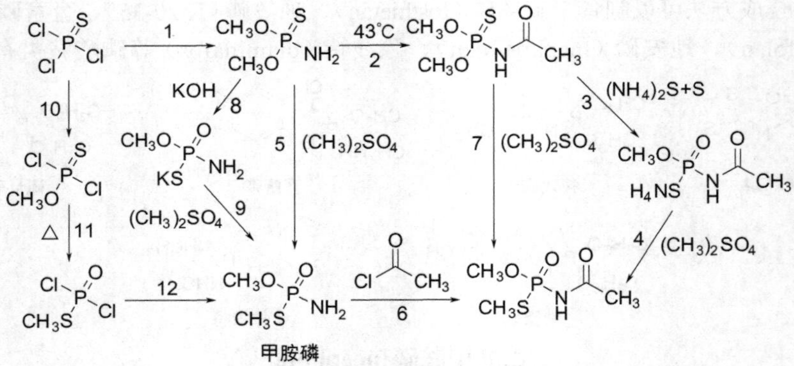

图 2-20　乙酰甲胺磷合成路线

漂洗后得成品。所得母液处理后可回收合格的成品，合计产品总收率 >78%，含量≥ 98%。

实例 2　先酰化后异构化法（1 → 2 → 7 或 1 → 3 → 4）

先将 *O,O*- 二甲基硫代磷酰胺在三氯乙烷或苯中与酰化剂反应（常用的酰化剂有三氯化磷 + 乙酸、乙酸酐、乙酰氯、乙烯酮等），生成 *O,O*- 二甲基 -*N*- 乙酰基硫代磷酰胺，然后在少量硫酸二甲酯存在下加热异构化生成乙酰甲胺磷。该法产品含量低，产品提纯较难，见上述路线 2 → 7。或者将 *O,O*- 二甲基 -*N*- 乙酰基硫代磷酰胺在硫化铵 + 硫黄存在下转位异构化，生成 *O,O*- 二甲基 -*N*- 乙酰基硫代磷酸铵，再与硫酸二甲酯反应生成乙酰甲胺磷，该法操作较复杂，但粗产品含量高、易于提纯，工业上较常使用。

注：类似合成方法可以制备甲胺磷（methamidophos）、噻唑磷（fosthiazate）、imicyafos 等硫（醇）代磷酸胺类有机磷杀虫剂。

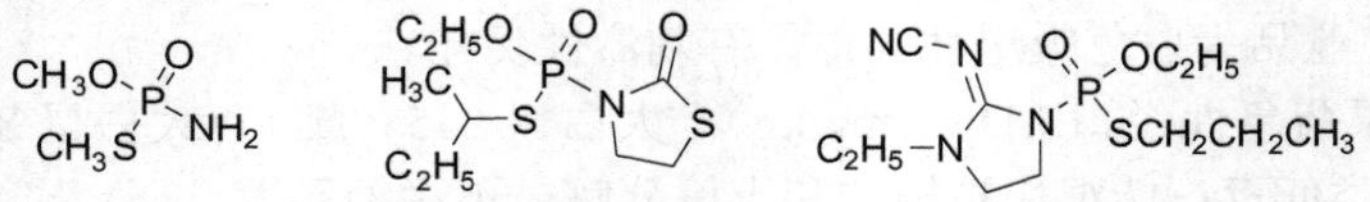

甲胺磷　　　　　　　　噻唑磷　　　　　　　　imicyafos

敌百虫 (trichlorfon)

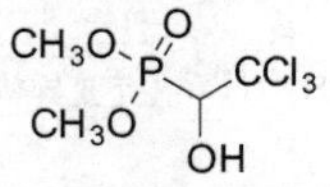

O,O- 二甲基 -(2,2,2- 三氯 -1- 羟基乙基) 膦酸酯

敌百虫是一种膦酸酯类有机磷杀虫剂，1952 年由德国拜耳公司研究开发。对昆虫以胃毒和触杀为主，具有高效、低毒、低残留、水溶性等特点，广泛应用于农林、园艺、畜牧、渔业、卫生等方面，防治双翅目、鞘翅目、膜翅目等害虫。对植物具有渗透性，无内吸传导作用。适用于水稻、麦类、蔬菜、茶树、果树、棉花等作物，也适用于林业害虫、地下害虫、家畜及卫生害虫的防治。

纯品敌百虫为白色晶状粉末，具有芳香气味，熔点 83 ～ 84℃ ；溶解度（25℃，g/L）：水154，氯仿 750，乙醚 170，苯 152，正戊烷 1.0，正己烷 0.8。敌百虫在常温下稳定，遇水逐渐水解，受热分解，遇碱碱解生成敌敌畏。敌百虫原药大鼠急性经口 LD_{50}（mg/kg）：650（雌）、560（雄）。

逆合成分析　敌百虫为膦酸酯类有机磷杀虫剂（图 2-21）。

合成路线　以 PCl_3 为起始原料，通过一步法路线（即路线 1）、两步法路线（即路线 2 → 3）和半缩醛法路线（即路线 4 → 5 → 6）三种方法制得（图 2-22）。

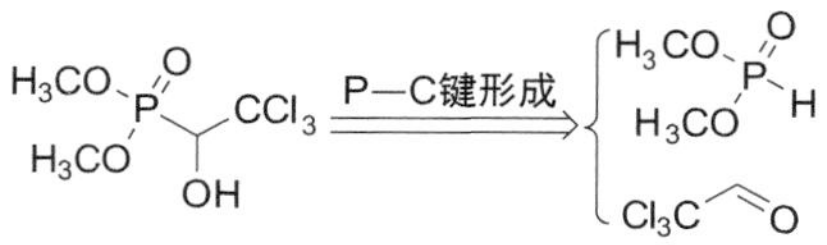

图 2-21 敌百虫逆合成分析

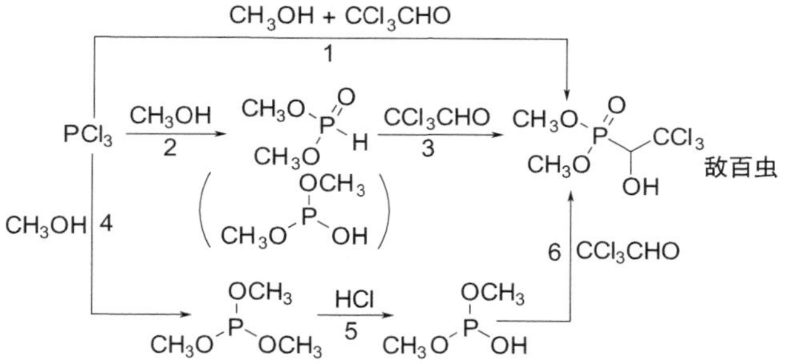

图 2-22 敌百虫合成路线

（1）一步法（路线 1） 在 0 ～ 5℃条件下，使空气鼓泡通过三氯化磷、甲醛和三氯乙醛混合物，排除 HCl 和 CH₃Cl，即生成敌百虫。该法工艺流程简单，生成的敌百虫呈颗粒状，流动性很好，酸度一般在 0.2% 左右。公用工程等能耗均较小，产品成本低，市场竞争力较强。

（2）两步法（路线 2 → 3）

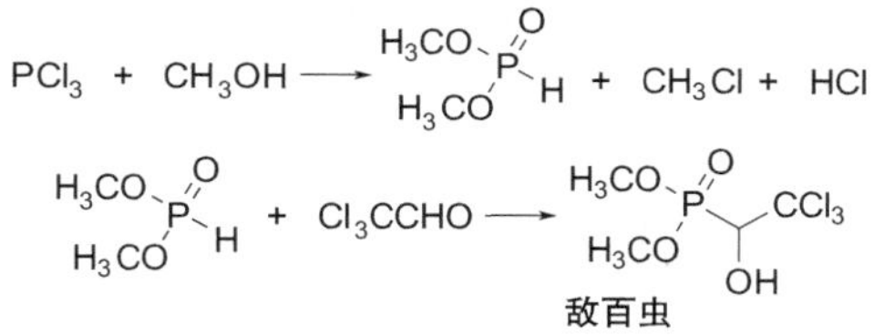

先将三氯化磷和甲醇在低温下反应，排除 HCl 和 CH₃Cl，生成二甲基亚磷酸，再于较高温度下与三氯乙醛进行缩合生成敌百虫。

具体实验操作：在装有搅拌器、回流冷凝器、滴液漏斗和温度计的三口瓶中投入计量准确的三氯乙醛，搅拌下慢慢升温，待达到一定温度后维持该温度开始滴加计量准确的亚磷酸二甲酯。保持匀速滴加，约 1h 滴加结束。二甲酯滴加结束后，将反应温度升高 10℃ 左右，继续保温反应 2h，即得含量为 97% 以上的敌百虫原药，收率为 97%（以亚磷酸二甲酯计）。

相关副反应：第一步反应产物 HCl 与目标物敌百虫反应，生成去甲基敌百虫。

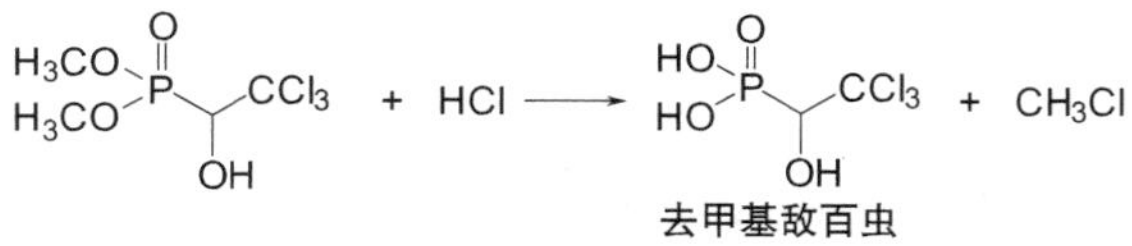

苯硫膦（EPN）

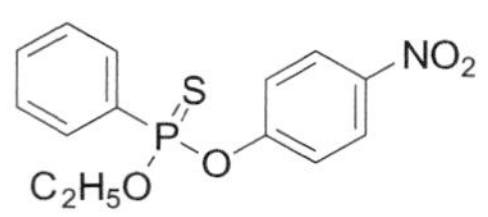

O-乙基-*O*-(4-硝基苯基)硫代膦酸酯

苯硫膦为非内吸性广谱杀虫、杀螨剂，具有触杀和胃毒活性，对某些苹果有药害。纯品苯硫膦为淡黄色结晶粉末，熔点 38℃，在碱性介质中分解。苯硫膦原药大鼠急性经口 LD₅₀（mg/kg）：33 ～ 42（雄），14（雌）。

逆合成分析　苯硫膦为膦酸酯类有机磷杀虫剂（图 2-23）。

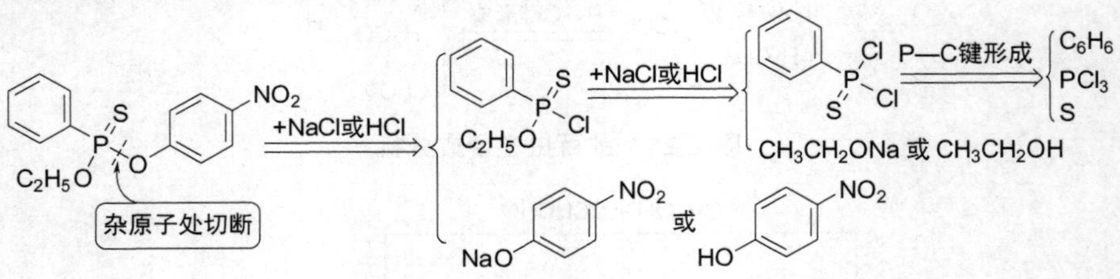

图 2-23　苯硫膦逆合成分析

合成路线

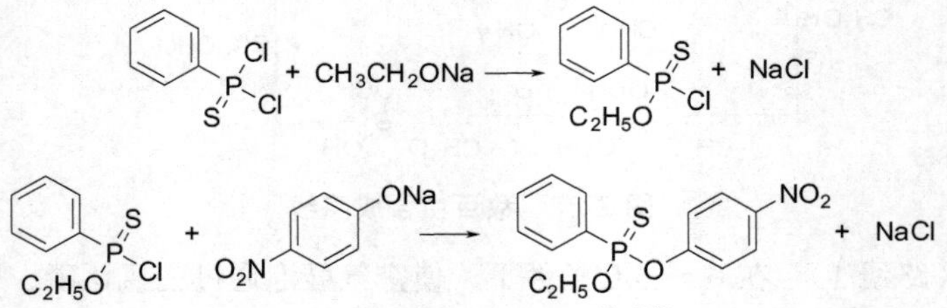

注：类似合成方法可以制备毒壤膦（trichloronate）、伊比膦（EPBP）、溴苯膦（leptophos）、碘苯膦（C 18244）、地虫硫膦（fonofos）、扣尔膦（colep）、苯腈膦（cyanofenphos）、地虫硫膦（fonofos）、乙虫膦（N 4543）、四甲膦（mecarphon）、草异磷 -2（isophos-2）、草异磷 -3（isophos-3）、增甘膦（glyphosine）、乙烯利（ethephon）、乙二磷酸（EDPA）、杀木膦（fosamine ammonium）、丁环草膦（buminafos）等膦酸酯类有机磷杀虫剂。

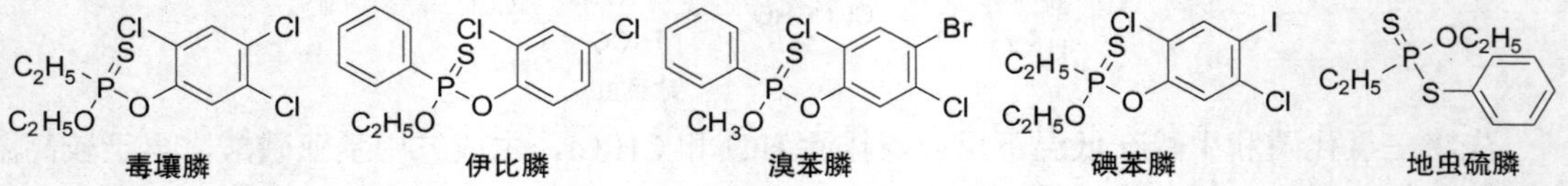

毒壤膦　　　　伊比膦　　　　溴苯膦　　　　碘苯膦　　　　地虫硫膦

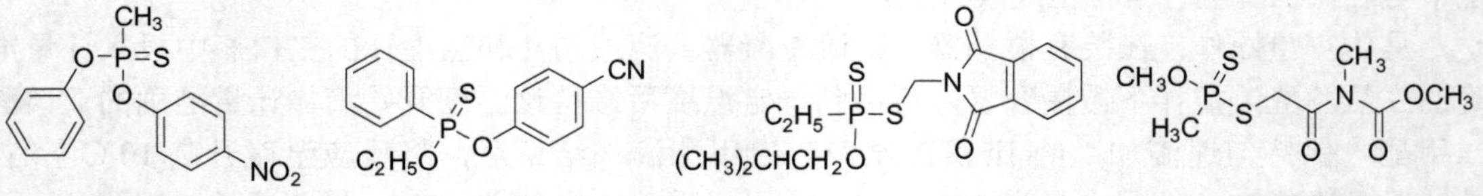

扣尔膦　　　　苯腈膦　　　　　　　乙虫膦　　　　四甲膦

磷亚威（U-47319）

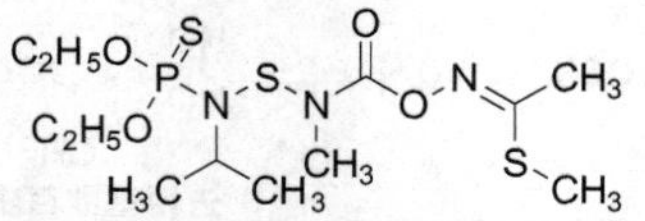

N-[[[[[（二乙氧基硫代膦基）异丙基氨] 硫] 甲基氨] 羰基] 氧] 硫代乙酰亚胺酸甲酯

磷亚威是灭多威的硫代磷酰胺衍生物，其主要用途与灭多威一样，可用于棉花、蔬菜、果树、水稻等作物，防治鳞翅目害虫、甲虫和蜡蟓等。对抗性棉蚜的防效与灭多威基本一致，对抗性棉铃虫的防效优于灭多威，但急性毒性较灭多威低。

磷亚威纯品为结晶，熔点 72 ～ 73℃。化学性质不稳定。易水解，在碱性条件下易分解，因而不能和碱性物质混合；易氧化，热分解，易于在自然环境中或动植物体内降解，在高等动物体内无累积毒性。正确使用时残留问题小，不至于污染环境。

磷亚威急性经口 LD_{50}（mg/kg）：大白鼠 29，小白鼠 16，豚鼠 10，鸡 12；兔急性经皮 LD_{50}：

40mg/kg。

逆合成分析　磷亚威为有机磷和氨基甲酸酯拼接而成的新型杀虫剂（图2-24）。

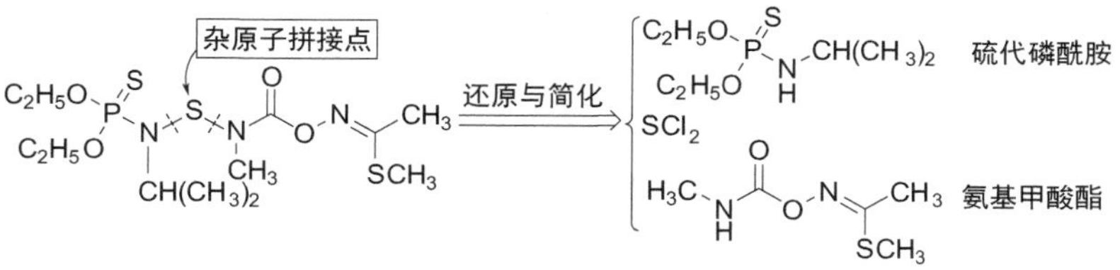

图 2-24　磷亚威逆合成分析

合成路线　如图2-25所示。

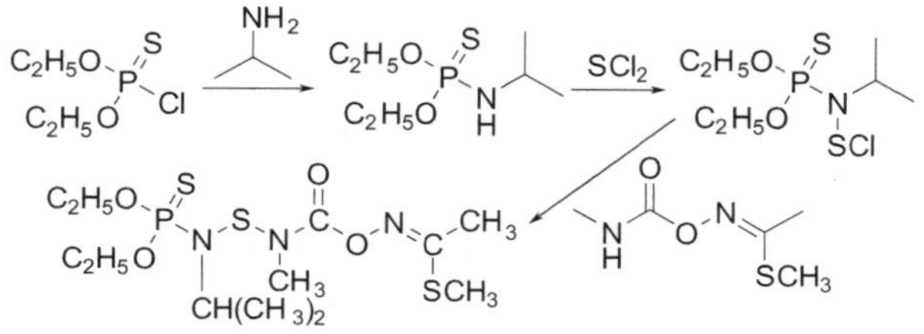

图 2-25　磷亚威合成路线

将 10.3g 二氯化硫溶于 50mL 四氢呋喃中，搅拌下滴入 21.1g *O,O*- 二乙基 -*N*- 异丙基硫代磷酰胺、9.6g 三乙胺与 100mL 四氢呋喃所配成的溶液，温度控制在 −0.5 ～ 0℃，滴毕继续反应 30min，然后加 16.2g 灭多威和 0.1g 催化剂，再加 9.6g 三乙胺及 50mL 四氢呋喃配成的溶液，滴毕继续反应 2h，反应结束。滤出固体物，并用少量四氢呋喃洗涤，洗涤液与滤液合并，减压蒸出四氢呋喃，剩余物溶于 200mL 甲苯中，并用少量水洗涤，然后减压蒸出甲苯，剩余物可直接配制乳油。若用石油醚分散结晶，可得磷亚威固体，熔点 70.5 ～ 72℃，收率 80% 左右。

注：类似的有机磷和氨基甲酸酯拼接而成的新型杀虫剂还有磷虫威（phosphocarb）等。

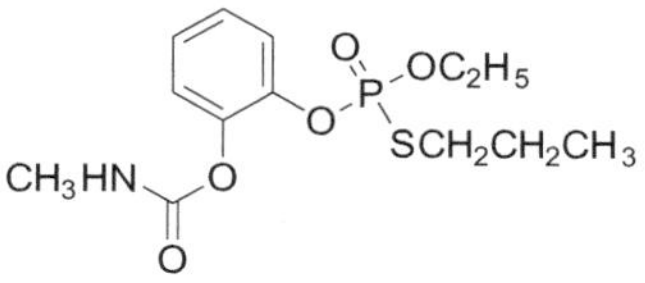

磷虫威

2.3　氨基甲酸酯杀虫剂

作为杀虫剂的氨基甲酸酯，通常具有如下结构式：

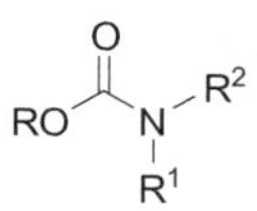

其中，与酯基对应的羟基化合物ROH往往是弱酸性的，如烯醇、酚、羟肟等；R^1 是甲基，R^2 是氢或易于被化学或生物方法断裂的基团。

在 1864 年，人们发现西非生长的一种蔓生豆科植物毒扁豆中存在一种剧毒物质，这种剧毒物质后来被命名为毒扁豆碱。1925 年毒扁豆碱的结构被确认，1931 年对其完成了合成验证，其结构如下：

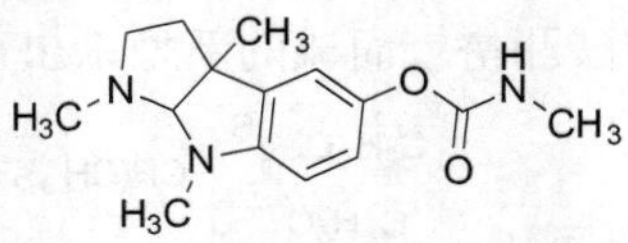

毒扁豆碱 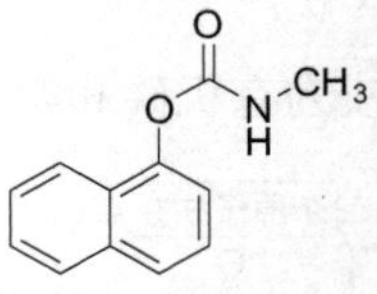　　　　　　　　　　甲萘威

20 世纪 40 年代后期，人们从研究毒扁豆碱中发现氨基甲酸酯类化合物对蝇脑胆碱酯酶具有强烈的抑制作用，并发现 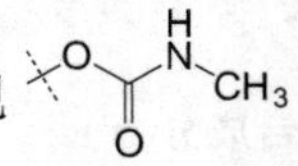 是其活性基团。此后进行了大量的类似物的合成及对昆虫毒力的生物活性测定。自 1953 年美国 Union Carbide 公司合成出甲萘威后，新品种不断出现，并得到广泛的应用，迅速成为现代杀虫剂的主要类型之一。

氨基甲酸酯类农药具有的特点。

① 大多数品种对高等动物低毒，且在自然界中容易被分解。

② 杀虫作用迅速，有的品种持效期长；在较低温度时防治效果也不错；对咀嚼式口器害虫防治效果常优于有机磷类杀虫剂，适于防治蛀食性害虫和土壤害虫。

③ 许多品种选择性强，使用时不易伤害天敌。

④ 许多品种在合成时使用含有羟基的环酚类化合物及光气作中间体原料，工业生产不安全且生产成本较高。

根据结构特征，氨基甲酸酯杀虫剂可划分为如下四类：

① N- 甲氨基甲酸芳基酯（芳香环）　氮原子上一个氢被甲基取代，芳酯基可以是取代苯基、萘基芳香环或芳香性杂环。

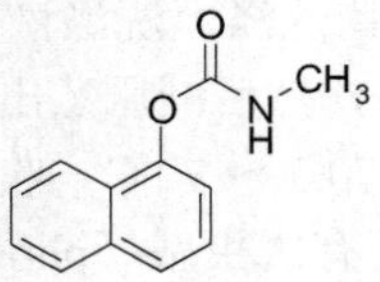

甲萘威 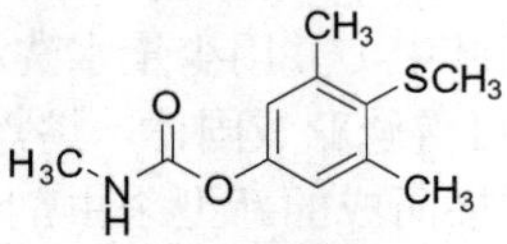　　　　　　　　　灭梭威 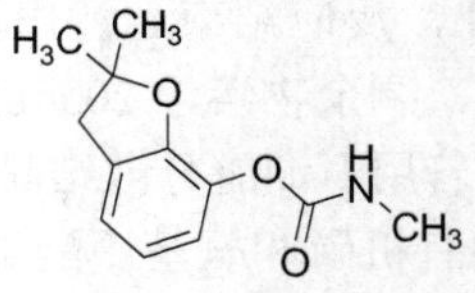　　　　　　　　　克百威

② N- 甲氨基甲酸肟酯（假芳香环）　氮原子上一个氢被甲基取代，烷硫基是肟酯基中的重要结构单元，多数品种高毒。

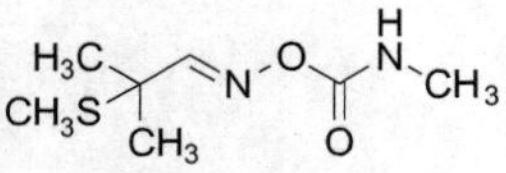

涕灭威 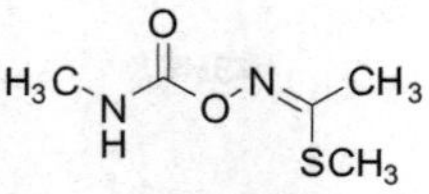　　　　　　　　　灭多威 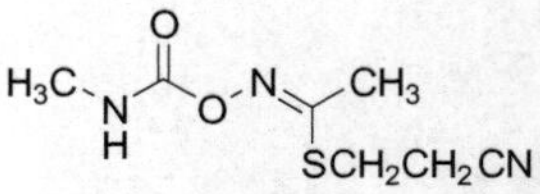　　　　　　　　　抗虫威

③ N,N- 二甲基氨基甲酸酯（芳杂环）　杂环或碳环的二甲氨基甲酸衍生物，酯基都含有烯醇结构单元，氮原子上的两个氢均被甲基取代。

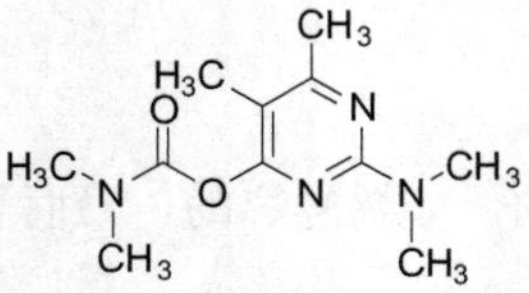

抗蚜威 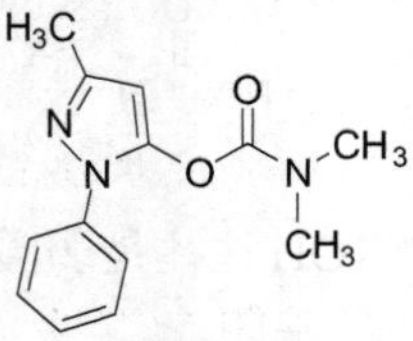　　　　　　　　　吡唑威 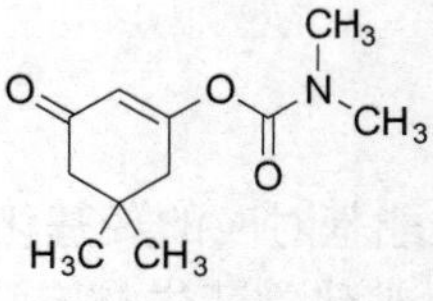　　　　　　　　　地麦威

④ N- 酰基 / 烃硫基 -N- 甲基氨基甲酸酯（拼接）　氮原子上的一个氢原子被酰基、磷酰基、烃硫基或烃亚磺酰基等取代。

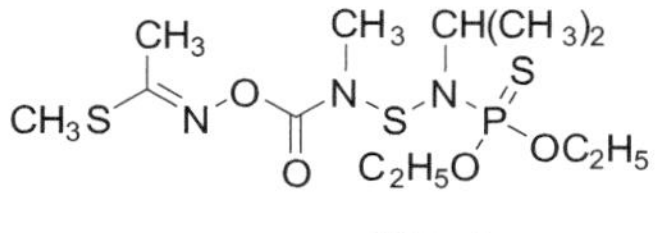

磷亚威 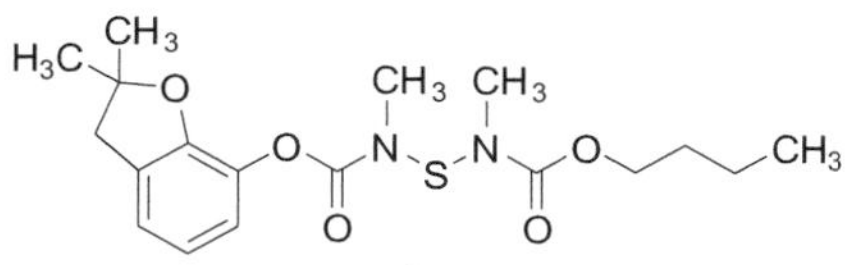　　　　　　　　　　　　　　呋线威

2.3.1 结构特点与合成设计

（1）*N*-甲氨基甲酸芳基酯与 *N*-甲氨基甲酸肟酯

① 异氰酸酯法　为制备 *N*-甲氨基甲酸酯的常用方法。在惰性溶剂（如苯、乙醚、甲苯等）中，反应底物在催化剂（三乙胺、吡啶等）存在下与异氰酸酯加成，条件为室温或回流，产率＞90%。

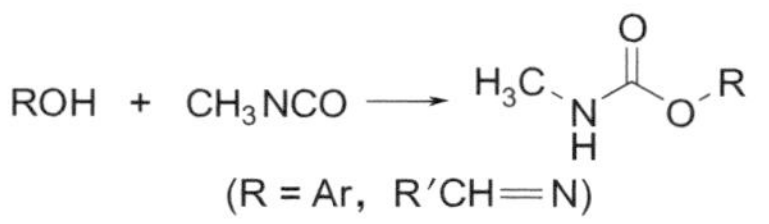

$$ROH + CH_3NCO \longrightarrow \text{（N-甲氨基甲酸酯）}$$

$$(R = Ar, \ R'CH=N)$$

例如：

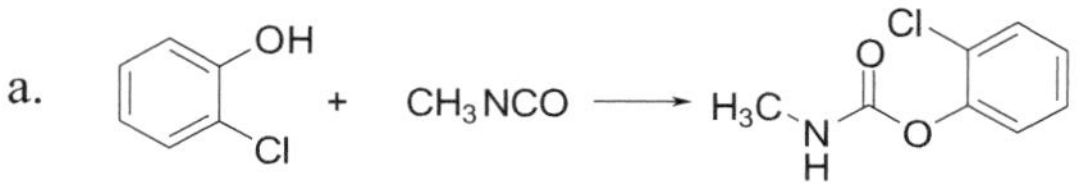

a. 害扑威

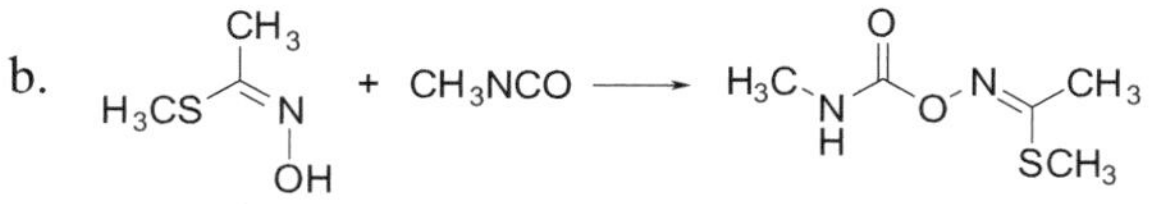

b. 灭多威

注：异氰酸酯是剧毒、强催泪性、易挥发液体，熔点 38.0℃，闪点 −7℃，在空气中爆炸极限 5.3% ～ 26.0%；在潮湿空气中分解，皮肤接触会引起水肿、组织坏死和穿孔。生产车间的最高允许浓度为 0.05mg/m³。

② 光气法　光气在低温下与底物及甲胺缩合反应。

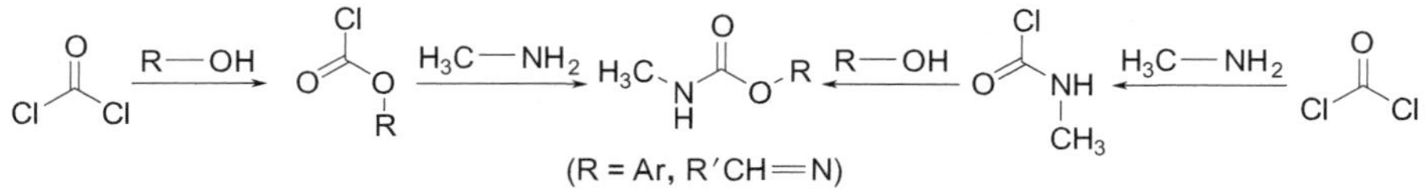

$$(R = Ar, \ R'CH=N)$$

相关副反应：

a.

b. $\xrightarrow{>25℃} R'-\!\!\!=\!\!\!N + CO_2 + HCl$

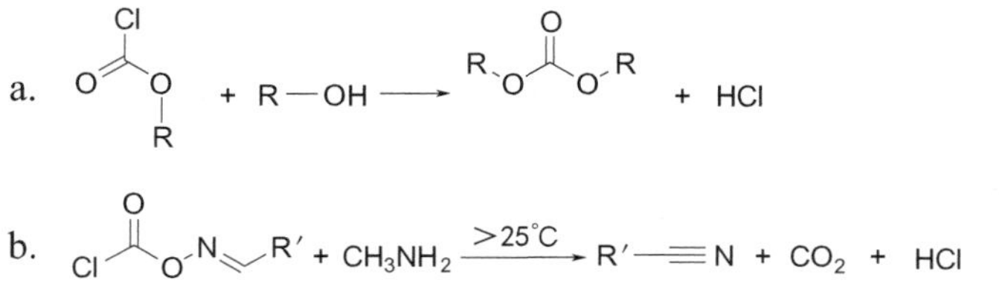

注：通常，甲胺和光气反在管道中于 240 ～ 400℃温度进行气相反应制得氨基甲酰氯，产率＞95%。

③ 固体光气法　固体光气（BTC）即二（三氯甲基）碳酸酯，在有氯离子存在时可以安全、定量地分解出光气，可以代替光气制备氨基甲酸酯类农药。

例如：

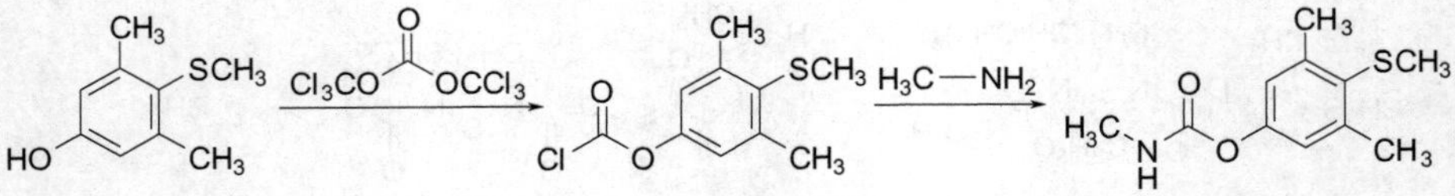

（2）*N,N*- 二甲氨基甲酸酯　光气法，即将上述②中甲胺换成二甲胺即可。

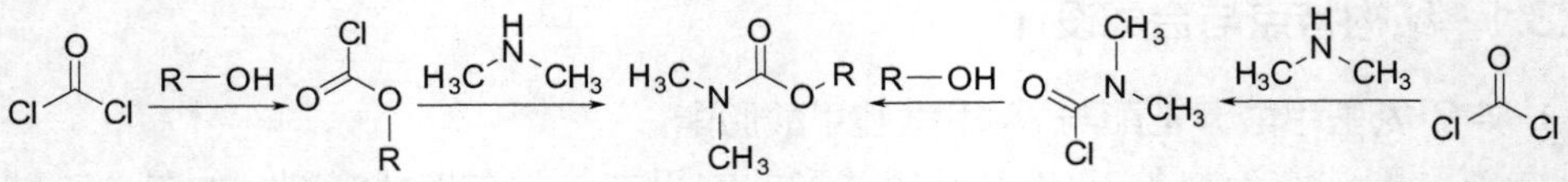

例如：

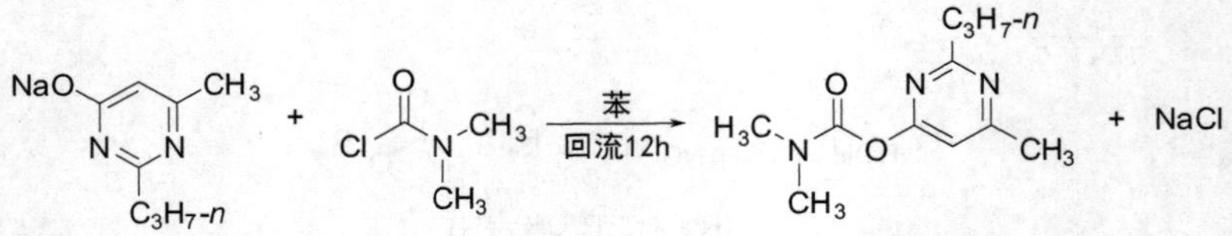

嘧啶威

注：一般情况下，*N,N*- 二甲氨基甲酸酯的合成在最后一步进行氨基甲酰化反应，如果某杂环上基团的引入不影响结构稳定性时，也可以在最后引入。

例如：

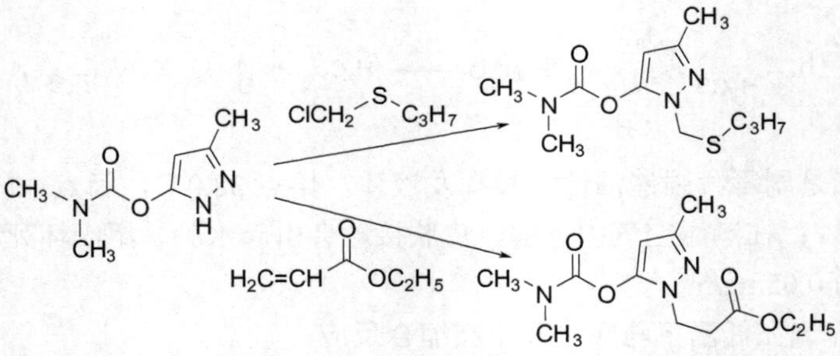

（3）*N*- 酰基（烃硫基）-*N*- 甲基氨基甲酸酯　*N*- 酰基 -*N*- 甲基氨基甲酸酯的合成，通常以酸酐或酰氯为酰化剂，与 *N*- 甲基衍生物发生酰化而制得。

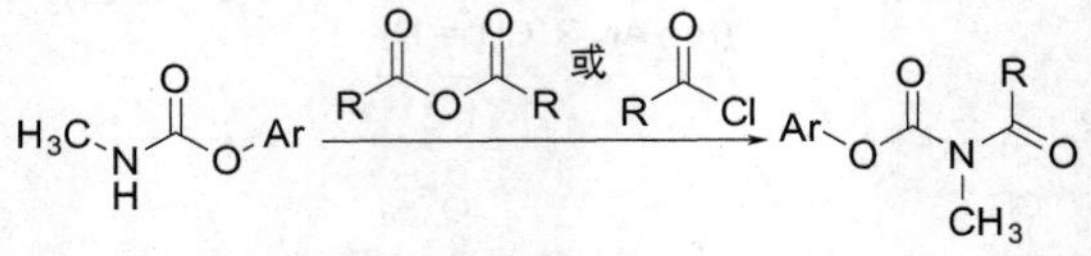

当 *N*- 甲氨基甲酸肟酯不能直接进行酰化时，可以用 *N*- 乙酰 -*N*- 甲氨基甲酰氯与肟钠盐反应制备。

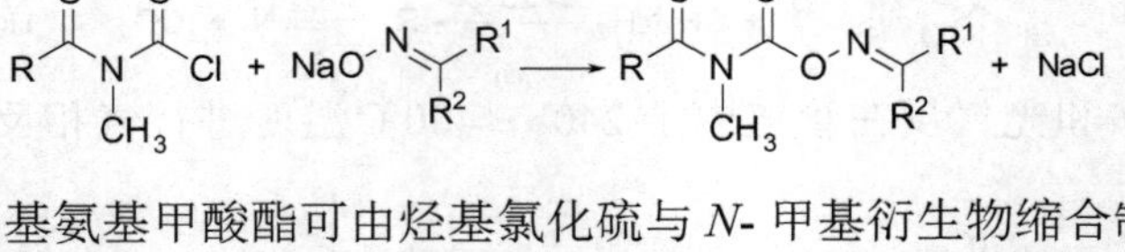

N- 烃硫基 -*N*- 甲基氨基甲酸酯可由烃基氯化硫与 *N*- 甲基衍生物缩合制得。

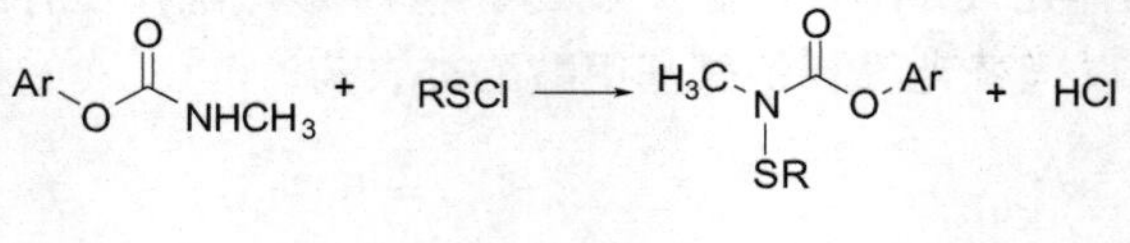

2.3.2 代表性品种的结构与合成

甲萘威（carbaryl）

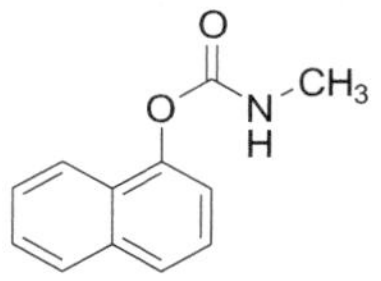

N-甲基氨基甲酸-1-萘基酯

甲萘威又名西维因，1953 年首次合成，1958 年由美国 Union Carbide 公司商品化并工业生产；属于 N-甲基氨基甲酸酯类农药，是氨基甲酸酯类杀虫剂中第一个商品化的品种，也是产量最大的品种，目前年销售额在 1 亿美元以上；对 65 种粮食及纤维作物上的 160 种害虫有效。甲萘威具有触杀、胃毒作用，有轻微内吸性。用于防治水果、蔬菜、棉花、水稻、大豆等作物的害虫，如鳞翅目、双翅目害虫、谷蟥、蜚蠊、蚊子等。

纯品甲萘威为白色晶体，熔点 142℃，对光、热稳定，遇碱迅速分解。甲萘威原药急性 LD_{50}（mg/kg）：大鼠经口 283（雄），经皮＞ 4000；家兔经皮＞ 2000。对蜜蜂毒性大。

逆合成分析 甲萘威为 N-甲氨基甲酸酯类杀虫剂（图 2-26）。

图 2-26 甲萘威逆合成分析

合成路线 有异氰酸甲酯路线、氯甲酸酯路线和氨基甲酰氯路线（图 2-27）。

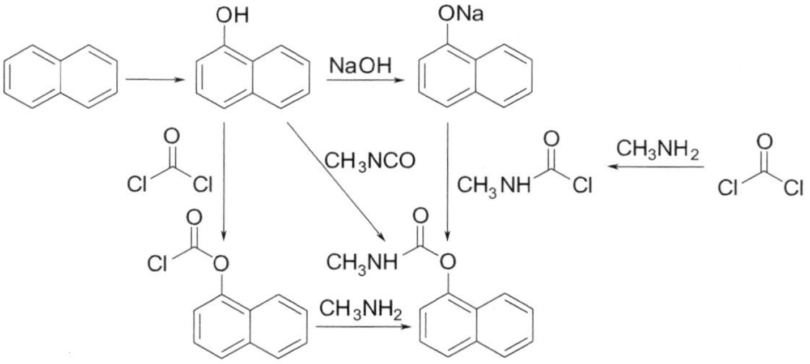

图 2-27 甲萘威合成路线

（1）异氰酸甲酯法 萘酚与异氰酸甲酯反应在溶剂存在下进行，异氰酸甲酯稍微过量，温度约 90℃，稍有负压。生成的混合溶液通过蒸馏，将过量的异氰酸甲酯从蒸馏塔顶部与部分溶液一起蒸出，再回收使用。甲萘威在溶液中精制得纯品。

（2）氯甲酸酯法 将 100kg 萘酚用 200kg 甲苯溶解后抽至盛有 600kg 甲苯的反应釜中，搅拌、降温至 -10℃ 以下，停止搅拌，通入光气 224kg，4h 通完。开始滴加碱液，温度控制在 0℃ 以下，约 2h 滴完 400 ～ 500kg 20% 碱液，使盐水层 pH=6，放浸盐水，水洗氯甲酸甲萘酯 2 次，得到含量 14% ～ 15% 的氯甲酸甲萘酯溶液。

在温度 10 ～ 20℃ 下向计算量的 14% ～ 15% 的氯甲酸甲萘酯溶液中于 40min 内滴加 40%

甲胺 80kg，20min 内滴加 20% 碱液 120kg，搅拌 10min，滴入 30% 盐酸，测得 pH 5～6。经分离、水洗、干燥得产品。

（3）氨基甲酰氯法　将甲萘酚与稀碱液配制成甲萘酚钠溶液，于 0～5℃滴加甲基氨基甲酰氯，滴加过程要不断补充碱液，pH 7.5～8.0 时反应为终点，反应时间 30～40min。离心、水洗、烘干即得成品，含量 90% 以上。

注：类似合成方法可以制备害扑威（CPMC）、速灭威（metolcarb）、灭杀威（xylycarb）、灭除威（XMC）、氯灭杀威（carbanolate）、混灭威（trimethacarb）、灭梭威 / 甲硫威（methiocarb）、兹克威（mexacarbate）、灭害威（aminocarb）、除害威（allyxycarb）、多杀威（EMPC）、乙硫苯威（ethiofencarb）、叶蝉散 / 异丙威（isoprocarb）、间位叶蝉散（UC 10854）、残杀威（propoxur）、猛杀威（promecarb）、除蝇威（HRS 1422）、仲丁威（fenobucarb）、特灭威（RE 5030）、畜虫威（butacarb）、合杀威（bufencarb）、二氧威（dioxacarb）、壤虫威（fondaren）、噁虫威（bendiocarb）、克百威（carbofuran）、猛捕因 / 噻嗯威（4-benzothienylmethylcarbamate）、伐虫脒（formetanate）、除线威（cloethocarb）、特草克（terbucarb）、多菌灵（carbendazim）、苯菌灵（benomyl）、苯氧威（fenoxycarb）等 N- 甲氨基甲酸酯类农药品种。

害扑威　　速灭威　　灭杀威　　灭除威

氯灭杀威　　混灭威　　灭梭威

兹克威　　灭害威　　除害威　　多杀威

乙硫苯威　　叶蝉散　　间位叶蝉散　　残杀威

猛杀威　　除蝇威　　仲丁威　　特灭威

畜虫威　　合杀威　　二氧威

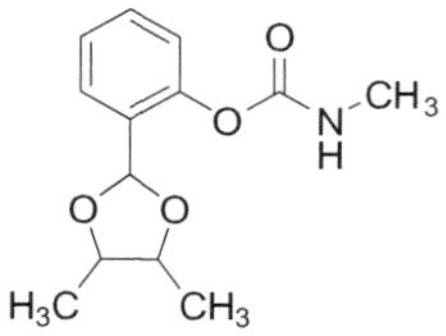

壤虫威 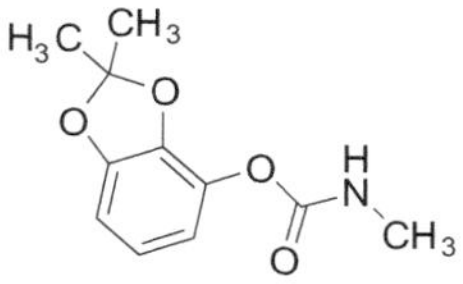　　　　　　噁虫威 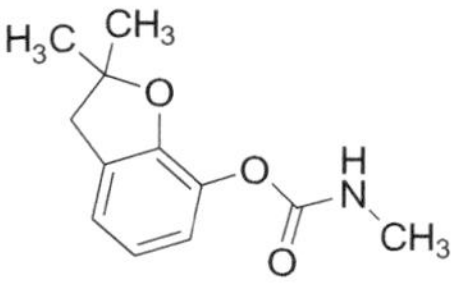　　　　　　克百威 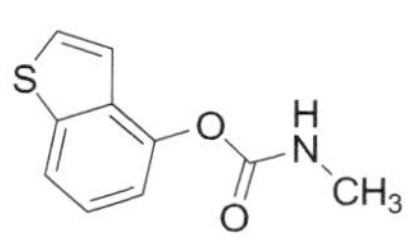　　　　　　猛捕因

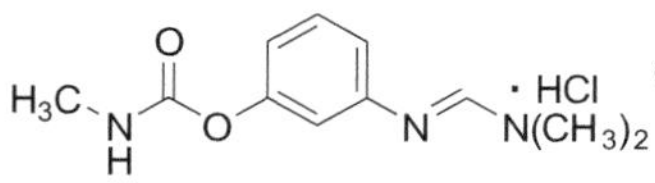

伐虫脒 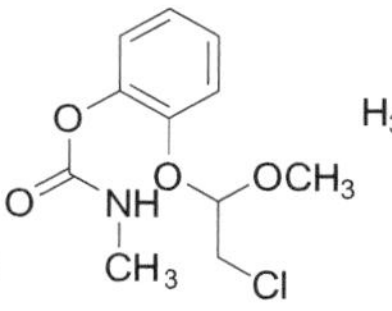　　　　　　除线威 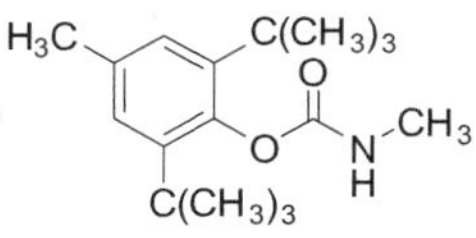　　　　　　特草克 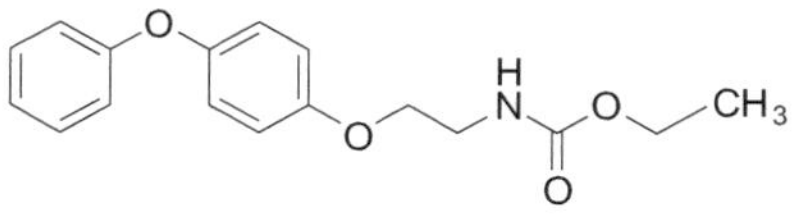　　　　　　苯氧威

丁酮砜威（butoxycarboxim）

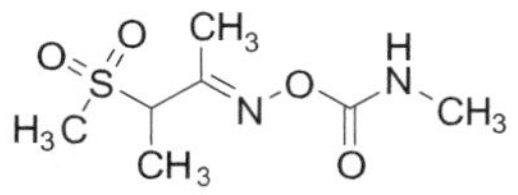

3-甲磺酰基丁酮-N-甲基氨基甲酸肟酯

丁酮砜威又名丁酮氧威，为触杀和胃毒作用内吸性杀虫剂，可用于防治观赏性植物之蚜虫和螨类。纯品丁酮砜威为无色晶体，熔点 85 ~ 89℃；溶解度（g/kg）：水 0.209，易溶于多数有机溶剂。甲萘威原药大鼠急性 LD_{50}（mg/kg）：经口 458，经皮 > 2000；对蜜蜂无毒副作用。

逆合成分析　丁酮砜威为 N-甲氨基甲酸肟酯类杀虫剂（图 2-28）。

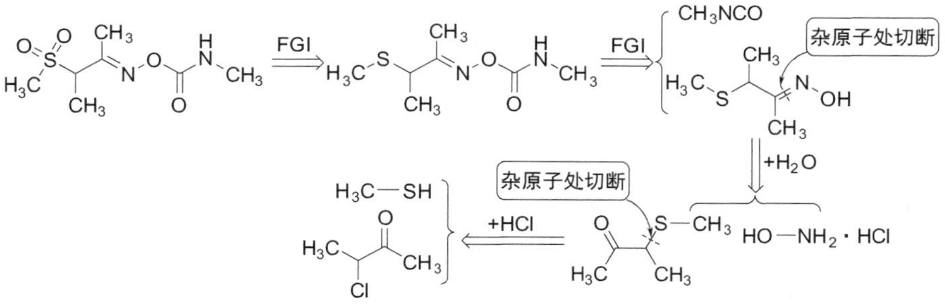

图 2-28　丁酮砜威逆合成分析

合成线路

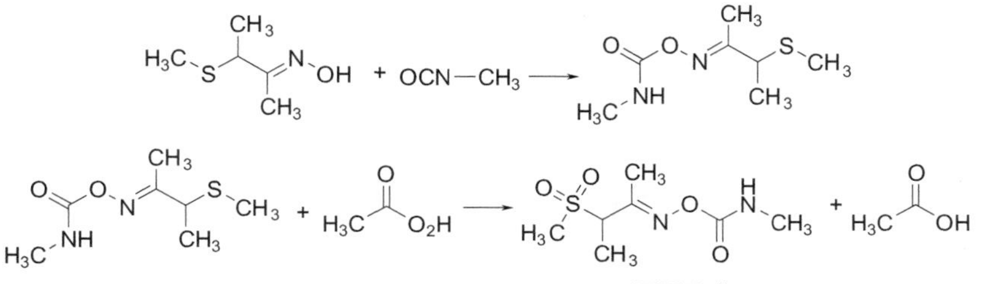

丁酮砜威

注：类似合成方法可以制备丁酮威（butocarboxim）、涕灭威（aldicarb）、氧涕灭威（aldoxycarb）、戊氰威/抗虫威（nitrilacarb）、久效威（thiofanox）、杀线威（oxamyl）、棉果威（tranid）、灭多威（methomyl）、噻螨威（tazimcarb）、环线肟（tirpate）等 N-甲氨基甲酸肟酯类杀虫剂。

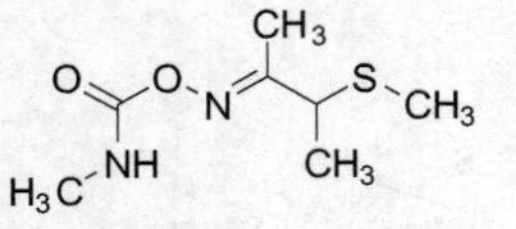

丁酮威 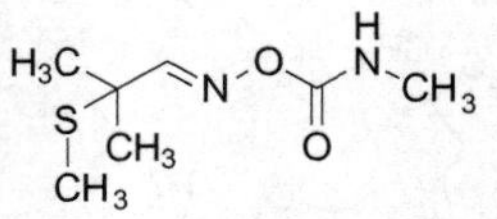　　　　　　　涕灭威 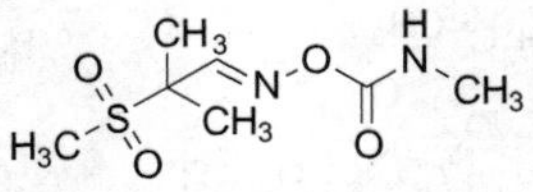　　　　　　　氧涕灭威 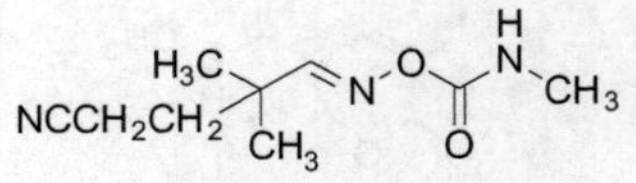　　　　　　戊氰威

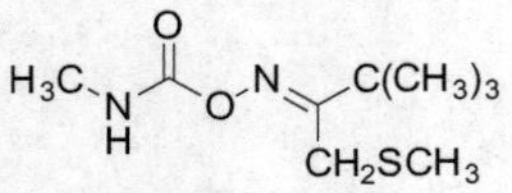

久效威 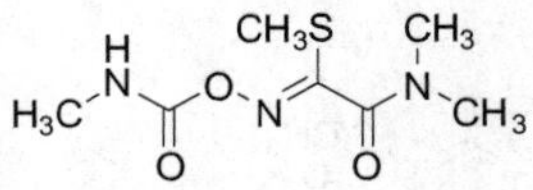　　　　　　　杀线威 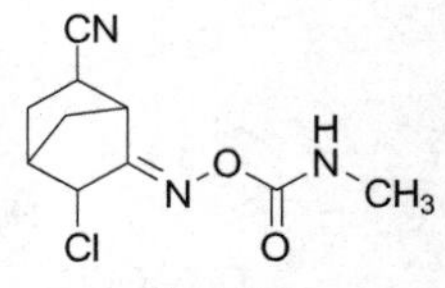　　　　　　　棉果威 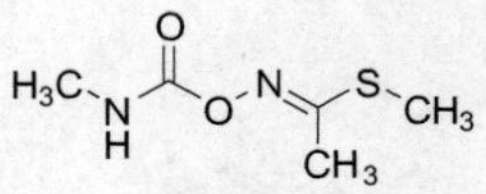　　　　　　　灭多威

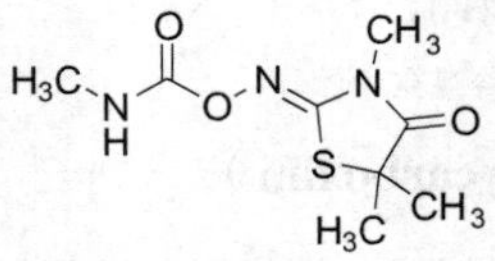

噻螨威 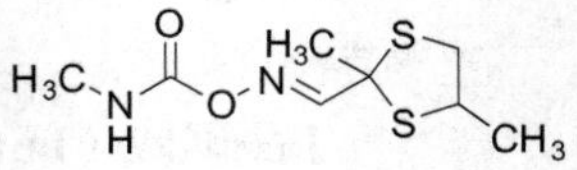　　　　　　　环线肟

抗蚜威（pirimicarb）

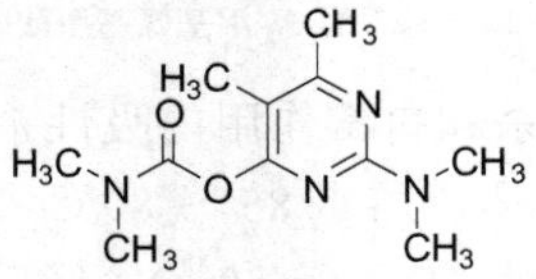

N,N-二甲基氨基甲酸-(2-二甲氨基-5,6-二甲基嘧啶-4-基)酯

　　抗蚜威 1965 年由英国卜内门公司（ICI）开发，随后在世界 60 多个国家注册登记。属于 *N,N*-二甲氨基甲酸酯类农药，是一种高效、低毒、专一性杀蚜虫的氨基甲酸酯杀虫剂，具有触杀、内吸和熏蒸作用，对蚜虫（包括对拟除虫菊酯类农药等已经产生抗性的）有较高的杀伤作用，但对棉花蚜虫无效；对蚜虫天敌和蜜蜂在推荐浓度下无不良影响；可用于防治小麦、大豆、高粱、花生、油菜、甜菜、甘蔗、苜蓿、烟草、果树、蔬菜等农作物和花卉上的蚜虫。

　　抗蚜威纯品为白色粉末状固体，熔点 90.5℃，无味；工业品浅黄色粉末状固体，与酸成易溶于水的盐。抗蚜威原药大白鼠急性 LD_{50}（mg/kg）：经口 130（雄）、143（雌），经皮＞2000；对鱼、水生生物、蜜蜂、鸟类低毒。

　　逆合成分析　抗蚜威为 *N,N*-二甲氨基甲酸酯类杀虫剂（图 2-29）。

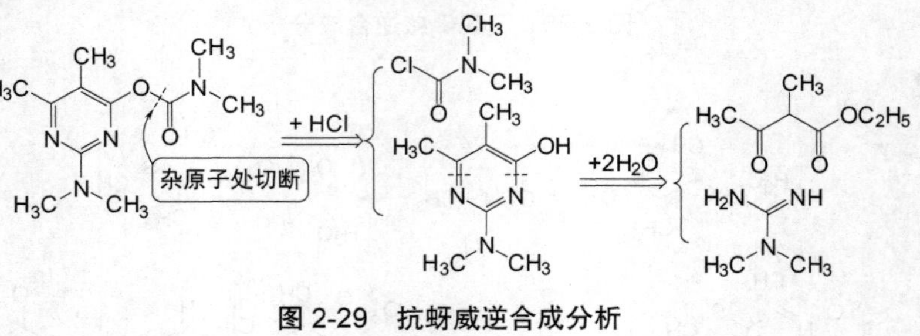

图 2-29　抗蚜威逆合成分析

　　合成路线　由石灰氮制得双氰胺，再同二甲胺盐酸盐/硫酸盐制得 1,1-二甲基胍；将乙酰乙酸乙酯甲基化可得 α-甲基乙酰乙酸乙酯，然后制得抗蚜威（图 2-30）。

　　在 2000L 搪瓷玻璃反应釜中加入二甲苯 800L、50% 碱液 12kg、*N,N*-二甲基胍硫酸盐 110kg，搅拌下缓缓升温至 100℃，然后徐徐加入 100kg α-甲基乙酰乙酸乙酯，继续升温至回流，分出反应水，6h 后冷却至 60～70℃，再慢慢加入 88kg *N,N*-二甲基甲酰氯，加毕再次

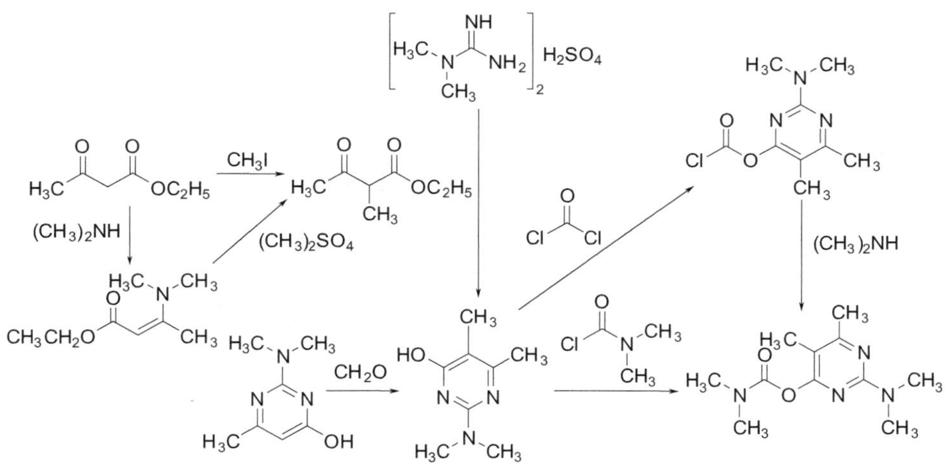

图 2-30 抗蚜威合成路线

升温至回流。3h 后反应结束，冷却至 40 ～ 50℃，加入 400L 水搅拌 1h，静置分出水层送"三废"处理，然后加入 30% 盐酸 100L 和水 400L 充分搅拌，使水溶液呈酸性（pH 2 ～ 3）。将水层分至 200L 中和釜，用碱液中和至 pH=8 ～ 9 离心过滤，干燥，即得白色粉末固体抗蚜威，熔点＞ 85℃，含量＞ 95%。

注：类似合成方法可以制备抗蝇威（S 17）、敌蝇威（dimetilan）、异索威（isolan）、吡唑威（pyrolan）、嘧啶威（pyramat）、地麦威（dimetan）、喹啉威（hyquinicarb）等 N,N- 二甲氨基甲酸酯类杀虫剂。

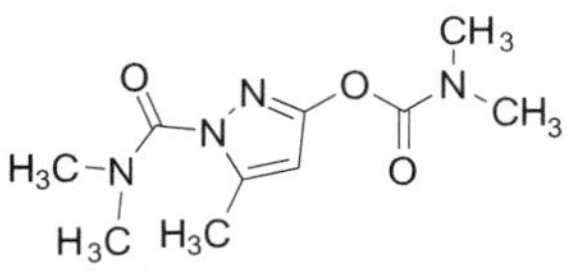

敌蝇威 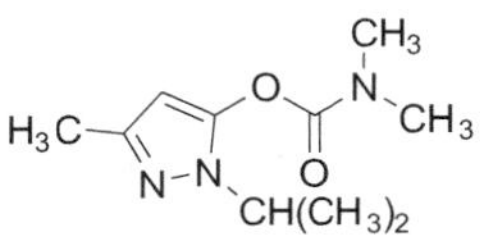　　　　异索威 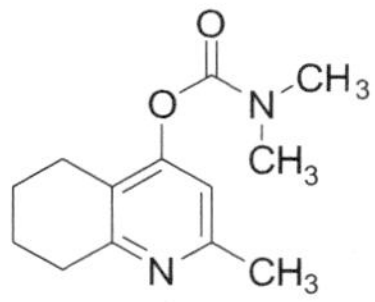　　　　喹啉威 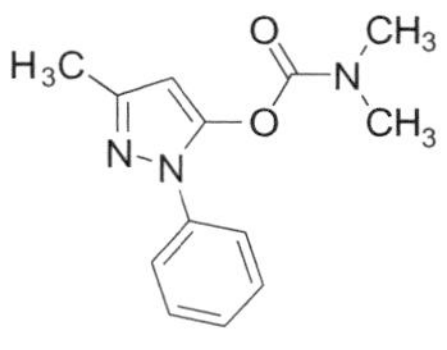　　　　吡唑威

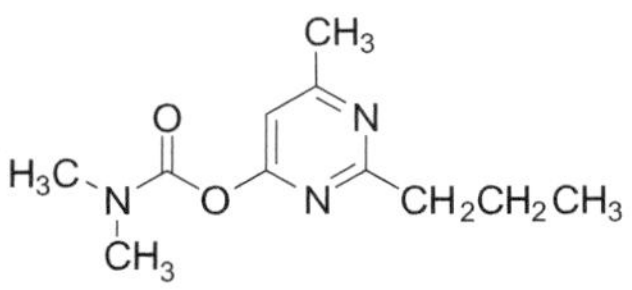

嘧啶威 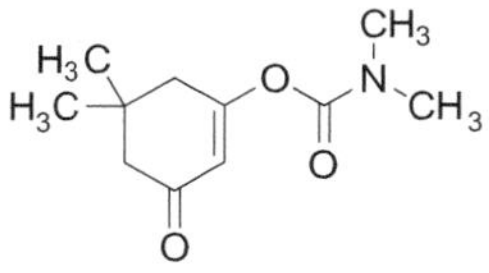　　　　地麦威 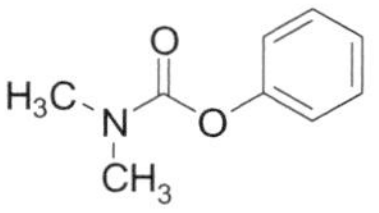　　　　抗蝇威

丁硫克百威（carbosulfan）

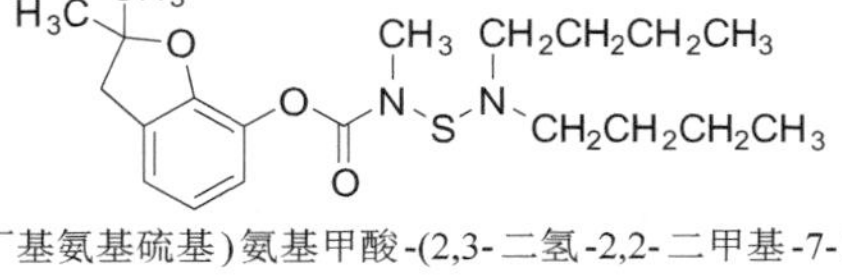

N- 甲基 -N-(二丁基氨基硫基) 氨基甲酸 -(2,3- 二氢 -2,2- 二甲基 -7- 苯并呋喃基) 酯

丁硫克百威 1974 年由美国 FMC 公司开发，1985 年产品上市，先后在美国、西欧、日本、巴西等 50 多个国家登记注册。属于高效、广谱、内吸性 N- 酰基（烃硫基）-N- 甲基氨基甲酸酯类杀虫、杀螨剂，是克百威低毒衍生物；适于多种害虫同时发生时使用，可作叶面喷施、土壤处理或种子处理剂，用于防治柑橘、马铃薯、水稻、甜菜、小麦等作物上的害虫，能有

效防治蚜虫、螨类、金针虫、甜菜跳甲、马铃薯甲虫等。

纯品丁硫克百威为淡黄色油状液体，沸点 124 ～ 128℃；溶解度：水 0.3mg/kg，易溶于有机溶剂；在中性或弱碱性介质中稳定，在酸性介质中不稳定，遇水分解。丁硫克百威原药急性经口 LD_{50}（mg/kg）：大鼠 250（雄）、185（雌），小鼠 129。

逆合成分析　丁硫克百威为 N- 酰基（烃硫基）-N- 甲基氨基甲酸酯类杀虫剂（图 2-31）。

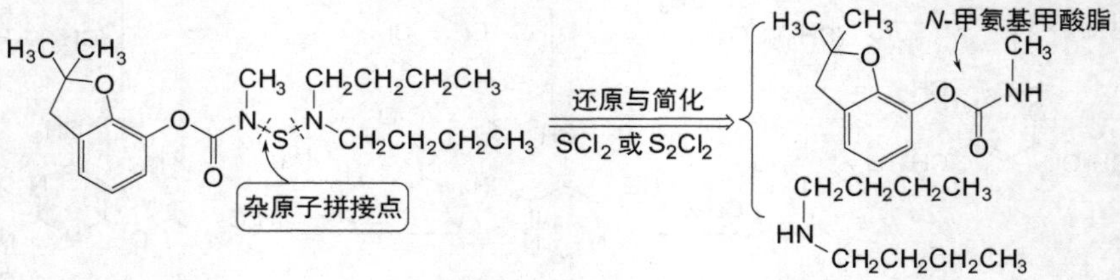

图 2-31　丁硫克百威逆合成分析

合成路线　有克百威法和呋喃酚法两条合成路线，生产上常用克百威法（图 2-32）。

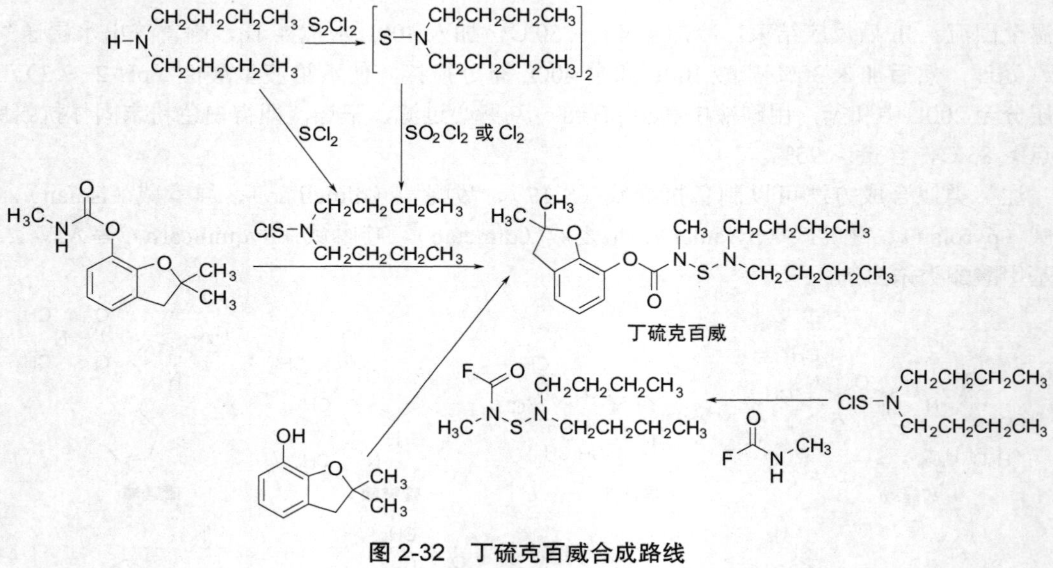

图 2-32　丁硫克百威合成路线

实例

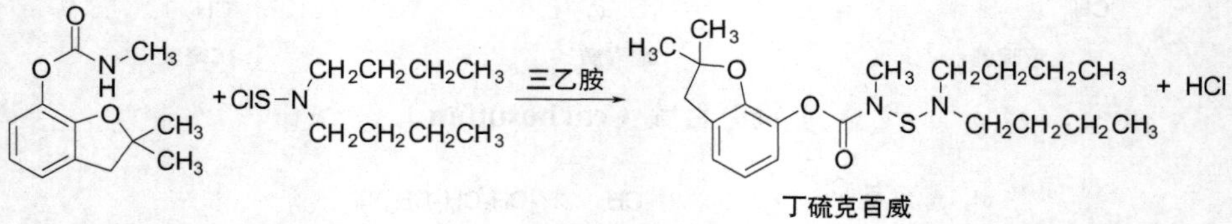

二正丁氨基氯化硫与克百威反应，配比为 1∶1，反应过程加适量碱液，反应温度 10 ～ 20℃。反应时间 2h。反应毕加水搅拌 10min，过滤，滤渣为未反应克百威，可回用。滤液分层，油层减压脱溶，收率 90%。

注：类似合成方法可以制备丙硫克百威（benfuracarb）、磷硫灭多威（U-56295）、棉铃威（alanycarb）、呋线威（furathiocarb）、RE 11775、SIT 560 等 N- 酰基（烃硫基）-N- 甲基氨基甲酸酯类杀虫剂。

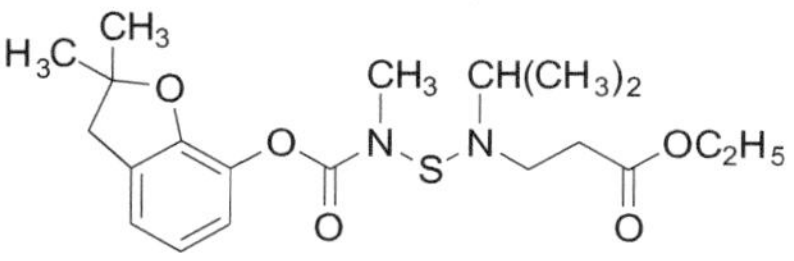

丙硫克百威 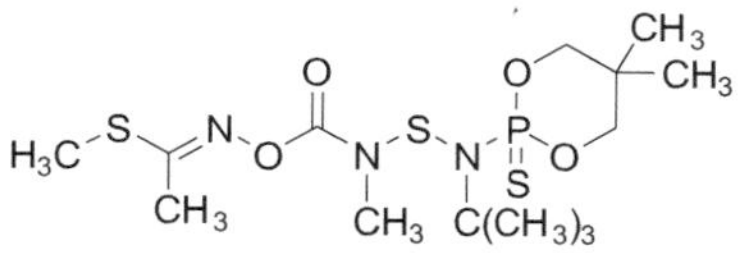   磷硫灭多威 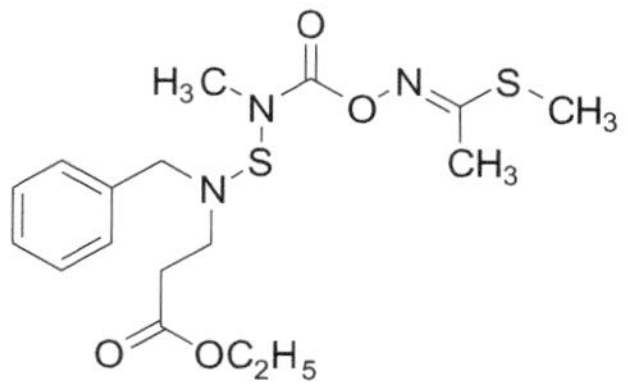   棉铃威

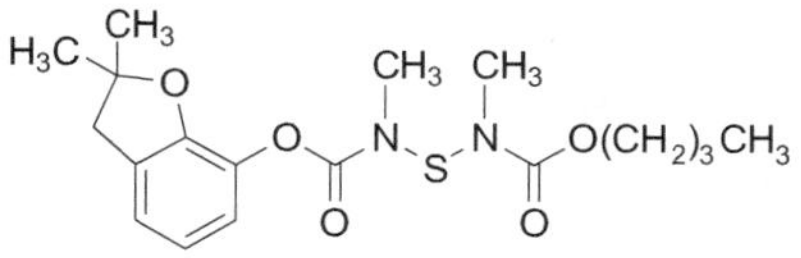

呋线威 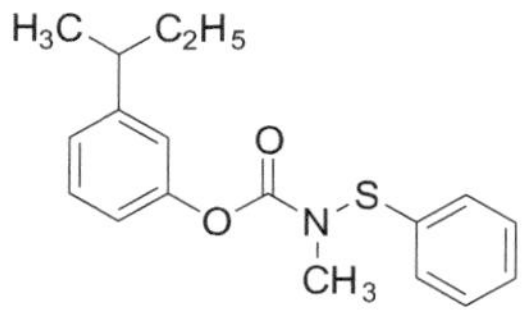   RE 11775 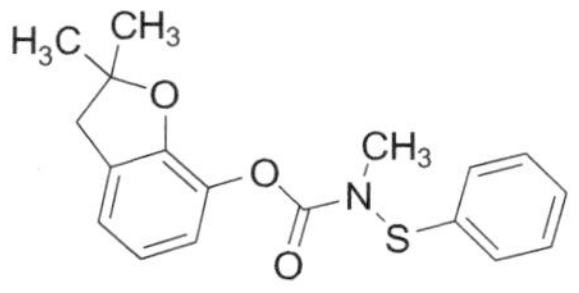   SIT 560

硫双灭多威（thiodicarb）

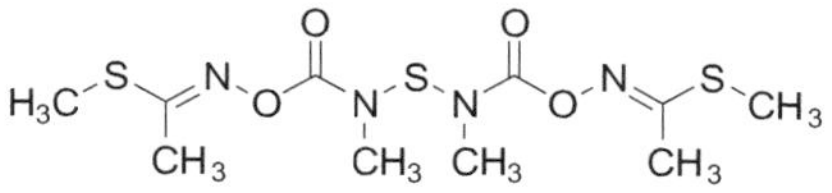

3,7,9,13-四甲基-5,11-二氧-2,8,14-三硫-4,7,9,12-四氮杂十五烷-3,12-二烯-6,10-二酮

硫双灭多威又称硫双威，1977 年由美国联碳公司和瑞士汽巴 - 嘉基公司同时开发，现已在 30 多个国家注册登记；属于高效、广谱、内吸性 N- 甲氨基甲酸肟酯类杀虫、杀螨剂，是灭多威低毒化衍生物之一；杀虫活性与灭多威相当，但毒性为灭多威的十分之一；对鳞翅目、鞘翅目和双翅目害虫都有防治效果，对对有机磷、拟除虫菊酯类农药产生抗性的棉铃虫有很好的防治效果。

硫双灭多威纯品为白色针状晶体，熔点 173℃，工业品为淡黄色粉末，熔点 173 ～ 174℃，有轻微的硫黄气味；遇金属盐、黄铜、铁锈或在强碱、强酸介质中分解。硫双灭多威原药大白鼠急性 LD_{50}（mg/kg）：经口 143（雄）、119.7（雌），经皮＞ 2000。

逆合成分析 硫双灭多威为 N- 酰基（烃硫基）-N- 甲基氨基甲酸酯类杀虫剂（图 2-33）。

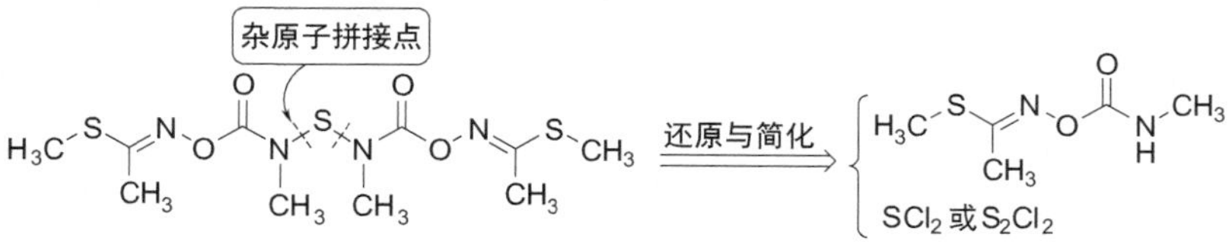

图 2-33 硫双灭多威逆合成分析

合成路线 有灭多威 - 三甲基氯硅烷法、灭多威肟 - 氟化氢法、灭多威法三条合成路线，其中灭多威法流程简单，产品收率高，纯度高，被很多厂家采用（图 2-34）。

（1）实验室制备 500mL 三口烧瓶装有机械搅拌器、温度计及平衡滴液漏斗，加入 250mL 溶剂二甲苯，冰水浴冷却到 10 ～ 15℃加入吡啶 28mL，搅拌冷却 15min，在 2℃从平衡漏斗中滴加 SCl_2，温度低于 5℃，加完后生成黄色稠状加成物，在（25±2）℃保温搅拌 30min 后，分份加入灭多威 59.6g，升温到一定温度，反应一定时间，产品在 10 ～ 20℃过滤，滤饼用冷水或冷甲醇洗涤，真空干燥，测定其熔点及计算得率。

（2）工业生产 在 1000L 反应釜中，加入吡啶 61L、二甲苯 500L，搅拌下冷却到 20℃以下，然后慢慢滴加 54kg 二氯化硫，加完后继续反应 0.5h，再加入 109kg 灭多威及少量的催化

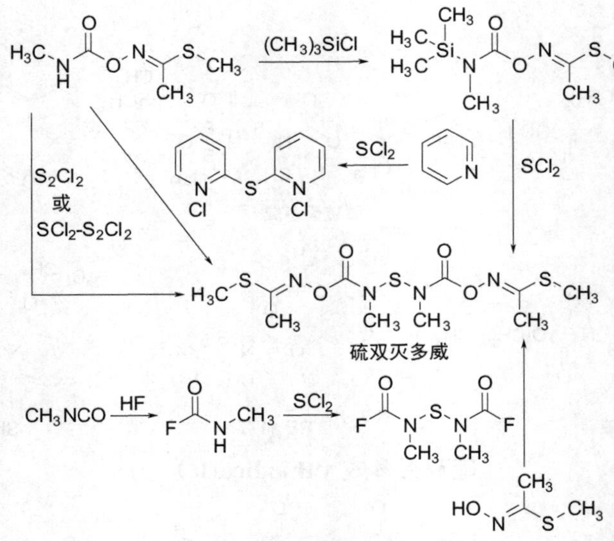

图 2-34　硫双灭多威合成路线

剂，升温至 30 ～ 50℃，反应 9h 后停止，产物放入另一 1000L 反应釜中，搅拌、冷却至 20℃ 以下，慢慢加入 100 L 水，搅拌 0.5h，产物离心分离，滤饼用温水洗涤、干燥，即得产品，含量≥ 95.00%。

茚虫威（indoxacarb）

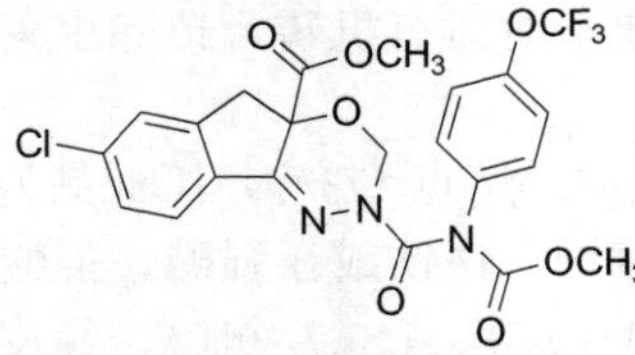

7- 氯 -2,3,4a,5- 四氢 -2-[甲氧基羰基 (4- 三氟甲氧基苯基) 氨基甲酰基] 茚并 [1,2-e][1,3,4-]噁二嗪 -4a- 羧酸甲酯

茚虫威商品名安打、全垒打，由杜邦公司开发，1991 年申请专利，属于钠通道抑制剂。茚虫威主要是阻断害虫神经细胞中的钠通道，导致靶标害虫协调性差、麻痹、死亡；用于棉花、果树、蔬菜等，防治几乎所有鳞翅目害虫如棉铃虫以及小菜蛾、夜蛾等；茚虫威结构中仅 S 异构体有活性。DPX-JW062：S 异构体和 R 异构体的比例为 1 ∶ 1；DPX-MP062：S 异构体和 R 异构体的比例为 3 ∶ 1；DPX-KN128：S 异构体；DPX-KN127：R 异构体。DPX-JW062 使用剂量 12.5 ～ 70g(a.i.)/hm^2。

纯品茚虫威（DPX-JW062）为白色结晶，熔点 140 ～ 141℃；溶解性（20℃，g/L）：甲醇 0.39，乙腈 76，丙酮 140，在碱性介质中分解速度加快。茚虫威（DPX-JW062）原药大鼠急性 LD$_{50}$（mg/kg）：经口＞ 5000、经皮＞ 2000。

逆合成分析　茚虫威为多环氨基甲酸酯类化合物（图 2-35）。

合成路线　根据成环与取代反应进行的先后顺序，茚虫威的合成有如下三条合成路线：先缩合再合环路线（1 → 2 → 3）、先成环再缩合路线（4 → 5 → 6 → 7）、先缩合成环再取代路线（1 → 8 → 9 → 10）（图 2-36）。

具体步骤：

（1）茚酮腙的合成　0℃下将 1g（0.004mol）5- 氯茚酮 -2- 羟基 -2- 甲酸甲酯的 10mL 甲醇溶液加到含 0.61mL（0.012mol）水合肼、0.72mL（0.012mol）冰醋酸的 20mL 甲醇溶液中，

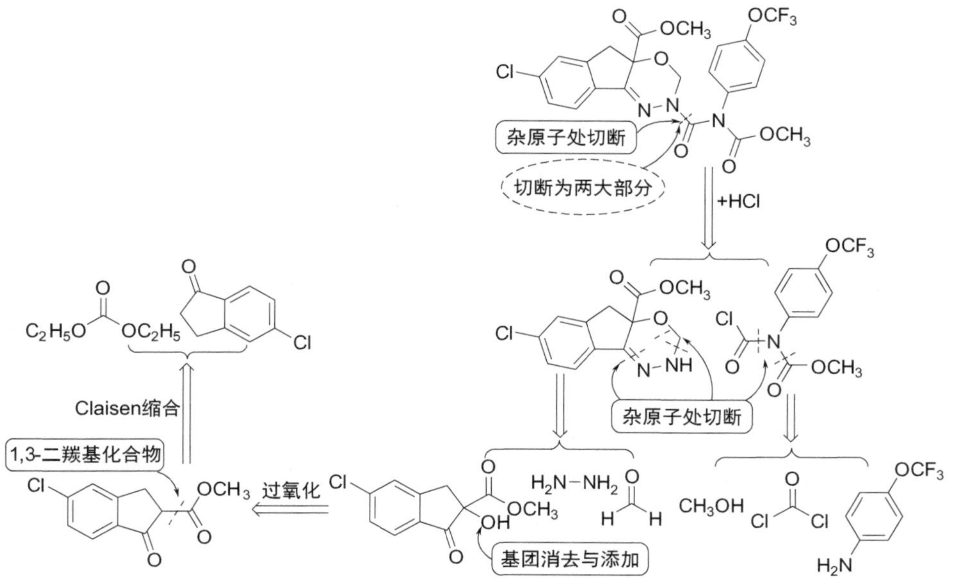

图 2-35 茚虫威逆合成分析

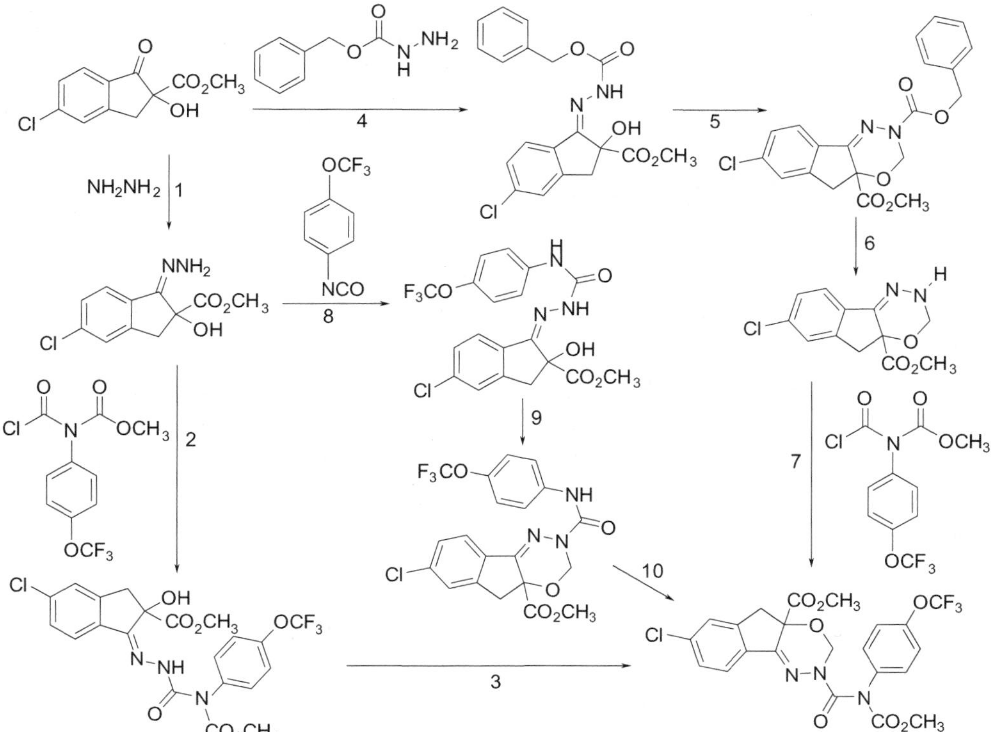

图 2-36 茚虫威合成路线

然后加热回流 2h，冷却到室温后，用二氯甲烷和水（各 200mL）分配，有机层常规处理得到 0.6g 黄色固体，为茚酮腙。

（2）N-（4- 三氟甲氧基）苯基 -N- 甲氧碳酰氨基甲酰氯（TPCC）的合成　在冰冷却下将 5.4g（0.0571mol）氯甲酸甲酯滴加到 5g（0.0282mol）对三氟甲氧基苯胺和 10.5g（0.0704mol） N,N- 二乙基苯胺的混合液中，加毕，升温到 70℃，然后再冷却到环境温度，加入 200mL 1mol/L 的盐酸，混合物用 50mL×3 乙酸乙酯萃取三次，萃取物合并，用 100mL 1mol/L 盐酸洗涤，再用无水硫酸钠干燥，蒸发脱溶即得固体 5g。将 4g 上述固体（0.017mol）加入含 0.68g （0.017mol）氢化钠、40mL 苯和 8mL 乙二醇二甲醚的反应瓶中，搅拌缓慢升温至无气体产生，再冷却至室温，用苯稀释至物料变为可流动浆料。将该浆料加入到温度 0 ～ 10℃ 的 60mL 1.93mol/L 的光气的甲苯溶液中，加完后升温到室温，再用氮气赶去多余的光气，脱去溶剂至体积变为原来的一半，即得 TPCC。无须分离产品，可直接用于下一步反应。

（3）5- 氯 -2,3- 二氢 -2- 羟基 -1[[[N-[氧羰基 -N-[4- 三氟甲氧基] 苯基] 氨基] 羰基] 亚肼基]-1H- 茚 - 羧酸甲酯的合成　将 4.00g N-（4- 三氟甲氧基）苯基 -N- 甲氧碳酰氨基甲酰氯加入到 4.33g（0.017mol）茚酮肼、1.68g 三乙胺和 50mL 二氯甲烷的混合物中，混合物在室温下搅拌 2h，该混合物加入到 1L（1mol/L）盐酸中，用 500mL 乙酸乙酯萃取三次，萃取物合并，用无水硫酸镁干燥并浓缩，使产物从溶液中结晶出来，收集所得晶体，用乙醚 / 己烷洗涤并干燥，得到 5.22g 化合物，熔点 168 ～ 168.5℃。

（4）茚虫威原药的合成　将 3.56g（0.025mol）五氧化二磷加入到 5.14g（0.01mol）上一步得到的化合物以及 60g 硅藻土、400mL 二甲氧基甲烷和 400mL 二氯乙烷的混合物中，混合物回流 4.5h，然后再加入 0.44g（0.00309mol）五氧化二磷，混合物再回流 0.5h，将混合物通过硅藻土过滤，然后硅藻土用二氯甲烷充分洗涤。用 100mL 饱和碳酸氢钠溶液洗涤滤液，滤液用无水硫酸镁干燥，浓缩至 1800mL，用 800mL 饱和碳酸氢钠溶液再次洗涤，用硫酸镁干燥有机层，浓缩，得到黏油状化合物，从己烷 / 乙醚中结晶得到 3.6g 固体，即为产品茚虫威。

2.4　拟除虫菊酯杀虫剂

在 16 世纪初，人们发现除虫菊的花具有杀虫作用。研究表明，由除虫菊干花提取的除虫菊素是一种击倒快、杀虫力强、广谱、低毒、低残留的杀虫剂，但其对日光和空气极不稳定，只能用于防治家庭卫生害虫。

分析证实：除虫菊素的活性组分是 (+)- 反式菊酸（trans-chrysanthemic acid）和 (+)- 反式菊二酸（trans-pyrethoic acid）与三种光学活性的环戊烯醇酮即 (+)- 除虫菊醇酮（pyrethrolone）、(+)- 瓜叶醇酮（cinerolone）和 (+)- 茉莉醇酮（jasmolone）形成的六种酯（Ⅰ和Ⅱ各三个）；其对应名称和含量为：除虫菊素Ⅰ 38%，除虫菊素Ⅱ 30%，瓜叶除虫菊素Ⅰ 9%，瓜叶除虫菊素Ⅱ 13%，茉莉除虫菊素Ⅰ 5%，茉莉除虫菊素Ⅱ 5%。

(+)- 反式菊酸　　　　　　(+)- 反式菊二酸

(+)- 除虫菊醇酮　　　　(+)- 瓜叶醇酮　　　　(+)- 茉莉醇酮

其中除虫菊素杀虫活性最高，茉莉除虫菊素毒效很低；除虫菊素Ⅰ对蚊、蝇有很高的杀虫活性，除虫菊素Ⅱ有较快的击倒作用。

1947年第一个合成除虫菊酯烯丙菊酯问世，1973年第一个对日光稳定的拟除虫菊酯苯醚菊酯开发成功，并使用于田间。此后，随着氯氰菊酯、溴氰菊酯、杀灭菊酯等优良品种的出现，拟除虫菊酯的开发和应用有了迅猛发展。拟除虫菊酯的出现，使其合成与生产技术进入精细化学品门类；每亩（1亩=666.7m²）次用量可不到1g或至多十几克，标志着"超高效杀虫剂"农药出现，可以说是农药发展史上的奇迹。

拟除虫菊酯类农药品种具有杀虫活性，其中氟氯苯菊酯可用作杀螨剂；目前尚未发现具有杀菌、除草及植物生长调节剂作用的拟除虫菊酯类农药品种。

根据结构特征，经典拟除虫菊酯可以认为由酸部分和醇部分构成。

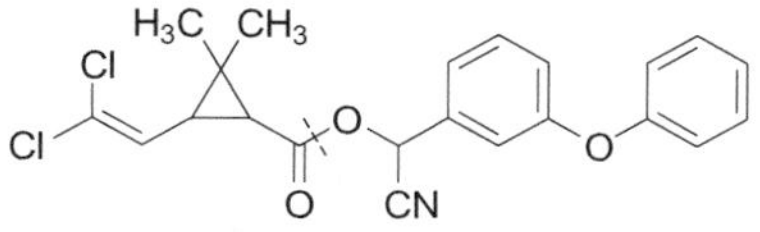

酸部分　　　　　醇部分

根据拟除虫菊酯类农药研究进程和结构特征，拟除虫菊酯杀虫剂可划分为如下五类。

（1）菊酸酯　修饰天然除虫菊酯的醇部分，所得品种药效比天然除虫菊酯高，但光稳定性问题未解决。

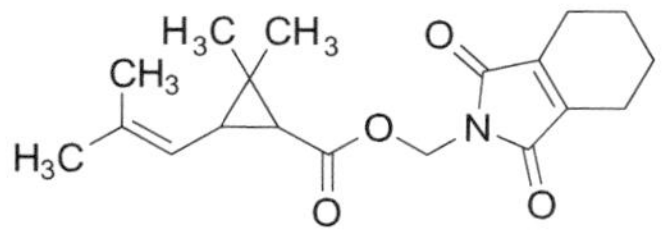

胺菊酯 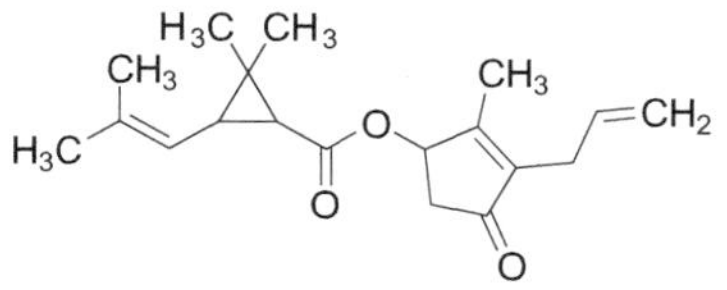　　　　　　　　烯丙菊酯 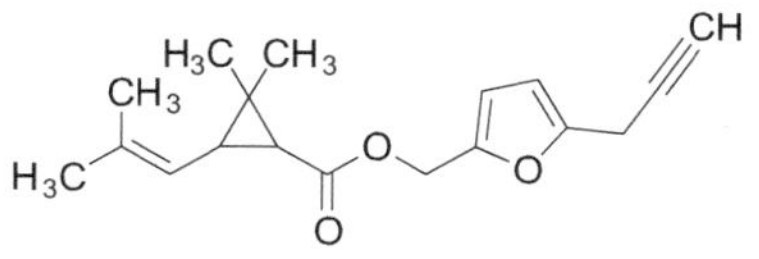　　　　　　　　炔呋菊酯

（2）卤代菊酯　修饰天然除虫菊酯的醇部分，优化其酸部分，并引入氰基。可获得高活性光学异构体，药效极大提高，属"超高效杀虫剂"农药品种。

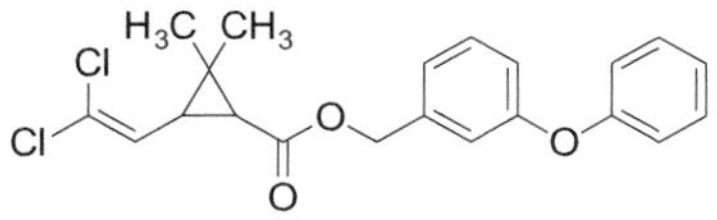

氯菊酯 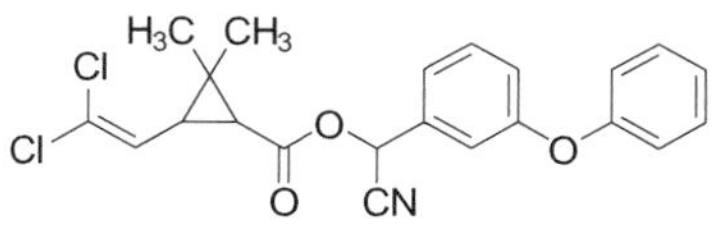　　　　　　　　氯氰菊酯 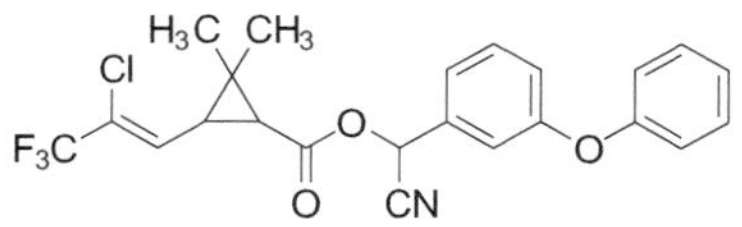　　　　　　　　氯氟氰菊酯

（3）环丙烷酸酯　对酸部分进一步修饰，保留三元环。

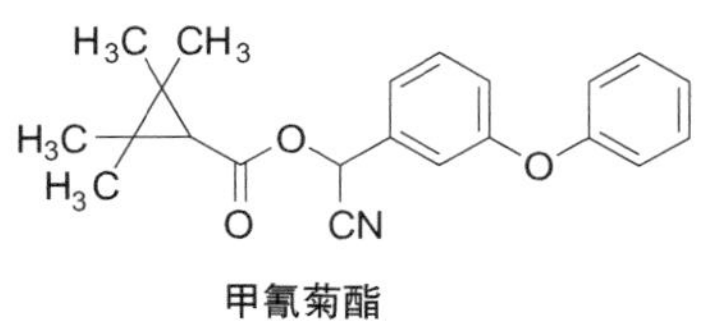

甲氰菊酯 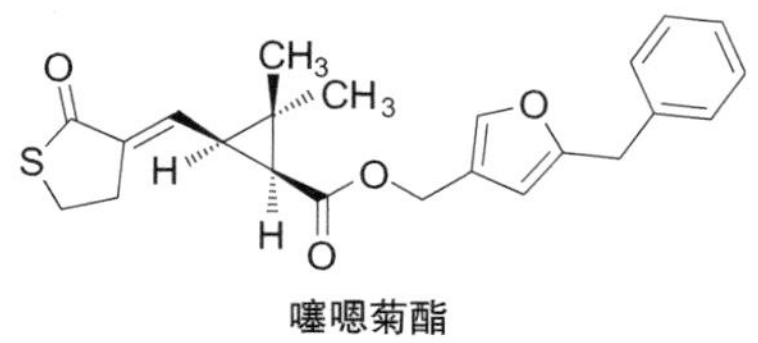　　　　　　　　　噻嗯菊酯

（4）非环羧酸酯　将酸部分修饰为异丙基结构，革新传统观念，扩展了拟除虫菊酯领域。

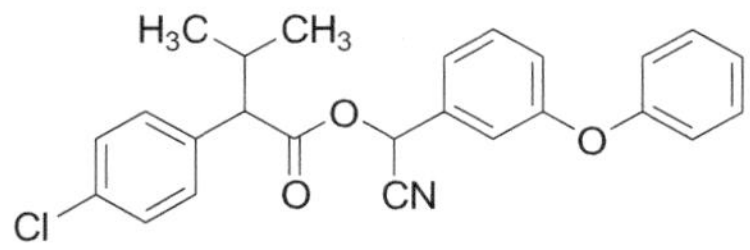

氰戊菊酯 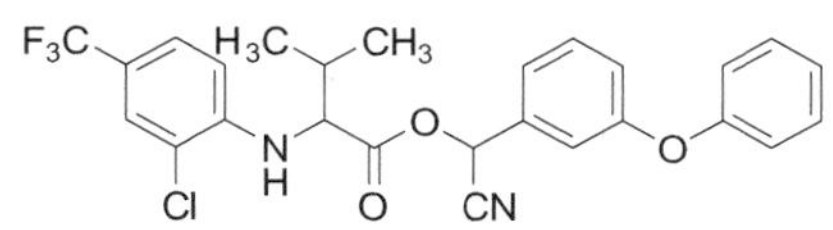　　　　　　　　　氟胺氰菊酯

（5）非酯类　将"菊酯"修饰为"异丙基"结构，颠覆传统观念，将"形似"引入设计理念，获得具有和经典拟除虫菊酯相似杀虫机理的"新菊酯"，拓展了拟除虫菊酯概念。

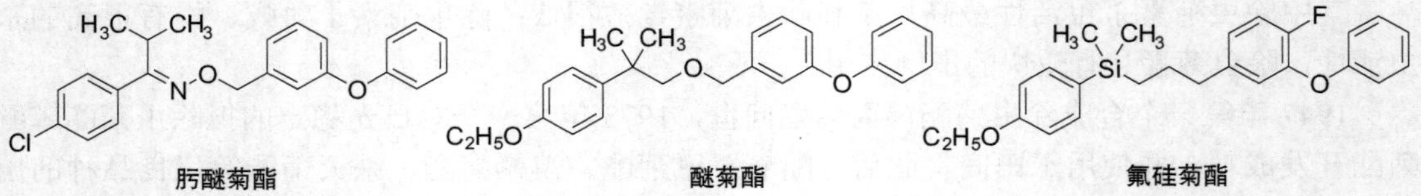

肟醚菊酯　　　　　　　　　醚菊酯　　　　　　　　　氟硅菊酯

2.4.1　结构特点与合成设计

拟除虫菊酯类化合物的合成，通常是由构成拟除虫菊酯的酸部分的相应酸或其衍生物与醇部分的对应醇相互反应。

2.4.1.1　酸组分

（1）［2+1］环加成　采用 Farkas 法，以铜作催化剂，产物顺、反异构体比例约为 4 ∶ 6，重氮乙酸酯中的酯基越大，反式产物越多；当 R=t-Bu 时，产物几乎全是反式。

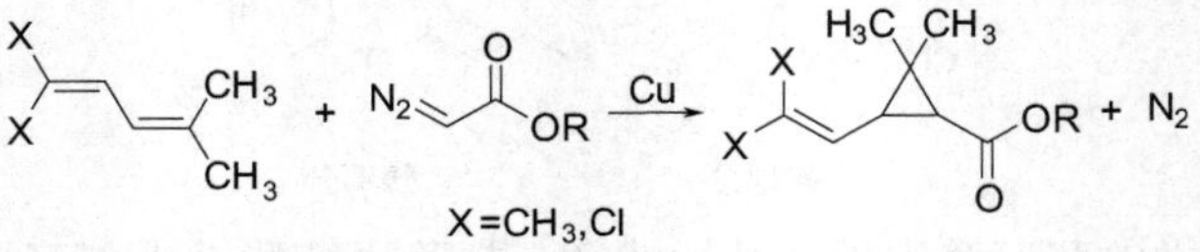

磷叶立德和硫叶立德也可作为环化加成试剂，产物主要是反式。

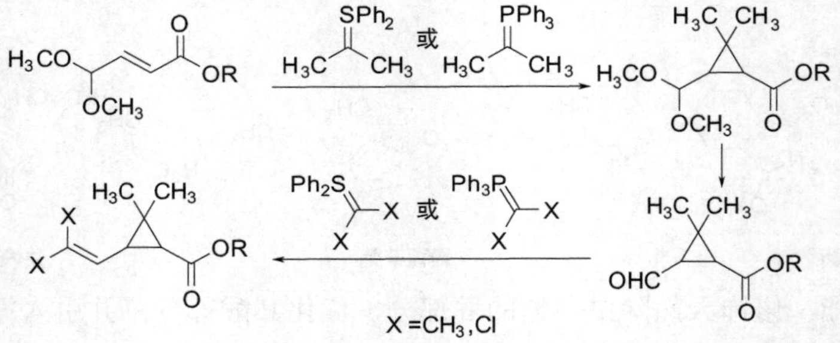

（2）分子内缩合　采用相模法，分子内 1,3- 亲核取代成环反应是形成菊酸的重要方法之一，产物以反式为主。

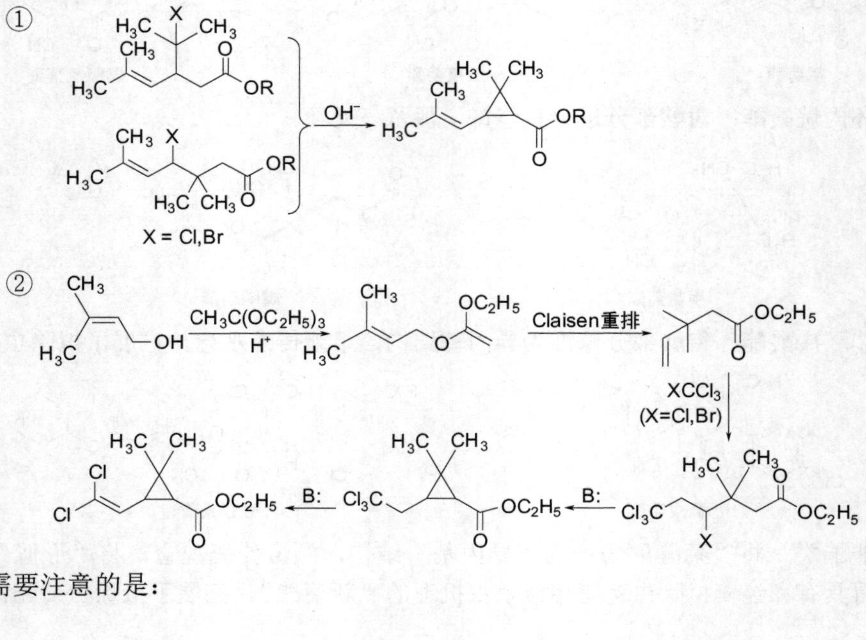

①

②

这里需要注意的是：

① 在非极性芳烃中用叔戊醇钠作缚酸剂，产物顺反比例为 20 ∶ 80；用叔丁醇钠或钾在极性非质子溶剂中，如六甲基磷酰三胺（HMPT）和己烷混合溶剂 / 叔丁醇钠中，产物的顺反比例为 88 ∶ 12。

② 若将贲亭酸酯中的酯基换成乙酰基，则得富顺式产物（顺反比为 9 ∶ 1）；进一步氧化、消去得到富顺式二氯菊酸（顺反比为 9 ∶ 1）；若先消去后氧化，则得到富反式二氯菊酸（顺反比为 1 ∶ 9）。

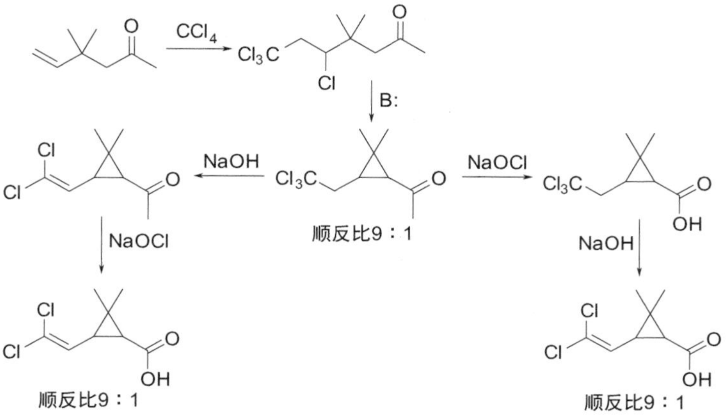

③ 在三卤乙酸钠催化下，卤仿与菅醛酸酯加成生成 γ- 羟基化合物还原得到相同的结果。

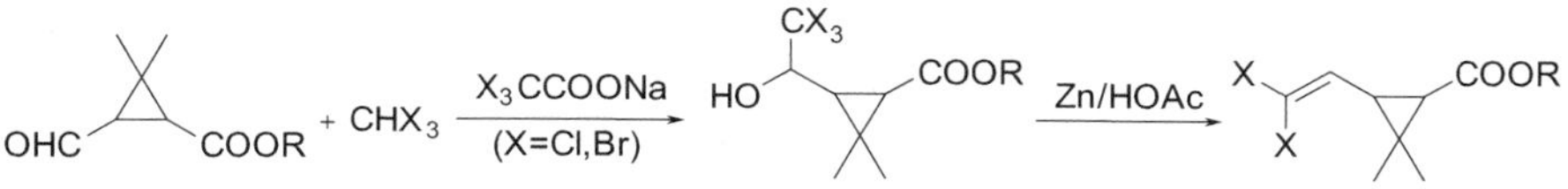

（3）经环丁酮重排　环丁酮衍生物用碱处理，经 Favorski 重排生成二卤菊酸酯，产率较高，产物富顺式。

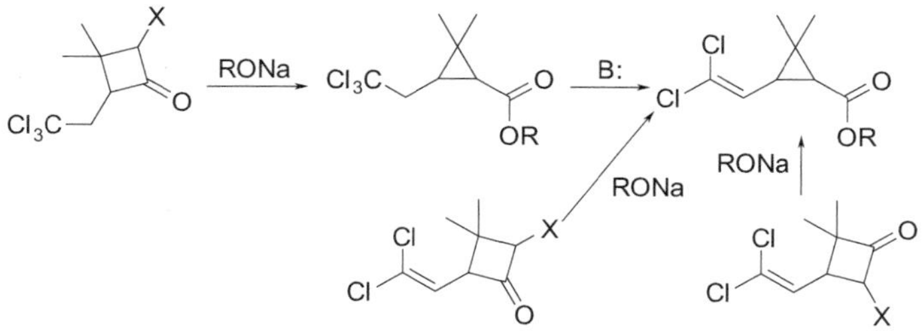

注：合成拟除虫菊酯所用菊酸，多数可以经菅醛、环丁酮等中间体合成。

（4）Wittig 反应　菅醛酸酯与 Wittig 或 Wittig-Horner 试剂反应，可以得到多种拟除虫菊酸。

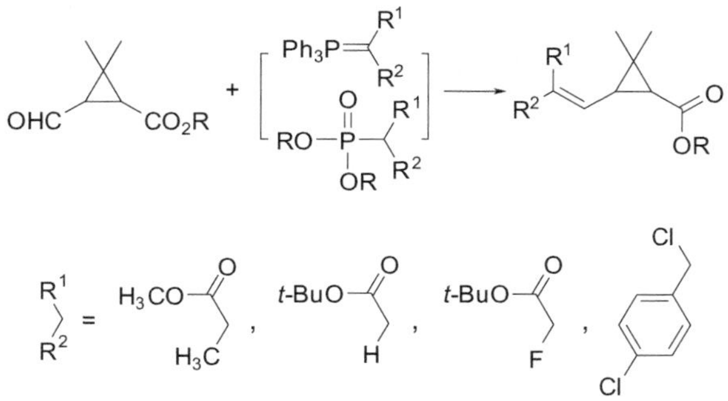

（5）光学活性菊酸　环丙烷羧酸环上的 C1 为 R 构型时对应菊酯具有较好的杀虫活性，为

S 构型时对应菊酯活性很低，甚至没有活性。

　　① 由拆分制备　用一个旋光活性的胺作为拆分试剂，与被拆分的酸形成非对映异构盐，然后选择适当溶剂进行分级重结晶，得到一对非对映异构体的盐后，通过酸化生成酸的一对对映体。

　　几种重要拟除虫菊酸拆分常用的胺及试剂如下。

除虫菊酸　　　　　　　　　　　拆分试剂（及溶剂）

O_2N—C$_6$H$_4$—CH(OH)—CH(NMe$_2$)—CH$_2$OH (i-Pr$_2$O/EtOH)，　C$_6$H$_5$—CH$_2$NHCH(CH$_2$CH$_3$)CH$_2$OH，

(+)-CH$_3$—C$_6$H$_4$—CH$_2$—CH(NH$_2$)—C$_6$H$_5$ (EtOH/H$_2$O)，(−)-CH$_3$—C$_6$H$_4$—CH(OH)—CH(NHCH$_3$)—CH$_3$ (C$_6$H$_{14}$)

顺反混合

O_2N—C$_6$H$_4$—CH(OH)—CH(NMe$_2$)—CH$_2$OH (i-Pr$_2$O)

(+)-CH$_3$—C$_6$H$_4$—CH$_2$—CH(NH$_2$)—C$_6$H$_5$ (MeOH/H$_2$O)

(+)-CH$_3$—C$_6$H$_4$—CH$_2$—CH(NH$_2$)—C$_6$H$_5$ (Me$_2$CO)

C$_6$H$_5$—CH$_2$NHCH(CH$_2$CH$_3$)CH$_2$OH

O_2N—C$_6$H$_4$—CH(OH)—CH(NMe$_2$)—CH$_2$OH (MeOH/H$_2$O)

(−)-C$_6$H$_4$—CH(NH$_2$)—COOEt (H$_2$O)

O_2N—C$_6$H$_4$—CH(OH)—CH(NMe$_2$)—CH$_2$OH (AcOEt)，C$_6$H$_5$—CH(NH$_2$)CH$_3$ (AcOEt)

(+)-CH$_3$—C$_6$H$_4$—CH$_2$—CH(NH$_2$)—C$_6$H$_5$

O_2N—C$_6$H$_4$—CH(OH)—CH(NMe$_2$)—CH$_2$OH

(−)-C$_6$H$_4$—CH(OH)—CH(NHCH$_3$)—CH$_3$

C$_6$H$_5$—CH(NH$_2$)CH$_3$，(−)-C$_6$H$_4$—CH(NH$_2$)—COOEt (H$_2$O)

(+)-CH$_3$—C$_6$H$_4$—CH$_2$—CH(NH$_2$)—C$_6$H$_5$

C$_6$H$_5$—CH(NH$_2$)CH$_3$

　　② 差向异构化法　含有两个或两个以上手性碳原子的旋光活性化合物，当构型转化作用发生在一个手性碳原子上时，平衡混合物为一对非对映体，且数量不等，呈现旋光性，此过程称为差向异构化。旋光活性的菊酸无效体通过差向异构化，可以部分或全部转化为有效体。

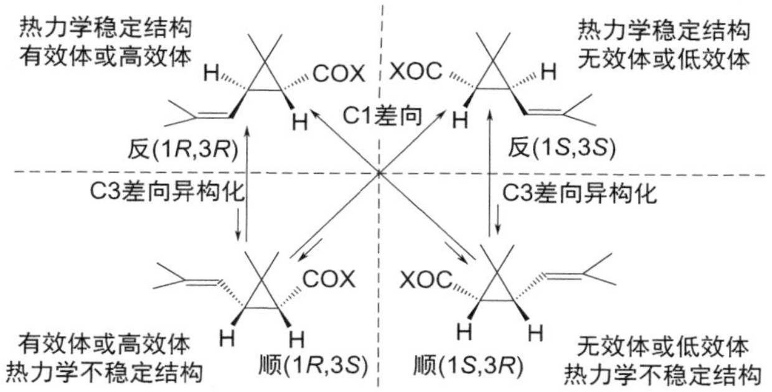

差向异构化可使无效体 (−)- 顺式（1S,3R）转化为 (+)- 反式（1R,3R）有效体：当 X 为烷氧基、氯或氢时，在加热及催化剂存在下，可以从顺式酸得到热力学相对稳定的反式酸。

若要把反式酸转化为热力学相对不稳定的顺式酸，则可先用强碱使其发生烯醇化，生成含硅基缩酮，再水解成顺式 1R 和反式 1S 的混合物，进一步分离得到活性顺式异构体。

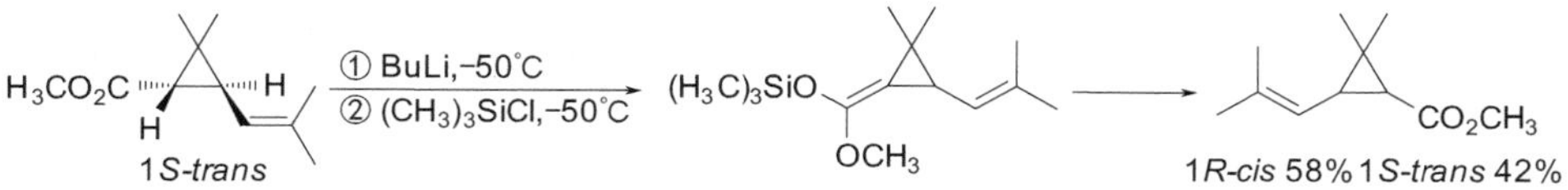

另一种从反式无效体（1S,3S）转化为顺式（1R,3S）有效体的方法是经过水合、酯化、内酯化等反应，最后在路易斯酸存在下生成顺式酸。

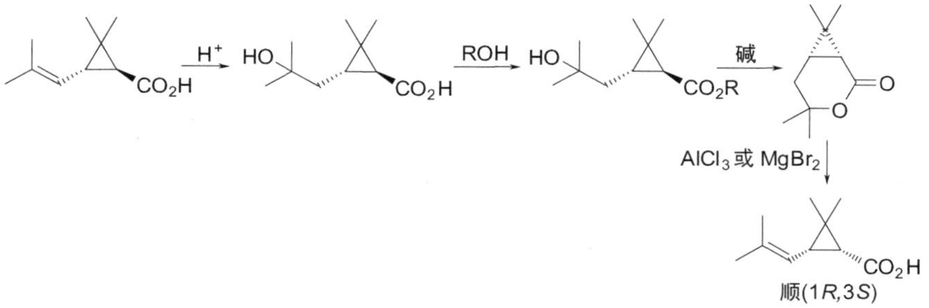

③ 从光学活性中间体或天然产物合成　如旋光活性的（2R）- 三氯己烯醇与重氮乙酸所形成的酯进行分子内环加成时，由于三氯甲基空间位阻大，三氯甲基与环丙烷处于五元环的两侧时能量上较为有利。反应得到（1R,3R）二氯菊酸，光学纯度达到 98%。

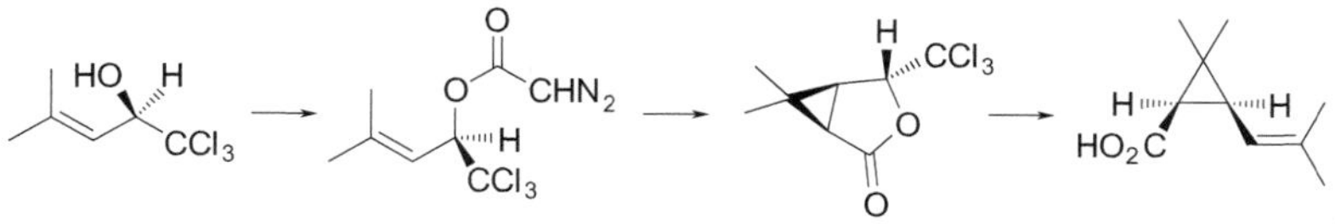

环丁酮衍生物与二氧化硫的加成产物与 (−)-α- 苯乙胺成盐，可拆分成 (−)- 顺式和 (+)- 顺式环丁酮衍生物。后者缩环可得 (+)- 顺式二卤菊酸，前者可发生消旋化，使无效体得到利用。

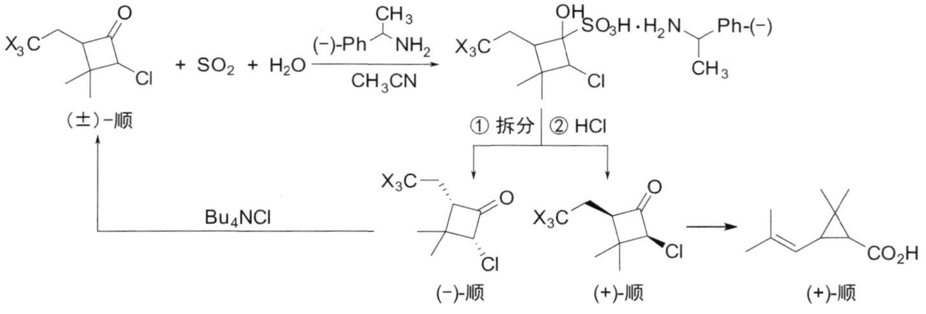

从具有旋光活性的天然物质如蒈烯、蒎烯、(−)- 香芹酮、(+)- 蒎二烯等为起始原料，也可以合成活性菊酸。例如 Δ3- 蒈烯经六步反应得到 1S- 顺式菊酸，再经 C1 差向异构化得到 (+)-1R,3R- 反式菊酸。

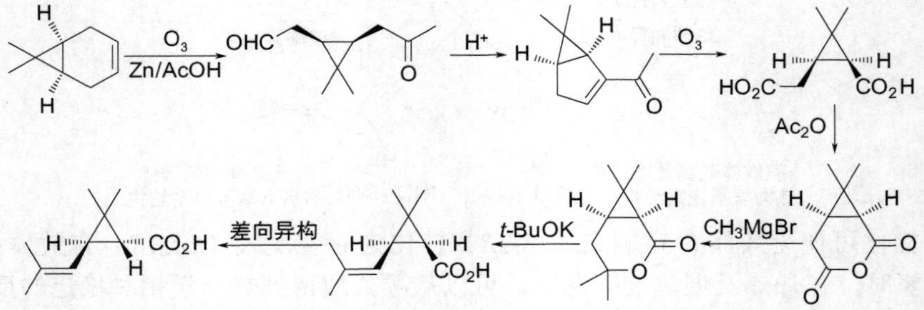

④ 不对称合成　此类合成反应往往需要诱导不对称合成催化剂，如含手性配位基的铜络合物 YDC 诱导催化作用下，重氮乙酸酯与二甲基己二烯发生环加成反应，可以得到富反式菊酸（顺反比 7 ∶ 93）。催化剂手性中心的构型与加成产物 C1 构型紧密相关：(R)-YDC 催化主要生成 1R- 反式菊酸，(S)-YDC 催化则主要生成 1S- 反式菊酸。

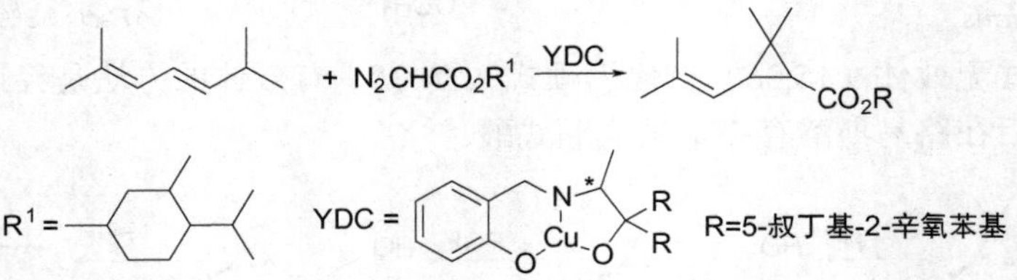

三氯异己烯与重氮乙酸酯的环加成反应，用 YDC 催化时得到富顺式二氯菊酸。用 (S)-YDC 主要得到 1R- 顺式二氯菊酸。

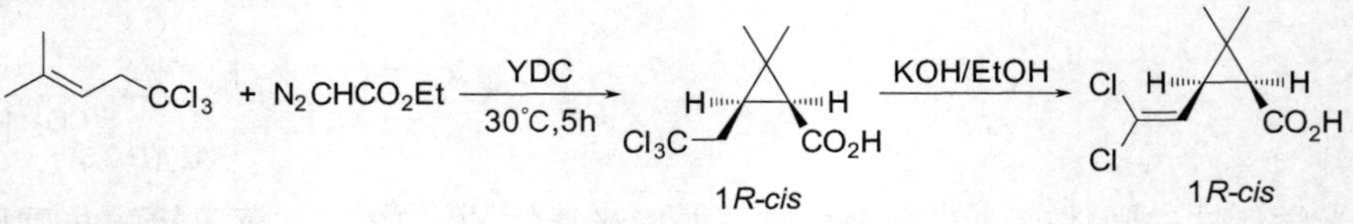

2.4.1.2　醇组分

（1）间苯氧基苯甲醇、醛　在适当条件下二者可以互相转化。

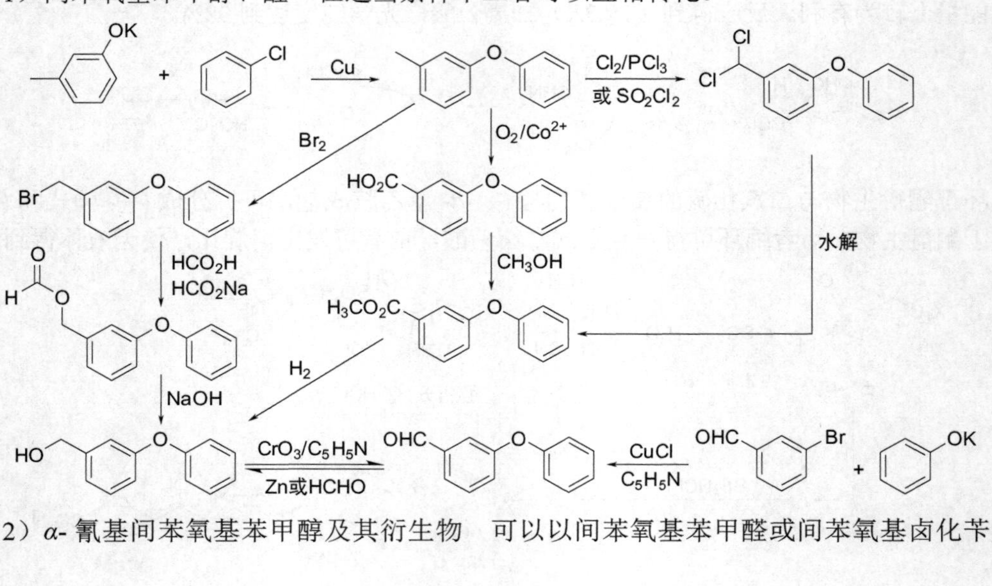

（2）α- 氰基间苯氧基苯甲醇及其衍生物　可以以间苯氧基苯甲醛或间苯氧基卤化苄为原

料合成。

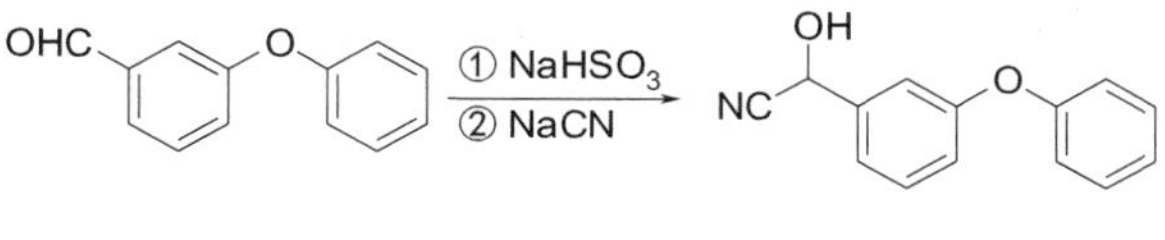

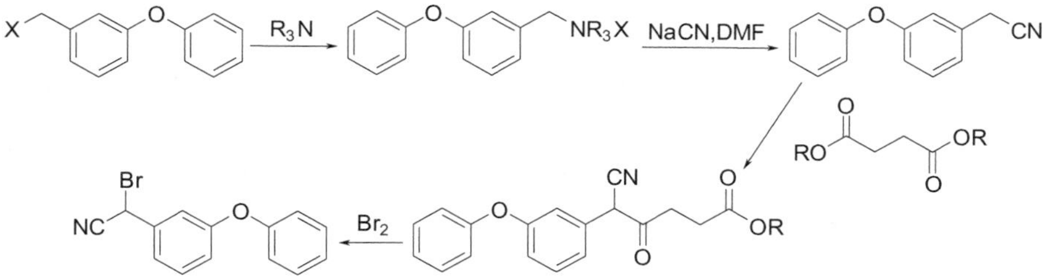

在苯丙氨酸与组氨酸生成的环二肽 E 作用下，苯醚醛与氢氰酸发生不对称加成，得到 *ee* 为 70% 的腈醇。

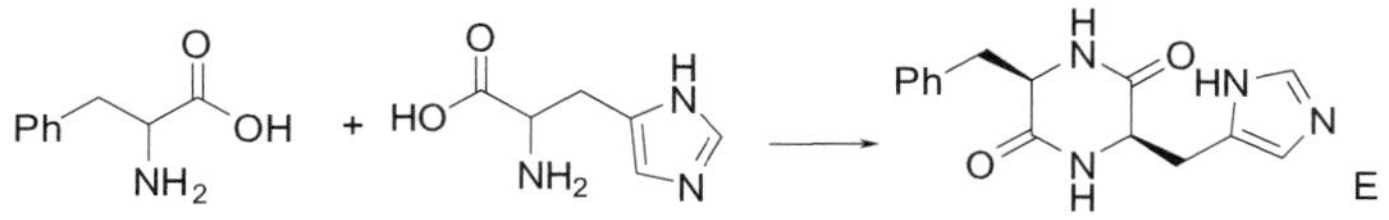

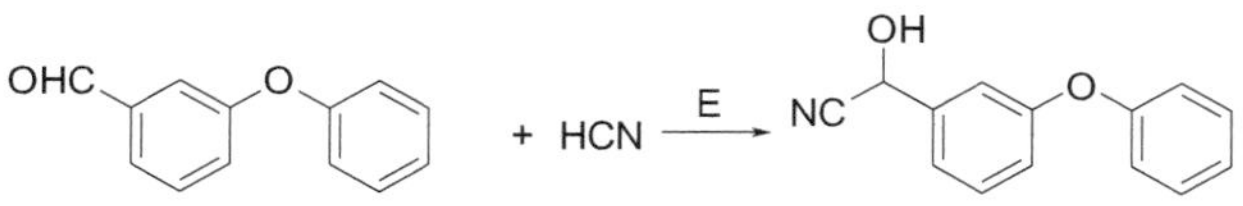

2.4.1.3　拟除虫菊酯的合成

一般酯类的合成方法同样适用于拟除虫菊酯类的合成。

（1）拟除虫菊酸与醇脱水　以对甲苯磺酸为催化剂，在苯中回流脱水，拟除虫菊酸与相应的醇反应。

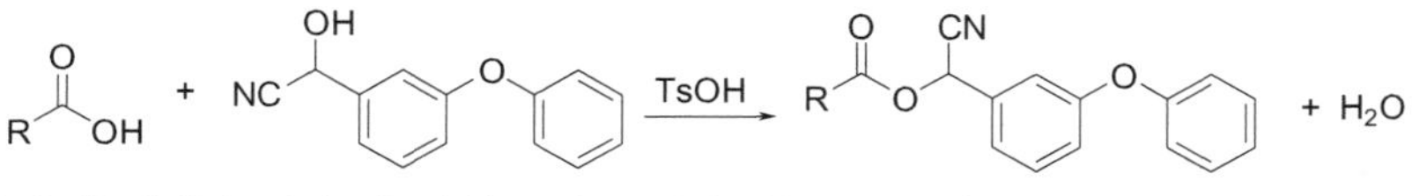

（2）拟除虫菊酸盐与取代苄醚等反应　在相转移催化剂作用下，拟除虫菊酸碱金属盐与 α- 卤代、α- 磺酸酯基苄醚及亚氨基类似物反应，可制得多种拟除虫菊酯。

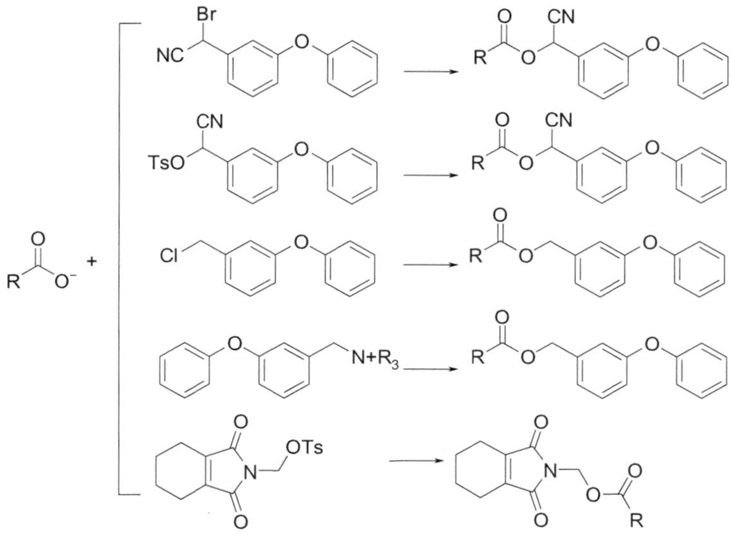

（3）拟除虫菊酸酰氯与醇、醛反应　在缚酸剂或氯化锌等路易斯酸存在下，拟除虫菊酰氯与苄醇、腈醇反应，也是制备拟除虫菊酯常用方法。

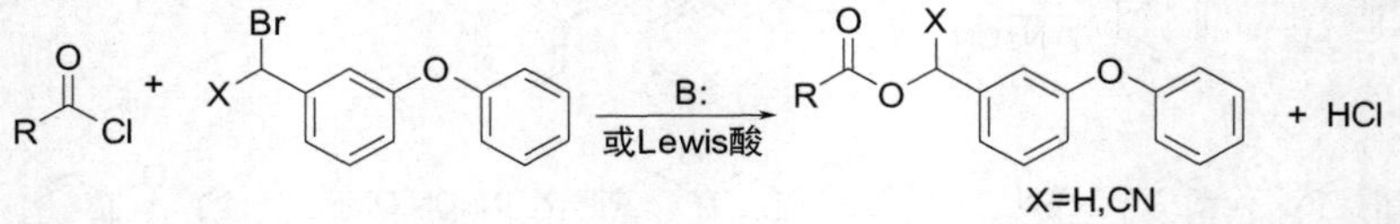

注：拟除虫菊酰氯与苯氧基苯甲醛与氰化钠的反应，可能存在三种情况：酰氯先与醛反应，生成的 α- 氯代酯再与氰化钠反应；醛先与氰化钠加成得到的腈醇钠反应，再与酰氯反应；酰氯先与氰化钠加成得到的氰酮反应，再与醛反应。三种情况交叉进行，在相转移催化剂存在下均可得到较好产率和纯度的腈醇酯。

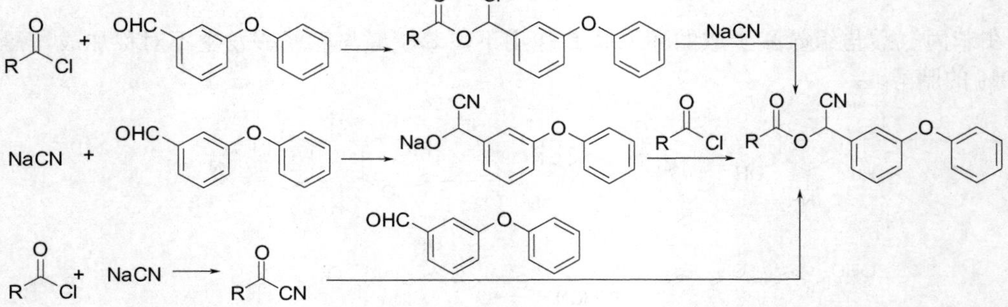

（4）酯交换反应　拟除虫菊酸烷基酯与醇或乙酸酯在醇钠或原钛酸酯催化下，可以发生酯交换反应生成拟除虫菊酯。

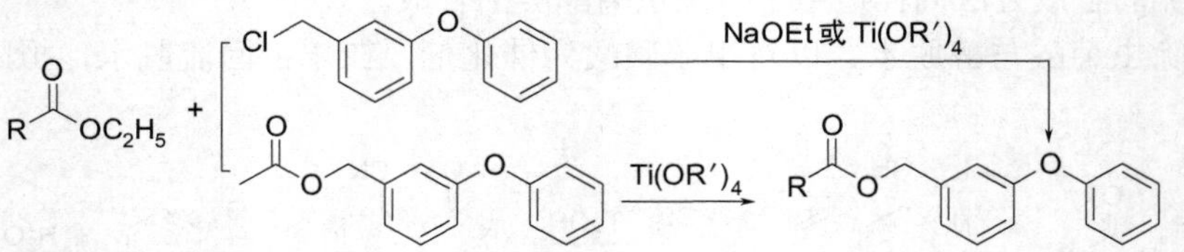

2.4.1.4　光学活性拟除虫菊酯

（1）经由差向异构化反应　通常拟除虫菊酸腈醇酯都是醇组分的 α- 碳为 S 构型的有活性。由于合成 (S)- 腈醇较困难，所以多从消旋的腈醇与旋光活性的拟除虫菊酸酯化后，经过差向异构，将 (R)- 腈醇酯转化为 (S) 构型酯。例如溴氰菊酯的合成：(1R)- 顺式二溴菊酰氯与腈醇成酯后，选择适当的溶剂（如醇类），(S)- 酯从溶液中析出，母液中富集的 (R)- 酯在碱的作用下 α- 碳发生消旋化（差向异构），生成的 (S)- 酯不断从溶液中析出，直到 (R)- 酯几乎全部转化为 (S)- 酯。

溴氰菊酯采用上述方法差向异构化时，得到高效（1R-cis-α-S）溴氰菊酯。

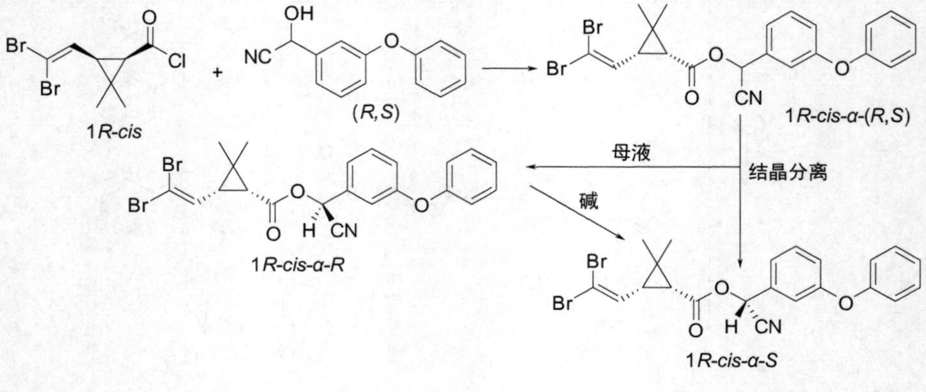

（2）经由拆分制备　苯醚醛与氢氰酸在环二肽存在下进行不对称加成，得到的 S-腈醇与消旋的对氯苯基异戊酰氯反应生成 (RS)-α-(S)-杀灭菊酯，用播种结晶方法拆分，得到高活性 (S)-α-(S)-杀灭菊酯及低活性 (R)-α-(S)-杀灭菊酯；后者经酸分解得苯醚醛及 (R)-对氯苯基异戊酸，苯醚醛可以进一步用于不对称加成制得 (S)-腈醇，(R)-酸经酰氯化消旋得 (RS)-酰氯循环使用。

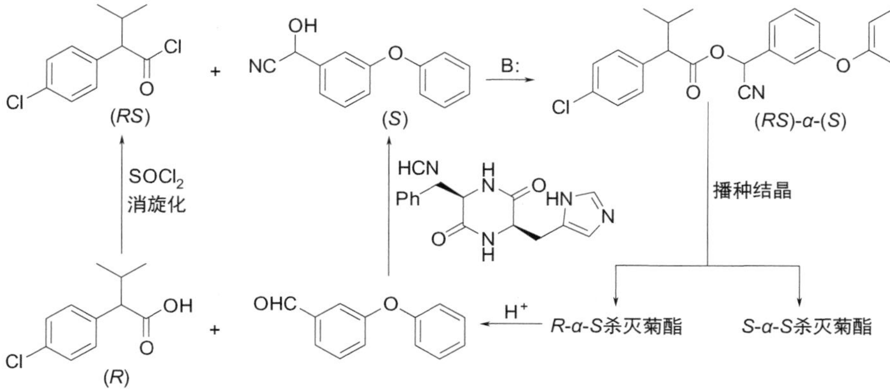

（3）经不对称诱导合成　例如对氯苯基异戊烯酮在环二肽不对称诱导催化下，与腈醇发生加成酯化，得到富 (S)-α-(S)-杀灭菊酯。

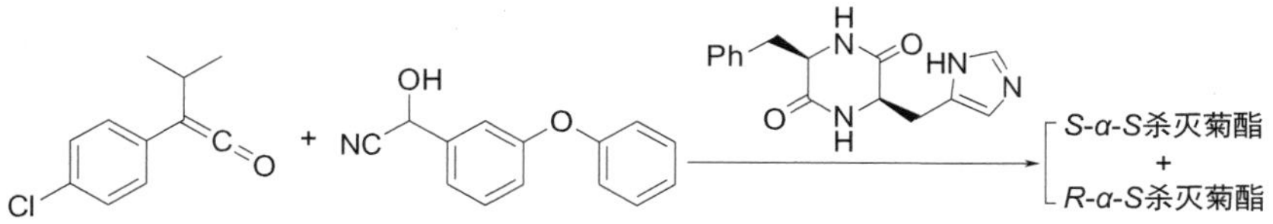

2.4.2　代表性品种的结构与合成

胺菊酯（tetramethrin）

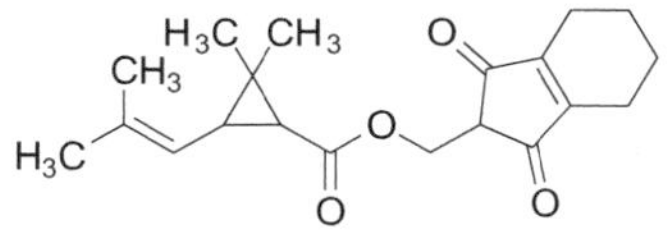

1-环己烯-1,2-二甲酰亚氨基甲基-(1RS)-顺-反-2,2-二甲基-3-(2-甲基丙基-1-烯基)环丙烷羧酸酯

胺菊酯 1964 年由日本住友化学公司合成，Fairfied American 公司开发。属于菊酸酯类拟除虫菊酯杀虫剂，对蚊、蝇等卫生害虫具有快速击倒作用，但致死能力差，有复苏现象；常与杀死能力高的药剂如丙烯菊酯、氯菊酯等复配；对蟑螂有驱赶作用；是世界卫生组织推荐的用于公共卫生的主要杀虫剂之一。

纯品胺菊酯为白色结晶固体，熔点 65 ～ 80℃，沸点 185 ～ 190℃（13.3Pa）；溶解性（25℃，g/kg）：水 0.0046，己烷 20，甲醇 53，二甲苯 1000；对碱及强酸敏感，在乙醇中不稳定。工业品为白色或略带淡黄色的结晶或固体。

胺菊酯原药大白鼠急性 LD_{50}（mg/kg）：经口＞ 5000；对鱼、蜜蜂、家蚕有毒。

逆合成分析　胺菊酯为菊酸酯类杀虫剂（图 2-37）。

合成路线　如图 2-38 所示。

在反应器中加入 N-羟甲基-3,4,5,6-四氢化邻苯二甲酰亚胺、吡啶和甲苯，开动搅拌，微微加热，使 N-羟甲基-3,4,5,6-四氢化邻苯二甲酰亚胺全部溶解，冷却后滴加菊酰氯的甲苯溶液，控制反应温度，滴加完毕于 50 ～ 60℃反应 2h，反应毕，过滤，用甲苯洗涤滤饼 2 次，

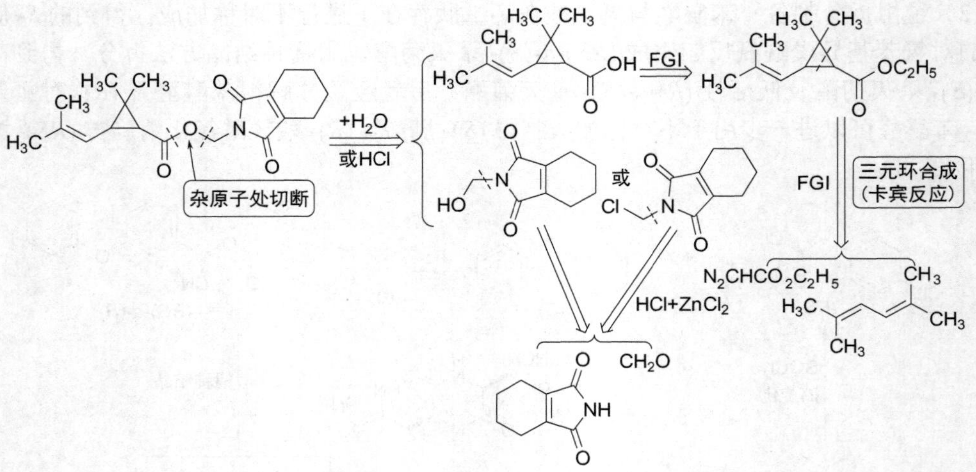

图 2-37 胺菊酯逆合成分析

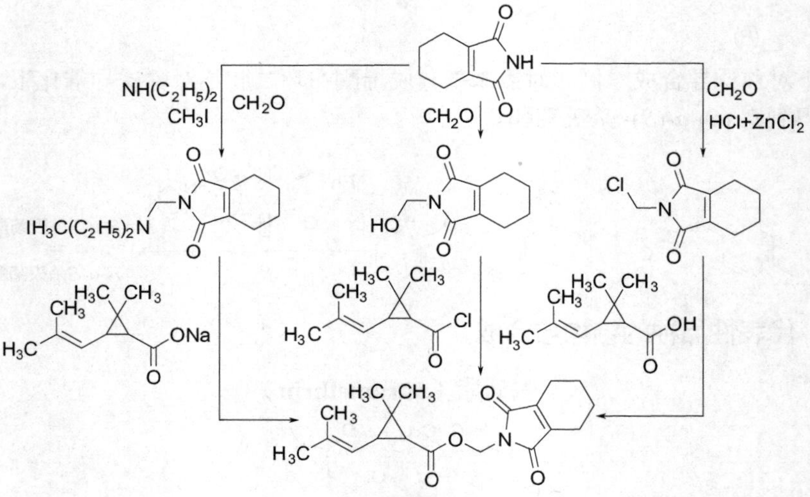

图 2-38 胺菊酯合成路线

合并滤液和洗涤液，依次用稀酸、稀碱和水洗涤至中性，加压脱溶，得含量 92% ～ 93% 胺菊酯，收率＞ 92%，如需要胺菊酯原粉，甲苯重结晶即可。

注：类似合成方法可以制备喃烯菊酯（japothrins）、烯丙菊酯（allethrin）、苄菊酯（dimethrin）、苄呋菊酯（resmethrin）、苯醚菊酯（phenothrin）、烯炔菊酯（empenthrin）、炔呋菊酯（furamethrin）、呋炔菊酯（proparthrin）、苄烯菊酯（butethrin）、炔酮菊酯（prallethrin）、环虫菊酯（cyclethrin）、熏虫菊酯（barthrin）、生物烯丙菊酯（bioallethrin）、左旋烯炔菊酯（empenthrin）、炔咪菊酯（imiprothrin）、四氟甲醚菊酯（dimefluthrin）、生物苄呋菊酯（bioresmethrin）、顺式苄呋菊酯（cismethrin）、甲醚菊酯（methothrin）等菊酸酯类杀虫剂。

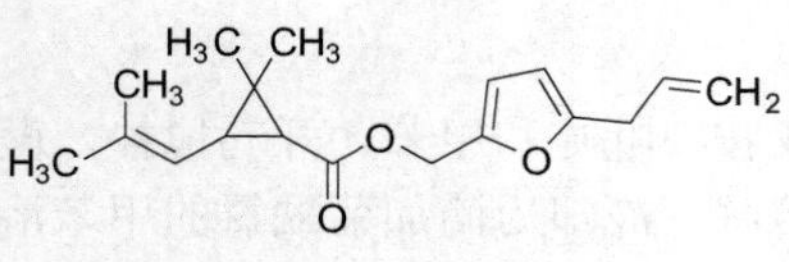

喃烯菊酯 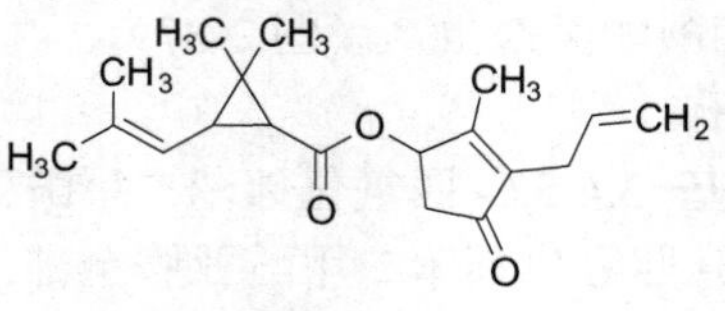　　　　　　　　　烯丙菊酯 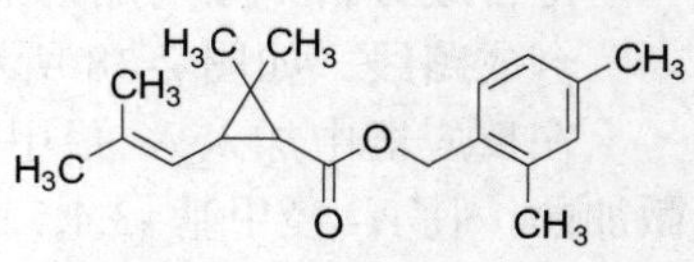　　　　　　　　　苄菊酯

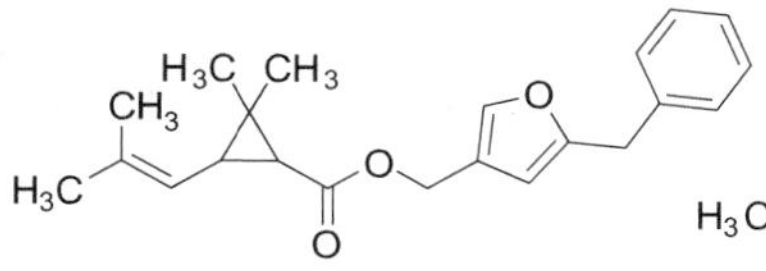

苄呋菊酯 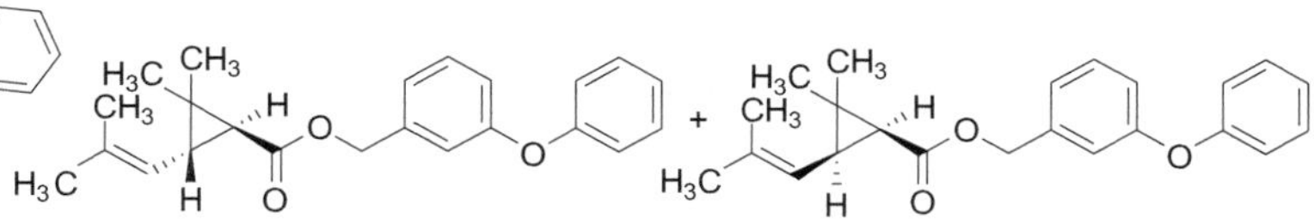   苯醚菊酯

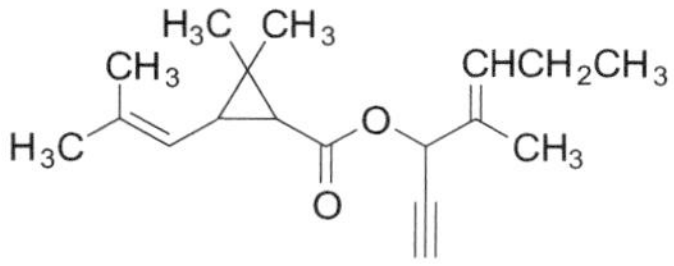

烯炔菊酯 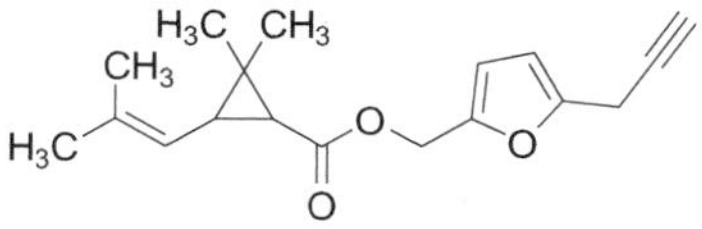   炔呋菊酯 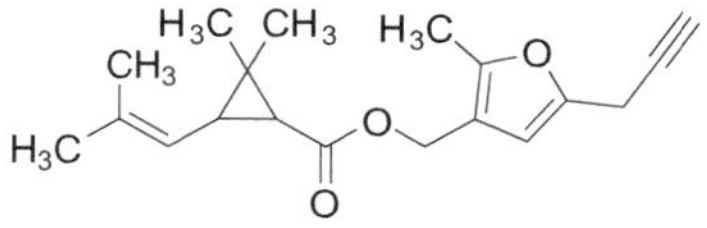   呋炔菊酯

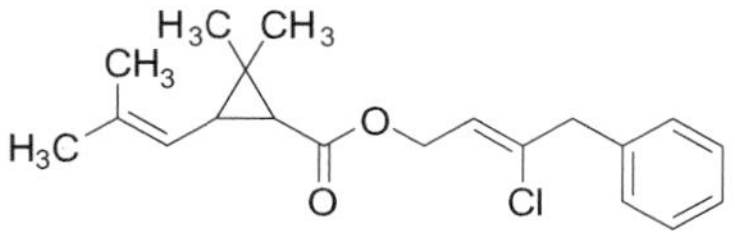

苄烯菊酯 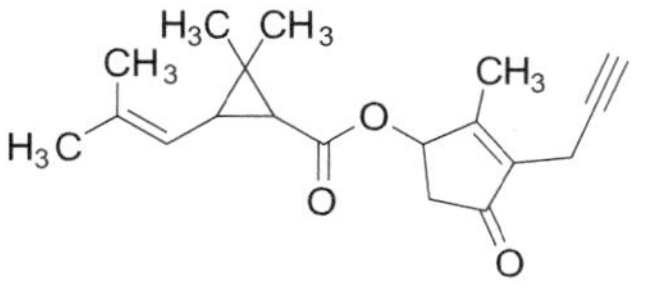   炔酮菊酯 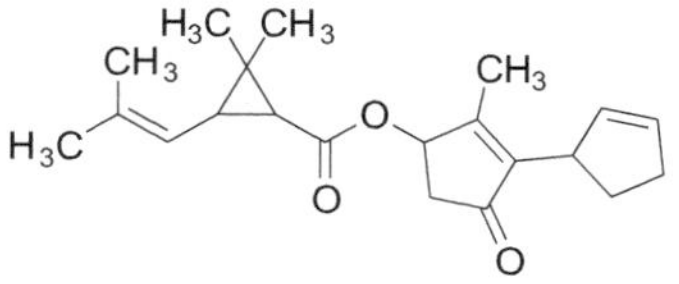   环虫菊酯

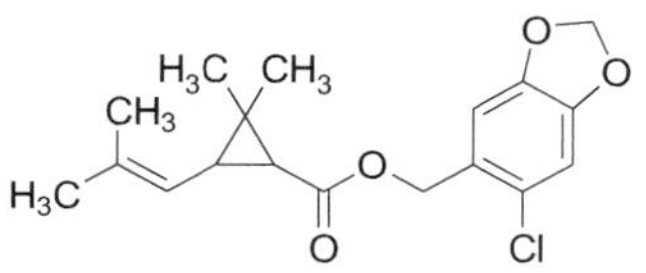

熏虫菊酯 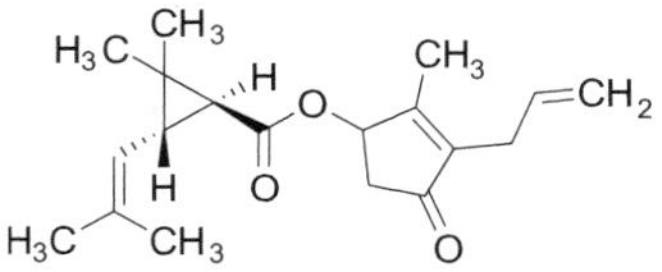   生物烯丙菊酯 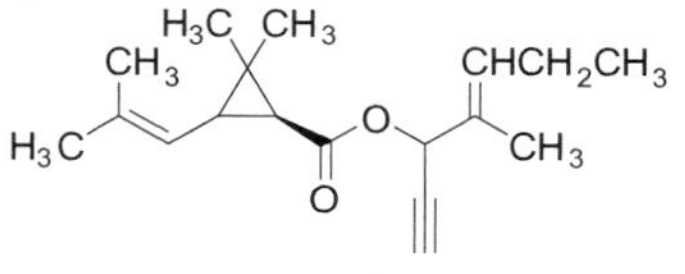   左旋烯炔菊酯

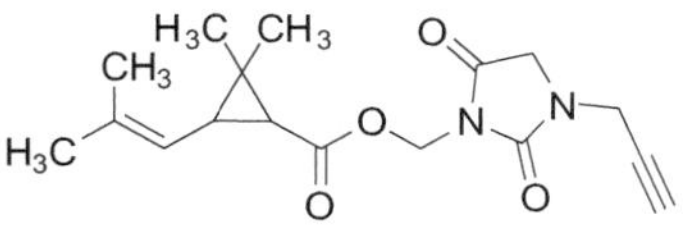

炔咪菊酯 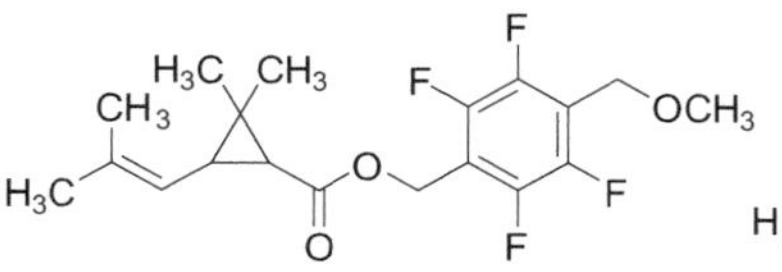   四氟甲醚菊酯 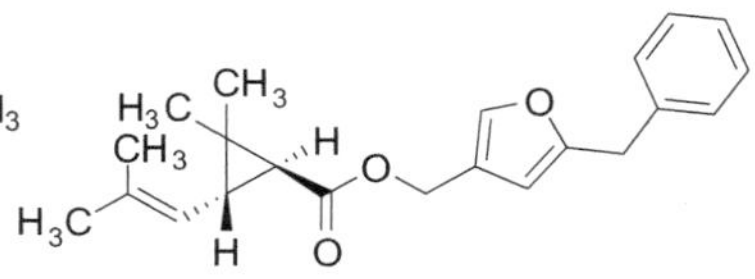   生物苄呋菊酯

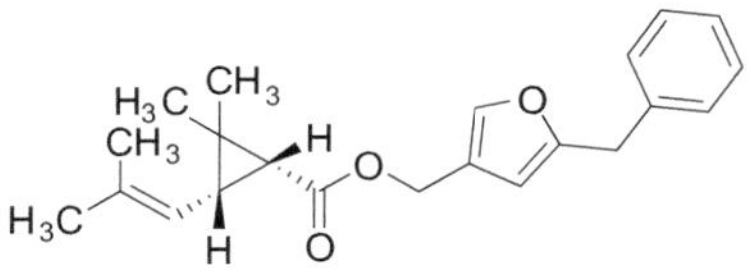

顺式苄呋菊酯 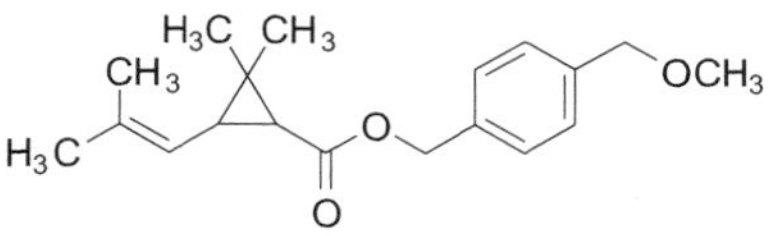   甲醚菊酯

高效氯氰菊酯（*beta*-cypermethrin）

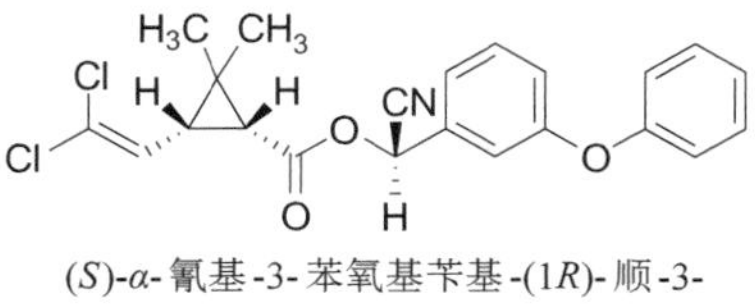

(*S*)-α-氰基-3-苯氧基苄基-(1*R*)-顺-3-
(2,2-二氯乙烯基)-2,2-二甲基环丙烷羧酸酯

(*S*)-α-氰基-3-苯氧基苄基-(1*S*)-顺-3-
(2,2-二氯乙烯基)-2,2-二甲基环丙烷羧酸酯

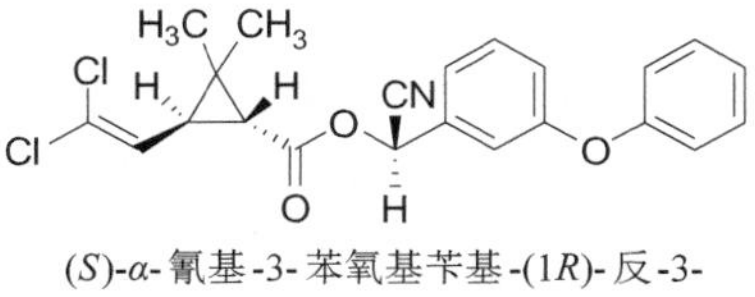

(*S*)-α-氰基-3-苯氧基苄基-(1*R*)-反-3-
(2,2-二氯乙烯基)-2,2-二甲基环丙烷羧酸酯

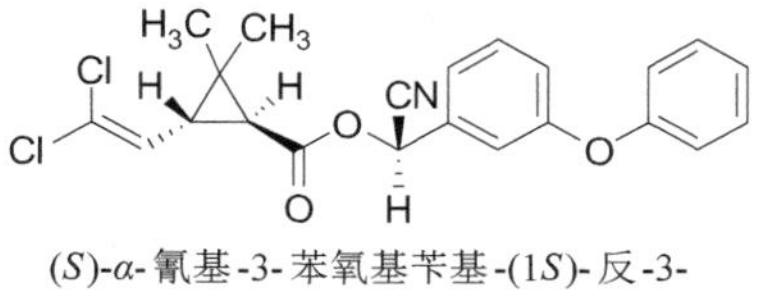

(*S*)-α-氰基-3-苯氧基苄基-(1*S*)-反-3-
(2,2-二氯乙烯基)-2,2-二甲基环丙烷羧酸酯

　　高效氯氰菊酯 1986 年由匈牙利 G. Hidasi 首次报道，1987 年由南开大学元素有机化学研究所和天津农药总厂合作开发。高效氯氰菊酯具有氯氰菊酯相同的应用范围和更好的杀虫效果。

原药中高效体含量 95% 以上，高效、广谱、低残留、对光和热稳定，具有触杀和胃毒作用，作用迅速；对鳞翅目、鞘翅目和双翅目害虫非常有效，对半翅目、异翅目、直翅目和膜翅目等害虫也有很好的防治效果。

高效氯氰菊酯原药由顺式体和反式体的两个对映体对组成（比例均为 1∶1），高效氯氰菊酯原药为白色结晶，熔点 63～65℃；溶解性（20℃，g/L）：己烷 9，二甲苯 370，难溶于水；在弱酸性和中性介质中稳定，在碱性介质中发生差向异构化，部分转为低效体，在强酸和强碱介质中水解。

高效氯氰菊酯原药大白鼠急性 LD_{50}（mg/kg）：经口 126（雄）、133（雌），经皮 316（雄）、217（雌）；对兔皮肤和眼睛有刺激作用，对鸟类低毒，对鱼类高毒，田间使用剂量对蜜蜂无伤害。

逆合成分析   高效氯氰菊酯为二氯代菊酸酯类杀虫剂（图 2-39）。

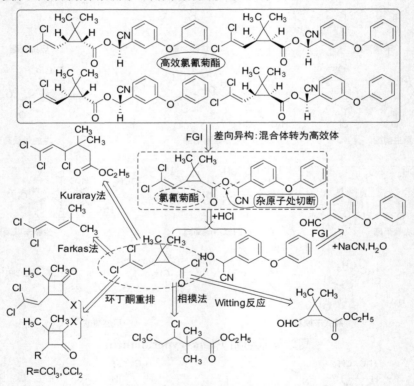

图 2-39   高效氯氰菊酯逆合成分析

合成路线   如图 2-40 所示。

实例 1   氯氰菊酯的制备

① 分别将 3- 苯氧基苯甲醛 3.40g（含量 87.4%）、二氯菊酰氯 3g（含量 95.8%）和适量溶剂加入到反应瓶中，在剧烈搅拌下，保持温度在 20℃ 以下，滴加由氰化钠 0.85g(0.0163mol)、碳酸钠 0.27g 和少许相转移催化剂（苄基三乙基氯化铵或间苯氧基苄基三乙基氯化铵）溶解于 6.5mL 水中的盐溶液。滴毕升温至 45～50℃，继续搅拌反应 5h。分离水相并用少量甲苯萃取 1 次，合并有机相，用水洗至中性为止，脱溶剂后得淡黄色氯氰菊酯，收率 93%。

② 在装有电动搅拌器、回流冷凝器和温度计的 100mL 梨形三口瓶中，加入间苯氧基苯甲醛的亚硫酸氢钠加成物 9.8g（含量 81.4%，24mmol）、氰化钠 2.2g（含量 96%，26mmol）、

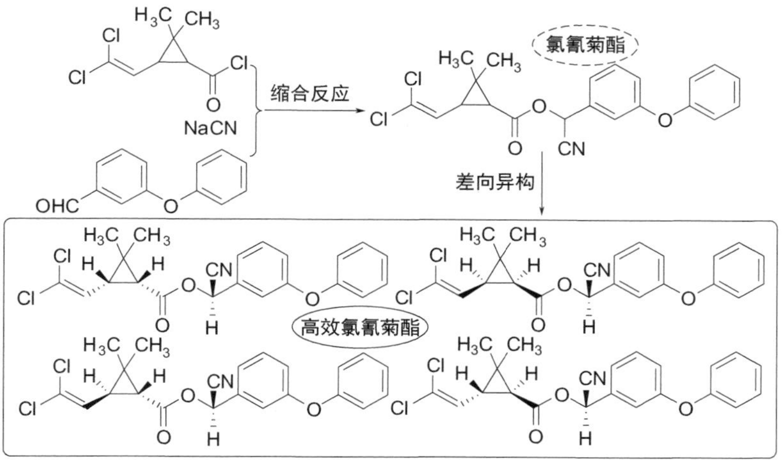

图 2-40 高效氯氰菊酯合成路线

碳酸钠 1.1g（含量 99.8%，13mmol）、四丁基溴化铵和适量水使其溶解。在剧烈搅拌下，保持温度 5～10℃，滴加二氯菊酸酰氯 4.8g（含量 95.8%，20mmol，溶于 25mL 甲苯），在此温度下反应 1h。然后升温至 40℃，继续搅拌反应 1h，结束反应。将物料转移到分液漏斗中，分出水相，水相用甲苯提取两次（10mL×2），合并甲苯层与有机相，水洗至中性，蒸去甲苯，得淡黄色氯氰菊酯 9.2g，产物经气相色谱仪测定，其含量为 85.6%，产率 95.2%。

③ 工业生产　在 500L 溶解釜中小心加入氰化钠、水，搅拌溶解。在 2000L 反应釜中抽入溶解好的氰化钠水溶液，抽入醚醛和环己烷，搅拌下冷却到 0℃时滴加二氯菊酰氯，滴加时间约 2h，滴加完毕在 0～10℃保温反应 6h 反应结束。静置、分层，分出水层，水层用环己烷提取 2 次。合并油层，用水洗涤 5 次，至油层不含氰根为止。合并水层去"三废"处理。油层抽入 2000L 脱溶釜，常压下蒸馏回收环己烷，至环己烷蒸除完毕，稍冷加甲苯，在减压条件下蒸馏脱水并回收甲苯。冷却即得产品氯氰菊酯，含量≥ 92%。

实例 2　高效氯氰菊酯制备

① 基本原理　氯氰菊酯原药含有 8 个光学异构体，其中高效异构体（顺式 α 体，反式 α 体）占 45%，低效体（顺式 β 体，反式 β 体）占 55%。α- 氰基苄位碳原子上氢原子活泼性大，在碱性条件下该碳原子构型容易发生转化；在脂肪醇中 α 体溶解度小于 β 体；因此在有机溶剂（通常是乙醇或异丙醇或其二者混合剂）和有机碱（通常是三乙胺）存在下，在适宜温度（通常为 –10～5℃）下，α 体不断结晶离开溶液，同时 β 体不断转化为 α 体，经过一定时间（通常为 7～10d），绝大部分 β 体转化为 α 体，从而使 α 体总量达到 93%～95%。过滤则得到高效体原药，适当处理可得其高效体二甲苯溶液（含量通常为 27%）。

② 工业生产　1000kg 氯氰菊酯原药预热至流动状加至预先已经投入 1000kg 三乙胺或乙醇（或异丙醇）混合液的反应釜中，搅拌下，控制釜内温度在 10～20℃，加入少量高效氯氰菊酯晶种，在 0～20℃温度范围内连续搅拌 5～10d。在此期间反应釜内结晶不断增加，最后反应物呈黏糊状。将反应物离心分离得白色结晶为高效氯氰菊酯产品，滤液浓缩蒸除其中的醇溶剂和催化剂套用，残液为低含量氯氰菊酯原药。或将反应物直接转移至水洗釜，用二甲苯提取产品，盐酸中和三乙胺，分出水层送"三废"处理，二甲苯溶液为高效氯氰菊酯粗产品，经高效液相测定含量后，用于配制乳油或与其他农药配制混剂。

注：类似合成方法可以制备氯菊酯（permethrins）、生物氯菊酯（biopermethrins）、苯醚氰菊酯（cyphenothrin）、甲体 / 顺式氯氰菊酯（*alpha*-cypermethrin）、吡氯菊酯（fenpirithrin）、

溴苄呋菊酯（bromethrin）、氟氯氰菊酯（cyfluthrin）、五氟苯菊酯（fenfluthrin）、高效氟氯氰菊酯（*beta*-cyfluthrin）、高效反式氯氰菊酯（*theta*-cypermethrin）、zeta- 氯氰菊酯（*zeta* -cypermethrin）、四氟苯菊酯（fenfluthrin）等菊酸酯类杀虫剂。

氯菊酯　　　　　　　　　生物氯菊酯　　　　　　　　苯醚氰菊酯

甲体 / 顺式氯氰菊酯　　　　　　　　　　　　　　吡氯菊酯

溴苄呋菊酯　　　　　　　氟氯氰菊酯　　　　　　　五氟苯菊酯

高效氟氯氰菊酯　　　　　　　　　　　　　高效反式氯氰菊酯

溴氰菊酯（deltamethrin）

(*S*)-*α*- 氰基 -3- 苯氧基苯基 -(1*R*,3*S*)- 顺式 -3-(2,2- 二溴乙烯基)-2,2- 二甲基环丙烷羧酸酯

zeta- 氯氰菊酯　　　　　　　　四氟苯菊酯

溴氰菊酯又名敌杀死、凯素灵，1974 年由英国 Rothamethrin 实验站研制，1975 年法国罗素•优可福（Roussel-Uclaf）公司开发。属于卤代菊酯类手性拟除虫菊酯杀虫剂，属于"超高效杀虫剂"品种之一，也是目前最重要农药品种之一。溴氰菊酯为神经毒剂，以触杀、胃毒为主，有一定的驱避与拒食作用；击倒力强，杀虫谱广，对鳞翅目幼虫特别高效。应用范围极广，可用于农业、林业、仓储、卫生、牲畜等各方面多种害虫的防治，并且防治效果优良。

溴氰菊酯纯品为白色斜方形针状结晶，熔点 101 ～ 102℃；工业原药有效成分含量 98%，为无色结晶粉末；对光、空气稳定；在弱酸性介质中稳定，在碱性介质中易发生皂化反应而

分解。

溴氰菊酯原药急性 LD_{50}（mg/kg）：大鼠经口 128（雄）、138（雌），小鼠经口 33（雄）、34（雌）；大鼠经皮 > 2000。对皮肤、眼睛、鼻黏膜刺激性较大，对鱼、蜜蜂、家蚕高毒。

逆合成分析　溴氰菊酯为手性卤代菊酸酯类杀虫剂（图 2-41）。

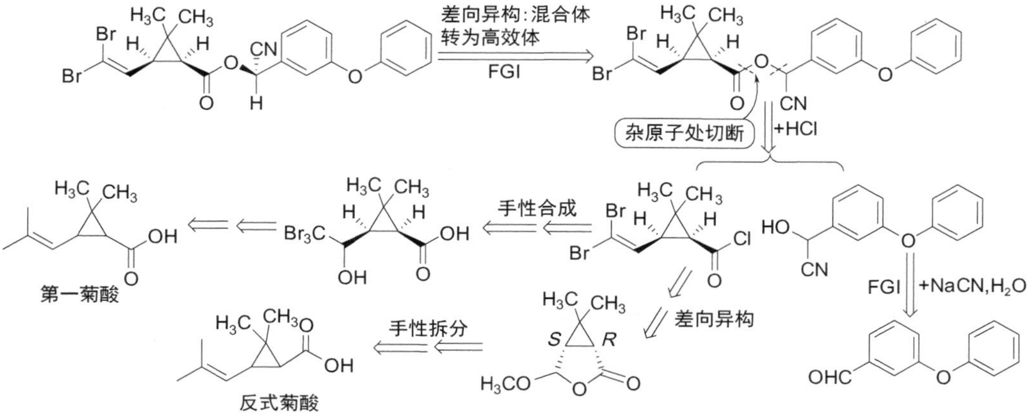

图 2-41　溴氰菊酯逆合成分析

合成路线　如图 2-42 所示。

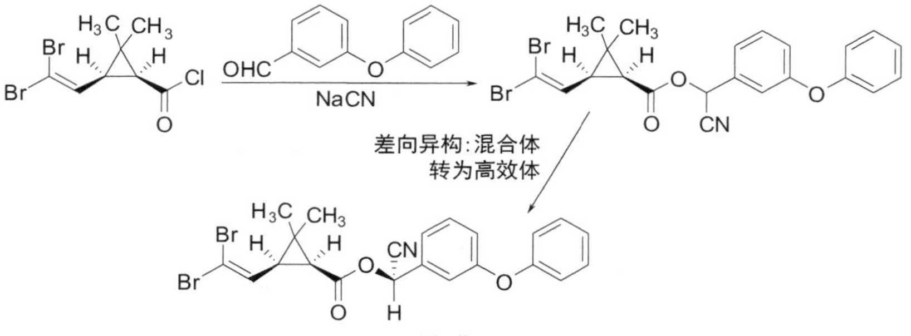

图 2-42　溴氰菊酯合成路线

向反应瓶中加入一定量的 NaCN、间苯氧基苯甲醛、水、催化剂和甲苯，搅拌降温至 0～5℃，滴加一定量的二溴酰氯，滴加时间 2h，滴毕保温 6h。保温毕，加入一定量的水，分层，水层用甲苯萃取 2 次，油层合并，水洗 3 次，减压脱溶得淡棕红色溴氰菊酯（原油），含量 ≥ 96%，收率 ≥ 95%。

向反应瓶中加入 200g 溴氰菊酯（原油）、200g 乙醇及 15g 三乙胺，搅拌下控制一定的降温速率降温，使得溴氰菊酯原粉呈白色晶体析出，终温（0±2）℃，抽滤，烘干，即得溴氰菊酯白色晶体状原粉，含量 ≥ 98.5%，收率 ≥ 95%。

注：类似合成方法可以制精高效氯氟氰菊酯（*gamma*-cyhalothrin）等手性菊酸酯类杀虫剂。

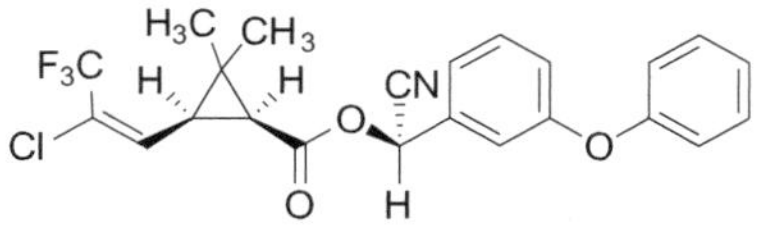

精高效氯氟氰菊酯

高效氯氟氰菊酯（*lambda*–cyhalothrin）

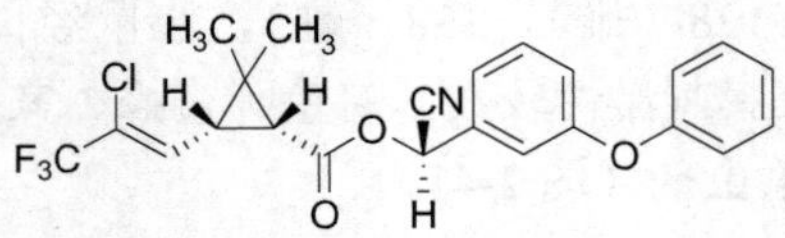

(S)-α-氰基-3-苯氧基苄基-(1R)-顺-3-(2-氯-3,3,3-
三氟丙烯基)-2,2-二甲基环丙烷羧酸酯

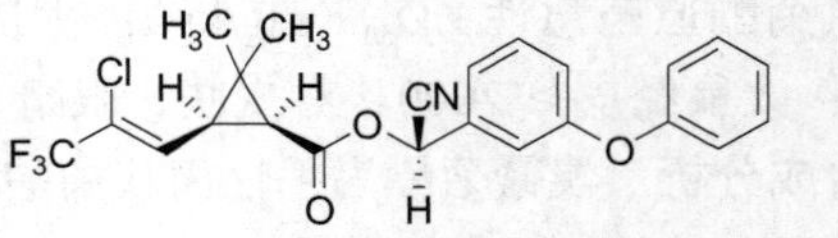

(S)-α-氰基-3-苯氧基苄基-(1S)-顺-3-(2-氯-3,3,3-
三氟丙烯基)-2,2-二甲基环丙烷羧酸酯

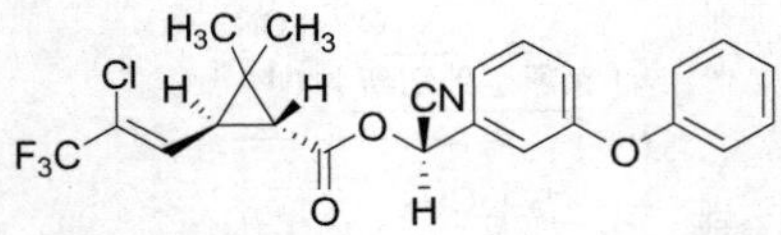

(S)-α-氰基-3-苯氧基苄基-(1R)-反-3-(2-氯-3,3,3-
三氟丙烯基)-2,2-二甲基环丙烷羧酸酯

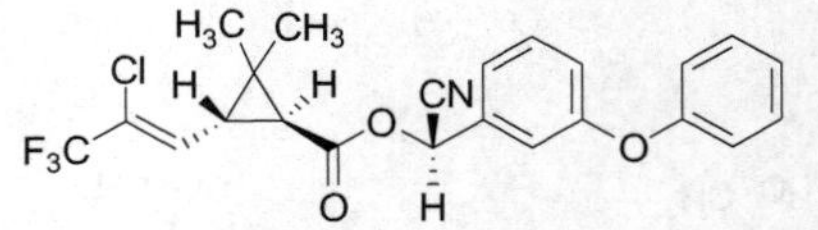

(S)-α-氰基-3-苯氧基苄基-(1S)-反-3-(2-氯-3,3,3-
三氟丙烯基)-2,2-二甲基环丙烷羧酸酯

高效氯氟氰菊酯又名功夫或功夫菊酯，1974 年由英国 ICI 公司开发，属于"超高效杀虫剂"品种之一。5～30g(a.i.)/ha 即可有效地防治作物上的鳞翅目、鞘翅目和半翅目害虫，也可用来防治多种公共卫生害虫。高效氯氟氰菊酯纯品为白色或无色固体，熔点 49.2℃；溶解性（21℃，g/kg）：丙酮、乙酸乙酯、己烷、甲醇、甲苯＞500；在弱酸性介质中稳定，在碱性介质中易发生皂化反应而分解。高效氯氟氰菊酯原药急性 LD_{50}（mg/kg）：大鼠经口 68.1（雄）、56.2（雌），大鼠经皮 2000（雄）、1200（雌）；对兔眼睛有轻度刺激性，对皮肤无刺激性。

逆合成分析 高效氯氟氰菊酯为手性卤代菊酸酯类杀虫剂（图 2-43）。

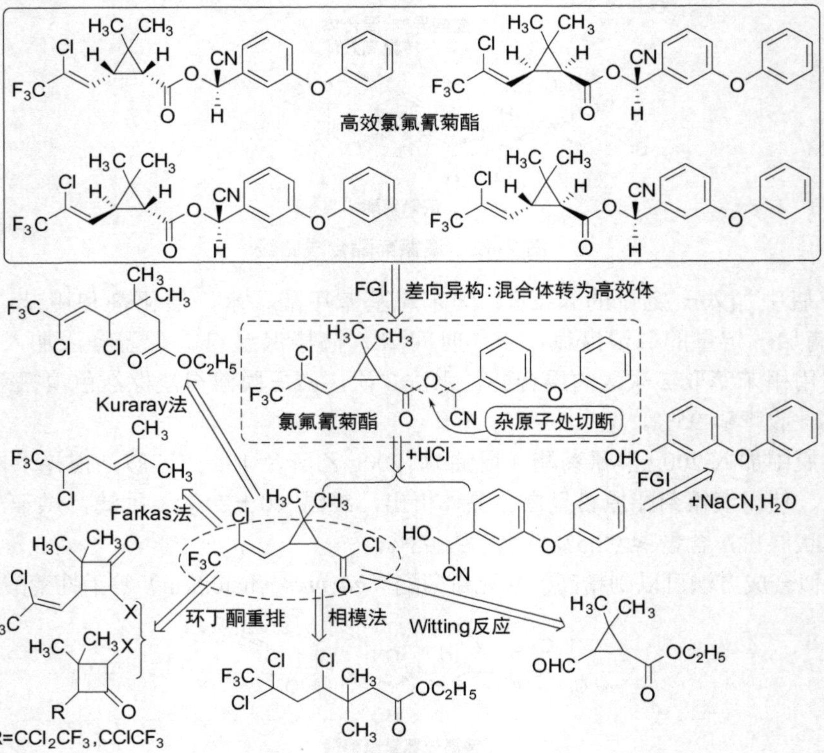

图 2-43 高效氯氟氰菊酯逆合成分析

合成路线 如图 2-44 所示。

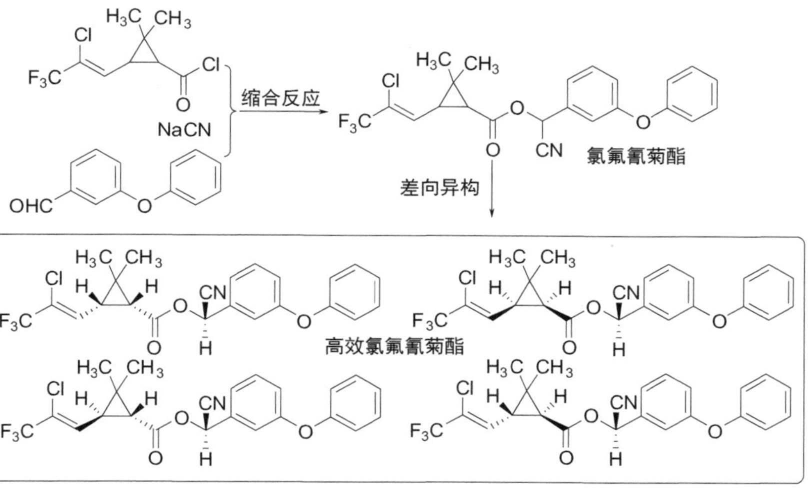

图 2-44 高效氯氟氰菊酯合成路线

将计量的水、氰化钠溶液及催化剂置于反应锅中，待氰化钠完全溶解后冷却，在低温下加入间苯氧基苯甲醛和氯氟菊酰氯，反应 6h，水洗三次，含氰废水后处理。油层脱溶得淡黄色黏稠状液体，进入转化釜，加入溶剂和催化剂，室温搅拌反应，冷却，加少许晶种，进行差向异构化反应。析出结晶，过滤，干燥得产品。

注：类似合成方法可以制备氟氯 / 联苯菊酯（bifenthrin）、三 / 氟氯氰菊酯（cyhalothrin）、七氟菊酯（tefluthrin）、精高效氯氟氰菊酯（*gamma*-cyhalothrin）等菊酸酯类杀虫剂。

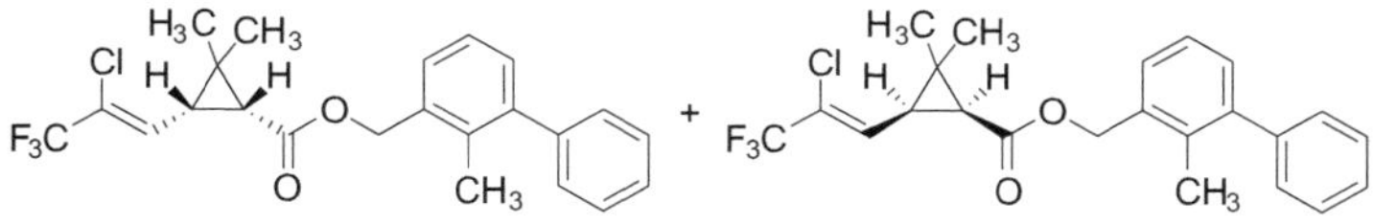

氟氯 / 联苯菊酯

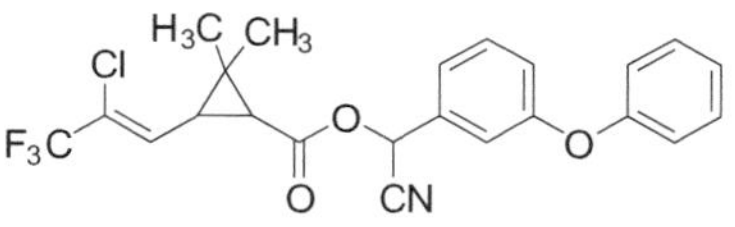

三 / 氟氯氰菊酯

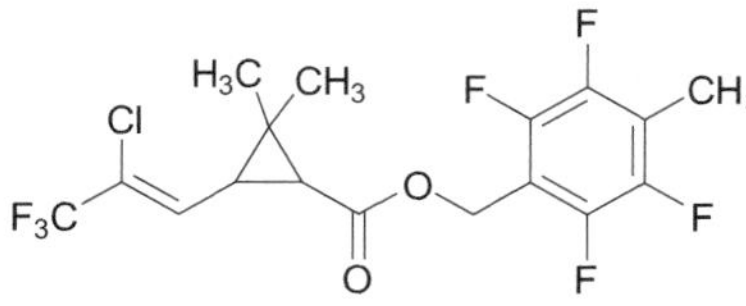

七氟菊酯

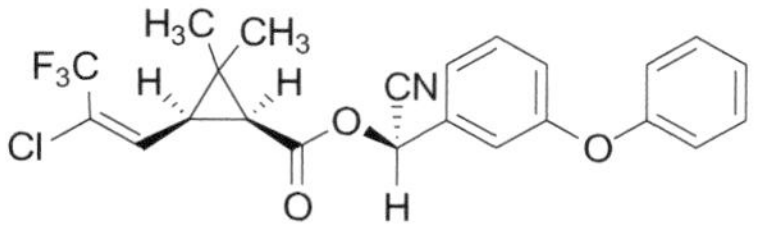

精高效氯氟氰菊酯

甲氰菊酯（fenpropathrin）

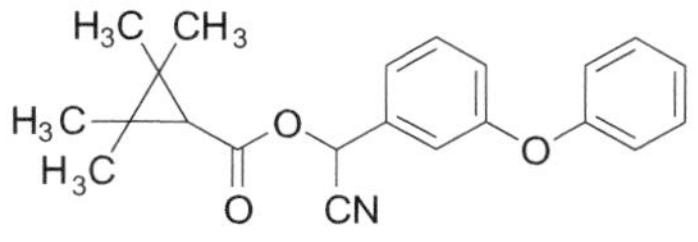

α- 氰基 -3- 苯氧基苄基 -2,2,3,3- 四甲基环丙烷羧酸酯

甲氰菊酯 1973 年由日本住友化学公司开发；属于环丙烷酸酯类拟除虫菊酯农药，是高效、低毒、低残留、广谱拟除虫菊酯类杀虫、杀螨剂，以触杀作用为主，并有驱避和拒食作用；在 10 ～ 40℃温度范围，毒力呈负温度系数；可用于防治果树、蔬菜、茶叶、棉花、谷类等作物上的鳞翅目、半翅目、双翅目及螨类害虫，是目前使用的拟除虫菊酯类杀虫剂中杀螨效果较好的一种。

纯品甲氰菊酯为白色晶体，熔点 49～51℃；在水中和微酸性介质中稳定，在碱性介质中不稳定。甲氰菊酯原药急性 LD_{50}（mg/kg）：大鼠经口 69.1（雄）、58.4（雌），小鼠经口 68.1（雄、雌）；经皮大鼠 794（雄）、681（雌）；对兔皮肤和眼睛无明显刺激性。

逆合成分析　甲氰菊酯为环丙烷酸酯类杀虫剂（图 2-45）。

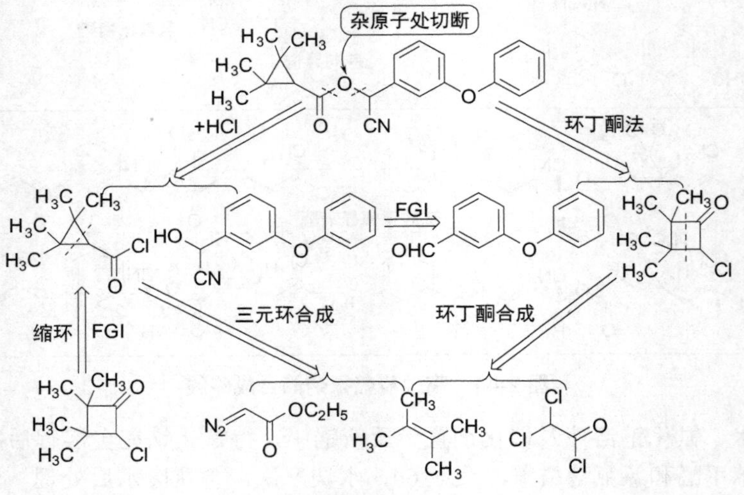

图 2-45　甲氰菊酯逆合成分析

合成路线　主要有环丁酮路线和环丙烷羧酸路线（图 2-46）。

甲氰菊酯

图 2-46　甲氰菊酯合成路线

在装有搅拌器和滴液漏斗的三口瓶中加入 4.9g 氰化钠（0.1mol）、20g 间苯氧基苯甲醛（0.1mol）、1g 四丁基溴化铵、100mL 水和 60mL 环己烷，升温到 60℃，在搅拌下将 16g 氯代四甲基环丁酮和 140mL 环己烷的溶液滴入反应瓶中，反应 6h 后，冷却，油层减压回收溶剂，粗产品经甲醇重结晶，熔点 47～49℃，收率 72%，纯度 95% 以上。

注：类似合成方法可以制备环戊烯丙菊酯（terallethrin）、四氟醚菊酯（tetramethylfluthrin）等环丙烷酸酯类杀虫剂。

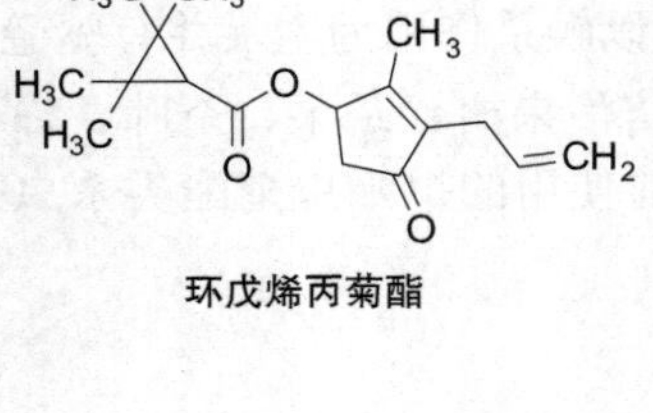

环戊烯丙菊酯 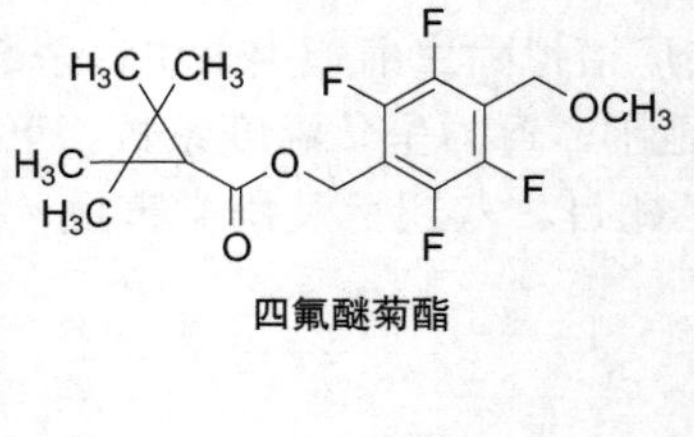　　　　　　　　　四氟醚菊酯

高氰戊菊酯（esfenvalerate）

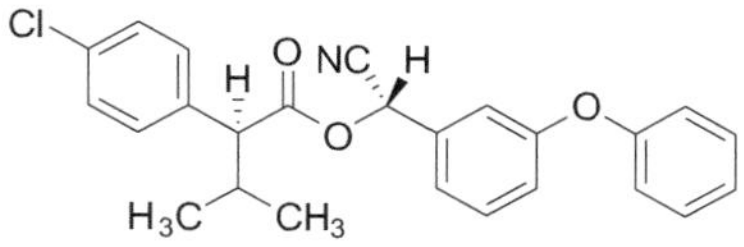

(S)-α-氰基-3-苯氧基苄基-(S)-2-(4-氯苯基)-3-甲基丁酸酯

高氰戊菊酯商品名强力农、辟杀高、白蚁灵、双爱士、益化利、来福灵，1976 年由日本住友化学公司开发；为手性非环羧酸酯类拟除虫菊酯农药，活性高出氰戊菊酯约 4 倍。高效、低毒、低残留、广谱杀虫，触杀和胃毒作用为主，无内吸和熏蒸作用。

纯品高氰戊菊酯为无色晶体，工业品为黄棕色黏稠液体或固体，熔点 38 ～ 54℃（工业品）；溶解性（20℃）：易溶于有机溶剂，在酸性、碱性介质中不稳定。高氰戊菊酯原药急性 LD_{50}（mg/kg）：大鼠经口 75 ～ 88。

逆合成分析 高氰戊菊酯为手性非环羧酸酯类杀虫剂（图 2-47）。

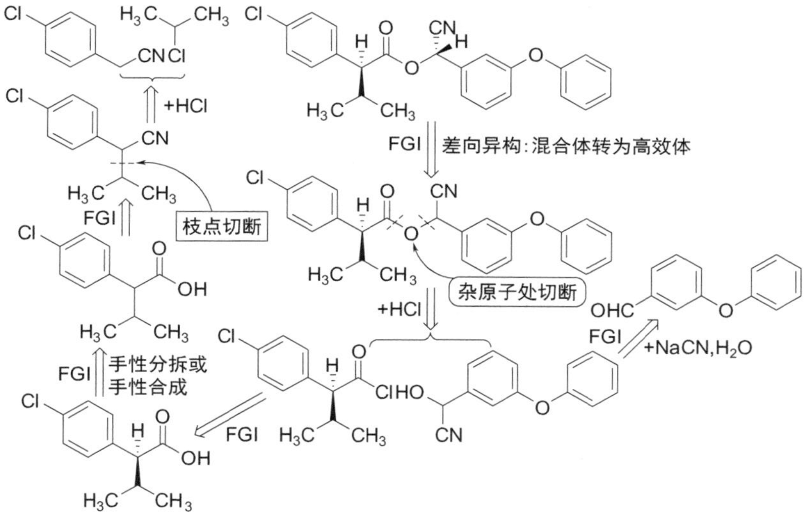

图 2-47 高氰戊菊酯逆合成分析

合成路线 如图 2-48 所示。

合成步骤如下：

将配制好的一批 25% 氰化钠水溶液、相转移催化剂、1000L 石油醚、210kg 精制间苯氧基苯甲醛投入酯化釜，于 30℃滴加 256kg 酰氯，加毕升温至 35 ～ 40℃，保温反应 10h 后加入 800kg 水，升温至 50 ～ 55℃，搅拌、静置，下层含氰废水至废水槽待处理，上层石油醚层可进行脱溶、冷却、出料，即得氰戊菊酯原油。

间苯氧基氯化苄于反应温度 70 ～ 80℃、相转移催化剂作用下与氰化钠反应制得间苯氧基苯乙腈，然后间苯氧基苯乙腈与溴于 105 ～ 110℃回流反应 1 ～ 3h，最后与 2-(4-氯苯基)-3-甲基丁酸作用，以碳酸钾为缚酸剂、苯为溶剂、四丁基溴化铵为相转移催化剂、水为介质，于 70 ～ 80℃反应 2h 制得氰戊菊酯。

将高氰戊菊酯与其光学异构体混合物溶于热的庚烷 - 甲苯混合溶液中，然后将溶液冷却至 23 ～ 30℃，加入甲醇，混合物再冷却至 -16℃，投入高纯的高（效）氰戊菊酯，并通入氨气，搅拌；经过后处理，即可得到纯的高（效）氰戊菊酯。

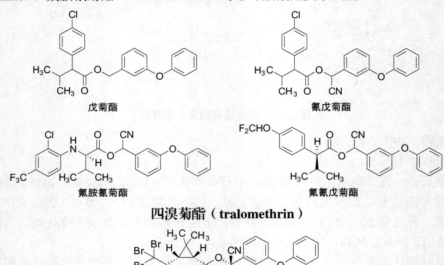

图 2-48　高氰戊菊酯合成路线

注：类似合成方法可以制备戊菊酯（S-5439）、氰戊菊酯（fenvalerate）、氟氰戊菊酯（flucythrinate）、氟胺氰菊酯（*tau*-fluvalinate）等非环羧酸酯类杀虫剂。

戊菊酯　　　　　　　　　氰戊菊酯

氟胺氰菊酯　　　　　　　　氟氰戊菊酯

四溴菊酯（tralomethrin）

(S)-α-氰基-3-苯氧基苄基-(1R,3S)-2,2-二甲基-3-[(RS)-1,2,2,2-四溴乙基]环丙烷羧酸酯

四溴菊酯又称四溴氰菊酯、刹克，为高效、低毒、广谱、具有触杀和胃毒作用的杀虫剂，有些方面活性高于溴氰菊酯。

工业品四溴菊酯为黄色固体，熔点 138～148℃；溶解性（20℃）：易溶于有机溶剂。四溴菊酯原药急性 LD_{50}（mg/kg）：大鼠经口 99～3000；对兔眼睛轻微刺激。

逆合成分析　四溴菊酯为环丙烷羧酸酯类杀虫剂（图 2-49）。

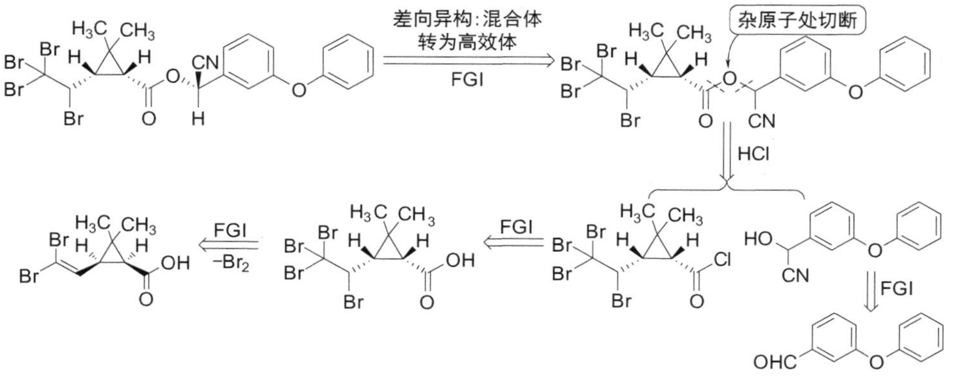

图 2-49 四溴菊酯逆合成分析

合成路线　如图 2-50 所示。

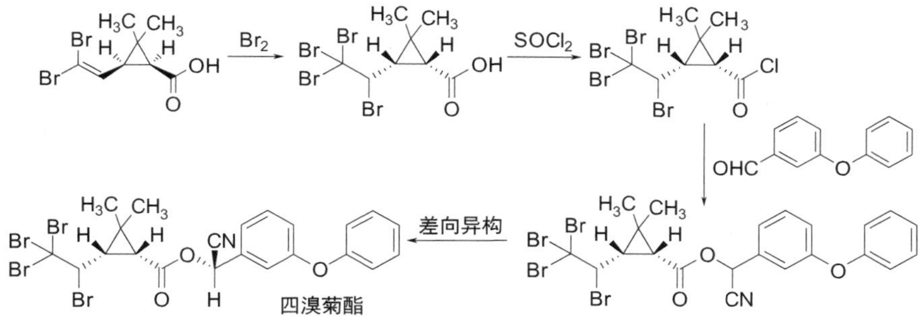

图 2-50 四溴菊酯合成路线

合成步骤如下：

（1）四溴菊酸乙酯的合成　100mL 三口烧瓶中，加入 25mL 无水 1,2- 二溴乙烷和 12g 液溴（0.075mol），水浴温度 40℃，边搅拌边分批加入总量为 2g（0.075mol）的碎铝片，反应放热，待反应温度自然下降后，将该烧瓶置冰水浴中，使反应温度保持在 3～10℃，1h 内滴加含二氯菊酸乙酯 7.11g（0.3mol）的二溴乙烷溶液 30mL，并加搅拌。将反应液静置过夜，第二天室温（20℃）搅拌 5h。将反应液倾入冰水，用氯仿萃取数次，合并有机相，依次用碳酸钠饱和水溶液、水洗涤，无水硫酸钠干燥，蒸去溶剂后减压蒸馏，先得到少量较低沸点馏分，最后得到淡黄色透明液体 11.5g（94～105℃，26.66Pa），将此馏分重新蒸馏一次，得到同样沸程的无色透明液体，即为四溴菊酸乙酯，收率 79%。

（2）四溴菊酸的合成　100mL 三口烧瓶中加入四溴菊酸乙酯 5.5g（0.11mol）、10% 氢氧化钾水溶液 15mL、甲醇 15mL，40～50℃搅拌加热 7h，得红棕色黏稠液。用 10mL×2 二氯甲烷萃取，弃去油层，水层用 50% 硫酸酸化，析出油状物用 10mL×3 二氯甲烷萃取，食盐饱和水溶液洗涤、干燥，活性炭脱色后蒸去溶剂，得黏稠固体，依次用四氯化碳和苯重结晶，得白色结晶体 3.38g 四溴菊酸，收率 67%。

（3）四溴菊酸钠与四溴菊酰氯的合成　取上述四溴菊酸结晶若干，用 10% 氢氧化钠水溶液滴至酚酞呈红色（pH=8），用少量二氯甲烷洗去油状物，在水相中加入甲苯若干毫升，回流甲苯带水，得四溴菊酸钠的甲苯胶状液备用。

取四溴菊酸结晶若干与氯化亚砜和适量溶剂反应。反应毕蒸去溶剂和多余的氯化亚砜后，得到四溴菊酰氯黏稠液体备用。

（4）四溴菊酯的制备　在 α- 氰基 -3- 苯氧基苄醇中，加入少量吡啶，冰水浴冷却，滴加稍过量的四溴菊酰氯的苯溶液后，浴温 20 ～ 30℃搅拌 10h。在反应混合物中加入适量水，搅拌静置后，分出有机层，依次用碳酸氢钠水溶液、1mol/L 盐酸水溶液洗并干燥，减压蒸去溶剂，粗酯经柱色谱分离，制得琥珀色黏稠液体，收率 78%。

注：类似合成方法可以制备氯溴氰菊酯（tralocythrin）等环丙烷羧酸酯类杀虫剂。

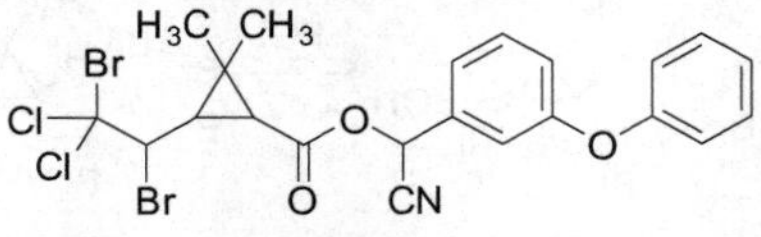

氯溴氰菊酯

甲氧苄氟菊酯（metofluthrin）

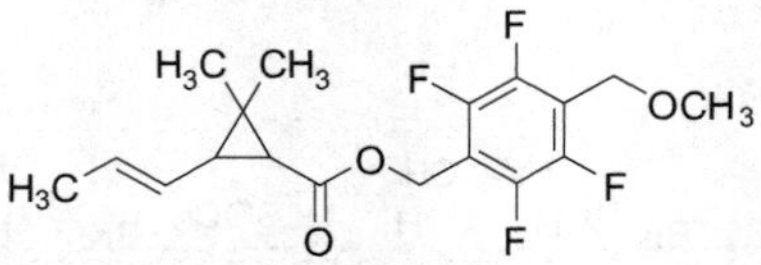

2,3,5,6- 四氟 -4-(甲氧基甲基) 苄基 -3-(1- 丙烯基)-2,2 二甲基环丙烷羧酸酯

甲氧苄氟菊酯为家庭卫生（对蚊子特效）类拟除虫菊酯农药，具有触杀作用，快速击倒性能较强。淡黄色液体，沸点 134 ～ 140℃（26.7Pa）；易溶于有机溶剂。甲氧苄氟菊酯原药大鼠急性经口 LD_{50}（mg/kg）：2036（雄），2295（雌）；对鱼类、蜜蜂及家蚕高毒。

逆合成分析　如图 2-51 所示。

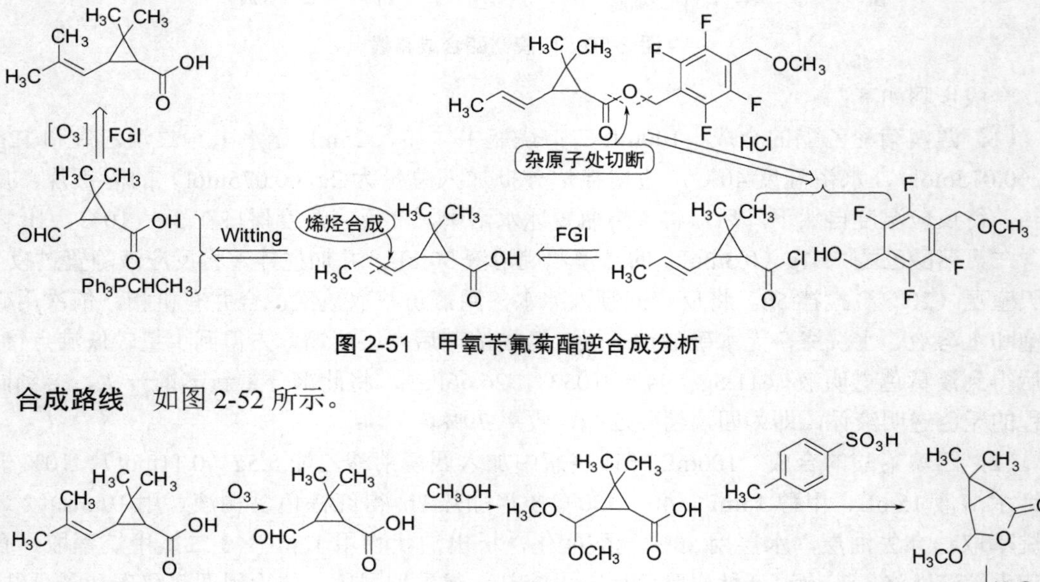

图 2-51　甲氧苄氟菊酯逆合成分析

合成路线　如图 2-52 所示。

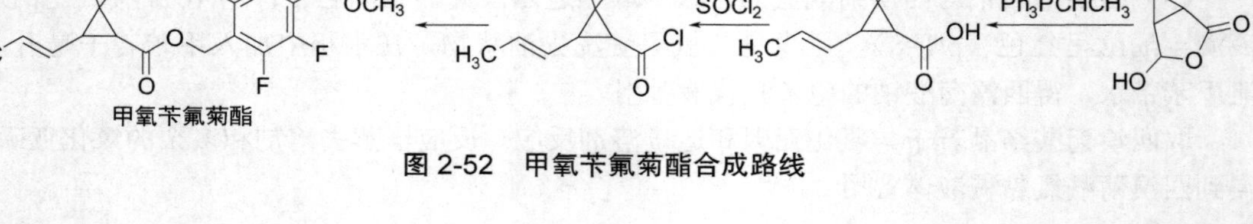

图 2-52　甲氧苄氟菊酯合成路线

合成反应如下：

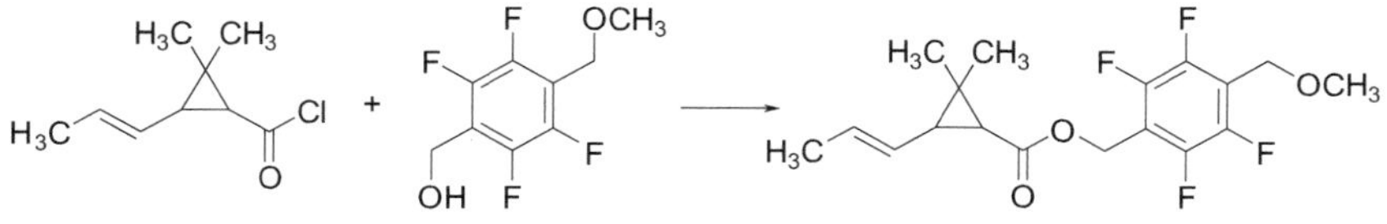

甲氧苄氟酯

注：类似合成方法可以制备苄呋烯菊酯（K-othrin）、噻嗯菊酯（kadethrin）、氟氯苯菊酯（flumethrin）、丙氟菊酯（profluthrin）、heptafluthrin 等拟除虫菊酯类杀虫剂。

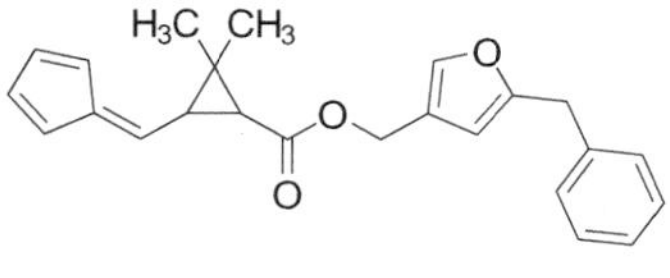

苄呋烯菊酯 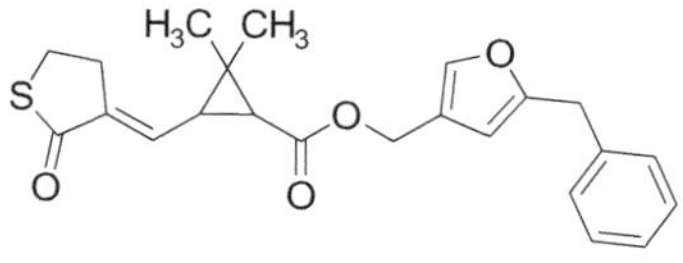　　　　　　　　　噻嗯菊酯 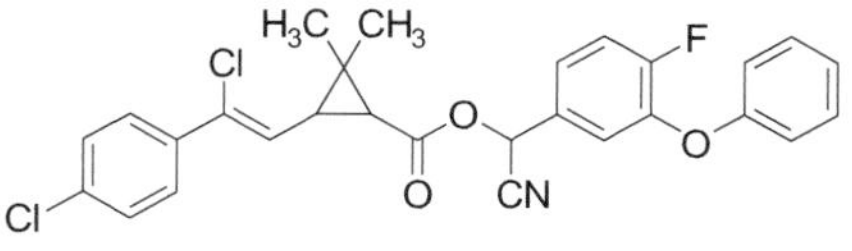　　　　　　　　　氟氯苯菊酯

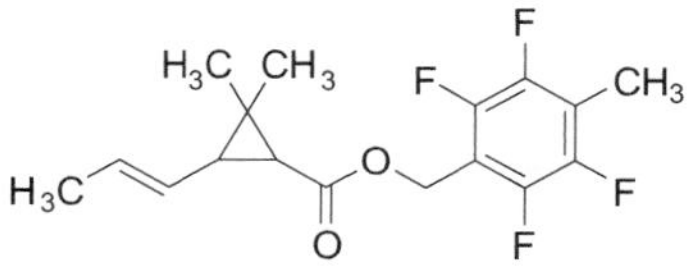

丙氟菊酯 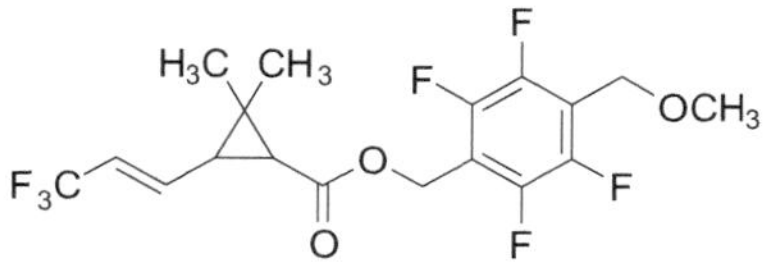　　　　　　　　　　heptafluthrin

乙氰菊酯（cycloprothrin）

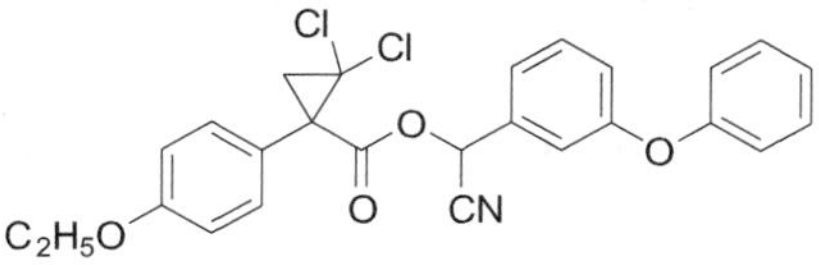

α-氰基-3-苯氧基苄基-2,2-二氯-1-(4-乙氧基苯基)环丙烷羧酸酯

乙氰菊酯又称杀螟菊酯、赛乐收、稻虫菊酯，1987 年日本化药公司开始生产；属于卤代菊酯类拟除虫菊酯杀虫剂，为特殊环丙烷类拟除虫菊酯农药，触杀作用为主，几乎无胃毒作用。是广谱性杀虫剂，能有效防治二化螟、斜纹夜蛾、小菜蛾、桃蚜等害虫；对对有机磷和氨基甲酸酯类杀虫剂产生抗性的黑尾叶蝉品系的活性高于敏感品系。

乙氰菊酯为透明黏稠液体，沸点 140 ～ 145℃（0.133Pa）；碱性介质中不稳定。乙氰菊酯原药急性 LD_{50}（mg/kg）：大鼠经口＞ 5000。

逆合成分析　如图 2-53 所示。

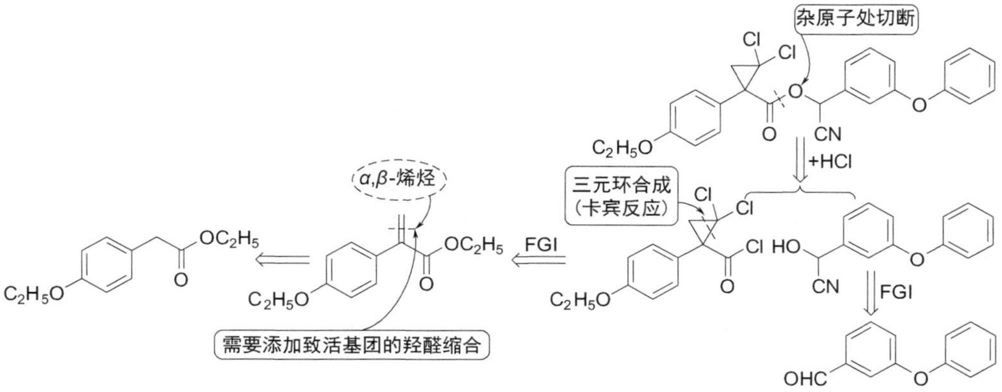

图 2-53　乙氰菊酯逆合成分析

合成路线　如图 2-54 所示。

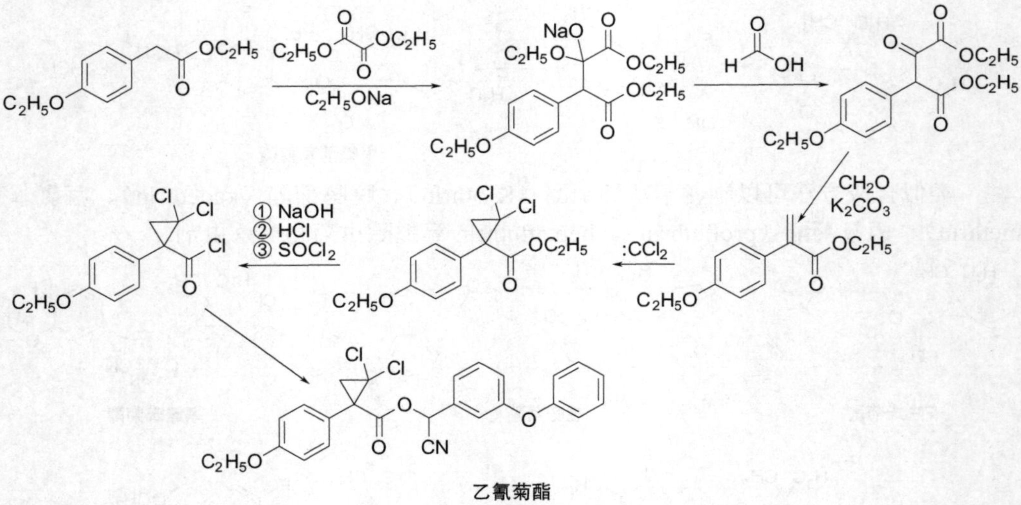

图 2-54　乙氰菊酯合成路线

合成步骤如下：

（1）1-(4- 乙氧基苯基)-2,2- 二氯环丙烷羧酸的合成　以对乙氧基苯乙酸乙酯为原料，与草酸二乙酯在乙醇钠存在下发生加成反应制得的产物在乙酸中反应，生成 4- 乙氧基 -2- 羧基羧酸乙酯基苯乙酸乙酯，然后再和甲醛反应，生成 4- 乙氧基 -2- 亚甲基苯乙酸乙酯，再与氯仿在碱性溶液中、在相转移催化剂 TBAC 存在下，环合生成 2,2- 二氯 -1-(4- 乙氧苯基) 环丙烷羧酸乙酯，再经皂化、酸化，得到 1-(4- 乙氧基苯基)-2,2- 二氯环丙烷羧酸。

（2）乙氰菊酯的合成　3- 苯氧基苯甲醛与过量的羟基叔丁腈在四氯化碳中，在三乙胺存在下于 20℃反应 1h，得到 98.2% 的 3- 苯氧基 -α- 氰基苄醇，然后与 1-(4- 乙氧基苯基)-2,2- 二氯环丙烷羧酸在吡啶中与氯化亚砜反应生成的酰氯反应，即制得乙氰菊酯。

醚菊酯（ethofenprox）

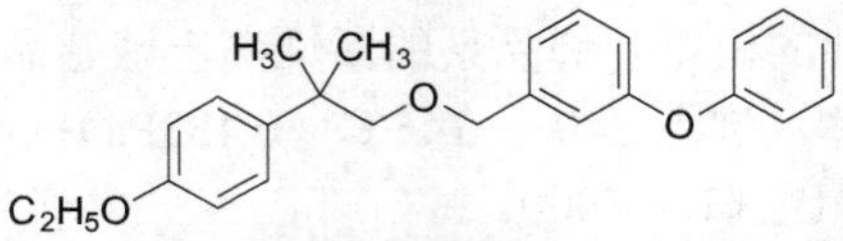

2-(4- 乙氧基苯基)-2- 甲基丙基 -3- 苯氧基苄基醚

醚菊酯商品名多来宝，1987 年由日本东亚化学品公司开发。属于非酯类拟除虫菊酯杀虫剂，醚菊酯为内吸性杀虫剂，具有触杀和胃毒作用，对鳞翅目、半翅目、鞘翅目、双翅目、直翅目和等翅目害虫有高，可防治棉花、蔬菜、玉米等作物的害虫如棉铃虫、小菜蛾、甜菜夜蛾、蚜虫等。

纯品醚菊酯为无色晶体，熔点 36.4 ～ 37.5℃；溶解性（25℃）：水 1mg/kg，易溶于有机溶剂。醚菊酯原药大鼠急性经口 LD_{50}（mg/kg）：> 21440（雄）、> 42880（雌）。

逆合成分析　醚菊酯为醚类化合物（图 2-55）。

合成路线　如图 2-56 所示。

将 α,α- 二甲基对乙氧基苄醇 172g、间苯氧基苄氯 207.5g，在氢氧化钠存在下，以正四丁基溴化铵（28.7g）为相转移催化剂，于 80℃反应 4h，降温后加入 390mL 水，搅拌 20min，甲苯萃取，水洗萃取液，干燥、脱溶、减压蒸馏，收集 226 ～ 255℃（399.9 ～ 533Pa）馏分 211.5g，含量 95.4%，收率 63.4%。

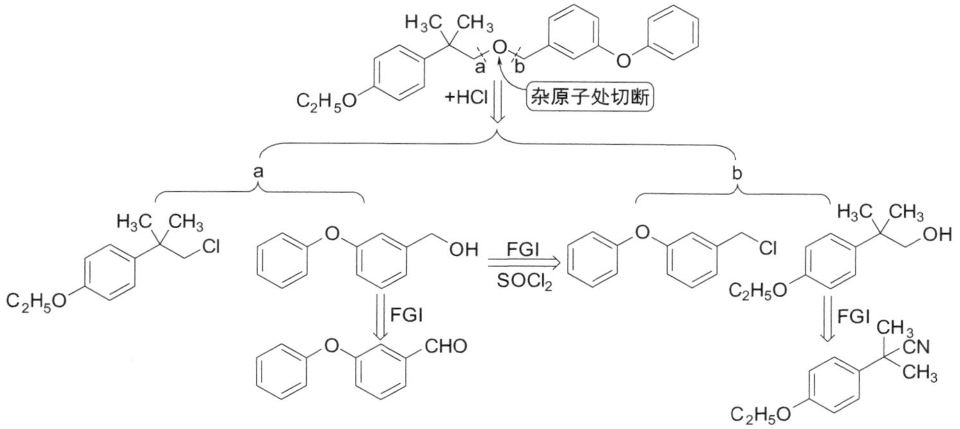

图 2-55　醚菊酯逆合成分析

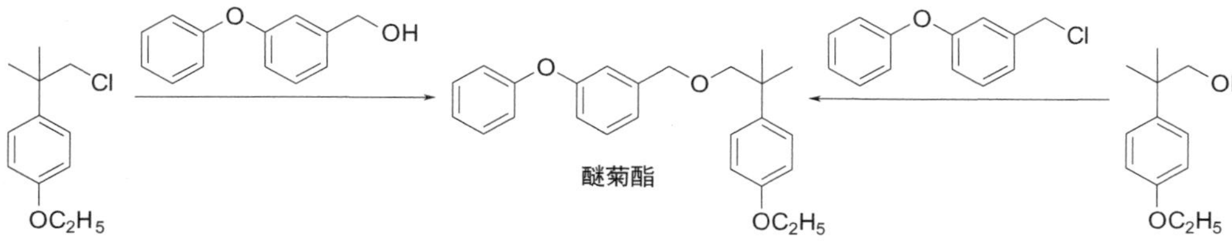

图 2-56　醚菊酯合成路线

注：类似合成方法可以制备氯醚菊酯、肟醚菊酯、氟硅菊酯、三氟醚菊酯等非酯类菊酯类杀虫剂。

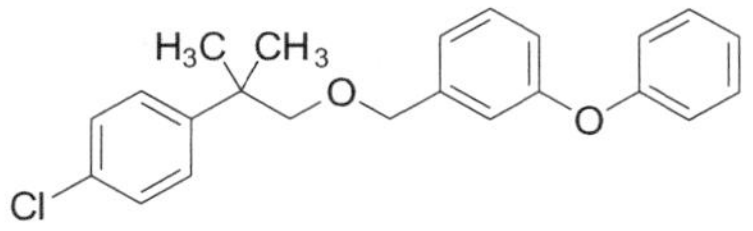

氯醚菊酯

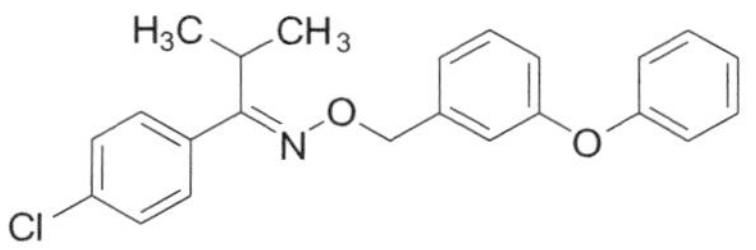

肟醚菊酯

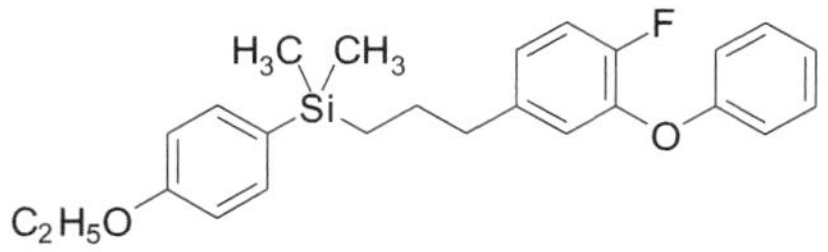

氟硅菊酯

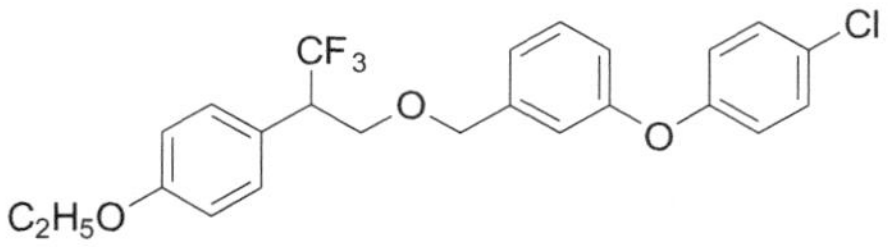

三氟醚菊酯

氟酯菊酯（acrinathrin）

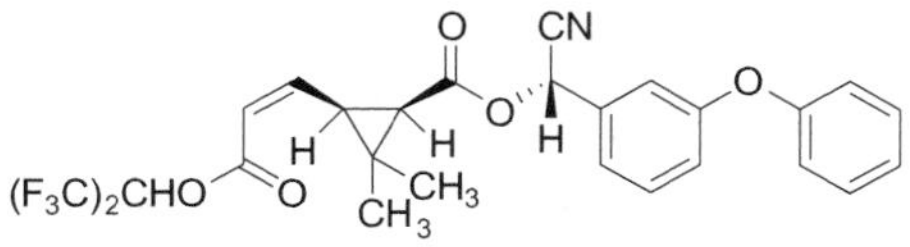

(S)-α-氰基-3-苯氧基苄基(Z)-(1R,cis)-2,2-二甲基-[2-(2,2,2-三氟-1-三氟甲基乙氧基羰酸)乙烯基]环丙烷羧酸

(S)-α-氰基-3-苯氧基苄基(Z)-(1R,3R)-2,2-二甲基-[2-(2,2,2-三氟-1-三氟甲基乙氧基羰酸)乙烯基]环丙烷羧酸

氟酯菊酯又名氟丙菊酯、杀螨菊酯、罗素发，由法国 Roussel Uclaf 公司开发，1990 年投产。属于卤代菊酯类拟除虫菊酯杀螨、杀虫剂，可有效防治柑橘、棉花、果树、观赏植物、大豆、烟草、蔬菜和葡萄上的食植性螨类，对刺吸式口器和鳞翅目害虫也有活性。氟酯菊酯为无色晶体，熔点 81 ～ 82℃，易溶于有机溶剂，酸性介质中稳定。原药急性 LD_{50}（mg/kg）：大、小鼠经口 > 5000，大鼠经皮 > 2000。

逆合成分析　氟酯菊酯为二羧酸酯类化合物（图 2-57）。

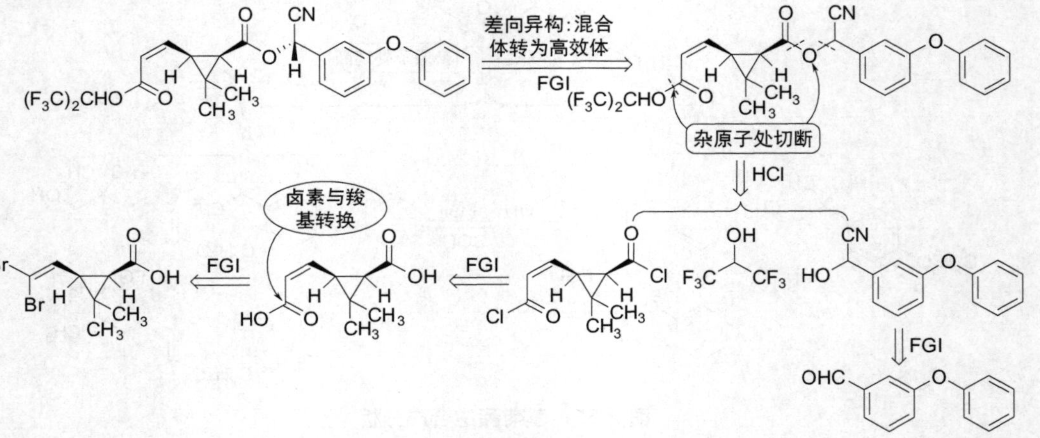

图 2-57　氟酯菊酯逆合成分析

合成路线　如图 2-58 所示。

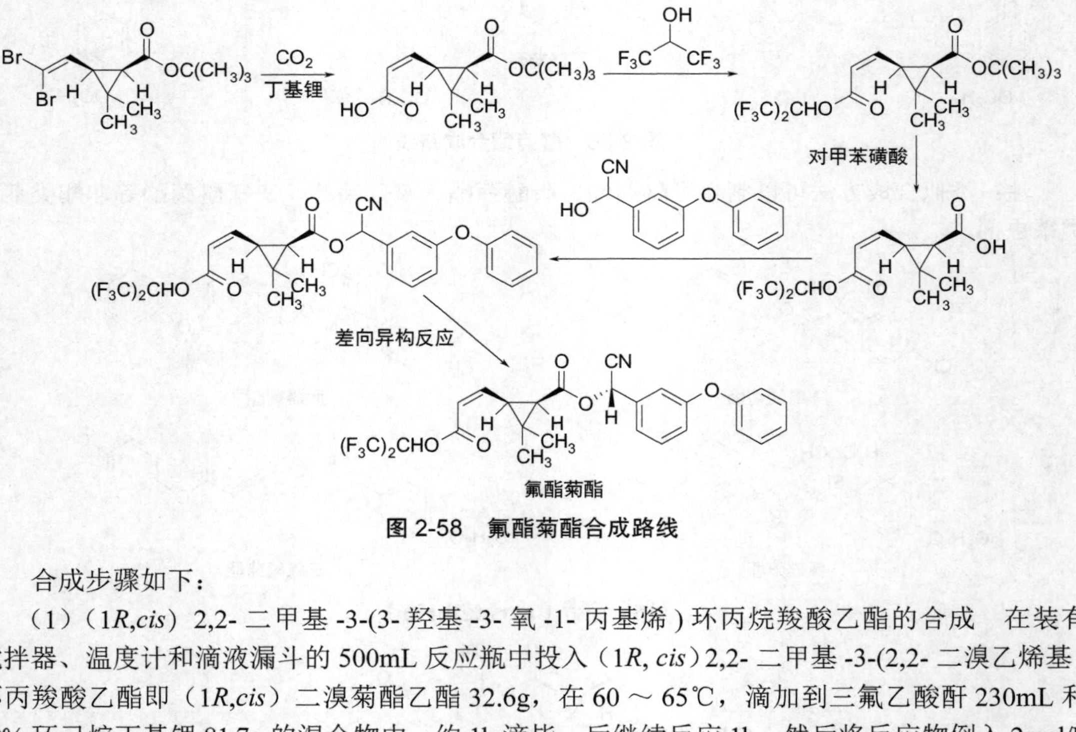

氟酯菊酯

图 2-58　氟酯菊酯合成路线

合成步骤如下：

（1）（1R,cis）2,2- 二甲基 -3-(3- 羟基 -3- 氧 -1- 丙基烯）环丙烷羧酸乙酯的合成　在装有搅拌器、温度计和滴液漏斗的 500mL 反应瓶中投入（1R, cis）2,2- 二甲基 -3-(2,2- 二溴乙烯基）环丙羧酸乙酯即（1R,cis）二溴菊酯乙酯 32.6g，在 60～65℃，滴加到三氟乙酸酐 230mL 和 20% 环己烷丁基锂 81.7g 的混合物中，约 1h 滴毕，后继续反应 1h，然后将反应物倒入 2mol/L 氢氧化钠溶液中，用冰水冷却。用盐酸酸化到 pH=4，乙醚 200mL 提取，水洗至中性，无水硫酸镁干燥，回收乙醚得（1R,cis）2,2- 二甲基 -3-(3- 羟基 -3- 氧 -1- 丙基烯）环丙烷羧酸乙酯 12.8g，收率为 64%，熔点为 135～137℃。

（2）（1R,cis）2,2- 二甲基 -3-[3- 氧基 -3-(2,2,2- 三氟 -1- 三氟甲基乙氧基)-1- 丙基烯] 环丙烷羧酸乙酯的合成　在装有搅拌器、温度计和滴液漏斗的 250mL 反应瓶中投入（1R,cis）2,2- 二甲基 -3-(3- 羟基 -3- 氧 -1- 丙基烯）环丙烷羧酸乙酯 8g、环己二亚胺 7g，在室温下滴加二氯甲烷 40mL 和吡啶 2mL 的混合物，在 20℃ 以下滴加三氟乙醇 4.3g 和二氯甲烷 10mL 的混合物，约 1h 滴毕。同温下继续反应 16h，过滤，收回二氯甲烷，乙醚溶解，2mol/L 氢氟酸和水洗涤，蒸去乙醚和少量水至干燥，残余物用苯和乙酸乙酯 95：5，硅胶柱提纯，处理后得（1R,cis）2,2- 二甲基 -3-[3- 氧基 -3-(2,2,2- 三氟 -1- 三氟甲基乙氧基)-1- 丙基烯] 环丙烷羧酸乙酯 7g，淡黄色液体待用。

（3）（1R, cis）2,2- 二甲基 -3-[3- 氧基 -3-(2,2,2- 三氟 -1- 三氟甲基乙氧基)-1- 丙基烯] 环丙烷羧的合成 在装有搅拌器、回流冷凝器的 250mL 反应瓶中投入（1R,cis）2,1- 二甲基 -3-[3- 氧基 -3-(2,2,2- 三氟 -1- 三氟甲基乙氧基)-1- 丙基烯] 环丙烷羧酸乙酯 7g，甲苯 70mL 和对甲苯磺酸 210mg，加热回流 0.5h，回收甲苯，冷却、水洗、干燥得（1R,cis）2,2- 二甲基 -3-[3- 氧基 -3-(2,2,2- 三氟 -1- 三氟甲基乙氧基)-1- 丙基烯] 环丙烷羧 5.3g，收率 40%，熔点 88 ～ 89℃。

（4）杀螨菊酯的合成　在装有搅拌器、温度计、滴液漏斗和回流冷凝器的 100mL 反应瓶中，投入（1R,cis）2,2- 二甲基 -3-[3- 氧基 -3-(2,2,2- 三氟 -1- 三氟甲基乙氧基)-1- 丙基烯] 环丙烷羧 3.2g、吡啶 0.3mL、二氯甲烷 45mL、催化剂 2g，在室温下滴加 α- 氰醇 3.8g 和二氯甲烷 5mL 的混合物，滴毕后继续反应 5h，分层水洗，2mol/L 盐酸洗涤，水洗至中性，无水硫酸钠干燥，蒸去二氯甲烷，残余物硅胶柱提纯，溶剂为环己烷和乙酸乙酯，比例 95：5。处理后得杀螨菊酯 3.5g，收率为 67.60%，熔点 80 ～ 82℃。

2.5　苯甲酰脲类杀虫剂

苯甲酰脲类杀虫剂是一类昆虫几丁质合成抑制剂，其作用机制是抑制昆虫壳多糖的活性，阻碍壳多糖的合成，从而影响新表皮的形成，使昆虫的蜕皮、化蛹受阻，活动减缓，取食减少，直至死亡。进一步讲，苯甲酰脲类杀虫剂具有抗蜕皮激素的生物活性，能够抑制昆虫表皮壳多糖合成酶和脲核苷辅酶的活化率，抑制 N- 乙酰基氨基葡萄糖在壳多糖中结合，能影响卵的呼吸代谢以及胚胎发育过程中 DNA 和蛋白质的代谢，使卵内幼虫缺乏壳多糖而不能孵化或孵化后死亡。在幼虫期施药，使害虫新表皮形成受阻，不能正常发育导致死亡或形成畸形蛹死亡。由于以上独特的作用机制，苯甲酰脲类杀虫剂具有如下特点：极高的环境安全性，污染少；对非靶标生物有很高的选择性，对天敌和有益生物影响小；毒性低，使用浓度低。其缺点是速效性较差，长期单一使用往往出现耐药性。

2.5.1　结构特点与合成设计

苯甲酰脲类杀虫剂的基本骨架结构如图 2-59 所示。

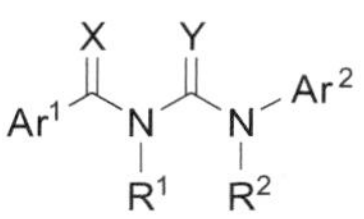

图 2-59　苯甲酰脲类杀虫剂的基本骨架结构

式中，Ar^1 为取代的苯环；Ar^2 为取代的芳环，多数是苯环；X、Y 为氧或硫；R^1、R^2 为氢、烷基、烷氧基、烷硫基等。简单取代的苯甲酰脲类杀虫剂一般通式为：

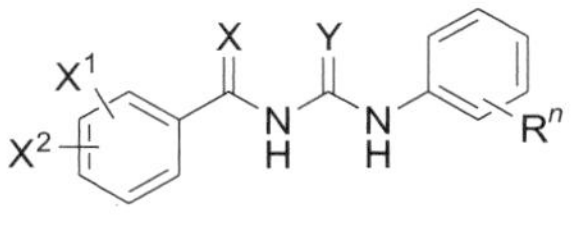

通常情况下，X^1、X^2 为卤素，位于 2 位或 2 位、6 位；R^n 为卤素、多卤烃氧基、多卤烃基，主要位于 4 位，$n=1 ～ 4$。

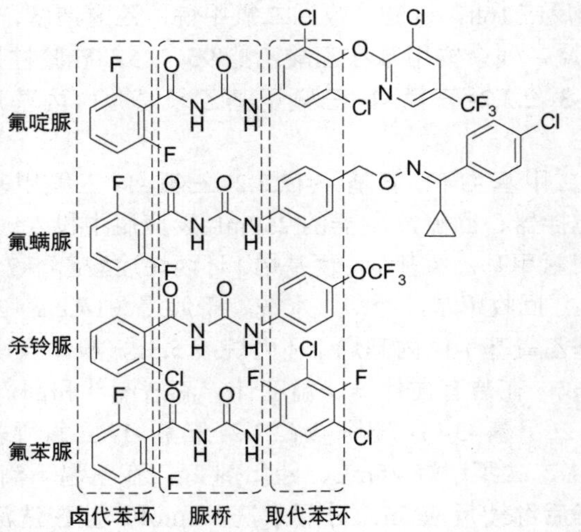

氟啶脲

氟螨脲

杀铃脲

氟苯脲

卤代苯环　脲桥　取代苯环

目前商品化合物如下:

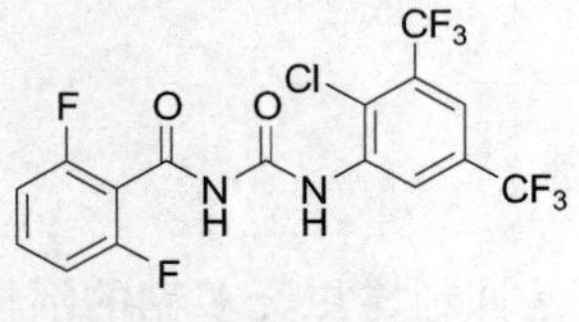

双三氟虫脲（bistrifluron）

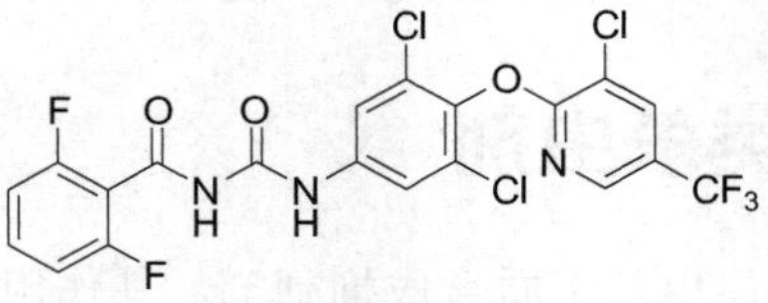

氟啶脲（chlorfluazuron）

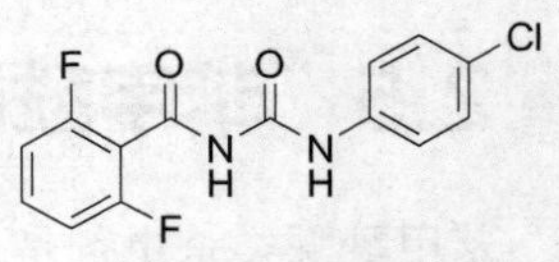

除虫脲（diflubenzuron）

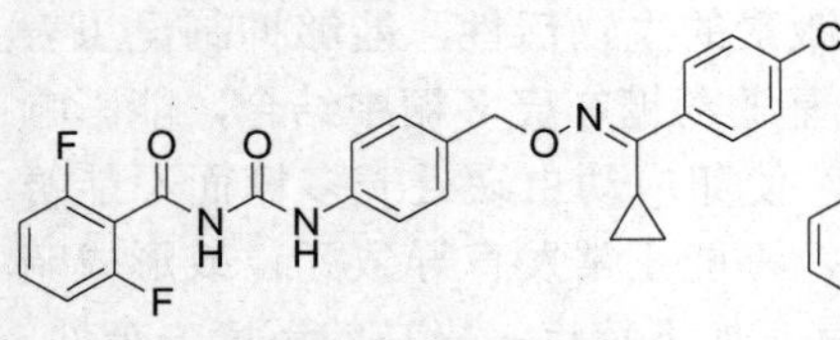

氟螨脲（flucycloxuron）

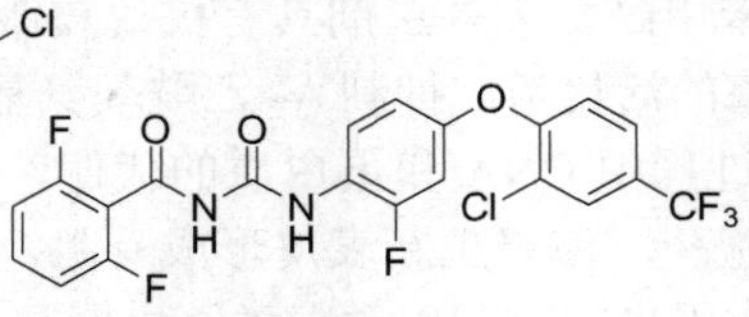

氟虫脲（flufenoxuron）

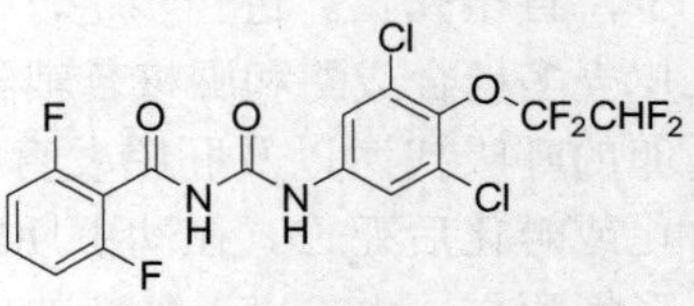

氟铃脲（hexaflumuron）

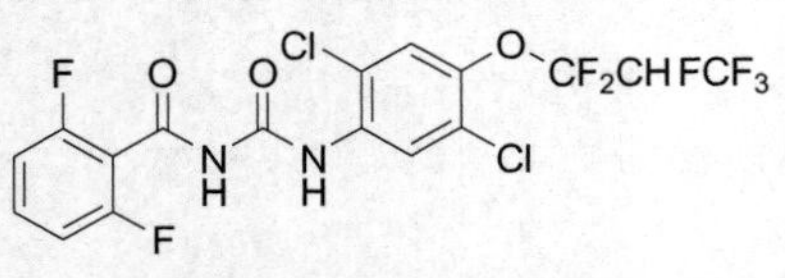

虱螨脲（lufenuron）

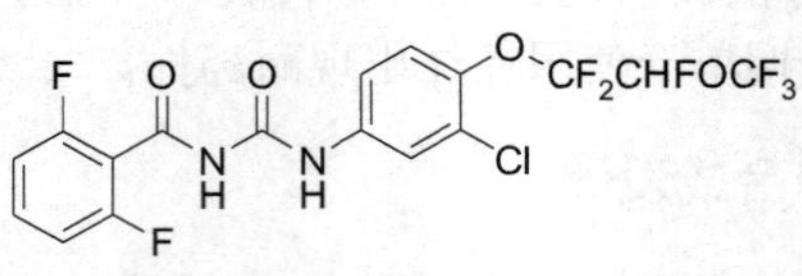

氟酰脲（novaluron）

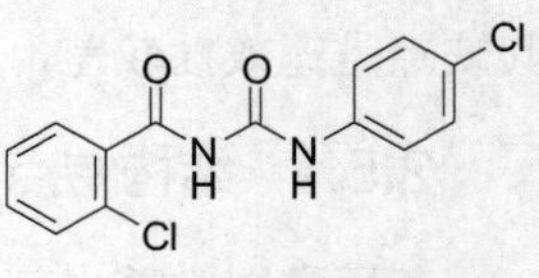

灭幼脲（chlorbenzuron）

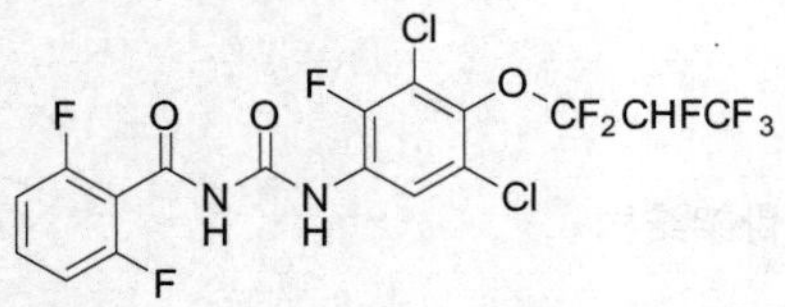

多氟脲（noviflumuron）

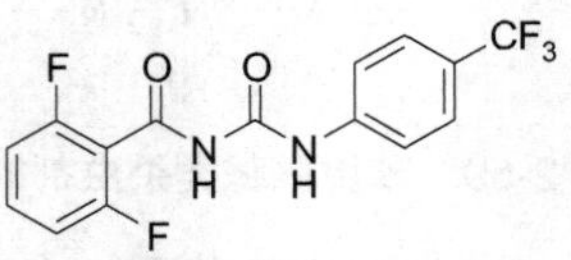

氟幼脲（penfluron）

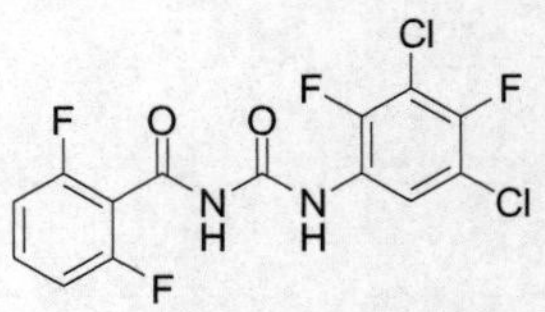

氟苯脲（teflubenzuron）

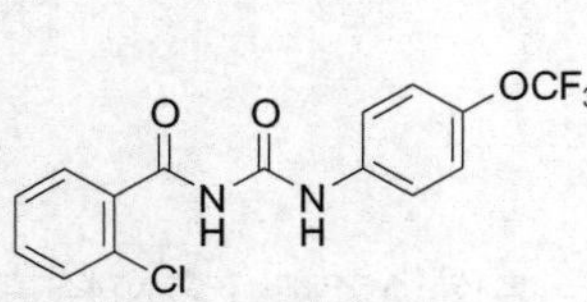

杀铃脲（triflumueon）

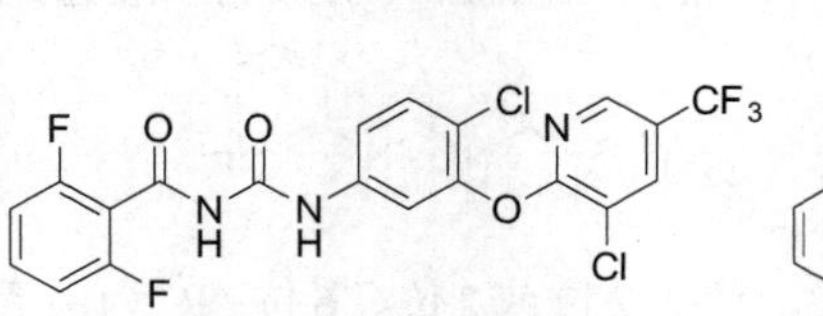

啶蜱脲（fluazuron）

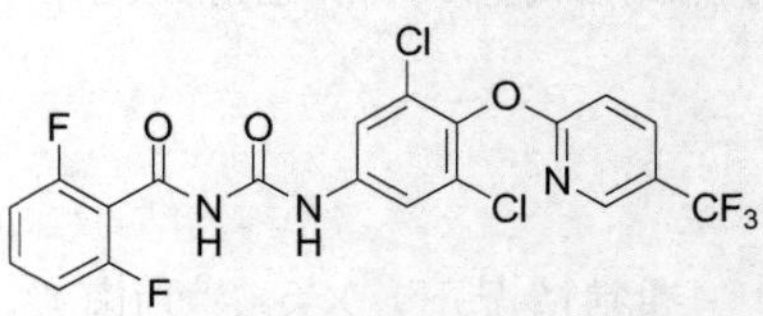

啶虫隆

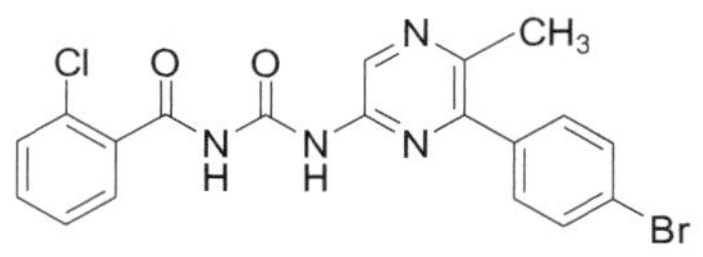

嗪虫脲

该类化合物的合成方法之一是从取代苯甲酰异氰酸酯与取代苯胺进行加成反应或取代苯甲酰胺与取代苯基异氰酸酯进行加成反应制得目标物。

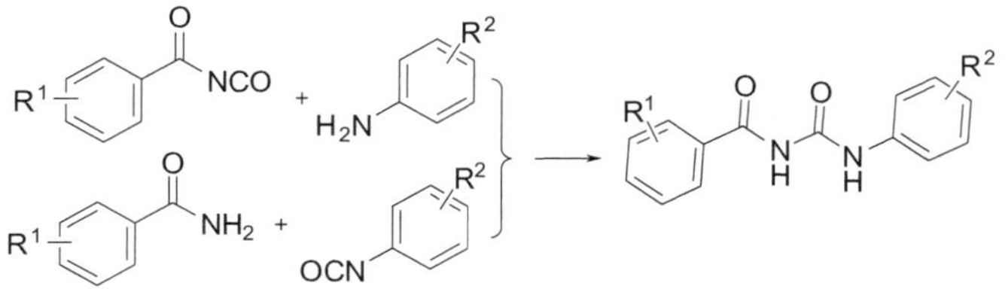

中间体异氰酸酯一般用光气和对应的苯胺反应制得，而取代苯甲酰胺可以用相应的取代羧酸与氯化亚砜反应制得酰氯后与氨反应制得。

例如灭幼脲和除虫脲的合成。

（1）灭幼脲的合成　见图2-60。

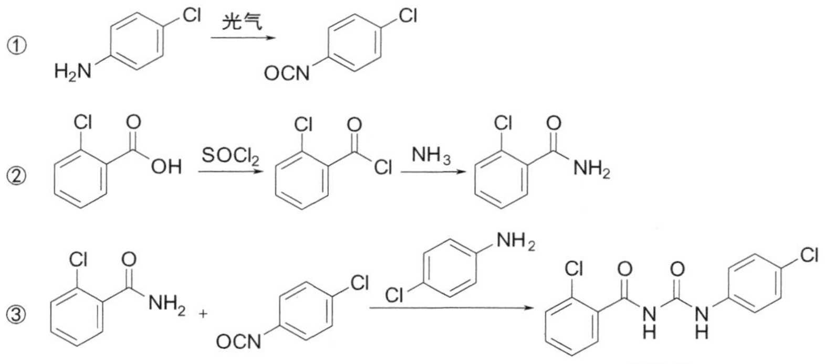

图2-60　灭幼脲合成路线

（2）除虫脲的合成　见图2-61。

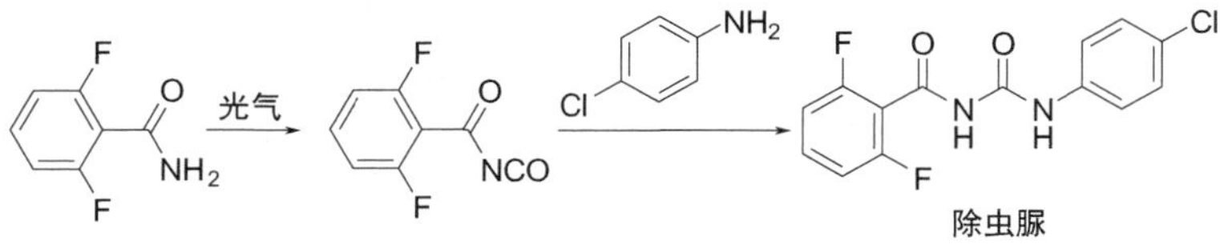

图2-61　除虫脲合成路线（一）

苯甲酰脲类化合物另一种制备方法是取代酰氯与相应的脲发生缩合反应。

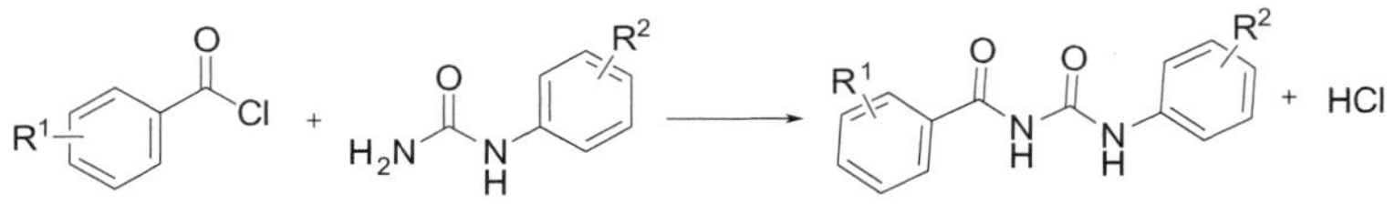

中间体取代脲一般用氰酸钠和对应的苯胺盐酸盐反应制得，例如灭幼脲的另一种合成方法（图2-62）。

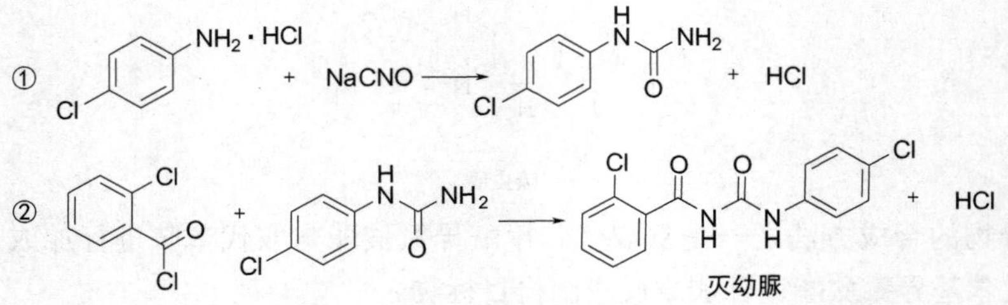

图 2-62　灭幼脲合成路线（二）

2.5.2　代表性品种的结构与合成

氟啶脲（chlorfluazuron）

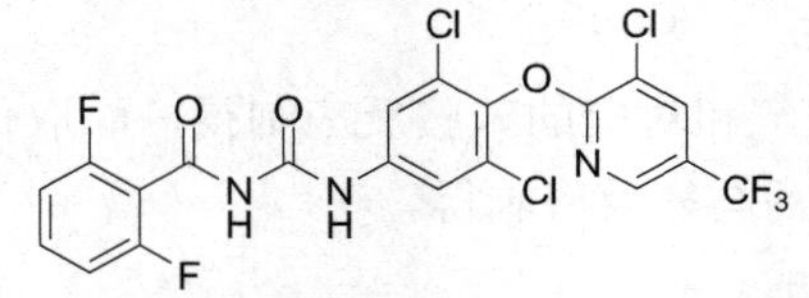

1-[3,5-二氯-4-(3-氯-5-三氟甲基-2-吡啶氧基）苯基]-3-(2,6-二氟苯甲酰基) 脲

氟啶脲商品名抑太保，又名定虫隆、定虫脲、克福隆，为日本石原产业公司开发的苯甲酰脲类杀虫剂。属于昆虫几丁质合成抑制剂，以胃毒为主，兼有较强的触杀作用，渗透性较差，无内吸作用；阻碍害虫正常蜕皮，使卵孵、幼虫蜕皮、蛹发育畸形，以及成虫羽化、产卵受阻，从而达到杀虫效果；该药剂活性高，作用速度较慢；属于广谱性杀虫剂，对多种鳞翅目害虫以及双翅目、直翅目、膜翅目害虫有效，可有效防治小菜蛾、甜菜夜蛾、斜纹夜蛾、菜青虫等；对作物无药害，对蜜蜂等非靶标益虫安全。

纯品氟啶脲为白色结晶固体，熔点 232～233.5℃；溶解性（20℃，g/L）：环己酮 110，二甲苯 3，丙酮 52.1，甲醇 2.5，乙醇 2.0，难溶于水；原药为黄棕色结晶。氟啶脲原药急性 LD_{50}（mg/kg）：大、小鼠经口＞5000，大鼠经皮 1000。

逆合成分析　氟啶脲为苯甲酰脲类杀虫剂（图 2-63）。

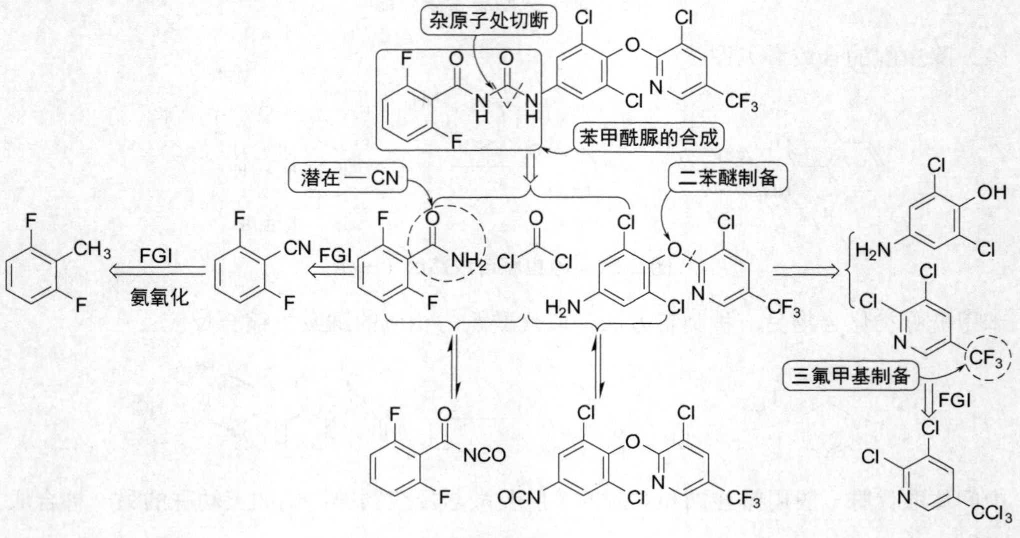

图 2-63　氟啶脲逆合成分析

合成路线 如图 2-64 所示。

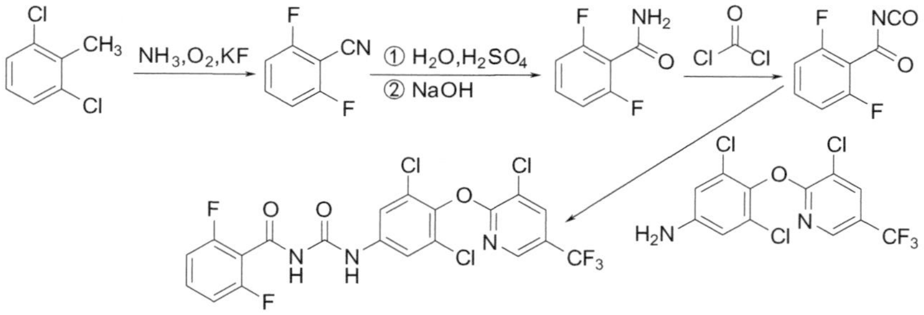

图 2-64 氟啶脲合成路线

合成步骤如下：

（1）2,6- 二氟苯腈的制备 2,6- 二氯甲苯通过氨氧化法一步反应制得。氟化剂为氟化钾、DMF、DMSO 或环丁砜为溶剂，反应温度为 200～250℃。

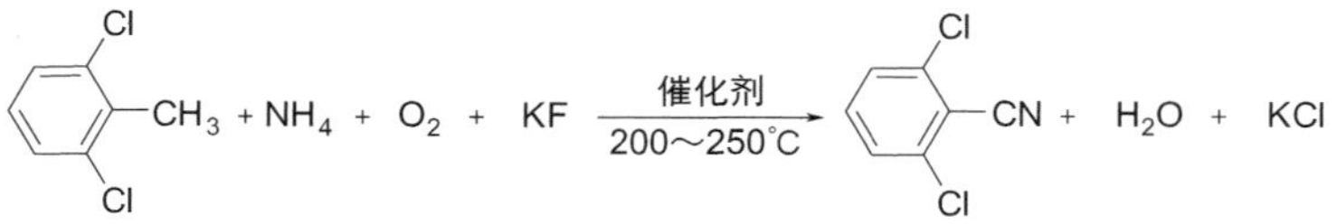

（2）2,6- 二氟苯甲酰胺的合成 以硫酸为催化剂，2,6- 二氟苯腈与水发生亲核加成反应，制得相应硫酸盐，用碱中和得 2,6- 二氟苯甲酰胺。

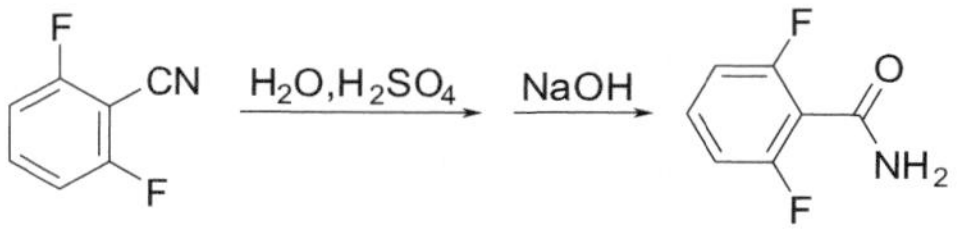

（3）氟啶脲的合成 在二氯乙烷溶剂中，2,6- 二氟苯甲酰胺与光气作用，于 50℃反应 1h，制得 2,6- 二氟苯甲酰异氰酸酯，然后与 4-(3- 氯 -5- 三氟甲基吡啶 -2- 氧基)-3,5- 二氯苯胺作用制得目标物氟啶脲。

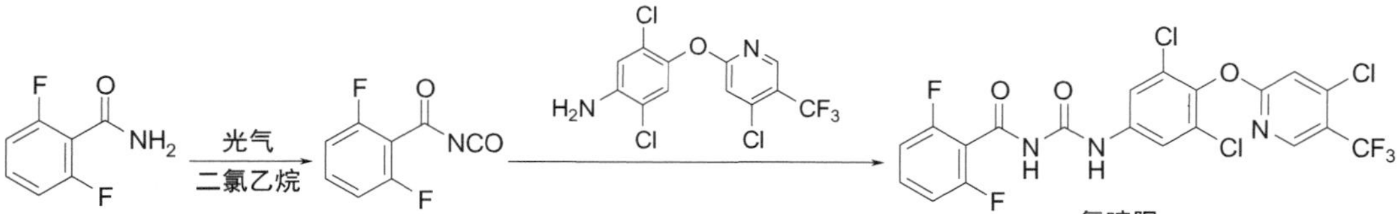

氟铃脲（hexaflumuron）

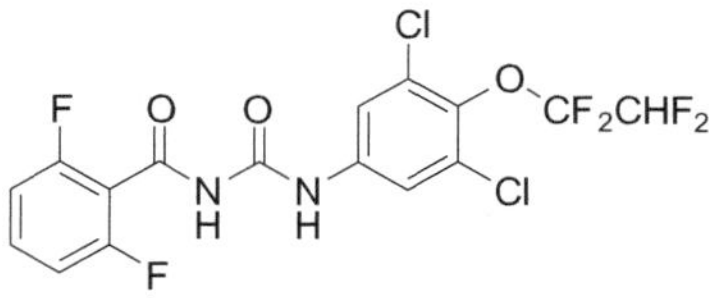

1-[3,5- 二氯 -4-(1,1,2,2- 四氟乙氧基) 苯基]-3-(2,6- 二氟苯甲酰基) 脲

氟铃脲商品名盖虫散，由美国陶氏益农公司 1984 年开发。属于昆虫几丁质合成抑制剂，具有很高的杀虫、杀卵活性，与一般苯甲酰脲类农药不同：其杀虫作用较快，用于防治棉铃虫、甜菜夜蛾、玉米黏虫、潜叶蛾、菜青虫以及小菜蛾等害虫；对益虫以及天敌影响小，对作物无药害。

纯品氟铃脲为白色固体（工业品略显粉红色），熔点 202～205℃；溶解性（20℃，g/L）：甲醇 11.3，二甲苯 5.2，难溶于水；在酸和碱性介质中煮沸会分解。氟铃脲原药急性 LD_{50}（mg/kg）：大鼠经口＞5000，大鼠经皮＞2100；兔经皮＞5000。

逆合成分析 氟铃脲为苯甲酰脲类杀虫剂（图 2-65）。

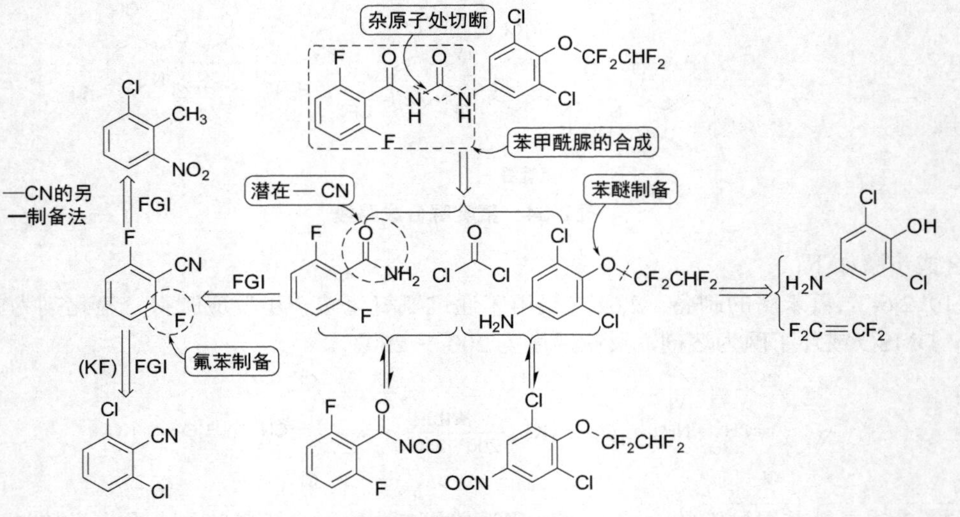

图 2-65 氟铃脲逆合成分析

合成路线 通常有两种路线：以 2-硝基-6-氯甲苯为起始原料，经过氯化等反应制得中间体 2,6-二氯苯腈，再经氟取代等反应制得 2,6-二氟苯甲酰基异氰酸酯；以对硝基苯酚为起始原料，制得 3,5-二氯-4-(1,1,2,2-四氟乙氧基)苯胺，该中间体与 2,6-二氟苯甲酰基异氰酸酯发生缩合反应制得目标物氟铃脲（图 2-66）。

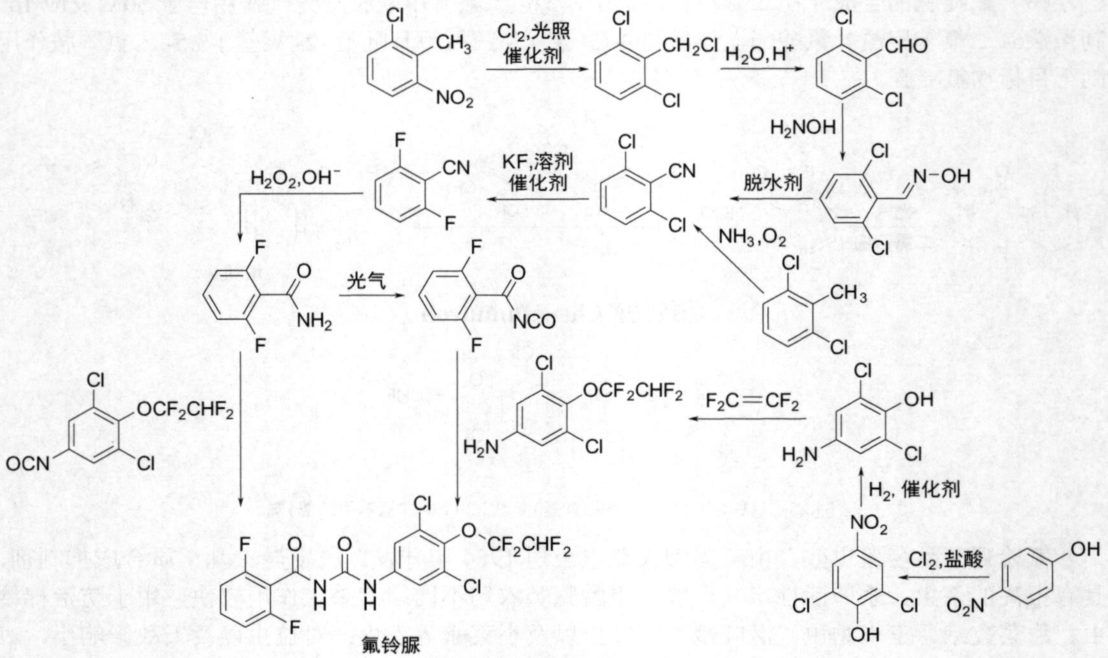

图 2-66 氟铃脲合成路线

合成步骤如下：

（1）3,5- 二氯 -4-(1,1,2,2- 四氟乙氧基) 苯胺的合成　在 1000mL 四口瓶中加入二甲基甲酰胺 650mL、氢氧化钾 4g、2,6- 二氯 -4- 氨基苯酚 71.2g（0.4mol），搅拌溶解，加热至内温 60 ～ 65℃，通入四氟乙烯单体（纯度 99%），反应 3h 后减压下回收二甲基甲酰胺，反应物冷却后倒入 1000g 碎冰中，用乙酸乙酯萃取（200mL×3），油层经无水硫酸镁干燥后脱溶剂，减压蒸馏，收集 125 ～ 129℃（1kPa）馏分，得浅红色油状物化合物 3,5- 二氯 -4-(1,1,2,2- 四氟乙氧基) 苯胺 90g，收率 81%。

（2）3,5- 二氯 -4-(1,1,2,2- 四氟乙氧基) 苯基异氰酸酯的合成　在 1000mL 四口烧瓶上安装调速电动搅拌器、温度计、冷凝器、滴液漏斗，连接气体导入管、尾气排管及吸收装置，备好调温加热套。瓶内加入预先处理的 200mL 甲苯，再加入三光气 40g（0.135mol），启动电动搅拌器，在搅拌下通过滴液漏斗，缓慢滴加含二氯四氟乙氧基苯胺 110g（20%，0.396mol）的甲苯溶液，瓶内溶液逐渐变黏稠，并有少量 HCl 放出，滴完后继续搅拌反应。冷凝器通入冷却水，开启调温加热套电源，缓慢加热升温。随着瓶内温度升高并回流，释放出的 HCl 逐步增多，尾气进入吸收装置，回流直到反应混合液由浊稠转为清亮透明为反应终点。用干燥的 N$_2$ 吹扫过量的光气及溶解的 HCl 进入尾气系统，得异氰酸酯溶液 712g（含量 16%，0.395mol），收率为 95%。

（3）氟铃脲的合成　在装有电动搅拌器、温度计及回流冷凝器（上装有 CaCl$_2$ 干燥管）的 1000mL 三口烧瓶中加入 3,5- 二氯 -4-(1,1,2,2- 四氟乙氧基) 苯基异氰酸酯 500g（15%，475mL，0.247mol）及 2,6- 二氟苯甲酰胺 37.7g（95%，0.228mol），油浴加热回流 6h。取样检测 3,5- 二氯 -4-(1,1,2,2- 四氟乙氧基) 苯基异氰酸酯≤ 1% 为反应终点。冷却到 40℃以下，过滤出析出的结晶，滤饼用二甲苯及水洗，干燥。得产品氟铃脲 98.5g（含量 96%，0.205mol），白色结晶，收率 90%。

氟螨脲（flucyloxuron）

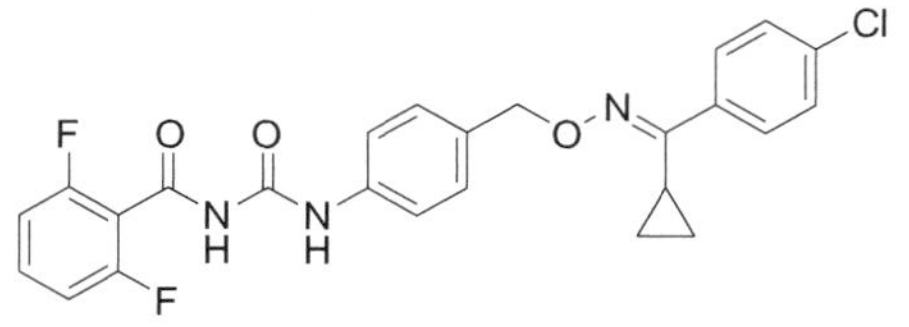

1-[α-(4- 氯 -α- 环丙基亚苄亚氨氧) 对甲苯基]-3-(2,6- 二氟苯甲酰基) 脲

氟螨脲又名氟环脲，属于昆虫几丁质合成抑制剂，用于防治瘿螨和叶螨幼虫，对成虫无效。氟螨脲原药为灰色至黄色固体，熔点 143.6℃（分解）；溶解性（20℃，g/L）：1- 甲基 -2- 吡咯烷酮 940，乙醇 3.9，环己烷 3.3。氟螨脲原药大鼠急性 LD$_{50}$（mg/kg）：经口＞ 5000、经皮＞ 2000；对兔眼睛有轻度刺激性。

逆合成分析　氟螨脲为苯甲酰脲类杀虫剂（图 2-67）。

合成路线　通常以氯苯为起始原料，经过如图 2-68 所示路线制得目标物氟螨脲。

合成步骤如下：

（1）肟化　在无水三氯化铝与氯苯混合物中，γ- 氯丁酰氯与氯苯于 25 ～ 30℃反应 0.5h，产物于二氯甲烷中与氢氧化钾反应制得环丙基 -4- 氯苯酮，该中间体在无水乙醇、吡啶、盐酸羟胺的混合物中回流 5h，制得环丙基 -4- 氯苯酮肟。

（2）缩合　将 20g（0.1mol）（4- 氯苯基)- 环丙基酮肟溶于 100mL 二氯乙烷中，于 30 ～ 40℃滴加 27% 甲醇钠 25g，搅拌 15min，加入对硝基溴苄 21.6g（0.1mol），30 ～ 40℃反应 2h，减压脱甲醇和二氯乙烷，残物加水 200mL，过滤，水洗，固体用正己烷重结晶，过滤，

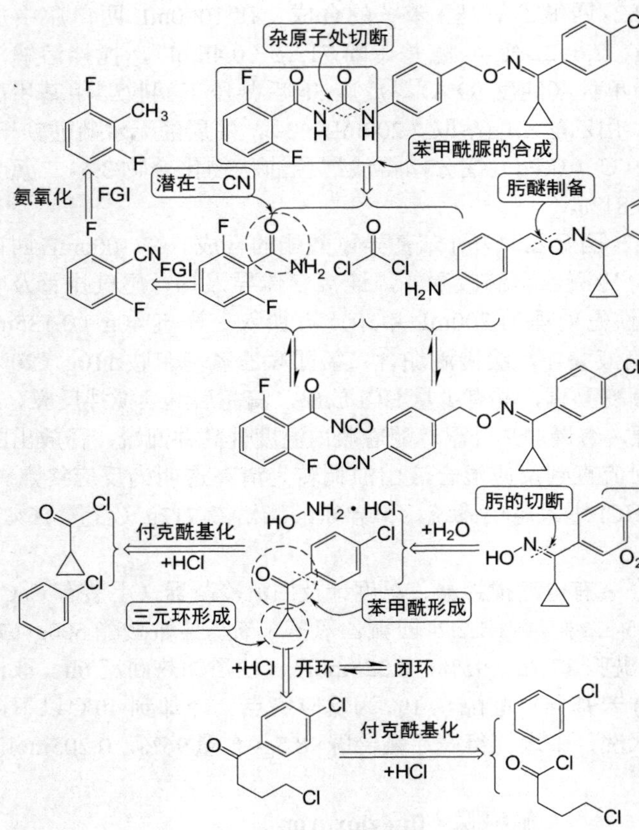

图 2-67　氟螨脲逆合成分析

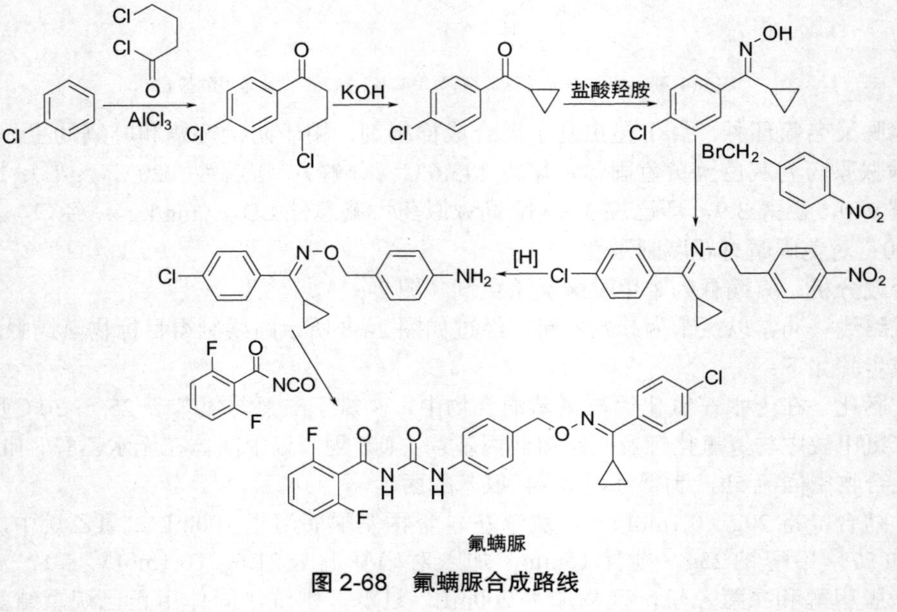

氟螨脲

图 2-68　氟螨脲合成路线

干燥，得产品 27g，收率 82%。

（3）还原　向 250mL 高压釜中加肟醚 33g（0.1mol）、无水乙醇 150mL、雷尼镍 3g。密封试漏后用氮气置换，然后充氢气至 1MPa，搅拌升温至 80℃，压力开始下降，充氢气至 2.5MPa，并随时充氢气，维持压力在 2～2.5MPa，大约 4h 后，压力不再降低，反应完成。降温至 25℃，卸压，将物料移出，减压脱出乙醇，得淡黄色固体 26.4g，收率 88%。

（4）加成　将 30g（0.1mol）4-(α- 环丙基 -4- 氯苯亚胺氧基) 苯胺溶于 200mL 干燥的乙醚中，于 20～25℃下，0.5h 内滴加 18.3g（0.1mol）2,6- 二氟苯甲酰基异氰酸酯与 100mL 无水乙醚溶液，滴后搅拌反应 3h，冷至 10℃，滤出产品，用少量乙醚洗涤，干燥，得产品氟螨脲 37.5g，收率 78%。

2.6　双酰肼类杀虫剂

双酰肼类杀虫剂是一类非甾类、具有蜕皮激素活性的昆虫生长调节剂，其作用机制是加速昆虫蜕皮，从而影响新表皮的形成，使体液外流，直至死亡。双酰肼类杀虫剂具有如下特点：极高的环境安全性，污染少；对非靶标生物有很高的选择性，对天敌和有益生物影响小；毒性低，使用浓度低。其缺点是速效性较差。

2.6.1　结构特点与合成设计

双酰肼类杀虫剂的基本骨架结构如下。

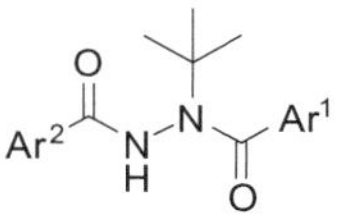

式中，Ar^1、Ar^2 为苯环或取代的苯环，二者可以相同也可以不相同，该类化合物可以看作双酰肼衍生物。

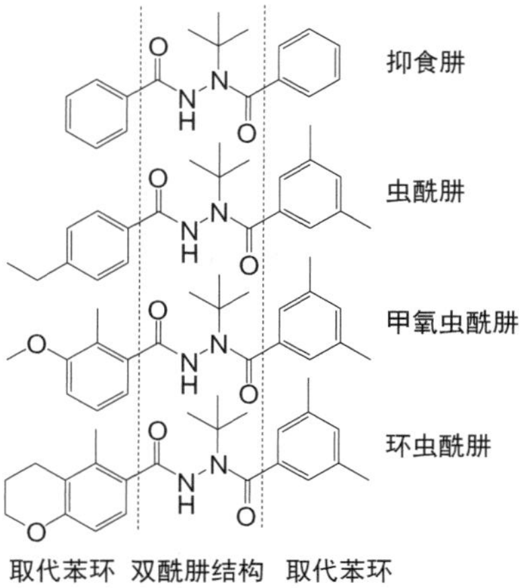

该类农药常用合成方法是叔丁基肼在缚酸剂存在下与相应的酰氯反应制得。

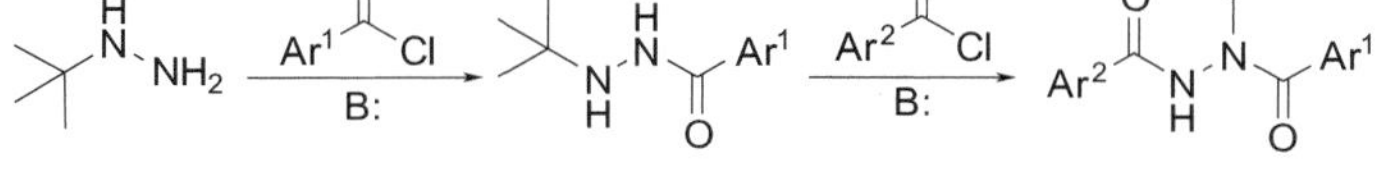

例如抑食肼的合成。

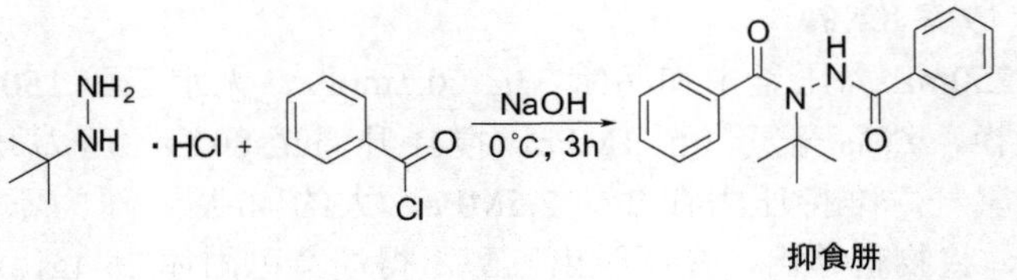

2.6.2 代表性品种的结构与合成

虫酰肼（tebufenozide）

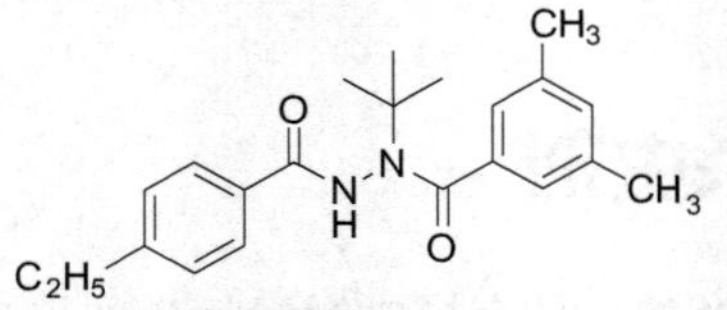

N-叔丁基-*N'*-(4-乙基苯甲酰基)-3,5-二甲基苯甲酰肼

虫酰肼商品名米满、米螨，又名抑虫肼，由罗门哈斯公司开发；属于新颖的昆虫蜕皮加速剂，对鳞翅目昆虫以及幼虫有特效，对选择性的双翅目和水蚤昆虫有一定作用。可用于防治蔬菜、苹果、玉米、水稻、棉花、葡萄、高粱、甜菜、茶叶、花卉等作物的害虫。纯品虫酰肼为白色结晶固体，熔点191℃；微溶于普通有机溶剂，难溶于水。虫酰肼原药大鼠急性 LD_{50}（mg/kg）：经口＞5000、经皮＞5000；对兔眼睛和皮肤无刺激性；对动物无致畸、致突变、致癌作用。

逆合成分析 如图2-69所示。

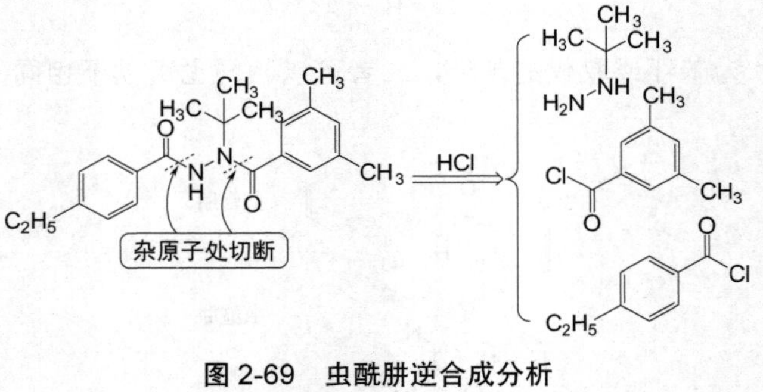

图2-69 虫酰肼逆合成分析

合成路线 通常有如图2-70所示制备路线。

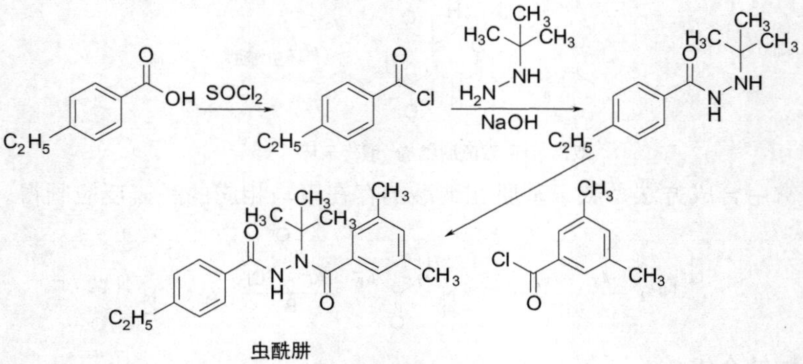

图2-70 虫酰肼合成路线

合成步骤如下：

（1）在 500mL 反应瓶中加入叔丁基肼盐酸盐 22.40g（折百）、水 50g、溶剂 120mL，控制反应温度在 0 ～ 5℃。滴加 20% 氢氧化钠溶液，滴加时间为 0.5h。然后加入溶剂，之后同时滴加 4- 乙基苯甲酰氯 28.8g 和 20% 氢氧化钠溶液，滴加时间为 2h，再继续反应 1h。然后升温至 60℃，至固体全部溶解，静置分层。有机层用 1% 盐酸溶液 80g 洗涤一次，分层、脱去溶剂，得到类白色固体 37.9g，含量 97.2%，收率 97.9%。

（2）在 500mL 反应瓶中加入 N-(4- 乙基苯甲酰基)-N'- 叔丁基肼溶液，控制釜温 60℃。开始同时滴加 3,5- 二甲基苯甲酰氯和碱，滴加时间为 1h，再继续反应 3h。然后加水 50g，升温至 92℃至固体全部溶解，静置分层。有机层用 1% 盐酸溶液 100g 洗涤 1 次。有机相在 10℃左右结晶 1h，过滤得白色固体，滤饼即为原药。滤液回收套用。滤饼干燥后经液相色谱检测平均含量达 96.3%，收率 88.3%。

呋喃虫酰肼（JS118）

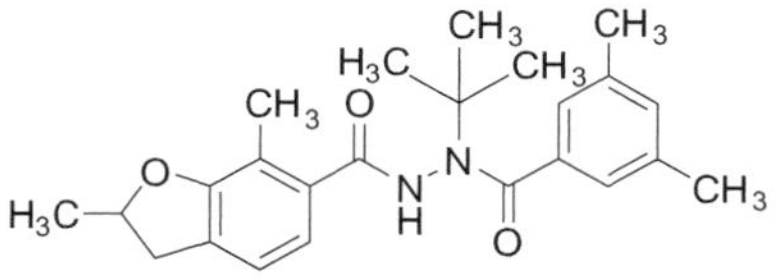

N-(2,3- 二氢 -2,7- 二甲基苯并呋喃 -6- 甲酰基)-N'- 叔丁基 -N'-(3,5- 二甲基苯甲酰基)- 肼

呋喃虫酰肼是江苏省农药研究所股份有限公司研制发明的、具有自主知识产权的、高效安全的新型杀虫剂。呋喃虫酰肼作为具有拟蜕皮激素作用的双酰肼类昆虫生长调节剂，具有胃毒、触杀、拒食等活性，其作用方式以胃毒为主，其次为触杀活性，但在胃毒和触杀活性同时存在时，综合毒力均高于两种分毒力。可有效防治小菜蛾、菜青虫、甜菜夜蛾等多种害虫。

呋喃虫酰肼为白色粉末状固体，熔点 146 ～ 148℃；溶于有机溶剂，不溶于水。呋喃虫酰肼原药对大鼠急性经口 $LD_{50}>5000mg/kg$（雄，雌），大鼠急性经皮 $LD_{50}>5000mg/kg$（雄，雌），均属微毒类农药。10% 呋喃虫酰肼悬浮剂对鱼、蜜蜂、鸟均为低毒，对家蚕高毒；对蜜蜂低风险，对家蚕极高风险，桑园附近严禁使用。

逆合成分析 如图 2-71 所示。

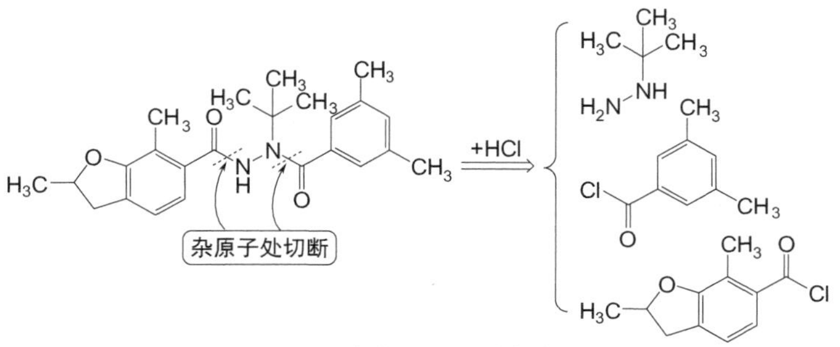

图 2-71 呋喃虫酰肼逆合成分析

合成路线 2,3- 二氢 -2,7- 二甲基 - 苯并呋喃基 -6- 甲酸经酰氯化、单酰肼和双酰肼缩合反应合成呋喃虫酰肼（图 2-72）。

将计量的苯并呋喃酸、氯化亚砜投入反应釜，升温至 60℃保温，气相色谱定性确定反应终点后，降温，加入计量的甲苯，制得酰氯甲苯液。缩合釜中投入计量的叔丁肼盐酸盐和甲苯，降至 0℃，同时滴加上步制备的酰氯甲苯液和碱液，滴完后保温，取样定性确定反应终点后，反应液分层、水洗，得到 N-(2,3- 二氢 -2,7- 二甲基 - 苯并呋喃 -6- 甲酰基)-N'- 叔丁基肼的甲苯液（简称单酰肼）。将单酰肼甲苯液投入反应釜，降温至 0℃，同时滴加计量的 3,5- 二

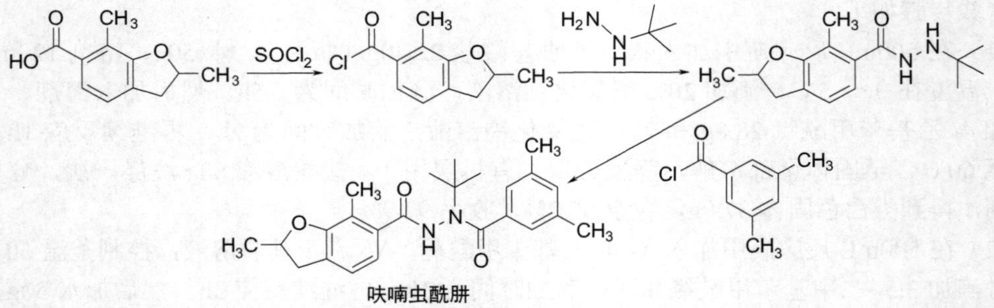

图 2-72　呋喃虫酰肼合成路线

甲基苯甲酰氯和液碱，滴完后保温，取样确定反应终点，过滤，得到灰白色固体 N-(2,3- 二氢 -2,7- 二甲基苯并呋喃 -6- 甲酰基)-N′- 叔丁基 -N′-(3,5- 二甲基苯甲酰基)- 肼，含量 97%，收率 80%（以 2,3- 二氢 -2,7- 二甲基 - 苯并呋喃基 -6- 甲酸计，酰氯化、单酰肼缩合、双酰肼缩合 3 步连续反应）。

　　注：用类似的方法，可以制备抑食肼（RH-5849）、环虫酰肼（chromafenozide）、氯虫酰肼（halofenozide）、甲氧虫酰肼（methoxyfenozide）等苯甲酰肼类农药。

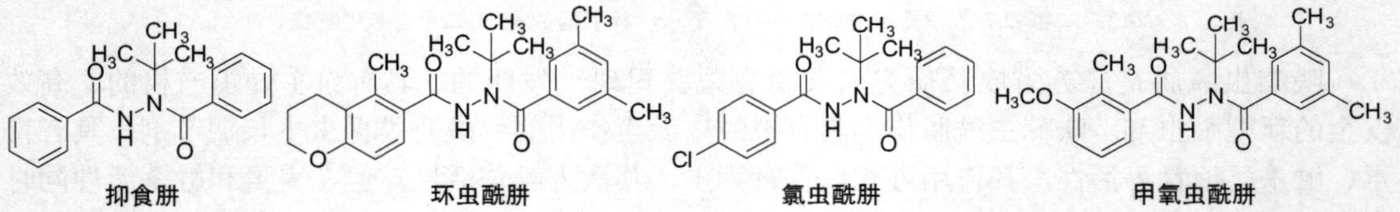

2.7　沙蚕毒素杀虫剂

　　很早以前，人们发现有苍蝇因吮食生活在浅海泥沙中的环形动物沙蚕的尸体而中毒死亡，这一现象说明沙蚕体中存在一种能毒杀苍蝇的毒物。1934 年日本人从沙蚕体中分离出这种毒物，称为沙蚕毒，1962 年确定了其化学结构。此后许多沙蚕毒的类似物相继被合成出来，并筛选出一些很好的杀虫剂。此类杀虫剂一般具有很强的触杀和胃毒作用，有些品种则兼具内吸性能及杀卵作用，属于神经传导阻断杀虫剂，其杀虫机理通常是通过阻断昆虫神经突触兴奋中心，使神经传导过程中断，害虫麻痹、瘫痪、拒食而死。

2.7.1　结构特点与合成设计

　　沙蚕毒素类杀虫剂的基本骨架结构如下，可看作 2- 二甲氨基 -1,3- 双硫取代丙烷衍生物。

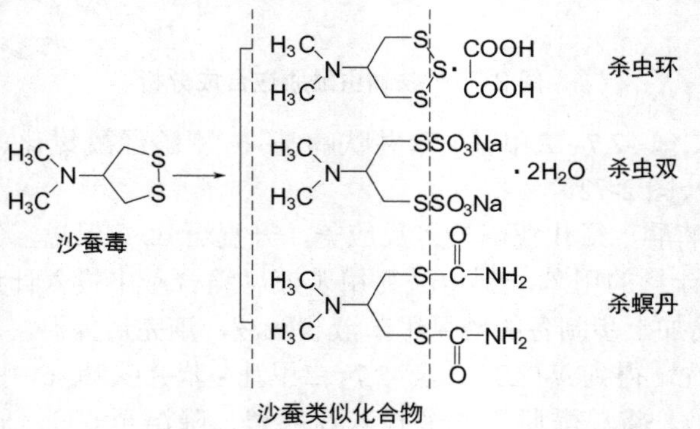

沙蚕类似化合物

　　该类化合物的合成一般用 N,N'- 二甲基 -2,3- 二氯丙胺盐酸盐在碱性条件下发生磺化反应制得。例如杀虫单的制备。

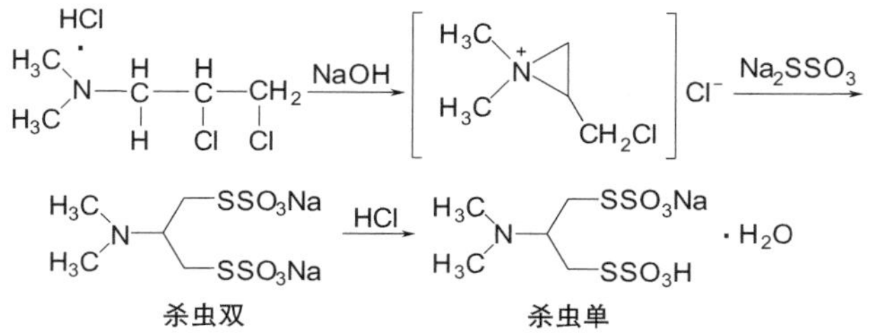

　　　　　　　　　杀虫双　　　　　　　　　　　杀虫单

2.7.2　代表性品种的结构与合成

杀虫双（bisultap）

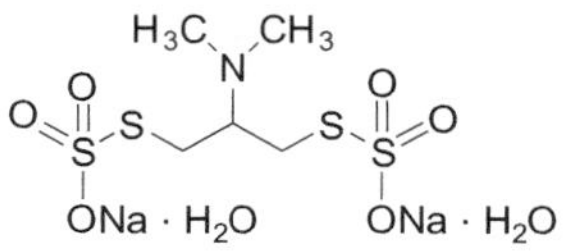

1,3- 双硫代磺酸钠基 -2- 二甲氨基丙烷（二水合物）

　　杀虫双是一种高效、广谱、低毒、经济、安全的沙蚕毒素类农药，1975 年由贵州省化工研究所研制开发，目前杀虫单和杀虫双已经成为我国大吨位农药品种之一；杀虫双对害虫具有胃毒、触杀作用，兼有内吸性能及杀卵作用。用于防治水稻、蔬菜、果树、甘蔗、玉米等作物的害虫如水稻螟虫、菜青虫、小菜蛾、蓟马、玉米螟虫等。杀虫双对棉花有药害，不宜在棉花上使用。

　　纯品杀虫双为白色结晶（含有两个结晶水），熔点 169 ～ 171℃（开始分解）；有很强的吸湿性；溶解性（20℃，g/kg）：水 1330，能溶于甲醇、热乙醇，不溶于乙醚、苯、乙酸乙酯；水溶液显较强的碱性；常温下稳定，长时间见光以及遇强碱、强酸分解。

　　杀虫双原药急性 LD_{50}（mg/kg）：大白鼠经口 451（雄）、342（雌），大鼠经皮＞ 1000。

　　逆合成分析　杀虫双为沙蚕毒素类杀虫剂代表型品种（图 2-73）。

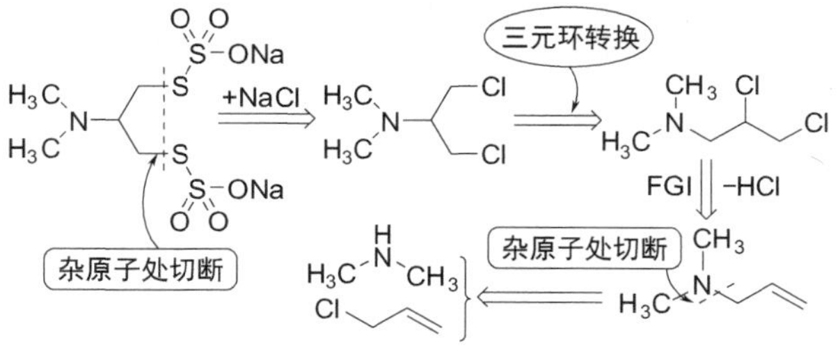

图 2-73　杀虫双逆合成分析

　　合成路线　通常以氯丙烯和二甲胺为起始原料，在较低温度下二者发生反应生成 N,N-二甲基烯丙胺，该化合物在 10℃ 以下与盐酸成盐后于 50 ～ 60℃ 用氯气氯化，制得的 N,N- 二甲基 -2,3- 二氯丙胺盐酸盐在碱性条件下于 70 ～ 80℃ 发生磺化反应制得杀虫双（图 2-74）。

　　将符合要求的杀虫双溶液 2000L 加入 3000L 反应釜中，加入盐酸，控制料液 pH=4.0 ～ 4.5 即为终点，再将物料送入 3000L 结晶釜冷却结晶，过滤、干燥即得杀虫单原粉。

　　注：将杀虫双用盐酸酸化可得另一种沙蚕毒素类杀虫剂杀虫单。

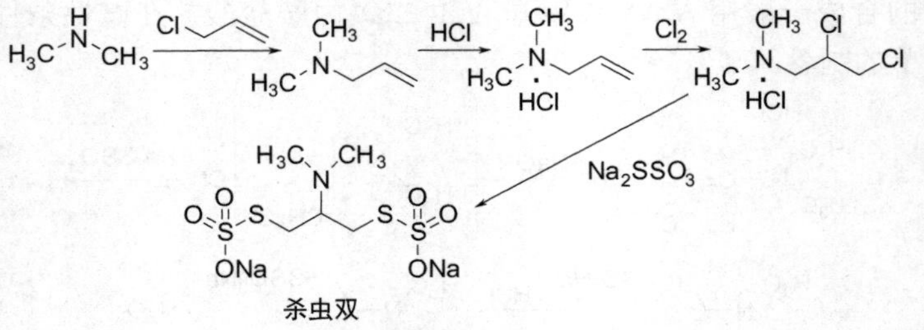

图 2-74 杀虫双合成路线

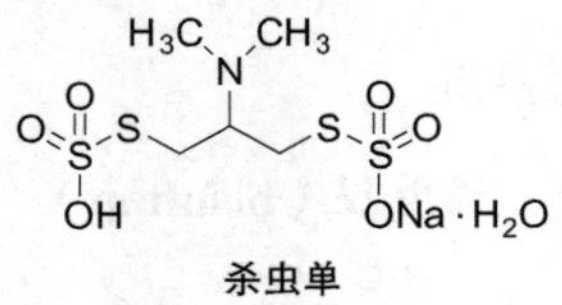

杀虫单

杀螟丹（cartap）

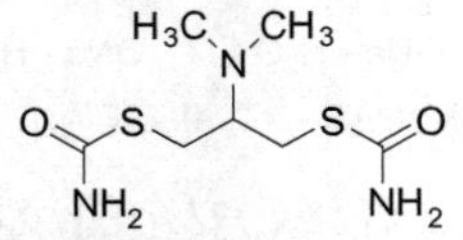

1,3-双（氨基甲酰硫基）-2-二甲氨基丙烷盐酸盐

    杀螟丹商品名巴丹，1964 年由日本药品工业株式会社研制开发；对害虫具有较强胃毒作用，兼有触杀和一定的拒食、杀卵作用，对害虫击倒快，有较长持效期，杀虫谱广，可用于防治鳞翅目、鞘翅目、半翅目、双翅目等多种害虫和线虫，如蚜虫、菜青虫、小菜蛾以及果树害虫等。对蚕毒性大，对鱼有毒；水稻扬花期使用易产生药害；白菜、甘蓝等十字花科蔬菜幼苗对该药剂敏感。

    纯品杀螟丹为白色结晶，熔点 179～181℃（开始分解）；溶解性（25℃，g/kg）：水 200，微溶于甲醇和乙醇，不溶于丙酮、氯仿和苯；在酸性介质中稳定，在中性和碱性溶液中水解，稍有吸湿性，对铁等金属有腐蚀性；工业品为白色至微黄色粉末，有轻微臭味。杀螟丹原药急性 LD_{50}（mg/kg）：大白鼠经口 325（雄）、345（雌），小鼠经皮 > 1000。

    合成路线   通常以杀虫双为原料，与氰化钠在 5～10℃反应 1h，生成对应氰化物；该氰化物在甲醇中于 15～20℃水解制得目标化合物杀螟丹。

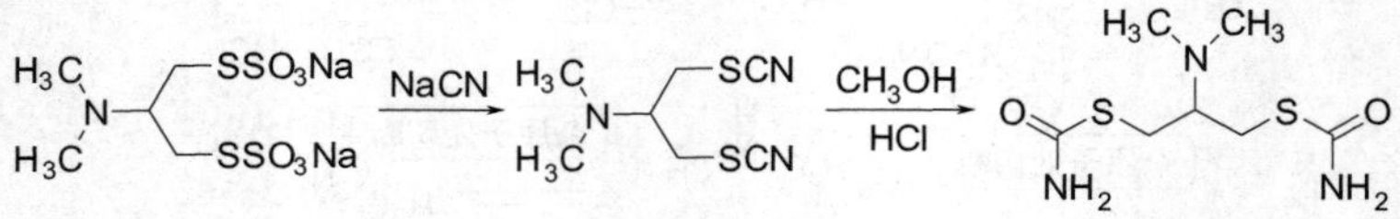

杀虫磺（besultap）

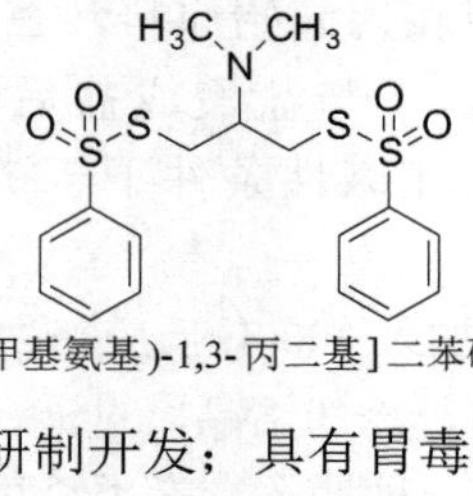

S,S-[2-(二甲基氨基)-1,3-丙二基] 二苯硫代磺酸酯

    杀虫磺 1970 年由日本武田公司研制开发；具有胃毒和触杀作用，能从植物根部吸收。主

要用于防治水稻螟虫、蔬菜小菜蛾等害虫。

　　纯品杀虫磺为白色鳞片状晶体，熔点 83 ～ 84℃，约在 150℃开始分解；易溶于氯仿、二氯甲烷、乙醇、丙酮、乙腈等，稍溶于甲苯、苯、乙醚，不溶于水；在酸性介质中稳定，在碱性介质中分解转变成沙蚕毒。杀虫磺原药急性 LD_{50}（mg/kg）：经口大白鼠 1105（雄）、1120（雌），小白鼠 516（雄）、484（雌），对兔经皮 > 2000。

　　合成路线　通常以苯磺酰氯为原料，在甲苯中与硫化钠反应制得的硫代苯磺酸钠于无水乙醇中与 N,N- 二甲基 -1,2- 二氯丙胺在 70℃反应 5h 制得杀虫磺。

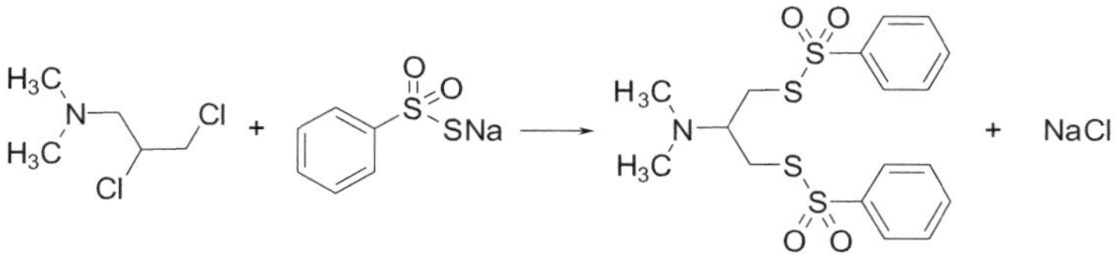

杀虫磺

2.8　烟碱类杀虫剂

　　早在 1690 年，人们就发现烟草萃取液可杀死梨花网蜢，1828 年确定其结构为烟碱，1904 年人工合成烟碱获得成功。烟碱为触杀活性药剂，主要用于果树、蔬菜害虫的防治，也可防治水稻害虫。烟碱原药急性大白鼠经口 LD_{50}：50 ～ 60mg/kg。20 世纪 80 年代中期德国拜耳公司成功开发出第一个烟碱类杀虫剂吡虫啉，由于其具有高效、广谱以及环境相容性好的特点，立即引起人们的研究热潮，随后研发出啶虫脒、噻虫嗪、烯啶虫胺等优良品种。该类化合物的作用机制主要是通过选择性控制昆虫神经系统烟碱型乙酰胆碱酯酶受体，阻断昆虫中枢神经系统的正常传导，从而导致害虫出现麻痹进而死亡。

2.8.1　结构特点与合成设计

　　烟碱类杀虫剂的基本骨架结构如下，其第一代可看作是烟碱的优化结构，而第二代则是在第一代的基础上进一步改进的结果。

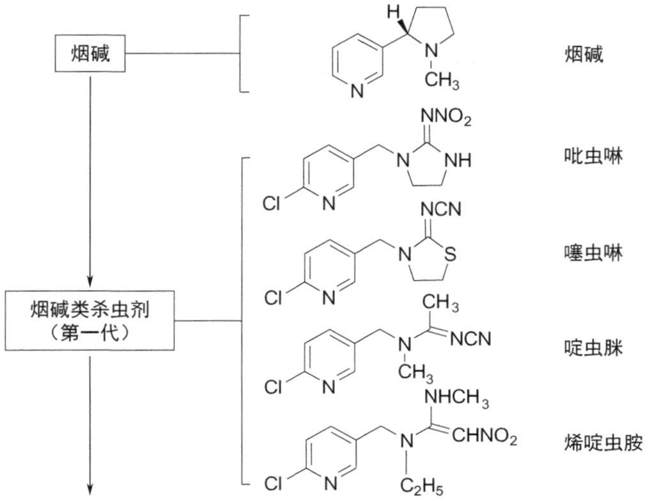

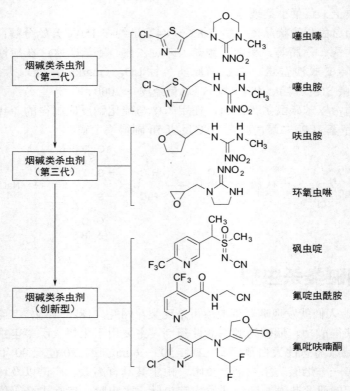

　　烟碱类化合物的合成一般是先制得 Ar—CH₂Cl 或 Ar—CH₂NH₂ 化合物（其中 Ar 是 2- 氯吡啶或其他杂环），然后经过胺化等反应合成目标物。

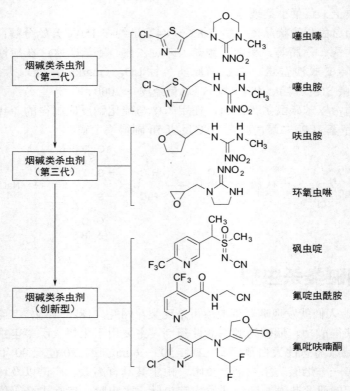

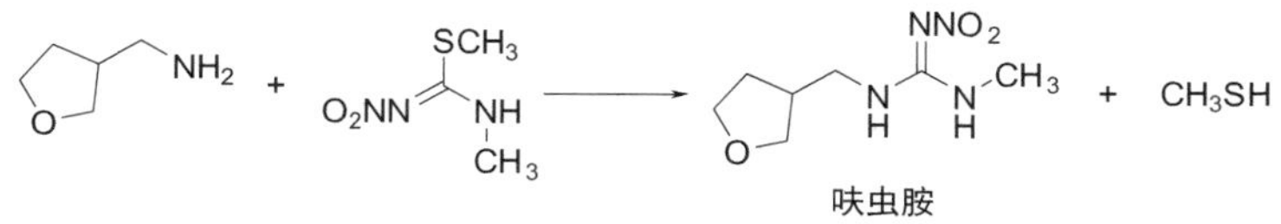

2.8.2 代表性品种的结构与合成

吡虫啉（imidacloprid）

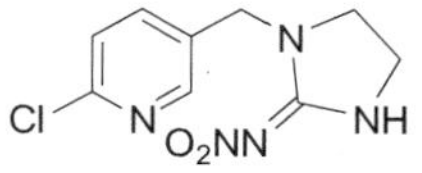

1-(6-氯-3-吡啶甲基)-N-硝基-2-咪唑啉亚胺

吡虫啉又名咪蚜胺、吡虫灵，商品名蚜虱净、扑虱蚜、大功臣、灭虫精、一遍净、益达胺、比丹、高巧、康福多、一扫净；是第一个新型、高效、低毒、内吸性强、持效期长、低残留、广谱性烟碱类杀虫剂，由德国拜耳公司和日本特殊农药株式会社共同研究开发，1991年投入市场；能够防治大多数常见的农业害虫，特别对刺吸式口器害虫高效，如水稻上的叶蝉、飞虱、桃蚜、蓟马、象甲等。

纯品吡虫啉为白色结晶，熔点 143.8℃ ；溶解性（20℃，g/L）：水 0.51，甲苯 0.5 ～ 1，甲醇 10，二氯甲烷 50 ～ 100，乙腈 20 ～ 50，丙酮 20 ～ 50。吡虫啉原药急性 LD_{50}（mg/kg）：大白鼠经口 681（雄）、825（雌），经皮 ＞ 2000。

逆合成分析 吡虫啉为烟碱类农药代表品种（图 2-75）。

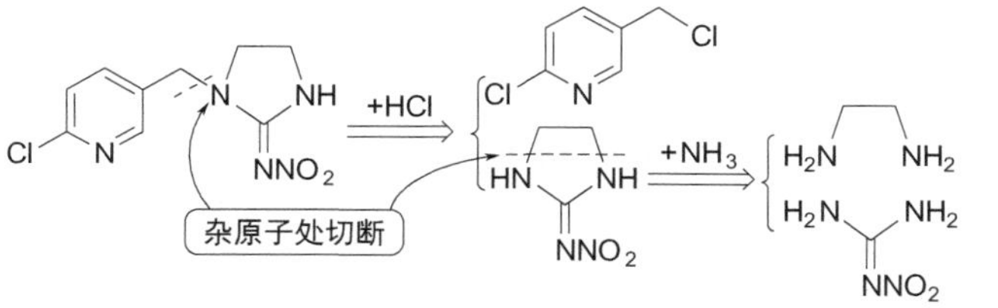

图 2-75 吡虫啉逆合成分析

合成路线 国内 1 → 2 → 3 较常用（图 2-76）。

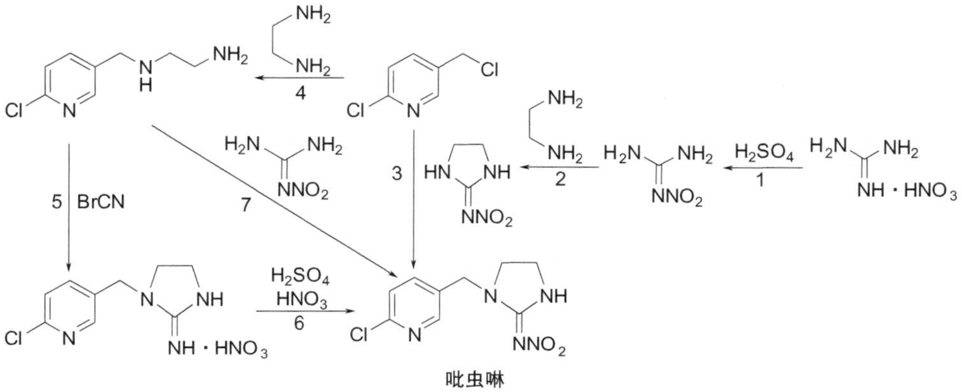

图 2-76 吡虫啉合成路线

合成步骤如下：

（1）N- 硝基亚氨基咪唑烷的合成 硝酸胍在 0 ～ 10℃用浓硫酸脱水制得硝基胍，硝基胍与乙二胺在盐酸催化下于 60℃反应 0.5h 即可制得 N- 硝基亚氨基咪唑烷。

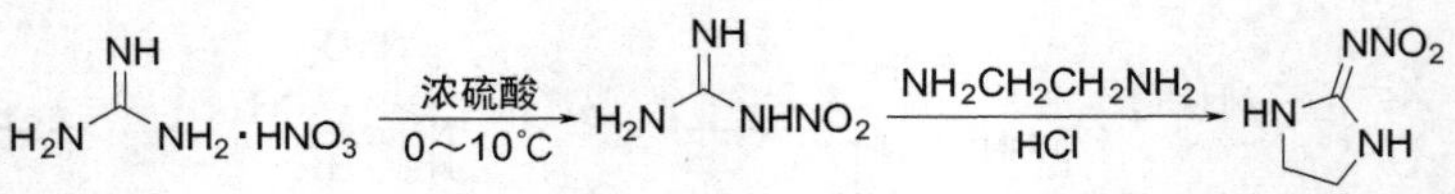

（2）吡虫啉的合成　2-氯-5-氯甲基吡啶与 *N*-硝基亚氨基咪唑烷在极性有机溶剂中在缚酸剂存在下回流反应 5h 即可，在合适的溶剂及催化剂存在下，收率可达 90% 以上。

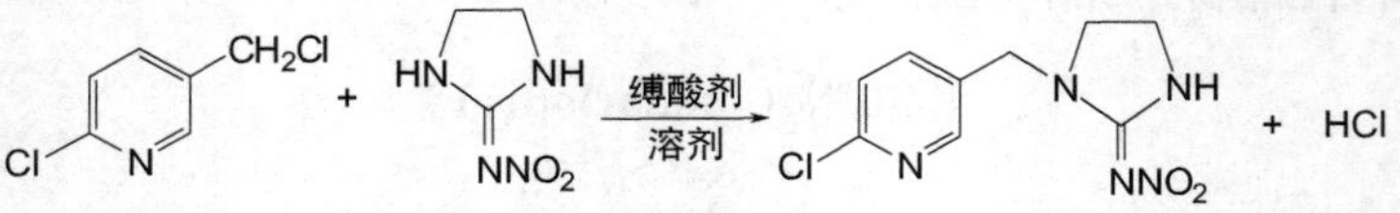

注：用类似的方法，可以制备的其他碱类农药品种如下。

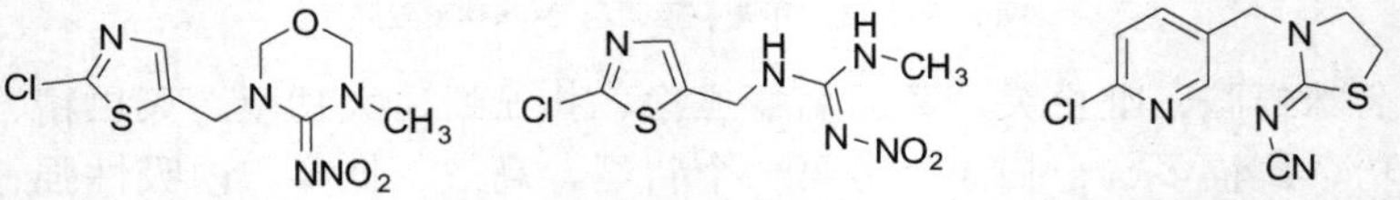

噻虫嗪　　　　　　　　噻虫胺（clothianidin）　　　　　　噻虫啉（thiacloprid）

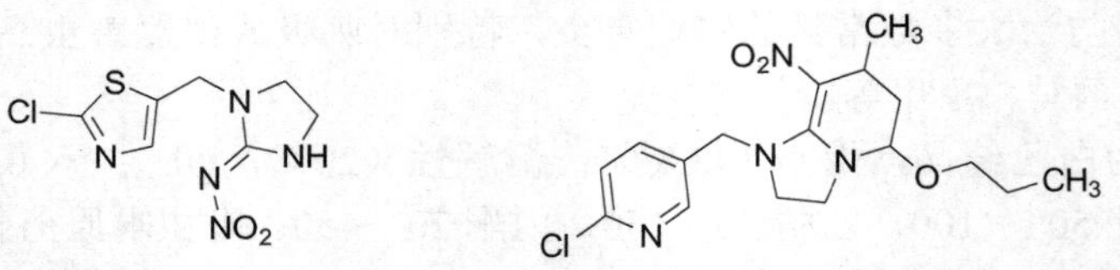

氯噻啉（imidaclothiz）　　　　　　哌虫啶（paichongding）

啶虫脒（acetamiprid）

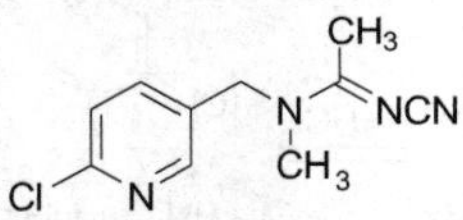

N-(6-氯-3-吡啶甲基)-*N'*-氰基-*N*-甲基乙脒

啶虫脒又名啶虫咪、吡虫清、乙虫脒，商品名莫比朗，由日本曹达株式会社研究开发；属于氯代烟碱类杀虫剂，啶虫咪具有杀虫谱广、活性高、用量少、持效期长、速效等特点，具有触杀和胃毒作用，并有卓越的内吸活性；对半翅目（蚜虫、叶蝉等）、鳞翅目（小菜蛾、潜蛾等）以及总翅目（蓟马等）均有效。

纯品啶虫脒为白色结晶，熔点 101～103.5℃；溶解性（20℃，g/kg）：水 4.2，易溶于丙酮、甲醇、乙醇、二氯甲烷、氯仿、乙腈、四氢呋喃等有机溶剂。

啶虫脒原药急性 LD_{50}（mg/kg）：大白鼠经口 217（雄）、146（雌），小鼠经口 198（雄）、184（雌）；大白鼠经皮 > 2000。

逆合成分析　如图 2-77 所示。

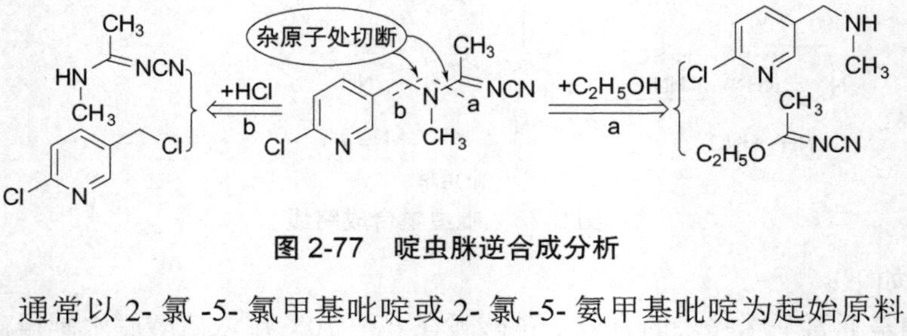

图 2-77　啶虫脒逆合成分析

合成路线　通常以 2-氯-5-氯甲基吡啶或 2-氯-5-氨甲基吡啶为起始原料，经过下述路线方法合成（图 2-78）。

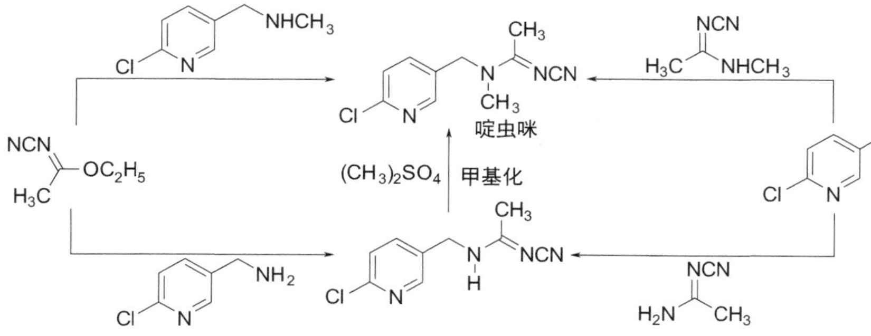

图 2-78　啶虫脒合成路线

在 250mL 反应瓶中，加入 *N*- 氰基 -*N*'-（2- 氯 -5- 吡啶甲基）乙脒 20.5g（85.27%）、氯仿 54.5mL、四丁基溴化铵 0.11g。搅拌下冷却到 15℃，同时滴加硫酸二甲酯 11.6g 和 50% NaOH 水溶液 8.4g，滴毕于 15℃反应 3h。加水 33.6mL 和 40% 二甲胺水溶液 0.33g，室温搅拌 1h，分层，水层用氯仿萃取，合并氯仿层。加水 38mL，常压蒸馏脱去氯仿。冷却，加入甲醇，再冷却至 35℃。滴加水 37mL，析出固体。冷却至完全析出。过滤，得淡黄色固体，烘干得 17g 产品，粗品用甲醇水溶液重结晶，得白色针状晶体，熔点 101 ～ 103℃。

烯啶虫胺（nitenpyram）

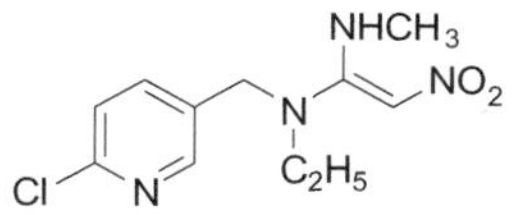

（*E*）-*N*-(6- 氯 -3- 吡啶甲基)-*N*- 乙基 -*N*'- 甲基 -2- 硝基亚乙烯基二胺

烯啶虫胺为日本武田公司开发的新型烟碱类杀虫剂，用于水稻、蔬菜等作物防治各种蚜虫、粉虱、叶蝉和蓟马等害虫，具有高效、低毒、内吸和无交互抗性等优点，并且持效期长。

纯品烯啶虫胺为浅黄色结晶固体，熔点 83 ～ 84℃；溶解性（20℃，g/kg）：水 840，氯仿 700，丙酮 290，二甲苯 4.5。

烯啶虫胺原药急性 LD_{50}（mg/kg）：大鼠经口 1680（雄）、1574（雌），小鼠经口 867（雄）、1281（雌）；大鼠经皮＞ 2000。

逆合成分析　烯啶虫胺为烟碱类农药代表品种，通常有 a、b 两种分析方法（图 2-79）。

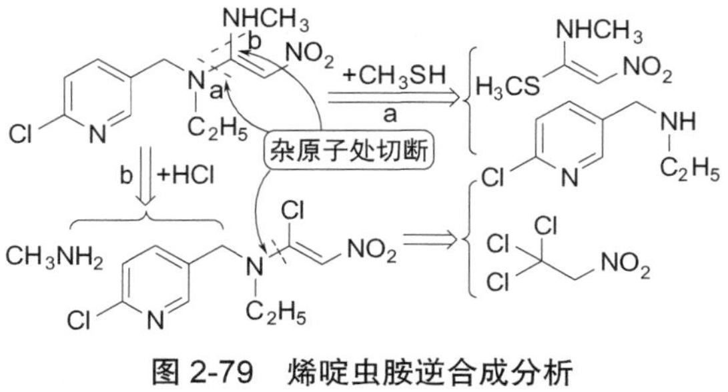

图 2-79　烯啶虫胺逆合成分析

合成路线　通常以 *N*- 乙基 -2- 氯 -5- 吡啶甲基胺为起始原料，通过下述三条路线合成目标物烯啶虫胺（图 2-80），有时将路线 4 和路线 5 → 6 称为一条路线两种方法（一步法和两步法）。

（1）路线 2 → 3　*N*- 乙基 -2- 氯 -5- 吡啶甲基胺于乙醇中与 1,1- 二甲硫基 -2- 硝基乙烯回流反应生成 *N*-(6- 氯 -3- 吡啶甲基)-*N*- 乙基 -1- 甲硫基 -2- 硝基亚乙烯基胺，该中间体与甲胺在乙醇中回流反应制得目标物。

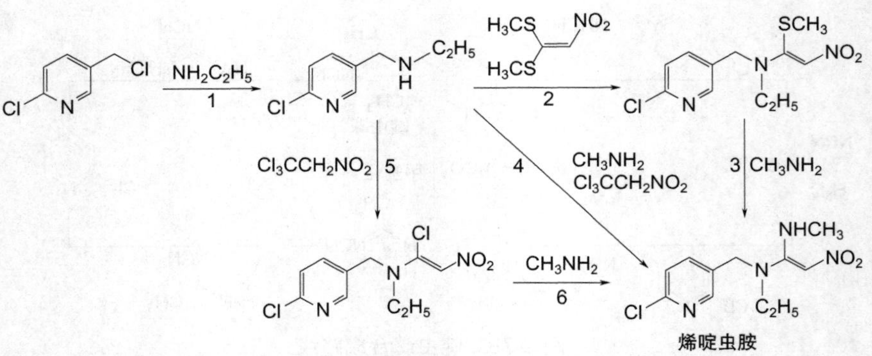

图 2-80　烯啶虫胺合成路线

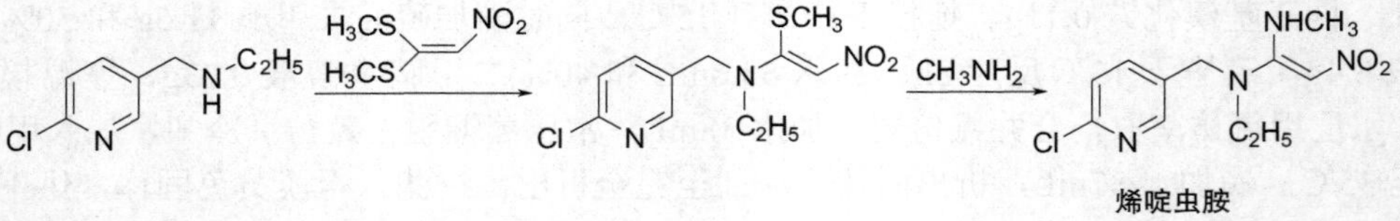

（2）路线 4（一步法）

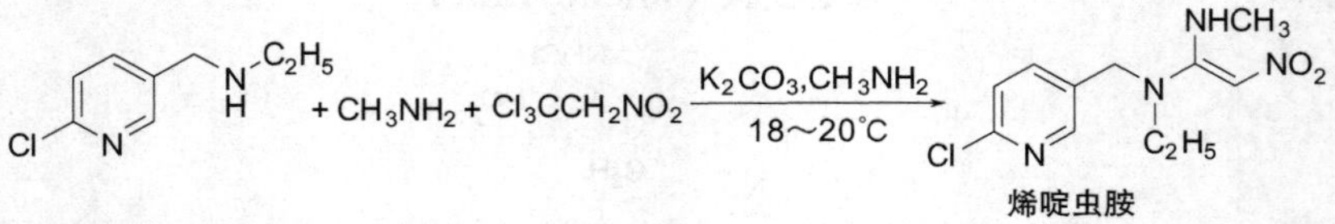

（3）路线 5 → 6（两步法）

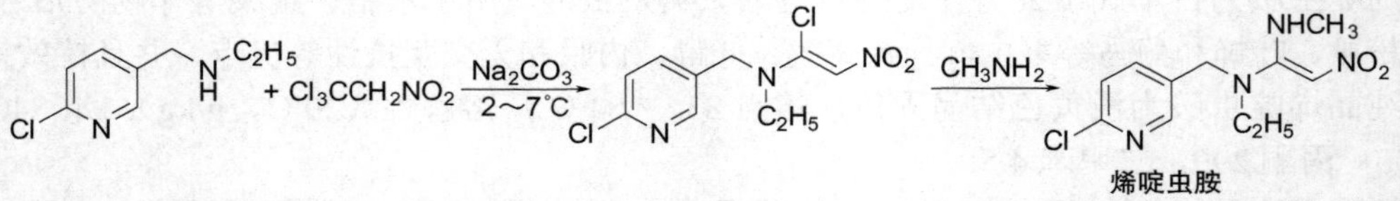

　　往 1,1,1- 三氯 -2- 硝基乙烷的氯仿溶液中加入 Na_2CO_3 溶液，滴加中间体 N- 乙基 -2- 氯 -5-吡啶甲基胺，控温在 2 ～ 7℃，搅拌 40min, 得中间体 N-(6- 氯 -3- 吡啶甲基)-N- 乙基 -1- 氯 -2-硝基亚乙烯基胺。在 3 ～ 7℃ 下把甲胺水溶液滴加到上述混合液中，控温在 3 ～ 7℃、搅拌30min 后再在室温下搅拌 30min。用氯仿萃取，浓缩后的残留物中加入乙醚并冷却，即有黄色烯啶虫胺结晶析出。

呋虫胺（dinotefuran）

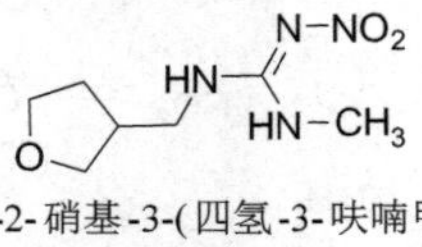

1- 甲基 -2- 硝基 -3-(四氢 -3- 呋喃甲基) 胍

　　呋虫胺为日本三井化学公司开发的第三代烟碱类杀虫剂，又称为"呋喃烟碱"。具有高效、广谱、药效持久、吸渗透作用强、使用安全等特点。可用于水稻、果树、蔬菜等多种作物。

　　纯品呋虫胺为白色结晶，熔点 107.5℃；工业品熔点 94.5 ～ 101.5℃；溶解度：水 40g/kg，丙酮 8g/L、甲醇 57g/L、二甲苯 $73×10^{-3}$g/L、环己烷 $9.0×10^{-6}$g/L 等。

　　呋虫胺急性经口 LD_{50}（mg/kg）：大鼠雄性 2450、雌性 2275，小鼠雄性 2840，雌性 2000。大鼠急性经皮 LD_{50}（mg/kg）：雌、雄 2000。

　　逆合成分析　如图 2-81 所示。

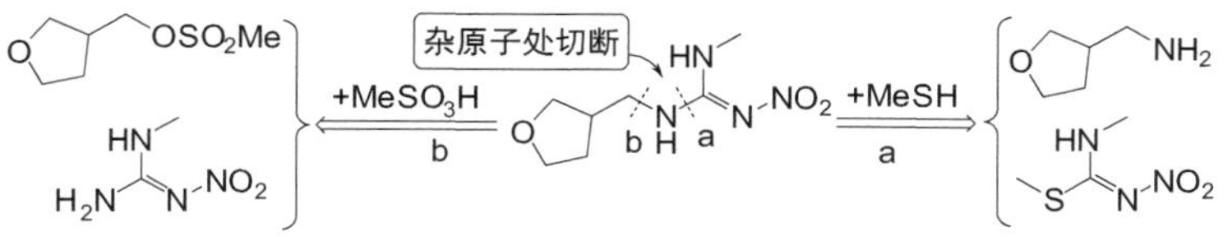

图 2-81 呋虫胺逆合成分析

合成路线 主要有胺路线和甲基磺酸酯路线（图 2-82）。

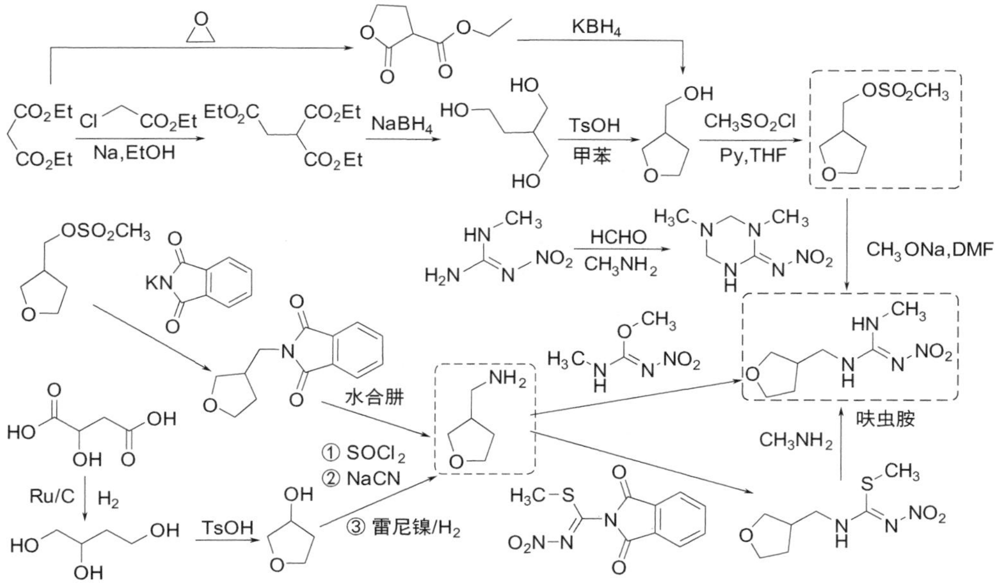

图 2-82 呋虫胺合成路线

在 250mL 三口瓶中加入 45.59g 四氢呋喃甲胺、100mL 甲醇、50g 1,3- 二甲基 -2- 硝基异脲后反应 3h。反应结束后经浓缩、重结晶、干燥得无色晶体 70g，收率 94%。

氟啶虫胺腈（sulfoxaflor）

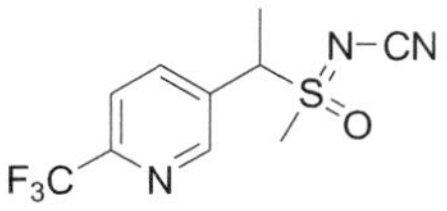

[1-[6-(三氟甲基) 吡啶 -3- 基] 乙基] 甲基 (氧)-λ^4- 硫基氨腈

氟啶虫胺腈又名砜虫啶，为美国陶氏益农公司（Dow AgroSciences）研制的第一个新颖 sulfoximine 类农用杀虫剂，2010 年 11 月在英国伦敦召开的世界农药研究会议上公布。氟啶虫胺腈与新烟碱杀虫剂的杀虫谱有所不同，其对对新烟碱类产生抗性的刺吸性昆虫也具有较好的防治效果，被杀虫剂抗性行动委员会认定为全新 Group 4C 类杀虫剂中唯一成员。

纯品氟啶虫胺腈熔点 112.9℃，水中溶解度（20℃，mg/kg）：pH=5 时 1380，pH=7 时 570，pH=9 时 550；有机溶剂中溶解度（20℃，g/L）：甲醇 93.1，丙酮 217，1,2- 二氯乙烷 39，乙酸乙酯 95.2，对二甲苯 0.743，正庚烷 0.000242，正辛醇 1.66。原药大鼠急性 LD_{50}（mg/kg）：经口雌 1000、雄 1405；经皮雌 / 雄＞ 5000。

合成路线 如图 2-83 所示。

合成步骤如下：

（1）N- 氰基 -[1-(2- 三氟甲基 -5- 吡啶基)] 乙基甲基硫亚胺的合成　在 25mL 单口瓶中加入 0.9g 5-(1- 甲硫基) 乙基 -2- 三氟甲基吡啶，加入 10mL 四氢呋喃搅拌，冰浴降至 0℃。然后

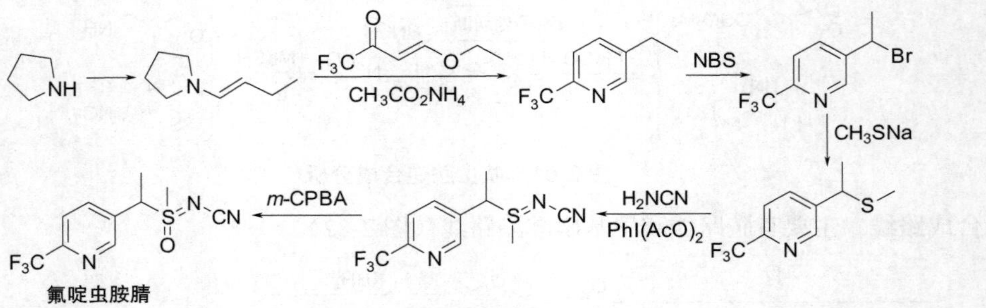

图 2-83　氟啶虫胺腈合成路线

分别加入 0.17g 氰胺和 1.27g 乙酸碘苯，此温度下搅拌 3h 后室温搅拌过夜，第 2 天将反应液直接减压蒸干，残余物经柱色谱提纯得黄色油状物 0.95g，收率 94%。

（2）氟啶虫胺腈的合成　在 25mL 单口瓶中加入 1.02g 间氯过氧苯甲酸，加入乙醇 10mL搅拌，冰水浴降温至 0℃搅拌 10min，然后将 1.40g 无水碳酸钾的 10mL 水溶液一次性加入，有大量白色固体析出。0℃下搅拌 20min 后将 0.9g N- 氰基 -[1-(2- 三氟甲基 -5- 吡啶基)] 乙基甲基硫亚胺的 6mL 乙醇溶液一次性加入，搅拌 5min 后将反应液淬于水中。然后用乙酸乙酯萃取 3 次，有机层分别用水和饱和食盐水洗涤 3 次，有机层经无水硫酸镁干燥，减压脱溶剂，残余物经柱色谱提纯得白色固体 0.5g，总收率 53%。

氟啶虫酰胺（flonicamid）

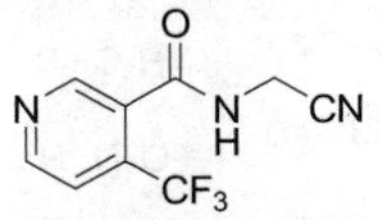

N- 氰甲基 -4- 三氟甲基吡啶 -3- 羧酰胺

氟啶虫酰胺是日本石原产业开发的新型高效、选择性吡啶酰胺类杀虫剂，对各种刺吸式口器害虫有效，具有良好的内吸和渗透作用。氟啶虫酰胺通过抑制蚜虫口针穿透植物组织来抑制取食，刺吸式口器害虫取食带有氟啶虫酰胺的植物汁液后，30min 内停止取食，1h 内完全没有排泄物出现，且这种拒食作用具有不可恢复性，被阻止吸汁的害虫最终因饥饿而死亡。可用于果树、谷物、马铃薯、水稻、棉花、蔬菜、豆类、瓜类、茄子、茶树、核果、向日葵、番茄和温室观赏植物等，防治棉蚜、马铃薯蚜、粉虱、车前圆尾蚜、假眼小绿叶蝉、桃蚜、褐飞虱、小黄蓟马、麦长管蚜、蓟马和温室粉虱等，其中对蚜虫防效优异。

氟啶虫酰胺对螨、双翅目、鞘翅目和鳞翅目害虫没有活性。纯品氟啶虫酰胺为白色无味固体粉末，熔点 157.5℃；溶解度（g/L，20℃）：水 5.2，丙酮 157.1，甲醇 89.0；对热稳定。氟啶虫酰胺 LD_{50}（mg/kg）：大鼠急性经口雄 884，雌 1768；大鼠急性经皮＞ 5000。

合成路线　分为直接法和间接法两种。

（1）直接法　在催化量 DMF 存在下，4- 三氟甲基烟酸与氯化亚砜反应生成 4- 三氟甲基烟酰氯，在三乙胺存在下，4- 三氟甲基烟酰氯与氨基乙腈硫酸盐在 THF 溶剂中进行缩合，制得氟啶虫酰胺。

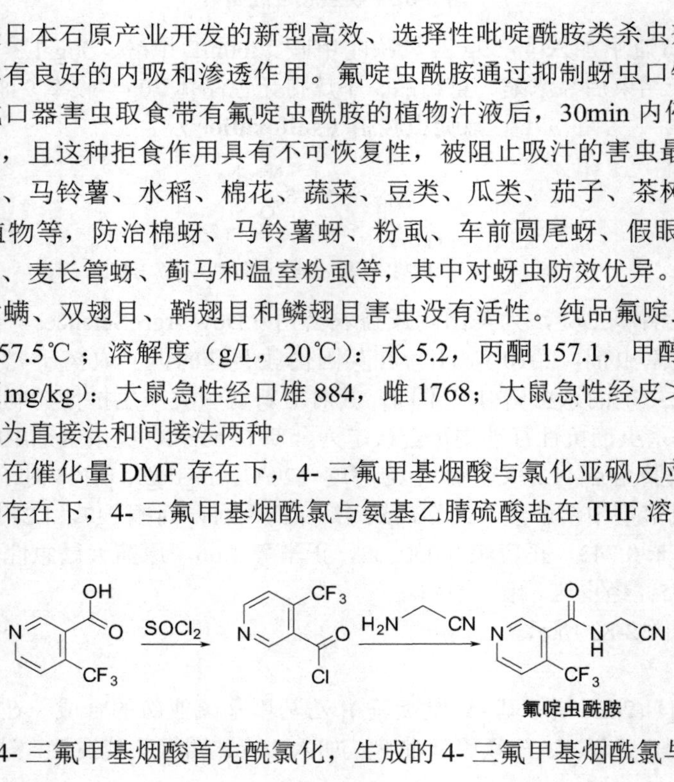

氟啶虫酰胺

（2）间接法　4- 三氟甲基烟酸首先酰氯化，生成的 4- 三氟甲基烟酰氯与 1,3,5- 三嗪 -1,3,5

(2H,4H,6H)- 三乙腈在甲苯中回流，得到 N- 氯甲基 -N- 氰甲基 -4- 三氟甲基吡啶 -3- 羧酰胺，其在酸性条件下室温水解，生成 N- 羟甲基 -N- 氰甲基 -4- 三氟甲基吡啶 -3- 羧酰胺，再与碳酸钠水溶液室温反应，制得最终产物氟啶虫酰胺。

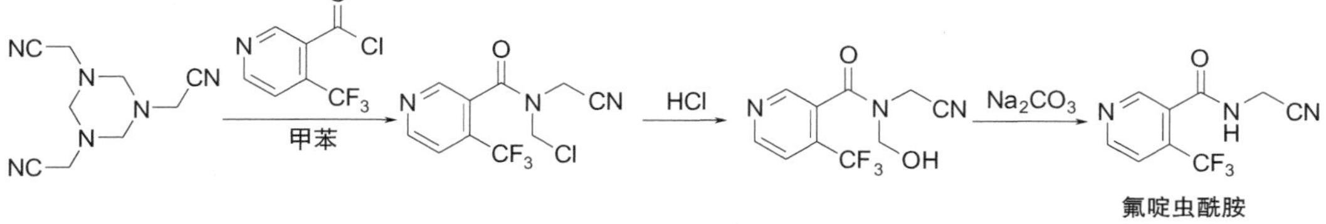

合成步骤如下：

209.5g 4- 三氟甲基烟酰氯、71.4g 亚甲氨基乙腈在 1200mL 甲苯中加热回流 3h。减压除去甲苯，得到 270.2g N- 氯甲基 -N- 氰甲基 -4- 三氟甲基吡啶 -3- 羧酰胺粗品。熔点 104 ～ 120.5℃，收率 97.5%。

10g N- 氯甲基 -N- 氰甲基 -4- 三氟甲基吡啶 -3- 酰胺粗品、50mL 水和 14mL 浓盐酸一起反应，室温搅拌过夜，抽出盐酸气体，溶剂蒸馏除去，得到 7.17g N- 羟甲基 -N- 氰甲基 -4- 三氟甲基吡啶 -3- 羧酰胺。熔点 125.4 ～ 126.4℃，收率 76.8%。

在冷却下，将 5% 碳酸钠水溶液加入到 2.6g N- 羟甲基 -N- 氰甲基 -4- 三氟甲基吡啶 -3- 羧酰胺的 13mL 水溶液中。室温搅拌 1h，过滤出固体得到 1.9g 氟啶虫酰胺，收率 82.6%。

氟吡呋喃酮（flupyradifurone）

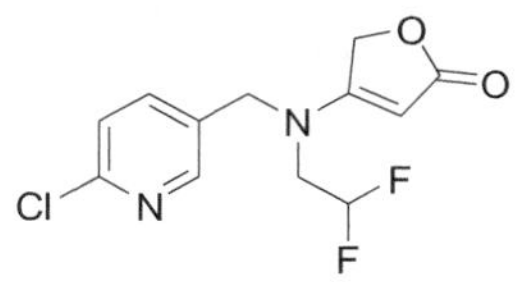

4-[(6- 氯 -3- 吡啶基甲基)(2,2- 二氟乙基) 氨基] 呋喃 -2(5H)- 酮

氟吡呋喃酮是由拜耳公司开发的新型烟碱型乙酰胆碱受体激动剂类杀虫剂，可用于防除蔬菜、果树、坚果、葡萄及一些大田作物中的蚜虫、粉虱、叶蝉、西花蓟马等，具有药效快和内吸活性良好的特点，对抗新烟碱类杀虫剂的害虫效果特别好，且对蜜蜂安全。是第一个含有由百部叶碱（天然化合物）衍生的丁烯羟酸内酯药效团的昆虫烟碱型乙酰胆碱受体激动剂，与其他烟碱型乙酰胆碱受体激动剂不存在代谢交互抗性。

纯品氟吡呋喃酮为白色至米黄色固体粉末，熔点 69℃；溶解度（20℃，g/L）：水 3.2（pH 4）、3.0（pH 7），正庚烷 0.0005，甲醇＞ 250。氟吡呋喃酮急性 LD_{50}（mg/kg）：大鼠急性经口＞ 300，大鼠急性经皮＞ 2000。

逆合成分析 如图 2-84 所示。

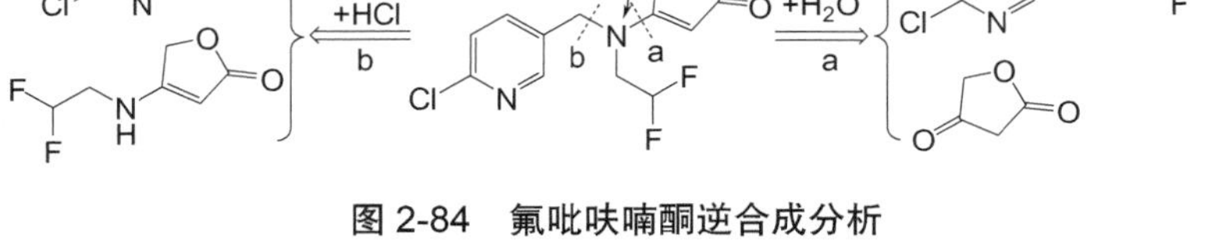

图 2-84 氟吡呋喃酮逆合成分析

合成路线 有特窗酸路线和 4- 羟基 -2- 氧 -2,5- 二氢 -3- 呋喃甲酸甲酯钠盐路线（图 2-85）。

合成步骤如下：

（1）N-[(6- 氯 -3- 吡啶基) 甲基]-2,2- 二氟乙胺的合成 将 4.86g 2- 氯 -5- 氯甲基吡啶、

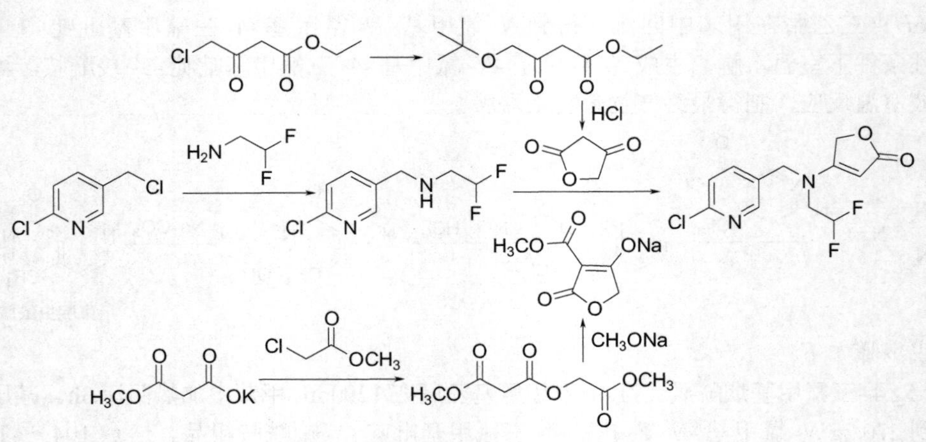

图 2-85 氟吡呋喃酮合成路线

2.43g 2,2- 二氟乙胺、3.03g 三乙胺和 100mL 乙腈依次加入到 250mL 三口瓶中，在 45℃搅拌 21h。TLC 监测反应完全后，减压浓缩反应液，然后将剩余物溶于 1mol/L 盐酸水溶液中并将混合物用乙酸乙酯洗涤。将水相用 2mol/L 氢氧化钠水溶液调成碱性后用乙酸乙酯萃取 3 次。合并有机相并减压浓缩，得到 4.65g 油状物，收率 75%。

（2）氟吡呋喃酮的合成　将 1.98g N-[(6- 氯 -3- 吡啶基) 甲基]-2,2- 二氟乙胺、0.96g 特窗酸和 20mL 乙酸依次加入 50mL 反应瓶中，将该混合物在室温下搅拌 6h。减压浓缩反应混合物后，将二氯甲烷和水加入到残留物中，萃取分层，有机相用 1mol/L 氢氧化钠水溶液洗涤并减压浓缩，柱色谱分离（乙酸乙酯 - 石油醚体积比 1：1）得目标物 1.99g，收率 72%。

2.9　酰胺类杀虫剂

2.9.1　结构特点

该类杀虫剂结构特点是分子中含有酰胺结构 $\left(\begin{smallmatrix}R^1\\\end{smallmatrix}\!\!-\!\!\underset{H}{N}\!\!-\!\!R^2\right)$，由于酰胺类杀虫剂往往具有意想不到的杀虫机制，因此该类杀虫剂的创制与开发可谓方兴未艾。目前，酰胺类杀虫剂有以下几种。

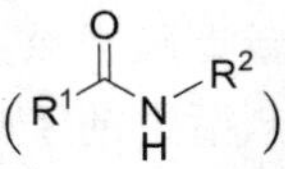

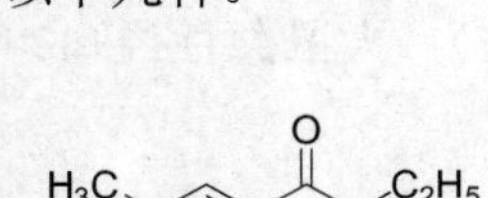

避蚊胺
（diethyltoluamide）

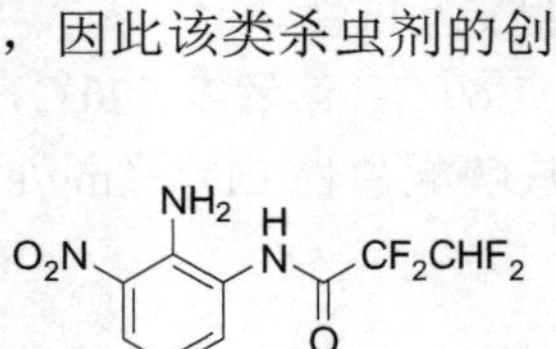

伏蚁灵（nifluridide）

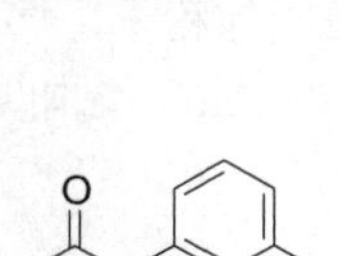

果乃胺（MNFA）

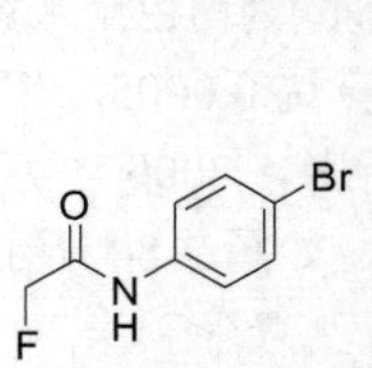

氟蚧胺（FABA）

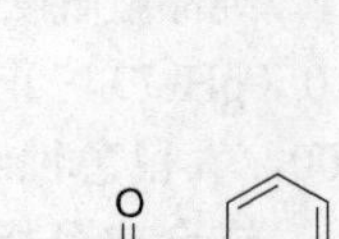

氟乙酰苯胺
（fluoroacetanilide）

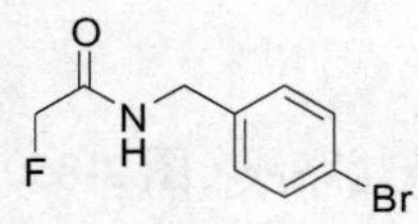

氟螨胺（FABB）

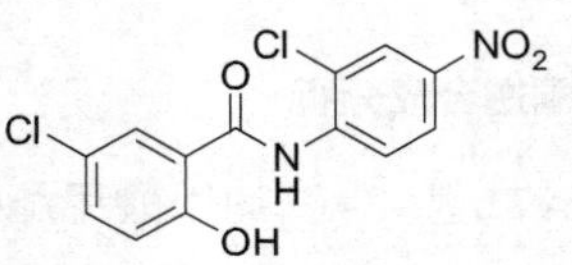

贝螺杀 / 杀螺胺（niclosamide）

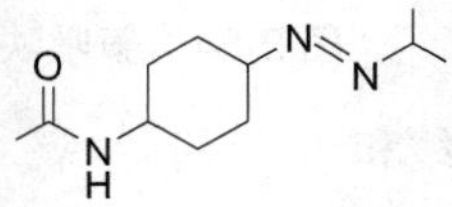

拒食胺（DTA）

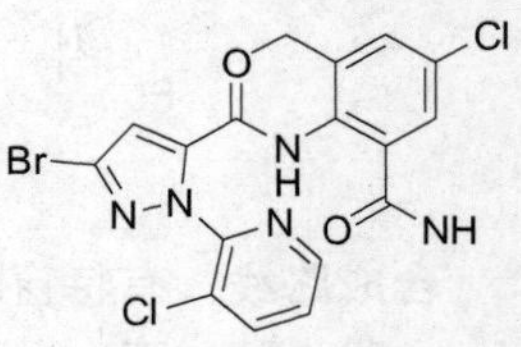

氯虫酰胺（chlorantraniliprole）

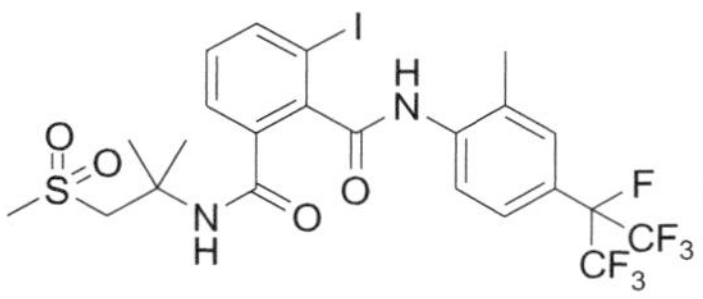

氟虫双酰胺 (flubendiamide) 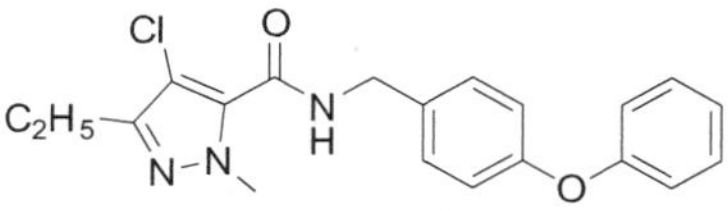　　唑虫酰胺 (tolfenpyrad) 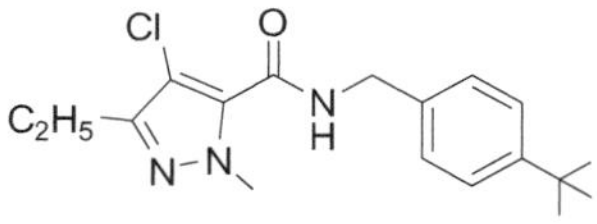　　吡螨胺 (tebufenpyrad)

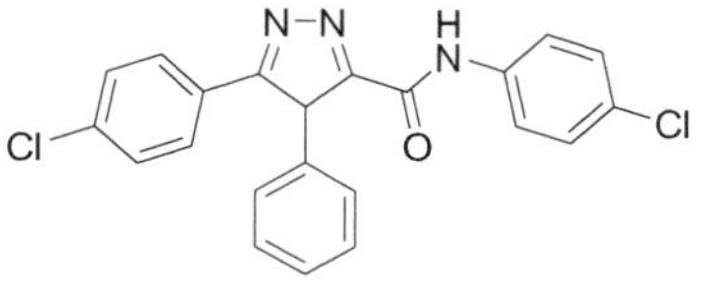

灭幼唑 (PH-6042) 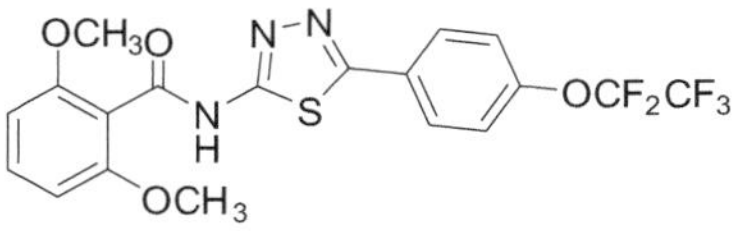　　几噻唑 (L-1215)

2.9.2　代表性品种的结构与合成

氯虫酰胺 (chlorantraniliprole)

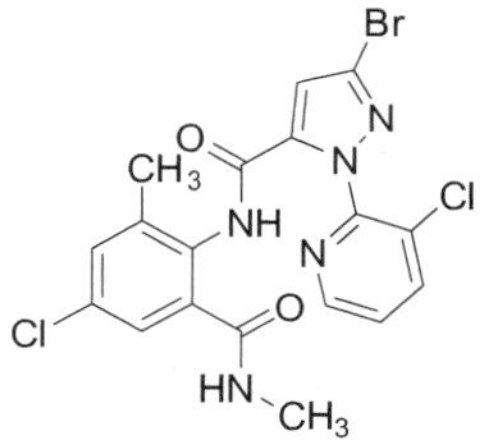

3-溴-N-[4-氯-2-甲基-6-(甲氨基甲酰基)苯基]-1-(3-氯吡啶-2-基)-1-氢-吡唑-5-甲酰胺

氯虫酰胺是杜邦公司开发的邻甲酰氨基苯甲酰胺类化合物，属鱼尼丁受体抑制剂类杀虫剂。在很低质量浓度下仍具有相当好的杀虫活性，如对小菜蛾的 LC_{50} 值为 0.01mg/L，且广谱、残效期长、毒性低、与环境友好，是防治鳞翅目害虫的有效杀虫剂，2007 年上市。

使用氯虫酰胺后，鳞翅目幼虫的典型症状是身体逐渐萎缩，相似的症状可以在经鱼尼丁处理后的害虫身上看到，而鱼尼丁是一种钙离子释放通道调节器，钙离子释放通道在肌肉收缩中充当关键的作用，这表明杀虫剂氯虫酰胺作用过程中涉及像鱼尼丁这样敏感的钙离子释放通道机制。氯虫酰胺对对除虫菊酯类、苯甲酰脲类、有机磷类、氨基甲酸酯类已产生抗性的小菜蛾 3 龄幼虫具有很好的活性。氯虫酰胺对几乎所有的鳞翅目类害虫均具有很好的活性，用于防治主要害虫和螨类，在田间应用时，为了更有效地防治害虫，应在幼虫期使用。

纯品氯虫酰胺外观为白色结晶，熔点 208～210℃，分解温度 330℃；溶解度（20～25℃，mg/L）：水 1.023，丙酮 3.446，甲醇 1.714，乙腈 0.711，乙酸乙酯 1.144。

氯虫酰胺大鼠急性经口 LD_{50} > 2000mg/kg（雌，雄），大鼠急性经皮 LD_{50} > 2000mg/kg（雌，雄），对兔眼睛轻微刺激。

逆合成分析　氯虫酰胺为酰胺类杀虫剂，可以从 a、b 两条路线进行逆合成分析（图 2-86）。

合成路线　如图 2-87 所示。

将 3-溴-1-(3-氯吡啶-2-基)-1H-吡唑-5-甲酸 3.16g（0.01mol）及 2-氨基-5-氯-3-甲基苯甲酸 1.85g（0.01mol）加入装有 50mL 乙腈的 100mL 反应瓶中，搅拌下滴加 5mL 吡啶，并滴加 3mL 甲基磺酰氯，于室温搅拌 2h，减压脱去部分溶剂，过滤得淡黄色固体 6-氯-2-[3-溴-1-(3-氯吡啶-2-基)-1H-吡唑-5-基]-8-甲基-4H-3,1-苯并嗪-4-酮，将该酮 0.5g（0.0011mol）置于装有 20mL 乙腈的 50mL 反应瓶中，加入 1mL 25% 甲胺水溶液，室温下反应 1h，处理得淡黄色固体，收率 86.5%。

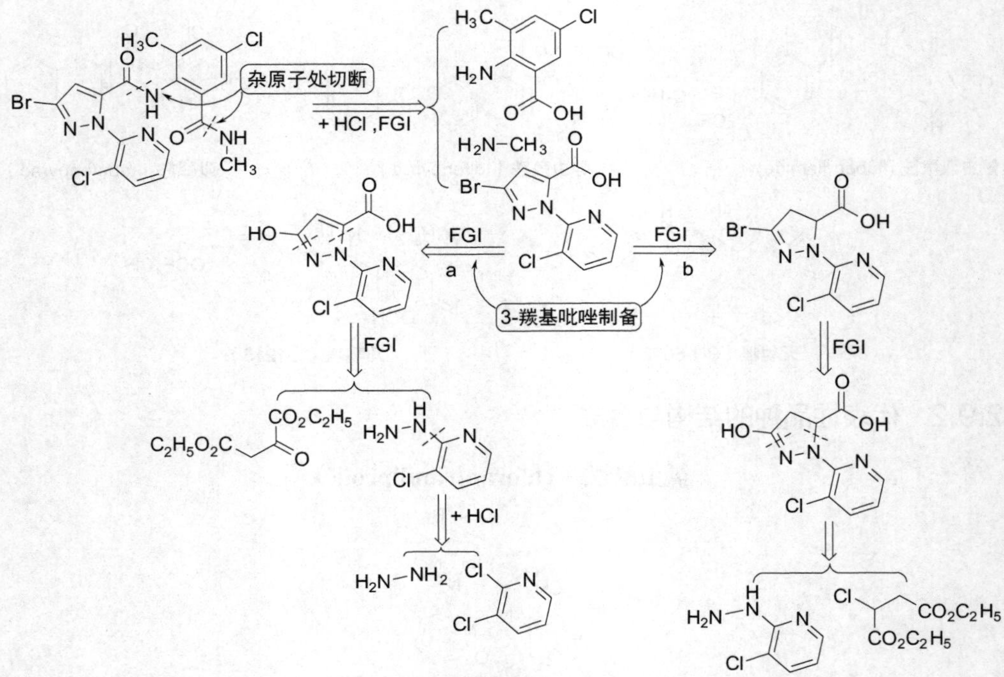

图 2-86　氯虫酰胺逆合成分析

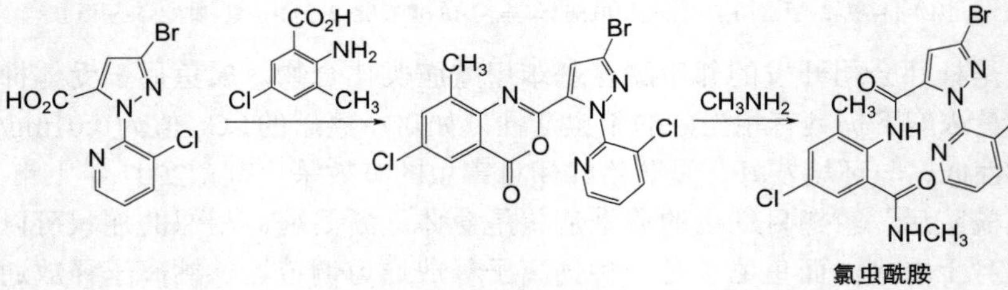

图 2-87　氯虫酰胺合成路线

注：用类似的方法，可以制备酰胺类农药环溴虫酰胺（cyclaniliprole）、溴虫氟苯双酰胺（broflanilide）、四唑虫酰胺（tetraniliprole）。

环溴虫酰胺　　　　　溴虫氟苯双酰胺　　　　四唑虫酰胺

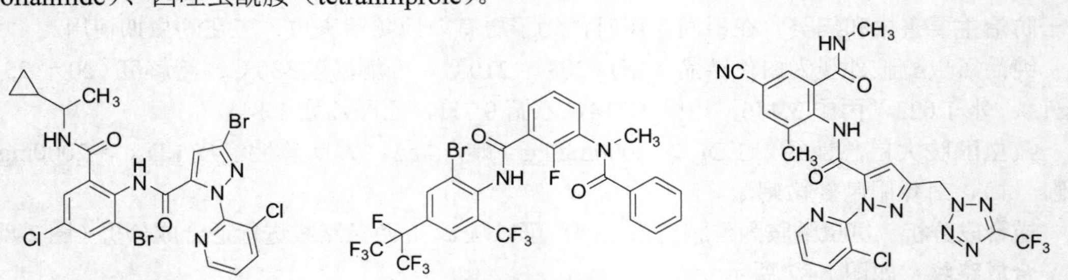

氟虫双酰胺(flubendiamide)

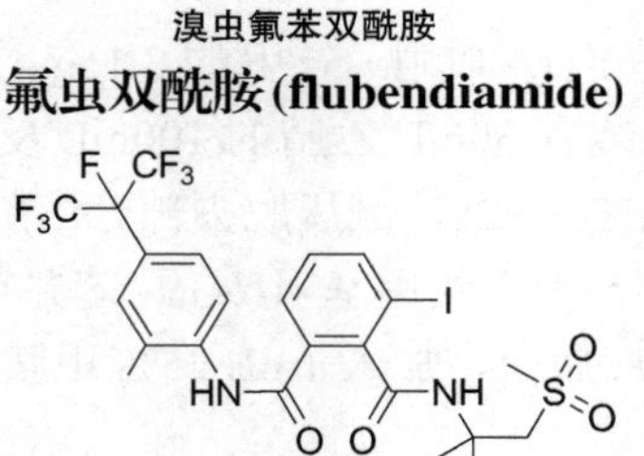

3-碘-N-(2-甲磺酰基-1,1-二甲乙基)-N-{4-[1,2,2,2-四氟-1-(三氟甲基)乙基]-邻甲苯基}邻苯二甲酰胺

氟虫双酰胺 (flubendiamide) 是日本农药株式会社和德国拜耳公司联合开发的新型杀虫剂，主要用于蔬菜、水果、水稻和棉花防治鳞翅目害虫，对成虫和幼虫都有优良活性，作用速度快、持效期长。氟虫双酰胺不同于传统杀虫剂，为鱼尼丁受体激活剂，能影响鳞翅目害虫的钙离子释放通道，钙离子释放通道在肌肉收缩中充当关键作用，从而影响到肌肉收缩，使昆虫肌肉松弛性麻痹，导致死亡。由于作用机理独特，与传统杀虫剂没有交互抗性；另外，研究表明氟虫双酰胺对节肢类益虫安全，氟虫双酰胺不但可以高效防治鳞翅目害虫，而且对已对除虫菊酯类、苯甲酰脲类、有机磷类、氨基甲酸酯类杀虫剂产生抗性的小菜蛾 3 龄幼虫具有很好的活性，氟虫双酰胺适宜于害虫综合治理（IPM）和害虫抗性治理（IRM）。该农药 2008 年在我国取得登记，登记作物为白菜和甜菜，防治对象为夜蛾和小菜蛾。

氟虫双酰胺外观呈无色，为无典型气味晶体，密度（20.8℃）：$1.659g/cm^3$；蒸气压：$1×10^{-4}Pa(25℃)$；熔点：$217.5 \sim 220.7℃$；水中溶解度（20℃）：$29.9×10^{-6}g/L$；二甲苯中的溶解度（19.8℃）：$0.488g/L$；甲醇中的溶解度（19.8℃）：$26.0g/L$。

氟虫双酰胺大鼠急性经口 $LD_{50} > 2000mg/kg$（雌，雄），大鼠急性经皮 $LD_{50} > 2000mg/kg$（雌，雄）。对兔眼睛有轻微刺激，对兔皮肤没有刺激，与环境具有很好的相容性。

逆合成分析 氟虫双酰胺为酰胺类杀虫剂，可经过 a、b、c 三条路线进行逆合成分析（图 2-88）。

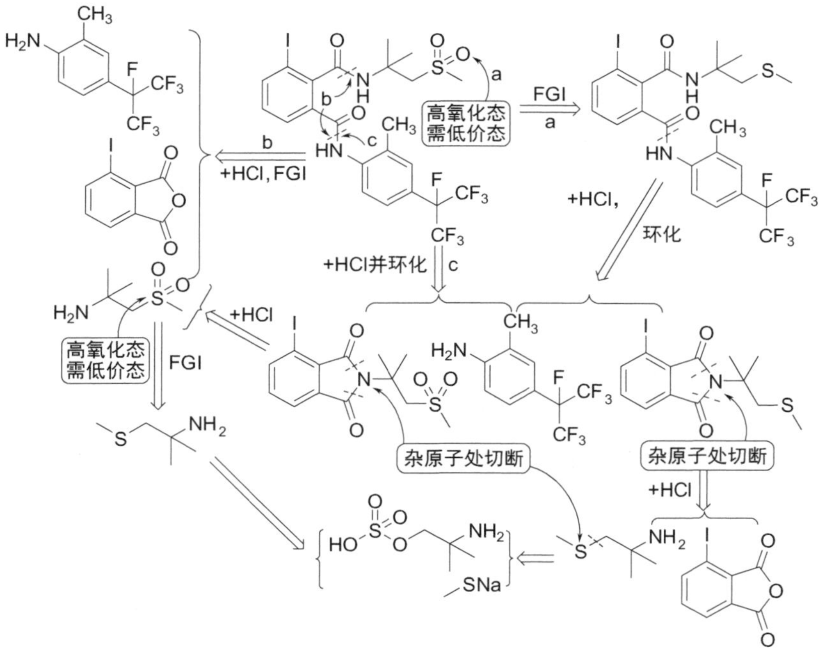

图 2-88 氟虫双酰胺逆合成分析

合成路线 通常以 3- 碘代邻苯二甲酸酐为起始原料，经以下两个途径制得。路线 1 → 2（2′）→ 3（3′）→ 4：酸酐先与硫胺反应形成亚胺后再与苯胺反应，或酸酐先与硫胺反应转位后再与苯胺反应（实际生产中多用该法）合成氟虫双酰胺。路线 5 → 6（6′）→ 7（7′）→ 8：酸酐先与苯胺反应形成亚胺后再与硫胺反应，或酸酐先与苯胺反应转位后再与硫胺反应合成氟虫双酰胺（图 2-89）。

合成步骤如下：

（1）3- 碘 -*N*-(1,1- 二甲基 -2- 甲硫基乙基) 邻氨甲酰苯甲酸的合成 将 50mL *N,N*- 二甲基

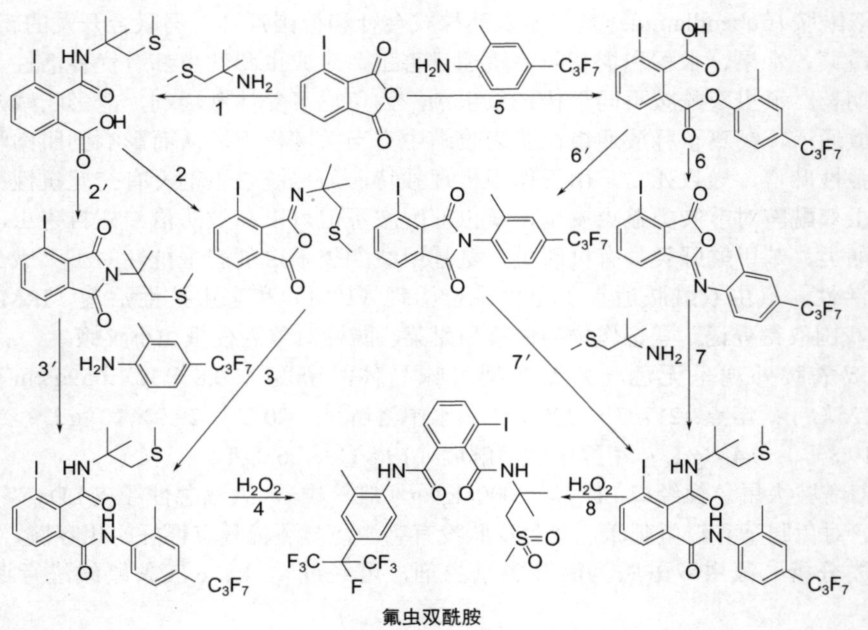

图 2-89　氟虫双酰胺合成路线

乙酰胺、2.4g 三乙胺和 29.6g（0.24mol，96.5%）1,1- 二甲基 -2- 甲硫基乙胺搅拌均匀后，2h 内室温滴加溶解于 100mL N,N- 二甲基乙酰胺的 44.1g（按 0.16mol 计量）3- 碘代邻苯二甲酸酐，滴加完毕，室温搅拌反应 1h，选择性约 88%。反应毕，脱尽溶剂，用二氯乙烷重结晶，抽滤、烘干得到 46.7g 3- 碘 -N-(1,1- 二甲基 -2- 甲硫基乙基) 邻氨甲酰苯甲酸，液相色谱仪定量含量 94.7%。

（2）3- 碘 -N-(1,1- 二甲基 -2- 甲硫基乙基) 苯邻二甲酰异亚胺的合成　将 28.6g（0.135mol，99%）三氟乙酸酐和 100mL 乙腈搅拌均匀后，室温 30min 内滴加 46.7g（0.113mol、94.7%）3- 碘 -N-(1,1- 二甲基 -2- 甲硫基乙基) 邻氨甲酰苯甲酸和 100mL 乙腈的混合液，滴加完毕，室温反应 1h。反应毕，减压脱溶剂得到 57.6g 3- 碘 -N-(1,1- 二甲基 -2- 甲硫基乙基) 苯邻二甲酰异亚胺的粗品，不经提纯，直接用于下一步反应。

（3）3- 碘 -N^1-(2- 甲基 -4- 七氟异丙基苯基)-N^2-(1,1- 二甲基 -2- 甲硫基乙基)-1,2- 苯二甲酰胺的合成　将 57.6g（按 0.113mol 计量）步骤（2）产物、200mL 乙腈和 0.6g 三氟乙酸搅拌均匀后，室温将 38.8g（0.135mol，95.6%）2- 甲基 -4- 七氟异丙基苯胺和 100mL 乙腈的混合液 30min 左右滴入反应瓶中。滴毕，室温搅拌反应 2h，反应完毕，减压回收 80% 乙腈，之后将体系冷冻到 0℃结晶 30min，抽滤、烘干得到 70.3g 3- 碘 -N^1-(2- 甲基 -4- 七氟异丙基苯基)-N^2-(1,1- 二甲基 -2- 甲硫基乙基)-1,2- 苯二甲酰胺，液相色谱仪定量含量 95.7%，收率 91.6%。

（4）氟虫双酰胺的合成　将 300mL 甲苯、6.3g（0.1035mol，99%）乙酸、0.5g 钨酸钠和 70.3g（0.1035mol，95.7%）步骤（3）产品搅拌均匀后，室温 2h 左右滴加 25.8g（0.228mol，30%）双氧水，滴加完毕室温保温反应 3h。反应毕脱除 90% 的溶剂，0℃过滤得到氟虫酰胺的粗品，粗品用 40mL 水淋洗、烘干得到 68.3g 目标产物，液相色谱仪定量含量 95.5%，收率 92.4%。

唑虫酰胺（tolfenpxrad）

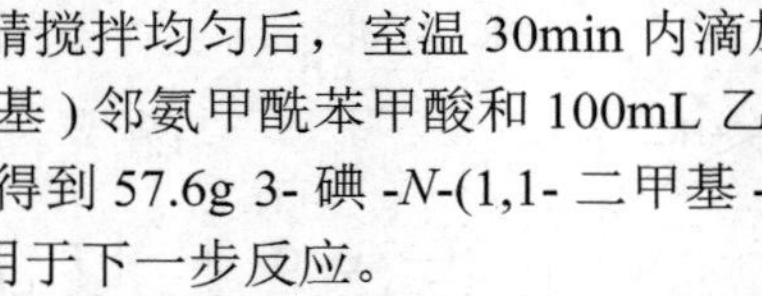

N-[4-(4- 甲基苯氧基) 苄基]-1- 甲基 -3- 乙基 -4- 氯 -5- 吡唑甲酰胺

唑虫酰胺是原日本三菱化学公司开发的新型吡唑杂环类杀虫杀螨剂，它的主要作用机制是阻止昆虫的氧化磷酸化作用，而昆虫正是利用该作用，经氧化代谢使二磷酸腺苷（ADP）转变成相应的三磷酸腺苷（ATP），从而提供和储存能量。该药剂还具杀卵、抑食、抑制产卵及杀菌作用。唑虫酰胺的杀虫谱很广，对各种鳞翅目（菜蛾、橄榄夜蛾、斜纹夜蛾、瓜绢螟等）、半翅目（桃蚜、棉蚜、温室粉虱、康氏粉蚧等）、甲虫目（黄条桃甲、黄守瓜等）、膜翅目（菜叶蜂）、双翅目（茄斑潜蝇、豆斑潜蝇等）、蓟马目（稻黄蓟马、花蓟马等）及螨类（茶半附线螨、橘锈螨等）均有效，对半翅目中的蚜虫、蓟马目内的蓟马类具有种间差异小的特点。

纯品唑虫酰胺为类白色固体粉末；溶解度（25℃）：水 0.037mg/L，正己烷 7.41g/L，甲苯 366g/L，甲醇 59.6g/L。

该药剂目前登记制剂为 15% 乳油。制剂急性 LD_{50}（mg/kg）：大鼠经口 102（雄）、83（雌）；小鼠经口 104（雄）、108（雌）。急性经皮 LD_{50}（mg/kg）：大鼠、小鼠均 >2000。对兔眼睛和皮肤有中等程度刺激作用。

逆合成分析 唑虫酰胺为 3- 甲酰胺吡唑类杀虫剂（图 2-90）。

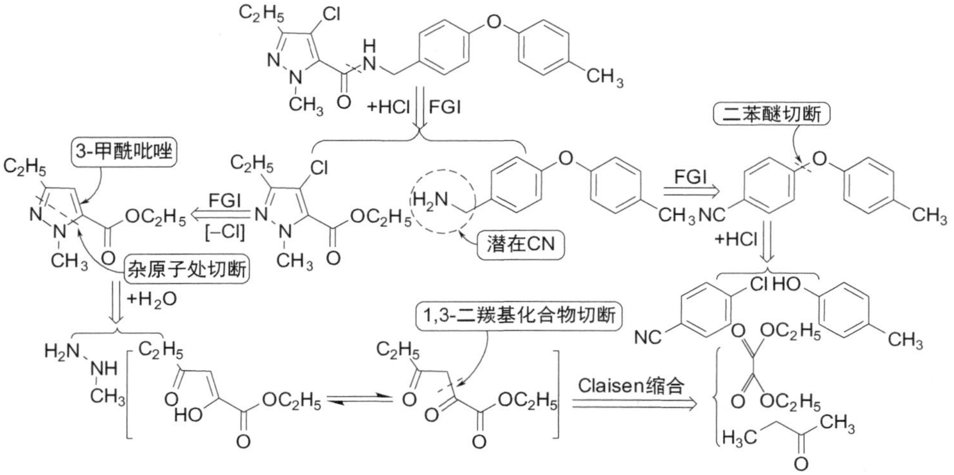

图 2-90 唑虫酰胺逆合成分析

合成路线 1- 甲基 -3- 乙基 -5- 吡唑甲酸乙酯皂化、还原制得 1- 甲基 -3- 乙基 -4- 氯 -5- 吡唑甲酸，该酸经氯化、酰氯化得到 1- 甲基 -3- 乙基 -4- 氯 -5- 吡唑甲酰氯，然后胺解即可合成唑虫酰胺（图 2-91）。

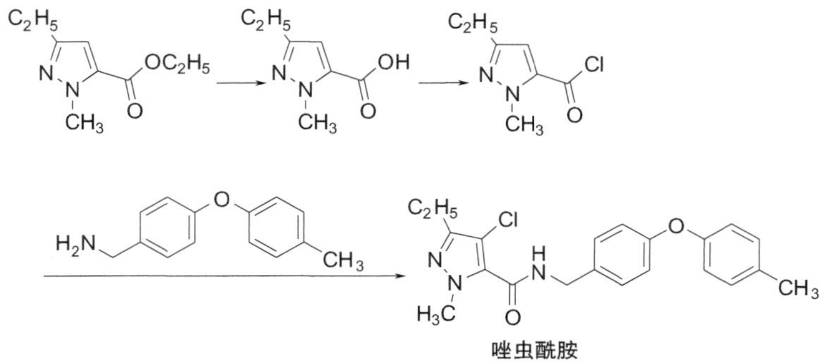

唑虫酰胺

图 2-91 唑虫酰胺合成路线

合成步骤如下：

（1）1- 甲基 -3- 乙基 -5- 吡唑甲酸乙酯的制备　丁酮与草酸二乙酯缩合生成丙酰丙酮酸乙酯，然后与水合肼环化制得 3- 乙基 -5- 吡唑甲酸乙酯，该吡唑用硫酸二甲酯甲基化，即可制得 1- 甲基 -3- 乙基 -5- 吡唑甲酸乙酯。

（2）4-(4- 甲基苯氧基) 苄胺的制备　甲苯酚钾在溴化亚铜和 DMF 催化下加热回流 3h 制得 4-(4- 甲基苯氧基) 苯甲腈，该腈氢化还原生成 4-(4- 甲基苯氧基) 苄胺。

（3）唑虫酰胺的合成　将 27.3g（0.128mol）4-(4- 甲基苯氧基) 苄胺、15mL 三乙胺和 70mL 氯仿混合，冰浴冷却下滴加 1- 甲基 -3- 乙基 -4- 氯 -5- 吡唑甲酰氯与 60mL 氯仿的混合液，滴加完成后升温至 60℃搅拌 4.5h。反应液依次经 1mol/L 盐酸溶液、饱和食盐水、1mol/L 氢氧化钠水溶液、饱和食盐水洗涤，用无水硫酸镁干燥，最后脱溶浓缩，用甲醇 - 水重结晶得到白色固体唑虫酰胺 35.8g，含量 95%，收率 69.3%。

注：用类似的方法，可以制备吡螨胺（tebufenpyrad）等 3- 甲酰胺吡唑类农药。

吡螨胺

2.10　其他重要杀虫剂的合成

　　20 世纪 70 年代，壳牌公司发现了硝基亚甲基杂环化合物，此为新杂环农药研究的开端。1991 年，拜耳公司将硝基亚胺衍生物咪蚜胺商品化，由于其作用部位与常规杀虫剂不同，故对有机磷、氨基甲酸酯、拟除虫菊酯农药抗性品系的害虫具有良好的活性。近年来，人们对结构新颖的杂环类农药研究非常活跃，使一批优秀的杀虫剂相继问世，如噁二嗪类（如茚虫威等）、噁二唑类（如噁虫酮等）、含氟吡唑类（如氟虫腈等）、吡咯类（如溴虫腈等）以及稠杂环类杀虫剂等。

噻嗪酮（buprofezin）

2- 叔丁基亚氨基 -3- 异丙基 -5- 苯基 -3,4,5,6- 四氢 -2H-1,3,5- 噻二嗪 -4- 酮

　　噻嗪酮商品名扑虱灵，是日本农药公司 1977 开发的一种高效、高选择性、持效期长、安全的新型昆虫生长调节剂，能抑制几丁质的生物合成，使若虫在蜕皮期死亡；该药作用缓慢、施药后 3 ~ 7d 才能控制害虫危害，不能直接杀死成虫，但可减少成虫产卵及抑制卵的孵化，

致使繁殖后代锐减；持效期长达 35 ～ 40d，与常规化学农药没有交互抗性；噻嗪酮对同翅目飞虱科、叶蝉科、蚧总科等害虫有特效，主要用于防治水稻、蔬菜、大豆、果树、茶叶、花卉等作物上的害虫。

纯品噻嗪酮为白色晶体，熔点 104.5 ～ 105.5℃；溶解性（25℃，g/L）：丙酮 240，苯 327，乙醇 80，氯仿 520，己烷 20，水 0.0009。

噻嗪酮原药急性 LD_{50}（mg/kg）：大鼠经口 2198（雄）、2355（雌），小鼠经口 10000，大鼠经皮＞5000；对兔眼睛和皮肤有极轻微刺激性。

逆合成分析　噻嗪酮属于脲环化的噻嗪酮类农药品种（图 2-92）。

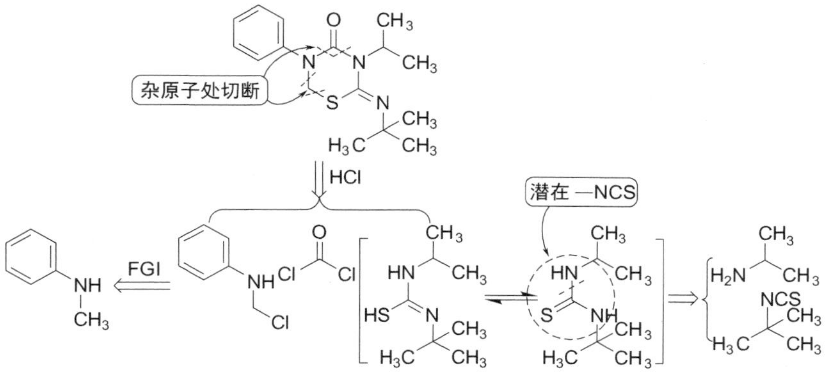

图 2-92　噻嗪酮逆合成分析

合成路线　如图 2-93 所示。

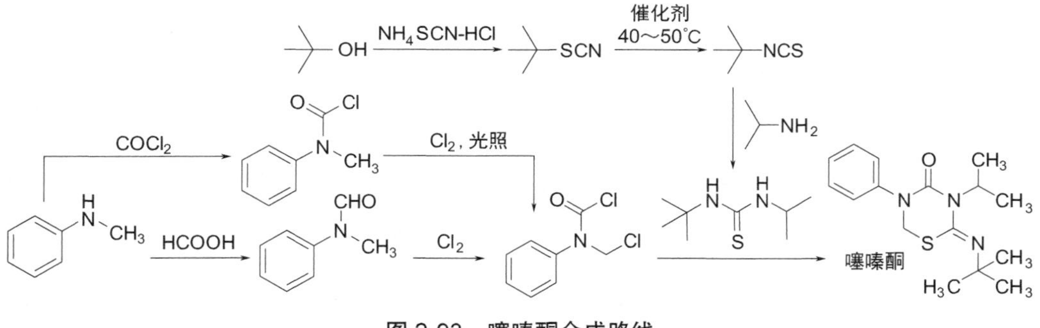

图 2-93　噻嗪酮合成路线

在装有带搅拌器、温度计四口烧瓶中加入 400g 甲苯、碳酸氢铵 135.8g（95%）、134.2g（85.5%）N- 叔丁基 -N′- 异丙基硫脲，升温至 30℃，用恒压漏斗滴加 163.4g（78.4%）N- 氯甲基 -N- 苯基氨基甲酰氯，保证反应温度在 30 ～ 35℃，滴加 1.5h 左右，滴毕后加水 150g，保温 4h，脱溶剂得固体噻嗪酮，收率 95.4%。

溴虫腈（chlorfenapyr）

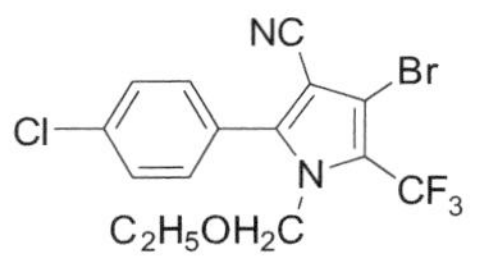

4- 溴 -2-(4- 氯苯基)-1- 乙氧甲基 -5- 三氟甲基吡咯 -3- 腈

溴虫腈商品名除尽，是由美国氰胺（现巴斯夫）公司开发的一种高效、广谱、具有胃毒和触杀作用内吸活性新型吡咯类杀虫、杀螨剂，属于氧化磷酰化反应的解偶联剂；该产品自

1994 年进入国际市场，已在美国、澳大利亚、巴西、埃及、日本等 30 多个国家登记应用，对 35 种害虫害螨的防治达到满意水平；溴虫腈适用于水稻、棉花、蔬菜、大豆、油菜、烟草、马铃薯、果树等防治鳞翅目、半翅目、双翅目、鞘翅目等害虫和螨类，以及对菊酯类、氨基甲酸酯类杀虫剂已经产生抗性的害虫如蚜虫、飞虱、棉铃虫、黏虫、小菜蛾、菜青虫、夜蛾类等。

纯品溴虫腈为白色固体，熔点 100～101℃；溶于丙酮、乙醚、二甲亚砜、乙腈、四氢呋喃、醇类等有机溶剂，不溶于水。

溴虫腈原药大鼠急性 LD_{50}（mg/kg）：经口 441（雄）、223（雌），经皮＞2000；对兔眼睛和皮肤有极轻微刺激性。

合成路线　以对氯苯基甘氨酸与三氟乙酸缩合之后再与 2- 氯丙烯腈发生串联迈克尔加成，生成的吡咯衍生物溴化后与二乙氧基甲烷缩合制得溴虫腈，总收率可达 80% 左右。该路线对设备要求不高，较适宜工业生产（图 2-94）。

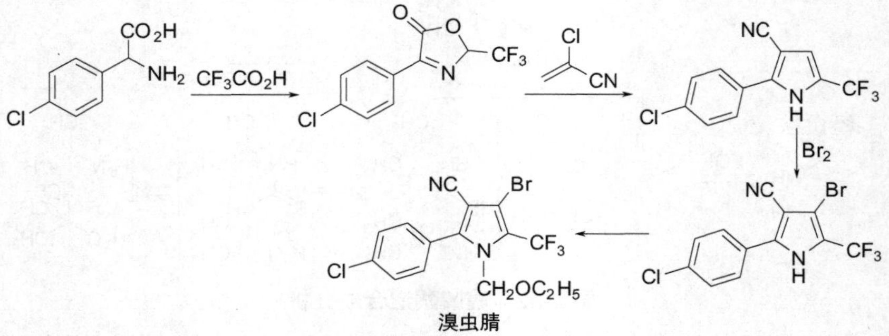

图 2-94　溴虫腈合成路线

将 4- 溴 -2- 对氯苯基 -5- 三氟甲基 -1H- 吡咯 -3- 腈（92%）42g、二乙氧基甲烷 25g、甲苯 120mL 和 DMF 12mL 先后加入到 500mL 三口瓶中，机械搅拌使固体全溶。剧烈搅拌下，缓慢滴加 $POCl_3$ 22.5g，30min 滴完。滴加过程中放热，保持内温 35～45℃，滴完后升温至内温 50℃，保持 30min，冷却至 30℃ 以下。剧烈搅拌下，缓慢滴加 NEt_3 15g，40～60min 滴完。滴加过程中剧烈放热，并有大量白烟产生，内温保持 30～40℃。滴加过程中体系颜色逐渐变深，最后呈棕色。40℃ 保温 1h。反应混合物加入 200mL 水，减压共沸蒸馏，浴温约 70℃，内温 50～60℃，约 2h 蒸去苯及剩余的原料二乙氧基甲烷，蒸完后反应容器中剩余约 150mL 水，补加 50mL 水，黄色粉末分散在水中。抽滤，水 25mL×2 洗涤。70℃ 下烘干。得黄色粉末 48～49g，即为除尽的粗品。纯度 90%～93%，收率 99%。

蚊蝇醚（pyriproxyfen）

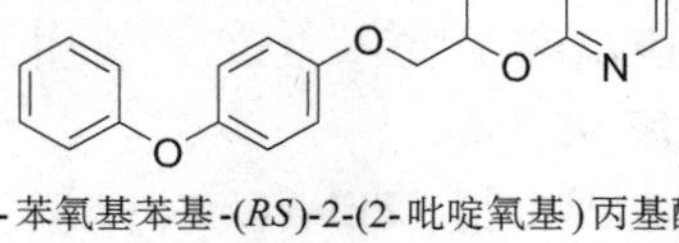

4- 苯氧基苯基 -(RS)-2-(2- 吡啶氧基) 丙基醚

蚊蝇醚由日本住友株式会社开发；属于苯醚类昆虫生长调节剂，是保幼激素类型的壳多糖合成抑制剂，具有高效、持效期长、对作物安全、对鱼类低毒、对生态环境影响小的特点；可用于防治同翅目、缨翅目、双翅目、鳞翅目害虫。对蚊蝇类的害虫，4 龄幼虫低剂量即可导致化蛹阶段死亡，抑制成虫生成。

纯品蚊蝇醚为白色结晶，熔点 45～47℃；溶解性（20℃）：二甲苯 50%，己烷 40%，甲醇 20%。蚊蝇醚原药大鼠急性 LD_{50}（mg/kg）：经口＞5000、经皮＞2000。

合成路线 蚊蝇醚的合成如下所示，共 3 步，其中间体对苯氧基苯酚有多种合成路线。

（1）对羟基二苯醚的制备 4-溴二苯醚、氢氧化钾、铜粉和水于 245 ~ 250℃加压反应 16h，再经酸化等过程即可制得目标物，收率 81%，过程如下。

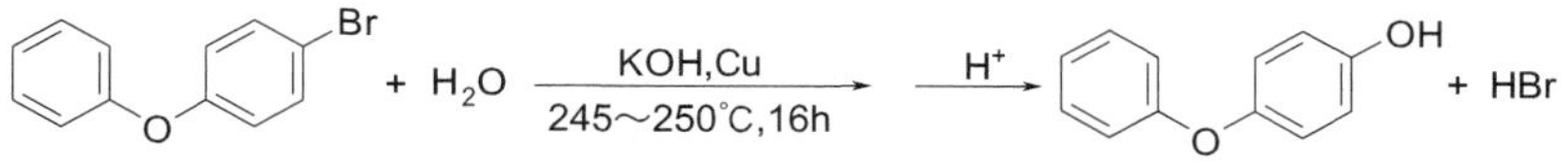

其他方法：

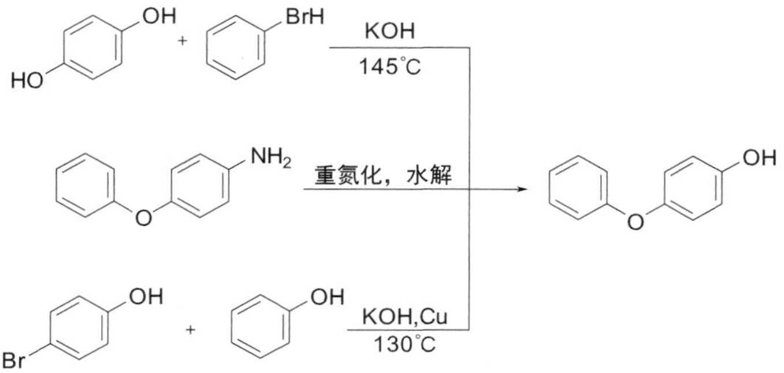

（2）1-甲基-2-(4-苯氧基苯氧基)乙醇的制备 对羟基二苯醚在 DMF 中于 75℃、在相转移催化剂和无水碳酸钾存在下与 1-氯丙基-2-醇反应。

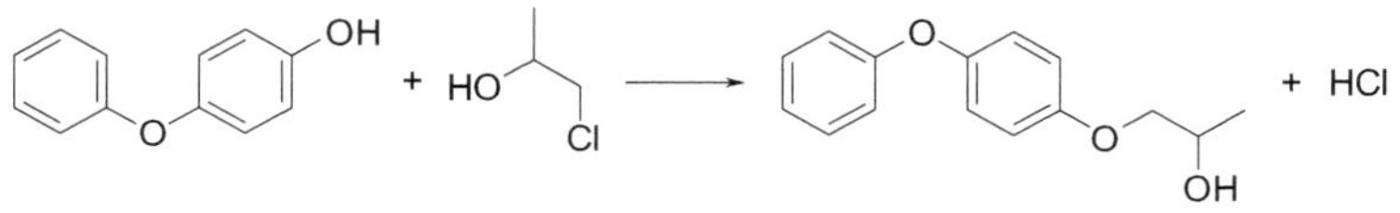

（3）蚊蝇醚的合成

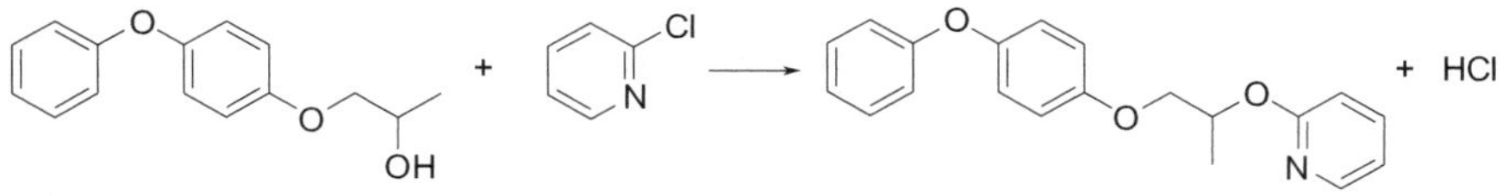

蚊蝇醚

将一定量 1-甲基-2-(4-苯氧基苯氧基)乙醇投入 250mL 的四口烧瓶中，加入氢氧化钾和溶剂，搅拌、加热到一定温度滴加 2-氯吡啶，继续保温反应一定时间，反应完成后倒入冰水中，分出油层，水层用乙酸乙酯萃取 2 次，与油层合并，油层水洗至中性，脱溶，残渣用无水甲醇重结晶得白色晶体，熔点 48 ~ 49℃。收率 86.4% ~ 88.4%。

最佳反应条件：1-甲基-2-(4-苯氧基苯氧基)乙醇、氢氧化钾、2-氯吡啶的摩尔比为 1.0：3.5：1.4，反应温度为 120℃，反应时间 3h。

吡蚜酮（pymetrozine）

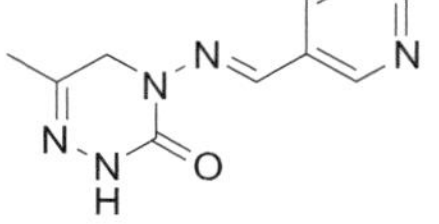

(*E*)-4,5-二氢-6-甲基-4-(3-吡啶亚甲基胺)1,2,4-三嗪-3(2*H*)酮

吡蚜酮是先正达公司开发的新型杀虫剂；应用于蔬菜、园艺作物、棉花、大田作物、落叶果树、柑橘等防治蚜虫、粉虱和叶蝉等害虫有特效；使用剂量 100 ~ 300g(a.i.)/hm²。

纯品吡蚜酮为无色结晶，熔点 217℃；溶解性（20℃，g/L）：水 0.29，乙醇 2.25。吡蚜酮原药大鼠急性 LD$_{50}$（mg/kg）：经口＞5000、经皮＞2000。

逆合成分析　吡蚜酮属于脲环化的三嗪酮类农药品种（图 2-95）。

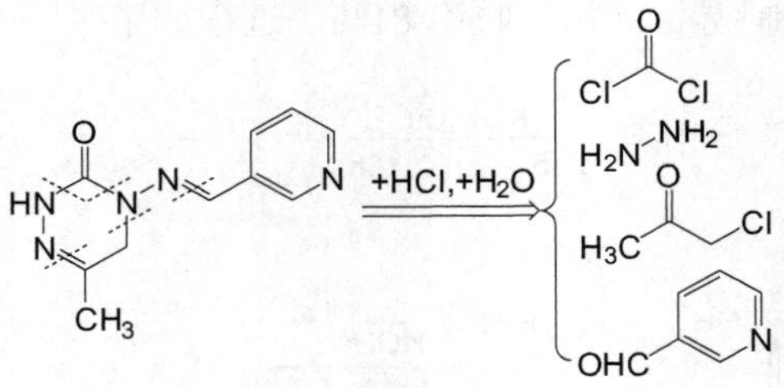

图 2-95　吡蚜酮逆合成分析

合成路线　以氯丙酮、肼基甲酸乙酯、3- 吡啶甲醛为起始原料经由如下反应过程制得（图 2-96）。

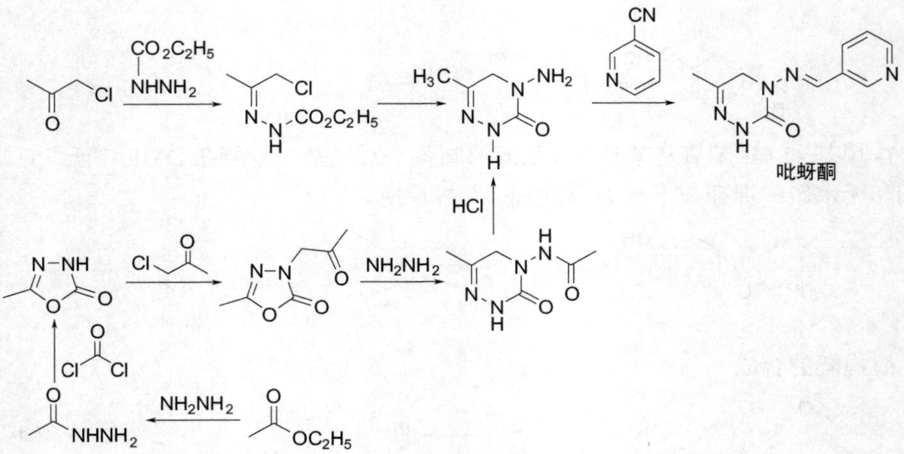

图 2-96　吡蚜酮合成路线

实例

（1）氨基三嗪酮的合成　将 173.3g 2,3- 二氢 -5- 甲基 -2- 氧 -1,3,4- 噁二唑 -3- 丙酮、异丙醇加入反应器，搅拌升温到 70℃，滴加水合肼。加毕，回流反应 6h，再加入二水草酸的异丙醇溶液，趁热滤出沉淀物，滤液减压脱去大部分溶剂，再冷却到 0 ～ 5℃，析出沉淀，过滤、滤饼干燥即得中间产物 139.5g。将上述中间产物溶解在甲醇中，加入 125mL 浓盐酸，50℃反应 4h，然后脱尽溶剂，残余物用甲醇重结晶，即得产品 6- 甲基 -4- 乙酰氨基 -4,5- 二氢 -1,2,4- 三嗪 -3-(2H)- 酮 97.5g，收率 77.3%。

将 85g（0.50mol）6- 甲基 -4- 乙酰氨基 -4,5- 二氢 -1,2,4- 三嗪 -3-(2H)- 酮溶解在 250mL 甲醇中，加入 63mL 37% 的盐酸，50℃下搅拌 4h 冷却到 5℃，加入 125mL 50% 的氢氧化钠溶液中和，真空下脱尽低沸点物，残余物中加入 1200mL 乙腈，过滤掉无机盐，滤液浓缩，残余物在 100mL 乙酸乙酯中重结晶后得产品 60.4g，含量 97.50%，收率 92%。

（2）吡蚜酮的合成　将 41.6g 氨基三嗪酮、39g 3- 氰基吡啶、4.8g 雷尼镍、甲醇、水、乙酸、加入到压力釜中，在室温及 0.10MPa 的氢气压力下反应 4h，然后加入一定量的水和甲醇终止反应，并将反应物加热到 70℃，使其全部溶解，趁热滤出催化剂，滤液脱去甲醇并冷却到 0 ～ 5℃，析出结晶，过滤、干燥即得产品 64.5g，含量 96.7%，收率 93.1%。

三氯杀螨醇（dicofol）

2,2,2-三氯-1,1-双(4-氯苯基)乙醇

三氯杀螨醇是 20 世纪 50 年代美国罗门哈斯公司开发的杀螨剂，对螨的成虫、若虫及卵均有很高的杀伤作用，具有速效、持效期长的特点，对天敌伤害小；广泛应用于棉花、果树等作物防治螨类。我国规定该产品不得用于茶树上。

纯品三氯杀螨醇为白色晶体，熔点 78.5～79.5℃，沸点 180℃（13.33Pa）；溶解性（20℃）：不溶于水，溶于大多数脂肪族和芳香族有机溶剂中，遇碱水解成二氯二苯甲酮和氯仿，在酸性条件下稳定；工业品为深棕色高毒黏稠液体，有芳香味。

三氯杀螨醇原药急性 LD_{50}（mg/kg）：大鼠经口 809±35（雄）、684（雌），兔经皮＞2000。

合成路线 将工业滴滴涕称量后加入滴滴涕熔化釜内，用蒸气加热，使其熔化，然后用空压压入氯化反应釜、通氯气，在引发剂的作用下，滴滴涕和氯气反应，生成氯化滴滴涕和氯化氢，后将氯化滴滴涕放入水解釜内与水反应，生成三氯杀螨醇和氯化氢。

（1）氯化滴滴涕的合成 滴滴涕在催化剂和稳定剂存在下于 160～165℃与 Cl_2 反应或在乙醇中用 KOH 脱 HCl 后再与 Cl_2 反应。

（2）三氯杀螨醇的合成 氯化滴滴涕在对甲苯磺酸、硫酸存在下与水在 140～145℃回流反应 14～16h。

三氯杀螨醇

三氯杀螨砜（tetradifon）

4-氯苯基-2,4,5-三氯苯基砜

三氯杀螨砜是 1954 年荷兰 N. V. Phlips-Roxane 开发的非内吸性杀螨剂，1964 年我国开发成功并进行生产；广泛应用于棉花、果树、花卉等作物防治食植物性的各发育阶段（成螨除外）的螨及卵。

纯品三氯杀螨砜为无色无味结晶，熔点 148～149℃，工业品为淡黄色结晶，熔点 144～148℃；在丙酮、醇类中溶解度较低，较易溶于芳烃、氯仿、二噁烷中；对酸碱、紫外线稳定。

三氯杀螨砜原药急性 LD_{50}（mg/kg）：大鼠经口 14700，兔经皮＞10000。

合成路线　以 1,2,4- 三氯苯为起始原料经由如下反应过程制得。

（1）磺酰氯的合成　在 30 ～ 50℃条件下，将 1,2,4- 三氯苯滴加到氯磺酸中，于 80 ～ 85℃条件下反应 3h，三氯苯磺酰氯经冷却析出、水洗，最后经脱水、烘干即得 2,4,5- 三氯苯磺酰氯。

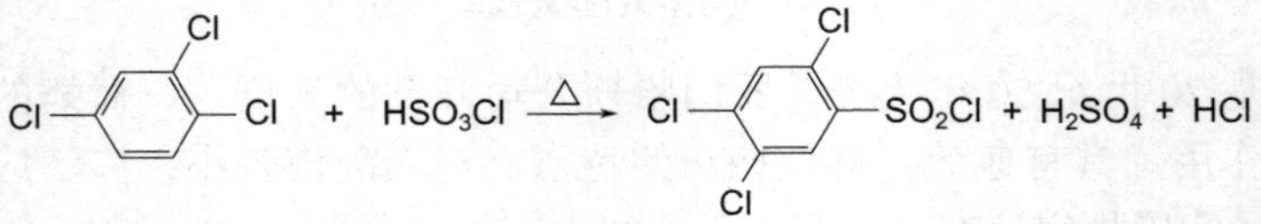

（2）三氯杀螨砜的合成　在 60 ～ 75℃条件下，将适量 60% 硝酸加到磺酰氯中，用 AlCl$_3$ 或 FeCl$_3$ 作催化剂，于 140 ～ 145℃条件下与氯苯反应 1.5 ～ 2.0h 即得三氯杀螨砜粗产品。

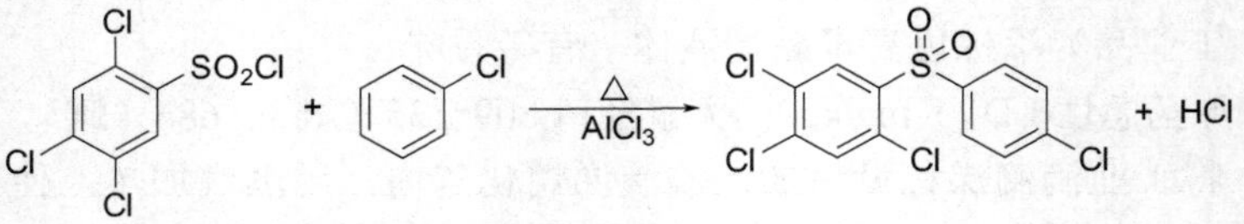

双甲脒（amitraz）

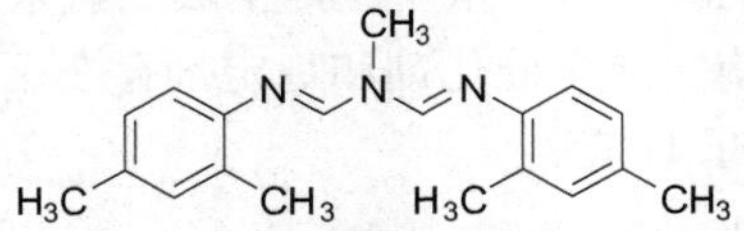

N,*N*- 双 -(2,4- 二甲苯基亚氨基甲基) 甲胺

双甲脒是 1973 年英国布兹（Boots）公司开发的杀螨剂，具有触杀和胃毒作用，广泛应用于棉花、果树、蔬菜、茶叶、大豆等作物，可防治多种害螨以及牲畜体外的蜱螨，对螨类各个发育阶段的虫态以及对其他杀螨剂产生抗性的螨类都有效，还可以防治梨黄木虱、橘黄粉虱、蚜虫、棉铃虫、红铃虫等害虫。

纯品双甲脒为白色单斜针状结晶，熔点 86 ～ 87℃；溶解性（20℃）：在丙酮和苯中可溶解 30%，在酸性介质中不稳定，在潮湿环境中长期存放会慢慢分解。

双甲脒原药急性 LD$_{50}$（mg/kg）：大白鼠经口 800，小白鼠经口 1600，兔经皮＞ 1600。

合成路线　如下：

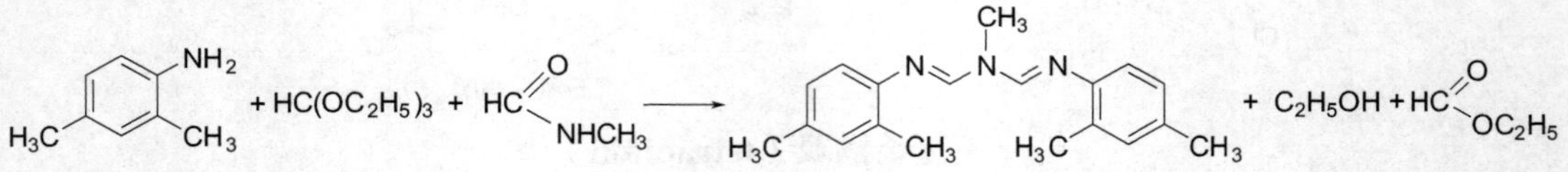

将 1mol 2,4- 二甲基苯胺、1.3mol 原甲酸三乙酯、0.02mol 2,4- 二甲基苯胺盐酸盐和 0.01 无水 ZnCl$_2$ 投入 1000mL 反应瓶，搅拌缓缓升温，当混合物温度达到 87℃时开始蒸出乙醇，直至反应混合物的温度达到 140℃，此时已无乙醇蒸出。冷却降温至 85℃，加入 0.5mol 的 *N*- 甲基甲酰胺，重新缓缓搅拌升温，至 124 ～ 126℃蒸馏出乙醇和甲酸乙酯，保持继续缓缓升温直至 180℃，此时已无乙醇和甲酸乙酯蒸出。冷却至 100℃再投入 0.25mol 的 *N*- 甲基甲酰胺和 0.15mol 的原甲酸三乙酯，此反应混合物在 1h 内升温至 180℃，立即在此温度下减压至 26.66kPa，在此压力下进行反应，1h 内保温 180℃。冷却、称重为 155.2g，气相色谱分析含有 85% 的双甲脒，以 2,4- 二甲基苯胺计产率为 90%。用原甲酸三甲酯代替原甲酸三乙酯收率 86.7%。

三唑锡（azocyclotin）

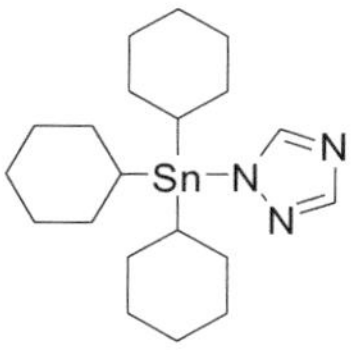

1-(三环己基锡基)-1-氢-1,2,4-三唑

三唑锡商品名倍乐霸，是 1964 年拜耳公司开发的有机锡类高效、低毒杀螨剂，具有胃毒和拒食作用，对柑橘叶螨、锈螨有很好的防治效果，广泛应用于防治落叶果树、蔬菜、花卉、棉花、葡萄上的各种螨类，三唑锡持效期一般可达 30d 以上。

纯品三唑锡为白色无定形结晶，熔点 218.8℃；溶解性（25℃）：水 0.25mg/kg，易溶于己烷，可溶于丙酮、乙醚、氯仿，在环己酮、异丙醇、甲苯、二氯甲烷中≤ 10g/L；在碱性介质中以及受热易分解成三环锡和三唑。

三唑锡原药急性 LD_{50}（mg/kg）：大白鼠经口 100 ~ 150、经皮 1000（雄）> 1000，小鼠经口 410 ~ 450、经皮 1900 ~ 2450；对兔眼睛和皮肤有刺激性。

合成路线 以氯代环己烷为起始原料经由三环己基氢氧化锡制得。

（1）三环己基氢氧化锡的合成 氯代环己烷在氮气保护下于四氢呋喃中与金属镁反应制得中间体格氏试剂，然后在二甲苯中与四氯化锡生成三环己基氯化锡，该化合物与氢氧化钠反应制得三环己基氢氧化锡。

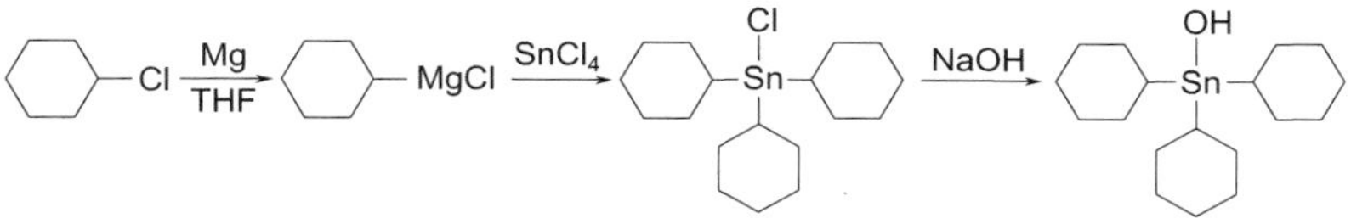

（2）三唑锡的合成 三环己基氢氧化锡在丙酮中于回流条件下与三唑反应，或甲苯作溶剂，加热回流，共沸除水反应 3h。

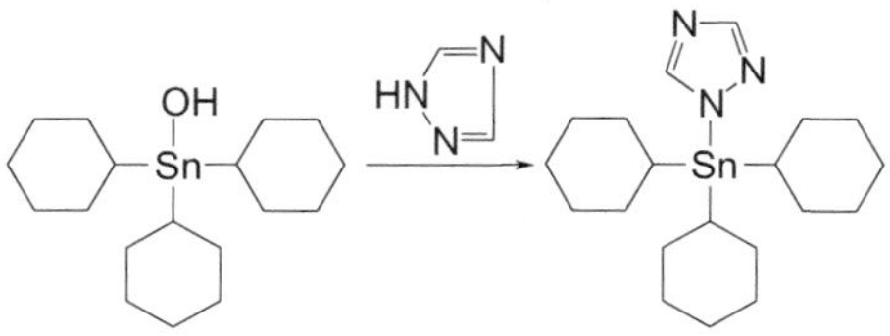

注：用类似合成路线，可以制得三环锡（cyhexatin）、三苯基氢氧化锡（fentin hydroxide）、三苯基乙酸锡（fentin acetate）等有机锡类农药品种。

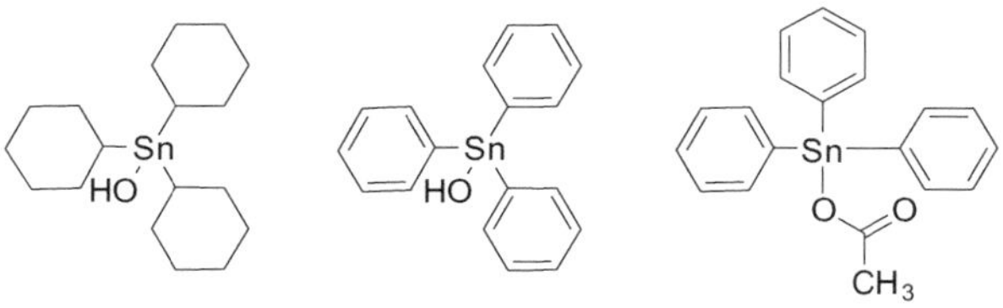

三环锡　　　　三苯基氢氧化锡　　　　三苯基乙酸锡

苯丁锡（fenbutatin oxide）

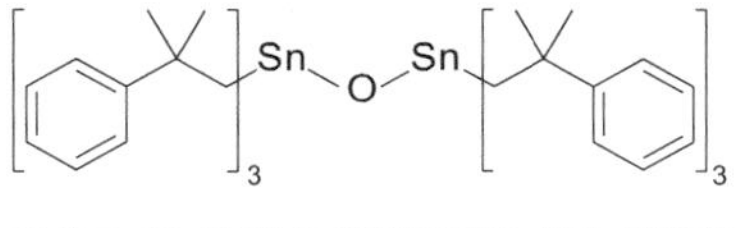

双［三（2-甲基-2-苯基丙基）锡］氧化物

苯丁锡商品名托尔克，是 1974 年英国壳牌公司开发的有机锡类高效、低毒选择性杀螨剂，具有胃毒和拒食作用，用于防治柑橘、苹果、梨、茶、葡萄以及观赏植物上的植食性螨；其特点是持效期长，对对有机磷及菊酯类农药产生抗性的螨类也有效，对捕食性螨和益虫不利影响小。能与多种杀虫、杀螨剂混用，但不能与碱性较强的农药如波尔多液、石硫合剂等混用。

工业品苯丁锡为白色或淡黄色结晶，熔点 138～139℃，纯品 145℃；溶解性（23℃，g/L）：水 0.000005，丙酮 6，二氯甲烷 380，苯 140；水能使其分解成三（2- 甲基 -2- 苯基丙基）锡氢氧化物，经加热或失水又返回氧化物。

苯丁锡原药急性 LD_{50}（mg/kg）：大白鼠经口 2630、小鼠经口 1450、大白鼠经皮＞2000。

逆合成分析　苯丁锡为金属有机锡类农药代表品种（图 2-97）。

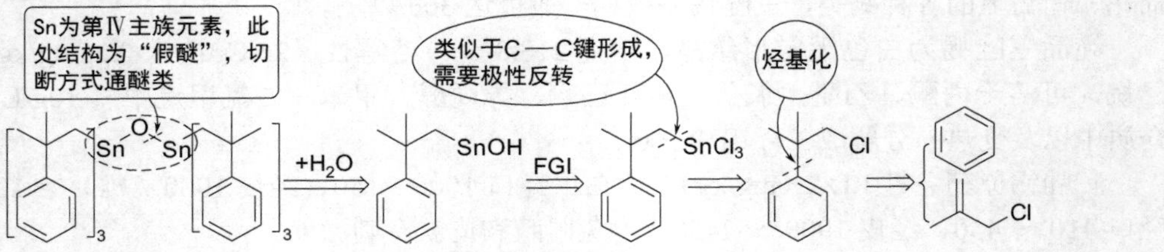

图 2-97　苯丁锡逆合成分析

合成路线　以苯、2- 甲基 -3- 氯丙烯为原料经由三（2- 甲基 -2- 苯基丙基）氢氧化锡制得。

实例

（1）三（2- 甲基 -2- 苯基丙基）氢氧化锡的合成　在硫酸催化下苯与 2- 甲基 -3- 氯丙烯于室温反应 4～6h 制得氯代叔丁基苯，该中间体在四氢呋喃中于 80～90℃条件下与镁反应 1.5h 制得中间体格氏试剂，然后于二甲苯中于 60～65℃条件下与四氯化锡反应 2h 生成三（2- 甲基 -2- 苯基丙基）氯化锡，该化合物用氢氧化钠溶液水解制得三（2- 甲基 -2- 苯基丙基）氢氧化锡。

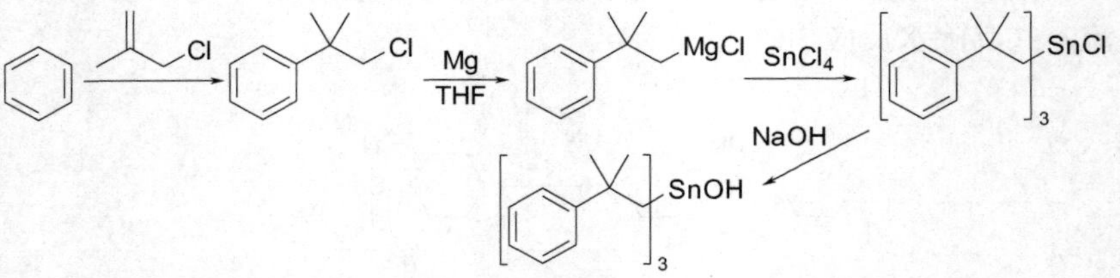

（2）苯丁锡的合成　三（2- 甲基 -2- 苯基丙基）氢氧化锡脱水缩合。

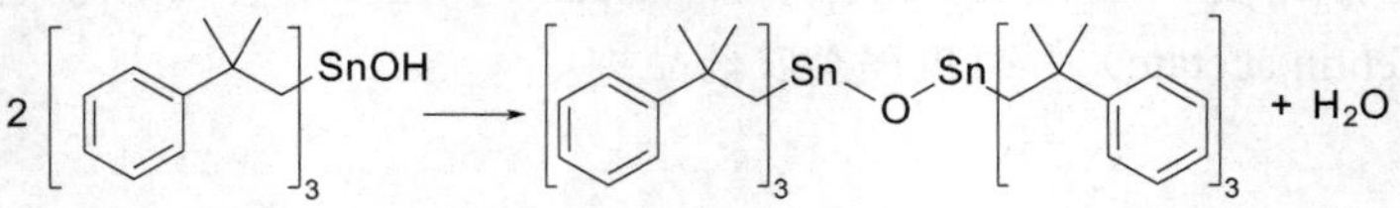

克螨特（propargite）

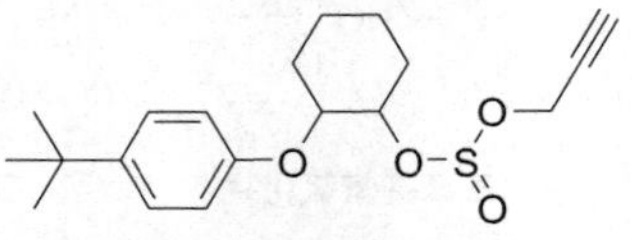

2-(4- 叔丁基苯氧基)环己基丙 -2- 炔基亚硫酸酯

克螨特又名炔螨特，商品名螨除净，是 1964 年由美国 Uniiroyal Inc. 公司开发的广谱、低毒杀螨剂，具有胃毒和触杀作用，用于防治柑橘、苹果、玉米、蔬菜等作物的多种害螨，对天敌较安全。

工业品克螨特为深琥珀色黏稠液体，易燃，易溶于有机溶剂，不能与强碱、强酸混合。

克螨特原药急性 LD_{50}（mg/kg）：大白鼠经口 2200，兔经皮 > 3000。

合成路线 以对叔丁基苯酚和环氧环己烷为原料经由 2-（4-叔丁基苯氧基）环己基丙 -O- 亚磺酰氯制得。

（1）2-（4-叔丁基苯氧基）环己基丙 -O- 亚磺酰氯的合成 对叔丁基苯酚和环氧环己烷在催化剂存在下回流 0.5h 制得 2-（4-叔丁基苯氧基）环己醇，该中间体在甲苯中于 60℃与氯化亚砜反应 2h，即可制得目标物。

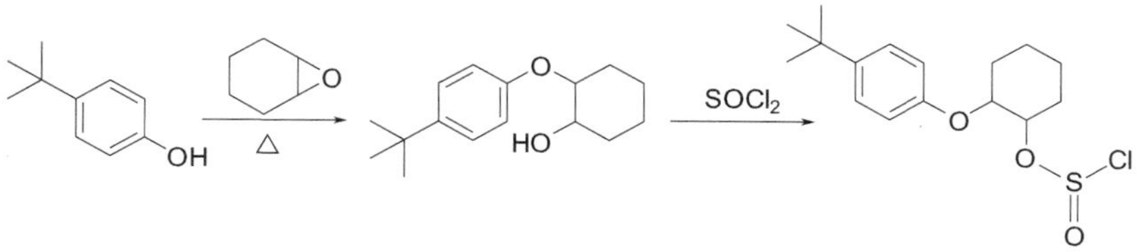

（2）克螨特的合成 混合 0.2mol 丙炔醇、0.2mol 三乙胺和 100mL 甲苯，室温下 0.5h 内滴加上步反应所得 2-（4-对叔丁基苯氧基）环己基氯代亚硫酸酯，继续搅拌 1h，水洗、脱溶得浅黄色黏稠液体克螨特，纯度 >92%，收率 >90%。

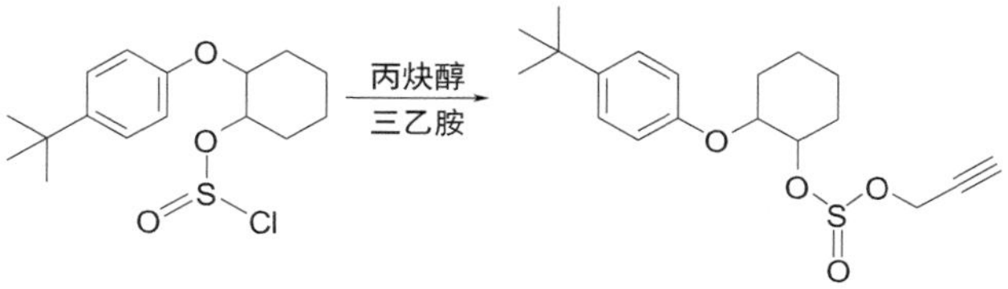

哒螨酮（pyridaben）

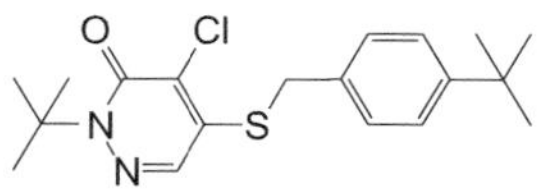

2-叔丁基-5-对叔丁基苄硫基-4-氯-3-(2*H*)哒嗪酮

哒螨酮是 20 世纪 80 年代日本日产公司开发的高效杀螨、杀虫剂，主要用于防治果树、蔬菜、茶、烟草、棉花等作物的多种害螨，对螨的各发育阶段都有效，与其他杀螨剂无交互抗性。

纯品哒螨酮为白色结晶，熔点 111 ～ 112℃；溶解性（20℃）：丙酮 460g/L，氯仿 1480g/L，苯 110g/L，二甲苯 390g/L，乙醇 57g/L，己烷 10g/L，环己烷 320g/L，正辛醇 63g/L，水 0.012mg/L；对光不稳定，在强酸、强碱介质中不稳定；工业品为淡黄色或灰白色粉末，有特殊气味。

哒螨酮原药急性 LD_{50}（mg/kg）：小鼠经口 435（雄）、358（雌），大鼠和兔经皮 > 2000。

逆合成分析 哒螨酮为环酰肼哒嗪类农药品种，有 a、b 两条路线（图 2-98）。

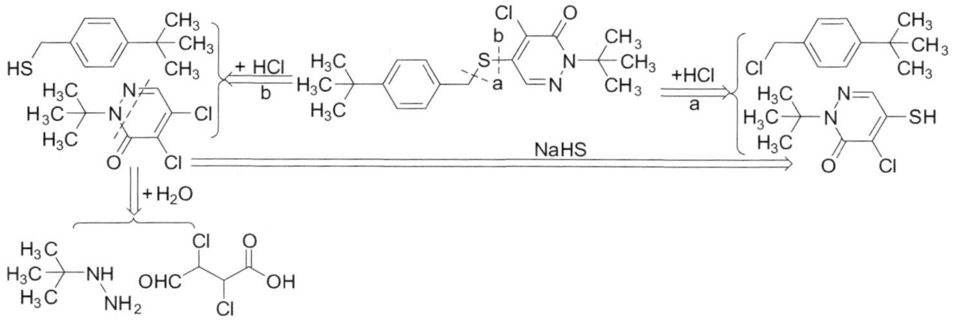

图 2-98 哒螨酮逆合成分析

合成路线　以叔丁基肼和糠氯酸为起始原料经由哒嗪酮制得（图2-99）。

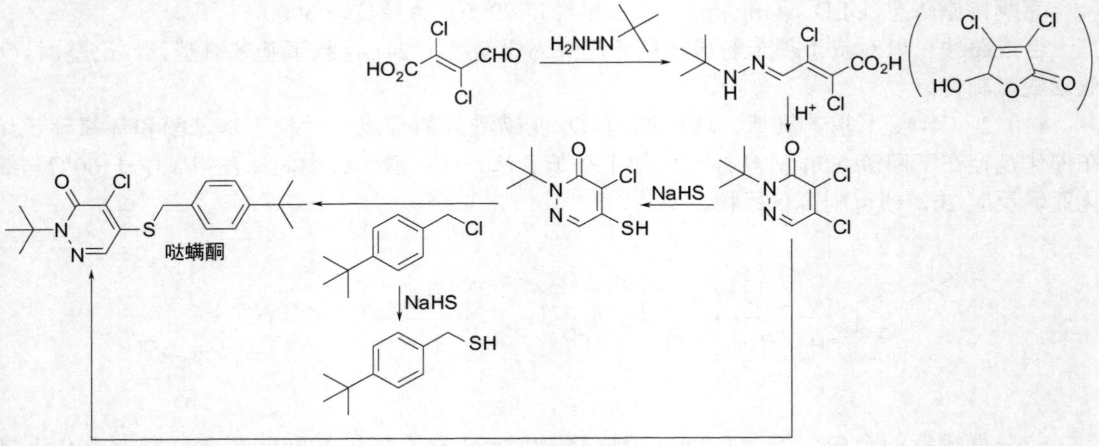

图 2-99　哒螨酮合成路线

实例 1　哒嗪酮的合成

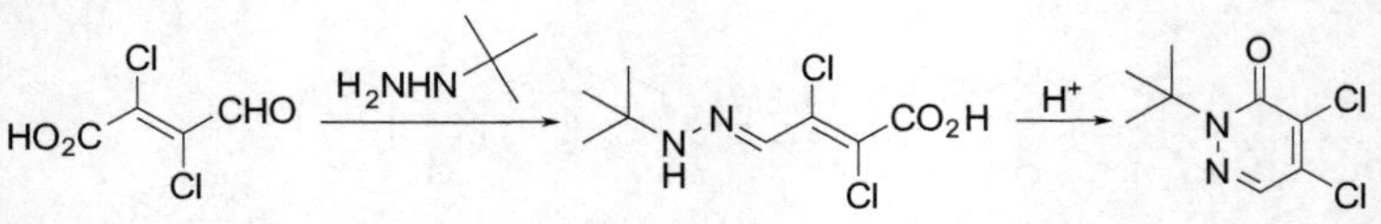

在甲苯中以乙酸为催化剂、40～60℃条件下叔丁基肼和糠氯酸反应4h。

实例 2　哒螨酮的合成　以苯为溶剂。

① 在催化剂存在条件下哒嗪酮与硫氢化钠室温进行巯基化反应，然后于40～60℃与叔丁基氯苄反应制得目标物。

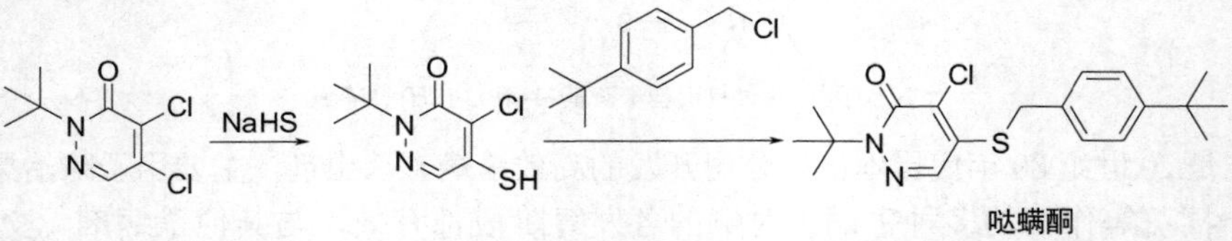

② 2- 叔丁基 -4,5- 二氯 -3（2H）- 哒嗪酮和对叔丁基苄硫醇以甲醇为溶剂，再在0℃加入甲醇钠的甲醇溶液，于10～15℃搅拌反应1h，经后处理制得哒螨酮。

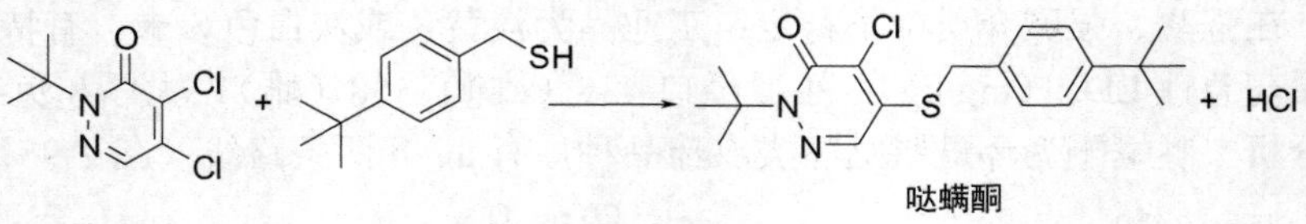

四螨嗪（clofentezine）

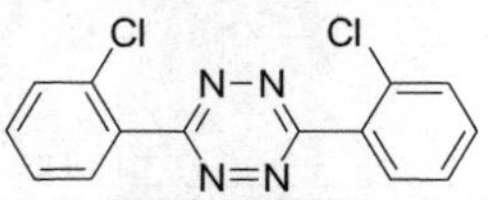

3,6- 双（邻氯苯基)-1,2,4,5- 四嗪

四螨嗪商品名阿波罗，是1981年代美国FBC公司开发的杀螨剂，对螨卵和若虫具有卓越的防治效果，主要用于防治果树、蔬菜、茶等作物以及观赏植物的害螨，但对成螨无效。

纯品四螨嗪为红色晶体，熔点179～182℃；在一般极性和非极性溶剂中溶解度都很小，在卤代烃中稍大；工业品为红色无定形粉末。

四螨嗪原药急性 LD_{50}（mg/kg）：大、小鼠经口＞10000，大鼠和兔经皮＞5000；对兔眼睛有极轻度刺激性。

合成路线 以邻氯苯甲醛为起始原料经由双（α,2-二氯亚苄基）肼合成制得。

（1）双（α,2-二氯亚苄基）肼的合成 在乙醇中 20～30℃条件下邻氯苯甲醛与水合肼缩合反应 3h，制得双（2-氯亚苄基）肼，该中间体在乙酸和乙酸酐混合溶剂中 20～30℃条件下与氯气反应制得双（α,2-二氯亚苄基）肼。

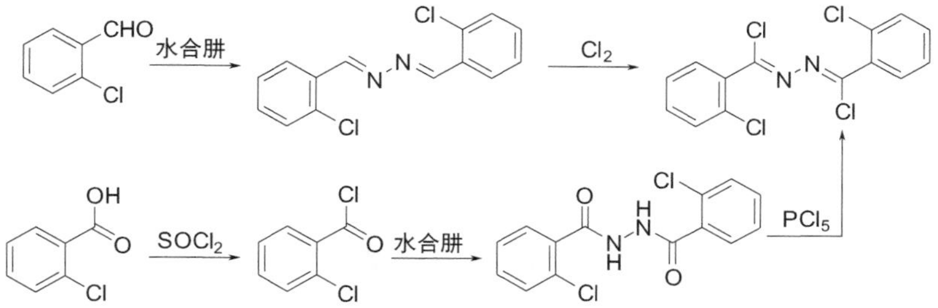

（2）四螨嗪的合成 双（α,2-二氯亚苄基）肼在甲苯、缚酸剂碳酸钠存在下 78℃左右与水合肼反应制得 3,6-双（2-氯苯基）-1,2-二氢 1,2,4,5-四嗪，该化合物于乙酸中在 50℃左右与亚硝酸钠反应制得四螨嗪。

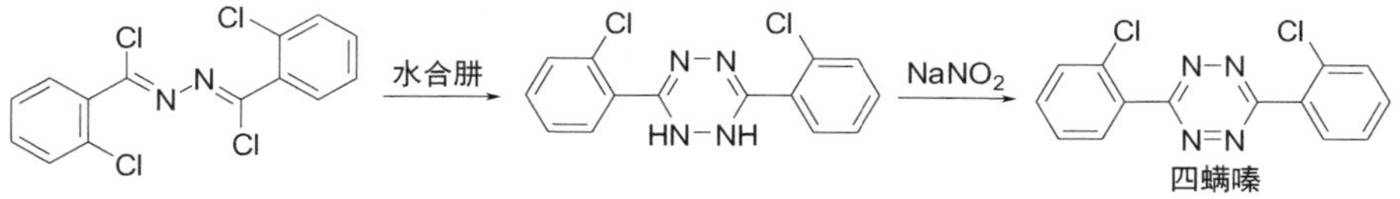

噻螨酮（hexythiazox）

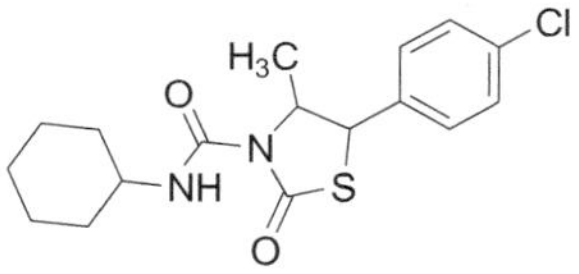

(4*RS*,5*RS*)-5-(4-氯苯基)-*N*-环己基-4-甲基-2-氧代-1,3-噻唑烷-3-羧酰胺

噻螨酮又名己噻唑，商品名尼索朗、除螨成、合赛多，是日本曹达公司开发的噻唑烷酮类广谱杀螨剂，对多种叶螨的幼螨及若螨和卵有良好的作用，但对成螨效果较差，无内吸性，持效期长达 30d 以上；对作物、哺食性螨和益虫安全。

纯品噻螨酮为白色晶体，熔点 108～108.5℃；溶解性（20℃，g/L）：丙酮 160，甲醇 20.6，乙腈 28，二甲苯 362，正己烷 3.9，水 0.0005；在酸碱性介质中水解。

噻螨酮原药急性 LD_{50}（mg/kg）：大、小鼠经口＞5000，大鼠经皮＞2000；对兔眼睛有轻微刺激性。

逆合成分析 噻螨酮属于脲环化的噻唑啉酮类农药品种（图 2-100）。

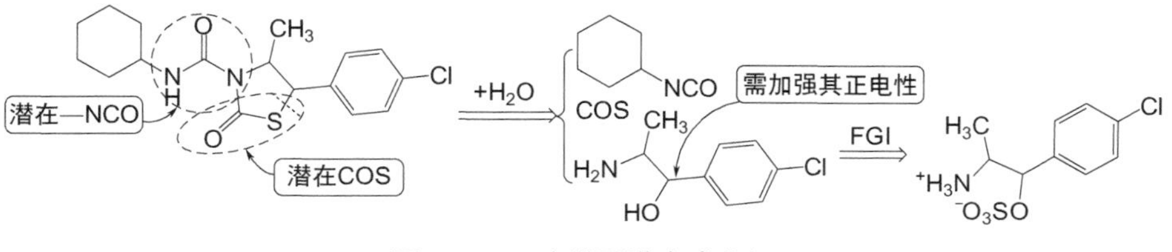

图 2-100 噻螨酮逆合成分析

合成路线 有胺路线和酮路线。

（1）胺路线　见图 2-101。

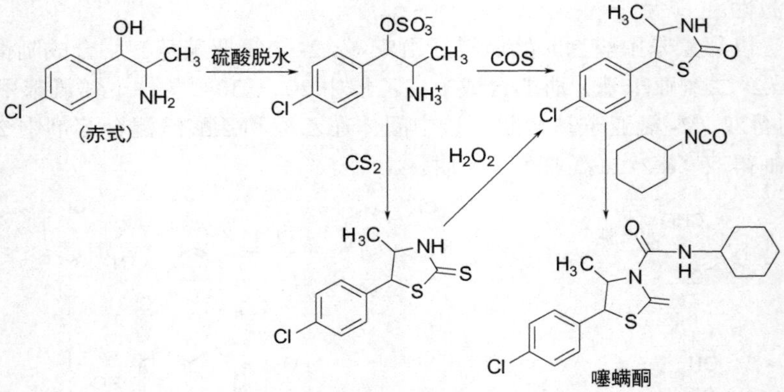

图 2-101　胺路线

将化合物反式 -5-(4- 氯苯基)-4- 甲基噻唑烷酮 20.6g（90mmol）溶于 130mL 苯中，再滴加入 11.9g（95 mmol）环己基异氰酸酯，室温下，往混合液中滴加 5mL 1,8- 重氮 - 双环 [5.4.0]-7- 十一碳烯（DBU），加毕，室温下搅拌 3h。反应毕，分别用 50mL 1mol 盐酸、60mL 5% 氯化钠和饱和的食盐水洗涤，有机相用无水硫酸镁干燥，过滤后，蒸去溶剂，在残渣中倒入 50mL 正己烷，过滤。得白色噻螨酮固体 30.7g（86.7 mmol），收率 96.3%。

（2）酮路线　见图 2-102。

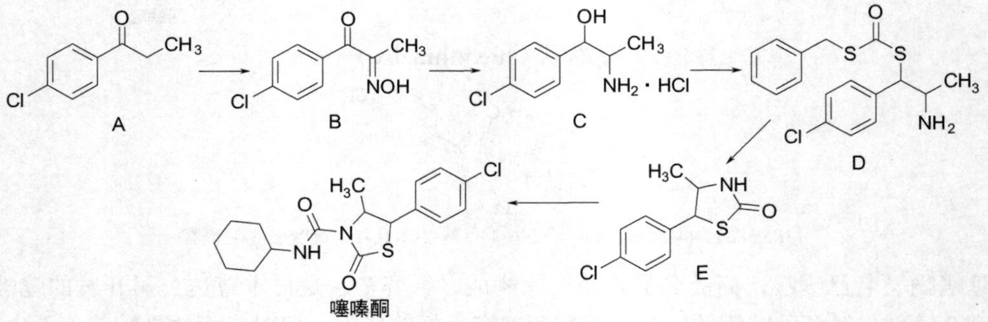

图 2-102　酮路线

① 酮肟化反应　在 500mL 四口烧瓶中投入 70g 化合物 A、100g 石油醚、47g 亚硝酸正丁酯，降温到 10 ～ 20℃，反应 8h。再降温到 0℃保温搅拌 1h。反应毕，过滤得到白色固体 B 约 78g，收率约 96.5%。熔点 73 ～ 75℃。

② 缩合反应　在 500mL 四口烧瓶中加入 37g 化合物 C、88g 石油醚和 40g 三乙胺。在 30 ～ 35℃下搅拌溶解 0.5h，开始滴加二硫化碳，时间 0.5h，滴完后再滴加氯苄，时间为 1h 左右，升温到 60 ～ 65℃，反应 6h。反应毕加入 40g 水洗一次，温度控制在 55℃以上，静置分层，分出油层，降温到 0 ～ 5℃保温 1.5h，然后过滤得白色固体 D 约 53g，收率约 90.3%。熔点 204 ～ 206℃。

③ 环合反应　在 500mL 四口烧瓶中加入一批约 53g 的化合物 D、96g 石油醚，再加入 52g 22.50% 的氢氧化钠溶液，升温到 60 ～ 70℃，回流反应 6h。反应完毕后停搅拌，静置 0.5h，趁热分去水层，然后再冷却降温到 0 ～ 5℃。过滤，烘干得到白色固体 E 约 29.6g，收率 90.4%。熔点 150 ～ 152℃。

唑螨酯（fenpyroximate）

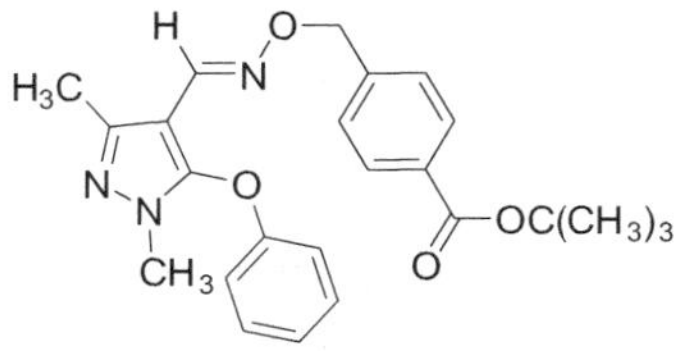

(E)-α-(1,3-二甲基-5-苯氧基吡唑-4-亚甲基氨基氧)对甲苯甲酸叔丁酯

唑螨酯商品名杀螨霸、霸螨灵，是日本农药株式会社开发的高效、广谱吡唑类杀螨剂，对多种害螨有强烈的触杀作用，对幼螨活性最高，且持效期长。

纯品唑螨酯为白色晶体，熔点101.7℃。溶解性（20℃，g/L）：甲苯0.61，丙酮154，甲醇15.1，己烷4.0；难溶于水。

唑螨酯原药急性LD_{50}（mg/kg）：大、小鼠经口245～480，大鼠经皮＞2000；对兔眼睛和皮肤轻度刺激性。

逆合成分析 唑螨酯属于吡唑类农药品种（图2-103）。

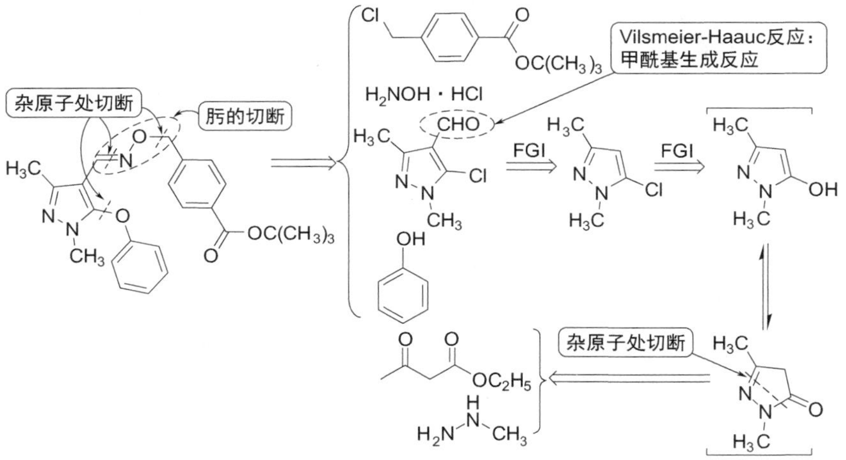

图2-103 唑螨酯逆合成分析

合成路线 乙酰乙酸乙酯与甲肼作用生成1,3-二甲基吡唑-5-酮，然后加入到三氯氧磷-二甲基甲酰胺溶液中，于110～115℃反应8h制得5-氯-1,3-二甲基吡唑甲醛，该中间体与盐酸羟胺反应生成对应的肟，该肟在DMF中于100℃条件下与苯酚、甲醇钠反应4h制得1,3-二甲基-5-苯氧基-4-吡唑甲醛肟，所得甲醛肟与4-溴甲基苯甲酸叔丁酯于丙酮中在缚酸剂作用下生成唑螨酯（图2-104）。

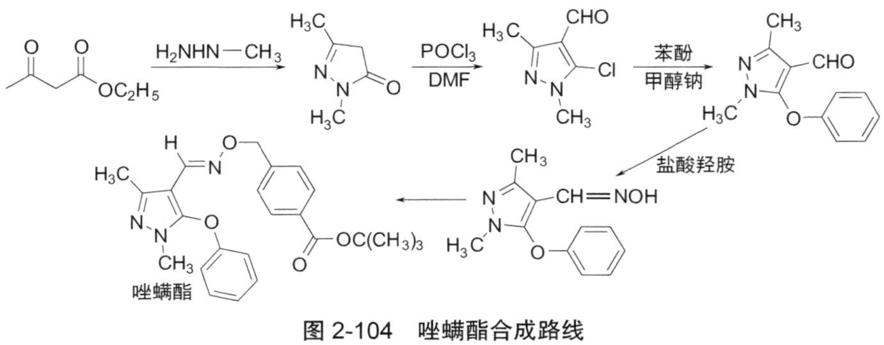

图2-104 唑螨酯合成路线

　　将甲醇钠 85kg、DMF 300kg、1,3- 二甲基 -5- 苯氧基吡唑 -4- 羧酸醛肟 520kg 加入到反应釜中，升温至 120℃，滴加对氯甲基苯甲酸叔丁酯的 DMF 混合物 870kg，保温反应 3h，降温至 20℃，过滤、母液负压脱 DMF 至干，残渣加入乙醇 400kg 结晶，过滤，烘干得唑螨酯晶体 415kg，产物收率为 94.1%。

螺螨酯（spirodiclofen）

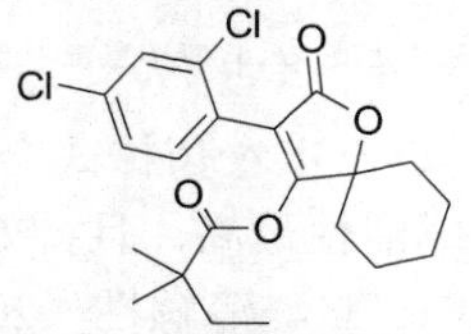

3-(2,4- 二氯苯基)-2- 氧代 -1- 氧杂螺 [4.5]- 癸 -3- 烯 4- 基 -2,2- 二甲基丁酯

　　螺螨酯具有全新作用机理，主要抑制螨的脂肪合成，阻断螨的能量代谢。通过触杀对螨的各个发育阶段都有效，包括卵。用于果树如柑橘防治各种螨类。对植食性螨如全爪螨、二斑叶螨、锈壁虱、细须螨等都具有卓效，是一种广谱性杀螨剂。

　　纯品螺螨酯外观白色粉末，无特殊气味，熔点 94.8℃；溶解性（20℃，g/L）：正己烷 20，二氯甲烷＞ 250，异丙醇 47，二甲苯＞ 250，水 0.05。

　　螺螨酯原药大鼠急性 LD50（mg/kg）：＞ 2500（经口），＞ 4000（经皮）。经兔子试验表明，对皮肤有轻度刺激性。

　　逆合成分析　螺螨酯为螺环类杀螨剂代表性品种（图 2-105）。

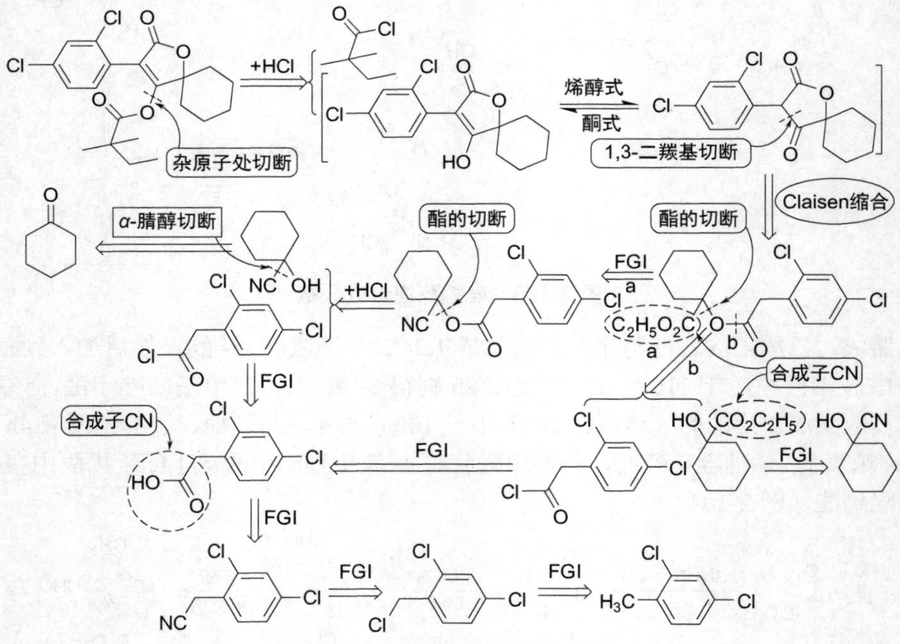

图 2-105　螺螨酯逆合成分析

　　合成路线　2,4- 二氯苯乙酸为起始原料，可经两条路线制得螺螨酯（图 2-106）。

合成步骤如下：

（1）3-(2,4- 二氯苯基)-2- 氧代 -1- 氧杂螺 [4.5]- 癸 -3- 烯 -4- 醇的制备　在反应瓶中加入 8g（23mmol）1-[2-(2,4- 二氯 - 苯基)- 乙酰氧基]- 环己烷基甲酸甲酯，1.8g（16mmol）乙醇镁和 200mL 的乙醇，于 5～10℃反应 12h。蒸除大部分溶剂后，加 50mL 5% 的盐酸，用乙酸乙酯

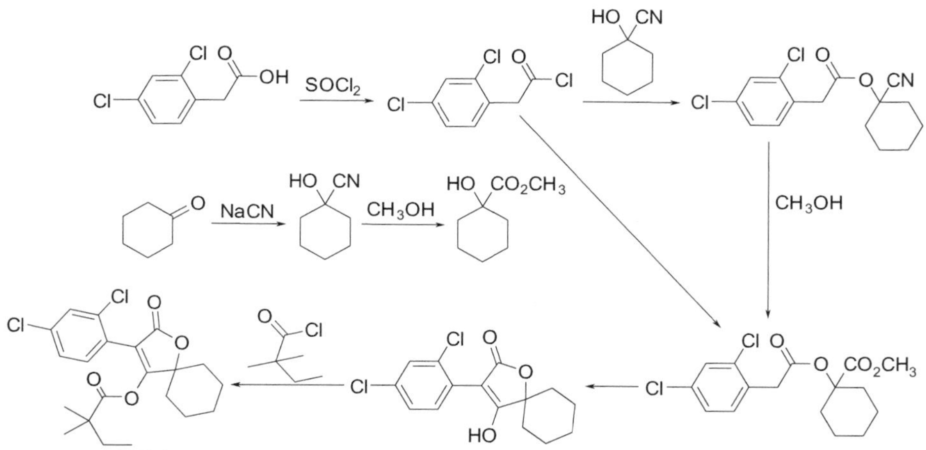

图 2-106　螺螨酯合成路线

提取，再用水洗涤，无水硫酸钠干燥，浓缩得 5.3g 固体粗产物，经 80% 乙醇重结晶得产物 4.9g，以上 3 步总收率为 43.5%。

（2）螺螨酯的制备　室温下在反应瓶中加入 4.6g（14.8mmol）3-(2,4- 二氯苯基)-2- 氧代 -1- 氧杂螺 [4.5]- 癸 -3- 烯 -4- 醇和 5mL 三乙胺、80mL 二氯甲烷，滴加 2.6g（19.3mmol）2,2- 二甲基丁酰氯，室温下搅拌反应 2h。反应液用 1% 的盐酸洗涤 3 次，再用饱和碳酸氢钠溶液洗涤 2 次，最后用水洗涤 2 次，无水硫酸钠干燥，浓缩得 5.8g 固体产物，经 95% 的乙醇重结晶后得 5.3g 产物，收率 92.3%，含量 98.8%。

注：用类似合成路线，可以制得螺虫酯（spiromesifen）、螺虫乙酯（spirotetramat）等螺螨酯类农药品种。

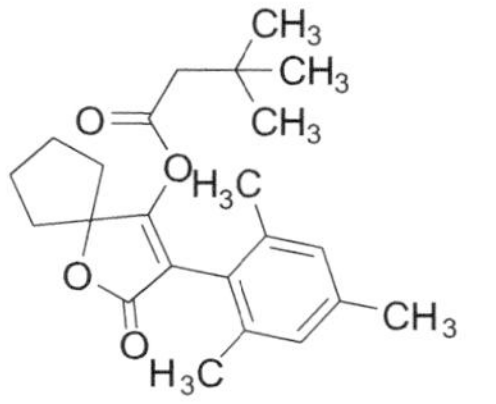

螺虫酯 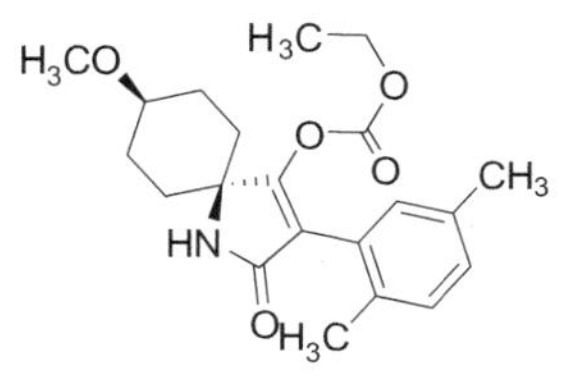　　　　　　　螺虫乙酯

嘧螨酯（fluacrypyrim）

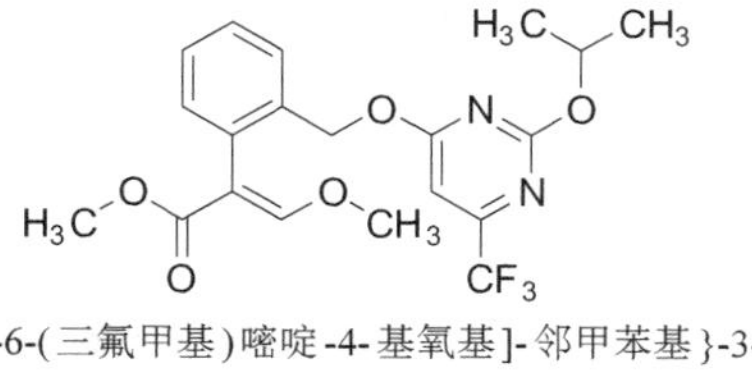

(E)-2-{α-[2- 异丙氧基 -6-(三氟甲基) 嘧啶 -4- 基氧基]- 邻甲苯基 }-3- 甲氧基丙烯酸甲酯

嘧螨酯对柑橘红蜘蛛雌成螨和卵均具有非常优秀的毒杀活性，并对柑橘红蜘蛛具有良好防效，嘧螨酯可防治各虫态的害螨，主要用于防治果树如苹果、柑橘、梨等中的多种螨类，如苹果红蜘蛛、柑橘红蜘蛛等。在柑橘和苹果收获前 7d 禁止使用，在梨收获前 3d 禁止使用。嘧螨酯除对螨类有效外，在 250mg/L 的剂量下对部分病害也有较好的活性。

嘧螨酯为白色固体，熔点 107.2 ～ 108.6℃；溶解度（g/L，20℃）：水 $3.44×10^{-6}$，二氯甲烷 579，丙酮 278，甲苯 192，二甲苯 119，乙腈 287，乙酸乙酯 232，甲醇 27.1，乙醇 1.6，

正己烷 1.84。

嘧螨酯致敏性：嘧螨酯属低毒产品，但对鱼类毒性较大，因此应用时要特别注意，勿将药液扩散至江河湖泊以及鱼塘。

逆合成分析　嘧螨酯为甲氧基丙烯酸酯杀螨剂（图 2-107）。

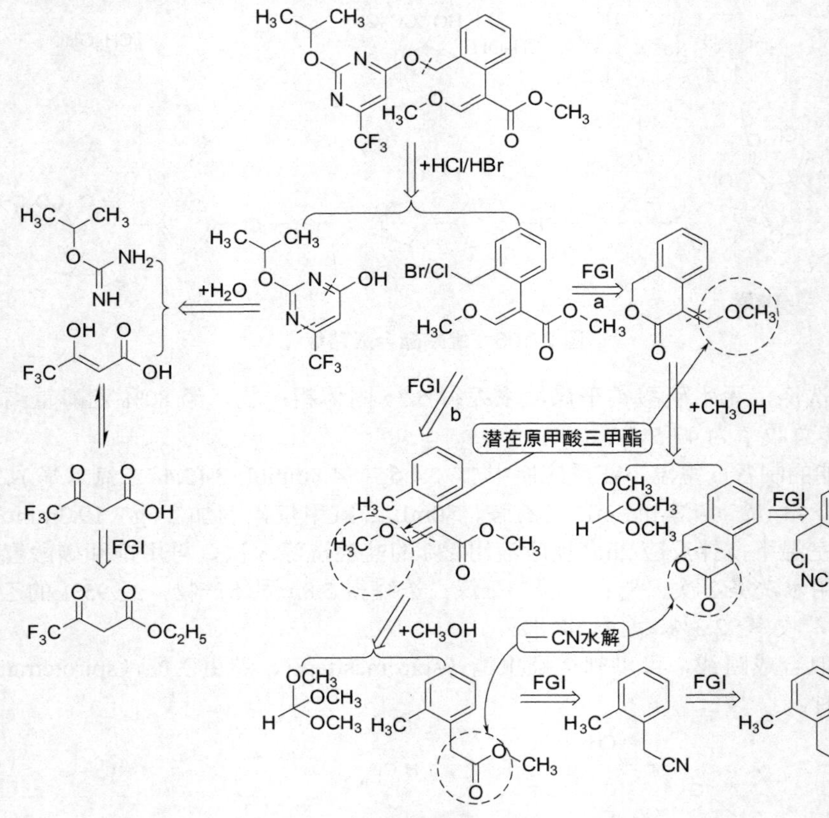

图 2-107　嘧螨酯逆合成分析

合成路线　如图 2-108 所示。

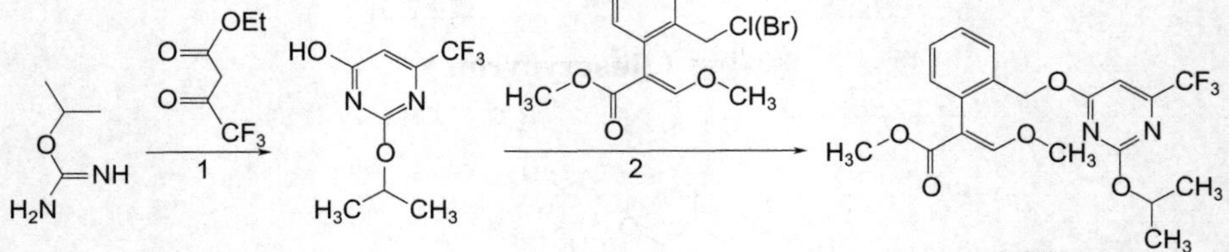

图 2-108　嘧螨酯合成路线

合成步骤如下：

（1）2- 异丙氧基 -4- 羟基 -6- 三氟甲基嘧啶的合成　向 125mL 单口瓶中加入 60mL 甲醇，将金属钠 2.3g（0.10mol）缓缓加入其中，待其完全溶解，反应液冷却后，向其中加入三氟乙酰乙酸乙酯 9.2g（0.05mol），搅拌 20min 后，加入异丙氧基脒甲烷磺酸盐 9.5g（0.05mol），升温回流反应 12h。将反应液脱溶后，剩余物加水溶解，冰浴下用稀盐酸调 pH 值至酸性，析出固体，过滤干燥后得 6.3g 白色固体，熔点 122 ～ 124℃，收率为 56.8%。

（2）嘧螨酯的合成　在250mL单口瓶中加入120mL DMF，将2-异丙氧基-4-羟基-6-三氟甲基嘧啶6.3g（0.03mol）与（E）-2-[2-（氯甲基）苯基]-3-甲氧基丙烯酸甲酯7.2g（0.03mol）溶于其中，加入碳酸钾6.8g（0.05mol），在80℃油浴中搅拌5h。待反应液冷却后将其倒入250mL饱和食盐水中，用150mL乙酸乙酯萃取2次，有机相再以饱和食盐水洗2次，脱溶、柱色谱分离得目标产物9.1g，为白色固体，熔点104～106℃，收率75.2%。

丁氟螨酯（cyflumetofen）

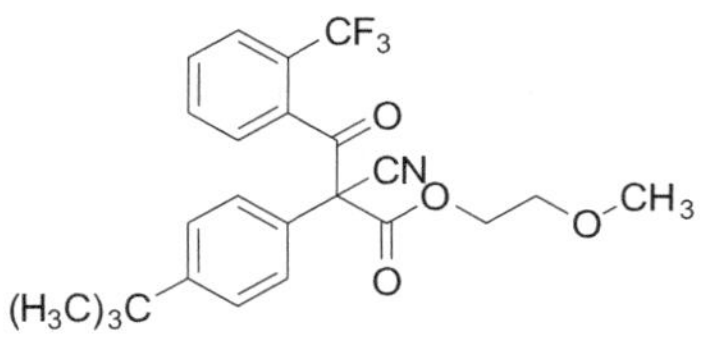

(RS)-2-(4-叔丁基苯基)-2-氰基-3-氧代-3-(α,α,α-三氟-邻甲苯基)丙酸-2-甲氧乙基酯

丁氟螨酯主要用于防治果树、蔬菜、茶、观赏植物的害螨，与现有杀虫剂无交互抗性，对棉红蜘蛛和瘤皮红蜘蛛有效。丁氟螨酯阻止红蜘蛛卵的孵化作用较低，但对其各个生长阶段均有很高的活性，其中对幼螨的活性最高。

丁氟螨酯熔点77.9～81.7℃，属于低毒杀螨剂。丁氟螨酯对哺乳动物、水生生物、有益物、天敌等非靶标生物均十分安全，在土壤和水中迅速代谢、分解，是对环境友好的农药。

逆合成分析　丁氟螨酯为酯类农药品种（图2-109）。

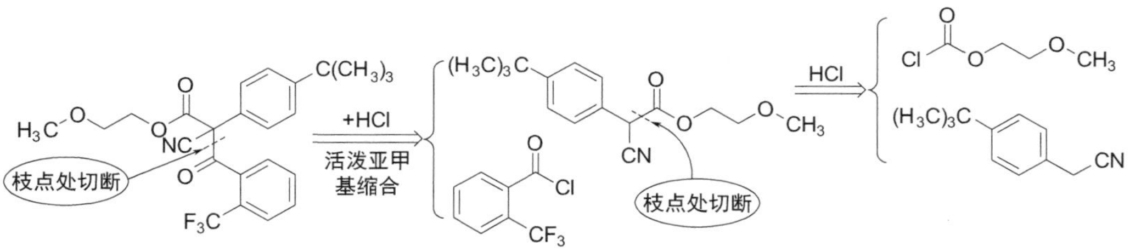

图2-109　丁氟螨酯逆合成分析

合成路线　如图2-110所示。

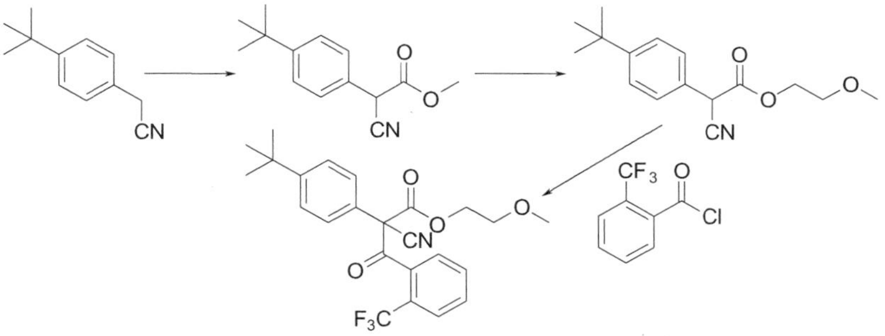

图2-110　丁氟螨酯合成路线

在装有搅拌器、温度计的三口瓶中，加入2-（4-叔丁基苯基）-2-氰基乙酸-(2-甲氧基)乙基酯27.5g（0.1mol）、三乙胺15.3mL（0.11mol）和氯仿200mL，搅拌下，室温滴加16.2mL（0.11mol）邻三氟甲基苯甲酰氯，滴加完毕后，继续室温搅拌2h。过滤，滤液分别用饱和碳酸钠、水、饱和食盐水洗涤，无水硫酸镁干燥。过滤，减压除去溶剂，得土黄色固体39.2g。以正己烷重结晶，得浅黄色固体31.9g，含量≥96.3%，熔点77.30～80.7℃，收率为68.6%。

注：用类似合成路线，可以制得 SYP-10898 等支链酯类农药品种。

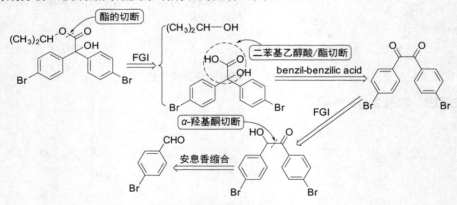

SYP-10898

溴螨酯（bromopropylate）

4,4′-二溴代二苯乙醇酸异丙酯

溴螨酯为广谱性杀螨剂，有较强触杀作用，无内吸作用。对若螨、成螨和卵均有较高活性，温度变化对药效影响不大。可用于棉花、果树、蔬菜、茶树防治叶螨、瘿螨、线螨等害螨。本药剂残效期长，对作物、天敌、蜜蜂安全，与三氯杀螨醇有交互抗性。

纯品溴螨酯为白色结晶，熔点 77℃，能溶解于丙酮、苯、异丙醇、甲醇、二甲苯等多种有机溶剂，在中性介质中稳定，在酸性或碱性条件下不稳定。

溴螨酯急性经口 LD_{50}（mg/kg）：5000（大鼠），8000（小鼠）；兔急性经皮 LD_{50} > 4000mg/kg。

逆合成分析　溴螨酯为酯类杀螨剂农药品种（图 2-111）。

图 2-111　溴螨酯逆合成分析

合成路线　如图 2-112 所示。

合成步骤如下：

（1）4,4′-二溴代二苯-α-羟基酮的合成　在单口烧瓶中加入对溴苯甲醛 10.9g、蒸馏水 3mL 和 95% 乙醇 7.5mL，振摇使其完全溶解，塞上瓶口，置冰盐浴中充分冷却至 −5℃，分批加入同样冷却的氢氧化钠溶液 5mL、25mL（10mmol），摇匀，于 60～70℃反应 90min。冰浴中冷却，析出白色晶体，过滤、滤饼用冰水洗涤，95% 乙醇重结晶得无色针状晶体 4,4′-二溴代二苯-α-羟基酮，收率 91%。不纯化直接用于下一步反应。

（2）4,4′-二溴代二苯二酮的合成　在三口烧瓶中加入 $FeCl_3 \cdot 6H_2O$ 45.00g、冰醋酸 50mL、水 25mL，微沸时加入 4,4′-二溴代二苯-α-羟基酮 18.5g（50mmol），搅拌下回流反应 50min。

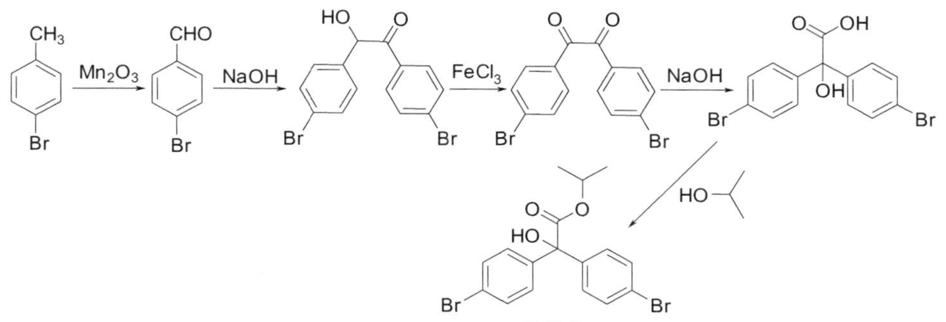

图 2-112　溴螨酯合成路线

冷却，加水 200mL，煮沸，室温冷却 4h，析出鲜黄色固体，抽滤，滤饼用 95% 乙醇重结晶得淡黄色晶体 4,4'- 二溴代二苯二酮，收率 99%，熔点 227 ～ 229℃。不纯化直接用于下一步反应。

（3）4,4'- 二溴代二苯乙醇酸的合成　在三口烧瓶中加入 440g（109 mmol）4,4'- 二溴代二苯二酮、95% 乙醇 90mL 和 10% 氢氧化钠溶液 50mL，搅拌使其完全溶解后回流反应 1h。冰水冷却，析出黄色结晶，抽滤，滤饼用 6mol/L 盐酸酸化至 pH=2。冰浴冷却析出结晶，抽滤，滤饼用少量冰水洗涤，干燥得白色晶体 4,4'- 二溴代二苯乙醇酸，收率 95%，熔点 106 ～ 108℃。

（4）溴螨酯的合成　在三口烧瓶中加入 4,4'- 二溴代二苯乙醇酸 538.6g（100mmol）、异丙醇 100mL（200mmol）、浓硫酸 1mL 和苯 150mL，回流反应至分水器中的水量不再增加时停止反应。加水，用碱液中和，分液，水层用苯（250mL×3）萃取，合并有机相，用无水硫酸镁干燥、减压回收苯，残余物用石油醚重结晶得无色晶体溴螨酯，收率 74%，纯度＞ 95%（GC），熔点 78 ～ 80℃。

啶虫丙醚（pyridalyl）

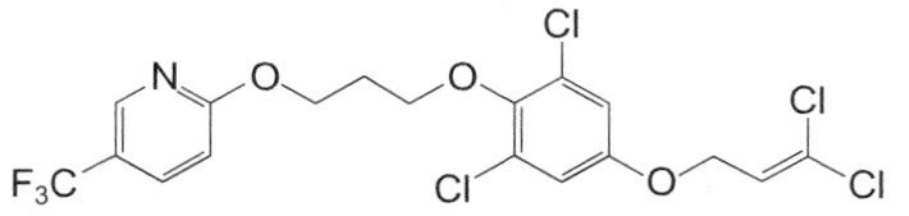

2-{3-[2,6- 二氯 -4-(3,3- 二氯 -2- 丙烯基氧基) 苯氧基] 丙氧基 }-5-(三氟甲基) 嘧啶

啶虫丙醚又称三氟甲吡醚、氟氯吡啶，其化学结构独特，与常用农药的作用机理不同，主要用于防治为害作物的鳞翅目幼虫。

纯品啶虫丙醚原药（质量分数≥ 91%）外观为液体。沸点：在沸腾前 227℃时分解；在酸性、碱性溶液（pH 5、7、9 缓冲液）中稳定。pH 7 缓冲液中半衰期为 4.2 ～ 4.6d。

啶虫丙醚原药 LD_{50} 对大鼠（雄、雌）急性经口、经皮均＞ 5000mg/kg；对家兔眼睛结膜有轻度刺激性，对家兔眼睛、皮肤有轻度刺激性，对天敌及有益生物影响较小。

注：啶虫丙醚对蚕有影响，勿喷洒在桑叶上，在桑园及蚕室附近禁用。注意远离河塘等水域施药，禁止在河塘等水域中清洗药器具，以免污染水源。

逆合成分析　啶虫丙醚为啶虫丙醚类杀虫剂农药品种（图 2-113）。

合成路线　如图 2-114 所示。

100mL 反应瓶中加入 3-[2,6- 二氯 -4-(3,3- 二氯 - 烯丙氧基) 苯氧基] 丙 -1- 醇和 THF，搅拌至溶解，加入氢化钠，室温下搅拌 1h，加入 2- 氯 -5- 三氟甲基吡啶，室温搅拌反应 16h。反应液倾入冷水中，用乙酸乙酯（50mL×3）萃取，有机层用饱和氯化钠溶液洗涤，经无水

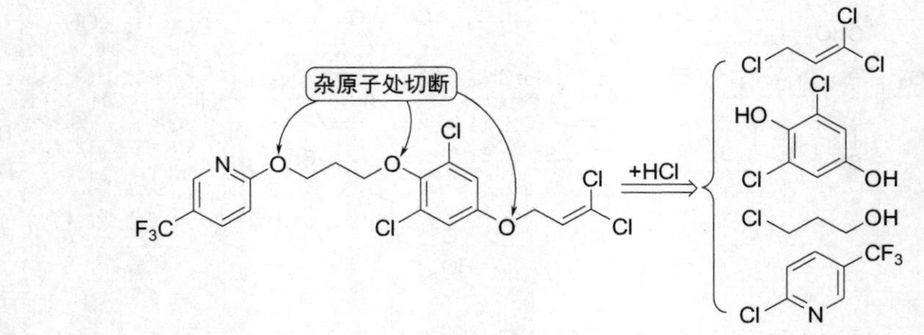

图 2-113　哒虫丙醚逆合成分析

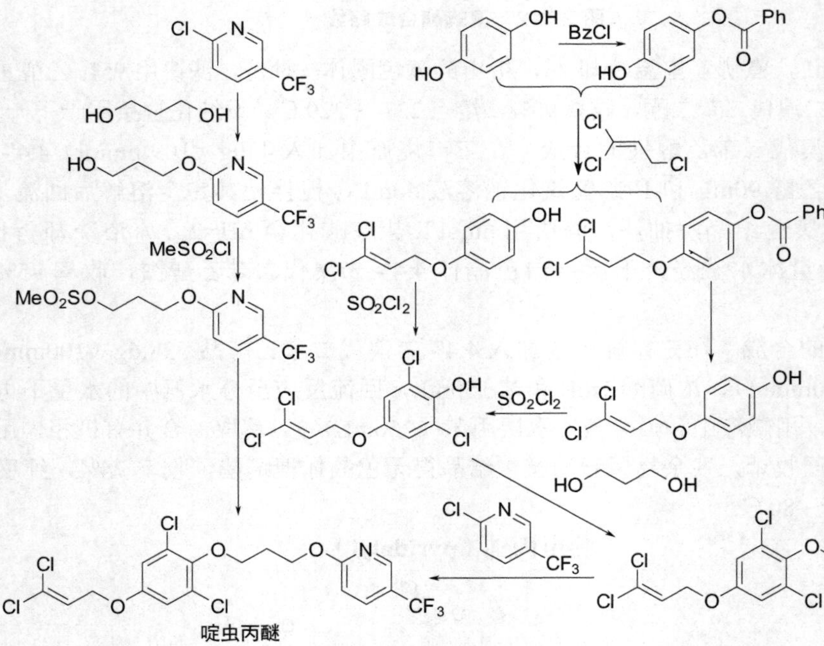

图 2-114　哒虫丙醚合成路线

硫酸镁干燥后浓缩。残余物经柱色谱提纯，淋洗液为乙酸乙酯 - 石油醚（1 ： 100，体积比），得无色油状物，收率 32%。

三氟苯嘧啶（triflumezopyrim）

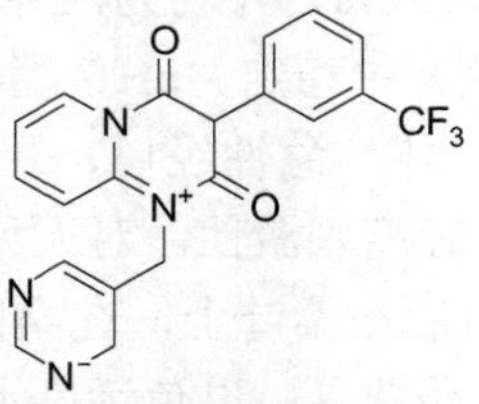

3,4- 二氢 -2,4- 二氧代 -1-(嘧啶 -5- 基甲基)-3-(α,α,α- 三氟间甲苯基)-2H- 吡啶并 [1,2-α] 嘧啶 -1- 鎓 -3- 盐

三氟苯嘧啶是杜邦公司研发的新型介离子类杀虫剂。该化合物作用于乙酰胆碱受体，但又有别于新烟碱类杀虫剂，能有效防治鳞翅目和同翅目害虫，对对新烟碱类杀虫剂吡虫啉产生抗性的水稻害虫褐飞虱仍具有较好防效。具有高效、安全、环境友好等特点。

逆合成分析　如图 2-115 所示。

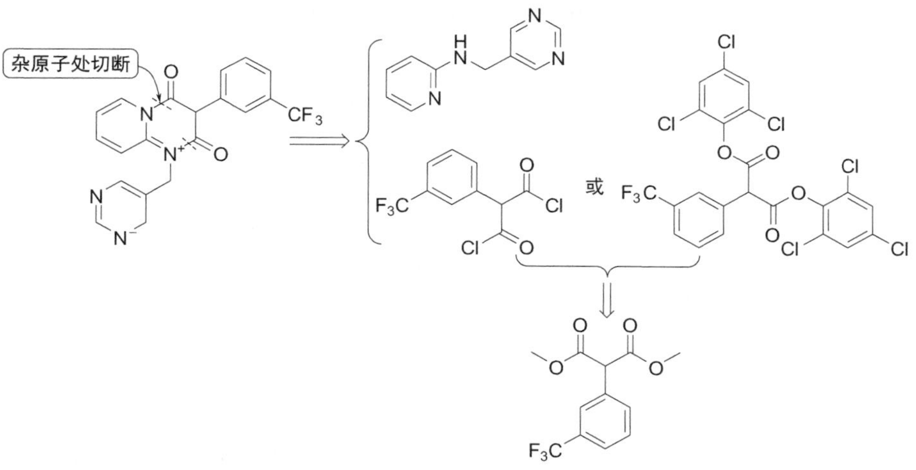

图 2-115　三氟苯嘧啶逆合成分析

合成路线　有酰氯路线和双酯路线，由于三氯苯酚废水对环境污染大，一般使用酰氯路线（图 2-116）。

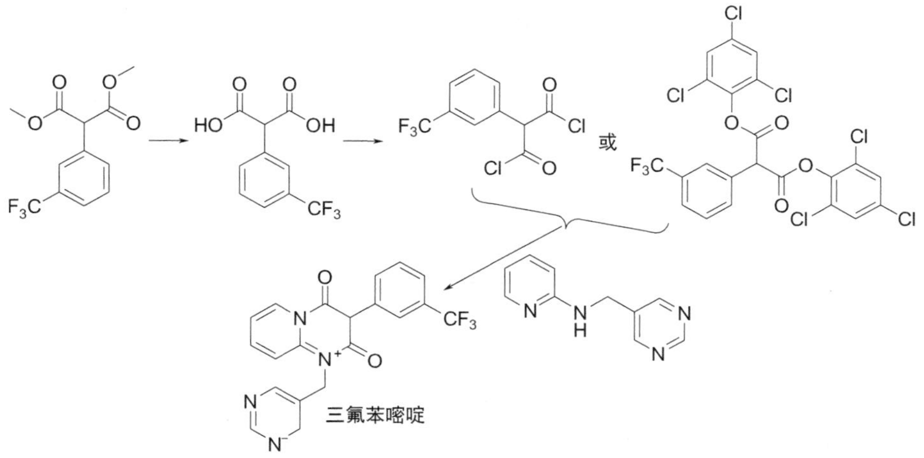

图 2-116　三氟苯嘧啶合成路线

将 2.1g 2-[3-（三氟甲基）苯基] 丙二酸、80mL 二氯甲烷加入单口瓶中，然后缓慢加入 14.57mL 草酰氯，搅拌 1h，滴入 2 滴 DMF，室温搅拌过夜，蒸除溶剂，加入 10mL 二氯甲烷备用。将 1.5g N-(5- 嘧啶基) 甲基 -2- 吡啶胺、50mL 二氯甲烷、4g 三乙胺加入单口瓶中，冰浴下滴入上述备用试剂，室温搅拌过夜，TLC 显示反应完全。减压脱除溶剂，残余物柱色谱提纯得 1.1g 黄色固体三氟苯嘧啶，收率 31.2%，纯度 95%，熔点 185 ～ 187℃。

注：用类似合成路线，可以制得 dicloromezotiaz。

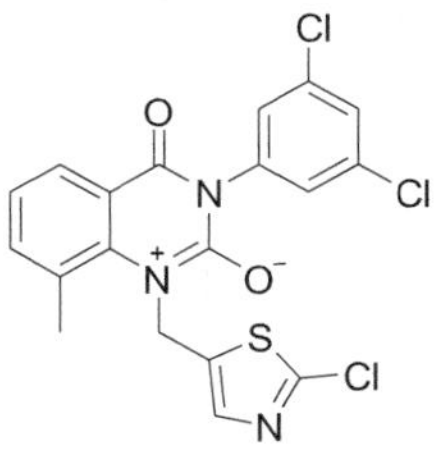

dicloromezotiaz

氟噻虫砜（fluensulfone）

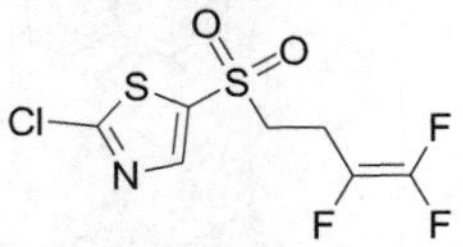

5-氯-1,3-噻唑-2-基-3,4,4-三氟-3-丁烯-1-基砜

氟噻虫砜由 MakhteshimChemical Works 公司于 1993 年发现，2011 年公开，2013 年在加利福尼亚州圣华金河谷推出了一款全新的杀线虫剂产品。它不属于熏蒸剂，简单施用即可被土壤吸收。该产品成分安全，施用时谨慎处理即可。其进入土壤的时间仅需 12h，通过麻痹线虫运动，暴露 1h 后中止进食，控制线虫大规模出现，阻碍和减少虫卵孵化，使幼虫无法成活，减少虫卵数量，通过接触直接杀死线虫，而非暂时控制线虫的活性。

纯品氟噻虫砜为淡黄色液体或晶体，熔点 34℃，沸点＞280℃。

氟噻虫砜大鼠急性经口 LD_{50}＞671mg/kg，大鼠急性经皮 LD_{50}＞2000mg/kg。对兔皮肤和眼睛温和至中等刺激性；对非标靶生物基本无害或低毒，对蜜蜂和蚯蚓无毒。

合成路线　2-巯基噻唑发生亲核取代反应、氯代、两步氧化反应得到目标产物（图2-117）。

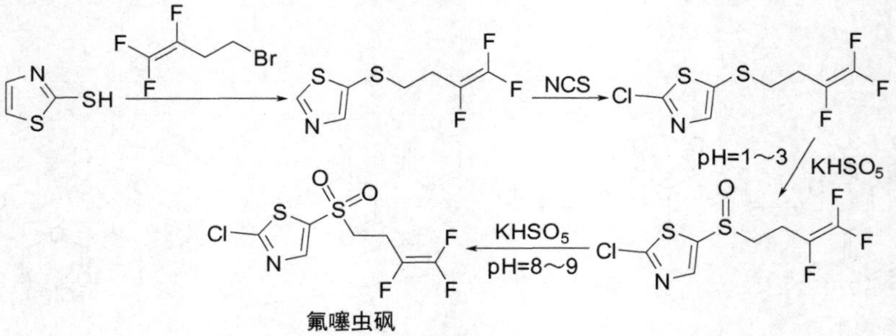

图 2-117　氟噻虫砜合成路线

合成步骤如下：

（1）2-(3,4,4-三氟-3-丁烯基硫)噻唑的合成　将 5.18g 巯基噻唑、6.72g 碳酸钾和 9.21g 4-溴-1,1,2-三氟-1-丁烯溶于 60mL 乙腈中，氮气保护加热回流 6h。混合物达到室温时，过滤混合物，脱溶剂，残渣用二氯甲烷溶解，依次用 5% 的氢氧化钠水溶液和水洗涤，无水硫酸钠干燥，柱色谱纯化，淋洗剂为二氯甲烷，得到2-(3,4,4-三氟-3-丁烯基硫)噻唑，为淡黄色液体。

（2）5-氯-2-(3,4,4-三氟-3-丁烯基硫)噻唑的合成　将 6.75g 2-(3,4,4-三氟-3-丁烯基硫)噻唑溶于 60mL 四氯化碳中，加入 4.8g N-氯代琥珀酰亚胺，回流 18h。温度达到室温时，过滤混合物，脱溶剂，浓缩物用柱色谱纯化，淋洗剂为己烷-乙酸乙酯（90∶10），得到的 5-氯-2-(3,4,4-三氟-3-丁烯基硫)噻唑为淡黄色液体。

（3）5-氯-2-[(3,4,4-三氟-3-丁烯基)磺酰基]噻唑的合成　将 26g 的 5-氯-2-(3,4,4-三氟-3-丁烯基硫)噻唑加入到 250mL 甲醇中，于 5℃、30min 内滴加 125mL 含有 33.9g 过硫酸氢钾复合盐的水溶液。随后将白色的悬浊液在 20℃搅拌 1.5h。再次加入 1.7g 过硫酸氢钾复合盐，然后将混合物继续搅拌 30min。将混合物冷却到 5℃，加入 70mL 4mol/L NaOH。反应混合物在 20℃搅拌 1h，边搅拌边监测 pH 值。再次加入 1g 过硫酸氢钾复合盐，将混合物继续搅拌 20min。抽滤除去盐，甲醇洗涤白色残渣 2 次，每次 30mL，将滤液与 25mL 硫酸氢钠溶液一起搅拌，进行过氧化物测试。减压去掉甲醇。使用乙酸乙酯对水相进行萃取，合并有机相，进行过氧化物测试，无水硫酸钠干燥，蒸发浓缩，得到 27.6g 黄色油状物，所得产物进行冷却结晶，测得熔点 34℃，含量 97.6%。

三氟咪啶酰胺（fluazaindolizine）

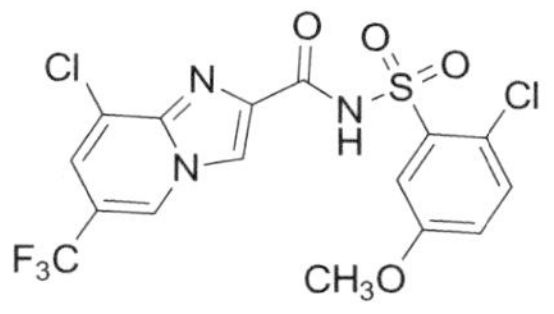

8-氯-N-[(2-氯-5-甲氧基苯基)磺酰基]-6-(三氟甲基)咪唑[1,2-a]吡啶-2-酰胺

三氟咪啶酰胺（fluazaindolizine）为杜邦公司开发的杀线虫剂，推荐用于果树、蔬菜等作物。

合成路线 以 5-三氟甲基-3-氯吡啶-2-胺为原料，与溴代丙酮酸乙酯发生环合反应、水解生成咪唑[1,2-a]吡啶-2-羧酸类化合物，然后与磺酰胺在 EDC 催化下合成三氟咪啶酰胺（图 2-118）。

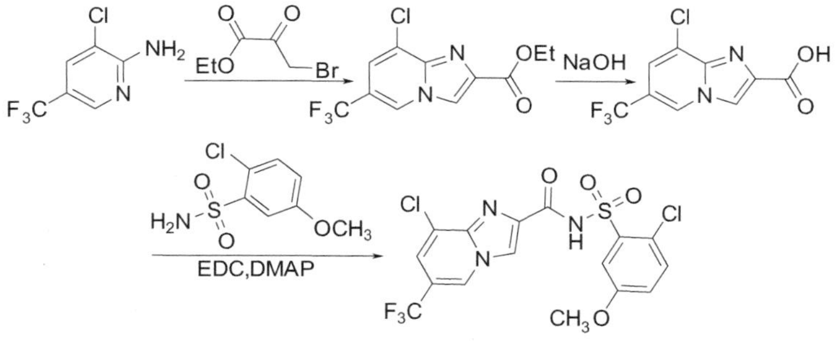

图 2-118 三氟咪啶酰胺合成路线

将 243mg 8-氯-6-(三氟甲基)-咪唑[1,2-a]吡啶-2-羧酸、340mg 4-二甲氨基吡啶、232mg 1-(3-二甲氨基丙基)-3-乙基碳二亚胺盐酸盐溶于 5mL 叔丁醇和 5mL 二氯甲烷中，反应在室温下搅拌 15min。190mg 2-氯-5-甲氧基苯磺酰胺加入到上述溶液中，室温下过夜反应。加入 200mL 二氯甲烷，然后用 3100mL 1mol/L 盐酸萃取，有机相用硫酸镁干燥，浓缩得到固体，用乙醚洗，得到 240mg 白色固体，熔点 211～212℃。

fluhexafon

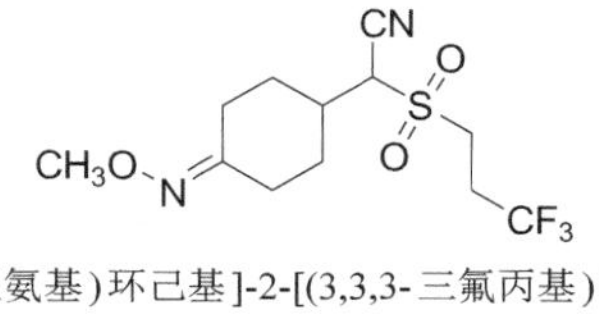

2-[4-(甲氧亚氨基)环己基]-2-[(3,3,3-三氟丙基)磺酰基]乙腈

fluhexafon 为日本住友化学开发的氰基硫醚杀虫剂，代号 S-1817，用于防治褐飞虱。

合成路线 以 3-溴-1,1,1-三氟丙烷为起始原料，经过硫代乙酸钾反应，引入硫代乙酸酯，再与氯乙腈发生亲核取代，生成 2-[(3,3,3-三氟丙基)硫代]乙腈，在钨酸钠催化下，双氧水将硫氧化为砜，与 1,4-环己二酮单乙二醇缩酮进行亲核加成-消去反应，硼氢化钠还原，最后与甲氧基胺盐酸盐生成 fluhexafon（图 2-119）。

将 2.81g 2-(4-氧代环己基)-2-(3,3,3-三氟丙基磺酰基)乙腈溶于 10mL 四氢呋喃中，加入 0.79g 甲氧基胺盐酸盐和 0.75g 吡啶，反应在室温下搅拌 3h。在反应液中加入 30mL 1mol/L HCl，用 50mL 乙酸乙酯萃取两次，合并有机相，依次用 50mL 饱和碳酸氢钠、饱和食盐水洗。有机相用硫酸钠干燥，过滤、浓缩、硅胶柱色谱分离得到 2.86g 目标产物。

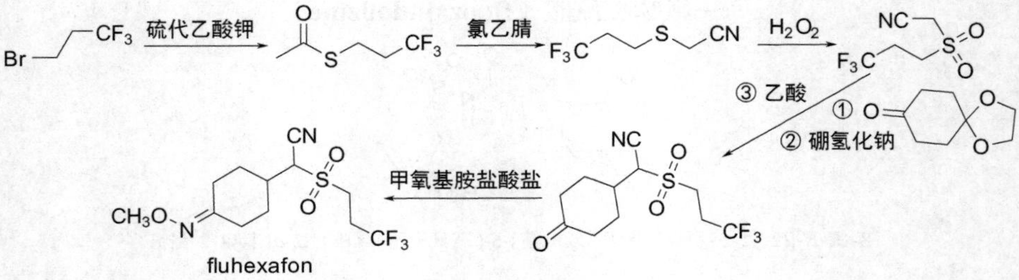

图 2-119   fluhexafon 合成路线

fluxametamide

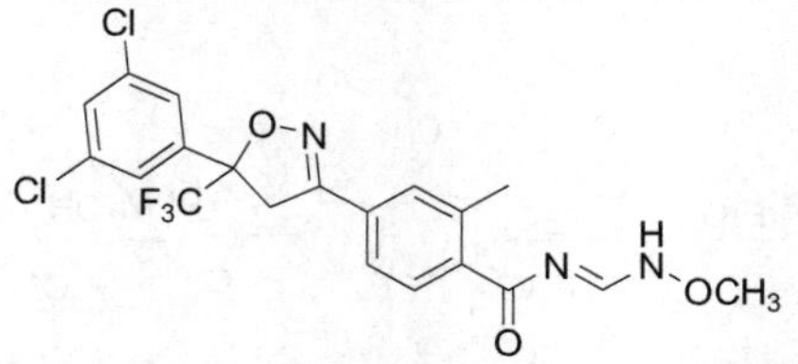

(E)-4-[5-(3,5- 二氯苯基)-5-(三氟甲基)-4,5- 二氢异噁唑 -3- 基]-N-[(甲氧基氨基) 亚甲基]-2- 甲基苯甲酰胺

  fluxametamide 为日本日产化学公司开发的异噁唑类杀虫剂，代号 NC-515。主要用于蔬菜、果树、棉花、大豆、茶树等作物防治鳞翅目害虫、蓟马、粉虱、潜叶绳、甲虫等害虫和螨类。

  合成路线 分别以 3- 甲基 -4- 溴苯甲醛肟、3,5- 二氯苯基硼酸为原料，经过氯代和 Suzuki 偶联反应得到 4- 溴 -α- 氯 -3- 甲基苯甲醛肟、3,5- 二氯 -1-(1- 三氟甲基乙烯基) 苯，然后在碱催化下生成异噁唑环，再与一氧化碳反应生成羧酸，进而生成酰氯、酰胺，最后依次与 N,N- 二甲基甲酰胺二甲基缩醛、甲氧基胺盐酸盐作用，制得 fluxametamide(图 2-120)。

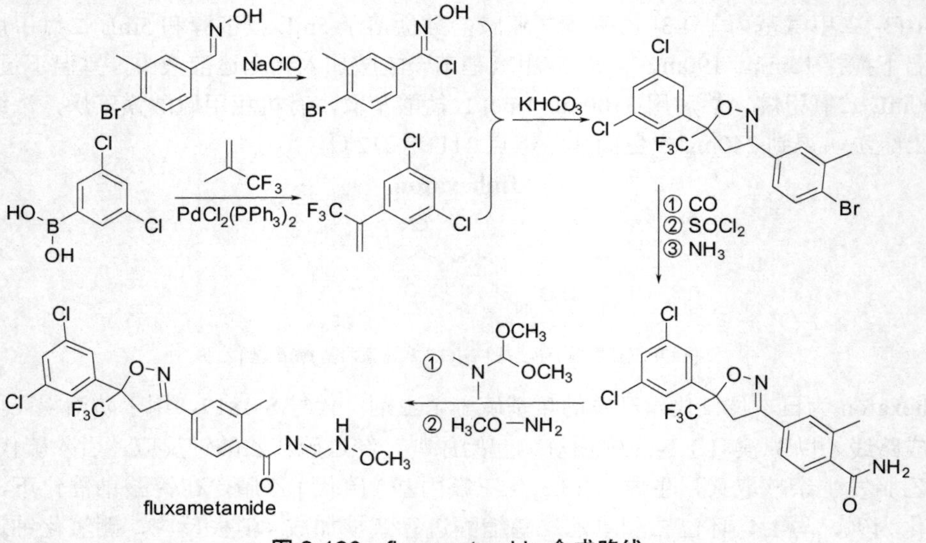

图 2-120   fluxametamide 合成路线

  将 6g 4-[5-(3,5- 二氯苯基)-5- 三氟甲基 -4,5- 二氢异噁唑 -3- 基]-2- 甲基苯甲酰胺和 50mL N,N- 二甲基甲酰胺二甲基缩醛在 120℃下搅拌 1.5h，反应完成后，减压除去溶剂，残余物用乙酸乙酯 - 正己烷（1：20）洗涤，得到 6.2g 浅黄色固体，熔点 146 ～ 147℃。

  将 0.25g 甲氧基胺盐酸盐溶于 4mL 水和 8mL 乙酸的混合物中，加入 4mL 5% 氢氧化钠溶液，上述 0.62g 4-[5-(3,5- 二氯苯基)-5- 三氟甲基 -4,5- 二氢异噁唑 -3- 基]-N-(二甲基 - 氨基亚

甲基)-2- 甲基苯甲酰胺溶于 5mL 1,4- 二氧六环中，滴加到胺盐溶液中。滴加结束后，室温下搅拌 2h。反应完成后，减压除去溶剂，残余物中加入 50mL 乙酸乙酯，水洗，有机相用无水硫酸钠干燥，减压脱溶剂，硅胶柱色谱分离，得到 0.44g 白色固体。熔点为 143 ～ 146℃。

flometoquin

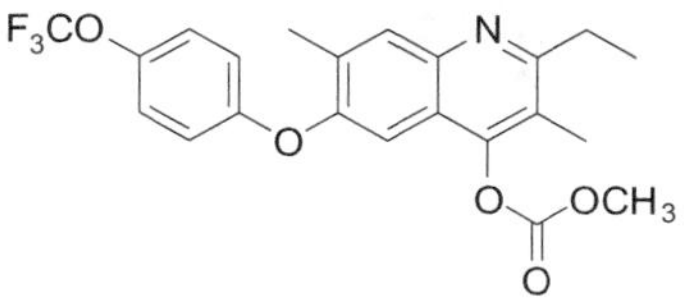

2- 乙基 -3,7- 二甲基 -6-[4-(三氟甲氧基) 苯氧基] 喹啉 -4- 基甲基碳酸酯

flometoquin 为日本明治制果公司研发的新型喹啉类杀虫剂，用于蔬菜、果树、小麦等作物，可防治蓟马、粉虱和鳞翅目类害虫，对那些诸如牧草虫之类的非常细小的、难以处理的害虫有显著效果，对于菱形斑纹蛾和其他的鳞翅目害虫同样有效。

合成路线　如图 2-121 所示。

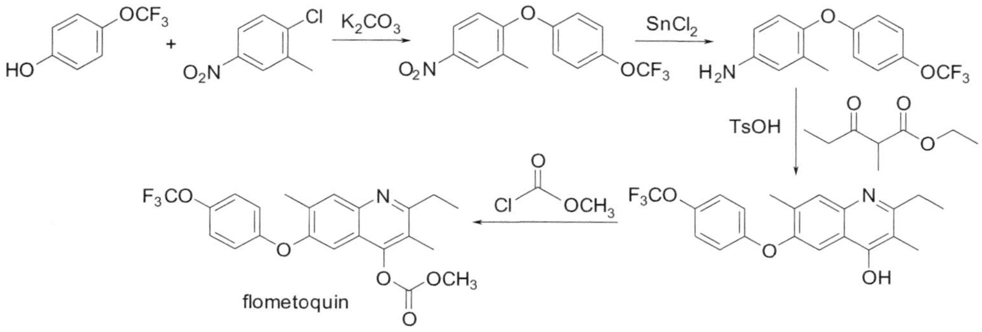

图 2-121　flometoquin 合成路线

将 1.46g 2- 乙基 -3,7- 二甲基 -6-[4-(三氟甲氧基) 苯氧基] 喹啉 -4- 醇、0.66g 碳酸钾和 20mL 甲苯依次加入到 50mL 反应瓶中，在室温搅拌下，加入 0.42g 氯甲酸甲酯。TLC 监测反应完全后，减压浓缩反应混合物后将乙酸乙酯和水加入到残留物中，萃取分层，有机相用饱和碳酸钠水溶液洗涤并减压浓缩，柱色谱分离，得到 flometoquin 白色固体 1.05g，收率 62.2%，熔点 112 ～ 114℃。

第3章 杀鼠剂

3.1 杀鼠剂分类与作用机理

有史以来，鼠类就是人类的大敌。目前，由于鼠类天敌的减少和自然环境的变迁，鼠害经常发生。杀鼠剂种类很多，可简单分为无机杀鼠剂和有机杀鼠剂，目前使用的杀鼠剂中除磷化锌外，绝大部分属于有机杀鼠剂。根据杀鼠速效性，有机杀鼠剂可分为急性杀鼠剂和慢性杀鼠剂。急性杀鼠剂作用机制是：作用于鼠类的神经系统、代谢过程以及呼吸系统，使其生命过程出现异常、衰竭或致病死亡，如安妥、灭鼠优、灭鼠安。

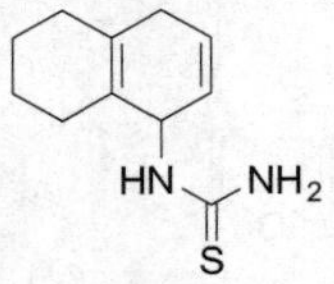

安妥 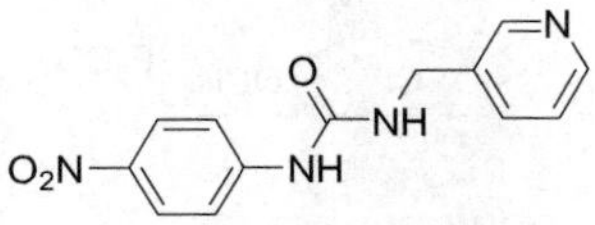　　　　　　　　　灭鼠优 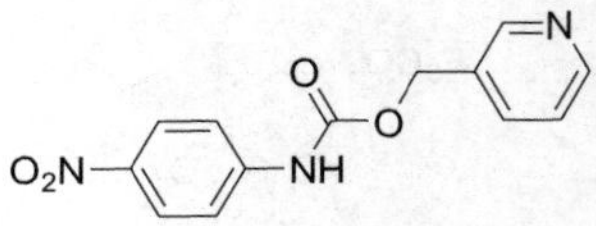　　　　　　　　　灭鼠安

慢性杀鼠剂多数为抗凝血剂，其作用机制是竞争性抑制维生素 K 的合成，使与其相配的抗凝血酶原的合成不能进行，血液中维生素 K 所依赖的凝血因子不断减少，血凝活性下降，引起血管破裂或器官内部摩擦自动出血，因血不能凝固致死。目前这类杀鼠剂有 4- 羟基香豆素和茚满二酮类杀鼠剂。香豆素杀鼠剂中第一代抗凝血杀鼠剂代表是杀鼠灵，而大隆则是第二代抗凝血杀鼠剂代表。第一代一般急性毒性小，需要多次投药；第二代则既有急性毒性又有慢性毒性，使用量减少，并且对产生抗性的鼠类仍然有效。然而，第二代虽然效果好，但是一旦产生抗药性，则目前没有替代药剂。

第一代抗凝血杀鼠剂代表性品种如下：

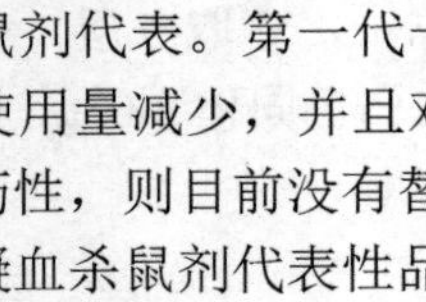

杀鼠灵 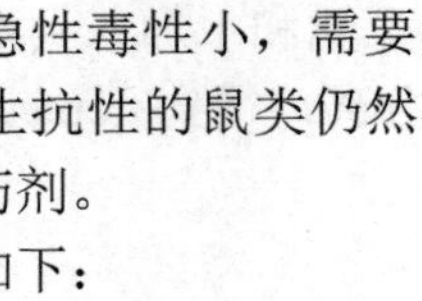　　　　　　　　克灭鼠 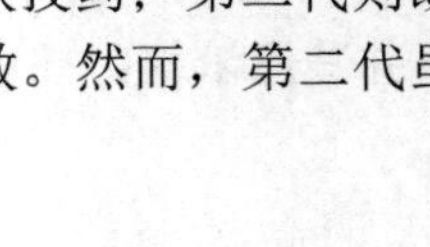　　　　　　　　灭鼠迷

第二代抗凝血杀鼠剂代表性品种如下：

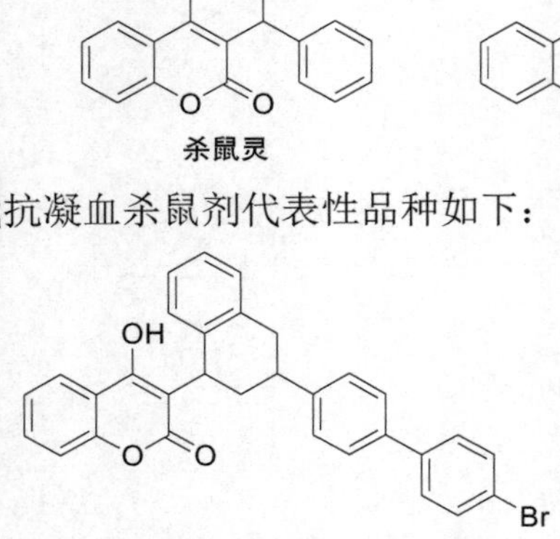

大隆 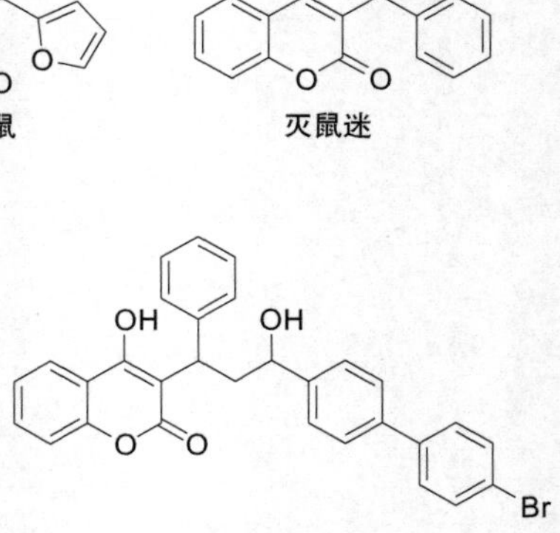　　　　　　　　　　　　　　　溴敌隆

茚满二酮类抗凝血杀鼠剂：

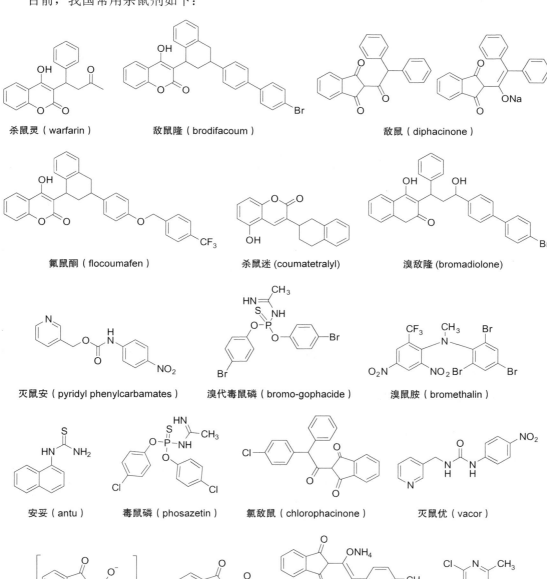

敌鼠　　　　　　　　　鼠完　　　　　　　　　杀鼠酮

目前，我国常用杀鼠剂如下：

杀鼠灵（warfarin）

敌鼠隆（brodifacoum）

敌鼠（diphacinone）

氟鼠酮（flocoumafen）

杀鼠迷（coumatetralyl）

溴敌隆（bromadiolone）

灭鼠安（pyridyl phenylcarbamates）

溴代毒鼠磷（bromo-gophacide）

溴鼠胺（bromethalin）

安妥（antu）

毒鼠磷（phosazetin）

氯敌鼠（chlorophacinone）

灭鼠优（vacor）

杀鼠酮钠盐（valone）

鼠完（pindone）

杀鼠新（ditolylacinone）

鼠立死（crimidine）

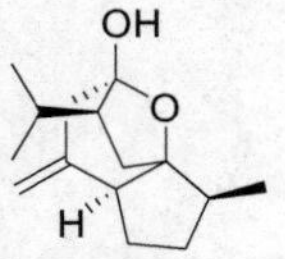

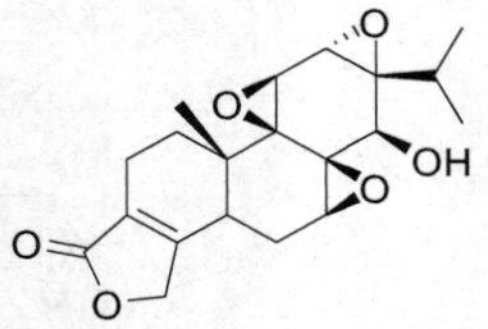

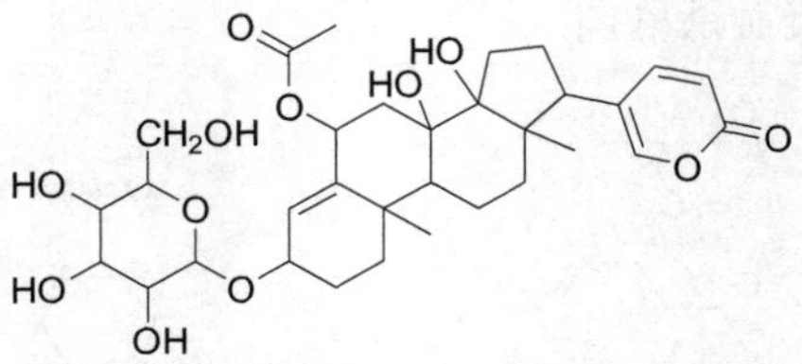

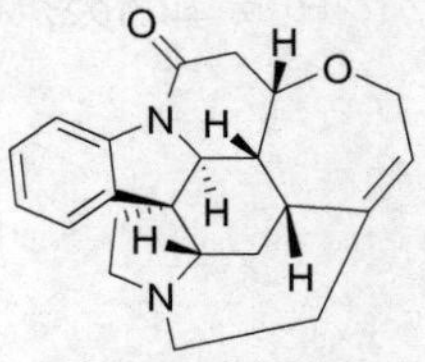

莪术醇（curcumol）　雷公藤内酯醇（triptolide）　　　红海葱（dethdiet）　　　　毒鼠碱（strychnine）

我国明令禁止使用的杀鼠剂有以下几种。

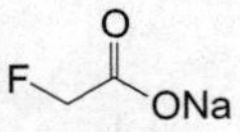

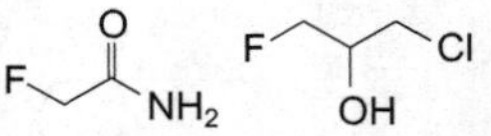

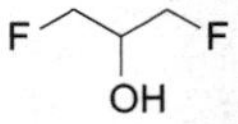

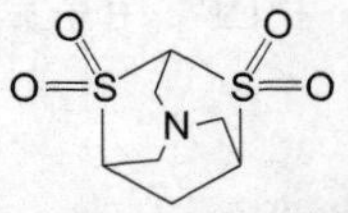

氟乙酸钠（sodium fluoroacetate）　氟乙酰胺（fluoroacetamide）　　　鼠甘伏 (gliftor)　　　毒鼠强（tetramine）

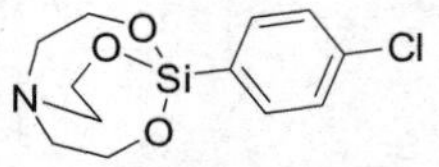

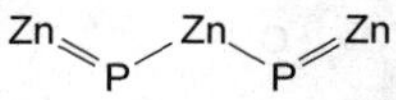

毒鼠硅（silatrane）　　磷化锌 (zinc phosphide)

3.2　代表性品种的结构与合成

灭鼠安

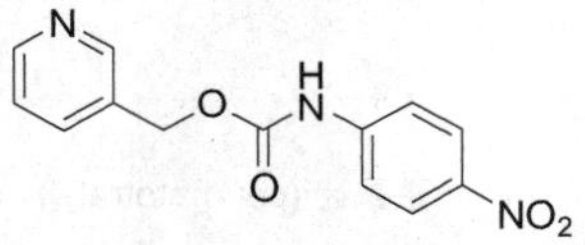

N-(对硝基苯基)氨基甲酸吡啶-3-甲基酯

灭鼠安是 20 世纪 70 年代美国罗门 - 哈斯公司开发的氨基甲酸酯类杀鼠剂，对各种鼠类均有效，对兽类、家禽危险性小；使用浓度为 1%，灭效达 90%。

纯品灭鼠安为淡黄色粉末，熔点 229～237℃，不溶于水，微溶于苯、氯仿、乙酸乙酯等，溶于丙酮、DMF 等。

灭鼠安原药急性经口 LD_{50}（mg/kg）：大白鼠 15～20，小白鼠 12～14，小家鼠 24，褐家鼠 17.8，黄毛鼠 22.8，黄胸鼠 35.6，长爪沙鼠 5.19，黑线姬鼠 9.4；对家禽、家畜的毒性较低，无二次中毒问题；对动物无致畸、致突变、致癌作用。

逆合成分析　如图 3-1 所示。

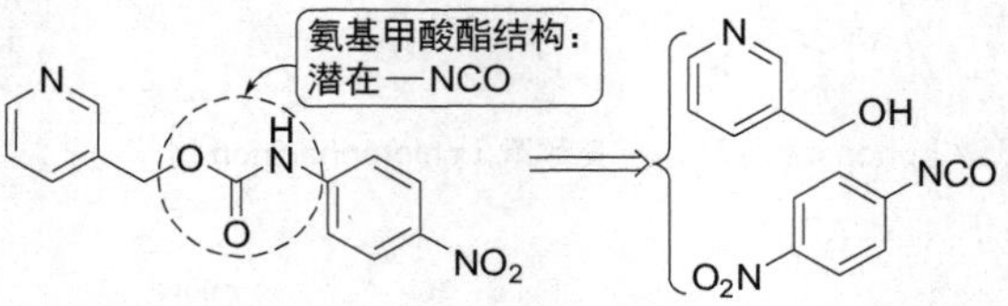

图 3-1　灭鼠安逆合成分析

合成路线　3- 氰基吡啶常压常温下用氢气还原，制得 3- 羟甲基吡啶。在乙酸乙酯中对硝基苯胺与光气反应制得异氰酸对硝基苯酯。在甲苯中 3- 羟甲基吡啶与异氰酸对硝基苯酯回流反应 2h 即可制得目标物。

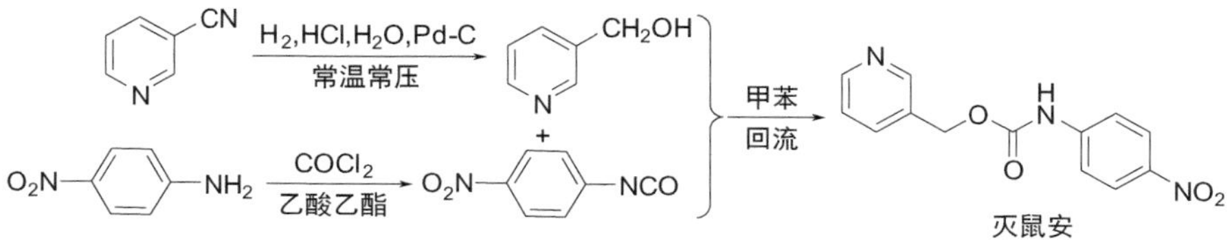

灭鼠安

杀鼠灵（warfarin）

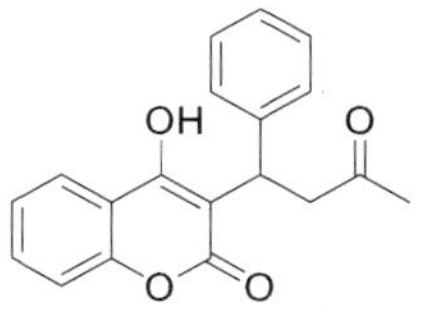

3-(1-丙酮基苄基)-4-羟基香豆素

杀鼠灵又称灭鼠灵、华法令，属于抗凝血性杀鼠剂，主要用于居住区、粮库、家禽饲养场杀灭家鼠；投药后 3d 后发现死鼠，1 周内出现高峰。

外消旋体杀鼠灵为色、无味、无臭结晶，熔点 159～161℃，易溶于丙酮，能溶于醇、不溶于苯和水。烯醇式呈酸性，与金属形成盐，其钠盐溶于水，不溶于有机溶剂。烯醇乙酸酯的熔点为 117～118℃，酮式熔点为 182～183℃。

杀鼠灵原药急性经口 LD_{50}（mg/kg）：对家鼠 3，对鸡、牛、羊毒力较小，对猪、狗、猫较敏感。

逆合成分析 如图 3-2 所示。

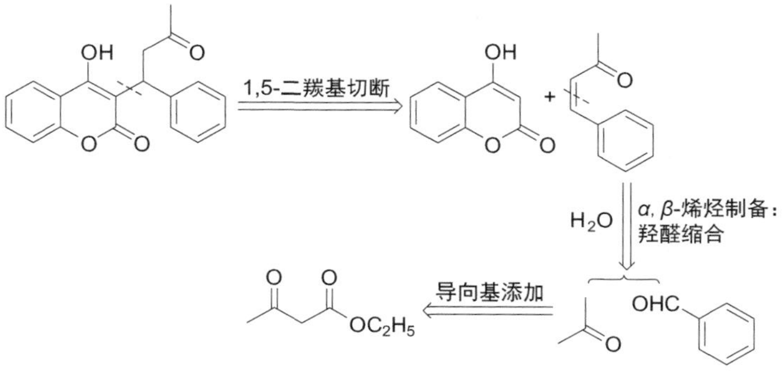

图 3-2 杀鼠灵逆合成分析

合成路线 水杨酸用甲醇酯化后于 40℃与醋酐酰化，然后于 240～250℃在金属钠作用下缩合闭环、酸化合成 4-羟基香豆素。苯甲醛与乙酰乙酸乙酯脱水缩合，然后经过皂化脱羧生成亚苄基丙酮，该中间体与 4-羟基香豆素在吡啶中回流 24h 即可制得目标物。

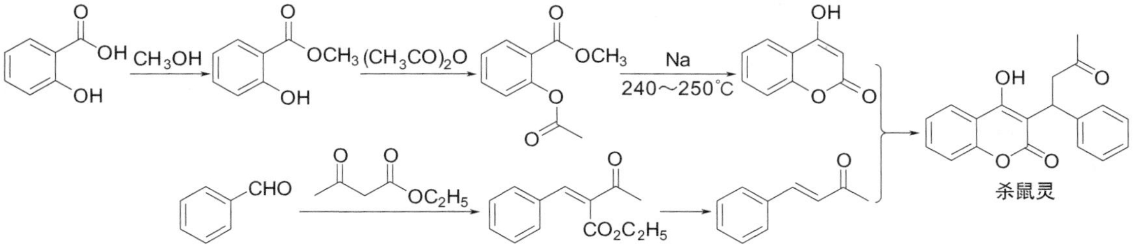

敌鼠隆（brodifacoum）

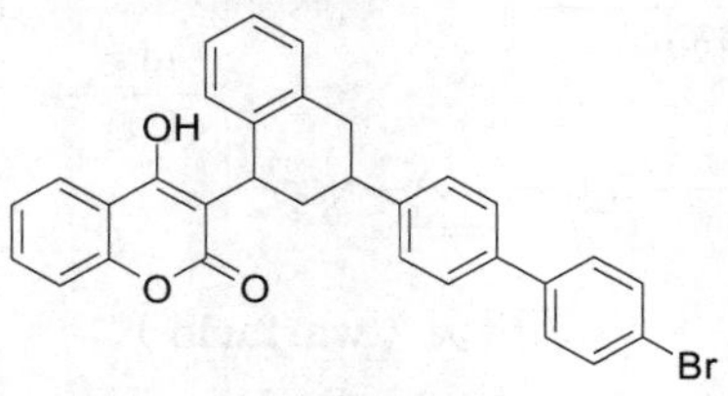

3-[3-(4′-溴-1,1-联苯-4-基)-1,2,3-四氢-1-萘基]-4-羟基香豆素

敌鼠隆又名大隆，是第二代抗凝血性杀鼠剂，由英国 Sorex 有限公司 1975 年开发，对抗性鼠的灭效为第一代抗凝血剂的 10 ～ 100 倍。

纯品敌鼠隆为黄白色粉末，熔点 226 ～ 232℃，几乎不溶于水和石油醚，可溶于氯仿、丙酮，微溶于苯。

敌鼠隆原药急性经口 LD_{50}（mg/kg）：大鼠 0.47 ～ 0.53，小家鼠 2.4，大家鼠 0.22 ～ 0.26，褐家鼠 0.32，黄毛鼠 0.41，大鼠经皮 5.0；对蜜蜂、家蚕、鱼类、鸟类有毒。

逆合成分析 如图 3-3 所示。

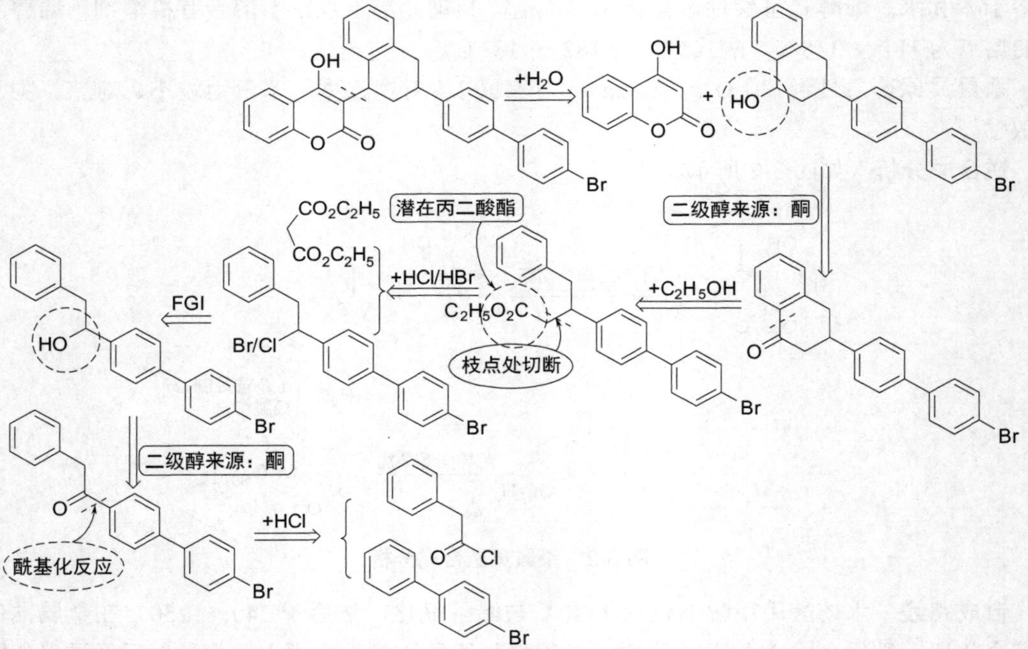

图 3-3 敌鼠隆逆合成分析

合成路线 以对溴联苯和苯乙酰氯为起始原料，经过下述路线制得目标物（图 3-4）。

在反应瓶中放入含量 95% 的 4-羟基香豆素、催化剂和有机溶剂，加热溶解，稍冷，加入"环醇"，加热一定时间，稍冷加入一定水，过滤，滤液分去水层，将有机层洗至中性，蒸去溶剂，趁热倒入蒸残物，冷后结成黄色固体物，烘干，研成细粉，即得敌鼠隆原药粗品。经纯化得到敌鼠隆精品，含量 95%，收率 74%。

注：用与制备杀鼠灵、敌鼠隆类似的方法，可以制备氟鼠酮（flocoumafen）、杀鼠迷 (coumatetralyl)、溴敌隆 (bromadiolone) 等杀鼠剂。

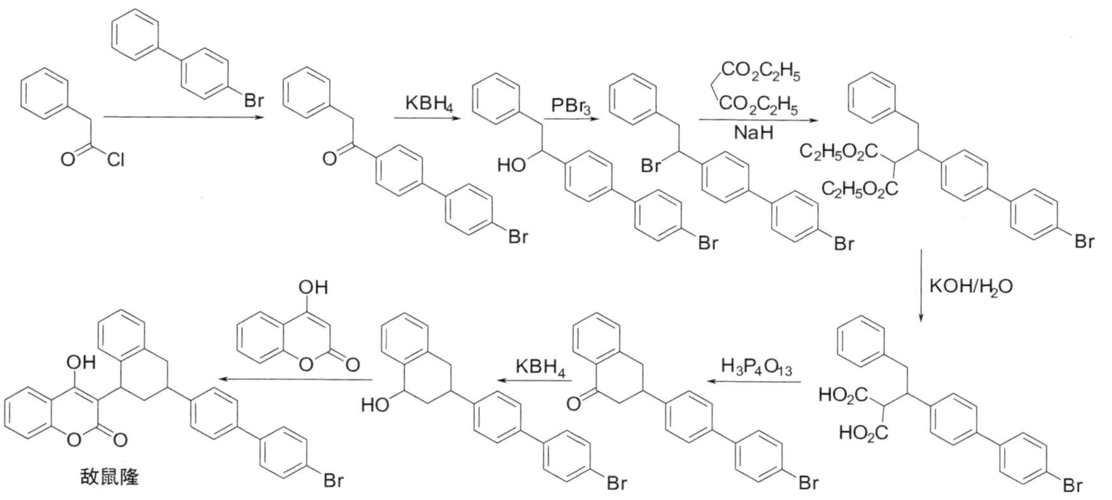

图 3-4　敌鼠隆合成路线

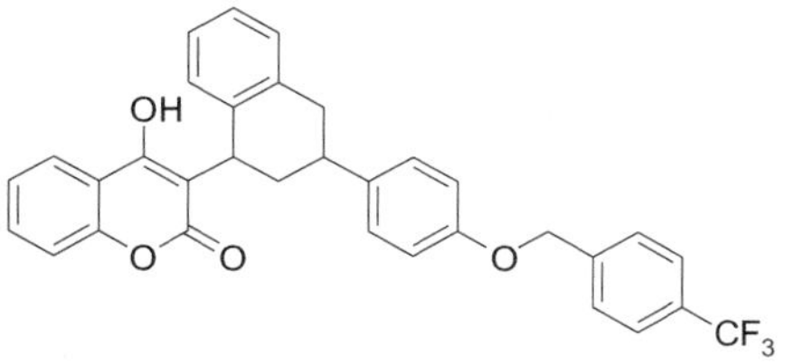

氟鼠酮 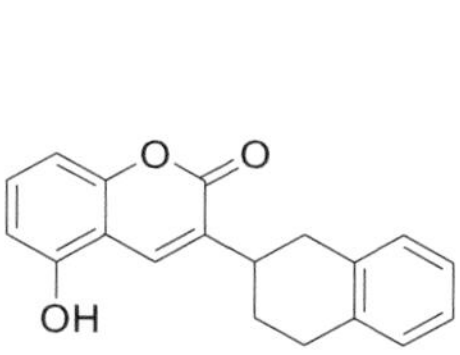　　　　　　　杀鼠迷 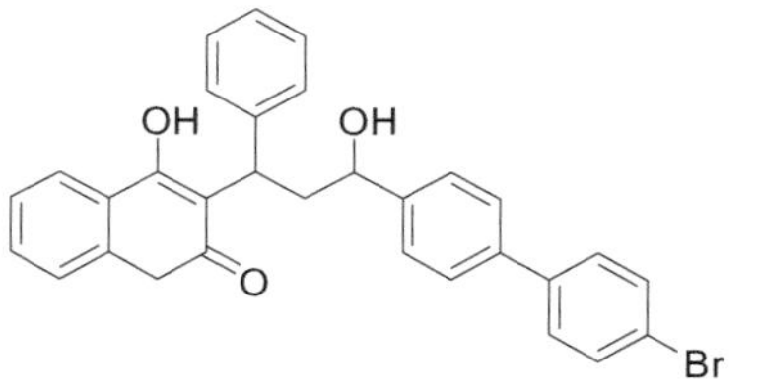　　　　　　　溴敌隆

敌鼠（diphacinone）

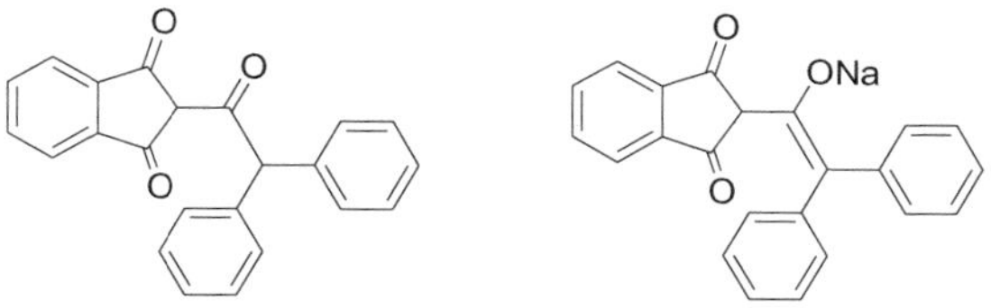

2-(二苯基乙酰基)-1,3-茚满二酮及其钠盐

敌鼠又名野鼠净、鼠敌、敌鼠钠，是茚满二酮类杀鼠剂，由 Velsicol 公司和 Upjohn 公司 1958 年开发，至今仍是我国主要杀鼠剂品种之一；可用于城镇、农田、林区、牧场、荒漠等地区灭鼠，对各种常见鼠种均有较高灭效；人、畜一旦误食中毒，应立即送医院救治，维生素 K_1 是中毒解药。

纯品敌鼠为黄白色粉末，无臭无味，熔点 146～147℃；溶解性（20℃，g/L）：丙酮 29，氯仿 204，乙醇 2.1，二甲苯 50；在碱性条件下生成盐，水溶液在太阳光下迅速分解。

敌鼠原药急性经口 LD_{50}（mg/kg）：大鼠 2，高原鼠 8.7；二次中毒：对猫极强。

逆合成分析　如图 3-5 所示。

合成路线　如图 3-6 所示。

将溶剂甲苯和催化剂甲醇钠投入反应釜中升温至 110℃，共沸后加入邻苯二甲酸二甲酯和甲苯混合液，并滴加偏二苯基丙酮的甲苯混合液，滴毕于 100～120℃反应 1.5～2h，在酸性介质或中性介质中，得敌鼠。

注：用类似的方法，可以制备氯敌鼠（chlorophacinone）、杀鼠酮钠盐（valone）、鼠完（pindone）、杀鼠新（ditolylacinone）等杀鼠剂。

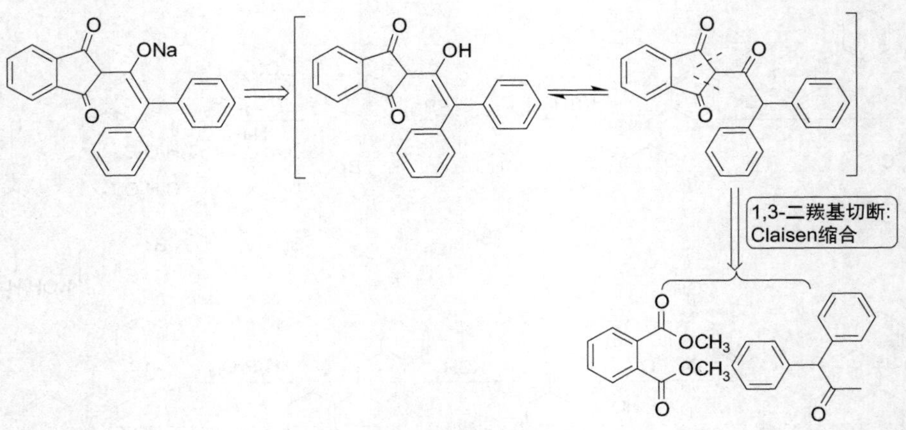

图 3-5   敌鼠逆合成分析

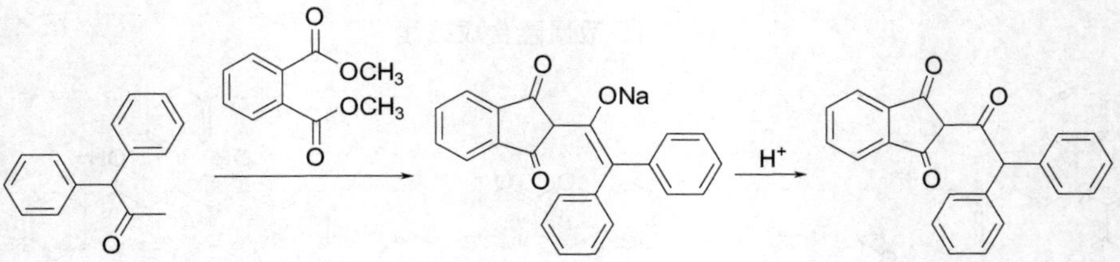

图 3-6   敌鼠合成路线

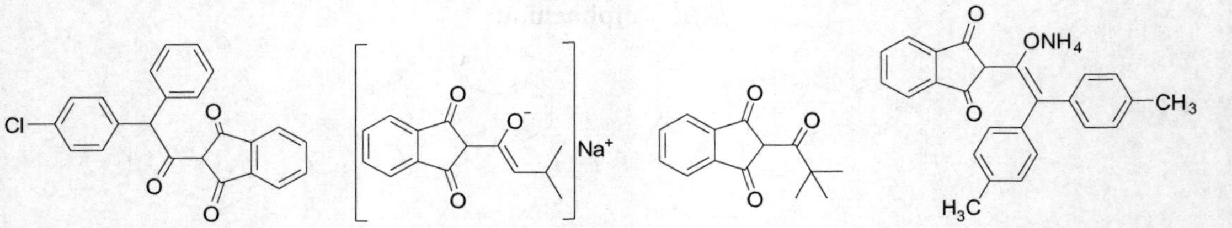

氯敌鼠   杀鼠酮钠盐   鼠完   杀鼠新

溴鼠胺（bromethalin）

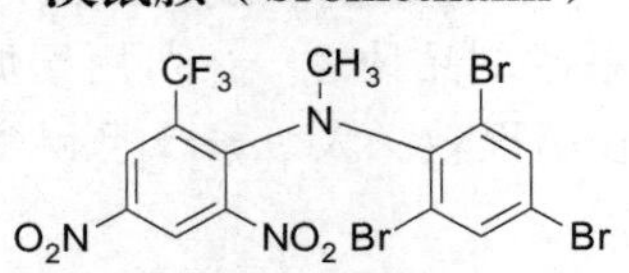

N- 甲基 -*N*-(2,4- 二硝基 -6- 三氟甲基)-2,4,6- 三溴苯胺

溴鼠胺又名溴杀灵，是 20 世纪 70 年代美国 Lilly 公司开发的二苯胺类速效杀鼠剂，其优点是适口性好，灭效高，使用浓度低，无二次中毒。

纯品溴鼠胺为淡黄色针状结晶，无臭无味，熔点 150 ~ 151℃，溶于氯仿、二氯甲烷、丙酮、乙醚及热的乙醇中，中等程度地溶于芳烃，不溶于水。

溴鼠胺原药急性经口 LD_{50}（mg/kg）：小家鼠 8.13（雌）、5.25（雄），褐家鼠 2.01（雌）、2.46（雄），黑家鼠 6.6，黄胸鼠 3.292；对兔眼睛和皮肤有轻度刺激性。

合成路线   以邻甲基苯胺为起始原料，经重氮化、氯代制得邻氯甲苯，然后经过氟化、硝化得到 2- 氯 -3,5- 二硝基三氟甲苯，该中间体经氟化后与 *N*- 甲基苯胺在 DMF 中缩合制得 *N*- 甲基 -2,4- 二硝基 -*N*- 苯基 -6- 三氟甲基苯胺，该胺在加热条件下直接用溴素溴化即可制得目标化合物溴鼠胺，如图 3-7 所示。

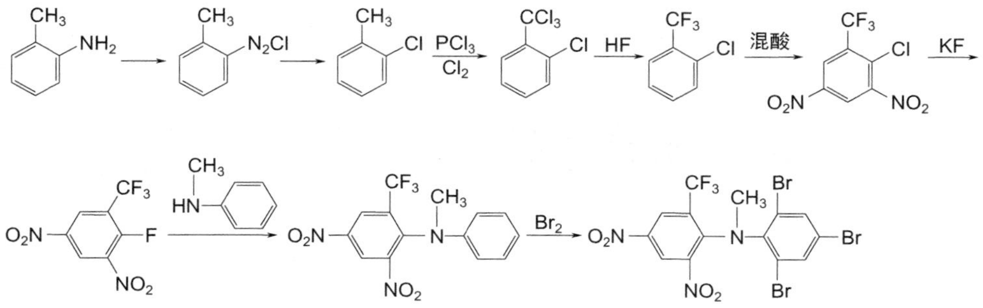

图 3-7 溴鼠胺合成路线

第4章 杀菌剂

4.1 概述

杀菌剂主要是指一类能够杀死或抑制植物病原微生物（真菌、细菌、病毒）而又不至于造成植物严重损害的化学物质。古老的杀菌剂大多数是无机药剂。硫黄制剂、石硫合剂、波尔多液等早期杀菌剂，由于其固有的优点，至今仍在继续使用。有机杀菌剂的真正兴起是在20世纪40年代。从1934年H. Tisdale合成二硫代氨基甲酸盐类化合物，到1952年含有三氯甲硫基（—SCCl$_3$）化合物如克菌丹以及随后8-羟基喹啉铜、稻瘟散、链霉素等的合成与应用，有机杀菌剂有了较大发展。该时期的杀菌剂缺乏或没有内吸性。20世纪70年代中期可以说是杀菌剂研究与合成发展史上的一个转折点，这一时期涌现出许多内吸性杀菌剂，如以萎锈灵为代表的丁烯酰胺类、以苯菌灵为代表的苯并咪唑类、以甲菌定和乙菌定为代表的嘧啶类等上行性内吸杀菌剂，不足之处是大多对藻菌纲真菌无效。自20世纪80年代以来，杀菌剂得到空前发展，不论是防治谱的扩大方面，还是防治水平的提高以及更优良品种的出现方面，都有了很大进展。

各种病害是农业丰收的主要威胁之一。由于病害种类繁多，而化学农药之外的防除农业病害的手段相对有限，所以化学杀菌剂仍然是未来农药的研究主题之一。解决抗性、增强植物免疫能力、与环境友好则是杀菌剂研究的主要方向。

根据对防治对象的作用方式，杀菌剂可分为保护性杀菌剂、治疗性杀菌剂、铲除性杀菌剂、内吸性杀菌剂和非内吸性杀菌剂。根据化学组成和分子结构划分，目前使用的杀菌剂可分为以下几种：

（1）无机及金属、非金属有机杀菌剂　如石硫合剂、波尔多液、8-羟基喹啉铜等。

（2）氨基甲酸衍生物类杀菌剂　其结构特征是分子中含有氨基甲酸或硫代氨基甲酸基团。包括二硫代氨基甲酸衍生物类和氨基甲酸酯类杀菌剂，如福美双、代森锌、乙霉威等。

（3）二羧酰亚胺类杀菌剂　其结构特征是分子中含有二羧酰亚氨基团，如灭菌丹、腐霉利等。

（4）酰胺类杀菌剂　其结构特征是分子中含有酰胺特征结构基团。包括酰苯胺类杀菌剂、丁烯酰胺衍生物类杀菌剂、三氯乙基酰胺衍生物杀菌剂等，如苯菌灵、萎锈灵、苯胺灵、氟吗啉等。

（5）嘧啶类杀菌剂　其结构特征是分子中含有嘧啶环基团，如氟嘧菌胺等。

（6）三唑类杀菌剂　其结构特征是分子中含有五元三唑环基团，如三唑醇等。

（7）咪唑类杀菌剂　其结构特征是分子中含有五元咪唑环基团，如氰霜唑等。

（8）噁唑与噻唑类杀菌剂　其结构特征是分子中含有五元噁唑环或五元噻唑环基团，如立枯灵、噻菌灵等。

（9）有机磷类杀菌剂　其结构特征是分子为有机磷类化合物，如甲基立枯磷等。

（10）甲氧基丙烯酸酯类杀菌剂　其结构特征是分子中含有甲氧基丙烯酸酯基团，如嘧菌酯等。

（11）其他类杀菌剂　包括前十类杀菌剂之外的杀菌剂，如吗啉类、吡啶类、喹啉类等。

4.2　无机及金属、非金属有机杀菌剂

无机杀菌剂是指以无机物为原料合成的具有杀菌作用的元素或无机化合物，目前主要有胶体硫、石硫合剂、波尔多液等。金属有机杀菌剂是指由某些金属如 Hg、Cu、Sn 和非金属如 As 等形成的化合物，目前使用较少。

石硫合剂（lime sulphur）

石硫合剂的化学名称叫多硫化钙，分子式为 $CaS \cdot S_x$，外观为褐色液体，具有强烈的臭鸡蛋气味，呈碱性，易溶于水，遇酸分解；属于保护性杀菌剂，是菌体细胞的生物氧化（呼吸）抑制剂，对叶斑病、锈病、白粉病有很好的防治效果；可以兼治红蜘蛛、锈壁虱，因其能软化蚧壳虫的蜡质，所以也可以用作防治蚧壳虫。石硫合剂属于碱性杀菌剂，不能与酸性农药混用，也不能和在碱性介质中不稳定的农药混用，例如喷施过石硫合剂的作物应间隔 7～10d 方可使用波尔多液；而喷施过波尔多液的作物也需要间隔 20d 才能使用石硫合剂。

石硫合剂的制备　石灰、硫黄、水经过加热煮制，相关反应如下。

$$6CaO+21S \longrightarrow 6Ca^{2+}+2S_2O_3^{2-}+3S_4^{2-}+S_5^{2-}$$

$$CaO+H_2O \longrightarrow Ca(OH)_2$$

$$3S+3H_2O \longrightarrow 2H_2S+H_2SO_3$$

$$H_2S+Ca(OH)_2+xS \longrightarrow CaS \cdot S_x+2H_2O$$

制备时质量配比一般为：石灰∶硫黄∶水＝1∶（1.4～1.5）∶13。石硫合剂在空气中将发生下述反应。

$$CaS \cdot S_x+2H_2O \longrightarrow Ca(OH)_2+H_2S+xS$$

$$Ca(OH)_2+CO_2 \longrightarrow CaCO_3+H_2O$$

$$2CaS \cdot S_x+3O_2 \longrightarrow 2CaS_2O_3+2(x-1)S$$

$$CaS_2O_3 \longrightarrow CaSO_3+S$$

$$CaS_2O_3+CaO+2O_2 \longrightarrow 2CaSO_4$$

$$CaS \cdot S_x+CO_2+H_2O \longrightarrow CaCO_3+H_2S+xS$$

波尔多液（Bordeaux mixtue）

波尔多液，1885 年由 A. Millardet 发现，外观为蓝色絮状悬浮液，静置后渐渐形成无定形沉淀，长时间放置易变成结晶，并呈红紫色，沉淀的组成主要是被硫酸钙吸附的氢氧化铜。波尔多液是一种胶状悬浮液，在植物表面黏着力较强，耐雨水冲刷，持效期为 15～20d，属于保护性杀菌剂，对霜霉病、绵腐病、炭疽病、幼苗猝倒病等有良好的防治效果。杀菌作用主要是由铜离子产生的，因此对铜离子耐受能力差的植物容易产生药害。

波尔多液的制备：将硫酸铜、石灰、水按照硫酸铜∶石灰∶水＝4∶4∶50 或 10∶15∶100 的比例混合充分搅拌制得，相关化学反应如下。

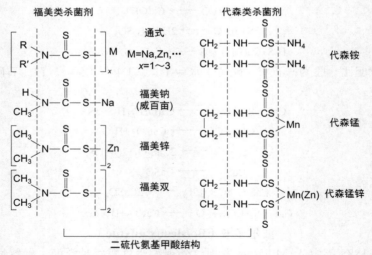

4.3　氨基甲酸衍生物类杀菌剂

4.3.1　结构特点与合成设计

氨基甲酸衍生物类杀菌剂是最早大量广泛用于防治植物病害的一类有机化合物，结构特征是分子中含有 或 或 基团，都可以看作是氨基甲酸衍生物，但结构差异较大。本大类杀菌剂包括含有 特征结构的二硫代氨基甲酸衍生物类杀菌剂和含有 特征结构的氨基甲酸酯类杀菌剂，结构特点如下。

福美类和代森类杀菌剂的合成，一般是先制得二硫代氨基甲酸酯的钠盐或者铵盐，然后分别与某些无机盐中的金属离子进行交换反应，或者用氧化剂进行氧化反应制得二硫代氨基甲酸酯衍生物。

（1）福美类杀菌剂的合成　起始原料为胺及二硫化碳和氢氧化钠或氨水。

① 福美钠或福美铵的合成

$$\underset{R^1}{\overset{R}{>}}NH + CS_2 + NaOH(NH_3 \cdot H_2O) \longrightarrow \underset{R^1}{\overset{R}{>}}N-\overset{S}{\underset{}{C}}-SNa(NH_4) + H_2O$$

具体示例：

$$\underset{H_3C}{\overset{H_3C}{>}}NH + CS_2 + NaOH(NH_3 \cdot H_2O) \longrightarrow \underset{H_3C}{\overset{H_3C}{>}}N-\overset{S}{\underset{}{C}}-SNa(NH_4) + H_2O$$

② 福美盐的合成

$$n\left[\underset{R^1}{\overset{R}{>}}N-\overset{S}{\underset{}{C}}-SNa(NH_4)\right] + M^{n+} \longrightarrow \left[\underset{R^1}{\overset{R}{>}}N-\overset{S}{\underset{}{C}}-S-\right]_nM + nNa^+(NH_4^+)$$

$n = 2,3;\ M = Ni,\ Zn,\ Fe;\ R = H,\ CH_3;\ R^1 = CH_3$

具体示例：

$$2\left[\underset{H_3C}{\overset{H_3C}{>}}N-\overset{S}{\underset{}{C}}-SNa(NH_4)\right] + Zn^{2+} \longrightarrow \left[\underset{H_3C}{\overset{H_3C}{>}}N-\overset{S}{\underset{}{C}}-S-\right]_2Zn + 2Na^+(NH_4^+)$$

（2）代森类杀菌剂的合成　起始原料为亚乙基或取代亚乙基。

$$\underset{R-CHNH_2}{\overset{CH_2NH_2}{|}} + CS_2 + NaOH(NH_3 \cdot H_2O) \longrightarrow \underset{R-CHNH-\overset{S}{\underset{S}{C}}-SNa(NH_4)}{\overset{CH_2NH-\overset{S}{\underset{}{C}}-SNa(NH_4)}{|}} + H_2O$$

$$\underset{R-CHNH-\overset{}{\underset{S}{C}}-SNa(NH_4)}{\overset{CH_2NH-\overset{S}{\underset{}{C}}-SNa(NH_4)}{|}} + M^{2+} \longrightarrow \underset{R-CHNH-\overset{}{\underset{S}{C}}-S}{\overset{CH_2NH-\overset{S}{\underset{}{C}}-S}{|}}M + 2Na^+(NH_4^+)$$

M=Zn,Mn,(Zn·Mn),Ni

（3）烷酯类二硫代氨基甲酸酯衍生物杀菌剂的合成　主要是胺类与二硫化碳加成。如噻胺酯制备：

$$\text{(噻唑-2-NH}_2) + CS_2 + NaOH \longrightarrow \text{(噻唑-2-NH-}\overset{S}{\underset{}{C}}\text{-SNa)}$$

$$\text{(噻唑-2-NH-}\overset{S}{\underset{}{C}}\text{-SNa)} + ClH_2C-\overset{O}{\underset{}{C}}-O\cdot C_2H_5 \longrightarrow \text{噻唑-2-NH-}\overset{S}{\underset{}{C}}\text{-S-CH}_2\text{-}\overset{O}{\underset{}{C}}\text{-O}\cdot C_2{}_5\text{H} + NaCl$$

噻胺酯

（4）氨基甲酸酯类杀菌剂的合成　氨基甲酸酯类杀虫剂的合成方法同样适用于氨基甲酸酯类杀菌剂。

4.3.2　代表性品种的结构与合成

福美双（thiram）

$$\underset{\underset{CH_3}{|}}{H_3C-N}-\overset{S}{\underset{}{C}}-S-S-\overset{S}{\underset{}{C}}-\underset{\underset{CH_3}{|}}{N-CH_3}$$

双（二甲基硫代氨基甲酰基）二硫物

福美双是早期使用的杀菌剂之一，1931 年由美国杜邦公司开发，是目前我国杀菌剂主要品种之一。福美双广谱、低毒，属于保护性有机硫杀菌剂，茎叶喷雾可以防治果树、蔬菜的真菌性病害，如白菜、黄瓜的霜霉病，葡萄的白腐病、炭疽病，梨的黑星病，苹果的黑点病等，拌种使用防治水稻稻瘟病等；土壤处理蔬菜苗床，可防治黄瓜等的立枯病、猝倒病等。

纯品福美双为白色结晶，熔点 155 ～ 156℃；溶解性（25℃，g/L）：水 0.3，乙醇 10，丙酮 80；在有还原剂的酸性介质中分解，可被氯气分解；工业品为白色或淡黄色粉末。

福美双原药急性 LD_{50}（mg/kg）：大鼠经口 378 ～ 865，小鼠经口 1500 ～ 2000；对皮肤、黏膜有刺激作用，长期接触的人饮酒有过敏反应。

合成路线 工业生产一般以二甲胺、二硫化碳、氢氧化钠为起始原料，先制得福美钠，再由福美钠制备福美双。

（1）福美钠的合成 二甲胺、氢氧化钠混合液中于 10 ～ 30℃下滴加二硫化碳，之后继续搅拌反应 1.5 ～ 2.0h。

（2）福美双的合成 以福美钠或福美铵为原料，经过氧化制得，根据氧化方式不同，有如下四种方法，前三种方法工业生产时均产生大量废水，目前工业生产常用氯气氧化法。

在 3000L 反应釜中加水 1000kg，再加 15% 福美钠 1000kg，搅拌并通入空气 - 氯气混合气体，氯气消耗量达到 37kg 后检查反应液 pH 值，当 pH3 时停止通氯气，继续鼓入空气 10min，反应物料用稀碱水溶液调整 pH6 ～ 7，离心过滤、水洗制得福美双湿料，经干燥制得福美双原粉。

代森锌（zineb）

亚乙基双-(二硫代氨基甲酸)锌

代森锌是早期使用的杀菌剂之一，1943 年由美国罗门 - 哈斯公司开发。代森锌广谱、低毒，属于保护性有机硫杀菌剂，用于防治多种作物的许多病害，如麦类锈病、赤霉病，水稻稻瘟病、白叶枯病，苹果和梨的赤星病、黑点病、花腐病，葡萄的霜霉病、黑豆病，桃树的炭疽病，黄瓜的霜霉病，烟草的立枯病，甜菜的褐斑病等。

纯品代森锌为白色粉末，工业品为灰白色或淡黄色粉末，有臭鸡蛋味；难溶于水，除吡啶外，不溶于大多数有机溶剂；对光、热、潮湿不稳定，易分解放出二氧化碳；在温度高于100℃时分解自燃，在酸、碱性介质中易分解，在空气中缓慢分解。

代森锌原药急性 LD_{50}（mg/kg）：大鼠经口＞5000、经皮＞2500；对皮肤、黏膜有刺激作用。

合成路线　首先合成代森钠，然后以代森钠为原料合成代森锌。

（1）代森钠的合成　有一步法和两步法，两步法有利于控制副产物三硫代碳酸钠的生成，产品质量好、收率较高，国内多采用此法：在25～35℃往乙二胺中滴加二硫化碳，之后继续搅拌0.5h，再于35℃左右滴加氢氧化钠，控制 pH ≤ 9，之后继续搅拌1h。

一步法：

$$\begin{array}{c} CH_2NH_2 \\ | \\ CH_2NH_2 \end{array} + CS_2 + NaOH \longrightarrow \begin{array}{c} CH_2NH{-}\overset{\displaystyle S}{C}{-}SNa \\ | \\ CH_2NH{-}\underset{\displaystyle S}{C}{-}SNa \end{array} + H_2O$$

代森钠

两步法：

$$\begin{array}{c} CH_2NH_2 \\ | \\ CH_2NH_2 \end{array} + CS_2 \longrightarrow \begin{array}{c} \overset{+}{N}H_3CH_2CH_2NHCSS^- \\ CH_2NHCSSH \cdot H_2NH_2C \\ | \\ CH_2NHCSSH \cdot H_2NH_2C \end{array} \xrightarrow{CS_2 + NaOH} \begin{array}{c} CH_2NH{-}\overset{\displaystyle S}{C}{-}SNa \\ | \\ CH_2NH{-}\underset{\displaystyle S}{C}{-}SNa \end{array} + H_2O$$

代森钠

或：

$$\begin{array}{c} CH_2NH_2 \\ | \\ CH_2NH_2 \end{array} + CS_2 \longrightarrow NH_2CH_2CH_2NHCSSH \xrightarrow{CS_2 + NaOH} \begin{array}{c} CH_2NH{-}\overset{\displaystyle S}{C}{-}SNa \\ | \\ CH_2NH{-}\underset{\displaystyle S}{C}{-}SNa \end{array} + H_2O$$

代森钠

（2）代森锌的合成　前步合成的代森钠用5%硫酸中和至 pH6～7，然后于40～45℃加入硫酸锌，搅拌0.5h即可。

$$\begin{array}{c} CH_2NH{-}\overset{\displaystyle S}{C}{-}SNa \\ | \\ CH_2NH{-}\underset{\displaystyle S}{C}{-}SNa \end{array} + ZnSO_4 \longrightarrow \begin{array}{c} CH_2NH{-}\overset{\displaystyle S}{C}{-}S \\ | \qquad\qquad Zn \\ CH_2NH{-}\underset{\displaystyle S}{C}{-}S \end{array} + Na_2SO_4$$

代森锌

代森锰锌（mancozeb）

$$\left[\begin{array}{c} CH_2NH{-}\overset{\displaystyle S}{C}{-}S \\ | \qquad\qquad Mn \\ CH_2NH{-}\underset{\displaystyle S}{C}{-}S \end{array}\right]_x Zn_y$$

1,2-亚乙基双二硫代氨基甲酸锰和锌离子的配合物

代森锰锌1961年由美国罗门-哈斯公司与杜邦公司开发，是目前我国杀菌剂主要品种之一。代森锰锌广谱、低毒，属于保护性有机硫杀菌剂，对藻菌纲的疫霉属和半知菌类的尾孢属、壳二孢属等引起的多种植物病害以及各种作物的叶斑病、花腐病等均有良好的防治效果。

纯品代森锰锌为灰黄色粉末，熔点192℃（分解），分解时放出二硫化碳等有毒气体；不

溶于水和一般溶剂，遇酸性气体或在高温、高潮湿条件下以及在空气中易分解，分解时可引起燃烧。

代森锰锌原药急性 LD_{50}（mg/kg）：大鼠经口 10000（雄），小鼠经口 ＞ 7000；对皮肤、黏膜有刺激作用。

合成路线　工业生产代森锰锌是用代森钠依次于 30℃ 左右与硫酸锰和氯化锌反应约 2h 即可。

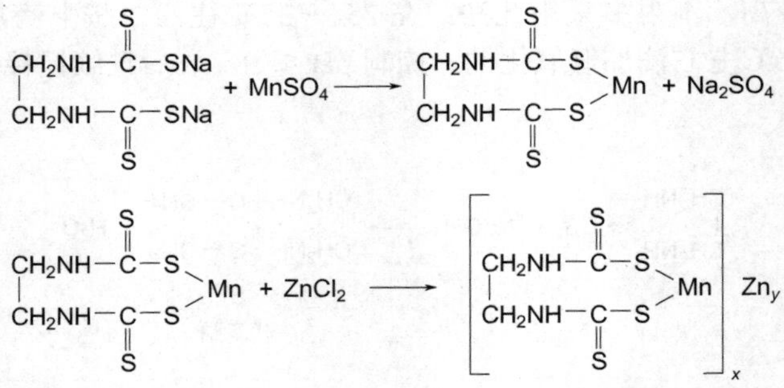

代森锰锌

注：用类似的合成方法可以制备安百亩（kabam）、威百亩（metham-sodium）、代森锰（maneb）、代森锌（zineb）、代森钠（nabam）、代森硫（etem）、丙森锌（propineb）、代森铵（amobam）、代森环（milneb）、福美铵（dimethylambam）、福美铁（ferbam）、福美锌（ziram）、福美镍等二硫代氨基甲酸酯类农药。

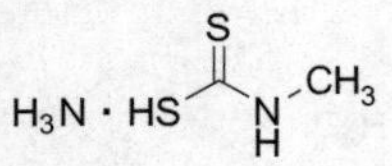

安百亩 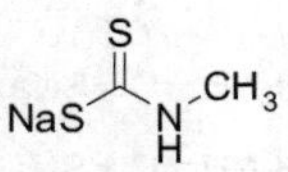　　威百亩 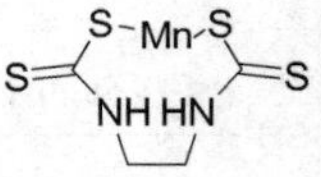　　代森锰 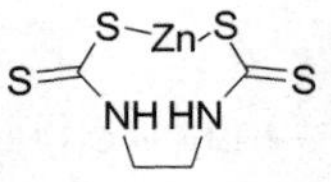　　代森锌 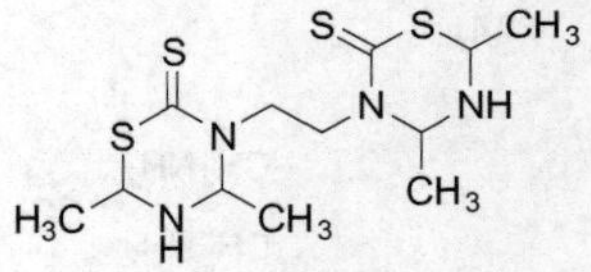　　代森环

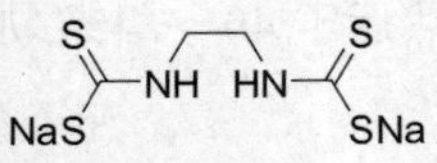

代森钠 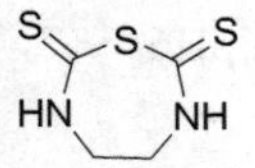　　代森硫 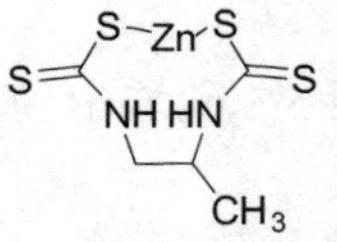　　丙森锌 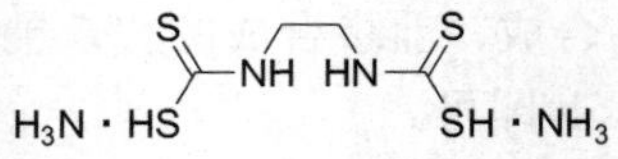　　代森铵 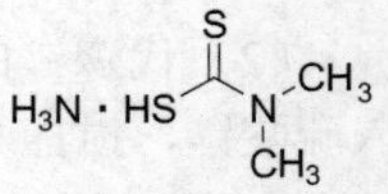　　福美铵

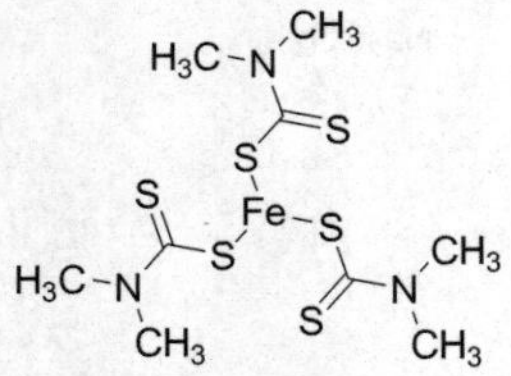

福美铁 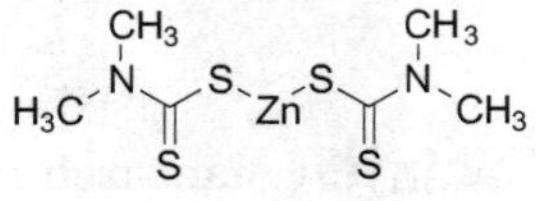　　福美锌 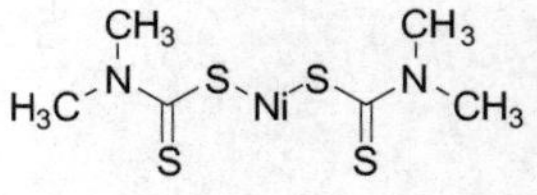　　福美镍

乙霉威（diethofencard）

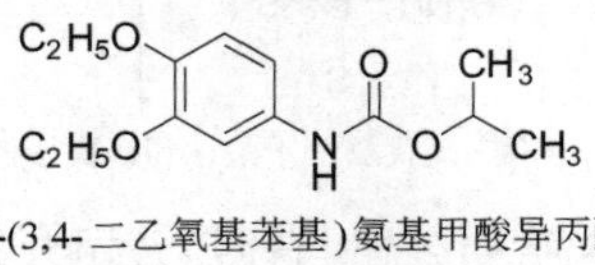

N-(3,4-二乙氧基苯基)氨基甲酸异丙酯

乙霉威 1982 年由日本住友公司开发，属于细胞分裂抑制杀菌剂，高效、低毒、广谱，对各种作物的灰霉病均有良好的防治效果。

纯品乙霉威为白色结晶，熔点 100.3℃，原药为灰白色或褐红色固体；溶解性（20℃，g/L）：

水 0.0266，己烷 1.3，甲醇 103，二甲苯 30。

乙霉威原药急性 LD_{50}（mg/kg）：大、小鼠经口＞5000。

逆合成分析 如图 4-1 所示。

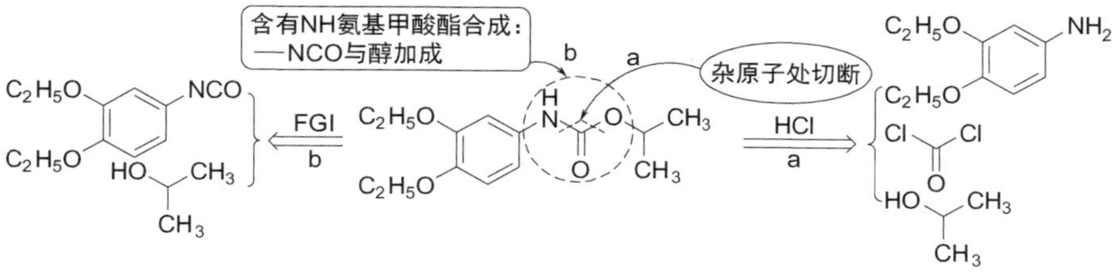

图 4-1 乙霉威逆合成分析

合成路线 如图 4-2 所示。

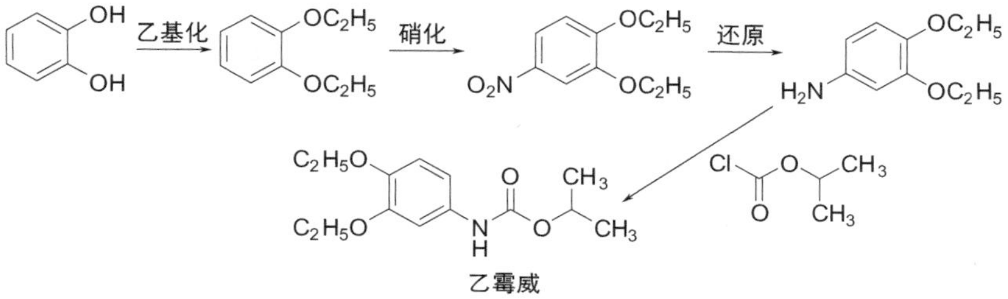

图 4-2 乙霉威合成路线

其中：

① 乙基化阶段：乙基化试剂有氯乙烷、溴乙烷、硫酸二乙酯、邻甲苯磺酸乙酯、碘乙烷等，作为醚化试剂。考虑到原料是否易得、生产成本以及收率等因素，工业上常用氯乙烷或溴乙烷。邻苯二酚与氯乙烷在高压釜中于 90℃反应 5h 或者在无水乙醇中以聚乙二醇为催化剂与溴乙烷、氢氧化钾隔绝空气回流 2h。

② 硝化反应一般在 0～15℃于乙酸中进行。

③ 还原时可采用催化加氢（1MPa，70℃）或者在硫化钠、水、乙醇中回流 0.5h，一般前者较好。

④ 乙霉威的合成一般是在苯中于 20℃将氯甲酸异丙酯滴加至二乙氧基苯胺中，然后在40～45℃反应 2h。

霜霉威（propamocarb）

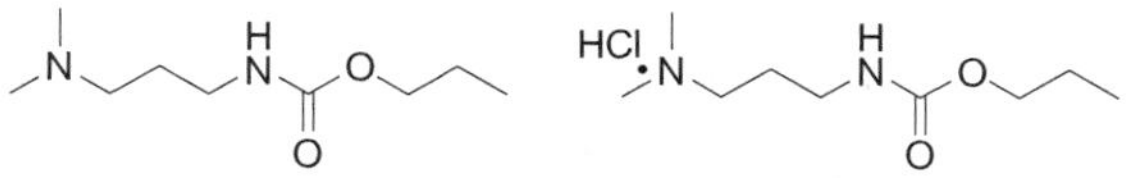

N-[3-(二甲基氨基)丙基]氨基甲酸正丙酯及其盐酸盐

霜霉威商品名普力克（盐酸盐），高效、低毒、广谱，用于黄瓜、番茄、甜椒、马铃薯、烟草、草莓、草坪、花卉等防治卵菌纲引起的病害，如霜霉病、猝倒病、疫病、晚疫病等均有良好的防治效果。

纯品霜霉威盐酸盐为无色带有淡淡芳香气味的吸湿性晶体，熔点 45～55℃；溶解性（20℃，g/kg）：水 1005，正己烷＜0.01，甲醇 656，二氯甲烷＞626，甲苯 0.41，丙酮 560，乙酸乙酯 4.34。

霜霉威（盐酸盐）原药急性 LD_{50}（mg/kg）：大鼠经口 2000～2900，小鼠经口 2650～2800，大、小鼠经皮＞3000。

逆合成分析　如图 4-3 所示。

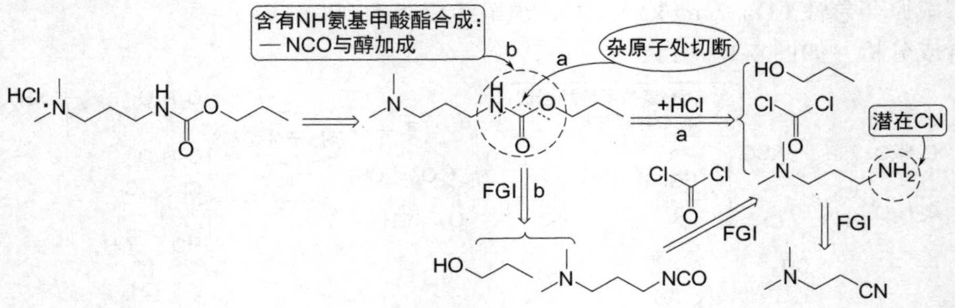

图 4-3　霜霉威逆合成分析

合成路线　以丙烯腈为起始原料，经过中间体 *N,N*- 二甲基 -1,3- 丙二胺或 *N,N*- 二甲基丙基异氰酸甲酯合成。

（1）中间体 *N,N*- 二甲基 -1,3- 丙二胺或 *N,N*- 二甲基丙基异氰酸甲酯的合成

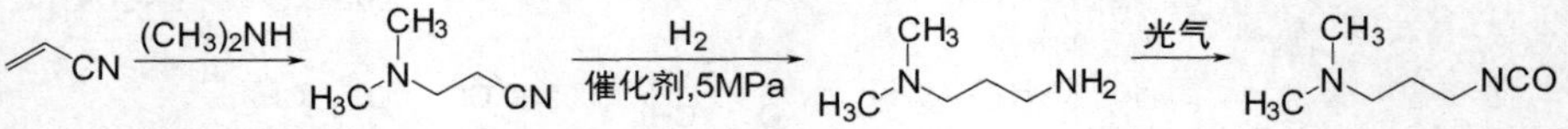

（2）霜霉威的合成

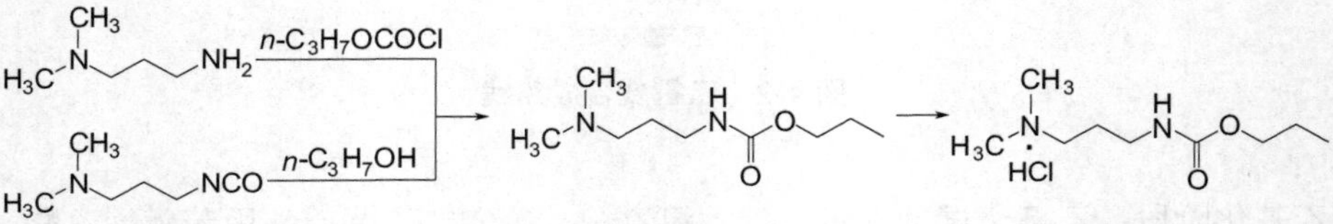

实例　三口瓶中加入 *N,N*- 二甲基 -1,3- 丙二胺、溶剂和缚酸剂，在冷却下搅拌并滴加氯甲酸正丙酯，控制反应温度 30 ～ 40℃。当氯甲酸正丙酯加完后继续反应 1h，过滤，滤饼溶剂洗涤，收集滤液和洗涤液，减压脱溶剂即得霜霉威产品。

苯噻菌胺（benthiavalicarb-isopropyl）

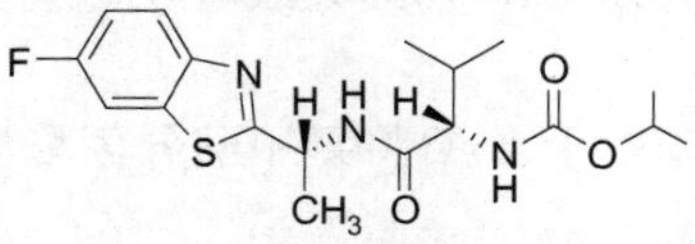

[(*S*)-1-[(*R*)-1-(6- 氟苯并噻唑 -2- 基）乙基氨基甲酰基]-2- 甲基丙基] 氨基甲酸异丙酯

苯噻菌胺由日本组合化学公司研制并与拜耳公司共同开发，属于高效、低毒、广谱细胞合成抑制杀菌剂，苯噻菌胺具有很强的预防、治疗、渗透活性，而且有很好的持效性和耐雨水冲刷性，25 ～ 75g(a.i.)/hm² 剂量即可有效控制马铃薯和番茄的晚疫病、葡萄和其他作物的霜霉病。并且可以和多种杀菌剂复配。

纯品苯噻菌胺为白色粉状固体，熔点 152℃；溶解性（20℃，g/L）：水 0.01314。苯噻菌胺原药急性 LD_{50}（mg/kg）：大、小鼠经口＞ 5000，大鼠经皮＞ 2000。

逆合成分析　苯噻菌胺为 *O*- 脂肪烃基 -*N*- 非甲基氨基甲酸酯类化合物（图 4-4）。

合成路线　如图 4-5 所示。

2.89g（0.01mol）*N*- 异丙氧羰基缬氨酸 - 异丙氧甲酸酐溶于 20mL 甲苯中，室温下 1h 内滴入 1.96g（0.01mol）(*R*)-1-(6- 氟 - 苯并噻唑 -2-) 乙胺的甲苯溶液，滴完后室温反应 1 ～ 2h，反应结束，加入 20mL 水，70℃加热 0.5h，趁热分去水层，甲苯层再用热水洗涤 2 次，减压蒸除溶剂，得 3.93g 白色固体，收率 95.3%，含量 96.6%。

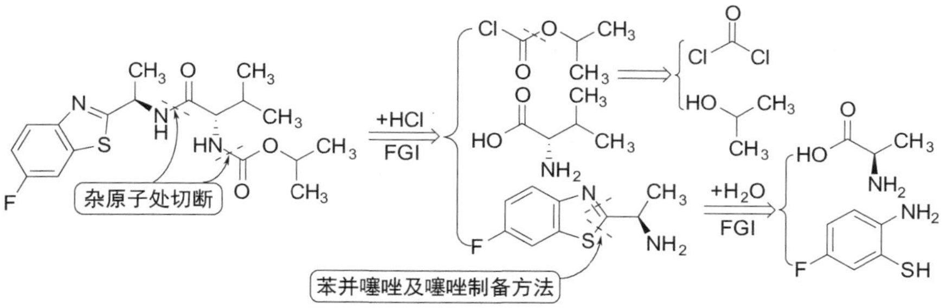

图 4-4　苯噻菌胺逆合成分析

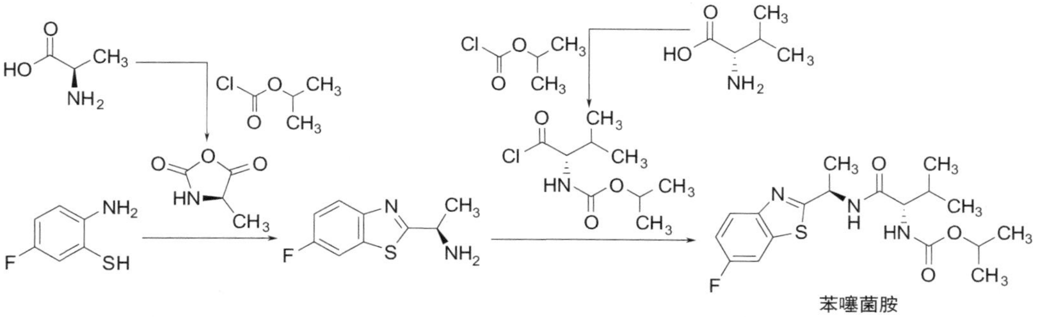

图 4-5　苯噻菌胺合成路线

注：用合成乙霉威、霜霉威、苯噻菌胺类似的方法，可以制备磺菌威（methasulfocarb）、异丙菌胺（iprovalicarb）、啶菌胺（PEIP）、pyribencarb 等氨基甲酸酯类杀菌剂。

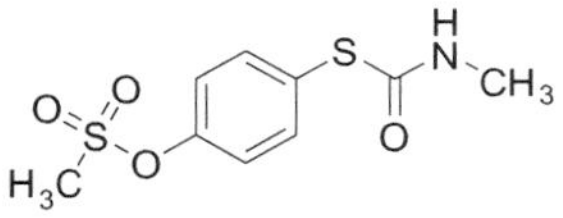

磺菌威 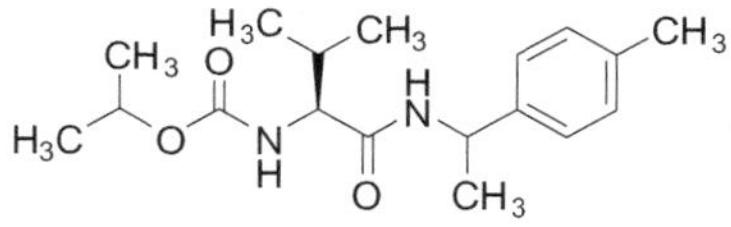　　　　　　　　　异丙菌胺 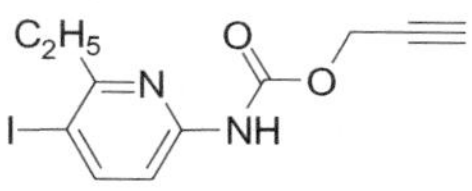　　　　　　　　　　啶菌胺

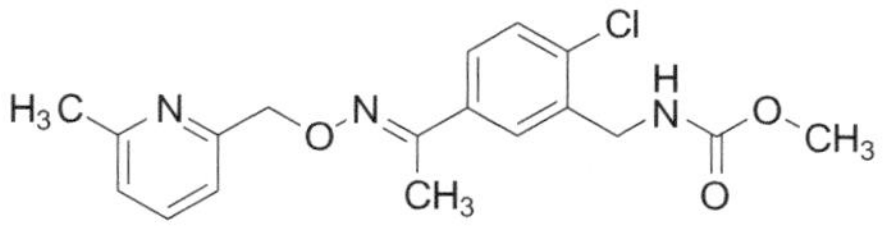

pyribencarb

四唑吡氨酯（picarbutrazox）

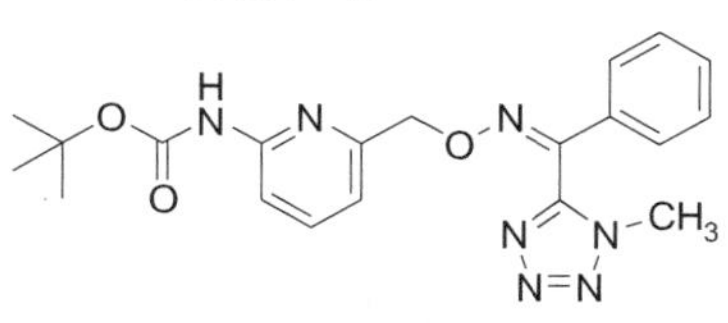

叔丁基 -[6-[[(Z)-(甲基 -1*H*-5- 四唑基)(苯基) 亚甲基] 氨基氧基甲基]-2- 吡啶基] 氨基甲酸酯

四唑吡氨酯属于氨基甲酸酯类杀菌剂，是一种具有全新作用模式的化合物，可用于抑制卵菌纲细菌病害，例如盘霜霉属、腐霉属、霜霉科、假霜霉属、疫霉属病害；该药剂适用于瓜类、蔬菜、谷物、番茄、马铃薯、草坪、生菜及其他叶类蔬菜的上述病害。

合成路线　　(1- 甲基四唑 -5- 基) 苯基酮与盐酸羟胺反应制得 (1- 甲基四唑 -5- 基) 苯基酮肟，该酮肟与叔丁基 -[6-(溴甲基) 吡啶 -2- 基] 氨基甲酸酯反应制得四唑吡氨酯（图 4-6）。

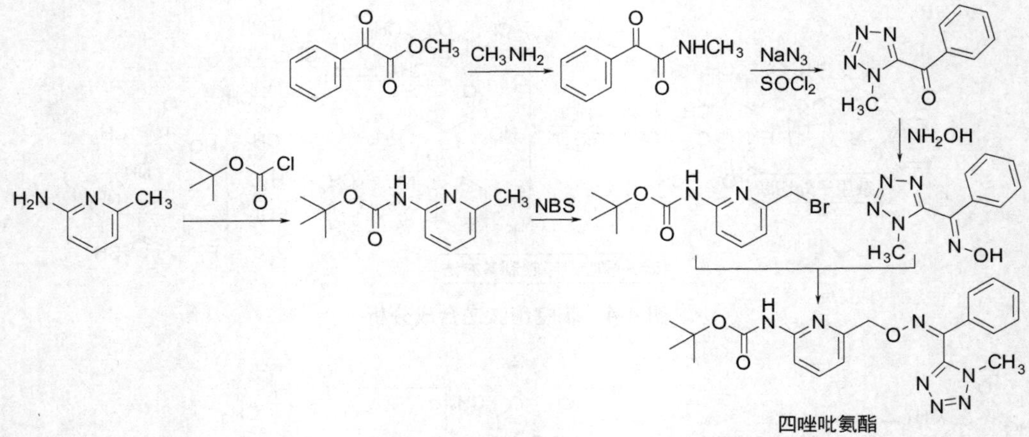

图 4-6　四唑吡氨酯合成路线

　　向 100mL 圆底烧瓶中加入 1.4g 60% 氢化钠和干燥的 DMF，冰浴冷却，搅拌下滴加 2.84g（14mmol）(1- 甲基四唑 -5- 基) 苯基酮肟的 DMF 溶液（20mL）。搅拌 10min 后，滴加 4.02g（14mmol）叔丁基 -[6-(溴甲基) 吡啶 -2- 基] 氨基甲酸酯的 DMF 溶液（25mL），滴加完毕，撤去冰浴，继续搅拌 2h。反应混合液中加入适量饱和食盐水，再用乙酸乙酯萃取，有机层依次用水、饱和食盐水洗涤，无水硫酸钠干燥，减压脱溶剂，残留物经柱色谱分离得纯品 3.72g，收率 65%。

4.4　二羧酰亚胺类杀菌剂

4.4.1　结构特点与合成设计

　　二羧酰亚胺类杀菌剂属于传统杀菌剂类别，至今有数十年历史，具有多点杀菌特征。结构特征是分子中含有二羧酰亚氨基团。

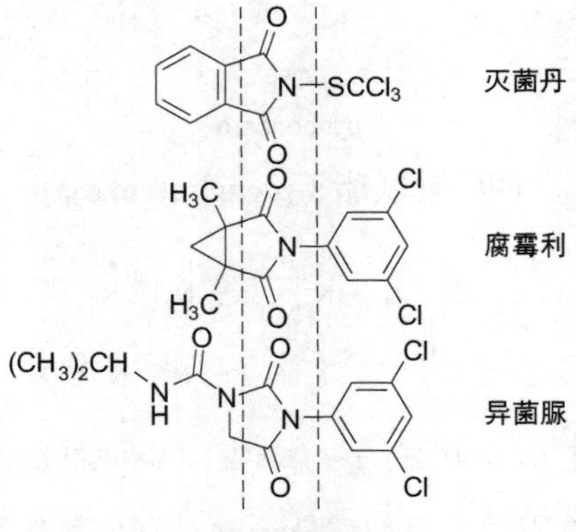

二羧酰亚胺结构

　　合成路线　此类化合物中二羧酰亚胺环的形成通常有四种路线。
　　（1）酸酐法　相应的酸酐与氨在常压或加压条件下形成二羧酰亚胺环，然后发生缩合反应合成目标物。如克菌丹和灭菌丹的合成。

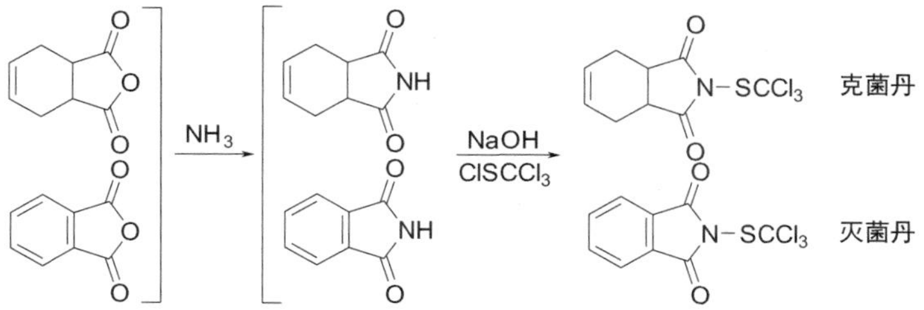

（2）羧酸法　相应的二羧酸与对应的胺发生脱水缩合反应。如菌核净的制备。

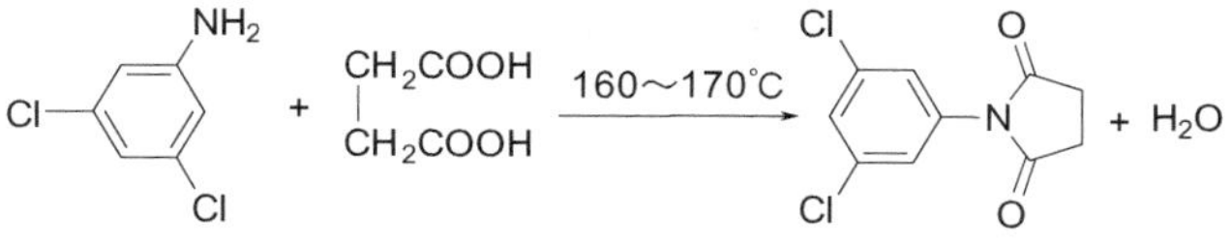

（3）羧脲法　羧酸脲类在硫酸存在下脱水缩合成环。

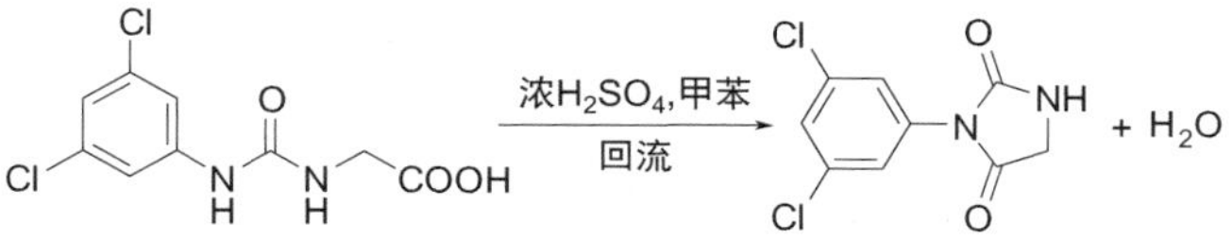

（4）异氰酸酯法　取代苯基异氰酸甲酯与二羧酸酯反应，如克菌利合成。

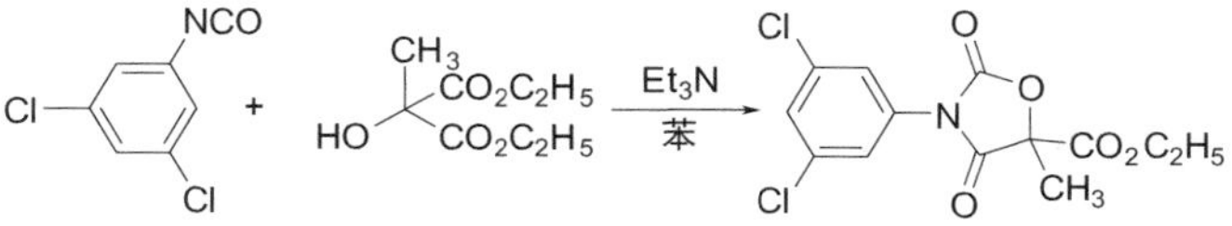

4.4.2　代表性品种的结构与合成

腐霉利（procymidone）

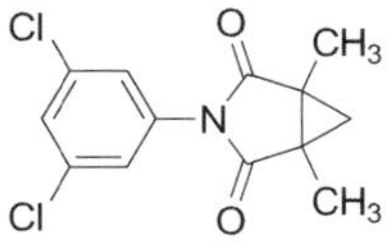

N-(3,5-二氯苯基)-1,2-二甲基环丙烷-1,2-二羰基亚胺

腐霉利由日本住友公司开发，属于菌体内甘油三酯合成抑制剂，具有保护、治疗和一定内吸作用，能有效防治由葡萄孢属、旋孢腔菌属、核盘菌属病原菌引起的作物病害，可用于大田作物、蔬菜、果树、葡萄以及观赏作物防治灰霉病、菌核病等。

纯品腐霉利为白色或棕色结晶，熔点 164 ～ 166.5℃；溶解性（25℃，g/L）：水 0.0045，易溶于丙酮、二甲苯，微溶于乙醇。

腐霉利原药急性 LD_{50}（mg/kg）：大、小鼠经口＞5000。

逆合成分析　如图 4-7 所示。

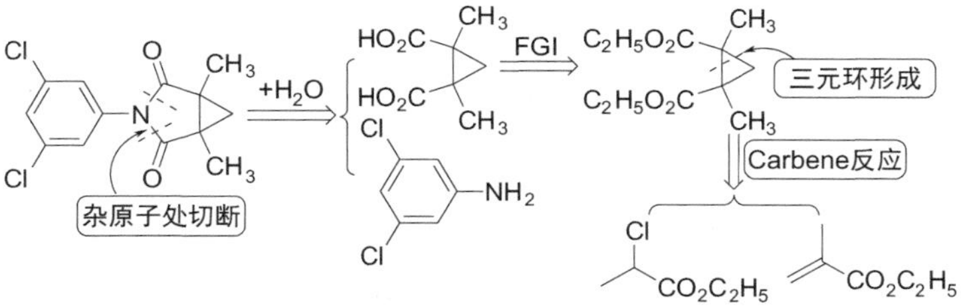

图 4-7　腐霉利逆合成分析

合成路线　以甲基丙烯酸乙酯、α-氯代丙酸乙酯为起始原料，经环合后与 3,5-二氯苯胺缩合制得（图 4-8）。

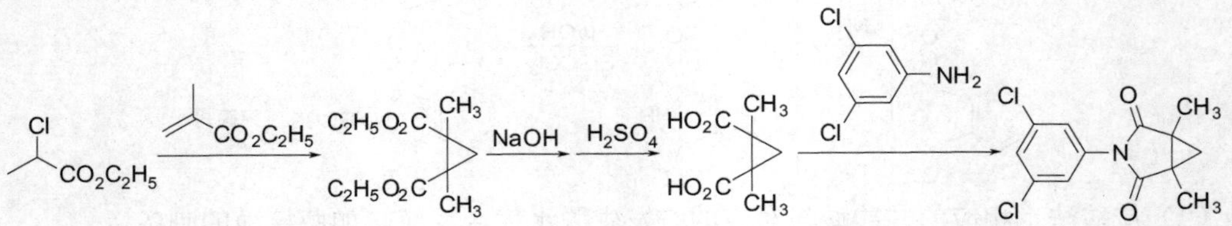

图 4-8　腐霉利合成路线

合成步骤如下：

（1）1,2-二甲基环丙烷-1,2-二甲酸二甲酯的合成　常用的环化剂有 NaH、$(CH_3)_3COK$、$NaNH_2$ 等，温度 20 ~ 25℃。

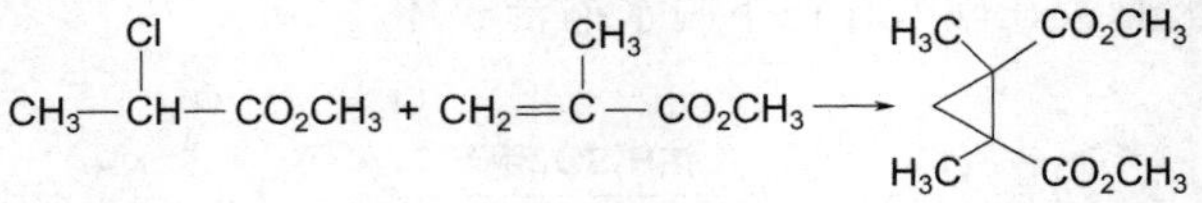

（2）腐霉利的合成　1,2-二甲基环丙烷-1,2-二甲酸二甲酯在 60 ~ 70℃与氢氧化钠反应 2h，然后冷却用 80% 硫酸调整为酸性，加入 3,5-二氯苯胺后蒸除甲醇即可。

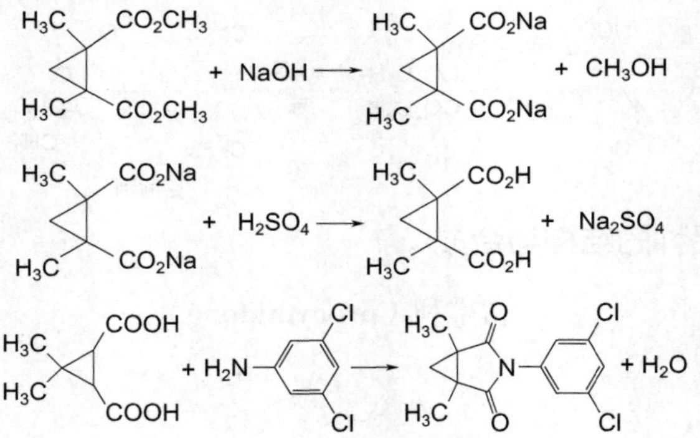

腐霉利

注：用类似的方法，可以合成敌菌丹（captafol）、克菌丹（captan）、灭菌丹（folpet）、菌核净（dimethachlon）、氟氯菌核利（fluoroimide）等亚胺类杀菌剂。

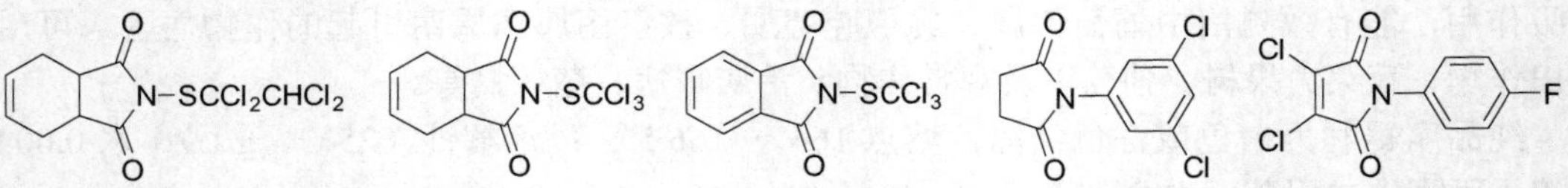

敌菌丹　　　　克菌丹　　　　灭菌丹　　　　菌核净　　　　氟氯菌核利

异菌脲（iprodione）

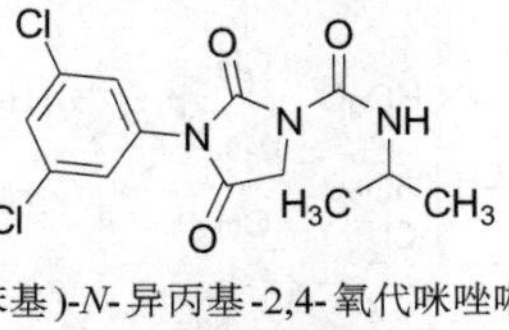

3-(3,5-二氯苯基)-N-异丙基-2,4-氧代咪唑啉-1-羧酰胺

异菌脲由安万特公司开发，属于蛋白激酶抑制剂，是具有保护作用的广谱杀菌剂，可有效防治苹果斑点落叶病、油菜菌核病、玉米大小斑病、番茄早疫病、黄瓜灰霉病、大豆灰斑

病、香蕉炭疽病、花生冠腐病等。

纯品异菌脲为白色结晶，熔点 136℃，工业品熔点 126～130℃；溶解性（25℃，g/L）：乙醇 20，乙腈 150，丙酮 300，苯 200，二氯甲烷 500，在酸性及中性介质中稳定，遇强碱分解。

异菌脲原药急性 LD_{50}（mg/kg）：大白鼠经口 3500，小白鼠经口 4000。

逆合成分析 如图 4-9 所示。

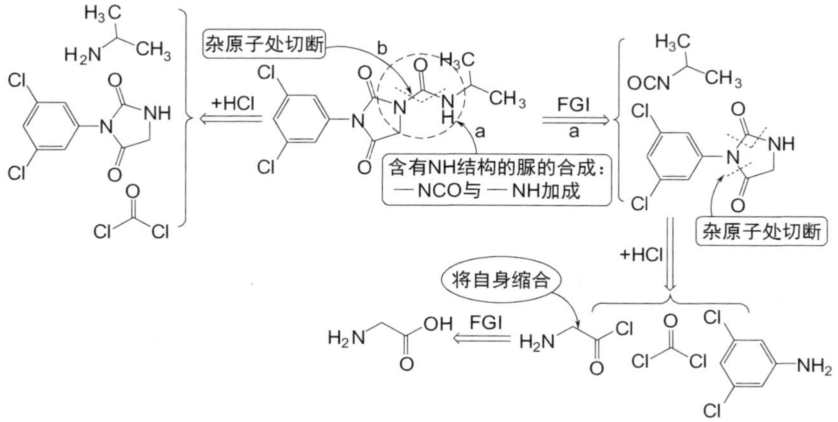

图 4-9 异菌脲逆合成分析

合成路线 以 3,5- 二氯苯胺和异丙胺为起始原料，经过中间体异氰酸 -3,5- 二氯苯基酯、3-(3,5- 二氯苯基) 乙内酰脲制得异菌脲，路线如图 4-10 所示。

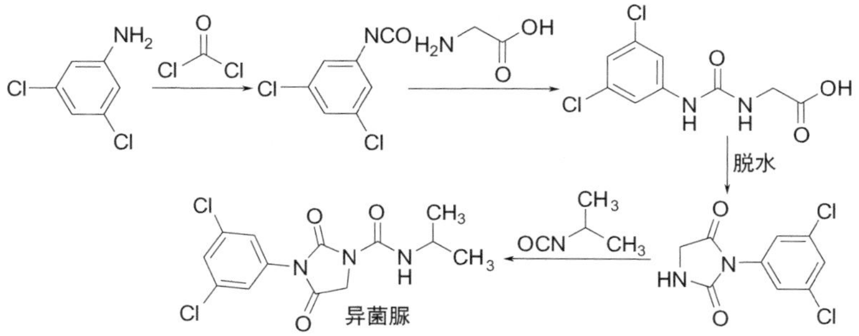

图 4-10 异菌脲合成路线

将计量好的苯加入带有回流冷凝器、搅拌器的 1000L 搪瓷反应釜中，再从加料斗中加入 3-(3,5- 二氯苯基) 乙内酰脲及无水碳酸钠，最后加入异丙酯。加热回流 6h，然后降至室温，滤出碳酸钠。滤液返回反应釜，脱溶后稍冷却后将物料放入搪瓷桶，分入各烘盘中烘干、粉碎，再用水洗涤至中性，再干燥，即为白色异菌脲成品。

乙烯菌核利（vinclozolin）

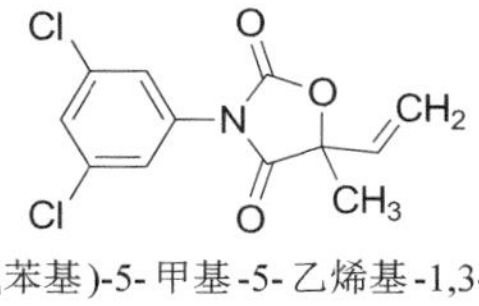

(*RS*)-3-(3,5-二氯苯基)-5- 甲基 -5- 乙烯基 -1,3- 噁唑啉 -2,4- 二酮

乙烯菌核利商品名农利灵，由德国巴斯夫公司开发。属于触杀性的杀菌剂，可有效防治大豆、油菜菌核病，白菜黑斑病，茄子、黄瓜、番茄灰霉病等。

纯品乙烯菌核利为无色结晶，熔点 108℃，略带芳香气味；溶解性（20℃，g/L）：甲醇 15.4，丙酮 334，乙酸乙酯 233，甲苯 109，二氯甲烷 475；在酸性及中性介质中稳定，遇强碱分解。

乙烯菌核利原药急性 LD$_{50}$（mg/kg）：大、小鼠经口＞ 15000，大鼠经皮＞ 5000。

合成路线 以 3,5- 二氯苯胺和乙醛、2- 溴丙酸乙酯为起始原料，制得中间体 3,5- 二氯苯基异氰酸酯和 2- 羟基 -2- 甲基 -3- 丁烯酸乙酯，二者在苯和三乙胺中回流反应 6h 即可（图 4-11）。

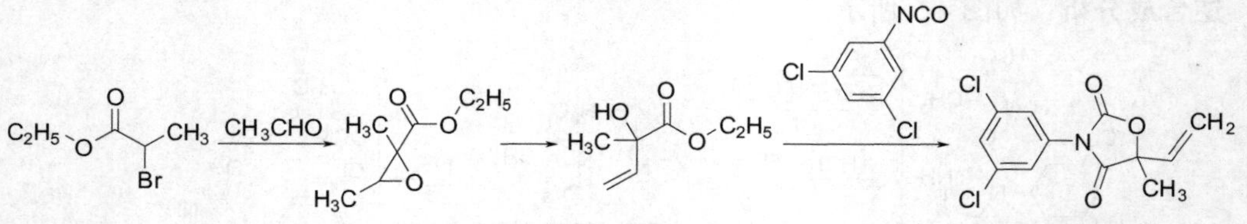

图 4-11　乙烯菌核利合成路线

4.5　酰胺类杀菌剂

4.5.1　结构特点与合成设计

酰胺类杀菌剂包括酰苯胺类杀菌剂、丁烯酰胺衍生物类杀菌剂、三氯乙基酰胺衍生物杀菌剂等。本类杀菌剂在杀菌剂领域中是品种较多的一类，有几十年的历史，仍在发展，近期又有许多新颖化合物商品化；酰胺类杀菌剂通过抑制琥珀酸脱氢酶破坏病菌呼吸而起杀菌作用，分子结构特征是分子中含有基团，如下所示。

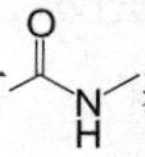

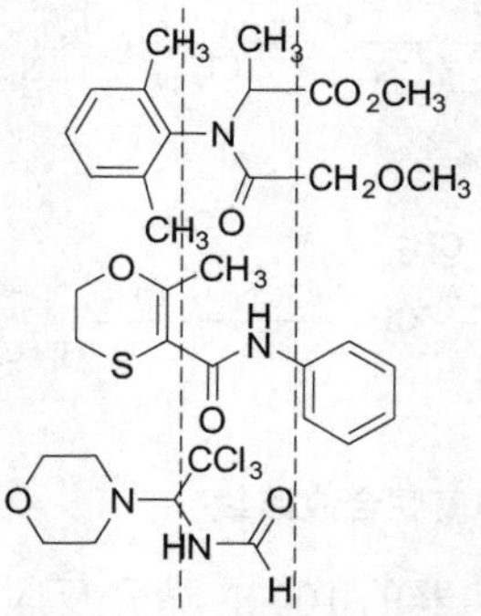

酰苯胺类：甲霜灵

丁烯酰胺类：萎锈灵

三氯乙基酰胺类：吗胺灵

酰胺结构

目前，常用酰胺类杀菌剂结构如下：

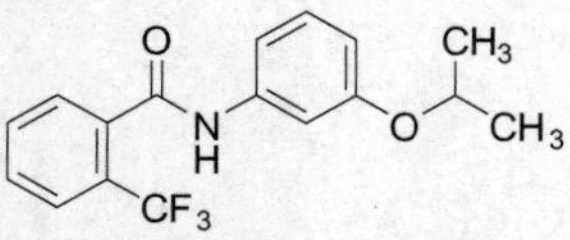

氟酰胺（flutolanil） 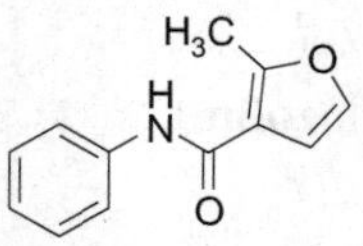　甲呋菌胺（fenfuram） 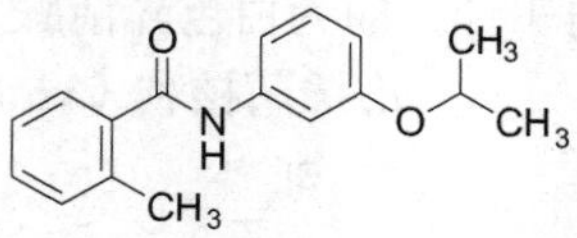　灭锈胺（mepronil） 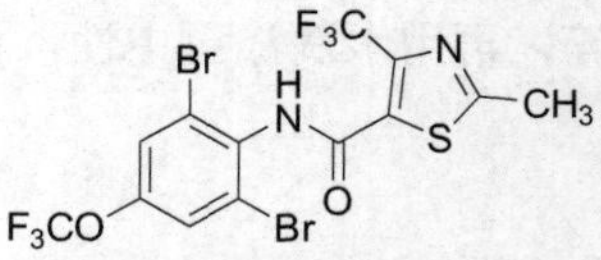　噻氟菌胺（thifluzamide）

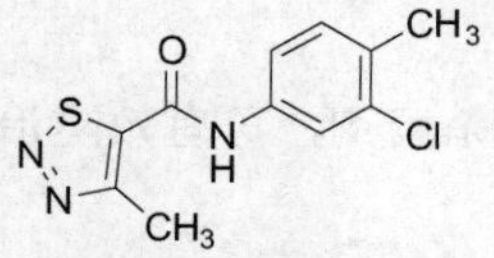

噻酰菌胺（tiadinil） 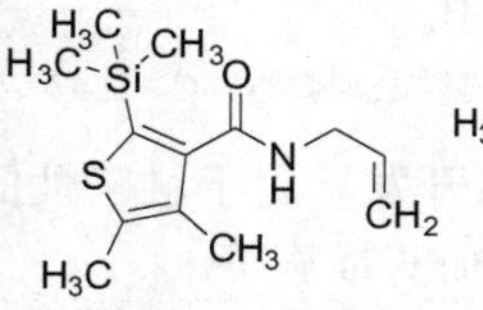　硅噻菌胺（silthiopham） 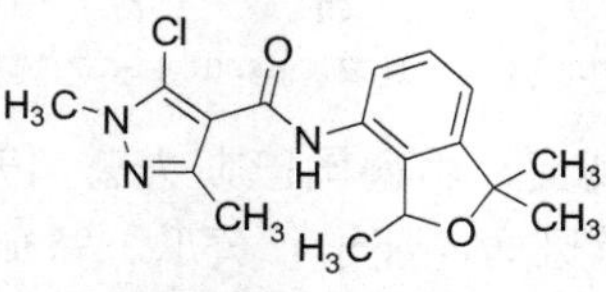　呋吡菌胺（furametpyr） 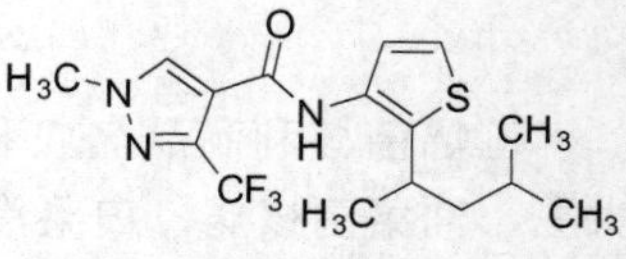　吡噻菌胺（penthiopyrad）

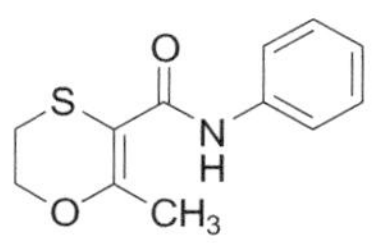

萎锈灵（carboxin）

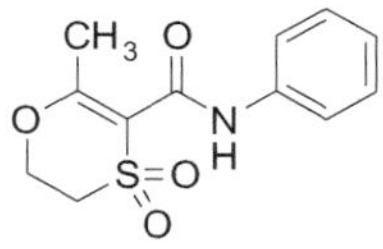

氧化萎锈灵

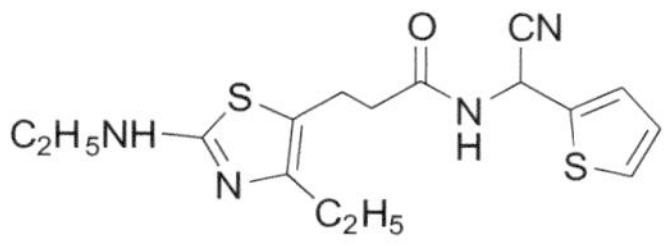

噻唑菌胺（ethaboxam）

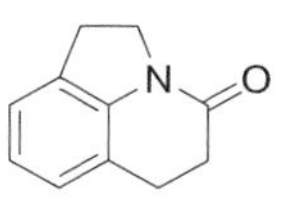

咯喹酮（pyroquilon）

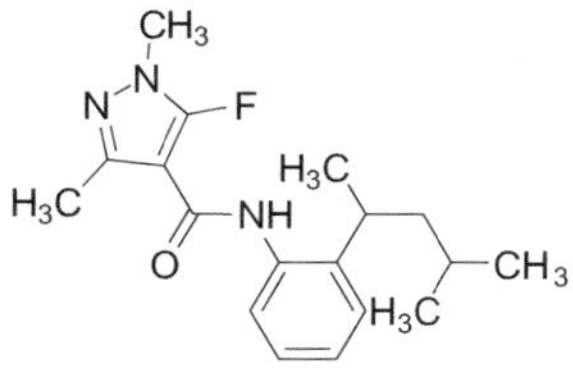

氟唑菌苯胺（penflufen）

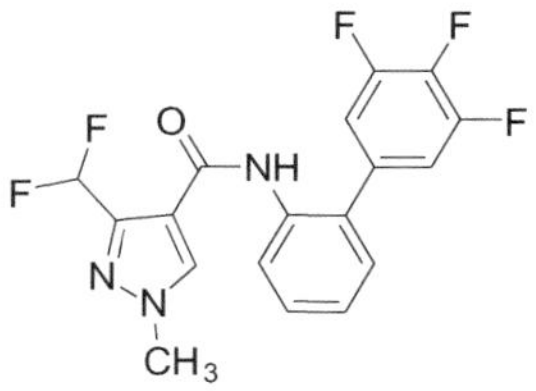

氟唑菌酰胺（fluxapyroxad）

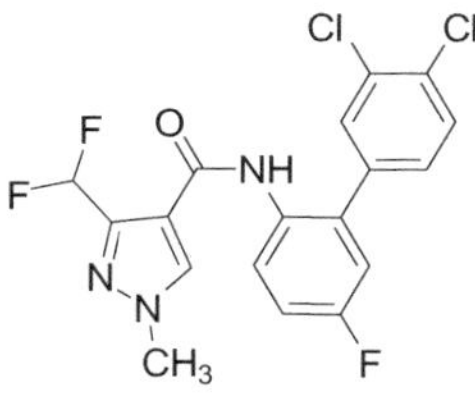

联苯吡菌胺（bixafen）

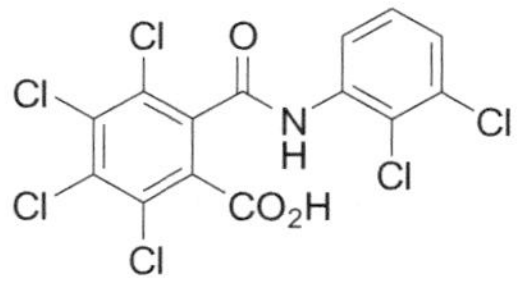

叶枯酞（tecloftalam）

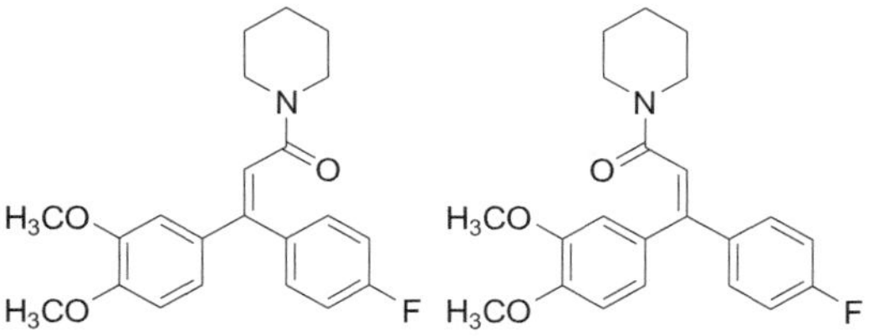

氟吗啉（flumorph）

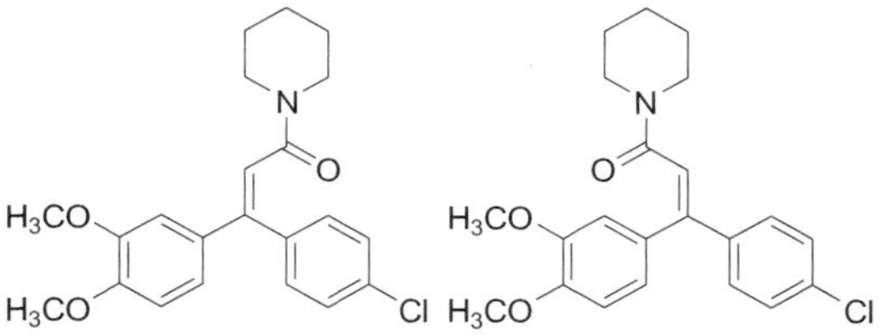

烯酰吗啉（dimethomorph）

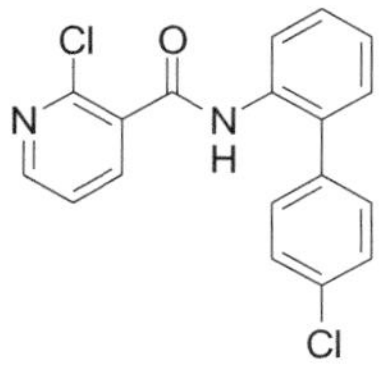

啶酰菌胺（boscalid）

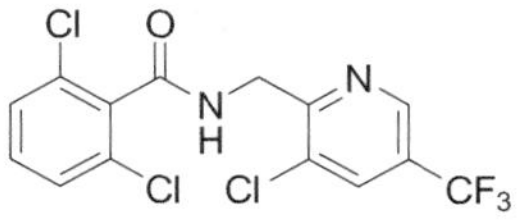

氟啶酰菌胺（fluopicolide）

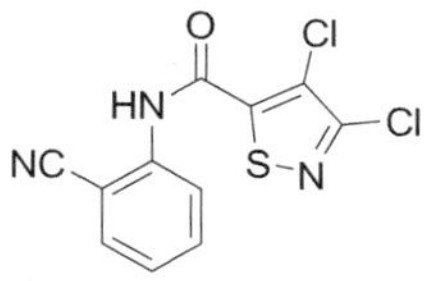

异噻菌胺（isotianil）

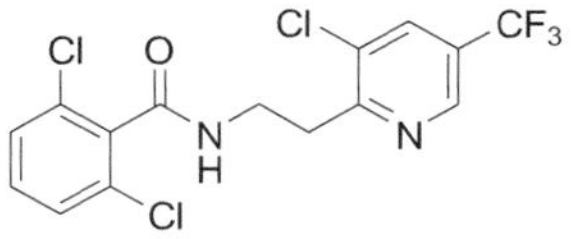

氟吡菌酰胺（fluopyram）

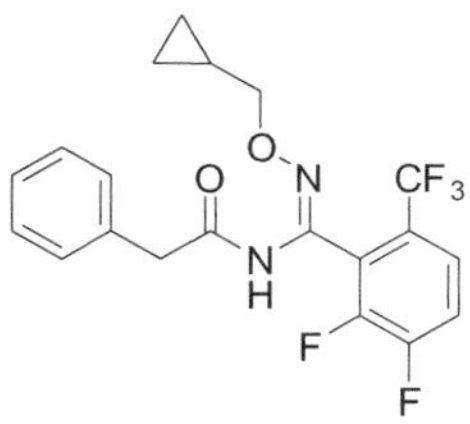

环氟菌胺（cyflufenamid）

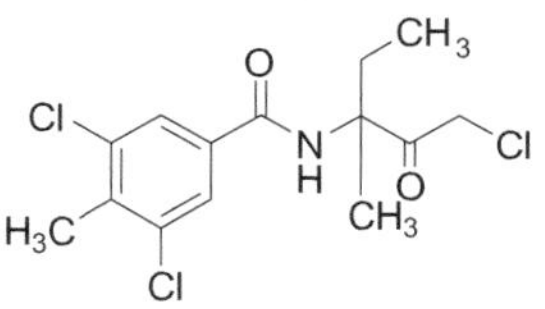

苯酰菌胺（zoxamide）

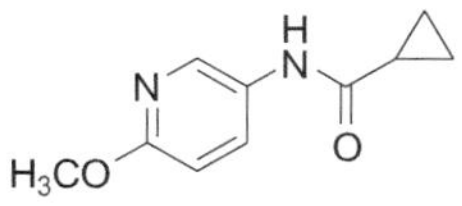

环啶菌胺（ICI A0858）

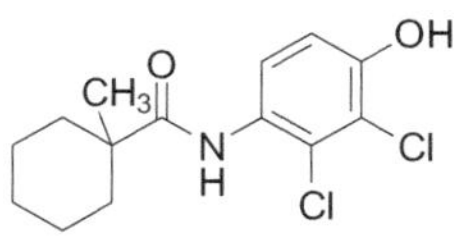

环酰菌胺（fenhexamid）

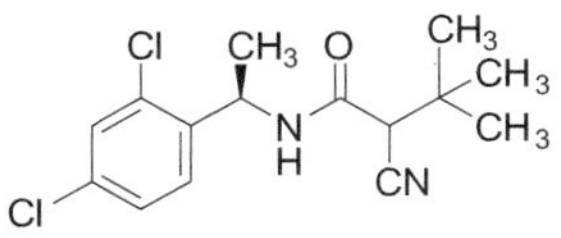

双氯氰菌胺（diclocymet）

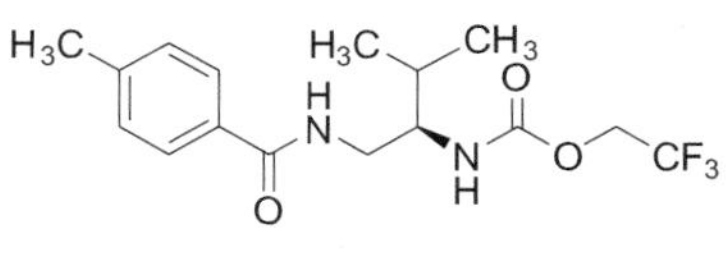

tolprocarb

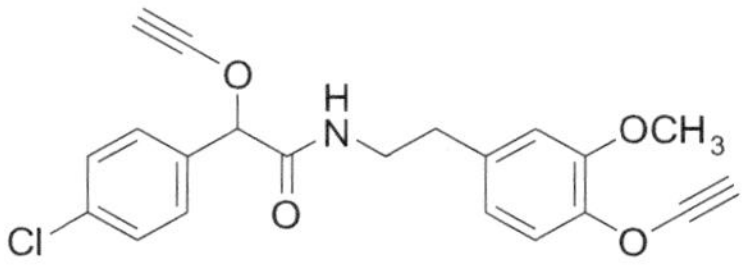

双炔酰菌胺（mandipropamid）

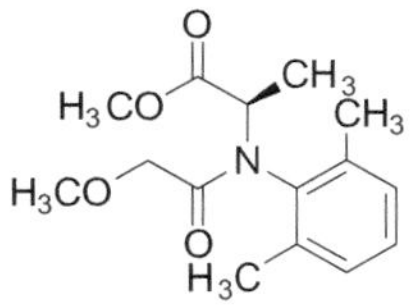

高效甲霜灵（metalaxyl-M）

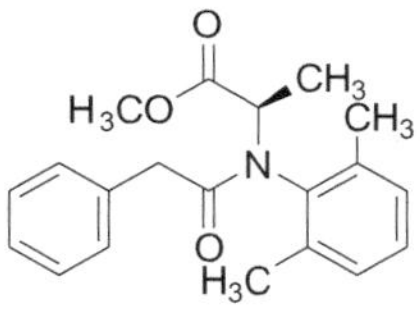

高效苯霜灵（benalaxyl-M）

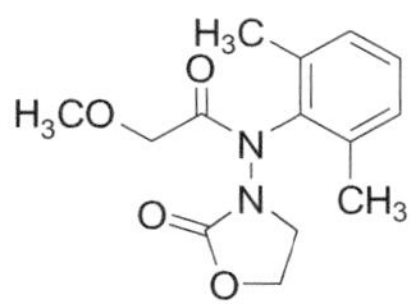

噁霜灵（oxadixyl）

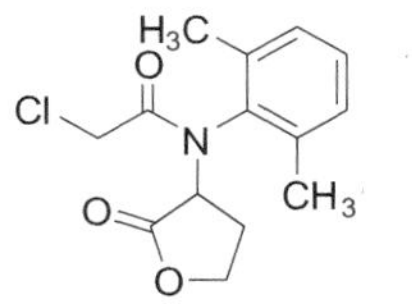

呋酰胺（ofurace）

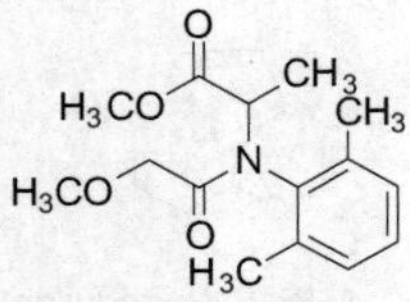

甲霜灵（metalaxyl） 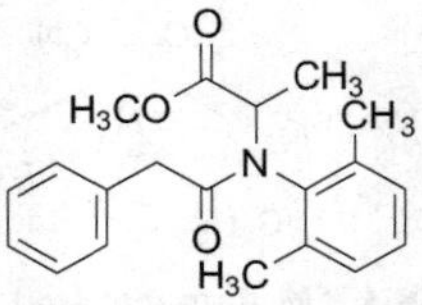 苯霜灵（benalaxyl） 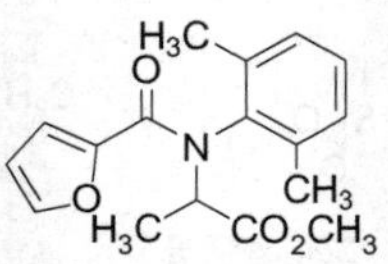 呋霜灵（furalaxyl） 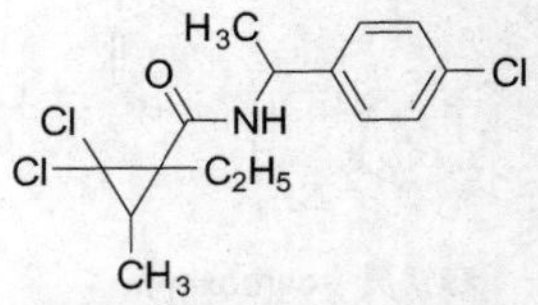 环丙酰菌胺（carpropamid）

合成路线　有机化学中酰胺的合成方法同样适用于酰胺类杀菌剂的合成，常用的有以下两种方法。

（1）以胺或肼为原料　先与醛或酮反应形成必需的胺或肼中间体，再与酰氯反应形成目标物的酰胺键。此法通常用于苯酰胺类杀菌剂，如苯霜灵的合成。

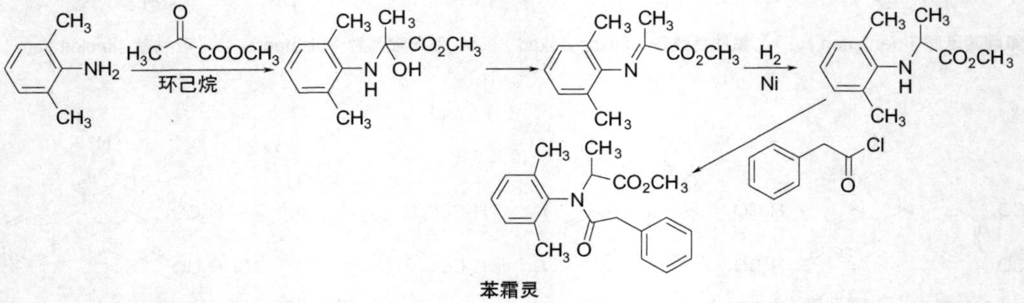

苯霜灵

（2）甲酰胺与相应的醛发生加成反应　此法通常用于三氯乙基酰胺衍生物杀菌剂，如嗪胺灵的合成。

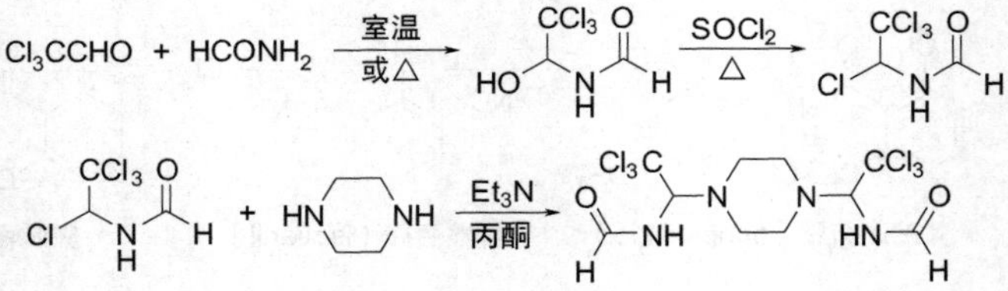

嗪胺灵

丁烯酰胺衍生物类杀菌剂中杂环的形成通常需要根据目标物中杂环的性质确定具体的合成方式。如比锈灵的合成。

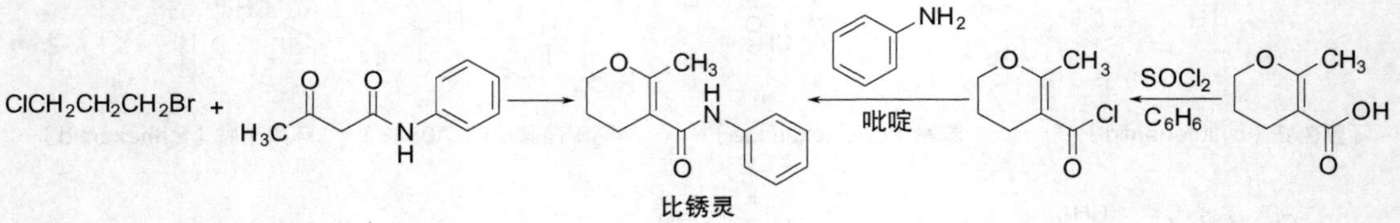

比锈灵

4.5.2　代表性品种的结构与合成

甲霜灵（metalaxyl）与高效甲霜灵（metalaxyl-M）

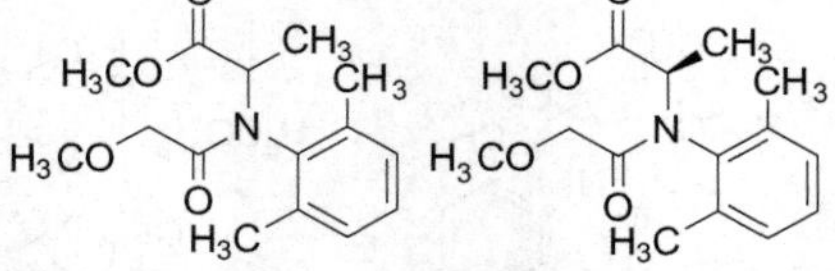

N-(2,6-二甲苯基)-N-(2-甲氧基乙酰基)-DL-α-氨基丙酸甲酯；
N-(2,6-二甲苯基)-N-(2-甲氧基乙酰基)-D-α-氨基丙酸甲酯或(R)-2-{[(2,6-二甲苯基)甲氧乙酰基]氨基}丙酸甲酯

　　甲霜灵商品名雷多米尔，由汽巴 - 嘉基（现先正达）公司 1977 年开发。是高效、低毒、具有治疗性和保护作用的双向传导内吸性杀菌剂，甲霜灵和高效甲霜灵对藻菌纲真菌，尤其是对卵菌具有优异的生物活性，可有效防治如马铃薯晚疫病，烟草黑胫病、霜霉病、番茄疫病、各种猝倒病等，对大豆、棉花等二十多种植物病害具有良好的防治效果；高效甲霜灵生物活性是甲霜灵的两倍，用药量是甲霜灵的一半。

　　纯品甲霜灵为白色固体结晶，熔点 71～72℃，具有轻度挥发性；溶解性（25℃）：水 0.7%，甲醇 65%，易溶于大多数有机溶剂；在酸性及中性介质中稳定，遇强碱分解。

　　纯品高效甲霜灵为淡黄色或浅棕色黏稠液体，熔点 −38.7℃，沸点 270℃（分解）。

　　甲霜灵和高效甲霜灵原药急性 LD_{50}（mg/kg）：大白鼠经口＞ 669、667，经皮＞ 3100、2000；对兔眼睛有轻微刺激性。

　　逆合成分析　甲霜灵和高效甲霜灵为酰胺类农药，与经典有机化合物酰胺类合成类似（图 4-12）。

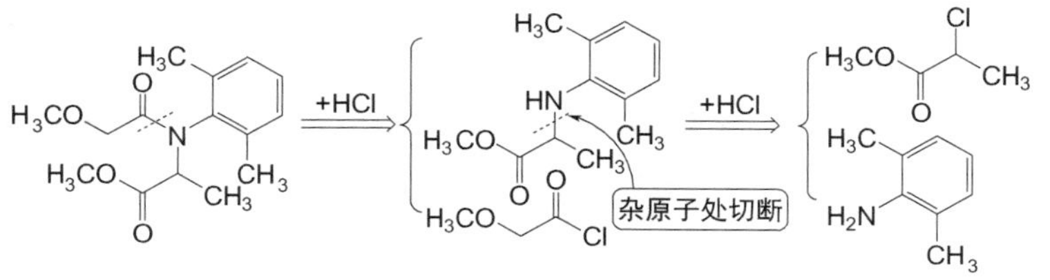

图 4-12　甲霜灵逆合成分析

　　合成路线　如图 4-13 所示。

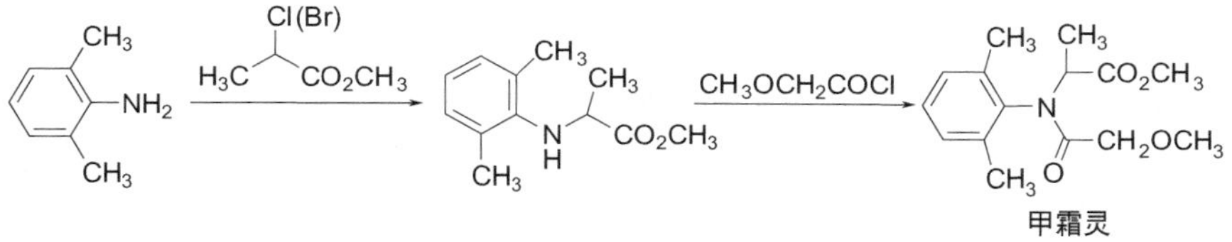

图 4-13　甲霜灵合成路线

根据起始原料不同，高效甲霜灵有两条合成路线（图 4-14）。

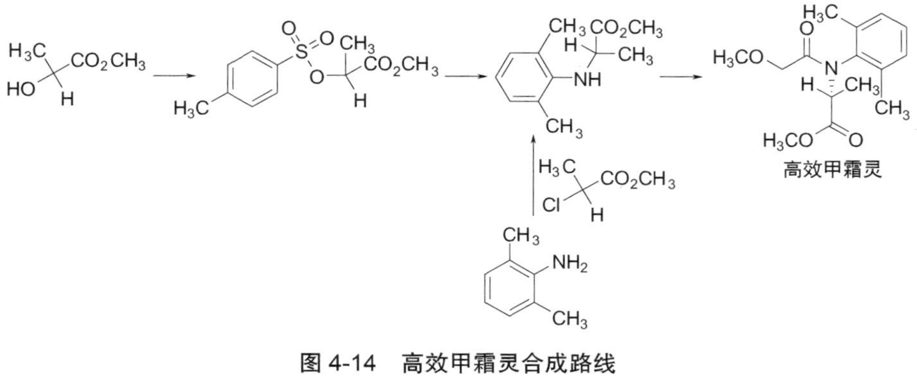

图 4-14　高效甲霜灵合成路线

合成步骤如下：

D-N-(2,6- 二甲苯基) 丙氨酸甲酯的合成　在 100mL 三口瓶中加入 25.8g L-O- 对甲苯磺酰乳酸甲酯和 48.5g 2,6- 二甲苯胺，110℃下搅拌反应 5h。冷却，加入 50mL 甲苯，搅拌，过滤。滤液除去甲苯后减压分馏，收集 98～118℃（2.93kPa）的馏分，得无色油状 2,6- 二甲苯胺。

残余物为棕红色油状液体 16.9g，HPLC 分析含量 91.7%（外标法），折纯收率 74.8%。

在 300L 搪瓷反应釜中加入氯乙酸 39.9kg（422mol），加入 30L 甲醇溶解，搅拌下滴加 27% 甲醇钠溶液 150L，加完后再回流一定时间，然后蒸去大部分甲醇，加入 150L 甲苯，蒸出甲醇与甲苯的混合物，直至馏出液温度恒定，停止蒸馏，冷却至 60 ～ 70℃，加入 45L 甲苯，然后搅拌下滴加三氯化磷 30kg（210mol），加毕保温搅拌 2h。然后在该温度下滴加 D-N-(2,6- 二甲苯基) 丙氨酸甲酯 69.6kg（360mol），加完后缓慢加热回流 3h。反应中放出的 HCl 气体用水吸收。反应结束后，加水搅拌，放置分层，水相用甲苯萃取，萃取液合并至有机相，水洗至无色，减压脱溶，得浅棕红色产品高效甲霜灵 1054kg，收率 93%，化学纯度 96.5%，光学纯度 91.5%。

注：用类似的方法，可以制备如下酰胺类杀菌剂。

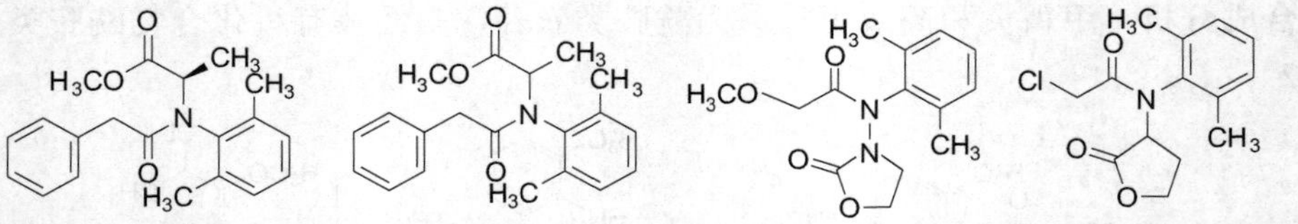

高效苯霜灵（benalaxyl-M）　　苯霜灵（benalaxyl）　　噁霜灵（oxadixyl）　　呋酰胺（ofurace）

噁霜灵（oxadixyl）

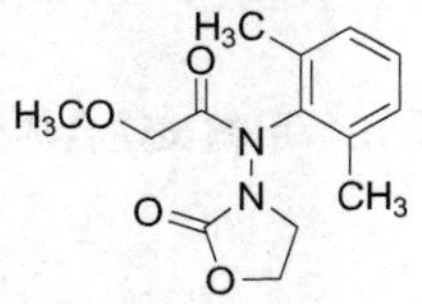

N-(2- 甲氧基 - 甲基 - 羰基)-*N*-(2- 氧代 -1,3- 噁唑烷 -3- 基)-2,6- 二甲基苯胺

噁霜灵商品名杀毒矾，由山道士公司开发，是具有治疗性和保护内吸性杀菌剂，与甲霜灵和苯霜灵有相似的杀菌效果，防治多种作物的霜霉病有特效，与代森锰锌复配有明显的增效和扩大杀菌谱的作用，能有效防除蔬菜、烟草、马铃薯、谷物和葡萄等作物上的多种病害，如黑胫病、猝倒病、早疫病、霜霉病和晚疫病等。

纯品噁霜灵为无色晶体，熔点 104 ～ 105℃；溶解性（25℃，g/L）：水 3.4，丙酮、氯仿 344，DMSO 390，乙醇 50，甲醇 112。

噁霜灵原药急性 LD_{50}（mg/kg）：大鼠经口 3380，雄大鼠经皮 > 2000。

合成路线　以 2,6- 二甲基苯胺为原料，经过重氮化、还原制得二甲基苯肼，然后经氨解、缩合制得目标物（图 4-15）。

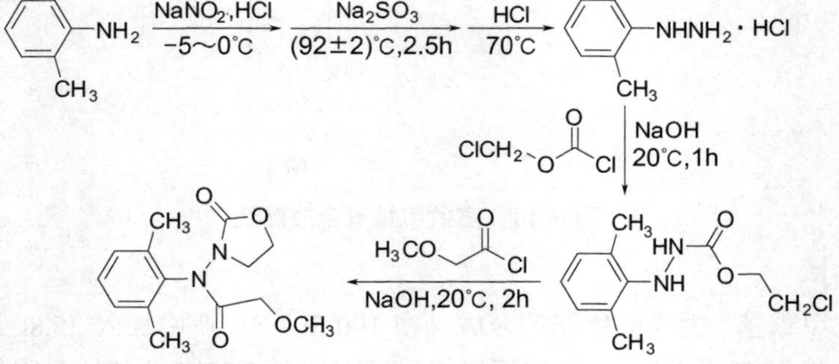

图 4-15　噁霜灵合成路线

在反应器中投入甲醇和片状氢氧化钠，回流反应 30min，冷却后加入一定量的氯乙酸，升温回流反应 2h，反应结束后蒸出甲醇，然后共沸脱水，待水脱尽再冷却，然后加入氯化亚砜，在 45℃反应 1h 进行酰氯化反应，蒸出多余的氯化亚砜，冷却，加入 2,6- 二甲基苯肼甲酸 -β- 氯乙酯，滴加氢氧化钠溶液，控制温度＜ 40℃，滴加完毕冷却至 20℃，保温反应 2h，过滤、干燥制得噁霜灵，总收率 32%（以 2,6- 二甲基苯胺计），含量＞ 95%。

烯酰吗啉（dimethomorph）

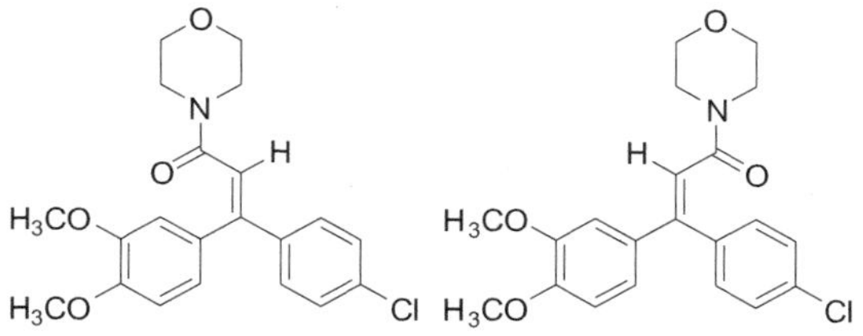

(Z,E)-4-[3-(4- 氯苯基)-3-(3,4- 二甲氧基苯基) 丙烯酰] 吗啉

烯酰吗啉商品名安克，由巴斯夫公司开发，1986 年在多个国家申请了专利，属于抑制孢子萌发活性的内吸性杀菌剂。烯酰吗啉有 Z 和 E 两种异构体，光照下两种异构体迅速互相转变，但只有 Z 异构体有生物活性；用于防治黄瓜霜霉病、葡萄霜霉病、荔枝霜疫病、辣椒疫病、十字花科蔬菜霜霉病、烟草黑胫病等。

纯品烯酰吗啉为无色晶体，顺反比例约为 1∶1，熔点 127 ～ 148℃；混合体溶解性（20℃，g/L）：水 0.018，正己烷 0.11，甲醇 39，乙酸乙酯 48.3，甲苯 49.5，丙酮 100，二氯甲烷 461。

烯酰吗啉原药急性 LD_{50}(mg/kg)：大鼠经口 4300(雄)、3500(雌)，小鼠经口＞ 5000(雄)、3700（雌），大鼠经皮＞ 5000。

逆合成分析 烯酰吗啉为 $α,β-$ 烯酰胺类农药，经过两次缩合制备（图 4-16）。

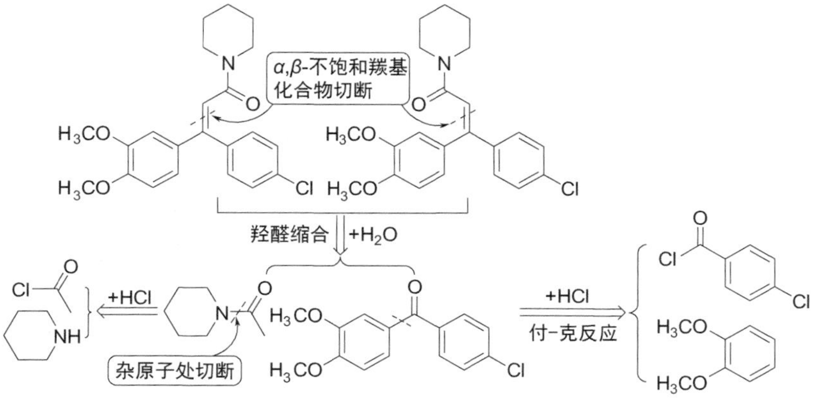

图 4-16　烯酰吗啉逆合成分析

合成路线 如图 4-17 所示。

将 220mL 干燥甲苯加入到带有搅拌器、温度计和冷凝管的反应瓶中，加入 16.9g 氢化钠（60%），搅拌下将 32g（99%）叔丁醇慢慢滴加到反应瓶中，然后搅拌 10min，将 57.6g（96%）4′- 氯 -(3,4- 二甲氧基) 二苯甲酮和 70g（99%）乙酰吗啉加入到反应瓶中，升温至回流温度，搅拌反应 2h，反应完结后，冷却至室温，加入 300mL 水溶解反应产生的碱，分去水层，有机层置于冰箱中，冷冻结晶，过滤，滤出的固体烘干，得到产品 69.5g，含量 97.5%，收率 87.3%。

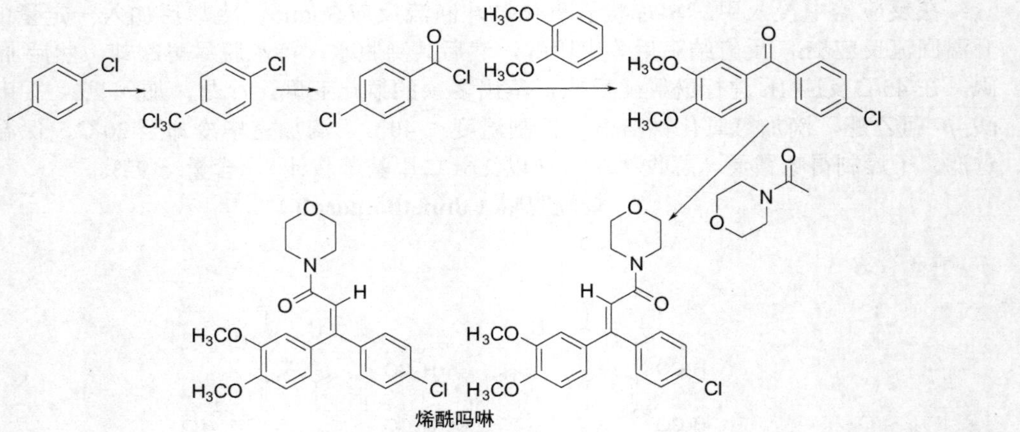

图 4-17　烯酰吗啉合成路线

注：用类似的方法，可以制得氟吗啉（flumorph）、丁吡吗啉（pyrimorph）。

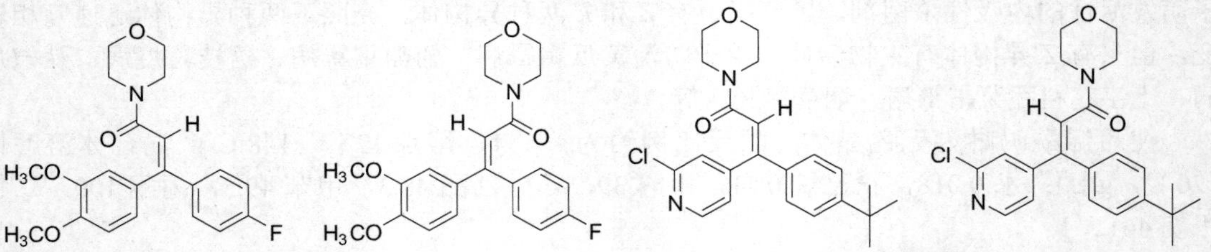

氟吗啉　　　　　　　　　　　　　　　　　丁吡吗啉

噻唑菌胺（ethaboxam）

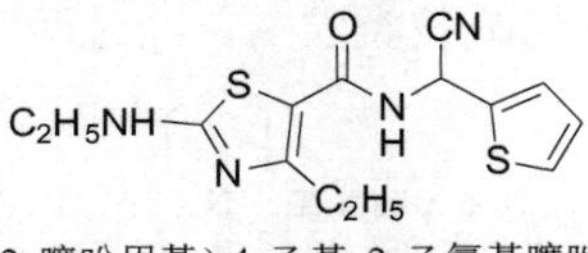

N-(α-氰基-2-噻吩甲基)-4-乙基-2-乙氨基噻唑-5-甲酰胺

噻唑菌胺属于高效、内吸、具有预防和治疗作用的噻唑类杀菌剂，适用于葡萄、马铃薯以及瓜类等作物，可防治卵菌纲引起的病害，如葡萄霜霉病和马铃薯晚疫病等。

纯品噻唑菌胺为白色粉末，没有固定熔点，在 185℃熔化过程分解。噻唑菌胺原药急性 LD_{50}（mg/kg）：大、小鼠经口＞5000，大鼠和兔经皮＞5000。

逆合成分析　噻唑菌胺为噻唑酰胺类杀菌剂农药（图 4-18）。

合成路线　如图 4-19 所示。

合成步骤如下：

（1）4-乙基-2-乙氨基-5-噻唑羧酸的合成　将甲基-2-氯-3-氧代戊酸酯 16.5g（100mmol）与 1-乙基-2-硫脲 10.4g（100mmol）的混合物在 45g 甲醇溶液中加热至回流并搅拌 2h。等反应混合物冷却至 10℃时，再添加氢氧化钠水溶液（11.2g NaOH 溶解于 40g 水中）。随后将反应混合物继续加热至回流并搅拌 2h。接着在减压条件下蒸馏去除甲醇 15g，冷却至 5℃。混合物中加入 4mol/L 45.9g 盐酸中和。在 10℃下将反应混合物搅拌 10min 后过滤得到白色固体，用 50mL 水加以洗涤。最后经高度真空干燥即可获得 20g 4-乙基-2-乙氨基-5-噻唑羧酸，收率为 100%。

（2）噻唑菌胺的合成　将 4-乙基-2-乙氨基-5-噻唑羧酸 20g（100mmol）溶解于 140g 二氯甲烷中，在室温下逐滴加入氯化亚砜 13.7g（15mmol）。随后将混合物加热至回流并连续

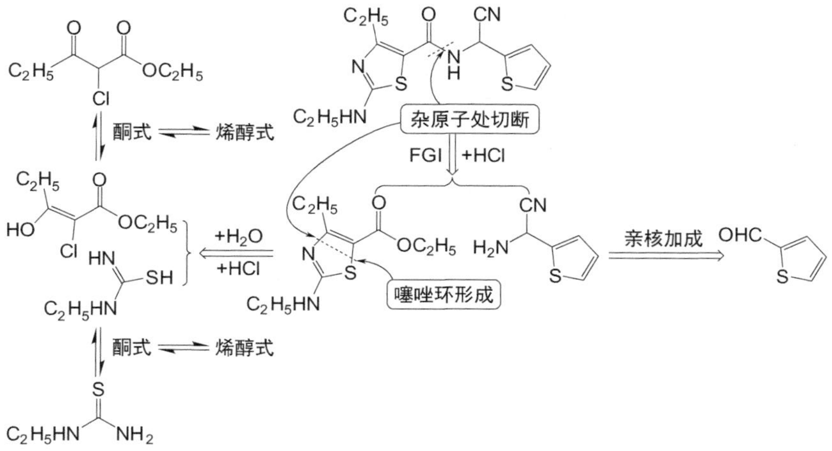

图 4-18　噻唑菌胺逆合成分析

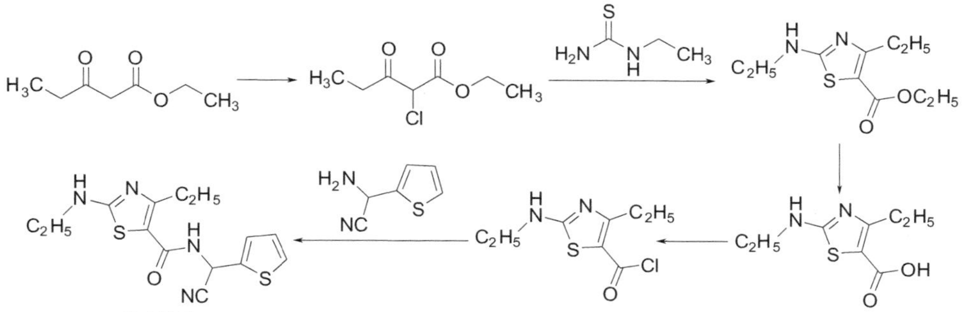

图 4-19　噻唑菌胺合成路线

搅拌 2h。反应结束后，减压蒸馏去除多余的氯化亚砜和 60g 溶剂。接着再添加新的二氯甲烷 60g，并把反应溶液冷却到 0 ～ 5℃。然后向反应液中加入 1-(噻吩 -2- 基)- 氨基乙腈盐酸盐 18.3g（105mmol），再在 10℃下缓慢滴加吡啶 23.7g（300mmol）。等反应进行彻底之后，在 25℃下减压蒸去 100g 溶剂，并向剩余溶液中加入甲醇 20g。最后边搅拌边缓慢加入 140g 水，得到棕色固体物质。用水洗涤（200mL），粗品重结晶即可得到 23.1g 噻唑菌胺，收率 72%。

注：用类似的方法，可以制备噻氟菌胺（thifluzamide）等酰胺类杀菌剂。

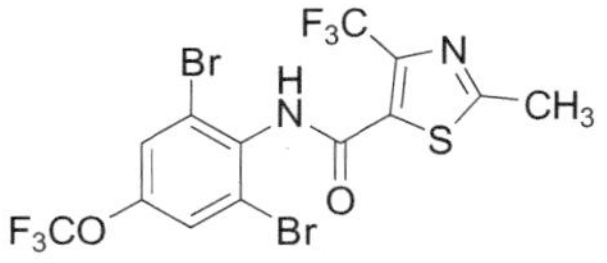

噻氟菌胺

噻酰菌胺（tiadinil）

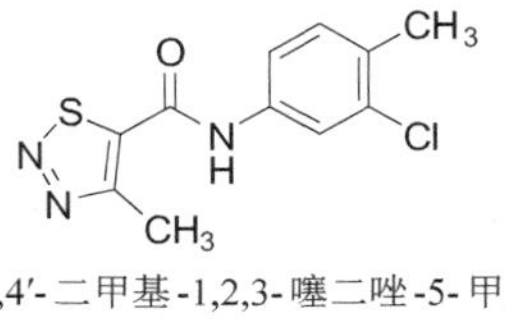

3′- 氯 -4,4′- 二甲基 -1,2,3- 噻二唑 -5- 甲酰苯胺

噻酰菌胺是由日本农药公司开发的内吸性杀菌剂，1996 年 12 月申请专利；主要用于防治水稻稻瘟病，对褐斑病、白叶枯病、纹枯病等也有很好的防治效果。

纯品噻酰菌胺为白色固体，熔点 116℃。噻酰菌胺原药急性 LD_{50}（mg/kg）：大鼠经口＞5000，兔经皮＞5000。

逆合成分析　噻酰菌胺为噻二唑酰胺类杀菌剂农药（图 4-20）。

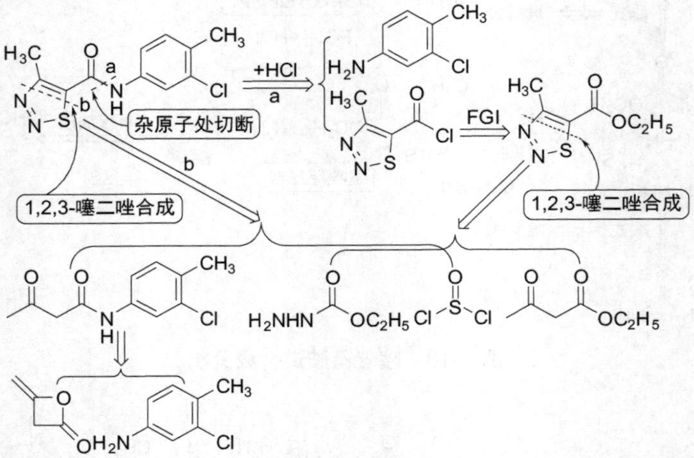

图 4-20　噻酰菌胺逆合成分析

合成路线　以乙酰乙酸乙酯或双乙烯酮为起始原料，采用两种方法制备。其中乙酰乙酸乙酯路线较常用（图 4-21）。

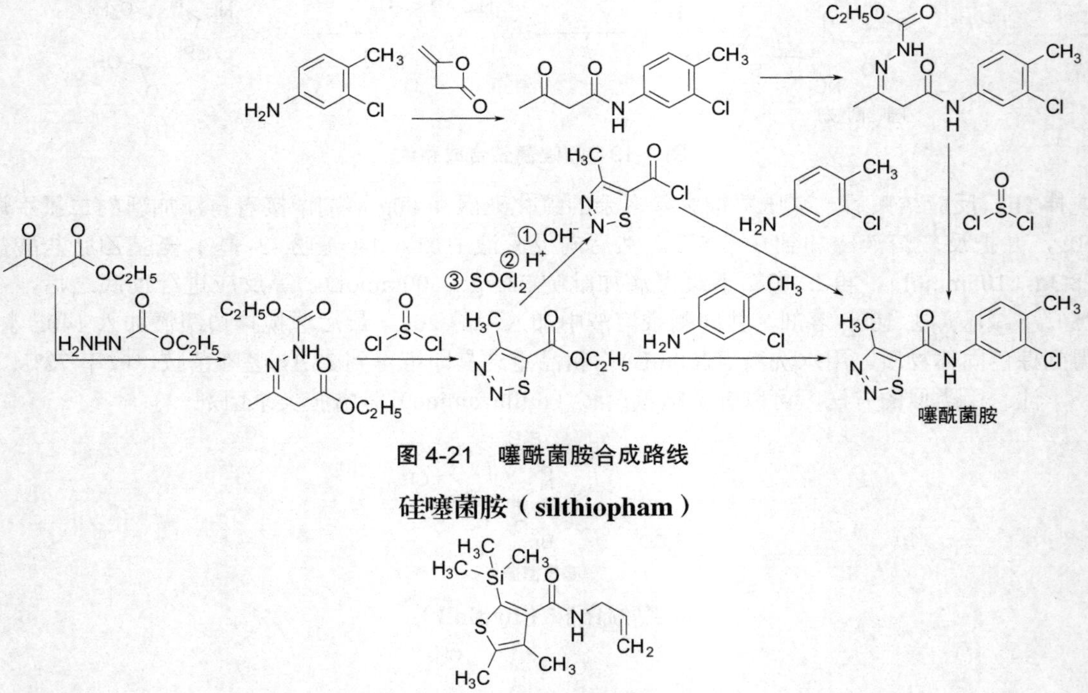

图 4-21　噻酰菌胺合成路线

硅噻菌胺（silthiopham）

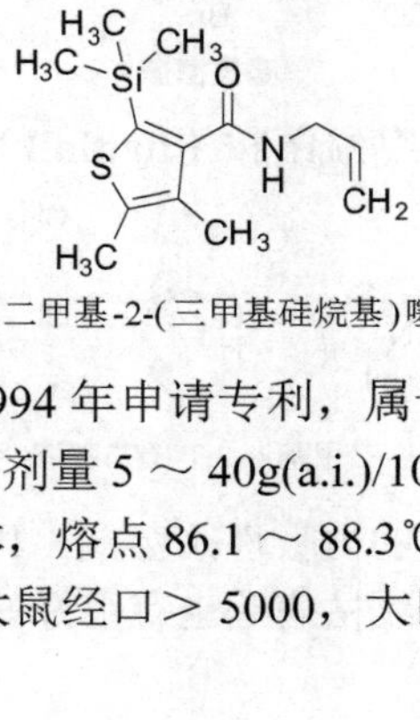

N-烯丙基-4,5二甲基-2-(三甲基硅烷基)噻吩-3-甲酰胺

硅噻菌胺由孟山都公司开发，1994 年申请专利，属于保护性内吸性杀菌剂，用于防治小麦全蚀病，主要作种子处理剂，使用剂量 5 ～ 40g(a.i.)/100kg 种子。

纯品硅噻菌胺为白色颗粒状固体，熔点 86.1 ～ 88.3℃；溶解性（20℃，g/L）：水 0.0353。硅噻菌胺原药急性 LD_{50}（mg/kg）：大鼠经口＞5000，大鼠经皮＞5000。

逆合成分析 硅噻菌胺的合成涉及碳硅键形成（图4-22）。

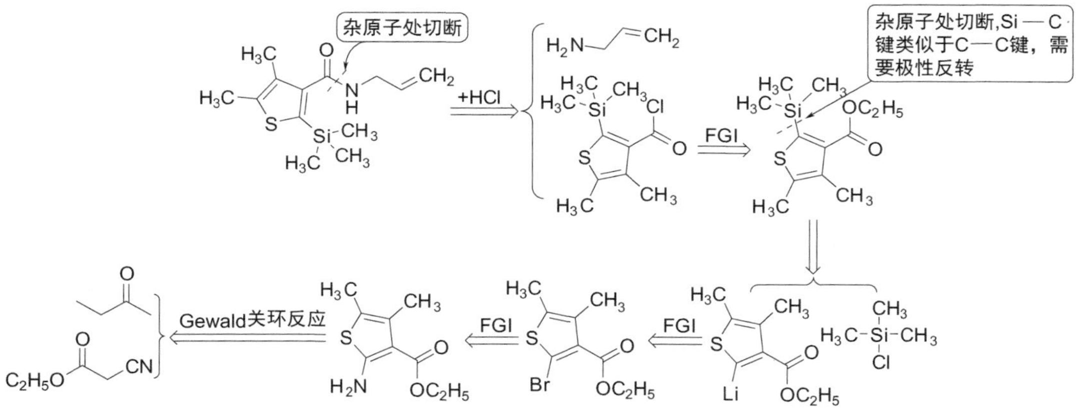

图 4-22 硅噻菌胺逆合成分析

合成路线 以丁酮、氰基乙酸乙酯为起始原料，首先在吗啉和硫黄存在下发生 Gewald 关环反应生成中间体噻吩胺，经重氮化取代制得溴化物，再经水解制得羧酸，然后在丁基锂存在下与三甲基氯化硅反应，最后与烯丙基胺酰胺化即可合成硅噻菌胺（图4-23）。

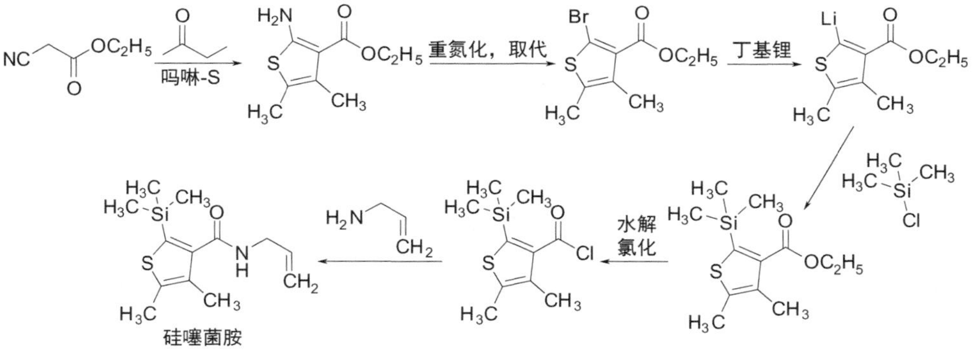

图 4-23 硅噻菌胺合成路线

呋吡菌胺（furametpyr）

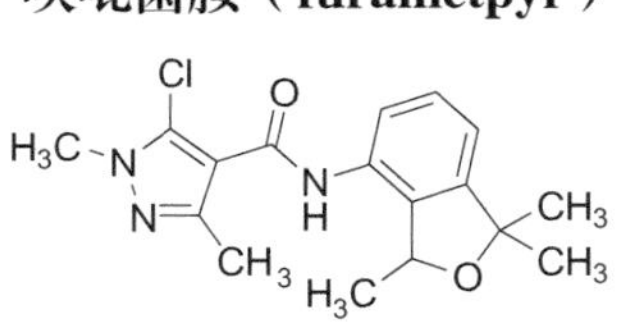

5-氯-N-(1,3-二氢-1,1,3-三甲基异苯并呋喃-4-基)-1,3-二甲基吡唑-4-甲酰胺

呋吡菌胺是日本住友公司开发的广谱、内吸性杀菌剂，对担子菌纲的大多数病菌具有优良的活性，对水稻纹枯病防治效果好。

纯品呋吡菌胺为无色或浅棕色固体；熔点 150.2℃；在太阳光下不稳定。呋吡菌胺原药经口 LD_{50}（mg/kg）：大鼠 640（雄）、590（雌）；对兔眼睛有轻微刺激，豚鼠皮肤对其有轻微过敏。

逆合成分析 呋吡菌胺为 4-甲酰胺吡唑类农药，其中 4-甲酰胺吡唑的合成有 a、b 两条路线，三种方法（图4-24）。

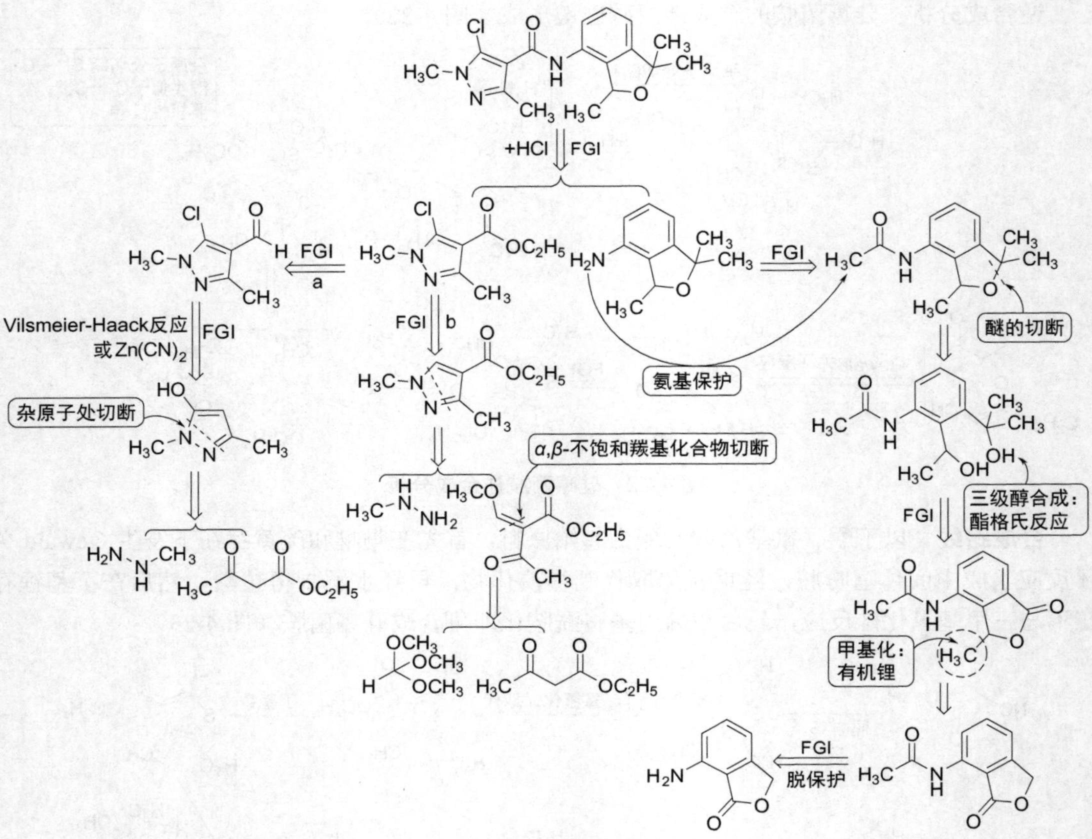

图 4-24　呋吡菌胺逆合成分析

合成路线　如图 4-25 所示。

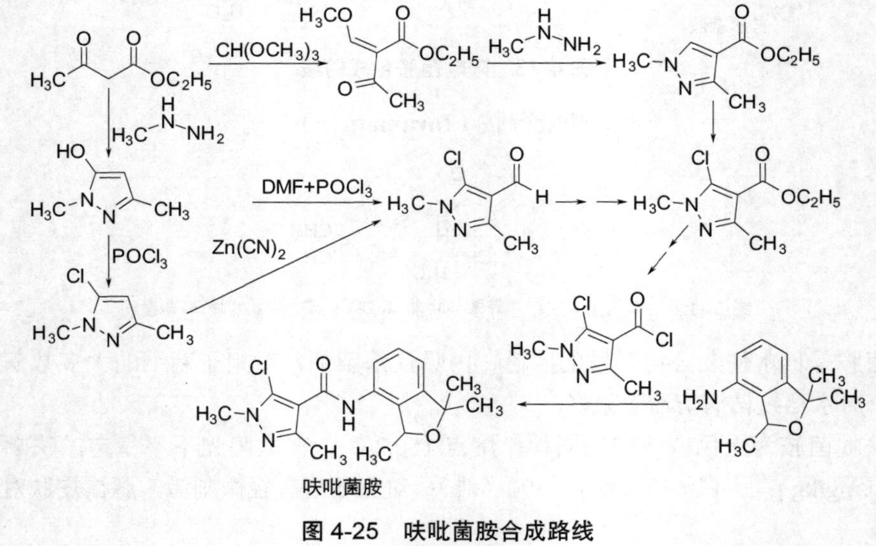

图 4-25　呋吡菌胺合成路线

　　注：用类似的方法，可以制备吡噻菌胺（penthiopyrad）、氟唑菌苯胺（penflufen）、氟唑菌酰胺（fluxapyroxad）、联苯吡菌胺（bixafen）等 4- 甲酰胺吡唑类农药。

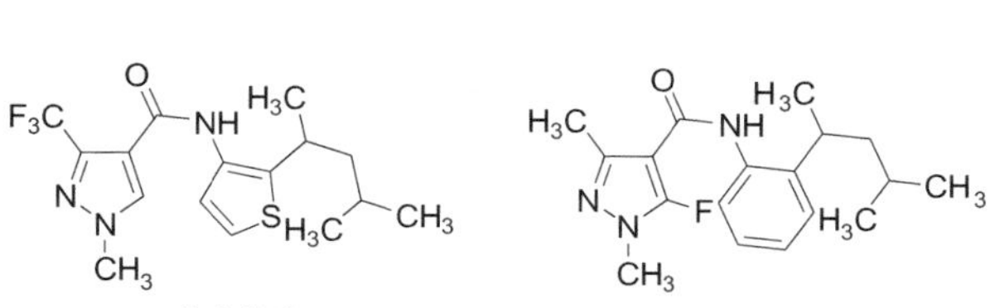

吡噻菌胺   氟唑菌苯胺   氟唑菌酰胺

联苯吡菌胺（bixafen）

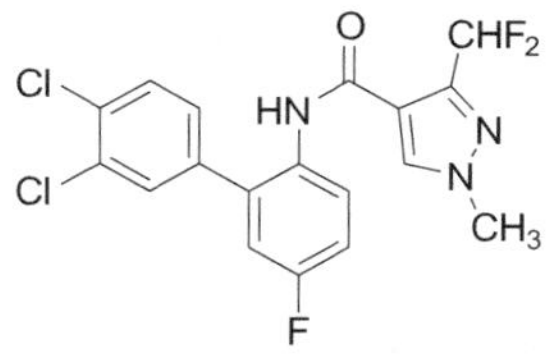

N-(3′,4′-二氯-5-氟二苯-2-基)-3-(二氟甲基)-1-甲基-1*H*-吡唑-4-甲酰胺

联苯吡菌胺是拜耳作物科学公司研发的琥珀酸脱氢酶抑制剂，通过干扰病原菌线粒体呼吸电子传递链中的复合体Ⅱ上的琥珀酸脱氢酶，抑制线粒体功能，阻止其产生能量，抑制病原菌生长，最终导致死亡。联苯吡菌胺为内吸性杀菌剂，具有广泛的杀菌谱，专用于叶面喷雾，可有效防治谷类作物由子囊菌、担子菌和半知菌引起的常见病害。主要用于控制小麦叶疱病和叶锈病，大麦叶烧焦和网斑病，以及这两种作物的白粉病；对苹果白粉病有很好的治疗和保护效果。

联苯吡菌胺为灰白色固体，熔点137～140℃，难溶于水，易溶于甲苯、丙酮、氯仿等有机溶剂。

合成路线 以二氟乙酸乙酯、乙酸乙酯、原甲酸甲酯、甲基肼等为起始原料，经缩合、环化、水解和酰化反应得到中间体1-甲基-3-二氟甲基-1*H*-吡唑-4-甲酰氯。以3,4-二氯溴苯、硼酸三甲酯、2-溴-5-氟苯胺等为原料，经格氏反应，偶联反应得到3,4-二氯-4-氟联苯胺。最后，酰氯与该取代联苯胺反应合成联苯吡菌胺（图4-26）。

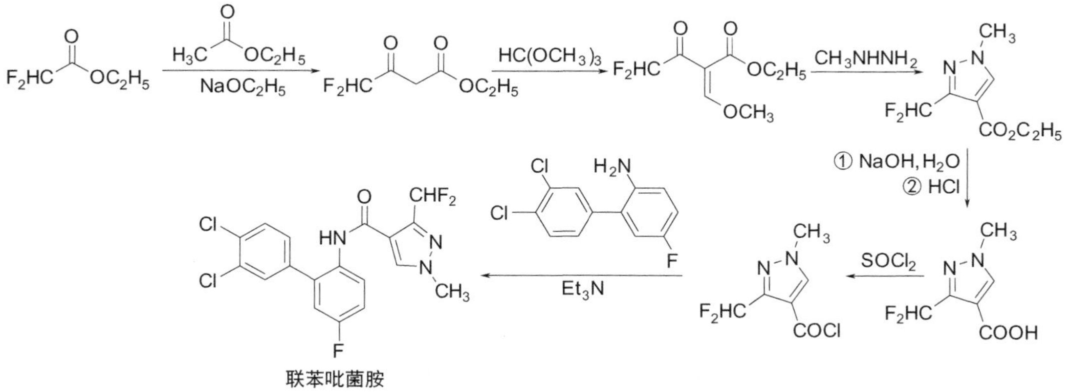

图4-26 联苯吡菌胺合成路线

合成步骤如下：

（1）二氟乙酰乙酸乙酯的制备 将乙醇钠的乙醇溶液加热至70℃，滴加二氟乙酸乙酯与乙酸乙酯的混合物，保温2h。然后加入适量水，用乙酸乙酯萃取，水洗，减压蒸馏，在0.075 MPa下收集90～95℃馏分，即为二氟乙酰乙酸乙酯。

（2）1-甲基-3-二氟甲基-1H-吡唑-4-甲酸的制备　二氟乙酰乙酸乙酯、原甲酸三甲酯等在70℃下反应。减压蒸除溶剂，得粗2-甲氧基亚甲基-4,4-二氟-3-氧代丁酸乙酯。后者与甲基肼发生环化反应生成取代4-吡唑甲酸乙酯，再经水解、酸化得到白色粉末，即为1-甲基-3-二氟甲基-1H-吡唑-4-甲酸。

（3）1-甲基-3-二氟甲基-1H-吡唑-4-甲酰氯的制备　将步骤（2）制备的取代吡唑-4-甲酸中加入氯化亚砜和催化量的DMF，加热回流。反应完毕蒸除过量的氯化亚砜后得粗品，减压蒸馏，收集267Pa下132～136℃馏分，得酰氯纯品。

（4）联苯吡菌胺的合成　在250mL三口反应瓶中，加入15.36g（0.06mol）1-甲基-3-二氟甲基-1H-吡唑-4-甲酰氯、12.83g（0.066mol）3,4-二氯-2′-氨基-5′-氟联苯和100mL甲苯，加热至60℃，在30min内滴加9.1g三乙胺。加热回流5h。冷却，加入200mL水，用甲苯萃取，水洗，硫酸镁干燥，浓缩得灰白色固体17.8g，收率71.7%。

苯并烯氟菌唑（benzovindiflupyr）

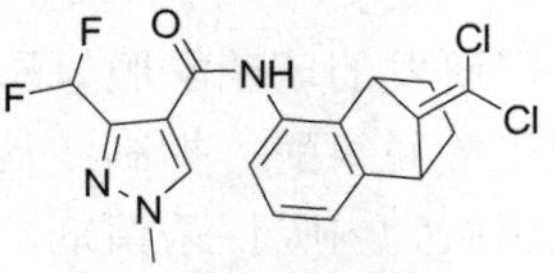

3-二氟甲基-1-甲基-1H-吡唑-4-羧酸(9-二氯亚甲基-1,2,3,4-四氢-1,4-桥亚甲基萘-5-基)-酰胺

苯并烯氟菌唑为先正达公司开发的SDHI类杀菌剂，对亚洲大豆锈病、小麦叶枯病、花生黑斑病、小麦全蚀病及小麦基腐病均有很好的防治效果，尤其对小麦白粉病、大豆锈病、玉米小斑病及灰霉病有特效，且持效期长，与多种杀菌剂无交互抗性。可以单独使用，也可以和嘧菌酯、苯醚甲环唑以及丙环唑配合使用，适用于草皮、观赏植物和粮食作物等，如苹果、大麦、小麦、蓝莓、玉米、棉籽、瓜类蔬菜、干去荚青豆、大豆、葫芦科蔬菜、葡萄、花生、仁果类水果、油菜籽、结节和球茎类蔬菜等。

合成路线　如图4-27所示。

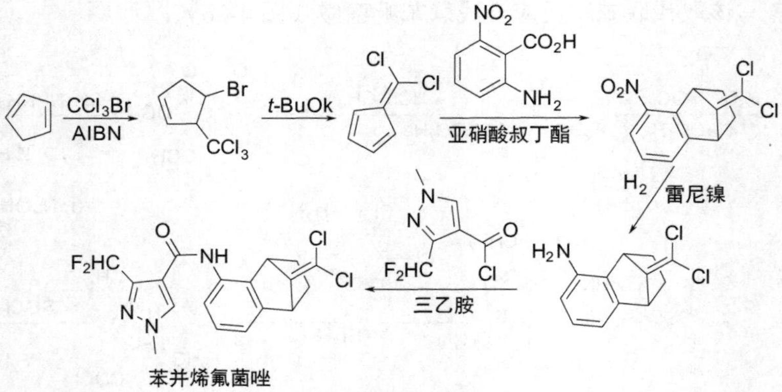

图4-27　苯并烯氟菌唑合成路线

将166g 35% 9-二氯亚甲基-1,2,3,4-四氢-1,4-桥亚甲基萘-5-胺的二甲苯溶液、28g三乙胺、13g二甲苯加入反应器中，混合物加热到80℃，再将182g 26% 3-二氟甲基-1-甲基-1H-吡唑-4-酰氯的二甲苯溶液加入到上述溶液中，整个加入时间超过2h。反应完成后，产物萃取，浓缩在二甲苯和甲基环己烷中，重结晶得到83g目标产物，收率为82%。

pyraziflumid

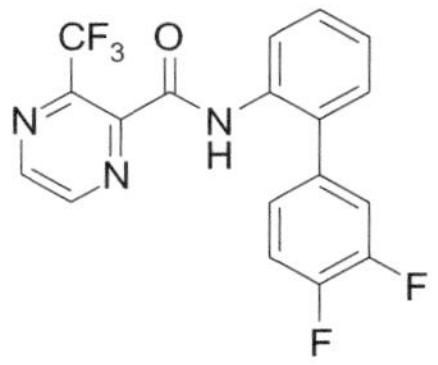

N-[3′,4′-二氟(1,1′-二苯基)-2-基]-3-三氟甲基-2-吡嗪酰胺

pyraziflumid 为日本农药株式会社开发的 SDHI 类杀菌剂，对水稻、水果和蔬菜上的白粉病、黑星病、灰霉病、菌核病、轮纹病、果斑病及钱斑病等有很好的防治效果。

合成路线　乙二胺盐酸盐、4-三氟甲基-2-氯乙酰乙酸乙酯和叠氮化钠在钯碳作用下环合生成吡嗪环，然后与胺反应得到目标产物（图4-28）。

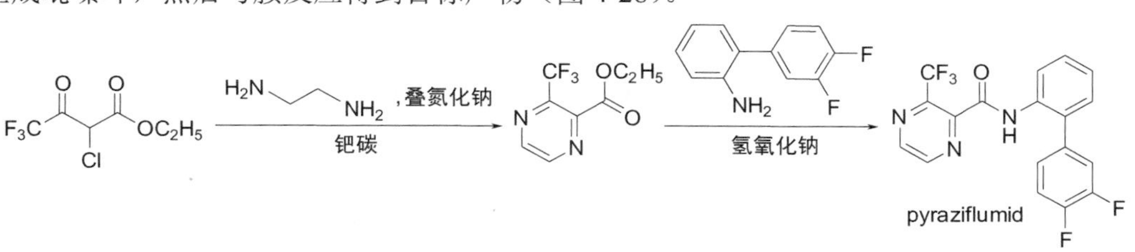

图 4-28　pyraziflumid 合成路线

合成步骤如下：

（1）3-三氟甲基吡嗪-2-甲酸乙酯的合成　在 2.6g 叠氮化钠和 3.2g 乙二胺盐酸盐溶液中，滴加 4.4g 2-氯-4,4,4-三氟-3-氧代丁酸乙酯的乙酸乙酯溶液 (8mL)，然后加入 2g 5% 钯碳（50% 湿）和 2mL 乙酸乙酯，在室温和 35℃下分别搅拌 1h，加热回流 2.5h。冷却至室温，加入 60mL 水和 100mL 乙酸乙酯。过滤钯碳，有机相用水洗，干燥，减压脱溶，硅胶柱色谱分离得到 2.1g 3-三氟甲基吡嗪-2-甲酸乙酯，收率为 48%。

（2）pyraziflumid 的合成　30mL 28% 甲醇钠的甲醇溶液、10g 3′,4′-二氟二苯基-2-基胺、11mL *N*,*N*-二甲基乙酰胺的混合液在水浴中冷却，保持温度在 25℃以下；将 12.6g 3-三氟甲基吡嗪-2-甲酸乙酯溶于 1mL 的 DMF 中，逐滴加入到上述溶液中，反应在室温中搅拌 5h。反应溶液倾入 100g 冰和 150mL 1mol/L 盐酸溶液的混合物中，用乙酸乙酯萃取，有机相依次用碳酸钠溶液、饱和食盐水、水洗涤，无水硫酸钠干燥，减压脱溶，残余物用硅胶柱色谱分离，得到 15.7g 目标产物，收率为 85%，熔点为 116～117℃。

双炔酰菌胺（mandipropamid）

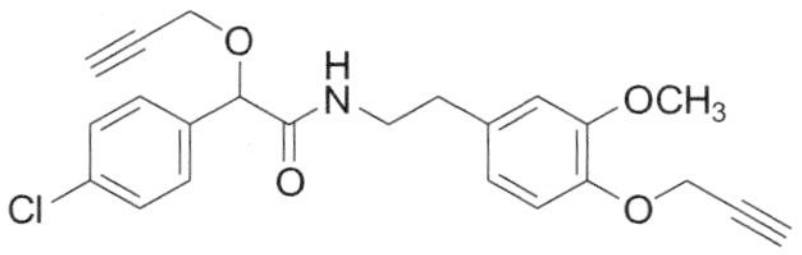

(*RS*)-2-(4-氯苯基)-*N*-[3-甲氧基-4-(丙-2-炔氧基)苯乙基]-2-(丙-2-炔氧基)乙酰胺

双炔酰菌胺是先正达公司开发的酰胺类杀菌剂，2001 年申请专利，其作用机理为抑制磷脂的生物合成，对绝大多数由卵菌引起的叶部和果实病害均有很好的防效。

双炔酰菌胺原药质量分数≥ 93%；外观为浅褐色无味细粉末；pH 6～8；在有机溶剂中溶解度（25℃，g/L）：丙酮 300，二氯甲烷 400，乙酸乙酯 120，甲醇 66，辛醇 4.8，甲苯 29，正己烷 0.042；常温下稳定。双炔酰菌胺原药经口 LD_{50}（mg/kg）：大鼠＞ 5000；对白兔眼睛和皮肤有轻度刺激性。

逆合成分析　双炔酰菌胺为酰胺类杀菌剂（图 4-29）。

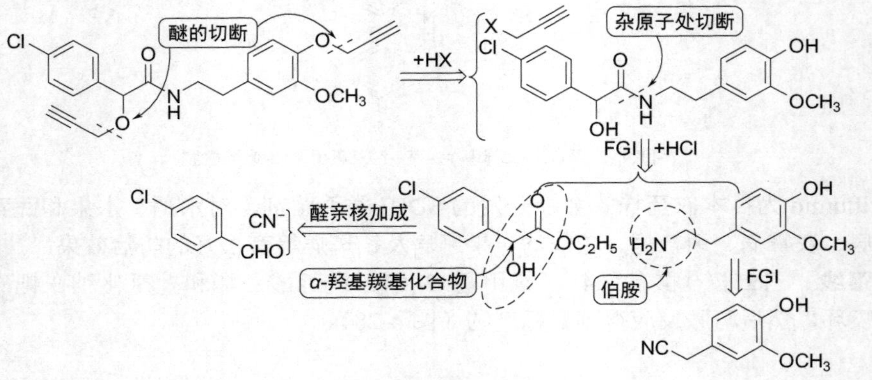

图 4-29　双炔酰菌胺逆合成分析

合成路线　如图 4-30 所示。

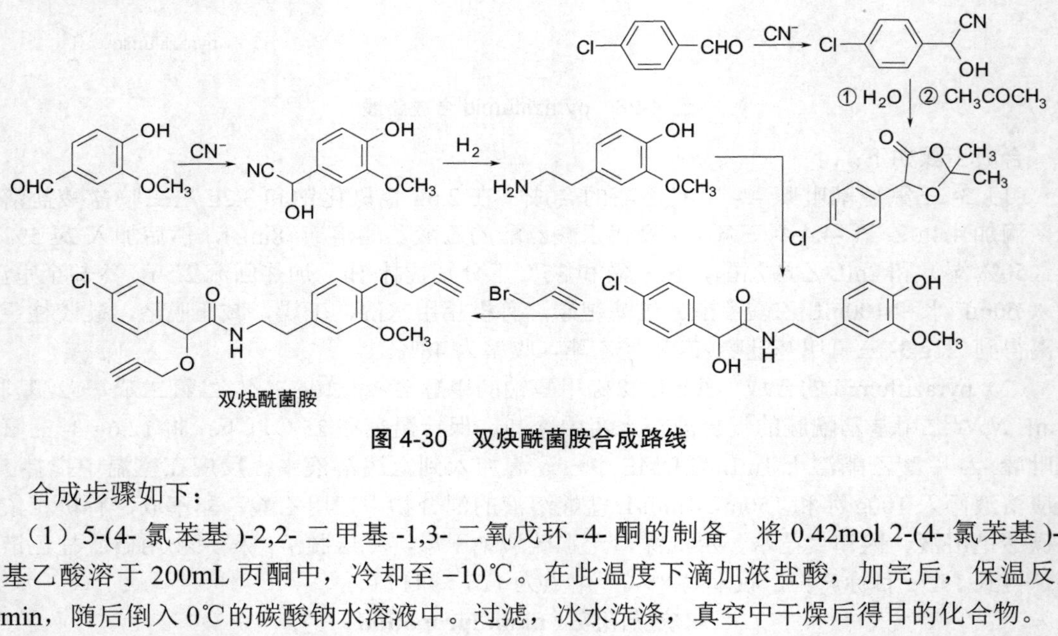

图 4-30　双炔酰菌胺合成路线

合成步骤如下：

（1）5-(4- 氯苯基)-2,2- 二甲基 -1,3- 二氧戊环 -4- 酮的制备　将 0.42mol 2-(4- 氯苯基)-2- 羟基乙酸溶于 200mL 丙酮中，冷却至 −10℃。在此温度下滴加浓盐酸，加完后，保温反应 30min，随后倒入 0℃的碳酸钠水溶液中。过滤，冰水洗涤，真空中干燥后得目的化合物。

（2）2-（4- 氯苯基)-2- 羟基 -N-[2-(4- 羟基 -3- 甲氧基苯基)- 乙基] 乙酰胺的制备　将 5-(4- 氯苯基)-2,2- 二甲基 -1,3- 二氧戊环 -4- 酮和 4-(2- 氨基乙基)-2- 甲氧基苯酚溶于无水二噁烷中，混合物加热至回流搅拌反应 7h。真空脱溶，于 70℃下向残余物中加入 20g 乙酸乙酯和己烷的 1：1 混合物，冷却、过滤和洗涤后，真空中干燥得目标物。

（3）双炔酰菌胺的制备　室温下将 80% 炔丙基溴的甲苯溶液缓慢加入到 2-(4- 氯苯基)-2- 羟基 -N-[2-(4- 羟基 -3- 甲氧基苯基)- 乙基] 乙酰胺、30% 氢氧化钠溶液与四丁基溴化铵在二氯乙烷中的混合物中。将反应混合物在 40℃下搅拌 16h，脱溶，残余物用水和二氯乙烷稀释。分离有机相，用二氯乙烷萃取水层。合并有机相，用盐水洗涤后，用硫酸钠干燥、脱溶。残余的油经硅胶色谱纯化（乙酸乙酯：乙烷 =1：1），得到目的化合物双炔酰菌胺。

萎锈灵（cardboxin）

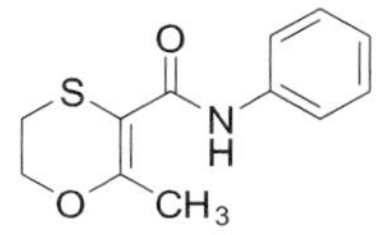

5,6- 二氢 -2- 甲基 -1,4- 氧硫环己烯 -3- 甲酰苯胺

萎锈灵属于选择性内吸杀菌剂，由美国 Uniroyal 公司开发，适用于麦类、水稻、棉花、花生、大豆、蔬菜、玉米、高粱等作物中由锈菌和黑粉菌引起的锈病和黑粉病等病害；主要用于拌种，使用剂量 50 ～ 200(a.i.)/100kg 种子。

纯品萎锈灵为白色固体，两种异构体熔点 91.5 ～ 92.5℃、98 ～ 100℃；溶解性（20℃，mg/L）：水 199，丙酮 177，二氯甲烷 353，甲醇 88，乙酸乙酯 93。

萎锈灵原药急性 LD_{50}（mg/kg）：大鼠经口 3820，兔经皮＞ 4000；对兔眼睛有刺激性。

合成路线 萎锈灵有如下 3 种合成路线（图 4-31），实际应用中，较多采用 5 → 6 → 7 和 5 → 8。

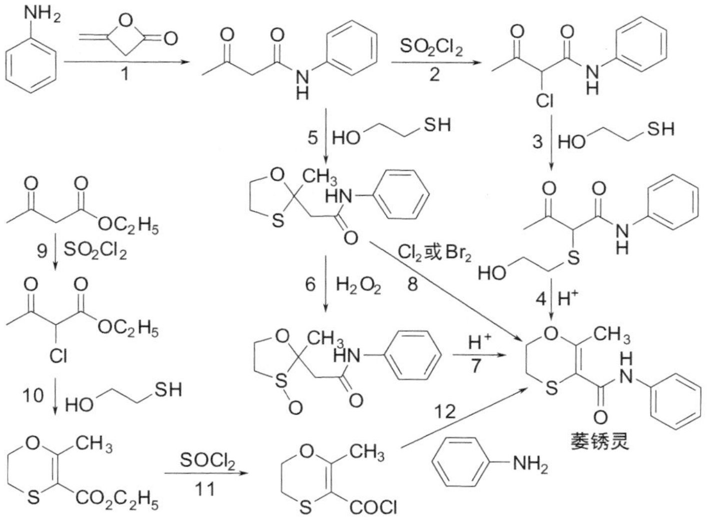

图 4-31 萎锈灵合成路线

将 2- 甲基 -*N*- 苯基 -1,3- 氧硫杂茂 -3- 乙酰苯胺 0.50g（0.0021mol）和二氯甲烷 20mL 组成的溶液，在搅拌下以干燥的丙酮冰浴冷却到 −40℃，逐渐滴加氯气 0.15g（0.00211mol）与二氯甲烷 9.6mL 组成的溶液，滴加时间在 10min 以上。然后继续在上述温度下搅拌 1h，并慢慢加入三乙胺 0.426g（0.00422mol），再搅拌 1h。移去冰浴，以碳酸氢钠水溶液和水分别洗涤，再用无水硫酸钠干燥。在室温下减压除去溶剂后得油状残余物 0.518g，用乙酸乙酯 - 石油醚重结晶得萎锈灵 0.398g，收率 80.50%。

注：将萎锈灵过氧酸或双氧水氧化，即可制得氧化萎锈灵。

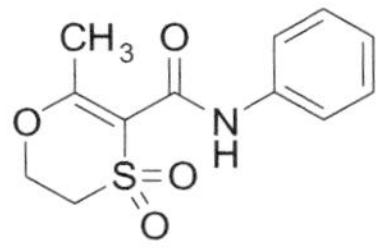

氧化萎锈灵

氰菌胺（zarilamid）

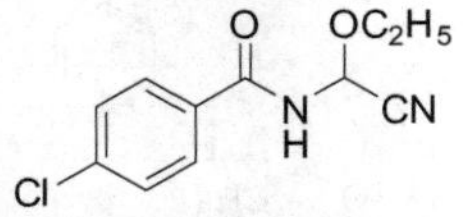

(RS)-4-氯-N-[氰基(乙氧基)甲基]苯甲酰胺

氰菌胺是新型内吸性杀菌剂，具有杰出的治疗、渗透作用和抑制孢子形成等特性，并系统地分布在非原生质体中，可单用也可与保护性杀菌剂混配。对苯酰胺类杀菌剂的抗性品系和敏感品系均有活性。对葡萄霜霉病，马铃薯、番茄晚疫病防效特别好。

纯品氰菌胺浅褐色结晶固体，熔点111℃；溶解度（20℃，g/L）：水0.167（pH 5.3），甲醇272，丙酮＞500，二氯甲烷271，二甲苯26，乙酸乙酯336，己烷0.12。

氰菌胺原药急性LD_{50}（mg/kg）：大鼠经口＞526（雄）、775（雌），大鼠经皮（雄和雌）＞2000。

合成路线   氰菌胺合成路线有很多，以下路线比较常用（图4-32）。

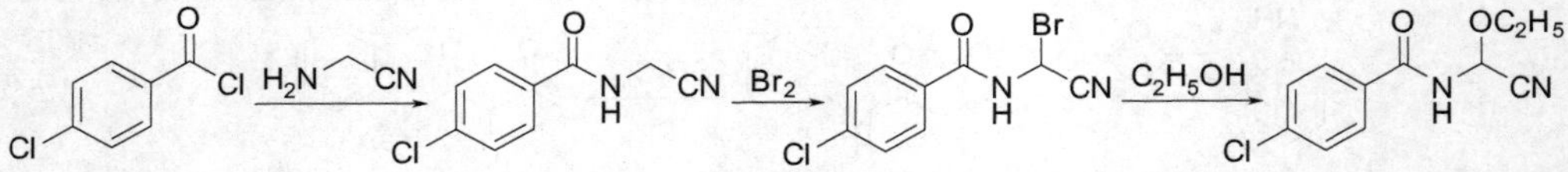

图4-32   氰菌胺合成路线

N-氰甲基-4-氯-苯甲酰胺在二甘醇二甲醚中，在PBr_3存在下于25℃用溴素溴化（可用吡啶作缚酸剂）制得溴化物，该溴化物在乙醇中加热回流，即可较高产率地制得氰菌胺。

注：用制备酰胺类化合物的常规方法可以制备啶酰菌胺（boscalid）、氟啶酰菌胺（fluopicolide）、isotianil、fluopyram、环氟菌胺（cyflufenamid）、苯酰菌胺（zoxamide）、环啶菌胺（ICI A0858）、环酰菌胺（fenhexamid）、双氯氰菌胺（diclocymet）、tolprocarb、环丙酰菌胺（carpropamid）等酰胺类杀菌剂。

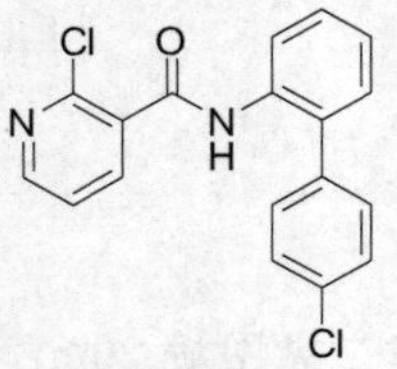

啶酰菌胺

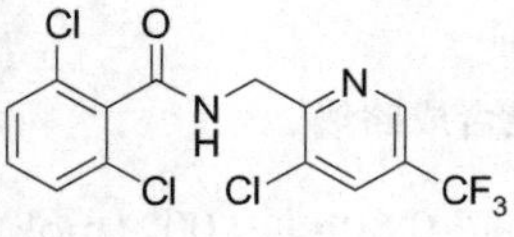

氟啶酰菌胺

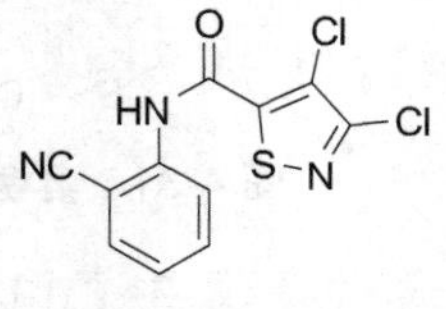

isotianil

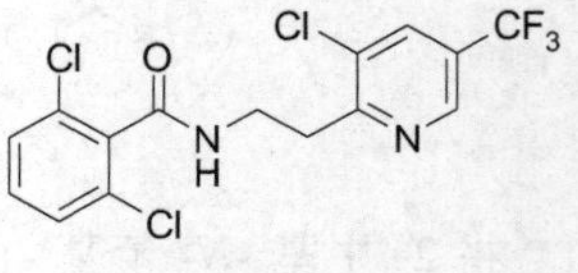

fluopyram

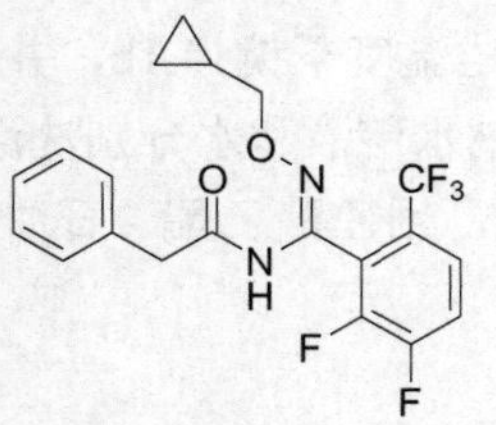

环氟菌胺

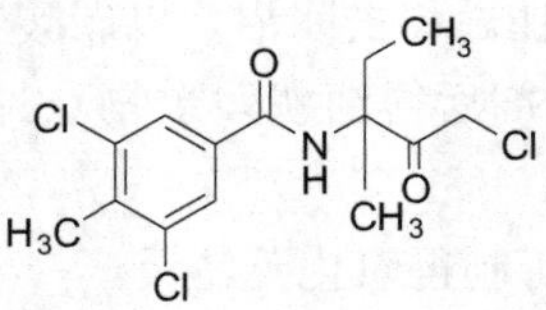

苯酰菌胺

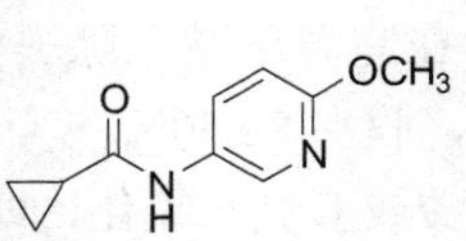

环啶菌胺

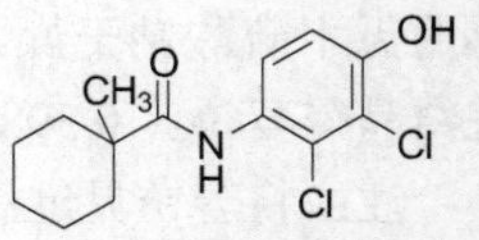

环酰菌胺

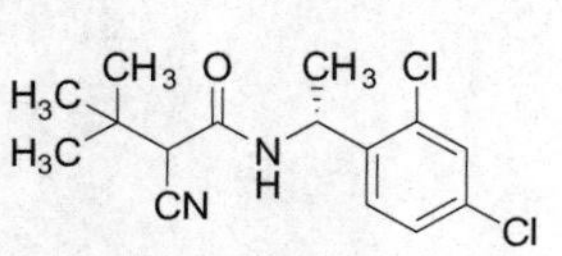

双氯氰菌胺

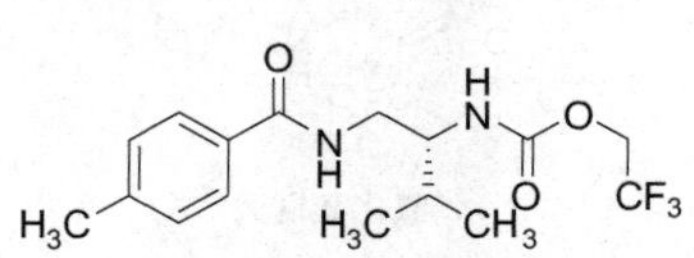

tolprocarb

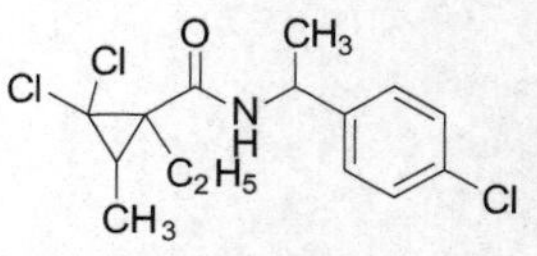

环丙酰菌胺

4.6 嘧啶类杀菌剂

4.6.1 结构特点与合成设计

此类化合物结构特征是分子中含有嘧啶环基团，相关杀菌剂可以看作是嘧啶（胺）衍生物。

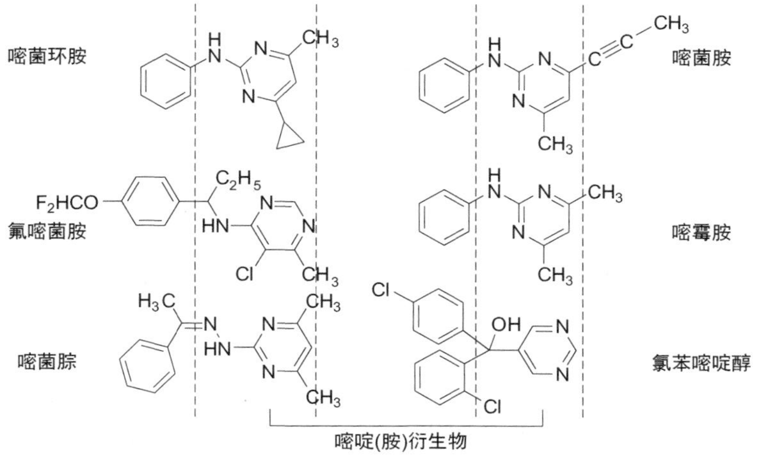

嘧啶(胺)衍生物

嘧啶类杀菌剂分子结构中嘧啶环的形成常用 Pinner 合成法：嘧啶的合成一般以 1,3- 二羰基化合物为起始原料，根据具体要求合成相关结构嘧啶衍生物杀菌剂。例如：

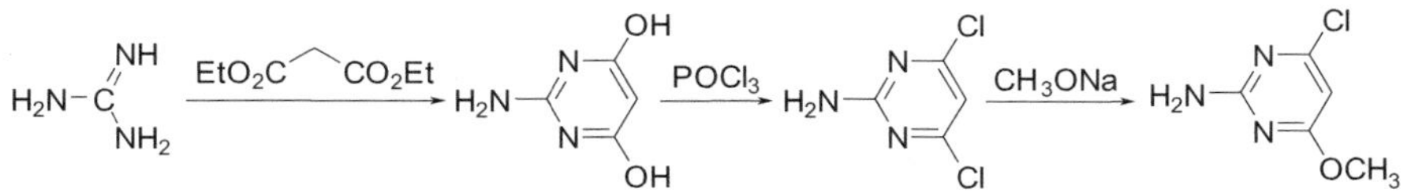

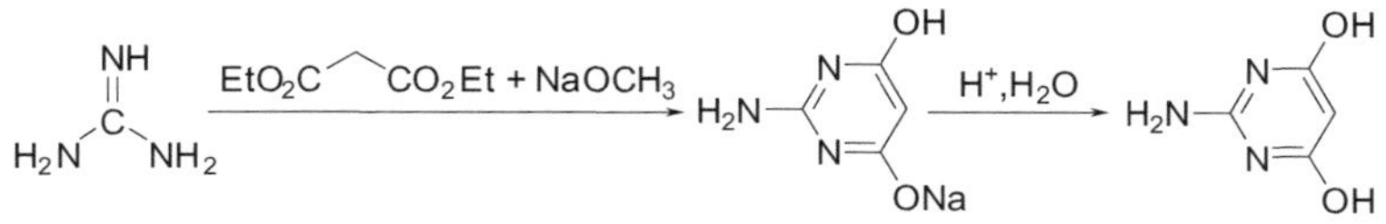

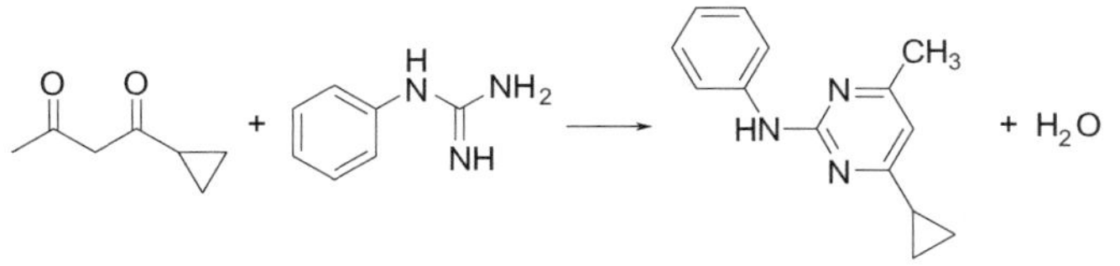

目前，常用的嘧啶类杀菌剂品种有以下几种。

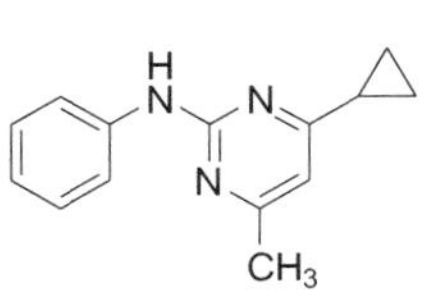

嘧菌环胺（cyprodinil） 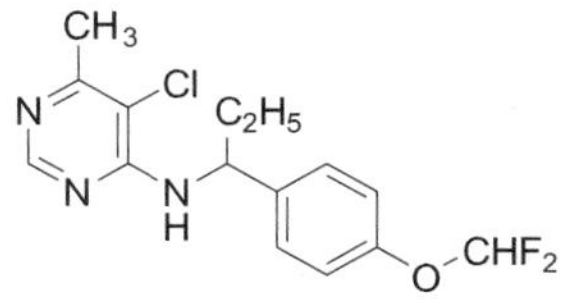　　氟嘧菌胺（diflumetorim） 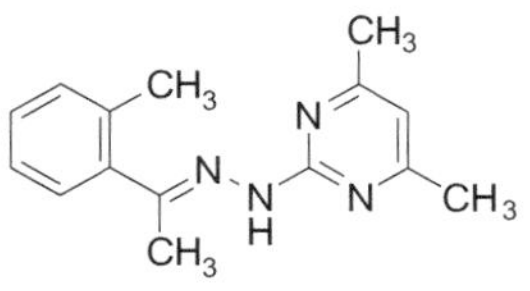　　嘧菌腙（ferimzone） 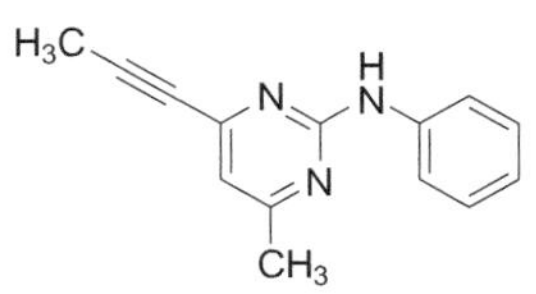　　嘧菌胺（mepanipyrim）

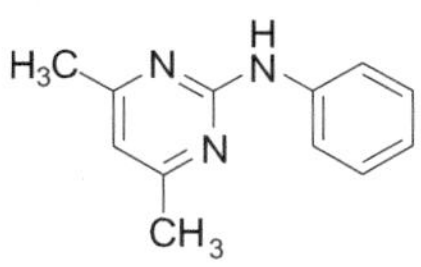

嘧霉胺（pyrimethanil） 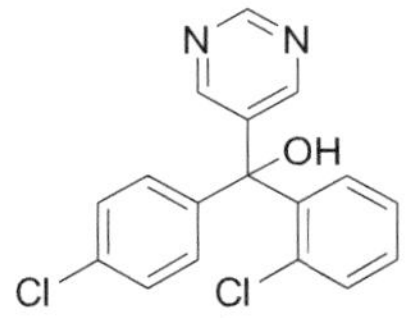　　氯苯嘧啶醇（fenarimol） 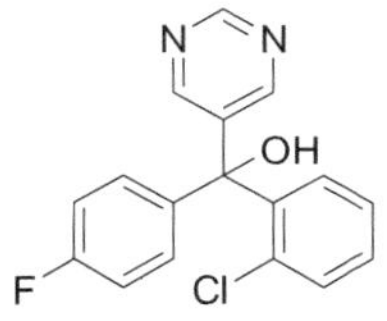　　氟苯嘧啶醇（nuarimol） 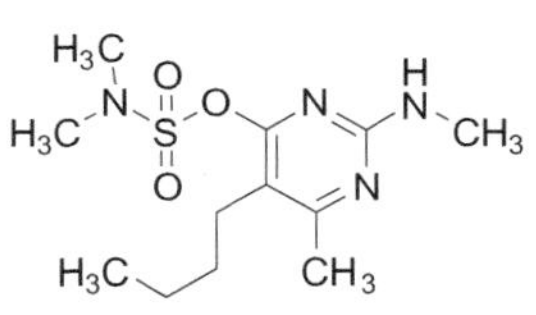　　乙嘧酚磺酸酯（bupirimate）

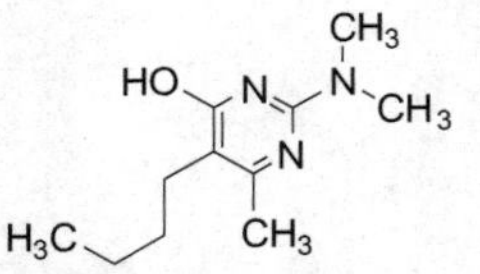

二甲嘧酚（dimethirimol） 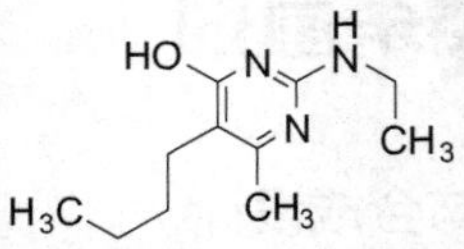 乙嘧酚（ethirimol）

4.6.2 代表性品种的结构与合成

嘧菌环胺（cyprodinil）

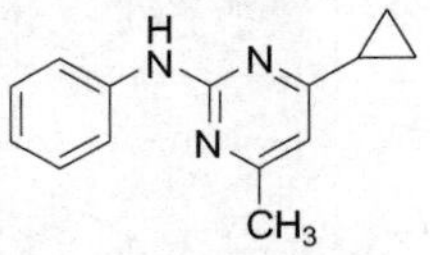

4-环丙基-6-甲基-N-苯基嘧啶-2-胺

嘧菌环胺由先正达公司开发，1987年申请专利，属于真菌水解酶分泌和蛋氨酸生物合成抑制剂，是广谱、高效、具有保护性和治疗性的杀菌剂，适用于麦类、葡萄、果树、蔬菜等；防治的病害有灰霉病、白粉病，黑星病、叶斑病等。

纯品嘧菌环胺为粉状固体，熔点 75.9℃；溶解性（25℃，g/L）：水 0.013，丙酮 610，甲苯 460，正己烷 30，正辛醇 160，乙醇 160。

嘧菌环胺原药急性 LD_{50}（mg/kg）：大鼠经口＞2000，大鼠经皮＞2000。

逆合成分析 嘧菌环胺为嘧啶类杀菌剂代表型品种（图4-33）。

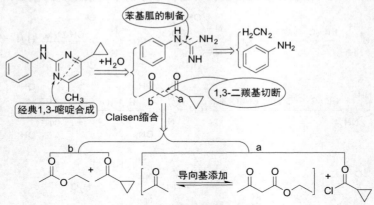

图 4-33 嘧菌环胺逆合成分析

合成路线 如图 4-34 所示。

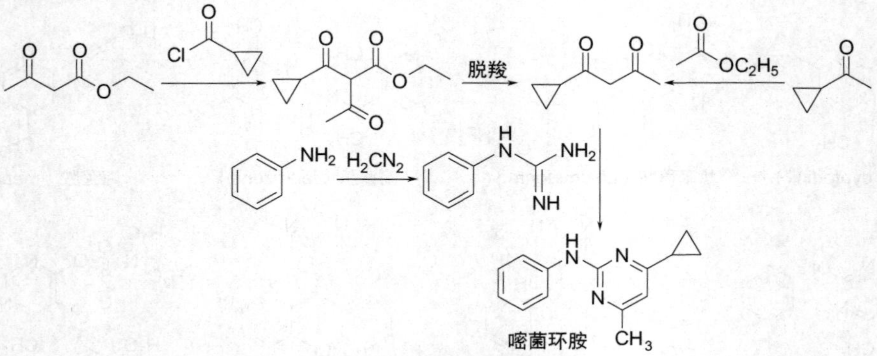

图 4-34 嘧菌环胺合成路线

合成步骤如下：

（1）环丙酰基丙酮的合成　取 4g（0.1mol）氢化钠（60%）于 125mL 三口瓶中，依次加入 45mL 甲基叔丁基醚、4.2g（0.05mol）甲基环丙基酮，慢慢滴加 8.8g（0.1mol）乙酸乙酯，1h 滴完，反应液变稠，补加 20mL 甲基叔丁基醚，反应 3h 后过滤，取滤饼于烧杯中，加入 100mL 乙酸乙酯，滴加稀盐酸调至弱酸性，分出有机层，减压脱溶得 4.54g 淡黄色液体，粗收率 64.4%。

（2）嘧菌环胺的合成　取苯基胍碳酸盐 3.3g（0.01mol）于 125mL 反应瓶中，依次加入 50mL 乙醇及 15.2g（0.012mol）环丙酰基丙酮，升温回流反应 5h，TLC 监测反应完毕，减压脱溶剂，柱色谱分离，得 1.71g 白色固体嘧菌环胺，收率 76%。

嘧菌胺（mepanipyrim）

N-(4-甲基-6-丙炔基嘧啶-2-基)苯胺

嘧菌胺由日本组合化学公司和掩原化学工业公司共同开发，1986 年申请专利；属于病原菌蛋白质分泌抑制剂，是具有保护性和治疗性的杀菌剂，没有内吸活性，适用于观赏植物、葡萄、果树、蔬菜等；防治的病害有灰霉病、白粉病，黑星病等；使用剂量 140～750(a.i.)/hm²。

纯品嘧菌胺为无色结晶状固体或粉状固体，熔点 132.8℃；溶解性（20℃，g/L）：水 0.0031，丙酮 139，正己烷 2.06，甲醇 15.4。

嘧菌胺原药急性 LD_{50}（mg/kg）：大、小鼠经口＞5000，大鼠经皮＞2000。

逆合成分析　嘧菌胺为嘧啶类杀菌剂代表型品种（图 4-35）。

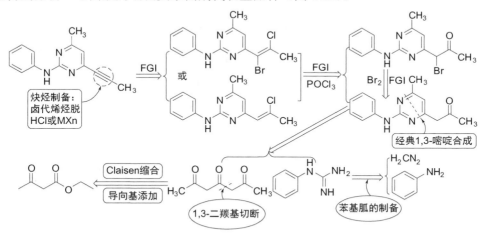

图 4-35　嘧菌胺逆合成分析

合成路线　主要有以下两种。

（1）工业常用合成路线　为了制取甲基乙炔基的支链，用氯化剂制得氯丙烯基化合物后，再经脱氯化氢后制得其炔基结构的嘧菌胺（图 4-36）。

（2）实验室常用合成路线　将 NaH 悬浮于甲苯（或 THF）中与加入的 N-甲酰苯胺混合加热反应后再加入甲基砜基嘧啶，室温下搅拌 15h 后分别用乙醇 +THF（2+1，体积比）、NaOH 水溶液处理，得到嘧菌胺（图 4-37）。

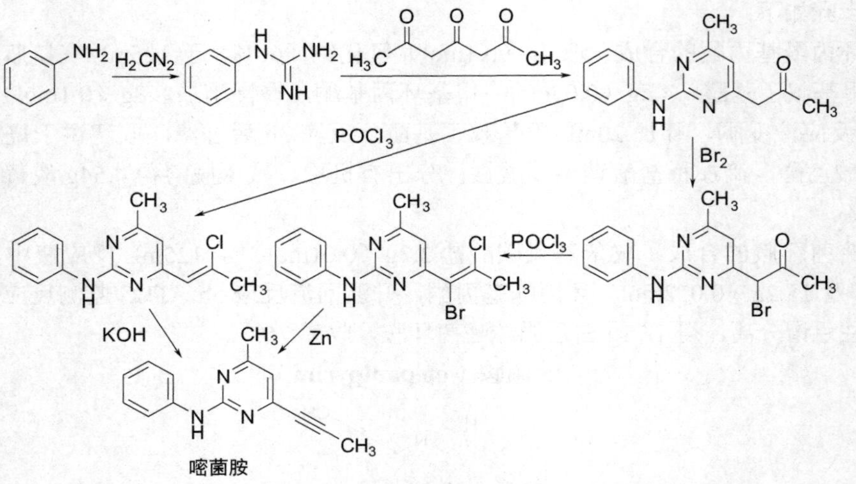

图 4-36 嘧菌胺的工业常用合成路线

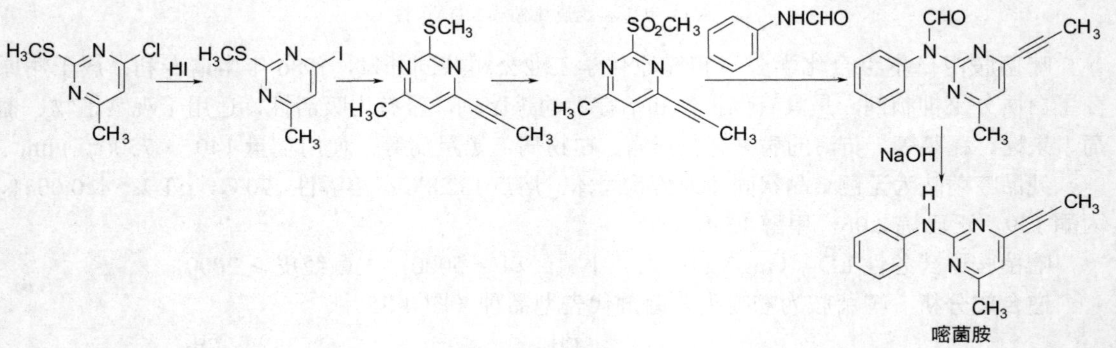

图 4-37 嘧菌胺的实验室常用合成路线

嘧霉胺（pyrimethanil）

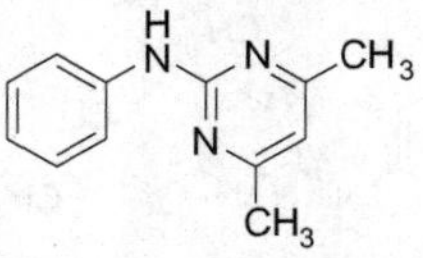

N-(4,6-二甲基嘧啶-2-基)苯胺

嘧霉胺商品名施佳乐，由拜耳公司开发，属于病原菌蛋白质分泌抑制剂，具有内吸传导和熏蒸作用，适用于葡萄、果树、蔬菜等；防治灰霉病有特效。

纯品嘧霉胺为无色结晶状固体，熔点 96.3℃；溶解性（20℃，g/L）：水 0.121，丙酮 389，正己烷 23.7，甲醇 176，乙酸乙酯 617，二氯甲烷 1000，甲苯 412。嘧霉胺原药急性 LD_{50}（mg/kg）：大鼠经口 4159～5971、小鼠经口 4665～5359，大鼠经皮＞5000。

合成路线 嘧霉胺有多种合成路线，如脲路线 1→2→3→4→5，乙酰丙酮路线 6→7→8、11→12→8，苯胺路线 9→10 等。实际应用中较多采用 11→12→8（图 4-38）。

合成步骤如下：

（1）2-氨基-4,6-二甲基嘧啶的合成 依次将 60g（0.49mol）硝酸胍、100g（1.0mol）乙酰丙酮、400mL 10% 碳酸钾溶液加入到 1000mL 三口烧瓶中，室温下混合搅拌约 1h 后反应液变浑浊，继续反应 10h 后抽滤得白色晶体，干燥称重得 55g，收率 92.0%。

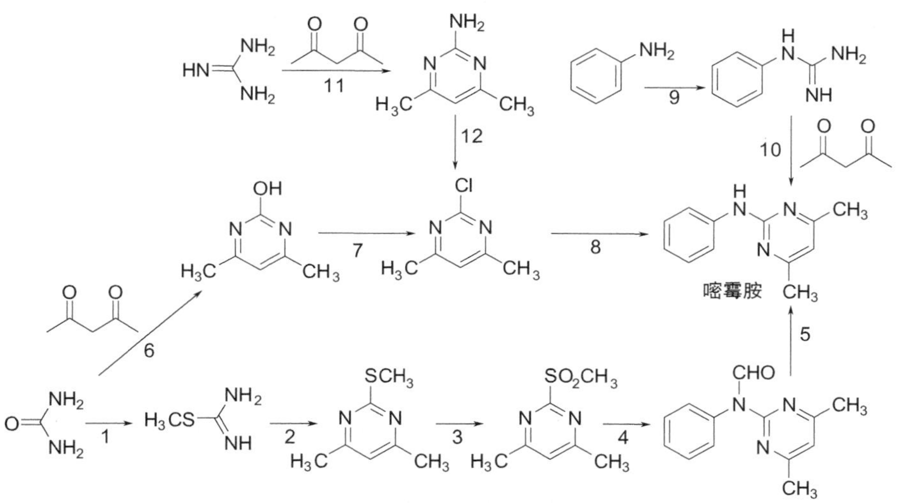

图 4-38 嘧霉胺合成路线

（2）2-氯-4,6-二甲基嘧啶的合成　将浓盐酸 300mL、2-氨基-4,6-二甲基嘧啶 35g（0.28mol）加入到 1000mL 三口烧瓶中，冷至 −5℃缓慢滴入亚硝酸钠水溶液 300mL，反应液迅速由无色变为黄色，然后变为棕黄色、橘红色，同时伴有棕色气体产生。当全部滴加完毕，反应液成绿色。用氢氧化钠水溶液慢慢中和，然后用乙醚萃取，旋转蒸发得黄色液体，冷却后固化为黄色针状晶体，干燥后称重得 36.5g，收率为 89.5%。

（3）嘧霉胺的合成　将 300mL 乙腈、15g（0.11mol）2-氯-4,6-二甲基嘧啶、30g 缚酸剂 A 加入到 1000mL 三口烧瓶中，在 50～60℃下滴加 19g（0.2mol）苯胺，滴加完毕回流反应 5h，TLC 跟踪直至原料消失。然后降温至 30℃以下，过滤、干燥得白色晶体 18g，收率为 88%。

氯苯嘧啶醇（fenarimol）

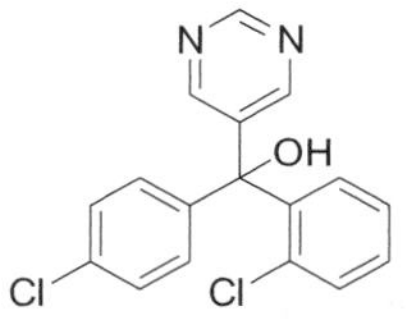

(RS)-2,4′-二氯-α-(嘧啶-5-基)苯基苄醇

氯苯嘧啶醇商品名乐必耕，由 DowAgrosciences 公司开发，属于麦角甾醇生物合成抑制剂，是具有预防、治疗和铲除作用的广谱杀菌剂，适用于葡萄、果树、蔬菜、花生、园艺作物等；可防治白粉病、黑星病、炭疽病、黑斑病、褐斑病、锈病、轮纹病等多种病害。

纯品氯苯嘧啶醇为白色结晶状固体，熔点 117～119℃；溶解性（25℃，g/L）：水 0.0137、丙酮 151、甲醇 98.0，易溶于大多数有机溶剂，阳光下迅速分解。

氯苯嘧啶醇原药急性 LD_{50}（mg/kg）：大鼠经口 2500、小鼠经口 4500，大鼠经皮 > 2000；对兔眼睛有严重刺激性，对兔皮肤无刺激性。

逆合成分析　如图 4-39 所示。

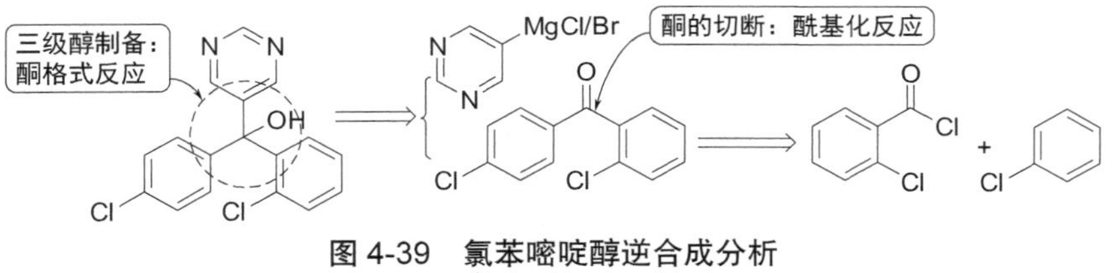

图 4-39 氯苯嘧啶醇逆合成分析

合成路线　以邻氯苯甲酰氯为起始原料，经傅-克反应再与 5-嘧啶基锂缩合，经水解制得氯苯嘧啶醇，整个反应过程中，反应条件温和、安全，操作过程易于控制（图 4-40）。

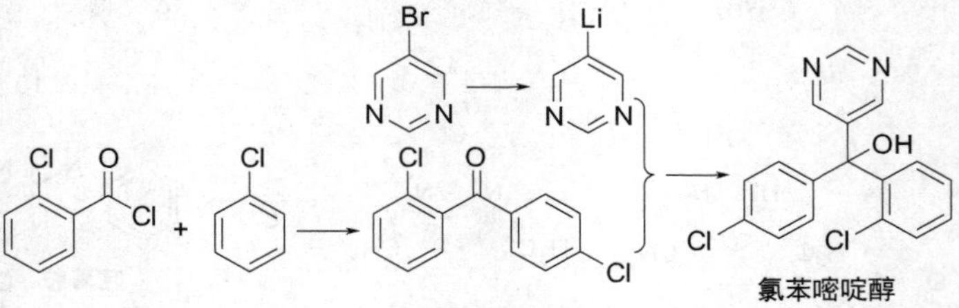

图 4-40　氯苯嘧啶醇合成路线

在氮气保护下，向装有搅拌器、温度计和滴液漏斗的四口瓶中加入 2,4'-二氯二苯甲酮和四氢呋喃，冷至 −18℃，搅拌下慢慢滴入 5-嘧啶基锂乙醚溶液，内温不超过 −10℃ 滴完后，在 −18℃ 搅拌 4h，反应结束，向反应液中滴入 10% 氯化铵水溶液，搅拌 20min 后，分出有机层，水层用乙醚萃取 3 次，合并有机层，用无水硫酸钠干燥后，蒸去溶剂，经重结晶得到白色氯苯嘧啶醇固体。

注：用类似的合成方法，可以制得另一种取代甲醇嘧啶类杀菌剂氟苯嘧啶醇（nuarimol）。

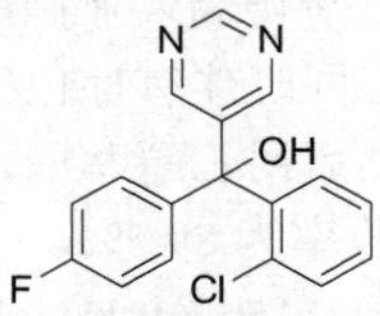

氟苯嘧啶醇

(*RS*)-2-氯-4'-氟-α-(嘧啶-5-基)苯基苄醇

4.7　三唑类杀菌剂

4.7.1　品种与结构特点

此类化合物结构特征是分子中含有三唑五元杂环（一般是 1,2,4-三唑）基团，相关杀菌剂可以看作是三唑五元杂环唑类衍生物。三唑类化合物结构可以表示如下。

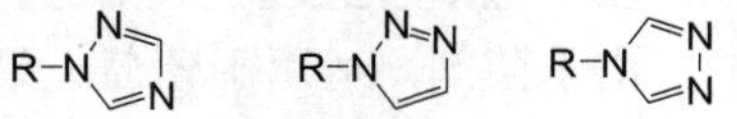

I　　　　　　II　　　　　　III

作为杀菌剂的三唑衍生物，绝大部分是 I 类，极少数是 II 类，目前还没有 III 类化合物。在 I 类化合物中，根据直接和环上氮原子相连接的原子或原子团的不同，又可分为下述 7 种情况：① *N*-叔烷基取代衍生物；② *N*-仲烷基取代衍生物；③ *N*-伯烷基取代衍生物；④ *N-P*-取代衍生物；⑤ *N-O*-取代衍生物；⑥ *N-N*-取代衍生物；⑦ *N*-不饱和取代衍生物。

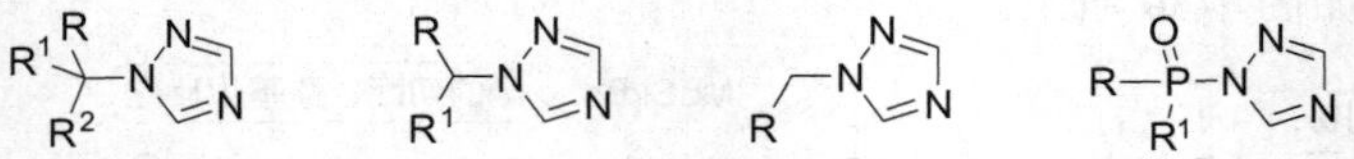

①　　　　②　　　　③　　　　④

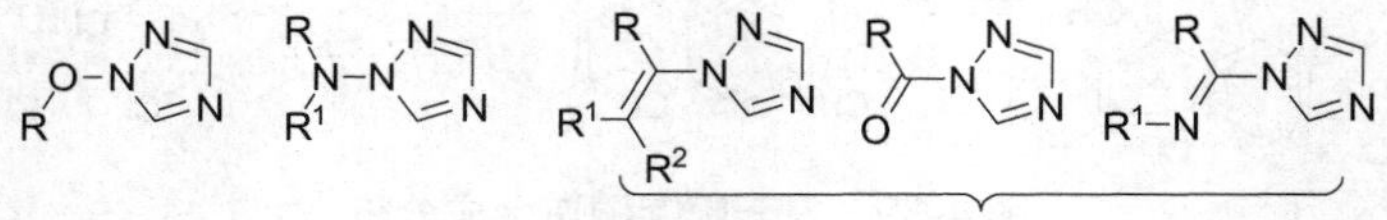

⑤　　　　⑥　　　　　　　　　　⑦

目前，常用的三唑类杀菌剂品种及其结构如下所示。

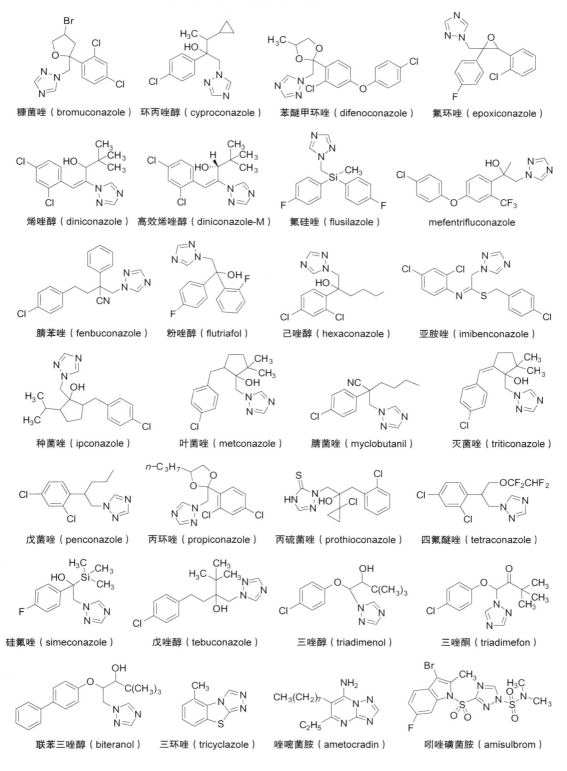

糠菌唑（bromuconazole）　　环丙唑醇（cyproconazole）　　苯醚甲环唑（difenoconazole）　　氟环唑（epoxiconazole）

烯唑醇（diniconazole）　　高效烯唑醇（diniconazole-M）　　氟硅唑（flusilazole）　　mefentrifluconazole

腈苯唑（fenbuconazole）　　粉唑醇（flutriafol）　　己唑醇（hexaconazole）　　亚胺唑（imibenconazole）

种菌唑（ipconazole）　　叶菌唑（metconazole）　　腈菌唑（myclobutanil）　　灭菌唑（triticonazole）

戊菌唑（penconazole）　　丙环唑（propiconazole）　　丙硫菌唑（prothioconazole）　　四氟醚唑（tetraconazole）

硅氟唑（simeconazole）　　戊唑醇（tebuconazole）　　三唑醇（triadimenol）　　三唑酮（triadimefon）

联苯三唑醇（biteranol）　　三环唑（tricyclazole）　　唑嘧菌胺（ametocradin）　　吲唑磺菌胺（amisulbrom）

4.7.2 代表性品种的结构与合成

三唑醇（triadimenol）

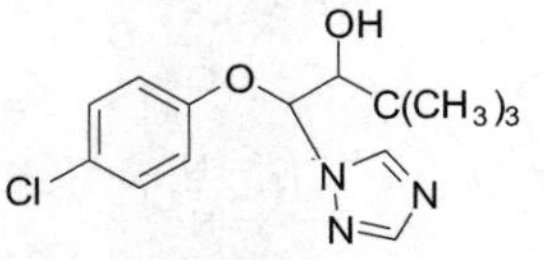

(1*RS*,2*RS*;1*RS*,2*SR*)-1-(4-氯苯氧基)-3,3-二甲基-1-(1*H*-1,2,4-三唑-1-基)丁-2-醇

三唑醇由德国拜耳公司 1978 年开发推出，属于高效，内吸，具有治疗，保护和铲除特性的三唑类杀菌剂，适用于禾谷类作物如玉米、麦类、高粱、水稻等，瓜类、烟草、花卉、豆类等，观赏园艺作物以及咖啡、葡萄、烟草、甘蔗、果树等，特别适用于处理秋、春播谷类作物。可防治白粉病、叶锈病、条锈病、全蚀病、纹枯病、叶锈病、根腐病、黑穗病等多种病害。

三唑醇是非对映异构体 A、B 的混合物，A 代表（1*RS*,2*RS*）、B 代表（1*RS*,2*SR*）。纯品三唑醇为无色结晶固体，具有轻微特殊气味；熔点：A 138.2℃、B 133.5℃、A+B 110℃；溶解性（20℃，g/L）：水 0.062A、0.033 B，二氯甲烷 200 ～ 500，异丙基乙醇 50 ～ 100，甲苯 20 ～ 50；两个非对映体对水稳定。

三唑醇原药急性 LD_{50}（mg/kg）：大鼠经口 700，小鼠经口 1300，大鼠经皮＞5000。

逆合成分析 如图 4-41 所示。

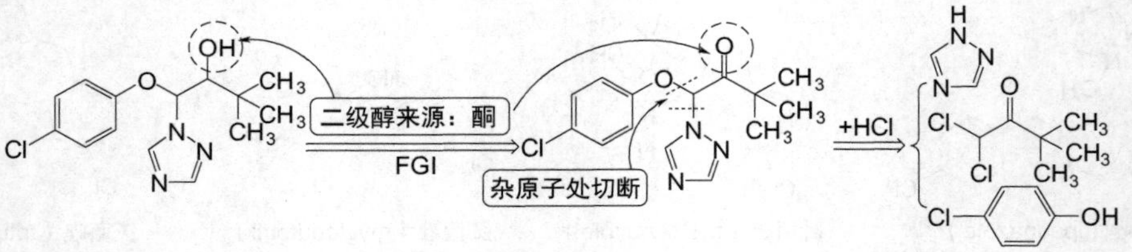

图 4-41 三唑醇逆合成分析

合成路线 如图 4-42 和图 4-43 所示。

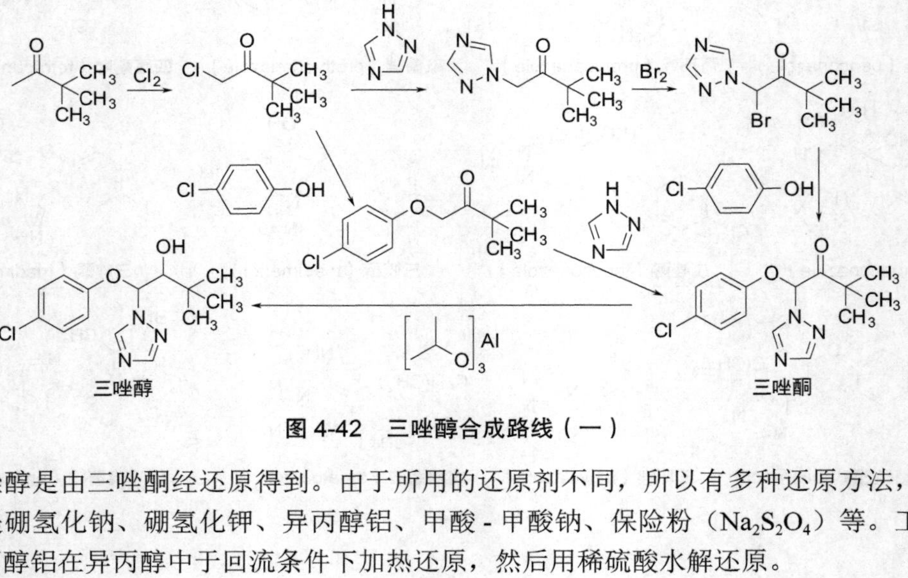

图 4-42 三唑醇合成路线（一）

三唑醇是由三唑酮经还原得到。由于所用的还原剂不同，所以有多种还原方法，常用的还原剂是硼氢化钠、硼氢化钾、异丙醇铝、甲酸-甲酸钠、保险粉（$Na_2S_2O_4$）等。工业生产常用异丙醇铝在异丙醇中于回流条件下加热还原，然后用稀硫酸水解还原。

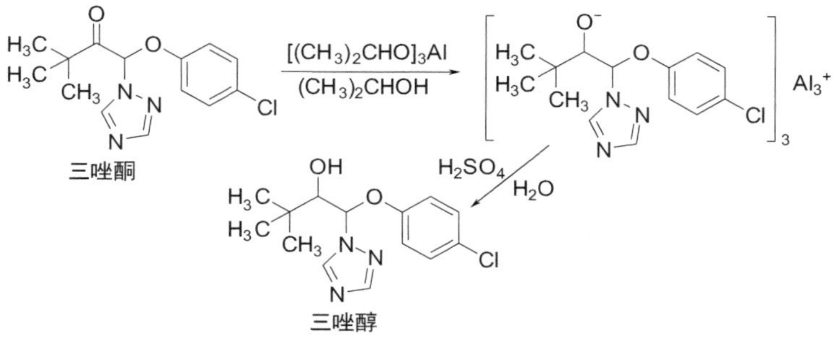

图 4-43 三唑醇合成路线（二）

注：将上述三唑醇和三唑酮合成原料中对氯苯酚换成对苯基苯酚，用与三唑酮和三唑醇相同的合成路线可制得双苯三唑醇（bitertanol，又名联苯三唑醇）。

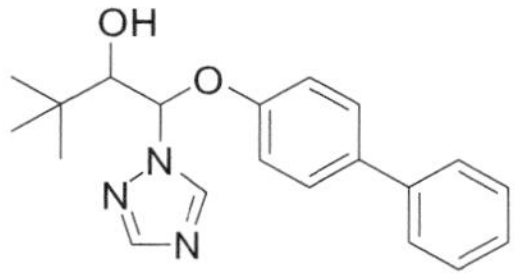

双苯三唑醇

1-[(1,1′-联苯)-4-氧基]-3,3-二甲基-1-(1H-1,2,4-三唑基-1-基)-2-丁醇

三唑酮（triadimefon）

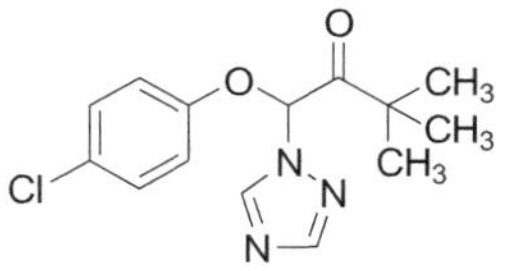

1-(4-氯苯氧基)-3,3-二甲基-1-(1H-1,2,4-三唑-1-基)-2-丁酮

三唑酮商品名百里通、粉锈宁，由巴斯夫公司 1973 年开发推出，属于高效、强内吸性杀菌剂，适用于玉米、麦类、高粱、瓜类、烟草、花卉、果树、豆类、水稻等作物，可防治白粉病、叶锈病、条锈病、全蚀病、纹枯病、叶锈病、根腐病、黑穗病等多种病害。

纯品三唑酮为无色结晶固体，具有轻微臭味，熔点 82.3℃；溶解性（20℃，g/kg）：水 0.064，环己烷 600～1200，二氯甲烷 1200，异丙醇 200～400，甲苯 400～600。

三唑酮原药急性 LD_{50}（mg/kg）：大、小鼠经口 1000，大鼠经皮＞5000；对兔眼睛和皮肤有中等刺激性。

合成路线 通常有四步法、四步逆流法和一步法三种合成路线。

（1）四步法 在定量甲苯、对氯苯、碳酸钾混合液中于 88℃滴加定量一氯频哪酮，然后在 120℃搅拌反应 5h，经处理的"醚酮"在 30～35℃下经 6h 加入硫酰氯后于 35℃反应 3h 制得"氯代醚酮"。定量三唑加入"氯代醚酮"中于 120℃反应即得产品三唑酮。此为目前工业上常用的方法。

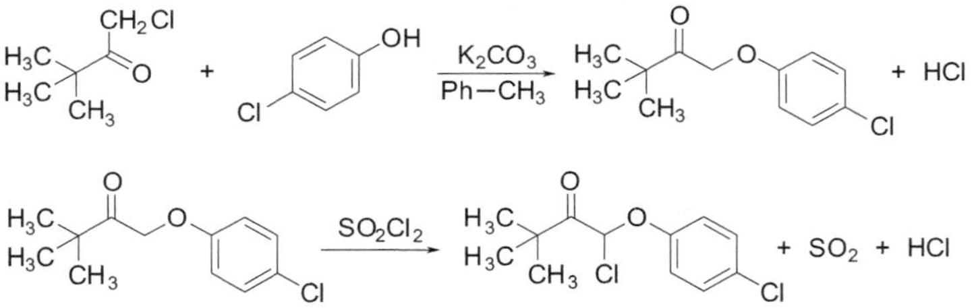

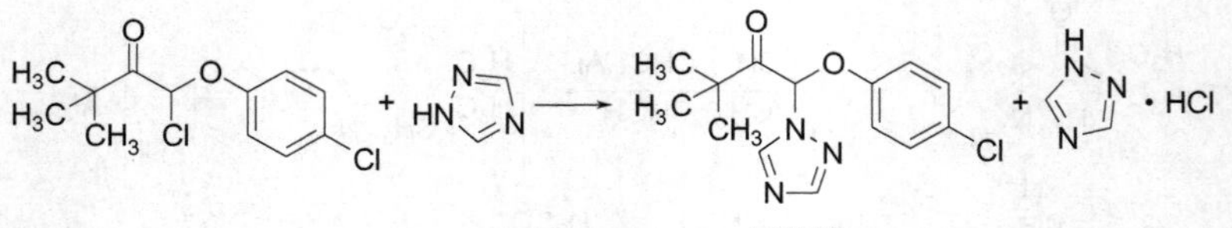

（2）四步逆流法　此法是针对四步法而言，过程是一氯频呐酮先与三唑反应制得唑酮，经溴化后再与氯酚的钠盐缩合制得三唑酮。

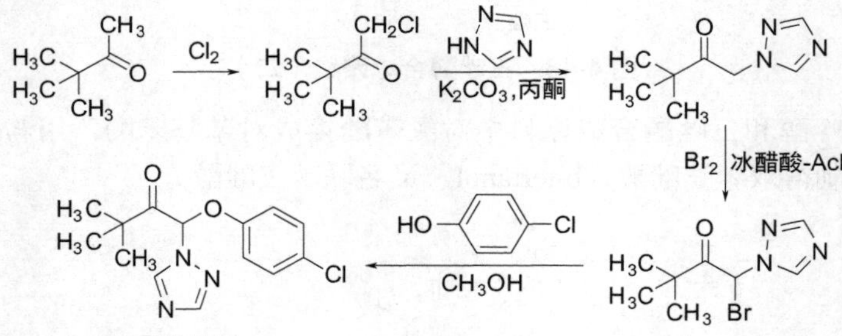

烯唑醇（diniconazole）与高效烯唑醇（diniconazole-M）

(E)-(RS)-1-(2,4-二氯苯基)-4,4-二甲基-2-
(1H-1,2,4-三唑-1-基)-1-戊烯-3-醇

(E)-(S)-1-(2,4-二氯苯基)-4,4-二甲基-2-
(1H-1,2,4-三唑-1-基)-1-戊烯-3-醇

烯唑醇商品名速保利、达克利，由日本住友公司 1977 年开发，1980 年正式推出，属于高效、内吸、双向传导，具有治疗、保护和铲除特性的三唑类杀菌剂，适用于禾谷类作物如玉米、麦类、高粱、水稻等，瓜类、烟草、花卉、果树、豆类等，观赏园艺作物以及咖啡、葡萄、烟草、甘蔗、果树等。可防治白粉病、叶锈病、条锈病、全蚀病、纹枯病、叶锈病、根腐病、黑穗病等 20 多种病害，对子囊菌和担子菌有特效。高效烯唑醇为烯唑醇的单一光学活性有效体，应用范围与烯唑醇一样，但活性高于烯唑醇。

纯品烯唑醇为白色结晶固体，熔点 134～156℃；溶解性（25℃，g/kg）：水 0.004，己烷 0.7，甲醇 95，二甲苯 14。

烯唑醇原药急性 LD_{50}（mg/kg）：大鼠经口 570（雄）、953（雌），大鼠经皮＞2000；对兔眼睛和皮肤无明显刺激性。

逆合成分析　如图 4-44 所示。

合成路线　如图 4-45 所示。

（1）烯唑醇的合成

① 一氯（溴）频呐酮路线（1→2→3→4）　2,4-二氯苯甲醛与唑酮于乙酸中在哌啶催化下回流缩合生成混合烯酮，混合烯酮与硫酸及溴在 80～85℃条件下反应 6h 后产物在 50℃水解即可制得 E-烯酮，最后将 E-烯酮于 5～10℃条件下用硼氢化钾还原制得烯唑醇。该路线为工业生产较常用路线。

② 苯烯酮路线（5→6→7→8→9）　2,4-二氯苯甲醛与频呐醇于 20℃下在氢氧化钠作用下缩合制得苯烯酮，苯烯酮用 H_2O_2 氧化合成环氧乙烷基频呐酮。该酮与 1,2,4-三氮唑在 $NaOCH_3$-CH_3OH 溶液中加成，得到非对映异构体混合物（1:1）唑酮甲醚。唑酮甲醚用

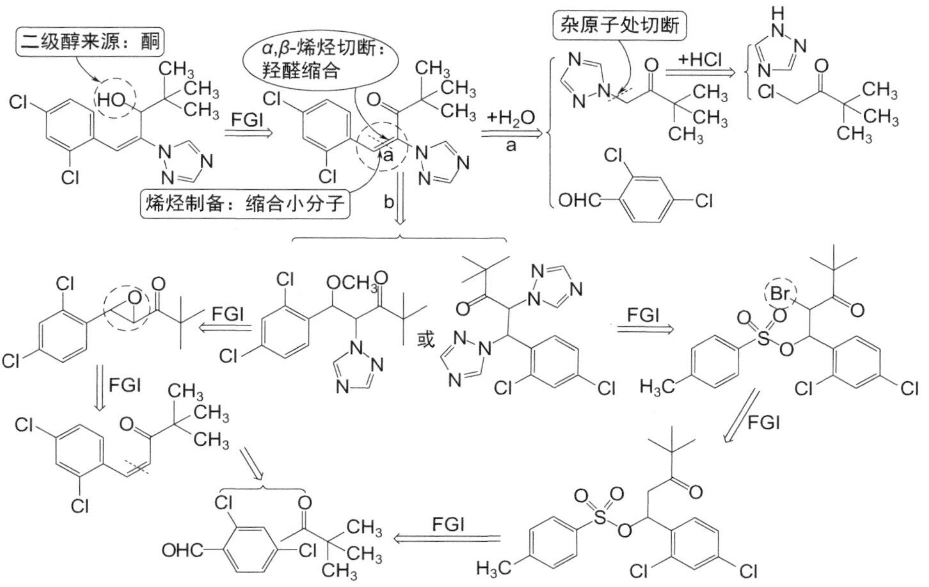

图 4-44 烯唑醇逆合成分析

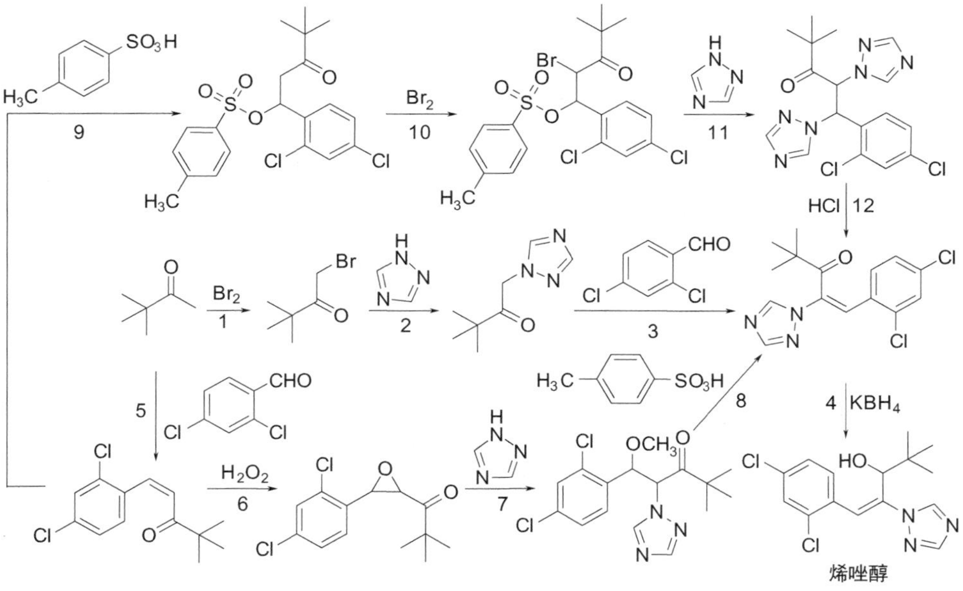

图 4-45 烯唑醇合成路线

对甲苯磺酸加热处理制得混合烯酮（*E/Z* 为 21/79），然后经光照、异构化后得到 *E/Z* 的烯酮 98/2，该烯酮 NaBH$_4$ 还原制得烯唑醇。

③ 双唑酮路线（9 → 10 → 11 → 12） 烯唑酮与对甲苯磺酸在乙醇中在 NaH$_2$PO$_3$ 作用下，加热回流反应 8h 得到苯磺酸基频呐酮，该频呐酮在乙酸、CHCl$_3$ 的混合溶液中于 40℃用 Br$_2$ 溴化生成溴代苯磺酸基频呐酮，然后以乙腈为溶剂，以 K$_2$CO$_3$ 为缚酸剂，于 70℃与 1,2,4- 三氮唑反应 12h，得到双唑酮，该双唑酮用 5% 盐酸加热处理制得混合烯酮，然后经光照、异构化后得到 *E/Z* 的烯酮 98/2，该烯酮 NaBH$_4$ 还原制得烯唑醇。

（2）高效烯唑醇的合成 有烯唑酮路线和烯唑醇路线（图 4-46）。

① 烯唑酮路线　以烯唑酮为原料，在手性试剂如 (+)-2-*N*,*N*- 二甲基氨基 -1- 苯基乙醇、(+)-*N*- 甲基麻黄碱、(+)-2-*N*- 苄基 -*N*- 苯乙基乙醇存在下，经不对称还原反应后即可制得高收率（98%）的高效烯唑醇（图 4-46）。

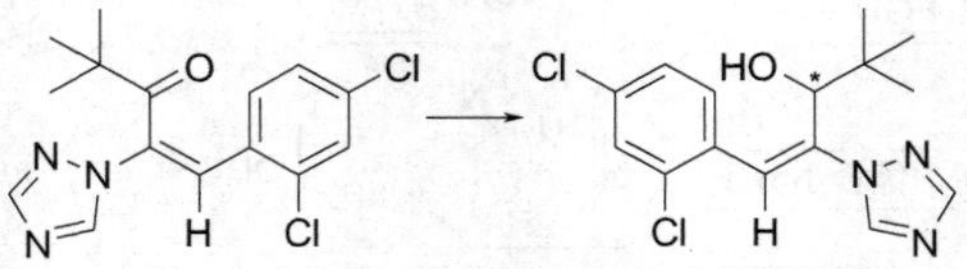

图 4-46　高效烯唑醇合成路线（烯唑酮路线）

② 烯唑醇路线　以烯唑醇为原料，经过拆分制备方法制得（图 4-47）。

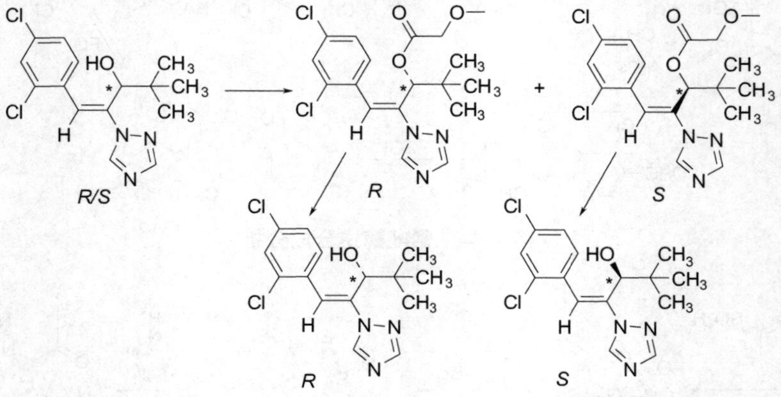

图 4-47　高效烯唑醇合成路线（烯唑醇路线）

注：用类似的方法，可以制备植物生长调节剂烯效唑（uniconazole）和抑芽唑（triapenthenol）。

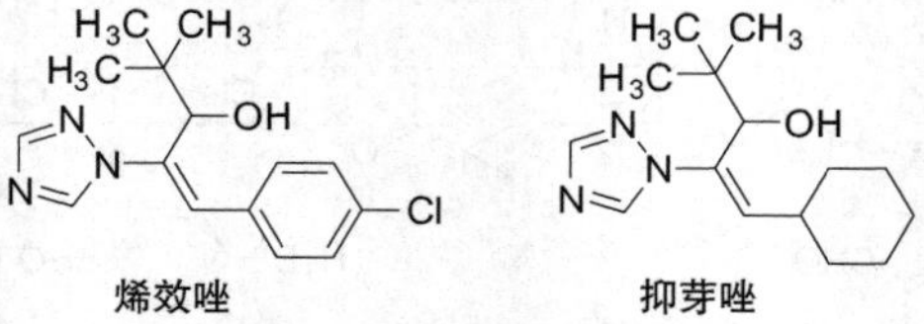

烯效唑　　　　　　　　抑芽唑

苄氯三唑醇（diclobutrazol）

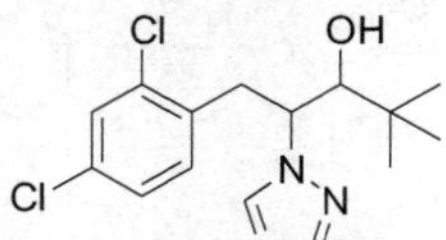

(2*RS*,3*RS*)-1-(2,4- 二氯苯基)-4,4- 二甲基 -2-(1*H*-1,2,4- 三唑 -1- 基) 戊 -3- 醇

苄氯三唑醇为三唑类杀菌剂，具有用量少、杀菌谱广、内吸性强的特点，对禾谷类作物的白粉病、锈病以及许多其他病原菌引起的病害有优良的防治效果。对冬小麦有防治作用，可用于防治苹果白粉病、黑星病，葡萄白粉病，咖啡锈病等，对蘑菇、香蕉和柑橘真菌病害，也是一种有效的药剂。本品还可以作为植物生长调节剂使用。

纯品苄氯三唑醇为白色结晶，熔点 147 ~ 149℃。可溶于丙酮、氯仿、甲醇、乙醇等有机溶剂，溶解度 ≥ 50g/L。在水中溶解度为 9mg/L，对酸碱、光热稳定。

苄氯三唑醇急性经口 LD_{50}（mg/kg）：大鼠 4000，小鼠 > 1000，豚鼠 4000，家兔 4000；兔和大鼠急性经皮 LD_{50} > 1000mg/kg。对兔皮肤有轻微刺激作用，对兔眼睛有中度刺激性。

合成路线 如图 4-48 所示。

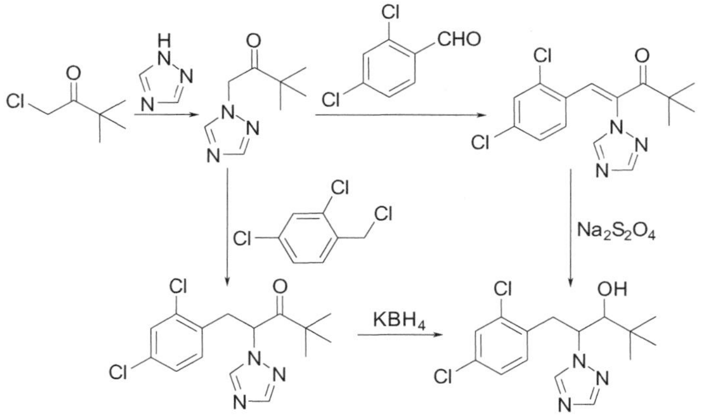

图 4-48 苄氯三唑醇合成路线

于 250mL 反应瓶中加入 0.02mol 二氯烯酮、20mL 甲醇，搅拌全溶后，加入 140mL 含有 0.06mol 碳酸氢钠水溶液，反应物呈白色乳浊液。搅拌加热至回流，然后在 5h 内分批加入 0.04mol 保险粉（$Na_2S_2O_4$），加完后继续搅拌回流 2h。冷至室温，加入 60mL 水，搅拌 0.5h。过滤，固体用少量水洗涤，得浅灰白色固体，烘干后为白色固体 6.8g，含量（GC）92.15%，收率 95.5%，粗品经乙腈重结晶后为白色结晶体。

注：用类似的方法，可以制备具有植物生长调节剂作用的杀菌剂多效唑（paclobutrazol）。

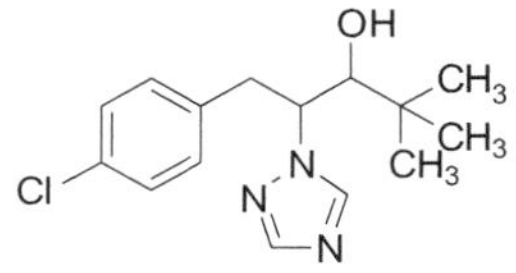

多效唑

腈菌唑（myclobutanil）

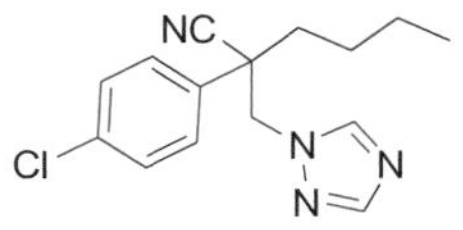

2-(4-氯苯基)-2-(1H-1,2,4-三唑-1-甲基)己腈

腈菌唑由美国罗门-哈斯公司开发，1984 年申请专利，为高效、内吸、具有治疗和保护特性的杀菌剂，适用于果树、园艺植物、麦类、棉花和水稻等作物，可防治白粉病、锈病等；持效期长，对作物安全，有一定刺激生长作用。使用剂量 30 ～ 60g(a.i.)/hm²。

纯品腈菌唑为无色结晶，熔点 68 ～ 69℃；溶解性（25℃，g/kg）：水 0.124，可溶于酮、酯、乙醇和苯类，不溶于脂肪烃如己烷等。工业品为棕色或淡黄色固体，熔点 63 ～ 68℃。

腈菌唑原药急性 LD_{50}（mg/kg）：大鼠经口 1600（雄）、2290（雌），兔经皮＞5000；对兔眼睛有严重刺激性，对兔皮肤无刺激性。

逆合成分析 如图 4-49 所示。

合成路线 以对氯苯乙腈起始，可以经过以下三条路线合成，工业生产常用 1 → 2 → 3（图 4-50）。

合成步骤如下：

（1）对氯苯乙腈在催化剂和缚酸剂氢氧化钠存在下与 1-氯正丁烷于 65℃反应 8h，生成

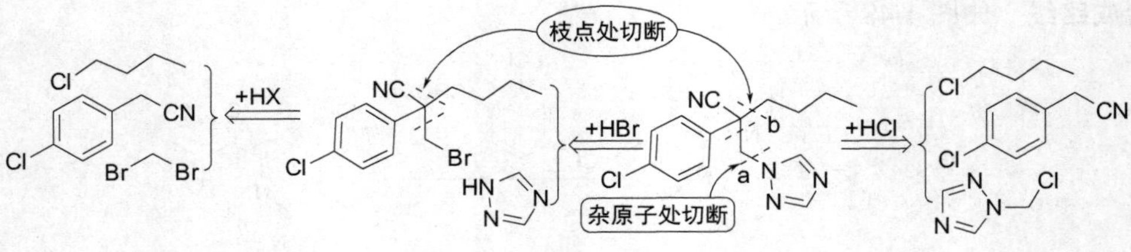

图 4-49　腈菌唑逆合成分析

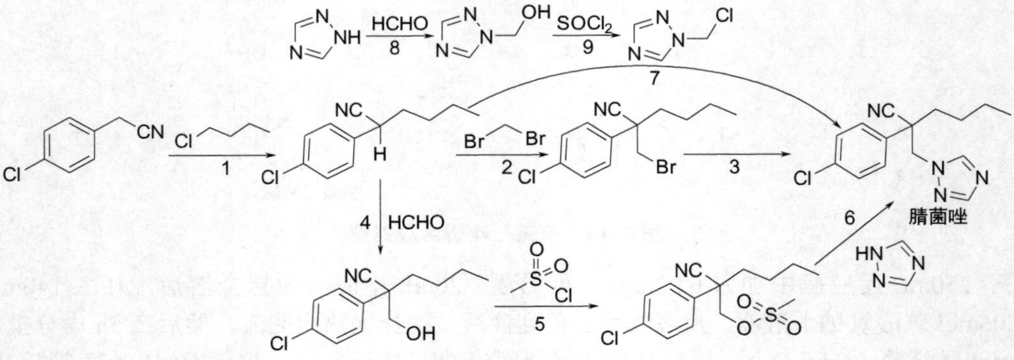

图 4-50　腈菌唑合成路线

的 2-（4- 氯苯基）己腈在催化剂和缚酸剂氢氧化钠存在下与二甲亚砜、二溴甲烷于 40℃反应 0.5h 后，再于 50℃反应 8h 制得 1- 溴 -2- 氰基 -2-(4- 氯苯基) 己烷，该化合物在二甲基亚砜中和三唑与甲醇钠、甲醇回流 2h 制得的三唑钠盐于 90℃反应 8h，即可制得目标物腈菌唑。

　　（2）在装有搅拌器、温度计、滴液漏斗的三口瓶中分别加入 2-（4- 氯苯基）己腈 17.5g（含量 99%）、50% 氢氧化钠溶液 20.5g、二甲亚砜 60mL，内温 20℃时滴加氯甲基三唑盐酸盐 15g，气相色谱跟踪至丁基物反应完，即为反应终点，加水搅拌反应物料，氯仿萃取、脱溶、重结晶即得腈菌唑 19.7g，熔点 60 ～ 64℃，含量 93%，收率 76.23%。

　　注：将 1- 氯正丁烷换成 1- 氯 -2-(4- 氯苯基) 乙烷、对氯苯乙腈换成苯乙腈，用与腈菌唑合成相似的方法可以制得腈苯唑（fenbuconazole）。

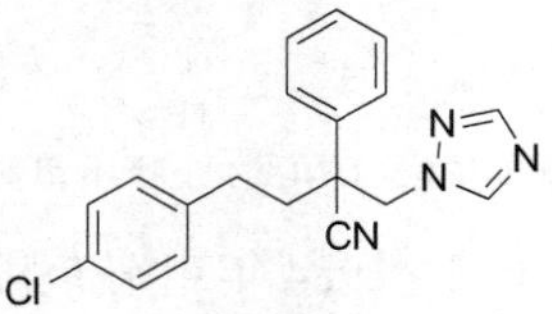

腈苯唑

4-(4- 氯苯基)-2- 苯基 -2-(1H-1,2,4- 三唑 -1- 基甲基) 丁腈

三环唑（tricyclazole）

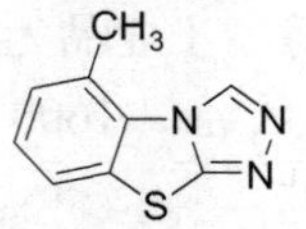

5- 甲基 -1,2,4- 三唑基 [3,4-b] 苯并噻唑

　　三环唑商品名克瘟灵，由美国 Eli Lilly 公司 1975 年开发，先后在英国、德国、美国、日本申请专利，1979 年上市；为高效、内吸、持效期长（30 ～ 60d）、具有预防和治疗作用的防治水稻稻瘟病的特效杀菌剂。

　　纯品三环唑为无色针状结晶，熔点 187 ～ 188℃；溶解性（25℃）：水 1.6g/kg，氯仿＞

500g/kg，二氯甲烷 33%，乙醇 25%，甲醇 25%，丙酮 10.4%，环己酮 10.0%，二甲苯 2.1%。

三环唑原药急性 LD_{50}（mg/kg）：大鼠经口 358（雄）、305（雌），小鼠经口 250，兔和大鼠经皮 > 2000；原药对兔眼睛和皮肤有一定刺激性。

逆合成分析 如图 4-51 所示。

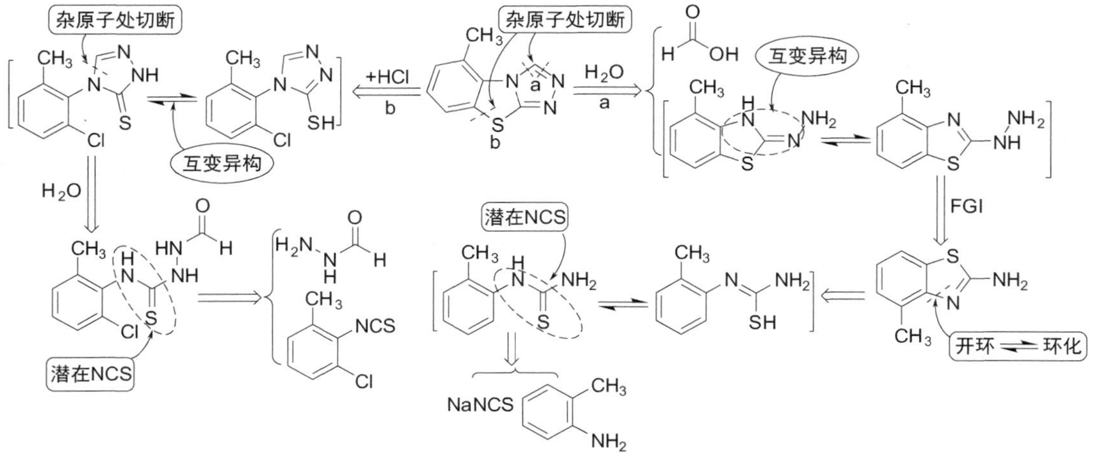

图 4-51 三环唑逆合成分析

合成路线 根据起始原料不同可以经过邻甲基苯胺路线（1 → 2 → 3 → 4）和取代苯基异硫氰酸酯路线（6 → 7）制备，工业生产常用邻甲基苯胺路线（图 4-52）。

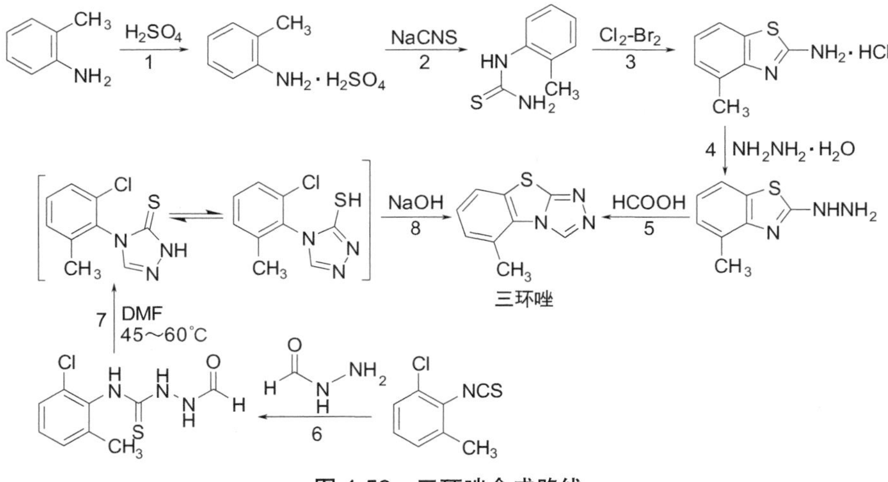

图 4-52 三环唑合成路线

合成步骤如下：

（1）邻甲基苯基硫脲的制备 在合成釜中投入 216kg 邻甲苯胺，在搅拌下维持温度 40 ～ 50℃，把合适浓度的硫酸 412kg 加入合成釜，升温至 70℃投入 180kg 硫氰酸铵，在（75±2）℃下搅拌反应 24h，冷却至 50℃放料、过滤，滤饼水洗、烘干即得邻甲基苯基硫脲 301kg，收率 90%，熔点 152 ～ 154℃。

（2）4- 甲基 -2- 氨基苯并噻唑盐酸盐的制备 在合成釜中投入邻甲基苯基硫脲 150kg、适量的溶剂，搅拌、冷却，待釜内温度降至 −4 ～ −3℃时先开动氯化氢吸收塔，然后把 96kg 氯气渐渐通入釜中。通氯期间维持温度 0 ～ 5℃范围内，通氯毕渐渐升温至 80 ～ 83℃回流 2h。然后冷却、放料、过滤，滤液回用，滤饼烘干即得 4- 甲基 -2- 氨基苯并噻唑盐酸盐 164.5kg，收率 91%。

（3）4- 甲基 -2- 肼基苯并噻唑的制备　在合成釜中投入 4- 甲基 -2- 氨基苯并噻唑盐酸盐 100kg、适量的溶剂、80% 的水合肼 94kg，待搅拌均匀后渐渐升温回流 6h。反应结束后冷却至室温，放料、过滤，滤液回收浓缩后套用，滤饼用水洗涤三次，烘干得 4- 甲基 -2- 肼基苯并噻唑 77kg，收率 86%，熔点 156 ～ 162℃。

（4）三环唑的合成　在装有搅拌器、分水器和温度计的三口瓶里，放入 4- 甲基 -2- 肼基苯并噻唑、甲酸以及二甲苯胺（溶剂）。在 60℃加热条件下搅拌 0.5h，再升温至 100 ～ 150℃搅拌 10h。冷却、分离，即得蓝色结晶。再经水重结晶得白色粉末状固体，取一部分在有机溶剂中进行重结晶，可得白色针状结晶，熔点 184 ～ 186℃，收率 91%，总收率以邻甲苯胺计为 65% ～ 68%。

唑嘧菌胺（ametoctradin）

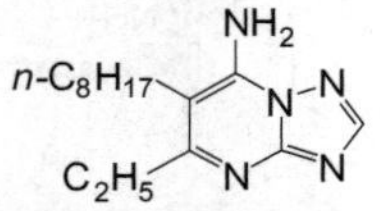

5- 乙基 -6- 辛基 [1,2,4] 三唑并 [1,5-a] 嘧啶 -7- 胺

唑嘧菌胺，又称辛唑嘧菌胺、苯唑嘧菌胺，是巴斯夫公司开发的三唑并嘧啶类杀菌剂，为线粒体抑制剂，可与真菌呼吸复合体Ⅲ中的标桩菌素亚位点结合，从而抑制真菌的活动。该药剂对霜霉类和疫霉类卵菌纲真菌有抑制作用，用于防治葡萄、马铃薯、番茄、生菜、果树和特种作物的卵菌纲病害。唑嘧菌胺是一类具有新颖化学结构的杀菌剂，且与现有的杀菌剂无交互抗性。

唑嘧菌胺为白色粉末，熔点 197.7 ～ 198.7℃；溶解度（20℃）：水 0.15mg/L，甲醇 0.72g/100mL，二氯甲烷 0.30g/100mL，丙酮 0.19g/100mL，二甲亚砜 1.07g/100mL。

逆合成分析　如图 4-53 所示。

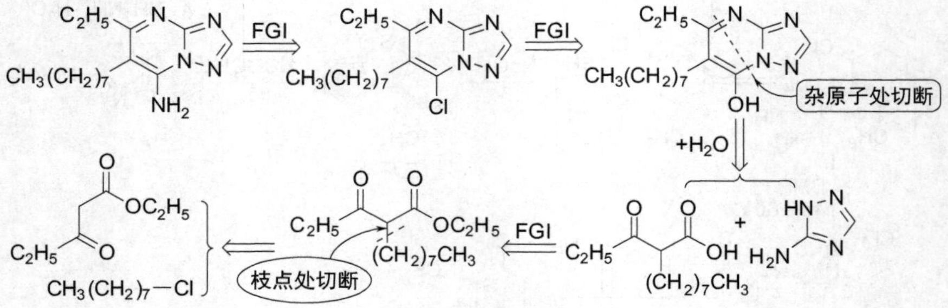

图 4-53　唑嘧菌胺逆合成分析

合成路线　如图 4-54 所示。

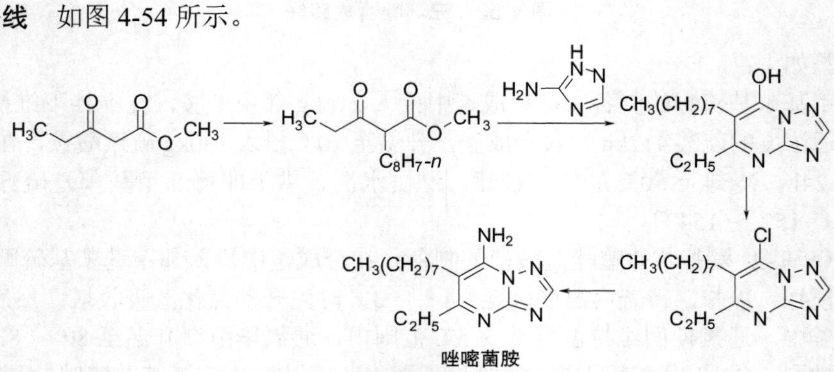

唑嘧菌胺

图 4-54　唑嘧菌胺合成路线

合成步骤如下：

（1）5- 乙基 -6- 辛基 -[1,2,4] 三唑 [1,5-*a*] 嘧啶 -7- 醇的制备　丙酰乙酸甲酯和溴代正辛烷在乙醇钠催化下于乙醇溶液中回流，经烷基化反应生成无色液体 2- 正辛基丙酰乙酸甲酯，其与 1*H*-1,2,4- 三唑 -5- 胺在冰醋酸中回流生成白色固体。

（2）7- 氯 -5- 乙基 -6- 辛基 -[1,2,4] 三唑 [1,5-*a*] 嘧啶的制备　5- 乙基 -6- 辛基 -[1,2,4] 三唑 [1,5-*a*] 嘧啶 -7- 醇在乙腈溶液中与三氯氧磷加热回流，再经中和、乙酸乙酯萃取、脱溶剂得到淡黄色固体。

（3）辛唑嘧菌胺的制备　将 1.80g（6.10mmol）7- 氯 -5- 乙基 -6- 辛基 -[1,2,4] 三唑 [1,5-*a*] 嘧啶放入反应瓶中，加入 20mL 乙醇和 16mL 浓氨水，室温放置过夜。反应完毕减压脱去溶剂，残留物中加入 40mL 水剧烈搅拌，过滤得白色固体 0.98g，收率 58.30%。

苯醚甲环唑（difenoconazole）

顺/反-3-氯-4-[4- 甲基 -2-(1*H*-1,2,4- 三唑 -1- 基甲基)-1,3- 二氧戊环 -2- 基] 苯基 -4- 氯苯基醚

苯醚甲环唑商品名世高，由先正达公司开发，1982 年申请专利；为高效、内吸、具有保护和治疗作用的广谱杀菌剂，适用于蔬菜、香蕉、禾谷类作物（如水稻、麦类等）、大豆、园艺作物等，可防治褐斑病、白粉病、锈病、叶斑病、黑星病、霉病、早疫病等多种病害。

苯醚甲环唑为顺反异构体混合物，顺反异构体比例在 0.7 ～ 1.5，纯品为白色至米色结晶固体，熔点 78.6℃；溶解性（25℃，g/kg）：水 0.015，丙酮 610，乙醇 330，甲苯 490，正辛醇 95。

苯醚甲环唑原药急性 LD_{50}（mg/kg）：大鼠经口 1453，小鼠经口＞ 2000，兔经皮＞ 2000。

逆合成分析　如图 4-55 所示。

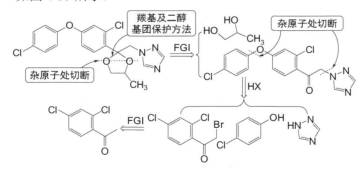

图 4-55　苯醚甲环唑逆合成分析

合成路线　如图 4-56 所示。

合成步骤如下：

（1）4-(4- 氯苯氧基)-2- 氯苯乙酮的合成　500mL 四口烧瓶中加入 98g（0.5mol）2,4- 二氯苯乙酮、80g（0.4mol）对氯酚钾、2g（0.01mol）氯化亚铜以及 300mL *N,N*- 二甲基甲酰胺，搅拌回流 8h。冷却到室温，过滤除去不溶性杂质，滤液蒸除溶剂得到 108.2g 产品，熔点 106 ～ 108℃，含量（LC）98.7%，收率 96.3%。

（2）4-(4- 氯苯氧基)-2- 氯苯基溴甲基酮的合成　250mL 三口烧瓶中加入 28.5g（0.1mol）

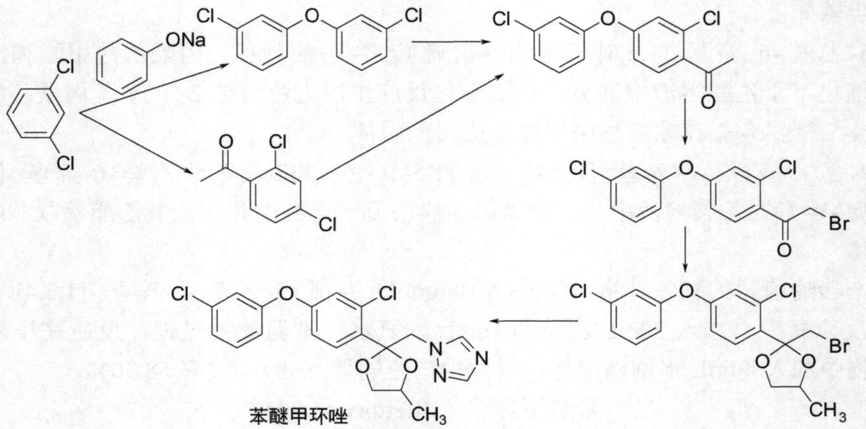

图 4-56　苯醚甲环唑合成路线

4-(4- 氯苯氧基)-2- 氯苯乙酮、150mL 1,2- 二氯乙烷，搅拌，用冰水使反应液保持 0 ～ 5℃滴加 17.1g（0.105mol）液溴，滴加结束后升至室温，继续搅拌 2h，减压除去溶剂得浅黄色固体 32.8g，熔点 69.5 ～ 71.5℃，LC 含量 97.3%，收率 91.2%。

（3）顺 / 反 -3- 氯 -4-(4- 甲基 -2- 溴甲基 -1,3- 二氧戊环 -2- 基) 苯基 -4- 氯苯基醚的合成 250mL 三口烧瓶中加入 15.54g（0.042mol）4-(4- 氯苯氧基)-2- 氯苯基溴甲基酮、5.16g（0.067mol）1,2- 丙二醇、1g 对甲基苯磺酸以及 100mL 甲苯，搅拌、升温、回流脱水，反应 4h 左右结束反应。冷却到室温，用饱和碳酸钠溶液中和到中性，用水 50mL×3 洗涤，有机层用无水硫酸钠干燥，减压蒸脱溶剂得产物 16.7g，含量（LC）98.8%，顺、反比为 40 ∶ 60，收率 98.5%，熔点 94.0 ～ 96.0℃。

（4）顺 / 反 -3- 氯 -4-[4- 甲基 -2-(1H-1,2,4- 三唑 -1- 基甲基)-1,3- 二氧戊环 -2- 基] 苯基 4- 氯苯基醚（苯醚甲环唑）的合成　150mL 三口烧瓶中加入 8.2g（0.02mol）顺 / 反 -3- 氯 -4-(4- 甲基 -2- 溴甲基 -1,3- 二氧戊环 -2- 基) 苯基 -4- 氯苯基醚、3.4g（0.03mol）三唑钾、100mL N,N- 二甲基甲酰胺和 1g（0.007mol）碘化钠，搅拌回流 10h。冷却到室温，将混合液倒入 100mL 冰水中，用甲苯 10mL×3 萃取，减压蒸除溶剂得到 7.5g 白色固体，熔点 74.5 ～ 76.5℃，含量（LC）97.3%，收率 92.5%。

注：苯醚甲环唑合成过程中用 1,2- 戊二醇代替 1,2- 丙二醇，使用类似的合成路线即可制得另一种三唑类杀菌剂丙环唑（propiconazol）。

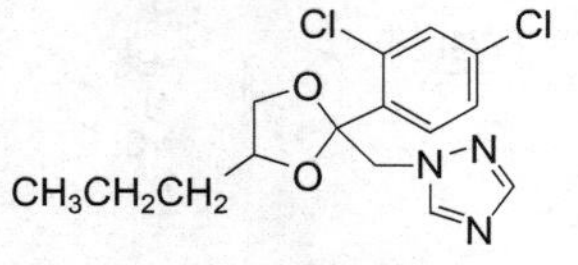

丙环唑

1-[2-(2,4- 二氯苯基)-4- 丙基 -1,3- 二氧戊环 -2- 甲基]-1H-1,2,4- 三唑

氟环唑（epoxiconazole）

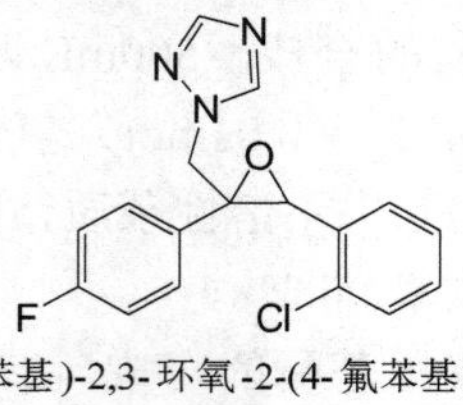

(2RS,3RS)-1-[3-(2- 氯苯基)-2,3- 环氧 -2-(4- 氟苯基) 丙基]-1H-1,2,4- 三唑

氟环唑商品名欧霸，属于甾醇生物合成中 C14 脱甲基化酶抑制剂，高效，内吸，具有保护、治疗和铲除作用，由巴斯夫公司开发，1983 年申请专利；适用于禾谷类作物（如水稻等）、甜菜、油菜、草坪等作物，对白粉病、立枯病、眼纹病等十多种病害有很好的防治效果。

纯品氟环唑为无色结晶固体，熔点 136.2℃；溶解性（20℃，g/kg）：水 0.00663，丙酮 14.4，二氯甲烷 29.1。

氟环唑原药急性 LD_{50}（mg/kg）：大鼠经口＞ 5000、经皮＞ 2000。

逆合成分析 如图 4-57 所示。

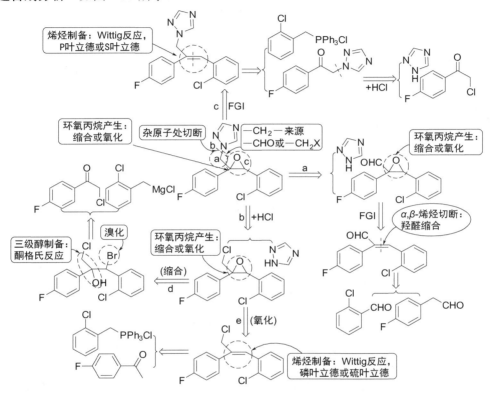

图 4-57 氟环唑逆合成分析

合成路线 氟环唑有多种合成路线（图 4-58）。

实例 1 路线 12 → 13 → 14 → 11

① **Z-1-(2- 氯苯基)-2-(4- 氟苯基)-3- 溴 -1- 丙烯的合成** 将甲醇钠溶于无水甲醇降温至 10℃，加入 2- 氯苯甲基三苯氯化磷溶于无水甲醇的溶液。控温反应 0.5h 再加入 4- 氟苯乙酮，接着回流反应 3h。降至室温过滤、减压脱溶，处理后溶于四氯化碳，加入 N- 溴代琥珀酰亚胺和偶氮二异丁腈回流，过滤、减压脱溶剂，粗产品用甲醇重结晶得 Z-1-(2- 氯苯基)-2-(4- 氟苯基)-3- 溴 -1- 丙烯。

② **2- 溴甲基 -2-(4- 氟苯基)-3-(2- 氯苯基)- 环氧乙烷的合成** 将 Z-1-(2- 氯苯基)-2-(4- 氟苯基)-3- 溴 -1- 丙烯和 3- 氯过氧苯甲酸溶于氯仿回流。反应完毕用碳酸氢钠水溶液洗涤，无水硫酸钠干燥、减压脱溶剂得 2- 溴甲基 -2-(4- 氟苯基)-3-(2- 氯苯基)- 环氧乙烷。

③ **氟环唑的合成** 将 1H-1,2,4- 三氮唑、氢化钠（80%，储存于石蜡油中）溶于 DMF 在室温搅拌，再加入溶解了 2- 溴甲基 -2-(4- 氟苯基)-3-(2- 氯苯基)- 环氧乙烷的 DMF 溶液。控温反应 8h，反应液加入水中，用乙酸乙酯萃取。有机相用水洗、无水硫酸钠干燥，减压脱溶剂，

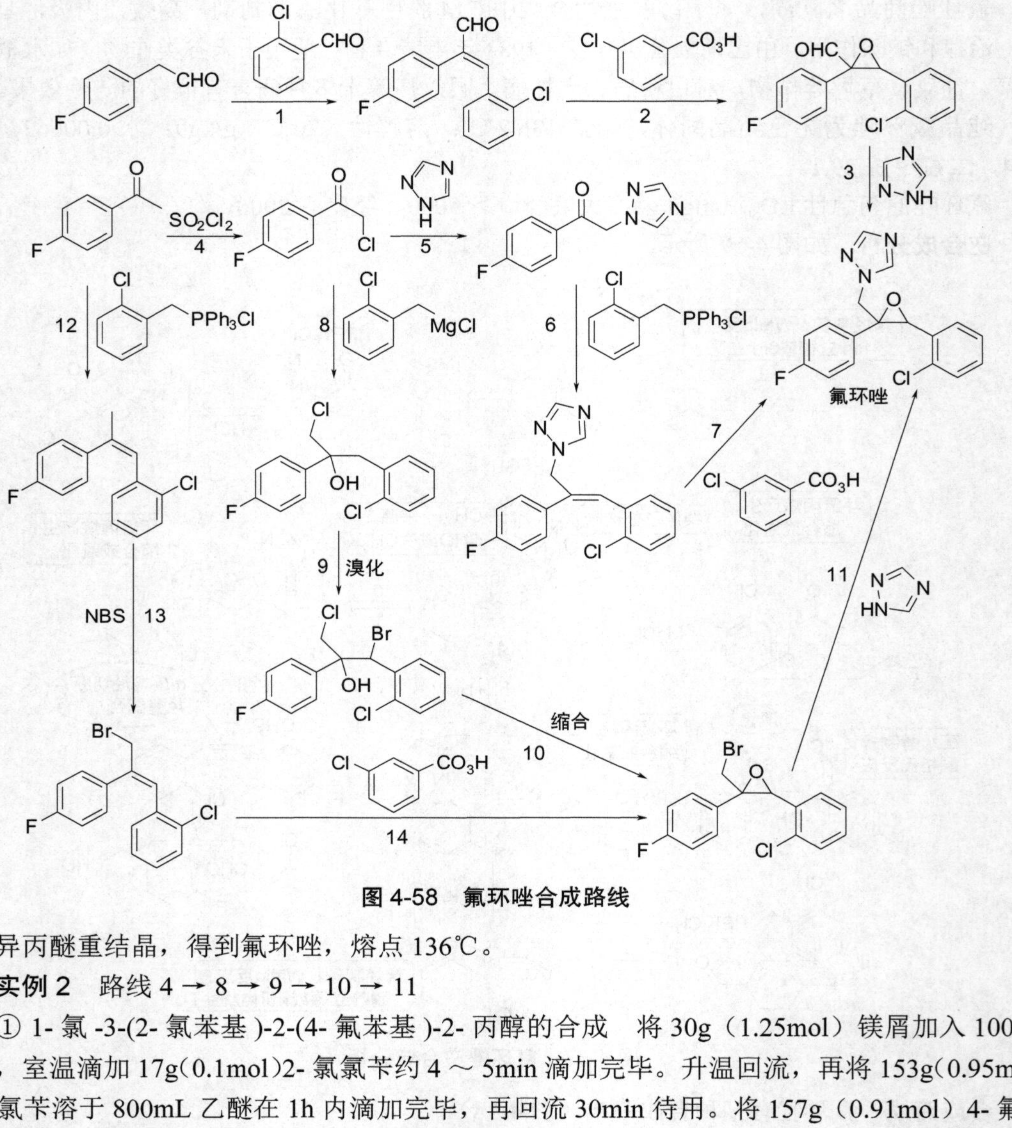

图 4-58 氟环唑合成路线

用二异丙醚重结晶，得到氟环唑，熔点 136℃。

实例 2 路线 4 → 8 → 9 → 10 → 11

① 1- 氯 -3-(2- 氯苯基)-2-(4- 氟苯基)-2- 丙醇的合成 将 30g（1.25mol）镁屑加入 100mL 乙醚，室温滴加 17g（0.1mol）2- 氯氯苄约 4 ~ 5min 滴加完毕。升温回流，再将 153g（0.95mol）2- 氯氯苄溶于 800mL 乙醚在 1h 内滴加完毕，再回流 30min 待用。将 157g（0.91mol）4- 氟氯苯乙酮溶于 250mL 甲苯，降温至 0 ~ 2℃开始滴加上述溶液。控温 0℃反应 1 ~ 2h 得 1- 氯 -3-(2- 氯苯基)-2-(4- 氟苯基)-2- 丙醇。

② 1- 溴 -3- 氯 -1-(2- 氯苯基)-2-(4- 氟苯基)-2- 丙醇的合成 将 4g（13.4 mmol）1- 氯 -3-(2- 氯苯基)-2-(4- 氟苯基)-2- 丙醇和 2.3g（8mmol）1,3- 二溴 -5,5- 二甲基乙内酰脲溶于 80mL 四氯化碳，用自镇流汞灯（235V/500W）控温 35℃得 5.1g 油状粗产品 1- 溴 -3- 氯 -1-(2- 氯苯基)-2-(4- 氟苯基)-2- 丙醇。

③ 氟环唑的合成 将 3.9g（10.4mmol）粗产品 1- 溴 -3- 氯 -1-(2- 氯苯基)-2-(4- 氟苯基)-2- 丙醇和 2.4g（26.4 mmol）1H-1,2,4- 三氮唑钠溶于 15mL DMF，控温 75℃反应 4h。用 15 ~ 20mL 冰醋酸中和至中性，过滤，滤饼用 V_{DMF}：$V_{\mathrm{水}}$=1：1 的溶液洗涤，再用少量的正戊烷和环己烷加热溶解，冷却过滤得无色晶体 1.85g，收率 58%。

实例 3 路线 1 → 2 → 3

① 2-(4- 氟苯基)-3-(2- 氯苯基)- 丙烯醛的合成 将 35g（0.226mol）2- 氯苯甲醛溶于

200mL 甲醇，与 4.2g（0.1056mol）氢氧化钠溶于 30mL 水的溶液混合，降温至 10℃，再加入 36g（0.26mol）4- 氟苯乙醛。反应温度升至 30 ～ 40℃之后控温 40℃反应 10h，得 2-(4- 氟苯基)-3-(2- 氯苯基)- 丙烯醛。

② 氟环唑的合成　将 78.2g（0.3mol）2-(4- 氟苯基)-3-(2- 氯苯基)- 丙烯醛溶于 300mL 甲醇，降温至 0℃，慢慢滴加 50% 双氧水。控制滴加速度使反应温度不超过 30℃，滴加完毕室温反应 6h。加 100mL 水洗涤，用甲基叔丁基醚萃取，分液、无水硫酸钠干燥有机相、脱溶剂得 52.5g 顺式 -2- 甲酰基 -2-(4- 氟苯基)-3-(2- 氯苯基)- 环氧乙烷，含量 63%。再经还原、氯化后和 1H-1,2,4- 三氮唑反应得氟环唑。

氟硅唑（flusilazole）

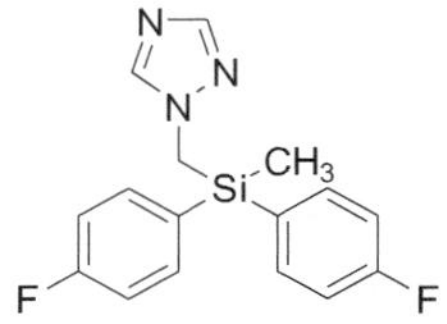

双(4- 氟苯基)(甲基)(1H-1,2,4- 三唑 -1- 基甲基) 硅烷或 1-{[双 (4- 氟苯基)(甲基) 硅基] 甲基 }-1H-1,2,4- 三唑

氟硅唑商品名福星，由美国杜邦公司开发，1982 年申请专利；属于甾醇脱甲基化酶抑制剂，高效，内吸，具有保护和治疗作用，适用于果树、黄瓜、番茄以及禾谷类等作物，对梨黑星病、苹果黑星病和白粉病、葡萄白粉病、黄瓜黑星病、番茄叶霉病、甜菜病害、花生病害、禾谷类病害都有很好的防治效果。

纯品氟硅唑为白色晶体，熔点 53 ～ 55℃；易溶于多种有机溶剂中。

氟硅唑原药急性 LD_{50}（mg/kg）：大鼠经口 1100（雄）、674（雌），兔经皮＞ 2000；对兔眼睛和皮肤中度刺激。

逆合成分析　如图 4-59 所示。

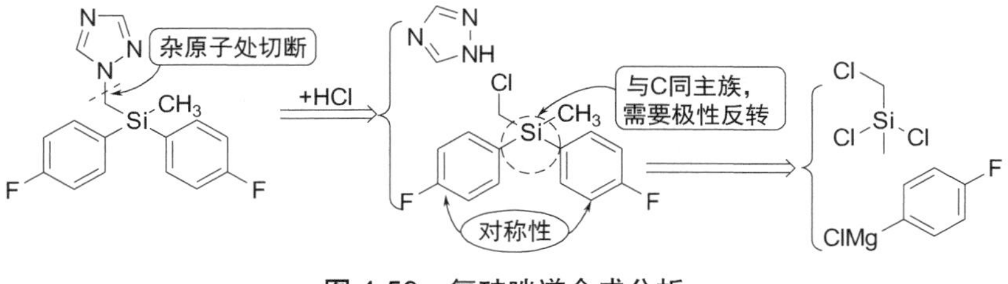

图 4-59　氟硅唑逆合成分析

合成路线　如图 4-60 所示。

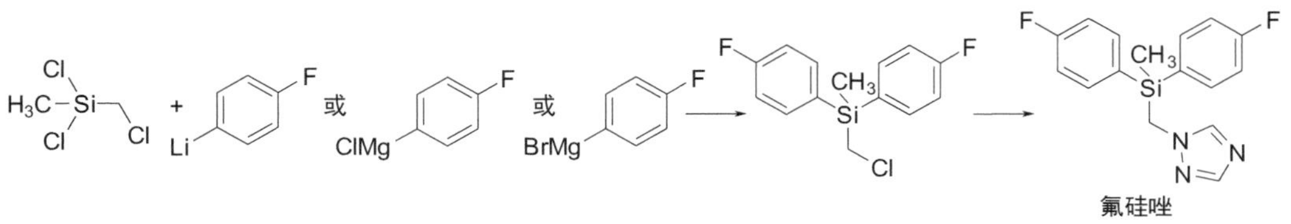

图 4-60　氟硅唑合成路线

实例　氯代甲基二氯硅烷在低温条件下与氟苯、丁基锂或对应的格氏试剂反应，制得双（4- 氟苯基）甲基氯代甲基硅烷，再于极性溶剂 DMF 中与 1,2,4- 三唑钠盐 80℃反应 2h，即可制得氟硅唑。

戊唑醇（tebuconazole）

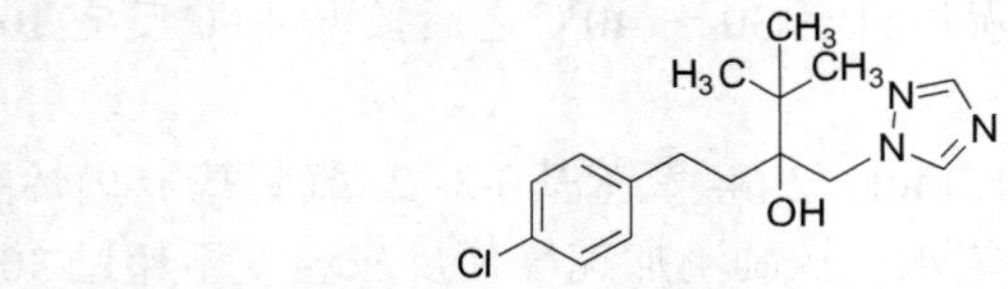

（RS)-1-对氯苯基-4,4-二甲基-3-(1H-1,2,4-三唑-1-基甲基）戊-3-醇

戊唑醇商品名立克秀，为高效、内吸的广谱三唑类杀菌剂，除具有杀菌活性外，还可促进作物生长，使作物根系发达、叶色浓绿、植株健壮、有效分蘖增加，从而提高产量。适用于麦类、玉米、高粱、花生、香蕉、葡萄、茶、果树等，对白粉菌属、柄锈菌属、核腔菌属和壳针孢菌属引起的白粉病、黑穗病、纹枯病、全蚀病、云纹病、锈病、菌核病、叶斑病、斑点落叶病、灰霉病等病害都有很好的防治效果。

己唑醇为外消旋混合物，纯品为无色晶体，熔点105℃；溶解性（20℃，g/kg）：水0.036，二氯甲烷＞200，异丙醇、甲苯50～100。

戊唑醇原药急性 LD_{50}（mg/kg）：大鼠经口4000（雄）、1700（雌），小鼠经口3000，大鼠经皮＞5000；对兔眼睛有严重刺激性。

逆合成分析　如图 4-61 所示。

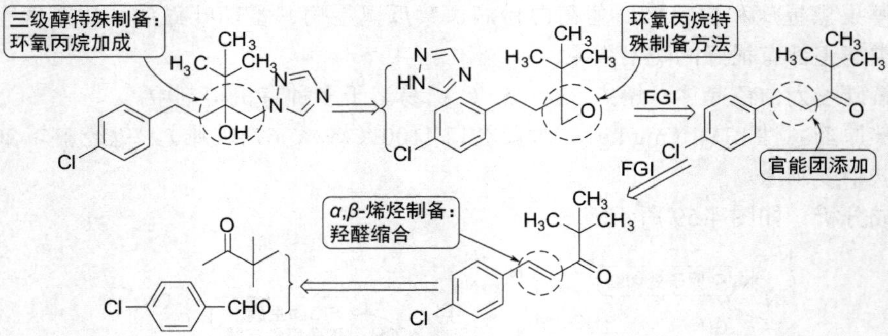

图 4-61　戊唑醇逆合成分析

合成路线　以对氯苯甲醛和频哪酮为起始原料，经缩合、加氢还原等反应即可制得戊唑醇（图 4-62）。

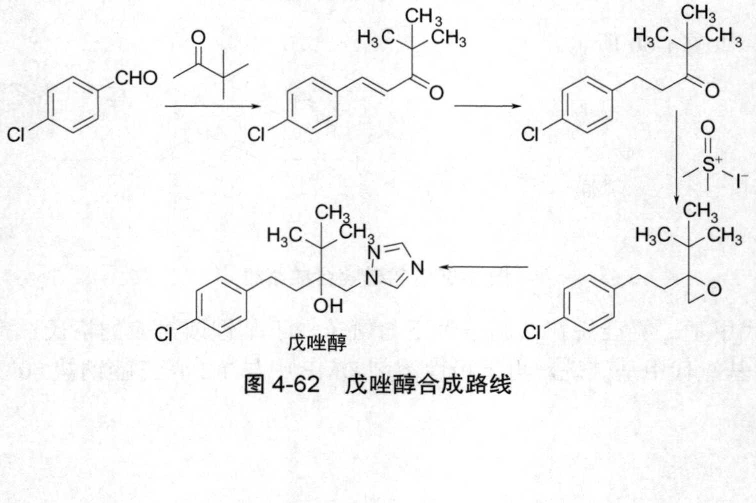

图 4-62　戊唑醇合成路线

合成步骤如下：

（1）4-(4- 氯苯基)-2- 叔丁基 -1,2- 环氧丁烷的合成 在装有电动搅拌器、温度计、滴液漏斗和冷凝管的 500mL 的四口烧瓶里加入 90g（0.45mol）化合物 4,4- 二甲基 -1-(4- 对氯苯基)-3- 戊酮、锍内镓盐溶液 25mL（0.5mol），搅拌加热至 60℃，然后加入氢氧化钾 23g（0.5mol），搅拌反应 5h。反应结束用盐酸中和，分相，回收溶剂得到 98.4g 化合物。经检测 4-(4- 氯苯基)-2- 叔丁基 -1,2- 环氧丁烷的质量分数 95%，收率 96%。

（2）戊唑醇的合成 将化合物 4-(4- 氯苯基)-2- 叔丁基 -1,2- 环氧丁烷 120g、氢氧化钾 3g（0.05mol）、1,2,4- 三唑 40g（0.55mol）、丁醇 100mL 和催化剂 1g 加入带有搅拌器和回流管的 500mL 三口烧瓶，回流下搅拌 6h，反应毕，加入盐酸中和、分相，有机相冷却、结晶，过滤烘干得白色固体 1102g，含量 ≥ 98.0%。

叶菌唑（metconazole）

（1RS,5RS;1RS,5SR)-5-(4- 氯苄基)-2,2- 二甲基 -1-(1H-1,2,4- 三唑 -1- 基甲基) 环戊醇

叶菌唑又名羟菌唑，由日本吴羽化学公司研制并与美国巴斯夫公司共同开发，1990 年申请专利；为高效新型、广谱三唑类杀菌剂，主要用于麦类作物，对白粉病、叶锈病、条锈病等都有很好的防治效果。

叶菌唑为顺反异构体混合体，纯品为白色晶体，熔点 110 ～ 113℃；溶解性（20℃，g/L）：水 0.015，甲醇 235，丙酮 238.9。

叶菌唑原药急性 LD_{50}（mg/kg）：大鼠经口 661、经皮 > 2000；对兔眼睛有轻微刺激性。

逆合成分析 如图 4-63 所示。

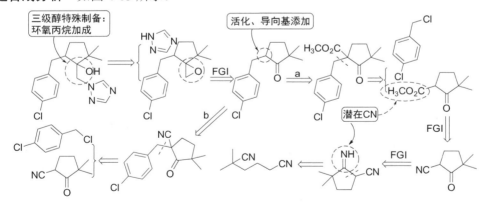

图 4-63 叶菌唑逆合成分析

合成路线 如图 4-64 所示。

注：采用与戊唑醇、叶菌唑相似的合成路线，可以制备己唑醇（hexaconazole）、粉唑醇（flutriafol）、硅氟唑（simeconazole）、环丙唑醇（cyproconazole）、种菌唑（ipconazole）、灭菌唑（triticonazole）、丙硫菌唑（prothioconazole）、糠菌唑（bromuconazole）等三唑类杀菌剂农药品种。

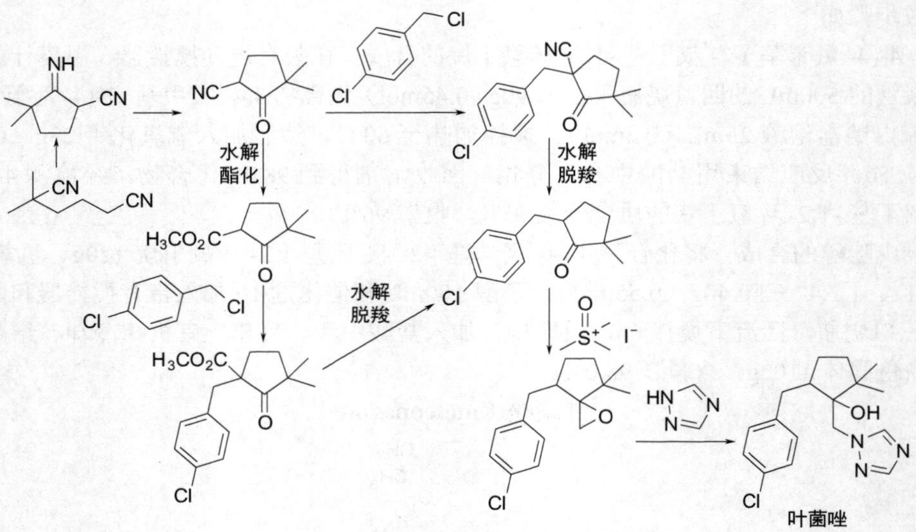

图 4-64　叶菌唑合成路线

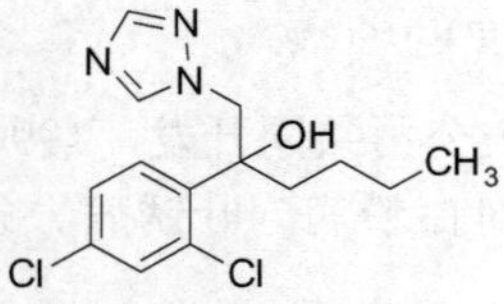

己唑醇 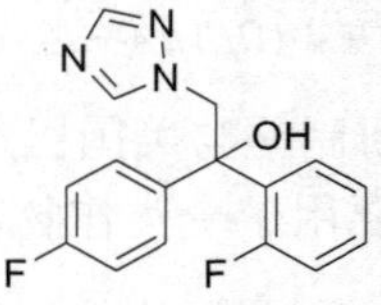　　　粉唑醇 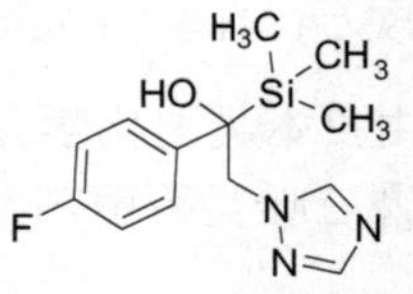　　　硅氟唑 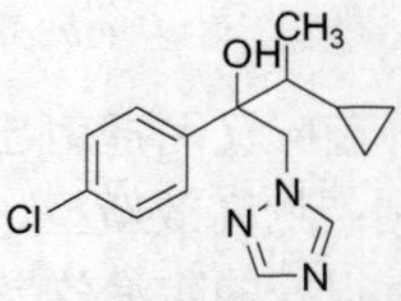　　　环丙唑醇

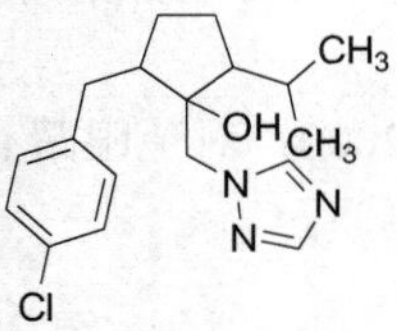

种菌唑 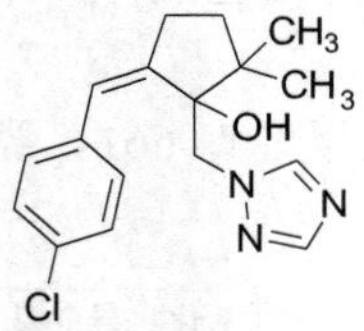　　　灭菌唑　　　糠菌唑

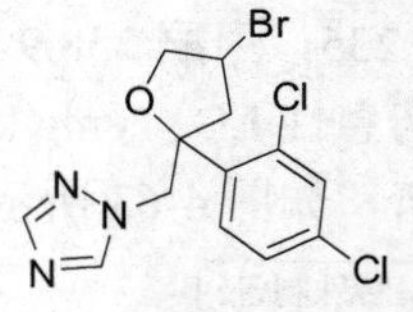

丙硫菌唑（prothioconazole）

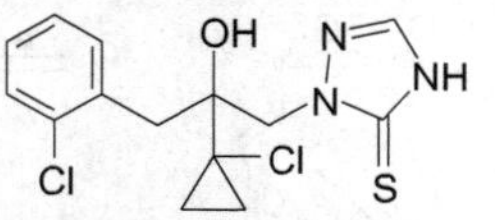

(*RS*)-2-[2-(1-氯环丙基)-3-(2-氯苯基)-2-羟基丙基]-2,4-二氢-1,2,4-三唑-3-硫酮

丙硫菌唑由德国拜耳公司开发，1995 年申请专利；为高效新型、广谱三唑类杀菌剂，主要用于禾谷类作物如麦类、水稻，以及油菜、花生和豆类作物，对白粉病、叶锈病、条锈病、纹枯病、叶斑病、菌核病、云纹病等都有很好的防治效果；几乎对所有麦类病害都有很好的防治效果。

纯品丙硫菌唑为白色或浅灰棕色晶体，熔点 139.1 ～ 144.5℃；溶解性（20℃，g/L）：水 0.3。丙硫菌唑原药急性 LD_{50}（mg/kg）：大鼠经口＞ 5000、经皮＞ 2000。

合成路线　丙硫菌唑有 4 种合成路线即路线 1 → 2 → 3 → 4、路线 8 → 9 → 4、路线 1 → 2 → 5 → 6 → 7 和路线 10 → 11 → 12 → 4。实际生产中常用路线 1 → 2 → 3 → 4（图 4-65）。合成步骤如下：

（1）2-(1- 氯环丙基)-3- 氯 -1-(2- 氯苯基)-2- 丙醇的制备（路线 2）　在三口烧瓶中加入乙醚、镁屑，加入少量碘，滴入几滴2-氯-氯苄的乙醚溶液，微热引发，回流条件下继续滴加2-

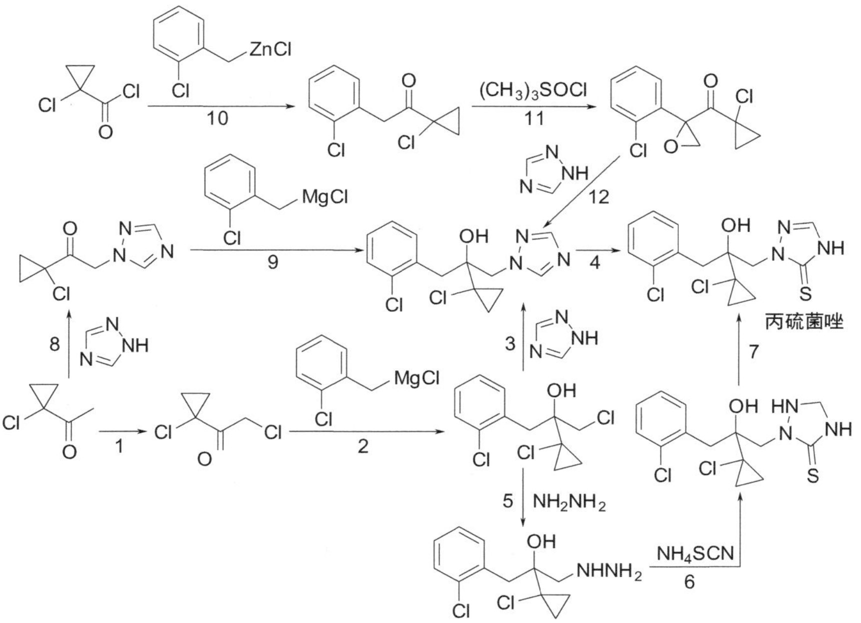

图 4-65 丙硫菌唑合成路线

氯 - 氯苄的乙醚溶液，滴加完毕再回流 1h，降至室温，将 1- 氯 -1- 氯甲酰基环丙烷的乙醚溶液慢慢滴入其中，继续反应 4h 后停止，滴入冰醋酸的水溶液后静置分层，分出油层，用乙醚萃取水层，合并有机相，分别用硫酸氢钠溶液和水洗涤，无水硫酸钠干燥，过滤，蒸除乙醚，得浅黄色油状液体 2-(1- 氯环丙基)-3- 氯 -1-(2- 氯苯基)-2- 丙醇。

（2）2-(1- 氯环丙基)-3-(1,2,4- 三氮唑 -1- 基)-1-(2- 氯苯基)-2- 丙醇的制备（路线 3） 氮气保护条件下，在三口烧瓶中加入水、1,2,4- 三氮唑、氢氧化钠，机械搅拌，加热至 80℃，加入四丁基溴化铵，滴入 2-(1- 氯环丙基)-3- 氯 -1-(2- 氯苯基)-2- 丙醇，控温在 80℃继续反应 7h，反应完毕后分层，用乙酸乙酯溶解瓶底黏稠物，有白色不溶物，过滤，滤液用无水硫酸钠干燥，蒸除溶剂得棕色残留，用热的石油醚（60 ～ 90℃）萃取，冷却后即析出白色固体目标物。

（3）丙硫菌唑的制备（路线 4） 在三口烧瓶中加入化合物 2-(1- 氯环丙基)-3-(1,2,4- 三氮唑 -1- 基)-1-(2- 氯苯基)-2- 丙醇、硫粉和 DMF，加热回流 18h，其间向反应混合物中持续通入空气。反应结束后冷却至室温，经后处理得到黄色晶体，再经甲苯重结晶，得白色固体丙硫菌唑。

硅氟唑（simeconazole）

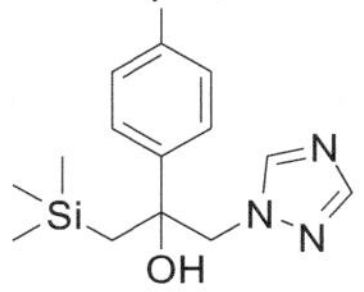

(RS)-2-(4- 氟苯基)-1-(1H-1,2,4- 三唑 -1- 基)-3-(三甲基硅基）丙 -2- 醇

硅氟唑由日本三共公司开发，1992 年申请专利，为高效新型含氟含硅三唑类杀菌剂，主要用于水稻、小麦、果树、蔬菜、草坪等防治众多子囊菌、担子菌和半知菌所致病害，尤其对各类白粉病、黑星病、锈病、立枯病、纹枯病等有很好的效果；使用剂量：25 ～ 100g(a.i.)/hm^2，4 ～ 100g(a.i.)/100kg 种子。

纯品硅氟唑为白色晶体，熔点 118.5 ～ 120.5℃；溶解性（20℃，g/L）：水 0.0575，溶于大多数有机溶剂。

硅氟唑原药急性 LD_{50}（mg/kg）：大鼠经口 611（雄）、682（雌），小鼠经口 1178（雄）、1018（雌），大鼠经皮＞ 5000。

合成路线 以氟苯为起始原料，可经过如图 4-66 所示反应路线制得目标物。

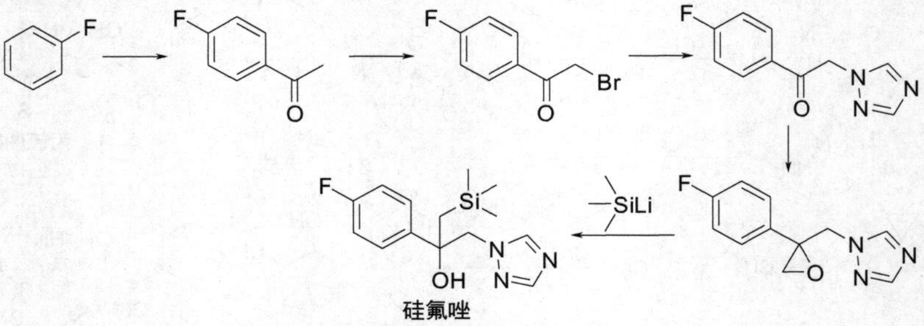

图 4-66 硅氟唑合成路线

mefentrifluconazole

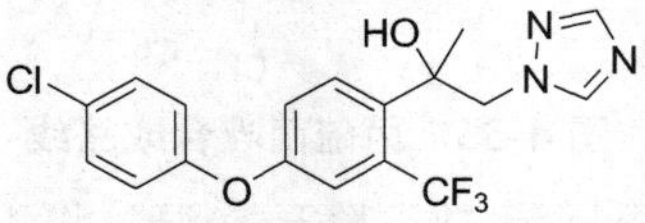

2-[4-(4-氯-苯氧基)-2-三氟甲基-苯基]-1-[1,2,4]三唑-1-基-2-丙醇

mefentrifluconazole 为巴斯夫公司开发的三唑类杀菌剂，商品名为 Revysol，于 2016 年 3 月向欧盟提交了登记资料，预计 2019 年上市。mefentrifluconazole 对一系列较难防治的病害具有显著的生物活性，适用于大豆、小麦等大田作物和青椒、葡萄等经济作物。由于分子中含有异丙醇结构，因此与丙硫菌唑等三唑类杀菌剂不同，能够很好地抑制壳针孢的菌株转移，减少该病菌突变。

合成路线 如图 4-67 所示。

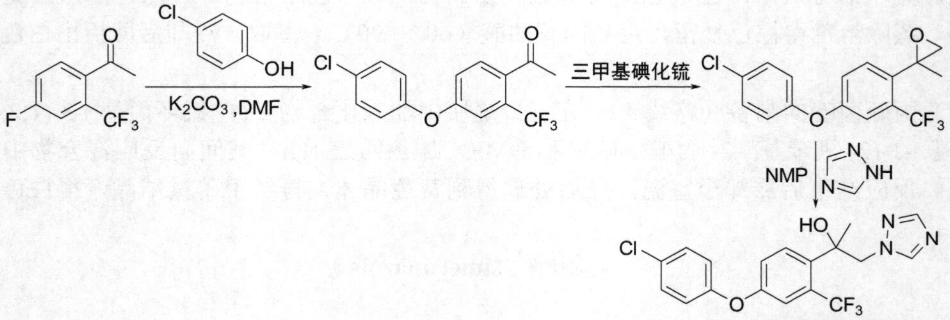

图 4-67 mefentrifluconazole 合成路线

合成步骤如下：

（1）将 622.0g 4-氟 -2-(三氟甲基)-乙酰苯、426.7g 4-氯苯酚、542.1g 碳酸钾和 2365mL DMF 在 120℃下搅拌 5h，然后在 140℃搅拌 5h。冷却至室温，混合物中加入食盐水，用叔丁基甲醚萃取三次，合并有机相，用 10% 氯化锂溶液洗两次，干燥。减压脱溶得到 884.7g 1-[4-(4-氯 -苯氧基)-2-三氟甲基] 乙酰苯基，收率为 88%。

（2）将 0.831g 氢化钠中加入 60mL 四氢呋喃，然后加入 154g DMSO，冷却至 5℃左右。6.42g 三甲基碘化锍（亚砜）溶于 80mL DMSO 中，滴加到上述溶液，在 5℃继续搅拌 1h。5.0g 1-[4-(4-

氯 - 苯氧基)-2- 三氟甲基] 乙酰苯基溶于 40mL DMSO 中，滴加到上述溶液中，反应搅拌 15min。加入 150mL 饱和氯化铵水溶液猝灭反应，叔丁基甲醚萃取三次，合并有机相，水洗，干燥，脱溶得到 4.4g 黄色油状液体 2-[4-(4- 氯 - 苯氧基)-2- 三氟甲基 - 苯基]-2- 甲基环氧乙烷，收率为 89%。

（3）将 1.92g 2-[4-(4- 氯 - 苯氧基)-2- 三氟甲基 - 苯基]-2- 甲基环氧乙烷、1.715g 1,2,4- 三唑、0.496g 氢氧化钠和 48mL N- 甲基吡咯烷酮的混合溶液在 110℃下搅拌 1h，然后在 130℃下搅拌 4h。冷却至室温，加入饱和氯化铵溶液，用叔丁基甲醚萃取三次，合并有机相，用 10% 氯化锂溶液洗两次，干燥。脱溶剂，用异丙基醚沉淀，得到白色固体，收率为 75%，熔点为 121 ～ 122℃。

注：用类似的方法，可以制备 ipfentrifluconazole。

ipfentrifluconazole

三氟苯唑（fluotrimazole）

1-(3- 三氟甲基三苯甲基)-1,2,4- 三唑

三氟苯唑因含有氟原子，生物活性高，毒性降低，为高效、广谱杀菌剂。对黄瓜、桃、葡萄、大麦、甜菜等多种作物的白粉病有特效。

三氟苯唑为无色结晶固体，熔点 132℃；20℃时的溶解度：水中为 1.5mg/L，二氯甲烷中为 40%，环己酮中为 20%，甲苯中为 10%，丙二醇中为 50g/L。在 0.1mol/L 氢氧化钠溶液中稳定，在 0.2mol/L 硫酸溶液中分解率为 40%。

三氟苯唑大鼠急性 LD_{50}（mg/kg）：5000（经口），＞ 1000（经皮），对蜜蜂无毒。

逆合成分析 如图 4-68 所示。

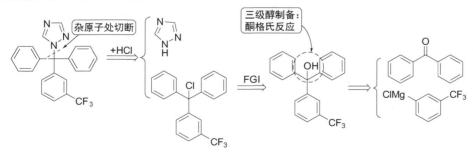

图 4-68 三氟苯唑逆合成分析

合成路线 如图 4-69 所示。

合成步骤如下：

（1）3- 氟甲基三苯基氯代甲烷的合成 将 3- 三氟甲基三苯甲醇 32.0g（约 0.1mol）和苯 15.6g（0.2mol）加入滴液漏斗，再加入与苯等体积的浓盐酸 22g（0.22mol），一起振摇，直至全部醇进入溶液（约 0.5h），然后分出苯层，盐酸层用苯 20mL 萃取两次，合并苯层，用无

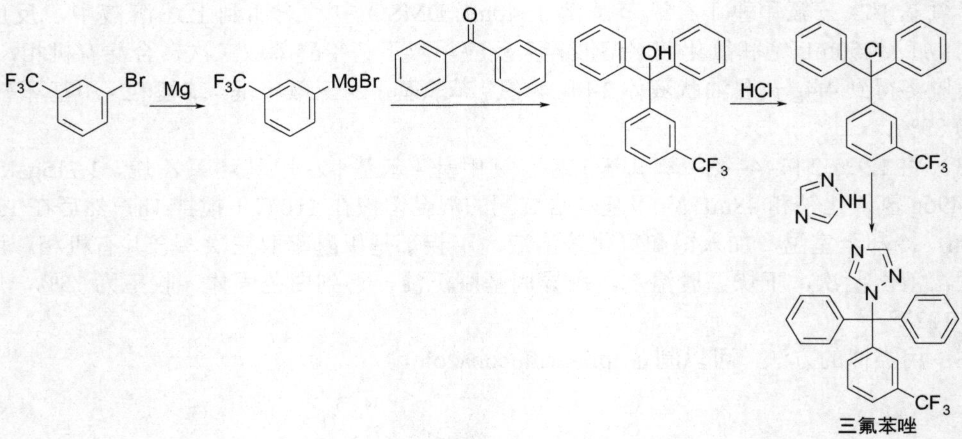

图 4-69 三氟苯唑合成路线

水氯化钙干燥。蒸去苯，得浅黄色油状产物 3- 三氟甲基三苯基氯代甲烷 40g。

注：三氟甲基三苯基氯甲烷在空气中很不稳定，极易被潮气分解为 3- 三氟甲基三苯基甲醇，可将制得的卤代物粗产物直接用于三氟苯唑的合成。

（2）三氟苯唑的合成　将三氟甲基三苯基氯甲烷 34.65g（约 0.1mol）、1,2,4- 三唑 7.0g（0.1mol）、N,N- 二甲基甲酰胺 250mL 和三乙胺 11.0g（0.12mol）加入到 500mL 三口瓶中，在氮气保护下，加热至 90 ～ 100℃反应 3h。减压蒸去溶剂，残留物与氯化铵用水 30mL 洗涤两次，然后用二氯甲烷萃取，无水硫酸镁干燥。蒸去二氯甲烷，得浅黄色固体。用丙酮重结晶得最终产物三氟苯唑，为白色晶体 20g。

吲唑磺菌胺（amisulbrom）

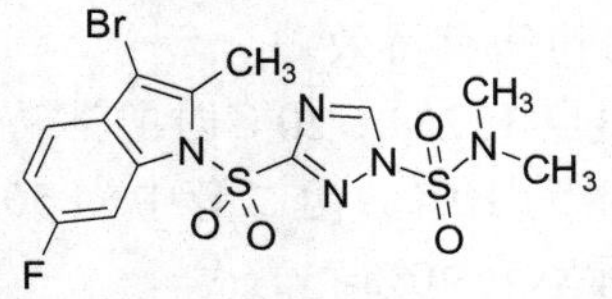

3-(3- 溴 -6- 氟 -2- 甲基吲哚 -1- 磺酰基)-N,N- 二甲基 -1,2,4- 三唑 -1- 磺酰胺

吲唑磺菌胺是日产化学公司研发的一种三唑磺酰胺类杀菌剂，对由卵菌纲引起的植物疫病和霜霉病具有较高的活性，目前其作用机制还不清楚。该药剂主要用于水稻、烟草、黄瓜、马铃薯、葡萄、甘蓝防治疫病和霜霉病。

纯品吲唑磺菌胺为白色固体，熔点 128.6 ～ 130.0℃ ；溶解度（20℃）：水 0.11mg/L。

吲唑磺菌胺原药急性 LD_{50}（mg/kg）：大鼠经口 > 5000，大鼠经皮 > 5000 ；对兔眼睛有中等程度刺激，对水生生物剧毒。

逆合成分析　如图 4-70 所示。

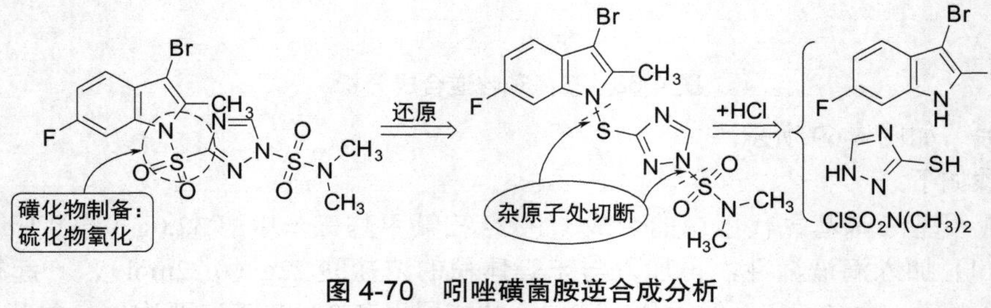

图 4-70 吲唑磺菌胺逆合成分析

合成路线 如图 4-71 所示。

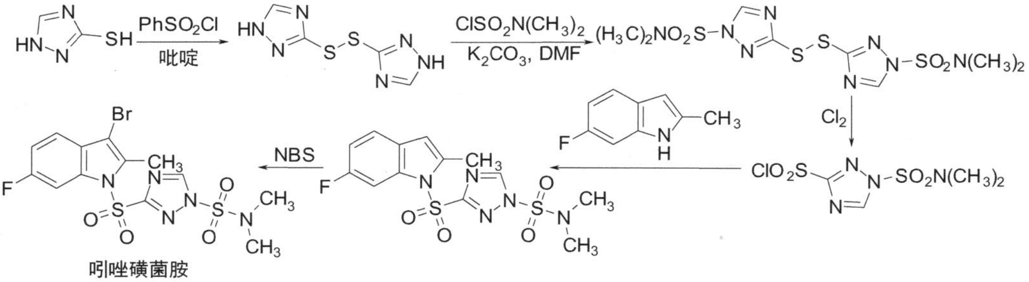

吲唑磺菌胺

图 4-71 吲唑磺菌胺合成路线

在 50mL 两口烧瓶中加入 1.8g（12 mmol）2- 甲基 -6- 氟吲哚溶于 15mL 干燥的 THF，加入 0.48g（12 mmol）60% 氢化钠，室温搅拌 1h 后加入 3.4g（12mmol）1-(二甲氨基磺酰基)-1,2,4- 三唑 -3- 磺酰氯。反应完全后，水洗，二氯甲烷萃取，脱溶剂，柱色谱分离提纯得到 3-(6- 氟 -2- 甲基吲哚 -1- 磺酰基)-*N*,*N*- 二甲基 -1,2,4- 三唑 -1- 磺酰胺。将该磺酰胺 0.78g（2mmol）溶于 80mL 二氯甲烷，加入 0.39g（2mmol）*N*- 溴代丁二酰亚胺，加热回流 2h，得吲唑磺菌胺 0.65g，收率 80%。

4.8 咪唑类杀菌剂

4.8.1 结构特点

咪唑类杀菌剂结构特征是分子中含有五元咪唑环基团，化合物可以看作是咪唑衍生物，包括二唑衍生物和苯并咪唑衍生物。

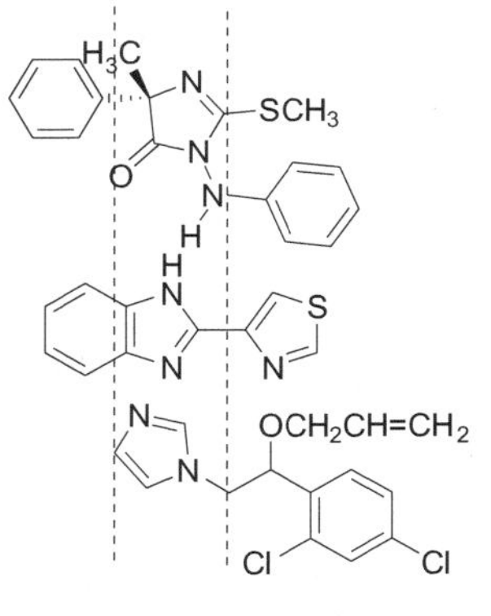

咪唑菌酮

噻菌灵

抑霉唑

咪唑特征结构

目前，常用的咪唑类杀菌剂品种及其结构如下。

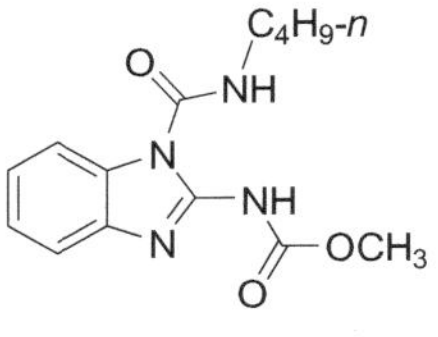

苯菌灵（benomyl）

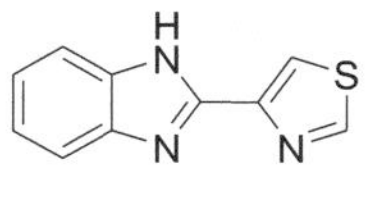

噻菌灵（thiabendazole）

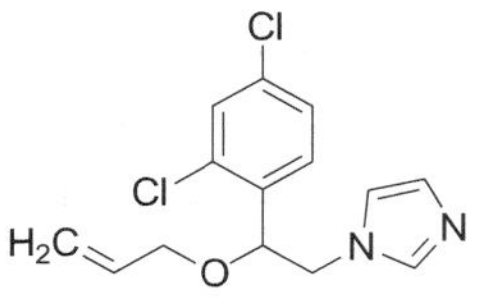

抑霉唑（imazalil）

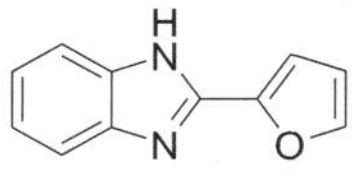

麦穗宁（fuberidazole）

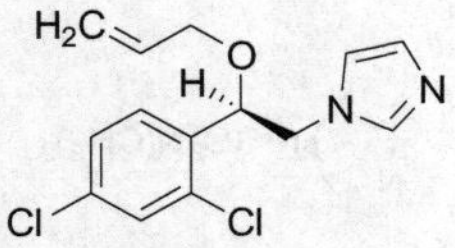

高效抑霉唑（imazalil-S） 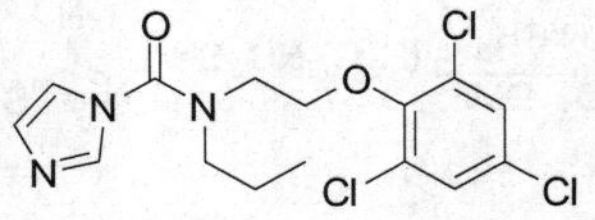　　咪酰胺（procloraz）　　氟菌唑（triflumizole） 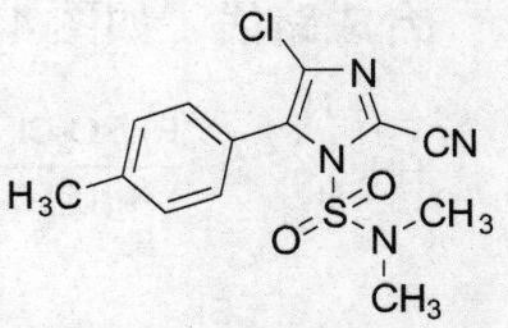　　氰霜唑（cyazofamid）

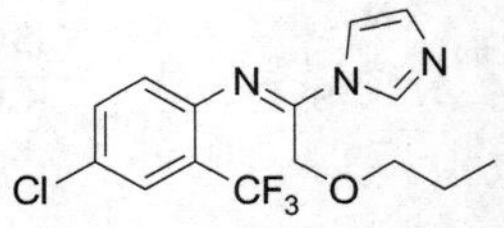

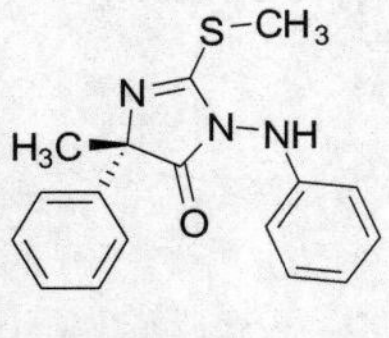

咪唑菌酮（fenamidone） 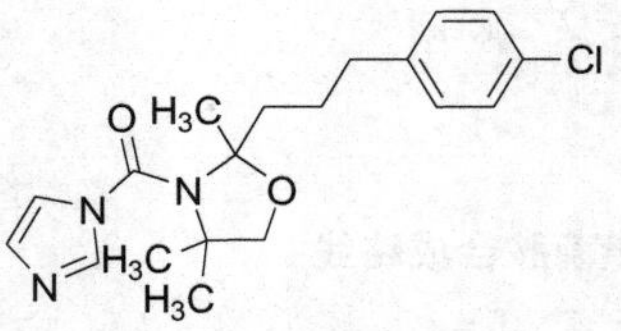　　噁咪唑（oxpoconazole） 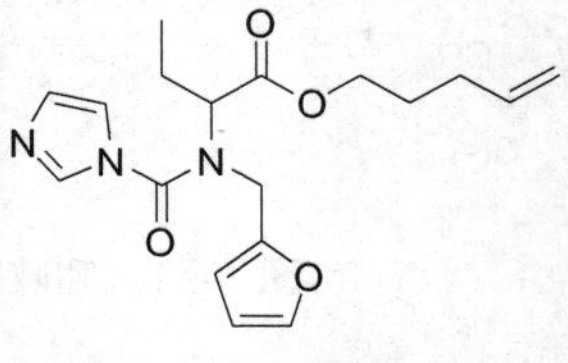　　稻瘟酯（pefurazoate） 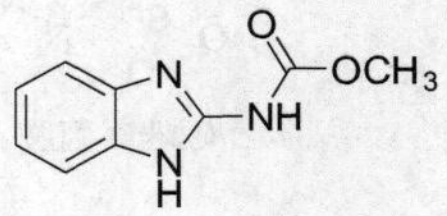　　多菌灵（carbendazim）

4.8.2　代表性品种的结构与合成

多菌灵（carbendazim）

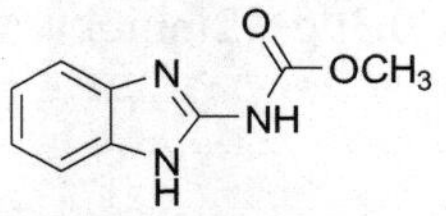

苯并咪唑-2-基氨基甲酸酯

多菌灵是由巴斯夫公司和杜邦公司合作开发的苯并咪唑类杀菌剂，属于细胞有丝分裂抑制剂，可用于棉花、禾谷类（如水稻）、果树、烟草、番茄、甜菜等防治由立枯丝核菌引起的棉花立枯病，黑根霉引起的棉花烂铃病、花生黑斑病、小麦黑穗病和白粉病，谷类茎腐病，苹果、梨、葡萄以及桃的白粉病，烟草炭疽病，番茄褐斑病、灰霉病，葡萄灰霉病，甜菜褐斑病，水稻稻瘟病、纹枯病等病害。

纯品多菌灵为无色粉状固体，熔点 302～307℃；溶解性（24℃，g/L）：水 0.008，DFM 5.0，丙酮 0.3，乙醇 0.3，氯仿 0.1，乙酸乙酯 0.135；在碱性介质中缓慢水解，在酸性介质中稳定，可形成盐。

多菌灵原药急性 LD_{50}（mg/kg）：大鼠经口＞15000、经皮＞2000，兔经口＞10000。

逆合成分析　多菌灵属于苯并咪唑类杀菌剂代表品种（图4-72）。

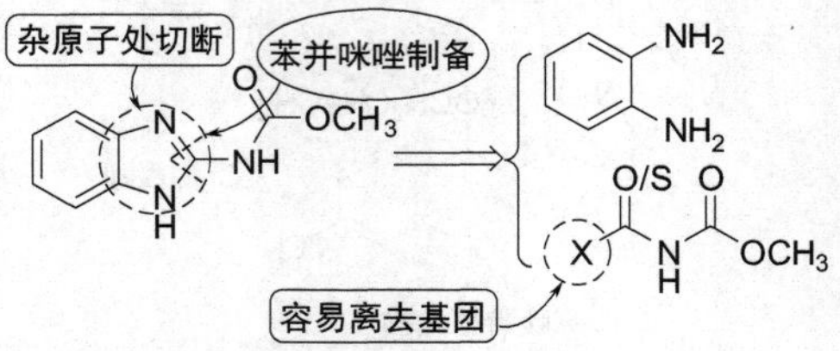

图 4-72　多菌灵逆合成分析

合成路线　多菌灵合成路线达 10 种之多，如图4-73所示。其中石灰氮（氰胺化钙）路线为工业常用：首先以甲醇与光气反应制得氯甲酸甲酯，然后用石灰氮、水、氢氧化钙与氯甲酸甲酯反应生成氰氨基甲酸甲酯钙盐，最后在盐酸存在下氰氨基甲酸甲酯钙盐与邻苯二胺反应即可制得目标物。

多菌灵的制备方法主要有以下几种。

① 石灰氮（氰胺化钙）法

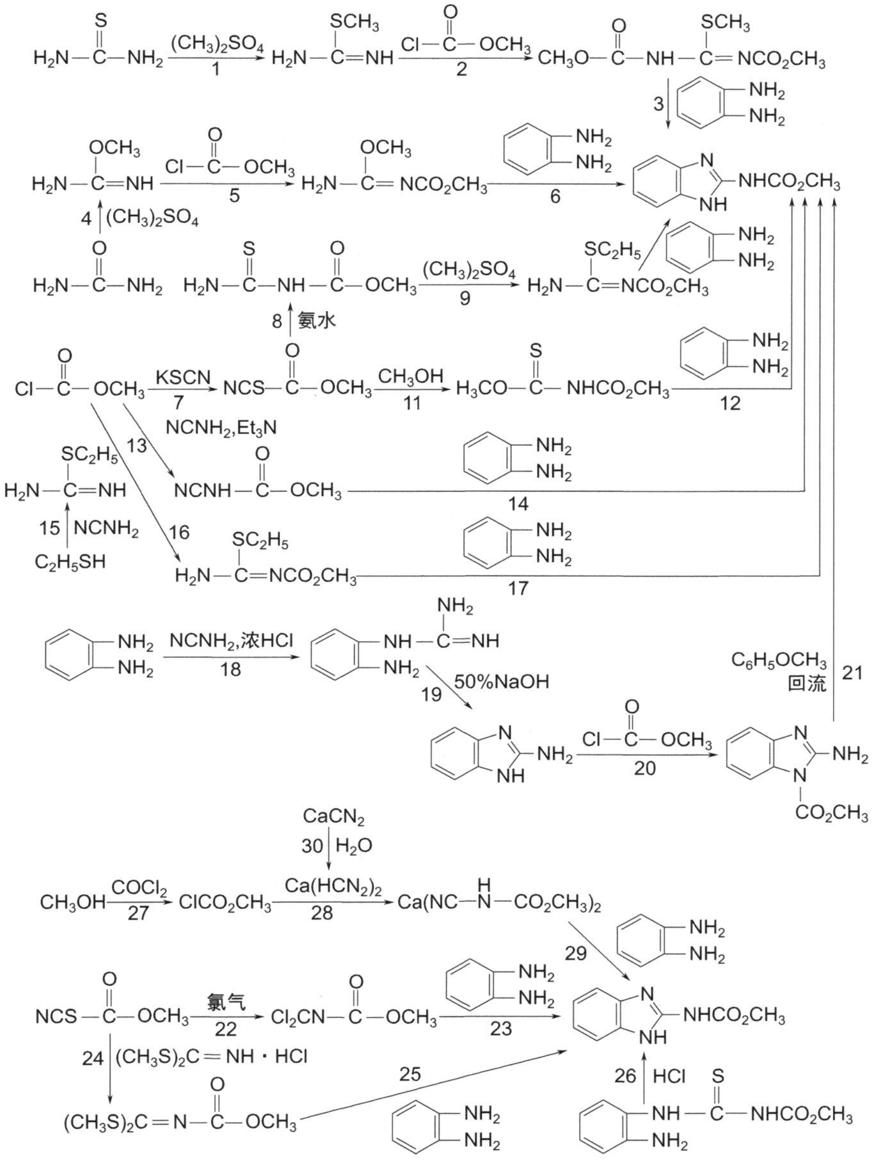

图4-73 多菌灵合成路线

$$CaCN_2 + H_2O \longrightarrow Ca(HCN_2)_2 + Ca(OH)_2$$

$$Ca(HCN_2)_2 + Ca(OH)_2 + ClCOOCH_3 \longrightarrow Ca(NC-\underset{H}{N}-COOCH_3)_2 + CaCl_2 + H_2O$$

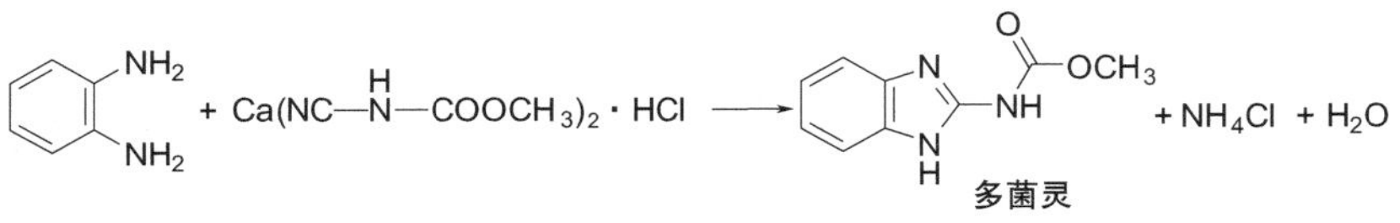

② 硫脲法

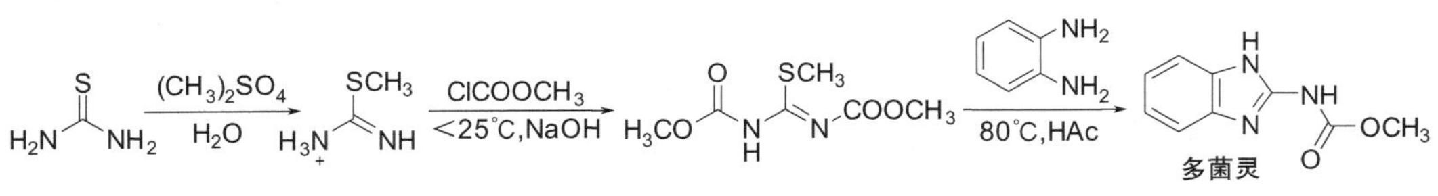

③ 脲法

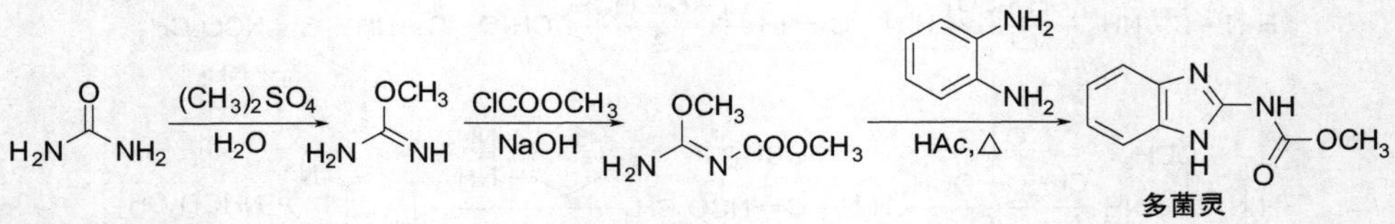

④ 硫氰酸盐法

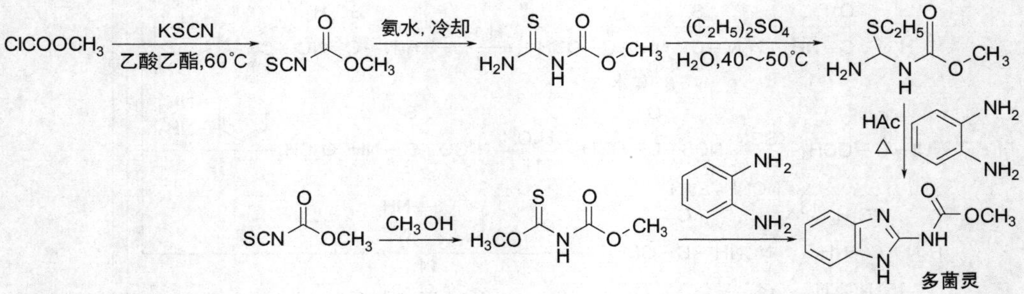

⑤ 氰胺 - 乙硫醇法

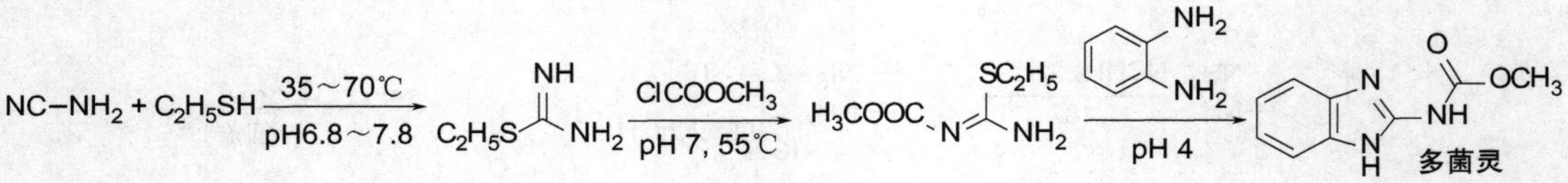

⑥ 硫脲基甲酸甲酯关环法

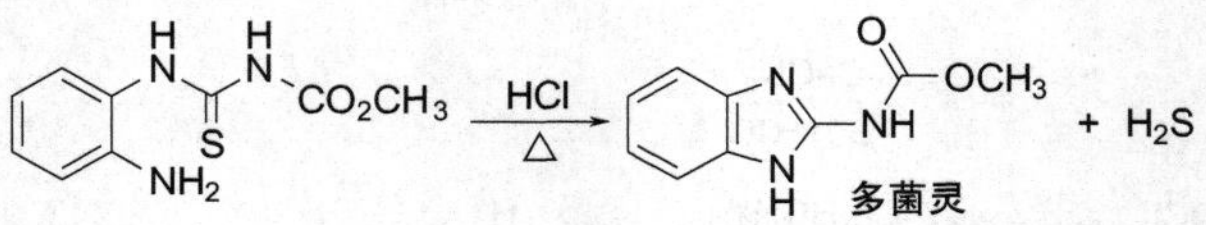

⑦ 转位法

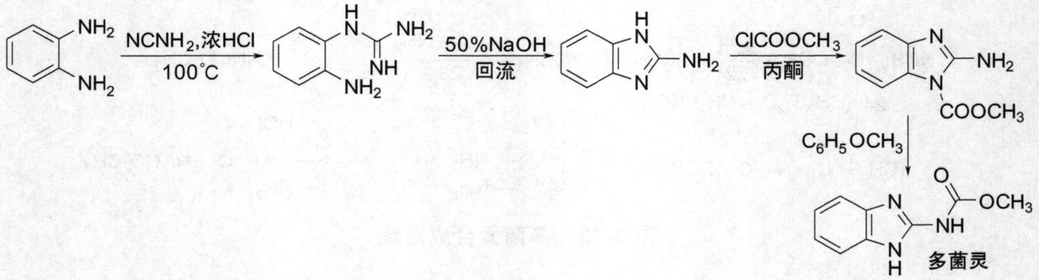

⑧ 氰胺 - 氯代甲酸酯法

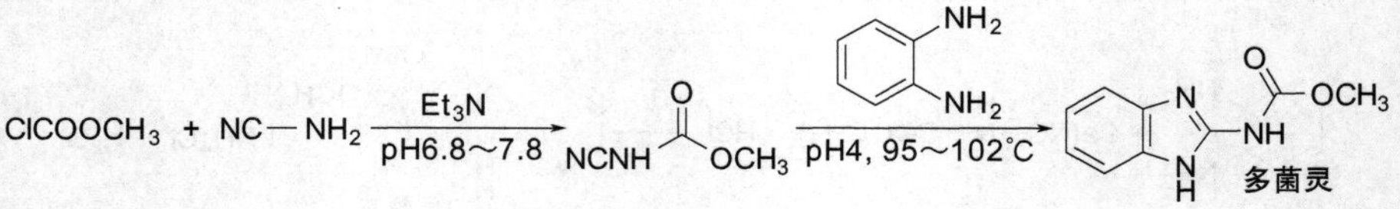

⑨ 其他方法

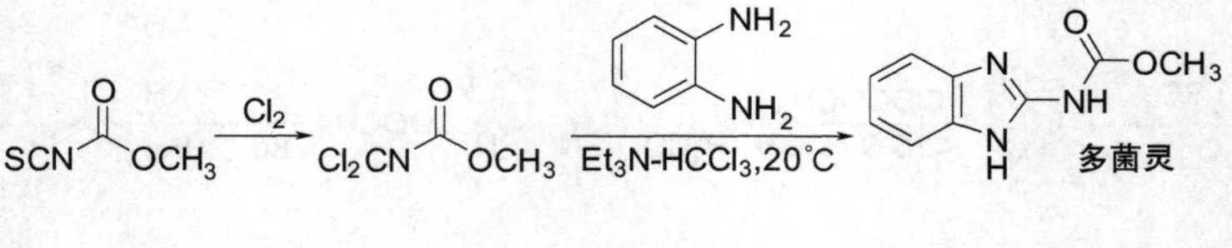

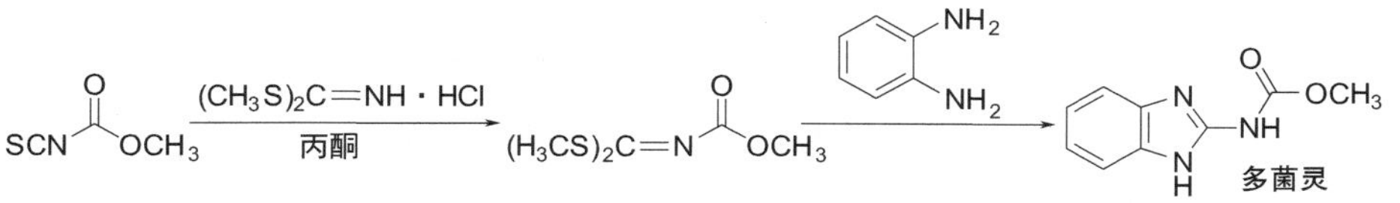

注：多菌灵与正丁基异氰酸酯在丁酮中于 25 ～ 30℃反应 1.5h 即可制得苯菌灵 [benomyl，1-(正丁基氨基甲酰基) 苯并咪唑 -2- 基氨基甲酸甲酯]。

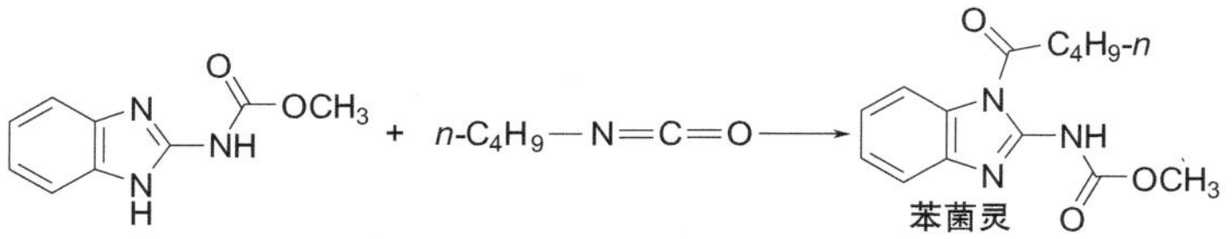

噻菌灵（thiabendazole）

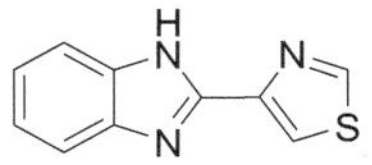

2-(噻唑 -4- 基) 苯并咪唑

噻菌灵商品名特克多，由先正达公司开发，属于真菌线粒体呼吸作用和细胞繁殖抑制剂，广谱、内吸苯并咪唑类杀菌剂，可用于柑橘、香蕉、葡萄、果树、各种蔬菜、马铃薯、花生、芦笋等防治柑橘青霉病、绿霉病、花腐病等，草莓白粉病、灰霉病，甘蓝灰霉病，苹果青霉病、炭疽病、灰霉病、黑星病、白粉病等多种病害。

纯品噻菌灵为无色粉状固体，熔点 297 ～ 298℃ ；溶解性（20℃，g/L）：水 0.03，丙酮 2.43，甲醇 8.28，二甲苯 0.13，乙酸乙酯 1.49，正辛醇 3.91。

噻菌灵原药急性 LD_{50}（mg/kg）：大鼠经口 3100，小鼠经口 3600，兔经皮＞ 2000。

逆合成分析 噻菌灵为包含苯并咪唑和噻唑两种基团的杀菌剂农药品种（图 4-74）。

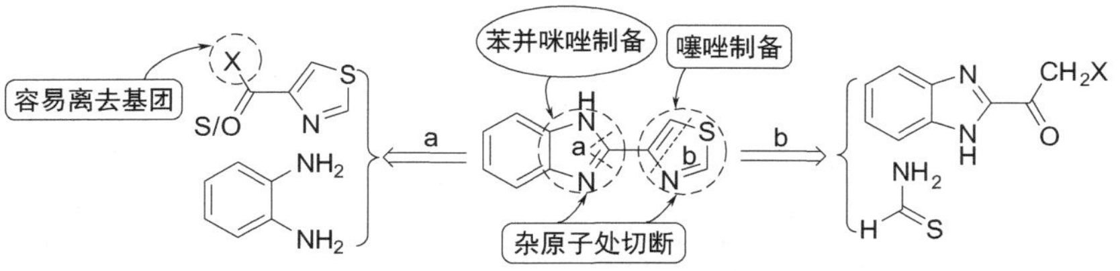

图 4-74 噻菌灵逆合成分析

合成路线 噻菌灵有如下多种合成路线，其中路线 1 → 2 → 3 为工业常用（图 4-75）。

方法 1 邻苯二胺在盐酸催化下与乳酸反应，回流 4h 制得 2-(α- 羟基乙基)- 苯并咪唑，该中间体用 $KMnO_4$ 氧化，于 50℃保温反应 1h 得到 2-(乙酰基)- 苯并咪唑；在乙酸中于（80±5）℃条件下，2-(乙酰基)- 苯并咪唑与溴反应 1h 生成的 2-(二溴代乙酰基)- 苯并咪唑与硫代甲酰胺于 40 ～ 50℃反应 2h 即可制得目标物噻菌灵。

方法 2

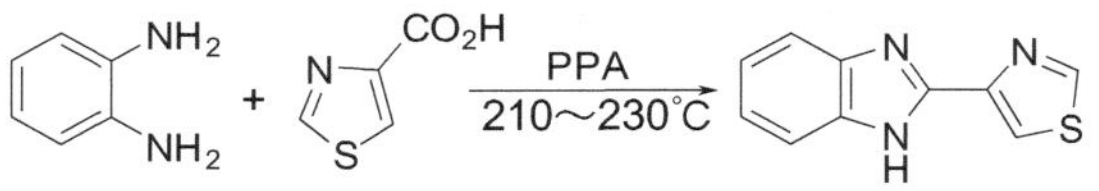

噻菌灵

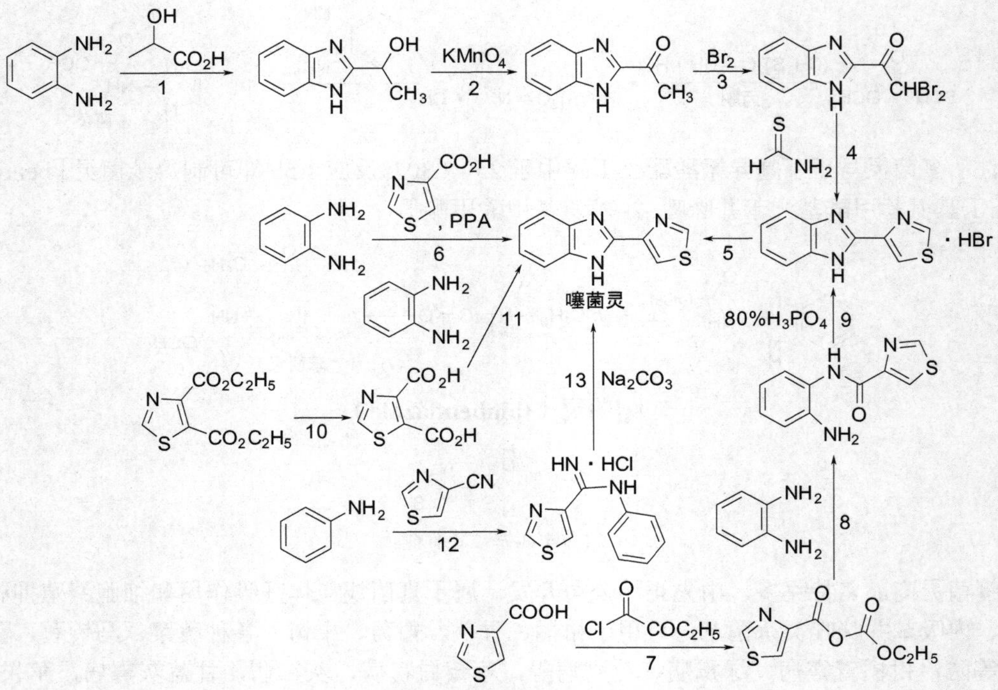

图 4-75　噻菌灵合成路线

方法 3

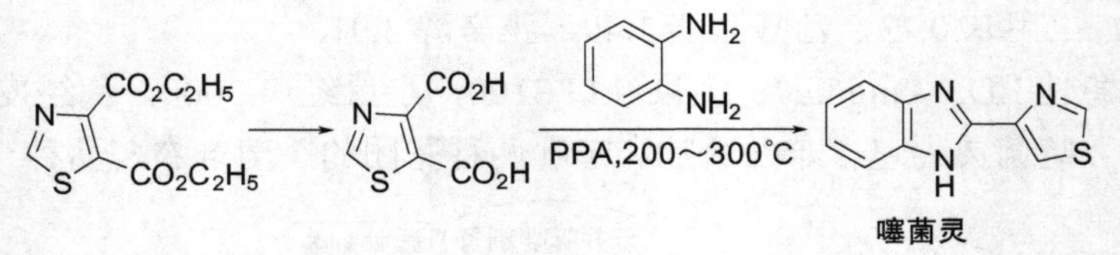

方法 4

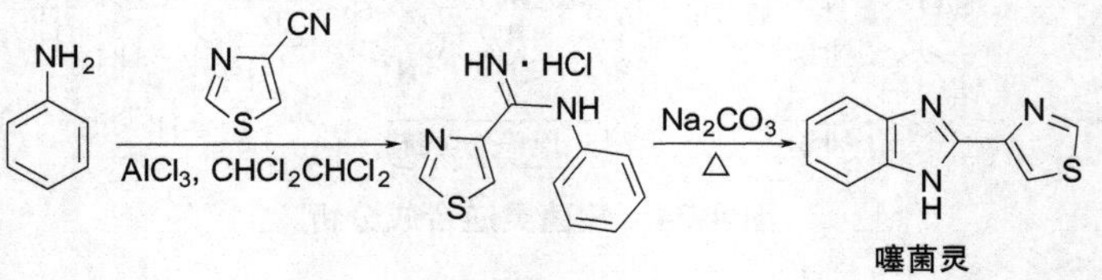

方法 5

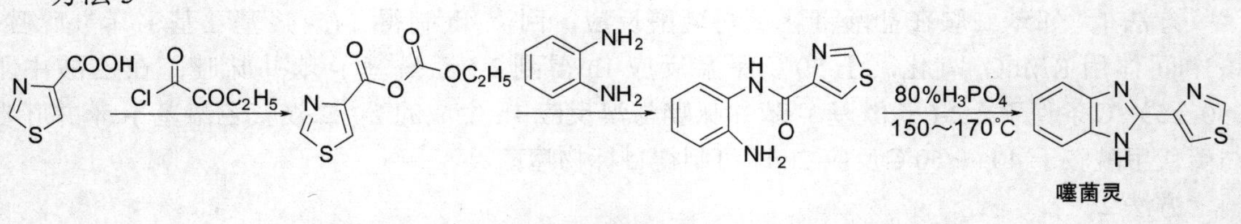

抑霉唑（imazalil）与高效抑霉唑（imazalil–S）

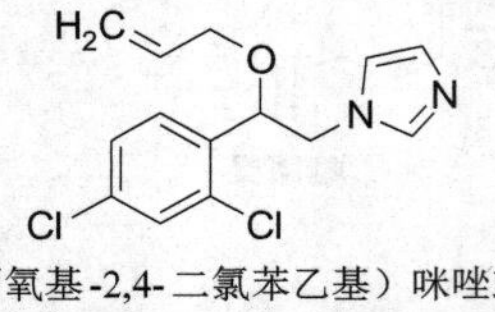

（RS）-1-（β-烯丙氧基-2,4-二氯苯乙基）咪唑或（RS）-烯丙基-1-(2,4-二氯苯基)-2-咪唑-1-基乙基醚

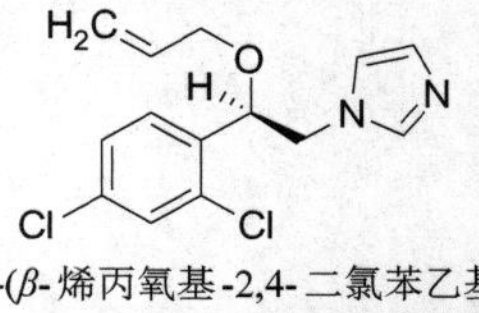

（S）-1-（β-烯丙氧基-2,4-二氯苯乙基）咪唑或（S）-烯丙基-1-(2,4-二氯苯基)-2-咪唑-1-基乙基醚

抑霉唑商品名万利得、烯菌灵、伊迈唑等，是日本 Janssen Pharmaceutica 公司开发的广谱、内吸苯并咪唑类杀菌剂；属于影响细胞膜渗透性、生理功能和脂类合成代谢的抑制剂，高效抑霉唑是单一异构体，除了具有抑霉唑的特点外，还对锈病、灰霉病、稻瘟病有很好的防治效果，1999 年申请专利。抑霉唑、高效抑霉唑可用于柑橘、香蕉、葡萄、果树、麦类等防治柑橘青霉病、绿霉病等，草莓白粉病，苹果青霉病、炭疽病、灰霉病、黑星病、白粉病等多种病害。

纯品抑霉唑为浅黄色结晶固体，熔点 52.7℃；溶解性（20℃，g/L）：水 0.18，丙酮、二氯甲烷、甲醇、乙醇、异丙醇、苯、二甲苯、甲苯＞500。

抑霉唑原药急性 LD_{50}（mg/kg）：大鼠经口 227 ～ 243、经皮 4200 ～ 4880。

逆合成分析　抑霉唑属于咪唑作为活性基团的杀菌剂农药品种代表（图 4-76）。

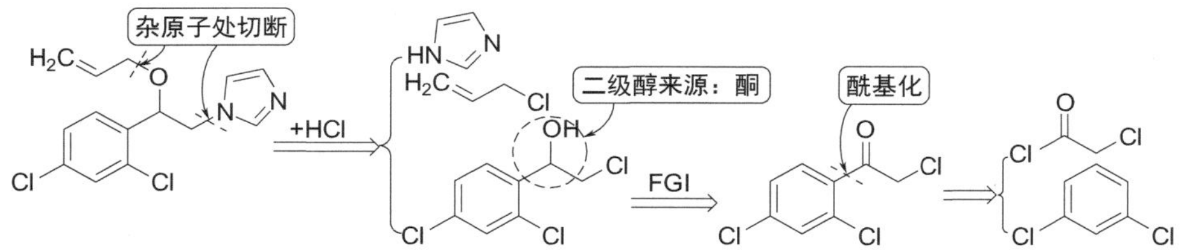

图 4-76　抑霉唑逆合成分析

合成路线　实际生产中常用路线 1 → 2 → 3 → 4（图 4-77）。

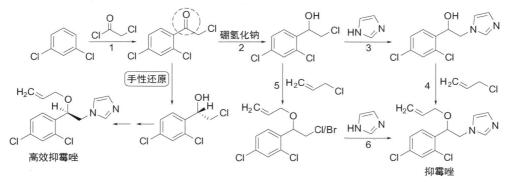

图 4-77　抑霉唑合成路线

合成步骤如下：

（1）　1-(2,4- 二氯苯基)-2- 咪唑基 -1- 乙醇的制备　反应器中加入 α- 氯甲基 -2,4- 二氯苯甲醇 1.0g、咪唑 0.3g、有机胺 0.2g、粉状氢氧化钠 0.2g、有机溶剂 5.5mL。在 75℃搅拌反应 4h 后，冷却加入 30mL 水，过滤、干燥得固体产物，熔点 137 ～ 138℃，产率 87.0%。

（2）　抑霉唑的制备　在 50mL 三口瓶中加入 5.19g（0.02mol）1-(2,4- 二氯苯基)-2- 咪唑基 -1- 乙醇、25mL 烯丙基氯、2g 氢氧化钠粉末、1 滴管 PEG，于室温搅拌反应 20h。蒸除过量的烯丙基氯，加入 30mL 清水，溶解固体物，用乙酸乙酯 30mL 分二次萃取油层，萃取液用水洗至中性。萃取液经干燥后，减压蒸除溶剂，得棕色油状物抑霉唑 5.3g，产率 90%。

咪酰胺（prochloraz）

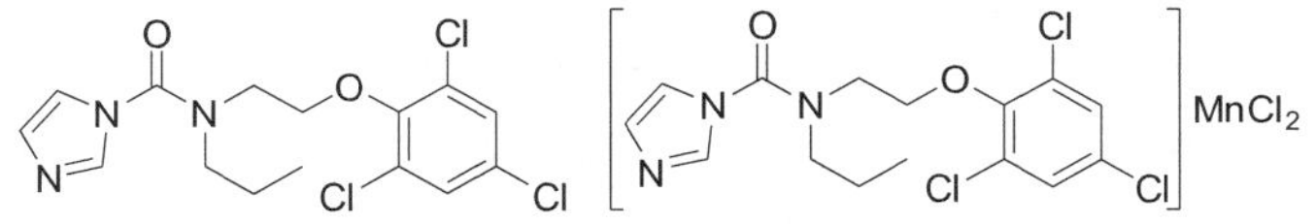

N- 丙基 -*N*-[2-(2,4,6- 三氯苯氧基) 乙基] 咪唑 -1- 甲酰胺或 1-{*N*- 丙基 [2-(2,4,6- 三氯苯氧基) 乙基] 氨基甲酰基咪唑 }

咪酰胺商品名施保克、扑霉灵，咪酰胺锰络合物商品名施保功，为 Boots Co. Ltd 公司研制、艾格福（现为拜耳）公司开发的广谱咪唑类杀菌剂，1974 年申请专利；属于甾醇生物合成抑制剂，咪酰胺及咪酰胺锰络合物可用于水稻、麦类、油菜、大豆、向日葵、柑橘、芒果、香蕉、葡萄和多种蔬菜、花卉等等，防治对象为水稻恶苗病、稻瘟病、叶斑病，小麦赤霉病、大豆炭疽病、褐斑病，向日葵炭疽病，甜菜褐斑病，柑橘炭疽病、青绿霉病，黄瓜炭疽病、灰霉病、白粉病，荔枝黑腐病、炭疽病等病害。

纯品咪酰胺为无色结晶固体，熔点 46.5～49.3℃；溶解性（25℃，g/L）：水 0.0344，丙酮 3500，氯仿、乙醚、甲苯、二甲苯 2500；显碱性，在强碱、强酸介质中或高温（200℃）不稳定。

咪酰胺原药急性 LD_{50}（mg/kg）：大鼠经口 1600～2400，小鼠经口 2400，大鼠经皮＞2100，兔经皮＞3000；对兔眼睛有轻微刺激性。

逆合成分析　如图 4-78 所示。

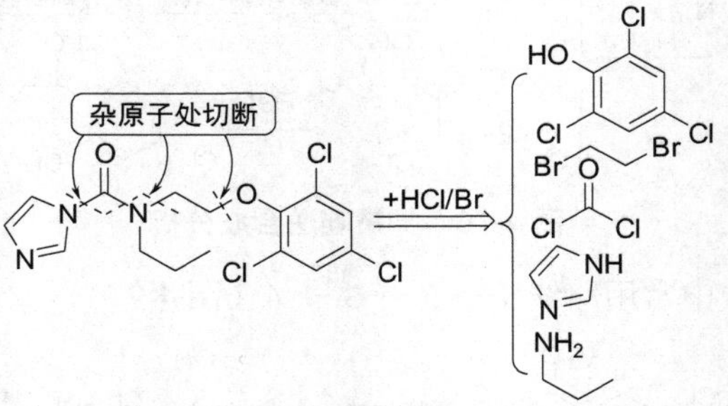

图 4-78　咪酰胺逆合成分析

合成路线　如图 4-79 所示。

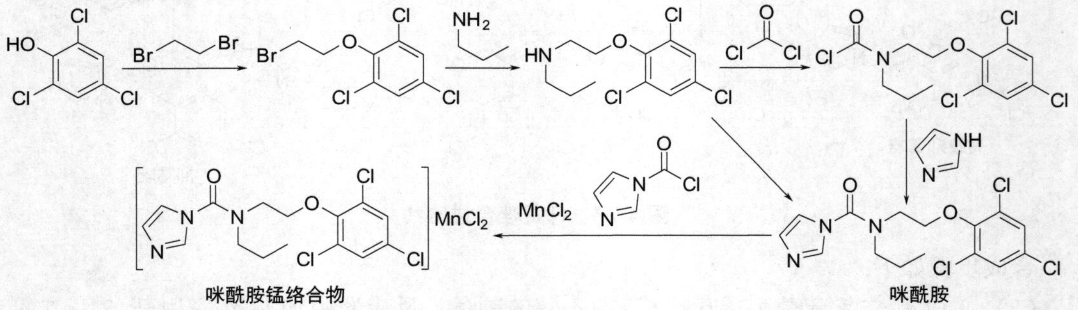

图 4-79　咪酰胺及咪酰胺锰络合物合成路线

氟菌唑（triflumizole）

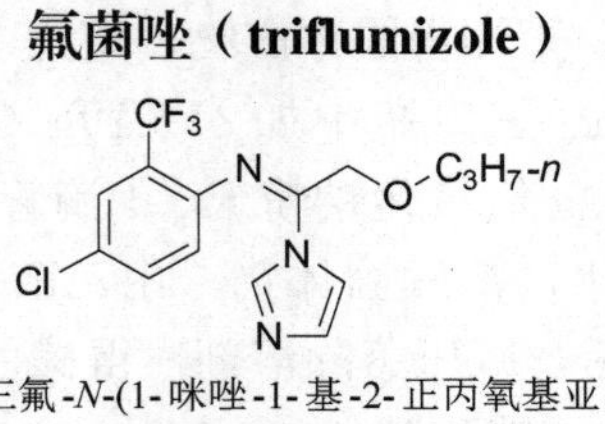

(E)-4-氯-α,α,α-三氟-N-(1-咪唑-1-基-2-正丙氧基亚乙基)邻甲苯胺

氟菌唑商品名特富灵，是日本曹达公司开发的具有保护、治疗和铲除作用的广谱、高效咪唑类杀菌剂，1978 年申请专利；属于甾醇脱甲基化抑制剂，可用于麦类、各种蔬菜、果树等作物，防治对象为白粉病、锈病、炭疽病、褐斑病等病害。

纯品氟菌唑为无色结晶固体，熔点 63.5℃；溶解性（20℃，g/L）：水 12.5，氯仿 2220，己烷 17.6，二甲苯 639，丙酮 1440，甲醇 496；在强碱、强酸介质中不稳定。

氟菌唑原药急性 LD_{50}（mg/kg）：大鼠经口 715（雄）、695（雌），大鼠经皮＞ 5000，兔经皮＞ 3000；对兔眼睛有中度刺激性。

逆合成分析 如图 4-80 所示。

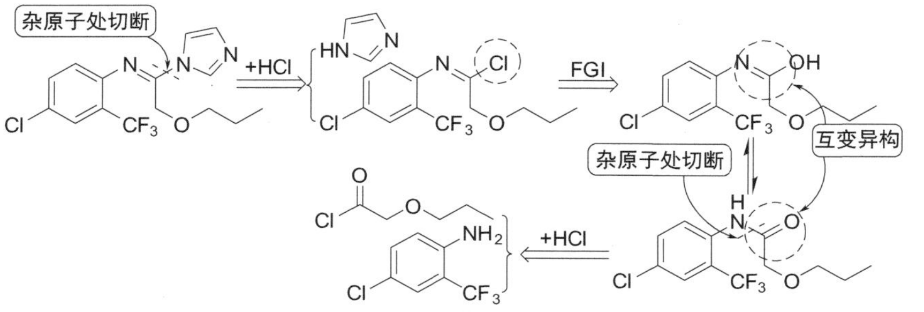

图 4-80 氟菌唑逆合成分析

合成路线 如图 4-81 所示。

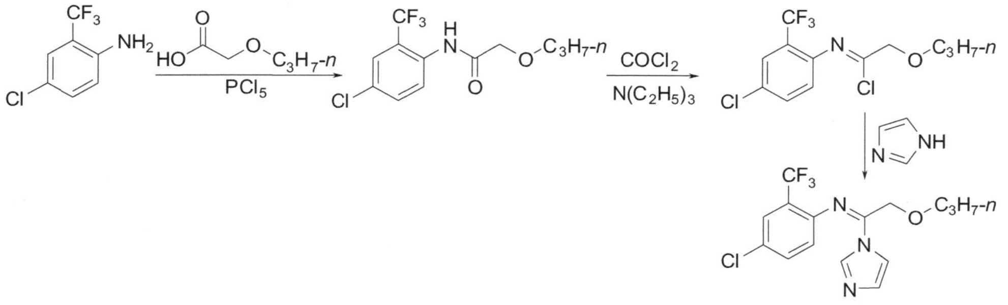

图 4-81 氟菌唑合成路线

向装有排空冷凝器、温度计、搅拌棒的 500mL 四口烧瓶中加入 N-(2- 三氟甲基 -4- 氯苯基) 正丙氧基乙酰胺 60g（0.20mol）、三乙胺 30g（0.3mol）、甲苯 150mL，搅拌溶解，30min 内缓慢滴加含有固体光气 30g（0.10mol）的甲苯溶液，在 20℃下保温反应 5h，然后加入咪唑 28g（0.4mol），在 30℃保温反应 15h，反应液用自来水洗涤至中性，用甲苯萃取，萃取油层用无水硫酸镁干燥，过滤，浓缩回收溶剂，得到黏稠状黄褐色液体，用 300mL 正己烷进行重结晶，过滤，得到淡黄色氟菌唑晶体 59g，经液相色谱检测，质量分数为 98.0%，收率为 85.2%［以 N-(2- 三氟甲基 -4- 氯苯基) 正丙氧基乙酰胺计］。

氰霜唑（cyazofamid）

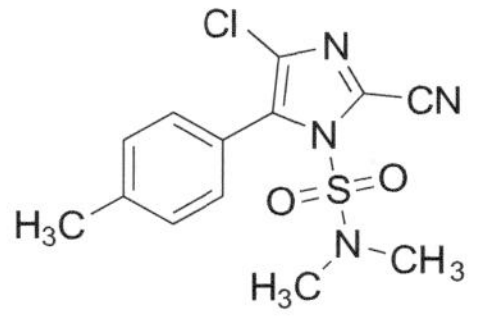

4- 氯 -2- 氰基 -N,N- 二甲基 -5- 对甲苯基咪唑 -1- 磺酰胺

氰霜唑为日本石原公司研制并与巴斯夫共同开发的广谱、高效咪唑类杀菌剂，1988 年申请专利；属于线粒体呼吸抑制剂，用于马铃薯、蔬菜、草坪等作物，可防治霜霉病、疫病等。

纯品氰霜唑为浅黄色粉状固体，熔点 152.7℃；溶解性（20℃）：难溶于水。

氰霜唑原药急性 LD_{50}（mg/kg）：大、小鼠经口＞ 5000，经皮＞ 2000。

逆合成分析　如图 4-82 所示。

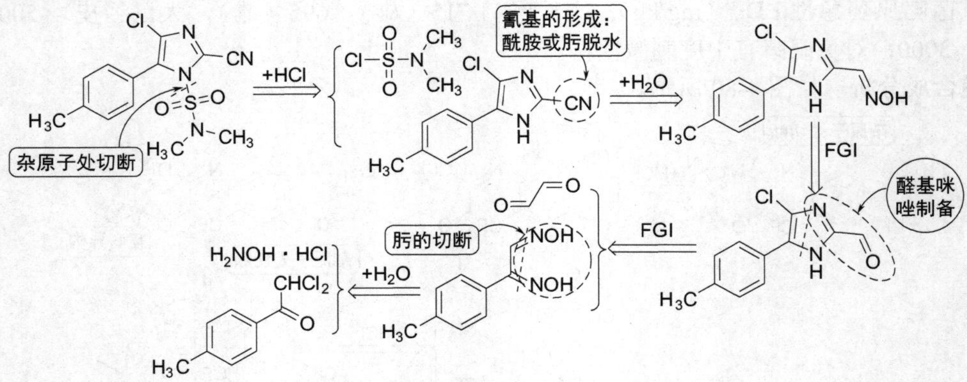

图 4-82　氰霜唑逆合成分析

合成路线　如图 4-83 所示。

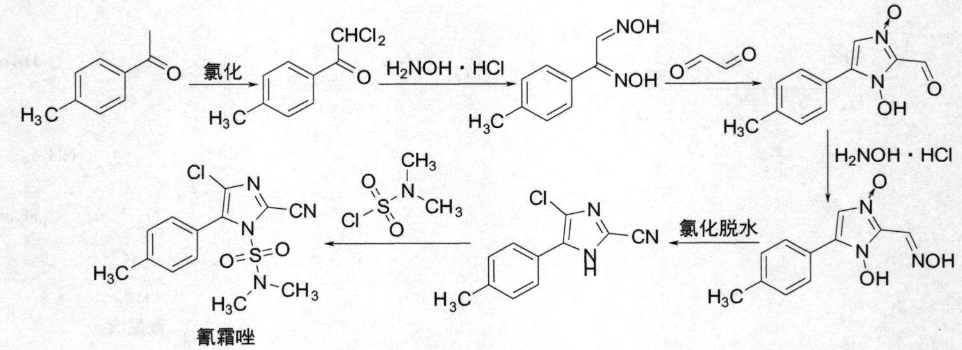

图 4-83　氰霜唑合成路线

合成步骤如下：

（1）1- 羟基 -4-(4′- 甲基苯基)-2- 甲肟咪唑 -3- 氧化物的合成　在装有冷凝管、搅拌器和温度计的 250mL 四口烧瓶中加入 40.6g（0.2mol）2,2- 二溴 -4′- 甲基苯乙酮，28g 50%（0.4mol）羟胺水溶液，90mL 甲醇，回流反应 4h，然后加入 31.9g（0.22mol）40% 乙二醛溶液，回流反应 3h，冷却至室温，过滤，干燥得 40g（0.172mol）白色固体化合物，熔点 228℃（分解），总收率 86%。

（2）4- 氯 -2- 氰基 -5-(4′- 甲基苯基）咪唑的合成　在装有恒压漏斗、搅拌器和温度计的 250mL 四口烧瓶中加入 35g（0.15mol）1- 羟基 -4-(4′- 甲基苯基)-2- 甲肟咪唑 -3- 氧化物、80mL DMF，在冰水浴中缓慢滴加 44.6g（0. 375mol）SOCl$_2$，室温搅拌 4h，滴加 40.6g（0.3mol）S$_2$Cl$_2$，室温反应 5h 后，倒入水中，过滤，将滤饼用丙酮溶解，滤去不溶物，再将滤液倒入水中，搅拌 20min，过滤，干燥，得 24.5g（0.113mol）肉红色固体化合物，HPLC 监测含量 85%，收率 75%。

（3）氰霜唑的合成　在装有冷凝管、搅拌器和温度计的 250mL 四口烧瓶中加入 25.6g 0.1mol 4- 氯 -2- 氰基 -5-(4′- 甲基苯基) 咪唑、17.2g（0.12mol）N,N- 二甲基磺酰胺氯、16.6g（0.12mol）K$_2$CO$_3$、100mL 乙酸乙酯，回流反应 4h，蒸除溶剂，然后加入少量水，搅拌，降至室温，过滤，滤饼用乙酸乙酯洗涤，干燥后得到 30.2g（0.09mol）白色固体化合物，HPLC 含量 93.5%，收率 70%。

咪唑菌酮（fenamidone）

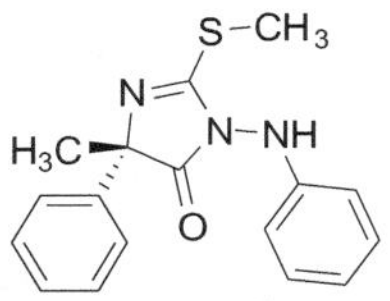

(S)-1-苯氨基-4-甲基-2-甲硫基-4-苯基咪唑啉-5-酮

咪唑菌酮为拜耳公司开发的广谱、高效杀菌剂，1994年申请专利；属于线粒体呼吸抑制剂，用于小麦、棉花、烟草、葡萄、向日葵、马铃薯、番茄等各类蔬菜及其他作物，防治各种霜霉病、晚疫病、疫霉病、黑斑病、斑腐病等病害。

纯品咪唑菌酮为白色粉末固体，熔点137℃；溶解性（20℃，g/L）：水0.0078。

咪唑菌酮原药急性 LD_{50}（mg/kg）：大鼠经口＞5000（雄）、2028（雌），大鼠经皮＞2000。

逆合成分析 如图4-84所示。

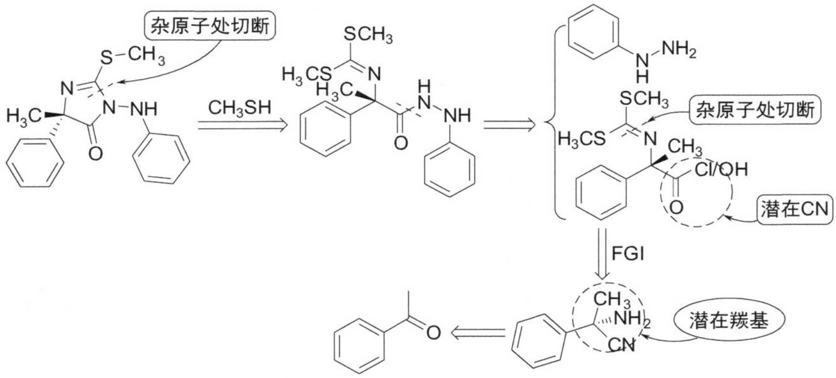

图4-84 咪唑菌酮逆合成分析

合成路线 以苯乙酮为起始原料，与氰化钠反应、水解制得中间体氨基酸，再与二硫化碳反应后甲基化，然后与苯肼反应、环化制得目标物咪唑菌酮（图4-85）。

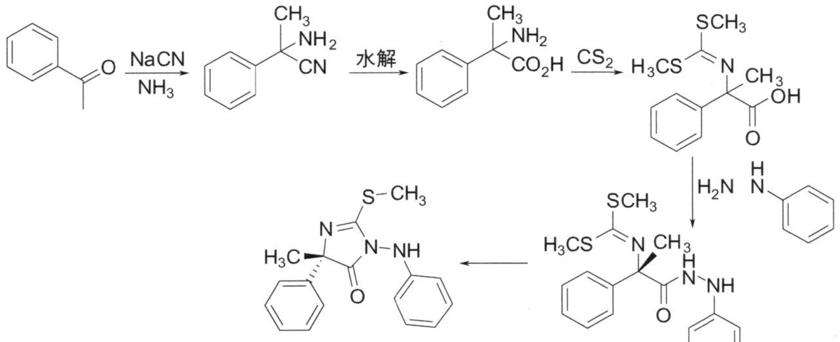

图4-85 咪唑菌酮合成路线

噁咪唑（oxpoconazole）

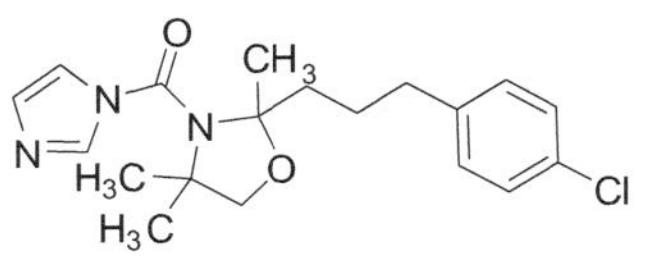

(RS)-2-[3-(4-氯苯基)丙基]-2,4,4-三甲基-1,3-噁唑啉-3-基咪唑-1-基酮

噁咪唑为日本宇部兴产化学公司和日本大冢药品工业株式会社联合开发的广谱、高效新型噁唑啉类杀菌剂，1990 年申请专利；属于真菌麦角甾醇生物合成中 C-14 脱甲基抑制剂，对灰葡萄孢属、盘单孢属、黑星菌属、枝孢属、胶锈孢属、交链孢属等病原菌均有极好的抑菌活性，对灰霉病菌有突出的杀菌活性。一般使用其富马酸盐。

纯品噁咪唑富马酸盐为无色透明结晶固体，熔点 123.6～124.5℃；溶解性（20℃，g/L）：水 0.0895。

逆合成分析　如图 4-86 所示。

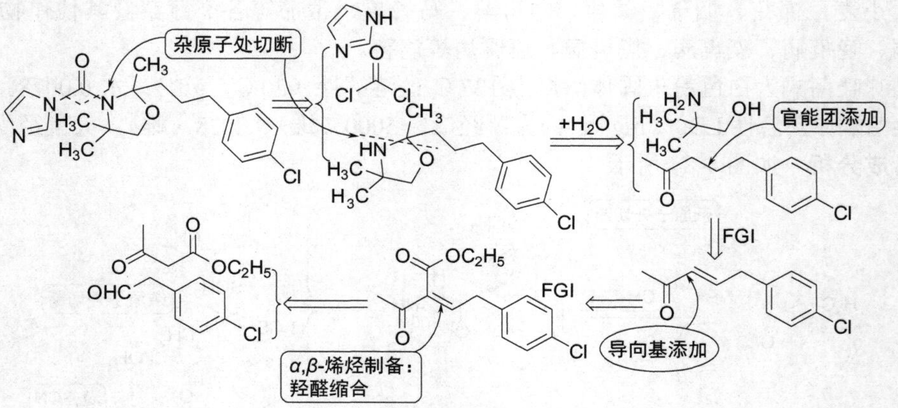

图 4-86　噁咪唑逆合成分析

合成路线　以取代酮和取代氨基乙醇为原料，通过如下路线合成制得（图 4-87）。

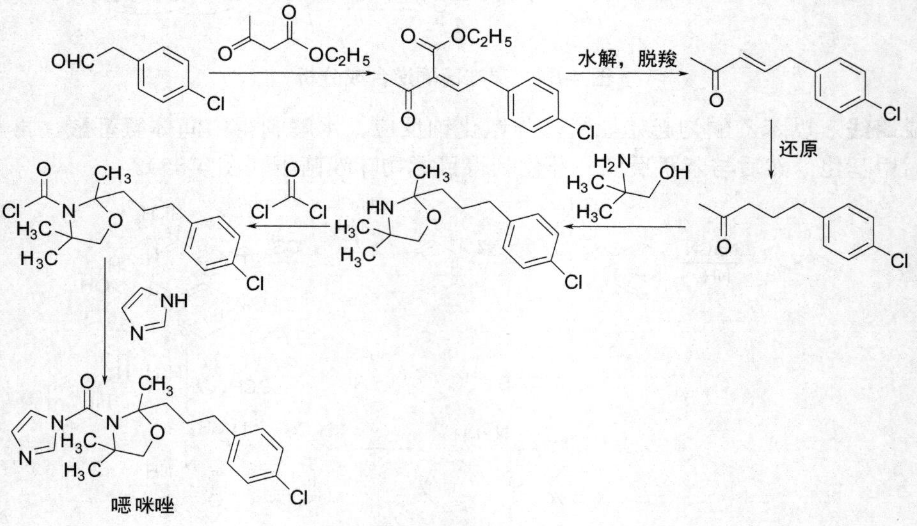

图 4-87　噁咪唑合成路线

稻瘟酯（pefurazoate）

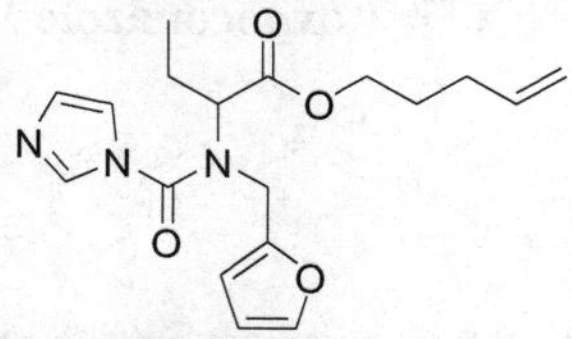

N-糠基-*N*-咪唑-1-基羰基-DL-高丙氨酸(戊-4-烯)酯或 *N*-(呋喃-2-基)甲基-*N*-咪唑-1-基羰基-DL-高丙氨酸(戊-4-烯)酯

稻瘟酯商品名净种灵，是由日本北兴化学工业公司和日本宇部兴产工业公司共同开发的广谱、高效咪唑类杀菌剂，1984年申请专利；属于麦角甾醇生物合成抑制剂，对众多的植物真菌具有较高活性，其中包括子囊菌纲、担子菌纲和半知菌类；对水稻恶苗病、稻瘟病、胡麻叶斑病等病害有特效。

纯品稻瘟酯为淡棕色液体，沸点235℃（分解）；溶解性（25℃，g/L）：水0.443，正己烷12，二甲亚砜、乙醇、丙酮、乙腈、氯仿、乙酸乙酯、甲苯＞1000。

稻瘟酯原药急性LD_{50}（mg/kg）：大鼠经口981（雄）、1051（雌），小鼠经口1299（雄）、946（雌），大鼠经皮＞2000；对兔眼睛有轻微刺激性。

合成路线 N-(1-戊-4-烯氧基羰基丙基)-N-糠基氨基甲酰氯溶解在DMF中，加入咪唑和碳酸钾，于70℃搅拌反应1h（图4-88）。

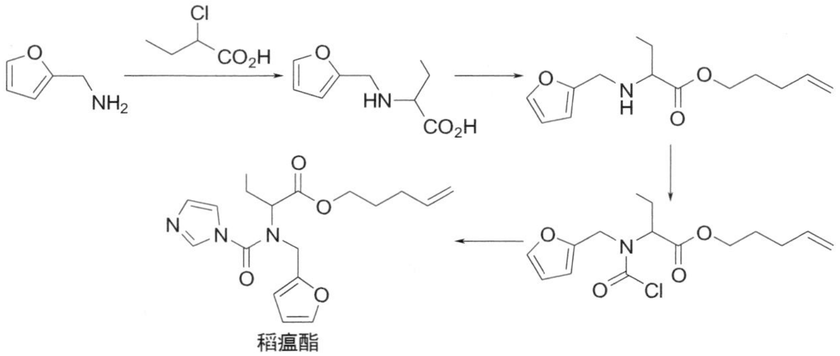

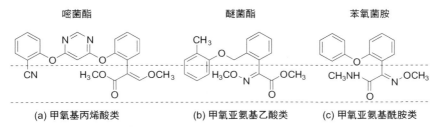

图4-88 稻瘟酯合成路线

4.9 甲氧基丙烯酸酯类杀菌剂

4.9.1 结构特点与合成设计

甲氧基丙烯酸酯类杀菌剂或称strobilurins类似物是一类新颖杀菌剂。此类杀菌剂来源于天然微生物strobilurin，它们通过阻碍细胞色素b和C_1之间的电子传递，抑制线粒体的呼吸，属于病原菌线粒体呼吸抑制剂。此类杀菌剂最早为巴斯夫公司和先正达公司开发，自1996年首个此类杀菌剂品种上市以来，市场份额已经达到杀菌剂的25%左右。

（1）结构特点 此类杀菌剂可分为甲氧基丙烯酸类、甲氧亚氨基乙酸类和甲氧亚氨基酰胺类（图4-89）。

嘧菌酯　　　　　　　　　　醚菌酯　　　　　　　　　苯氧菌胺

(a) 甲氧基丙烯酸类　　(b) 甲氧亚氨基乙酸类　　(c) 甲氧亚氨基酰胺类

图4-89 甲氧基丙烯酸酯类杀菌剂结构特征

（2）部分代表性甲氧基丙烯酸酯类杀菌剂及其结构

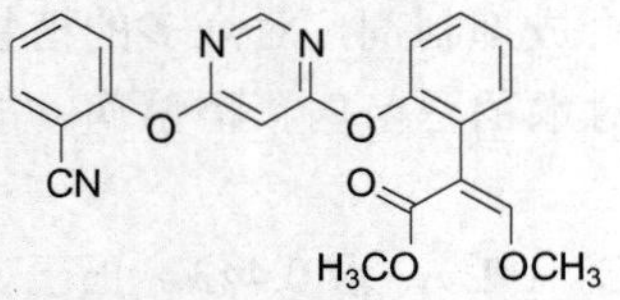

嘧菌酯 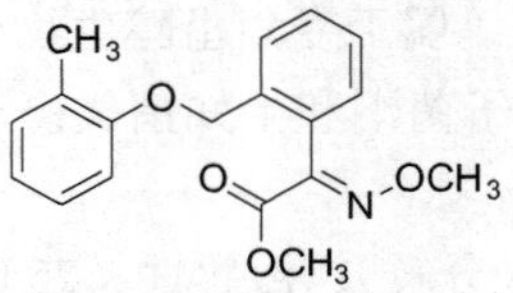　　　　醚菌酯 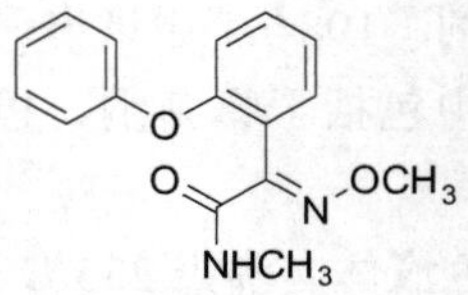　　　　苯氧菌胺 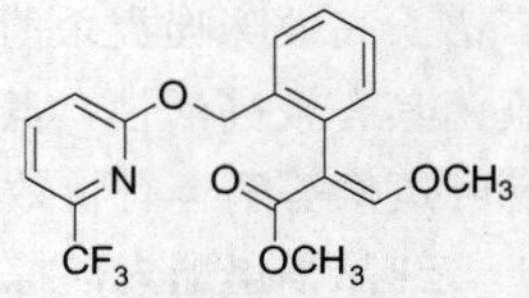　　　　啶氧菌酯

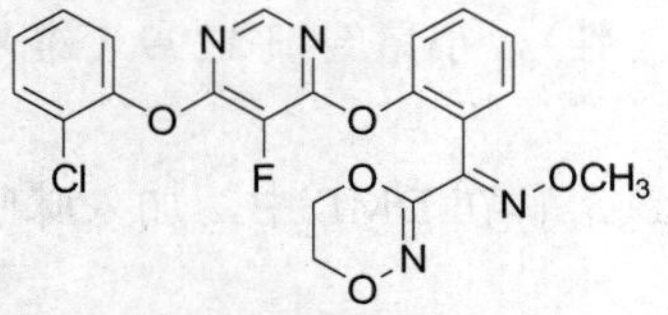

氟嘧菌酯 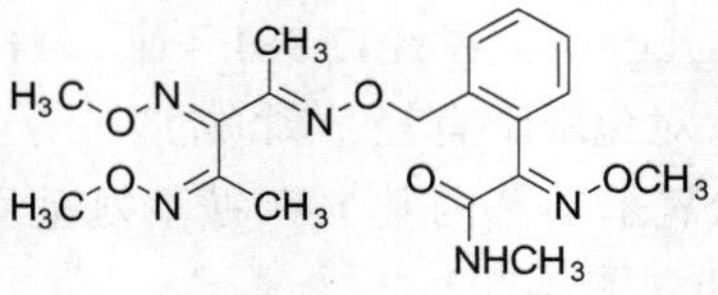　　　　肟醚菌胺 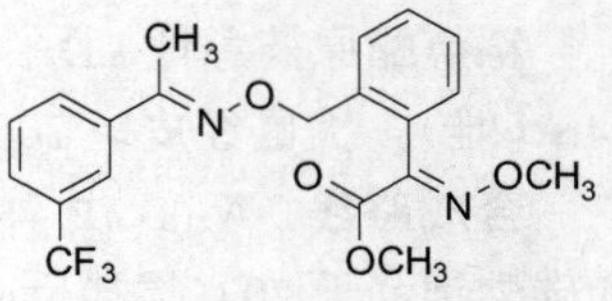　　　　肟菌酯

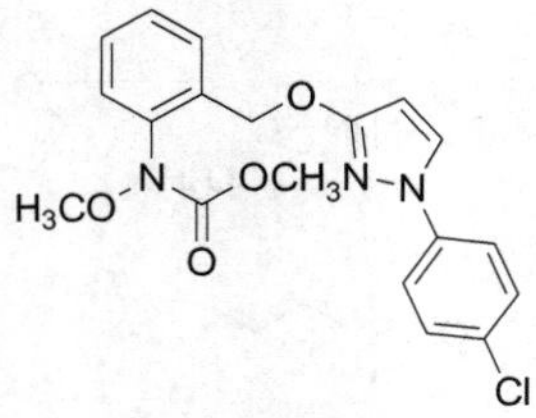

唑菌胺酯

（3）合成设计　甲氧基丙烯酸类的形成通过原甲酸三甲酯或甲酸与活泼亚甲基化合物缩合反应形成。

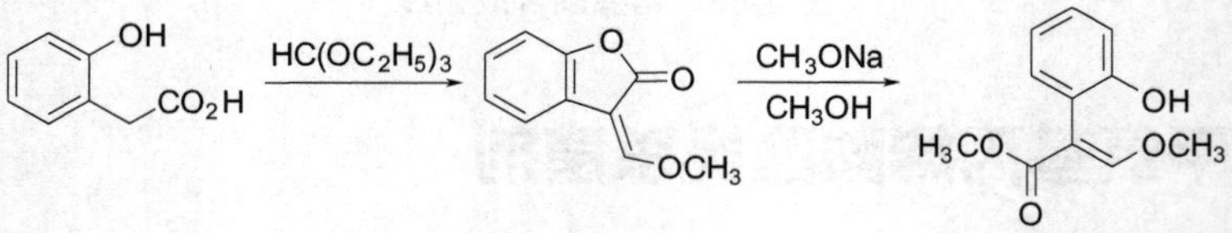

甲氧亚氨基乙酸类则可以通过 α- 羰基羧酸化合物与甲氧基胺缩合或者活泼亚甲基化合物与亚硝酸钠反应后再用硫酸二甲酯甲基化制得。

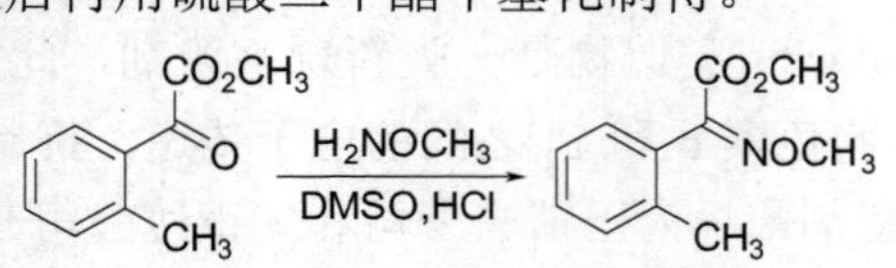

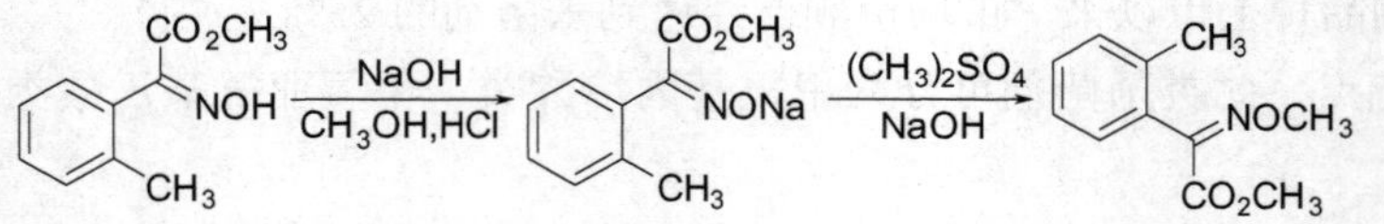

如肟醚菌胺的合成路线：

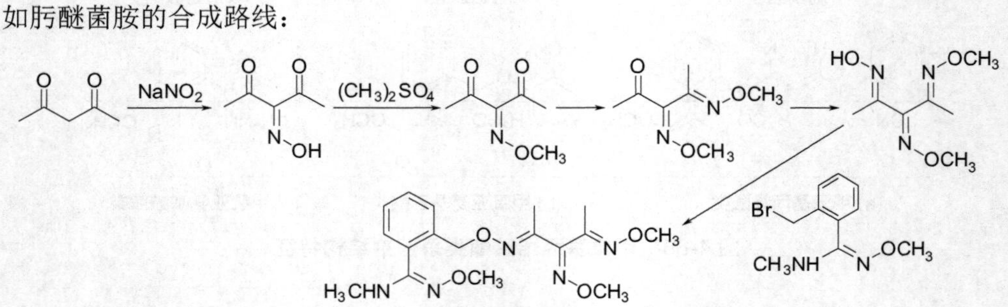

肟醚菌胺

而酰胺的形成则可以通过相应的酯胺解实现，如烯肟菌胺的合成。

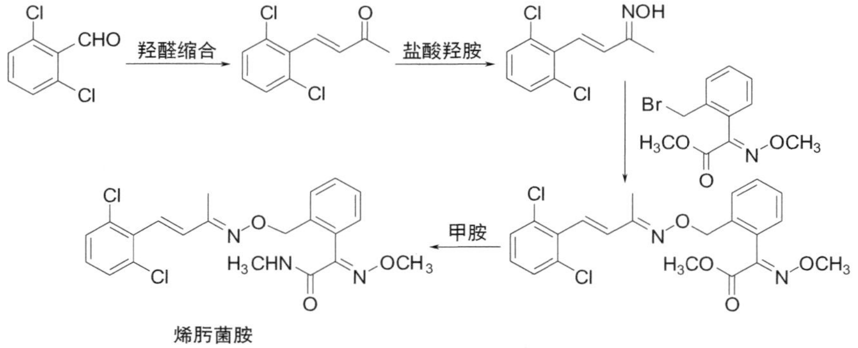

烯肟菌胺

4.9.2 代表性品种的结构与合成

嘧菌酯（azoxystrobin）

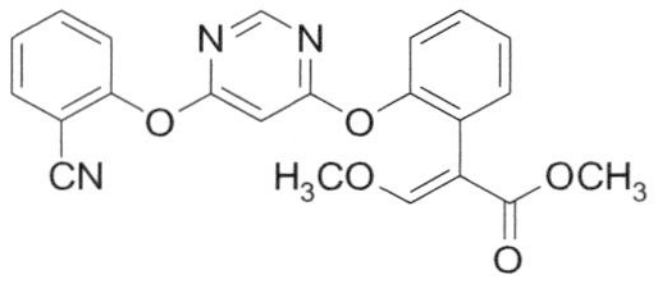

(*E*)-2-{2-[6-(2-氰基苯氧基)嘧啶-4-基氧基]苯基}-3-甲氧基丙烯酸甲酯

嘧菌酯商品名阿米西达、安灭达，是第一个登记注册的 strobilurins 类似物，由先正达公司开发，1990 年申请专利；属于线粒体呼吸抑制剂，具有保护、治疗、铲除、渗透、内吸活性，高效、广谱，适宜于禾谷类作物（如水稻）、蔬菜、果树、花生、草坪等作物，防治几乎所有真菌纲病害，如对白粉病、锈病、黑星病、霜霉病、稻瘟病等数十种病害均有很好的活性。

纯品嘧菌酯为白色结晶状固体，熔点 116℃；溶解性（20℃）：水 0.006g/L，微溶于己烷、正辛醇，溶于二甲苯、苯、甲醇、丙酮等，易溶于乙酸乙酯、乙腈、二氯甲烷等。

嘧菌酯原药急性 LD_{50}（mg/kg）：大鼠经口＞5000、经皮＞2000；对兔皮肤和眼睛有轻微刺激性；对蜜蜂无毒。

逆合成分析 嘧菌酯为甲氧基丙烯酸酯杀菌剂（图 4-90）。

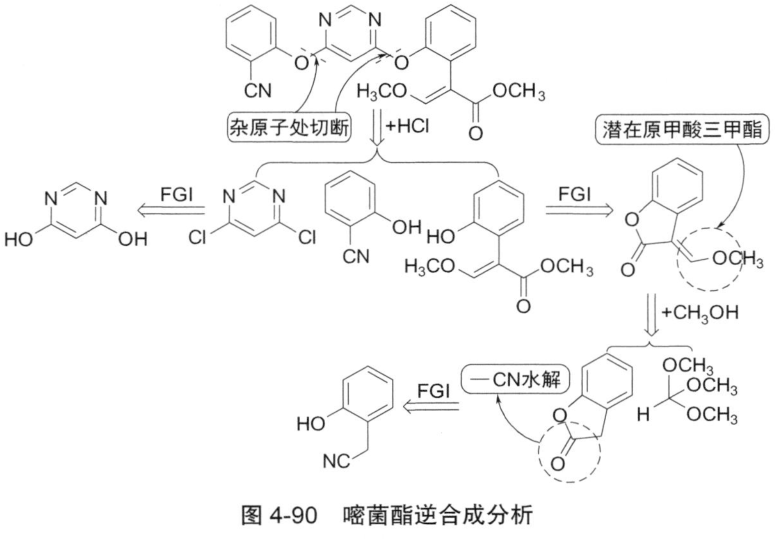

图 4-90 嘧菌酯逆合成分析

合成路线　根据起始原料，有如下两种合成路线（图 4-91、图 4-92）。

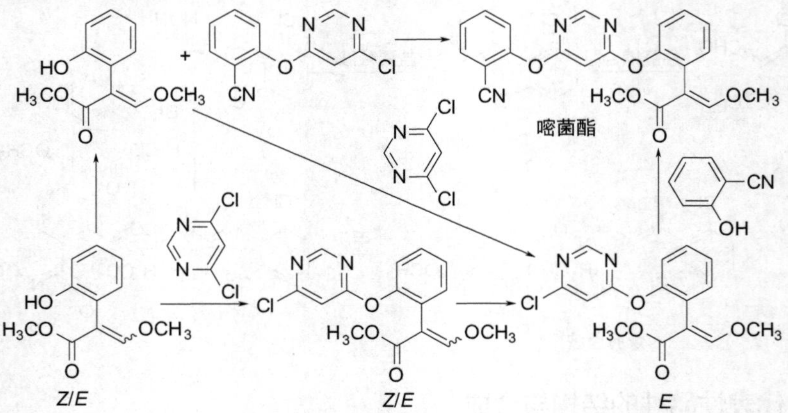

图 4-91　嘧菌酯合成路线（一）

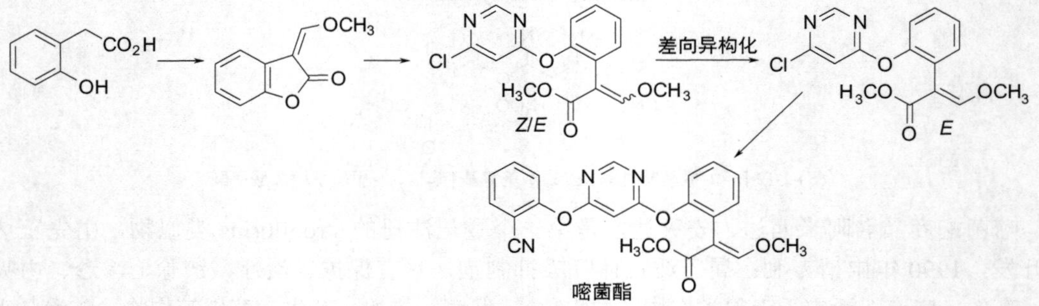

图 4-92　嘧菌酯合成路线（二）

原甲酸三乙酯在异丁酸酐中于 100℃条件下与邻羟基苯乙酸反应 19h，制得中间体 3-(α-甲氧基) 甲烯基苯并呋喃 -2(3H)- 酮，该中间体在乙酸甲酯中于室温与甲醇 - 甲醇钠、4,6- 二氯嘧啶反应生成 Z/E 混合物 2-[2-(6- 氯嘧啶 -4- 基氧基) 苯基]-3- 甲氧基丙烯酸甲酯，该混合物在 160℃搅拌 1h 后再加入硫氰酸钾继续加热搅拌 2h，之后在二氯甲烷中用浓盐酸洗去硫氰酸钾，再于 180℃搅拌 2h 差向异构化制得 (E)-2-[2-(6- 氯嘧啶 -4- 基氧基) 苯基]-3- 甲氧基丙烯酸甲酯，该中间体于 DMF 中在缚酸剂碳酸钾以及催化剂氯化铜存在下与 2- 氰基苯酚在 120℃反应 1.5h 制得目标物嘧菌酯。

注：用类似嘧菌酯的合成方法，可以制备嘧螨胺（pyriminostrobin）、啶氧菌酯（picoxystrobin）、烯肟菌酯（enestrobin/enoxastrobin）、丁香菌酯（SYP-1620）、苯噻菌酯（Y5247）、pyraoxystrobin、flufenoxystrobin、UBF-307（EP 0532022）等甲氧基丙烯酸酯农药品种。

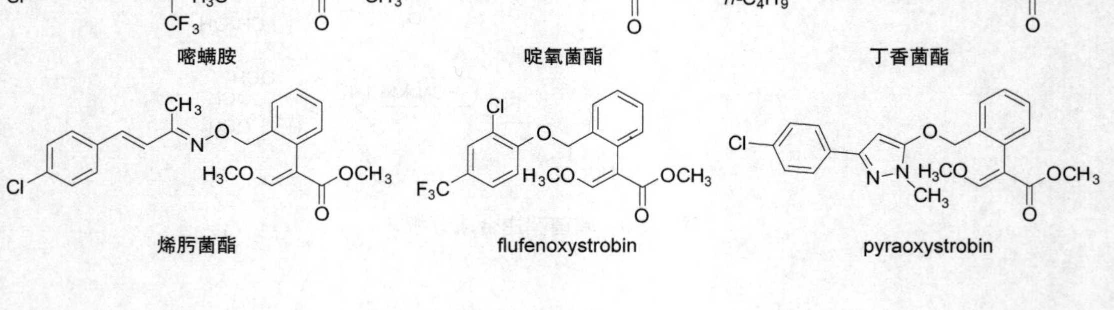

嘧螨胺

啶氧菌酯

丁香菌酯

烯肟菌酯

flufenoxystrobin

pyraoxystrobin

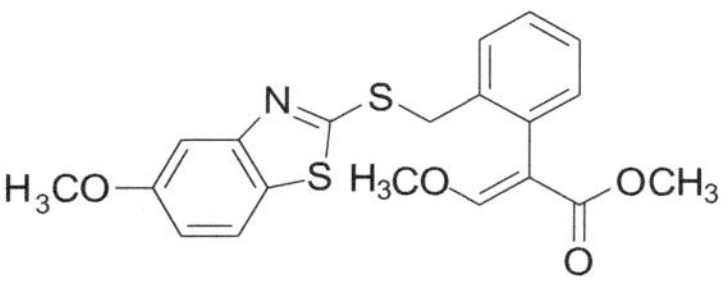

苯噻菌酯 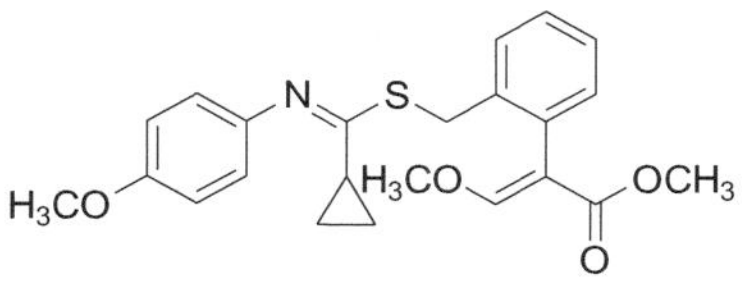　　　　　　　　　　　　　　UBF-307

氟嘧菌酯（fluoxystrobin）

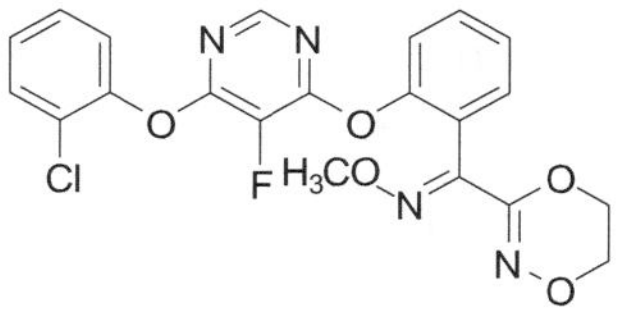

{2-[6-(2-氯苯氧基)-5-氟嘧啶-4-基氧基]苯基}(5,6-二氢-1,4,2-二噁嗪-3-基)甲酮-O-甲基肟

氟嘧菌酯由拜耳作物科学公司研发，1998年申请专利，属于线粒体呼吸抑制剂，具有保护、治疗、铲除、渗透、内吸活性，高效、广谱，主要用于禾谷类作物、马铃薯、蔬菜、咖啡等，可防治几乎所有真菌纲病害如锈病、白粉病、霜霉病、网斑病等。

纯品氟嘧菌酯为白色结晶状固体，熔点75℃；溶解性（20℃，g/L）：水0.0029。

氟嘧菌酯原药急性LD_{50}（mg/kg）：大鼠经口＞2500、经皮＞2000；对兔皮肤无刺激性，对兔眼睛有刺激性。

逆合成分析　氟嘧菌酯为环化的非甲氧基丙烯酸酯结构的甲氧基丙烯酸酯类农药品种（图4-93）。

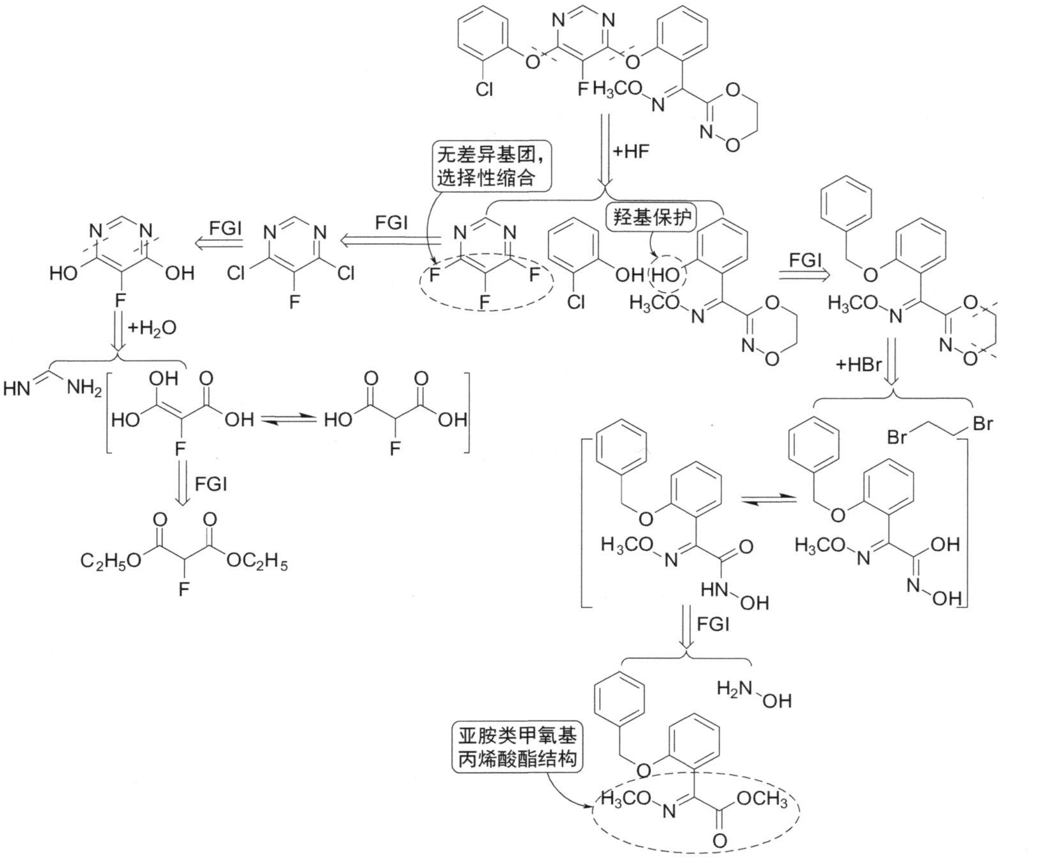

图4-93　氟嘧菌酯逆合成分析

合成路线　如图 4-94 所示。

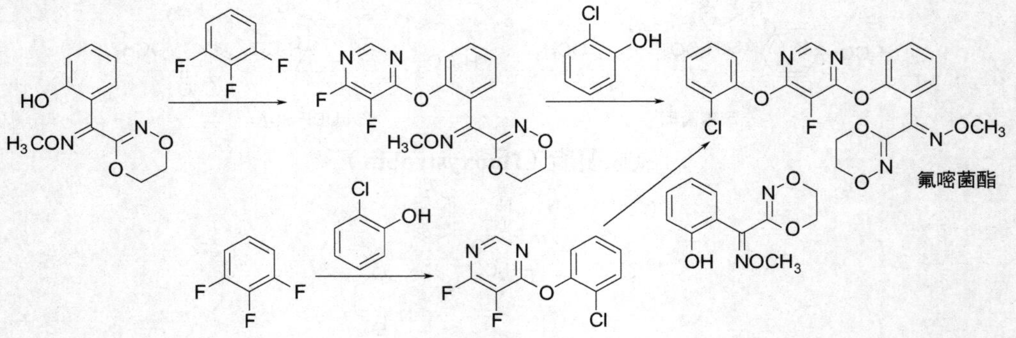

图 4-94　氟嘧菌酯合成路线

在 20℃将 136.8g（0.56mol）4-(2- 氯苯氧基)-5,6- 二氟嘧啶加入到 135.3g（0.56mol）3-[1-(2-羟基苯基)-1-(甲氧基亚氨基)- 甲基]-5,6 二氢 -1,4,2- 二噁嗪和 197.6g 碳酸钾溶于 460mL 乙腈的混合溶液中，加完后温度升至 31℃，并在 50℃搅拌反应过夜，将所得混合液倒入 2.3L 冰水中，搅拌反应 5h，过滤、水洗、干燥得到 260g（97.8%）氟嘧菌酯。

醚菌酯（kresoxim–methyl）

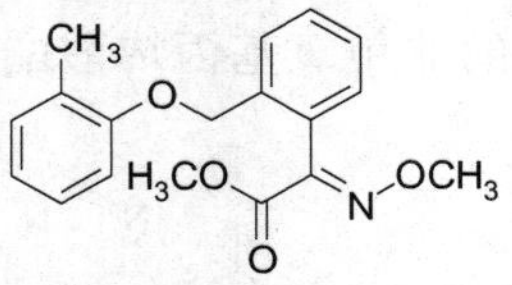

(*E*)-2- 甲氧亚氨基 -2-[2-(邻甲基苯氧基甲基) 苯基] 乙酸甲酯

醚菌酯商品名翠贝，为线粒体呼吸抑制剂，具有保护、铲除、治疗、渗透、内吸活性，具有很好的抑制孢子萌发的作用，属于广谱、持效期长的杀菌剂。对子囊菌纲、担子菌纲、半知菌类和卵菌纲等致病真菌引起的大多数病害具有保护、治疗和铲除的作用。适用禾谷类作物（如水稻）、马铃薯、苹果、梨、南瓜、黄瓜等。对苹果和梨黑星病、白粉病有很好的防效，对稻瘟病、甜菜白粉病、马铃薯早疫病和晚疫病、南瓜疫病也有防效。

纯品醚菌酯为白色具有芳香性气味的结晶状固体，熔点 101.6 ~ 102.5℃，水中溶解度 2mg/L（20℃）。在 25℃、pH=5 条件下相对稳定。

醚菌酯原药大鼠急性 LD_{50}（mg/kg）：经口＞ 5000，经皮＞ 2000。

合成路线　根据起始原料不同，有多种合成路线。

路线一　以邻甲基苯酚、邻溴苄溴为起始原料，经过缩合、酰化等反应制得。

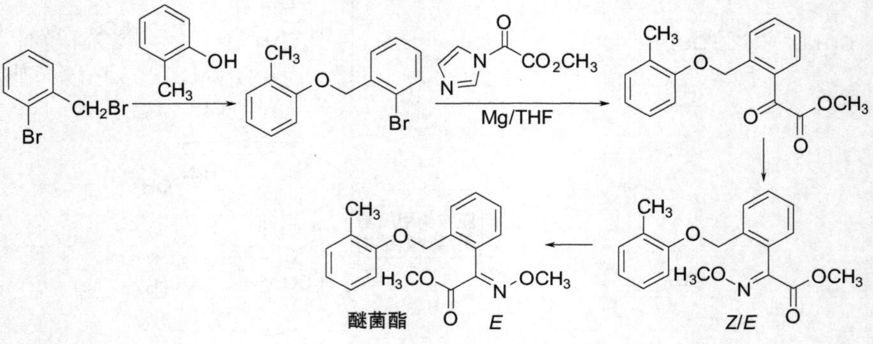

路线二 以邻甲基苯甲酸为起始原料，经过氯酰化、取代、水解等反应制得。

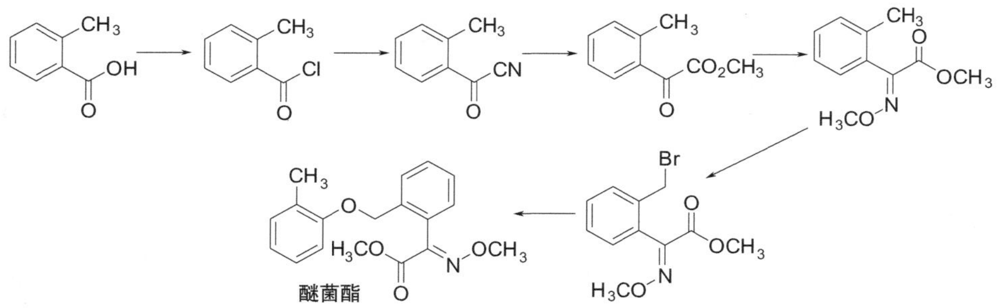

路线三 以邻甲基苯甲醛为起始原料，与氰化钠反应后经过水解、氧化、甲氧胺化、溴化、缩合等反应制得。

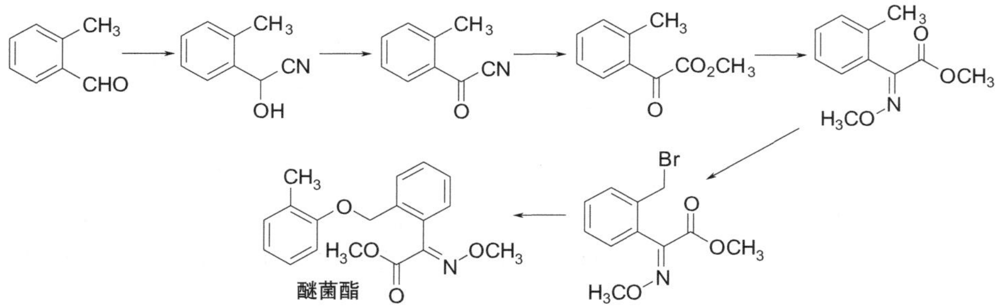

路线四 以苯酐为起始原料，经过还原、氯化、酰氯化制得中间体酰氯后，再经取代、水解醚化，最后与邻甲基苯酚反应制得。

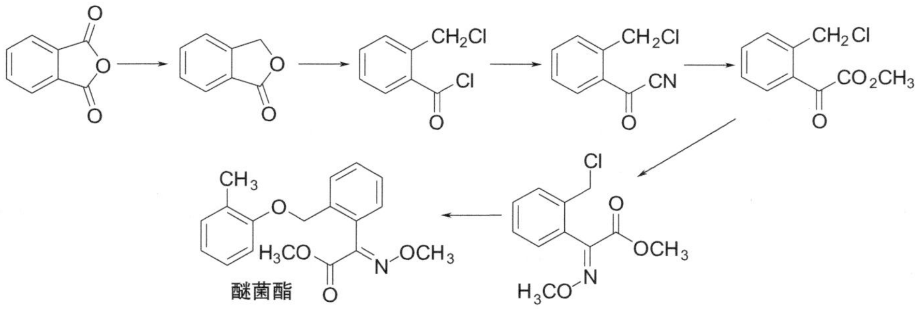

路线五 以苯酐为起始原料，经过还原后，先与邻甲基苯酚反应再经酰氯化等反应制得。

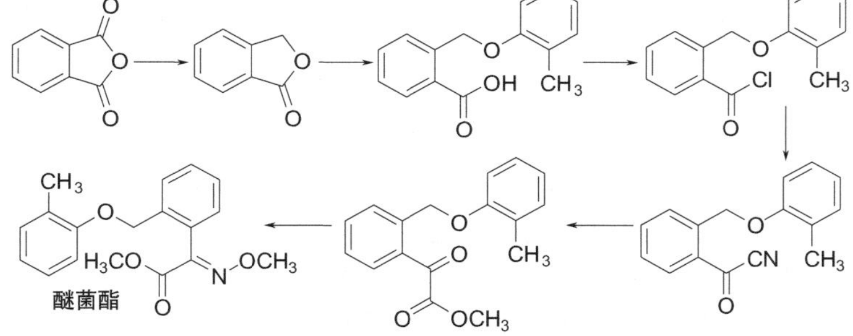

路线六　以邻甲基苯腈为起始原料，经过溴化、缩合等反应制得。

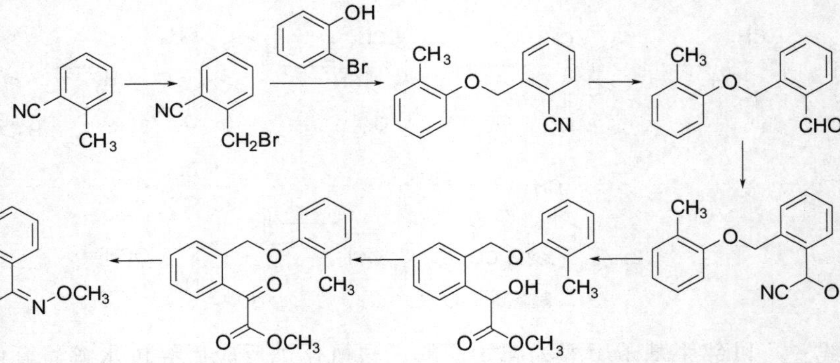

路线七　以邻溴甲苯为起始原料，经酰化、缩合、溴化、再次缩合制得。

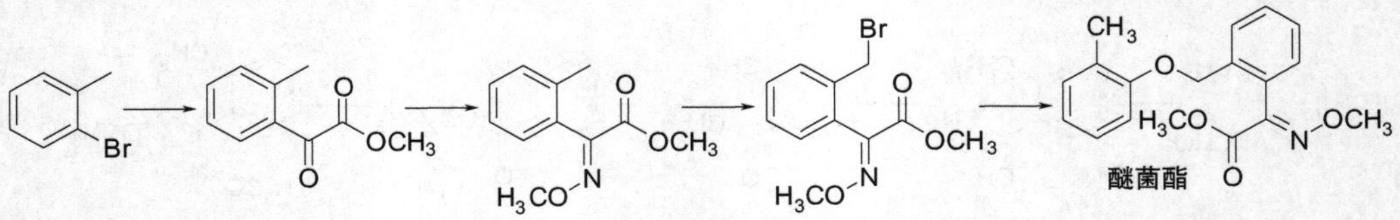

将 1.2g（4.2mmol）化合物 (E)-2-[2-(溴甲基) 苯基]-2- 甲氧亚胺乙酸甲酯、0.87g（6.3mmol）碳酸钾、0.55g（5.0mmol）邻甲酚，使用干燥过的丙酮作溶剂，回流反应约 12h 后，停止反应，抽去丙酮，水稀释，用乙醚萃取，5% 的氢氧化钠溶液洗涤除去过量的邻甲酚，饱和食盐水洗涤至中性，无水硫酸镁干燥，过滤，蒸干，柱色谱分离（石油醚：苯 =1 ∶ 5），得到 1.2g 无色晶体，产率为 91%。

唑菌胺酯（pyraclostrobin）

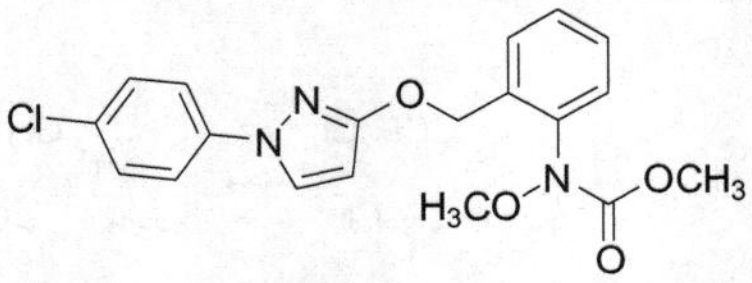

N-{2-[1-(4- 氯苯基)-1H- 吡唑 -3- 基氧甲基] 苯基 }-N- 甲氧基氨基甲酸甲酯

唑菌胺酯为德国巴斯夫公司继醚菌酯之后于 1993 年开发的又一高效、低毒、广谱甲氧基丙烯酸酯类或 strobilurins 类似物杀菌剂，1994 年申请专利；毒性低，对非靶标生物安全，对使用者和环境安全友好，被 US-EPA 列为"减小风险的候选药剂"；主要用于小麦、水稻、花生、葡萄、蔬菜、果树、烟草、观赏植物以及大田作物的病害。

纯品唑菌胺酯为白色或灰白色晶体，熔点 63.7 ～ 65.2℃；溶解性（20℃，g/L）：水 0.0019。唑菌胺酯原药急性 LD_{50}（mg/kg）：大鼠经口＞ 5000、经皮＞ 2000；对兔皮肤有刺激性。

逆合成分析　唑菌胺酯为非甲氧基丙烯酸酯结构的甲氧基丙烯酸酯类农药品种（图 4-95）。

合成路线　如图 4-96 所示。

合成步骤如下：

（1）1-(4- 氯苯基) 吡唑烷 -3- 酮的制备　在反应瓶中，加入 43g（0.25mol）对氯苯肼、400mL 乙醇、22g 乙醇钠，搅拌下升温至 40℃，滴加 28g（0.3mol）丙烯酸甲酯，加完升温回流，直至原料转化完全，减压回收溶剂，釜底物加水，用稀盐酸中和至中性。过滤，干燥得产品 49g，含量 96.2%，收率 84.2%，熔点 117 ～ 120℃。

（2）1-(4- 氯苯基)-3- 吡唑醇的制备　在装有搅拌器、温度计、回流冷凝管的 1L 四口瓶中加入配制好的 5% 氢氧化钾溶液 420g，催化剂三氯化铁 4.4g。搅拌均匀，室温下加入 1-(4-

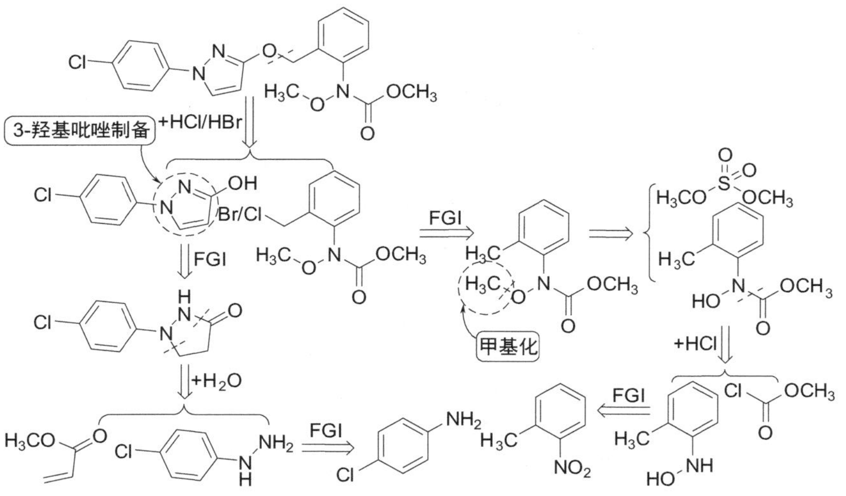

图 4-95 唑菌胺酯逆合成分析

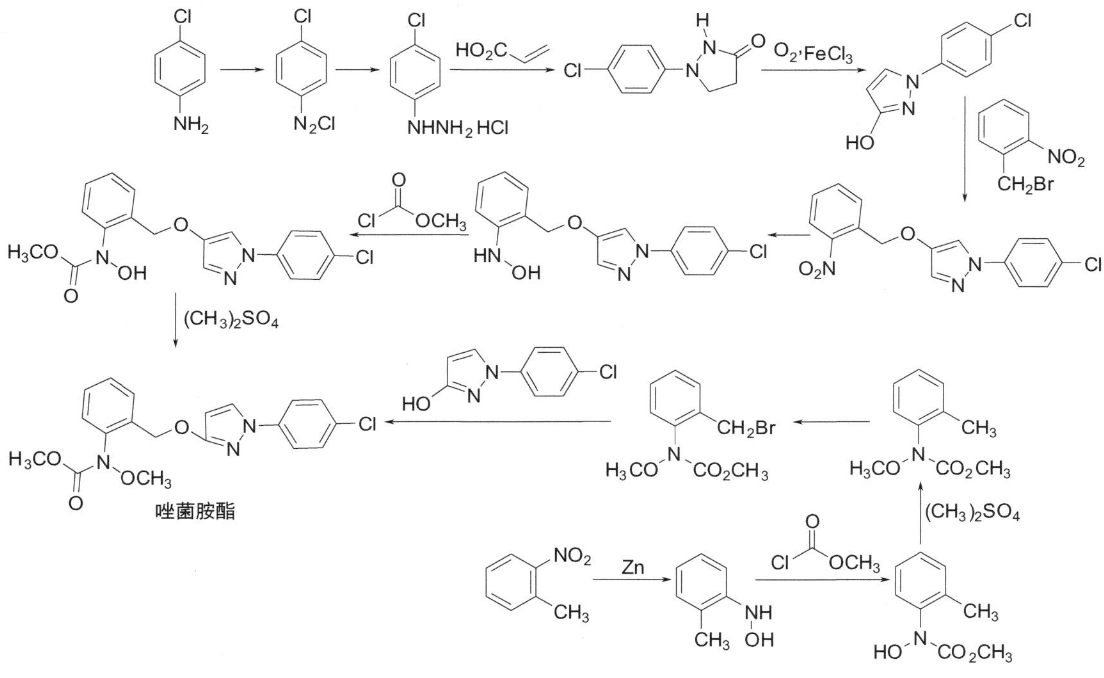

图 4-96 唑菌胺酯合成路线

氯苯基）吡唑烷 -3- 酮 46g（0.23mol），搅拌升温至 80℃。用空气泵通入空气，保温搅拌约 5h，HPLC 监测反应结束。水浴冷却至 20℃以下，滴加盐酸调节至 pH=6 ～ 7。继续搅拌 0.5h，过滤得浅黄色固体 43.5g，收率 94.6%，纯度 97.4%。

（3）唑菌胺酯的制备（溴化路线） 在反应瓶中加入 40g（0.1mol）N- 羟基 -N-2-[(N- 对氯苯基)-3- 吡唑氧基甲基] 苯基氨基甲酸甲酯、200mL 二氯甲烷、27g（0.2mol）无水碳酸钾，加热回流下滴加 18g（0.14mol）硫酸二甲酯，加完继续回流 4h，冷却，过滤。水洗两次，脱溶，得油状产品含量 95.0%，收率 95.0%。油状产品经结晶，得固体产品纯度大于 99.0%（HPLC 检测）。

注：用类似的方法，可以制备 pyrametostrobin、triclopyricarb 等非甲氧基丙烯酸酯结构的甲氧基丙烯酸酯类农药品种。

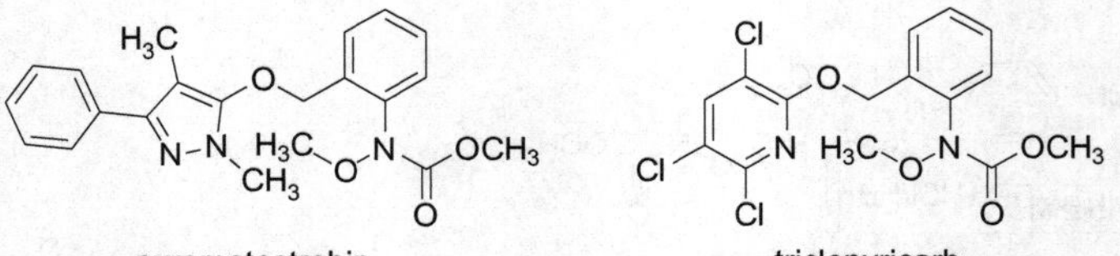

pyrametostrobin   triclopyricarb

肟菌酯（trifloxystrobin）

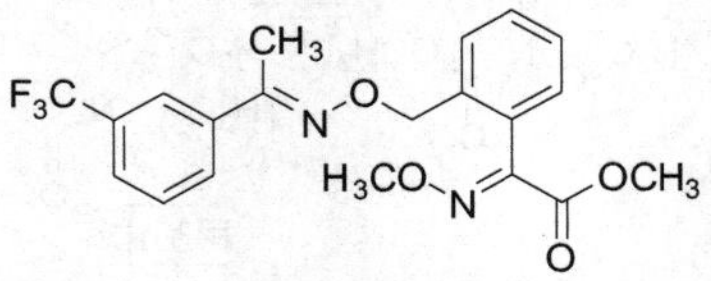

(E)-甲氧亚胺-{(E)-α-[1-(α,α,α-三氟间甲苯基)乙亚胺氧]邻甲苯基}乙酸甲酯

肟菌酯由先正达公司研制、德国巴斯夫公司开发，1991年申请专利；属于高效、低毒、广谱、渗透、能快速分布的杀菌剂，具有向上传导、耐雨水冲刷性能好等优点，被认为是第二代甲氧基丙烯酸酯类杀菌剂；主要用于麦类、葡萄、蔬菜、果树、烟草等作物，对白粉病、叶斑病有特效，对锈病、霜霉病、立枯病、苹果黑星病等病害也有很好的活性。

纯品肟菌酯为白色固体，熔点72.9℃；溶解性（20℃）：难溶于水。肟菌酯原药急性 LD_{50}（mg/kg）：大鼠经口＞5000、经皮＞2000。

逆合成分析 肟菌酯为亚胺类甲氧基丙烯酸酯类杀菌剂（图4-97）。

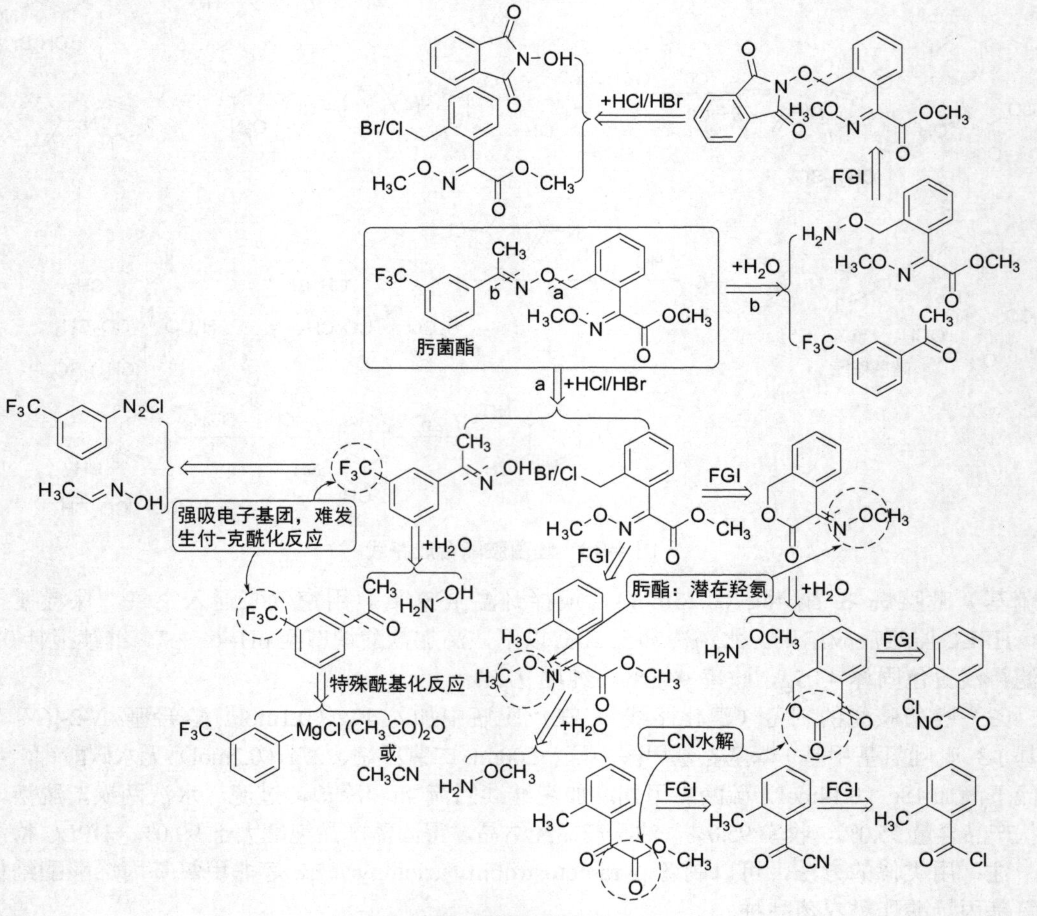

图4-97　肟菌酯逆合成分析

合成路线 根据起始原料差别，主要有以下四种方法。

路线一 以邻甲基苯甲酸为起始原料，经过酰氯化、溴化等反应，制得的中间体苄溴与间三氟甲基苯乙酮肟反应（图4-98）。

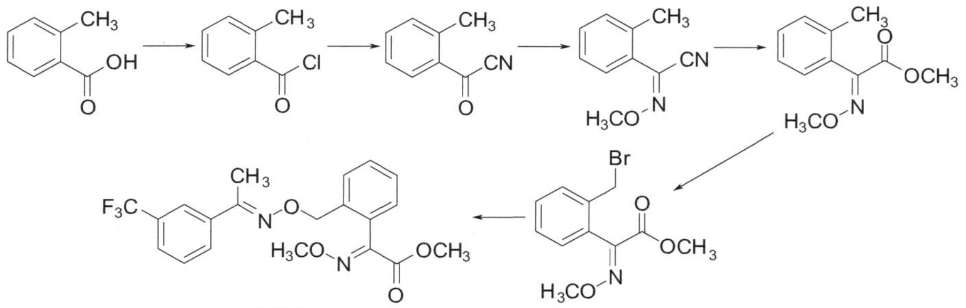

图4-98 肟菌酯合成路线（一）

路线二 以苯酐为起始原料，经过还原、氯化以及酰氯化等反应，制得中间体酰氯，进一步反应制得苄氯后与间三氟甲基苯乙酮肟反应（图4-99）。

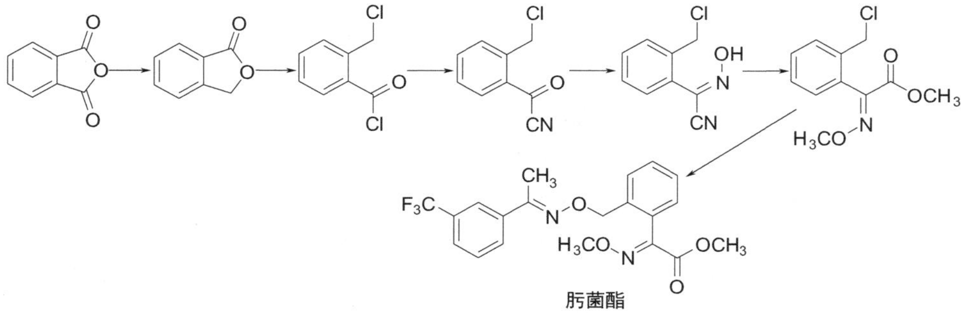

图4-99 肟菌酯合成路线（二）

路线三 以 *N,N*- 二甲基苄胺和草酸二甲酯为起始原料，制得中间体酰氯后与间三氟甲基苯乙酮肟反应（图4-100）。

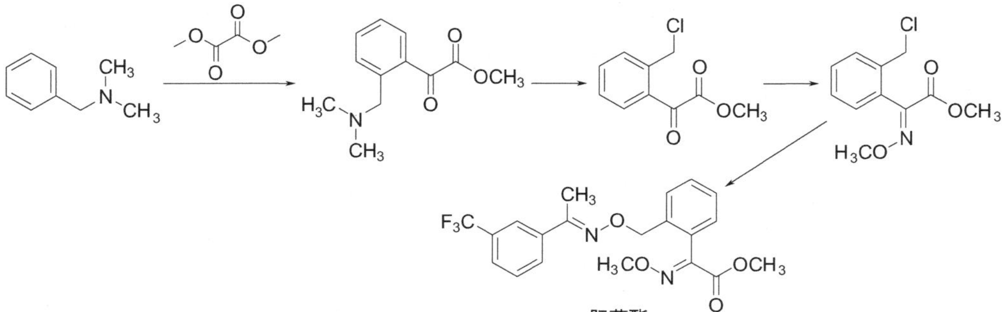

图4-100 肟菌酯合成路线（三）

路线四 以邻甲基苯乙酮为起始原料，经氧化、肟化、溴化、醚化等反应制得。该路线应用较多（图4-101）。

在冰浴下，将 3g（0.0146mol）间三氟甲基苯乙酮肟、1.575g（0.0292mol）甲醇钠和 50mL DMF 混合搅拌 30min，然后缓慢滴加入装有 5g（0.0175mol）2-(2- 溴甲基苯基)-2- 羰基乙酸甲酯 -*O*- 甲基酮肟和 50mL DMF 的 250mL 三口瓶中［其中溴化产物：间三氟甲基苯乙酮肟：甲

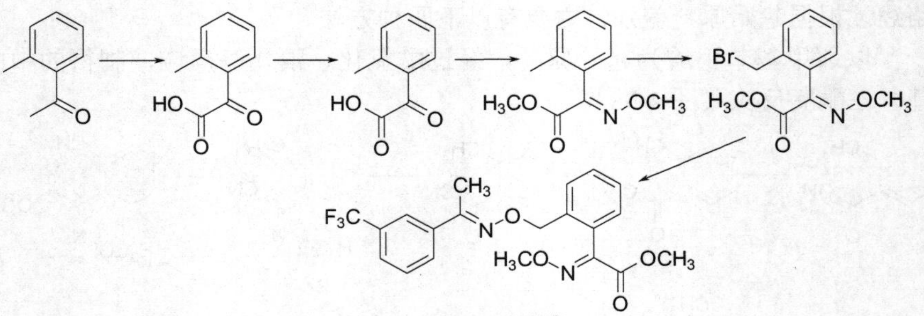

图 4-101　肟菌酯合成路线（四）

醇钠（摩尔比）=1.2∶1∶2]，冰浴搅拌，滴加完后，利用 TLC(石油醚∶甲醇 =10∶1) 跟踪反应，当其中一原料点消失时，停止反应。然后在剧烈搅拌下，将反应液倒入 500mL 冰水中，有浅黄色固体析出。过滤得浅黄色固体，用石油醚对该固体进行重结晶得到白色肟菌酯晶体 5.5g，产率 75%。

mandestrobin

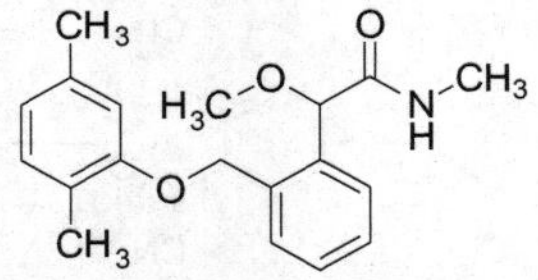

2-[(2,5- 二甲基苯氧基) 甲基]-α- 甲氧基 -N- 甲基苯乙酰胺

　　mandestrobin 由住友化学株式会社开发，试验代号为 S-2200，对稻瘟病、白粉病以及霜霉病等具有很好的防治效果。为广谱、内吸性杀菌剂，预防性施药效果最佳。

　　mandestrobin 为 2 种异构体的混合物（$R∶S$ 为 50∶50）。该剂有效成分为白色固体（质量比 100%，23℃）或微浅黄色无臭固体（质量分数 93.4%，21.4℃），原药为白色固体，熔点 102℃，沸点 296℃（101.67kPa）。溶解度（20℃，g/L）：水 0.0158、丙酮 275、二氯甲烷 522、乙酸乙酯 158、正己烷 1.46、甲醇 169、正辛醇 31.8、甲苯 114。

　　mandestrobin 原药急性 LD_{50}（mg/kg）：大鼠经口 > 2000，经皮 > 2000；对兔眼睛有轻微刺激性，对非靶标水生生物及陆生植物有一定风险。为减轻 mandestrobin 飘移可能带来的风险，应根据施用方法设置 0 ～ 15m 缓冲区以保护敏感陆生和水生生物栖息地。

　　合成路线　如图 4-102 所示。

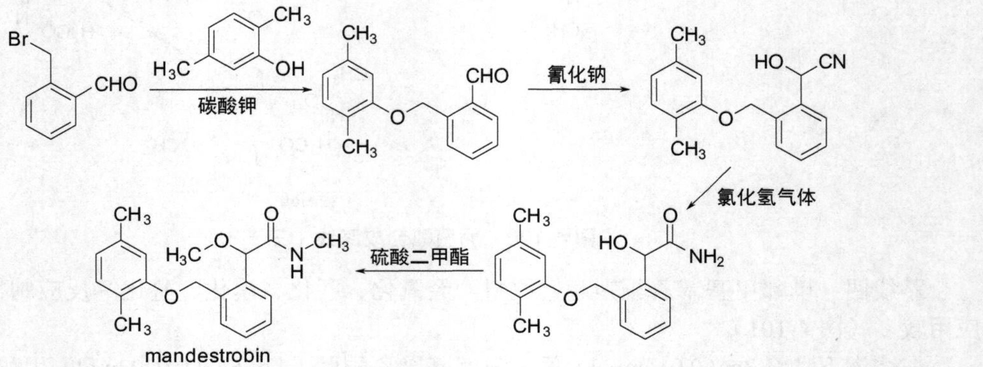

图 4-102　mandestrobin 合成路线

　　在 0.33g 2-[2-(2,5- 二甲基苯氧基甲基) 苯基]-2- 羟基乙酰胺的甲苯溶液中，于室温下滴加

1.2g 48% 氰化钠溶液，大约为 1h，然后在 1h 内滴加 0.70g 硫酸二甲酯，反应在室温下搅拌 5h。加入 1.3g 水，然后加热到 50℃，除去水后，有机相用 5% 盐酸洗，水洗，得到 0.36g 目标产物。

4.10 其他类杀菌剂

4.10.1 噁唑与噻唑类杀菌剂

该类杀菌剂结构特征是分子中含有五元噁唑环或五元噻唑环基团，其中五元杂环可以是噁唑或异噁唑及其酮，噻唑、噻二唑、异噻唑及其酮等，相关杀菌剂可以看作对应杂环化合物的衍生物。

噁唑菌酮

噁霉灵

噻唑菌胺

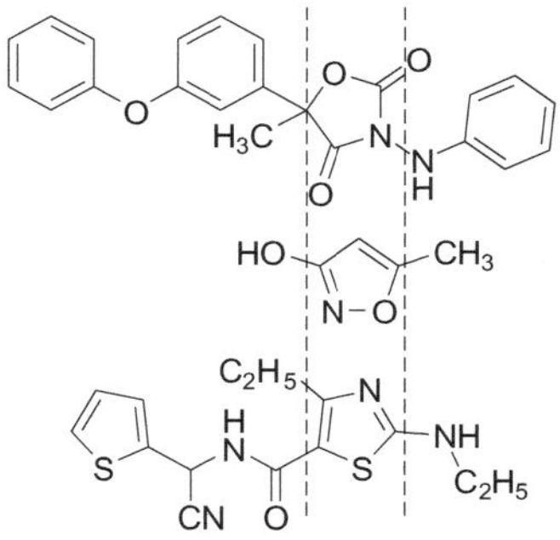

含氮、硫、氧五元杂环化合物的衍生物

新颖噁唑烷二酮的合成一般可以用 α- 羟基羧酸与光气反应后再与肼类化合物反应制得。如噁唑菌酮的合成。

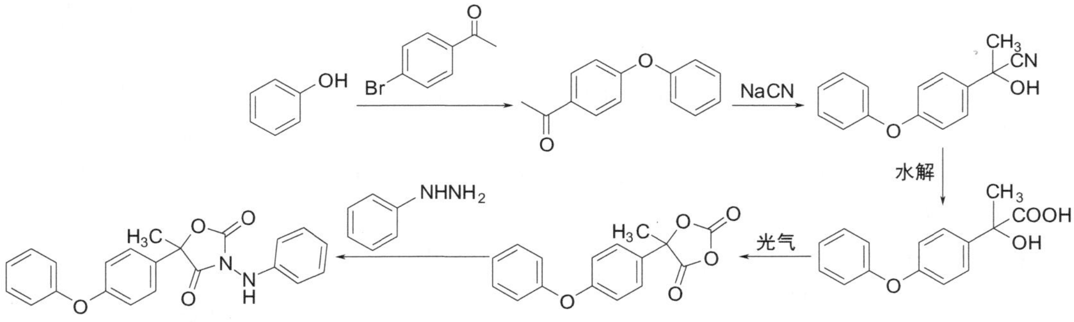

噁唑菌酮

异噁唑类化合物可以用 β- 二羰基（或二酮）与羟胺缩合制得，如敌菌酮的制备。

敌菌酮

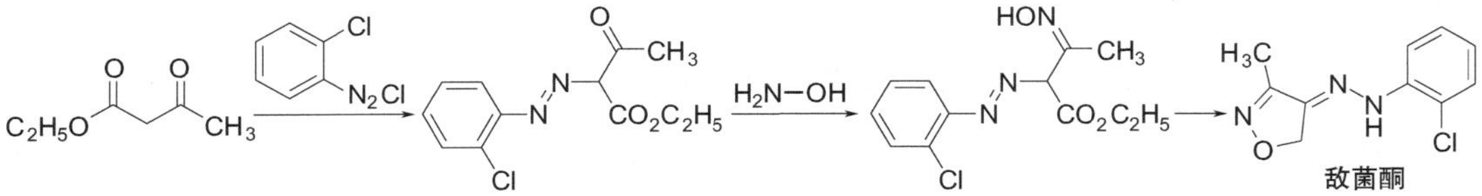

噻唑类化合物则多用 Hantzsch 合成法：α- 卤代羰基化合物与硫代酰胺或氨基硫脲环化缩合制得。

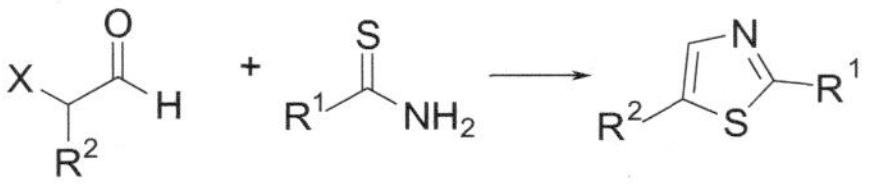

目前，该类杀菌剂常用品种如下：

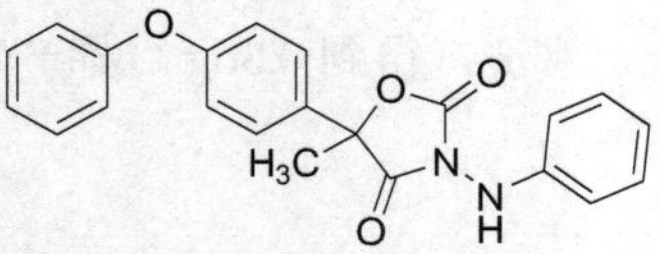

噁唑菌酮（famoxadone） 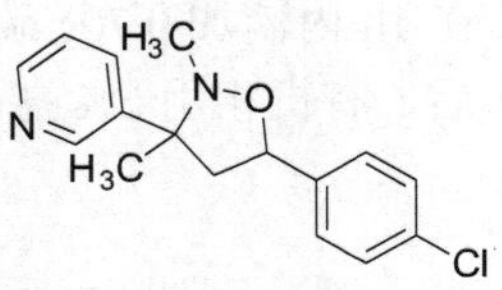　　啶菌噁唑（SYP-Z048） 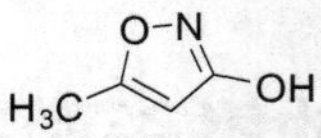　　噁霉灵（hymexazol） 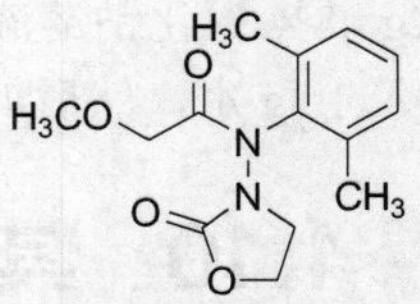　　噁霜灵（oxadixyl）

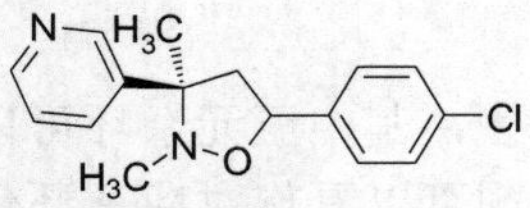

pyrisoxazole 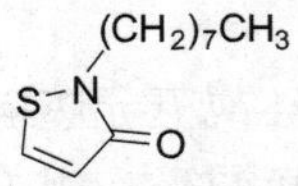　　辛噻酮（octhilinone） 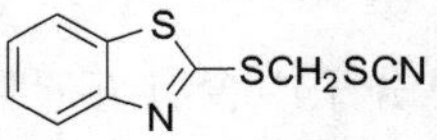　　苯噻硫氰（benthiazole） 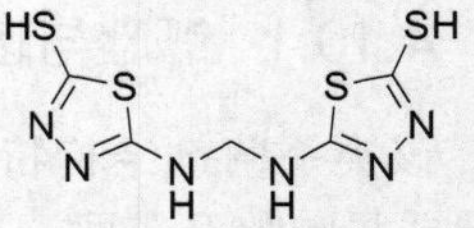　　叶枯唑（bismerthiazol）

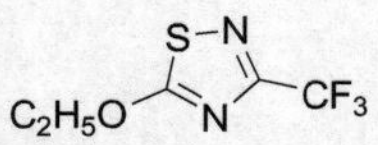

土菌灵（etridiazole） 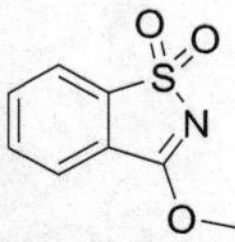　　烯丙苯噻唑（probenazole） 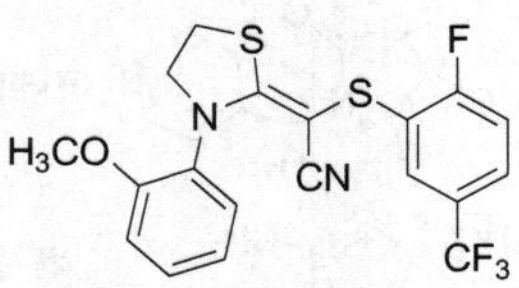　　flutianil 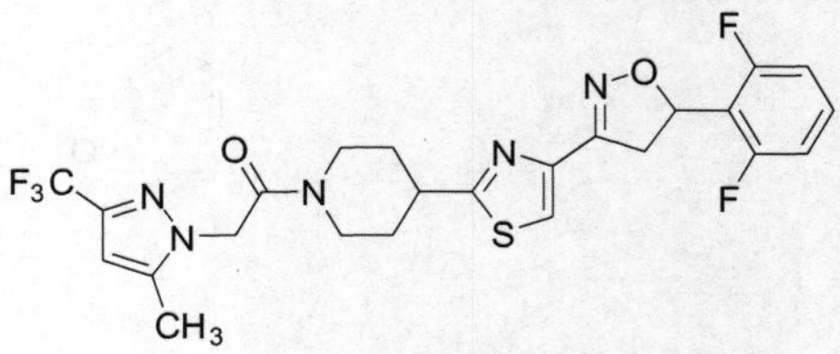　　oxathiapiprolin

噁霉灵（hymexazol）

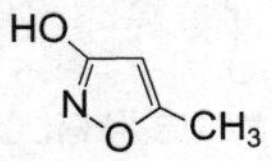

5-甲基-1,2-噁唑-3-醇

噁霉灵商品名土菌消，是 1970 年由日本三共公司开发的内吸性、具有植物生长调节作用和土壤消毒作用的噁唑类杀菌剂；属于孢子萌发抑制剂，适宜于水稻、蔬菜以及苗圃等；对立枯病等病害有特效。

纯品噁霉灵为无色晶体，熔点 86 ～ 87℃，沸点 200 ～ 204℃；溶解性（20℃，g/L）：水 65.1，丙酮 730，二氯甲烷 602，乙酸乙酯 437，甲醇 968，甲苯 176，正己烷 12.2。

噁霉灵原药急性 LD_{50}（mg/kg）：大鼠经口 4678（雄）、3909（雌），小鼠经口 2148（雄）、1968（雌），大鼠经皮＞ 10000；对兔眼睛有刺激性。

逆合成分析　噁霉灵为异噁唑类农药代表品种（图 4-103）。

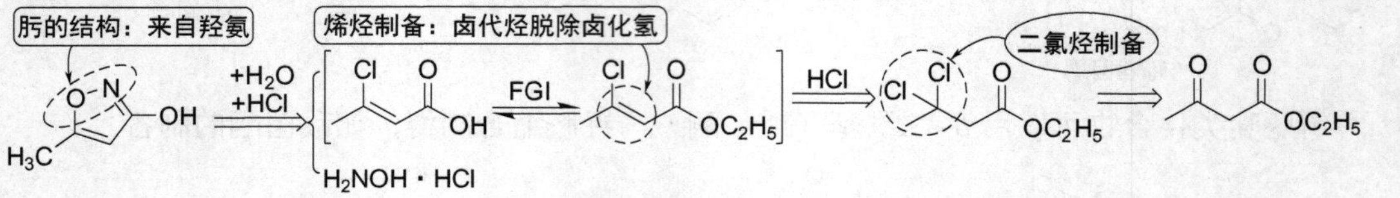

图 4-103　噁霉灵逆合成分析

合成路线　目前噁霉灵有三种合成路线（图 4-104 ～图 4-106），其中路线（一）比较常用。

路线一　乙酰乙酸乙酯与五氯化磷在苯中于 –8 ～ –5℃反应 1h 或乙酰乙酸乙酯与五氯化磷在 0℃反应 6h，制得 β- 氯代巴豆酸乙酯与盐酸羟胺于 68℃反应 4h，即可制得目标物噁霉灵。

路线二　苄基羟胺在苯中与双乙烯酮回流反应 1h，制得苄基乙酰乙酰基氧肟酸，该中间体经 Pd-C 催化、氢气还原后于乙醇中用盐酸处理制得噁霉灵。

路线三　丙炔经羰基化后与乙醇反应制得中间体 2- 丁炔酸酯，然后与盐酸羟胺反应制得噁霉灵。

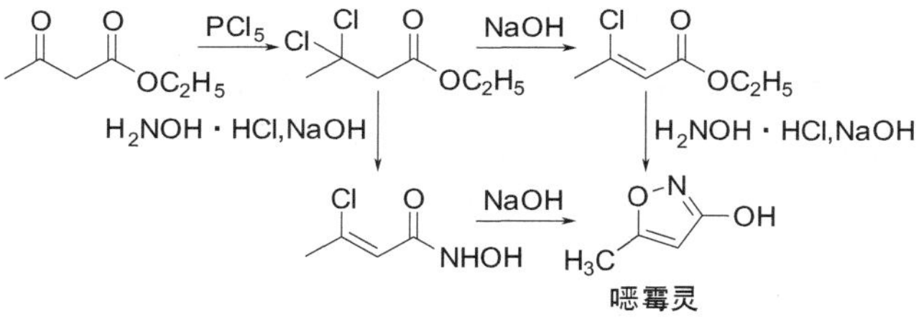

图 4-104 噁霉灵合成路线（一）

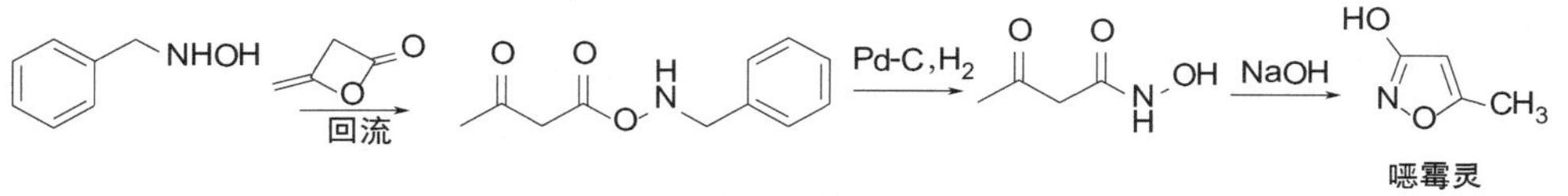

图 4-105 噁霉灵合成路线（二）

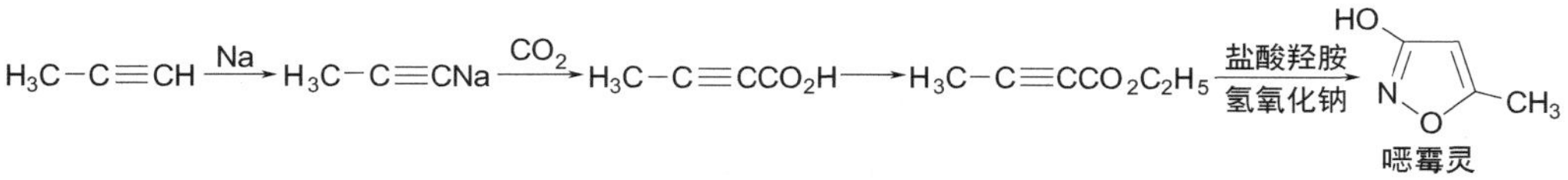

图 4-106 噁霉灵合成路线（三）

叶枯唑（bismerthiazol）

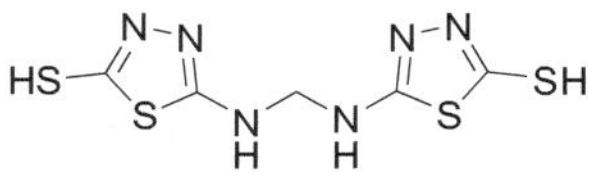

N,N′-亚甲基基-双(2-氨基-5-巯基-1,3,4-噻二唑)

叶枯唑商品名叶青双、叶枯宁，1974 年由四川省化工研究院合成，1982 年温州农药研究所开发合成工艺路线并商品化生产；为内吸性、具有预防和治疗作用的杀菌剂，药效稳定、持效期长，主要用于防治作物细菌性病害，对水稻白叶枯病、条斑病以及柑橘溃疡病等均有良好的防治效果。

纯品叶枯唑为白色长方柱状结晶或浅黄色疏松粉末，熔点 172 ～ 174℃；难溶于水，稍溶于丙酮、甲醇、乙醇，溶于二甲基甲酰胺、二甲亚砜、吡啶。

叶枯唑原药急性 LD_{50}（mg/kg）：大鼠经口 3160 ～ 8250，小鼠经口 3480 ～ 6200。

逆合成分析 叶枯唑为对称噻二唑类农药品种（图 4-107）。

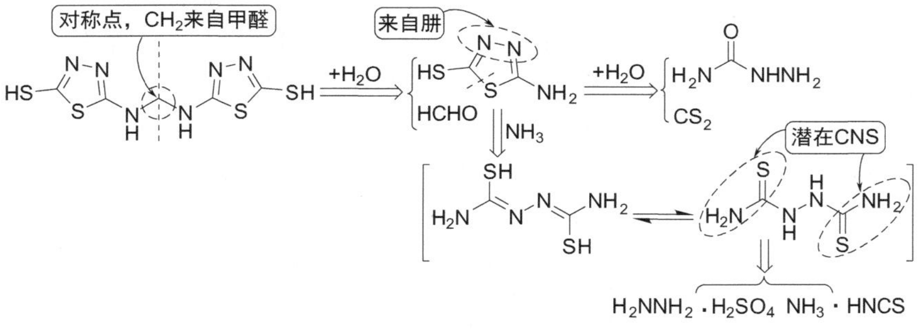

图 4-107 叶枯唑逆合成分析

合成路线 有双硫脲和氨基硫脲两条工艺路线（图 4-108）。

（1）双硫脲路线 在催化剂存在下硫酸肼溶液与硫氰酸铵回流反应 3.5h 制得双硫脲，双硫脲在催化剂存在下与盐酸回流反应生成 2- 氨基 -5- 巯基 -1,3,4- 噻二唑，最后在稀碱存在下与甲醛反应生成目标物叶枯唑。此路线为目前工业生产采用。

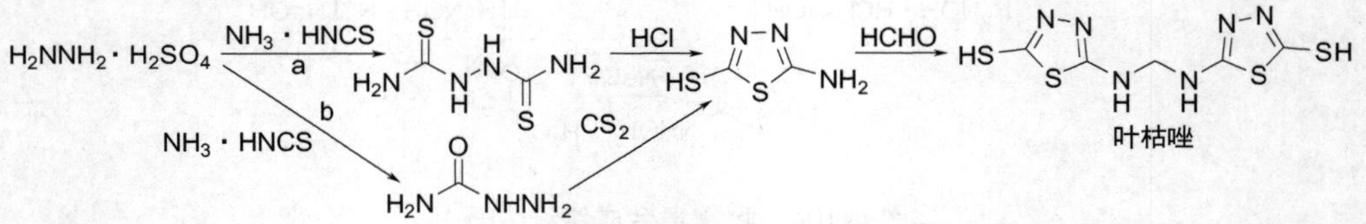

图 4-108　叶枯唑合成路线

（2）氨基硫脲路线　该路线优点是收率高，缺点是二硫化碳、吡啶有毒，中间体氨基硫脲为高毒杀鼠剂；操作中有难闻气味，容易发生安全问题和环境污染。

dichlobentiazox

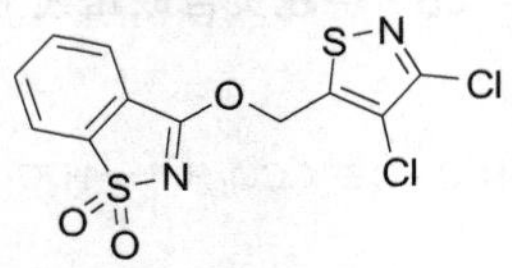

3-(3,4- 二氯异噻唑 -5- 基甲氧基)-1,2- 苯并异噻唑 -1,1- 二氧化物

dichlobentiazox 为日本组合化学工业株式会社开发的苯并噻唑类杀菌剂，主要用于防治水稻病害，对稻瘟病有很好的防效。

合成路线　如图 4-109 所示。

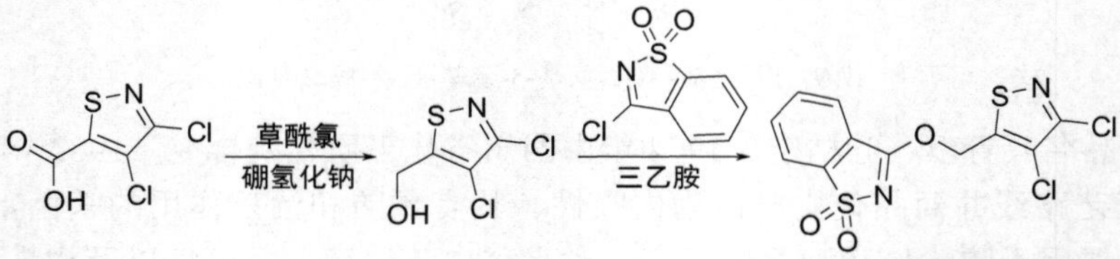

图 4-109　dichlobentiazox 合成路线

合成步骤如下：

（1）（3,4- 二氯异噻唑 -5- 基）甲醇的合成　在 4.0g 3,4- 二氯异噻唑 -5- 羧酸中加入 8mL 草酰氯和催化量的 DMF，在 50℃搅拌 30min，减压浓缩得到 3,4- 二氯异噻唑 -5- 酰氯。1.9g 硼氢化钠悬浮在 40mL 水中，3,4- 二氯异噻唑 -5- 酰氯溶于 4mL 四氢呋喃中，在 10 ～ 15℃条件下，滴加到水中，在 15℃下反应 30min 后。加入柠檬酸溶液，使溶液呈弱酸性，乙酸乙酯萃取。有机相用水洗，无水硫酸镁干燥，减压浓缩，得到的晶体用正己烷洗，得到 3.0g（3,4- 二氯异噻唑 -5- 基）甲醇无色晶体，熔点为 94 ～ 95℃，收率 81%。

（2）dichlobentiazox 的合成　0.62g 3- 氯 -1,2- 苯并异噻唑 -1,1- 二氧化物、0.57g（3,4- 二氯异噻唑 -5- 基）甲醇溶于 6mL 乙腈中，0.34g 三乙胺逐滴加入到上述溶液中，室温下反应 5h。反应完成后，加入 12mL 水，生成固体沉淀，过滤固体沉淀，水洗、异丙醇洗，得到 0.89g 目标产物，熔点为 165 ～ 167℃，收率 82%。

4.10.2　有机磷类杀菌剂

该类杀菌剂结构特征是分子为磷酸酯或硫代磷酸酯类化合物。

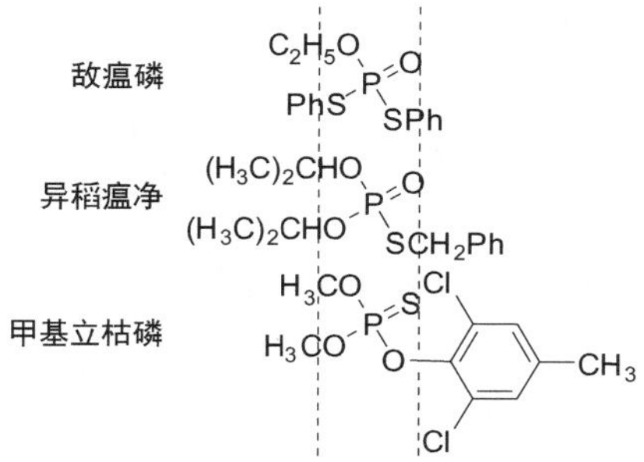

磷酸酯或硫代磷酸酯结构

有机磷杀虫剂中关于磷酸酯或硫代磷酸酯的合成方法同样适用于该类杀菌剂的合成。如敌瘟磷和甲基立枯磷的合成。

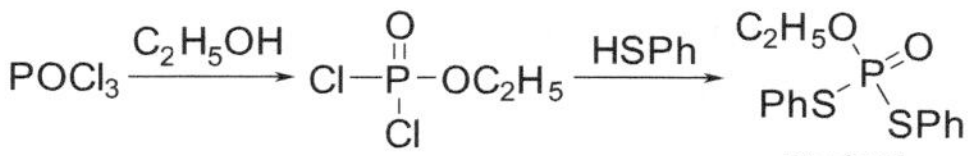

目前，该类杀菌剂有以下几种。

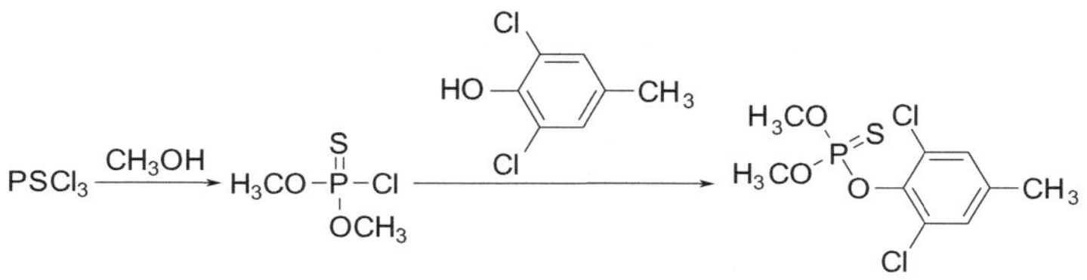

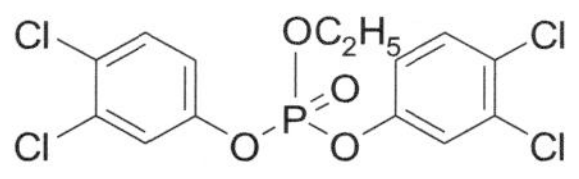

稻病磷（phosdiphen） 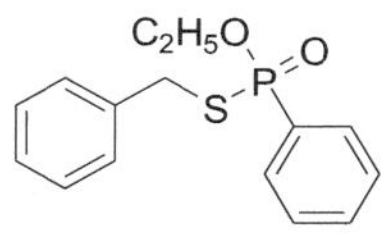　　乙苯稻瘟净（ESBP） 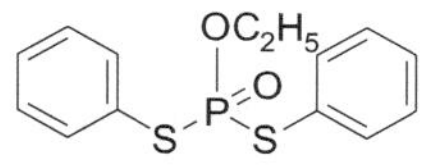　　敌瘟净（edifenphos） 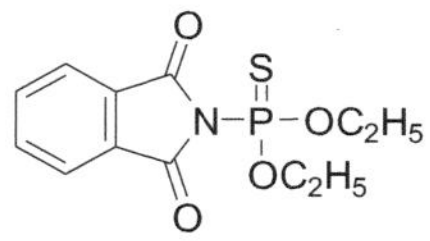　　灭菌磷（ditalimfos）

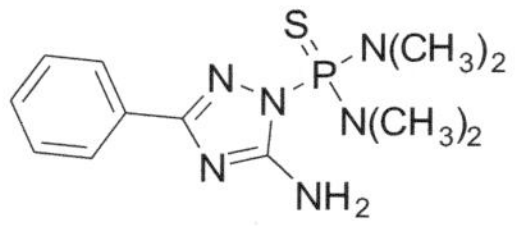

威菌磷（triamiphos） 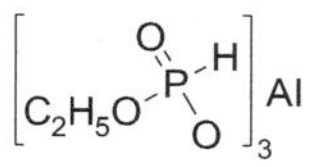　　乙膦铝（phosethy-Al/fosetyl）

异稻瘟净（iprobenfos）

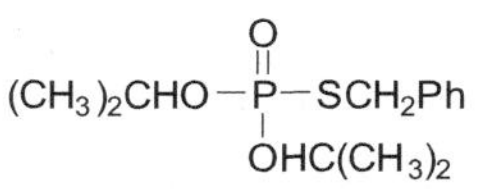

S-苄基-*O,O*-二异丙基硫代磷酸酯

异稻瘟净由日本组合化学公司开发，属于磷酸酯合成抑制剂，具有内吸传导作用，适宜于水稻、玉米、棉花等作物，可防治稻瘟病、水稻纹枯病、玉米小斑病等病害，同时能兼治稻叶蝉、稻飞虱等害虫。

纯品异稻瘟净为无色透明液体，沸点126℃（5.3Pa）；溶解性（20℃，g/L）：水0.43，丙酮、乙腈、乙醇、甲醇、二甲苯＞1000。

异稻瘟净原药急性 LD_{50}（mg/kg）：大鼠经口790（雄）、680（雌），小鼠经口1830（雄）、1760（雌），小鼠经皮4000。

合成路线　以三氯化磷、异丙醇等为起始原料，可以经过两条路线合成目标物。

路线一　此为日本组合化学庵原化学富士工厂生产方法（图4-110）。

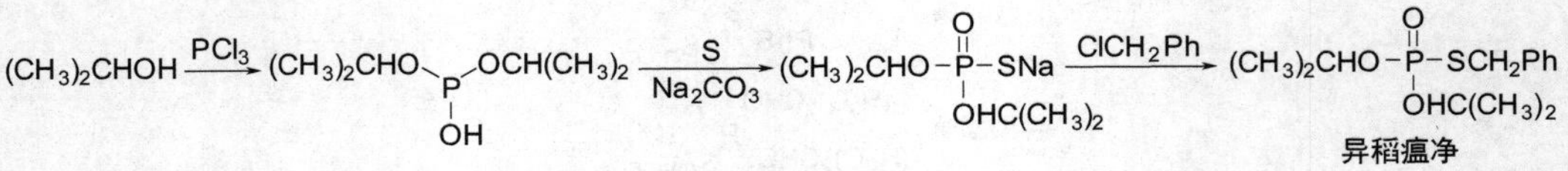

$$(CH_3)_2CHOH \xrightarrow{PCl_3} (CH_3)_2CHO-\overset{\displaystyle |}{\underset{\displaystyle OH}{P}}-OCH(CH_3)_2 \xrightarrow[Na_2CO_3]{S} (CH_3)_2CHO-\overset{\displaystyle S}{\underset{\displaystyle OHC(CH_3)_2}{P}}-SNa \xrightarrow{ClCH_2Ph} (CH_3)_2CHO-\overset{\displaystyle S}{\underset{\displaystyle OHC(CH_3)_2}{P}}-SCH_2Ph$$

异稻瘟净

图 4-110　异稻瘟净合成路线（一）

国内有的厂家生产该产品时用氨水代替碳酸钠，副产物氯化铵可作肥料使用。

路线二　以异丙醇和三氯氧磷为起始原料，经过酯化等反应过程制得目标物（图4-111）。

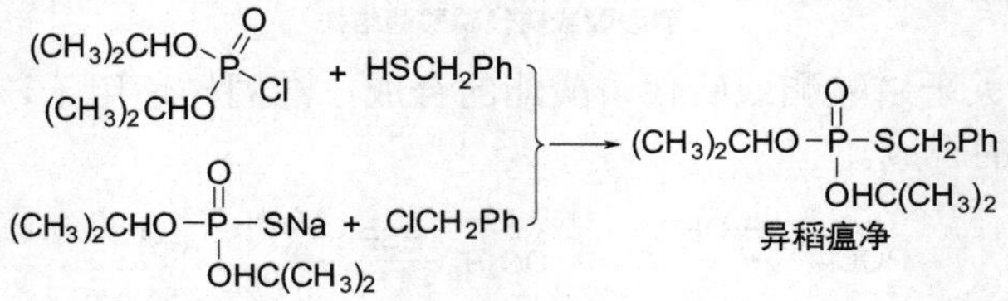

$$(CH_3)_2CHO-\overset{\displaystyle O}{\underset{\displaystyle (CH_3)_2CHO}{P}}-Cl + HSCH_2Ph$$

$$(CH_3)_2CHO-\overset{\displaystyle O}{\underset{\displaystyle OHC(CH_3)_2}{P}}-SNa + ClCH_2Ph$$

$$\longrightarrow (CH_3)_2CHO-\overset{\displaystyle O}{\underset{\displaystyle OHC(CH_3)_2}{P}}-SCH_2Ph$$

异稻瘟净

图 4-111　异稻瘟净合成路线（二）

注：将上述制备过程中的异丙醇替换为乙醇，则可制得另一种有机磷杀菌剂稻瘟净（EBP）。

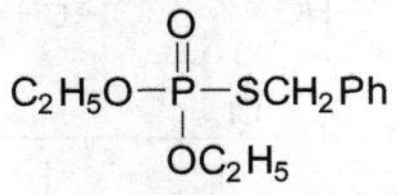

$$C_2H_5O-\overset{\displaystyle O}{\underset{\displaystyle OC_2H_5}{P}}-SCH_2Ph$$

稻瘟净

吡菌磷（pyrazophos）

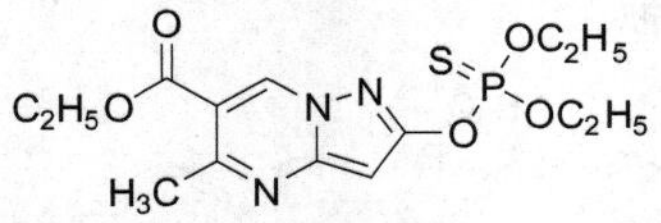

2-二乙氧基硫化磷酰氧基-5-甲基吡唑并[1,5-α]嘧啶-6-羧酸乙酯
或 O-6-乙氧羰基-5-甲基吡唑并[1,5-α]嘧啶-2-基-O,O-二乙氧基硫代磷酸酯

　　吡菌磷又名吡嘧磷，由拜耳公司开发，属于黑色素合成抑制剂，具有保护、治疗及内吸作用，适宜于禾谷类、蔬菜、果树等作物，防治各种白粉病以及根腐病和云纹病等。

　　纯品吡菌磷为无色结晶状固体，熔点 51～52℃，在160℃开始分解；溶解性（20℃）：水 0.0042g/L，易溶于大多数有机溶剂如二甲苯、苯、四氯化碳、二氯甲烷、三氯乙烯等。

　　吡菌磷原药急性 LD_{50}（mg/kg）：大鼠经口 151～778、经皮＞2000；对兔眼睛有轻微刺激性。

　　合成路线　以乙酰乙酸乙酯、氰基乙酸乙酯、原甲酸三乙酯、水合肼等为原料，可以经过如下路线合成目标物吡菌磷（图4-112）。

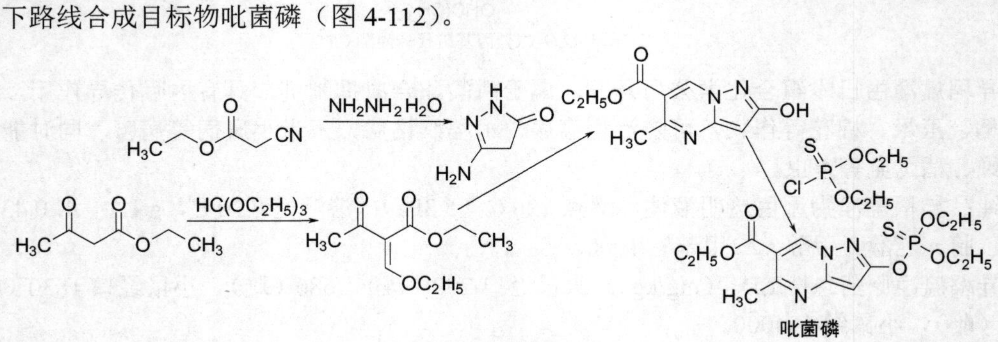

图 4-112　吡菌磷合成路线

乙膦铝（phosethy–Al/fosetyl）

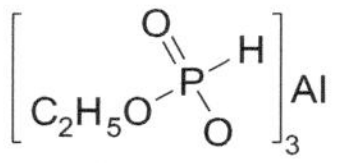

三乙膦酸铝

乙膦铝为内吸、广谱、有机磷类杀菌剂，无色粉末，$> 200℃$分解，无熔点；溶解性（$25℃$）：水 120g/L，不易溶于有机溶剂。乙膦铝原药急性 LD_{50}（mg/kg）：大鼠经口 5800。

逆合成分析 乙膦铝为有机磷盐化合物（图 4-113）。

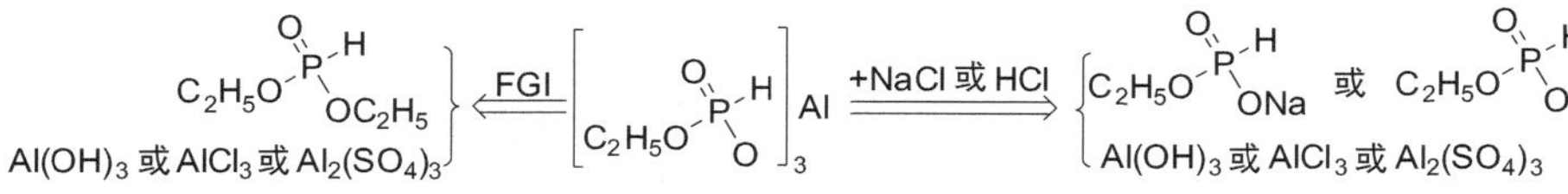

图 4-113 乙膦铝逆合成分析

合成路线 如图 4-114 所示。

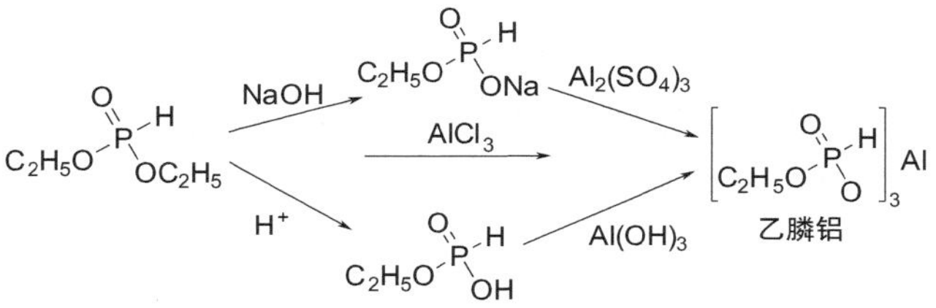

图 4-114 乙膦铝合成路线

毒氟磷

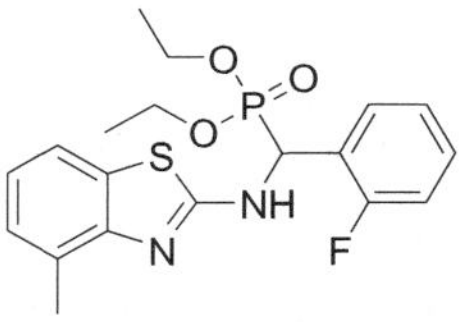

N-[2-(4-甲基苯并噻唑基)]-2-氨基-2-氟代苯基-*O,O*-二乙基膦酸酯

毒氟磷抗烟草病毒病的作用靶点尚不完全清楚，但毒氟磷可通过激活烟草水杨酸信号传导通路，提高信号分子水杨酸的含量，从而促进下游病程相关蛋白的表达；通过诱导烟草 PAL、POD、SOD 防御酶活性而获得抗病毒能力；通过聚集 TMV 粒子减少病毒对寄主的入侵。主要用于烟草花叶病、番茄花叶病、水稻黑条矮缩病的防治。

纯品毒氟磷为无色晶体，熔点 143 ～ 145℃。易溶于丙酮、四氢呋喃、二甲基亚砜等有机溶剂。对光、热和潮湿均较稳定，遇酸和碱时逐渐分解。

毒氟磷原药急性 LD_{50}（mg/kg）：急性经口、经皮毒性试验提示为微毒农药；豚鼠皮肤变态试验提示为弱致敏物。

合成路线 如下：

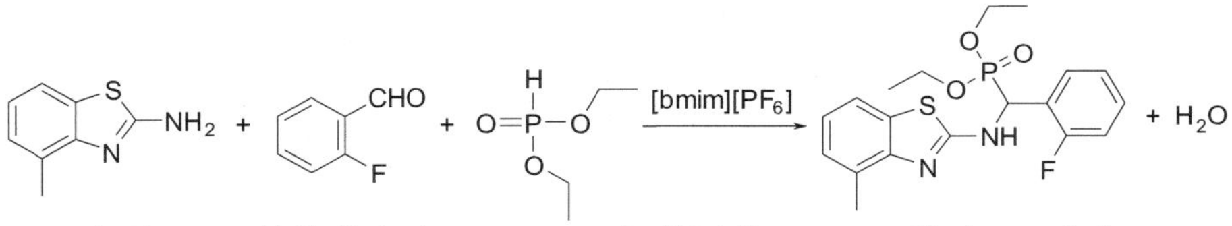

5mmol 2-氨基-4-甲基苯并噻唑、5mmol 2-氟苯甲醛、5mmol 膦酸二乙酯和 4mL 1-丁基-3-甲基咪唑六氟磷酸盐加入到 25mL 三口瓶中，反应在 100 ～ 102℃搅拌 1.5h，冷却至室温，加

入几滴水，用乙醚萃取三次，干燥，除去乙醚，粗产品用乙醇 - 水（1 ∶ 1，体积比）重结晶，得到白色固体，收率为 87%。

4.10.3　吗啉类杀菌剂

此类化合物结构特征是分子中含有吗啉环基团，相关杀菌剂可以看作是吗啉衍生物。

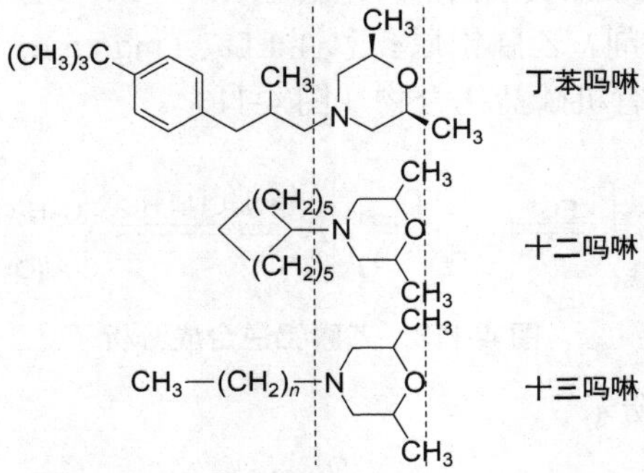

吗啉衍生物结构

结构中吗啉或 N- 取代的吗啉衍生物可由二 (2- 氨基乙基) 醚发生环化反应或由二 (2- 二氯乙基) 醚与氨或伯胺发生环化缩合制得。

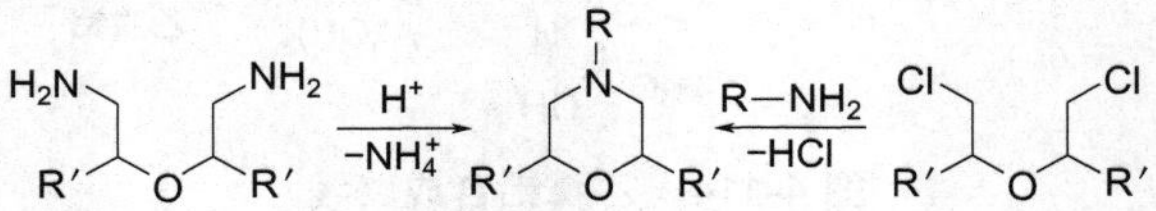

丁苯吗啉（fenpropimorph）

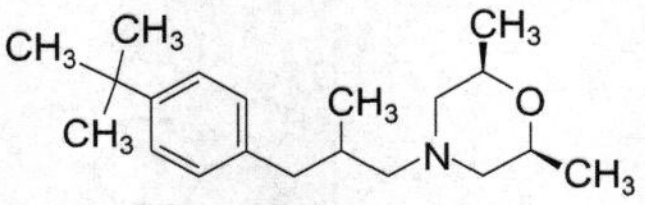

(RS)- 顺式 -4-[3-(4- 叔丁基苯基)-2- 甲基丙基]-2,6- 二甲基吗啉

丁苯吗啉由巴斯夫公司和先正达公司开发，属于甾醇生物合成抑制剂，是具有预防、治疗作用的内吸性吗啉类杀菌剂，适用于禾谷类作物、豆科、甜菜、棉花和向日葵等作物，可防治白粉病、叶锈病、条锈病、黑穗病、立枯病等多种病害。

纯品丁苯吗啉为无色具有芳香气味的油状液体，沸点＞ 300℃（101.3kPa）；溶解性（20℃，g/kg）：水 0.0043，丙酮、氯仿、环己烷、甲苯、乙醇、乙醚＞ 1000。

丁苯吗啉原药急性 LD_{50}（mg/kg）：大鼠经口＞ 3000、经皮＞ 4000。

合成路线　如图 4-115 所示。

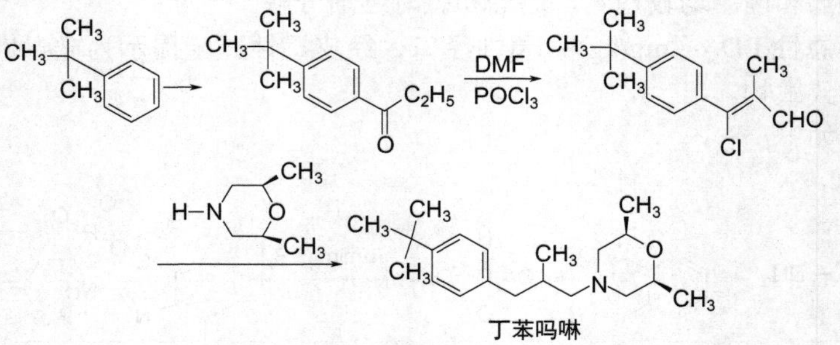

图 4-115　丁苯吗啉合成路线

以叔丁基苯为原料，首先进行酰化反应制得 4- 叔丁基苯丙酮；在 20℃以下，将三氯氧磷

加入到二甲基甲酰胺中，升温至 70 ~ 80℃，滴加 4- 叔丁基苯丙酮，然后在 70 ~ 80℃ 条件下反应 5h，接着在 70℃ 以下用 30% 氢氧化钠处理，得到 96% 烯醛，该烯醛在钯 - 碳催化下加氢还原，得到相应饱和醛 4- 叔丁基苯基异丁醛，最后与 2,6- 二甲基吗啉反应，即可制丁苯吗啉。

十三吗啉（fenpropimorph）

R=C_{11}H_{23}, C_{12}H_{25}, C_{13}H_{27}

2,6- 二甲基 -4- 正十三烷基吗啉

十三吗啉由巴斯夫公司 1969 年开发；属于麦角甾醇生物合成抑制剂，广谱内吸性，具有保护和治疗作用，适用于麦类、黄瓜、马铃薯、豌豆、香蕉、橡胶等，可防治白粉病、叶锈病、条锈病等多种病害。

十三吗啉为 4-C_{11} ~ C_{14} 烷基 -2,6- 二甲基吗啉同系物组成的混合物，其中 4- 十三烷基异构体含量为 60% ~ 70%，C_9 和 C_{15} 同系物含量为 0.2%，2,5- 二甲基异构体含量 5%。纯品为黄色油状液体，具有轻微氨气味，沸点 134℃（66.7Pa）；溶解性（20℃）：水 0.0011g/kg，能与丙酮、氯仿、乙酸乙酯、环己烷、甲苯、乙醇、乙醚、氯仿、苯等有机溶剂互溶。

十三吗啉原药急性 LD_{50}（mg/kg）：大鼠经口 480，大鼠经皮 4000。

合成路线 在氢氧化钠存在下，取代基为—$C_{11}H_{23}$、—$C_{12}H_{25}$、—$C_{13}H_{27}$ 的混合正烷基胺和二氯二异丙醚在 95℃ 反应 4h、110℃ 反应 1h。

R=C_{11}H_{23}, C_{12}H_{25}, C_{13}H_{27}

4.10.4 吡啶类杀菌剂

其结构特征是分子中含有吡啶环基团，可以看作是吡啶衍生物，目前常用的吡啶类杀菌剂结构如下。

氟啶胺（fluazinam）　啶斑肟（pyrifenox）　pyrisoxazole　乙氧喹啉（ethoxyquin）

pyriofenone　tebufloquin　pyribencarb

喹菌酮（oxolinic acid）　8- 羟基喹啉（8-hydoxyquinoline sulfate）　丙氧喹啶（proquinazid）　苯氧喹啉（quinoxyfen）

氟啶胺（fluazinam）

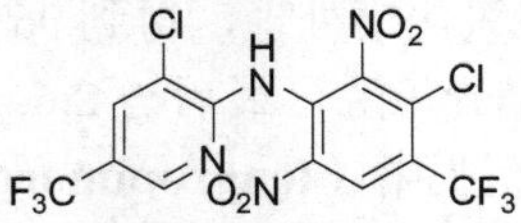

N-(3-氯-5-三氟甲基-2-吡啶基)-*α*,*α*,*α*-三氟-3-氯-2,6-二硝基对甲苯胺

氟啶胺由日本石原产业公司开发，1980年申请专利；属于线粒体氧化磷酰化解偶联剂，无内吸活性，是广谱、高效的保护性杀菌剂，适用于葡萄、苹果、梨、柑橘、小麦、大豆、马铃薯、蔬菜、水稻、茶和草坪等，同时还具有杀螨活性；防治的病害有黄瓜灰霉病、腐烂病、霜霉病、炭疽病、白粉病，番茄晚疫病，苹果黑星病、叶斑病，梨黑斑病、锈病，水稻稻瘟病、纹枯病，葡萄灰霉病、霜霉病，马铃薯晚疫病等。

纯品氟啶胺为黄色结晶粉末，熔点115～117℃；溶解性（20℃，g/L）：水0.0017，丙酮470，甲苯410，二氯甲烷330，乙醚320，乙醇150。

氟啶胺原药急性LD_{50}（mg/kg）：大鼠经口＞5000，大鼠经皮＞2000；对兔眼睛有刺激性，对兔皮肤有轻微刺激性。

合成路线   如图4-116所示。

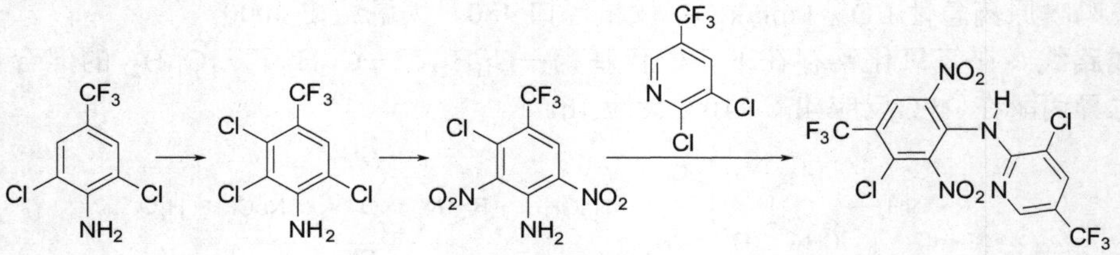

图4-116　氟啶胺合成路线

将4-三氟甲基-2,6-二氯苯胺于乙酸中，10℃以下用氯气氯化，生成的4-三氟甲基-2,5,6-三氯苯胺溶解在乙酸中，在室温下与过氧化氢和少量的浓硫酸搅拌8h，生成结晶物，加入发烟硫酸和硝酸，用冰水冷却，再100℃加热，生成2,6-二硝基-4-三氟甲基-5-氯苯胺；在5℃条件下将上述化合物加入到2,3-二氯-5-三氟甲基吡啶、干燥四氢呋喃和氢氧化钾的混合物中，室温搅拌16h，即得目标物。

啶斑肟（pyrifenox）

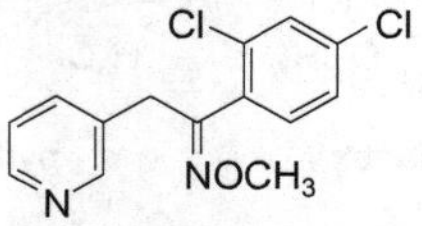

2′,4′-二氯-2-(3-吡啶基)苯乙酮-*O*-甲基肟

啶斑肟由先正达公司开发，1980年申请专利；属于麦角甾醇合成抑制剂，是具有保护和治疗作用的内吸性杀菌剂，可有效防治香蕉、葡萄、花生、蔬菜等尾孢菌属、丛梗孢属和黑星菌属病原菌。

纯品啶斑肟为略带芳香气味的褐色液体，是*Z*、*E*异构体混合物，沸点212.1℃；溶解性（20℃）：水0.15g/L，易溶于乙醇、正己烷、丙酮、甲苯、正辛醇等。

啶斑肟原药急性LD_{50}（mg/kg）：大鼠经口2912，小鼠经口＞2000，大鼠经皮＞5000；对兔皮肤有轻微刺激性。

合成路线   2,4-二氯苯甲酰氯与吡啶-3-乙酸乙酯在甲醇钠存在下，于20～30℃反应20h，得到的缩合产物在碳酸钠存在下与甲氧基胺盐酸盐在乙醇中回流即可制得啶斑肟（图4-117）。

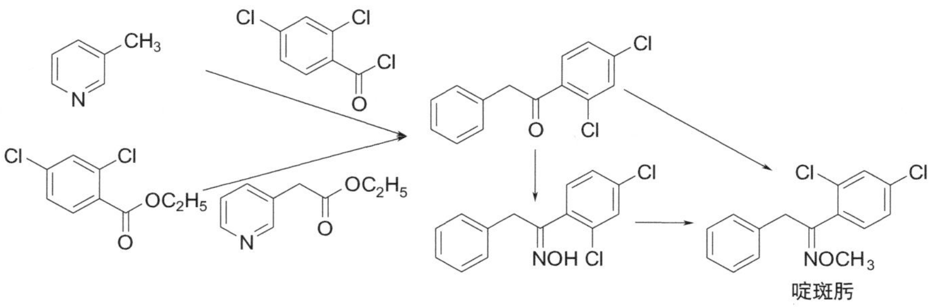

图 4-117　啶斑肟合成路线

4.10.5　其他杀菌剂品种的结构与合成

稻瘟灵（isoprothiolane）

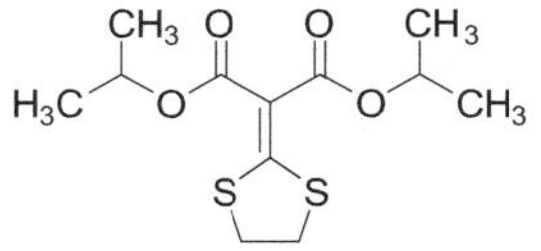

1,3- 二硫戊环 -2- 亚基丙二酸二异丙酯

稻瘟灵为日本农药株式会社 1968 年开发的一种高效、低毒、渗透性很强的有机硫杀菌剂，对稻瘟病有很好的预防和治疗作用，对菌核病、云纹病也有良好的防治效果。

纯品稻瘟灵为白色晶体，熔点 54～54.5℃；溶解性（20℃，g/kg）：水 0.048；有机溶剂溶解性（25℃，kg/kg）：乙醇 1.5，二甲亚砜 2.3，氯仿 2.3，二甲基甲酰胺 2.3，二甲苯 2.3，苯 3.0，丙酮 4.0。工业品为淡黄色晶体，有有机硫的特殊气味。

稻瘟灵原药急性 LD_{50}（mg/kg）：大白鼠经口 1100（雄）、1340（雌），大鼠经皮＞ 10250。

逆合成分析　稻瘟灵为酯类杀菌剂农药品种（图 4-118）。

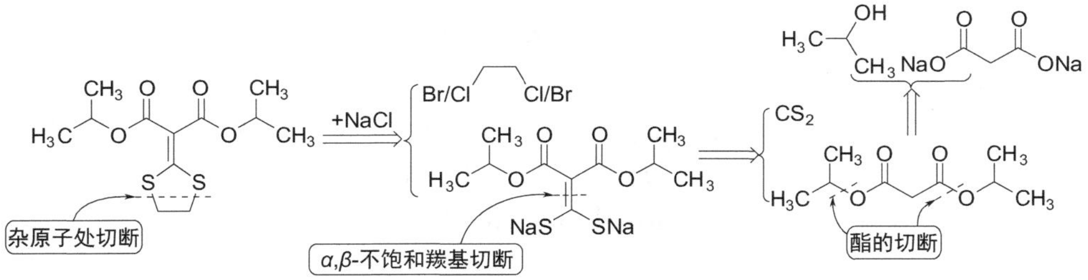

图 4-118　稻瘟灵逆合成分析

合成路线　如图 4-119 所示。

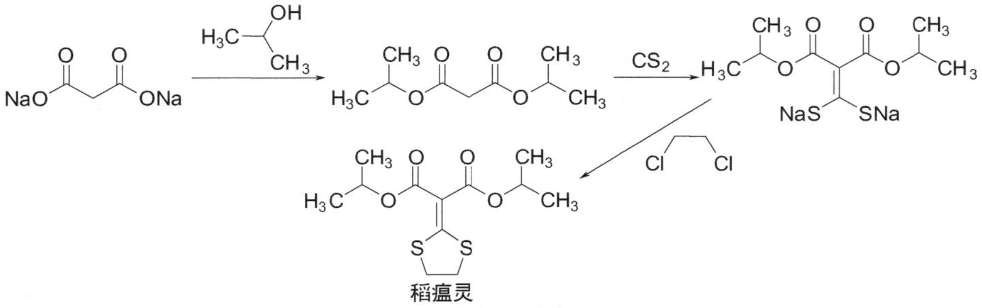

稻瘟灵

图 4-119　稻瘟灵合成路线

在氢氧化钠水溶液中（8g 氢氧化钠溶于 50mL 水中），于 10～20℃将 7.6g（0.1mol）二硫化碳和 18.8g（0.1mol）二异丙基丙二酸酯混合液搅拌滴入。滴加毕，在室温下搅拌反应 1h，加 120mL 水和 50g（0.5mol）1,2- 二氯乙烷，加热至 40～60℃。反应毕，用醚萃取，经水洗、干燥、蒸除过量的 1,2- 二氯乙烷和醚，制得白色结晶稻瘟灵 24.5g，收率 84.5%。用正己烷重结晶，制得纯品。

戊菌隆（pencycuron）

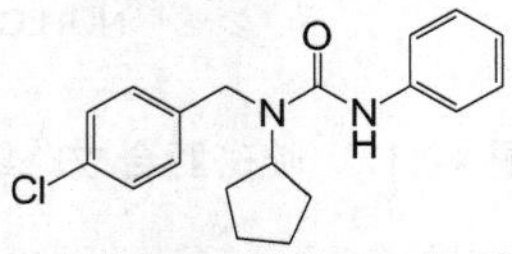

1-(4- 氯苄基)-1- 环戊基 -3- 苯基脲

戊菌隆为日本农药公司研制并与拜耳公司合作于 1976 年开发的一种高效、低毒、持效期长、非内吸性的脲类杀菌剂，适用于水稻、马铃薯、甜菜、棉花、甘蔗、蔬菜和观赏植物及花卉等，主要用于防治立枯丝核菌引起的病害，对水稻纹枯病有特效。

纯品戊菌隆为无色结晶晶体，熔点 128℃；溶解性（20℃，g/L）：水 0.0003，二氯甲烷 270，正己烷 0.12，甲苯 20。

戊菌隆原药急性 LD_{50}（mg/kg）：大鼠经口＞ 5000，大、小鼠经皮＞ 2000。

合成路线　通常有异氰酸酯法和苯胺缩合法（图 4-120）。

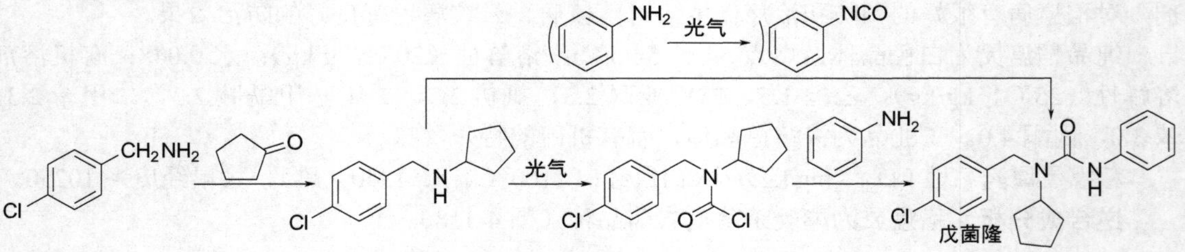

图 4-120　戊菌隆合成路线

异氰酸酯法　在氯苯中苯胺与光气反应，回流反应 3h，制得苯基异氰酸酯。在乙醇中对氯苄胺与环己酮在雷尼镍催化下，在高压釜发生氢气还原反应生成 N- 对氯苄基 -N- 环戊胺，该中间体与苯基异氰酸酯于 50℃反应 7h，即可制得目标物戊菌隆。

哒菌酮（diclomezine）

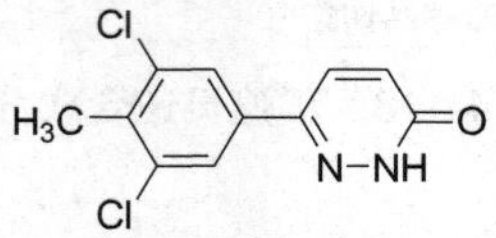

6-(3,5- 二氯对甲基苯基) 哒嗪 -3(2H)- 酮

哒菌酮又名哒菌清，为日本三共公司于 1976 年开发的一种具有治疗和保护性的哒嗪酮类杀菌剂，适用于水稻、花生、草坪等，主要用于防治水稻纹枯病和各种菌核病，花生的白霉病和菌核病等。

纯品哒菌酮为无色结晶晶体，熔点 250.5～253.5℃；溶解性（20℃，g/L）：水 0.00074，甲醇 2.0，丙酮 3.4；光照下缓慢分解。

哒菌酮原药急性 LD_{50}（mg/kg）：大鼠经口＞ 12000、经皮＞ 5000。

合成路线　琥珀酸酐与甲苯进行 Friedel-Crafts 反应，然后于低温氯化生成 4- 甲基 -3,5- 二氯苯甲酰丙酸，再于 50℃氯化，最后与肼反应生成哒菌酮（图 4-121）。

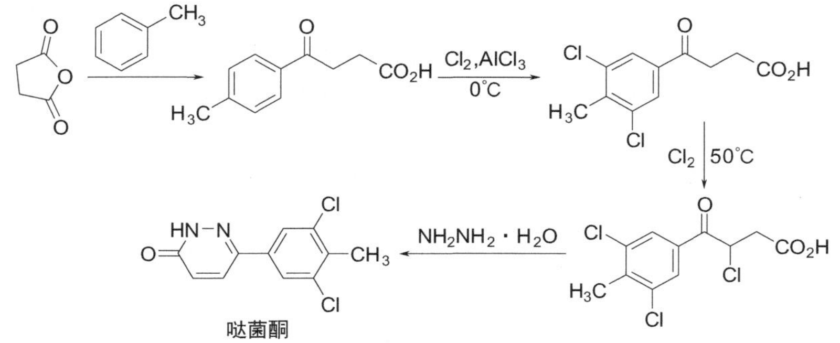

图 4-121　哒菌酮合成路线

螺环菌胺（spiroxamine）

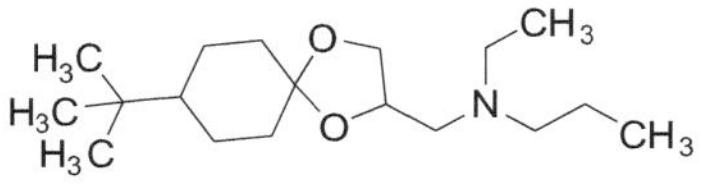

8-叔丁基-1,4-二氧杂螺[4,5]癸烷-2-基甲基(乙基)(正丙基)胺

螺环菌胺为拜耳公司开发的一种新型内吸性取代胺类杀菌剂，1987 年申请专利，适用于麦类防治白粉病、各种锈病、云纹病、条纹病等。

螺环菌胺是由两个异构体 A（49% ～ 56%）和 B（44% ～ 51%）组成的混合物，纯品为淡黄色液体，熔点 20℃（分解）；溶解性（20℃，g/L）：水 > 200。

螺环菌胺原药急性 LD_{50}（mg/kg）：大鼠经口 595（雄）、550 ～ 560（雌），大鼠经皮 > 1600；对兔皮肤有严重刺激性。

合成路线　以对叔丁基苯酚为起始原料，加氢还原后与氯甲基乙二醇或丙三醇反应，再经氯化（或与甲磺酰氯反应），最后胺化制得目标物螺环菌胺（图 4-122）。

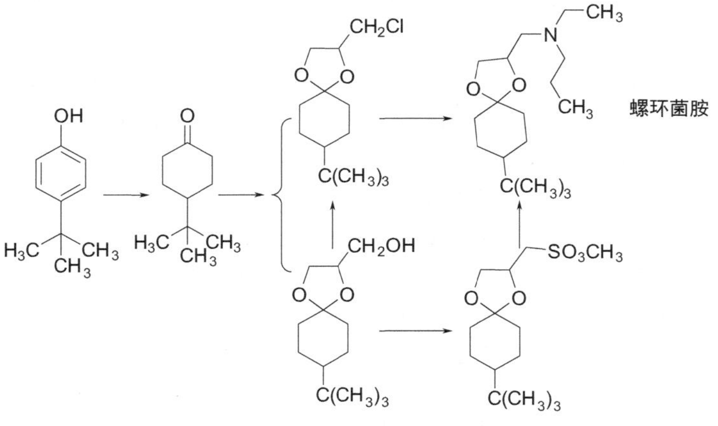

图 4-122　螺环菌胺合成路线

灭螨猛（chinomethionate）

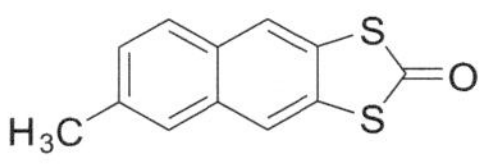

6-甲基 1,3-二硫戊环并 [4,5-b] 喹喔啉 -2-酮或 S,S-(6-甲基喹喔啉 -2,3-二基) 二硫代碳酸酯

灭螨猛为拜耳公司开发的一种非内吸性、保护性喹喔啉酮类杀菌剂，适用于果树、蔬菜、棉花、观赏植物、茶、烟草等，防治白粉病和螨类，对某些苹果、玫瑰有药害。

纯品灭螨猛为淡黄色晶状固体，熔点 170℃；溶解性（20℃，g/L）：甲苯 25，二氯甲烷 40，已烷 1.8，异丙醇 0.9，环己酮 18，DMF10；在碱性介质中分解。

灭螨猛原药急性 LD_{50}（mg/kg）：大鼠经口 2541（雄）、1095（雌），大鼠经皮＞5000；对兔皮肤有轻度刺激性，对兔眼睛强烈刺激性。

合成路线 以 4- 甲基 -2- 硝基苯胺（可用对甲基苯胺硝化制得）为起始原料，可以经过如下路线合成（图 4-123）。

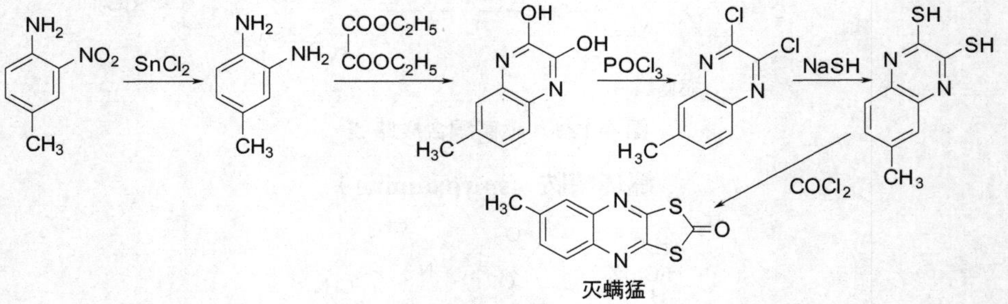

图 4-123 灭螨猛合成路线

百菌清（chlorothalonil）

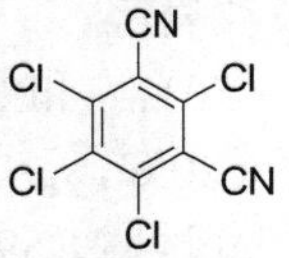

四氯间苯二腈或 2,4,5,6- 四氯 -1,3- 苯二甲腈

百菌清是一种广谱、低毒、低残留的农用、林用杀菌剂，具有预防和治疗双重作用，持效期长而且稳定；对蔬菜、瓜果、花生、麦类、森林、花卉等植物的多种真菌性病害均有较好的防治效果，可用于防治蔬菜、瓜类疫病、霜霉病、白粉病、花生叶斑病、锈病，果树炭疽病、黑星病、霜霉病、棉花立枯病，等等。

纯品百菌清为白色无味结晶，熔点 250～251℃；溶解性（20℃，g/kg）：丙酮 20，苯 42，二甲苯 80，环己酮 30，四氯化碳 4，氯仿 19，DMF 40，DMSO 20。

百菌清原药急性 LD_{50}（mg/kg）：大鼠经口、经皮＞10000；对兔眼睛轻微刺激性。

合成路线 主要有如下三种合成路线。

（1）酰胺脱水法路线（图 4-124） 四氯间苯二甲醇溶于四氯化碳中，在光照下通入氯气制得四氯间苯二甲酰氯，该中间体于二甲苯或二噁烷中与氨气反应制得四氯间苯二甲酰胺，再用脱水剂三氯氧磷或五氧化二磷脱水即得目标物。此法反应温度低、设备腐蚀轻，但原料成本高、总收率低、操作复杂、生产周期长。

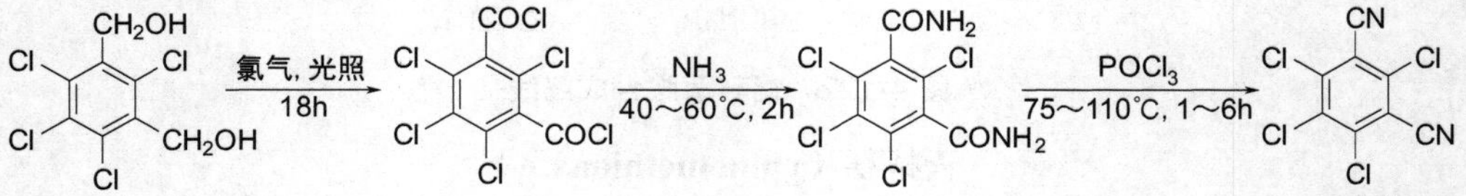

图 4-124 酰胺脱水法路线

（2）液相氯化法路线（图 4-125） 将四氯间苯二甲胺溶于 DMF 或叔丁醇中，与氯化剂氯气或次氯酸钠反应，生成 N, N, N′, N′- 八氯间苯二甲胺，然后在溶剂中加热脱去氯化氢，即制得百菌清。

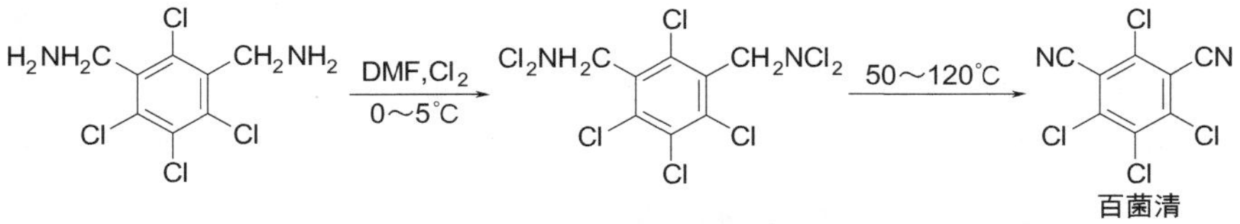

图 4-125 液相氯化法路线

（3）高温气相氯化法路线（图 4-126） 间二甲苯与氨、空气在气相催化剂存在下经过氨氧化反应制得间苯二腈，该中间体在气相催化剂存在下与氯气进行氯化反应制得目标物百菌清。此法工艺简短，连续化生产，设备潜力大，产品成本低，目前许多厂家采用此法。

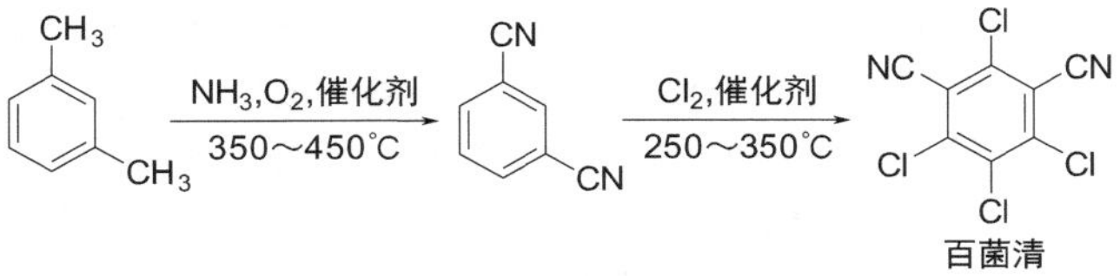

图 4-126 高温气相氯化法路线

dipymetitrone

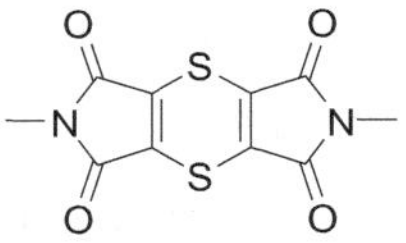

2,6- 二甲基 -1H,5H-[1,4] 二噻英 [2,3-c:5,6-c'] 二吡咯 -1,3,5,7(2H,6H)- 四酮

dipymetitrone，试验代号 BCS-BB98685，由拜耳作物科学公司开发。

合成路线 如图 4-127 所示。

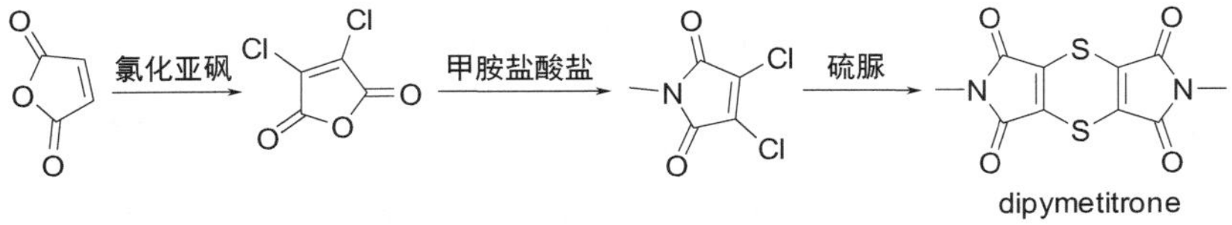

图 4-127 dipymetitrone 合成路线

4.2g 硫脲溶于 100mL 水中，加入 1.6g 四丁基溴化铵，反应物加热到 80℃，加入 9g N- 甲基二氯丁二酰亚胺，反应继续在 80℃下搅拌 2h。然后冷却到 20℃，过滤沉淀，水洗，20mL 甲醇洗，干燥，得到 6.5g 绿色固体 dipymetitrone，收率为 85.3%。

第5章 除草剂

1895 年，法国葡萄种植者 M. L. Bonnet 发现波尔多液中的 $CuSO_4 \cdot H_2O$ 对野胡萝卜和芥末有杀灭作用，于是第二年在燕麦地喷洒。这一偶然发现成为农田化学除草的开端。此后至1931 年，美、英、德、法等国使用硫酸铜、硫酸亚铁、氯酸钠等防除麦田杂草。此阶段可以说是无机化学除草阶段，不但药剂用量大，而且效果也不理想。到 1932 年选择性除草剂二硝酚与地乐酚的发现，使除草剂由无机物向有机物转化。1942 年内吸性除草剂 2,4- 滴的发现，使除草剂真正进入新阶段。由于 2,4- 滴选择性强、杀草活性高、合成相对简单、生产成本低而且对人、畜毒性小，在农业生产中迅速推广，成为 20 世纪农业中的重大发现之一。此后，许多化学公司竞相开发新的除草剂，促进了多种新型、高效除草剂诞生与推广。

按照化学结构，除草剂可以分为以下几类。

（1）羧酸及其衍生物除草剂 其特点是分子结构中含有羧酸（ ）结构，包括苯氧羧酸类、苯甲酸及其衍生物类和氯代脂肪酸类除草剂。如 2,4- 滴、2,4- 滴丁酯、2,4,6- 三氯苯甲酸（草芽平）、2,2- 二氯丙酸等。

苯甲酸及其衍生物类和氯代脂肪酸类除草剂由于活性相对较低，使用量较大，已经逐渐被高活性除草剂代替，大多数品种已被淘汰或很少使用。

（2）脲类及磺酰脲类除草剂 其特点是分子结构中含有脲（ ）或磺酰脲（ ）结构。其中磺酰脲类除草剂由美国杜邦公司发现，是除草剂进入超高效时代的标志。使除草剂的使用量由 $1 \sim 3 kg(a.i.)/hm^2$ 下降为 $1 \sim 200 g(a.i.)/hm^2$，如氯麦隆、苯磺隆等。

（3）酰胺及氨基甲酸酯除草剂 其特点是分子结构中含有酰胺（ ）结构，包括酰胺类及氨基甲酸酯、硫代氨基甲酸酯类除草剂。如甲草胺、丁草特、杀草丹等。

（4）二苯醚类除草剂 其特点是分子结构中含有二苯醚键（Ar—O—Ar'）结构。如三氟羧草醚、乳氟禾草灵等。

（5）杂环类除草剂 其特点是分子结构中含有五元、六元或喹啉杂环结构（多为含氮杂环），包括均三氮苯类、咪唑啉酮类、吡唑类、喹啉羧酸类、三嗪酮类、三唑酮类、三唑啉酮类、噁唑啉酮类、酰亚胺类、脲嘧啶类除草剂。

（6）其他类 包括二硝基苯胺类、有机磷类、腈类、磺酰胺类等除草剂。

5.1 苯氧羧酸类除草剂

5.1.1 结构特点与合成设计

此类除草剂主要有苯氧乙酸类、苯氧丙酸类、苯氧丁酸类、杂环氧基苯氧丙酸类以及苯

（稠环）氧乙（丙）酸衍生物类。该类除草剂是在 2,4- 滴的基础上通过进一步优化发展起来的，二者结构虽有相似之处，但其作用机制不尽相同。例如苯氧乙酸类属于激素型除草剂，而苯氧基苯氧丙酸类却属于 Acc 酶抑制剂除草剂。

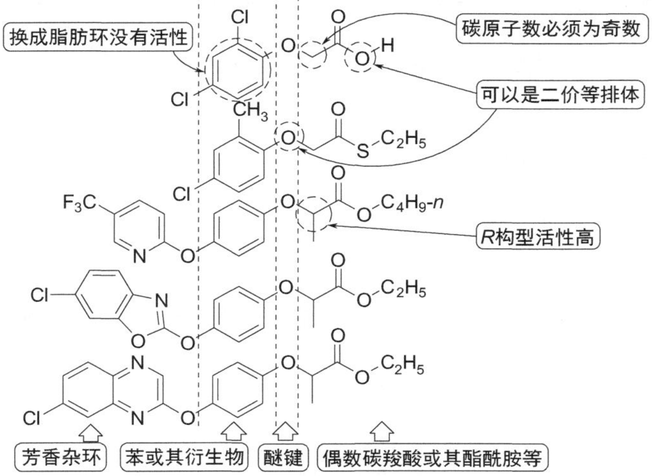

换成脂肪环没有活性
碳原子数必须为奇数
可以是二价等排体
R构型活性高
芳香杂环　苯或其衍生物　醚键　偶数碳羧酸或其酯酰胺等

此类化合物的合成一般是苯、苯杂环衍生物或稠环的酚或其酚的钠盐与羧酸、羧酸酯或羧酸衍生物的氯代物或溴代物发生缩合反应，制得目标物。若苯、苯杂环衍生物或稠环有氯或溴取代基，取代氯或溴可以在缩合前引入，也可以在缩合后引入。

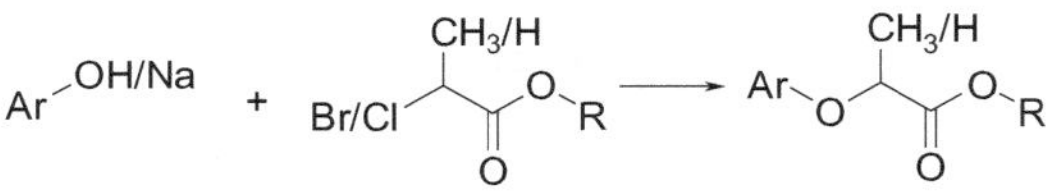

Ar=苯、含苯杂环衍生物或稠环衍生物，R=羟氧、烷氧基、氮烷基或硫烷基

苯氧丁酸的合成　以 γ- 丁内酯为原料，与酚钠反应合成目标物。

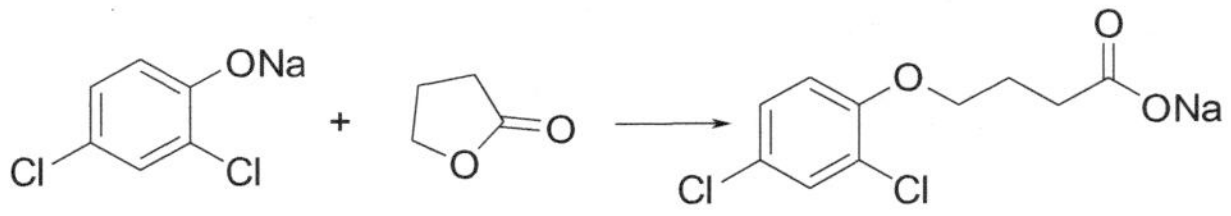

目前，传统该类除草剂常用品种结构如下。

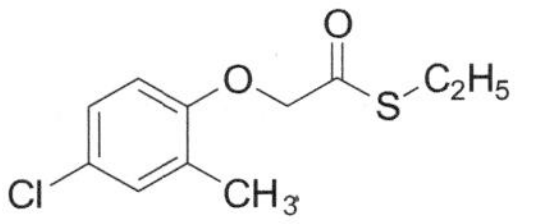

硫代 2 甲 4 氯乙酯
（MCPA-thioethyl）

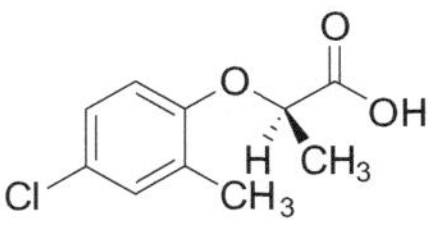

高 2 甲 4 氯丙酸
（mecoprop-p）

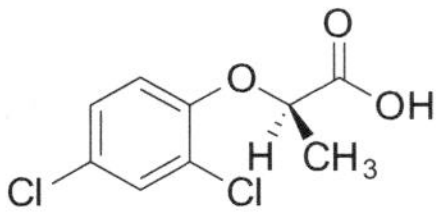

高 2,4-D 丙酸（dichlorprop-p）

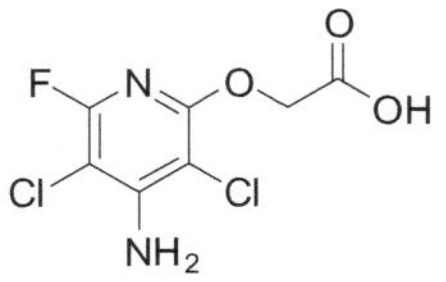

氟草烟（fluroxypyr）

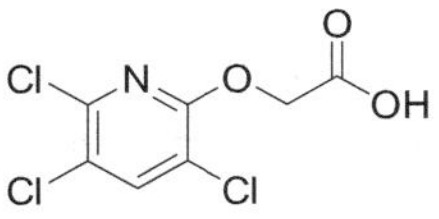

绿草定（triclopyr）

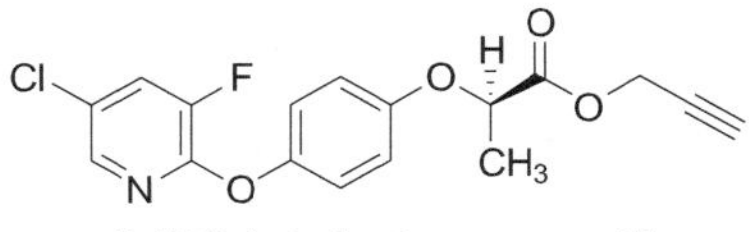

炔草酯（clodinafop-propargyl）

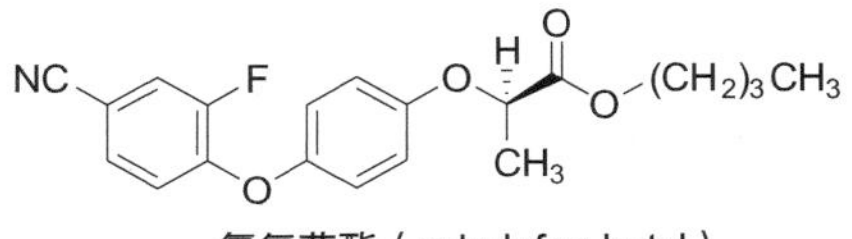

氰氟草酯（cyhalofop-butyl）

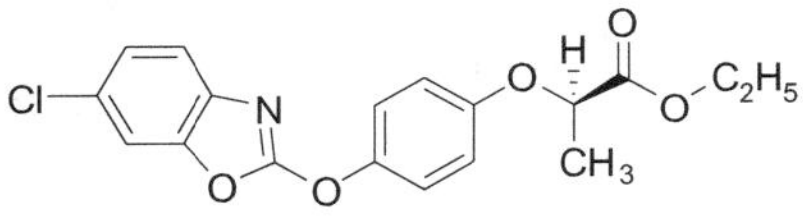

精噁唑禾草灵（fenoxaprop-p-ethyl）

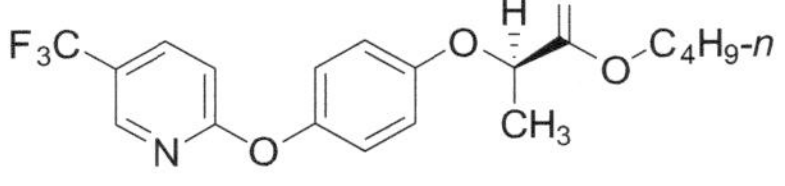

精吡氟禾草灵（fluazifop-p-butyl）

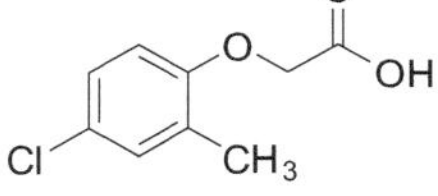

2 甲 4 氯（MCPA）

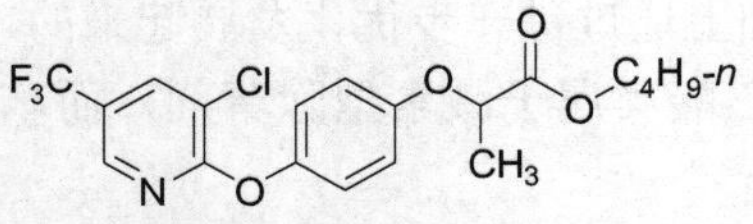

吡氟氯禾灵（haloxyfop-*p*-butyl） 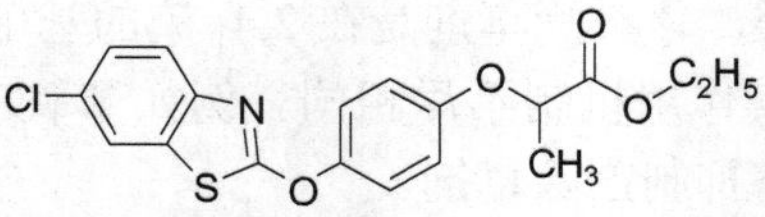　　噻唑禾草灵（fentriaprop-ethyl） 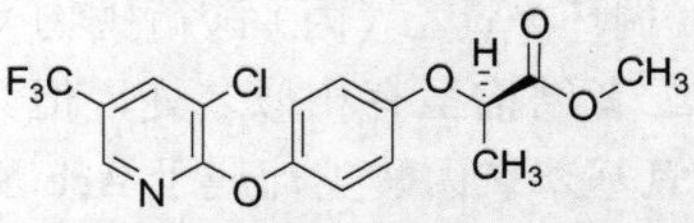　　高效氟吡甲禾灵（haloxyfop-*p*-methyl）

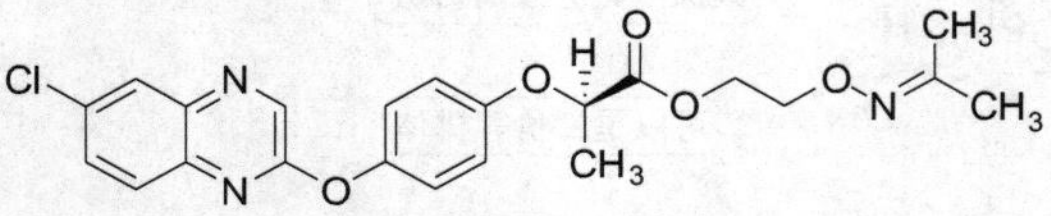

喔草酯（propaquizafop） 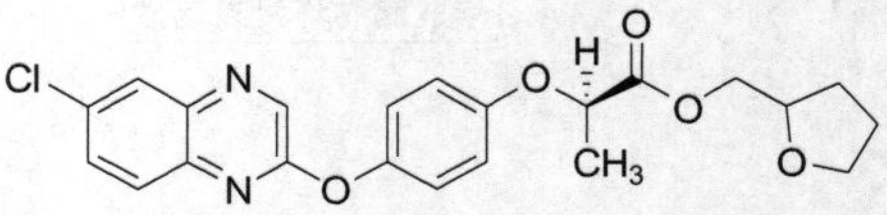　　　　　　喹禾糠酯（quizalofop-*p*-tefuryl）

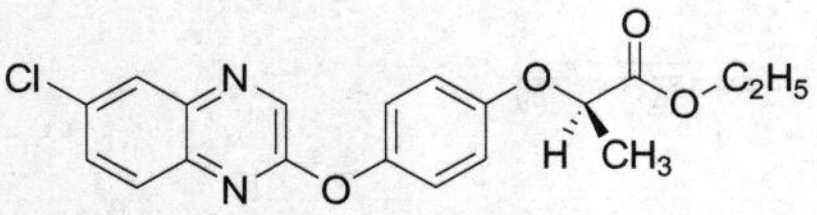

精喹禾灵（quizalofop-*p*-ethyl） 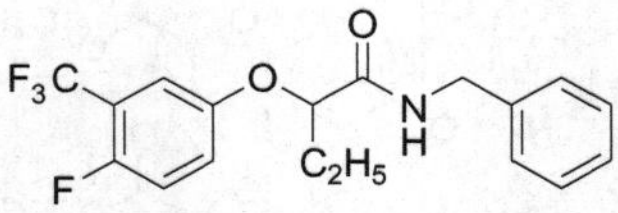　　氟啶酰胺（beflubuamid） 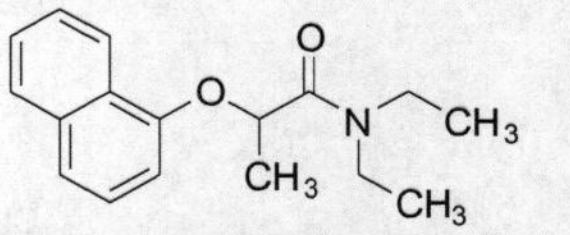　　萘氧丙草胺（napropamide）

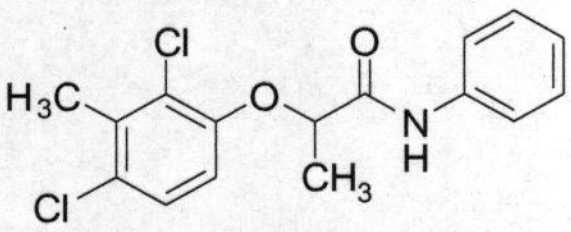

稗草胺（clomeprop） 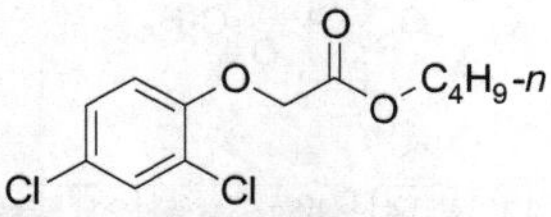　　2,4-滴丁酯（2,4-D-butylate） 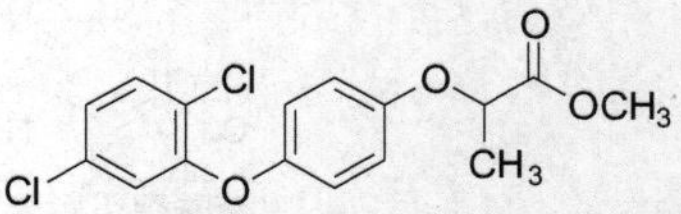　　禾草灵（diclofop-methyl）

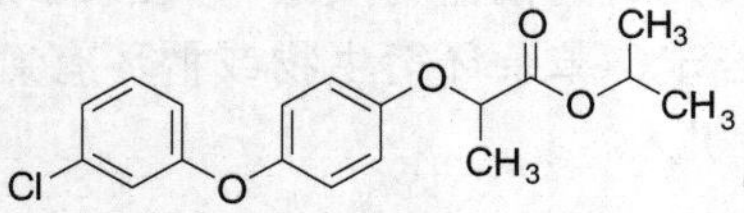

vlofop-isobutyl 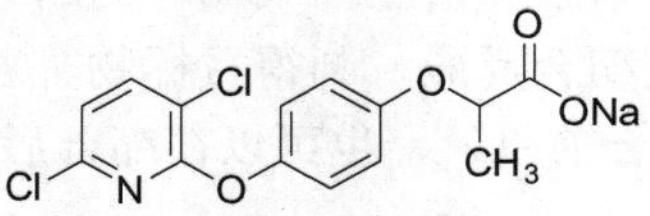　　　　pyrifenop 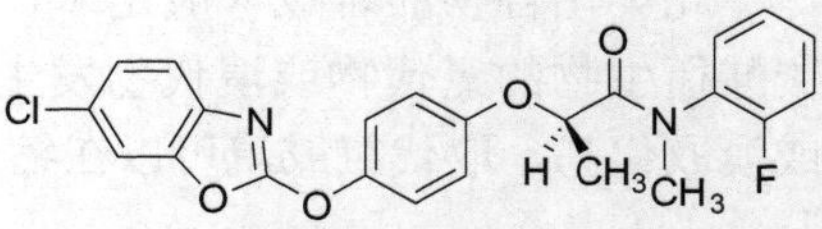　　　　噁唑酰草胺（metamifop）

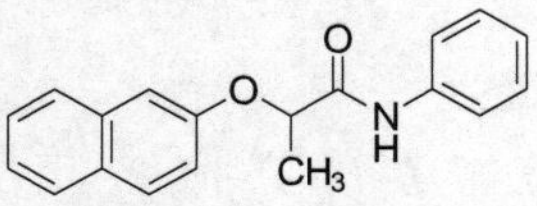

萘草胺（naproanilide） 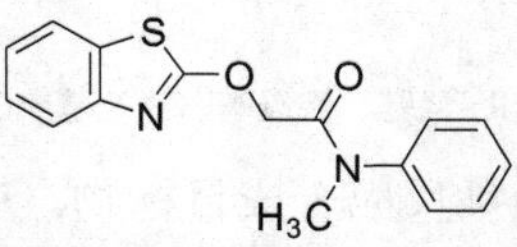　苯噻酰草胺（mefenacet） 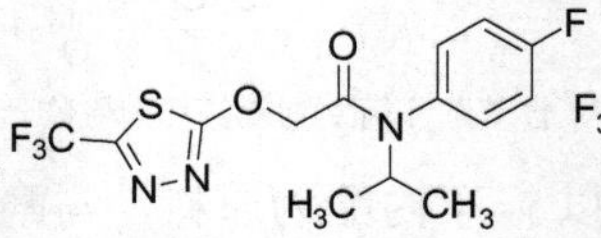　氟噻草胺（flufenacet） 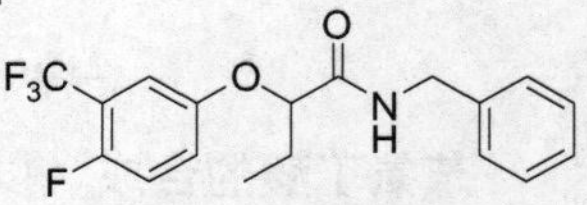　丁氟酰草胺（beflutamid）

注：在传统该苯氧羧酸类除草剂基础上创新设计的新型苯氧羧酸类除草剂有：

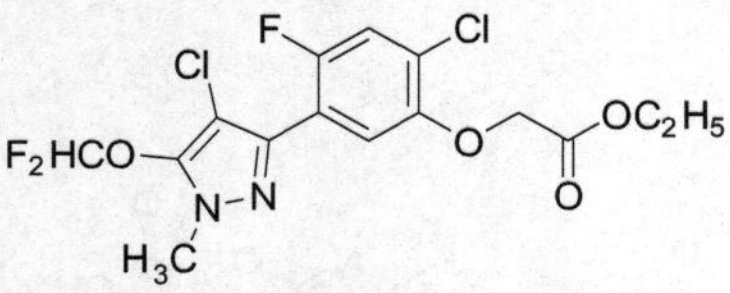

吡草醚（pyraflufen-ethyl） 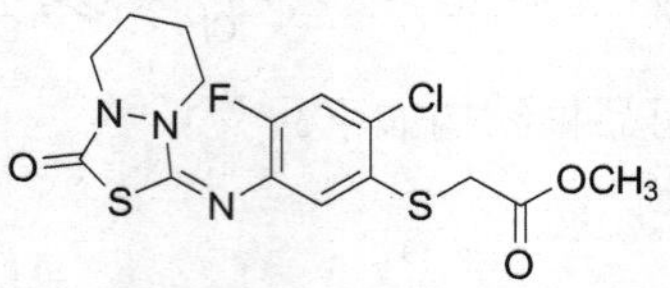　　氟噻乙草酯（fluthiacet-methyl） 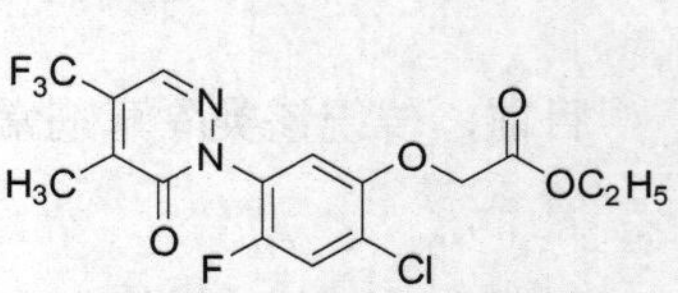　　氟哒嗪草酯（flufenpyr-ethyl）

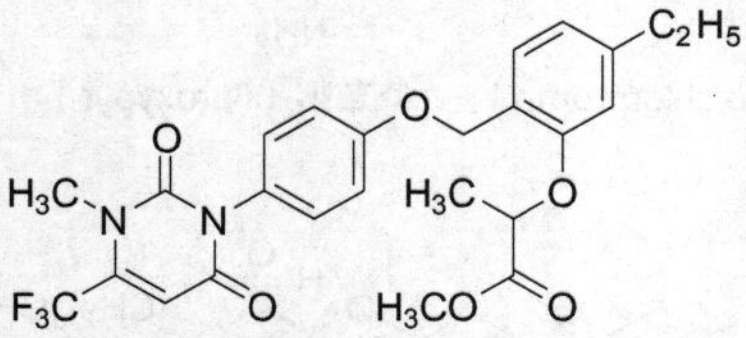

双苯嘧草酮（benzfendizone） 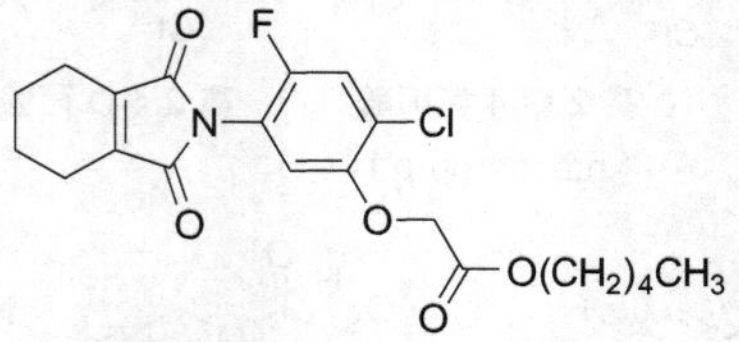　　氟胺草酯（flumiclorac-pentyl） 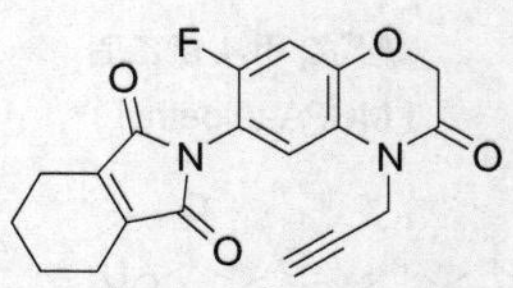　　丙炔氟草胺（flumioxazin）

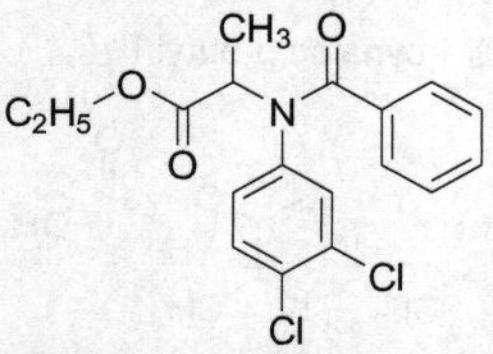

新燕灵（benzolprop-ethyl） 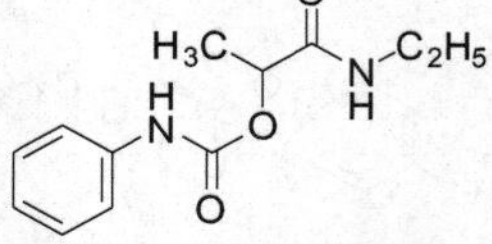　　卡草胺（carbetamide） 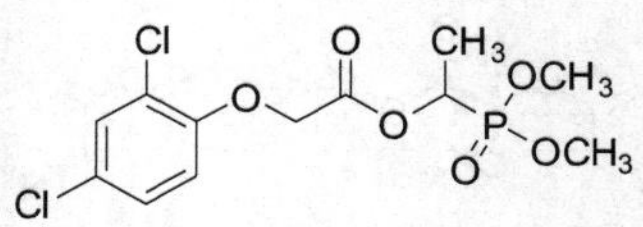　　氯酰草膦（clacyfos） 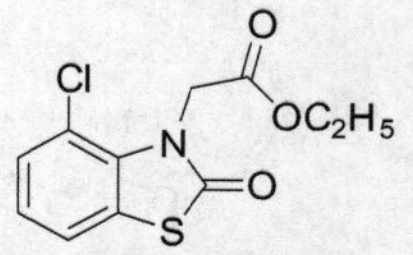　　除草灵乙酯（benazolin-ethyl）

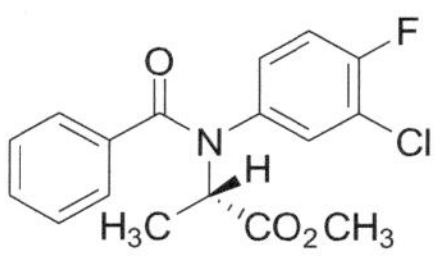

高效麦草伏甲酯（flamprop-M-methyl） 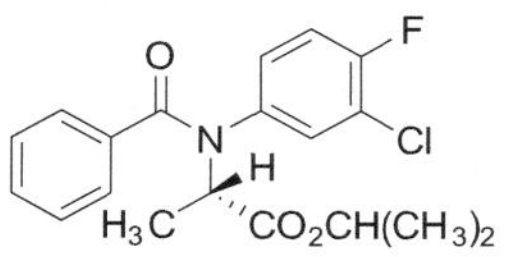　　高效麦草伏丙酯（flamprop-M-isopropyl）

5.1.2　代表性品种的结构与合成

2,4-滴(2,4-D)与2,4-滴丁酯(2,4-D-butylate)

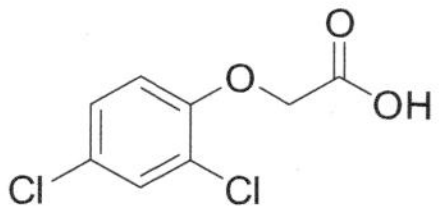

2,4-二氯苯氧乙酸 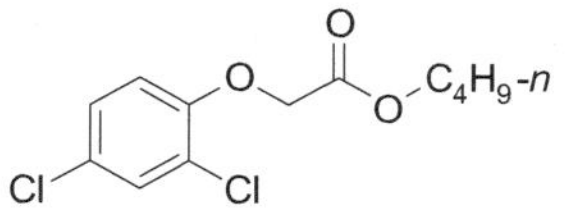　　　　　　　2,4-二氯苯氧乙酸丁酯

　　2,4-滴是最早使用的除草剂之一，1942年由美国Amchem公司合成，1945年后许多国家投入生产，得到广泛应用。一般情况下2,4-滴是以钠盐、铵盐或酯的形式使用。2,4-滴及其丁酯属于苯氧乙酸类激素型选择性除草剂，具有较强的内吸传导性，能抑制植物生长发育，使其出现畸形，直至死亡。主要用于苗后茎叶处理，防除小麦、大麦、玉米、谷子、高粱等禾本科作物田杂草，如播娘蒿、藜、蓼、芥菜、繁缕、刺儿菜、苍耳、马齿苋等阔叶杂草，对禾本科杂草无效。

　　纯品2,4-滴为白色菱形结晶或粉末，略带酚的气味。熔点140.5℃，溶解性（25℃）：水620mg/L，可溶于碱、乙醇、丙酮、乙酸乙酯和热苯，不溶于石油醚；不吸湿，有腐蚀性。其钠盐熔点215～216℃，室温水中溶解度为4.5%。其丁酯为无色油状液体，沸点169℃（266Pa），工业原油为棕褐色液体，沸点146～147℃（133Pa），熔点9℃，难溶于水，易溶于多种有机溶剂，挥发性强，遇碱分解。

　　原药大白鼠急性 LD_{50}（mg/kg）：2,4-滴375，2,4-滴钠盐660～805，2,4-滴丁酯500～1500。

合成路线

（1）2,4-滴的合成　有先氯化后缩合和先缩合后氯化两种路线。

路线一　先氯化后缩合（图5-1）。

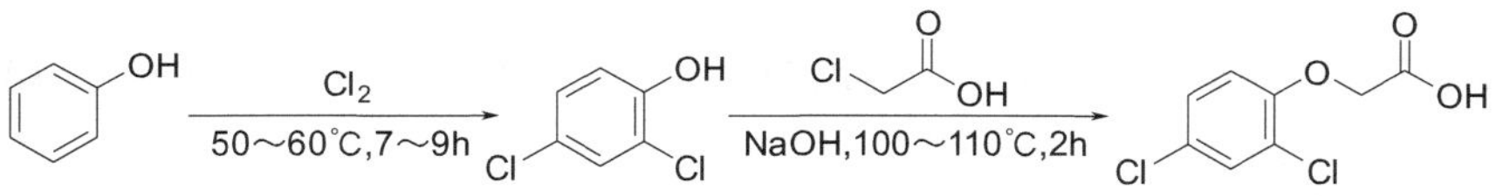

图5-1　先氯化后缩合路线

　　以苯酚为原料，用氯气氯化，氯化产物与氯乙酸钠缩合。该路线氯化终点不易控制，产品中有一氯苯酚或三氯苯酚。缩合时2,4-二氯苯酚反应不完全，产品中酚含量较高，需要用溶剂萃取，同时2,4-二氯苯酚容易树脂化，产品纯度偏低。

路线二　先缩合后氯化（图5-2）。

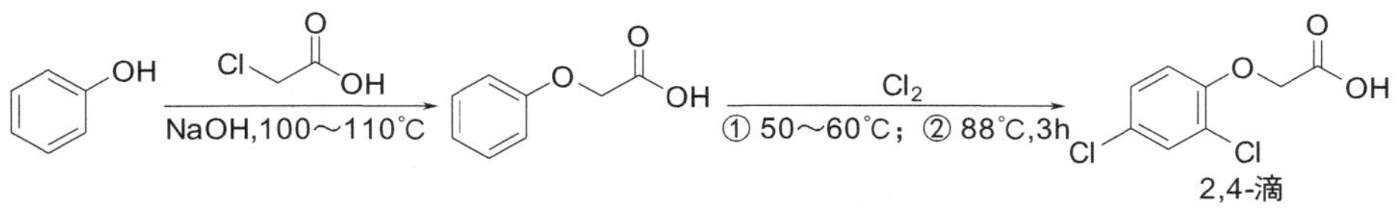

图5-2　先缩合后氯化路线

　　苯酚与氯乙酸和氢氧化钠的混合溶液反应生成苯氧乙酸，然后用氯气氯化，即可制得

2,4- 滴。氯化时可用少量碘粉作催化剂。

（2）2,4- 滴丁酯的制备　2,4- 滴与丁醇在回流条件下，即可发生酯化反应制得 2,4- 滴丁酯，反应中必须充分脱水。

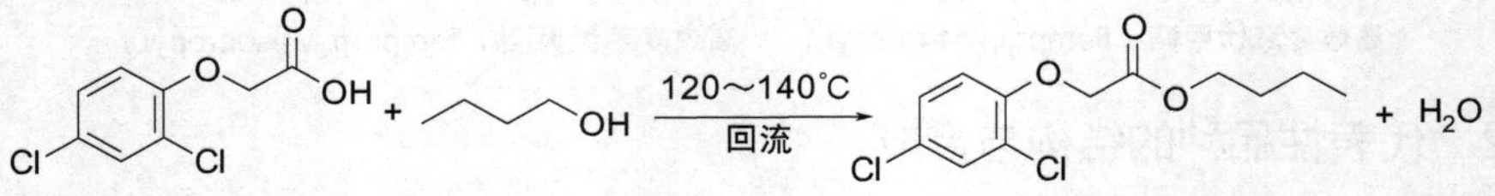

注：用与 2,4- 滴类似的合成方法，可以制得另一种苯氧羧酸除草剂如 2 甲 4 氯（2- 甲基 -4- 氯苯氧乙酸，MCPA）、2,4- 二氯苯氧乙酸异辛酯。

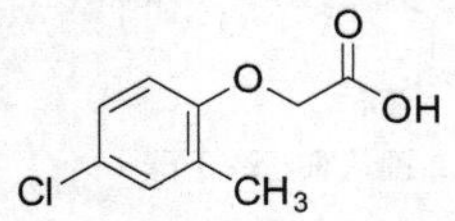

2- 甲基 -4- 氯苯氧乙酸 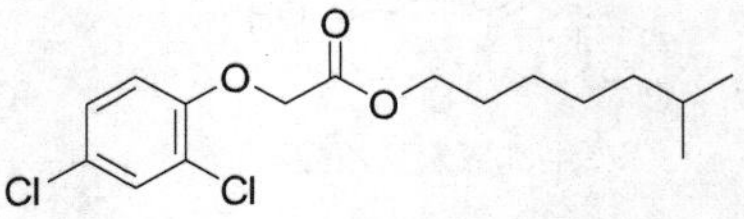　　　　　2,4- 二氯苯氧乙酸异辛酯

喹禾灵（quizalofop–ethyl）与精喹禾灵（quizalofop–*p*–ethyl）

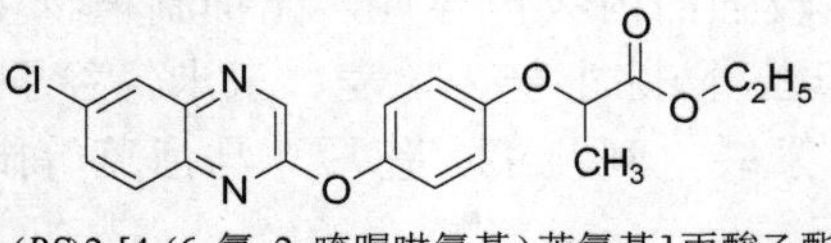

(*RS*)2-[4-(6- 氯 -2- 喹喔啉氧基）苯氧基] 丙酸乙酯 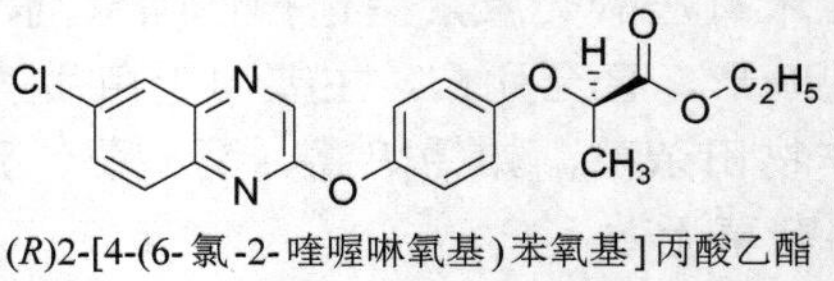　　　(*R*)2-[4-(6- 氯 -2- 喹喔啉氧基）苯氧基] 丙酸乙酯

喹禾灵 1979 年由日本日产（Nissan）化学公司开发，为高效、低毒、内吸传导、选择性芽后旱田除草剂，是 *R*、*S* 两种光学异构体的混合物。喹禾灵能有效防除阔叶作物田中禾本科杂草，如大豆、棉花、蔬菜、苹果、柑橘、橡胶等作物田中的稗草、野燕麦、马唐、看麦娘、狗尾草、牛筋草、芦苇等一年生和多年生禾本科杂草。精喹禾灵是喹禾灵中 *R* 式单一光学异构体，其除草谱与喹禾灵相同，但除草活性高于喹禾灵，适用于 60 多种阔叶作物和蔬菜、果园等，对阔叶作物安全，是近年来使用最好的除草剂品种之一。

纯品喹禾灵为白色粉末状晶体，熔点 90.5 ～ 91.6℃；溶解性（20℃，g/L）：丙酮 111，二甲苯 121，乙醇 9，苯 290，不易溶于水；在酸及碱性介质中易分解；工业品为浅黄色粉末或固体，熔点 89 ～ 90℃。

精喹禾灵原药为浅黄色粉状结晶，熔点 76 ～ 77℃，沸点 220℃（26.7Pa）；溶解性（20℃，g/L）：丙酮 650，乙醇 22，二甲苯 360。

喹禾灵原药急性 LD_{50}（mg/kg）：大鼠经口 3024.5（雄）、2791.3（雌），大鼠经皮＞2000；对眼睛有轻度刺激性。

精喹禾灵原药急性 LD_{50}（mg/kg）：大鼠经口 1210（雄）、1182（雌），小鼠经口 1753（雄）、1805（雌）；大鼠经皮＞2000。

逆合成分析　喹禾灵为苯氧羧酸类除草剂，其合成方法类似于芳基醚、二苯醚（图 5-3）。

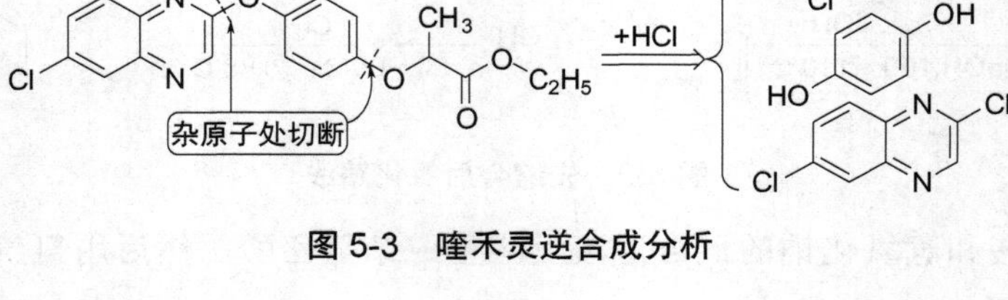

图 5-3　喹禾灵逆合成分析

合成路线 喹禾灵和精喹禾灵的合成方法相似。都是以对氯邻硝基苯胺为起始原料，对二苯酚为中间体。对于另一种重要中间体的选择差别是：喹禾灵的合成使用 2-氯代丙酸乙酯（图 5-4），而精喹禾灵的合成则使用旋光的 L(+)-乳酸（图 5-5）。

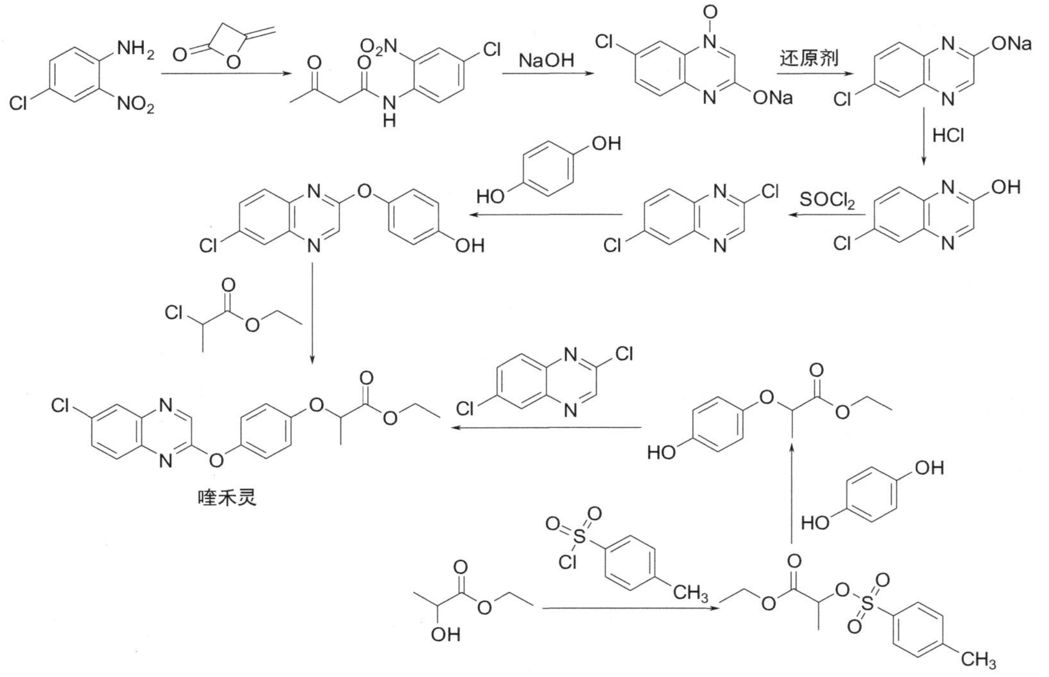

图 5-4　喹禾灵合成路线

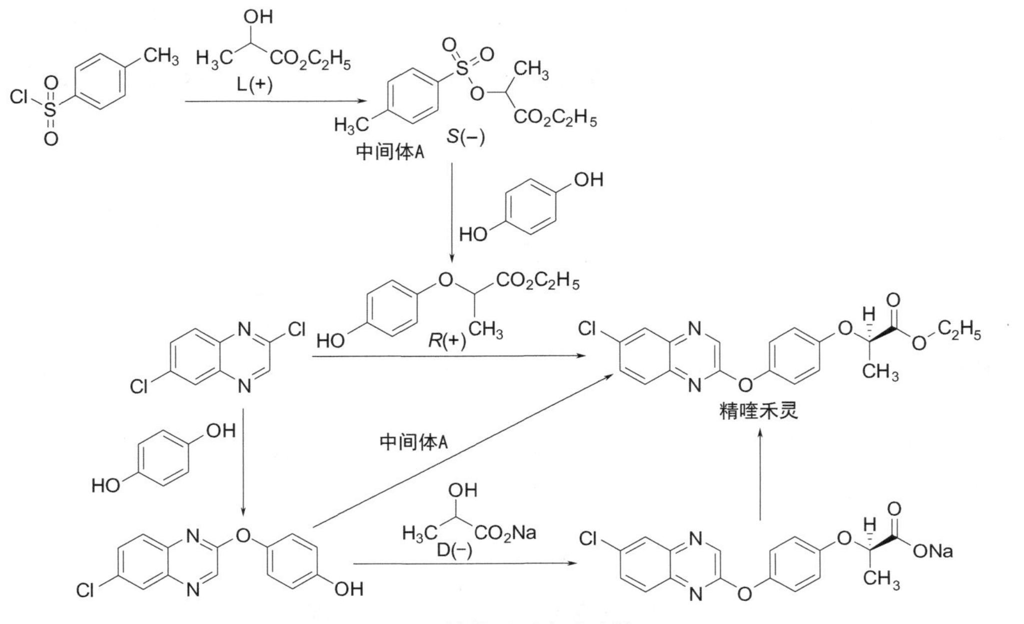

图 5-5　精喹禾灵合成路线

（1）喹禾灵的合成　以对氯邻硝基苯胺为起始原料，经过五步反应制得目标物。

① 对氯邻硝基苯胺与双乙烯酮反应

吡啶作催化剂，在甲苯中回流 2 ~ 3h，制得 N-(对氯邻硝基苯基) 乙酰乙酰胺。

② 2- 羟基 -6- 氯喹喔啉的制备

N-(对氯邻硝基苯基) 乙酰乙酰胺在碱性条件下环合生成的 6- 氯喹喔啉 -N- 氧化物的 2- 羟基盐经过还原得到 2- 羟基 -6- 氯喹喔啉。还原剂可为亚硫酸氢钠、焦亚硫酸氢钠、保险粉、硼氢化钾、硼氢化钠等。

③ 2,6- 二氯喹喔啉的制备

2- 羟基 -6- 氯喹喔啉在 DMF 中与氯化亚砜或三氯化磷反应，生成 2,6- 二氯喹喔啉。

④ 6- 氯 -2-(对羟基苯氧基) 喹喔啉的制备

2,6- 二氯喹喔啉在 N_2 保护和缚酸剂碳酸钾存在下，于 DMF 中与对苯二酚反应制得 6- 氯 -2-(对羟基苯氧基) 喹喔啉。

⑤ 喹禾灵的制备

在乙腈中有缚酸剂碳酸钾存在下，6- 氯 -2-(对羟基苯氧基) 喹喔啉与 2- 氯代丙酸乙酯反应制得喹禾灵。

（2）精喹禾灵的制备　以 L(+)- 乳酸为起始原料，经过酯化、磺酰化、醚化和缩合反应，四步制得精喹禾灵。

① 酯化反应

L(+)- 乳酸在催化剂存在下，与乙醇在苯中回流，酯化生成 S(−)- 乳酸乙酯。

② 磺酰化反应

$S(-)$- 乳酸乙酯于溶液中，在缚酸剂存在下与对甲基苯磺酰氯于 0℃反应，制得 $S(-)$- 对甲基苯磺酰乳酸乙酯。

③ 醚化反应

$S(-)$- 对甲基苯磺酰乳酸乙酯在催化剂和固体碱氢氧化钠或氢氧化钾存在下，于溶液中与对苯二酚反应，得 $R(+)$-2- 对羟基苯氧基乳酸乙酯的钠盐，再经盐酸酸化，得到 2- 对羟基苯氧基丙酸乙酯。

④ 缩合反应

2,6- 二氯喹喔啉在碳酸钾为缚酸剂条件下与 $R(+)$-2- 对羟基苯氧基乳酸乙酯在乙腈中反应，回流 8h，即制得精喹禾灵。

吡氟禾草灵（fluazifop-butyl）

2-[4-(5- 三氟甲基 -2- 吡啶氧基）苯氧基] 丙酸丁酯

吡氟禾草灵商品名稳杀得，由日本石原产业公司开发；属于内吸传导型茎叶处理剂，是脂肪酸合成抑制剂，可以迅速通过叶表面吸收，水解为 fluazifop-p，通过韧皮部和木质部转移，积累在多年生禾本科杂草的根茎和生殖根部位以及一年生和多年生禾本科杂草的分生组织部位；对禾本科杂草具有很强的杀伤作用，对阔叶作物安全；可用于防除大豆、棉花、马铃薯、烟草、亚麻、蔬菜、花生等作物田的禾本科杂草；吡氟禾草灵的 S 光学异构体没有除草活性。

吡氟禾草灵原药为无色或淡黄色液体，熔点约 5℃，沸点 170℃（66.6Pa）；溶解性（20℃）：水 1mg/L，易溶于二氯甲烷、异丙醇、甲苯、丙酮、乙酸乙酯、己烷、甲醇、二甲苯等有机溶剂。对紫外线稳定，在潮湿的土壤中迅速分解。

吡氟禾草灵原药急性经口 LD_{50}（mg/kg）：大鼠 3680（雄）、2451（雌），小鼠 1490（雄）、1770（雌）；对皮肤有轻微刺激作用，对眼睛有中等刺激作用。

合成路线 有先醚化法、后醚化法、后氟化法三条合成路线。

路线一 先醚化法（图 5-6）。

由 2- 氯 -5- 三氟甲基吡啶和对苯二酚在碱性介质中反应，制得相应的醚，然后再与 α- 氯（或溴）代丙酸丁酯缩合。

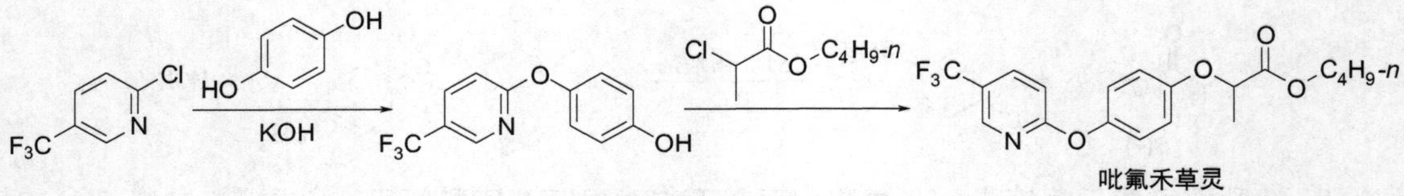

图 5-6　吡氟禾草灵合成路线（一）

路线二　后醚化法（图 5-7）。

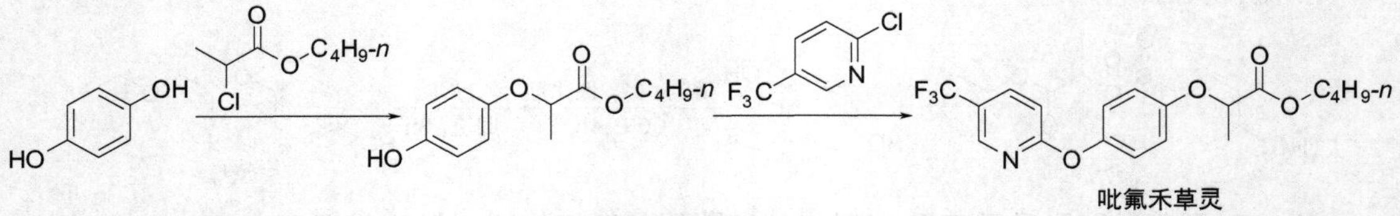

图 5-7　吡氟禾草灵合成路线（二）

将 2g 2- 氯 -5- 三氟甲基吡啶、2.8g 碳酸钾和 10mL 四丁基碘化铵混合后，在氮气保护下加入 20mL 丙酮，加热回流，在 1h 内滴加 20mL 丙酮与 2.4g 2-(4- 羟基苯氧基）丙酸丁酯混合液，回流并过滤固体，脱溶酸化（pH 6 ～ 7），萃取脱色，干燥脱溶得吡氟禾草灵，产率 76%。

路线三　后氟化法（图 5-8）。

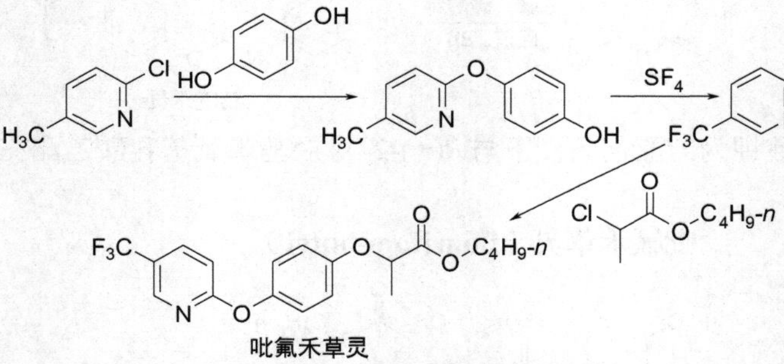

图 5-8　吡氟禾草灵合成路线（三）

2- 氯 -5- 甲基吡啶和对苯二酚在碱性介质中反应，制得的醚用 SF_4 氟化后，再与 α- 氯（或溴）代丙酸丁酯缩合。

注：用精喹禾灵类似的合成路线，可以制得精吡氟禾草灵（fluazifop-p-butyl）

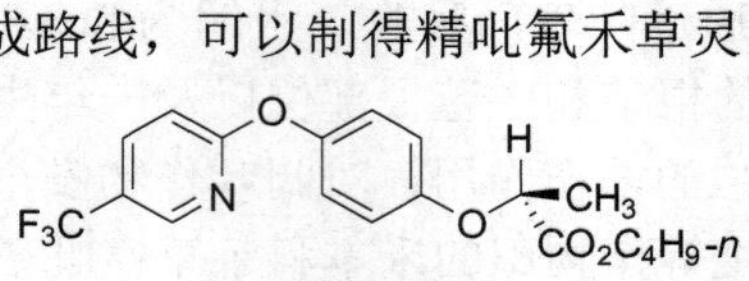

精吡氟禾草灵

(R)-2-[4-(5- 三氟甲基 -2- 吡啶氧基）苯氧基] 丙酸丁酯

噁唑禾草灵（fenoxaprop）

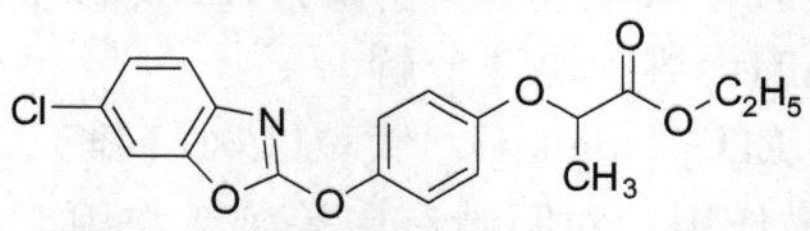

2-[4-(6- 氯 -2- 苯并噁唑氧基）苯氧基] 丙酸乙酯

噁唑禾草灵商品名骠马，由德国赫斯特（Hoechest AG）公司开发；属于脂肪酸合成抑制剂，可有效防除大豆、棉花、马铃薯、烟草、亚麻、蔬菜、花生等阔叶作物田一年生和多年生禾本科杂草。噁唑禾草灵是一外消旋体混合物，其中 S 旋光异构体没有除草活性。噁唑禾草灵相应的酸 (±)-2-[4-(6- 氯 -1,3- 苯并噁唑 -2- 基氧) 苯氧基] 丙酸又名 (±)-2-[4-(6- 氯苯并

噁唑 -2- 基氧) 苯氧基] 丙酸，具有相似的除草活性。

纯品噁唑禾草灵为白色固体，熔点 84～85℃；溶解性（25℃）：水 0.9mg/L，丙酮＞500g/kg，环己烷、乙醇＞10g/kg，乙酸乙酯＞200g/kg，甲苯＞300g/kg；对光不敏感，遇酸、碱分解。

噁唑禾草灵原药急性 LD_{50}（mg/kg）：大鼠经口 2357（雄）、2500（雌），小鼠经口 4670（雄）、5490（雌），大鼠经皮＞2000；对鼠、兔皮肤和眼睛有轻微刺激性，对鱼有毒，对鸟低毒，对蜜蜂高毒。

合成路线 有先醚化法和后醚化法两条合成路线。

路线一 后醚化法（图 5-9）。

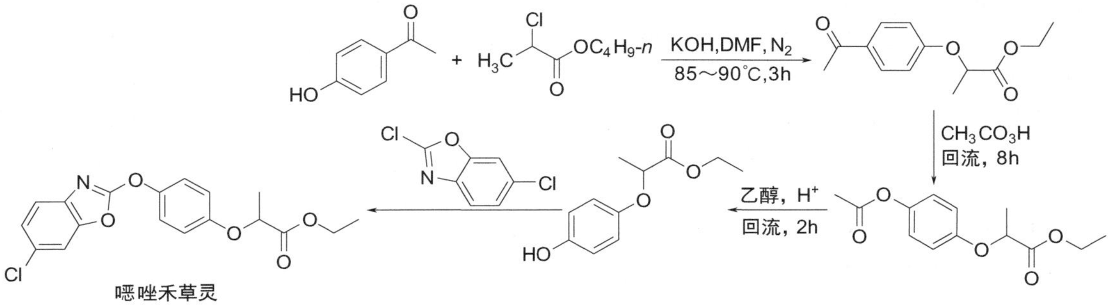

图 5-9 噁唑禾草灵合成路线（一）

实例 将碳酸钾 2g 加入 2-(4- 羟基苯氧基) 丙酸乙酯 2.0g（9.8mmol）的 25mL 乙腈溶液中，回流 1h。将反应物冷却，加入 2,6- 二氯苯并噁唑 1.8g（10.2mmol），回流反应 4h，浓缩至干。将 50mL 乙腈加入反应混合物中回流 2h，热过滤，浓缩至 25mL，冷却制得噁唑禾草灵 2.9g。

路线二 先醚化法（图 5-10）。

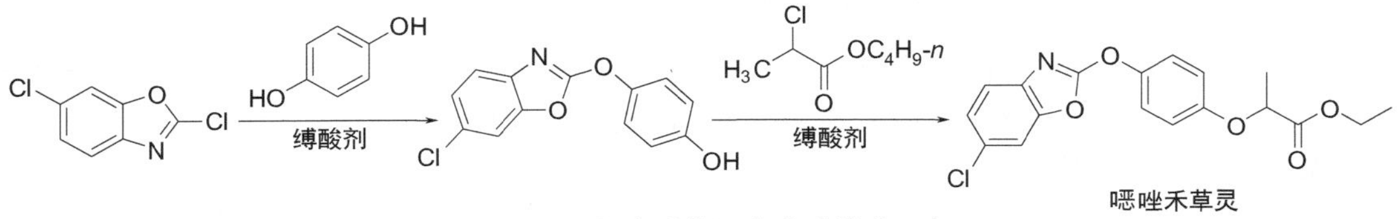

图 5-10 噁唑禾草灵合成路线（二）

4-(6′- 氯苯并噁唑 -2- 氧基) 苯酚与 α- 溴（或氯）代丙酸乙酯反应制得噁唑禾草灵。

注：① 以 2- 羟基 -6- 氯苯并噁唑、L(−)-O- 乳酸乙酯、对甲基苯磺酸酯及碳酸钾为部分起始原料，则可制得 R 体旋光活性体。

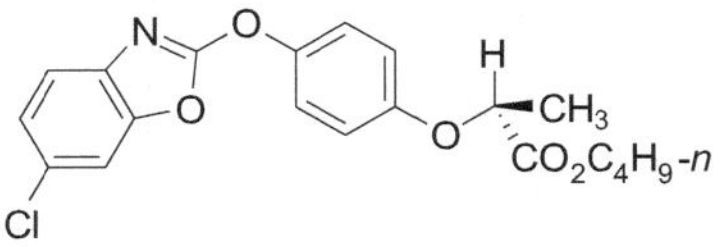

(R)-2-[4-(6- 氯 -2- 苯并噁唑氧基) 苯氧基] 丙酸丁酯

② 以类似的方法，可以制备噁唑酰草胺（metamifop）。

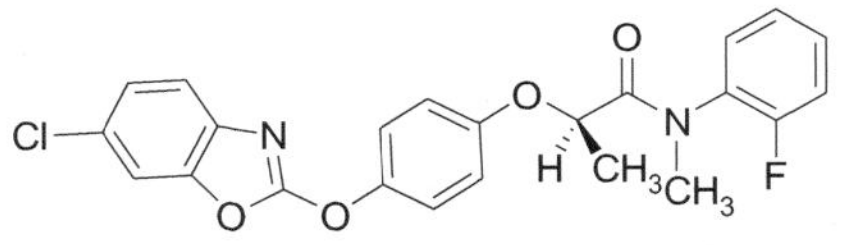

噁唑酰草胺

(R)-2-[(4- 氯 -1,3- 苯并噁唑 -2- 基氧) 苯氧基]-2′- 氟 -N- 甲基丙酰替苯胺

氟吡甲禾灵（haloxyfop–methyl）与高效氟吡甲禾灵（haloxyfop–P–methyl）

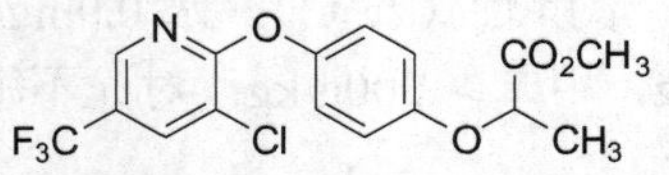

2-[4-(3-氯-5-三氟甲基-2-吡啶氧基)苯氧基]丙酸甲酯 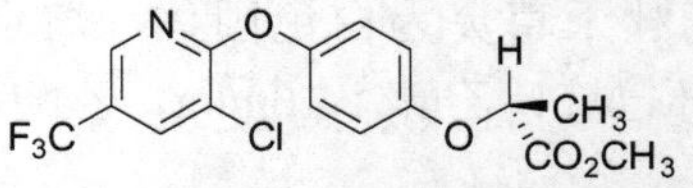　　　(R)-2-[4-(3-氯-5-三氟甲基-2-吡啶氧基)苯氧基]丙酸甲酯

氟吡甲禾灵商品名盖草能，由美国陶氏益农（Dow Elanco）公司开发。属于脂肪酸抑制剂除草剂，具有内吸传导作用，氟吡甲禾灵茎叶处理后很快被杂草吸收并传输到整个植株，水解成酸，抑制根和茎的分生组织生长，导致杂草死亡；可高效地防除大豆、棉花、马铃薯、烟草、亚麻、蔬菜、花生等阔叶作物田一年生和多年生禾本科杂草，对阔叶杂草和莎草杂草无防治效果。氟吡甲禾灵是一外消旋体混合物，其中 S 旋光异构体没有除草活性。高效氟吡甲禾灵是 R 旋光异构体，除草活性比氟吡甲禾灵提高了一倍，已经成为日本、美国的除草剂骨干品种。

纯品氟吡甲禾灵、高效氟吡甲禾灵皆为无色或白色晶体，熔点：酸 107～108℃，甲酯 55～57℃，乙酯 56～58℃；溶解性（25℃）：水（酸）43.3mg/L，甲酯 9.3mg/L，乙酯 0.58mg/L，易溶于丙酮、二氯甲烷、二甲苯、甲醇、乙酸乙酯等有机溶剂。

原药大鼠急性 LD_{50}（mg/kg）：经口＞ 500，经皮＞ 2000；对兔眼睛有轻微刺激作用。

氟吡甲禾灵合成路线　有如下两种合成方法。

路线一　见图 5-11。

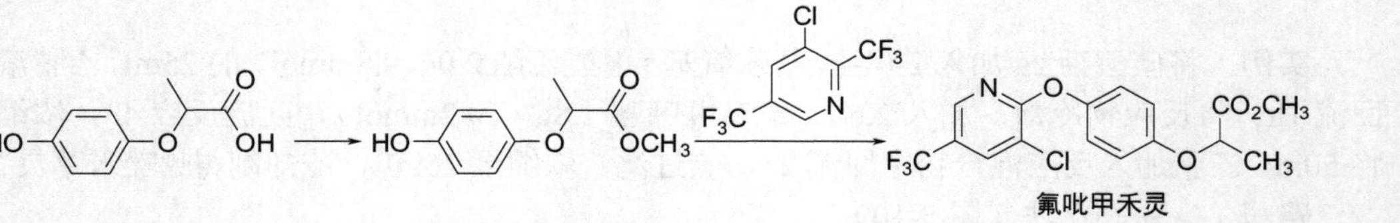

图 5-11　氟吡甲禾灵合成路线（一）

在硫酸二甲酯中将 2-(4-羟基苯氧基) 丙酸与氢氧化钠一起加热，然后于 105～110℃下与 3-氯 -2,5-双三氟甲基吡啶加热反应 45min 即得氟吡甲禾灵。

路线二　见图 5-12。

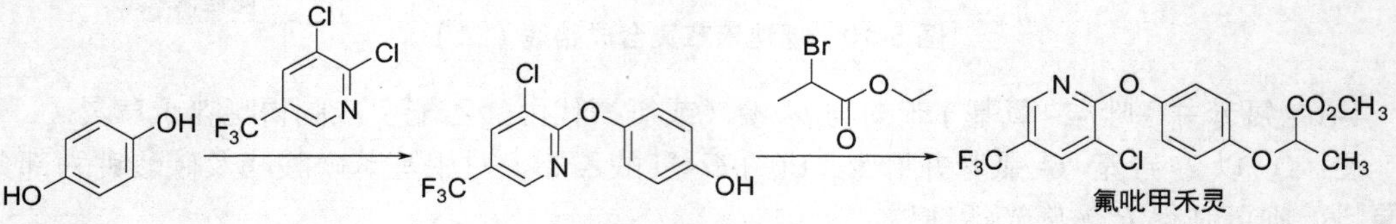

图 5-12　氟吡甲禾灵合成路线（二）

将对二苯酚、2,3-二氯 -5-三氟甲基吡啶、氢氧化钾在二甲亚砜中以氮气保护，150℃反应生成 3-氯 -2-(4-羟基苯氧基)-5-三氟甲基吡啶，然后与 2-溴丙酸乙酯及碳酸钾在丁酮中回流反应 2h，即得氟吡甲禾灵。

高效氟吡甲禾灵合成路线　有先醚化法和后醚化法两条路线。

路线一　先醚化法（图 5-13）。

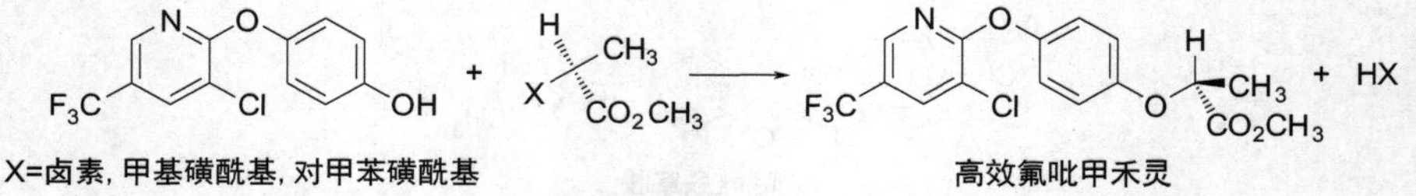

X=卤素,甲基磺酰基,对甲苯磺酰基　　　　　　　高效氟吡甲禾灵
图 5-13　高效氟吡甲禾灵合成路线（一）

在 *N,N*- 二甲基乙酰胺中在缚酸剂碳酸钾存在下，氮气保护，4-(3- 氯 -5- 三氟甲基 -2- 吡啶氧基) 苯酚与 (*S*)2- 氯代丙酸甲酯于室温反应 5 ～ 6h，之后用 CCl₄ 萃取，即可得到光学纯度的高效氟吡甲禾灵。

路线二 后醚化法（图 5-14）。

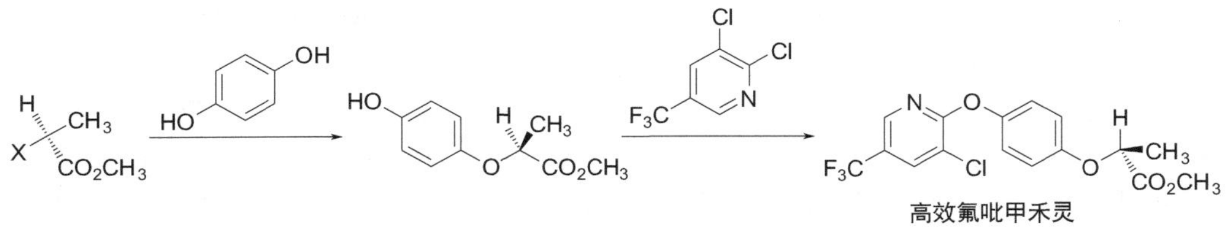

图 5-14 高效氟吡甲禾灵合成路线（二）

在 *N,N*- 二甲基亚砜中在缚酸剂碳酸钾存在下，2,3- 二氯 -5- 三氟甲基吡啶和 *R*-2-(4- 对羟基苯酚) 丙酸甲酯于 95℃反应 6h 即得到光学纯度的高效吡氟氯禾灵。

注：用类似方法，可以合成除草剂氰氟草酯（cyhalofop-butyl）及炔草酯（clodinafop-propargyl）。

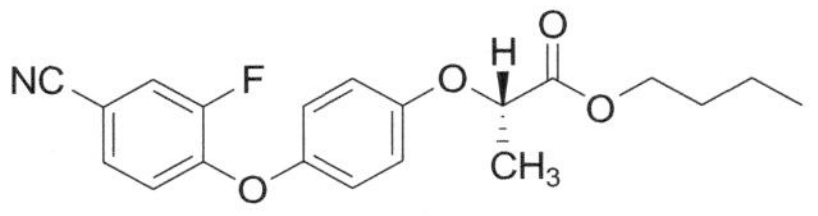

氰氟草酯

(*R*)-2-[4-(4- 氰基 -2- 氟苯氧基) 苯氧基] 丙酸丁酯

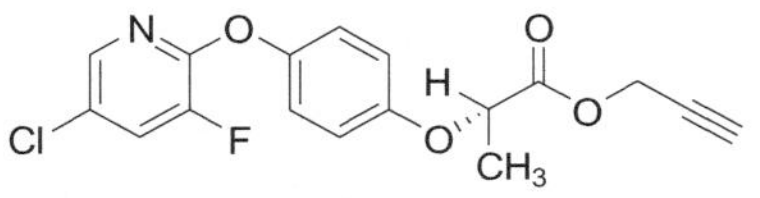

炔草酯

(*R*)-2-[4-(5- 氯 -3- 氟 -2- 吡啶氧基) 苯氧基] 丙酸炔丙酯

异噁草醚（isoxapyrifop）

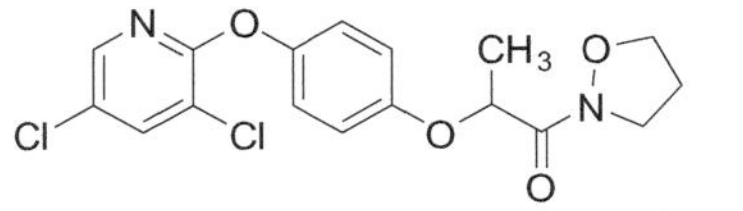

(*RS*)-2-[2-[4-(3,5- 二氯 -2- 吡啶基氧) 苯氧基] 丙酰]-1,2- 噁唑烷

异噁草醚是选择性、内吸传导型的芽后茎叶处理剂，是脂肪酸合成抑制剂。施药后药剂通过叶面吸收，当加入 0.5% ～ 2%（体积分数）植物油有助于药剂渗透，在敏感杂草体内传导到分生组织，抑制脂肪酸的生物合成，抑制分生组织使生长受抑制，除草活性与生长速度有关。异噁草醚在水稻、小麦体内降解成无活性代谢产物，对作物十分安全。可用于直播水稻、春小麦和大豆、棉花、油菜、甜菜等阔叶作物防除禾本科杂草。

纯品异噁草醚为无色晶体，熔点 121 ～ 122℃，在水中溶解度为 9.8mg/L。

异噁草醚大鼠急性经口 LD₅₀（mg/kg）：雄 500，雌 1400；急性经皮 LD₅₀（mg/kg）：大鼠＞5000，家兔＞2000；对兔眼睛有轻微刺激性。

合成路线 如图 5-15 所示。

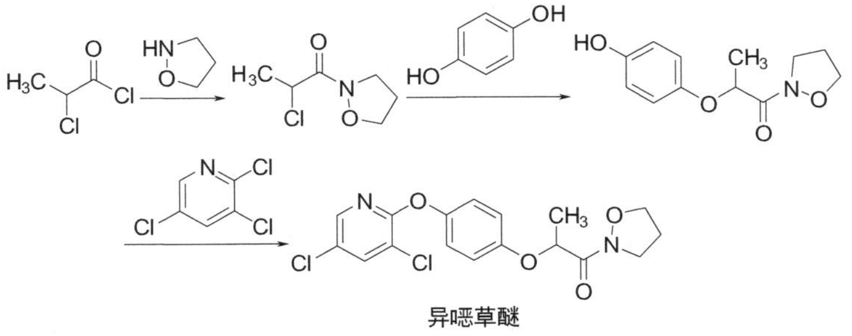

异噁草醚

图 5-15 异噁草醚合成路线

合成步骤如下：

（1）N-[(±)-2-(4- 羟基苯氧基) 丙酰基] 异噁唑烷的制备　将 N-[(±)-2- 氯丙酰基] 异噁唑烷 16.4g、对苯二酚 13.2g、无水碳酸钾 29.0g 与二甲基甲酰胺 100L 的混合物于 120 反应 2h。冷却后，反应混合物减压过滤，除去固体物质。滤液减压脱除溶剂后，残渣加入氯仿。经 1mol/L 盐酸和水洗涤，无水硫酸钠干燥后，减压脱除溶剂，得到 21.6g 浅黄色油状物。该产品经硅胶柱色谱分离纯化可得无色油状物。

（2）异噁草醚的制备　N-[(±)-2-(4- 羟基苯氧基) 丙酰基] 异噁唑烷 23.7g、2,3,5- 三氯吡啶 18.3g、无水碳酸钾 14.5g、二甲亚砜 200mL 混合搅拌，于 120℃反应 4h。反应混合物冷却后，加水和苯分层，有机相经分离后用 1mol/L 氢氧化钠水溶液洗涤，无水硫酸钠干燥，减压脱除溶剂后得浅黄色结晶固体 31.4g。用正己烷 - 乙酸乙酯重结晶获得白色结晶固体噁草醚。

氟噻乙草酯（fluthiacet−methyl）

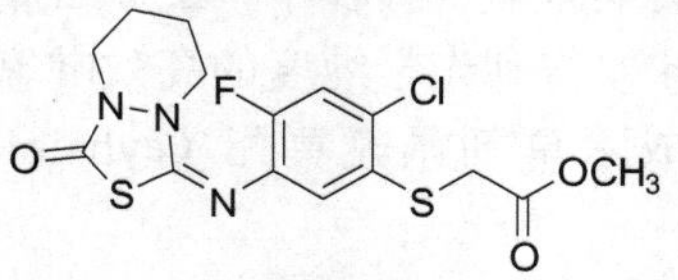

[2- 氯 -4- 氟 -5-(5,6,7,8- 四氢 -3- 氧 -1H,3H-[1,3,4] 噻二唑并 [3,4-α] 哒嗪 -1- 亚氨基) 苯硫基] 乙酸甲酯

氟噻乙草酯又名嗪草酸，是由日本组合化学公司研制并与诺华公司共同开发的高效、广谱噻二唑类除草剂，1986 年申请专利；属于原卟啉原氧化酶抑制剂，主要用于大豆、玉米田等防除阔叶杂草，如西风古、藜、蓼、马齿苋、繁缕、曼陀罗、龙葵等。

纯品氟噻乙草酯为白色粉状固体，熔点 105.0 ～ 106.5℃；溶解性（20℃，g/L）：水 0.00078，甲醇 4.41，丙酮 101，甲苯 84，乙酸乙酯 73.5，乙腈 68.7，二氯甲烷 9，正辛醇 1.86。

氟噻乙草酯原药急性 LD_{50}（mg/kg）：大鼠经口＞ 5000，兔经皮＞ 2000；对兔眼睛有轻微刺激性。

逆合成分析　氟噻乙草酯为苯硫羧酸类除草剂，有 a、b 两条合成路线（图 5-16）。

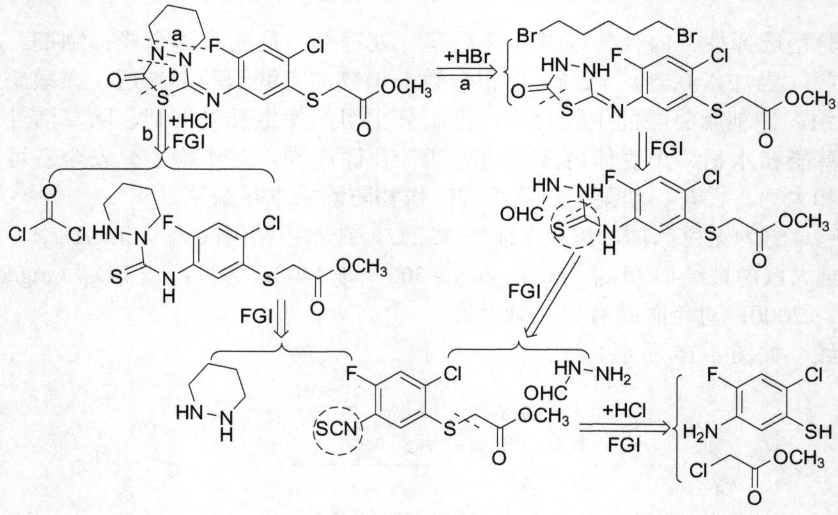

图 5-16　氟噻乙草酯逆合成分析

合成路线　主要有光气路线（图 5-17）和非光气路线。

合成步骤如下：

（1）4- 氯 -2- 氟 -5-(甲氧羰基甲硫基) 苯基异硫氰酸酯的合成　于 100mL 三口烧瓶中加

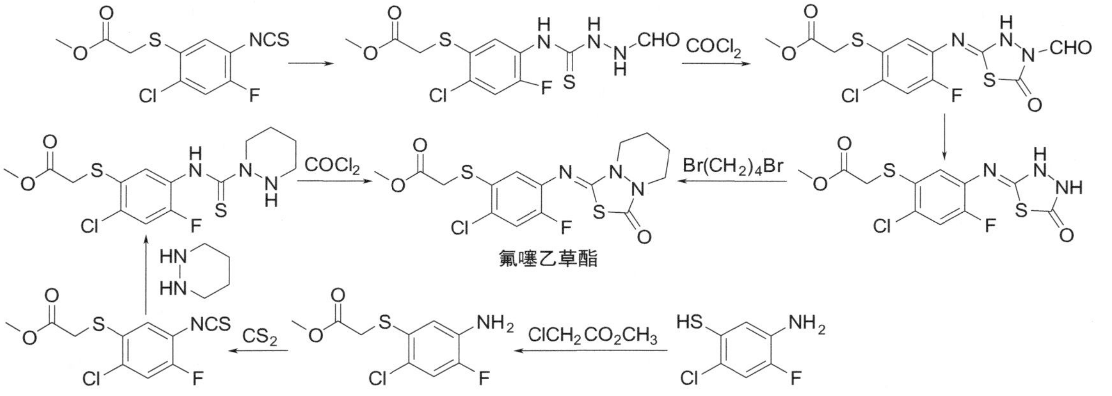

图 5-17 氟噻乙草酯的光气合成路线

入 5- 氨基 -2- 氯 -4- 氟 - 苯硫基乙酸甲酯（8.2g，33mmol）、三乙烯二胺（11.2g，100mmol）和 40mL 甲苯，室温搅拌溶解，然后于 20min 内滴加 CS₂（7.6g，100mmol），加完后继续室温搅拌 5h，析出大量固体，抽滤，用少量甲苯洗涤，烘干，得粉末状二硫代氨基甲酸盐 14g；将所得粉末悬浮于 40mL 氯仿中，冰水浴冷却至 5 ~ 10℃，慢慢滴加溶有 BTC（3.3g，11mmol）的 15mL 氯仿溶液，加完后于室温反应 1h，然后升温回流 1h 使反应完全，冷却至室温，过滤除去不溶物，滤液减压脱溶，得化合物 4- 氯 -2- 氟 -5-(甲氧羰基甲硫基) 苯基异硫氰酸酯（9.0g，94%），熔点 68 ~ 70℃。

（2）1-{[4- 氯 -2- 氟 -5-(甲氧羰基甲硫基) 苯氨基] 硫代羰基 } 六氢哒嗪的合成　将化合物 4- 氯 -2- 氟 -5-(甲氧羰基甲硫基) 苯基异硫氰酸酯（2.92g，10mmol）溶于甲苯（15mL），冰水浴冷却，搅拌；将化合物六氢哒嗪盐酸盐（1.23g，10mmol）和 NaOH（0.4g，10mmol）溶于（15mL）水中，滴加到上述溶液中，加完后继续于 0 ~ 5℃搅拌反应 2h，抽滤，烘干，得化合物 1-{[4- 氯 -2- 氟 -5-(甲氧羰基甲硫基) 苯氨基] 硫代羰基 } 六氢哒嗪（白色针状晶体，3.39g，90%），熔点 121 ~ 123℃。

（3）氟噻乙草酯的合成　将化合物 1-{[4- 氯 -2- 氟 -5-(甲氧羰基甲硫基) 苯氨基] 硫代羰基 } 六氢哒嗪（3.77g，10 mmol）溶于丙酮（25mL），加入催化剂，冷却至 0 ~ 5℃，搅拌下滴加 BTC（1.09g，11 mmol）的丙酮溶液，加完后继续于 0 ~ 5℃搅拌反应 2h，反应液经水洗，无水硫酸钠干燥后，减压脱溶，残余物经柱色谱分离（硅胶 G：乙酸乙酯 / 石油醚 =1：1）纯化，得化合物氟噻乙草酯（白色固体，3.02g，75%）。

吡草醚（pyraflufen-ethyl）

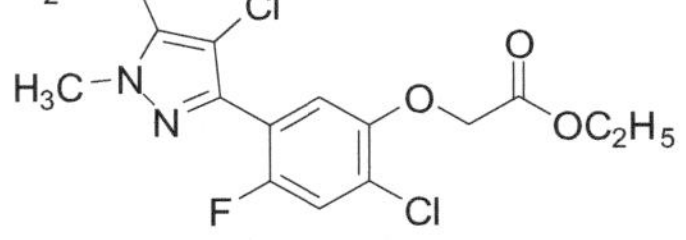

2- 氯 -5-(4- 氯 -5- 二氟甲氧基 -1- 甲基吡唑 -3- 基)-4- 氟苯氧乙酸乙酯

吡草醚商品名速草灵、霸草灵，是由日本农药公司开发的高效选择性吡唑类除草剂，1988 年申请专利；属于原卟啉原氧化酶抑制剂，主要用于麦田防除阔叶杂草如猪殃殃、虞美人、繁缕、婆婆纳、荠菜等；对猪殃殃有特效。

纯品吡草醚为奶油色粉状固体，熔点 126 ~ 127℃；溶解性（20℃，g/L）：二甲苯 41.7 ~ 43.5，丙酮 167 ~ 182，甲醇 7.39，乙酸乙酯 105 ~ 111，难溶于水。

吡草醚原药急性 LD_{50}(mg/kg)：大鼠经口＞5000、经皮＞5000；对兔眼睛有轻微刺激性。

逆合成分析 吡草醚属于吡唑类农药品种（图 5-18）。

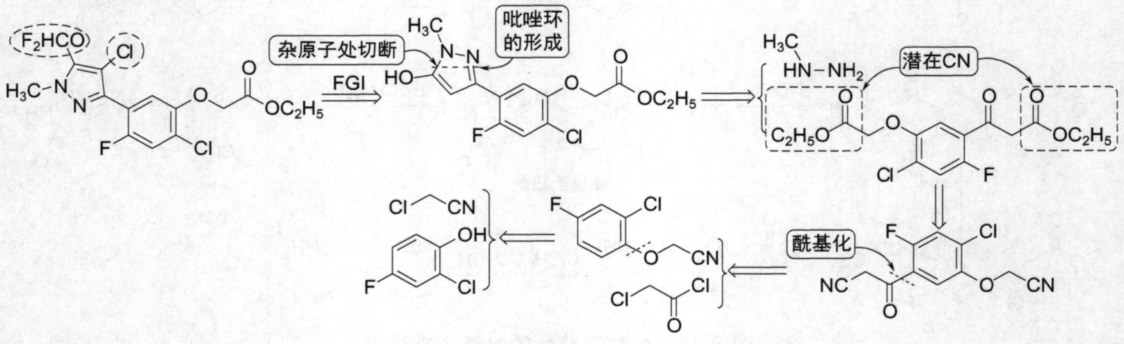

图 5-18　吡草醚逆合成分析

合成路线 如图 5-19 所示。

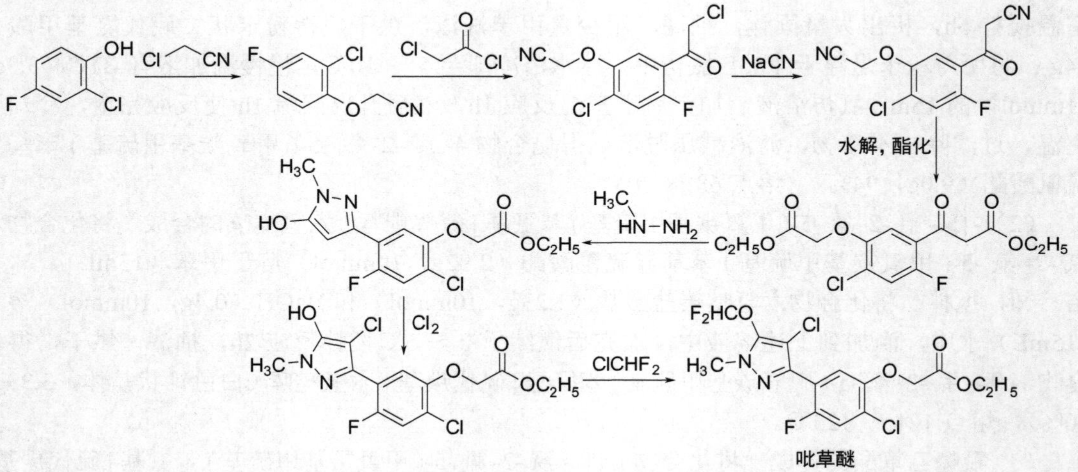

图 5-19　吡草醚合成路线

新燕灵（benzolprop-ethyl）

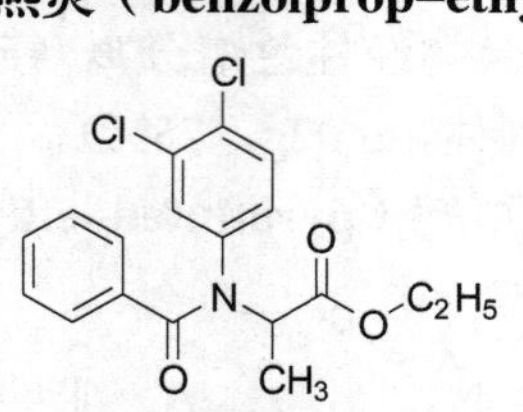

N-苯甲酰-*N*-(3,4-二氯苯基)-L-β-氨基丙酸乙酯

新燕灵为选择性内吸、茎叶处理除草剂，可用于防除麦田野燕麦等杂草。新燕灵工业品为灰白色粉末，熔点 70～71℃；溶解度（25℃，g/kg）：水 0.02，易溶于丙酮等有机溶剂。新燕灵原药经口 LD_{50}（mg/kg）：大鼠＞5000。

逆合成分析 新燕灵为酰胺类苯胺羧酸酯类除草剂（图 5-20）。

合成路线 如图 5-21 所示。

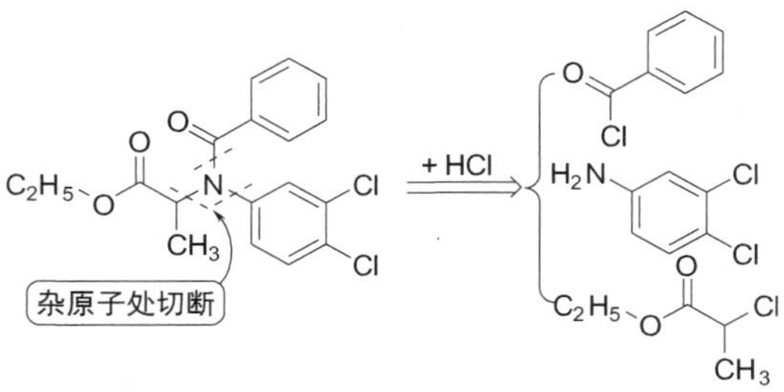

图 5-20 新燕灵逆合成分析

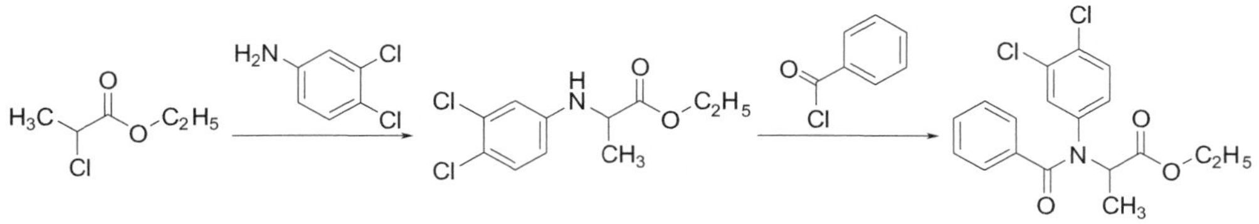

图 5-21 新燕灵合成路线

注：用类似的方法，可以制备高效麦草伏甲酯（flamprop-M-methyl）、高效麦草伏丙酯（flamprop-M-isopropyl）等酰胺类苯胺羧酸酯类除草剂。

高效麦草伏甲酯

高效麦草伏丙酯

5.2 脲类及磺酰脲类除草剂

5.2.1 脲类除草剂

脲类除草剂的结构如下所示。

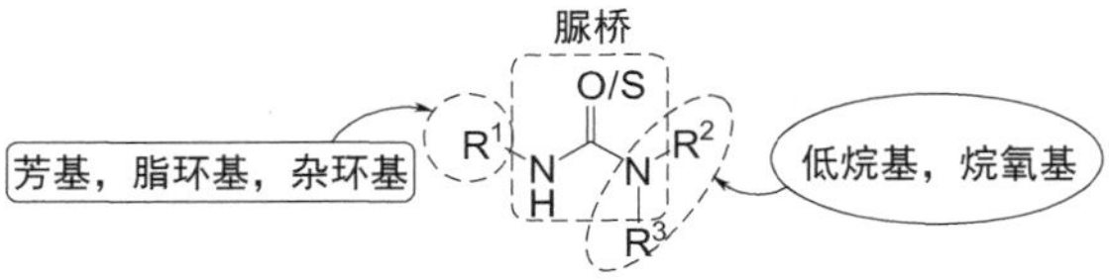

大多数脲类除草剂品种水溶性低、脂溶性差、化学性质稳定、耐酸碱、抗光解、不挥发，主要防除对象为一年生阔叶杂草。

合成路线 通常有光气法、三氯乙酰氯法。

（1）光气法 此为工业上常用方法，先生成芳基异氰酸酯，然后再与相应的胺反应制得目标化合物，如利谷隆的制备。

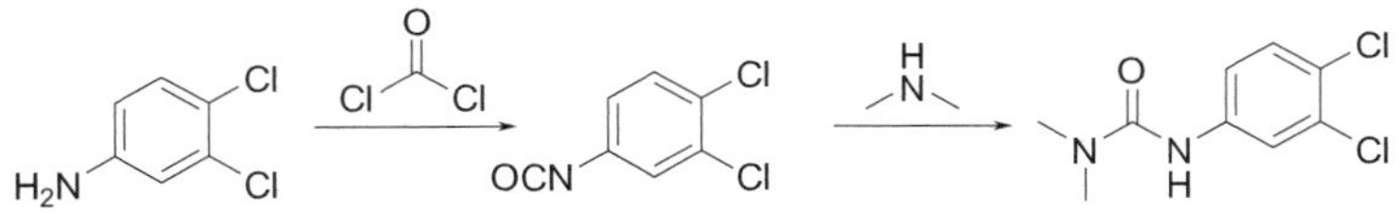

利谷隆

反应在惰性溶剂如二甲苯、氯苯等中进行，收率可大于90%。

也可先用光气与脂肪胺反应，再与芳香胺缩合。

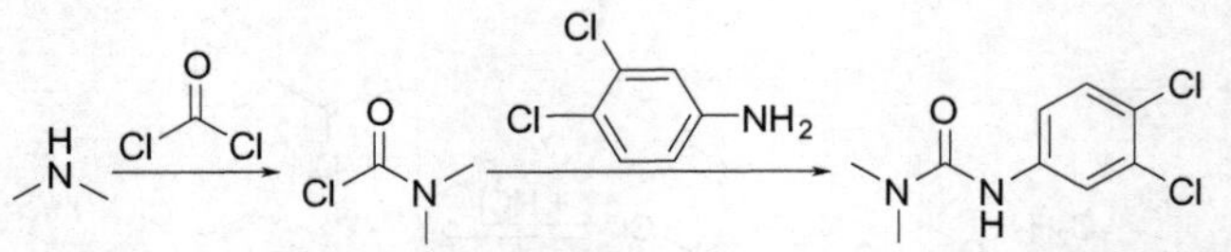

芳基异氰酸酯也可在室温与甲氧基胺反应，产物在甲醇及氢氧化钠水溶液中用硫酸二甲酯处理制得脲。

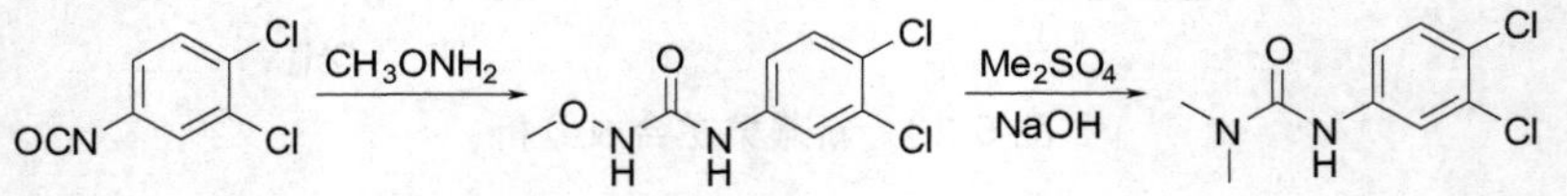

芳基异氰酸酯还可与羟胺盐酸盐反应后，再进行甲基化。

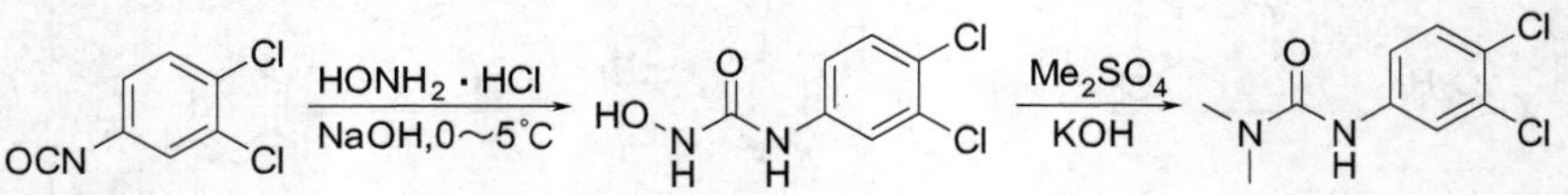

（2）三氯乙酰氯法　以三氯乙酰氯为原料，先后与芳香胺、脂肪胺反应。三氯乙酰氯可以起到与光气相同的反应效果。

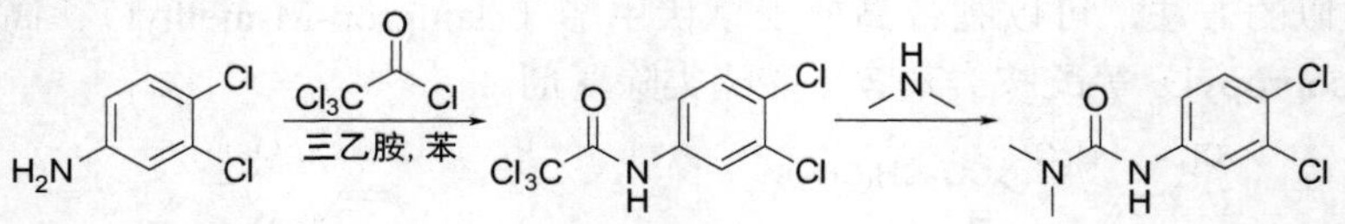

传统脲类除草剂常见品种如下。

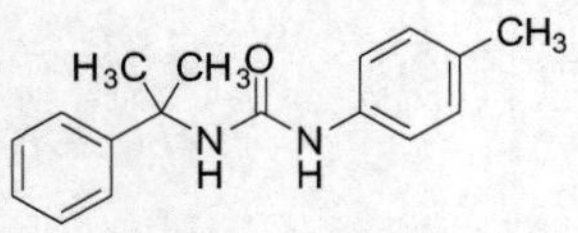

杀草隆（daimuron）

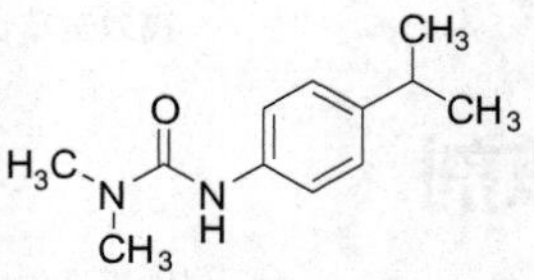

异丙隆（isoproturon）

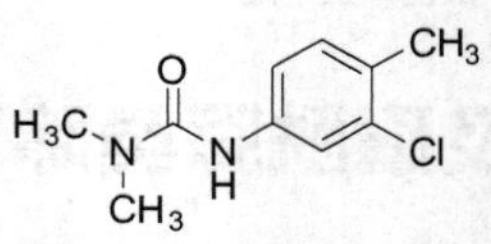

绿麦隆（chlorotoluron）

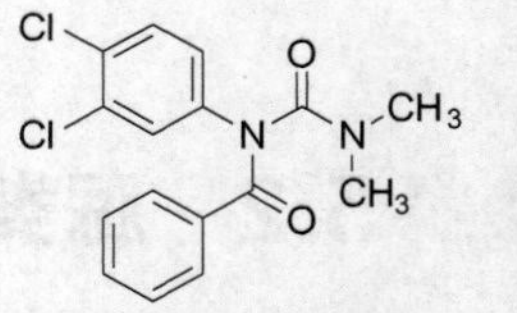

酰草隆（phenobenzuron）

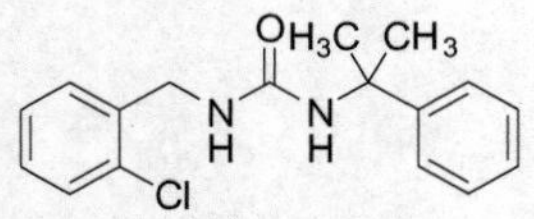

苄草隆（cumyluron）

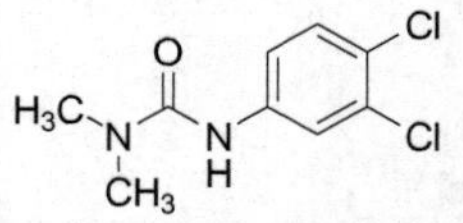

敌草隆（diuron）

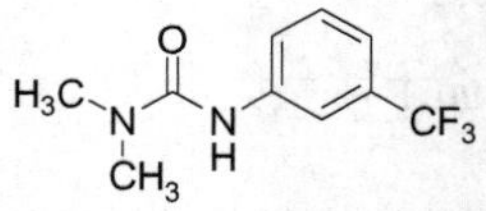

伏草隆（fluometuron）

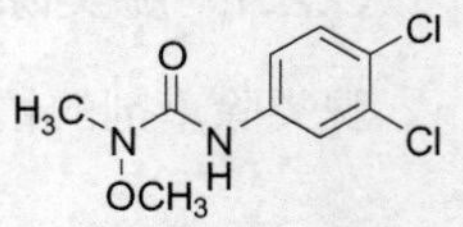

利谷隆（linuron）

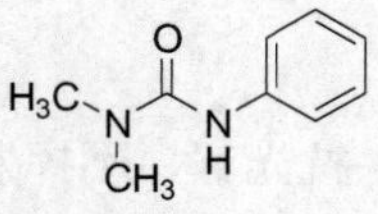

非草隆（fenuron）

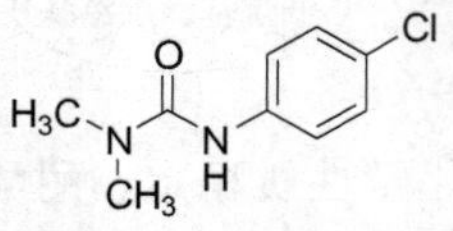

灭草隆（monuron）

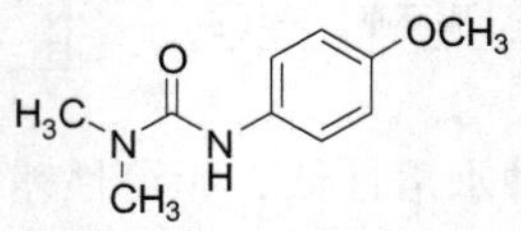

甲氧隆（metoxuron）

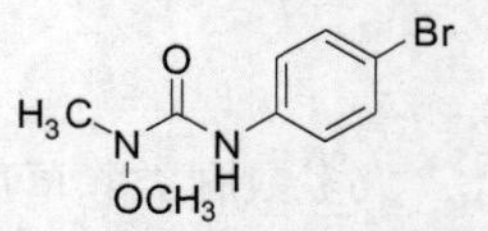

溴谷隆（metobromuron）

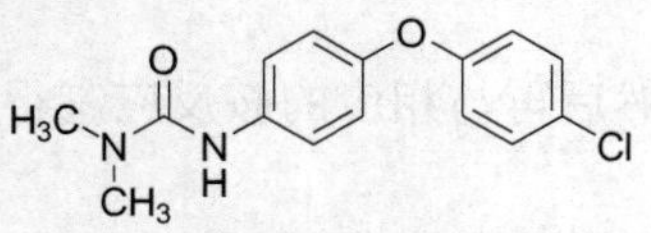

枯草隆（chlorxuron）

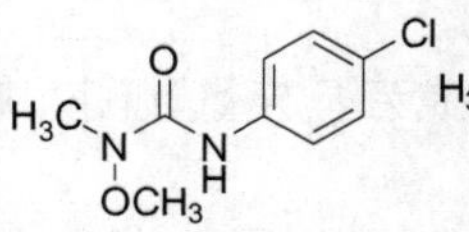

绿谷隆（monolinuron）

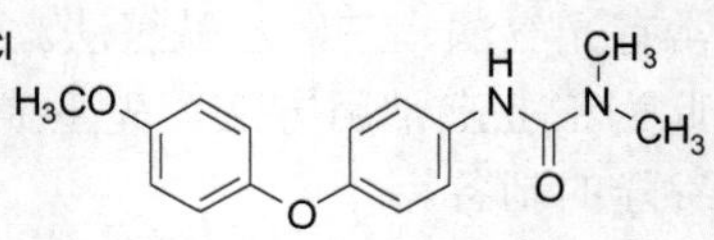

枯溴隆（difenoxuron）

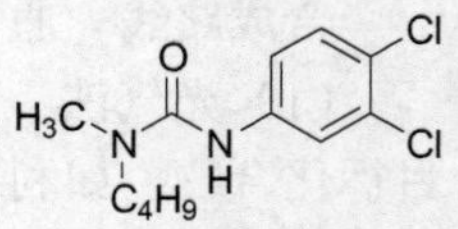

草不隆（neburon）

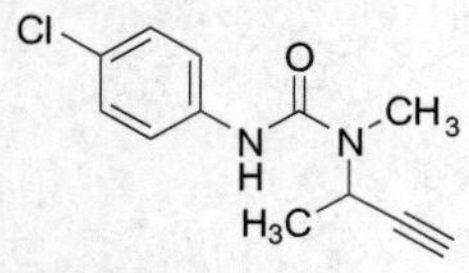

炔草隆（buturon）

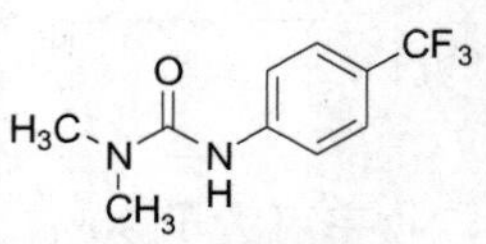

对氟隆（parofluron）

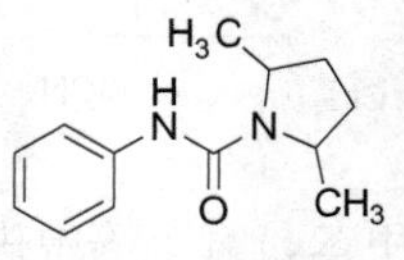

落草胺（cisanilide）

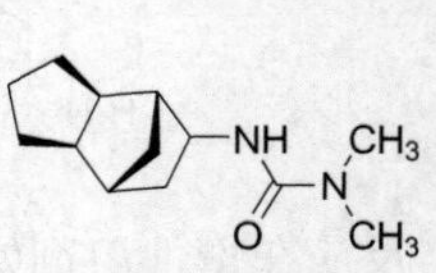

草完隆（noruron）

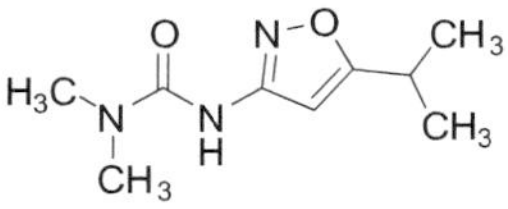

异噁隆（isouron） 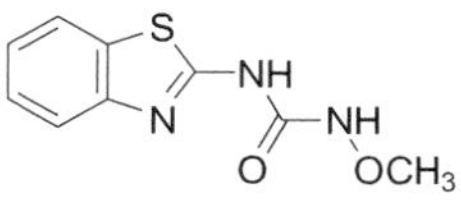　　苯噻隆（benzthiazuron） 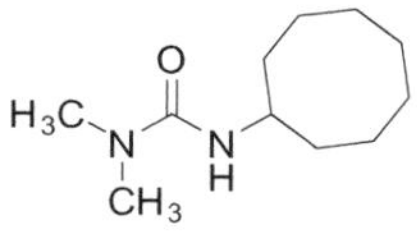　　环秀隆（cycluron） 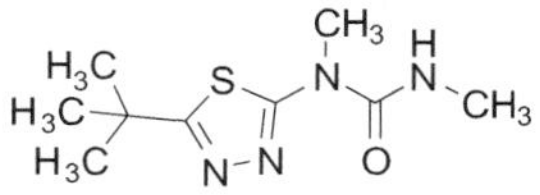　　特丁噻草隆（tebuthiuron）

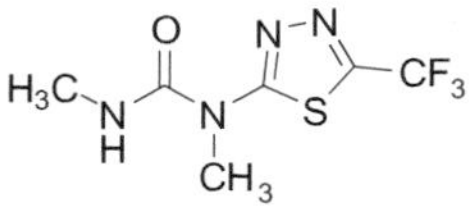

噻氟隆（thiazfluron） 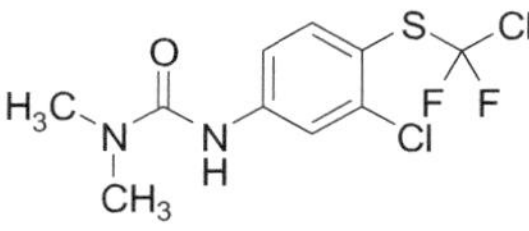　　氟硫隆（flurothiuron） 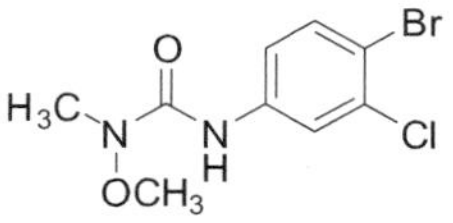　　绿秀隆（chlormuron） 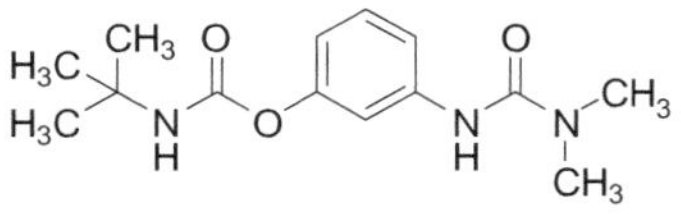　　隆草特（karbutilate）

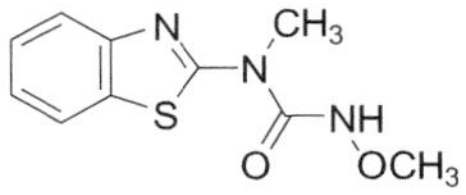

甲基苯噻隆（methabenzthiazuron）

异丙隆（isoproturon）

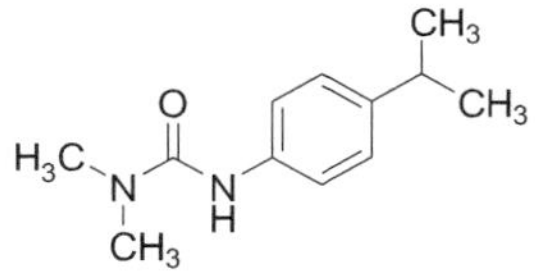

N'-(4-异丙苯基)-*N*, *N*-二甲基脲或3-(4-异丙苯基)-1,1-二甲基脲或3-对枯烯基-1,1-二甲基脲

　　异丙隆为光合作用电子传递抑制剂，由 Ciba-Geigy（现 Syngenta）公司研制，德国郝斯特（现安万特）公司开发，1970 年申请专利。属于苗前、苗后取代脲类选择性除草剂，通常用于冬小麦、春小麦、大麦田除草，也可用于玉米等作物田除草；可有效防除一年生禾本科杂草和许多一年生阔叶杂草，如马唐、早熟禾、看麦娘、小藜、春蓼、田芥菜、大爪菜、繁缕、苋属等。

　　纯品异丙隆为无色晶体，熔点 158℃；溶解性（20℃）：水 65mg/L，二氯甲烷 63g/L、甲醇 75g/L、二甲苯 4g/L、丙酮 38g/L；在强酸、强碱介质中水解为二甲胺和相应的芳香胺。

　　异丙隆原药急性 LD_{50}（mg/kg）：大鼠经口 1826～2457，小白鼠经口 3350；大鼠经皮＞2000。

　　逆合成分析　异丙隆为脲类除草剂，属于脲结构化合物，有以下三种逆合成路线（图 5-22）。

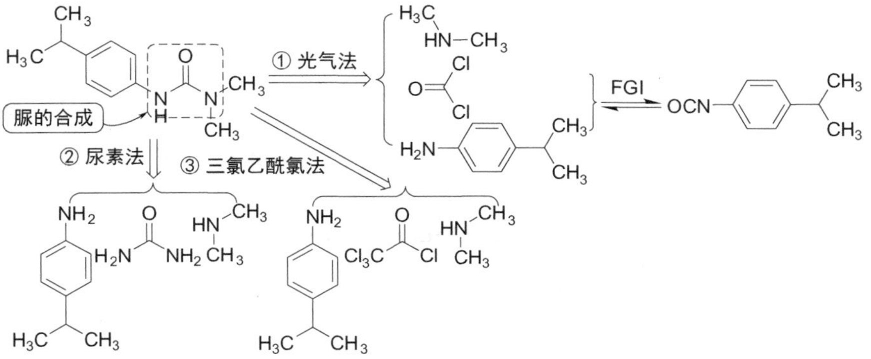

图 5-22　异丙隆逆合成分析

合成路线　如图 5-23 所示。

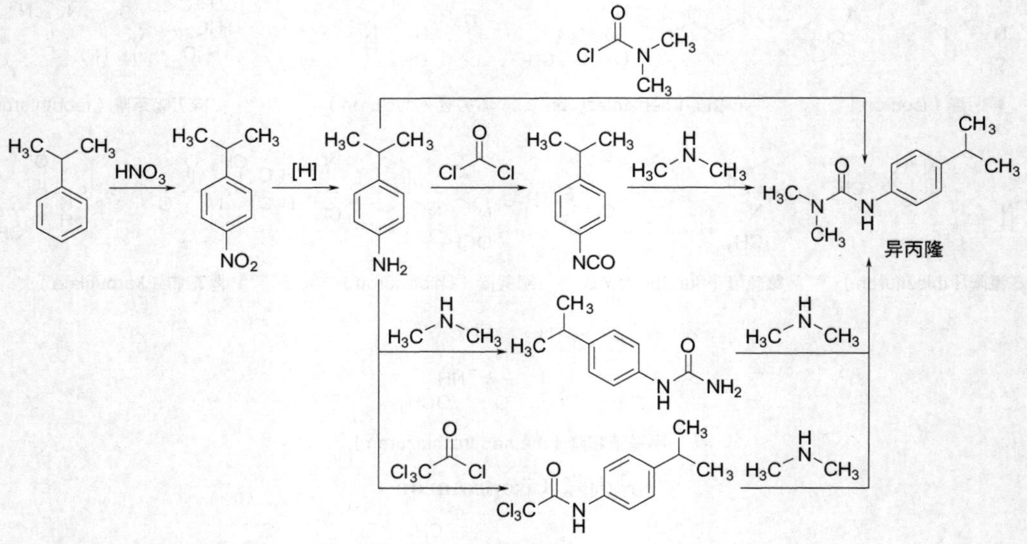

图 5-23　异丙隆合成路线

（1）光气法

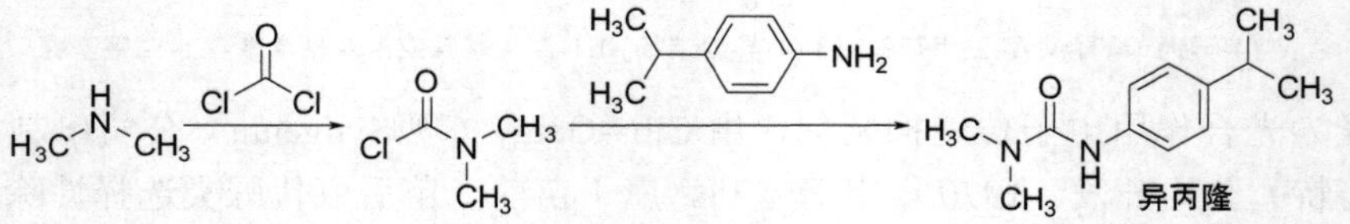

（2）非光气法

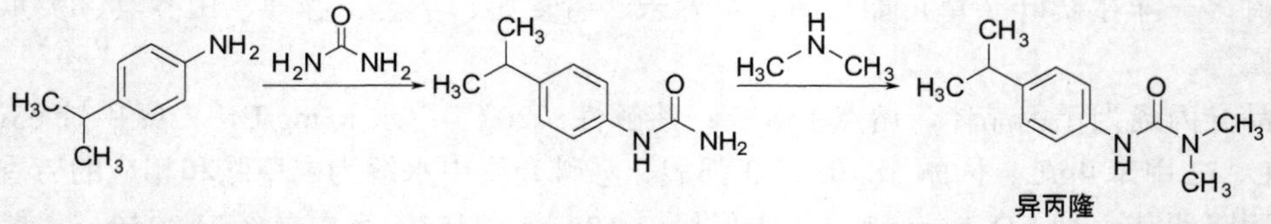

以尿素代替光气在水溶液中与对异丙基苯胺反应，生成中间体对异丙基苯脲，然后加二甲胺水溶液反应得到异丙隆，总收率 76%。

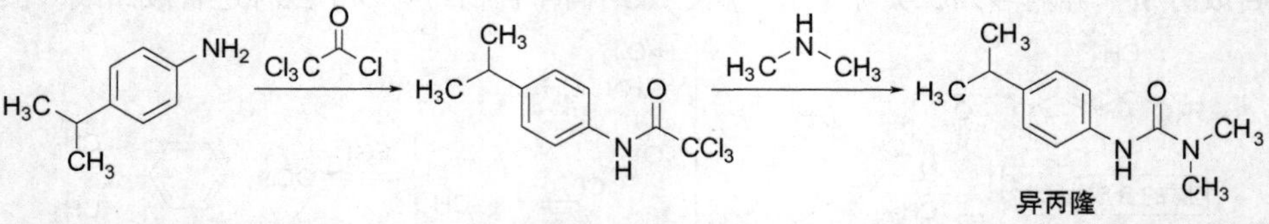

将对异丙基苯胺与三氯乙酰氯反应制得对异丙基三氯乙酰胺，在无机碱的催化作用下与二甲胺于 60 ～ 80℃反应 0.5h，得到 95% 收率异丙隆。

杀草隆（daimuron）

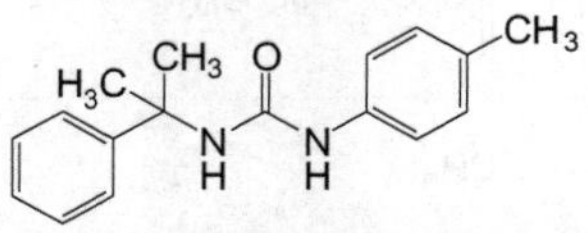

1-(1-甲基-1-苯基乙基)-3-对甲苯基脲

杀草隆又名莎草隆，由日本昭和电工公司开发，1972 年申请专利。属于内吸传导型细胞分裂抑制剂，对莎草科杂草有特效，主要用于水稻田防除莎草科杂草；亦可用于棉花、玉米、小麦、大豆、胡萝卜、甘薯、向日葵、果树等防除扁杆藨草、异形莎草、牛毛草、香附子等莎科杂草；对其他禾本科杂草和阔叶杂草无效。

纯品杀草隆为无色或白色针状结晶，熔点 203.2℃；溶解性（20℃，g/L）：水 0.0012，甲醇 10，丙酮 16，苯 0.5。杀草隆原药急性 LD_{50}（mg/kg）：大、小鼠经口 > 5000，大鼠经皮 > 2000。

合成路线 有对甲苯脲法、异氰酸酯法、酰氯法、尿素法四种合成路线。

（1）对甲苯脲法 对甲苯脲与氯代异丙苯在乙腈中进行反应（图 5-24）。

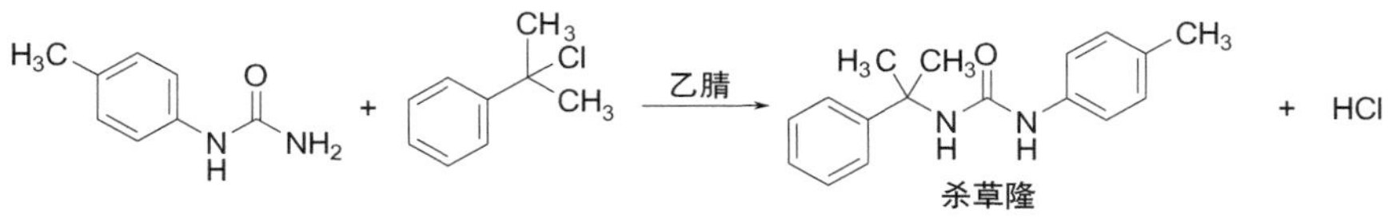

图 5-24 对甲苯脲法

（2）异氰酸酯法 有 α,α- 二甲基苄基异氰酸酯法与对甲基苯基异氰酸酯法。

① α,α- 二甲基苄基异氰酸酯法（图 5-25）。

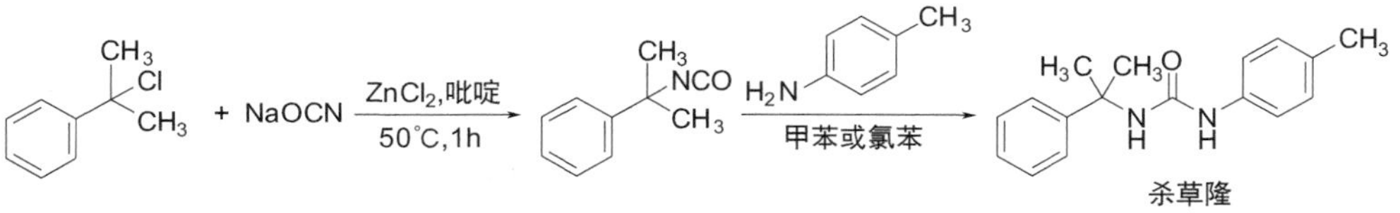

图 5-25 α,α- 二甲基苄基异氰酸酯法

α,α- 二甲基苄氯与异氰酸钠在乙酸乙酯中反应，以吡啶和金属氯化物催化，生成的 α,α- 二甲基苄基异氰酸在甲苯或氯苯中与对甲苯胺反应，几乎定量地生成杀草隆。此法条件缓和、原料易得、"三废"少，工业生产意义大。

② 对甲基苯基异氰酸酯法（图 5-26） 对甲基苯基异氰酸酯与 α,α- 二甲基苄基胺反应。

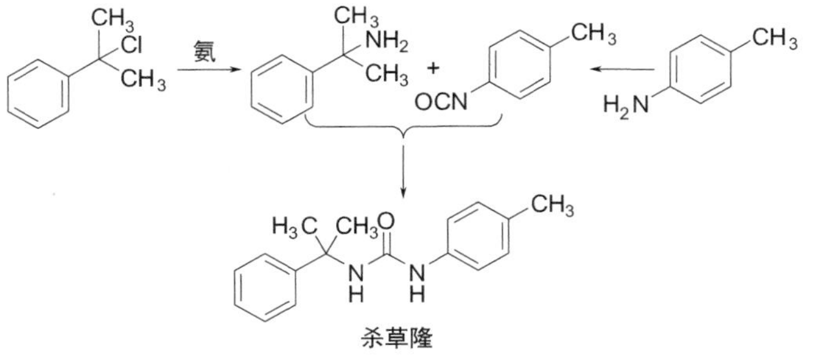

图 5-26 对甲基苯基异氰酸酯法

（3）酰氯法 此法以 α,α- 二甲基苄基胺为原料（图 5-27）。

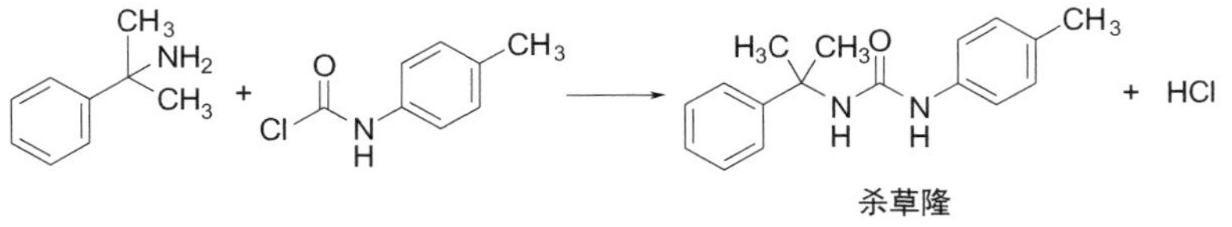

图 5-27 酰氯法

（4）尿素法 此法起始原料之一为尿素（图 5-28）。

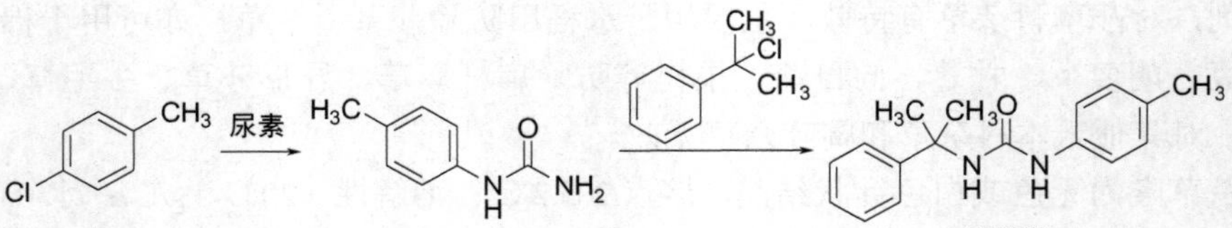

图 5-28　尿素法

注：用类似的方法，可以合成大多数传统脲类除草剂，如绿麦隆（chlorotoluron）、伏草隆（fluometuron）、利谷隆（linuron）等。

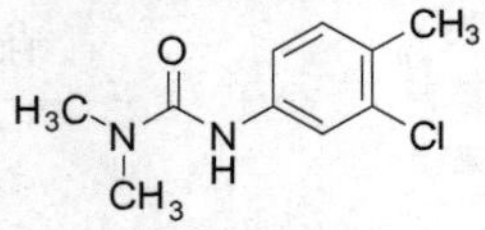

绿麦隆 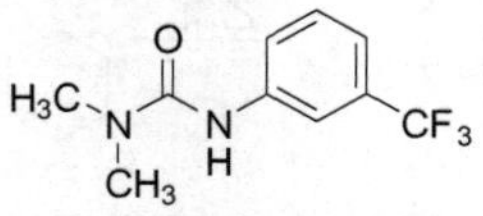　　　　　　　伏草隆 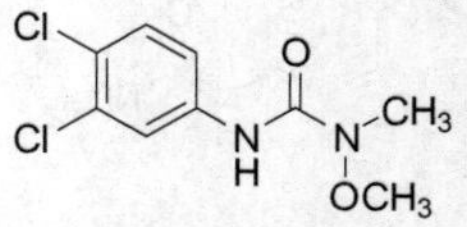　　　　　　　利谷隆

5.2.2　磺酰脲类除草剂

磺酰脲类除草剂的结构如下所示。

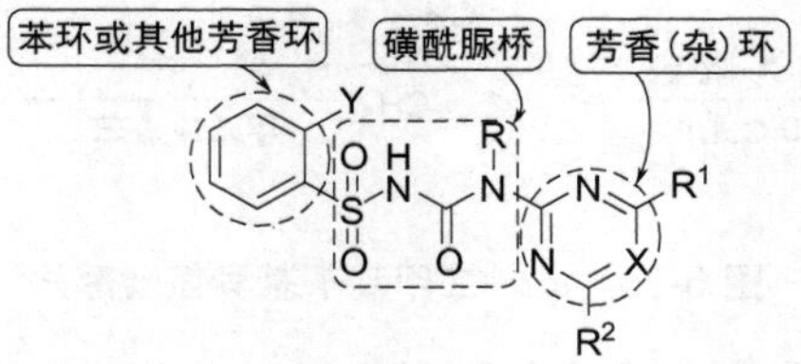

其中，X=N、CH；R^1=CH$_3$、Cl 等；R^2=OCH$_3$、CH$_3$、Cl 等；R=H、CH$_3$、烷基等；Y=Cl、F、Br、CH$_3$、CO$_2$CH$_3$、SO$_2$CH$_3$、SCH$_3$、SO$_2$N(CH$_3$)$_2$、CF$_3$、CH$_2$Cl、OCF$_3$、NO$_2$ 等可以形成氢键的原子或官能团。

母体与品种关系举例如下：

磺酰脲除草剂

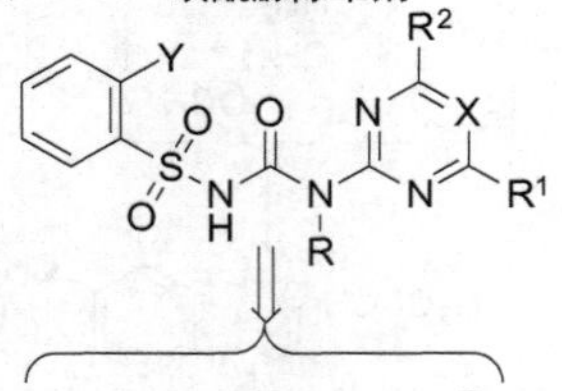

氯嘧磺隆 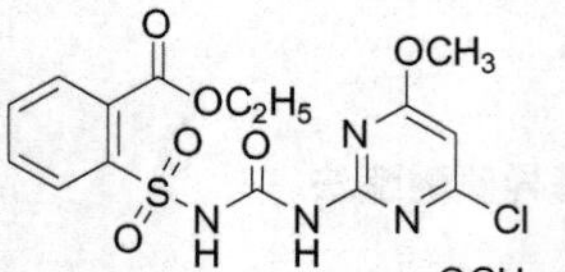 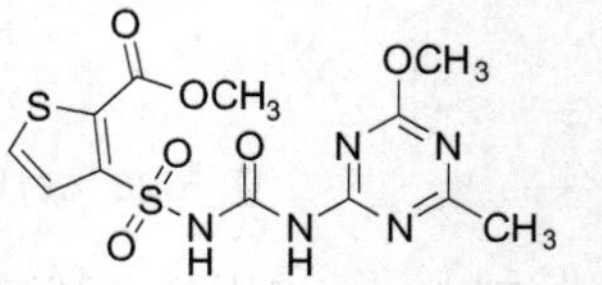　　　　　　　　　　　　　　　　　　　　　　　　　噻吩磺隆

苄嘧磺隆　　　　　　　　　　　　　　　　　　　　　　　　　胺苯磺隆

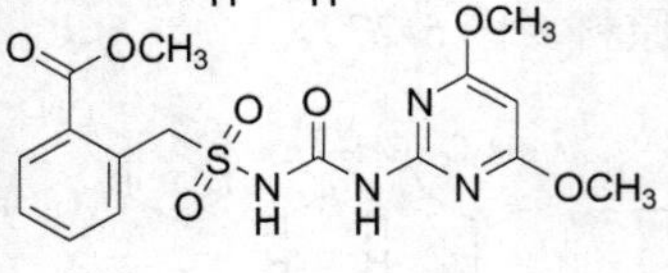

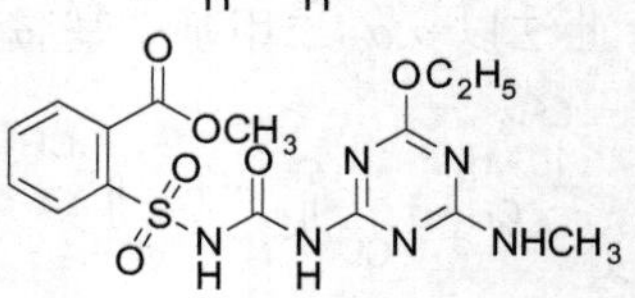

四唑嘧磺隆　　　　　　　　　　　　　　　　　　　　　　　　啶嘧磺隆

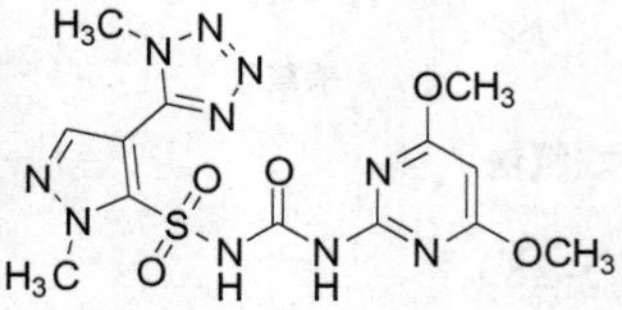

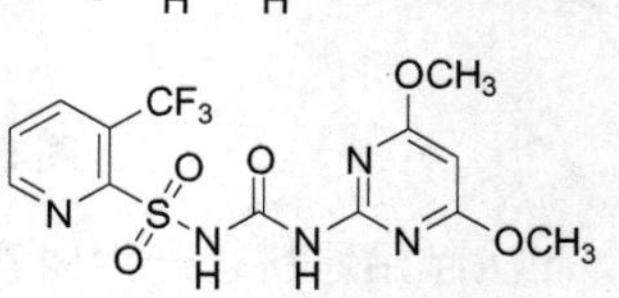

吡嘧磺隆

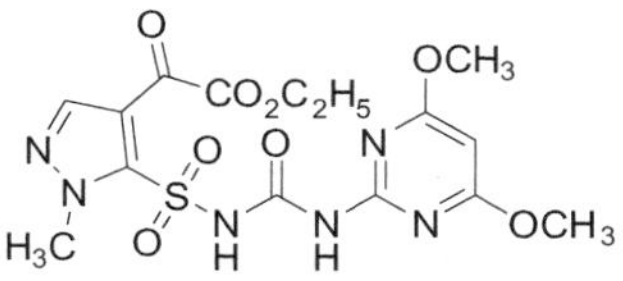

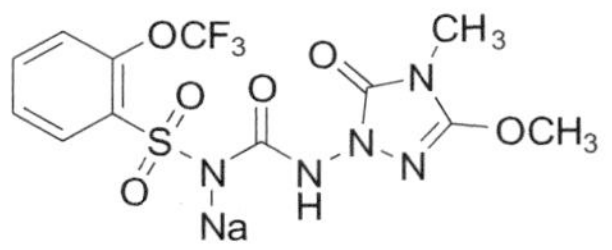

氟酮磺隆

该类除草剂活性极高，每公顷用量仅以克计，称为"超高效"除草剂，其除草机制为通过抑制乙酰乳酸合成酶影响细胞分裂，造成杂草生长停止而死亡；该类除草剂的合成一般以芳基磺酰胺为起始原料，通过以下几种方法合成磺酰脲类除草剂。

（1）光气法　芳基磺酰胺首先与光气或草酰氯反应生成磺酰基异氰酸酯，然后再与三嗪等杂环胺反应。

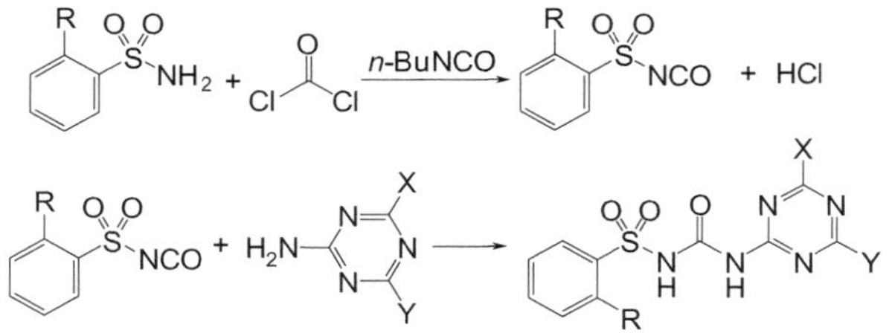

（2）非光气法　光气属于剧毒气体，实验或生产合成不易控制。芳基磺酰胺与固体物质双（三氯甲基）碳酸酯或三氯乙酰胺进行反应，可以起到与光气相同的效果。如吴永虎等报道：磺酰胺在催化剂异氰酸酯或三乙烯二胺存在下，于二甲苯中回流2h条件下与双（三氯甲基）碳酸酯反应制得异氰酸磺酰酯，异氰酸磺酰酯在二氯乙烷中与均三嗪室温反应24h，即可制得噻吩磺隆。

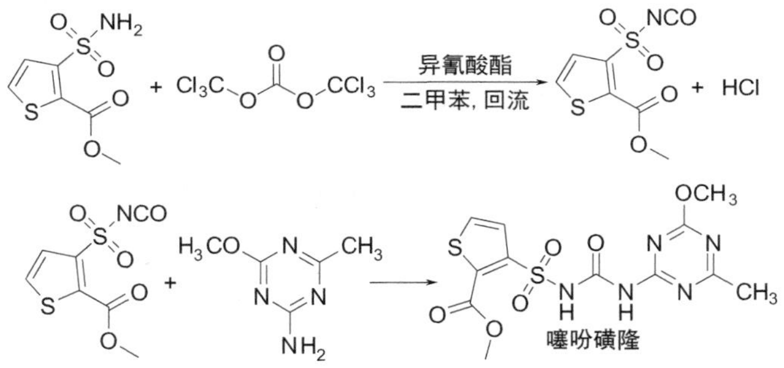

噻吩磺隆

类似地，苯磺隆可在异氰酸正丁酯和三乙胺催化下完成。

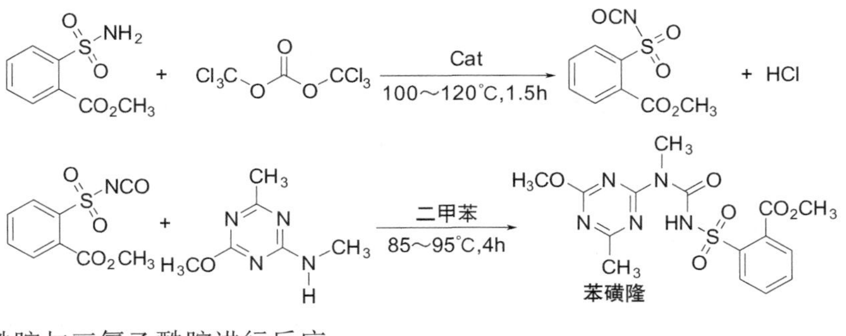

苯磺隆

芳基磺酰胺与三氯乙酰胺进行反应：

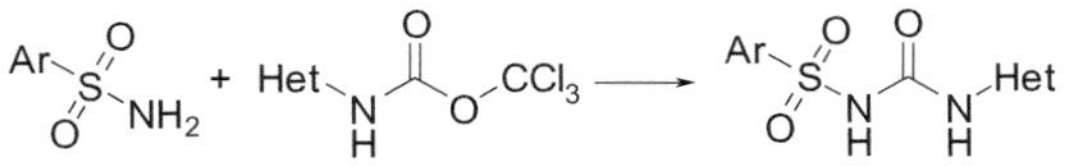

（3）氯甲酸酯法   芳基磺酰胺与氯甲酸酯反应生成磺酰基氨基甲酸酯，然后再与杂环胺反应。

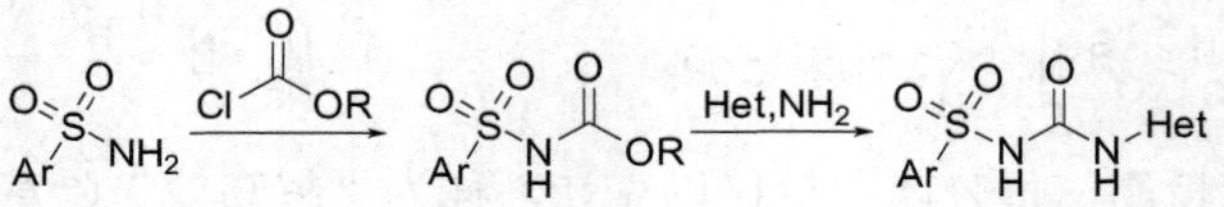

R 一般为甲基或苯基。

（4）异氰酸酯法   芳基磺酰胺与杂环异氰酸酯反应，可制得磺酰脲类除草剂。

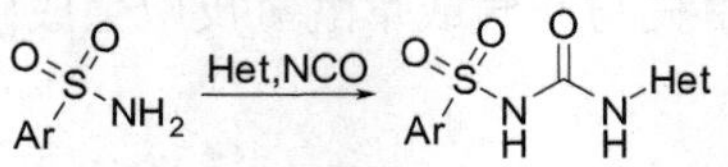

（5）氨基甲酸法   芳基磺酰胺与氨基甲酸甲酯、苯酯或氨基甲酰氯反应，都可直接生成磺酰脲类除草剂。

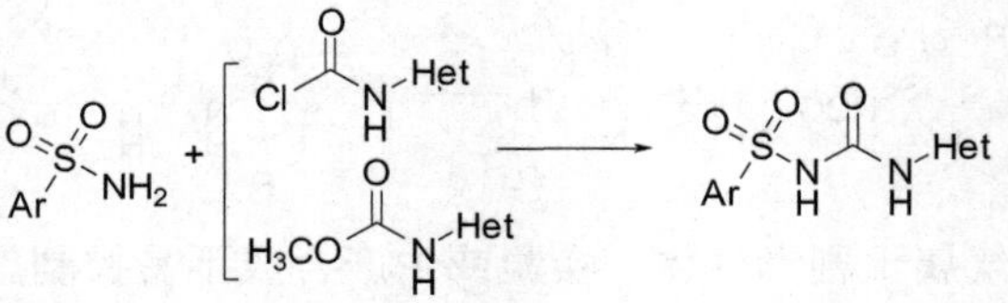

关键中间体芳基磺酰胺的合成：

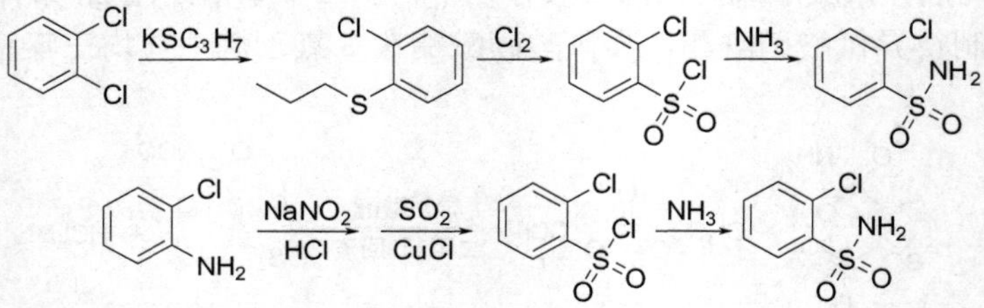

苯嘧磺隆（bensulfuron–methyl）

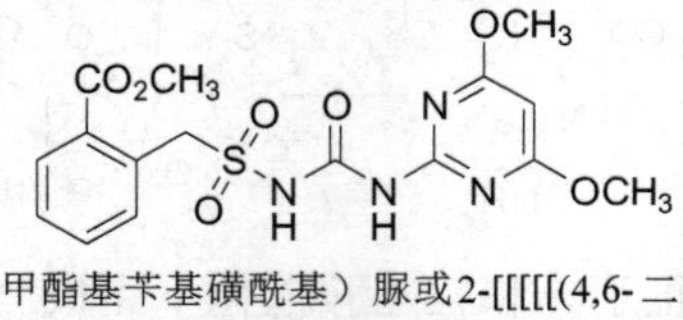

N-(4,6-二甲氧基嘧啶-2-基)-*N'*-(邻甲酯基苄基磺酰基）脲或2-[[[[(4,6-二甲氧基嘧啶-2-基)氨基]羰基]氨基]
磺酰基]甲基]苯甲酸甲酯或α-(4,6-二甲氧基嘧啶-2-基氨基甲酰氨基磺酰基)-邻-甲苯甲酸甲酯

苯嘧磺隆商品名农得时，由美国杜邦公司开发，1980 年申请专利。属于新型、高效、广谱、低毒、安全的选择性内吸传导型磺酰脲类水田除草剂，有效成分可在水中迅速扩散，为杂草根部和叶片吸收并转移到杂草各部，阻碍氨基酸的生物合成，阻止细胞分裂和生长；适用于水稻田、直播田、移栽田防除一年生及多年生阔叶杂草和莎草科杂草，如鸭舌草、节节菜、水苋菜、四叶萍、异形莎草等。

纯品苯嘧磺隆白色固体，熔点 185～188℃；溶解性（20℃，g/L）：二氯甲烷 11.7，乙酸乙酯 1.66，乙腈 5.38，二甲苯 0.28，丙酮 1.38，水（25℃）120mg/L；在微碱性介质中特别稳定，在酸性介质中缓慢分解。

苯嘧磺隆原药急性 LD_{50}（mg/kg）：大鼠经口＞5000，兔经皮＞2000。

逆合成分析   苯嘧磺隆为苄磺酰脲类除草剂（图 5-29）。

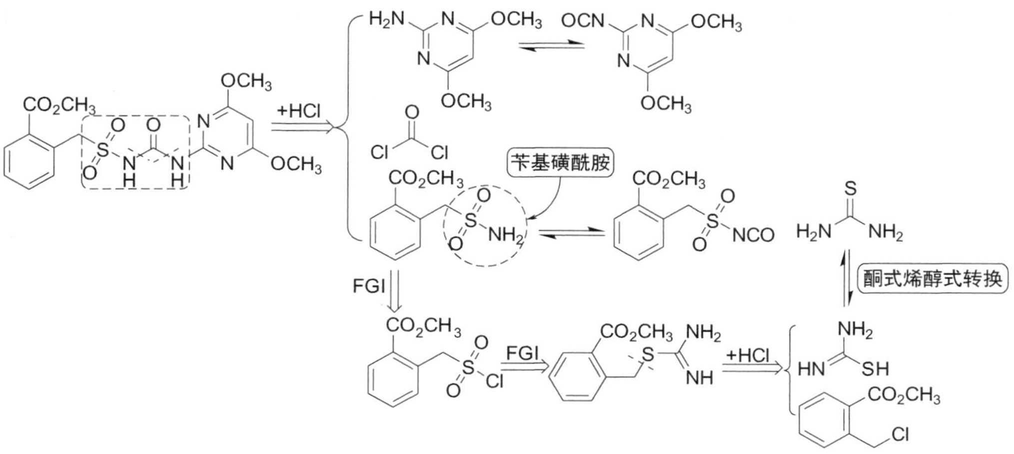

图 5-29 苄嘧磺隆逆合成分析

合成路线 如图 5-30 所示。

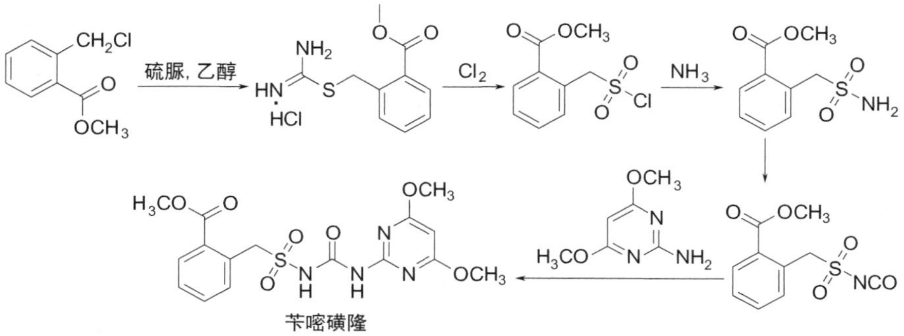

图 5-30 苄嘧磺隆合成路线

在氮气保护下于乙腈中，邻甲酯基苄磺酰基异氰酸酯与 2- 氨基 -4,6- 二甲氧基嘧啶在室温条件下反应 3h 即可得到苄嘧磺隆，反应式如下。

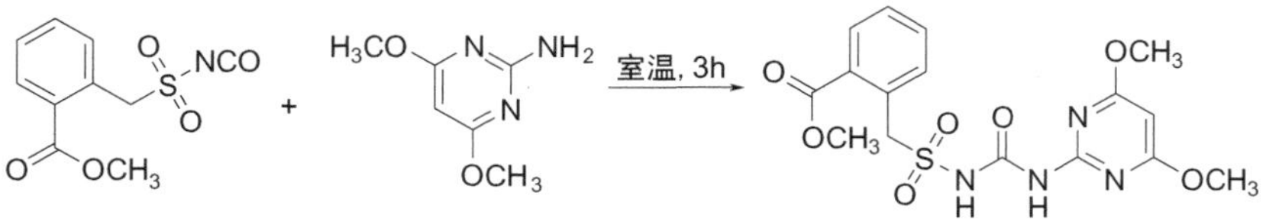

吡嘧磺隆（pyrazosulfuron）

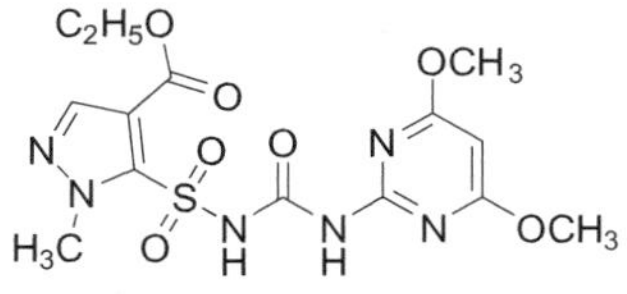

N-(4,6- 二甲氧基嘧啶 -2- 基)-N'-(1- 甲基 -4- 甲酸乙酯基吡唑 -5- 磺酰基）脲或 5-(4,6- 二甲氧基嘧啶 -2-基氨基羰基氨基磺酰基)-1- 甲基吡唑 -4- 羧酸乙酯

吡嘧磺隆商品名草克星，由日本日产化学公司开发，1982 年申请专利。属于新型、高效、广谱、低毒、安全的选择性 ALS 内吸传导型磺酰脲类水田除草剂，适用于水稻田、直播田、移栽田、抛秧田，防除一年生及多年生阔叶杂草、莎草科和部分禾本科杂草，如稗草、水芹、鸭舌草、节节菜、水苋菜、四叶萍、异形莎草等 30 多种杂草。

纯品吡嘧磺隆为白色结晶体，熔点 $177.8 \sim 179.5℃$；溶解性（$20℃$，g/L）：水 0.00996，甲醇 4.32，氯仿 200，苯 15.6，丙酮 33.7；在酸、碱性介质中不稳定。

吡嘧磺隆原药急性 LD_{50}（mg/kg）：大、小鼠经口＞5000，大鼠经皮＞2000。

逆合成分析　吡嘧磺隆为吡唑嘧啶磺酰脲类除草剂（图 5-31）。

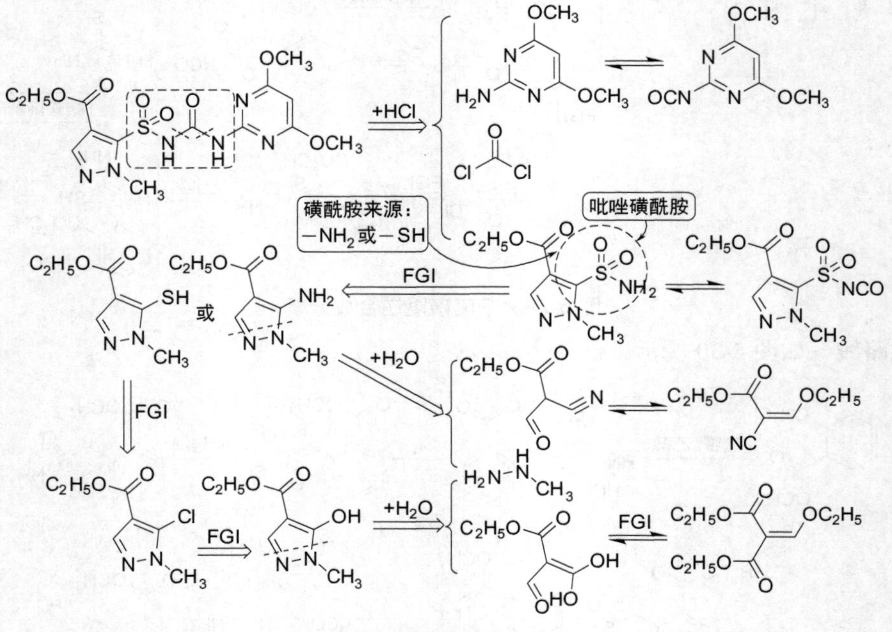

图 5-31　吡嘧磺隆逆合成分析

合成路线　根据起始原料，有氰乙酸乙酯法和丙二酸二乙酯法（图 5-32）。

注：用类似的方法，可制备氯吡嘧磺隆（halosulfuron-methyl）、嗪吡嘧磺隆（metazosulfuron）等吡唑嘧啶磺酰脲除草剂。

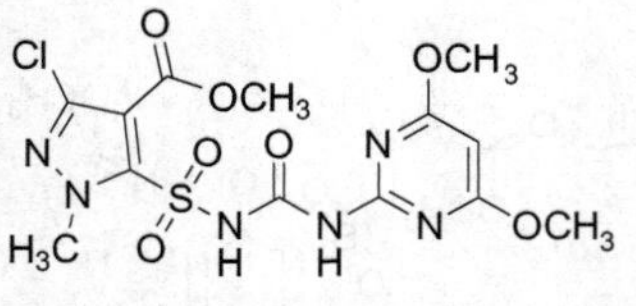

氯吡嘧磺隆 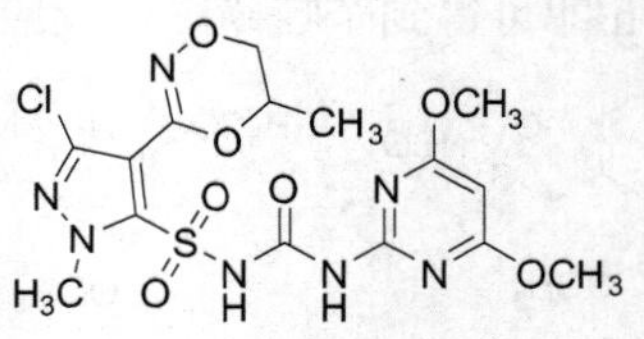　　　　　　　　　嗪吡嘧磺隆

胺苯磺隆（ethametsulfuron-methyl）

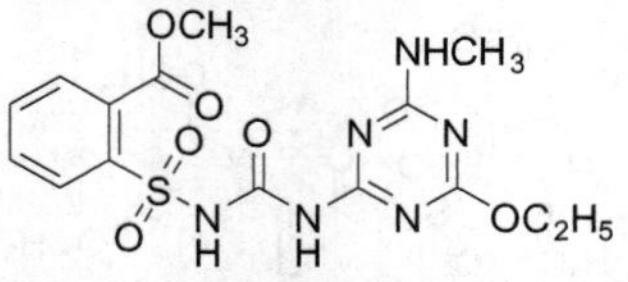

N-(4-甲氨基-6-乙氧基-1,3,5-三嗪-2-基)-*N*′-(2-甲酯基苯磺酰基)脲或2-[(4-甲氨基-6-乙氧基-1,3,5-三嗪-2-基)氨基甲酰基氨基磺酰基]苯甲酸甲酯

胺苯磺隆 1985 年由美国杜邦公司开发，主要用于油菜田多种杂草防除，对看麦娘、碎米荠、猪殃殃、遏兰菜、繁缕等有优异的防除效果。

纯品胺苯磺隆为无色晶体，白色结晶，熔点 194℃；溶解性（25℃，mg/L）：水 50，二氯甲烷 3900、丙酮 1600、甲醇 350、乙酸乙酯 680、乙腈 800。

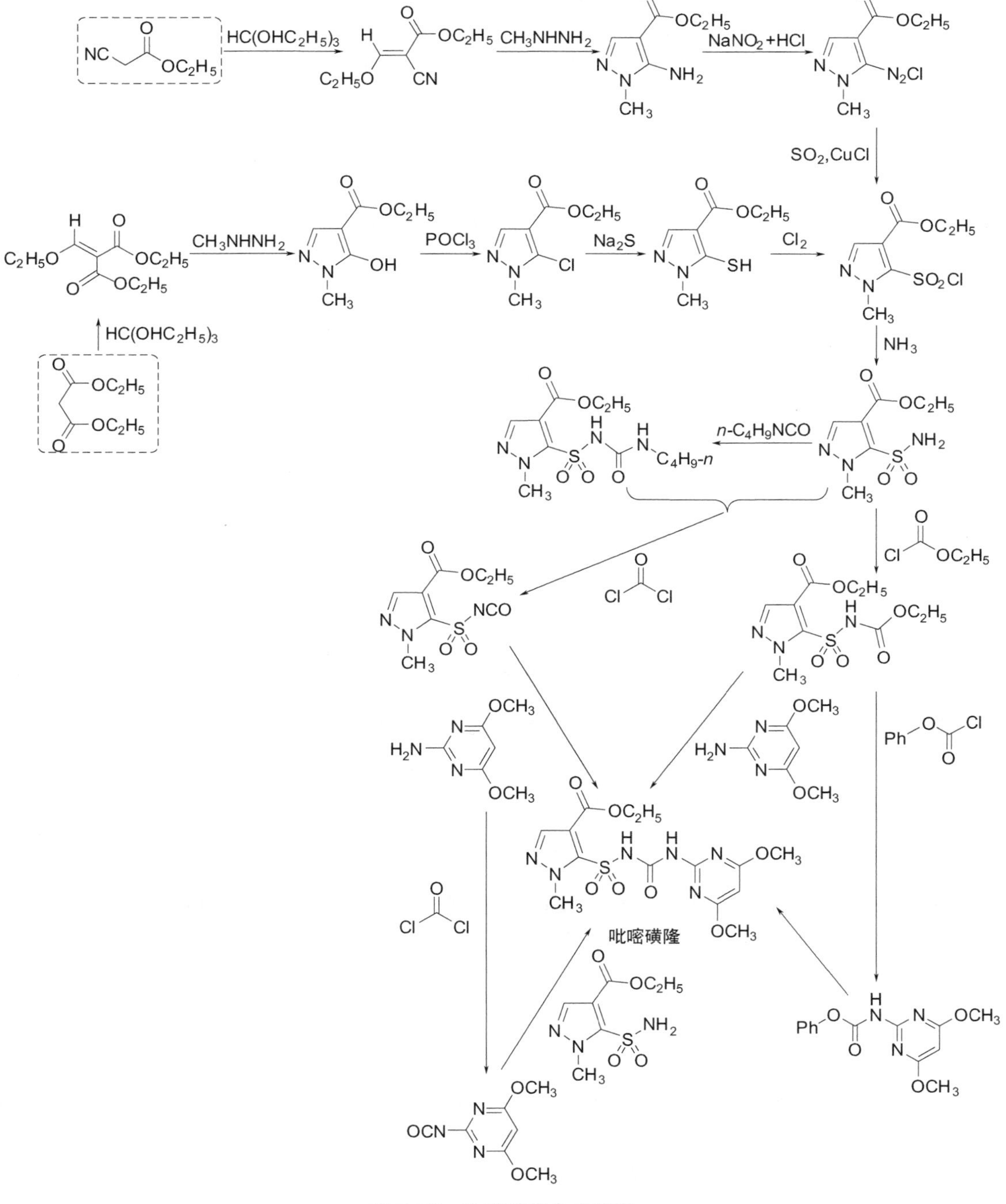

图 5-32 吡嘧磺隆合成路线

胺苯磺隆原药急性 LD_{50}（mg/kg）：大鼠经口＞11000（雄）、经皮＞2150；对兔眼睛无刺激性，对皮肤刺激性很小。

逆合成分析 胺苯磺隆为苯三嗪磺酰脲类除草剂（图 5-33）。

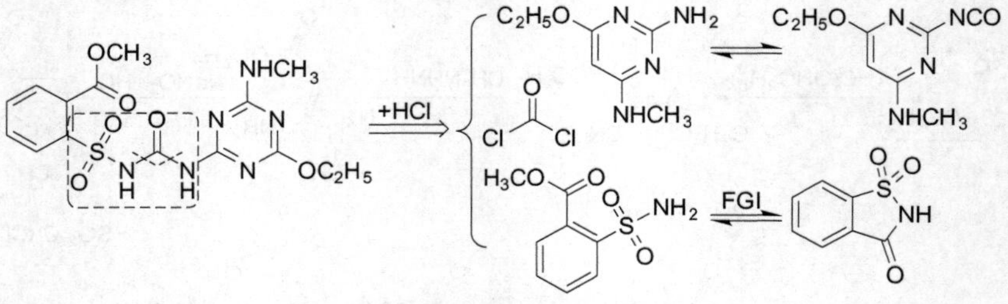

图 5-33 胺苯磺隆逆合成分析

合成路线 如图 5-34 所示。

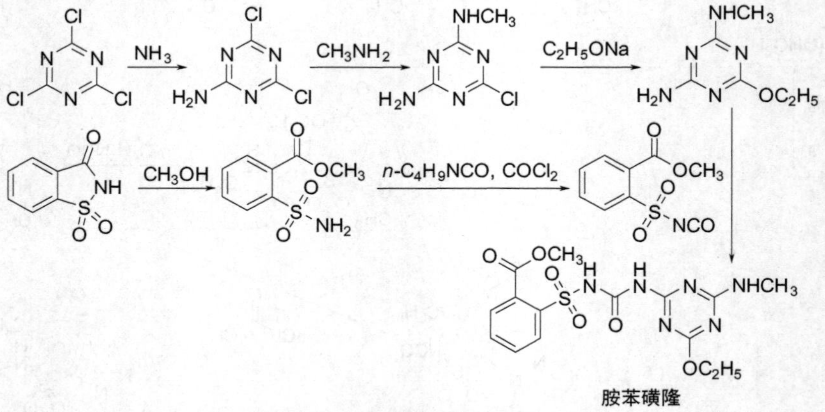

图 5-34 胺苯磺隆合成路线

胺苯磺隆的合成：2-甲氧羰基苯磺酰异氰酸酯与三嗪胺在乙腈中回流反应。

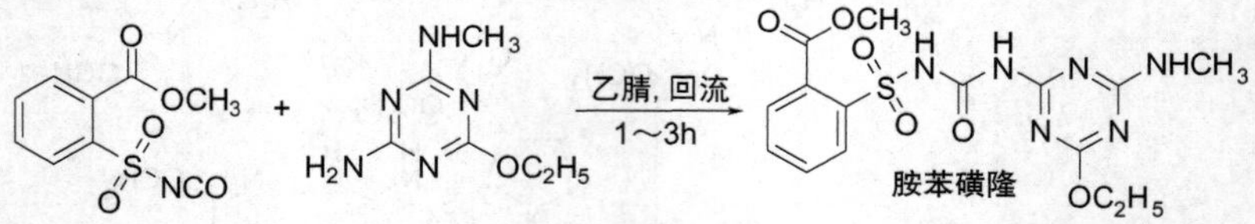

注：用类似方法，可以合成另一种磺酰脲类除草剂氯嘧磺隆（chlorimuron-ethyl）

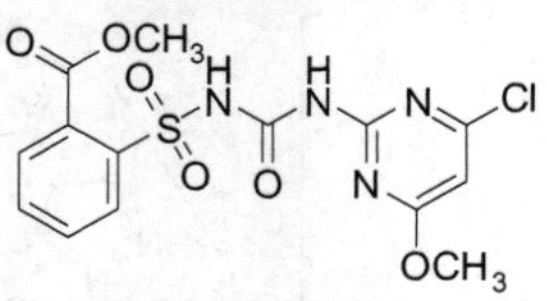

氯嘧磺隆

N-(4-甲氧基-6-氯嘧啶-2-基)-N'-邻甲酸乙酯苯磺酰脲或2-[(4-氯-6-甲氧基嘧啶-2-基)氨基甲酰基氨基磺酰基]苯甲酸乙酯

酰嘧磺隆（amidosulfuron）

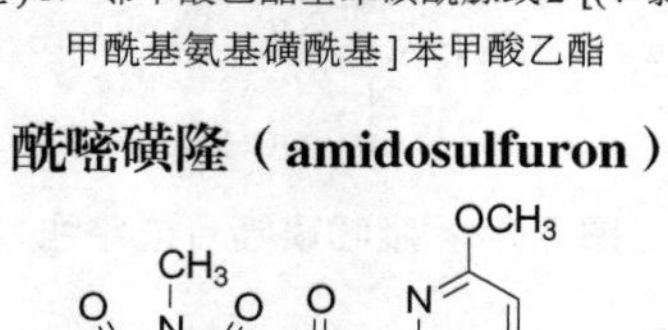

1-(4,6-二甲氧基嘧啶-2-基)-3-甲磺酰基(甲基)氨基磺酰脲

酰嘧磺隆商品名好事达，由万安特公司开发，1990 年申请专利。属于超高效、内吸传导型除草剂，可有效防除麦田恶性阔叶杂草如猪殃殃、播娘蒿、荠菜、苋、田旋花、独行菜、野萝卜等，对猪殃殃有特效。

纯品酰嘧磺隆为白色颗粒状固体，熔点 160～163℃；溶解性（20℃，mg/L）：水 13500（pH=10 时），异丙醇 99，甲醇 872，丙酮 8100。

酰嘧磺隆原药急性 LD_{50}（mg/kg）：大、小鼠经口＞5000；大鼠经皮＞5000；对兔皮肤无刺激性，对兔眼睛刺激性轻微。

逆合成分析 酰嘧磺隆为非芳香磺酰脲除草剂（图 5-35）。

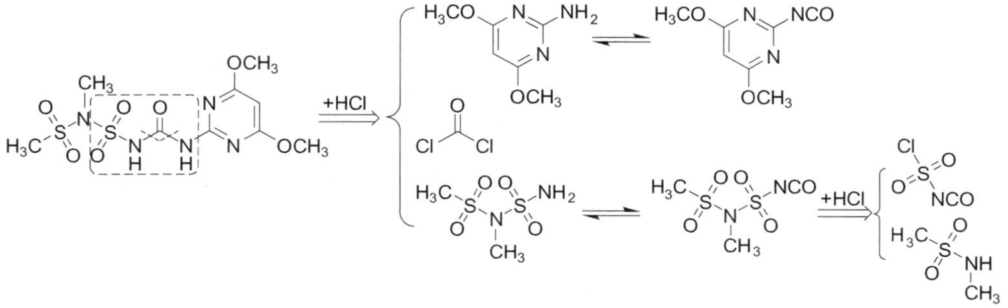

图 5-35 酰嘧磺隆逆合成分析

合成路线 如图 5-36 所示。

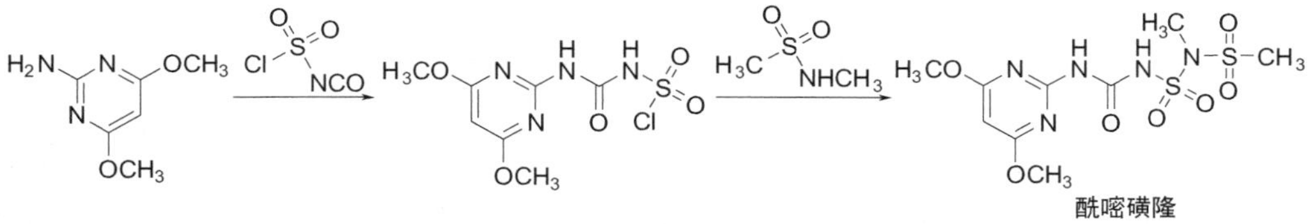

图 5-36 酰嘧磺隆合成路线

环丙嘧磺隆（cyclosulfamuron）

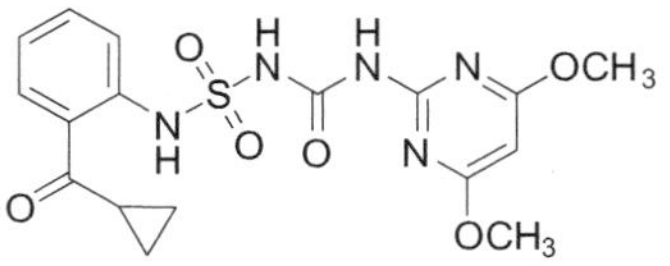

1-[2-(环丙基羰基)苯基氨基磺酰基]-3-(4,6-二甲氧嘧啶-2-基)脲

环丙嘧磺隆商品名金秋，由美国氰胺（现 BASF）公司开发，1990 年申请专利。属于超高效、内吸传导型除草剂，可有效防除水稻、小麦、大麦、草坪内一年生和多年生阔叶杂草、莎草科杂草如异形莎草、紫水苋菜、眼子菜、荠菜、鸭舌草、繁缕、野荸荠、节节菜、猪殃殃等。对猪殃殃防除效果最佳。

纯品环丙嘧磺隆为灰色固体，熔点 160.9～162.9℃；溶解性（20℃，mg/L）：水 6.25。

环丙嘧磺隆原药急性 LD_{50}（mg/kg）：大、小鼠经口＞5000，兔经皮＞4000；对兔眼睛有轻微刺激性。

逆合成分析 环丙嘧磺隆为苯氨基磺酰脲除草剂（图 5-37）。

合成路线 如图 5-38 所示。

合成步骤如下：

（1）邻氨基苯基环丙基酮的合成 在 0～5℃下将等物质的量的三氯化硼和苯胺溶于 1,2-

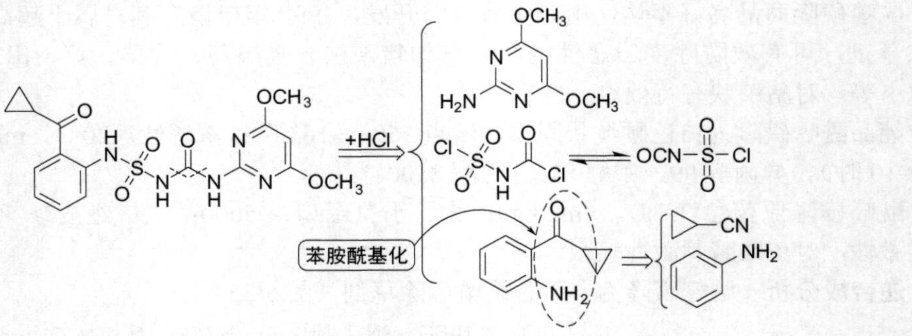

图 5-37　环丙嘧磺隆逆合成分析

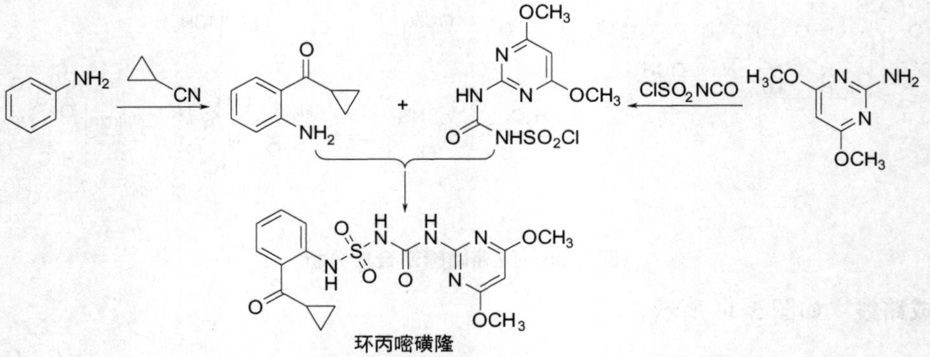

环丙嘧磺隆

图 5-38　环丙嘧磺隆合成路线

二氯乙烷中，慢慢加入 1.5 倍量的氰基环丙烷和 1.1 倍量的无水三氯化铝，混合物加热蒸出部分溶剂，使温度达到 70℃，残余物回流 18h。反应完毕之后将混合物冷却，加冰水分解产物，用二氯甲烷提取 2 次，有机相以无水 MgSO$_4$ 干燥后真空蒸馏得到黄色的油状物邻氨基苯基环丙基酮，产率 70%。

（2）环丙嘧磺隆的合成　将 2- 氨基 -4,6- 二甲氧基嘧啶溶于二氯甲烷中，冷至 0℃，向其中加入等物质的量的氯磺酰基异氰酸酯，混合搅拌 30min，得到 1- 硫酰氯基 -3-(4,6- 二甲氧基嘧啶 -2- 基) 脲，无须分离。再缓缓加入等物质的量的邻氨基苯基环丙基酮和稍过量的三乙胺，搅拌过夜。反应混合物用 10% 的盐酸调至 pH 1，析出沉淀，过滤干燥，得白色晶体环丙嘧磺隆，产率 70%。

烟嘧磺隆（nicosulfuron）

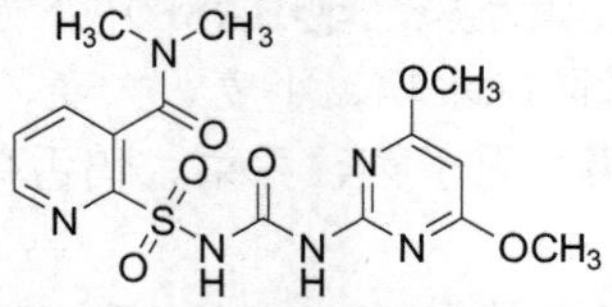

1-(4,6- 二甲氧嘧啶 -2- 基)-3-(3- 二甲氨基甲酰吡啶 -2- 基磺酰) 脲或 2-(4,6- 二甲氧嘧啶 -2- 基氨基羰基氨基磺酰基)-N,N- 二甲基烟酰胺

烟嘧磺隆商品名玉农乐，由日本石原公司开发，1986 年申请专利。属于超高效、内吸传的型玉米田除草剂，可有效防除一年生杂草和多年生阔叶杂草如稗草、龙葵、野燕麦、苍耳、狗尾草、马唐、牛筋草、刺儿菜、芦苇等。

纯品烟嘧磺隆为无色晶体，熔点 169～172℃；溶解性（25℃，g/kg）：水 12.2，乙醇 23，乙腈 23，丙酮 18，二氯甲烷 140。烟嘧磺隆原药急性 LD$_{50}$（mg/kg）：大、小鼠经口 > 5000，大鼠经皮＞2000；对兔眼睛有中度刺激性。

逆合成分析　烟嘧磺隆为吡啶基嘧啶基磺酰脲类除草剂（图5-39）。

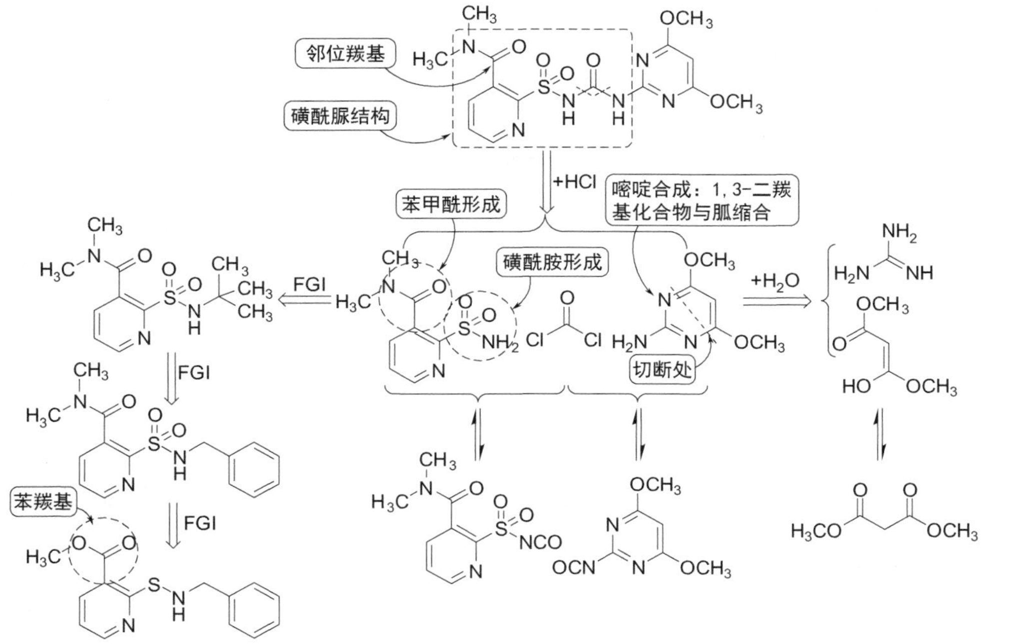

图5-39　烟嘧磺隆逆合成分析

合成路线　如图5-40所示。

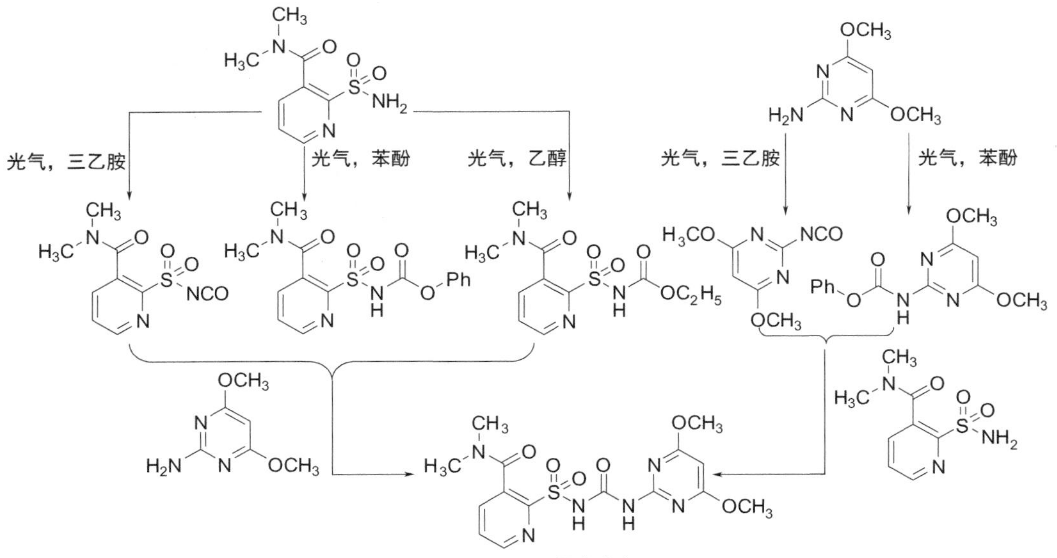

图5-40　烟嘧磺隆合成路线

在150mL带精馏装置和磁力搅拌器的四口烧瓶中，将7.53g（0.025mol）[[3-(*N,N*-二甲基氨基羰基)-2-吡啶基]磺酰基氨基]-甲酸乙酯溶解在60mL甲苯中，随后加4.65g（0.03mol）4,6-二甲氧基-2-氨基嘧啶。搅拌并加热至回流，缓慢分流出甲苯，每次分流出10mL，然后补加10mL新鲜的甲苯。回流反应6h，整个过程分流出来30mL甲苯。停止加热，过滤，得到黄色固体,粗重 8.98g,粗收率为 87.6%。用丙酮重结晶,得到白色固体烟嘧磺隆。

其中,相关中间体 2- 氨磺酰 -N,N- 二甲基烟酰胺的合成路线中,一般以 2- 氯烟酸甲酯、2- 氯烟酸为起始原料较常用。

① 2- 氯烟酸甲酯路线

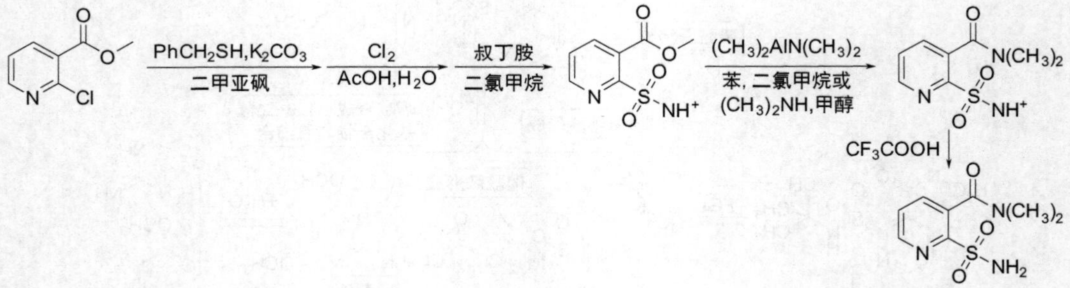

② 2- 氯烟酸路线

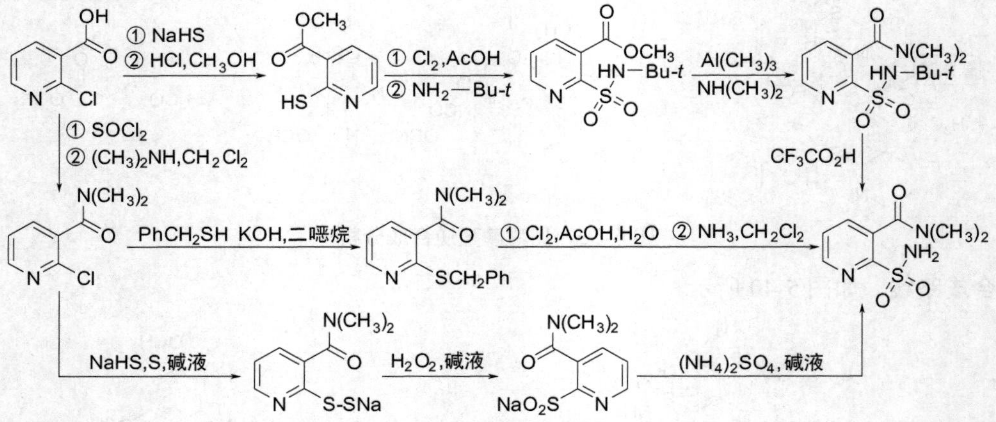

③ 2- 羟基 -3- 氰基吡啶路线

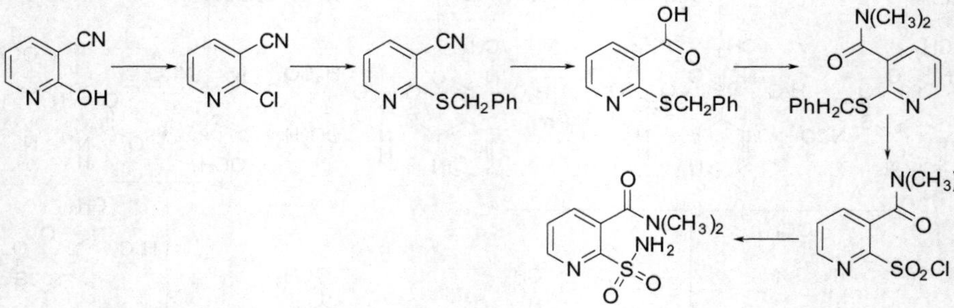

④ 2- 氯 -3- 三氯甲基吡啶路线

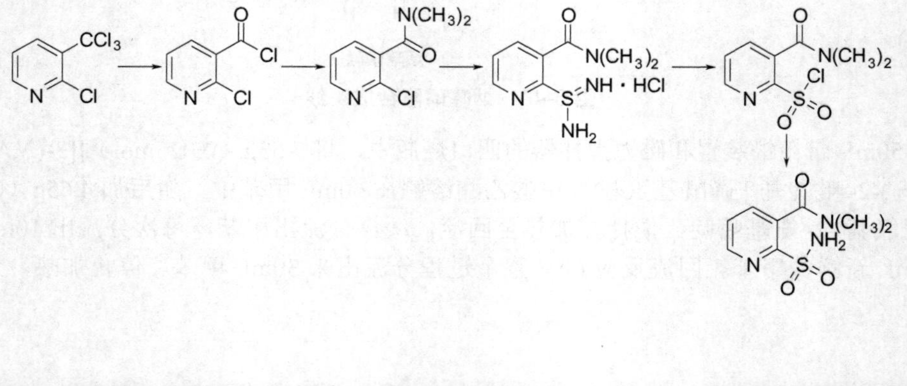

注：用类似的方法，可以制备氯嘧磺隆（chlorimuron-ethyl）、甲嘧磺隆（sulfometuron-methyl）、乙氧嘧磺隆（ethoxysulfuron）、啶嘧磺隆（flazasulfuron）、甲酰胺磺隆（foramsulfuron）、三氟啶磺隆（trifloxysulfuron）、IKI 1145、氟吡磺隆（flucetosulfuron）、氟啶嘧磺隆（flupysulfuron-methyl-sodium）、三氟啶磺隆钠盐（trifloxysulfuron-sodium）等苯基吡啶基嘧啶基磺酰脲类除草剂。

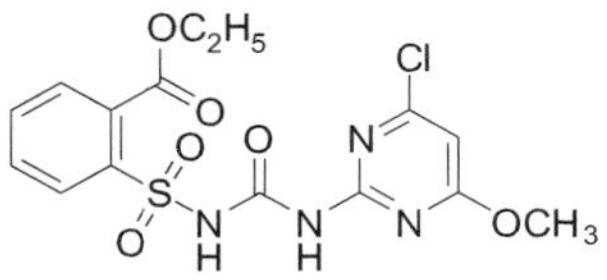

氯嘧磺隆 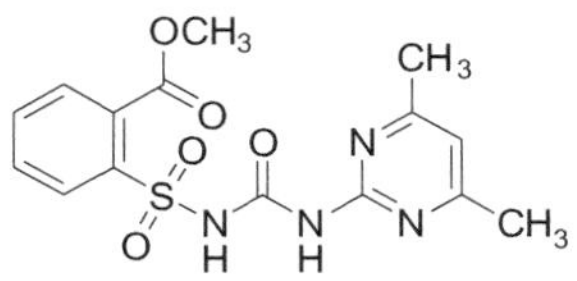　　　　　　　甲嘧磺隆 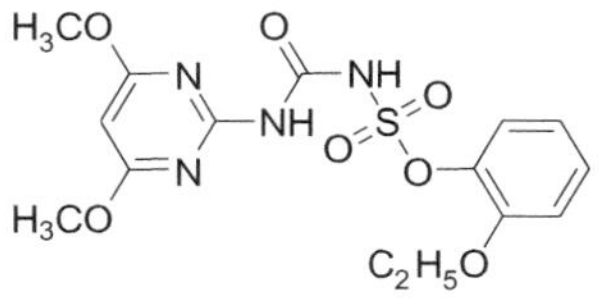　　　　　　　乙氧嘧磺隆

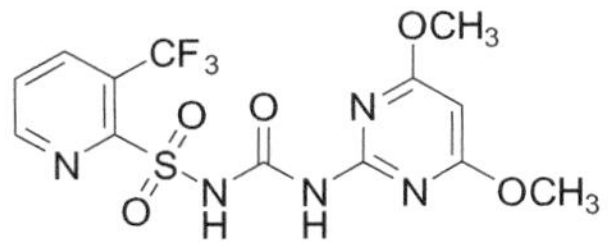

啶嘧磺隆 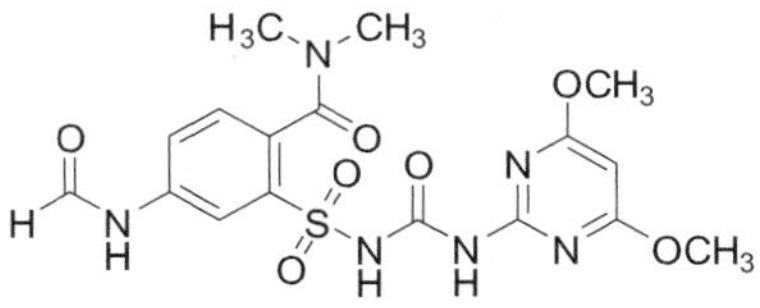　　　　　　　甲酰胺磺隆 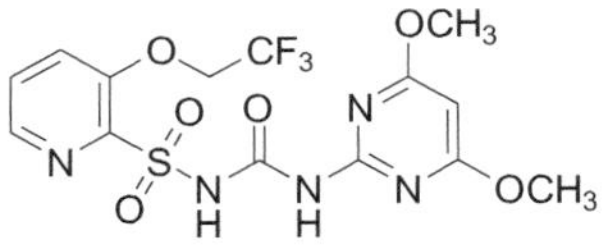　　　　　　三氟啶磺隆

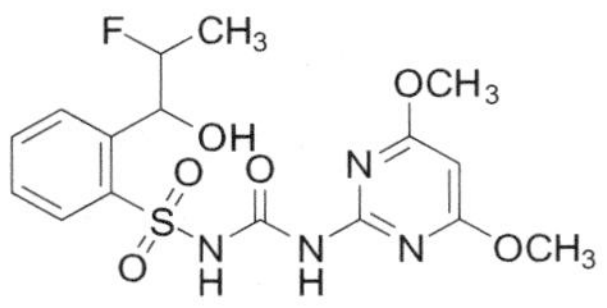

IKI 1145 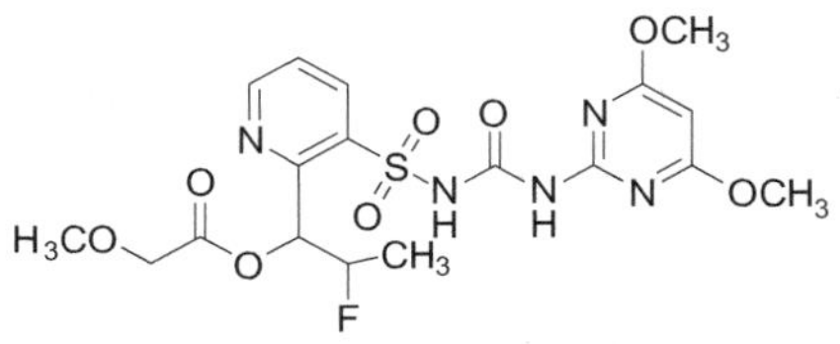　　　　　　　氟吡磺隆 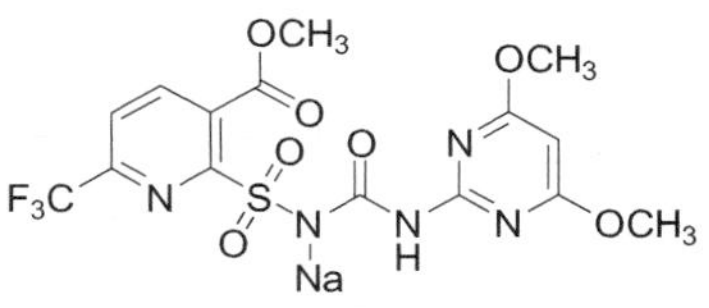　　　　　　　氟啶嘧磺隆

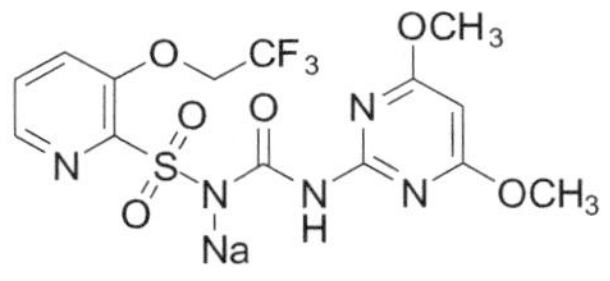

三氟啶磺隆钠盐

氟磺隆（prosulfuron）

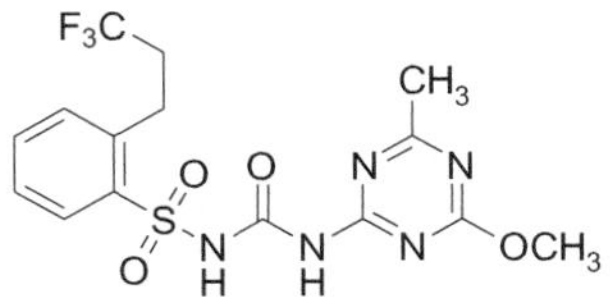

1-(4-甲氧基-6-甲基-1,3,5-三嗪-2-基)-3-[2-(3,3,3-三氟丙基)苯基磺酰]脲

氟磺隆商品名顶峰，由瑞士诺华公司开发，1983年申请专利。属于超高效、内吸传导型除草剂，玉米、高粱等禾谷类作物以及草坪、牧场等除草剂，可有效防除阔叶杂草，使用剂量 $10 \sim 40g(a.i.)/hm^2$。

纯品氟磺隆为无色晶体，熔点155℃；溶解性（25℃，g/L）：水4.0，乙醇8.4，丙酮160，乙酸乙酯56，二氯甲烷180，pH 5介质中迅速水解。

氟磺隆原药急性 LD_{50}（mg/kg）：大鼠经口986，小鼠经口1247，兔鼠经皮 > 2000。

合成路线 如图5-41所示。

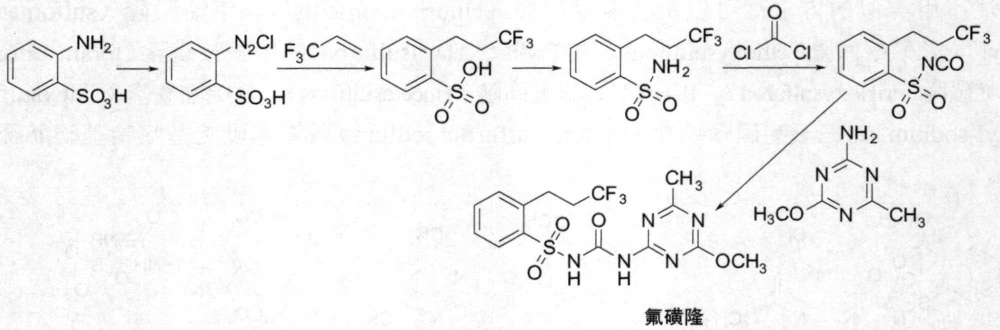

图 5-41 氟磺隆合成路线

砜嘧磺隆（rimsulfuron）

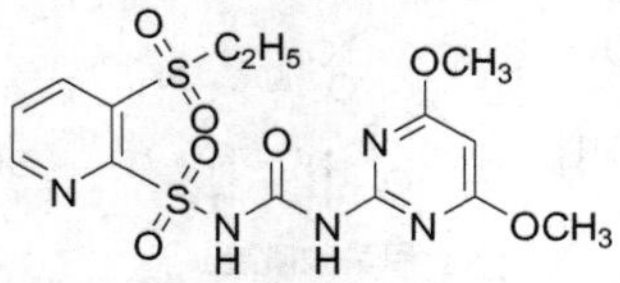

N-(((4,6-二甲氧基-2-嘧啶基)氨基)羰基)-3-乙基磺酰基-2-吡啶磺酰胺

砜嘧磺隆商品名宝成，由美国杜邦公司开发，1986 年申请专利。属于超高效、内吸传导型除草剂，用于玉米田，可有效防除一年生与多年生禾本科杂草和多年生阔叶杂草如香附子、莎草、龙葵、野燕麦、苍耳、狗尾草、马唐、牛筋草、铁苋菜、遏兰菜、刺儿菜、芦苇等。

纯品砜嘧磺隆为无色晶体，熔点 176～178℃；溶解性（25℃，g/kg）：水＜10。

砜嘧磺隆原药急性 LD_{50}（mg/kg）：大鼠经口＞7500；兔经皮＞5500。

逆合成分析 砜嘧磺隆为磺酰基磺酰脲除草剂（图 5-42）。

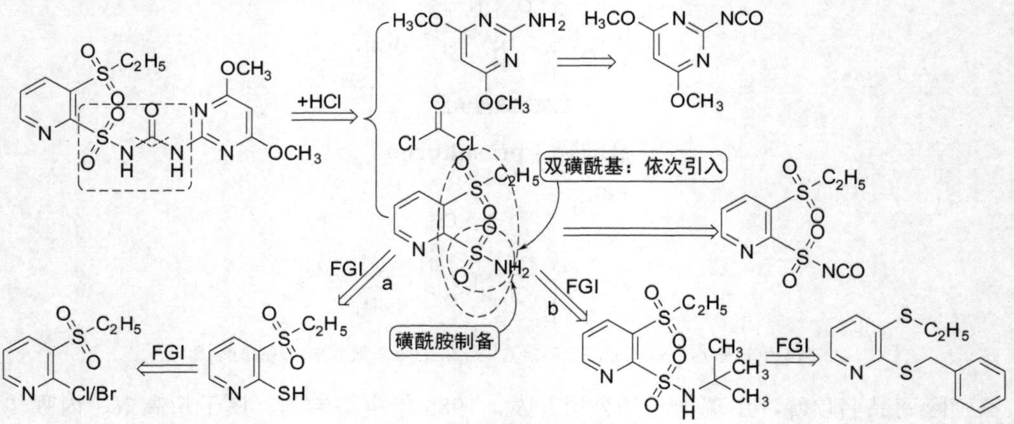

图 5-42 砜嘧磺隆逆合成分析

合成路线 根据起始原料不同，砜嘧磺隆有2-氟吡啶路线和3-乙基磺酰基-2-氯/溴路线，如图 5-43 所示。

将 4.7g（3-乙基磺酰基-2-吡啶磺酰基）氨基甲酸乙酯与 3.4g（0.022mol）2-氨基-4,6-二甲氧基嘧啶一起加入到 15mL 乙酸乙酯中回流 1h，冷却后得到浆状物，过滤出固体，固体用 10mL×2 冷的乙酸乙酯洗，干燥后得到砜嘧磺隆固体 4.8g，收率 56%。

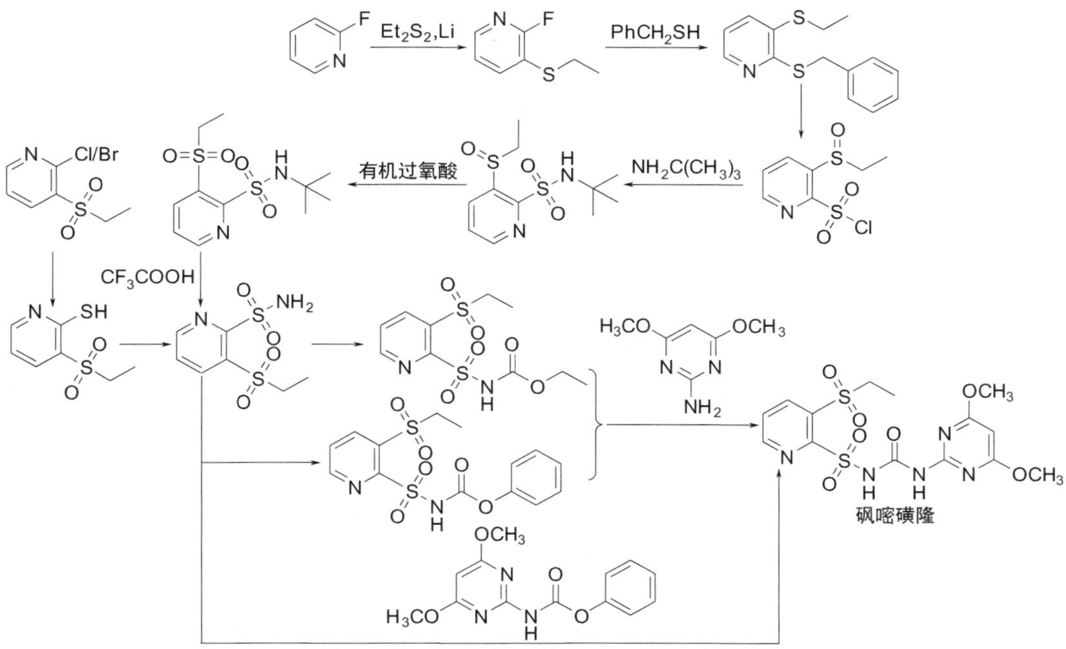

图 5-43　砜嘧磺隆合成路线

噻吩磺隆（thifensulfuron–methyl）

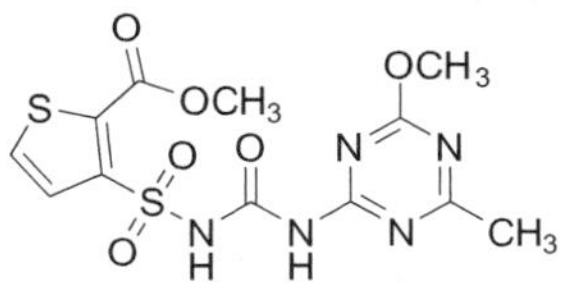

3-(4-甲氧基-6-甲基-1,3,5-三嗪-2-基氨基羰基氨基磺酰基)噻吩-2-羧酸甲酯

噻吩磺隆商品名宝收、阔叶散，由美国杜邦公司开发，1979 年申请专利。属于超高效、内吸传导型除草剂，用于麦田、大豆田，可有效防除一年生与多年生阔叶杂草如荠菜、芥菜、马齿苋、鸭舌草、繁缕、猪殃殃、婆婆纳、播娘蒿、遏兰菜等，对田旋花、狗尾草、刺儿菜等禾本科杂草无效。

纯品噻吩磺隆为无色晶体，熔点 176℃；溶解性（25℃，mg/L）：水 6270，乙酸乙酯 2.6，丙酮 11.9，乙腈 7.3，甲醇 2.6，乙醇 0.9。

噻吩磺隆原药急性 LD_{50}（mg/kg）：大鼠经口＞ 5000，兔经皮＞ 2000；对兔眼睛有中度刺激性。

逆合成分析　噻吩磺隆为噻吩三嗪钠盐磺酰脲类除草剂（图 5-44）。

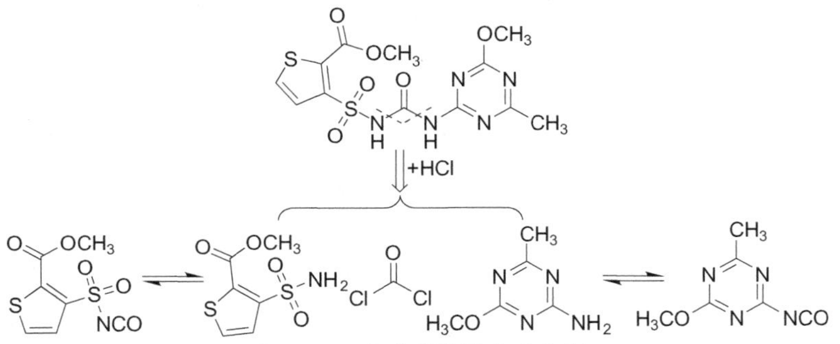

图 5-44　噻吩磺隆逆合成分析

合成路线　如图 5-45 所示。

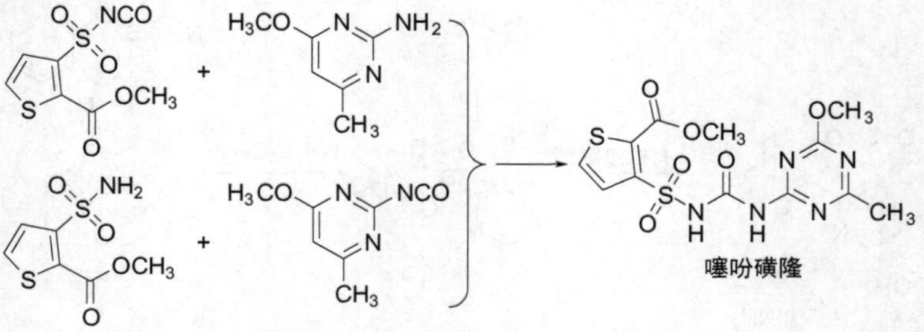

图 5-45　噻吩磺隆合成路线

在四口烧瓶中加入 0.05mol 2-羧甲基-3-磺酰氨基噻吩、适量正丁胺或正丁基异氰酸酯、45mL 二甲苯，加热至 120～130℃，滴加碳酸二（三氯甲）酯（0.05mol×0.56）的二甲苯溶液，反应约 8～10h；待反应瓶内无固体，反应即可停止，冷却后，减压蒸出二甲苯，余下油状物 2-甲酸甲酯-3-磺酰基异氰酸酯噻吩（以下简称噻磺酰异氰酸酯）。向此油状物中加入 20mL 二氯乙烷及 0.02mol 左右的三嗪于密闭单口烧瓶中，室温下磁力搅拌反应 24h，过滤，滤饼经盐酸和水洗涤后干燥得噻磺隆固体，收率 69%。

注：用类似的方法，可以制备醚苯磺隆（triasulfuron）、苯磺隆（tribenuron-methyl）、氯磺隆（chlorsulfuron）、氟胺磺隆（triflusulfuron-methyl）、三氟甲磺隆（tritosulfuron）、甲磺隆（metsulfuron-methyl）、氟磺隆（prosulfuron）、胺苯磺隆（ethametsulfuron-methyl）、醚磺隆（cinosulfuron）、环氧嘧磺隆（oxasulfuron）、碘甲磺隆钠盐（iodosulfuron-methyl sodium）、甲磺胺磺隆（mesosulfuron-methyl）、iofensulfuron 等三嗪磺酰脲类除草剂。

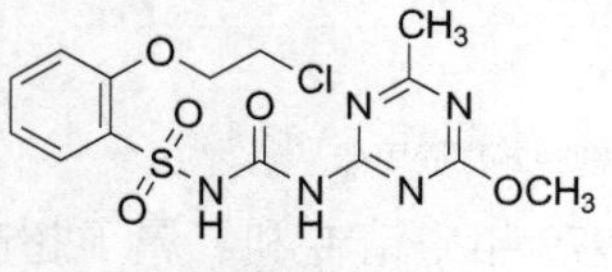

醚苯磺隆 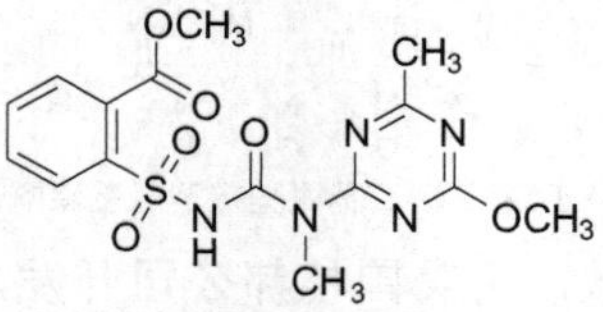　　　　苯磺隆 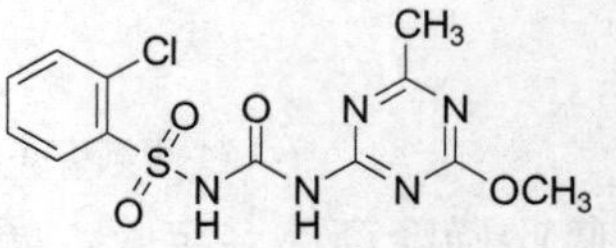　　　　氯磺隆

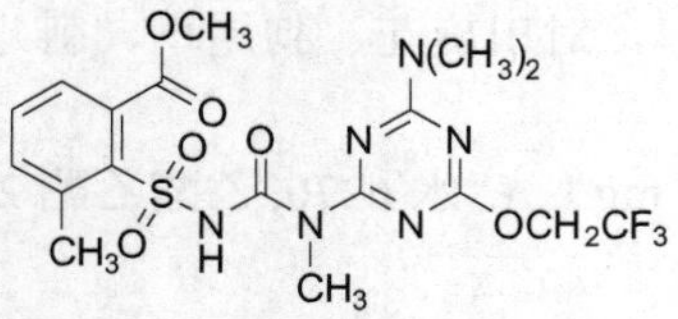

氟胺磺隆 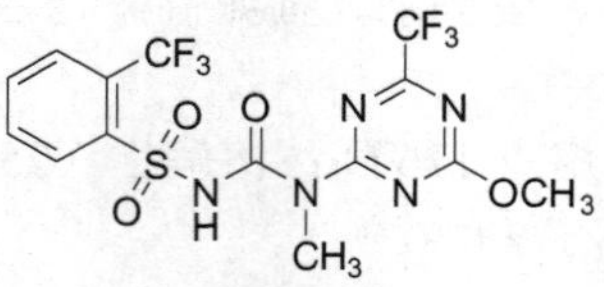　　　　三氟甲磺隆 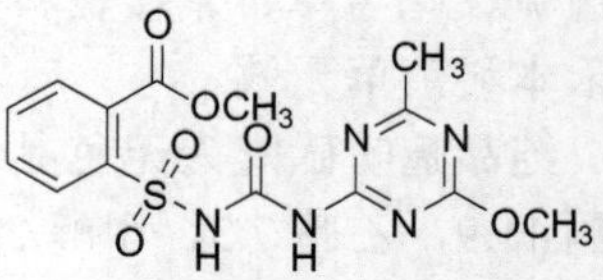　　　　甲磺隆

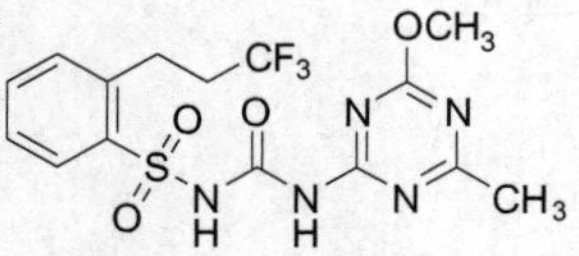

氟磺隆 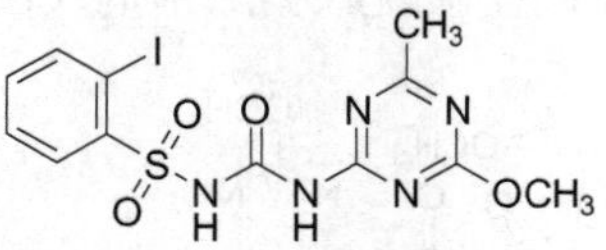　　　　iofensulfuron 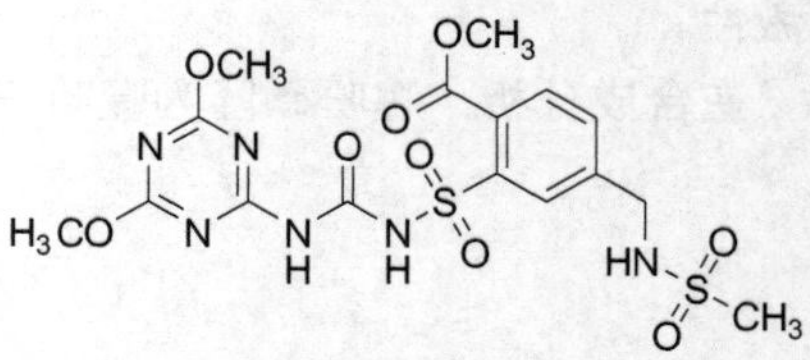　　　　甲磺胺磺隆

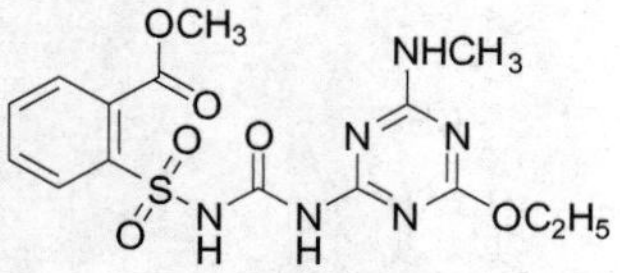

胺苯磺隆 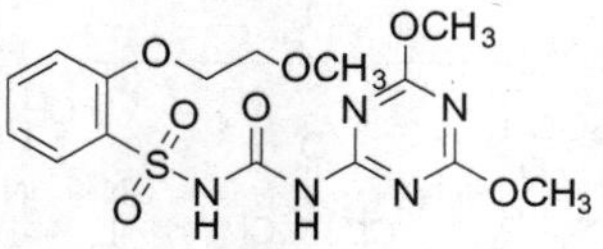　　　　醚磺隆 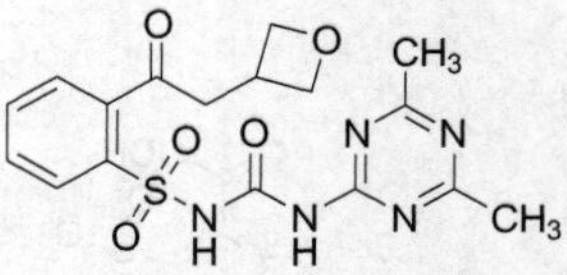　　　　环氧嘧磺隆

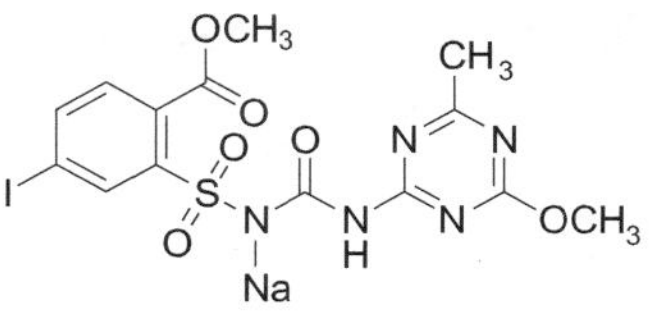

碘甲磺隆钠盐

苯磺隆（tribenuron-methyl）

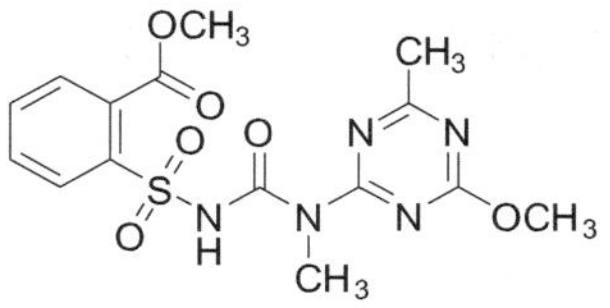

2-[4-甲氧基-6-甲基-1,3,5-三嗪-2-基(甲基)氨基甲酰氨基磺酰基]苯甲酸甲酯

苯磺隆商品名巨星，由美国杜邦公司开发，1985年申请专利。属于超高效、内吸传导型麦田除草剂，可有效防除一年生与多年生阔叶杂草如荠菜、芥菜、马齿苋、鸭舌草、繁缕、猪殃殃、婆婆纳、播娘蒿、遏兰菜等30多种杂草，对田旋花、刺儿菜效果稍差。

纯品苯磺隆为浅棕色固体，熔点141℃；溶解性（25℃，mg/L）：水2040，乙酸乙酯2.6，丙酮43.8，乙腈54.2，甲醇3.39，乙酸乙酯17.5。

苯磺隆原药急性LD_{50}（mg/kg）：大鼠经口＞5000，兔经皮＞2000；对兔眼睛有轻度刺激性。

合成路线 以糖精为起始原料，在浓硫酸存在下醇解，然后在异氰酸正丁酯和二甲苯混合溶液中与光气或双光气反应，制得的相应磺酰基异氰酸酯与2-甲氨基-4-甲氧基-6-甲基均三嗪缩合即可制得苯磺隆。

合成步骤如下：

（1）磺酰基异氰酸酯的合成

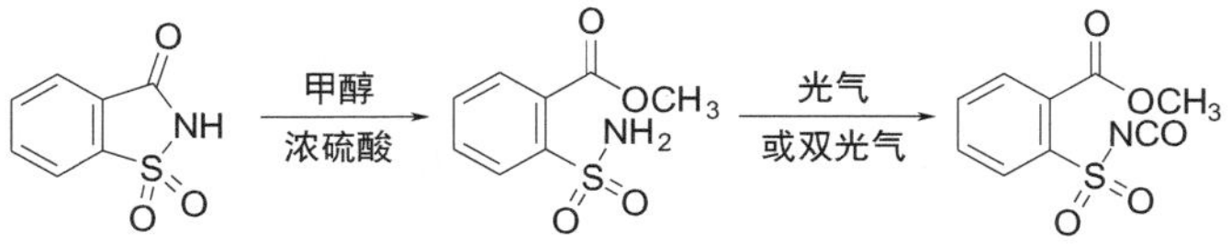

（2）2-甲氨基-4-甲氧基-6-甲基均三嗪的合成

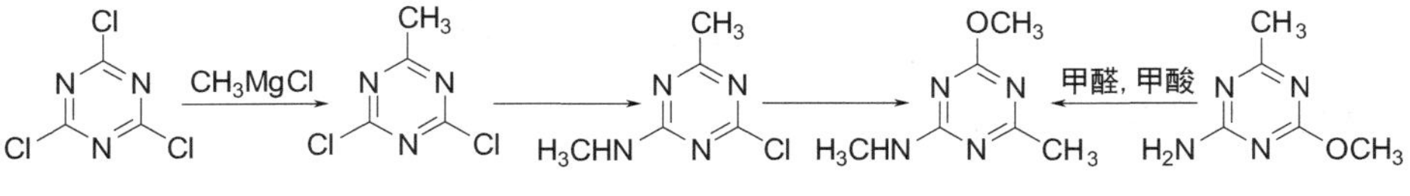

（3）苯磺隆的合成

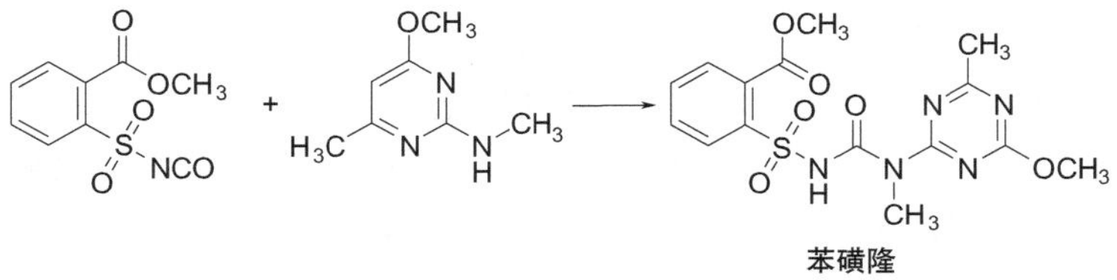

苯磺隆

向光气化反应釜中投入邻甲酸甲酯苯磺酰胺、二甲苯和催化剂，开动搅拌器，升温到120℃左右，通入光气进行光气化反应，可得中间体苯磺酰异酯。将此中间体抽入到偶合釜，在50℃下滴加配制好的三嗪浆液进行偶合反应，控制滴加时间1h，滴加完毕，在此温度下保温3h，然后进行蒸馏，过滤，烘干即得苯磺隆原药，收率达94.1%，产品纯度达95.6%。

四唑嘧磺隆（azimsulfuron）

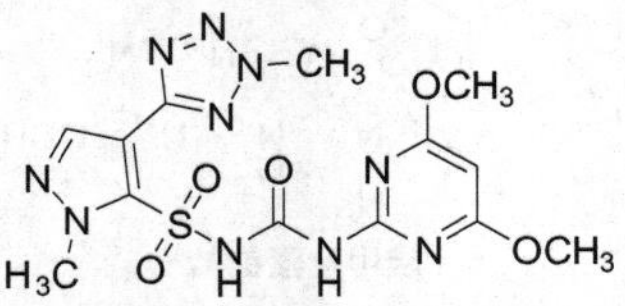

1-(4,6二甲氧基嘧啶 -2- 基)-3-[1- 甲基 -4-(2- 甲基 -2*H*- 四唑 -5- 基) 吡唑 -5- 基磺酰基] 脲

四唑嘧磺隆商品名康宁，由美国杜邦公司开发，1985 年申请专利。属于超高效、内吸传导型除草剂，可防除水稻田阔叶杂草、稗草、莎草科杂草，如异形莎草、紫水苋菜、眼子菜等。

纯品四唑嘧磺隆为白色固体，熔点 170℃。

四唑嘧磺隆原药急性 LD_{50}（mg/kg）：大鼠经口＞ 5000，兔经皮＞ 2000。

逆合成分析   四唑嘧磺隆为吡唑磺酰胺类除草剂（图 5-46）。

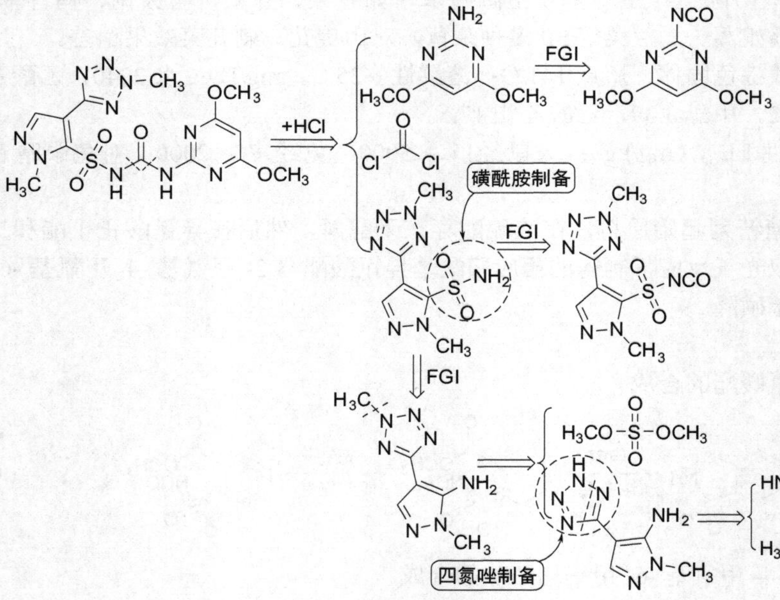

图 5-46   四唑嘧磺隆逆合成分析

合成路线   如图 5-47 所示。

合成步骤如下：

（1）1- 甲基 -4- 四氮唑 -5- 氨基吡唑的制备   在 6.5g 二甲基甲酰胺中，依次加入 9.2g 1- 甲基 -4- 氰基 -5- 氨基吡唑、1.1g 叠氮化钠、0.5g 氯化铵，在 125℃反应 8h，冷却至室温，减压蒸出二甲基甲酰胺，用水溶解反应物，稀氢氧化钠溶液调 pH 至强碱性，水溶液活性炭脱色，浓缩得褐色固体，残留物用少量水溶解，然后用 1mol/L 盐酸酸化至 pH=5 ～ 7 时有固体析出，过滤，得淡黄色的固体，过硅胶柱，得黄褐色固体 2.65g。Ⅱ含量是 54%，Ⅰ含量是 44%。

（2）1- 甲基 -4-(2- 甲基 - 四氮唑 -5- 基)-5- 磺酰胺吡唑的制备   将 33mL 冰醋酸和 1g 氯化亚铜加入三口烧瓶，搅拌，通入二氧化硫（二氧化硫由浓硫酸和亚硫酸钠反应制备），20 ～ 30min 后冰水冷浴至 5℃以下，直至增重法测得通入二氧化硫约 10g 即可。

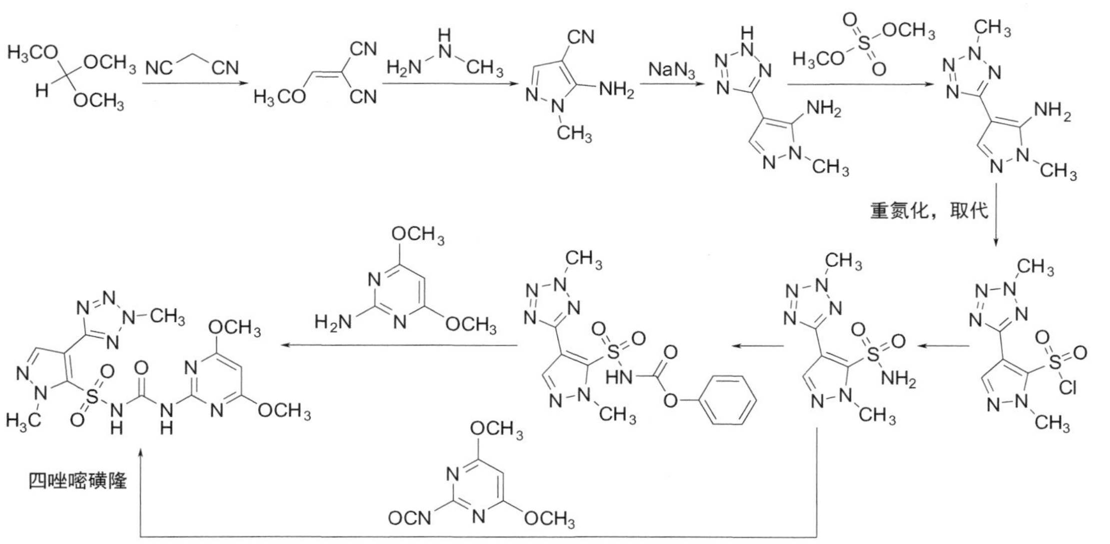

图 5-47 四唑嘧磺隆合成路线

取 5.0g 1- 甲基 -4-(2- 甲基 - 四氮唑 -5- 基)-5- 氨基吡唑，加入 12mol/L 盐酸 5.2mL、乙酸 21mL、浓硫酸 3mL，控制温度低于 10℃，搅拌 15min，使之溶解，冰盐冷至 −10 ～ −5℃，滴加事先配制好的 36.5% 0.03mol（即 2.3g 亚硝酸钠溶于 4mL 水中）亚硝酸钠溶液，控制温度始终在 5℃ 以下，约 30min 滴加完，保温 20min，加入 0.34g 尿素，得到重氮盐溶液。

将重氮盐溶液移到恒压滴液漏斗中，控制反应温度 5℃ 以下，约 60min 加完，在 10℃ 下保温 1 ～ 1.5h，水泵减压抽走多余的二氧化硫。加 40mL 水洗涤使得固体溶解，每次用 50mL 二氯乙烷萃取三次，萃取液用每次 100mL 的水洗涤两次。将萃取液用冰盐冷至 5℃ 以下，开始慢慢通氮气，瓶内很快变黄，温度上升很快，控制温度不超过 5℃，通过测定 pH 值控制终点（pH=9 ～ 10），在 15℃ 保温 4 ～ 5h，加水 50mL，固体溶解，分层，分别浓缩，合并固体，用 50mL 甲醇重结晶，有固体不溶，过滤，滤液冰箱冷冻，析出黄色固体。薄层色谱分析有三种物质，柱色谱分离，得到各物质，组分 1（极性最小）熔点为 138 ～ 140℃。

磺酰磺隆（sulfosulfuron）

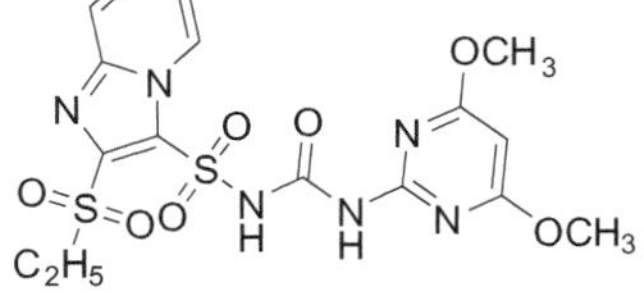

1-(4,6- 二甲氧基嘧啶 -2- 基)-3-(2- 乙基磺酰基咪唑并 [1,2-*a*] 吡啶 -3- 基) 磺酰脲

磺酰磺隆是由日本武田制药公司 1990 年研制并与孟山都公司共同开发上市的磺酰脲类除草剂，其作用机理为乙酰乳酸合成酶（ALS）抑制剂，通过杂草根和叶吸收，在植株体内传导，杂草即停止生长而后枯死。主要用于小麦田苗后除草，防除一年生、多年生禾本科和部分阔叶杂草如野燕麦、早熟禾、蓼等，对难除杂草雀麦有很好的效果。

磺酰磺隆为白色固体，熔点 201.1 ～ 201.7℃；溶解度（25℃，g/kg）：水 1.63。磺酰磺隆原药经口 LD_{50}（mg/kg）：大鼠 > 5000。

逆合成分析 磺酰磺隆为芳香性双环磺酰脲类除草剂（图 5-48）。

合成路线 如图 5-49 所示。

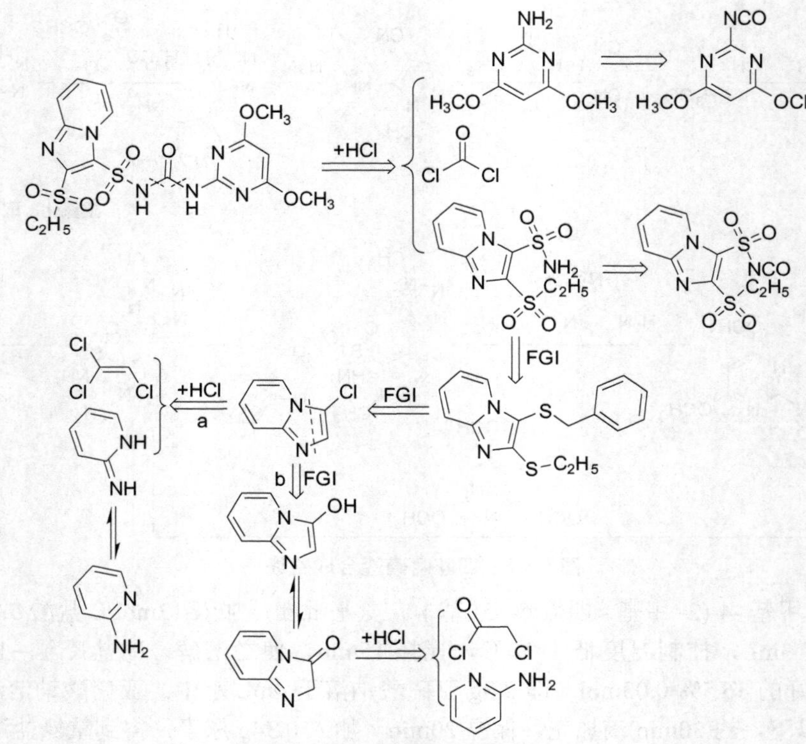

图 5-48 磺酰磺隆逆合成分析

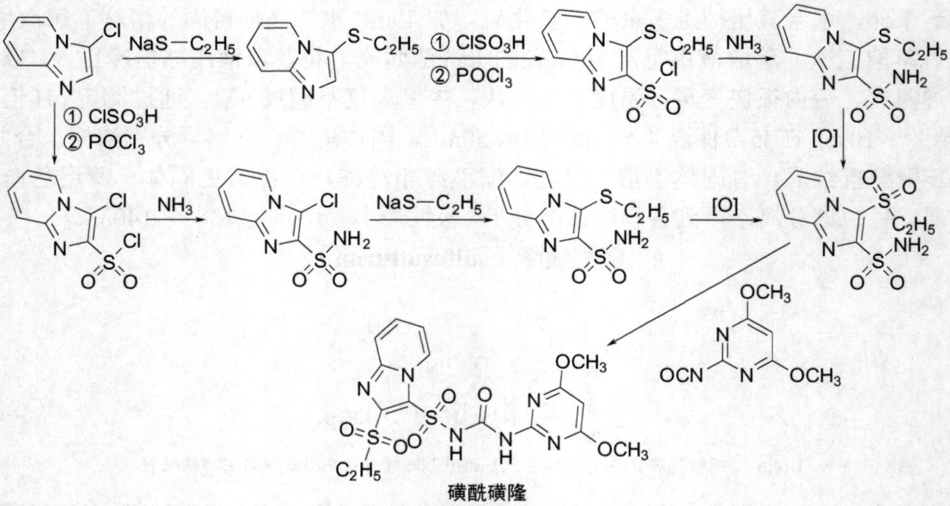

磺酰磺隆

图 5-49 磺酰磺隆合成路线

注：用类似的方法，可以制备唑吡嘧磺隆（imazosulfuron）、咪唑磺隆（imazosulfuron）、propyrisulfuron 等芳香性双环磺酰脲类除草剂。

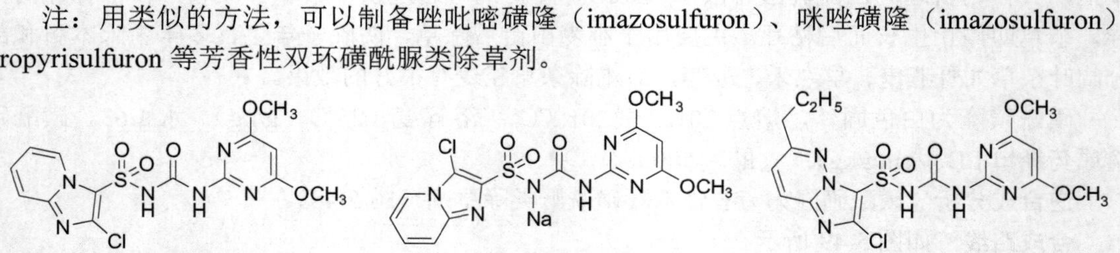

唑吡嘧磺隆　　咪唑磺隆　　propyrisulfuron

氟酮磺隆（flucarbazone–sodium）

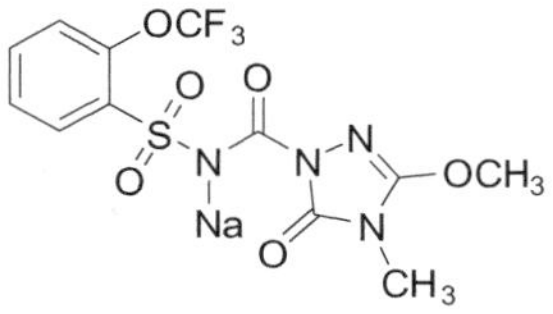

N-(2-三氟甲氧基苯基磺酰基)-4,5-二氢-3-甲氧基-4-甲基-5-氧-1*H*-1,2,4-三唑甲酰胺钠盐

氟酮磺隆商品名彪虎，适宜作物为小麦，对下茬作物安全（燕麦、芥菜、扁豆除外）。主要用于防除小麦田禾本科杂草和一些常见的阔叶杂草。

纯品为无色晶体，熔点200℃（分解）；水中溶解度（20℃，pH4～9，g/L）：44。

氟酮磺隆大鼠急性LD_{50}（mg/kg）：经口＞5000，经皮＞5000；对兔眼睛有轻微刺激性但无致敏性。

逆合成分析 氟酮磺隆为苯唑酮磺酰脲类除草剂（图5-50）。

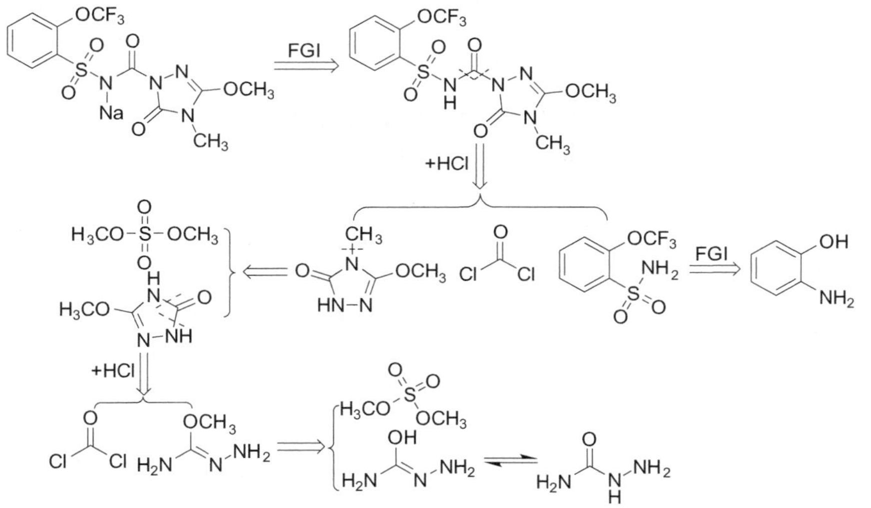

图5-50 氟酮磺隆逆合成分析

合成路线 如图5-51所示。

合成步骤如下：

（1）5-甲氧基-2,4-二氢-3*H*-1,2,4-三唑-3-酮的合成 将29.6g（0.19mol）1,3-二甲基硫代亚胺二羟酸酯和0.6g（0.01mol）氢氧化钾溶解在120mL甲醇中，冷却到0℃，然后在该温度下滴加10.2g（0.2mol）水合肼与50mL甲醇的溶液，控制滴加速度，维持反应体系pH=8～9，2h滴完，滴毕在室温下继续反应5h，反应结束后，减压脱除甲醇，得粗品16.3g，收率74.8%。

（2）5-甲氧基-4-甲基-2,4-二氢-3*H*-1,2,4-三唑-3-酮的合成 将16.3g（0.14mol）5-甲氧基-2,4-二氢-3*H*-1,2,4-三唑-3-酮溶解在200mL乙腈中，加入20.5g（0.15mol）碳酸钾，搅拌加热，55℃下滴加18.7g（0.15mol）硫酸二甲酯，滴毕继续保温反应2h，过滤，滤液浓缩，残余物溶解在二氯甲烷中，再过滤，滤液浓缩，残液在水中重结晶即得产品16.4g，收率98.5%。

（3）5-甲氧基-4-甲基-2-苯氧羰基-2,4-二氢-3*H*-1,2,4-三唑-3-酮的合成 将16.4g（0.12mol）5-甲氧基-4-甲基-2,4-二氢-3*H*-1,2,4-三唑-3-酮、15.9g（0.16mol）三乙胺及200mL乙腈加入反应瓶，加热至40～50℃，约30min内缓缓滴加26.8g（0.16mol）氯甲酸苯酯，滴毕

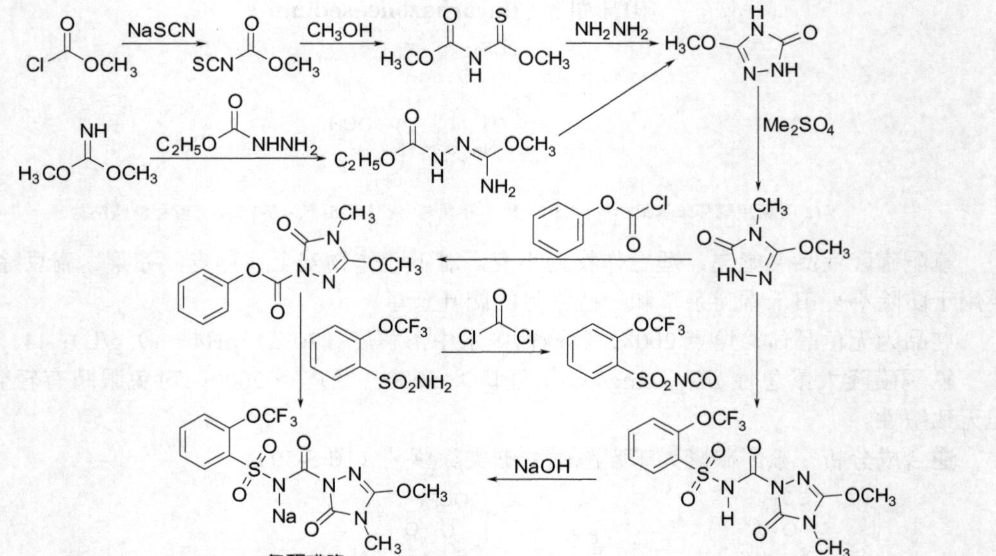

图 5-51　氟酮磺隆合成路线

继续反应 2h，脱除乙腈，残余物倒入 10% 的盐酸中，析出固体，过滤，得产品 28.4g，收率 90.4%。

（4）氟酮磺隆的合成　将 21g（0.087mol）邻三氟甲氧基苯基磺酰胺、28.4g（0.11mol）化合物 5- 甲氧基 -4- 甲基 -2- 苯氧羰基 -2,4- 二氢 -3*H*-1,2,4- 三唑 -3- 酮、11g（0.11mol）三乙胺及 250mL 甲苯加入反应瓶，升温至 40 ～ 50℃反应 24h，用液相色谱仪跟踪邻三氟甲氧基苯磺酰胺的转化率，反应毕，在反应混合物中加入 15mL 水，然后用 50% 的氢氧化钠水溶液处理所得的混合物，直至反应完全为止，过滤，洗涤，得氟酮磺隆原药 32g，纯度为 99.0%，收率 91.6%。

注：用类似的方法，可以制备噻酮磺隆（thiencarbazone-methyl）、丙苯磺隆（procarbazone）等唑酮磺酰脲类除草剂。

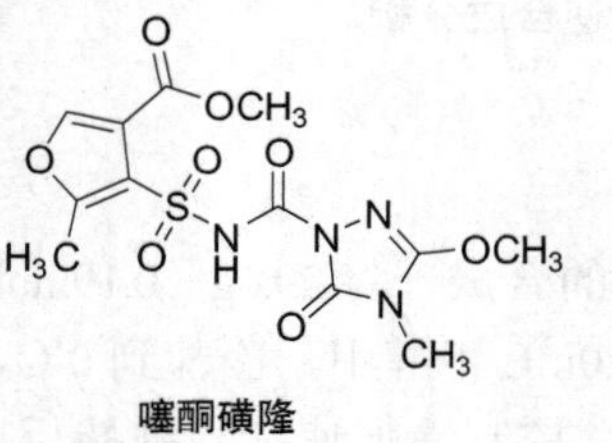

噻酮磺隆 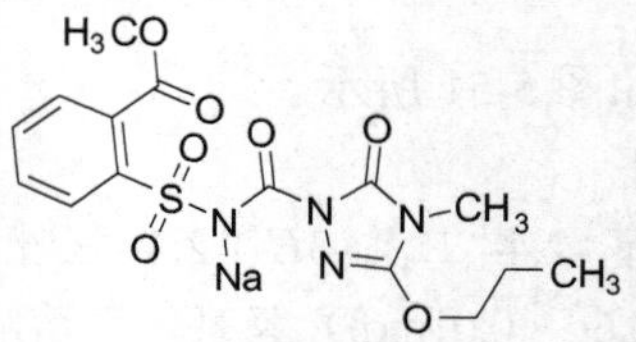　　　　　　　　　　　　丙苯磺隆

5.3　酰胺及氨基甲酸酯除草剂

5.3.1　结构特点与合成设计

这类除草剂的特点是分子结构中含有酰胺 $\left(\begin{array}{c}O\\\parallel\\-C-N-\\\quad|\\\quad H\end{array}\right)$ 结构，包括酰胺类、氨基甲酸酯类、硫代氨基甲酸酯类除草剂。

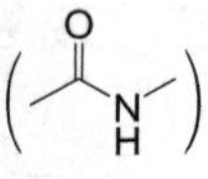

酰胺类除草剂是除草剂中较为重要的一类，从生理活性和化学结构方面考虑，它们可以进一步分为酰芳胺类及氯代乙酰胺类。1969 年以后，美国孟山都（Monsanto）公司先后开发

了甲草胺、丁草胺及乙草胺等品种，目前这类除草剂在市场上仍然占有一定地位。其中丁草胺主要用于防除水稻田一年生杂草，乙草胺与莠去津复配防除玉米田杂草，由于它们选择性好、药效高、价格低，被广泛应用。

　　氨基甲酸酯类化合物是一类具有广谱活性的除草剂，其特点是低毒、在土壤中残效期相对较短、较易为非靶标生物降解；结构中含有两个氨基甲酰基的甜菜宁和甜菜安是 Shering（现为安万特）公司开发的可防除藜科杂草而对同科的甜菜无害的除草剂。

　　硫代氨基甲酸酯类化合物是 1954 年以后发展起来的一类除草剂。1960 年前后，美国Monsanto 公司先后开发的燕麦敌一号及燕麦畏均是优良的麦田防除野燕麦的除草剂；瑞士诺华（现先正达）公司开发的禾大壮也是水田除草的优良品种，每年均有大吨位销往世界各地。

　　以上三类除草剂虽然都含有酰胺键结构，但特征结构又有差别，如下所示。

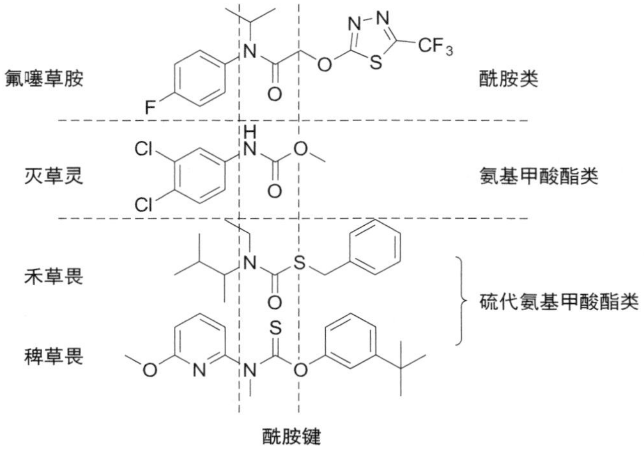

　　酰胺类化合物多由相应的酸或酰氯与各种不同的取代胺直接加热生成。如敌稗的合成就是用丙酸与 3,4- 二氯苯胺在三氯化磷或氯化亚硫酰存在下直接加热合成，反应以氯苯或苯为溶剂，90℃反应 3 ～ 4h 即得目标物。

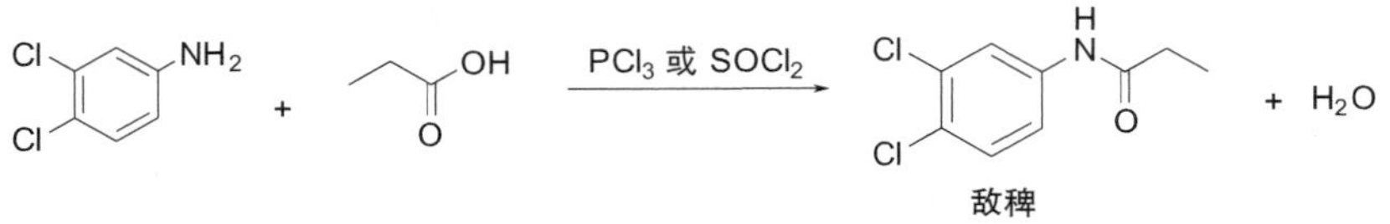

　　杀虫剂中所述氨基甲酸酯类化合物的合成方法，同样适用于除草剂用途的氨基甲酸酯类化合物的合成。

　　硫代氨基甲酸酯类化合物的合成有光气法和氧硫化碳法。

　　（1）光气法　光气与胺反应后再与硫醇钠反应，反应常在二甲苯中进行，收率在 30% ～ 90%。

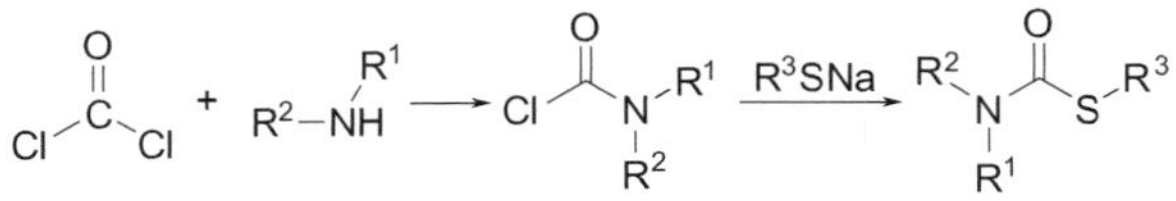

　　也可使光气先和硫醇反应，然后再和胺反应。

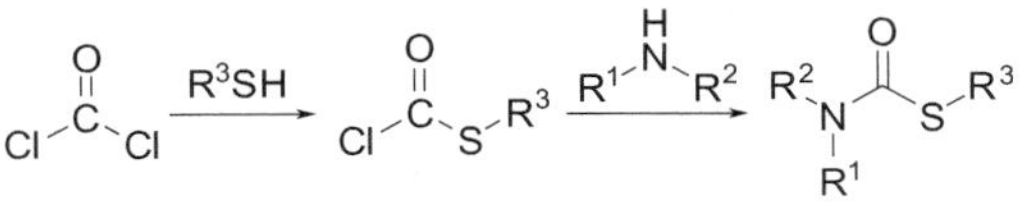

　　用固体光气代替光气反应，可以取得同样的效果。若以 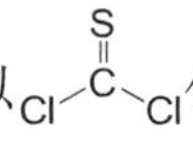 代替 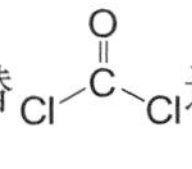 进行反应，则

可制得硫（酮）代氨基甲酸酯类化合物。

（2）氧硫化碳法　氧硫化碳先在氢氧化钠存在下与相应胺反应，然后再和对应的氯代化合物反应。

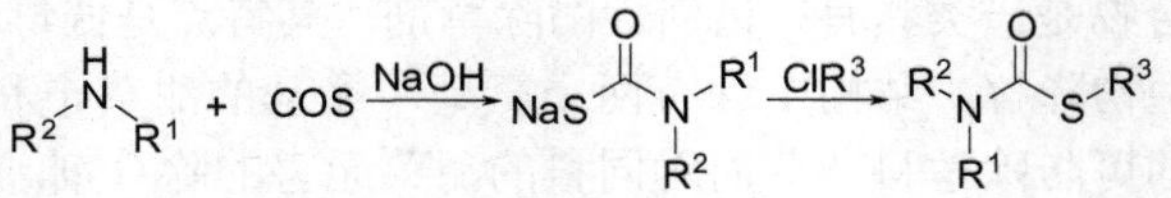

该法对于活泼氯衍生物较为有利，反应一般在 0～5℃将 COS 气体通入胺的氢氧化钠溶液中，充分反应后，加入活泼氯代化合物，逐渐升温至 50～60℃约 30h，即可获得 70%～90% 收率的产品。

如燕麦敌一号的合成：

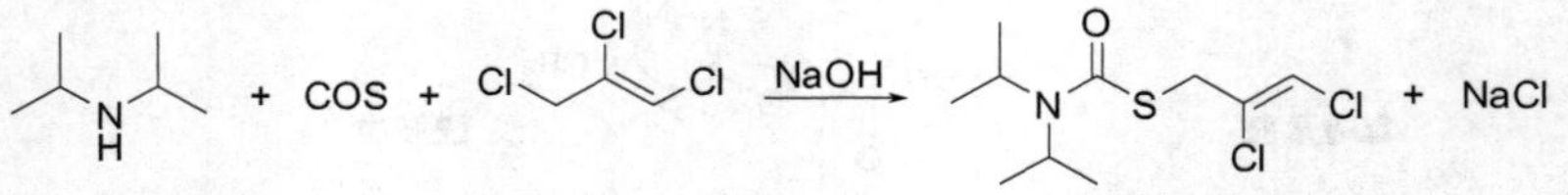

二硫化碳法、异构化法、酯交换法　见后面相关章节"禾草丹（thiobencard）"中禾草丹的合成方法。

5.3.2　代表性品种的结构与合成

乙草胺（acetochlor）

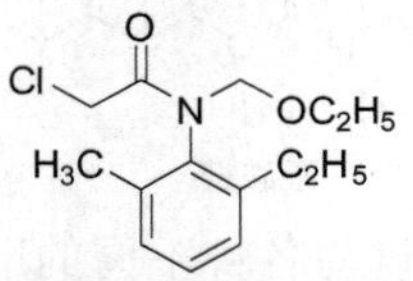

N-(2-甲基-6-乙基苯基)-*N*-(乙氧甲基)氯乙酰胺

乙草胺为选择性除草剂，1969 年由美国孟山都（Monsanto）公司开发。属于蛋白质合成抑制剂，用于玉米、棉花、花生、甘蔗、大豆、蔬菜田防除一年生禾本科杂草和某些一年生阔叶杂草如稗草、狗尾草、马唐、牛筋草、早熟禾、看麦娘、碎米莎草、秋稷、藜、马齿苋、菟丝子、黄香附子、紫香附子、双色高粱、春蓼等。

纯品乙草胺为淡黄色液体，沸点 176～180℃（76Pa）；溶解性（25℃，mg/L）：水 223，溶于乙酸乙酯、丙酮、乙腈等有机溶剂。

乙草胺原药急性 LD_{50}（mg/kg）：大鼠经口 2148；兔经皮 4166；对兔皮肤和眼睛有轻微刺激性。

逆合成分析　乙草胺为酰胺类除草剂，有 a、b 两条路线（图 5-52）。

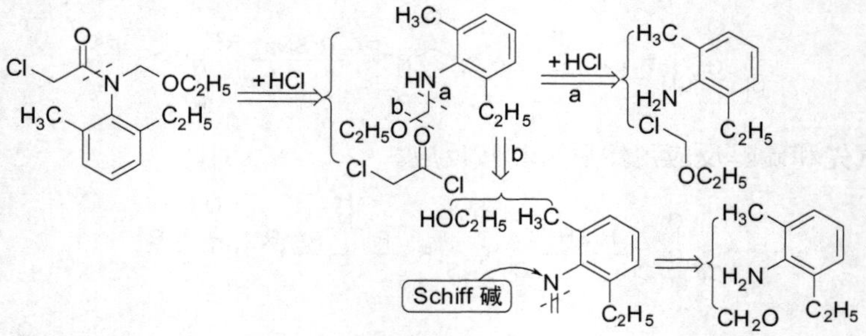

图 5-52　乙草胺逆合成分析

合成路线 主要有氯代醚法和亚甲基苯胺法（图5-53）。

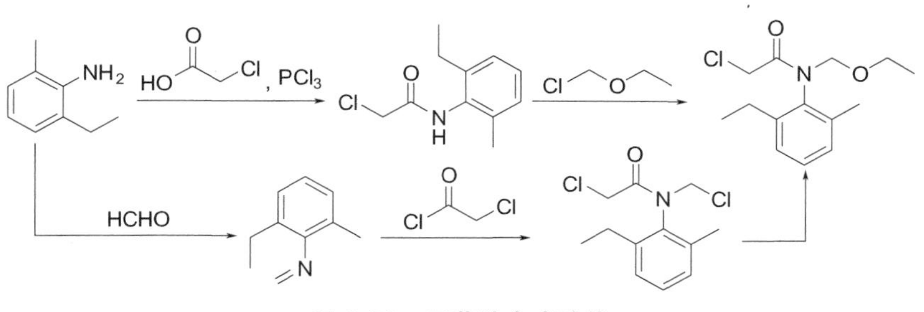

图5-53 乙草胺合成路线

在装有搅拌器、回流冷凝器、温度计的反应瓶中加入一定量的甲醛和二甲苯，加热至75～80℃，慢慢滴加一定量的2-甲基-6-乙基苯胺。加完回流2h后，减压共沸蒸馏脱水，至无水馏出停止。冷却至室温，慢慢加入一定量的氯乙酰氯和二甲苯的混合液，在室温下搅拌反应1h。将反应液温度升至5℃，缓慢加入一定量的乙醇，加完后向反应液内通入氨气至pH=8～9。滤后，将滤液减压脱除溶剂得乙草胺原油，经气相色谱分析质量分数≥93%。

较佳反应条件为：2-甲基-6-乙基苯胺和甲醛的摩尔比为1：1.5，2-甲基-6-乙基苯胺和氯乙酰氯的摩尔比为1：1.15，2-甲基-6-乙基苯胺和乙醇的摩尔比为1：5，烯胺化反应温度为80℃，酰化反应温度为30℃，醚化反应温度为50℃。

注：用类似方法，可以合成其他酰胺类除草剂如甲草胺（alachlor，商品名拉索）、丁草胺（butachlor）、毒草胺（propachlor）、吡草胺（metazachlor）、丙草胺（pretilachlor）、异丙草胺（propisochlor）、异丁草胺（delachlor）、氟咯草酮（flurochloridone）、二丙烯草胺（allidochlor）、毒草胺（propachlor）、烯草胺（pethoxamid）、噻吩草胺（thenylchlor）、丙炔草胺（prynachlor）、异丁草胺（delachlor）、杀草胺（ethaprochlor）、戊炔草胺（propyzamide）、二甲吩草胺（dimethenami）、高效麦草伏甲酯（flamprop-M-methyl）、高效麦草伏丙酯（flamprop-M-isopropyl）等。

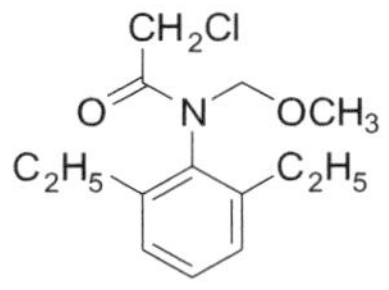

甲草胺/拉索 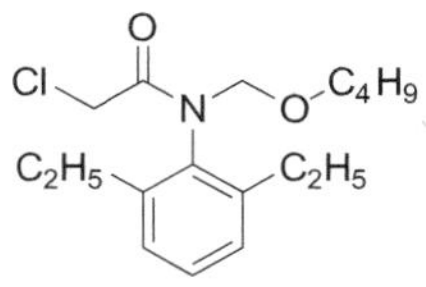　　丁草胺 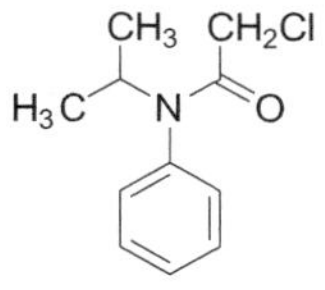　　毒草胺 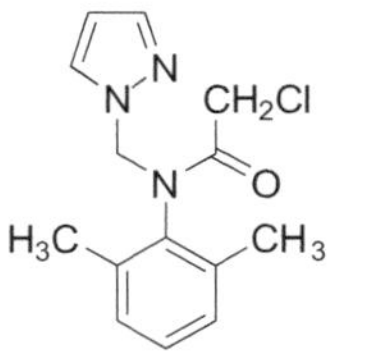　　吡草胺

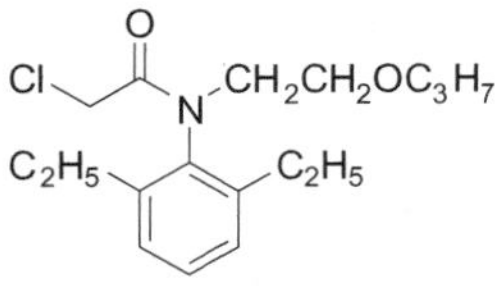

丙草胺 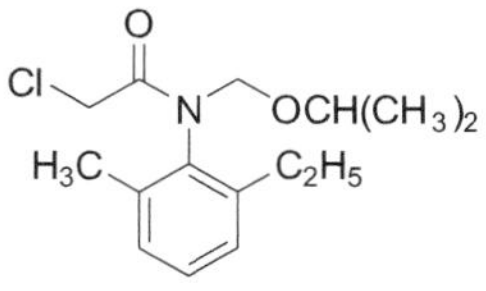　　异丙草胺 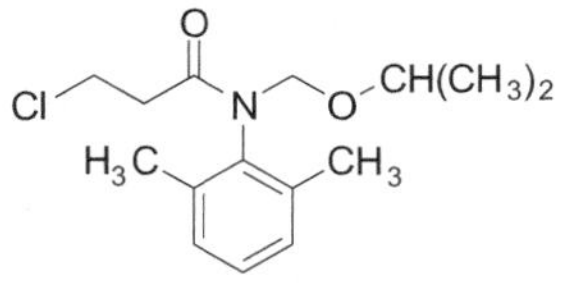　　异丁草胺 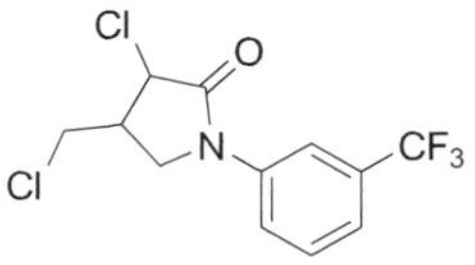　　氟咯草酮

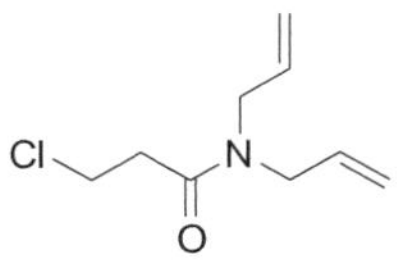

二丙烯草胺 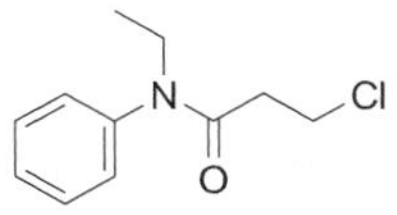　　毒草胺 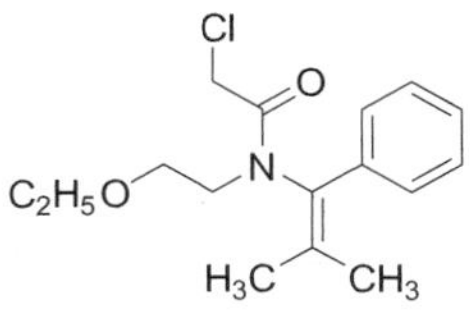　　烯草胺 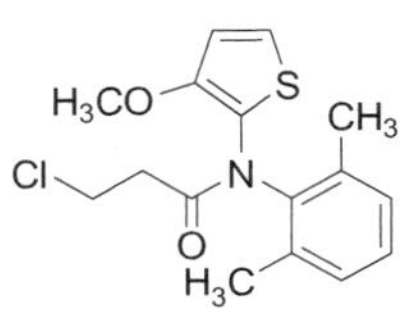　　噻吩草胺

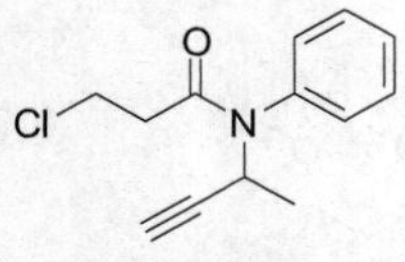

丙炔草胺 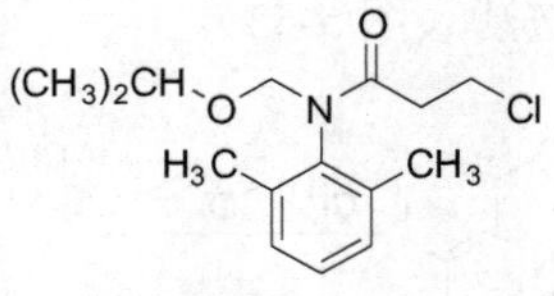　　　　　异丁草胺 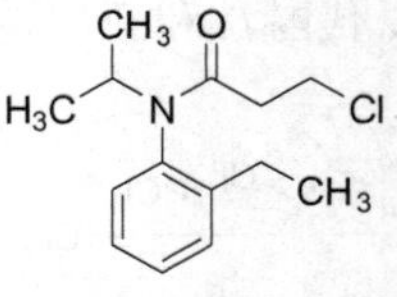　　　　　杀草胺 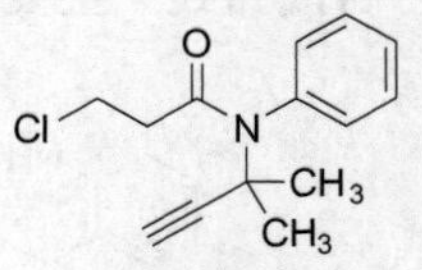　　　　　戊炔草胺

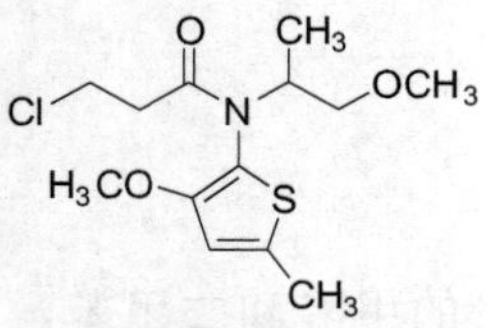

二甲吩草胺 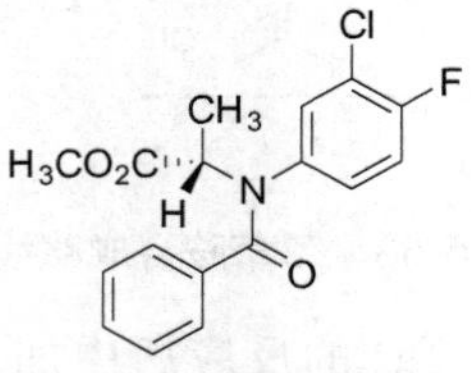　　　　高效麦草伏甲酯 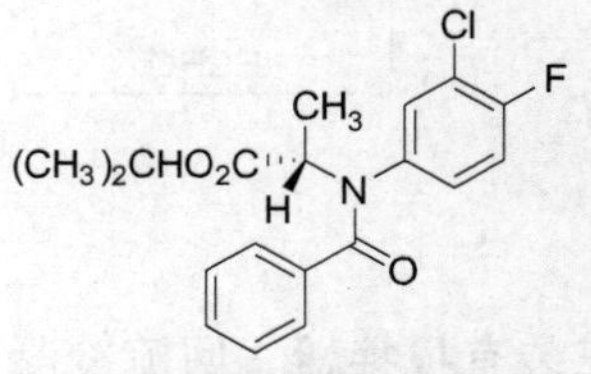　　　　高效麦草伏丙酯

高效二甲噻草胺（dimethenamid-*p*）

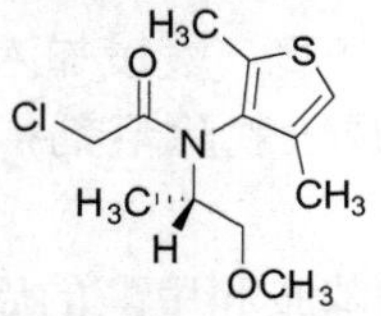

（*S*）-2- 氯 -*N*-（2,4- 二甲基 -3- 噻吩）-*N*-（2- 甲氧基 -1- 甲基乙基）乙酰胺

　　高效二甲噻草胺由瑞士先正达公司研制，德国巴斯夫公司开发，为单一光学异构体，2000年商品化。属于细胞分裂与生长抑制剂，用于玉米、花生、大豆田防除众多一年生禾本科杂草如稗草、狗尾草、马唐、牛筋草等和多数阔叶杂草如反枝苋、荠菜、鬼针草，油莎草等，用量是二甲噻草胺的一半。

　　纯品高效二甲噻草胺为黄色黏稠液体，沸点 127℃（26.7Pa）；溶解性（25℃）：水 1.2g/kg，正庚烷 282g/kg，异辛醇 220g/kg，乙醚、乙醇＞ 50%。

　　高效二甲噻草胺原药急性 LD_{50}（mg/kg）：大鼠经口 1570，大鼠和兔经皮＞ 2000；对兔眼睛有中度刺激性。

　　合成路线　以 2,4- 二甲基 -3- 氨基噻吩或 2,4- 二甲基 -3- 羟基噻吩为起始原料，经过数步反应，皆可制得高效二甲噻草胺。

　　路线一　以 2,4- 二甲基 -3- 氨基噻吩为起始原料（图 5-54）。

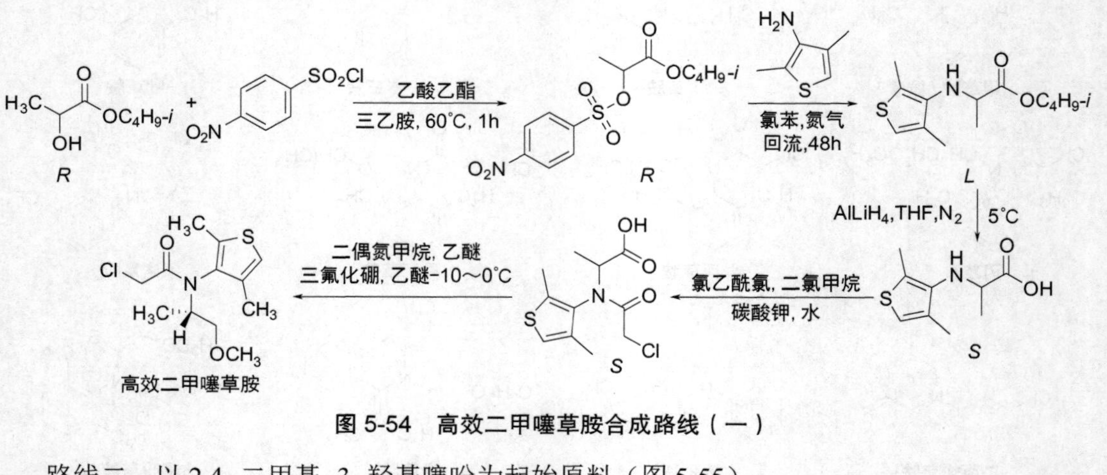

图 5-54　高效二甲噻草胺合成路线（一）

　　路线二　以 2,4- 二甲基 -3- 羟基噻吩为起始原料（图 5-55）。

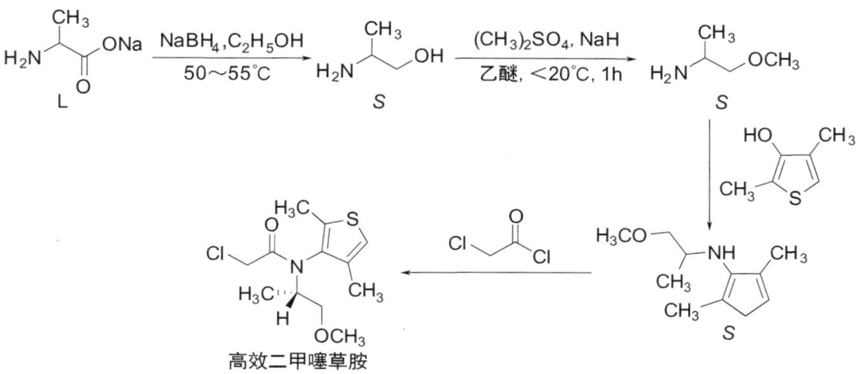

图 5-55 高效二甲噻草胺合成路线（二）

异丙甲草胺（metolachlor）与高效异丙甲草胺（S-metolachlor）

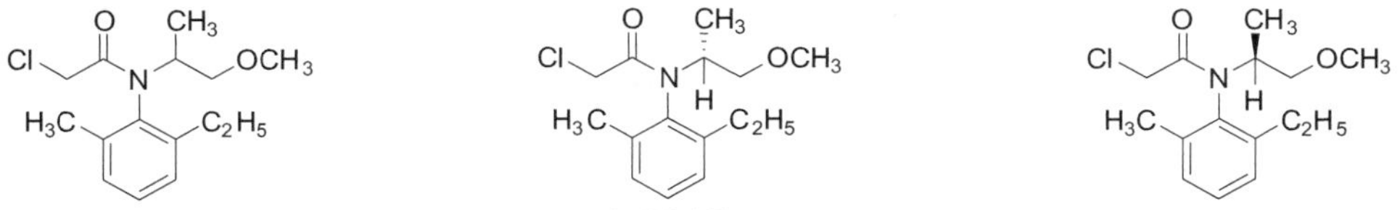

(αRS,1S)

(αRS,1R)

(αRS,1RS)-2-氯-6′-乙基-N-(2-甲氧基-1-甲基乙基)乙酰邻甲苯胺

(αRS,1S)-2-氯-6′-乙基-N-(2-甲氧基-1-甲基乙基)乙酰邻甲苯胺(80%～100%)

(αRS,1R)-2-氯-6′-乙基-N-(2-甲氧基-1-甲基乙基)乙酰邻甲苯胺(0～20%)

异丙甲草胺与高效异丙甲草胺都是诺华（现先正达）公司开发的酰胺类广谱、低毒除草剂，商品名分别是都尔、金都尔，专利申请年分别为 1972 年、1981 年；作用机制为通过阻碍蛋白质的合成而抑制细胞生长；适用于大豆、玉米、花生、马铃薯、棉花、甜菜、油菜、向日葵、亚麻、红麻、芝麻、甘蔗等旱田作物以及姜和白菜等十字花科、茄科蔬菜和果园、苗圃。能有效防除稗草、牛筋草、早熟禾、野稷、狗尾草、金狗尾草、画眉草、黑麦草、稷、油莎草、荠菜、菟丝子等杂草，对藜、看麦娘、宝盖草、马齿苋、繁缕、猪毛菜等也有较好的防除效果。可单剂使用，也可复配使用；高效异丙甲草胺是异丙甲草胺药效 1.67 倍。

纯品异丙甲草胺与高效异丙甲草胺都是无色液体，原药则皆为棕色油状液体，熔点 −62.1℃；溶解性（20℃）：水 488mg/L，与苯、甲苯、甲醇、乙醇、辛醇、丙酮、二甲苯、二氯甲烷、DMF、环己酮、己烷等有机溶剂互溶。

异丙甲草胺原药急性 LD_{50}（mg/kg）：大鼠经口 2780，小鼠经口 894，大鼠经皮 > 3170；对兔皮肤和眼睛有轻微刺激性。高效异丙甲草胺原药急性 LD_{50}（mg/kg）：大鼠经口 2672，兔、鼠经皮 > 2000。

异丙甲草胺合成路线 如图 5-56 所示。

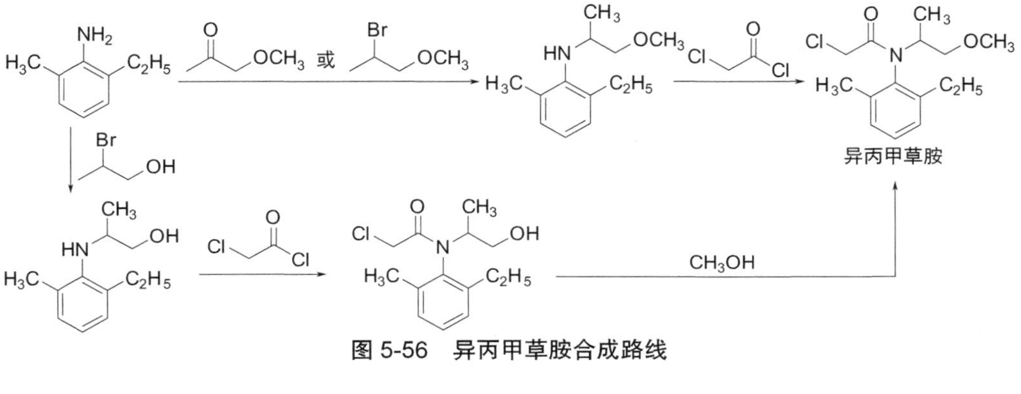

图 5-56 异丙甲草胺合成路线

高效异丙甲草胺合成路线 通常有乳酸酯法和定向合成法两种合成方法，其中定向合成法较常用。

（1）乳酸酯法 见图 5-57。

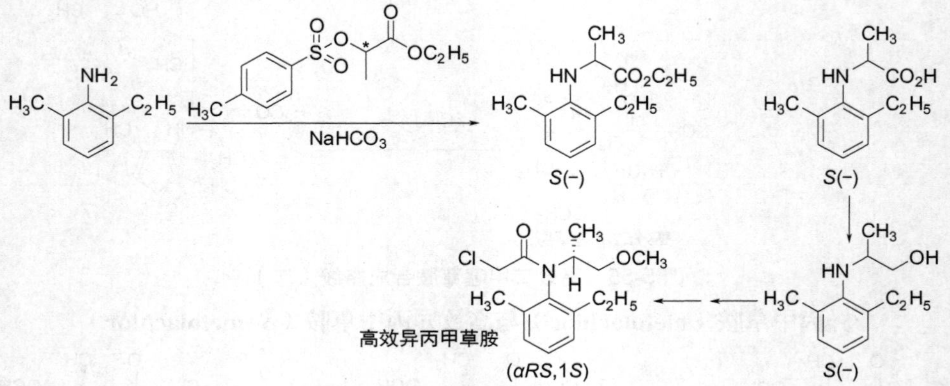

图 5-57 高效异丙甲草胺合成路线（一）

（2）定向合成法 见图 5-58。

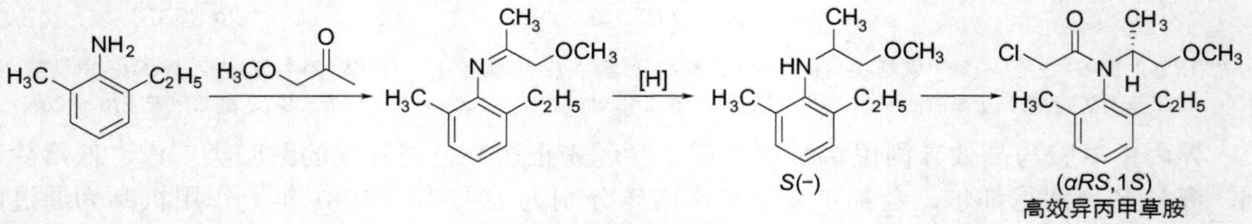

图 5-58 高效异丙甲草胺合成路线（二）

氟吡草胺（picolinafen）

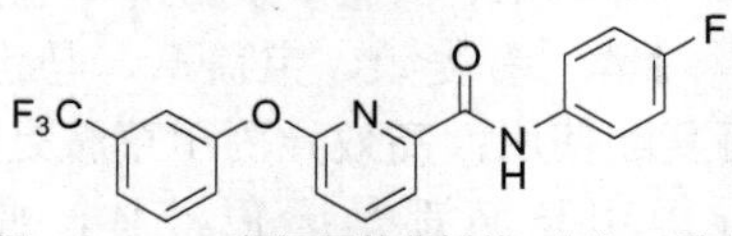

4′-氟-6-(α,α,α-三氟间甲基苯氧基)吡啶-2-酰苯胺

氟吡草胺属于胡萝卜素生物合成抑制剂，由美国氰胺（现 BASF）公司开发，1990 年申请专利。用于麦田苗后早期防除阔叶杂草如婆婆纳、猪殃殃、宝盖草、藜、荠菜、大爪菜、田菫菜等，与二甲戊乐灵混用效果更佳。

纯品氟吡草胺为无色晶体，熔点 107.2 ～ 107.6℃；溶解性（20℃，g/L）：难溶于水，乙酸乙酯 464，丙酮 557，二氯甲烷 764，甲醇 30.4。

氟吡草胺原药急性 LD_{50}（mg/kg）：大鼠经口＞ 5000，经皮＞ 4000。

合成路线 以 2- 氯 -6- 甲基吡啶为起始原料，经过氯化、水解、酰氯化、酰胺化、醚化即得目标物（图 5-59）。

异噁草胺（isoxaben）

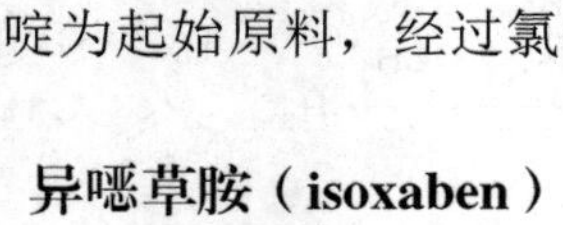

N-[3-(1- 乙基 -1- 甲基丙基)-1,2- 噁唑 -5- 基]-2,6- 二甲氧基苯甲酰胺

异噁草胺属于细胞壁生物合成抑制剂，由美国道农业科学公司开发，1980 年申请专利；

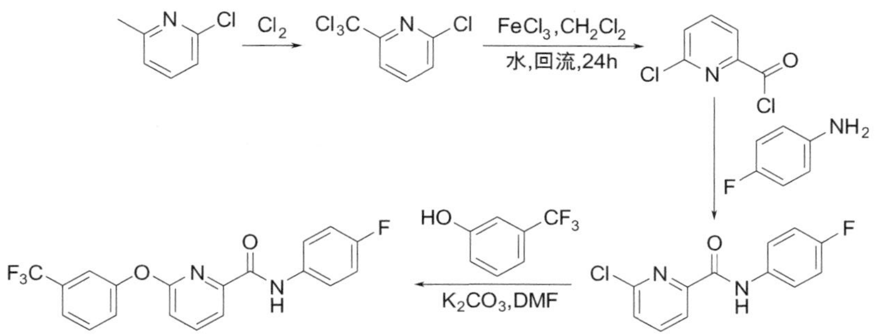

图 5-59 氟吡草胺合成路线

通常用于麦田防除阔叶杂草如繁缕、婆婆纳、堇菜等，也可用于蚕豆、豌豆、果园、草坪、观赏植物、洋葱、大蒜等。使用剂量 50 ～ 125g(a.i.)/hm²。

纯品异噁草胺为无色晶体，熔点 176 ～ 179℃；溶解性（20℃，mg/L）：水 1.42，甲醇、二氯甲烷、乙酸乙酯 500 ～ 1000，乙腈 300 ～ 500，甲苯 40 ～ 50，水溶液容易发生光分解。

异噁草胺原药急性 LD_{50}（mg/kg）：大、小鼠经口＞ 10000，狗经皮＞ 5000；对兔眼睛能引起轻微结膜炎，对蜜蜂无明显危害。

合成路线 2- 乙基丁酸甲酯经甲基化等反应得到 5- 氨基 -3-(1- 乙基 -1- 甲基丙基) 异噁唑，最后与 2,6- 二甲氧基苯甲酰氯反应制得目标物。

合成步骤如下：

（1）5- 氨基 -3-(1- 乙基 -1- 甲基丙基) 异噁唑的合成 2- 乙基丁酸甲酯与正丁基锂、碘甲烷反应，制得的 2- 乙基 -2- 甲基丁酸甲酯再于四氢呋喃中在氢化钠作用下与乙腈反应得到 1- 乙基 -1- 甲基丙基氰基甲基酮，再于水中与氢羟胺盐酸盐、氢氧化钠反应制得目标物。

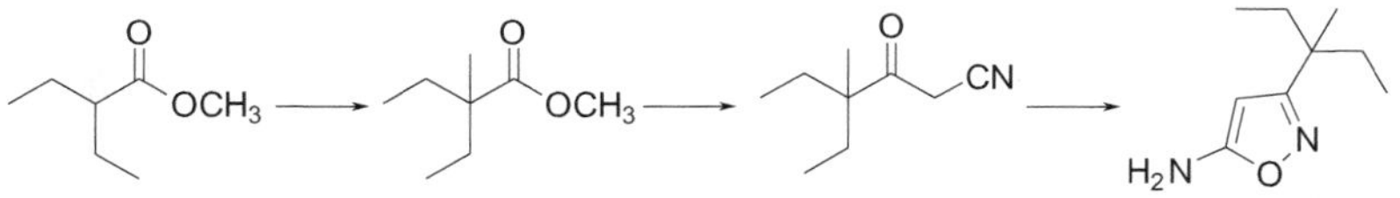

（2）异噁草胺的合成 5- 氨基 -3-(1- 乙基 -1- 甲基丙基）异噁唑在甲苯中与 2,6- 二甲氧基苯甲酰氯回流反应 48h 即可制得异噁草胺。

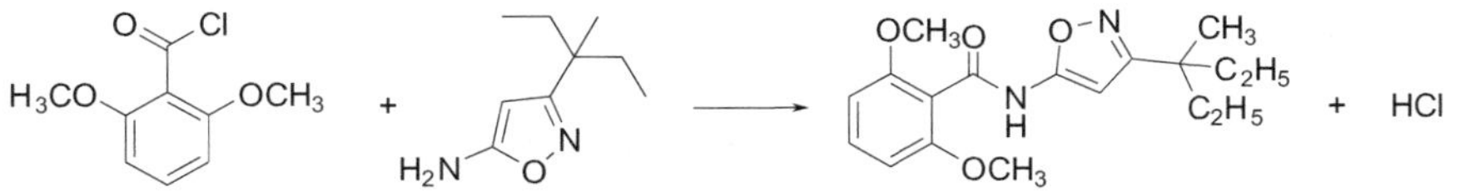

注：用酰氯与胺类反应方法，可制得大部分简单酰胺结构除草剂，如：

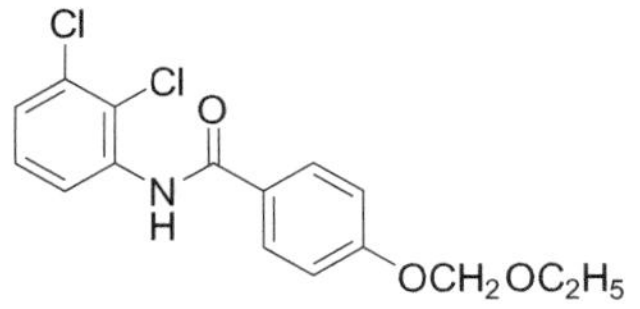

乙氧苯草胺（etobenzanid） 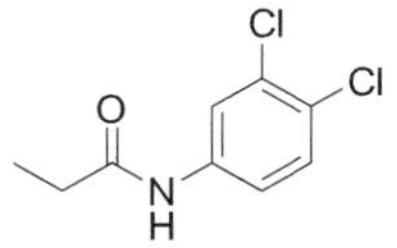 敌稗（propanil） 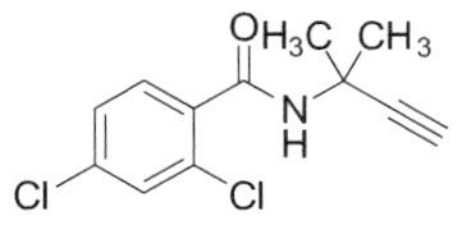 炔苯酰草胺（propyzamide） 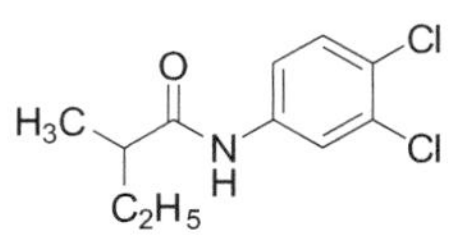 草克尔（karsil）

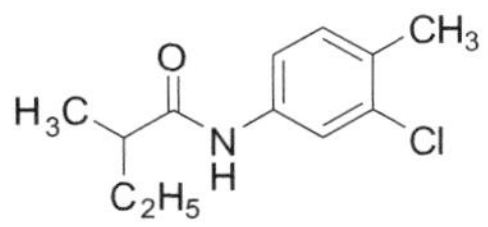

戊酰苯草胺（pentanochlor） 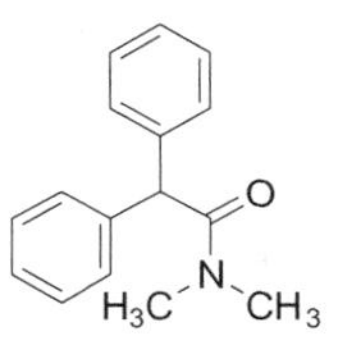 双苯酰草胺（diphenamid） 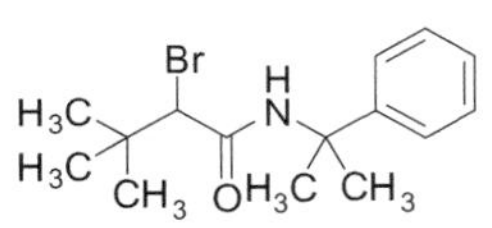 溴丁酰草胺（bromobutide） 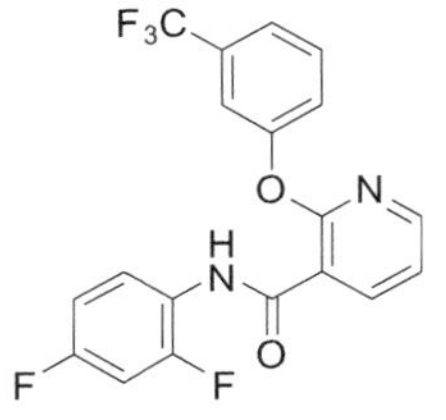 吡氟草胺（diflufenican）

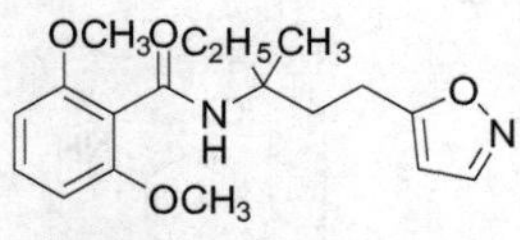

异噁酰草胺（isoxaben） 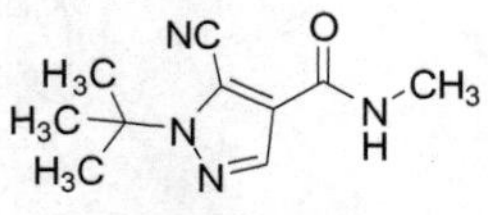　　吡氰草胺（ET-177） 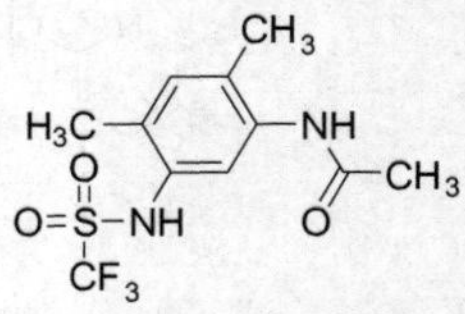　　伏草胺（mefluidide）

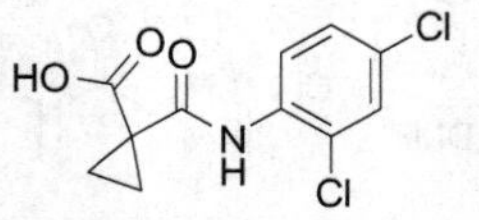

环丙酰草胺（cyclanilide） 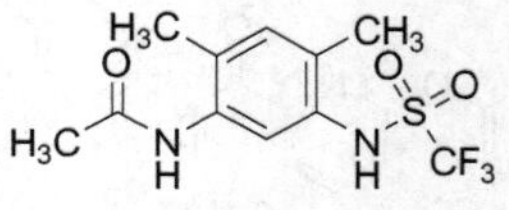　　　　氟磺酰草胺（mefluidide）

燕麦敌（diallate）

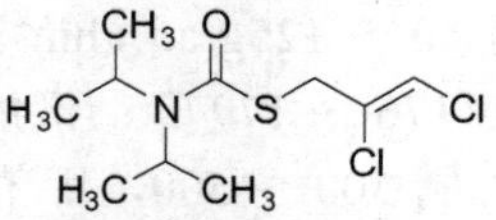

N,N-二异丙基硫代氨基甲酸-*S*-2,3二氯丙烯基酯

燕麦敌为播前除草剂，防除野燕麦效果高达90%。另外，对菟丝子防除效果高达98%以上。

纯品燕麦敌为琥珀色液体，沸点150℃（1.2kPa）。具有特殊臭味。在强酸及高温下分解。燕麦敌原药大鼠经口急性LD_{50}（mg/kg）：395。

逆合成分析　燕麦敌为硫（醇）代氨基甲酸酯类化合物（图5-60）。

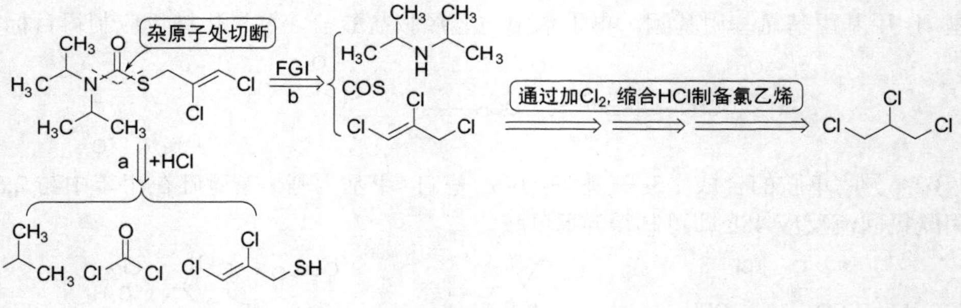

图 5-60　燕麦敌逆合成分析

合成路线　如图5-61所示。

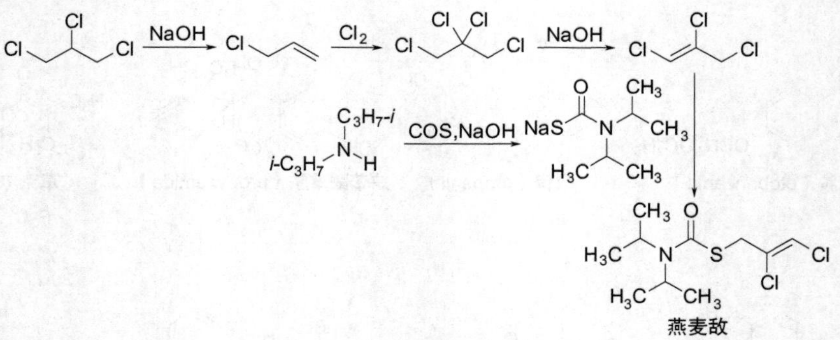

图 5-61　燕麦敌合成路线

禾草丹（thiobencard）

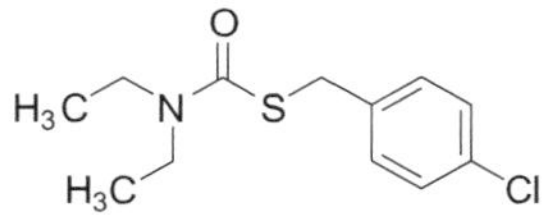

N,N-二乙基硫代氨基甲酸-*S*-(4-氯苄基)酯

禾草丹又名杀草丹，属于选择性、内吸传导型除草剂，1965 年由日本组合化学公司开发，在世界主要水稻产区广泛使用；通常用于水稻田防除稗草、牛毛毡、鸭舌草等，也可用于棉花、大豆、花生、马铃薯、甜菜等旱田作物防除马唐、蓼、藜、苋、繁缕等杂草。

纯品禾草丹为淡黄色油状液体，沸点 126～129℃（1.07Pa），熔点 3.3℃；溶解性（20℃）：水 27.5mg/L，易溶于醇类、苯、甲苯、丙酮等有机溶剂。

禾草丹原药急性 LD_{50}（mg/kg）：大鼠经口 920，小鼠经口＞1000，大鼠经皮＞1000；对兔皮肤和眼睛有一定刺激作用，但短时间内即可消失。

合成路线 禾草丹通常有如下 3 种合成路线（图 5-62）。

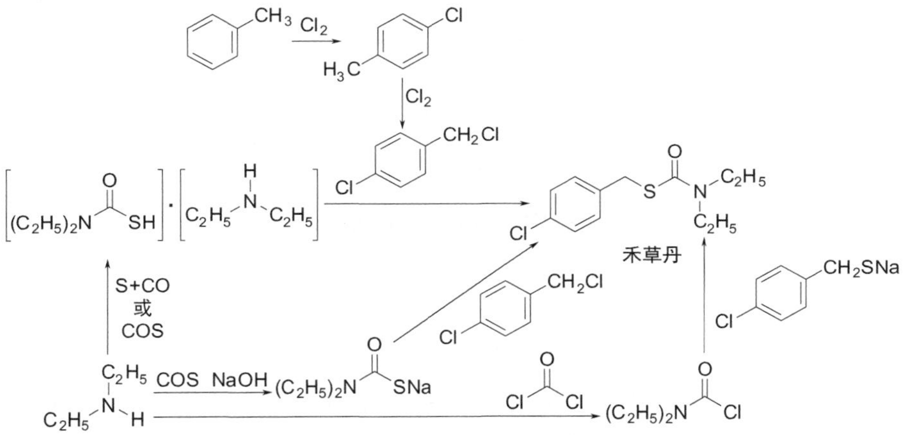

图 5-62 禾草丹合成路线

将按比例的二乙胺和溶剂加入成盐釜，维持在一定温度下，通入氧硫化碳直到反应结束。将生成的盐液送入缩合釜，加入需要量的对氯氯苄，滴加完毕后，继续反应一段时间完成反应。反应物料以适量盐酸中和，使未反应的二乙胺转变为二乙胺的盐酸盐。沉降分离油相和水相，油相经水洗，常压、减压脱除溶剂后得到禾草丹原药，含量大于 93%。

注：用制备燕麦敌与禾草丹类似的方法，可以制备硫（醇）代氨基甲酸酯类除草剂，如野燕畏（triallate）、丁草特（butykate）、克草猛（pebulate）、茵达灭（EPTC）、灭草猛（vernolate）、灭草特（cycloate）、杀草丹（thiobencarb）、草达灭（molinate）、乙硫草特（ethiolate）、坪草丹（orbencarb）、仲草丹（tiocrbazil）、苄草丹（prosulfocarb）、哌草丹（dimepiperate）、稗草畏（pyributicarb、禾草畏（esprocarb）、哒草特（pyridate）、双氧硫威（RO 13-7744）、苯硫威（fenothiocarb）、噻螨酮（hexythiazox）、氟噻乙草酯（fluthiacet-methyl）、除草灵乙酯（benazolin-ethyl）、fenpyrazamine 等。

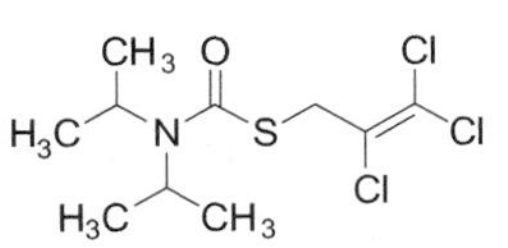

野燕畏 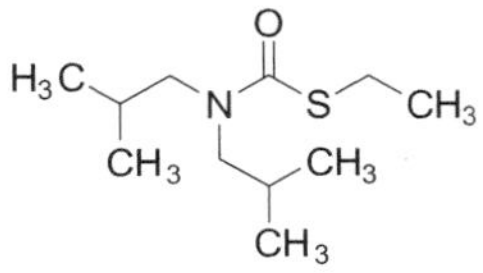　　　　丁草特 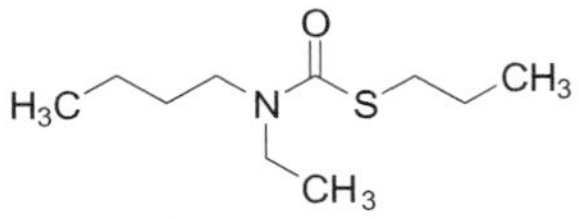　　　　克草猛 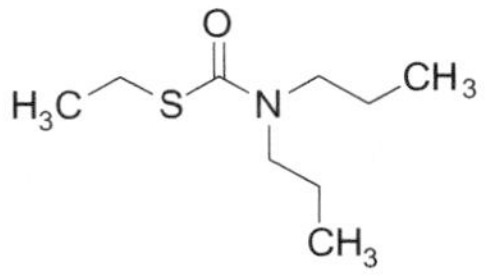　　　　茵达灭

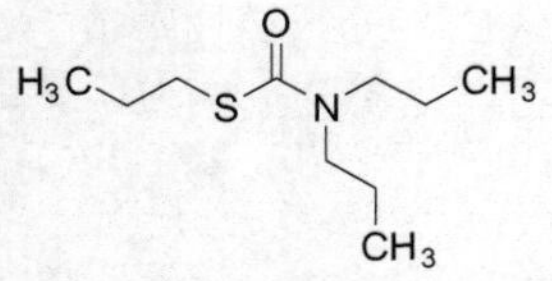

灭草猛 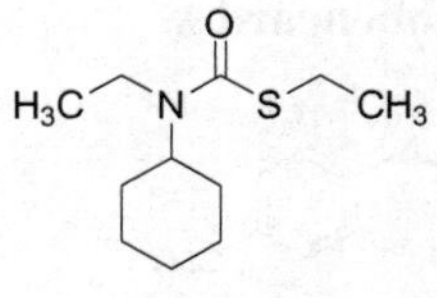　　　　　　灭草特 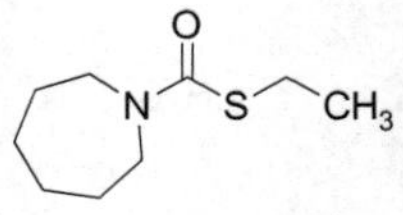　　　　　　草达灭 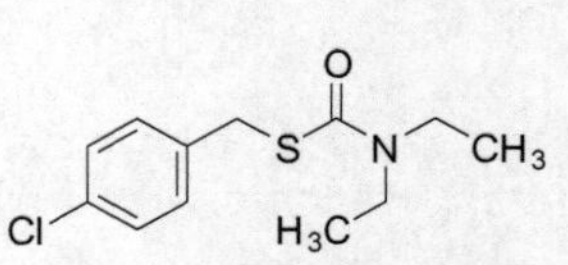　　　　　　杀草丹

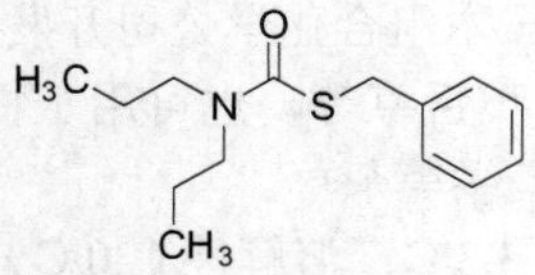

苄草丹 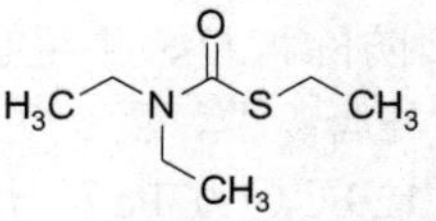　　　　　　乙硫草特 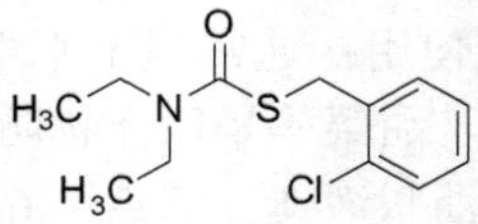　　　　　坪草丹 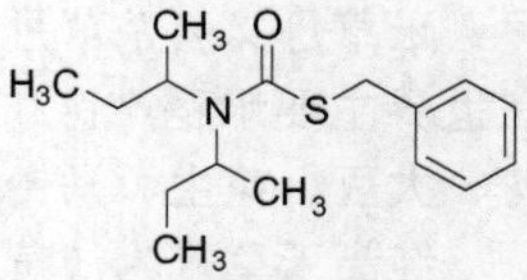　　　　　　仲草丹

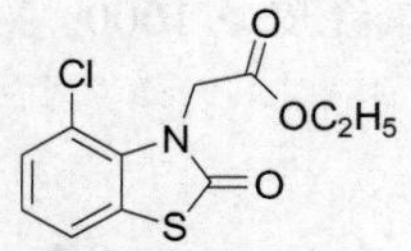

除草灵乙酯 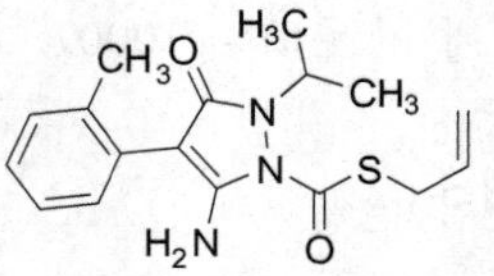　　　fenpyrazamine 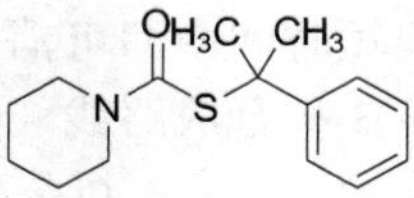　　　哌草丹 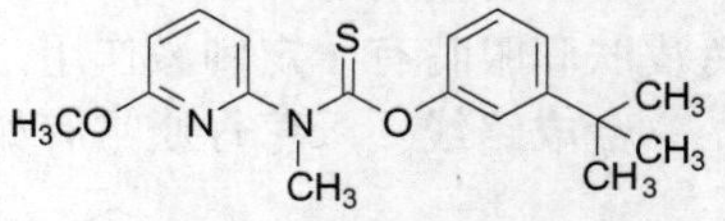　　　　　　稗草畏

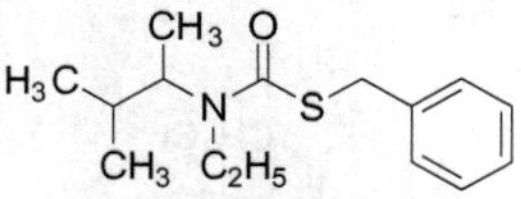

禾草畏

甜菜宁（phenmedipham）

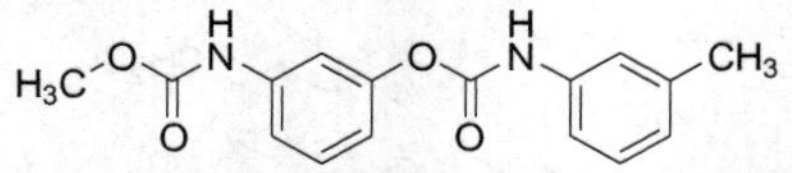

3-[(甲氧羰基)氨基]苯基-*N*-(3-甲基苯基)氨基甲酸酯

甜菜宁适用于甜菜作物特别是糖用甜菜、草莓。甜菜对进入体内的甜菜宁可进行水解代谢，使之转化为无害化合物，从而获得选择性。甜菜宁药效受土壤类型和湿度影响较小。主要用于防除大部分阔叶杂草如藜属、豚草属、牛舌草、鼬瓣花、野芝麻、野萝卜、繁缕、荠麦蔓等，但是苋等双子叶杂草耐药性强，对禾本科杂草和未萌发的杂草无效，主要通过叶面吸收，土壤施药作用小。

纯品甜菜宁为无色结晶，熔点143～144℃，蒸气压$133×10^{-9}$Pa（25℃），相对密度0.2～0.30（20℃）。水中溶解度（20℃）6mg/L，其他溶剂中的溶解度（20℃，g/L）：丙酮、环己酮约200，苯2.5，氯仿20，三氯甲烷16.7，乙酸乙酯56.3，乙烷约0.5，甲醇约50，甲苯0.97。

甜菜宁急性LD_{50}（mg/kg）：大鼠和小鼠经口＞8000，大鼠经皮＞4000。

合成路线　甜菜宁有多种合成方法，其中路线1原料易得，成本较低，比较常用（图5-63）。合成步骤如下：

（1）间羟基苯基氨基甲酸酯的合成

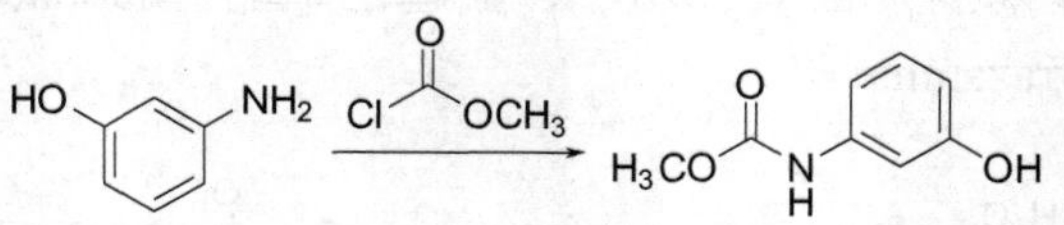

在四口瓶中加入间氨基苯酚、乙酸乙酯与水，向混合液中滴加氯甲酸甲酯（物质的量为间氨基苯酚的1.15倍）和乙酸乙酯的混合液，不停搅拌。滴加完毕后升温至10℃，保温反应1h。反应毕减压蒸馏分离出部分乙酸乙酯，轻油重结晶，冷冻即得产品，收率84%。

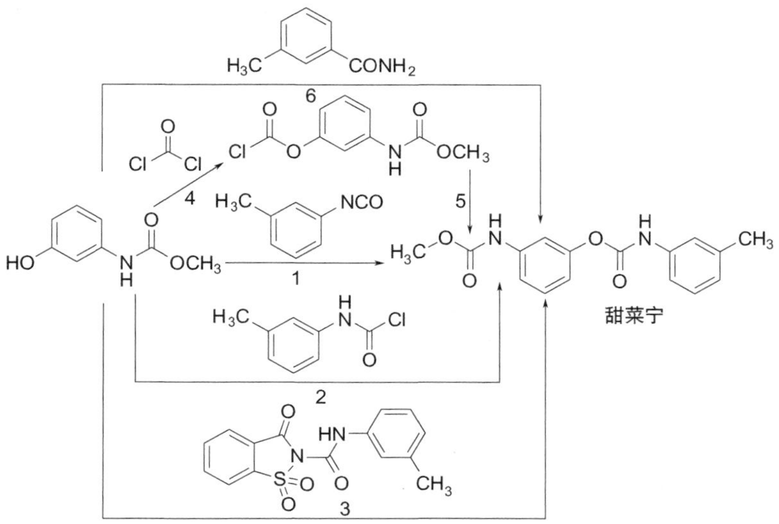

图 5-63 甜菜宁合成路线

（2）间甲基苯基异氰酸酯的合成

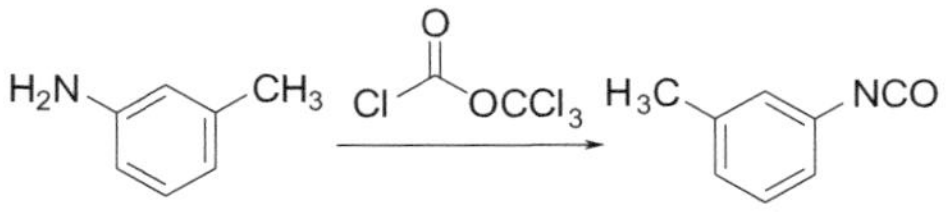

将间甲基苯胺的甲苯溶液向双光气（与间甲基苯胺等物质的量）的甲苯溶液中滴加，滴加完毕后缓慢升温至回流温度，保温反应 3h。反应毕减压蒸馏，所得间甲基苯基异氰酸酯 HPLC 分析纯度为 91%（剩余组分主要为溶剂）。以间甲基苯胺计，收率 95%。

（3）甜菜宁的合成　将间甲基苯基异氰酸酯的甲苯溶液缓慢滴加到间羟基苯基氨基甲酸甲酯的甲苯溶液中。滴加完毕后升温，保温反应。反应液冷却，过滤，干燥，所得产品 HPLC 外标法分析纯度为 95%，收率 95%。

较优的反应条件：反应温度 50℃，间羟基苯基氨基甲酸甲酯与间甲基苯基异氰酸酯的投料比（摩尔比）为 1∶1.1，甲苯作溶剂，60℃下保温反应 1h。

注：用类似的合成路线，可以制备另一种氨基甲酸酯除草剂甜菜安（desmedipham）

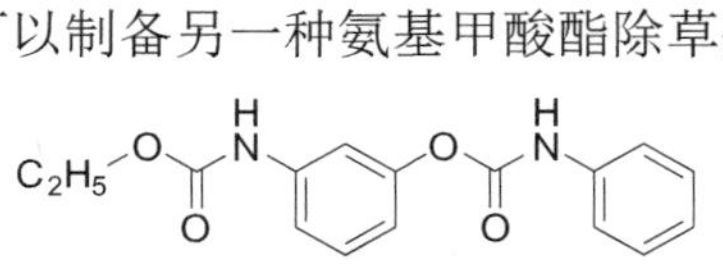

3-苯基氨基甲酰氧基苯基氨基甲酸乙酯

5.4　二苯醚类除草剂

5.4.1　结构特点与合成设计

这类除草剂的特点是分子结构中含有醚键（Ar—O—Ar）特征结构，包括二苯醚类及嘧啶氧（硫）苯甲酸酯类除草剂。

（1）二苯醚类除草剂　该类除草剂为触杀型，杀草谱广，用于防治一年生杂草幼苗，如出苗后使用，效果不理想。对多年生杂草只能抑制，不能杀死。药剂施入土壤后被土壤胶体强烈吸收，移动性小，持效期一般在 15～30d。二苯醚类除草剂杀死杂草的主要部位是芽。

施药后药剂一般滞留在 0 ~ 1cm 土层中，杂草幼芽出土时接触到药剂便被杀死。若在稻田使用，在持效期 20 ~ 30d 内发芽的稗草都能杀死，其中以稗草种子露白至一叶期施药最佳。

二苯醚类除草剂结构如下：

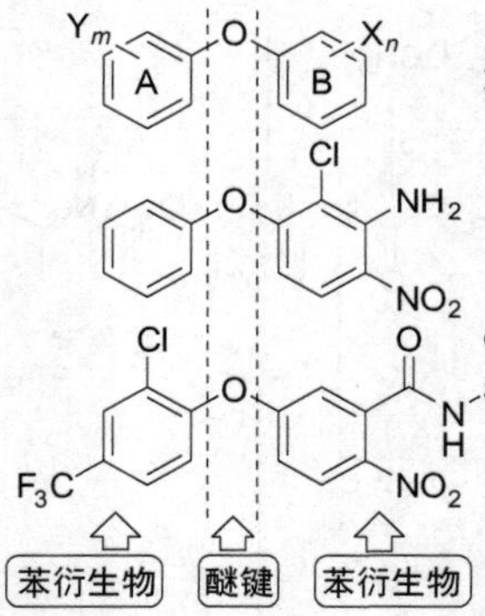

二苯醚类商业化产品结构特点：

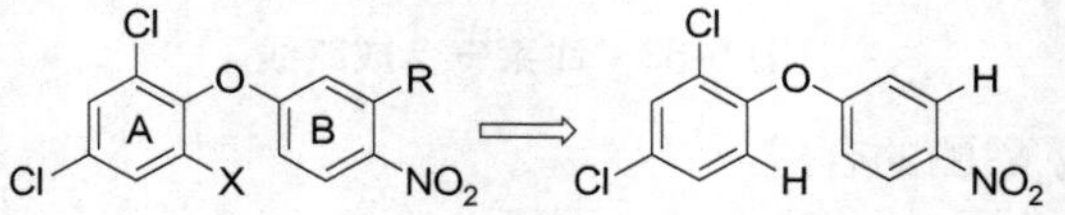

从商品化的品种看，A 环只有一个氯原子时，3 位显示杀草活性；有两个氯原子时，2,4 位活性最高；有三个氯原子时，2,4,6 位活性最高。分子中引入氟及含氟原子团可以提高生物活性，降低使用量。20 世纪 70 年代，美国罗门-哈斯公司在除草醚分子中引入—CF_3 基团开发了氟草醚，除草活性提高 4 ~ 6 倍。目前含氟二苯醚类除草剂已引起重视，商品化的品种有 30 多个，除个别在芳环上引入氟外，大部分是—CF_3 基团，提高了化合物的脂溶性，易于渗透生物膜，从而提高活性。B 环的对应位置大多是硝基，而邻位带有取代基的比没有取代基的除草活性高，除草效果与取代基有关，如

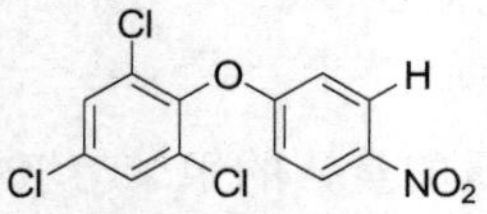

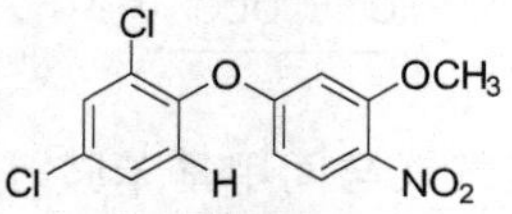

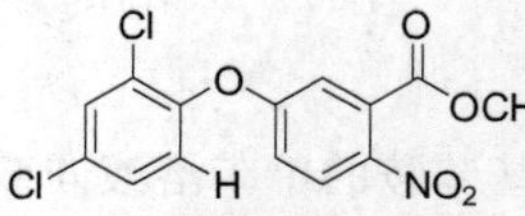

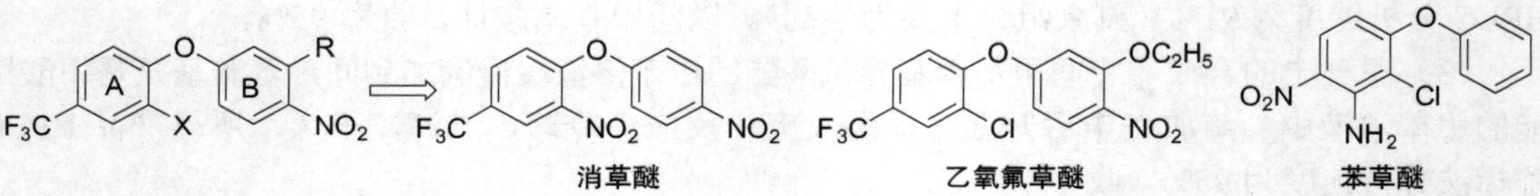

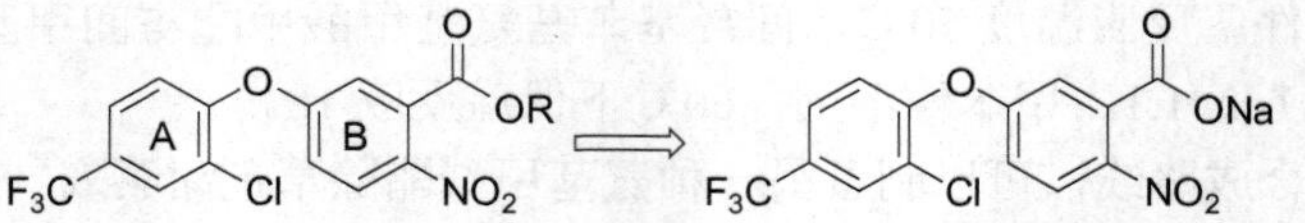

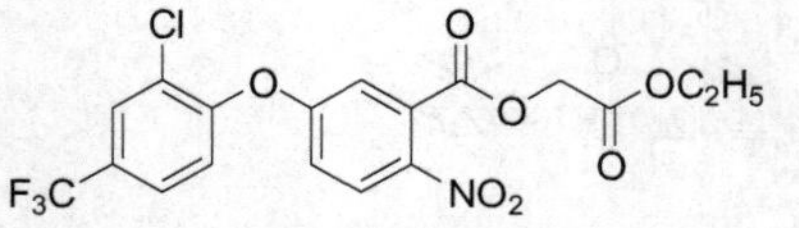

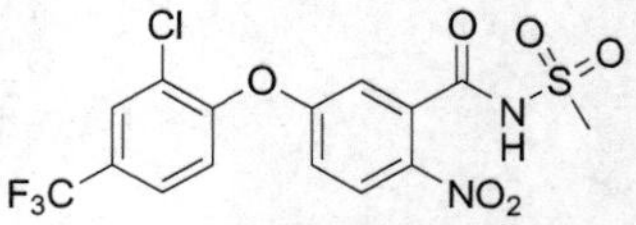

—(OCH$_2$CH$_2$)$_n$OR、—OCH$_2$CH$_2$NH$_2$、—OR—OCH$_2$CH$_2$X 等都有较高除草活性。若对位无硝基，

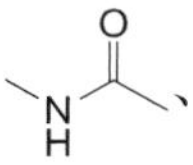

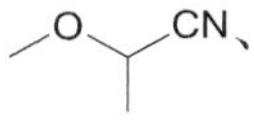

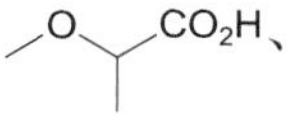

、、、—CN、—Cl 等基团的引入也出现许多较高活性的新品种。

合成路线 Ullmann 反应是合成二芳醚的重要方法之一，通常在高温或有铜盐、亚铜盐存在下进行；有时反应体系中加入乙二醇的二乙酸酯或吡啶，以增加铜盐的溶解度。反应一般在非质子强极性（多用 DMSO）溶液中进行以提高芳基氧负离子的亲核性。

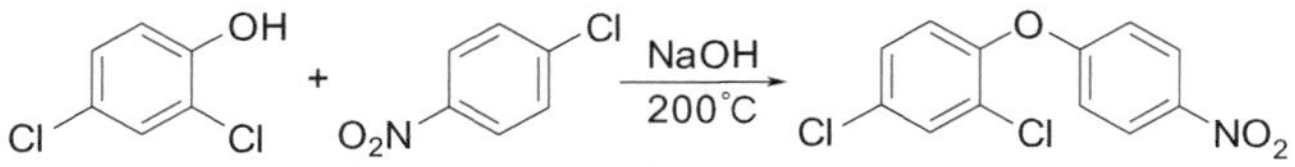

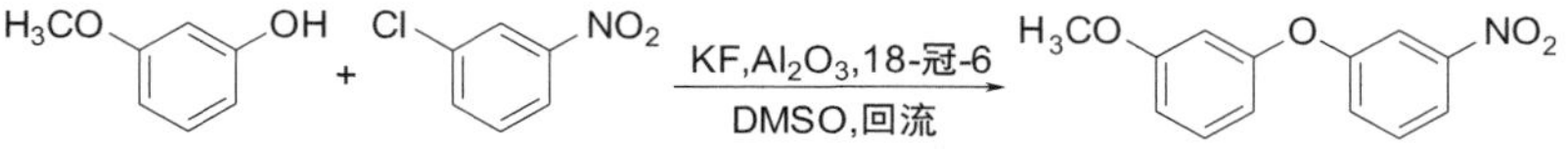

经典的 Ullmann 反应往往需要在激烈的条件下进行较长时间，副产物明显增加。微波加热法和超声波促进法则可显著缩短反应时间，抑制副反应的发生。

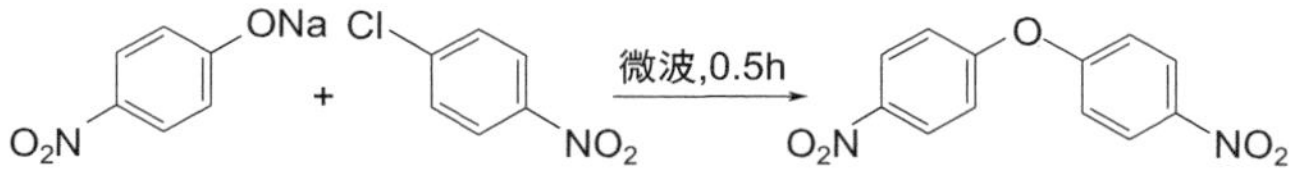

在水中，邻氯苯甲酸和对氯苯酚可在铜粉-吡啶催化下反应生成相应的二芳醚，催化量的吡啶可以促进铜盐的溶解。

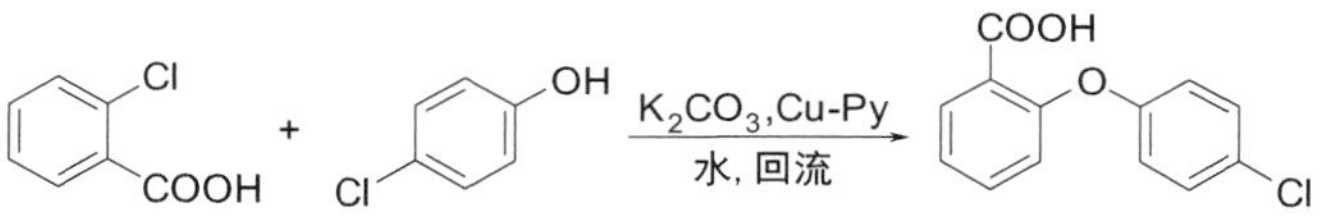

在三氟甲磺酸铜的苯络合物和催化量的乙酸乙酯的共同催化下，对氯碘苯与 3,4-二甲基苯酚反应生成相应的二芳醚。该方法适用于碘苯或溴苯，氯苯则不能发生此反应。底物上的许多官能团在反应中不受影响。用碳酸铯作碱，则可使芳卤与酚直接反应，而不需预先变成氧负离子。

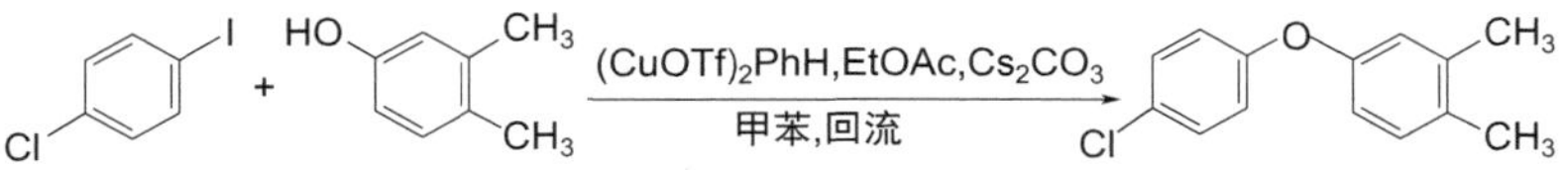

在非极性溶剂中，在钯催化下，芳卤可以直接与酚反应生成二芳醚。当芳卤上同时存在溴原子和氯原子时，选择性地生成氯化产物。若无催化剂，则生成溴代和氯代混合产物。

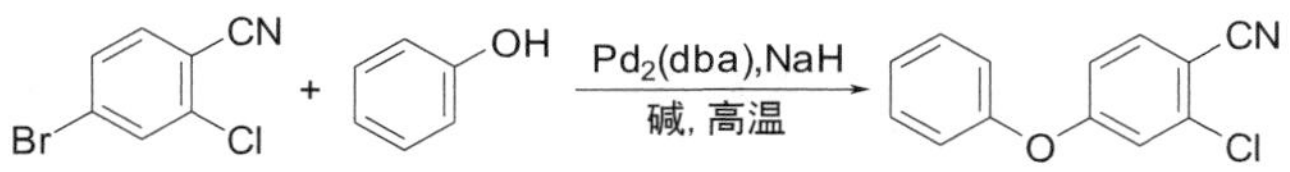

邻羟基芳酸的芳酯或邻羟基二芳砜在氢氧化钠水溶液中加热，可发生 α-重排反应，高产率地生成二芳醚。当芳环上有硝基取代时，更有利于酚负离子的进攻。

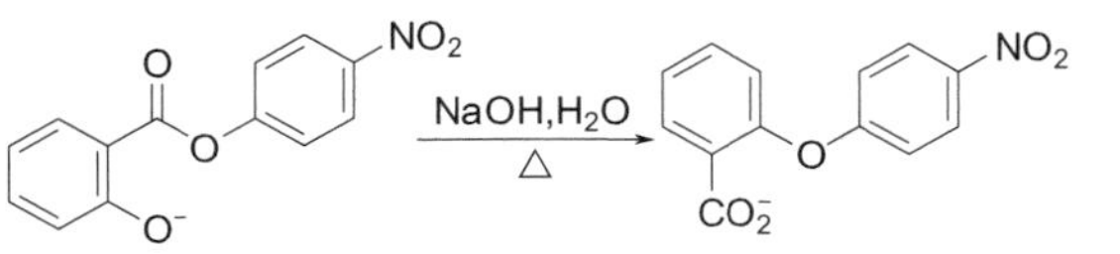

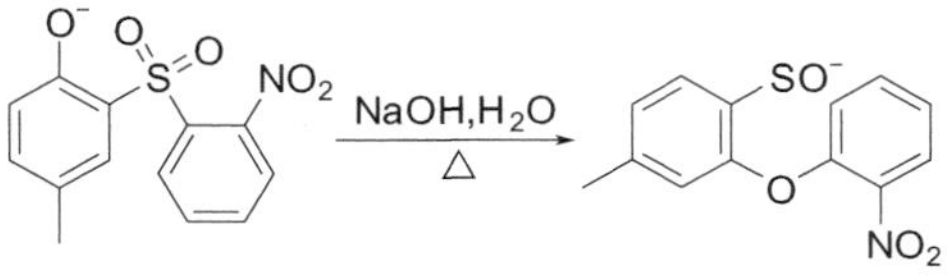

（2）嘧啶氧（硫）苯甲酸酯类除草剂　该类除草剂作用机制为抑制乙酰乳酸合成酶（ALS），是由日本组合化学公司首先开发的。目前有使用价值的共有 5 个，其中 3 个为日本组合化学公司开发，LG 化学公司和诺华公司在其基础上各开发 1 个。其结构示意如下。

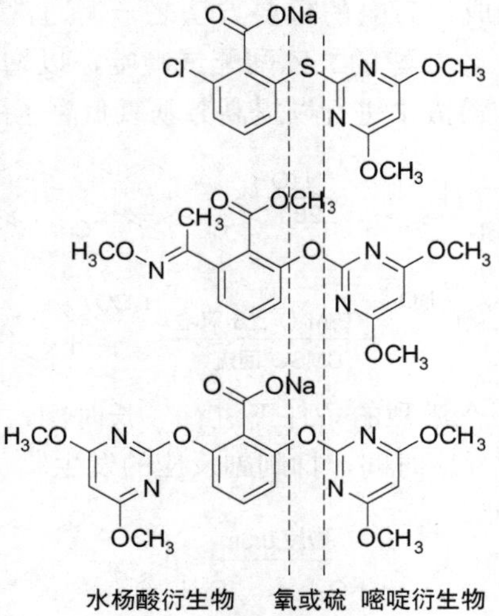

嘧草硫醚

嘧草醚

双草醚

水杨酸衍生物　　氧或硫　嘧啶衍生物

此类化合物的合成一般是通过水杨酸衍生物与 2- 甲基磺酰基 -4,6- 二甲氧基嘧啶缩合。

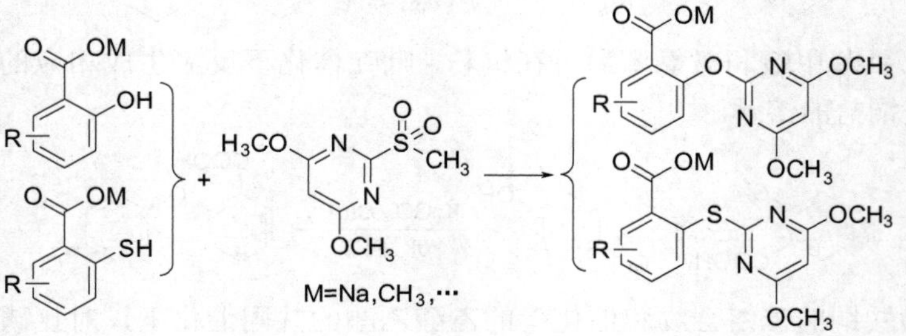

M=Na,CH₃,…

相关产品：

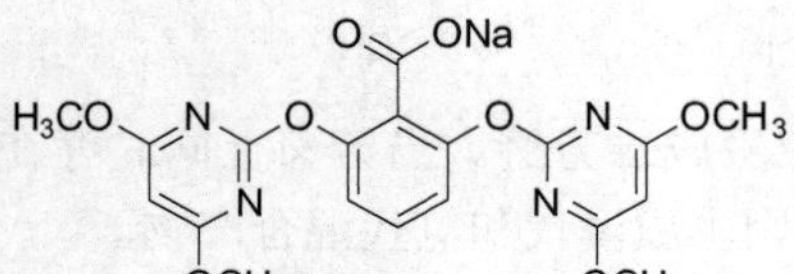

双草醚（bispyribac-sodium）

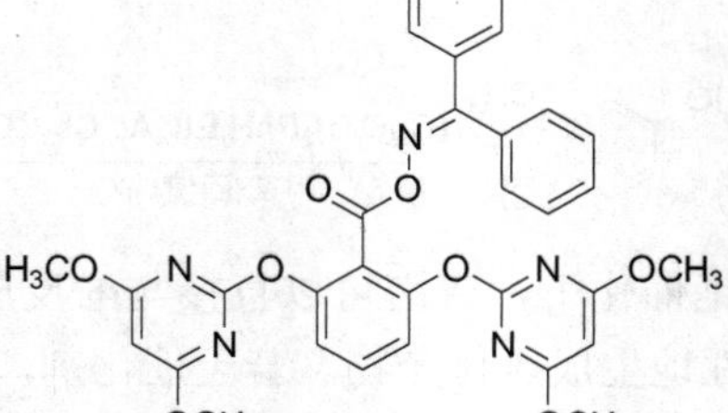

嘧啶肟草醚（pyribenzoxim）

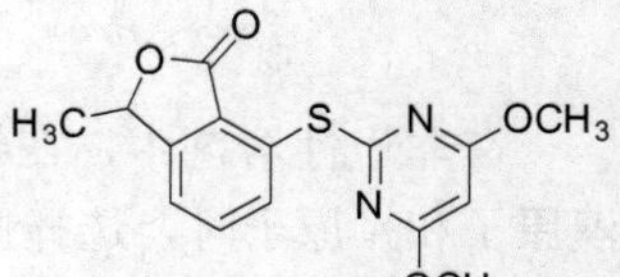

环酯草醚（pyriftalid）

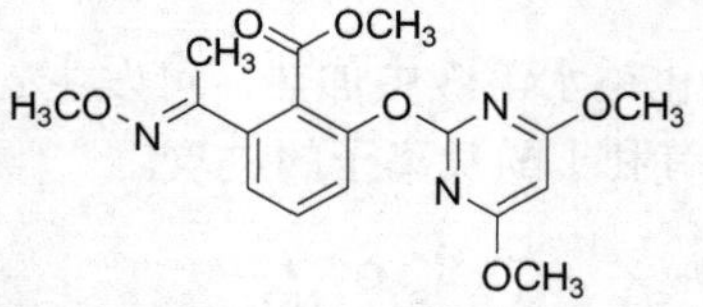

嘧草醚（pyriminobac-methyl）

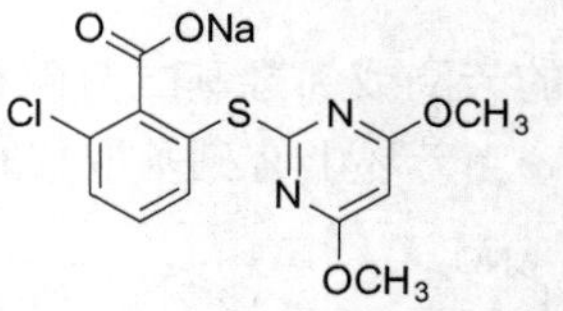

嘧草硫醚（pyrithiobac-sodium）

5.4.2　代表性品种的结构与合成

乳氟禾草灵（lactofen）

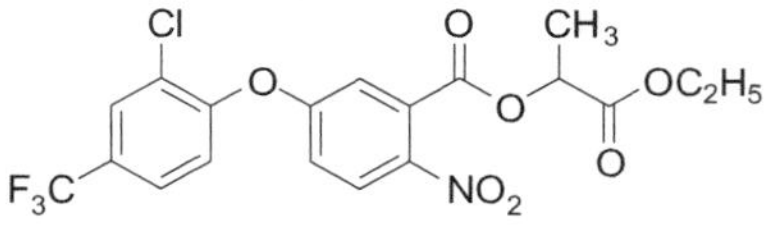

O-[5-(2-氯-*α,α,α*-三氟对甲苯氧基)-2-硝基苯甲酰基]-DL-乳酸乙酯

乳氟禾草灵商品名克阔乐，由美国罗门-哈斯（Rohm & Hass Co.）公司开发，1979年申请专利。属于原卟啉原氧化酶抑制剂，主要用于防除大豆、花生田中一年生阔叶杂草，如苍耳、龙葵、鬼针草、铁苋菜、马齿苋、荠菜、曼陀罗、藜等二十多种杂草，防除最佳期为1～2叶期，光照有利于提高除草活性。

纯品乳氟禾草灵为深红色液体，几乎不溶于水，能溶于二甲苯。

乳氟禾草灵原药急性 LD_{50}（mg/kg）：大鼠经口＞5000，兔经皮＞2000；对兔皮肤刺激性很小，对兔眼睛有中度刺激性；对鱼类高毒，对蜜蜂低毒，对鸟类毒性较低。

逆合成分析　乳氟禾草灵为二苯醚类除草剂代表性品种（图5-64）。

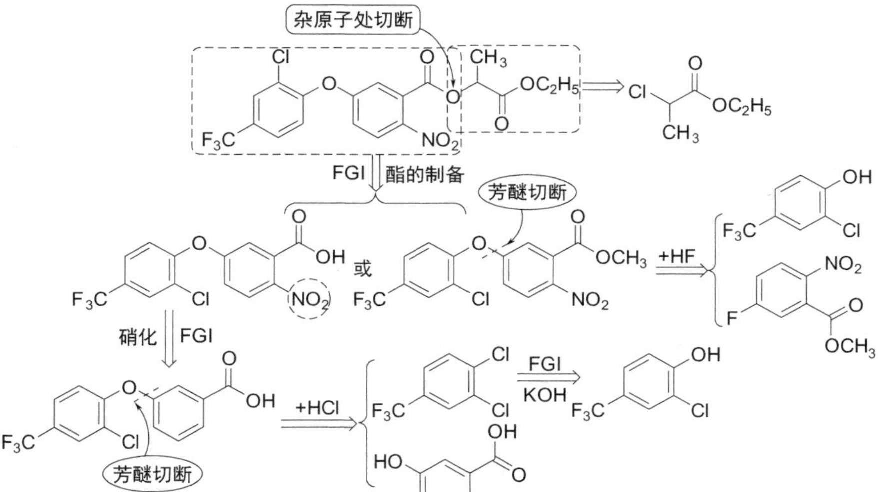

图 5-64　乳氟禾草灵逆合成分析

合成路线　有醚化法、酚路线、最后硝化法三条路线。

（1）醚化法　见图5-65。

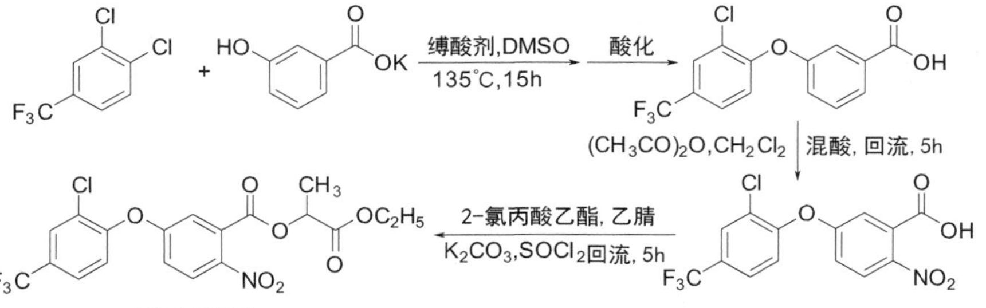

图 5-65　醚化法

（2）酚路线　见图 5-66。

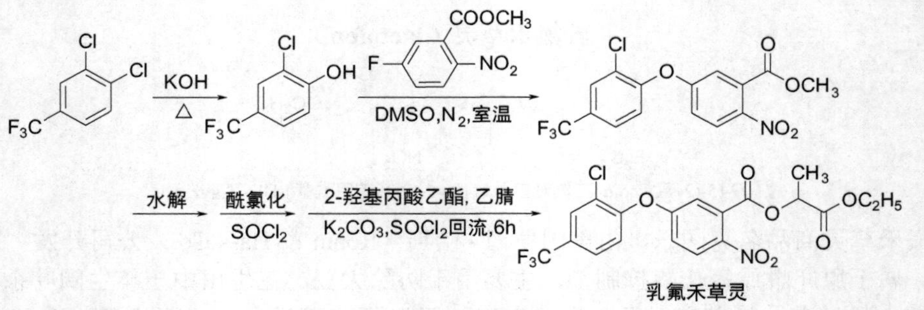

图 5-66　酚路线

（3）最后硝化法　见图 5-67。

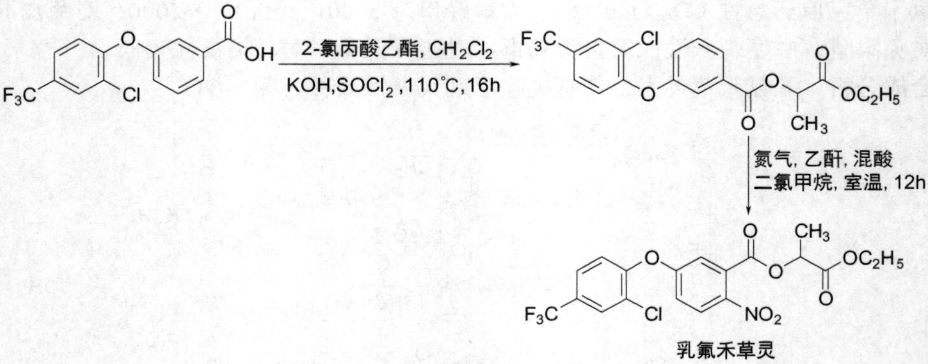

图 5-67　最后硝化法

　　注：用类似合成路线，可以制得其他二苯醚除草剂如甲羧除草醚（bifenox）、苯草醚（aclonifen）、乙羧氟草醚（fluoroglyeofen-ethyl）、草枯醚（chlorinitrofen）、三氟硝草醚（fluorodifen）、三氟羧草醚（acifluorfen）、氯氟草醚（ethoxyfen-ethyl）、氟磺胺草醚（fomesafen）、乙氧氟草醚（oxyfluorfen）、枯草隆（chlorxuron）、枯莠隆（difenoxuron）等，杀虫剂如吡丙醚（pyriproxyfen）、flometoquin 等。

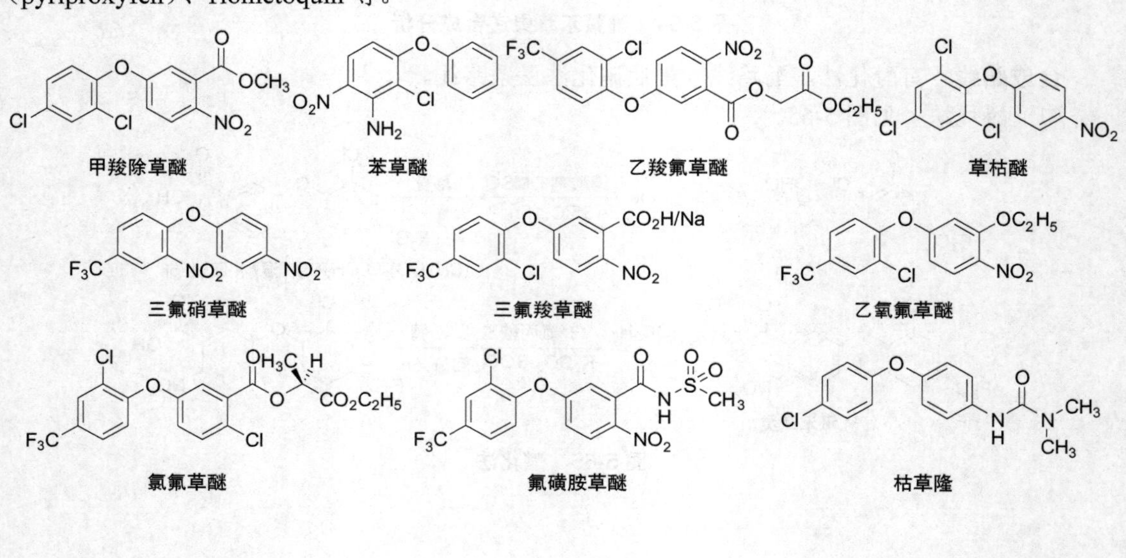

甲羧除草醚　　　　　　苯草醚　　　　　　　　乙羧氟草醚　　　　　　　　草枯醚

三氟硝草醚　　　　　　三氟羧草醚　　　　　　乙氧氟草醚

氯氟草醚　　　　　　　氟磺胺草醚　　　　　　枯草隆

枯莠隆　　　　　　　　　　吡丙醚　　　　　　　　　　flometoquin

三氟羧草醚（acifluorfen）与氟磺胺草醚（fomesafen）

5-(2-氯-α,α,α-三氟对甲苯氧基)-2-硝基苯甲酸（钠）

N-甲磺酰基-5-[2′-氯-4′-(三氟甲基)苯氧基]-2-硝基苯甲酰胺

三氟羧草醚商品名杂草焚，由美孚（Mobil Chemical Co.）和罗门-哈斯（Rohm & Hass Co.）公司开发，1972 年申请专利；氟磺胺草醚商品名虎威，为英国捷利康公司开发的芽后除草剂，1978 年申请专利。二者作用机制为原卟啉原氧化酶抑制剂；是防除大豆田杂草的优良除草剂品种之一。能有效防除多种一年生和多年生阔叶杂草如苍耳、猪殃殃、铁苋菜、龙葵、马齿苋、田旋花、荠菜、刺儿菜、藜、蓼、曼陀罗、野芥、鬼针草等，防除三叶鬼针草有特效。

纯品三氟羧草醚为棕色固体，熔点 142～146℃，235℃分解；溶解性（25℃，g/L）：丙酮 600，二氯甲烷 50，乙醇 500，水 0.12。

纯品三氟羧草醚钠盐为白色固体，熔点 274～278℃（分解）；溶解性（25℃，g/L）：水 608.1，辛醇 53.7，甲醇 641.5。

纯品氟磺胺草醚为白色结晶体，熔点 220～221℃；溶解性（20℃，g/L）：丙酮 300；氟磺胺草醚呈酸性，能生成水溶性盐。

三氟羧草醚原药急性 LD_{50}（mg/kg）：大鼠经口 2025（雄）、1370（雌）、小鼠经口 2050（雄），1370（雌），兔经皮 3680；对兔皮肤有中等刺激，对兔眼睛有强刺激性。

氟磺胺草醚原药急性 LD_{50}（mg/kg）：大鼠经口 1250～2000；兔经皮＞1000。

氟磺胺草醚合成路线　　以三氟羧草醚为原料合成氟磺胺草醚。

在带有搅拌器、冷凝管、温度计、玻璃分水器及尾气吸收系统的 500mL 四口烧瓶中加入 50g 三氟羧草醚、14g 甲基磺酰胺、35.4g $POCl_3$ 和 190g 溶剂。反应器在微负压状态下保持温度 80℃反应 1h，加入 1g 氟磺胺草醚晶体，在 110℃保温 3h。转化率达 99% 以上合格。经过水洗、过滤、干燥得固体 58g，收率为 95.9%。

氯氟草醚（ethoxyfen-ethyl）

O-[2-氯-5-(2-氯-α,α,α-三氟对甲苯氧基)苯甲酰基]-L-乳酸乙酯

氯氟草醚又名氯氟草醚乙酯，由匈牙利 Budapest 化学公司开发，1988 年申请专利。属于原卟啉原氧化酶抑制剂，超高效、广谱、触杀型除草剂，主要用于苗后防除大豆、小麦、大麦、

花生、豌豆等田中阔叶杂草，如猪殃殃、西风古、苍耳等十多种杂草，防除最佳期为 2～5 叶期，使用剂量 10～30g(a.i.)/hm²。

纯品氯氟草醚为黏稠状液体，易溶于丙酮、甲醇、甲苯等有机溶剂。

氯氟草醚原药急性 LD_{50}（mg/kg）：大鼠经口 843（雄）、963（雌）、小鼠经口 1269（雄）、1113（雌）、兔经皮＞2000；对兔皮肤无刺激性，对兔眼睛有中度刺激性。

合成路线　以 3,4-二氯三氟甲苯为起始原料，根据水杨酸衍生物部分氯原子的引入顺序和方法，氯氟草醚的合成可有三条路线。

路线一　以 3,4-二氯三氟甲苯为起始原料，经醚化、碱解、酰氯化、酯化即得氯氟草醚（图 5-68）。

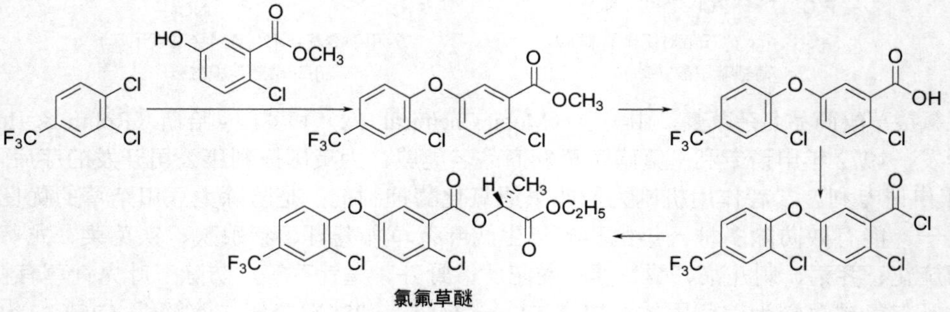

图 5-68　氯氟草醚合成路线（一）

路线二　以 3,4-二氯三氟甲苯为起始原料，经醚化、硝化、酯化、还原制得对应苯胺，再经重氮化制得对应的氯化物，最后经水解、酰氯化、酯化合成氯氟草醚（图 5-69）。

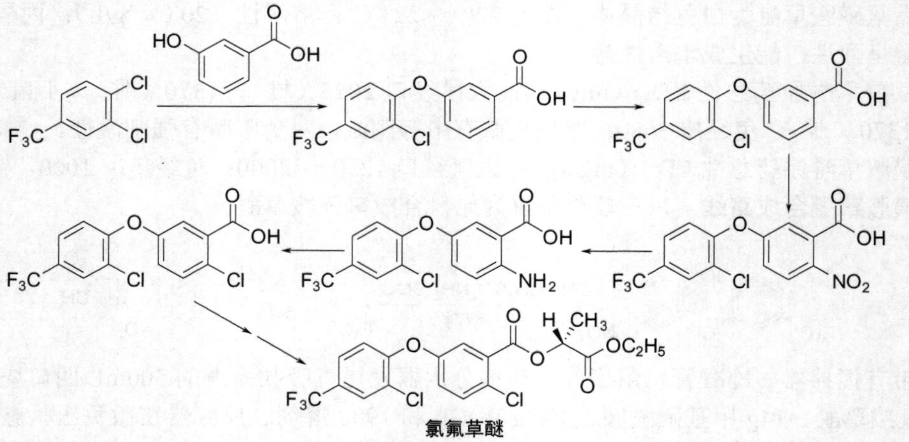

图 5-69　氯氟草醚合成路线（二）

路线三　以 3,4-二氯三氟甲苯为起始原料，经醚化、氯化、酰氯化、酯化即可制备氯氟草醚（图 5-70）。

在装有搅拌器、温度计和滴液漏斗的 100mL 三口烧瓶中加入 20mL 甲苯、3.43mL（0.0295mol）L-乳酸乙酯和 4.14mL 三乙胺（0.0230mol），滴液漏斗中加入 2-氯-5-(2-氯-4-三氟甲基苯氧基) 苯甲酸氯 10.0g（0.0271mol）和 10mL 甲苯，冰盐浴下边搅拌边缓慢滴加 2-氯-5-(2-氯-4-三氟甲基苯氧基) 苯甲酰氯，整个过程控制温度在 5℃以下。待全部滴加完毕后，撤去冰盐浴，室温下搅拌。TLC 检测反应终点。反应 2h 后过滤，滤液分别用 50mL 0.3% 盐酸洗两次，60mL 0.6% NaHCO₃ 洗两次，50mL 水洗两次，分出有机相，无水硫酸镁干燥，旋蒸甲苯，减

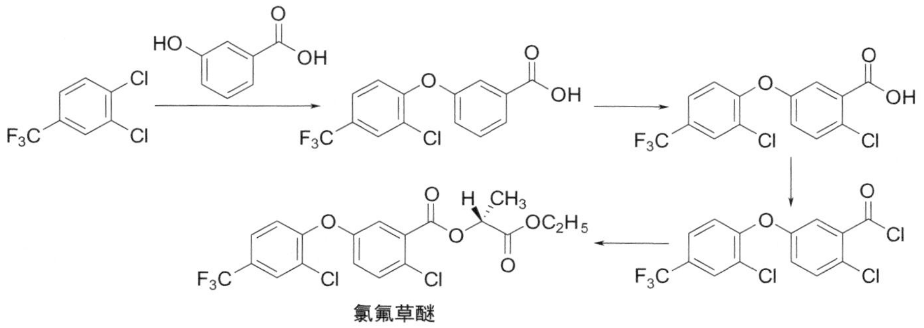

图 5-70 氯氟草醚合成路线（三）

压蒸馏，最后得亮黄色油状液体氯氟草醚 10.79g（0.0239mol），产率 88.4%。

嘧啶肟草醚（pyribenzoxim）

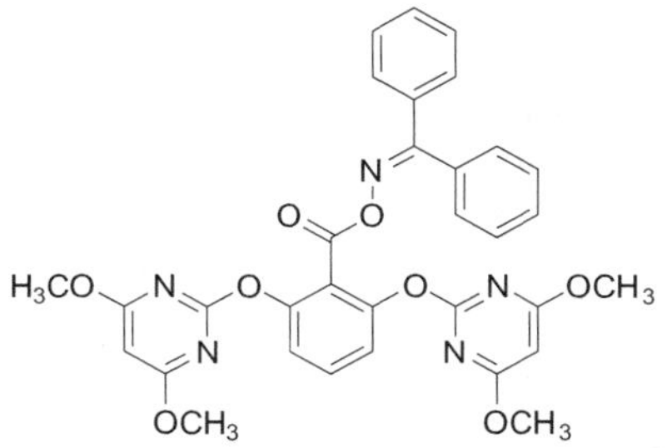

O-[2,6-双(4,6-二甲氧基-2-嘧啶基)苯甲酰基] 二苯酮肟

嘧啶肟草醚属于乙酰乳酸合成酶（ALS）抑制剂，是选择性高效嘧啶醚类除草剂，由韩国 LG 公司开发，1993 年申请专利。主要用于防除水稻、小麦等作物田众多禾本科和阔叶杂草等，可用于防除看麦娘、狗尾草、马唐、田旋花、早熟禾、千金子、马齿苋、龙葵、牛毛毡、猪殃殃、苍耳、繁缕、稗草、异形莎草、碎米莎草、紫水苋、大马唐、瓜皮草等。

纯品嘧啶肟草醚为白色固体，熔点 128～130℃；溶解性（25℃，mg/L）：水 3.5。

嘧啶肟草醚药急性 LD_{50}（mg/kg）：大鼠经口＞5000（雌）；小鼠经皮＞2000。

逆合成分析 嘧啶肟草醚为嘧啶氧（硫）苯甲酸酯类除草剂类除草剂代表性品种（图 5-71）。

合成路线 以 2,6-二羟基苯甲酸为起始原料，根据羟基与羧基的反应顺序，分为保护羟基线（1 → 2 → 3 → 4）和保护羧基路线（5 → 6 → 7 → 8 → 9）（图 5-72）。

合成步骤（保护羟基法）：称取 2,6-二羟基苯甲酸 1.5g（10 mmol）、乙酐 10mL（0.1mol），加热至 80℃搅拌反应 3h。将反应物倾入冰水中放置 6h，过滤，自然干燥即得 2,6-二乙酰基氧基苯甲酸白色固体 2.1g。不经纯化，将上述白色固体溶于 5mL 二氯甲烷中，于 0℃下滴加 1.5mL（2.0mmol）亚硫酰氯的二氯甲烷（5mL）溶液，室温下反应 2h，蒸出产物。将所得产物溶于二氯甲烷（5mL）中，于 –20℃滴加二苯甲酮肟 2.0g（10mmol）的二氯甲烷溶液，并于 –20℃反应 4h。将反应物倾入水中，用乙醚萃取，再用碳酸氢钠水溶液洗涤，无水硫酸镁干燥，脱溶后用硅胶柱色谱分离提纯得肟酯产品 2.7g。接着，将 4,6-二甲氧基-2-甲磺酰基嘧啶 2.1g（9.6mmol）分批加入到该肟酯化合物 2.0g（4.8mmol）和碳酸钾 1.0g（7.2mmol）的 DMF（5mL）的混合物中，加热至 80℃，反应 15h。反应混合物用水（10mL）稀释，乙醚萃取，碳酸钠水溶液洗涤，无水硫酸镁干燥，脱溶剂，再用硅胶柱色谱分离提纯得嘧啶肟草醚 1.5g。

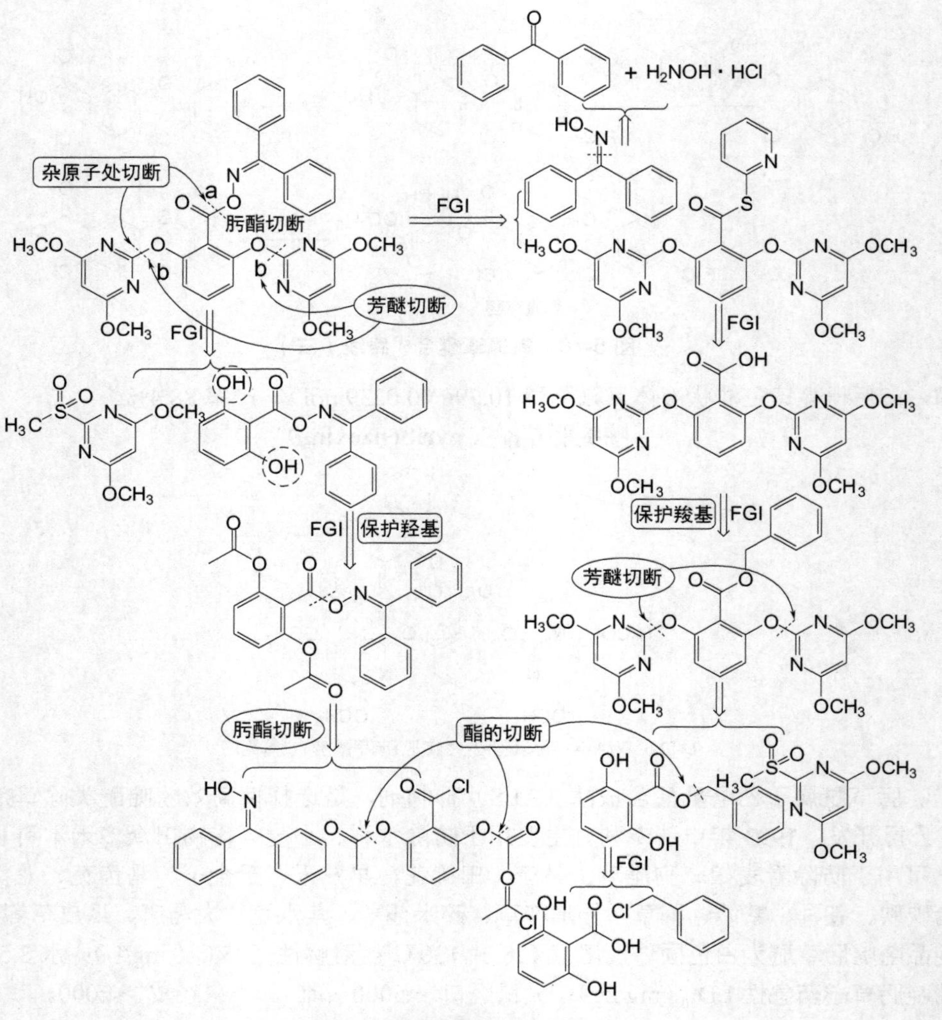

图 5-71　嘧啶肟草醚逆合成分析

注：用类似合成路线，可以制得双草醚（bispyribac-sodium）、嘧草醚（pyriminobac-methyl）、环酯草醚（pyriftalid）、嘧草硫醚（pyrithiobac-sodium）等嘧啶氧（硫）苯甲酸酯类除草剂。

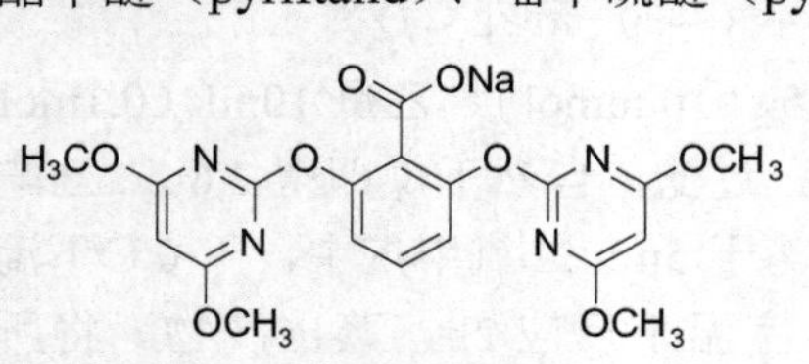

双草醚 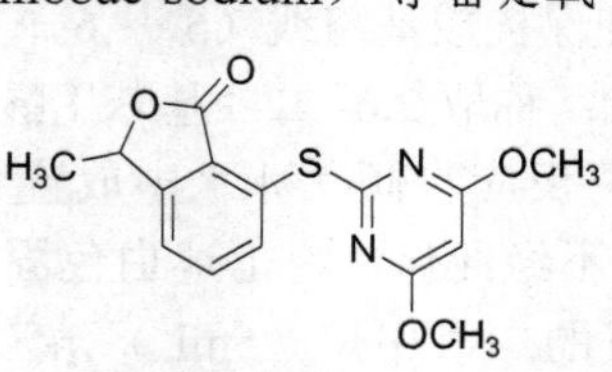　　　　　　　　　　　环酯草醚 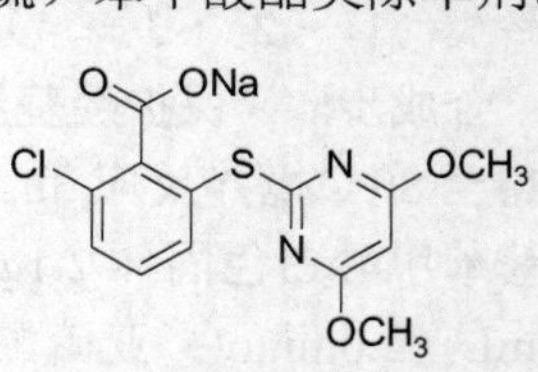　　　　　　　　　嘧草硫醚

嘧草醚（pyriminobac-methyl）

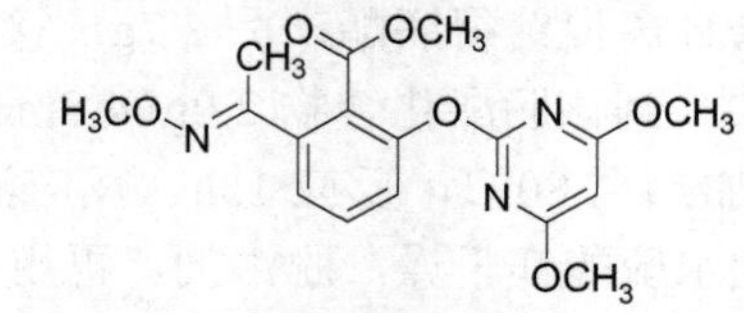

2-(4,6-二甲氧基-2-嘧啶氧基)-6-(1-甲氧基亚胺乙基)苯甲酸甲酯

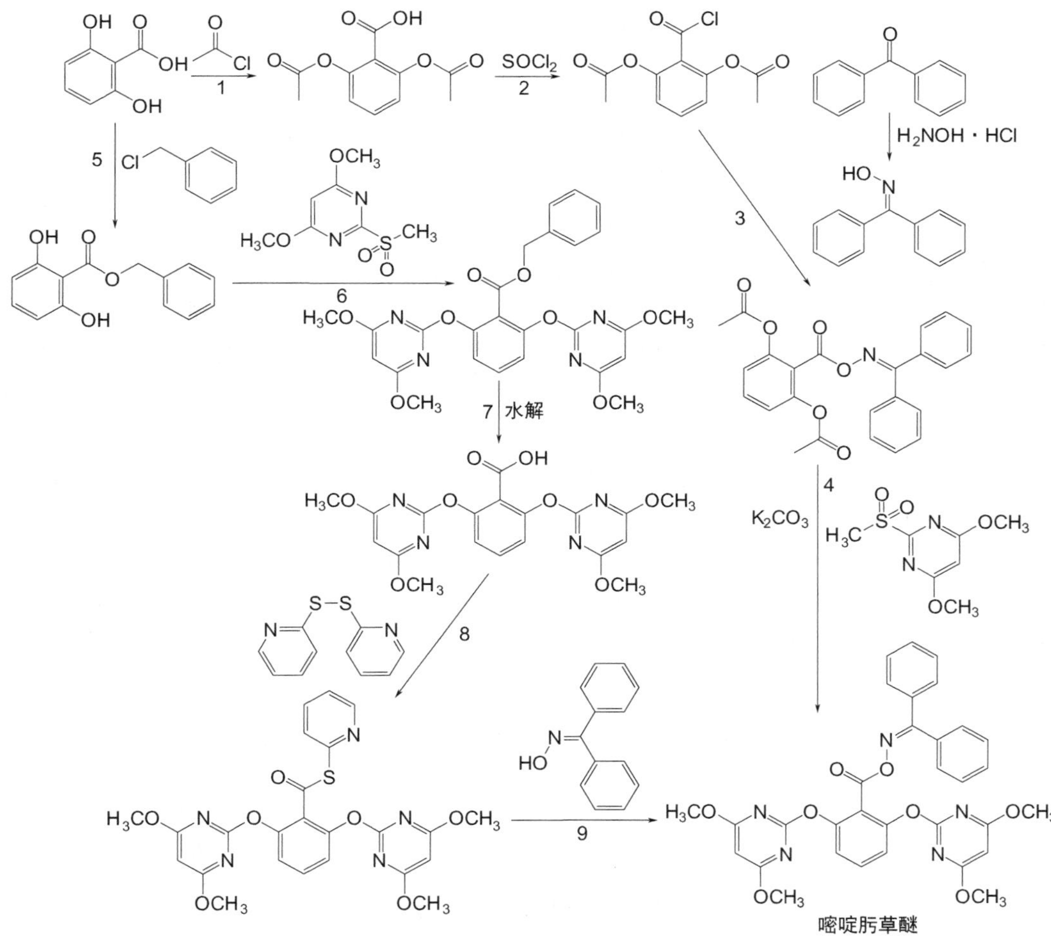

图 5-72 嘧啶肟草醚合成路线

嘧草醚由日本组合公司和掩原公司共同开发，1989 年申请专利。属于乙酰乳酸合成酶（ALS）抑制剂，是选择性高效嘧啶水杨酸类除草剂，主要用于防除水稻田稗草，对所有水稻品种都具有优越的选择性，并可使用于水稻生长的各个时期。

纯品嘧草醚为白色粉状固体，为顺式和反式混合物，熔点 105℃（纯顺式 70℃，纯反式 107 ～ 109℃）；溶解性（20℃，g/L）：甲醇 14.0 ～ 14.6，难溶于水；工业品原药纯度＞ 93%，其中顺式 75% ～ 78%，反式 21% ～ 11%。

嘧草醚原药急性 LD_{50}（mg/kg）：大鼠经口＞ 5000，兔经皮＞ 5000；对兔皮肤和眼睛有轻微刺激性。

合成路线 以 2- 羟基 -6- 乙酰基苯甲酸甲酯为起始原料，与甲氧胺反应的产物再与 4,6- 二甲氧基磺酰基嘧啶进行醚化反应。

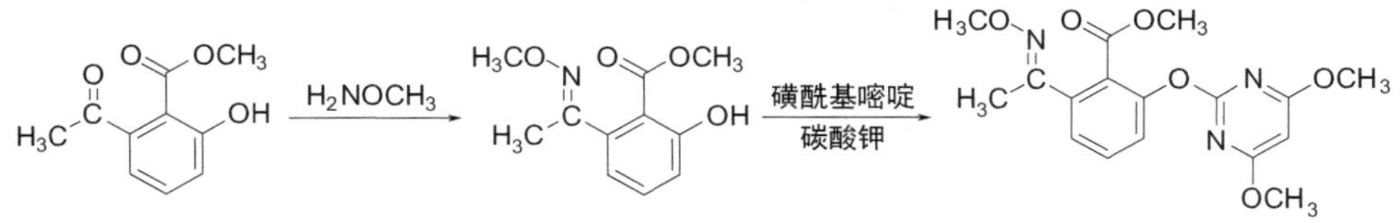

嘧草硫醚（pyrithiobac-sodium）

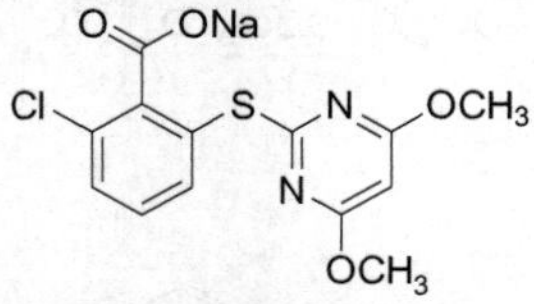

2- 氯 -6-(4,6- 二甲氧基嘧啶 -2- 基硫基) 苯甲酸钠盐

嘧草硫醚由日本组合公司和埯原公司共同研制，埯原公司和杜邦公司共同开发，1987 年申请专利。属于乙酰乳酸合成酶（ALS）抑制剂，是选择性高效嘧啶水杨酸类除草剂，主要用于防除棉花田一年生和多年生禾本科杂草和大多数阔叶杂草，对棉花具有优越的选择性。

纯品嘧草硫醚为白色固体，熔点 233.8 ～ 234.2℃（分解），溶解性（20℃，g/L）：水 705，丙酮 0.812，甲醇 270。

嘧草硫醚原药急性 LD_{50}（mg/kg）：大鼠经口 3300（雄）、3200（雌），兔经皮＞ 2000；对兔眼睛有刺激性。

合成路线　以 3- 氯 -2- 甲基硝基起始原料，可以分为重氮化路线和巯基化路线。

路线一（重氮化路线）　3- 氯 -2- 甲基硝基经还原等反应制得重氮化合物，再与 4,6- 二甲氧基 -2- 巯基嘧啶缩合（图 5-73）。

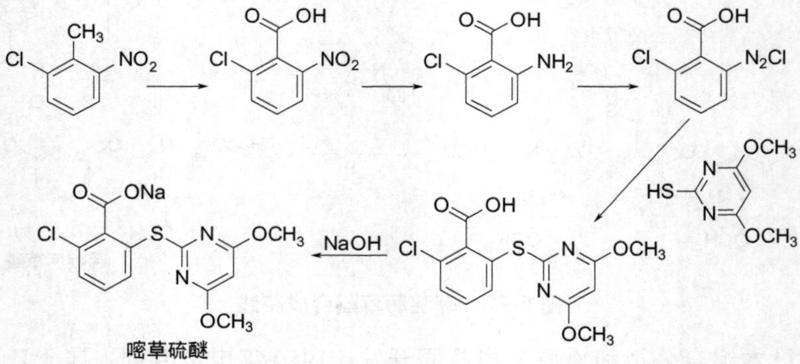

嘧草硫醚

图 5-73　嘧草硫醚合成路线（一）

路线二（巯基化路线）　3- 氯 -2- 甲基硝基经还原等反应制得巯基苯甲酸，再与 2- 甲基磺酰基 -4,6- 二甲氧基嘧啶缩合（图 5-74）。

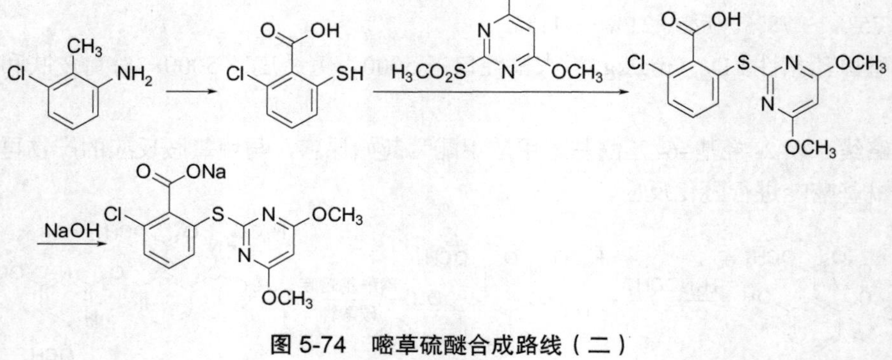

图 5-74　嘧草硫醚合成路线（二）

　　将 103.8g 2- 氯 -6-(4,6- 二甲氧基嘧啶 -2 基硫基）苯甲酸溶于 400mL 甲苯中，加入含 13.5g 氢氧化钠的 20mL 水溶液，室温搅拌 30min，蒸出甲苯 - 水的混合物，分去水，然后蒸去部分甲苯，冷却，抽滤，减压烘干得 105.1g 白色固体嘧草硫醚，收率 95%。

5.5　杂环类除草剂

5.5.1　三嗪类除草剂

　　该类除草剂的典型特征是分子中含有三嗪环，包括均三氮苯类和三嗪酮类除草剂。自 1957 年瑞士嘉基公司发现莠去津后，三氮苯类除草剂得到快速发展，经十几年的时间，商品化的品种就有近三十个。在 20 世纪末的时候，莠去津在世界除草剂市场销售额曾排名第五位。目前，在我国玉米田除草剂中，莠去津与乙草胺等复配的制剂仍然占有很大的份额。此类化合物的残留与抗性比较严重。1970 年后，美国杜邦公司以及德国拜耳公司先后开发出环嗪酮、嗪草酮及苯嗪草酮等优良除草剂，从而使三嗪酮类除草剂得到了发展。

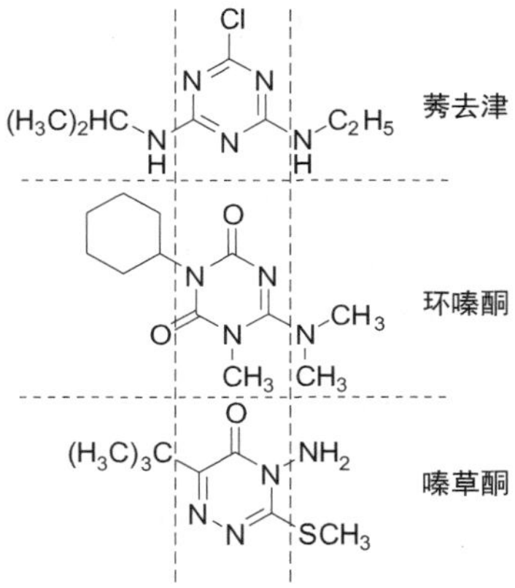

三嗪环结构

　　此类化合物的合成比较关键的是三嗪环的形成。均三氮苯类除草剂中三嗪环的形成是氯化氰聚合形成易挥发具有严重催泪性质的三聚氯氰固体。

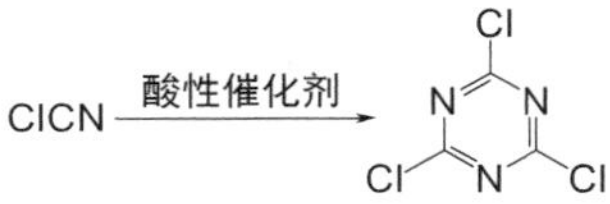

　　三聚氯氰在缚酸剂（一般是氢氧化钠或氨水）存在下与胺或硫醚等化合物反应，生成各种类型的均三氮苯类除草剂。反应时一般含空间位阻大的基团的胺先反应，引入第一个胺基团时温度一般是 5 ～ 20℃，引入第二个胺基团时温度一般是 30 ～ 50℃。此类除草剂的合成一般以有机溶剂 - 水体系为反应介质，研究表明：以水 - 表面活性剂（催化量）体系为反应介质能达到同样效果。均三氮苯类除草剂的合成路线比较相似、明晰，如图 5-75 所示。

　　注：用此方法可以制备莠去津（atrazine）、氰草津（cyanazine）、扑草津（prmetryn）、莠灭津（ametryn）、扑灭津（propazine）、环丙津（cyprazine）、敌草津（desmetryne）、西草津（simetryne）、三嗪氟草胺（triaziflam）、indaziflam、triafamone 等均三嗪类除草剂及杀虫剂灭蝇胺（cyromazine）等。

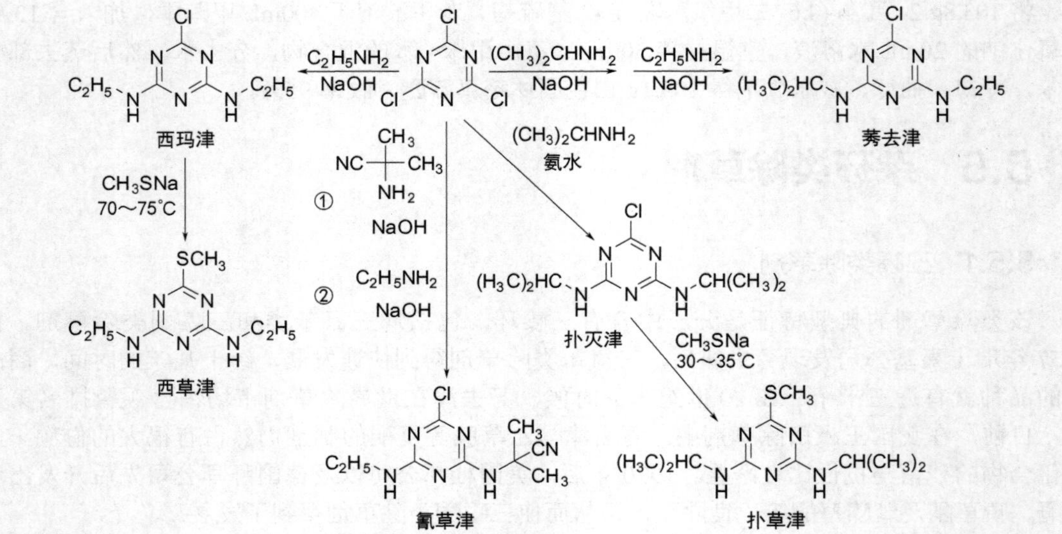

图 5-75　三嗪类除草剂合成路线

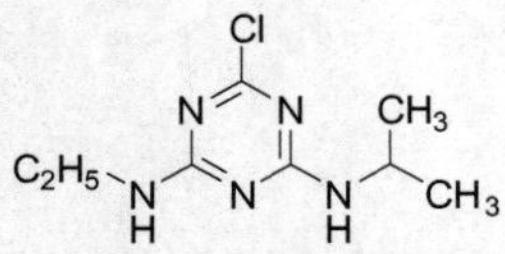

莠去津

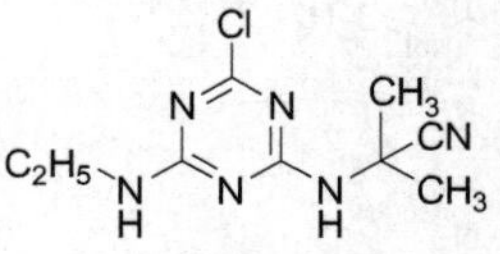

氰草津

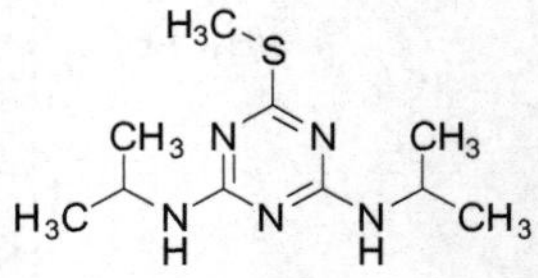

扑草津

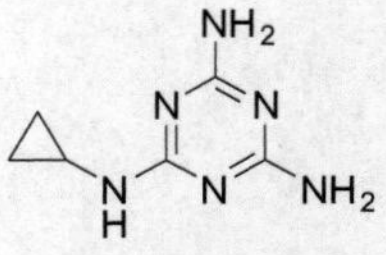

灭蝇胺

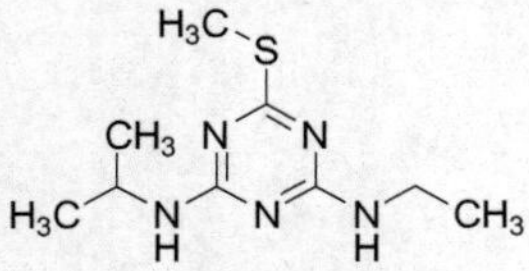

莠灭津

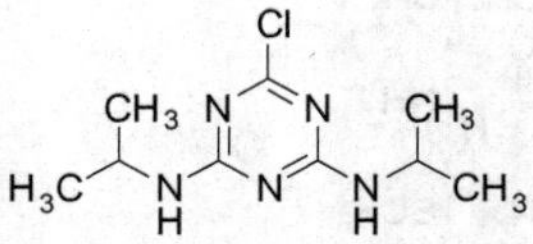

扑灭津

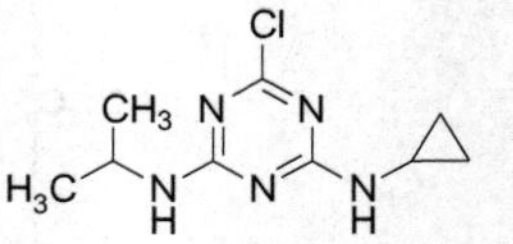

环丙津

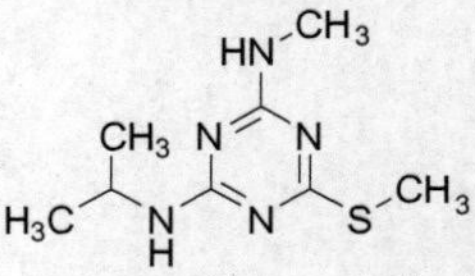

敌草津

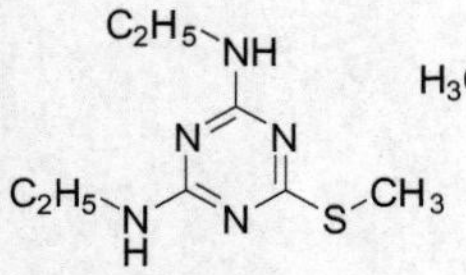

西草津

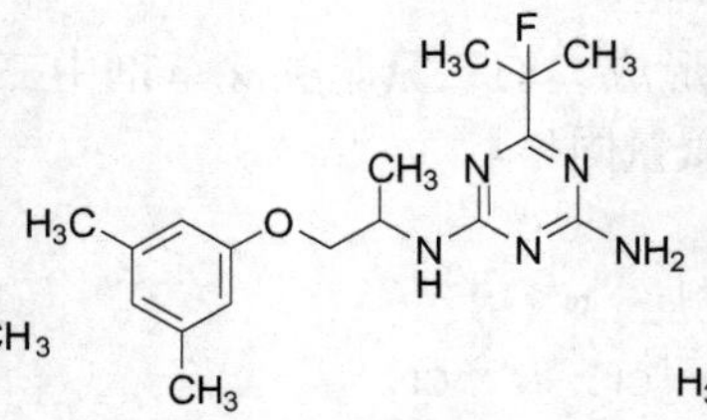

三嗪氟草胺

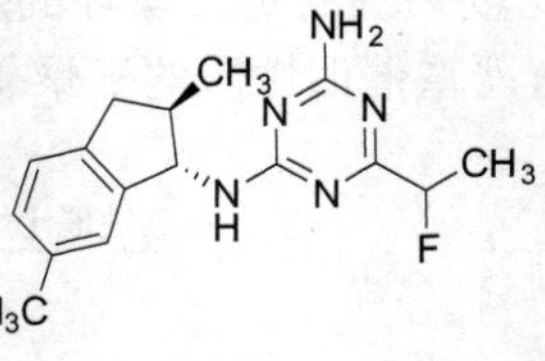

indaziflam

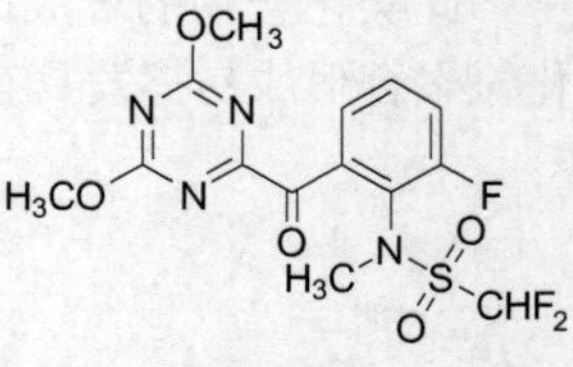

triafamone

环嗪酮（hexazinone）

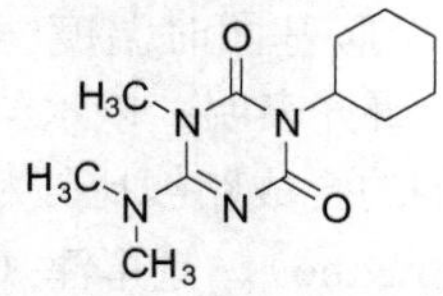

3-环己基-6-二甲基氨基-1-甲基-1,3,5-三嗪-2,4-(1*H*,3*H*)-二酮

环嗪酮由美国杜邦公司开发，1972 年申请专利。属于光合作用抑制剂，选择性三嗪酮类除草剂，是优良的林用除草剂，用于常绿针叶林如红松、云杉、马尾松等幼林抚育，造林前除草灭灌，维护森林防火线及林地改造等。

纯品环嗪酮为白色晶体，熔点 115 ～ 117℃；溶解性（25℃，g/kg）：水 33，丙酮 792，甲醇 2650，氯仿 3880，苯 940，DMF 836，甲苯 386。

环嗪酮原药急性 LD_{50}（mg/kg）：大鼠经口 1690，兔经皮＞5278；对兔眼睛有严重刺激性。

逆合成分析 环嗪酮属于脲环化的三嗪酮类农药品种（图 5-76）。

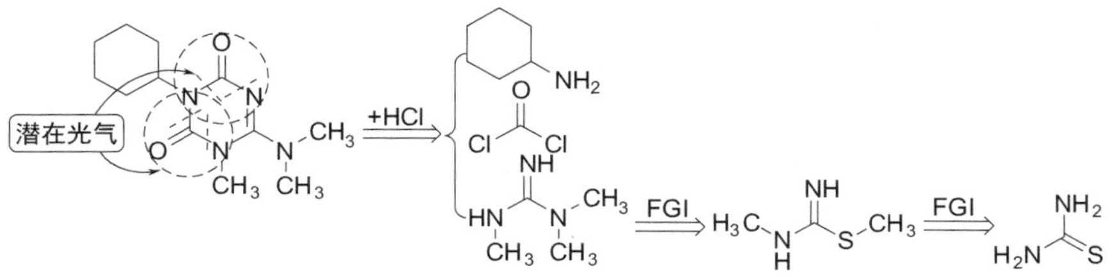

图 5-76 环嗪酮逆合成分析

合成路线 根据起始原料不同，环嗪酮的合成有氰胺法（4 → 5 → 6 → 7 → 8）、异氰酸环己酯法（1 → 2 → 3）和甲基环己基脲法（9 → 10，该路线起始原料易得，反应不复杂，工艺操作简单）（图 5-77）。

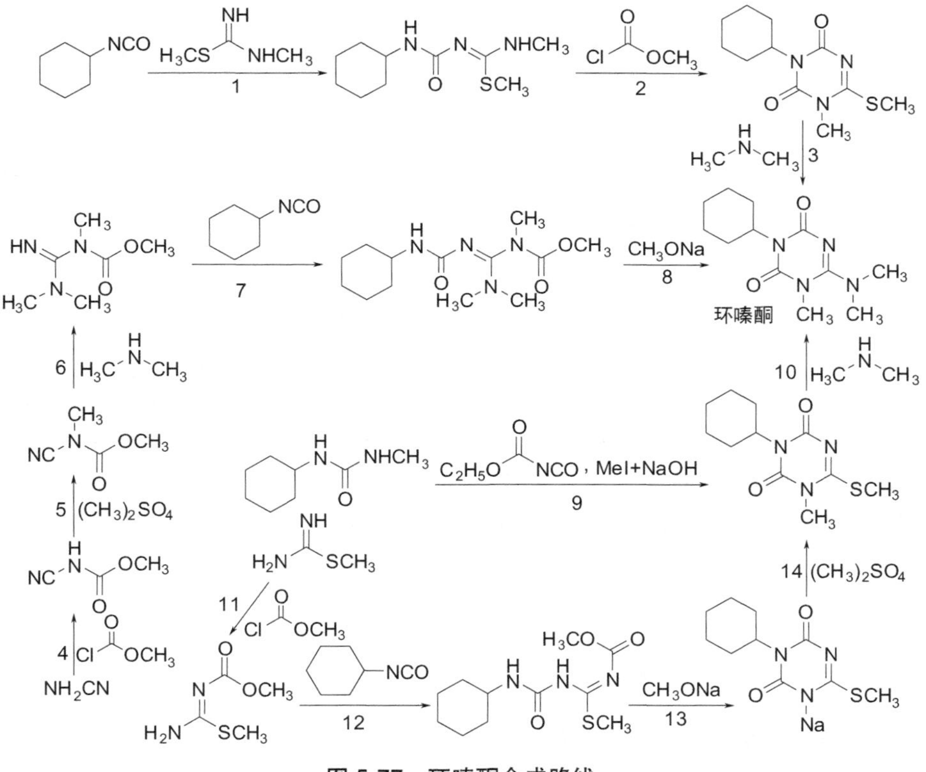

图 5-77 环嗪酮合成路线

嗪草酮（mtribuzin）

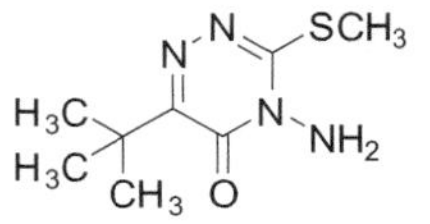

4-氨基-6-叔丁基-4,5-二氢-3-甲硫基-1,2,4-三嗪-5-酮

嗪草酮由美国杜邦公司开发，1970 年申请专利。属于光合作用抑制剂，是选择性三嗪酮类除草剂，主要用于甘蔗、大豆、马铃薯、番茄、苜蓿、芦笋、咖啡等作物田，防除一年生

阔叶杂草和部分禾本科杂草如藜、蓼、苋、荠菜、马齿苋、野胡萝卜、繁缕以及狗尾草、马唐、稗草、野燕麦等。可以与氟乐灵、灭草猛、乙草胺等多种除草剂复配。

纯品嗪草酮为白色有轻微气味晶体，熔点 126.2℃，沸点 132℃（2Pa）；溶解性（20℃，g/L）：水 1.05，丙酮 820，氯仿 850，苯 220，DMF 1780，甲苯 87，二氯甲烷 340，环己酮 1000，乙醇 190。

嗪草酮原药急性 LD_{50}（mg/kg）：大鼠经口 2000，小鼠经口 700，大鼠经皮＞2000。

合成路线　根据起始原料不同，嗪草酮的合成有两条路线。

路线一　见图 5-78。

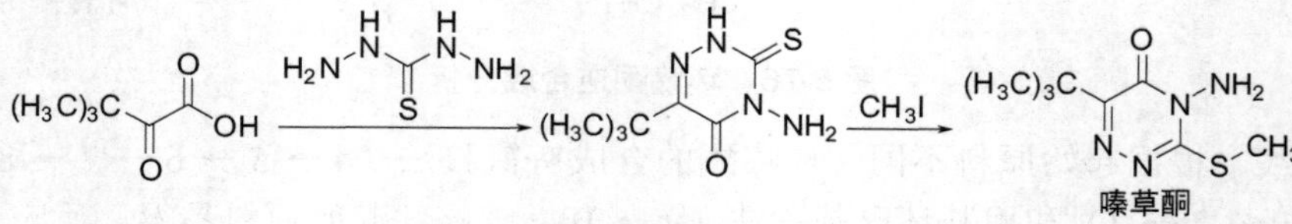

图 5-78　嗪草酮合成路线（一）

4- 氨基 -6- 叔丁基 -3- 巯基 -1,2,4- 三嗪 -5-(4*H*)- 酮的酮式与烯醇式在一定条件下存在动态平衡，在碱性介质中酮式转化为烯醇式，与溴甲烷或碘甲烷反应即可制得嗪草酮。

路线二　见图 5-79。

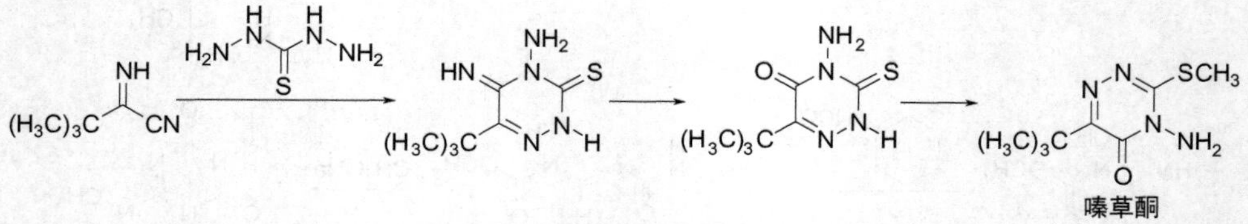

图 5-79　嗪草酮合成路线（二）

在二甲亚砜中，硫代羰基肼盐酸盐与 2- 叔丁基氨基 -3,3- 二甲基丁腈（室温）反应，生成的 3- 巯基 -4- 氨基 -5- 亚氨基 -6- 叔丁基 -1,2,4- 三嗪与乙醇、酸在 100℃反应 2h，得 3- 巯基 -4- 氨基 -5- 亚氨基 -6- 叔丁基 -1,2,4- 三嗪 -5- 酮，再于氢氧化钠与甲醇的混合液中与碘甲烷于 20℃反应 4h 即制得嗪草酮。

注：用类似的方法，可以制备苯嗪草酮（metamitron）和乙嗪草酮（ethiozin）。

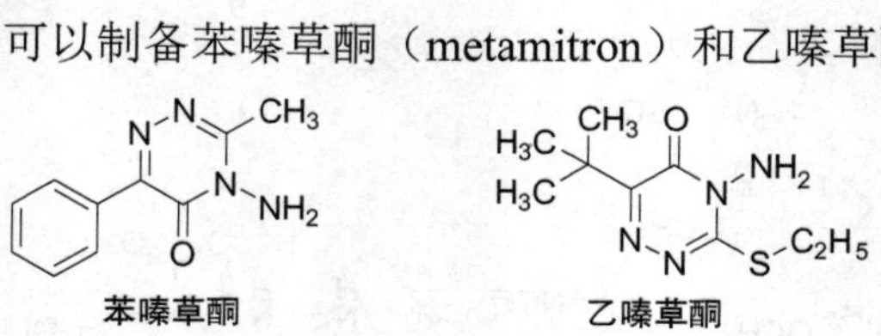

苯嗪草酮　　　　　　乙嗪草酮

5.5.2　吡啶（喹啉）类除草剂

吡啶（喹啉）类除草剂属于吡啶衍生物，此类除草剂是 20 世纪 60 年代开发的、以灭生性为主的除草剂，有内吸传导作用，水溶性较强，在土壤中稳定，常用作土壤处理剂。主要品种有毒草定、绿草定、乙氯草定、氟氯草定、氟啶酮、氟草烟等，代表性品种结构如下。

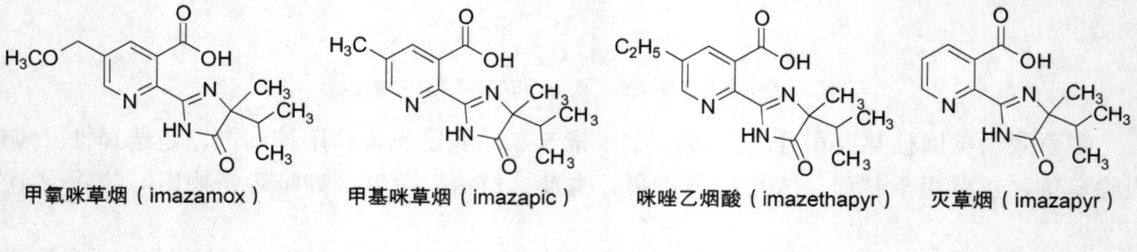

甲氧咪草烟（imazamox）　　甲基咪草烟（imazapic）　　咪唑乙烟酸（imazethapyr）　　灭草烟（imazapyr）

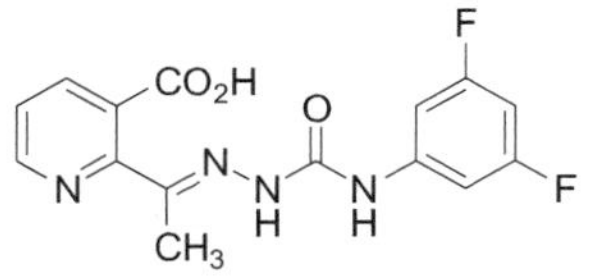

氟吡草腙（diflufenzopyr）

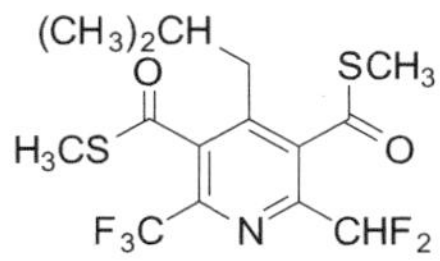

氟硫草定（dithiopyr）

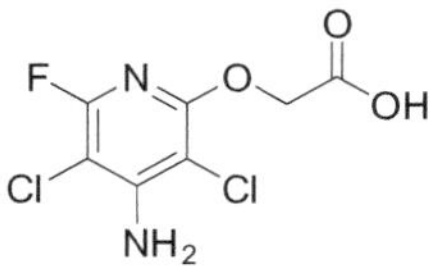

氟草烟（fluroxypyr）

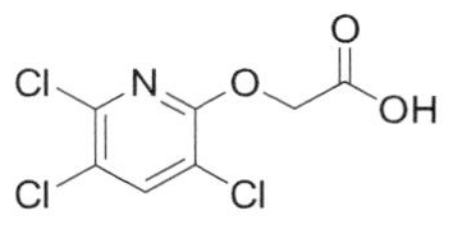

绿草定（triclopyr）

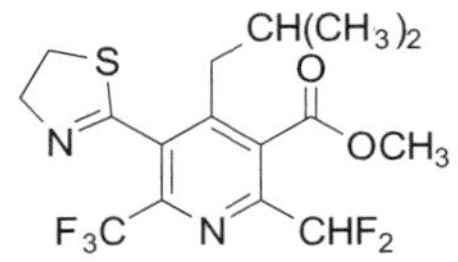

噻草啶（thiazopyr）

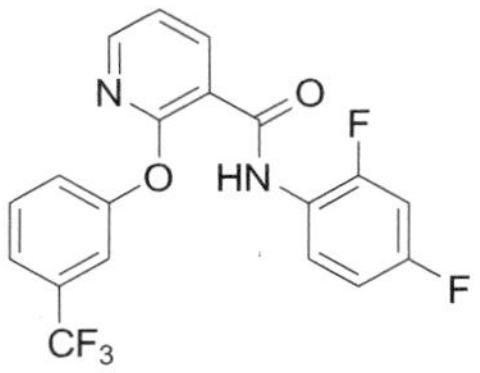

吡氟草胺（diflufenican）

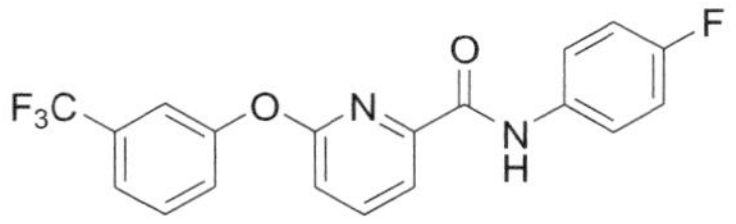

氟吡草胺（picolinafen）

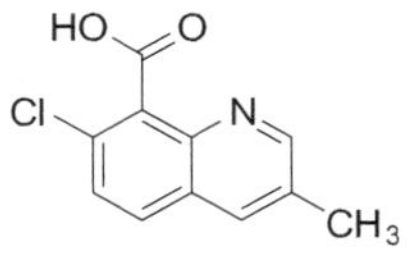

喹草酸（quinmerac）

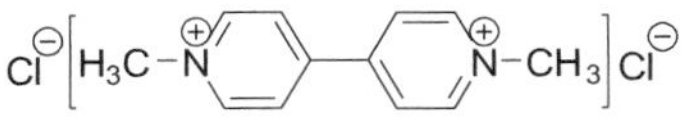

百草枯（paraquat）

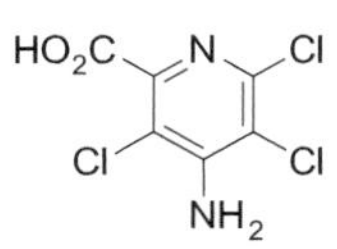

胺氯吡啶酸（picloram）

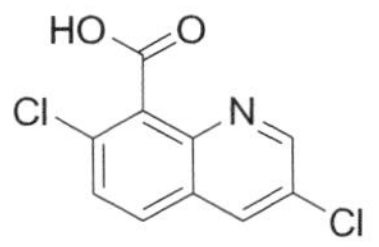

二氯喹啉酸（quinclorac）

甲氧咪草烟（imazamox）

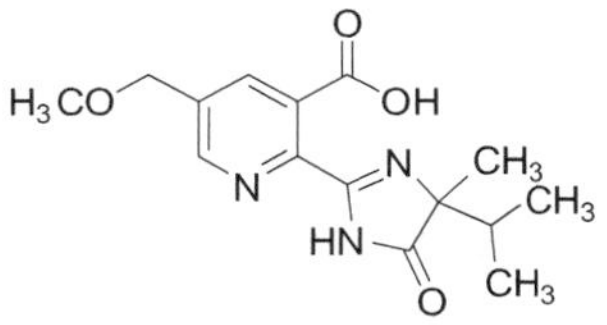

(RS)-2-(4-异丙基-4-甲基-5-氧代-2-咪唑啉-2-基)-5-甲氧基甲基烟酸

甲氧咪草烟商品名金豆，由美国氰胺公司开发的高效、广谱咪唑啉酮类除草剂，1986 年申请专利；属于乙酰乳酸合成酶（ALS）或乙酸羟酸合成酶（AHAs）抑制剂，主要用于大豆、花生田等，可防除大部分阔叶杂草和禾本科杂草，如铁苋菜、田芥、藜、猪殃殃、宝盖草、牵牛花、蓼、龙葵、婆婆纳、野燕麦、早熟禾、千金子、稷、看麦娘、灯心草、铁荸荠等。

纯品甲氧咪草烟为灰白色固体，熔点 166.0 ～ 166.7℃；溶解性（20℃，g/L）：水 4.16，丙酮 2.93。

甲氧咪草烟原药急性 LD_{50}（mg/kg）：大鼠经口＞ 5000，兔经皮＞ 2000；对兔眼睛有轻微刺激性。

逆合成分析 甲氧咪草烟是吡啶羧酸类除草剂代表品种（图 5-80）。

合成路线 合成方法较多，常用的有两条合成路线，如图 5-81 所示。

合成步骤如下：

（1）5- 氯甲基 -2,3- 吡啶二羧酸酐的制备 5- 甲基 -2,3- 吡啶二羧酸于乙二醇双甲醚溶液中与乙酸酐、吡啶室温下反应 18h 脱水，生成 5- 甲基 -2,3- 吡啶二羧酸酐，然后于四氯化碳中在催化剂存在下与氯化砜（SO_2Cl_2）回流反应 2h 即可。

（2）2-[N-(1- 氨基甲酰基 -1,2- 二甲基丙基) 氨基甲酰基]-5-(氯甲基) 烟酸三乙胺的制备 5- 氯甲基 -2,3- 吡啶二羧酸酐于乙腈中与 2,3- 二甲基 -2- 氨基丁酰胺于 0℃混合，然后于室温反应 0.5h。

（3）5- 甲氧基甲基 -2-(4- 异丙基 -4- 甲基 -5- 氧 -2- 咪唑啉 -2- 基) 烟酸三乙胺的制备 2-[N-(1- 氨基甲酰基 -1,2- 二甲基丙基) 氨基甲酰基]-5-(氯甲基) 烟酸三乙胺于无水甲醇的甲醇钠溶液中回流 2h。

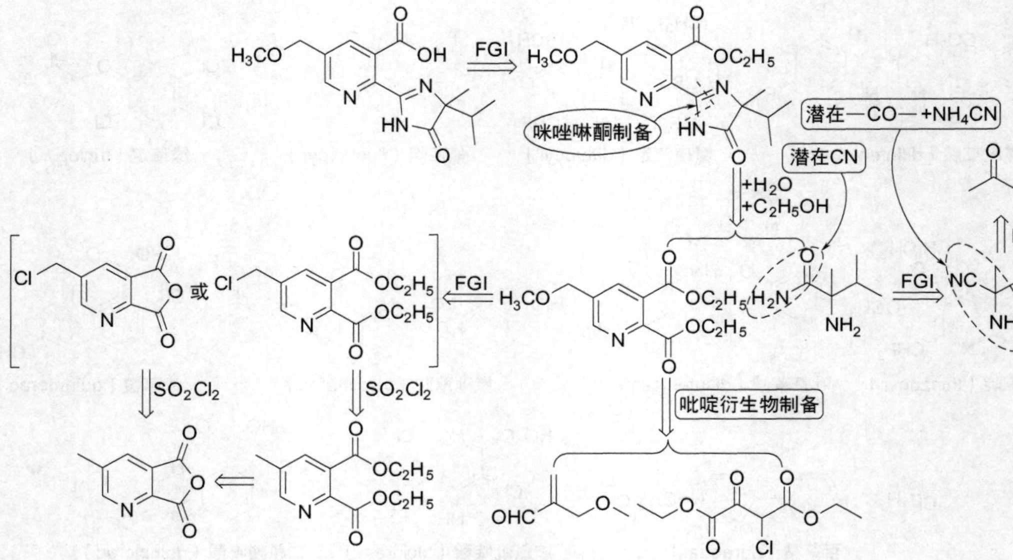

图 5-80　甲氧咪草烟逆合成分析

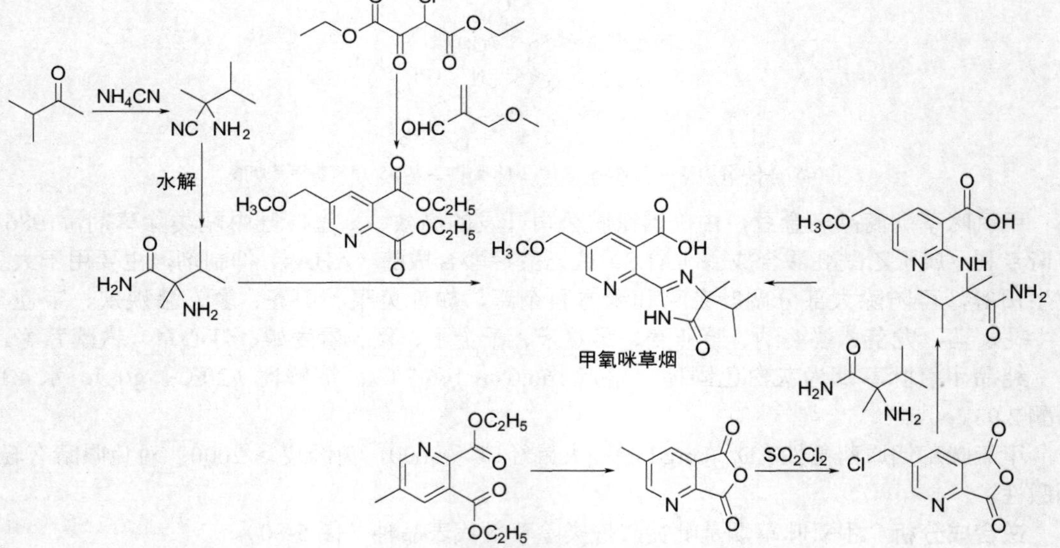

图 5-81　甲氧咪草烟合成路线

（4）甲氧咪草烟的合成　5- 甲氧基甲基 -2-(4- 异丙基 -4- 甲基 -5- 氧 -2- 咪唑啉 -2- 基) 烟酸三乙胺水溶液用盐酸调至 pH=1 ～ 2，白色固体氟噻乙草酯即析出。

注：用类似的方法，可以制备甲基咪草烟（imazapic）、咪唑乙烟酸（imazethapyr）、咪唑喹啉酸（imazaquin）、灭草烟（imazapyr）、咪草酯（imazamethabenz）等咪唑啉酮类除草剂农药品种。

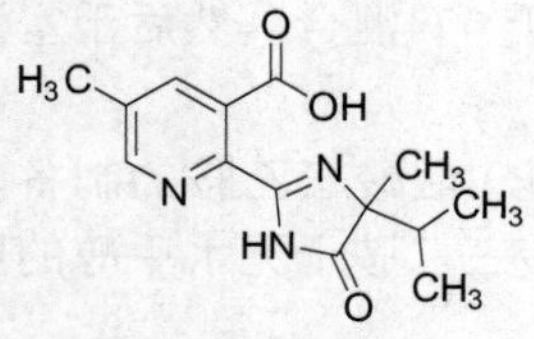

甲基咪草烟 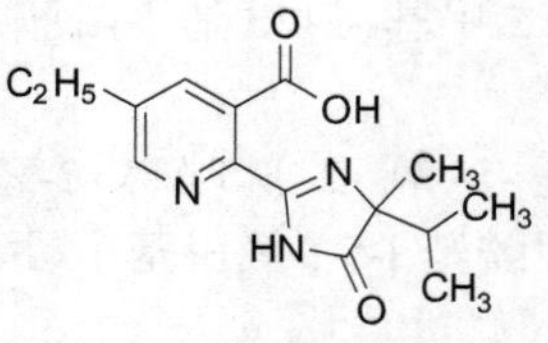　　　　　咪唑乙烟酸 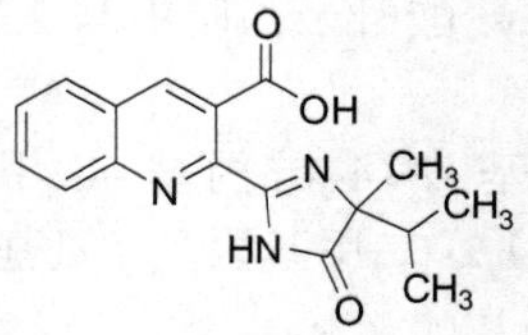　　　　　咪唑喹啉酸 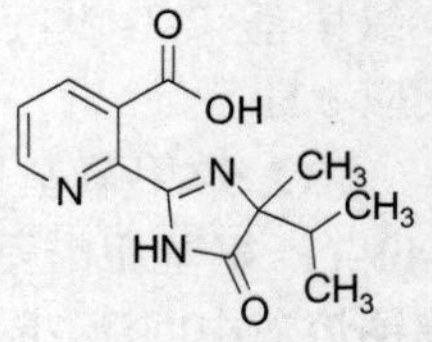　　　　　灭草烟

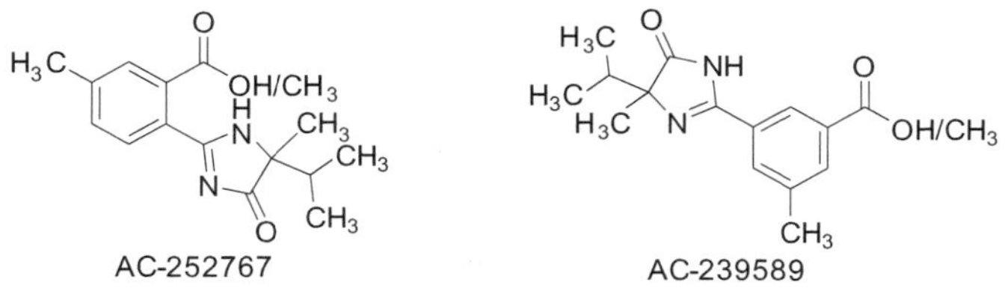

AC-252767   AC-239589

咪草酯

咪唑喹啉酸（imazaquin）

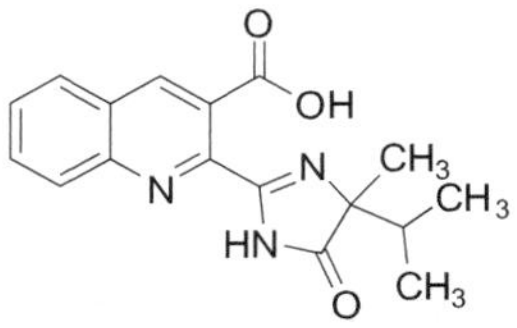

(*RS*)-2-(4-异丙基-4-甲基-5-氧代-2-咪唑啉-2-基)喹啉-3-羧酸

咪唑喹啉酸又名灭草喹，是由美国氰胺（现为 BASF）公司开发的高效、广谱咪唑啉酮类除草剂，1980 年申请专利；属于乙酰乳酸合成酶（ALS）或乙酸羟酸合成酶（AHAs）抑制剂，主要用于大豆、烟草、苜蓿等作物，可防除大部分阔叶杂草和禾本科杂草，如铁苋菜、田芥、藜、猪殃殃、宝盖草、牵牛花、蓼、龙葵、婆婆纳、野燕麦、早熟禾、千金子、稷、看麦娘、灯心草、铁荸荠等。

纯品咪唑喹啉酸为粉色刺激性气味固体，熔点 219～224℃（分解）；溶解性（20℃，g/L）：水 0.12，二氯甲烷 14，DMF 68，DMSO 159，甲苯 0.4。

咪唑喹啉酸原药急性 LD_{50}（mg/kg）：大鼠经口＞5000，雌小鼠经口＞2000，兔经皮＞2000；对兔皮肤有中度刺激性。

合成路线　合成方法与甲氧咪草烟合成方法类似，根据经历不同的中间体，还有两条类似的合成路线。（图 5-82）。

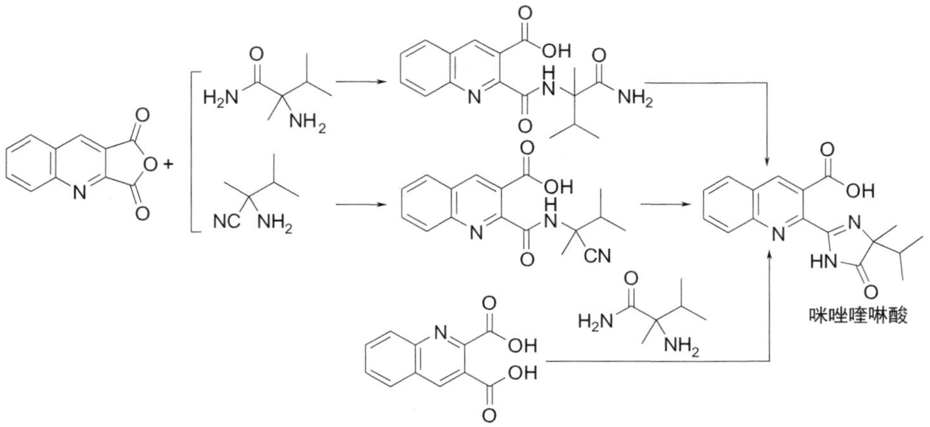

图 5-82　咪唑喹啉酸合成路线

2,3-喹啉二羧酸酐与 2-氨基 -2,3-二甲基丁酰胺在乙腈中于 50～60℃加热 2h，所得中间体于氢氧化钠溶液中 83～85℃加热 2h 后用浓盐酸酸化。

氟草烟（fluroxypyr）

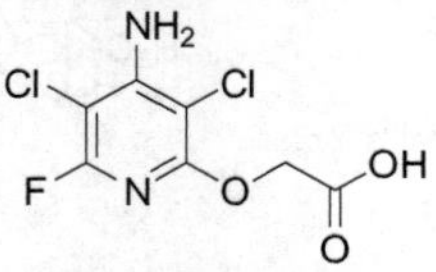

4-氨基-3,5-二氯-6-氟-2-吡啶氧乙酸

氟草烟是由美国道化学公司开发的吡啶氧羧酸类除草剂，1979年申请专利；主要用于麦类、玉米、果园、牧场、林地、草坪等防除阔叶杂草如猪殃殃、马齿苋、龙葵、繁缕、田旋花、蓼、播娘蒿等。

纯品氟草烟为白色晶体，熔点 232～233℃；溶解性（20℃，g/L）：丙酮 51.0，甲醇 34.6，乙酸乙酯 10.6，甲苯 0.8；水 91。

氟草烟原药急性 LD_{50}（mg/kg）：大鼠经口 2405，兔经皮＞5000；对兔眼睛有轻微刺激性。

合成路线　根据官能团的引入方式可有三种路线（图 5-83～图 5-85）。

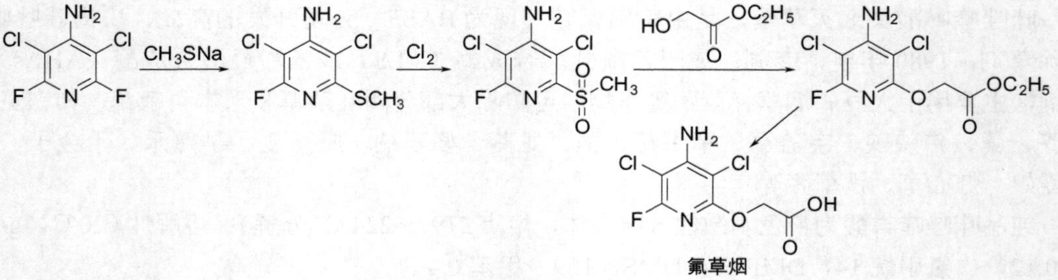

图 5-83　氟草烟合成路线（一）

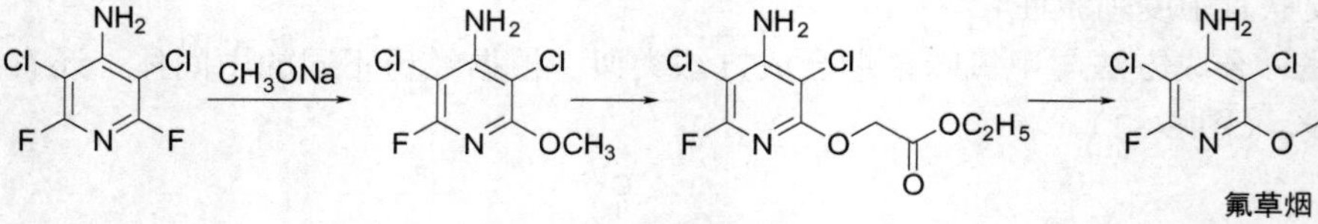

图 5-84　氟草烟合成路线（二）

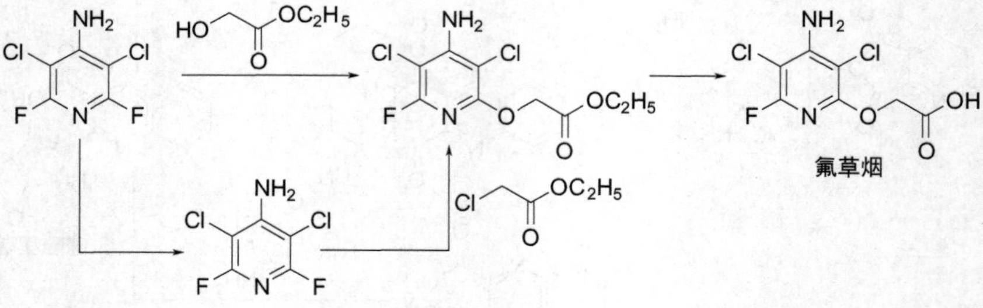

图 5-85　氟草烟合成路线（三）

将 1.0g（5mmol）3,5-二氯-2,6-二氟-4-氨基吡啶、0.75g（7.12mmol）α-羟基乙酸乙酯溶于 15mL 无水二氧六环中，然后慢慢滴加到含有 0.3g NaH（7.5 mmol，60% 含量，用无水己烷洗涤 3 次）的 5mL 无水二氧六环中，此时有大量泡沫产生，待平息后加热至 100℃，反应 4h 后慢慢倒入 100mL 冰水中，用二氯甲烷萃取 3 次（50mL×3），合并萃取液，用无水硫酸钠干燥，减压浓缩，用柱色谱分离（乙酸乙酯 - 石油醚作淋洗剂）得产品 0.7g，产品收率 70%，同时回收原料 0.3g（取代吡啶）。所得氟草烟乙酯经过皂化、酸化即得氟草烟。

注：用类似的合成方法，可以制得另一种吡啶类除草剂氯草定（triclopyr）

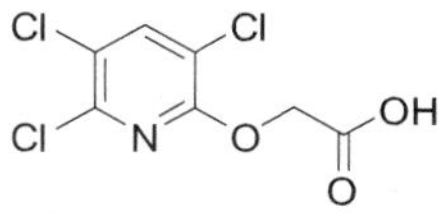

氯草定

3,5,6-三氯-2-吡啶氧乙酸

百草枯（paraquat）

$[H_3C-N-\text{(环)}-N-CH_3]\ 2CH_3SO_4^-$

1,1'-二甲基-4,4'-双吡啶二硫酸单甲酯盐

$[H_3C-N-\text{(环)}-N-CH_3]\ 2Cl^-$

1,1'-二甲基-4,4'-双吡啶二氯化物盐

1,1'-二甲基-4,4'-联吡啶阳离子二甲基硫酸盐或二氯化物盐

百草枯是一种触杀型灭生性除草剂，兼有一定的内吸作用，不损害非绿色树茎部分，在土壤中失去杀草活性。进入土壤便与土壤结合而钝化，无残留，不会损害植物根部。只能杀灭一年生杂草，对多年生杂草的地上部分有控制作用，但不能杀灭多年生杂草的地下部分。可用于茶园、桑园、休闲园、免耕田、油菜等作物播前除草，玉米、甘蔗、大豆、蔬菜、棉花等作物行间除草。

纯品百草枯为无色或淡黄色固体，无嗅，相对密度1.24，极易溶于水；几乎不溶于有机溶剂。对金属有腐蚀性。在酸性和中性条件下稳定。可被碱水解，遇紫外线分解。惰性黏土和阴离子表面活性剂能使其钝化，不能与强氧化剂、烷基芳烃磺酸盐湿剂共存。

百草枯毒性 LD_{50}（mg/kg）：大鼠经口205，小鼠经口143，大鼠急性经皮500；对兔眼睛和皮肤有中度刺激作用；吸入可能引起鼻出血。

合成路线 百草枯有多种合成路线，以下是常用的三种方法（图5-86）。

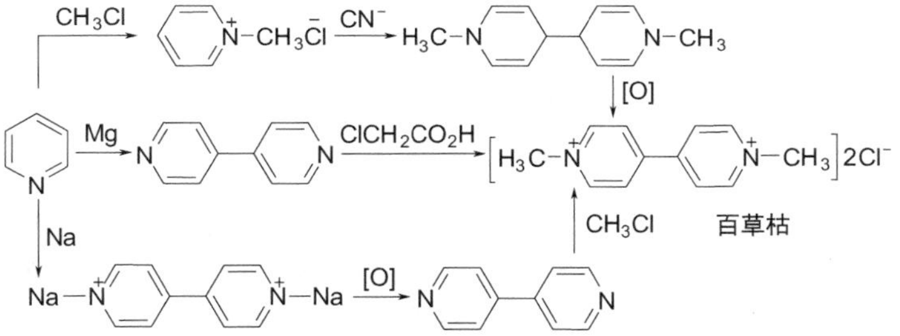

图5-86 百草枯合成路线

将 N-甲基吡啶氯化物3.1g溶于10mL水中，于室温氮气下迅速加入搅拌着的2.5g氰化钠、1g氢氧化钠、40mL乙醇的混合液，室温下搅拌30min，再加热回流30min，冷却，鼓泡通氯气，直至反应混合物蓝色消失，再将反应液用碳酸钠中和至pH9.2。以 N-甲基吡啶盐计收率为95%。

二氯喹啉酸（quinclorac）

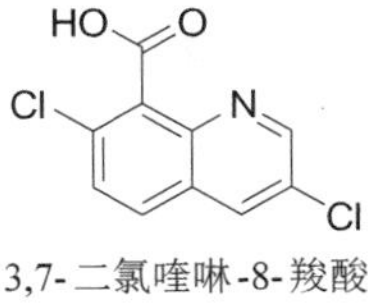

3,7-二氯喹啉-8-羧酸

二氯喹啉酸商品名快杀稗、稗草净、稗草亡、杀稗特、杀稗王、克稗灵、神除，是由德国巴斯夫公司开发的喹啉羧酸类选择性除草剂，1981年申请专利；属于喹啉酸类激素型除草剂，主要用于水稻等作物防除稗草。

纯品二氯喹啉酸为无色晶体，熔点274℃；溶解性（20℃）：丙酮2g/L，几乎不溶于其他溶剂。二氯喹啉酸原药急性LD_{50}（mg/kg）：大鼠经口2680、经皮＞2000。

逆合成分析   二氯喹啉酸为喹啉酸类除草剂代表品种（图5-87）。

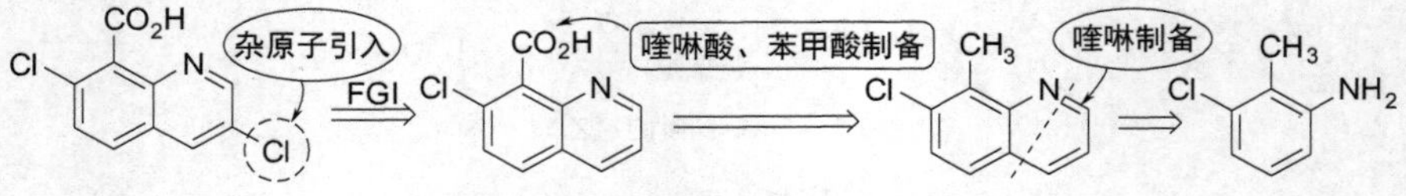

图 5-87   二氯喹啉酸逆合成分析

合成路线   通常以间氯邻甲苯胺、甘油为起始原料，制得中间体7-氯-8-甲基喹啉，再在二氯苯中与氯气反应生成3,7-二氯-8-氯甲基喹啉，然后用浓硝酸在浓硫酸中氧化制得二氯喹啉酸（图5-88）。

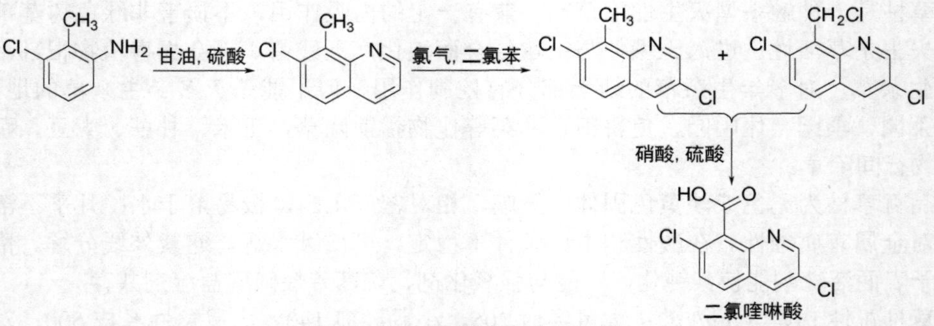

图 5-88   二氯喹啉酸合成路线

喹草酸（quinmerac）

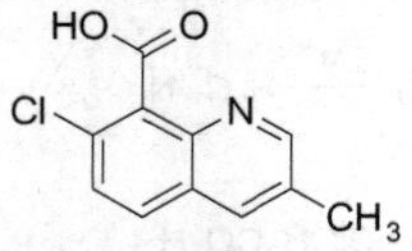

7-氯-3-甲基喹啉-8-羧酸

喹草酸属于喹啉酸类激素型除草剂，是由德国巴斯夫公司开发的喹啉羧酸类选择性除草剂，1982年申请专利；主要用于禾谷类作物、油菜和甜菜等作物防除猪殃殃、婆婆纳等杂草。纯品喹草酸为无色晶体，熔点244℃；溶解性（20℃，g/L）：丙酮2，乙醇1，二氯甲烷2。喹草酸原药急性LD_{50}（mg/kg）：大鼠经口＞5000、经皮＞2000。

逆合成分析   喹草酸为喹啉酸类除草剂代表品种（图5-89）。

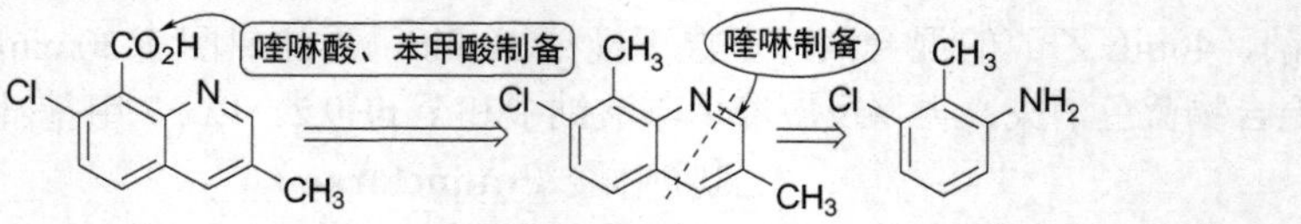

图 5-89   喹草酸逆合成分析

合成路线   如图5-90所示。

合成步骤如下：

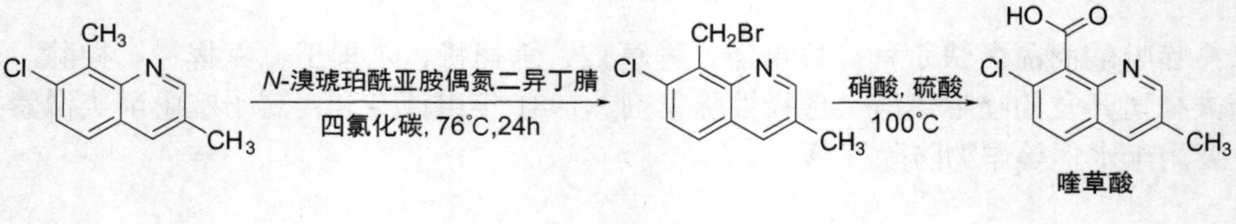

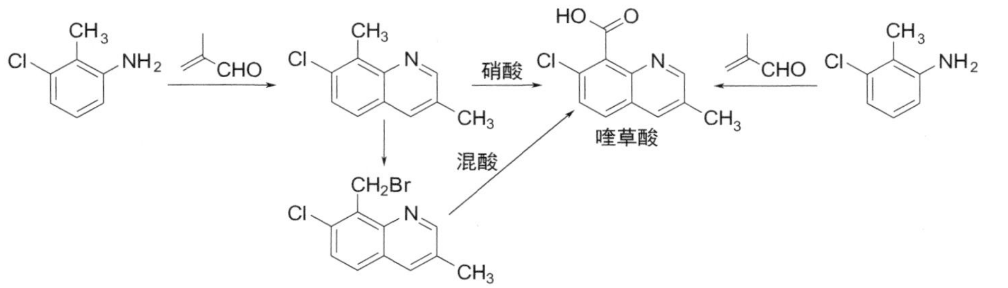

图 5-90 喹草酸合成路线

以 7- 氯 -3,8- 二甲基喹啉为原料，制得 8- 溴甲基 -7- 氯 -3- 甲基喹啉。于 100℃条件下将浓硝酸滴加到 8- 溴甲基 -7- 氯 -3- 甲基喹啉与 75% 硫酸的混合物中，室温反应 4h。

以 6- 氯 -2- 氨基苯甲酸、甲基丙烯醛为原料，在 100℃条件下将甲基丙烯醛滴加到 6- 氯 -2- 氨基苯甲酸、间硝基苯磺酸钠和 57% 硫酸的混合物中，于 130℃搅拌 4h 即可制得喹草酸。

5.5.3 唑及类唑啉酮除草剂

该类除草剂以含有五元含氮杂环或其啉酮结构为分子特征。唑类包括吡唑类除草剂、三唑类除草剂和三唑并嘧啶磺酰胺类除草剂，五元含氮杂环唑为其分子结构特征，如下所示均为唑类衍生物。

目前此类除草剂主要品种有吡草醚、异丙吡草醚、双唑草腈、唑草胺、胺草唑、氟胺草唑、唑密磺草胺、磺草唑胺、氯酯磺草胺、双氯磺草胺等，其中三唑并嘧啶磺酰胺类除草剂由美国道农业科学公司开发，为优良的高效旱田（大豆、玉米、麦类）除草剂，使用剂量 $3 \sim 60g(a.i.)/hm^2$，换算为亩使用量为 0.2 ～ 4g(a.i.)，其有如下三种主要结构类型。

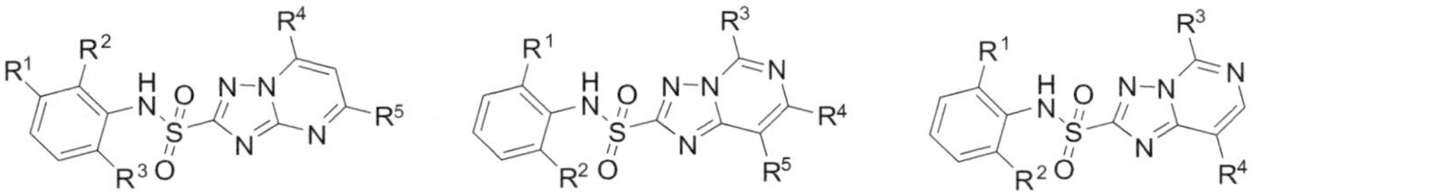

常用含有唑类衍生物结构的除草剂如下。

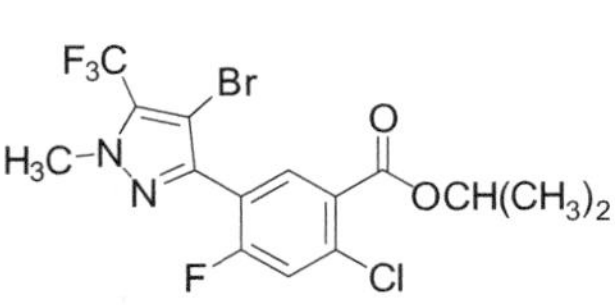

异丙吡草酯（fluazolate） 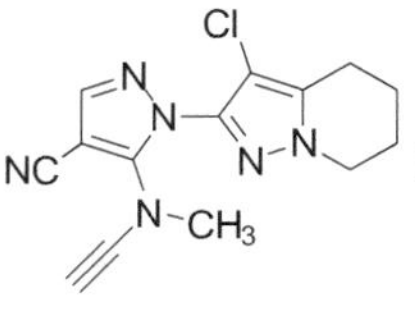　双唑草腈（pyraclonil） 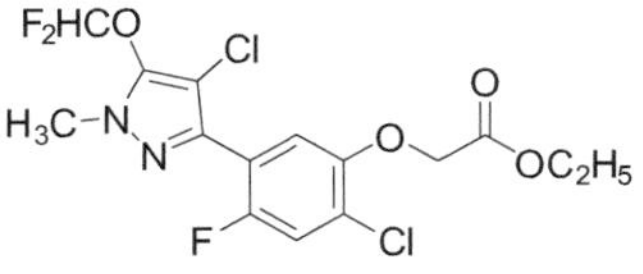　吡草醚（pyraflufen-ethyl） 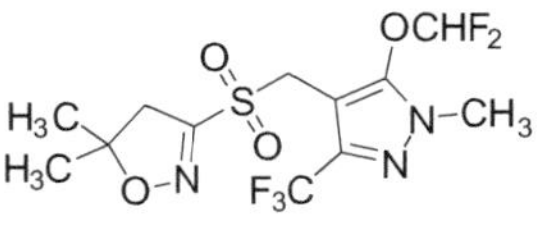　pyroxasulfone

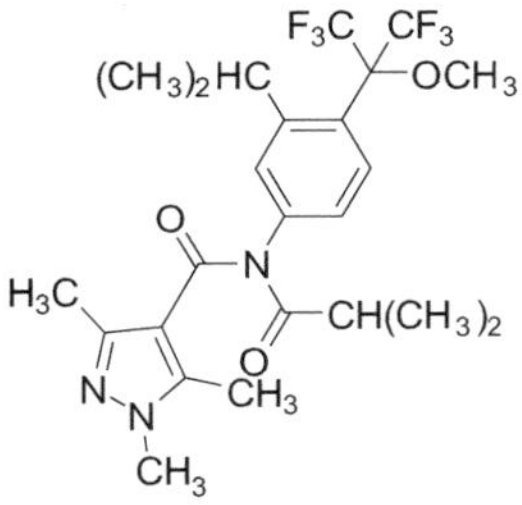

pyflubumide 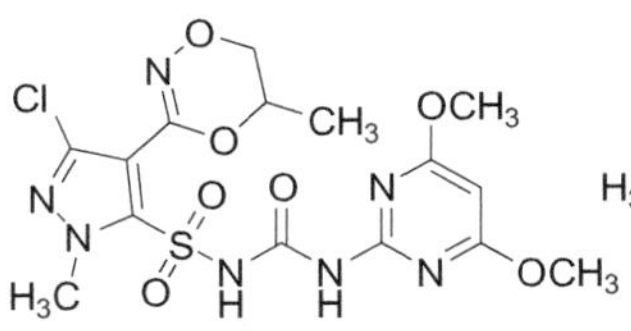　metazosulfuron 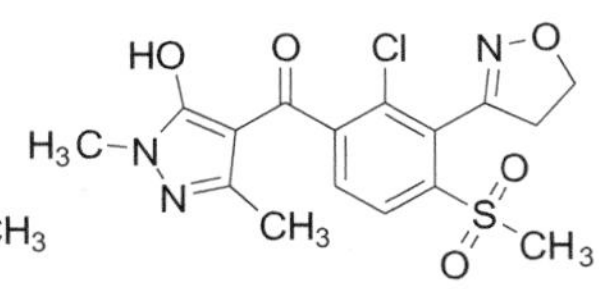　苯唑草酮（topramezone） 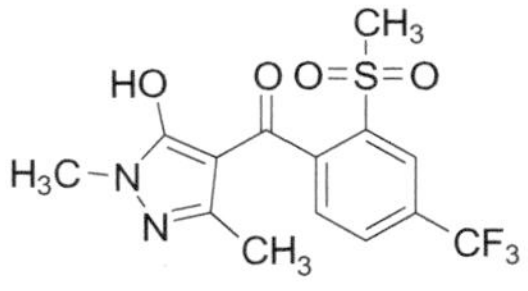　pyrasulfotole

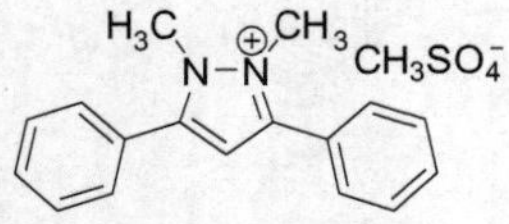

野燕枯（difenzoquat）

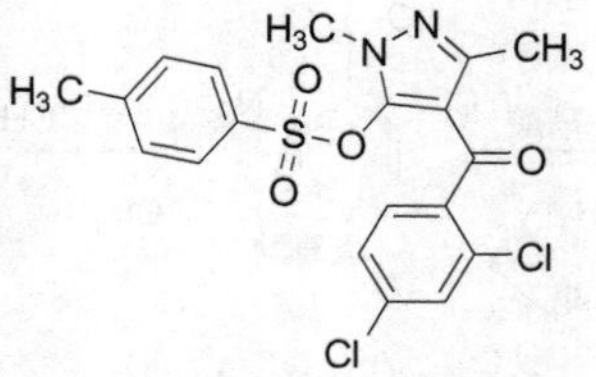

吡唑特（pyrazolynate）

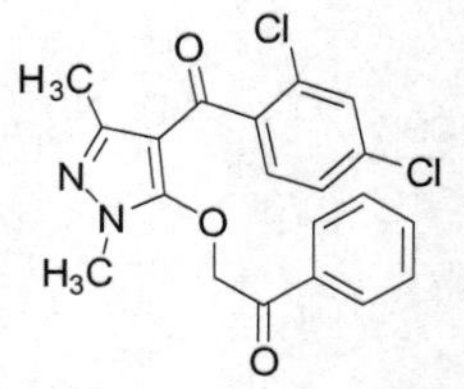

苄草唑（pyrazoxyfen）

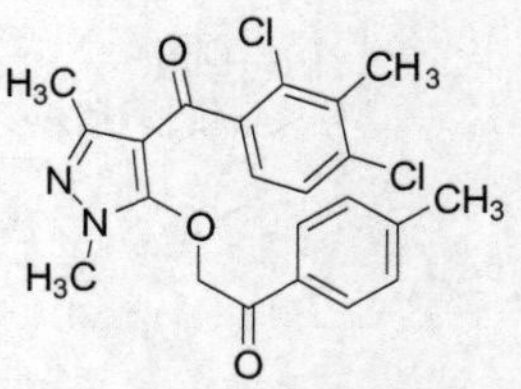

吡草酮（benzofenap）

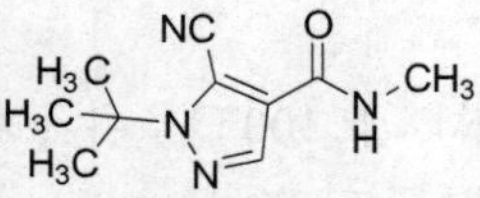

吡氰草胺（ET-177）

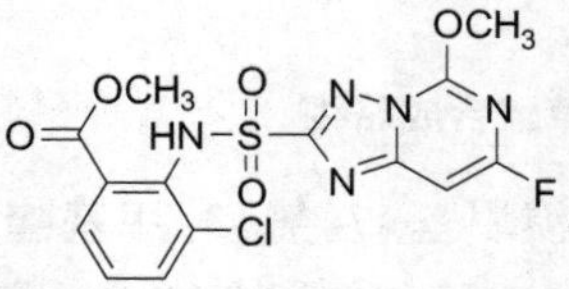

氯酯磺草胺（cloransulam-methyl）

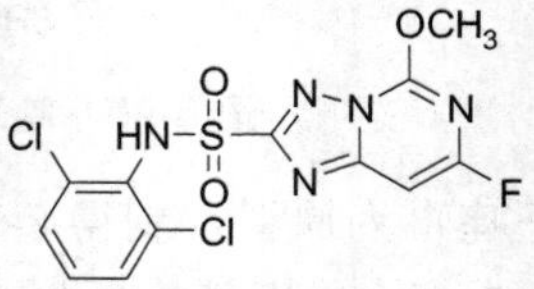

双氯磺草胺（diclosulam）

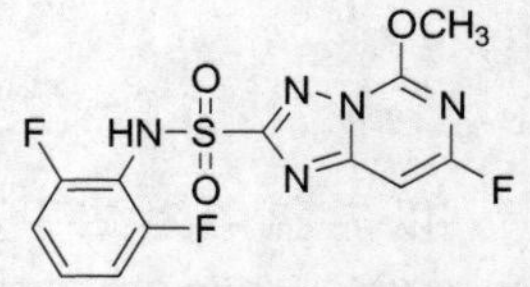

双氟磺草胺（florasulam）

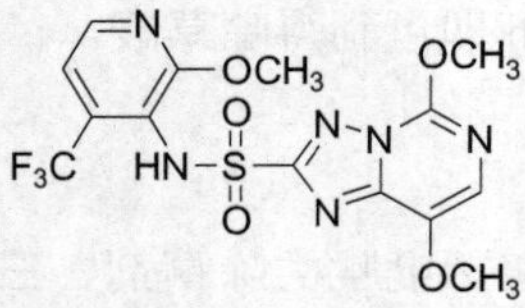

啶磺草胺（pyroxsulam）

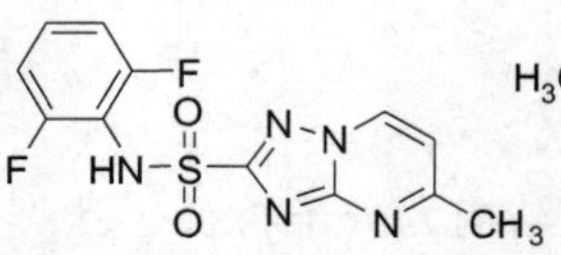

唑嘧磺草胺（flumetsulam）

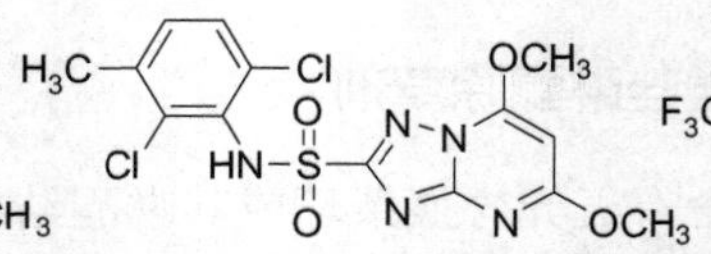

磺草唑胺（metosulam）

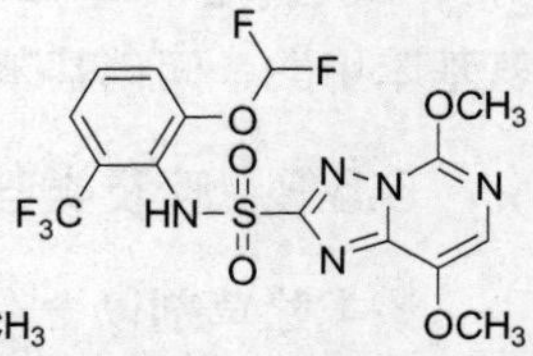

五氟磺草胺（penoxsulam）

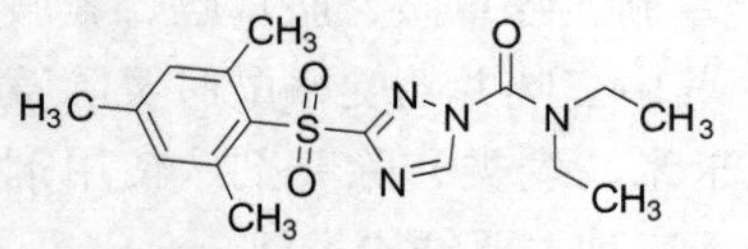

唑草胺（cafenstrole）

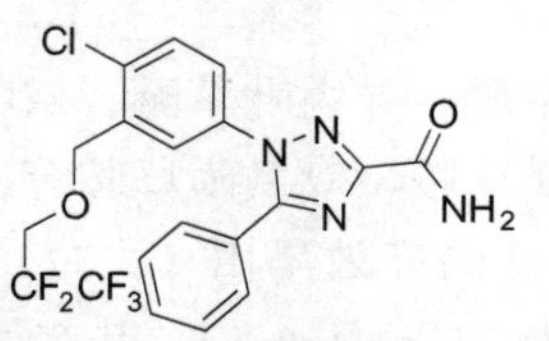

氟胺草唑（flupoxam）

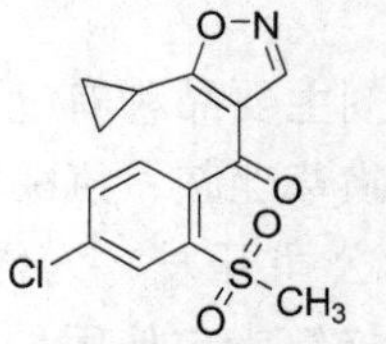

异噁氯草酮（isoxachlortole）

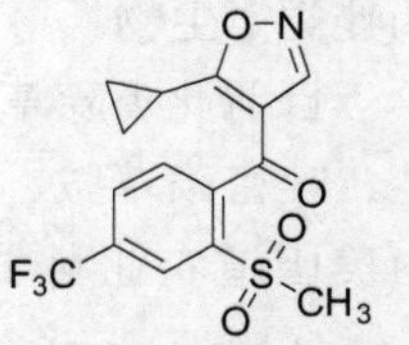

异噁唑草酮（isoxaflutole）

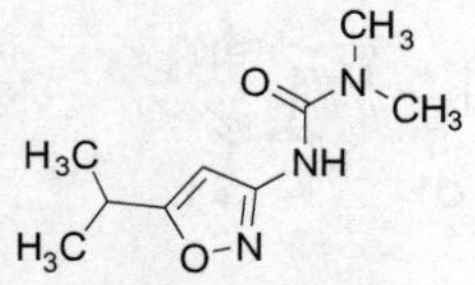

异噁隆（isouron）

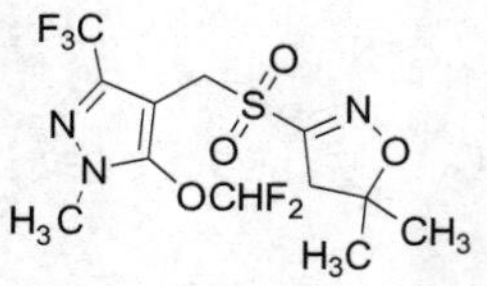

pyroxasulfone

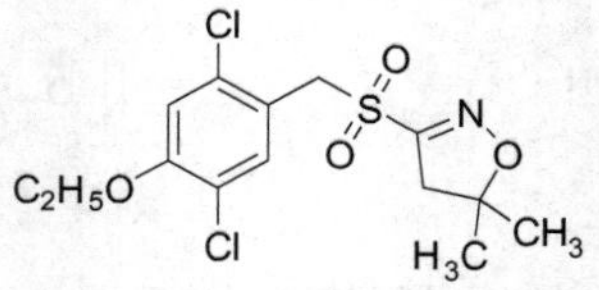

fenoxasulfone

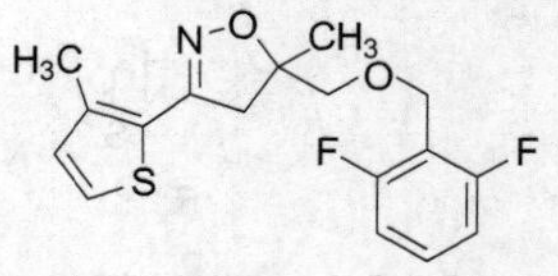

methiozolin

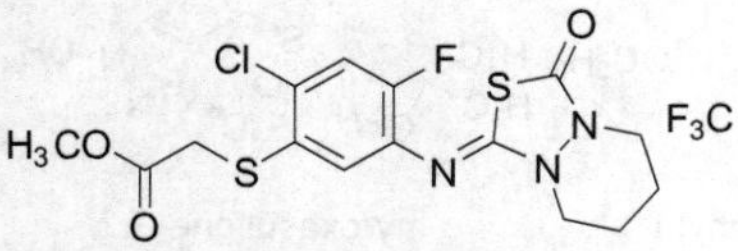

氟噻乙草酯（fluthiacet-methyl）

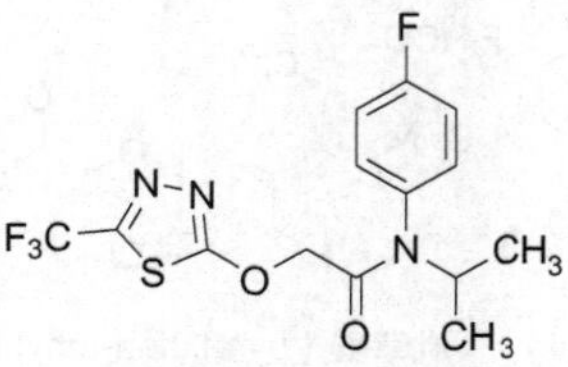

氟噻草胺（flufenacet）

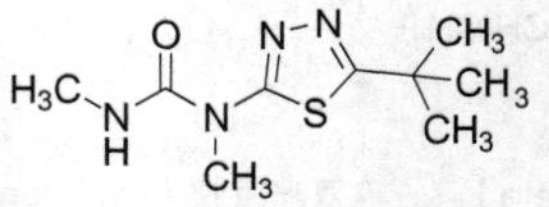

特丁噻草隆（tebuthiuron）

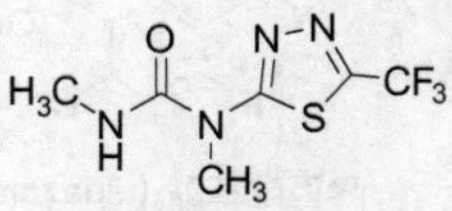

噻氟隆（thiazfluron）

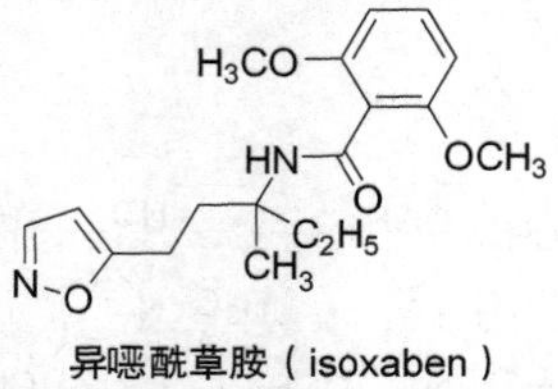

异噁酰草胺（isoxaben）

唑啉酮类除草剂则可为咪唑啉酮类、三唑啉酮类和四唑啉酮，属于含有 2 个、3 个、4 个 N 原子的五元杂环唑酮类化合物，为唑啉酮衍生物，结构特点如下所示。

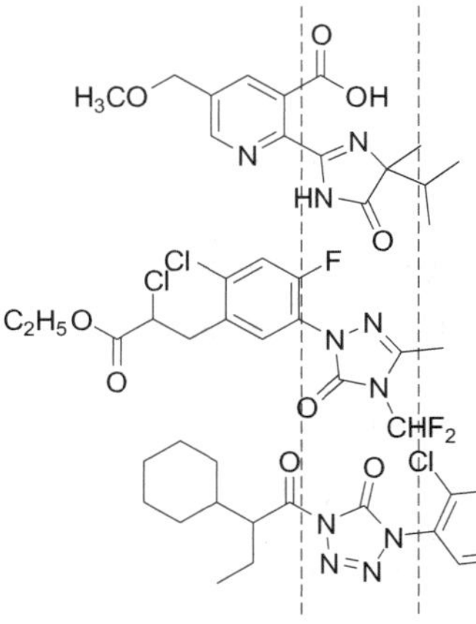

甲氧咪草烟

唑酮草酯

四唑酰草胺

唑啉酮衍生物

　　咪唑啉酮是美国氰胺公司 20 世纪 80 年代开发的一类高活性广谱除草剂，能有效防除一年生和多年生禾本科杂草及阔叶杂草，曾在世界大豆生产中占有绝对优势。目前此类除草剂主要品种有咪唑烟酸、咪草酸酯、咪唑喹啉酸、咪唑乙烟酸、甲基咪草烟和甲氧咪草烟。

　　三唑啉酮类除草剂属于三杂原子五元杂环唑酮类化合物，是将噁二唑和噻二唑类化合物中 O 原子或 S 原子变换成 N 原子经过优化合成，目前此类除草剂主要品种有甲磺草胺、唑草酯、唑啶草酮和胺唑草酮。

　　四唑啉酮类化合物结构首先由美国 Uniroyl 化学公司报道，但没有筛选出除草剂品种，日本拜耳公司在其基础上进一步研究，发现了高活性除草剂四唑酰草胺。

　　注：脲类环化形成啉酮结构或亚胺结构，这些特殊脲类除草剂常见品种如下。

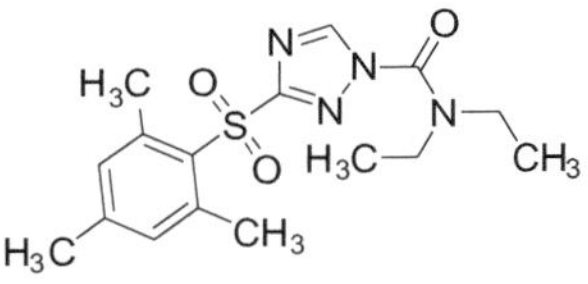

唑草胺（cafenstrole） 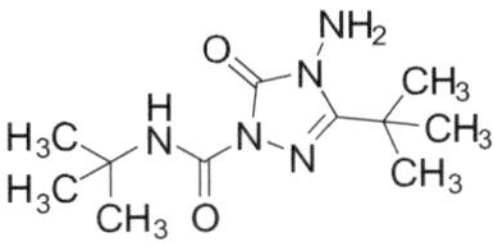　　胺唑草酮（amicarbazone） 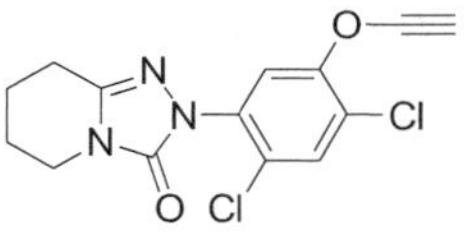　　唑啶草酮（azafenidin） 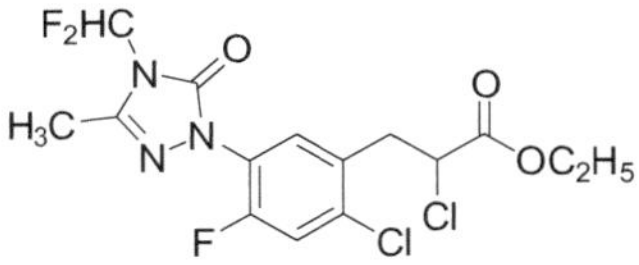　　唑酮草酯（carfentrazone-ethyl）

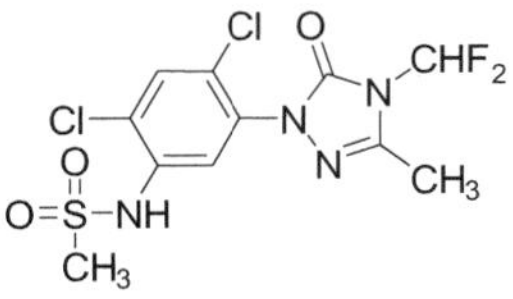

甲磺草胺（sulfentrazone） 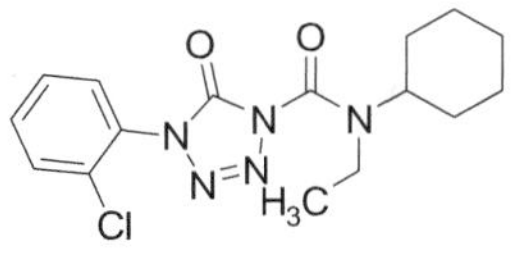　　四唑酰草胺（fentrazamide） 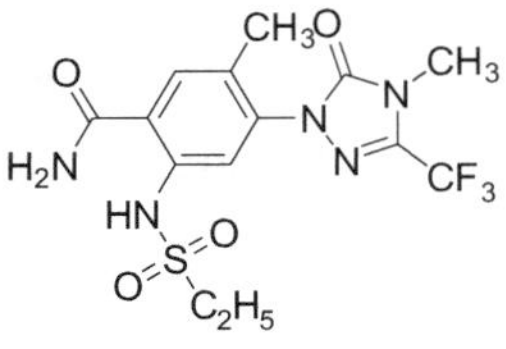　　bencarbazone 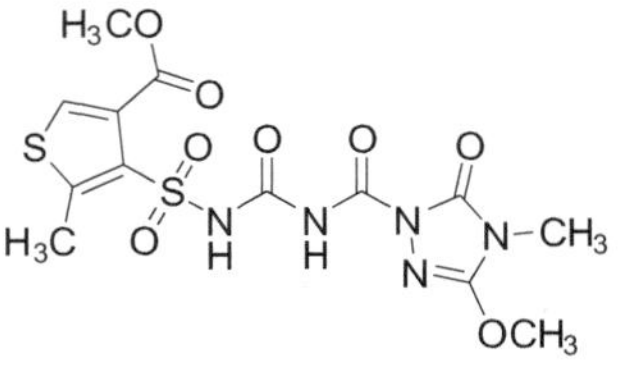　　thiencarbazone-methyl

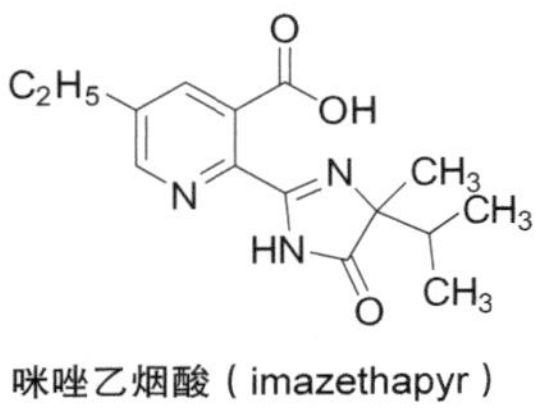

咪唑乙烟酸（imazethapyr） 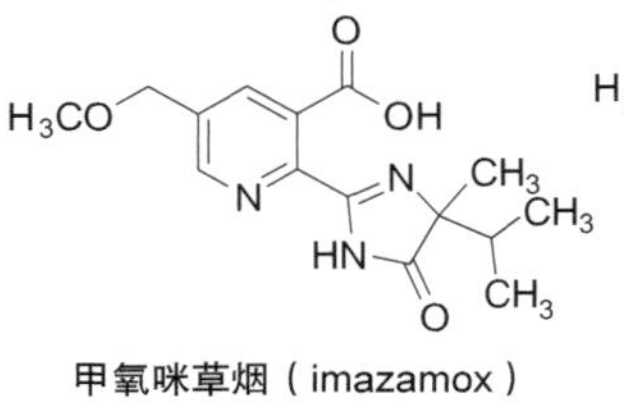　　甲氧咪草烟（imazamox） 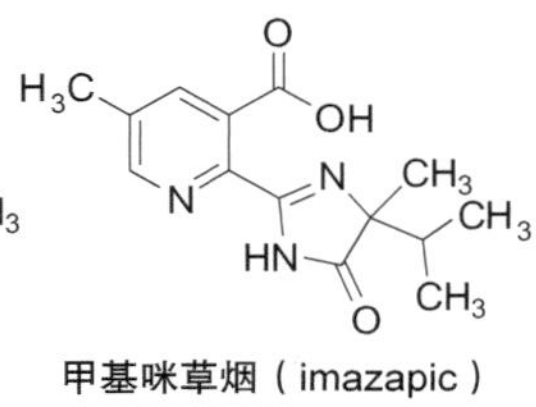　　甲基咪草烟（imazapic） 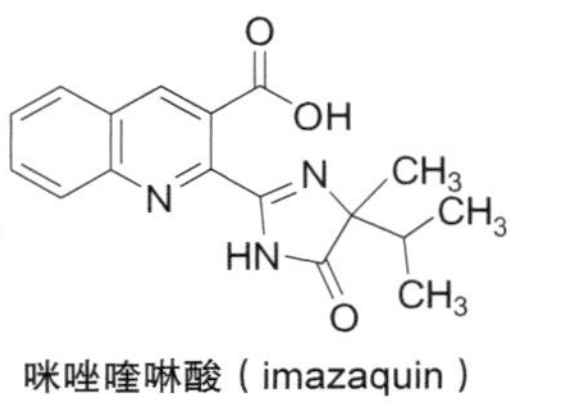　　咪唑喹啉酸（imazaquin）

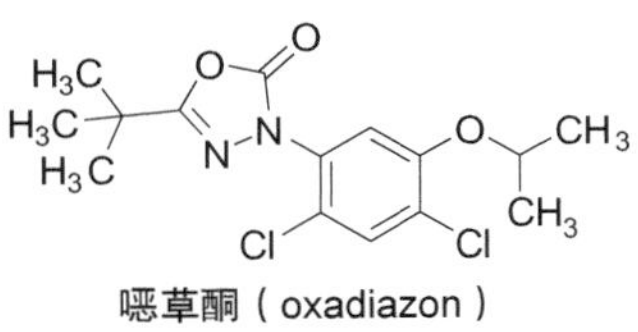

噁草酮（oxadiazon） 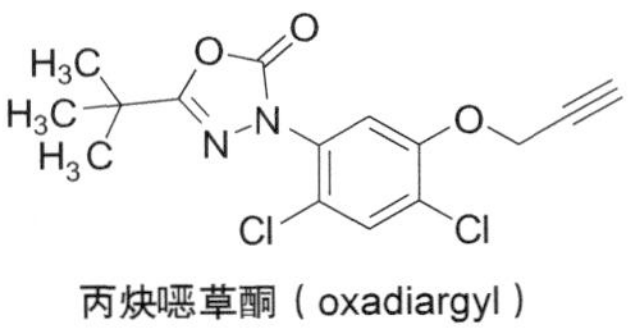　　丙炔噁草酮（oxadiargyl） 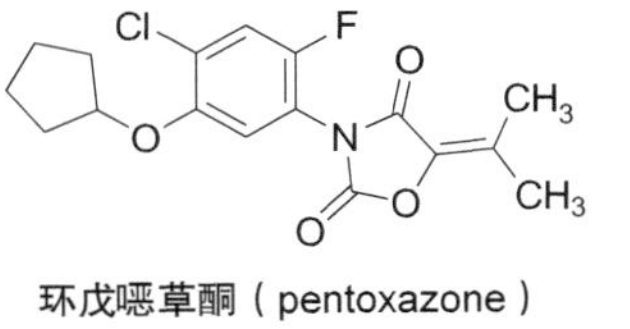　　环戊噁草酮（pentoxazone）

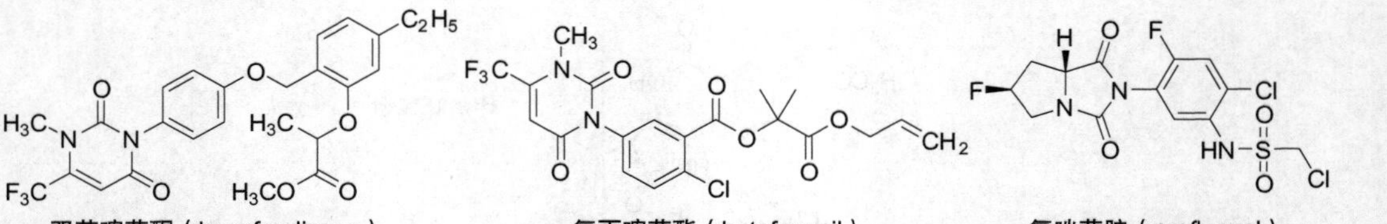

双苯嘧草酮（benzfendizone）　　氟丙嘧草酯（butafenacil）　　氟唑草胺（profluazol）

唑草胺（cafenstrole）

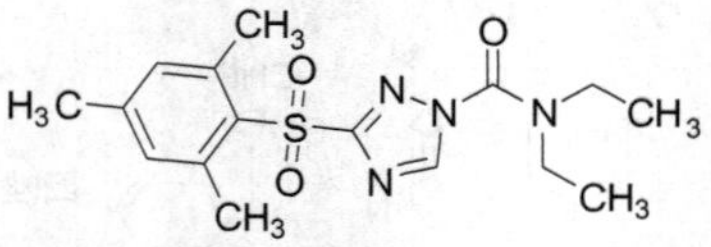

N,N-二乙基-3-均三甲基苯磺酰基-1H-1,2,4-三唑-1-甲酰胺

唑草胺是由日本中外制药公司研制，永光化成、日产化学、杜邦、武田化学等公司开发的选择性三唑酰胺类除草剂，1989年申请专利；用于稻田防除禾本科杂草如稗草、异形莎草、瓜皮草等；对稗草有特效。

纯品唑草胺为无色晶体，熔点114～116℃；溶解性（20℃）：难溶于水。

唑草胺原药急性 LD_{50}（mg/kg）：大、小鼠经口＞5000，大鼠经皮＞2000。

逆合成分析　唑草胺属于唑脲类杀虫剂（图5-91）。

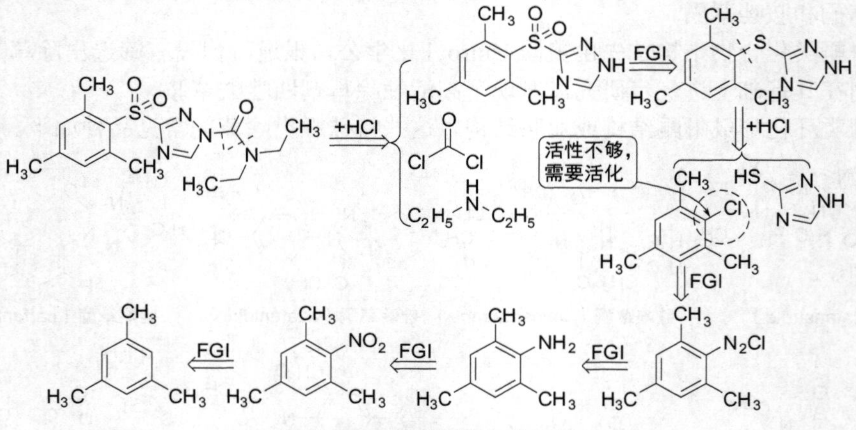

图 5-91　唑草胺逆合成分析

合成路线　如图5-92所示。

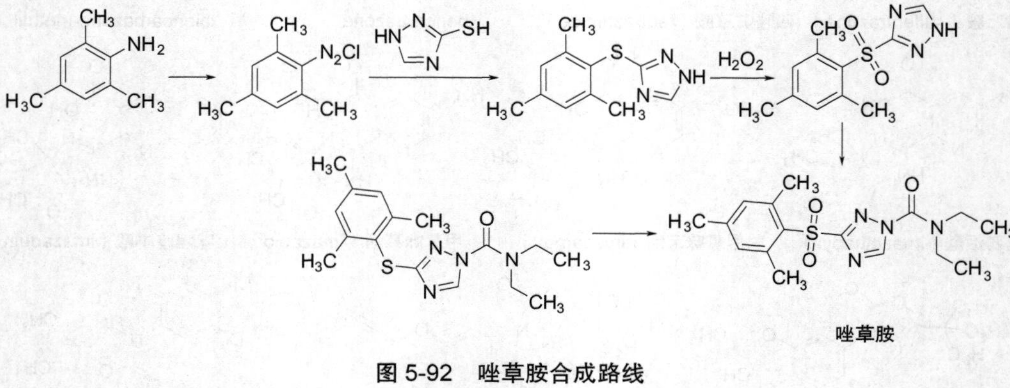

图 5-92　唑草胺合成路线

异丙吡草酯（fluazolate）

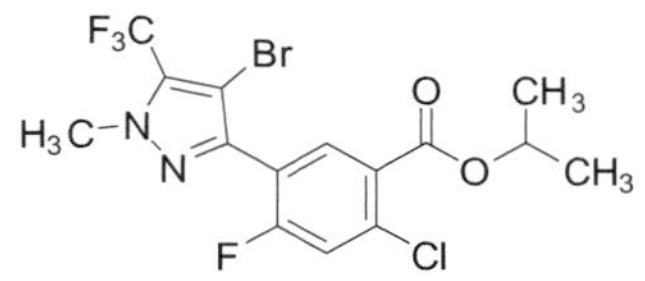

5-(4-溴-1-甲基-5-三氟甲基吡唑-3-基)-2-氯-4-氟苯甲酸异丙酯

异丙吡草酯属于原卟啉原氧化酶抑制剂，是由美国孟山都公司开发的高效、广谱吡唑类除草剂，1994 年申请专利；主要用于小麦田防除阔叶杂草和禾本科杂草，如猪殃殃、虞美人、繁缕、婆婆纳、荠菜、野胡萝卜、看麦娘、早熟禾等；对猪殃殃和看麦娘有特效。

纯品异丙吡草酯为绒毛状白色晶体，熔点 79.5 ～ 80.5℃；难溶于水。

异丙吡草酯原药急性 LD_{50}（mg/kg）：大鼠经口＞ 5000、经皮＞ 5000；对兔眼睛有轻微刺激性。

逆合成分析 如图 5-93 所示。

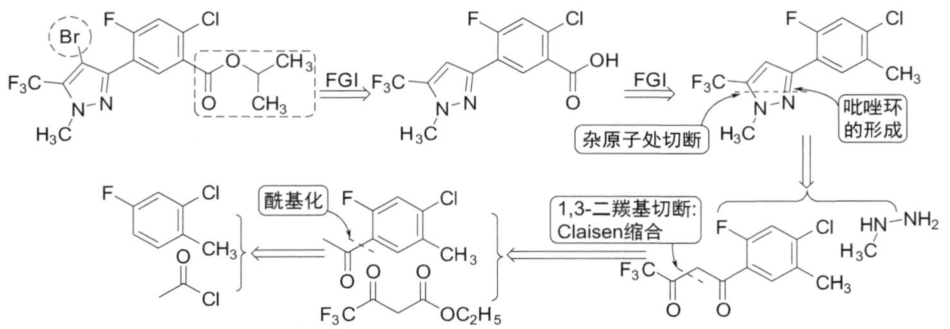

图 5-93 异丙吡草酯逆合成分析

合成路线 如图 5-94 所示。

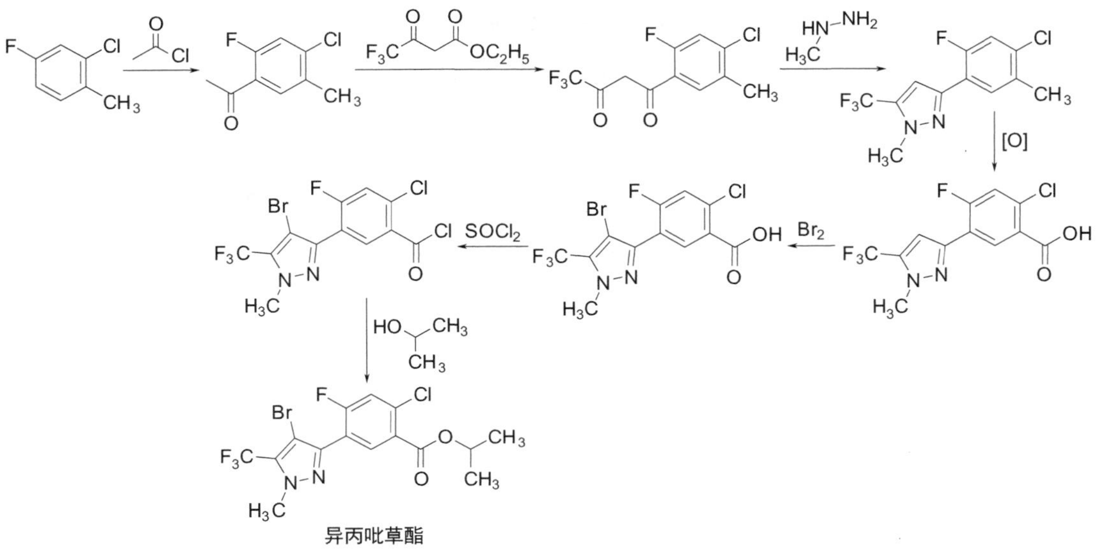

异丙吡草酯

图 5-94 异丙吡草酯合成路线

磺草唑胺（metosulam）

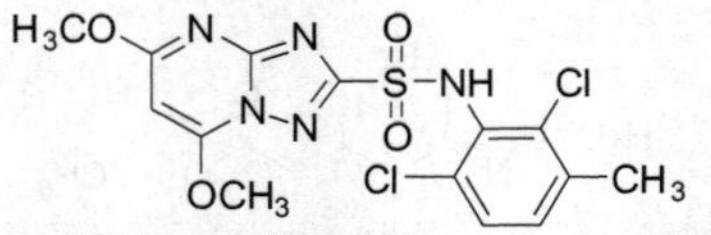

2′,6′-二氯-5,7-二甲氧基-3′-甲基[1,2,4]三唑并[1,5-a]嘧啶-2-磺酰苯胺

　　磺草唑胺是由美国道农业公司开发的高效、广谱性三唑并嘧啶磺酰胺类除草剂，1986 年申请专利；属于乙酰乳酸合成酶（ALS）抑制剂，主要用于玉米、麦类等作物防除阔叶杂草如藜、繁缕、猪殃殃、曼陀罗、野胡萝卜、蓼、龙葵、地肤、婆婆纳、苍耳等。使用剂量 $5 \sim 30g(a.i.)/hm^2$。

　　纯品磺草唑胺为灰白或棕色固体，熔点 210 ～ 211.5℃；溶解性（25℃，mg/L）：水 200，丙酮、乙腈、二氯甲烷、正辛醇、己烷、甲苯 > 500。

　　磺草唑胺原药急性 LD_{50}（mg/kg）：大、小鼠经口 > 5000，兔经皮 > 2000。

　　合成路线　主要原料为巯基三唑，主要有以下两条路线。

　　路线一　以巯基三唑为起始原料，经过中间体磺酰胺（图 5-95）。

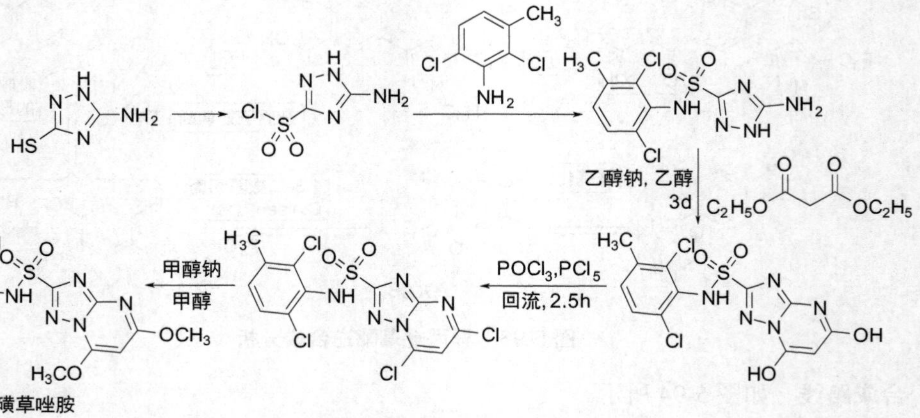

图 5-95　磺草唑胺合成路线（一）

　　路线二　以巯基三唑为起始原料，经过中间体硫醚（图 5-96）。

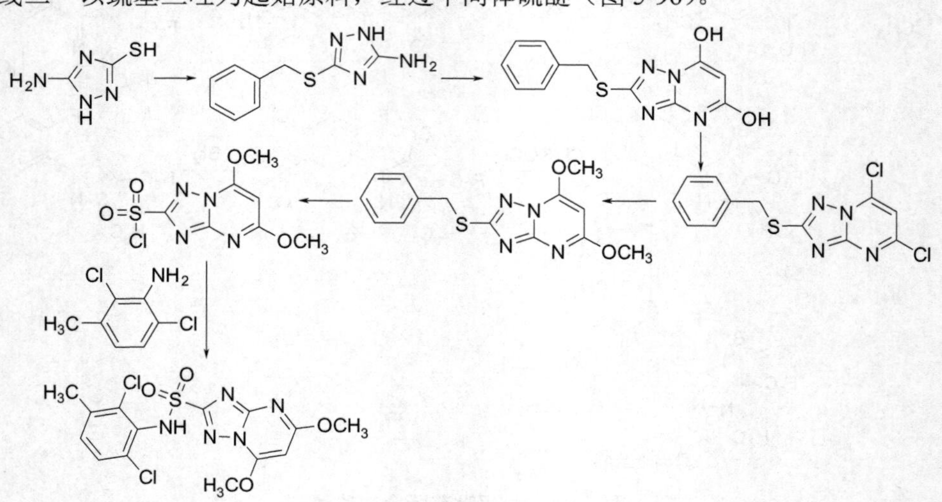

图 5-96　磺草唑胺合成路线（二）

合成步骤如下：

（1）2-苄硫基-5,7-二羟基-1,2,4-三唑并[1,5-a]嘧啶的合成 向一含量为25%甲醇钠125g（0.58mol）的甲醇溶液中依次加入100mL无水乙醇、66.3mL（0.29mol）丙二酸二甲酯和60g（0.2mol）3-氨基-5-苄硫基-1,2,4-三唑，所得混合液加热回流反应5d，冷却至室温。过滤，用冷的乙醇洗涤后将固体溶解于1000mL水中，浓盐酸酸化即析出固体，过滤、干燥即得70.1g 82%的白色产品，熔点199～210℃（分解）。

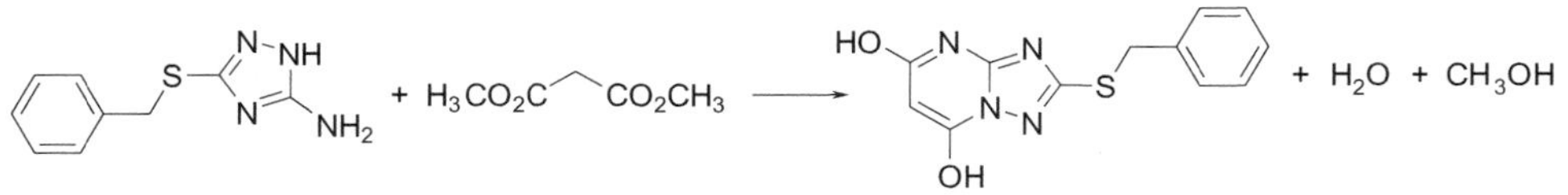

注：用类似方法（路线一），可以制得N-(2,6-二氯-3-甲基苯基)-5,7-二羟基1,2,4-三唑[1,5-a]嘧啶-3-磺酰胺

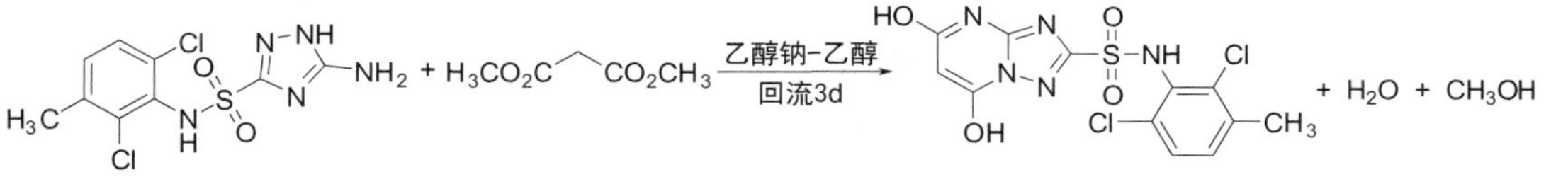

（2）2-苄硫基-5,7-二氯-1,2,4-三唑并[1,5-a]嘧啶的合成 将70g（0.24mol）2-苄硫基-5,7-二羟基-1,2,4-三唑并[1,5-a]嘧啶和67mL（0.72mol）三氯氧磷于600mL乙腈的混合液中加热回流反应3h，然后于室温搅拌反应过夜（17h）。过滤，滤液减压浓缩，并向残留液中加入二氯甲烷和水，分出有机层，干燥，浓缩即析出固体，过滤制得98g（81%）2-苄硫基-5,7-二氯-1,2,4-三唑并[1,5-a]嘧啶，熔点97～100℃。

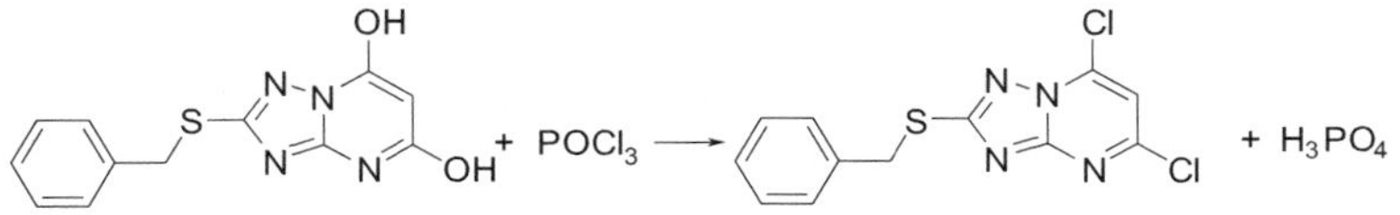

注：用类似方法（路线一），可以制得N-(2,6-二氯-3-甲基苯基)-5,7-二氯-1,2,4-三唑并[1,5-a]嘧啶-3-磺酰胺。

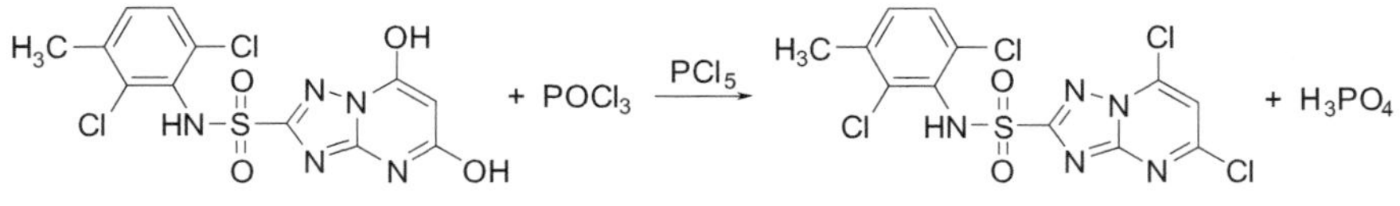

（3）磺草唑胺的合成 将469mg（20.4mmol）钠加入到250mL甲醇中制得甲醇钠溶液，冷却后搅拌下加入2.14g（5.0mmol）N-(2,6-二氯-3-甲基苯基)-5,7-二氯-1,2,4-三唑并[1,5-a]嘧啶-3-磺酰胺，1h后向反应混合物中加入1mL乙酸。所得混合物倒入150mL冰水中，过滤、干燥制得白色粉状固体N-(2,6-二氯-3-甲基苯基)-5,7-二甲氧基-1,2,4-三唑并[1,5-a]嘧啶-3-磺酰胺1.76g（84.2%），熔点218～221℃。

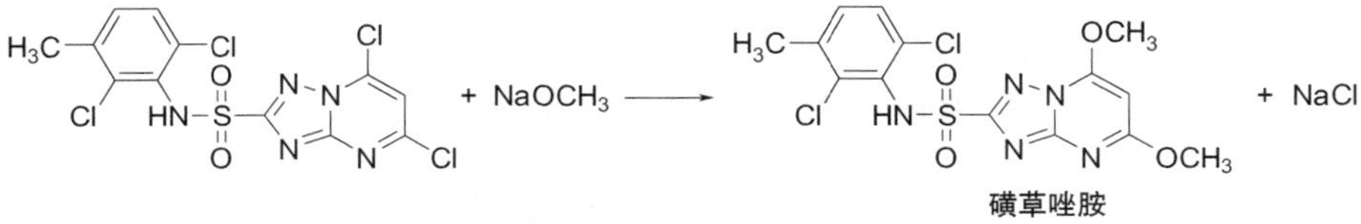

磺草唑胺

注：用类似的合成方法，可以制得三唑并嘧啶磺酰胺类除草剂如唑嘧磺草胺（flumetsulam，商品名阔草清、豆草能）、氯酯磺草胺（cloransulam-methyl）、双氯磺草胺（diclosulam）、双氟磺草胺（florasulam）、啶磺草胺（pyroxsulam）、五氟磺草胺（penoxsulam）。

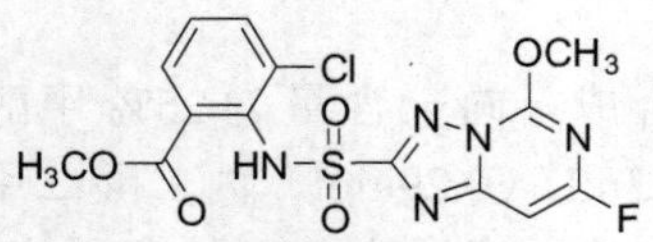

氯酯磺草胺 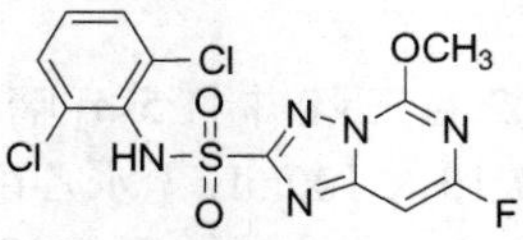　　　　双氯磺草胺 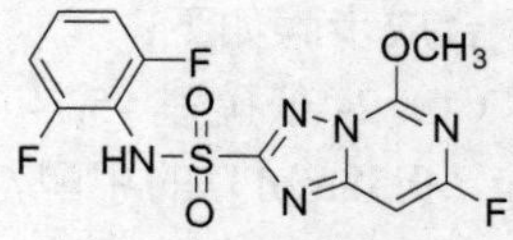　　　　双氟磺草胺

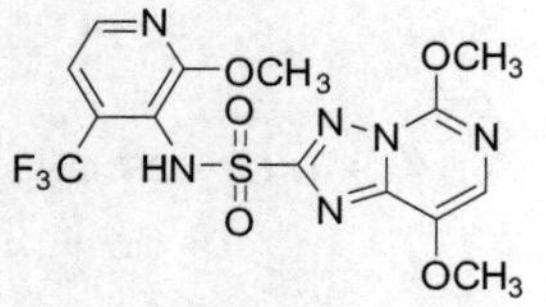

啶磺草胺 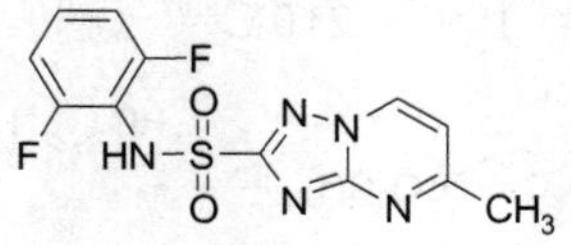　　　　唑嘧磺草胺 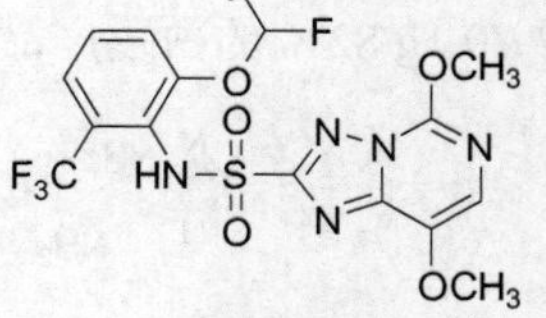　　　　五氟磺草胺

唑啶草酮（azafenidin）

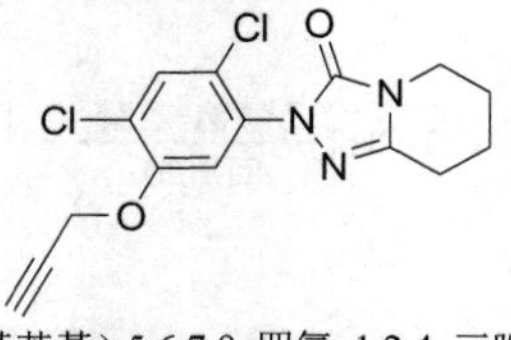

2-(2,4-二氯-5-丙炔-2-氧基苯基)-5,6,7,8-四氢-1,2,4-三唑并[4,3-α]吡啶-3(2H)-酮

唑啶草酮属于原卟啉原氧化酶抑制剂，是由美国杜邦公司 1977 开发的广谱三唑啉酮类除草剂；主要用于橄榄、柑橘、森林防除多种杂草。

纯品唑啶草酮为铁锈色、具有强烈气味固体，熔点 168～168.5℃；溶解性（20℃，g/L）：水 0.012。

唑啶草酮原药急性 LD_{50}（mg/kg）：大鼠经口＞5000，兔经皮＞2000。

逆合成分析　唑啶草酮属于脲环化的唑啉酮类农药品种（图 5-97）。

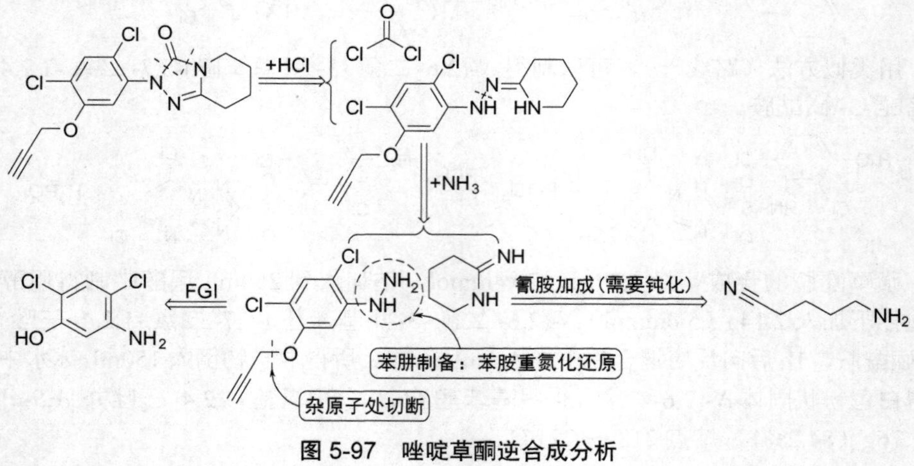

图 5-97　唑啶草酮逆合成分析

合成路线　如图 5-98 所示。

唑酮草酯（carfentrazone-ethyl）

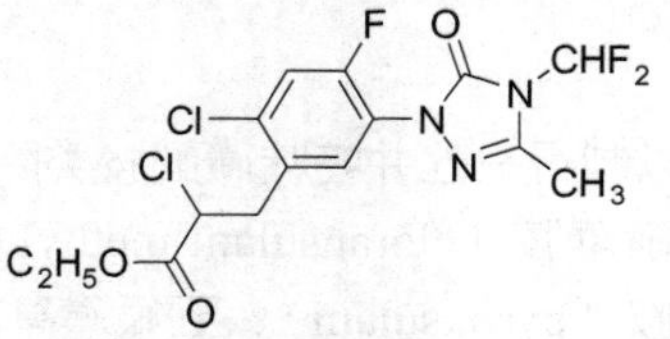

(RS)-2-氯-3-[2-氯-5-(4-二氟甲基-4,5-二氢-3-甲基-5-氧-1H-1,2,4-三唑-1-基)-4-氟苯基]丙酸乙酯

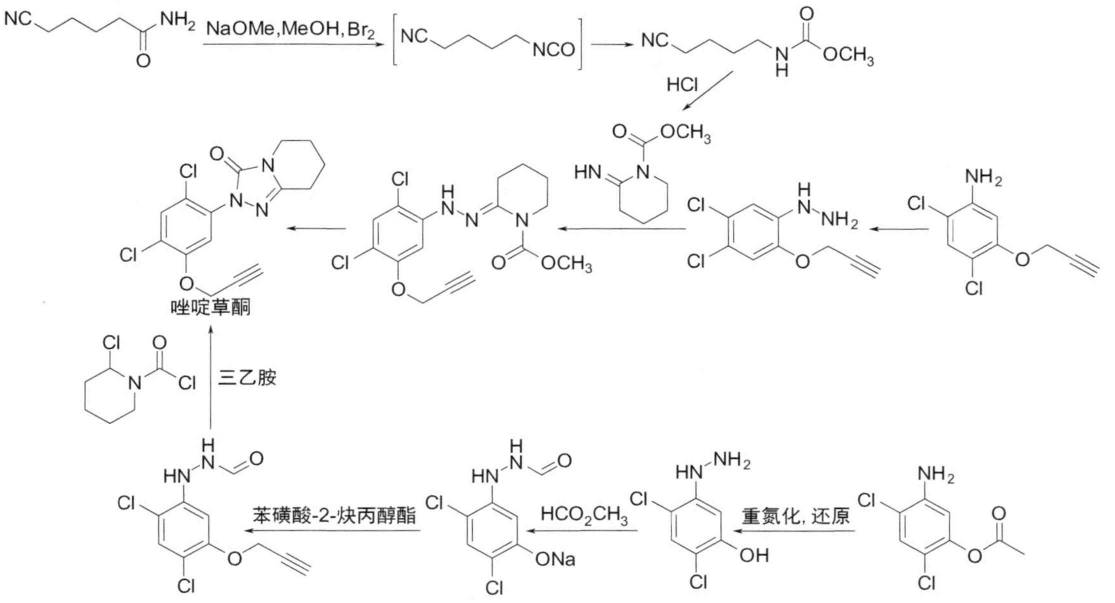

图 5-98 唑啶草酮合成路线

唑酮草酯商品名福农、快灭灵，是由加拿大 FMC 公司开发的高效、广谱三唑啉酮类除草剂，1988 年申请专利；属于原卟啉原氧化酶抑制剂，主要用于麦类、水稻、玉米田防除阔叶杂草如铁苋菜、田芥、藜、猪殃殃、宝盖草、牵牛花、蓼、龙葵等。

纯品唑酮草酯为黏稠黄色液体，熔点 $-22.1\,℃$，沸点 $350\sim355\,℃$（101.325kPa）；溶解性（$20\,℃$，mg/L）：甲苯 0.9，己烷 0.03，与丙酮、乙醇、乙酸乙酯、二氯甲烷等互溶，难溶于水。

唑酮草酯原药急性 LD_{50}（mg/kg）：大鼠经口 >5000，兔经皮 >4000；对兔眼睛轻微刺激性。

逆合成分析 唑酮草酯属于脲环化的唑啉酮类农药品种（图 5-99）。

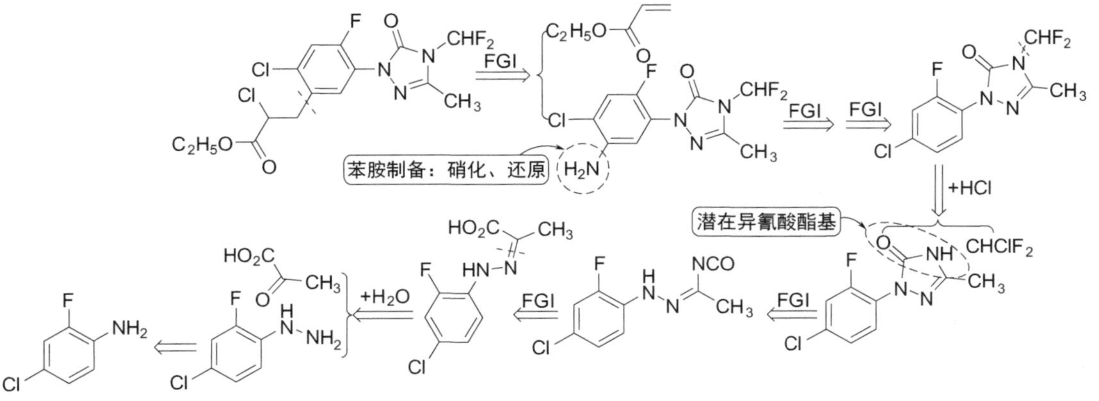

图 5-99 唑酮草酯逆合成分析

合成路线 如图 5-100 所示。

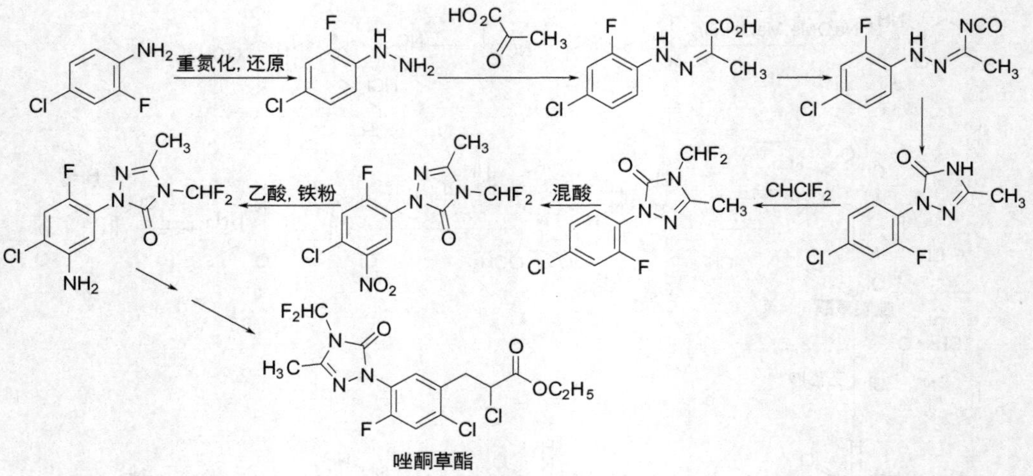

图 5-100　唑酮草酯合成路线

合成步骤如下：

（1）1-(4- 氯 -2- 氟苯基)-3- 甲基 -1H-1,2,4- 三唑啉 -5- 酮的制备

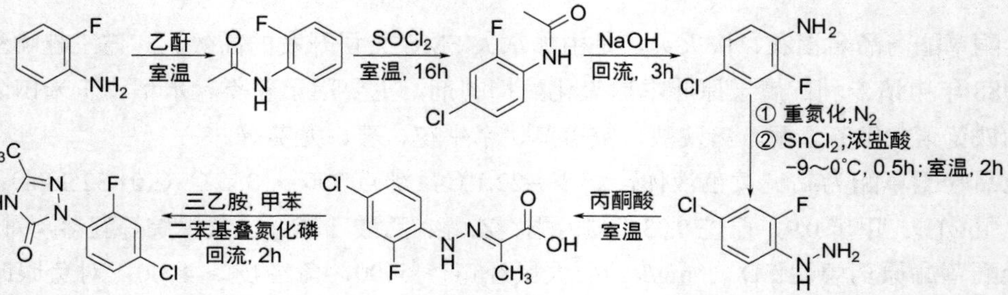

（2）1-(5- 氨基 -4- 氯 -2- 氟苯基)-3- 甲基 -4- 二氟甲基 -1H-1,2,4- 三唑啉 -5- 酮的制备

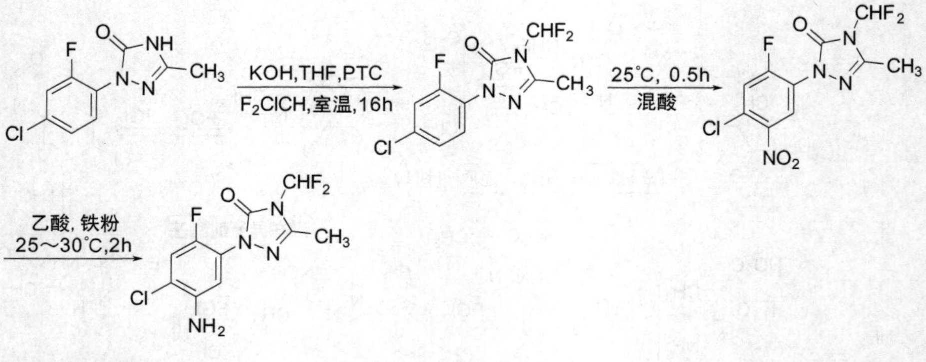

（3）唑酮草酯的合成

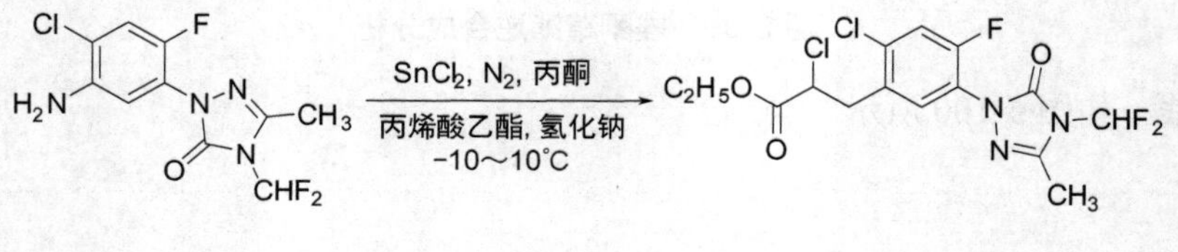

四唑酰草胺（fentrazamide）

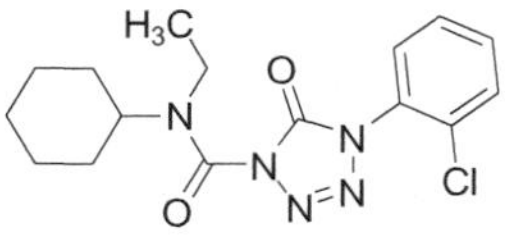

4-(2-氯苯基)-5-氧-4,5-二氢-四唑-1-羧酸环己基-乙基-酰胺

四唑酰草胺商品名拜田净，是由日本拜耳公司开发的高效、广谱四唑啉酮类除草剂，1993年申请专利；属于细胞分裂抑制剂，主要用于水稻田防除阔叶杂草、莎草科杂草和禾本科杂草。

纯品四唑酰草胺为无色晶体，熔点79℃；溶解性（20℃，g/L）：异丙醇32，二氯甲烷、二甲苯＞250，难溶于水。

四唑酰草胺原药急性LD_{50}（mg/kg）：大鼠经口＞5000，大鼠经皮＞5000。

逆合成分析 四唑酰草胺属于脲环化的唑啉酮类农药品种（图5-101）。

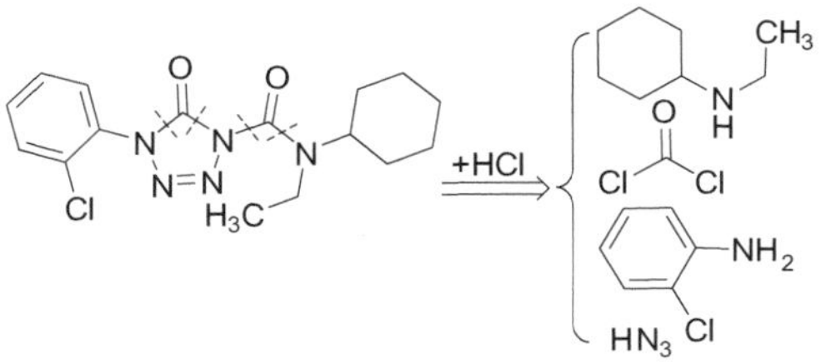

图 5-101 四唑酰草胺逆合成分析

合成路线 如图5-102所示。

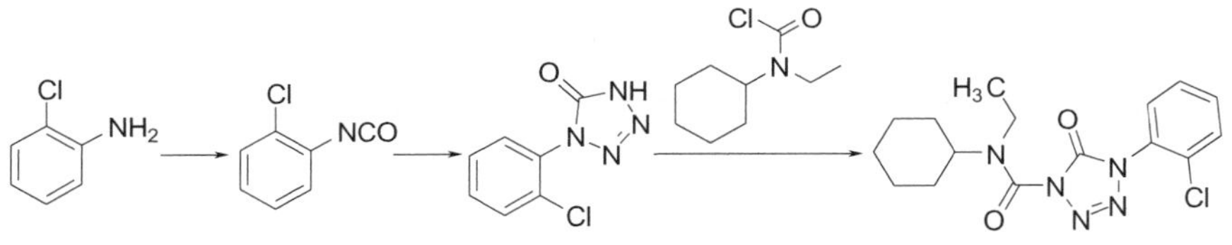

图 5-102 四唑酰草胺合成路线

注：用类似唑啶草酮、唑酮草酯、四唑酰草胺的合成方法，可以制备甲磺草胺（sulfentrazone）、胺唑草酮（amicarbazone）、ipfencarbazone等脲环化唑啉酮除草剂农药品种。

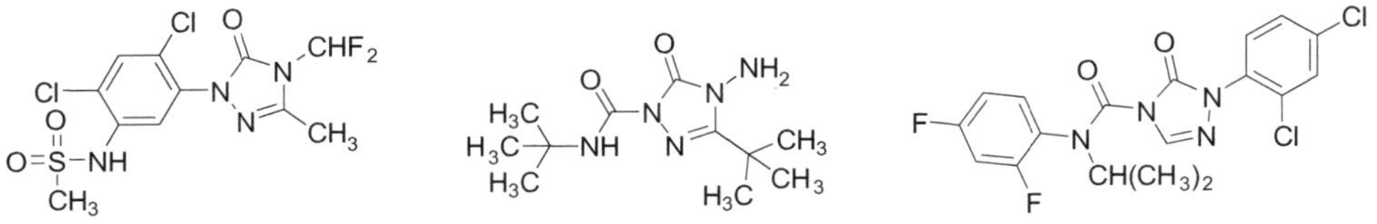

甲磺草胺 　　胺唑草酮 　　ipfencarbazone

异噁唑草酮（isoxaflutole）

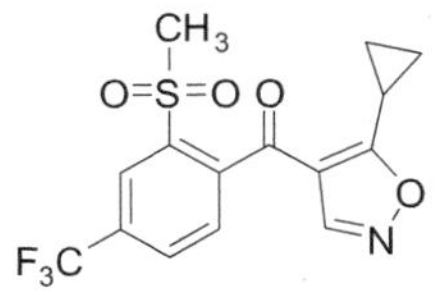

5-环丙基-1,2-异噁唑-4-基（α,α,α-三氟甲基-2-甲磺酰基对甲苯基）酮

异噁唑草酮商品名百农思，是由美国罗纳·普朗克公司开发的高效异噁唑类除草剂，1990年申请专利；属于对羟基苯基丙酮酸酯双氧化酶抑制剂，主要用于玉米、甘蔗、甜菜等作物

田防除多种一年生阔叶杂草，如苍耳、藜、繁缕、龙葵、曼陀罗、猪毛菜、蓼、马齿苋、铁苋菜等，对稗草、牛筋草、马唐、稷、千金子、狗尾草等禾本科杂草也有很好的防除效果。

纯品异噁唑草酮为白色至黄色固体，熔点 140℃；溶解性（20℃，mg/L）：水 6.2。

异噁唑草酮原药急性 LD_{50}（mg/kg）：大鼠经口＞5000，兔经皮＞2000；对兔眼睛有轻微刺激性。

合成路线 由于起始原料不同，两种合成路线稍有差别（图 5-103）。

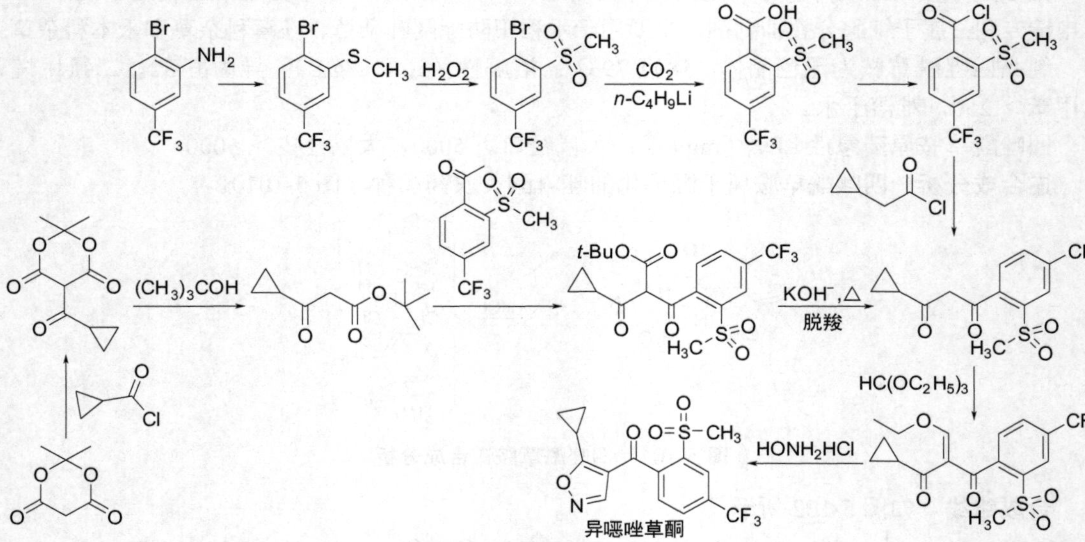

图 5-103 异噁唑草酮合成路线

注：用类似的方法，可以合成异噁氯草酮（isoxachlortole）。

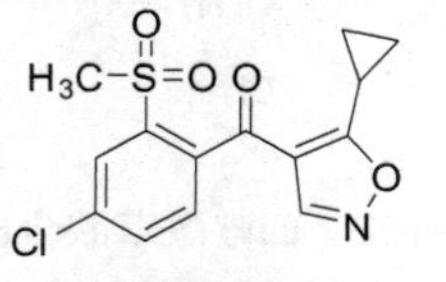

异噁氯草酮

噁草酮（oxadiazon）

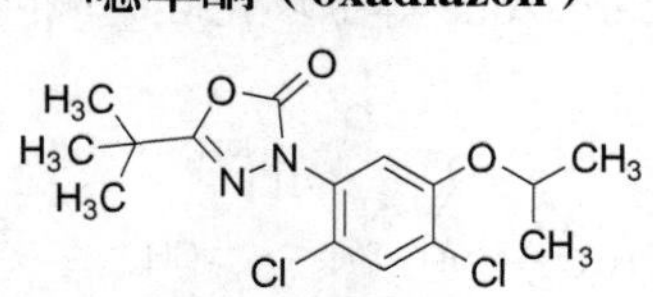

5-叔丁基-3-(2,4-二氯-5-异丙氧基)-1,3,4-噁二唑-2(3H)-酮

噁草酮商品名农思它、噁草灵，是安万特公司 1969 年开发的高效、广谱噁二唑类除草剂；属于原卟啉原氧化酶抑制剂，主要用于水稻、旱稻、大豆、棉花、花生、甘蔗、马铃薯、向日葵、葱、韭菜、芹菜、葡萄、花卉及草坪等，可防除多种一年生杂草及少数多年生杂草，如稗草、马唐、千金子、异形莎草、龙葵、苍耳、田旋花、牛筋草、鸭舌草、狗尾草、看麦娘、牛毛毡、荠菜、藜、蓼、泽泻、铁苋菜、马齿苋、节节菜、婆婆纳等。

纯品噁草酮为无色固体，熔点 87℃；溶解性（20℃，g/L）：水 0.001，甲醇 100，乙醇 100，环己烷 200，丙酮 600，四氯化碳 600，甲苯、氯仿、二甲苯 1000；碱性介质中不稳定。

噁草酮原药急性 LD_{50}（mg/kg）：大鼠经口＞5000，大鼠和兔经皮＞2000；对兔眼睛有轻微刺激性。

逆合成分析 噁草酮为环化氨基甲酸酯，亦称噁唑啉酮类除草剂（图 5-104）。

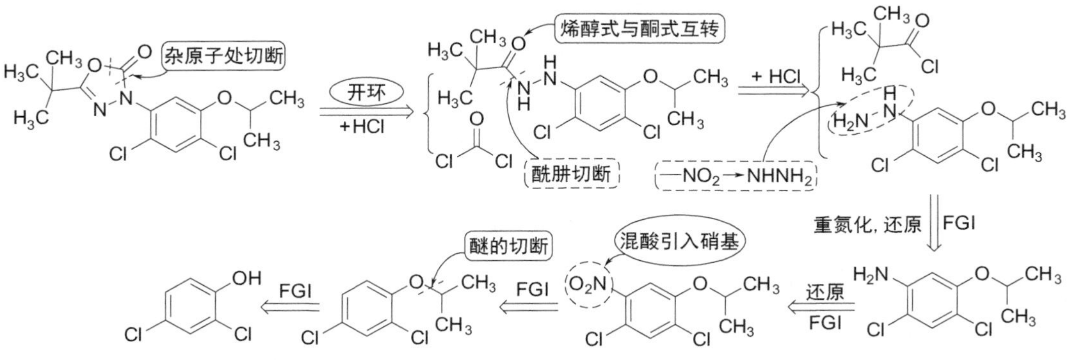

图 5-104 噁草酮逆合成分析

合成路线 合成噁草酮通常以 2,4- 二氯苯酚为起始原料，根据对酚羟基保护反应路线的差异，有醚化法、亚磷酸酯法和酯化法（图 5-105）。

（1）醚化法（1 → 2 → 3 → 4 → 5 → 6） 2,4- 二氯苯酚经醚化、硝化、重氮还原、酰化缩合成环即可制得噁草酮。

（2）亚磷酸酯法（7 → 8 → 9） 2,4- 二氯苯酚与三氯化磷形成的中间体亚磷酸酯硝化后再经与醚化法类似路线合成噁草酮。

（3）酯化法（10 → 11 → 12 → 13 → 9） 将酚羟基经酯化保护再进行硝化反应。

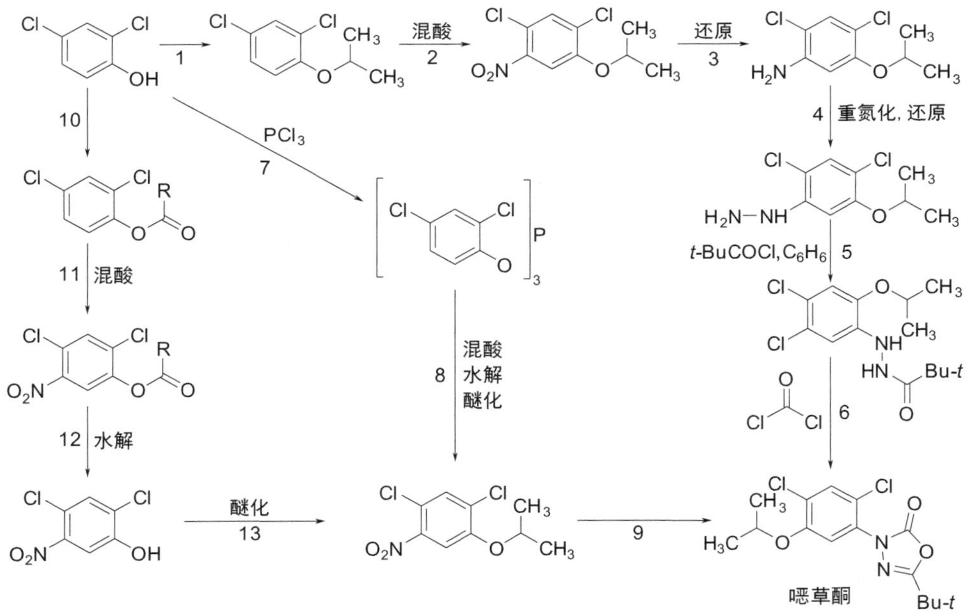

图 5-105 噁草酮合成路线

称取 60g 酰肼，用 240g 甲苯溶解，加入 1000mL 四口烧瓶中，开启搅拌器，升温至 60℃；称取 30g 三光气溶解于 60g 甲苯，取其中 30g 三光气 / 甲苯溶液，置于恒压滴液漏斗中。控制温度在 60 ～ 65℃缓慢滴加进四口烧瓶中，滴加完毕，升温至回流反应 1h。降温至 60℃，再次滴加剩余的三光气甲苯溶液。待三光气滴加完毕，升温至回流反应。点板分析至原料点消失，反应完成。冷却至 50 ～ 60℃，将 36g 碳酸钾溶解于 100mL 水中，把碳酸钾溶液加入反应瓶，于 50 ～ 60℃搅拌 30min，倒入分液漏斗静置分层，分出上层油相，用旋转蒸发仪脱溶，结晶，过滤，得到固体产品噁草酮。

注：用类似的方法，可以合成丙炔噁草酮（oxadiargyl）。

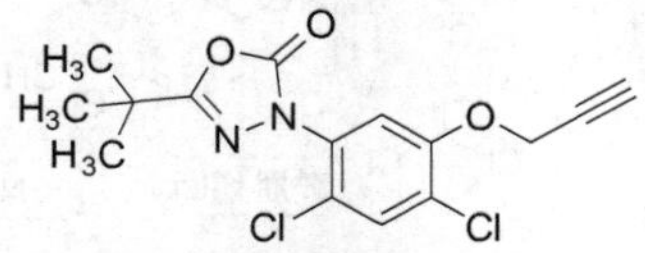

丙炔噁草酮

5.5.4　酰亚胺类除草剂

该类除草剂特征结构是其含有酰亚胺结构，常用品种为：

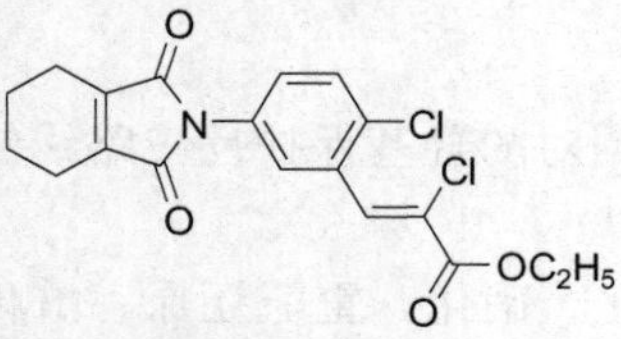

吲哚酮草酯（cinidon-ethyl） 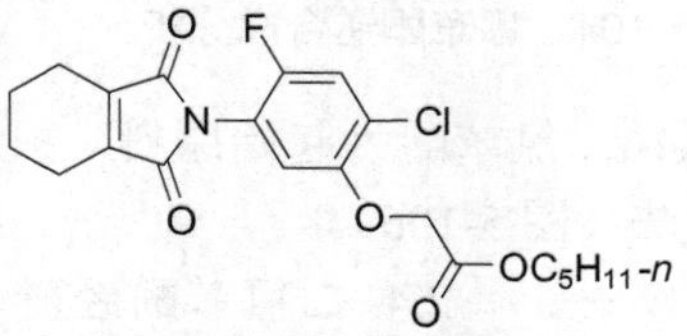　　氟胺草酯（flumiclorac-pentyl） 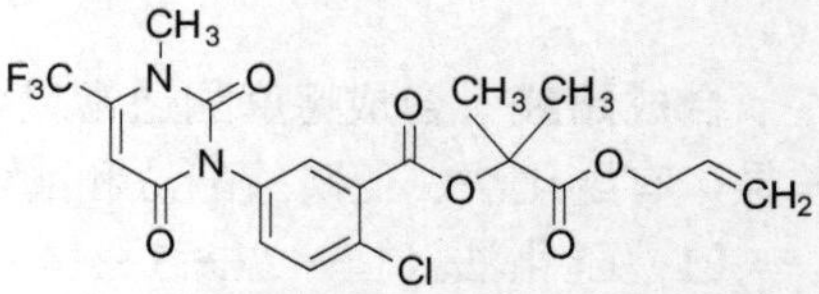　　氟丙嘧草酯（butafenacil）

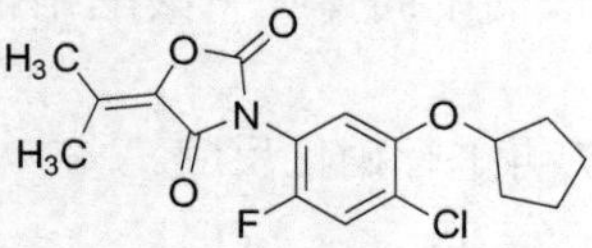

环戊噁草酮（pentoxazone） 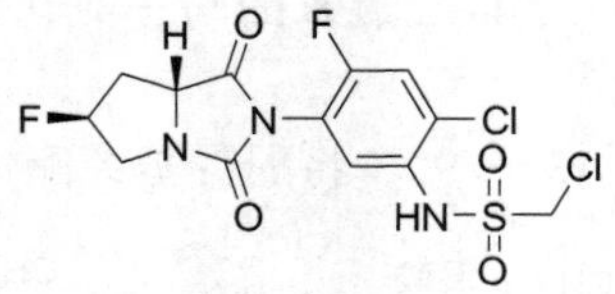　　氟唑草胺（profluazol） 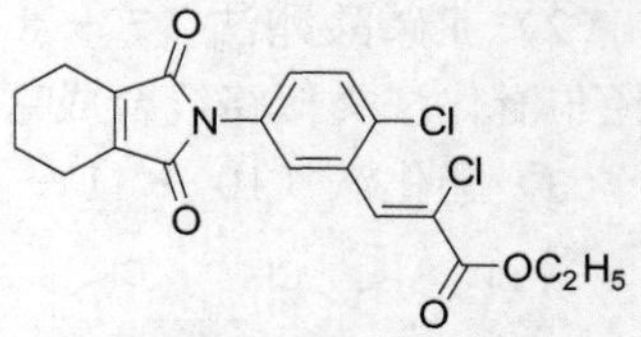　　吲哚酮草酯（cinidon-ethyl）

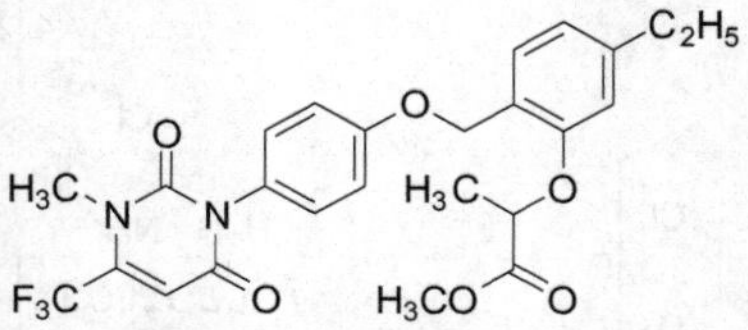

双苯嘧草酮（benzfendizone） 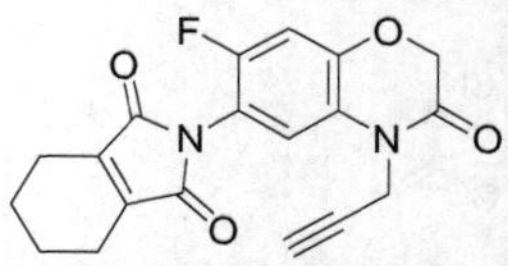　　丙炔氟草胺（flumioazin）

氟丙嘧草酯（butafenacil）

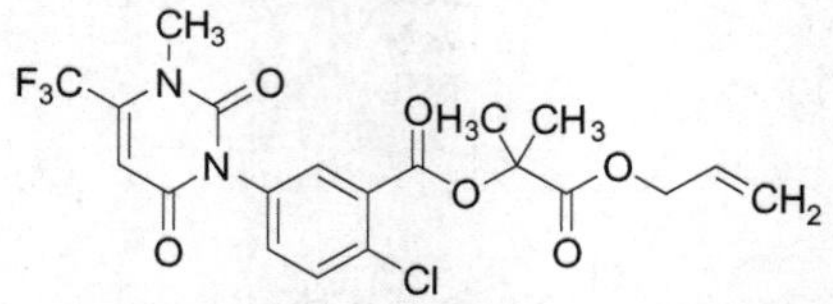

2-氯-5-[1,2,3,6-四氢-3-甲基-2,6-二氧-4-(三氟甲基)嘧啶-1-基]苯甲酸-1-(烯丙基氧基羰基)-1-甲基乙基酯

氟丙嘧草酯是由先正达公司研制的原卟啉原氧化酶抑制剂类除草剂，1996 年申请专利，主要用于果园及非耕地除草。

氟丙嘧草酯为无色粉末固体，熔点 113℃。氟丙嘧草酯原药急性经口 LD_{50}（mg/kg）：大鼠＞ 5000。

逆合成分析　氟丙嘧草酯为脲环化酮类除草剂（图 5-106）。

合成路线　如图 5-107 所示。

注：用类似的方法，可以制备双苯嘧草酮（benzfendizone）、saflufenacil 等脲环化酮类除草剂。

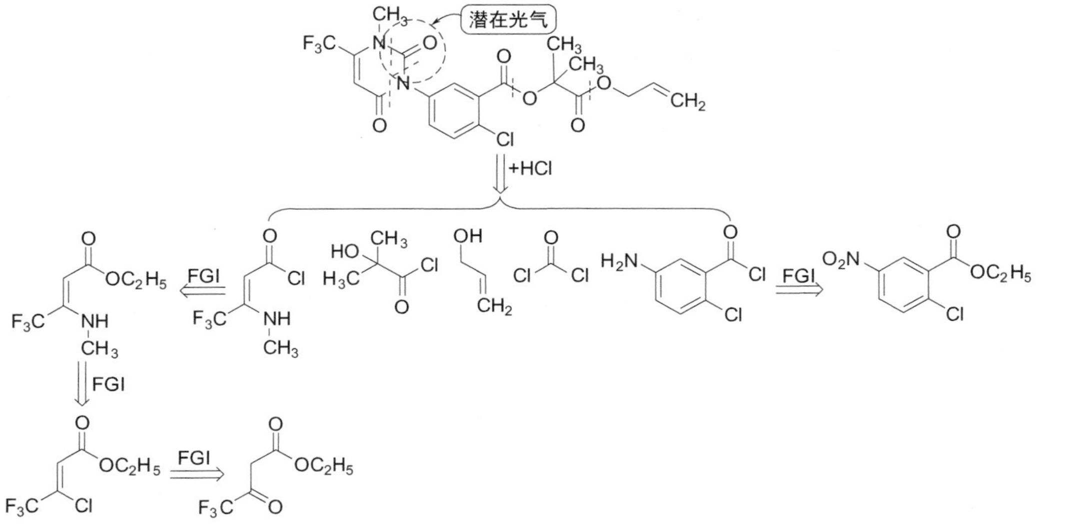

图 5-106 氟丙嘧草酯逆合成分析

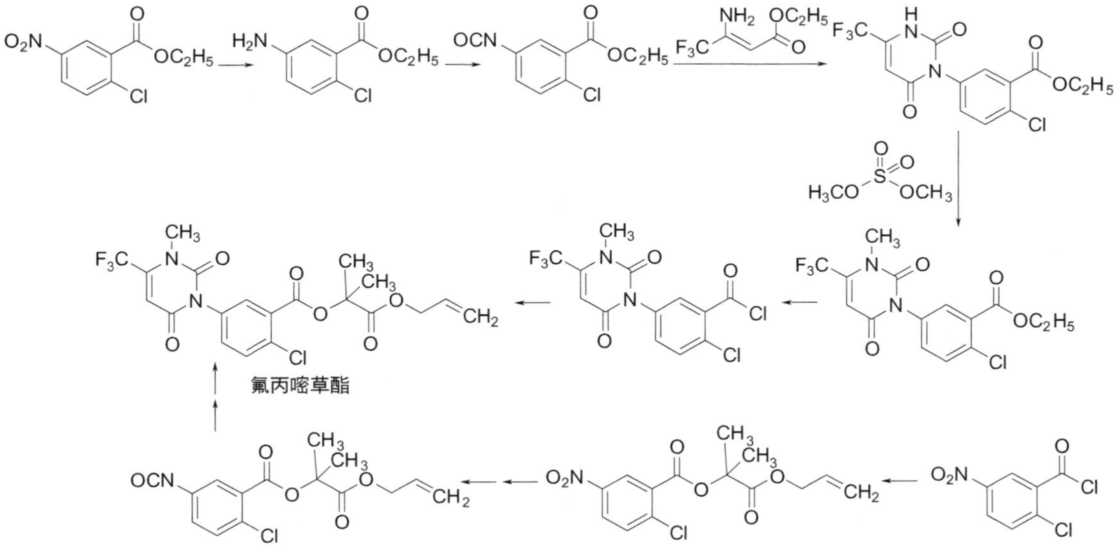

图 5-107 氟丙嘧草酯合成路线

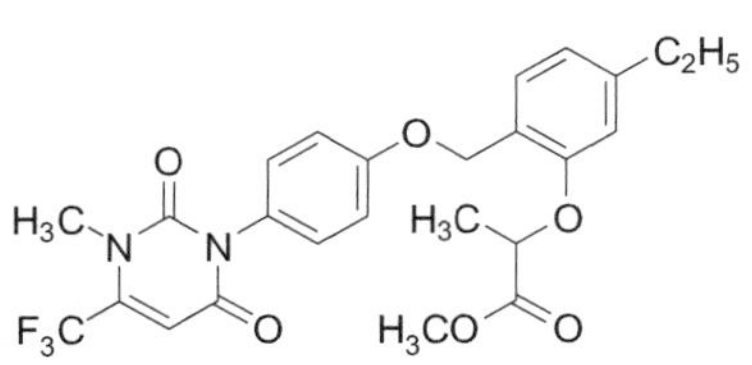

双苯嘧草酮

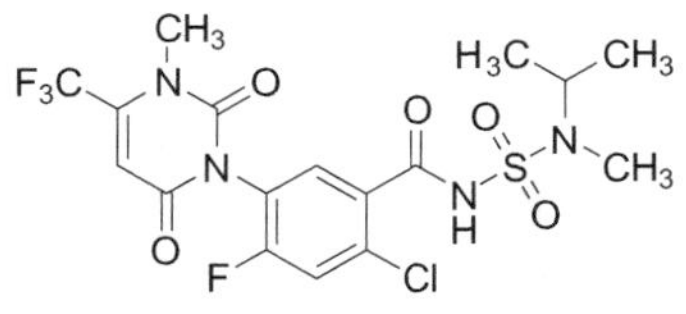

saflufenacil

丙炔氟草胺（flumioxazin）

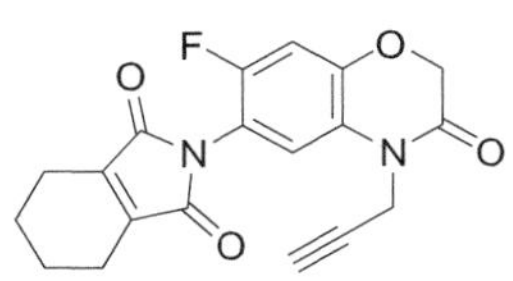

N-(7-氟-3,4-二氢-3-氧-4-丙炔-2-基-*2H*-1,4-苯并噁嗪-6-基)环己-1-烯-1,2-二甲酰亚胺乙酸戊酯

丙炔氟草胺商品名速收，是由日本住友公司开发的高效、广谱、触杀型酰酰亚胺类除草剂，1984 年申请专利；属于原卟啉原氧化酶抑制剂，主要用于大豆、花生等作物防除一年生阔叶杂草和部分禾本科杂草。

纯品丙炔氟草胺为浅棕色粉状固体，熔点 201.0 ～ 203.8℃；溶解性（25℃，g/L）：水 1.79，溶于有机溶剂。

丙炔氟草胺原药急性 LD_{50}（mg/kg）：大鼠经口＞ 3600、经皮＞ 2000；对兔眼睛有中度刺激性。

逆合成分析　丙炔氟草胺为环化亚胺结构苯氧羧酸类除草剂（图 5-108）。

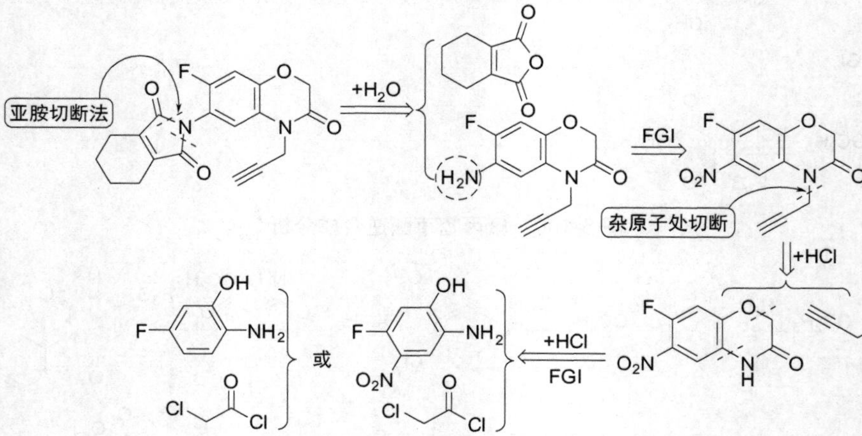

图 5-108　丙炔氟草胺逆合成分析

合成路线　根据起始原料不同，有如图 5-109 所示两个途径。

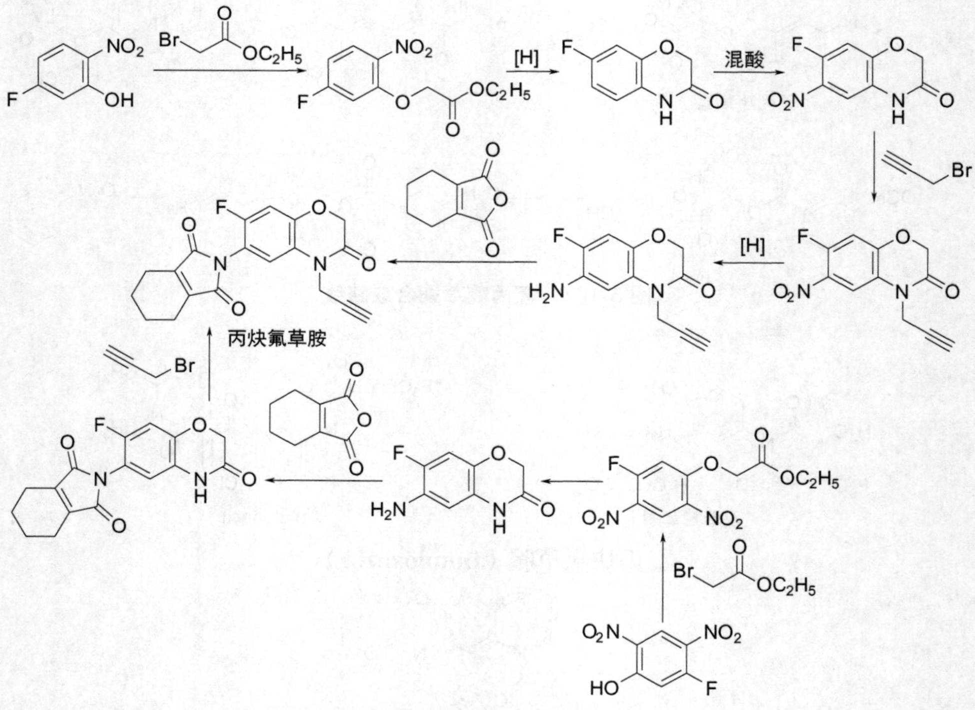

图 5-109　丙炔氟草胺合成路线

环戊噁草酮（pentoxazone）

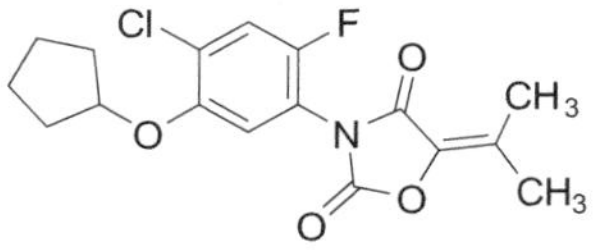

3-(4-氯-5-环戊氧基-2-氟苯基)-5-异亚丙基-1,3-噁唑啉-2,4-二酮

环戊噁草酮又名噁嗪酮，是由罗纳普朗克公司开发的高效、广谱噁唑啉类除草剂，1985年申请专利；属于原卟啉原氧化酶抑制剂，主要用于水稻插播前后，防除稗草以及部分一年生禾本科杂草、阔叶杂草和莎草等，持效期达 50d。

纯品环戊噁草酮为无色固体，熔点 104℃；溶解性（20℃，g/L）：水 0.000216，甲醇 24.8；对碱不稳定。环戊噁草酮原药急性 LD_{50}（mg/kg）：大、小鼠经口＞5000，大鼠经皮＞2000。

合成路线　如图 5-110 所示。

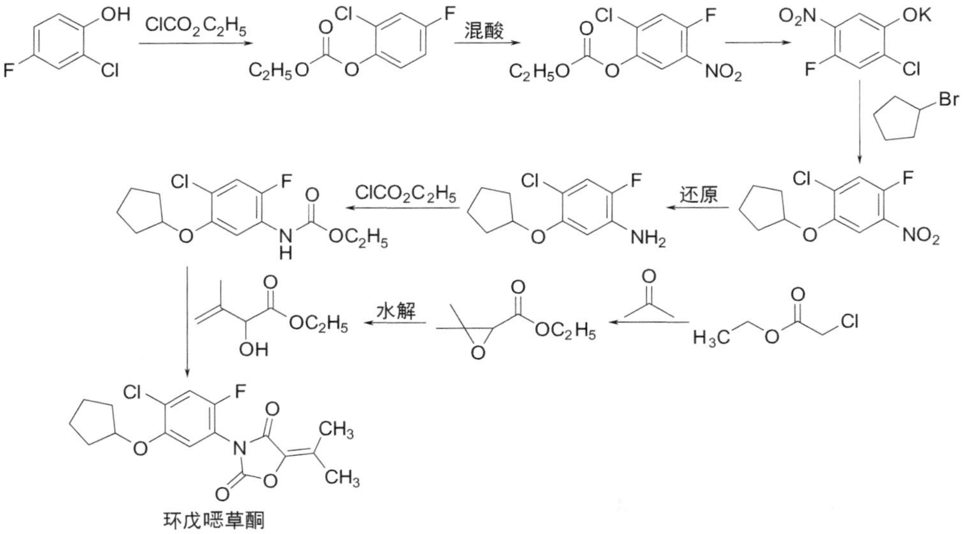

图 5-110　环戊噁草酮合成路线

氟胺草酯（flumiclorac-pentyl）

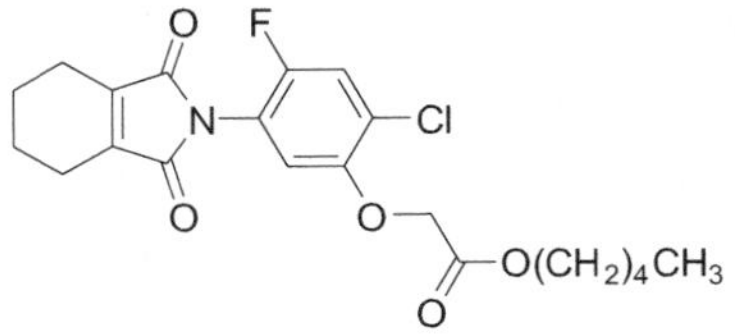

[2-氯-5-(环己-1-烯-1,2 二甲酰亚氨基)-4-氟苯氧基]乙酸戊酯

氟胺草酯商品名利收，是由日本住友公司开发的高效、选择性酰酰亚胺类除草剂，1981年申请专利；属于原卟啉原氧化酶抑制剂，主要用于玉米、大豆等作物苗后防除阔叶杂草如藜、繁缕、猪殃殃、曼陀罗、野胡萝卜、蓼、龙葵、地肤、婆婆纳、苍耳等。

纯品氟胺草酯为白色粉状固体，熔点 88.9～90.1℃；溶解性（25℃，g/L）：丙酮 590，甲醇 47.8，正辛醇 16.0，己烷 3.28。

氟胺草酯原药急性 LD_{50}（mg/kg）：大鼠经口＞3600，兔经皮＞2000；对兔眼睛和皮肤有中度刺激性。

合成路线 主要原料为对氟苯酚，根据乙酸戊酯氧基的引入顺序，有两种合成路线（图 5-111）。

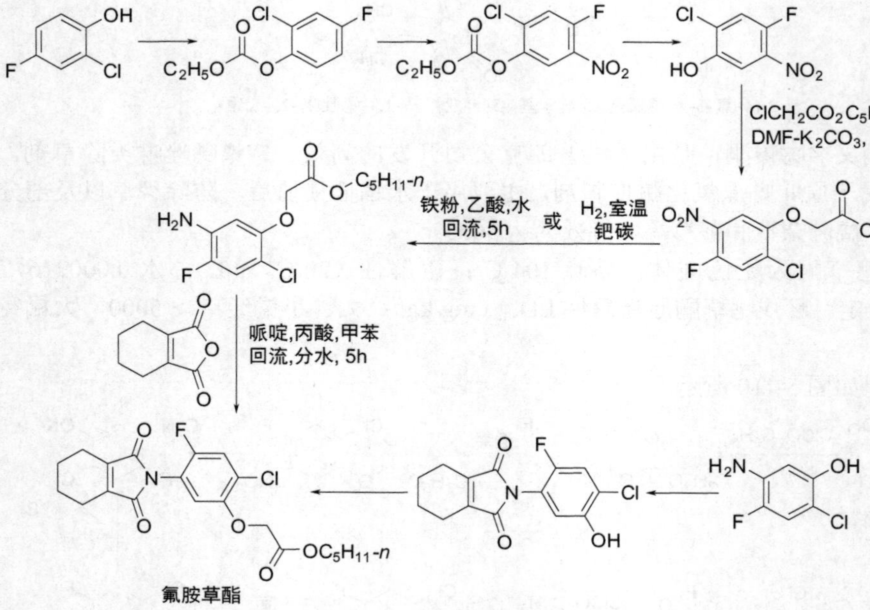

图 5-111　氟胺草酯合成路线

在装有分水器的 500mL 反应瓶中，投入甲苯 300mL、4- 氯 -2- 氟 -5- 戊氧基羰基甲氧基苯胺 91.4g、乙酸 5g、哌啶 3.6g、4,5,6,7- 四氢邻苯二甲酸酐 47.5g，升温回流脱水，6h 后脱水完毕，反应结束，加水 100mL 水洗分层，有机层脱除溶剂，再加水 80mL、甲醇 160mL，搅拌降温到 0 ～ 5℃，析出大量浅黄色固体，过滤，烘干，得目标化合物 122g，收率 92%，含量 97%。

5.6　其他类除草剂

5.6.1　环酮类除草剂

本部分除草剂分子中往往含有环酮结构，可为一酮类、环己烯酮类及三酮类除草剂。

环己烯酮类除草剂又称环己二酮类除草剂，属于 ACCase 抑制剂。茎叶处理后经叶片迅速吸收、传导到分生组织，在敏感植株抑制支链脂肪酸和黄酮类化合物的合成，使植株细胞分裂受到破坏，抑制植物分生组织的活性，使植物生长缓慢、褪绿坏死、干枯死亡。

该类化合物结构均保持母体化合物的基本结构，以三种互变异构体形式存在以下平衡。

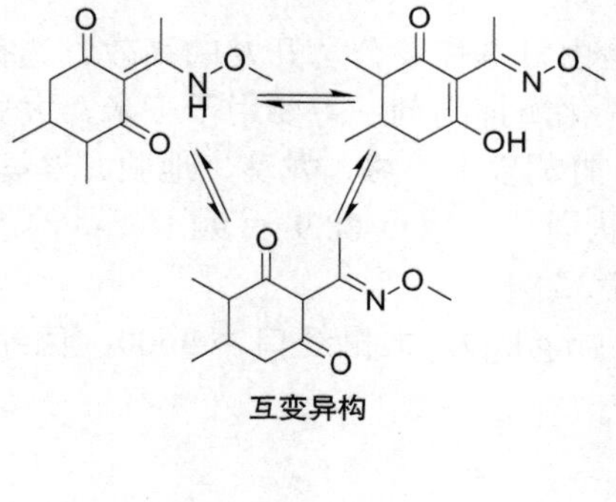

互变异构

结构与活性关系研究表明，环己烷环的 2- 位上的烷氧基氨基烷二烯基基团对除草活性来说是必不可少的，当烷氧基有 2 个或 3 个碳原子时，化合物的药效最强。

此类化合物的环己烯酮的形成一般是相应的烯酮与丙二酸二乙酯或乙酰乙酸乙酯在氢氧化钠存在下缩合、环合，得到烷基环己二酮羧酸酯，然后水解、脱羧得到主体环己二酮结构。

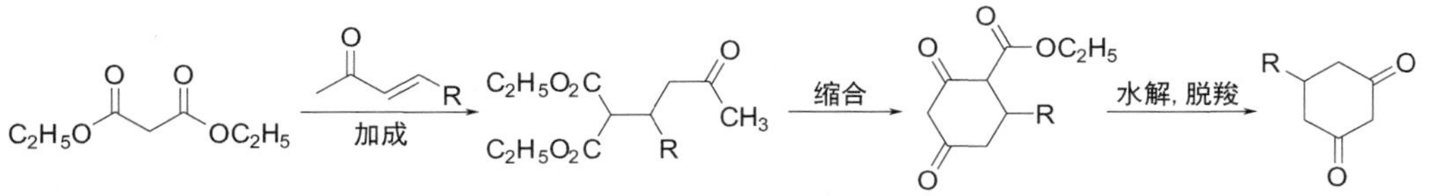

目前，常用环酮类除草剂有如下品种。

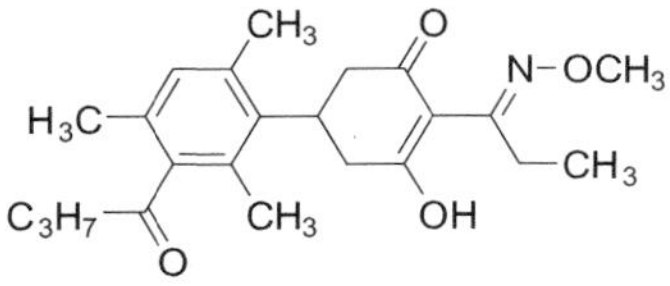

丁苯草酮（buttroxydim） 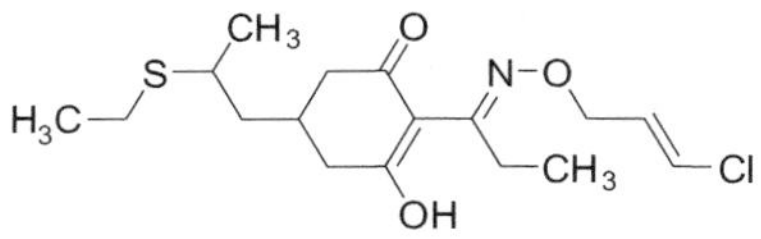　　烯草酮（clethodim） 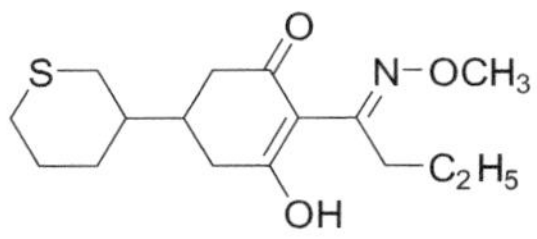　　噻草酮（cycloxydim）

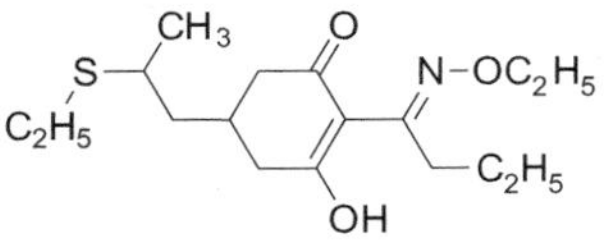

稀禾定（sethoxydim） 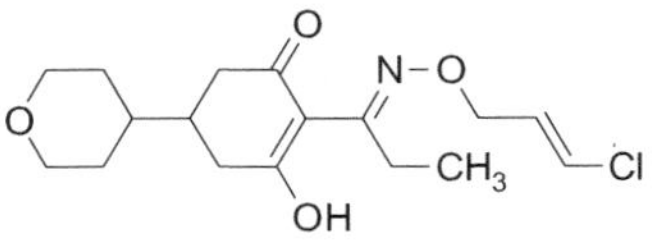　　吡喃草酮（tepraloxydim） 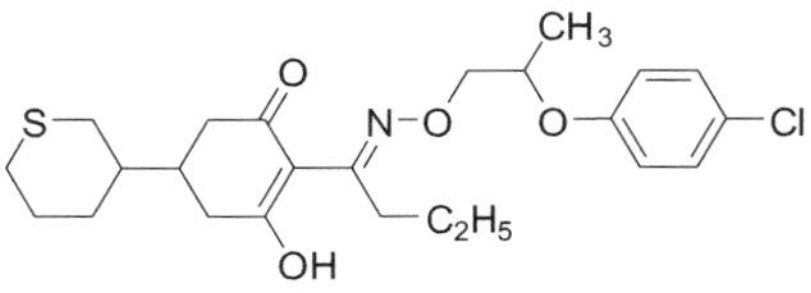　　环苯草酮（clefoxidim）

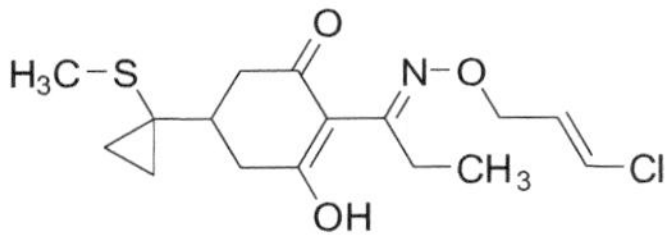

CGA 215684 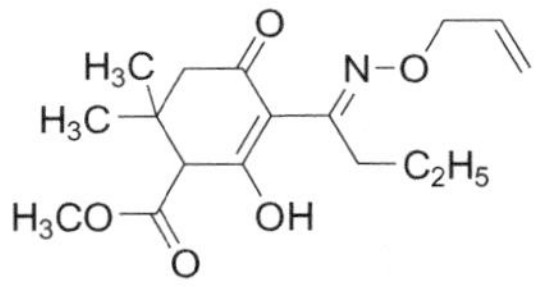　　枯草多（alloxydim） 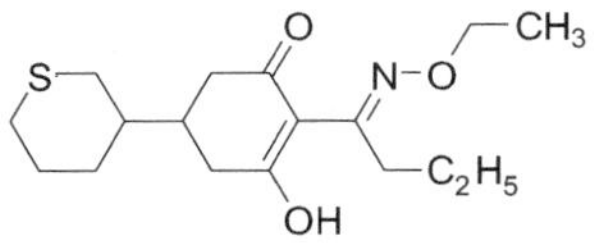　　噻草酮（cycloxydim）

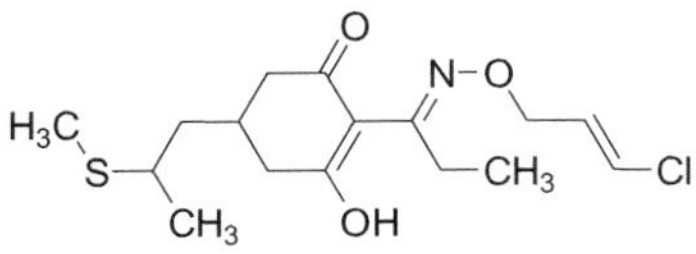

cloproxydim 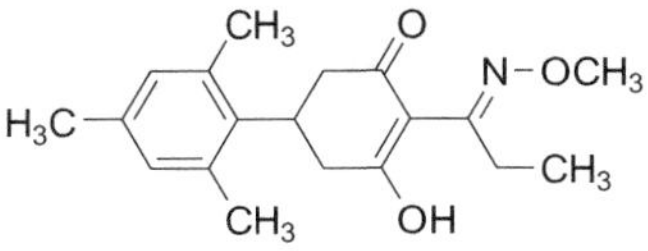　　苯草酮（tralkoxydim） 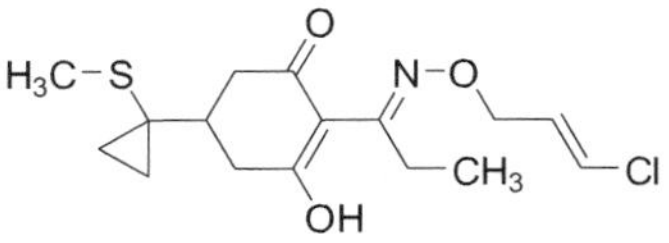　　CGA 215684

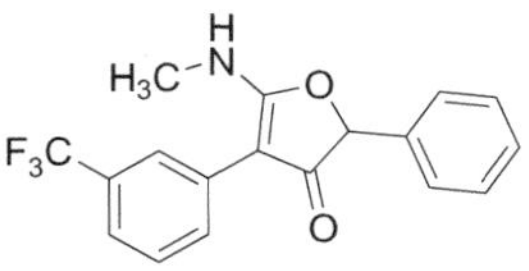

呋草酮（flurtamone） 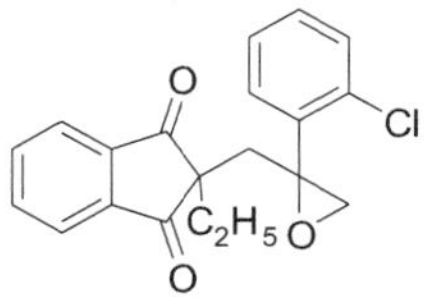　　茚草酮（indanofan） 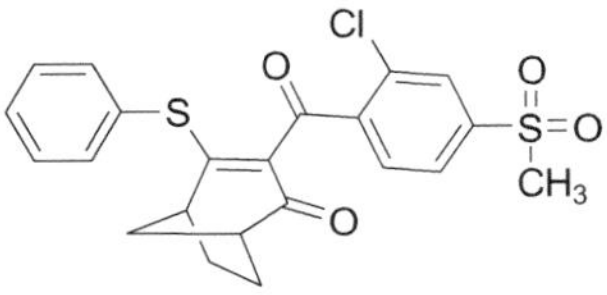　　双环磺草酮（benzobicylon） 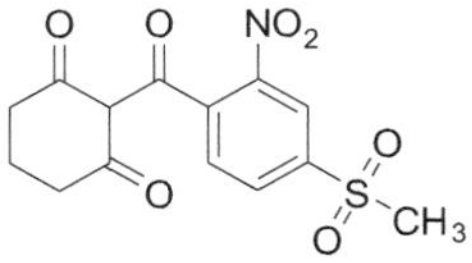　　硝磺草酮（mesotrione）

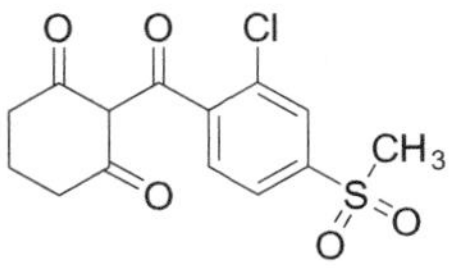

磺草酮（slcotrione） 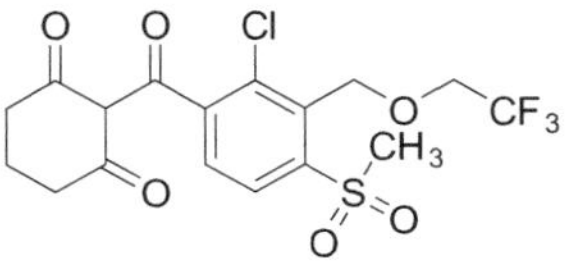　　环草酮（tembotrione） 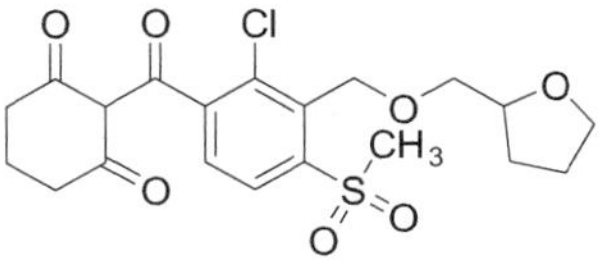　　特糠酯酮（tefuryltrione） 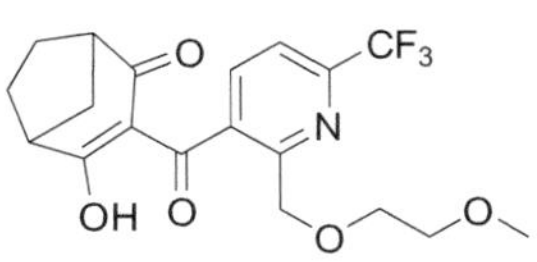　　氟吡草酮（bicyclopyrone）

烯草酮（clethodim）

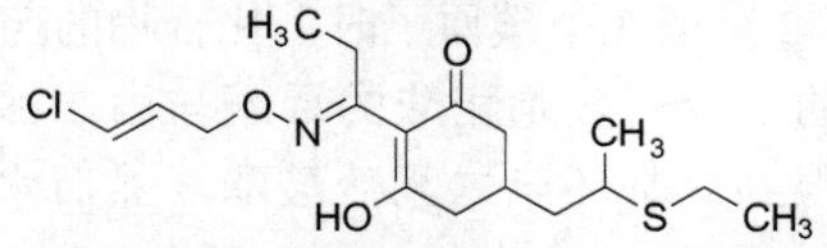

（±）-2-[(*E*)-1-[(*E*)-3-氯烯丙氧基亚氨基]丙基]-5-[2-(乙硫基)丙基]-3-羟基环己-2-烯酮

烯草酮商品名赛乐特、收乐通，由 Chevron 公司研制、住友化学公司开发，1980 年申请专利。属于 ACCase 抑制剂，高效、广谱环己烯酮类除草剂，主要用于大豆、油菜、棉花、甜菜、花生、亚麻、马铃薯、向日葵、苜蓿、葡萄、果树、蔬菜等作物，防除一年生阔叶杂草和禾本科杂草，如稗草、马唐、早熟禾、野燕麦、狗尾草、千金子、看麦娘、蓼、牛筋草、稷、芦苇等。可与多种除草剂混用。

纯品烯草酮为透明、琥珀色液体，沸点下分解；原药为淡黄色油状液体；溶于大多数有机溶剂；紫外线、高温及强酸碱介质中分解。

烯草酮原药急性 LD$_{50}$（mg/kg）：大鼠经口 1630（雄）、1360（雌），兔经皮＞5000；对兔眼睛和皮肤有轻微刺激性。

逆合成分析　烯草酮为环己二酮类除草剂代表品种（图 5-112）。

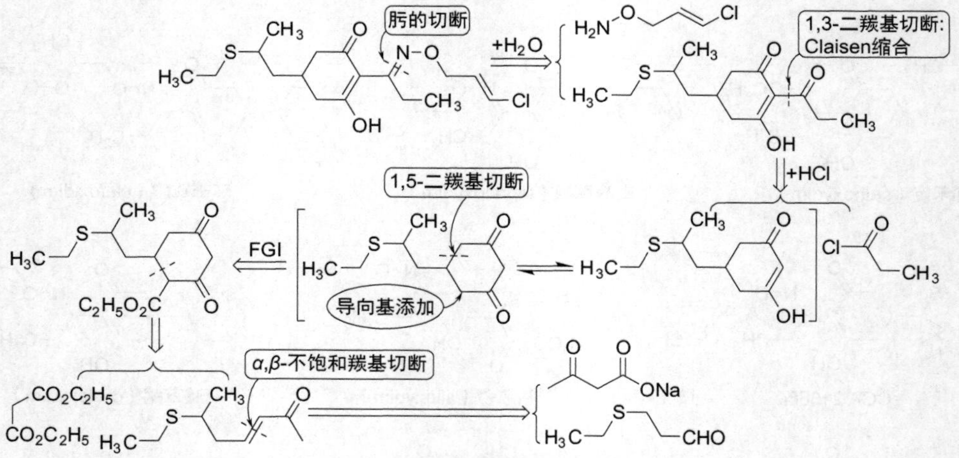

图 5-112　烯草酮逆合成分析

合成路线　如图 5-113 所示。

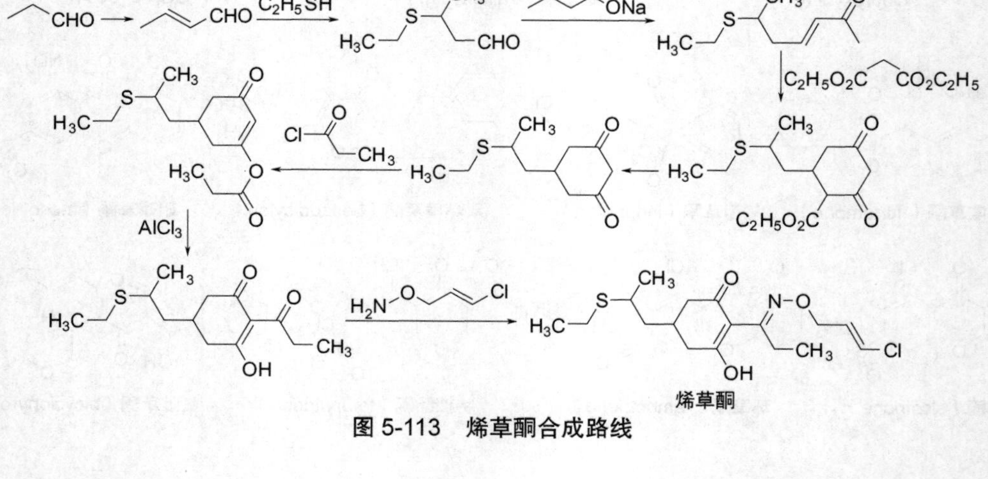

图 5-113　烯草酮合成路线

烯禾定（sethoxydim）

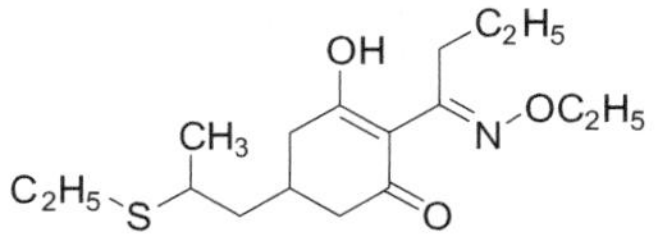

(±)-(EZ)-2-[1-(乙氧基亚氨基)丁基]-5-[2-(乙硫基)丙基]-3-羟基环己-2-烯酮

烯禾定又名硫乙草丁、乙草丁、硫乙草灭，商品名拿捕净、西草杀等，由日本曹达公司开发，1977 年申请专利。属于 ACCase 抑制剂，是广谱环己烯酮类除草剂，主要用于大豆、油菜、棉花、甜菜、花生、亚麻、马铃薯、向日葵、苜蓿、葡萄、果树、蔬菜等作物，防除一年生阔叶杂草和禾本科杂草，几乎对所有的阔叶作物安全。可有效防除稗草、马唐、早熟禾、野燕麦、狗尾草、千金子、看麦娘、蓼、牛筋草、稷、芦苇等杂草。可与多种除草剂混用。

纯品烯禾定为无臭液体，溶解性（20℃，g/L）：水 4.7，与甲醇、己烷、乙酸乙酯、甲苯、辛醇、二甲苯等有机溶剂互溶；不能与无机或有机铜化合物相混配。

稀禾定原药急性 LD_{50}（mg/kg）：大鼠经口 3200（雄）、2676（雌），小鼠经口 5600（雄）、6300（雌），小鼠经皮 > 5000。

合成路线 有乙氧胺法和羟肟酸法两种合成路线，并且两种路线的前部分相同（图 5-114）。

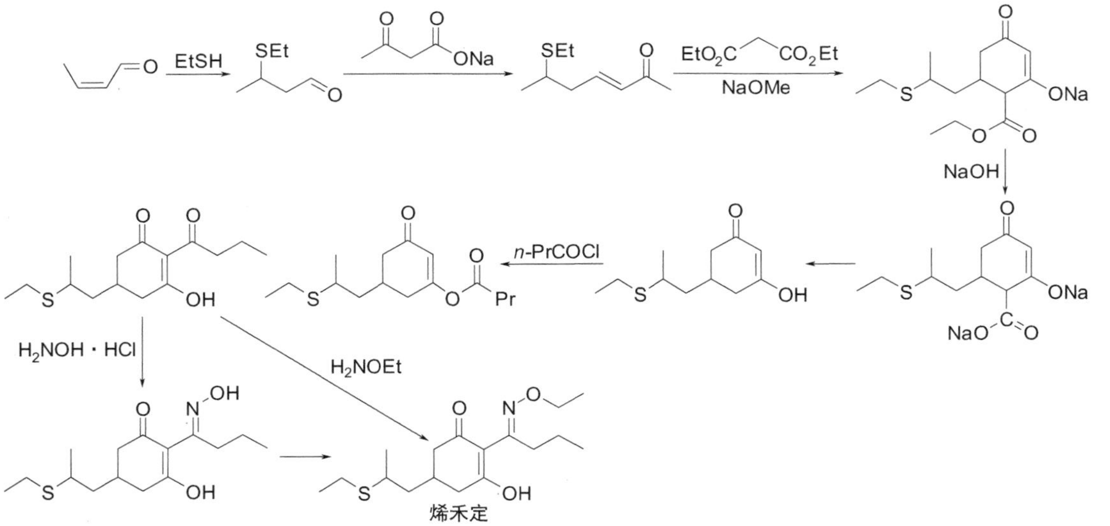

图 5-114 烯禾定合成路线

5-(2- 乙硫基丙基)-2- 丙酰基 -3- 羟基 -2- 环己烯 -1- 酮以丁酰氯为酰化剂进行酰化反应，由于丁酰氯易于水解，反应应在有机溶剂中进行，需采用相转移催化剂，酰化产物在 4-*N,N* 二甲基吡啶催化作用下发生转位重排。重排产物再与乙氧基胺在 40～60℃温和条件下进行缩合成肟，以高收率制得稀禾啶。

注：用类似制备烯草酮和烯禾定的方法，可以制备其他二酮类除草剂。

硝磺草酮(mesotrione)

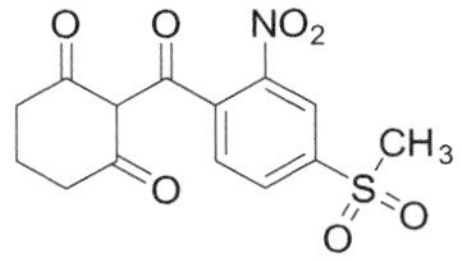

2-(4- 甲磺酰基 -2- 硝基苯酰基)环己烷 -1,3- 二酮

硝磺草酮商品名米斯通，由捷利康公司开发，1984 年申请专利。属于 HPPD 抑制剂，是广谱苯胺类除草剂，主要用于玉米田防除苍耳、藜、荠菜、稗草、龙葵、繁缕、马唐等杂草，对磺酰脲类除草剂产生抗性的杂草有效。使用剂量 70 ～ 150g(a.i.)/hm²。

纯品硝磺草酮为固体，熔点 165℃；溶解性（20℃，g/L）：水 15。

硝磺草酮原药急性 LD_{50}（mg/kg）：大鼠经口＞ 5000、经皮＞ 2000；对鱼类低毒。

逆合成分析　甲基磺草酮为代表性三酮类除草剂农药品种（图 5-115）。

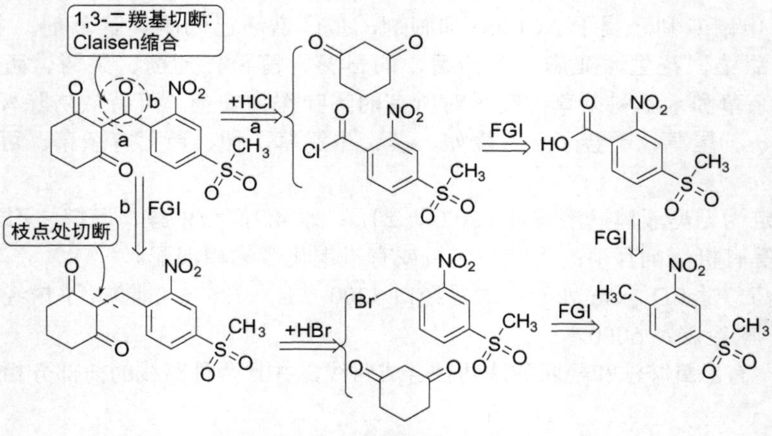

图 5-115　硝磺草酮逆合成分析

合成路线　有两种合成路线，如图 5-116 所示。

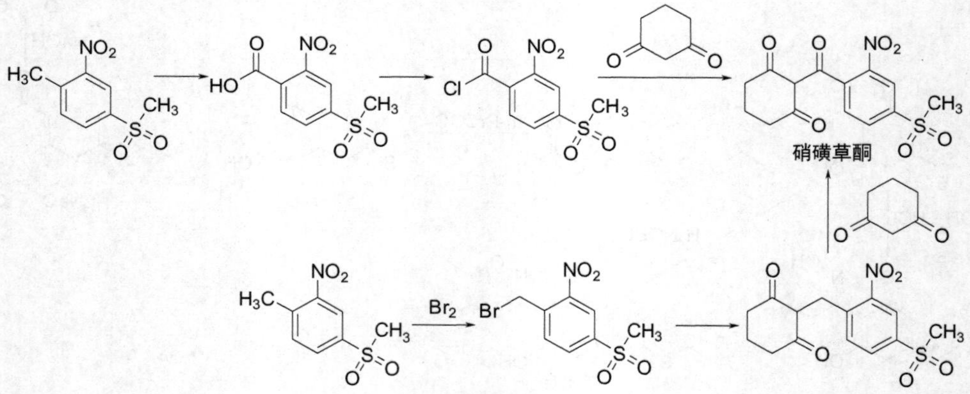

图 5-116　硝磺草酮合成路线

制备实例：

（1）将 44.1g（0.15mol）2- 硝基 -4- 甲磺酰基苄溴、23g（0.2mol）1,3- 环己二酮、27.6g（0.2mol）碳酸钾和 250mL DMF 加入到反应瓶中，开启搅拌，升温到 120℃，TLC 跟踪，直至 2- 硝基 -4- 甲磺酰基苄溴完全转化为中间体 2-(2- 硝基 -4- 甲砜基 - 苄基) 环己烷 -1,3- 二酮，然后加入 64.5g（0.3mol）氧化剂 PCC（氯铬酸吡啶），继续搅拌 2h，冷却至室温，将反应液倾入 1000mL 冰水中，过滤出黄色固体，用甲醇重结晶，过滤、干燥，得到黄色目标产物 33.5g，纯度（HPLC）96%。

（2）将 4- 甲基磺酰胺 -2- 硝基苯甲酰氯 27mmol 与环己二酮 3.0g（0.96mmol）溶于二氯甲烷中，然后向反应液中滴加三乙胺，滴加完毕搅拌 1h。然后反应液依次用 2mol/L 的盐酸、水、5% 碳酸钾饱和食盐水洗涤，无水硫酸镁干燥后真空脱溶。剩余物溶解于 20mL 乙腈中，加入等物质的量三乙胺和催化剂量的氰化钾，室温搅拌 1h，用乙醚稀释，然后溶液用 2mol/L 盐酸洗涤一次，5% 碳酸钾溶液萃取，将水溶液层酸化后加入乙醚，过滤生成的混合物，即得到目标物。

注：用类似的合成路线，可以制得三酮类除草剂双环磺草酮（benzobicylon）、磺草酮（slcotrione）、bicyclopyrone、环草酮（tembotrione）、特糠酯酮（tefuryltrione）、氟吡草酮（bicyclopyrone）等。

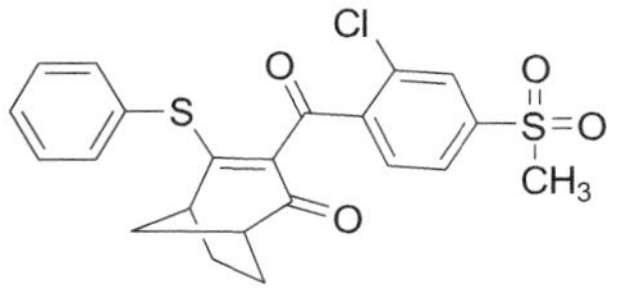

双环磺草酮 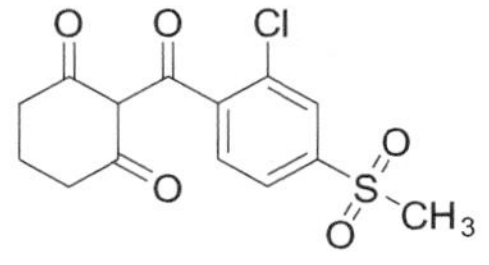　　磺草酮 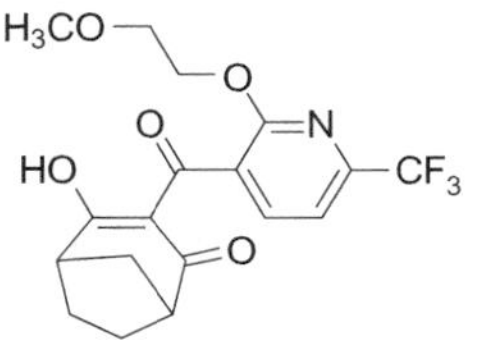　　bicyclopyrone 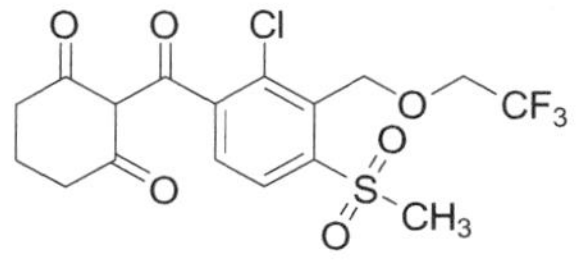　　环草酮

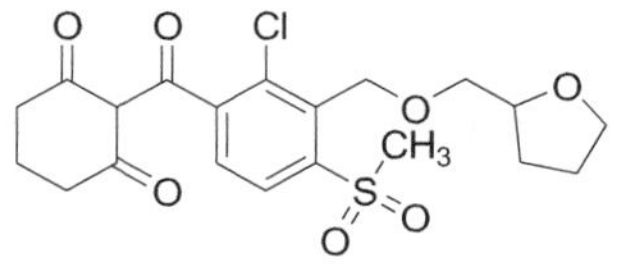

特糠酯酮

异噁草酮（clomazone）

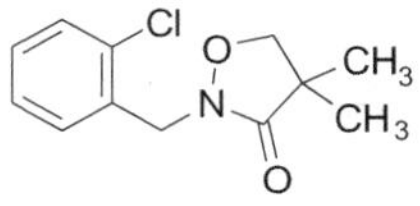

2-(2-氯苄基)-4,4 二甲基异噁唑啉-3-酮

异噁草酮商品名广灭灵，由加拿大 FMC 公司开发，1980 年申请专利。属于类胡萝卜素合成抑制剂，用于甘蔗、马铃薯、大豆、花生、烟草、水稻、油菜等作物防除一年生禾本科杂草和阔叶杂草，如马唐、牛筋草、龙葵、苍耳、狗尾草、豚草、藜、马齿苋、鬼针草等。

纯品异噁草酮为浅棕色黏稠液体，沸点 275.4℃；溶解性（25℃）：水 1.1g/L，易溶于丙酮、氯仿、甲苯、乙醇、乙酸乙酯、二氯甲烷等有机溶剂。

异噁草酮原药急性 LD_{50}（mg/kg）：大鼠经口 2077（雄）、1369（雌），兔经皮＞2000。

合成路线　通常有两种合成路线。

路线一　2-氯苯甲醛与羟胺反应，经还原，再与氯代叔酰胺反应，然后经过关环反应制得异噁草酮（图 5-117）。

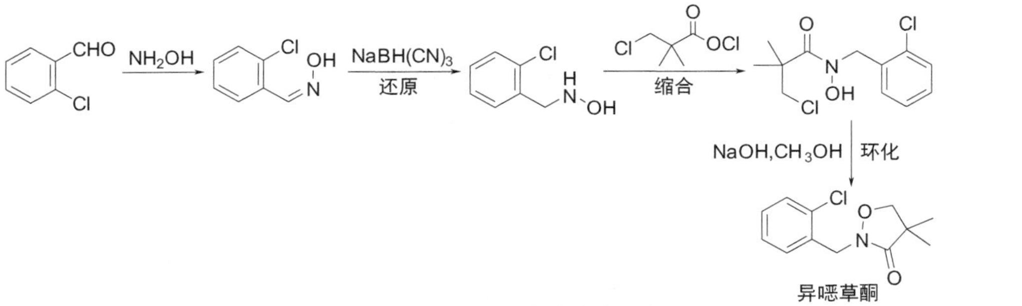

图 5-117　异噁草酮合成路线（一）

路线二　氯代叔酰氯与羟胺反应，在碱存在条件下闭环，再与邻氯氯苄反应制得异噁草酮（图 5-118）。

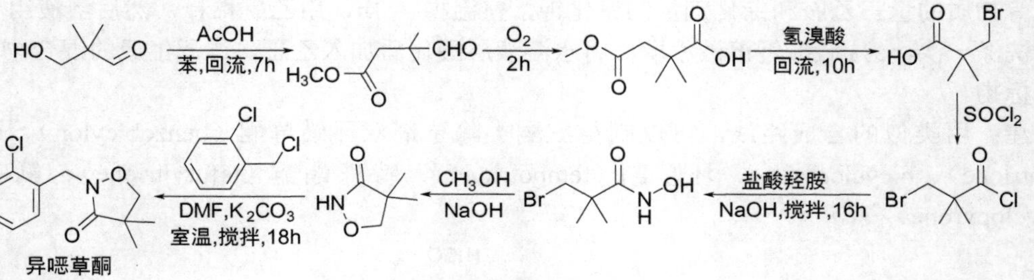

图 5-118　异噁草酮合成路线（二）

呋草酮（flurtamone）

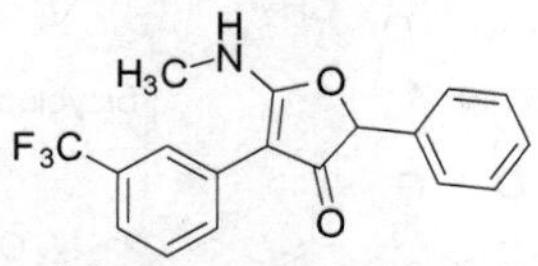

(RS)-5-甲氨基-2-苯基-4-(α,α,α-三氟间甲苯基）呋喃-3(2H)-酮

呋草酮由 Chevron Chemical Co. 研制、安万特公司开发，1985 年申请专利。属于类胡萝卜素合成抑制剂，用于棉花、花生、高粱和向日葵等作物，可防除多种禾本科杂草和阔叶杂草，如马唐、牛筋草、龙葵、苍耳、狗尾草藜、马齿苋、鬼针草等。

纯品呋草酮为乳白色粉状固体，熔点 152 ～ 155℃；溶解性（25℃）：水 0.035g/L，溶于丙酮、甲醇、二氯甲烷等有机溶剂，微溶于异丙醇。

呋草酮原药急性 LD_{50}（mg/kg）：大鼠经口 500，兔经皮 500。

合成路线　3-(三氟甲基) 苯乙腈与苯乙酸乙酯和乙醇钠在乙醇中回流 18h，生成 α- 氰基酮，该化合物与溴在乙酸中于室温反应 16h 得到的环合产物与硫酸二甲酯反应，即可制得呋草酮（图 5-119）。

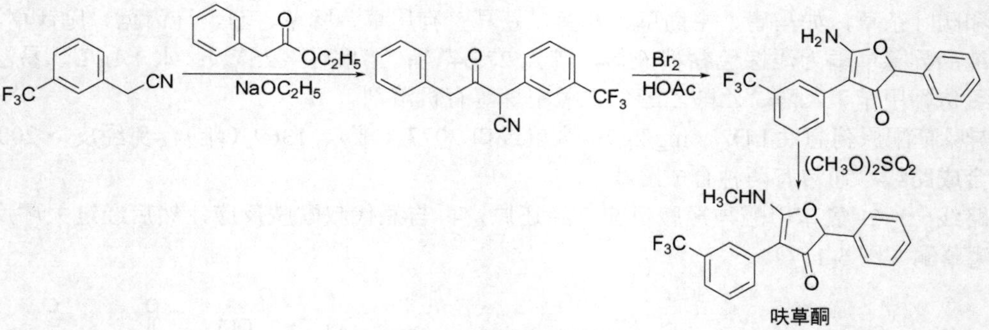

图 5-119　呋草酮合成路线

茚草酮（indanofan）

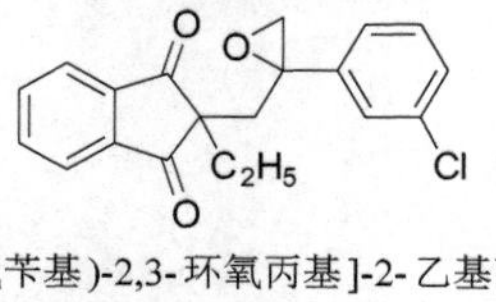

(RS)-2-[2-(3-氯苄基)-2,3-环氧丙基]-2-乙基茚满-1,3-二酮

茚草酮是由日本三菱公司开发的广谱茚满类除草剂，1989 年申请专利。属于脂肪酸合成抑制剂，用于水稻、麦类等作物防除多种杂草，如马唐、稗草、鸭舌草、异形莎草、牛毛毡、早熟禾、蓼、繁缕、野燕麦等；可以和多种除草剂复配使用。

纯品茚草酮为灰白色晶体，熔点 60.0～61.1℃；溶解性（25℃）：水 0.0171g/L，在酸性介质中分解。

茚草酮原药急性 LD_{50}（mg/kg）：大鼠经口＞631（雄）、460（雌），大鼠经皮＞2000；对兔眼睛有轻微刺激性。

合成路线 以邻苯二甲酸酐为起始原料，经过如图 5-120 所示路线制得。

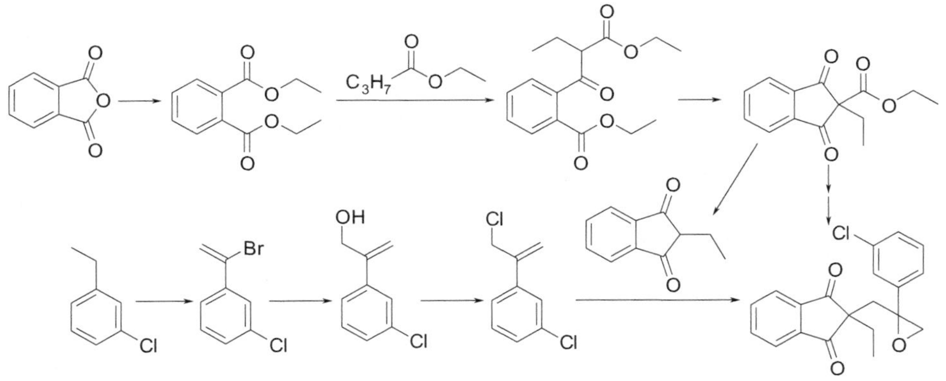

图 5-120 茚草酮合成路线

合成步骤如下：

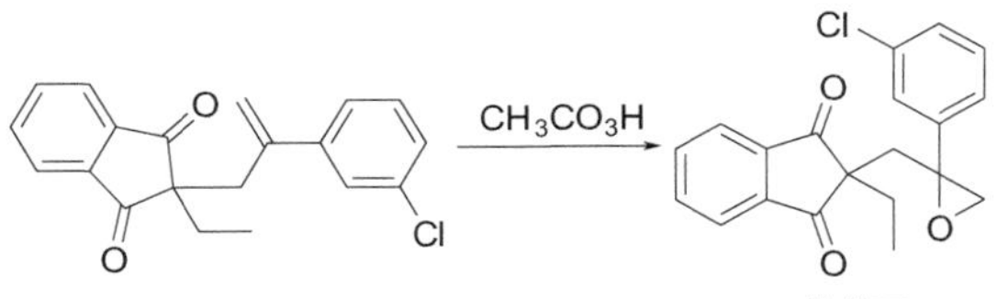

将 40% 过氧乙酸 2.85g 加入到 2-[2-(3-氯苯基)-丙烯-3-基]-2-乙基-1,2-二氢化茚-1,3-二酮 1.62g、乙酸钠三水合物 0.34g 和氯仿 10mL 的混合溶液中，回流 3h，过量的过氧化物用 10% 硫代硫酸钠溶液还原。经后处理得到产品茚草酮。

噁嗪草酮（oxaziclomefone）

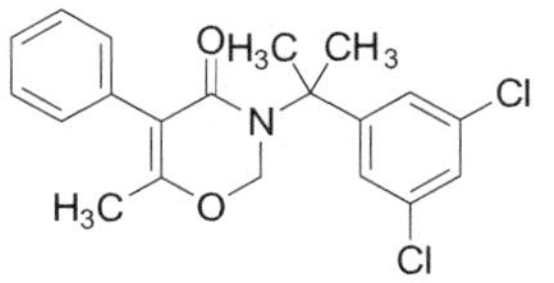

3-[1-(3,5-二氯苯基)-1-甲基乙基]-2,3-二氢-6-甲基-5-苯基-4H-1,3-噁嗪-4-酮

噁嗪草酮商品名去稗安，是由安万特公司开发的广谱噁嗪酮类新型除草剂，1992 年申请专利。用于水稻作物防除阔叶杂草、莎草以及稗属杂草。

纯品噁嗪草酮为白色晶体，熔点 149.5～150.5℃；溶解性（25℃，mg/L）：水 0.18。

噁嗪草酮原药急性 LD_{50}（mg/kg）：大、小鼠经口＞5000，经皮＞2000；对兔眼睛有轻微刺激性。

合成路线 以间二氯苄胺和苯乙酸乙酯为原料，经过如下路线制得（图 5-121）。

合成步骤如下：

（1）5-苯基-2,2,6-三甲基-2H,4H-1,3-二氧六环-4-酮的合成 将 4.8g 2-(苯基)乙酰乙酸、4.2mL 丙酮和 5.4mL 乙酸酐的混合物冷却至 −20℃，加入 0.3mL 浓硫酸，然后在 −15℃搅拌

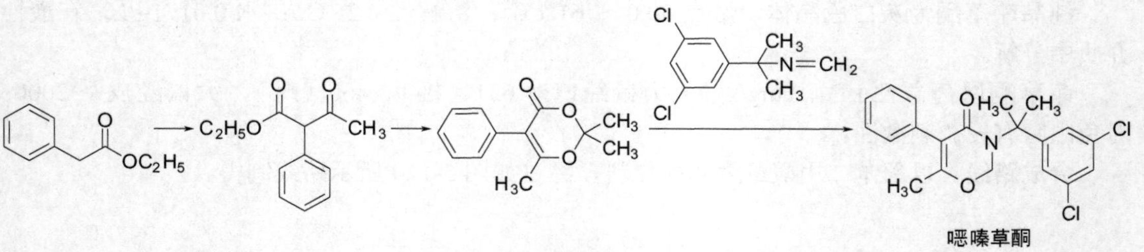

图 5-121　噁嗪草酮合成路线

48h。向该混合物中加入 150mL 冰冷的 10% 碳酸钠水溶液后于室温搅拌析出固体，过滤、水洗、环己烷洗涤、干燥，制得 5- 苯基 -2,2,6- 三甲基 -2H,4H-1,3- 二氧六环 -4- 酮 4.8g。

（2）噁嗪草酮的合成　将 0.65g 5- 苯基 -2,2,6- 三甲基 -2H,4H-1,3- 二氧六环 -4- 酮和 0.65g N- 亚甲基 -1- 甲基 -1-(3,5 二氯苯基) 乙胺（N- 亚胺制备见乙草胺相关部分）混合，加热至 150℃，保温反应 30min，然后用己烷和乙酸乙酯处理反应混合物即可制得 0.90g 噁嗪草酮。

5.6.2　二硝基苯胺类除草剂

二硝基苯胺类农药结构特点是苯环分子上含有 2 个 NO_2 基团。

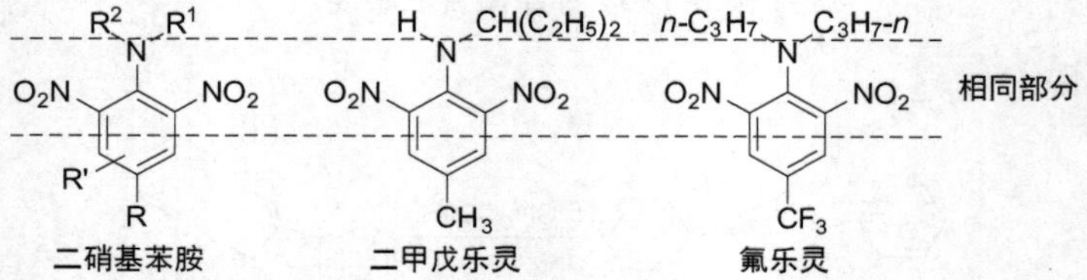

此类化合物分子结构中的硝基是用混酸引入的。如氟乐灵的合成。

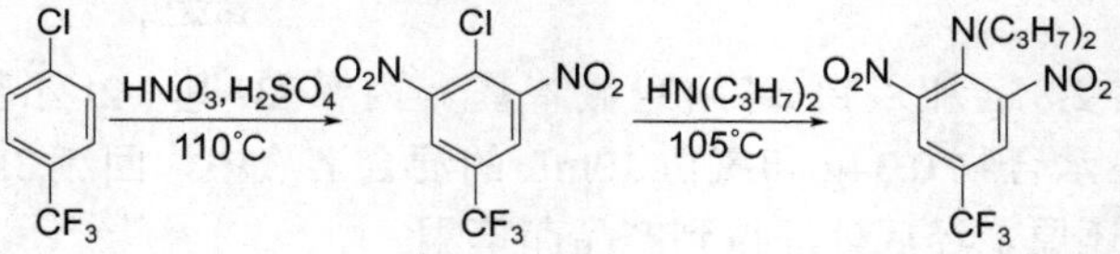

或者：

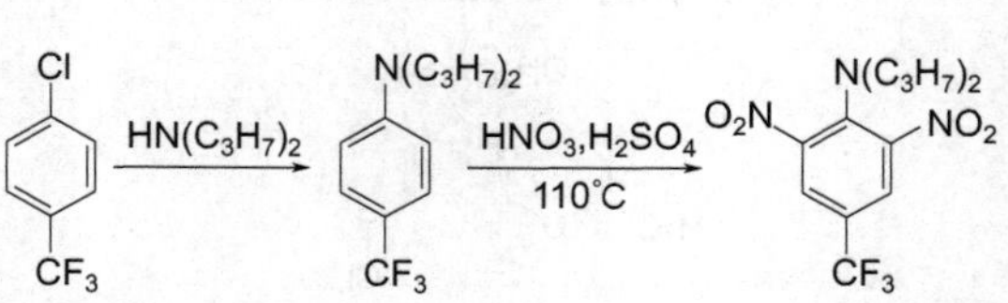

这类化合物为影响细胞分裂的除草剂，其选择性取决于氨基上的二烷基和苯环 4 位的取代物。除敌乐胺外，在氨基上的取代烷基有 6 个 C 原子时活性最高，而苯环上取代基的活性次序为 $CF_3 > CH_3 > Cl > H$。都是芽前除草剂，氟乐灵的活性比胺乐灵高得多。

商品化的品种有：

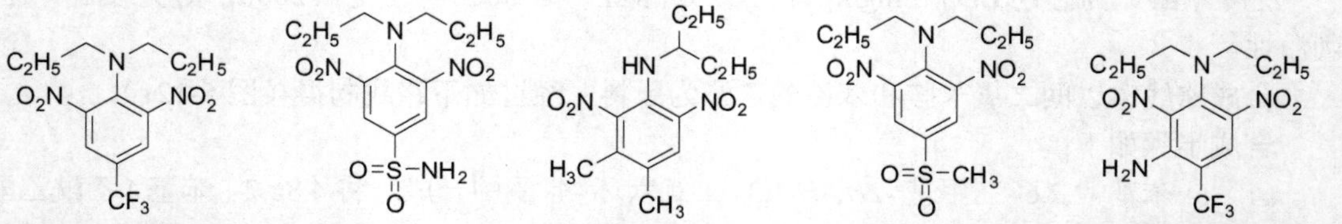

氟乐灵（trifluralin）　安磺灵（oryzalin）　二甲戊乐灵（pendimethalin）　磺乐灵（natralin）　氨基丙乐灵（prodiamine）

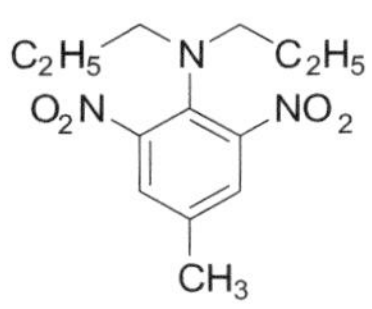

地乐灵（dipropalin） 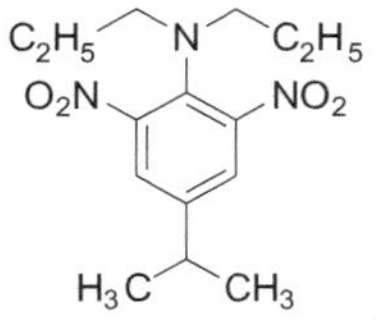　　异丙乐灵（isopropalin） 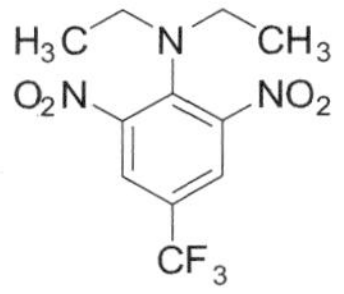　　氟草胺（benfluralin） 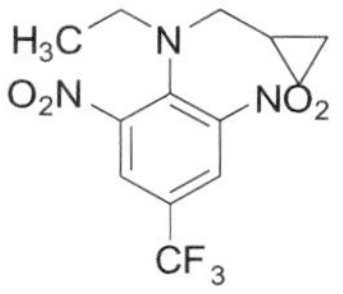　　环氟灵（profluralin） 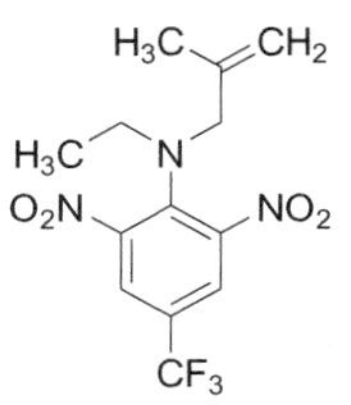　　烯氟灵（ethalfluralin）

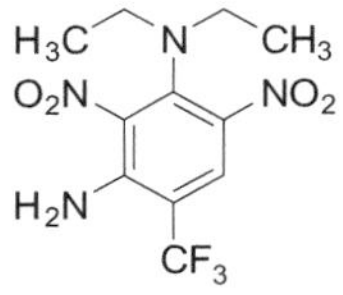

氨氟灵（dinitamine） 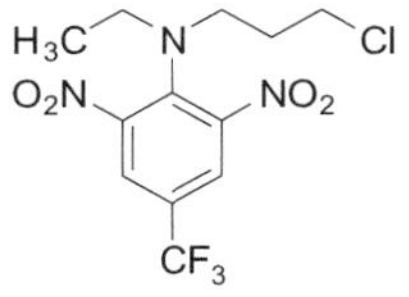　　氯乙氟灵（benzenamine） 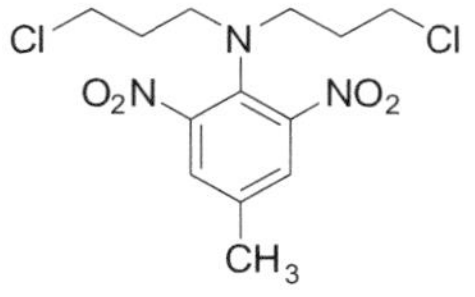　　氯乐灵（chlornidine） 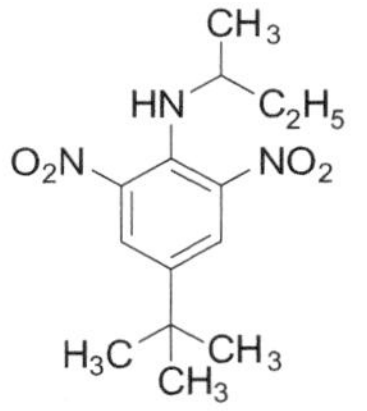　　双丁乐灵（植物生长调节剂）

二甲戊乐灵（dinitroanilines）

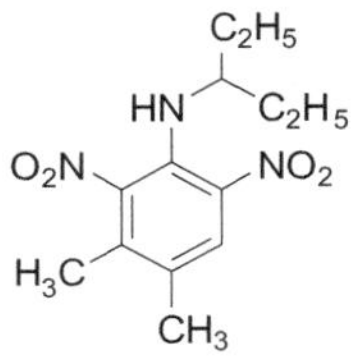

N-(1- 乙基丙基)-2,6- 二硝基-3,4- 二甲基苯胺

二甲戊乐灵商品名施田补、除草通，由美国巴斯夫公司开发，1971 年申请专利。属于分生组织细胞分裂抑制剂，是广谱苯胺类除草剂，主要用于大豆、玉米、棉花、烟草、花生、蔬菜、果园等作物，可防除一年生禾本科杂草和某些阔叶杂草。可有效防除马唐、牛筋草、稗草、早熟禾、藜、马齿苋、车前草、看麦娘、猪殃殃、狗尾草、稷、蓼、繁缕、地肤、莎草、异形莎草、宝盖草等。可与多种除草剂混用。

纯品二甲戊乐灵为橘黄色晶体，熔点 54 ～ 58℃，蒸馏时分解；溶解性（20℃，g/L）：丙酮 700，异丙醇 77，二甲苯 628，辛烷 138，易溶于苯、氯仿、二氯甲烷等。

二甲戊乐灵原药急性 LD_{50}（mg/kg）：大鼠经口 1250（雄）、1050（雌），小鼠经口 1620（雄）、1340（雌），兔经皮＞ 5000。

逆合成分析　二甲戊乐灵是二硝基苯类除草剂代表品种（图 5-122）。

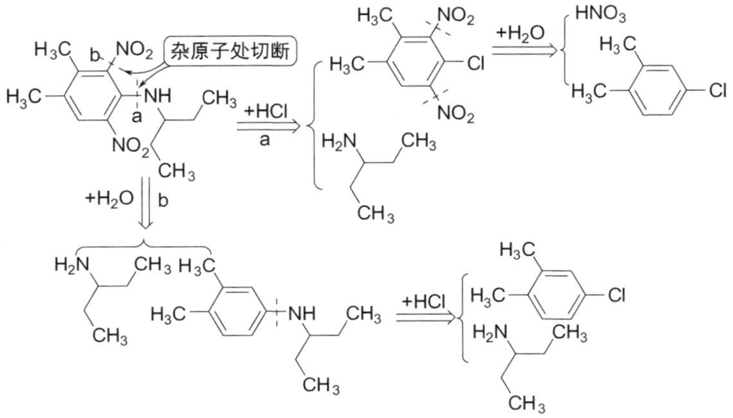

图 5-122　二甲戊乐灵逆合成分析

合成路线 有先硝化法（1 → 2）、后硝化法（3 → 4）和高压法（5 → 4）三种合成路线（图5-123）。

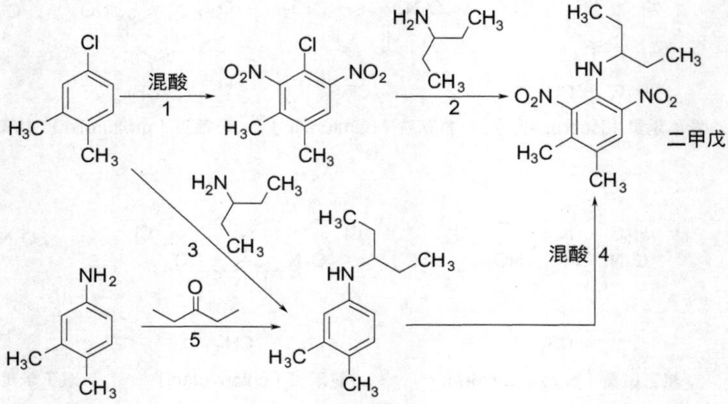

图 5-123 二甲戊乐灵合成路线

注：用类似的方法，可以制备其他二硝基苯类除草剂。

5.6.3 有机磷除草剂

作为除草剂的有机磷化合物的分类和结构特点以及合成方法与作为杀虫剂的有机磷化合物类似，品种的结构如下。

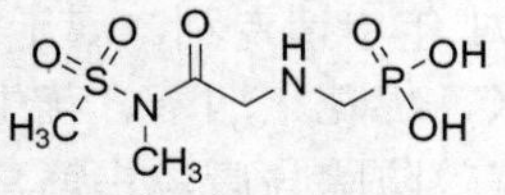

磺草膦（LS 830556） 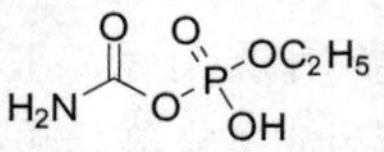　　蔓草磷（fosamine） 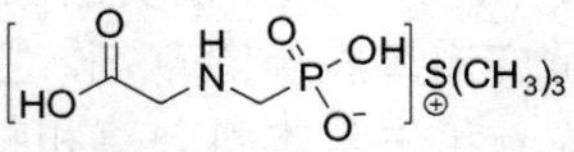　　草硫膦（sulphosate） 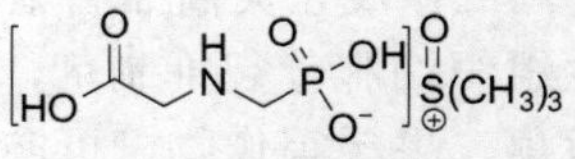　　草砜膦（SC-0545）

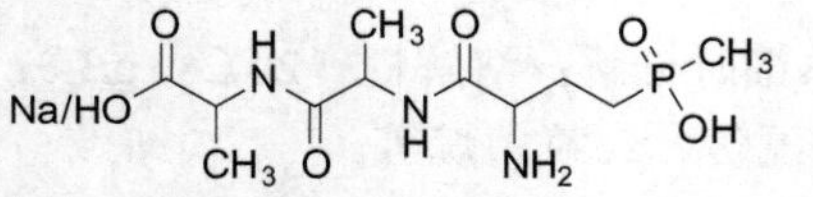

双丙氨酰膦（bialaphos） 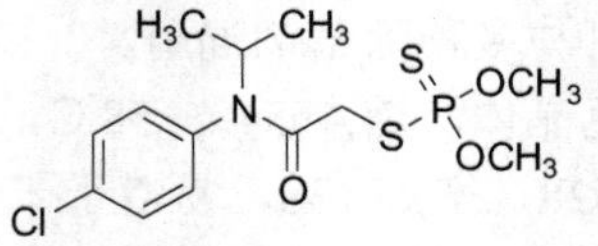　　莎稗磷（anilofos） 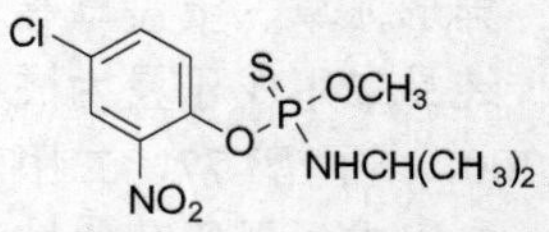　　草特膦（DMPA）

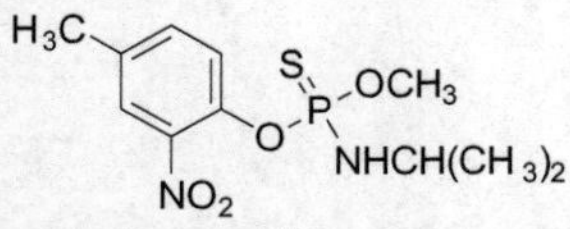

甲基胺草磷（amiprophos-methyl） 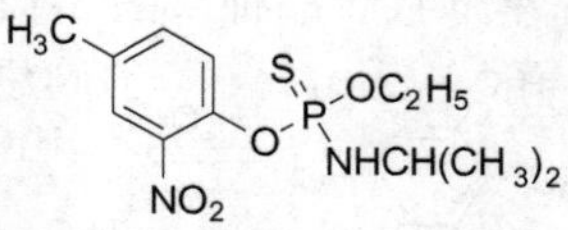　　胺草磷（amiprophos） 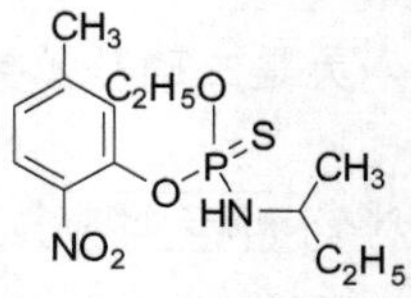　　抑草磷（butamifos） 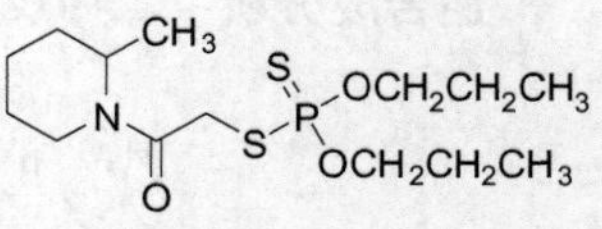　　哌草磷（piperophos）

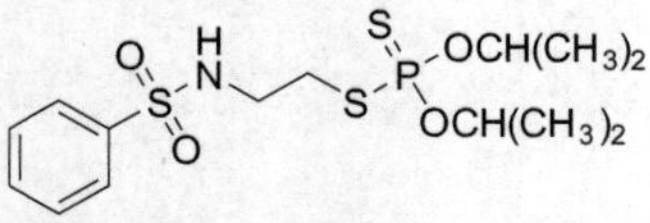

地散磷（bensulide） 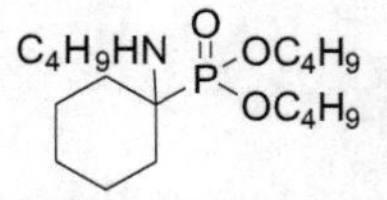　　丁环草膦（buminafos） 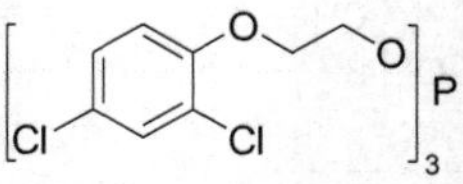　　伐垄磷（2,4-DEP） 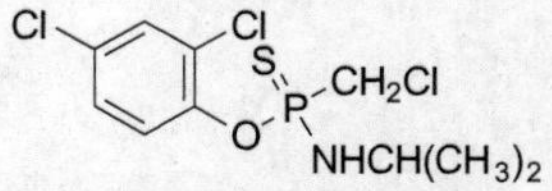　　草异磷-2（isophos-2）

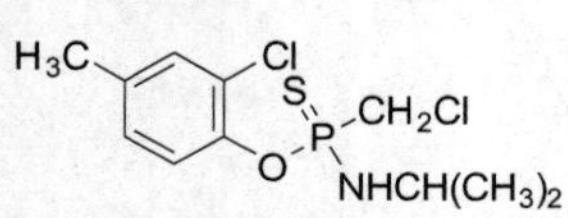

草异磷-3（isophos-3） 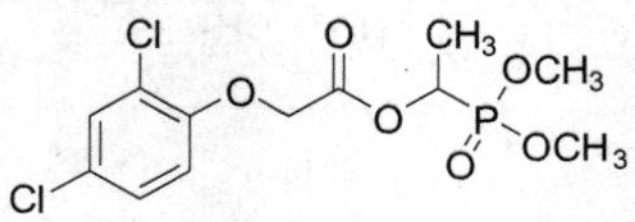　　clacyfos 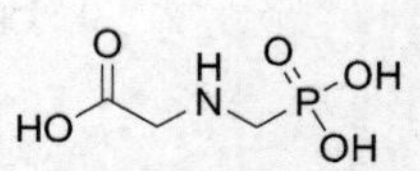　　草甘膦（glyphosate）

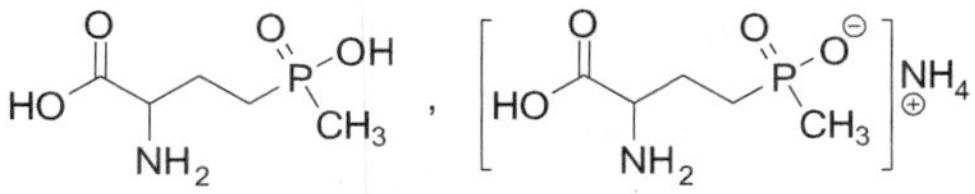

草铵膦（glufosinate）

草甘膦（glyphosate）

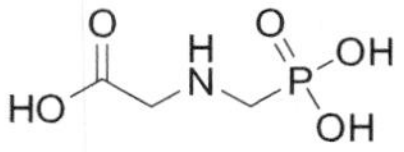

N-(磷酰基甲基)甘氨酸

草甘膦商品名米农达、镇草宁、草干膦，由美国孟山都公司开发。属于内吸灭生性有机磷类除草剂，是目前世界上销售额最大的除草剂农药；对多年生和一年生及二年生禾本科、莎草科和阔叶杂草非常有效，主要用于果园等灭生性除草或农田播种前除草。

纯品草甘膦为无色结晶固体，熔点 189～190℃；溶解性（25℃）：水 11.6g/L，不溶于丙酮、乙醇、二甲苯等常用有机溶剂，溶于氨水；草甘膦及其所有盐不挥发、不降解，在空气中稳定。

草甘膦原药急性 LD_{50}（mg/kg）：大鼠经口＞5000，兔经皮＞2000；对兔眼睛有轻微刺激性。

合成路线 草甘膦有多种合成方法，见路线 1→2→3→4→5→6→7，路线 8→9→10，路线 11，12→13→14→15，路线 16→17→18→19，路线 20→21→22→19（图 5-124）。

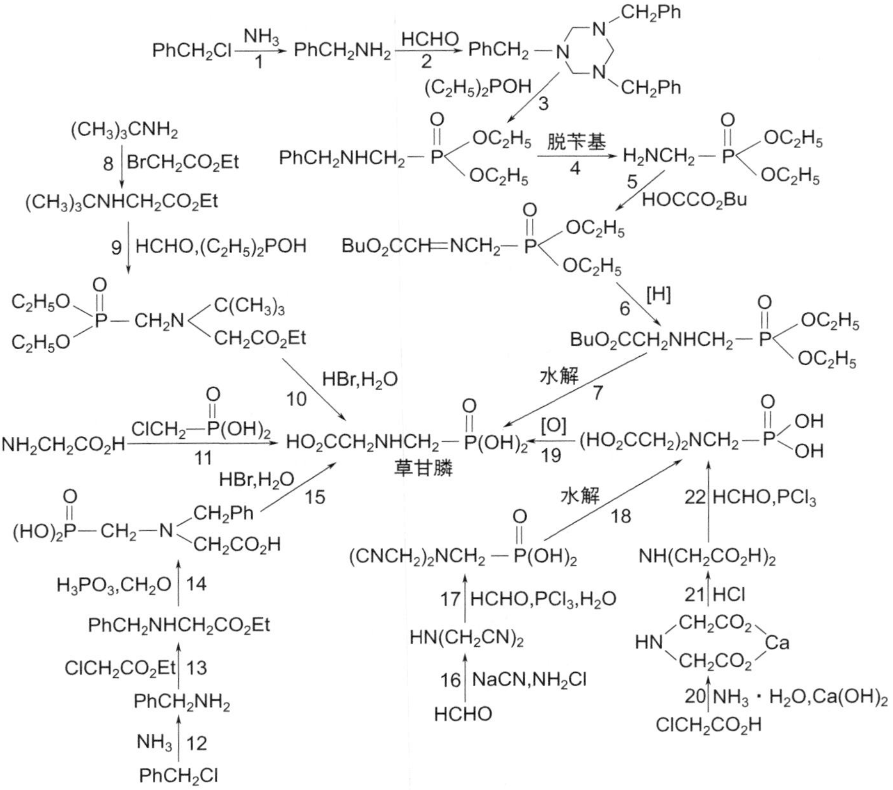

图 5-124 草甘膦合成路线

50 份氨基乙酸、92 份氯甲基磷酸、150 份 50% 氢氧化钠水溶液和 100 份水的混合物在回流温度下加入 50 份 50% 氢氧化钠水溶液（控制 pH=10～12）之后回流 20h，冷却至室温，加入 160 份浓盐酸，过滤得到清澈溶液，结晶得到草甘膦。

草铵膦（glufosinate）

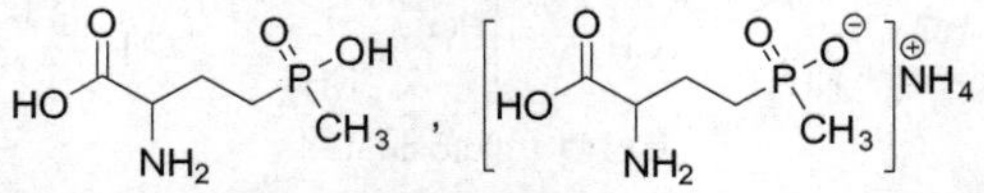

4-[羟基(甲基)膦酰基]-DL-高丙氨酸,4-[羟基(甲基)膦酰基]-DL-高丙氨酸铵

草铵膦属于谷氨酰胺合成抑制剂，由安万特公司开发。属于非选择性触杀有机磷类除草剂，用于果园、葡萄园、非耕地等防除一年生和多年生双子叶及禾本科杂草。

纯品草铵膦为结晶固体，熔点 215℃；溶解性（25℃，g/L）：水 1370，丙酮 0.16，乙醇 0.65，甲苯 0.14，乙酸乙酯 14。

草铵膦原药急性 LD_{50}（mg/kg）：大鼠经口 2000（雄）、1620（雌），小鼠经口 431（雄）、416（雌），大鼠经皮 ≥ 4000。

合成路线　草铵膦有多种合成路线，常见的有路线 1 → 2 → 3 → 4 → 5 → 6、路线 1 → 2 → 3 → 7 → 8 → 9 → 10 → 11、路线 12 → 13、路线 14 → 15 等（图 5-125）。

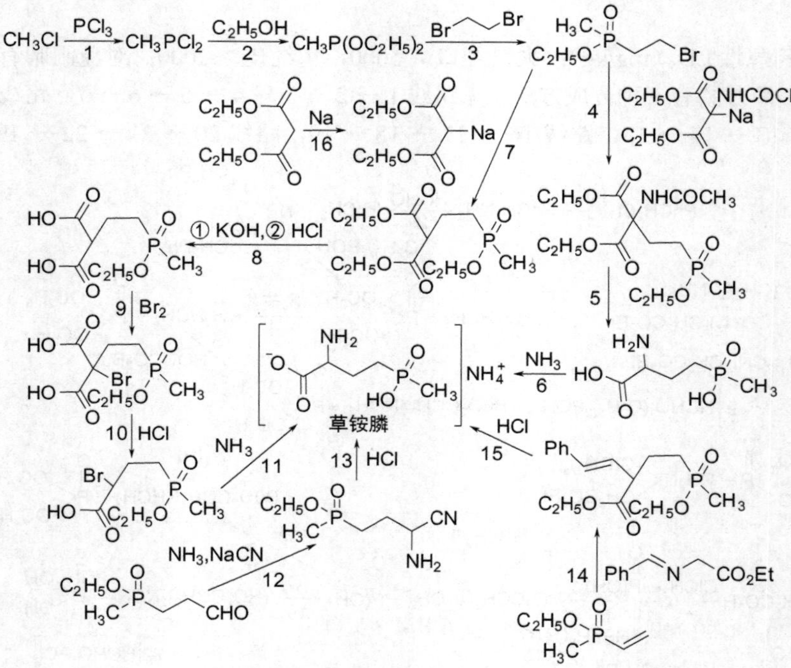

图 5-125　草铵膦合成路线

合成步骤（路线 1 → 2 → 3 → 4 → 5 → 6）如下：

将 $CH_3P(OC_2H_5)_2$ 与二溴乙烷在 80℃加热反应 2h，得到 $BrCH_2CH_2P(O)(OC_2H_5)CH_3$，该化合物与 $(C_2H_5O_2C)_2CNa(NHCOCH_3)$ 在甲苯中于 85℃反应过夜，得到 $(C_2H_5O_2C)_2C(NHCOCH_3)CH_2CH_2P(O)(OC_2H_5)CH_3$，后者与 6mol/L 盐酸回流 6h，所得化合物与 28% 氨水在 60 ~ 70℃反应 8h，即得草铵膦产品。

莎稗磷（anilofos）

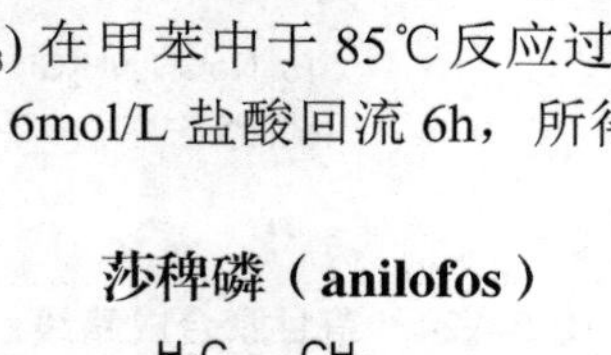

S-4-氯-N-异丙基苯氨基甲酰基甲基-O,O-二甲基二硫代磷酸酯

莎稗磷商品名阿罗津，由安万特公司开发。属于细胞分裂抑制剂，是内吸传导选择性触杀有机磷类除草剂，用于水稻、棉花、油菜、玉米、麦类、大豆、花生、黄瓜等作物，可防除一年生禾本科杂草和莎草科杂草，如马唐、狗尾草、蟋蟀草、野燕麦、苋、稗草、千金子、鸭舌草、水莎草、节节菜、牛毛毡等。

纯品莎稗磷为白色结晶固体，熔点 50.5～52.5℃；溶解性（25℃，g/L）：水 0.0136，丙酮、氯仿、甲苯＞1000，苯、乙醇、乙酸乙酯、二氯甲烷＞200。

莎稗磷原药急性 LD_{50}（mg/kg）：大鼠经口 830（雄）、472（雌），大鼠经皮＞2000；对兔皮肤有轻微刺激性。

合成路线 以对氯苯胺为起始原料，经过如下路线制得（图 5-126）。

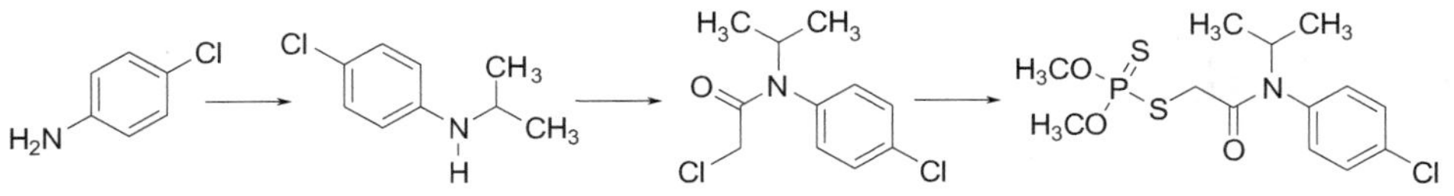

图 5-126 莎稗磷合成路线

在 1L 反应瓶中，依次加入 0.17mol N- 氯乙酰基 -N- 异丙基 - 对氯苯胺、缚酸剂、溶剂以及 O,O- 二甲基二硫代磷酸，在一定温度下，搅拌反应数小时，反应结束加水搅洗，分层，油层用水洗涤至中性，脱溶后得到成品 63g，收率 88%～90%，纯度 87%～90%，用正己烷重结晶，所得精品为白色针状结晶。

第**6**章 植物生长调节剂

6.1 概述

植物生长调节剂是一类在很低剂量下即能对植物生长发育产生明显促进或抑制作用的物质。该类物质可以是植物或微生物自身产生的（称为内源激素），也可以是人工合成的（称为外源激素）。特点是使用剂量低、调节植物生长发育效果明显。

1928 年文特（F. W. Went）发现植物体内存在生长素活性物质，1934 年柯格尔（F .Kogl）和哈根 - 施密特（A. J. Haagen-Smit）、1935 年西曼（K. V. Thimann）分别从人尿和根霉菌的培养基中提取出吲哚乙酸（IAA）。不久，人工合成了吲哚丁酸（IBA）和萘乙酸（NAA），并首先应用于柑橘插条生根。其后又先后发现了赤霉素、细胞分裂素、脱落酸、乙烯，以及生理活性极高的油菜素内酯（brassinolide，又称芸薹素内酯）等多种植物激素。特别是 2,4-滴的植物生长调节作用的发现和应用，对合成、筛选植物生长调节剂起到了重要的推动作用，很快发展出一门新兴学科——化学控制学。对农业生产、林业和园艺的发展起到很大促进作用。截至目前，商品化的植物生长调节剂已经有 100 个以上。

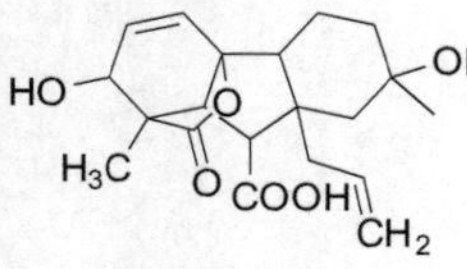

赤霉素 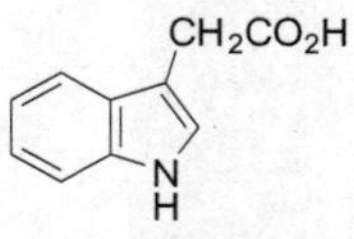　　　　　　　　β- 吲哚乙酸 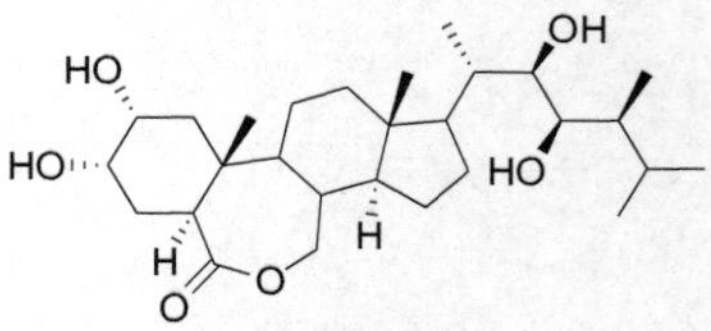　　　　　　　　芸薹素内酯

植物生长调节剂品种较多，按照化学结构分类如下。

（1）吲哚类化合物　母体结构含有吲哚环，主要品种有吲哚乙酸、吲哚丁酸等。

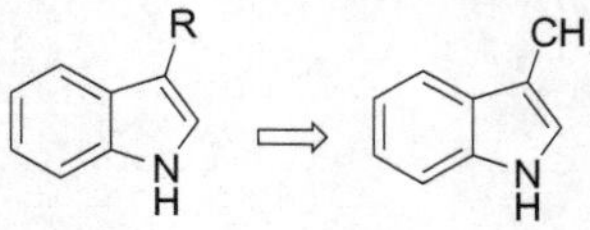

吲哚乙酸 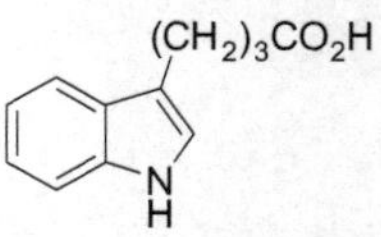　　　　　　　　　　吲哚丁酸

（2）嘌呤衍生物类　母体结构含有嘌呤环，主要品种有玉米素、激动素、6- 苄基氨基嘌呤（6-BA）、异戊烯基腺嘌呤（IPA）等。

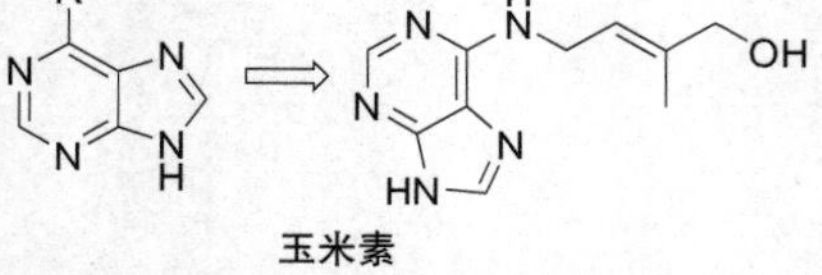

玉米素 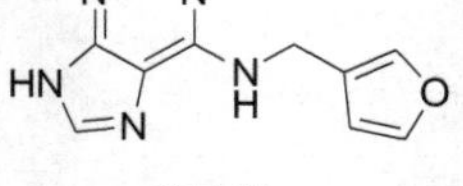　　　　　　　　　　激动素 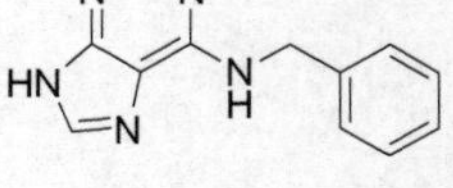　　　　　　　　　6-BA

（3）萘类化合物　母体结构含萘环，主要品种有萘乙酸、萘氧乙酸、萘乙酰胺、抑芽醚等。

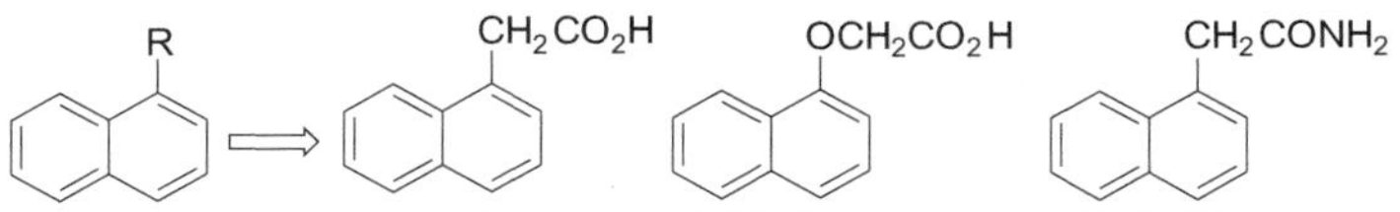

萘乙酸　萘氧乙酸　萘乙酰胺

（4）胺及季铵盐类化合物　结构特点是该类化合物属于胺或季铵盐。主要品种有抑芽敏、矮壮素、调节啶等。

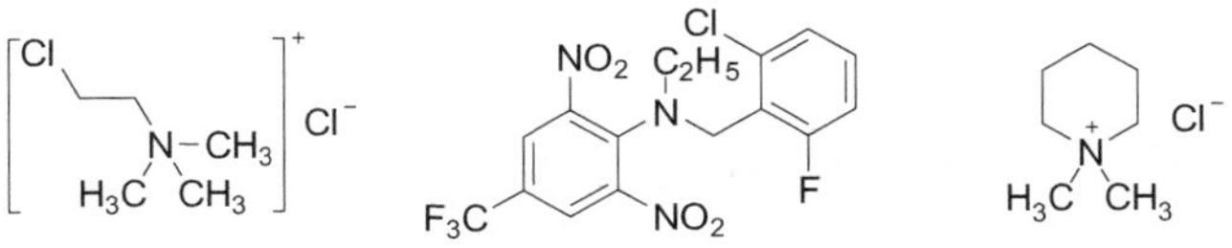

矮壮素　抑芽敏　调节啶

（5）三唑类化合物　母体结构含有 1,2,4- 三唑环，主要品种有烯效唑、多效唑、抑芽唑等。

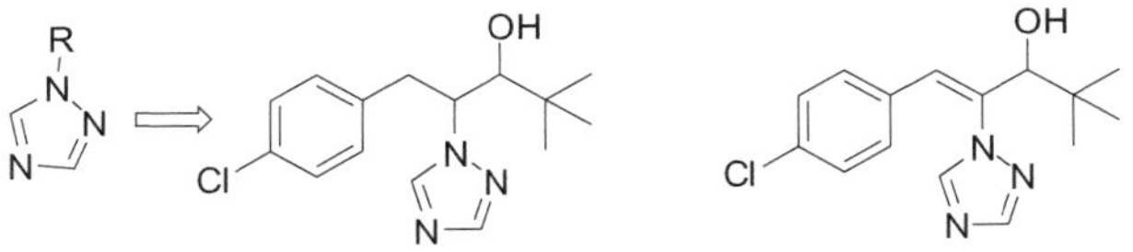

多效唑　烯效唑

（6）有机磷（膦）类化合物　结构特点是该类化合物属于有机磷（膦）。主要品种有乙烯利、增甘膦、调节膦、脱叶磷等。

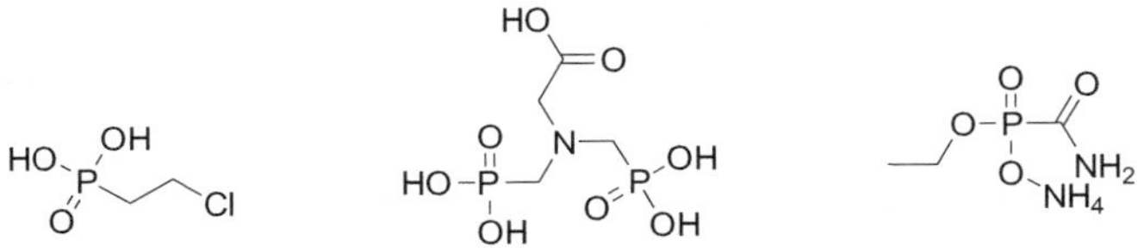

乙烯利　增甘膦　调节膦

（7）脲类化合物　结构特点是该类化合物属于脲类衍生物。主要品种有氯吡脲、赛苯隆等。

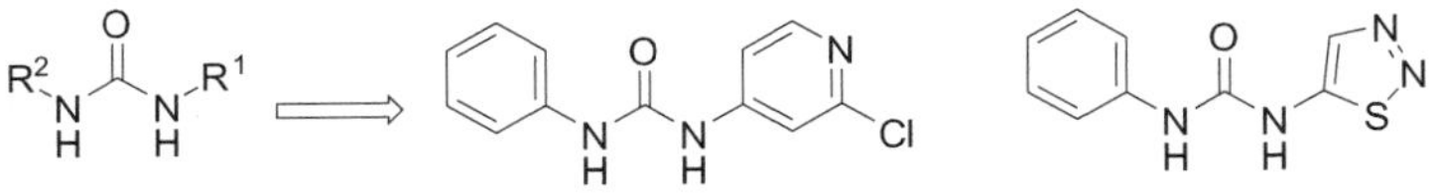

氯吡脲　赛苯隆

（8）羧酸类化合物　结构特点是该类化合物中含有羧酸官能团。主要品种有三碘苯甲酸、脱落酸、增产灵、防落素等。

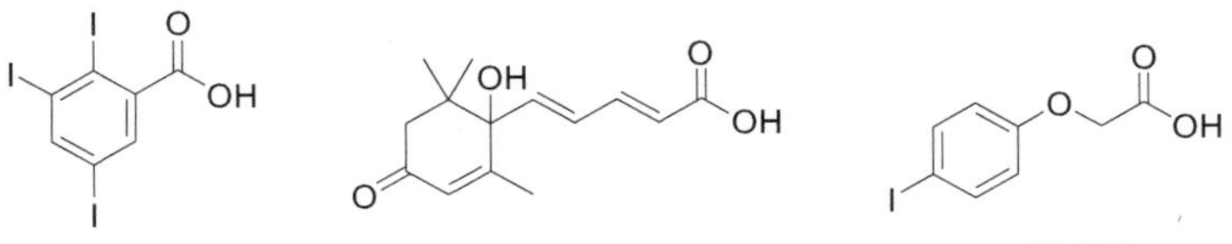

三碘苯甲酸　脱落酸　增产灵

（9）杂环类化合物　结构特点是该类化合物中含有杂环官能团。如抑芽丹、玉雄杀、杀雄嗪酸等。

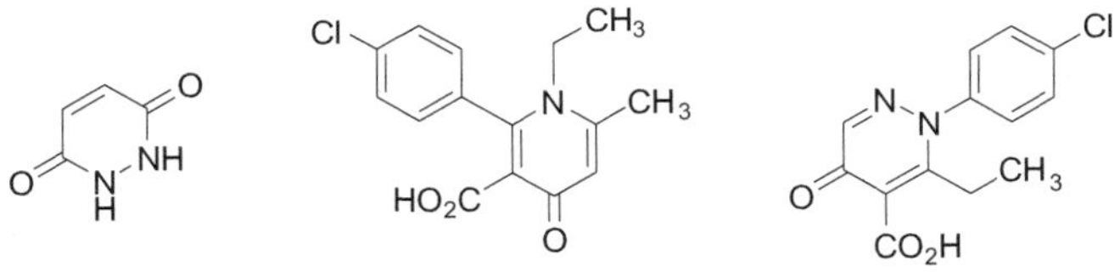

抑芽丹　玉雄杀　杀雄嗪酸

（10）其他类植物生长调节剂 上述九类之外的品种，如油菜素内酯、香豆素类、肼类衍生物、笋类化合物、萜烯类化合物、赤霉素等。

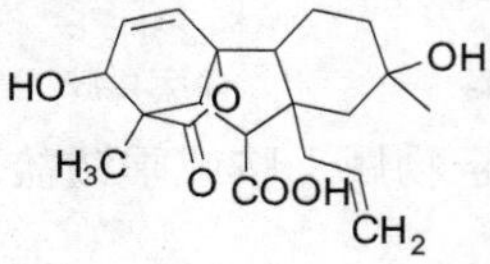

赤霉素 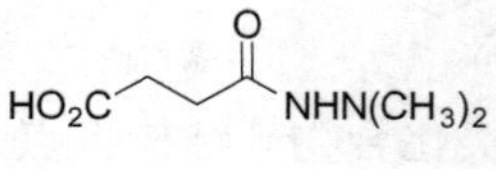 丁酰肼

6.2 重要品种的结构与合成

吲哚丁酸［4-(indol-3-yl)-butyric acid］

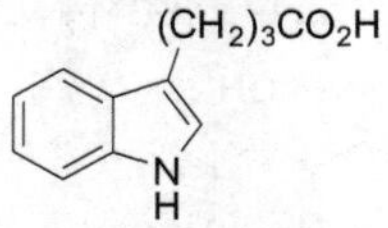

4-吲哚-3-基丁酸

吲哚丁酸属于生长素类型植物生长调节剂，1962 年由美国默克（Merck & Co.）和墨西哥 Syntex 公司开发。是植物生根促进剂，常用于木本和草本植物浸根移栽、硬枝扦插，可以加速根的形成，提高植物生根率。也可用于各种植物浸种和拌种，提高发芽率和成活率。

纯品吲哚丁酸白色结晶固体，熔点 124～125℃；溶解性（20℃，g/L）：水 0.25，苯 100，丙酮、乙醇、乙醚 3～10；对酸稳定，在碱中成盐；工业品为白色、粉红色或淡黄色结晶，熔点 121～124℃。

吲哚丁酸原药急性 LD_{50}（mg/kg）：小鼠经口 100；按照规定剂量使用，对蜜蜂无毒。

合成路线 通常有两种方法，如图 6-1 所示。

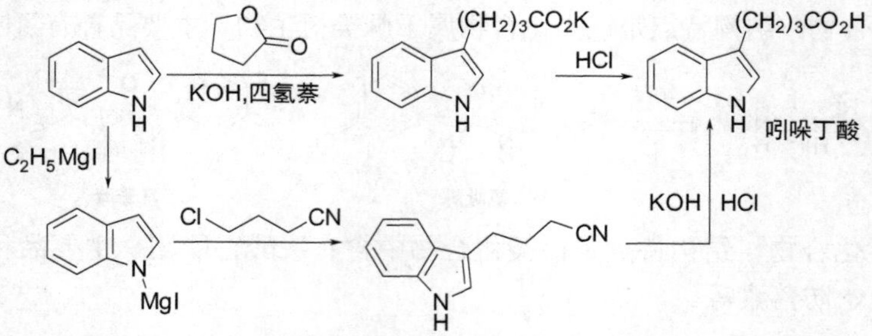

图 6-1 吲哚丁酸合成路线

实例 在四氢萘中，在氢氧化钾存在下于 170℃条件下吲哚与 γ-丁内酯反应 3～4h，然后用盐酸酸化处理即得吲哚丁酸。

吡啶醇（pyripropanol）

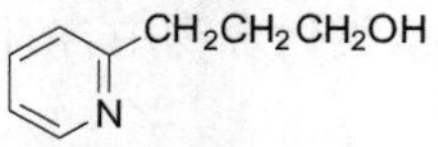

3-(α-吡啶基)丙醇

吡啶醇又名大豆激素、增产醇、丰啶醇，1974 年美国 Allied Chemical Corp 公司报道了其对大豆的增产效果，由南开大学合成开发。属于新型植物生长调节剂，吡啶醇可提高花生出苗率，使茎变粗，增加饱果的双仁和单仁数；抑制大豆株高，使株茎变粗、花数增加、叶面积指数加大，控制营养生长；对大豆、花生、芝麻、油菜、水稻以及小麦等农作物有明显的

增产作用。

纯品吡啶醇为浅黄色液体，沸点 260℃（101.33MPa），溶于醇、氯仿等有机溶剂。

吡啶醇原药急性经口 LD_{50}（mg/kg）：大白鼠 111.5（雄），小白鼠 154.9（雄）、152.1（雌）。

合成路线 如图 6-2 所示。

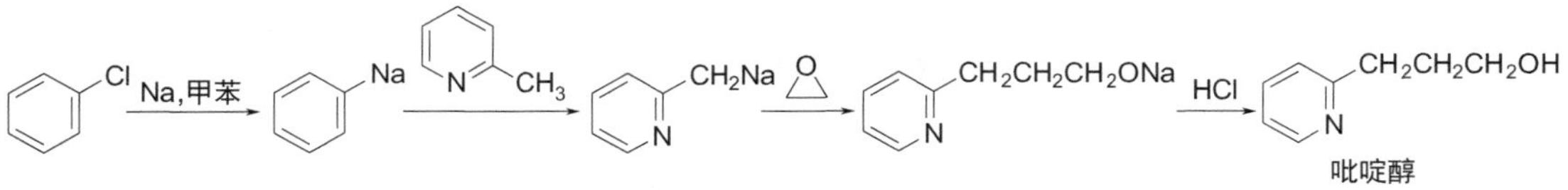

图 6-2 吡啶醇合成路线

无水甲苯在加热条件下与钠反应生成甲苯钠，室温条件下甲苯钠与氯苯反应生成苯钠；40 ～ 50℃条件下苯钠与 α- 甲基吡啶反应生成中间体 α- 甲基钠吡啶，该中间体于 0 ～ 5℃条件下与环氧乙烷反应 2h 后与盐酸反应制得目标物吡啶醇。

乙烯利（ethephon）

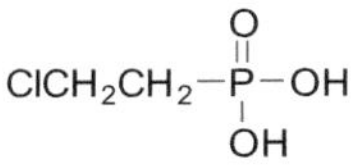

2- 氯乙基膦酸

乙烯利又名乙烯膦、收益生长素、玉米健壮素、艾斯勒尔、一试灵、乙烯灵等，1968 年前后由美国 Amchem Product Inc. 开发。是有机磷类植物生长调节剂，能在植物的根、茎、花、叶和果实等组织放出乙烯调节植物的代谢、生长和发育，广泛应用于水果、蔬菜等催熟，黄瓜、小麦增加分蘖和抗倒伏，增加橡胶和漆树产量，促进棉花早熟等。

纯品乙烯利为无色针状结晶，熔点 75℃；溶解性（20℃）：易溶于水、醇，难溶于苯和二氯乙烷；在空气中极易潮解，水溶液呈强酸性，遇碱逐渐分解，释放出乙烯；不能与碱、金属盐、金属（铝、铜或铁）等共存。

乙烯利原药急性 LD_{50}（mg/kg）：大白鼠经口 3030，兔经皮 5730。

合成路线 主要有如下 4 种合成方法：

（1）氯乙烯路线 见图 6-3。

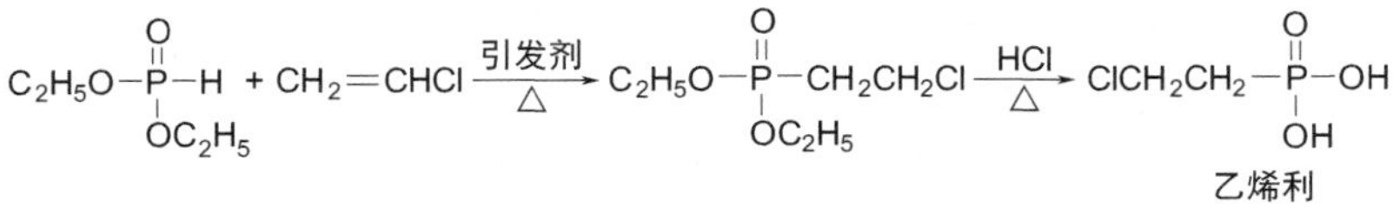

图 6-3 氯乙烯路线

在氮气保护和加热（90℃）以及少许过氧化物引发剂存在条件下，亚磷酸二乙酯与氯乙烯发生加成反应生成 2- 氯乙基亚膦酸二乙酯，该中间体于浓盐酸中回流 24h 水解，制得目标物乙烯利。该法原料易得、设备简单、投资少、"三废"少、操作简单，但反应控制在工业上实施较难。

（2）乙烯路线 见图 6-4。

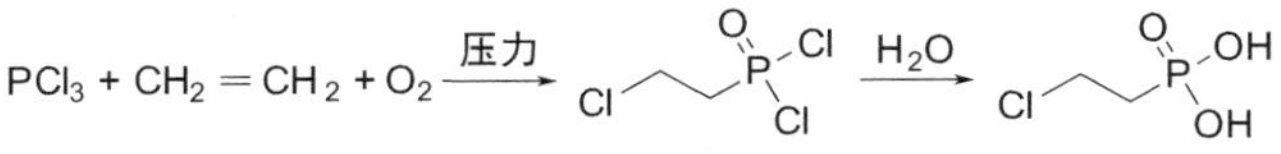

图 6-4 乙烯路线

由乙烯、三氯化磷和空气（或氧气）在低温或高压下直接合成 $ClCH_2CH_2P(O)Cl_2$，然后水解制得乙烯利。该法生产过程简单、成本低、产品纯度高，但设备要求高、操作严格。

（3）二氯乙烷路线　见图 6-5。

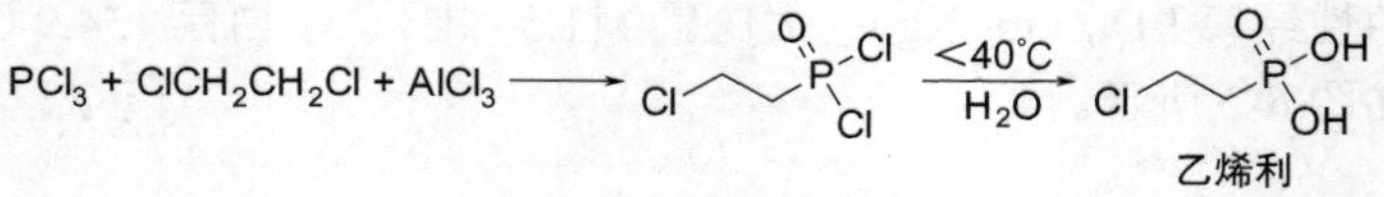

$$PCl_3 + ClCH_2CH_2Cl + AlCl_3 \longrightarrow \underset{\text{乙烯利}}{Cl\text{-}CH_2CH_2\overset{O}{\underset{Cl}{\overset{\|}{P}}}Cl} \xrightarrow[H_2O]{<40℃} \underset{\text{乙烯利}}{Cl\text{-}CH_2CH_2\overset{O}{\underset{OH}{\overset{\|}{P}}}OH}$$

图 6-5　二氯乙烷路线

二氯乙烷和三氯化磷在无水 AlCl$_3$ 催化下形成络合物，然后水解制得乙烯利。该法生产过程简单、成本低、产品纯度高，但设备要求高、操作严格、收率较低。

（4）环氧乙烷路线　见图 6-6。

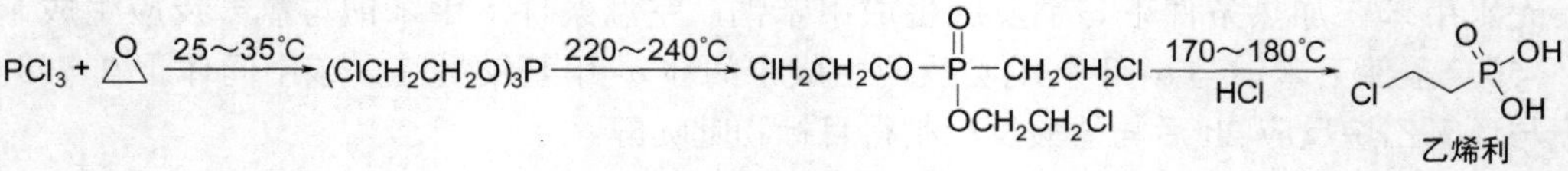

$$PCl_3 + \underset{}{\triangle O} \xrightarrow{25\sim35℃} (ClCH_2CH_2O)_3P \xrightarrow{220\sim240℃} ClH_2CH_2CO\text{-}\overset{O}{\overset{\|}{P}}\text{-}CH_2CH_2Cl \xrightarrow[HCl]{170\sim180℃} \underset{\text{乙烯利}}{Cl\text{-}CH_2CH_2\overset{O}{\underset{OH}{\overset{\|}{P}}}OH}$$

图 6-6　环氧乙烷路线

三氯化磷与环氧乙烷于室温加成，经分子重排、酸解合成乙烯利。该法产品纯度较低，但生产要求不高，适宜于大量生产，是目前国内主要生产方法。

矮壮素（chlormequat chloride）

$$[(CH_3)_3NCH_2CH_2Cl]^+Cl^-$$

2-氯乙基三甲氯化铵

矮壮素又名西西西、三西、氯化氯代胆碱、稻麦立等，1957 年由美国氰胺公司开发。矮壮素是用途广泛的植物生长调节剂，能抑制细胞的伸长，但不能抑制细胞的分裂；使植株变矮、茎秆变粗、叶色变深、叶片加宽加厚，增强抗倒伏、抗旱、抗寒、抗盐碱能力，促进生殖生长；防止棉花徒长，使桃大而重，可增产 10%～40%；对马铃薯、大豆、红萝卜、番茄、水稻、谷子等作物均有增产效果。

纯品矮壮素为白色结晶固体，熔点 240～245℃；溶解性（20℃）：易溶于水，不溶于苯、二甲苯，微溶于二氯乙烷和异丙醇；在中性和酸性介质中稳定，在碱性介质中分解。

矮壮素原药急性 LD$_{50}$（mg/kg）：大白鼠经口 670（雄）、1020（雌），小白鼠 810。

合成路线　三甲胺盐酸盐与氢氧化钠在 70～100℃反应生成的三甲胺气体在一定压力下与二氯乙烷反应即可制得矮壮素。

$$(CH_3)_3N \cdot HCl + NaOH \longrightarrow (CH_3)_3N + NaCl + H_2O$$

$$(CH_3)_3N + ClCH_2CH_2Cl \xrightarrow{\text{压力}} \underset{\text{矮壮素}}{[(CH_3)_3NCH_2CH_2Cl]^+Cl^-}$$

注：季铵盐类植物生长调节剂的合成方法与矮壮素相似，都是以三级胺与氯代烃反应生成季铵盐类化合物。

氟节胺（flumetralin）

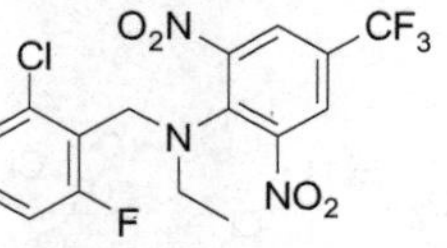

N-(2′-氯-6′-氟苄基)-N-乙基-2,6-二硝基-4-三氟甲基苯胺

氟节胺又名抑芽敏，1977 年由瑞士汽巴 - 嘉基公司开发。二硝基苯胺类植物生长调节剂是高效烟草侧芽抑制剂，具有接触兼局部内吸性，能有效提高烟叶级别、增加产量。

纯品氟节胺为黄色至橘黄色结晶固体，熔点 101 ～ 103℃；溶解性（20℃）：难溶于水，二氯甲烷＞ 80%、甲醇 25%、苯 55%、正己烷 1.3%。

氟节胺原药急性 LD_{50}（mg/kg）：大鼠经口＞ 5000、经皮＞ 2000。

合成路线 如图 6-7 所示。

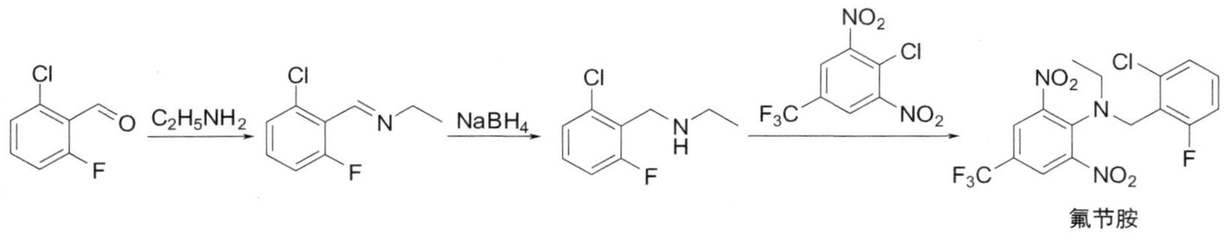

图 6-7 氟节胺合成路线

在甲醇中 2- 氯 -6- 氟苯甲醛与乙胺于室温发生缩合反应生成亚胺，该中间体于室温用硼氢化钠还原制得 N- 乙基 -2- 氯 -6- 氟苄胺。在甲苯中 N- 乙基 -2- 氯 -6- 氟苄胺与 4- 氯 -3,5- 二硝基三氟甲基甲苯反应生成氟节胺。

烯效唑（uniconazole）

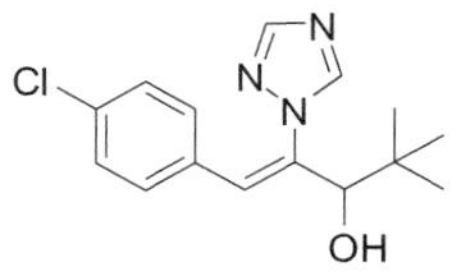

(E)-(RS)-1-(4- 氯苯基)-4,4- 二甲基 -2-(1H-1,2,4- 三唑 -1- 基) 戊 -1- 烯 -3- 醇

烯效唑 1979 年由日本住友化学公司开发，属于赤霉素合成抑制剂，是一种高效、广谱、低毒的三唑类植物生长调节剂，兼具杀菌作用。用于谷物、蔬菜、观赏植物、果树和草坪等，可使作物植株矮化、降低高度、促进花芽形成、增加开花，培育水稻壮秧、增加分蘖等。

纯品烯效唑为无色结晶固体，熔点 147 ～ 164℃；溶解性（25℃，g/kg）：水 0.0084，己烷 0.3，甲醇 8.8，二甲苯 7。

烯效唑原药急性 LD_{50}（mg/kg）：大鼠经口 2020（雄）、1790（雌），经皮＞ 2000；对皮肤无刺激作用，对眼睛有轻微的刺激作用。

合成路线 如图 6-8 所示。

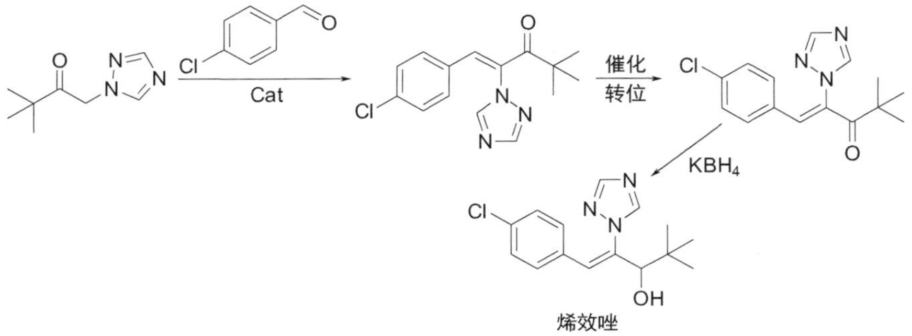

图 6-8 烯效唑合成路线

在惰性溶剂中，唑酮（合成方法见杀菌剂相关章节）与对氯苯甲醛在催化剂存在下回流反应 12 ～ 15h，制得 E/Z- 烯酮。该混合烯酮在转位催化剂作用下通过加热反应制得 E- 烯酮。在甲醇中于 -6 ～ 13℃温度下用硼氢化钾还原 E- 烯酮即可制得烯效唑。

多效唑（paclobutrazol）

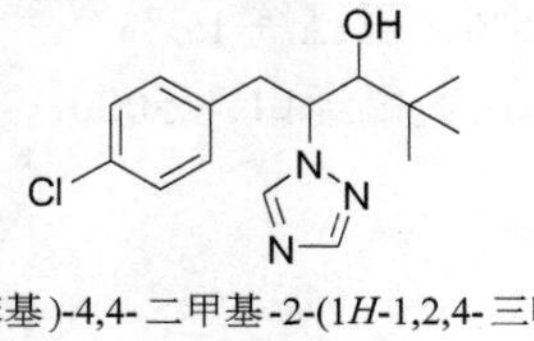

（2RS,3RS)-1-(4-氯苯基)-4,4-二甲基-2-(1H-1,2,4-三唑-1-基)戊-3-醇

多效唑 1979 年由英国 ICI 公司开发，属于赤霉素合成抑制剂，是一种高效、广谱、低毒的三唑类植物生长调节剂，兼具杀菌及抗逆作用。用于作物田，可控制秧苗生长，促进根系发育，增加分蘖，抑制杂草，减少败苗，增加抗寒、抗倒伏能力，达到增产效果；用于果树，可抑制营养枝的生长，促进生殖发育，促进花芽形成，增加座果，改善果实品质。多效唑还可以防治锈病、白粉病等病害。

纯品多效唑为无色结晶固体，熔点 165～166℃；溶解性（20℃，g/L）：水 0.035，甲醇 150，丙酮 110，环己酮 180，二氯甲烷 100，二甲苯 60。

多效唑原药急性 LD_{50}（mg/kg）：大鼠经口 2000（雄）、1300（雌），小鼠经口 490（雄）、1200（雌），大鼠和兔经皮＞1000；对大鼠、兔的皮肤和眼睛有一定的刺激作用。

合成路线　目前多效唑的合成有三种方法。

路线一　见图 6-9。

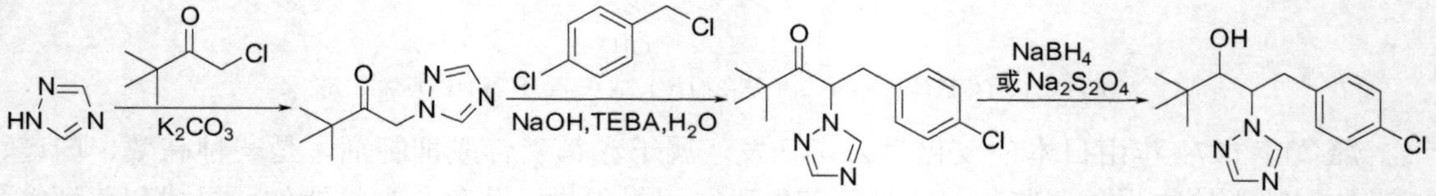

图 6-9　多效唑合成路线（一）

在乙酸乙酯中以碳酸钾为缚酸剂，一氯频呐酮与三唑回流反应 5h 制得唑酮，所得唑酮在缚酸剂存在下于 55～60℃条件下与对氯氯苄反应 2h 制得中间体氯唑酮。用硼氢化钠或保险粉（在碱性介质中）还原氯唑酮，制得多效唑。

路线二　以对氯苯甲醛和频呐酮为原料，相互反应生成烯酮，经过加氢、溴化、与三唑反应，最后用硼氢化钠还原制得多效唑。该方法制备流程较长（图 6-10）。

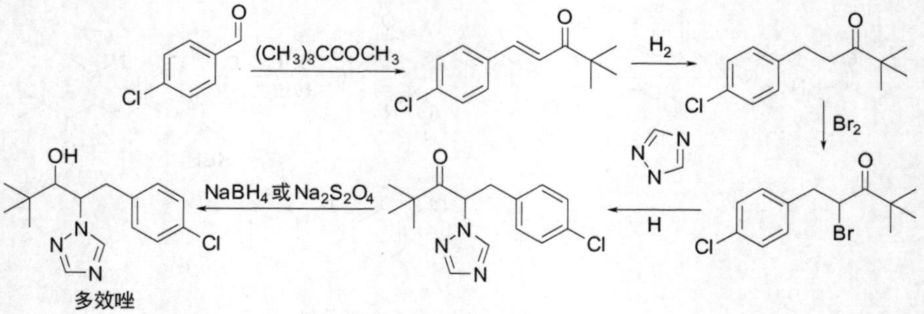

图 6-10　多效唑合成路线（二）

路线三　将 1-对氯苯基 -2-(1,2,4-三唑 -1-基）丙酰氯与叔丁基溴化镁反应，再用硼氢化钠还原，制得多效唑。该制备方法需要在无水条件下操作（图 6-11）。

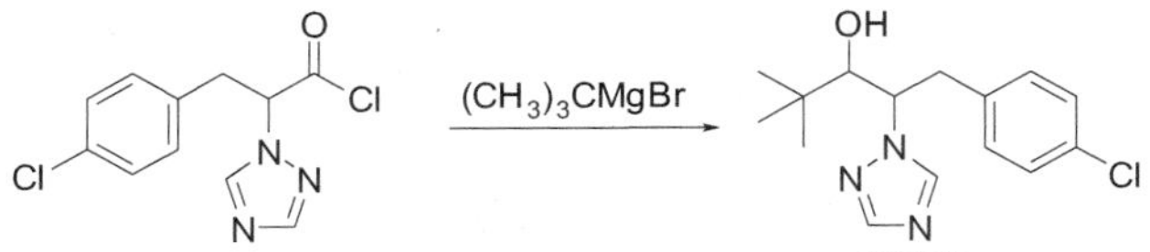

图 6-11　多效唑合成路线（三）

芸薹素内酯（brassinolide）

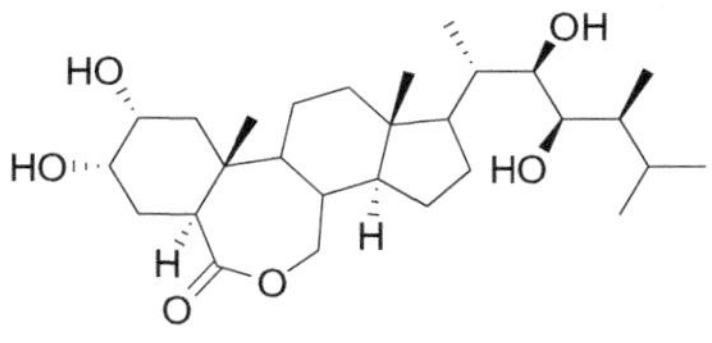

2α,3α,22R,23R-四羟基-24-S-甲基-β-7-氧杂-5α-胆甾烷-6-酮

　　芸薹素内酯又称油菜素内酯、天丰素、云大-120、益丰素、农乐利等，由美国科学家 Mitchell 发现，1980 年日本化药株式会社完成化学合成，并申请专利。属于新型植物生长调节剂，芸薹素内酯是一种高生理活性、可促进植物生长作用的甾体化合物，具有广谱促进生长作用和用量极低等特点。作物吸收后能促进根系发育，使植株对水、肥等营养成分的吸收利用率提高；可增加叶绿素含量，增强光合作用，协调植物体内对其他内源激素的相对水平，刺激多种酶系活力，促进作物均衡茁壮生长，增强作物对病害及其他自然条件的抗逆能力。对粮食作物、蔬菜、瓜果、棉花、烟草、茶叶等均有极好的效果。

　　芸薹素内酯为无色结晶粉末，熔点 256～258℃；溶解性（20℃）：水 0.005g/L，易溶于甲醇、乙醇、乙醚等多种有机溶剂；中性、酸性条件下稳定，碱性条件下易分解。

　　芸薹素内酯原药急性 LD_{50}（mg/kg）：大鼠经口＞2000，经皮＞2000。

　　合成路线　由麦角甾醇通过甲磺酰化反应制得麦角甾醇甲磺化物，水解制得异麦角甾醇，氧化反应制得相应的烯酮，还原制得对应的酮，开环得到二烯酮，然后羟基化制得四羟基酮，经过过氧化物扩环反应得到芸薹素内酯（图 6-12）。

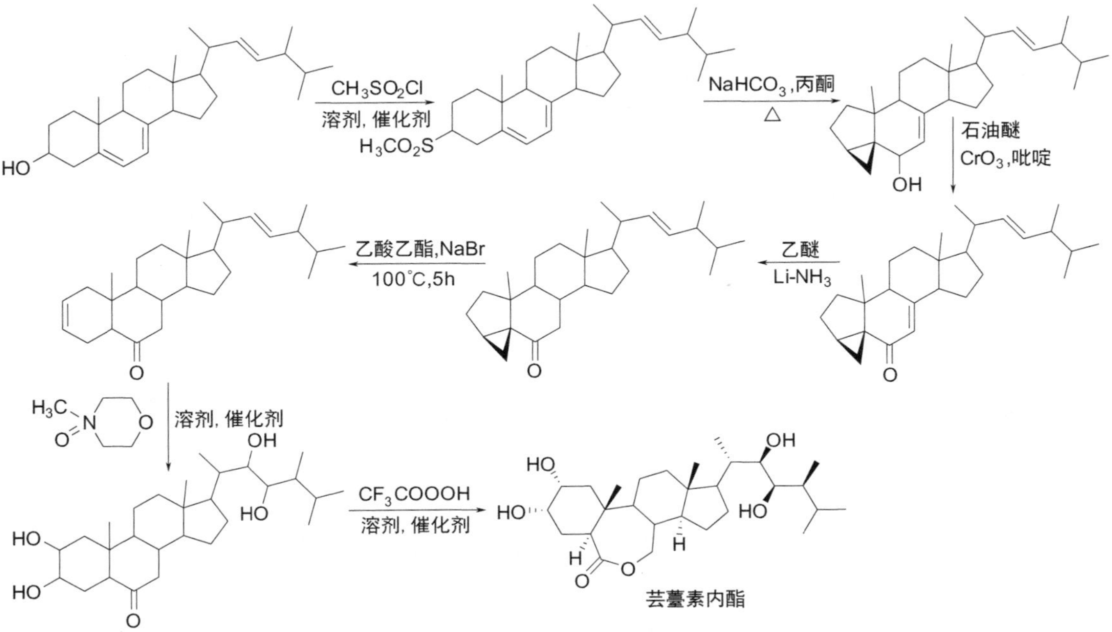

图 6-12　芸薹素内酯合成路线（一）

或者经过下述路线合成（图 6-13）：

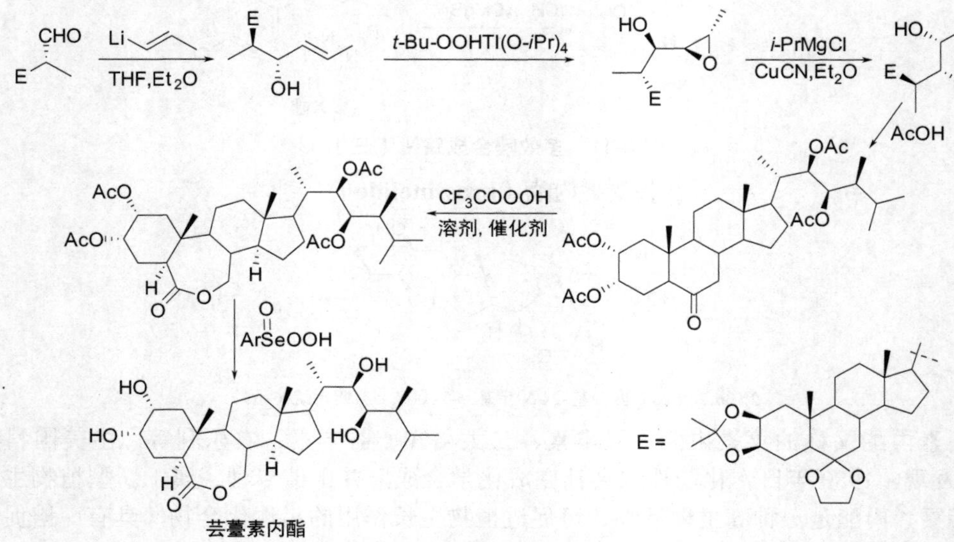

图 6-13 芸薹素内酯合成路线（二）

萘乙酸（1-naphthylacetic acid）

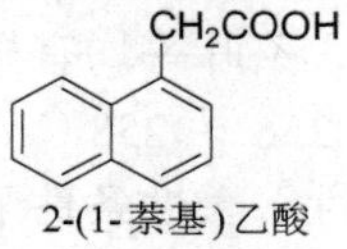

2-(1-萘基)乙酸

萘乙酸属于广谱性植物生长调节剂，可促进细胞分裂与扩大，诱导形成不定根，增加坐果，防止落果，改变雌、雄花比率等；通常用于小麦、水稻、棉花、茶叶、果树、瓜类、蔬菜、林木等，是一种优良的植物生长调节剂。

纯品萘乙酸为白色针状结晶固体，熔点 130℃；溶解性（20℃）：易溶于醇、酮、乙醚、氯仿和苯等有机溶剂，几乎不溶于水，但能溶于热水。

萘乙酸原药急性 LD_{50}（mg/kg）：大鼠经口＞2000，小鼠经口 670，兔经皮＞5000；对大鼠和兔皮肤和眼睛有刺激作用。

合成路线 目前萘乙酸的合成有三种方法。

路线一 萘和乙酸酐在高锰酸钾存在下回流反应制得萘乙酸。此法为自由基反应历程，具有反应时间短、反应温度低的特点，收率约 45%，未反应的萘乙酸可以回收套用。

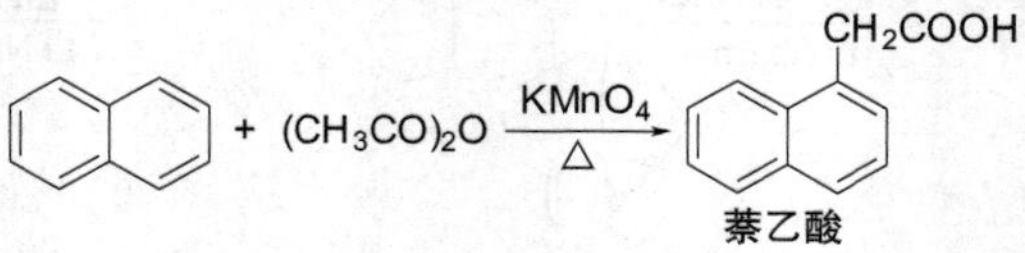

路线二 在催化剂 Fe-KBr 存在下，萘和氯乙酸于 218℃发生缩合反应生成萘乙酸。此法工艺成熟，但反应温度高、不易控制、反应时间长。催化剂可为 $FeBr_2$、Al-KBr 等。

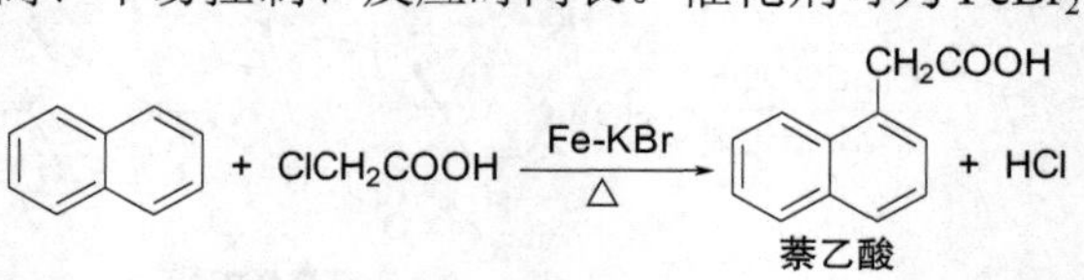

路线三 在酸性条件下萘与甲醛发生氯甲基化反应，然后与氰化钠发生取代反应生成萘

乙腈，再水解制得萘乙酸。

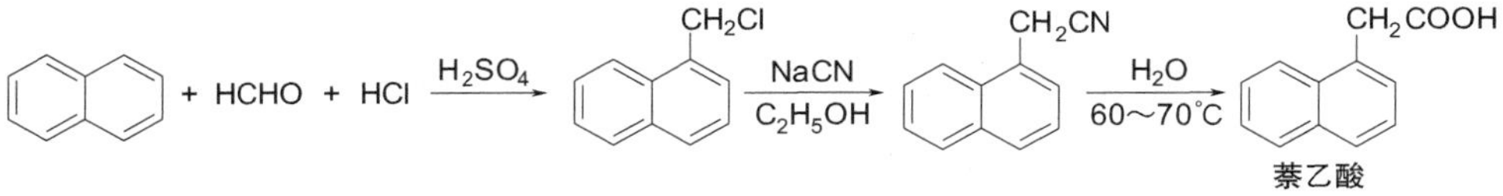

苄基腺嘌呤（6-benzyladenine）

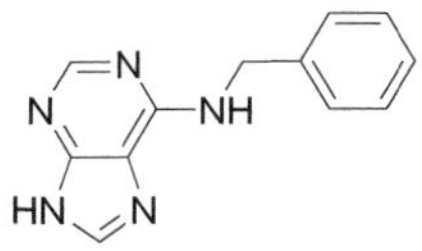

6-(N-苄基)氨基嘌呤

苄基腺嘌呤又名绿丹，属于高效植物细胞分裂素。具有良好的生化活性，可促进植物细胞分裂，解除种子休眠，促进种子萌发、侧芽萌发和侧枝抽生，促进花芽分化，增加坐果，抑制蛋白质和叶绿素降解；可用于果型和品种改良，水果、蔬菜保鲜储存和水稻增产等。

纯品苄基腺嘌呤为白色针状结晶固体，熔点 230～232℃；难溶于水和一般有机溶剂，能溶于热的乙醇中，易溶于稀酸、稀碱水溶液；在酸碱介质中稳定。

苄基腺嘌呤原药急性 LD_{50}（mg/kg）：大鼠经口 1690、经皮＞5000，小鼠经口 1300～1700。

合成路线 目前苄基嘌呤的合成主要有如下几种方法。

路线一 以工业生产中病毒唑副产物为原料，经水解、缩合、苄胺化制得目标物。

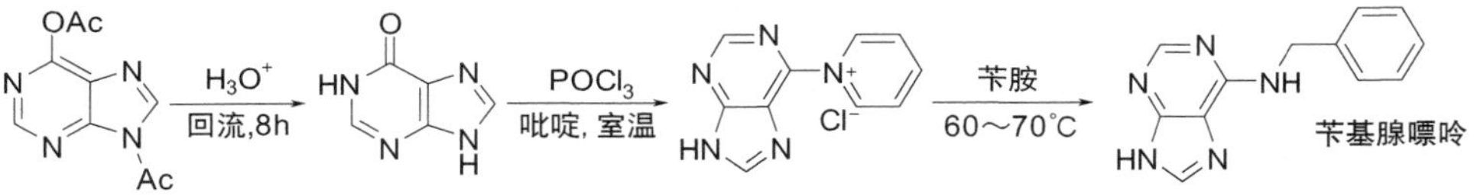

路线二 通过次黄嘌呤氯代，然后与苄胺缩合制得目标物。

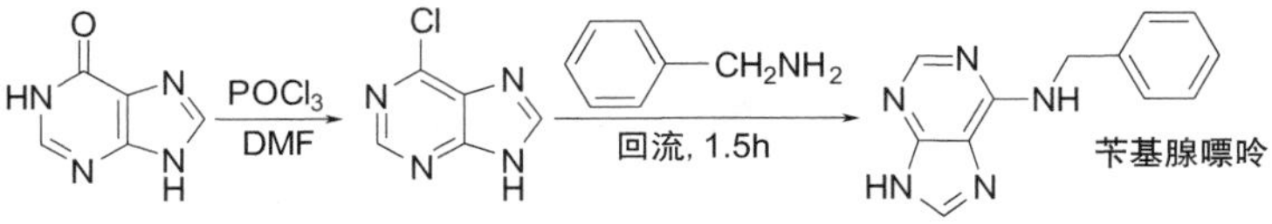

路线三 腺嘌呤与苯甲酸酐缩合之后再还原。

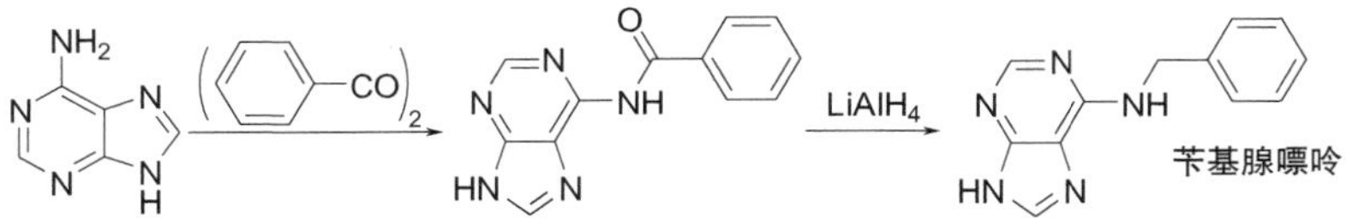

注：用 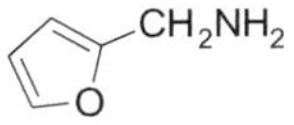 代替 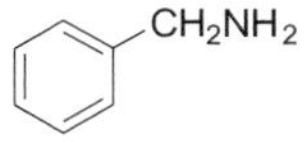 进行上述反应，可以制得另一种植物生长调节剂

激动素 。

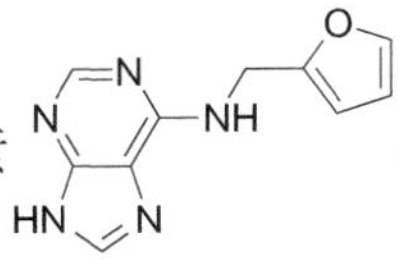

氯吡脲（forchlorfenuron）

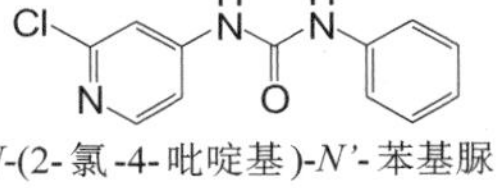

N-(2-氯-4-吡啶基)-N'-苯基脲

氯吡脲又名调吡脲、吡效隆、施特优等，由美国 Sandoz Crop Protection Crop 开发。属于高效植物细胞分裂素，具有良好的生化活性，可促进植物生长，早熟，延缓作物后期叶片的衰老、增加产量；具体功效：促进茎、叶、根、果生长功能，促进结果，加速蔬果和落叶作用，浓度高时可作除草剂。

纯品氯吡脲为白色结晶固体，熔点 171℃；溶解性（20℃）：难溶于水，易溶于丙酮、乙醇、二甲基亚砜。

氯吡脲原药急性 LD_{50}（mg/kg）：大鼠经口 2787（雄）、1568（雌），经皮＞1000，小鼠经口 2218（雄）、1783（雌）；对兔皮肤有轻度刺激作用。

合成路线　目前氯吡脲的合成主要有如图 6-14 所示路线。

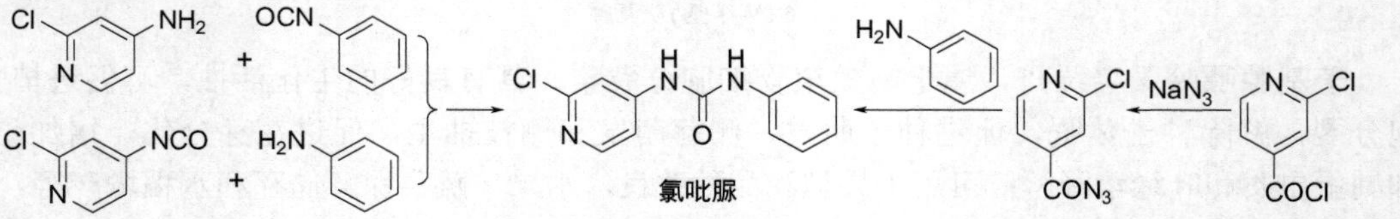

图 6-14　氯吡脲合成路线

赛苯隆（thidiazuron）

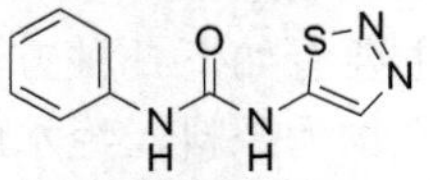

1-苯基-3-(1,2,3-噻二唑-5-基)脲

赛苯隆又名脱叶灵、噻唑隆、噻苯隆、脱叶脲、脱落宝等，1975 年由安万特公司开发。属于细胞激动素类植物生长调节剂，具有极强的细胞分裂活性，能促进植物光合作用，提高作物产量，改善果实品质，增加果实耐储性。在棉花上作脱落剂使用，可促使叶柄与茎之间的分离组织自然形成而落叶，使棉花的收获期提前 10d 左右。赛苯隆浓度高时可作除草剂。

纯品赛苯隆为无色结晶固体，熔点 210.5～212.5℃；溶解性（20℃，g/L）：水 0.031，甲醇 4.2，甲苯 0.4，丙酮 6.67，乙酸乙酯 1.1；光照下迅速转化为光异构体 1-苯基-3-(1,2,5-噻二唑-3-基)脲。

赛苯隆原药急性 LD_{50}（mg/kg）：大、小鼠经口＞4000，大鼠经皮＞1000；对兔眼睛有轻度刺激作用。

合成路线　目前赛苯隆的合成主要有如图 6-15 所示方法。

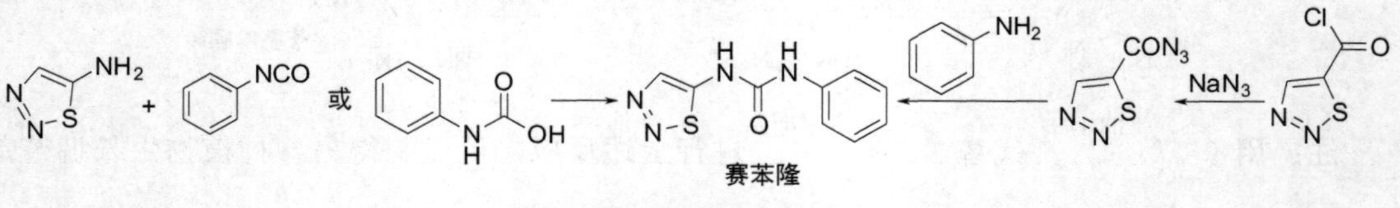

图 6-15　赛苯隆合成路线

环丙酰胺酸（cyclanilide）

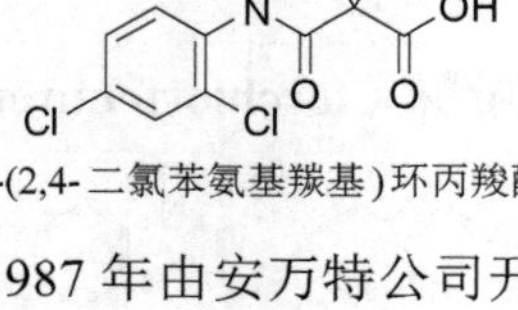

1-(2,4-二氯苯氨基羰基)环丙羧酸

环丙酰胺酸又名环丙酰草胺，1987 年由安万特公司开发。属于新型植物生长调节剂，主要用于棉花、禾谷类作物。

纯环丙酰胺酸为粉色固体，熔点 195.5℃；微溶于水，不溶于石油醚，易溶于其他有机溶剂。

环丙酰胺酸原药急性 LD_{50}（mg/kg）：大鼠经口 208（雌）、315（雄），兔经皮＞2000；对兔眼睛无刺激作用，对皮肤有中度刺激作用。

合成路线 在二氯乙烷中加入丙二酸二乙酯，以碳酸钾作缚酸剂回流反应制得环丙基-1,1-二羧酸乙酯。该中间体在甲醇钠存在下于无水甲苯中与 2,4-二氯苯胺反应制得目标物，或者该中间体经皂化、酸化、脱水制得环丙基丙二酸酐再与 2,4-二氯苯胺反应制得目标物（图 6-16）。

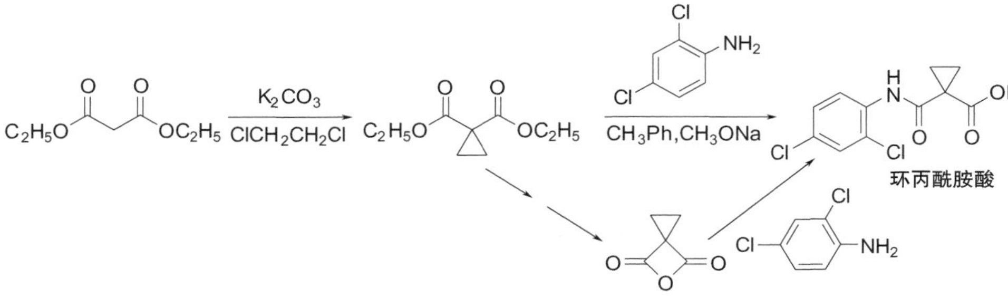

图 6-16 环丙酰胺酸合成路线

增甘膦（glyphosine）

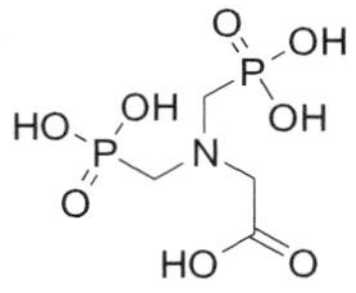

N,N-双（膦酸甲基）甘氨酸

增甘膦 1972 年由美国 Monsanto Co. 开发，是一种叶面施用的植物生长调节剂，主要用于甘蔗、甜菜的催熟和增糖。

纯品增甘膦为白色结晶固体，熔点 200℃（分解）；溶解性（20℃，g/L）：水 248。

增甘膦原药急性 LD_{50}（mg/kg）：大鼠经口＞3000，兔经皮＞5000；对兔眼睛有强烈刺激作用，对皮肤有中等刺激作用。

合成路线 甘氨酸、甲醛、三氯化磷于 110℃反应制得，反应方程式如下。

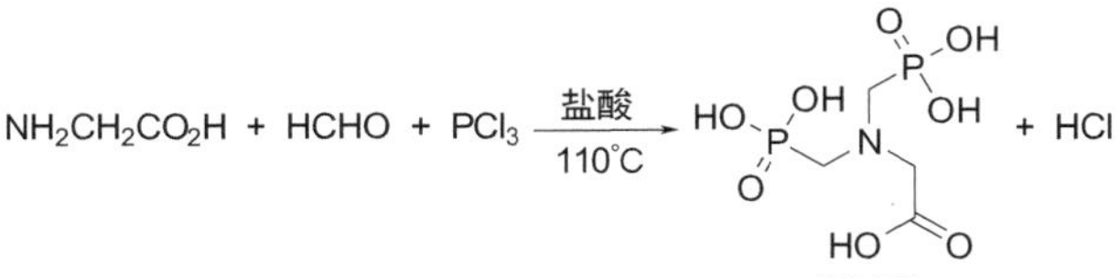

增甘膦

双丁乐灵（butralin）

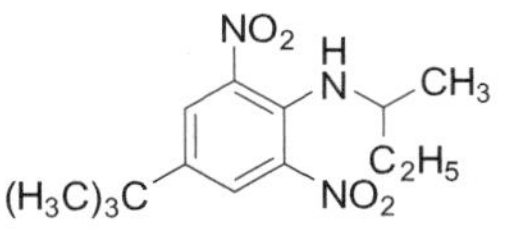

2-仲丁基-4-叔丁基-2,6-二硝基苯胺

双丁乐灵商品名地乐安，1969 年由美国 Amchem（现拜耳）公司开发。双丁乐灵进入植物体后会抑制分生组织的细胞分裂，从而抑制杂草幼芽以及幼根的生长。对双子叶植物地上

部分抑制作用的典型症状为抑制茎伸长，子叶呈革质状。对单子叶地上部分则产生倒伏、扭曲、生长停滞，幼苗逐渐变成紫色。主要用于烟草、西瓜、棉花、玉米、蔬菜、马铃薯、向日葵等作物。可抑制侧端生长，减少人工掰芽抹叉，促进顶端优势，提高产品的产量和质量。

纯品双丁乐灵为橘黄色、具有芳香气味的结晶固体，熔点59℃；溶解性（25℃，g/L）：甲醇97.5，己烷300。

双丁乐灵原药急性LD_{50}（mg/kg）：大鼠经口1049（雌）、1170（雄），兔经皮＞2000；对兔眼睛有中度刺激作用，对皮肤有轻度刺激作用。

合成路线　以4-叔丁基-2,6-二硝基苯酚为起始原料，经过下述路线合成（图6-17）。

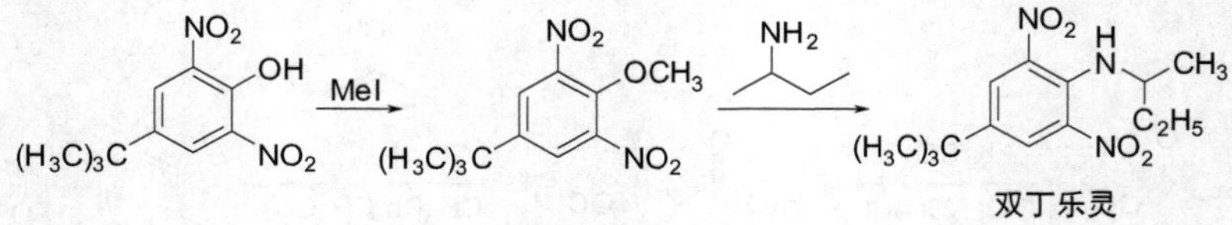

图6-17　双丁乐灵合成路线

抗倒胺（inabenfide）

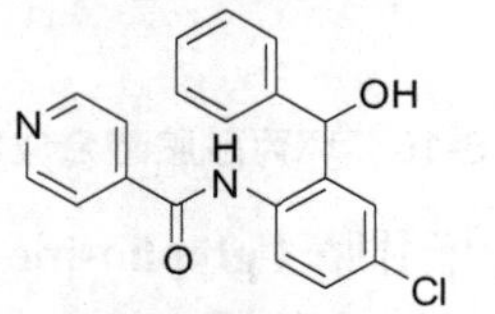

4′-氯-2′-(α-羟基苄基)异烟酰替苯胺

抗倒胺属于赤霉素合成抑制剂，由日本中外制药公司开发，1980年申请专利。对水稻有很强的选择性抗倒伏作用，应用后使得谷粒成熟率提高，千粒重和穗数增加，从而使得水稻增产。

纯品抗倒胺为淡黄色至棕色结晶固体，熔点210～212℃；溶解性（30℃，g/kg）：难溶于水，丙酮3.6，乙酸乙酯1.43，氯仿0.59，DMF 6.72，乙醇1.62，甲醇2.35。

抗倒胺原药急性LD_{50}（mg/kg）：大、小鼠经口＞15000，经皮＞5000。

合成路线　可以通过下述两种路线合成（图6-18）。

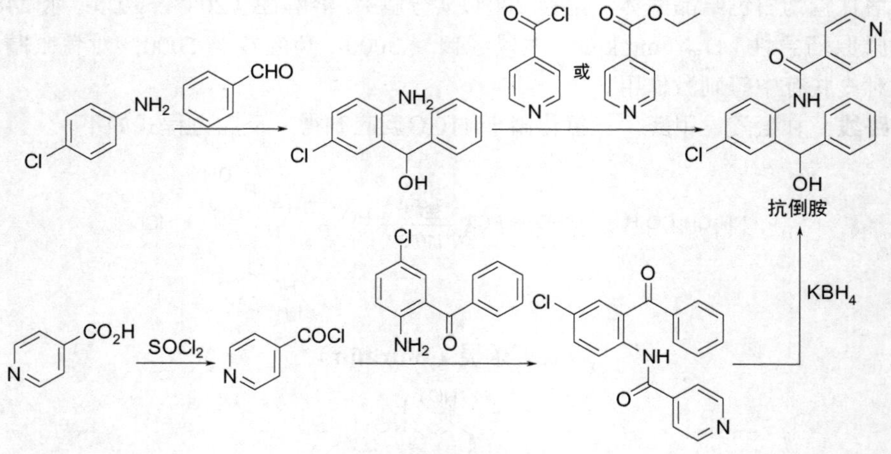

图6-18　抗倒胺合成路线

以二氯甲烷为溶剂，在三乙胺存在下，对氯苯胺与苯甲醛在室温搅拌反应4h制得2-氨基-5-氯二苯甲醇。以1,2-二氯乙烷和二甲基甲酰胺为溶剂，异烟酸与氯化亚砜回流反应4h制得相应酰氯，该酰氯与2-氨基-5-氯二苯甲醇发生胺解反应制得抗倒胺。

抗倒酯（trinexapac-ethyl）

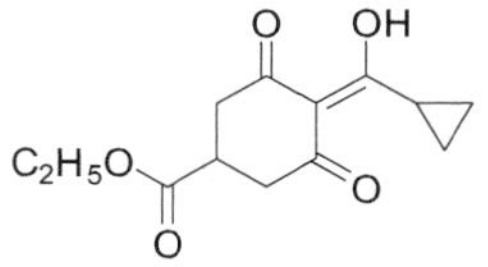

4-环丙基(羟基)亚甲基-3,5-二氧代环己烷羧酸乙酯

抗倒酯商品名挺立，属于赤霉素合成抑制剂，由瑞士先正达公司开发，1983 年申请专利，在我国已经申请了行政保护。能有效控制作物旺长、减少节间伸长；禾谷类作物、甘蔗、油菜、蓖麻、水稻、向日葵等苗后使用可防止倒伏、提高收获效率。

纯品抗倒酯为无色结晶固体，熔点 36℃；溶解性（20℃，g/kg）：水约 20，乙醇、丙酮、甲苯、正辛醇约 1000。抗倒酯原药急性 LD_{50}（mg/kg）：大鼠经口、经皮 > 4000。

合成路线 以 4,6-二羧基氧乙基戊-2-酮为起始原料，经过下述路线合成抗倒酯（图 6-19）。

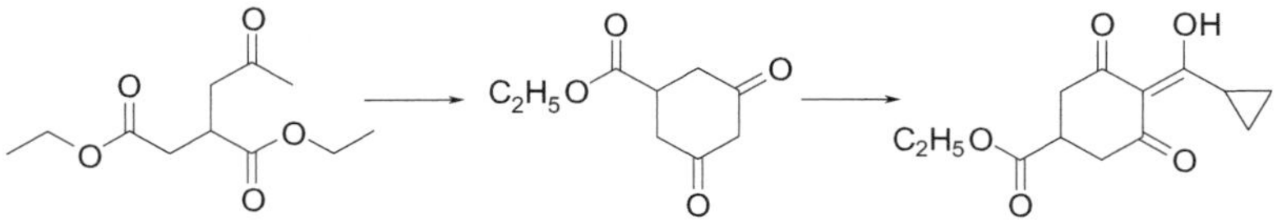

图 6-19 抗倒酯合成路线

杀雄啉（sintofen）

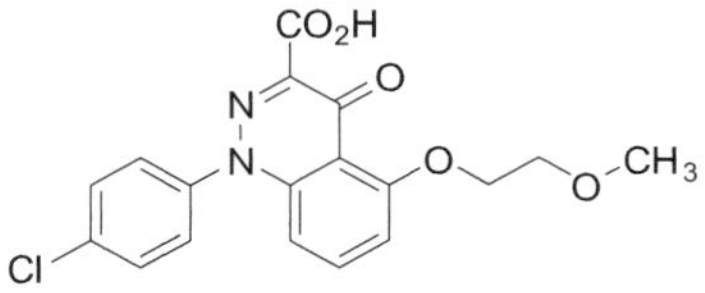

1-(4-氯苯基)-1,4-二氢-5-(2-甲氧基)-4-氧喹啉-3-羧酸

杀雄啉商品名津奥啉，属于苯并哒嗪类小麦杀雄剂，由法国海波诺瓦［Hybrnova（part of Du Pont）］公司开发，1988 年申请专利，已在我国和法国等国家登记。杀雄啉主要用作杀雄剂，能有效阻滞禾谷类作物花粉发育，使之失去受精能力而自交不实，从而获取杂交种子。

纯品杀雄啉为淡黄色针状结晶固体，熔点 246 ~ 247℃；难溶于水，易溶于稀碱中。

杀雄啉原药急性 LD_{50}（mg/kg）：大鼠经口 > 1000、经皮 > 2000。

合成路线 如图 6-20 所示。

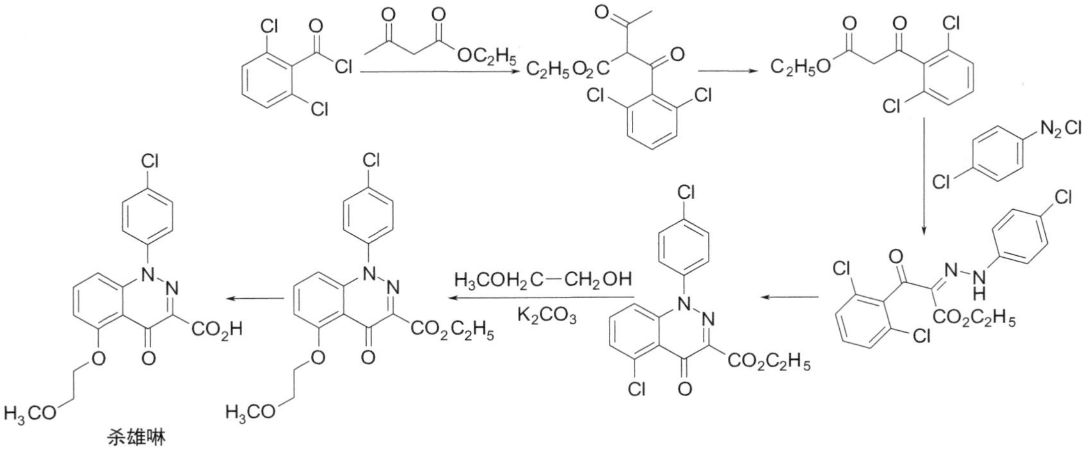

图 6-20 杀雄啉合成路线

在氯化镁和吡啶存在下，乙酰乙酸乙酯与 2,6- 二氯苯甲酰氯在回流条件下发生缩合反应制得 2,6- 二氯苯甲酰基乙酰乙酸乙酯；该化合物在乙酸钾 - 乙酸中回流制得 2,6- 二氯苯甲酰基乙酸乙酯，对氯苯甲醛与该中间体乙醇的乙酸钾溶液中于 30℃ 发生缩合得到 3-(2,6- 二氯苯基)-2,3- 二氧丙酸乙酯 -2-(4- 氯苯基) 腙。该腙在无水碳酸钾 - 相转移催化剂存在下环合，所得环合物在二氧六环 - 浓盐酸中回流生成 1-(4′- 氯苯基)-5- 氯 -1,4- 二氢 -4- 氧噌啉 -3- 甲酸酯。该甲酸酯在乙二醇单甲醚 - 氢氧化钾混合物中加热反应制得目标物杀雄啉。

杀雄嗪酸（clofencet）

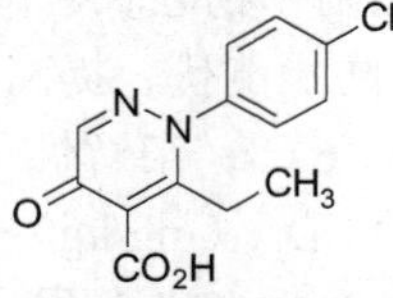

2-(4- 氯苯基)-3- 乙基 -2,5- 二氢 -5- 氧哒嗪 -4- 羧酸

杀雄嗪酸商品名金麦斯，属于苯并哒嗪类小麦杀雄剂，由美国孟山都公司开发，1989 年申请专利，主要用作小麦杀雄剂。

纯品杀雄嗪酸为结晶固体，熔点 269℃（分解）；溶解性（20℃，g/kg）：水＞ 500，甲醇 16，丙酮、乙酸乙酯＜ 0.5，二氯甲烷、甲苯＜ 0.4。

杀雄嗪酸原药急性 LD_{50}（mg/kg）：大鼠经口＞ 2000、经皮＞ 5000；对兔眼睛有刺激性。

合成路线 以对氯苯肼为起始原料，首先与乙醛酸缩合，再与氯化亚砜（室温）反应制得对应酰氯，该酰氯在碱性条件下经加热与丙酰乙酸乙酯发生环合反应制得目标物杀雄嗪酸（图 6-21）。

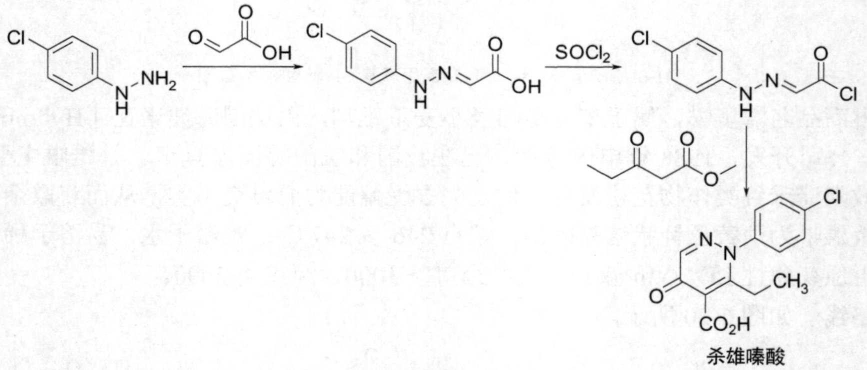

图 6-21 杀雄嗪酸合成路线

参考文献

[1] 徐家业. 高等有机合成. 北京：化学工业出版社，2005.

[2] 巨勇. 有机合成化学与路线设计. 北京：清华大学出版社，2007.

[3] 王玉炉. 有机合成化学. 北京：科学出版社，2005.

[4] 艾歇尔 T，豪普特曼 S. 杂环化学. 李润涛，译. 北京：化学工业出版社，2006.

[5] 焦耳 J A，米尔斯 K. 杂环化学. 由业诚，译. 北京：科学出版社，2004.

[6] 唐除痴. 农药化学. 天津：南开大学出版社，1998.

[7] 陈万义. 农药生产与合成. 北京：化学工业出版社，2000.

[8] 刘长令. 世界农药大全·杀菌剂卷. 北京：化学工业出版社，2006.

[9] 刘长令. 世界农药大全·除草剂卷. 北京：化学工业出版社，2002.

[10] 柏亚罗. 专利农药新品种手册. 北京：化学工业出版社，2011.

[11] 张宗俭. 世界农药大全·植物生长调节剂. 北京：化学工业出版社，2011.

[12] 刘长令. 世界农药大全·杀虫剂卷. 北京：化学工业出版社，2012.

[13] 刘长令，关爱莹. 世界重要农药品种与专利分析. 北京：化学工业出版社，2014.

[14] 杨华铮. 现代农药化学. 北京：化学工业出版社，2013.

[15] 朱良天. 农药. 北京：化学工业出版社，2004.

[16] 孙家隆. 现代农药合成技术. 北京：化学工业出版社，2011.

[17] 孙家隆. 新编农药品种手册. 北京：化学工业出版社，2015.

索 引

中文农药通用名称索引

英文农药通用名称索引